Springer-Lehrbuch

Ludwig Fahrmeir · Christian Heumann · Rita Künstler
Iris Pigeot · Gerhard Tutz

Statistik

Der Weg zur Datenanalyse

8., überarbeitete und ergänzte Auflage

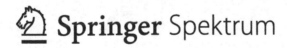

Ludwig Fahrmeir
LMU München
Institut für Statistik
München, Deutschland

Iris Pigeot
Leibniz-Institut für Präventionsforschung und
Epidemiologie – BIPS
Bremen, Deutschland

Christian Heumann
LMU München
Institut für Statistik
München, Deutschland

Gerhard Tutz
LMU München
Institut für Statistik
München, Deutschland

RIta Künstler
Zürich, Schweiz

ISSN 0937-7433
Springer-Lehrbuch
ISBN 978-3-662-50371-3   ISBN 978-3-662-50372-0 (eBook)
DOI 10.1007/978-3-662-50372-0

Die Deutsche Nationalbibliothek verzeichnet diese Publikation in der Deutschen Nationalbibliografie; detaillierte bibliografische Daten sind im Internet über http://dnb.d-nb.de abrufbar.

Springer Spektrum
© Springer-Verlag Berlin Heidelberg 1997, 1999, 2001, 2003, 2004, 2007, 2010, 2016

Planung: Iris Ruhmann

Gedruckt auf säurefreiem und chlorfrei gebleichtem Papier

Springer Spektrum ist Teil von Springer Nature
Die eingetragene Gesellschaft ist Springer-Verlag GmbH Berlin Heidelberg

Vorwort

Statistische Verfahren werden stets dann benötigt und eingesetzt, wenn im Rahmen empirischer Fragestellungen Daten erhoben, dargestellt und analysiert werden sollen. Dabei spiegelt die große Vielfalt statistischer Methoden die Breite praktischer Fragestellungen etwa aus den Wirtschafts- und Sozialwissenschaften, der Medizin und den Natur- und Ingenieurwissenschaften wider. Diese Verknüpfung der Statistik mit ihren Anwendungsdisziplinen zeigt sich unter anderem darin, dass die Vermittlung der Grundlagen statistischer Methodik integrierter Bestandteil vieler Studiengänge ist.

Dieses Buch wendet sich vorwiegend an Studierende der Wirtschafts- und Sozialwissenschaften, aber auch anderer Disziplinen wie Informatik oder Biometrie. Es ist zudem als Einführungstext für Studierende der Statistik geeignet.

Ausgehend von einer Reihe realer Fragestellungen, die typische Anwendungssituationen statistischer Verfahren veranschaulichen, werden in Kapitel 1 die Grundbegriffe der Datenanalyse und -erhebung dargestellt. Diese realen Daten werden – ergänzt durch weitere Beispiele – in den einzelnen Kapiteln erneut aufgegriffen, um die Auseinandersetzung mit statistischen Methoden inhaltlich zu motivieren, ihre Anwendung zu illustrieren und die gewonnenen Ergebnisse zu interpretieren. Damit zielt die Darstellung der Methoden eher darauf ab, das Verständnis für die statistischen Verfahren und die dahinterstehende Denkweise zu erhöhen, als die Methoden in mathematischer Ausführlichkeit zu diskutieren. Zahlreiche grafische Darstellungen sollen zu diesem Ziel beitragen.

Das Buch bietet insgesamt eine integrierte Einführung sowohl in die deskriptive Statistik und in moderne Methoden der explorativen Datenanalyse (Kapitel 2, 3) als auch in die induktive Statistik (Kapitel 9 bis 14). Letztere beinhaltet insbesondere auch Methoden der Regressions- (Kapitel 12) und der Varianzanalyse (Kapitel 13) sowie die Analyse von Zeitreihen (Kapitel 14). Eingeschlossen ist dabei eine ausführliche Beschreibung der Grundlagen der Stochastik (Kapitel 4 bis 8), die die Basis zum Verständnis der induktiven Statistik bildet.

Zur Erhöhung der Übersichtlichkeit und der Lesbarkeit werden die wesentlichen Aspekte der einzelnen Kapitel im Text und durch Einrahmungen hervorgehoben. Stichwörter am Rand weisen auf die jeweils behandelten Aspekte hin. Einige Abschnitte sind mit einem Stern versehen. Diese behandeln spezielle Fragestellungen, die für das weitere Verständnis nicht erforderlich sind und gegebenenfalls übersprungen werden können.

Am Ende eines jeden Kapitels werden zunächst die wichtigsten Aussagen dieses Kapitels noch einmal zusammengefasst und Hinweise auf weiterführende Literatur gegeben. Abschließend dienen einige Aufgaben zur Vertiefung des jeweiligen Stoffes. Auf eine große Anzahl von Aufgaben und die Angabe von Lösungen wurde verzichtet, da uns die Bereitstellung einer eigenen, auf dieses Lehrbuch abgestimmten Aufgabensammlung zweckmäßiger erscheint.

Unser besonderer Dank gilt Norbert Behrens und Thomas Fürniss, die mit außergewöhnlichem Einsatz den größten Teil des LaTeX-Manuskripts erstellt haben. Bedanken möchten wir uns auch bei Thomas Billenkamp, Stefan Lang, Lisa Pritscher, Evi Rainer, Andrea Schöpp und Kurt Watzka für ihre Beiträge zu Beispielen, Grafiken, Aufgaben und Tabellen. Für Anregungen und Korrekturvorschläge sei zudem Artur Klinger, Leo Knorr-Held, Helmut Küchenhoff, Joachim Kunert, Nanny Wermuth und unseren Studenten gedankt sowie Joachim Hartung für das Überlassen der Tabellen zu den Wilcoxon-Tests. Schließlich gilt unser Dank dem Springer-Verlag für die stets gute Zusammenarbeit und für die Umsetzung all unserer Wünsche und besonders Herrn Dr. Werner A. Müller, der die Erstellung dieses Lehrbuches angeregt und durch seine Unterstützung erst ermöglicht hat.

München und Berlin,
im Juni 1997

Ludwig Fahrmeir, Rita Künstler,
Iris Pigeot, Gerhard Tutz

Bei der vorliegenden Auflage handelt es sich um eine durchgesehene und korrigierte Version der Erstauflage des Buches. Wir bedanken uns bei allen Kollegen, Freunden, Mitarbeitern und Studenten für Hinweise auf Fehler und für Verbesserungsvorschläge. Zu diesem Buch gibt es eine Homepage: Fahrmeir, Künstler, Pigeot, Tutz, Caputo und Lang (1999)

```
http://www.stat.uni-muenchen.de/~fahrmeir/buchstat/
```

Die Homepage enthält insbesondere einen Großteil der verwendeten Daten.

München,   Ludwig Fahrmeir, Rita Künstler,
im Juli 1998   Iris Pigeot, Gerhard Tutz

Die neue Auflage ist gegenüber der vorhergehenden im Wesentlichen unverändert. Kleinere Textkorrekturen dienen nur der Vermeidung von Unstimmigkeiten. Als Ergänzung zum Lehrbuch liegt seit 1999

Fahrmeir, L. , Künstler, R. , Pigeot, I., Tutz, G., Caputo, A. , Lang, S. :
Arbeitsbuch Statistik

vor, das ebenfalls im Springer-Verlag erschienen ist. Die im Arbeitsbuch verwendeten Datensätze finden sich unter

```
http://www.stat.uni-muenchen.de/~fahrmeir/uebbuch/uebbuch.html
```

München,   Ludwig Fahrmeir, Rita Künstler,
im Juli 2000   Iris Pigeot, Gerhard Tutz

In der vierten Auflage wurde das Schriftbild leicht verändert. Neu hinzugekommen ist eine kurze Einführung in Bayesianische Schätzverfahren bzw. Bayesianisches Lernen sowie ein Abschnitt über kategoriale Regression, in der die Grundideee der Regression auf binäre abhängige Variablen übertragen wird. Eine Übersicht über die verwendeten Beispiele, die das Aufsuchen bestimmter Beispiele erleichtern soll, findet sich am Ende des Buches. Zu den Aufgaben am Ende der einzelnen Kapitel finden sich nun die Lösungen im Arbeitsbuch Fahrmeir, L., Künstler, R., Pigeot, I., Tutz, G., Caputo, A., Lang, S (2002). *Arbeitsbuch Statistik* (3. Auflage). Springer-Verlag, Berlin. Datensätze, die als Beispiele für das Arbeiten mit realen Daten dienen können, finden sich in unserem Datenarchiv

```
http://www.stat.uni-muenchen.de/service/datenarchiv/
```

Unser besonderer Dank gilt Herrn Michael Schindler für die gründliche und engagierte Aufbereitung des Textbildes mit LaTeX.

München,   Ludwig Fahrmeir, Rita Künstler,
im Juni 2002   Iris Pigeot, Gerhard Tutz

In der fünften Fassung wurden neben einigen Druckfehlern insbesondere die Beispiele und Aufgaben überarbeitet. Die Beispiele, die noch auf der Einheit DM beruhten, wurden durchwegs durch Beispiele auf Euro-Basis ersetzt. Dem in vielen Kapiteln dargestellten Mietspiegel liegt nun eine zeitgemäße Währung zugrunde. Die aktuellen Datensätze finden sich unter

```
http://www.stat.uni-muenchen.de/service/datenarchiv/.
```

Wir danken Studenten und Lesern für Kommentare und Korrekturhinweise, sowie Frau Petra Menn für ihre Hilfe bei der Überarbeitung.

München,   Ludwig Fahrmeir, Rita Künstler,
im Januar 2004   Iris Pigeot, Gerhard Tutz

In der sechsten Auflage wurden einige noch verbliebene Druckfehler korrigiert. Wir danken Herrn Böker für die Hinweise zur Korrektur der Tabelle zum Wilcoxon-Rangsummen-Test. Dank für alle hilfreichen Kommentare von Lesern und Studenten.

München,   Ludwig Fahrmeir, Rita Künstler,
im Dezember 2006   Iris Pigeot, Gerhard Tutz

In der siebten Auflage wurden einige noch verbliebene Druckfehler korrigiert. Dank für alle hilfreichen Kommentare von Lesern und Studenten.

München,   Ludwig Fahrmeir, Rita Künstler,
im Mai 2009   Iris Pigeot, Gerhard Tutz

Vorwort zur 8. Auflage

Wir freuen uns sehr, dass unser Buch weiterhin auf so großes Interesse stößt, und haben daher für die nunmehr 8. Auflage die Gelegenheit zu einer gründlichen Renovierung genutzt. Zu den wesentlichen Neuerungen dieser Auflage zählen die Aktualisierung von Anwendungsbeispielen, die Durchführung zugehöriger Datenanalysen mit dem Programmpaket R und die damit verbundene Möglichkeit, die Resultate nachzuvollziehen. Darüber hinaus haben wir einige Ergänzungen des Stoffes vorgenommen. Für das bisherige Autorenteam war es sehr erfreulich, dazu Christian Heumann als kompetente Verstärkung gewinnen zu können.

Bereits in früheren Auflagen verwendete Anwendungsbeispiele haben wir mit aktuellen realen Daten mit Hilfe von R vollständig runderneuert, d.h. wir haben sie reanalysiert und die Ergebnisse neu aufbereitet. Zudem haben wir weitere Anwendungsbeispiele hinzugefügt. Ausgewählte R-Codes mit kommentierten Hinweisen zeigen am Ende entsprechender Kapitel exemplarisch, wie wir die Ergebnisse erzielt haben. Ergänzend soll eine kurze Einführung in R (Kap. 15) Interessierten den Einstieg in R erleichtern.

Die Homepage

```
http://chris.userweb.mwn.de/statistikbuch.html
```

zu dieser Neuauflage stellt Datensätze, R-Codes, nützliche Links und weiteres Material zur Verfügung. Dies ermöglicht es unsere Analysen nachzuvollziehen, um so die im Buch dargestellten Resultate reproduzieren und durch eigenständige Analysen ergänzen zu können.

Zudem wird das selbständige Arbeiten mit R oder anderer Software durch zusätzliche Aufgaben am Ende von Kapiteln unterstützt. Dort finden sich auch weiterhin Aufgaben im üblichen Stil. Deren Lösungen und weitere Aufgaben sind im Arbeitsbuch Fahrmeir, Künstler, Pigeot, Tutz, Caputo und Lang (1999) enthalten.

Die methodischen Inhalte haben wir weitgehend beibehalten. Neu aufgenommen wurde insbesondere der Korrelationskoeffizient von Kendall in Kap. 3 und der exakte Test von Fisher in Kap. 11.

Wir danken unseren aufmerksamen Leserinnen und Lesern für Anregungen und Hinweise auf hartnäckige Fehler, die trotz sorgfältigen Korrekturlesens die bisherigen Auflagen überstanden haben. Schließlich gilt unser Dank Frau Iris Burger und Frau Pia Oberschmidt vom Institut für Statistik, sowie Frau Iris Ruhmann, Frau Barbara Lühker und dem gesamten Verlagsteam für die angenehme und konstruktive Zusammenarbeit.

München,
im Mai 2016

Ludwig Fahrmeir, Christian Heumann,
Rita Künstler, Iris Pigeot,
Gerhard Tutz

Inhaltsverzeichnis

Kapitel 1

Einführung

1.1 Wo braucht man Statistik?

Zunächst sollen einige Beispiele, die später ausführlicher behandelt werden, typische Fragestellungen und Anwendungssituationen veranschaulichen, bei denen statistische Methoden
eingesetzt werden. Die statistischen Begriffe, die in diesem Zusammenhang fallen, werden
in den entsprechenden Kapiteln eingeführt.

Münchner Absolventenstudie 2011

Beispiel 1.1

Im Laufe der letzten Jahre wurden zur Beurteilung der Berufsaussichten von Studienabgängerin-
nen und -abgängern mit insbesondere sozialwissenschaftlicher Ausrichtung an einigen Universitä-
ten Deutschlands Befragungen der Absolventen durchgeführt. Um die Berufsaussichten einschätzen
zu können, ist eine Fülle an Informationen erforderlich. Am Institut für Soziologie der Ludwig-
Maximilians-Universität München wurde daher für die Absolventenstudie 2011 ein spezieller Fragebogen konzipiert, der insgesamt 75 Fragen umfasst. Die Fragen betrafen folgende Sachverhalt:
Wie kann das Studienverhalten der Soziologie-Absolventen der LMU München eingeschätzt werden? Welchen Tätigkeiten gehen die Absolventen nach ihrem Studium nach? Wie ist der Übergang
in die Arbeitswelt erfolgt? Der Fragebogen deckte zahlreiche konkrete Aspekte ab wie etwa den
Studienverlauf (z.B. Anzahl absolvierter Semester, Gesamtnote, Wechsel des Studienorts, Praktika),
mögliche Zusatzqualifikation, aber auch Aspekte zur Person wie z.B. Geschlecht, Alter, Familien-
stand und berufliche Stellung der Eltern.

Der Fragebogen wurde im Jahr 2011 an 716 Personen verschickt und zugestellt. Insgesamt wurden Daten von 441 Fragebögen vom Institut für Soziologie zur Verfügung gestellt. Einen Auszug
von 36 zufällig ausgewählten Personen und fünf Merkmalen, die im Folgenden erläutert werden,
findet man in Tabelle 1.1.

Wir verwenden diesen Teildatensatz zur Veranschaulichung einiger elementarer Methoden der
Statistik. Die fünf Variablen sind: (G mit 1 = männlich, 2 = weiblich), Studiendauer in Semestern
(S), Frage: Wie häufig benötigten bzw. benötigen Sie folgende Studieninhalte bei Ihrer jetzigen Stelle (nur Fach Statistik)? ($Stat$ mit vier Kategorien: 1 = ständig, 2 = häufig, 3 = gelegentlich, 4 = nie),
hauptsächliche Finanzierungsquelle während des Studiums (F mit vier möglichen Ausprägungen:
1 = Zuwendung von Eltern, Verwandten, 3 = BAföG, 4 = Eigenes Einkommen, 5 = Sonstige) sowie
Gesamtnote (N).

Dabei wurden diese Variablen nicht speziell in Hinblick auf die eigentlich interessierende Fragestellung ausgewählt, sondern aus eher illustrativen Gründen.   □

Person i	G	S	$Stat$	F	N	Person i	G	S	$Stat$	F	N
1	2	11	4	4	2.7	2	2	12	2	4	2.3
3	2	11	1	1	2.4	4	1	12	3	4	2.74
5	2	10	2	4	1.51	6	2	12	4	1	2.15
7	1	9	2	4	2.03	8	1	16	3	1	2
9	2	11	3	1	1.35	10	2	11	1	4	3.18
11	2	14	2	1	2.12	12	1	11	4	1	2.01
13	1	12	4	4	1.82	14	2	12	4	3	1.52
15	2	11	1	1	1.91	16	2	11	3	1	1.7
17	2	11	4	1	2.05	18	2	14	2	5	1.89
19	2	12	3	1	2	20	2	11	2	1	2.29
21	1	12	3	1	1.8	22	2	13	2	3	1.75
23	1	15	1	1	1.9	24	2	11	3	3	1.24
25	1	12	3	4	2.02	26	2	14	3	1	1.3
27	1	19	3	4	2.5	28	2	9	3	1	2.7
29	2	12	4	1	2.3	30	1	14	3	4	1.8
31	2	13	3	4	1.56	32	1	14	1	4	3.27
33	2	11	4	1	2.25	34	2	10	2	1	1.43
35	1	14	2	1	2	36	2	11	4	1	2.5

Tabelle 1.1: Daten für 36 Absolventen der Münchner Absolventenstudie 2011 des Instituts für Soziologie der LMU München

Beispiel 1.2   **Mietspiegel 2015**

In vielen Städten und Gemeinden der Bundesrepublik werden sogenannte Mietspiegel erstellt. Sie bieten Mietern und Vermietern eine Marktübersicht zu Miethöhen, helfen in Mietberatungsstellen und werden, neben Sachverständigen, auch zur Entscheidung in Mietstreitprozessen herangezogen. Das frühere Miethöhengesetz wurde in das Bürgerliche Gesetzbuch (BGB) integriert. In §558, Absatz (2) ist die ortsübliche Vergleichsmiete definiert: „Die ortsübliche Vergleichsmiete wird gebildet aus den üblichen Entgelten, die in der Gemeinde oder einer vergleichbaren Gemeinde für Wohnraum vergleichbarer Art, Größe, Ausstattung, Beschaffenheit und Lage einschließlich der energetischen Ausstattung und Beschaffenheit in den letzten vier Jahren vereinbart oder, von Erhöhungen nach §560 abgesehen, geändert worden sind. Ausgenommen ist Wohnraum, bei dem die Miethöhe durch Gesetz oder im Zusammenhang mit einer Förderzusage festgelegt worden ist." Damit werden erstens die Grundgesamtheiten festgelegt, aus denen die Stichproben für die Erstellung von Mietspiegeln zu ziehen sind. Zweitens wird zugleich ein Hinweis auf die statistische Analysemethode gegeben: Sinngemäß bedeutet dies für die Nettomiete, dass ihr Durchschnittswert in Abhängigkeit von Merkmalen wie Art, Größe, Ausstattung, Beschaffenheit und Lage der Wohnung zu bestimmen bzw. zu schätzen ist. Wir beschränken uns hier auf die sogenannte Nettomiete, d.h. den monatlichen Mietpreis, der nach Abzug aller Nebenkosten übrigbleibt. Die wichtigsten Faktoren, mit denen ein Teil der erheblichen Streuung der Nettomieten um einen Durchschnittswert erklärt werden kann, sind die Wohnfläche und das Baualter. Diese beiden Merkmale finden in allen herkömmlichen Tabellenmietspiegeln Berücksichtigung. Darüber hinaus werden aber auch weitere Merkmale zur Lage und Ausstattung der Wohnung einbezogen, die zu begründeten Zu- oder Abschlägen führen.

Zur Erstellung eines Mietspiegels wird aus der Gesamtheit aller nach dem Gesetz relevanten Wohnungen der Stadt eine repräsentative Stichprobe gezogen und die interessierenden Daten werden von Interviewern in Fragebögen eingetragen. Das mit der Datenerhebung beauftragte Institut, in München Infratest, erstellt daraus eine Datei, die der anschließenden statistischen Beschreibung,

Auswertung und Analyse zugrunde liegt. Die Präsentation der Ergebnisse erfolgt schließlich in einer Mietspiegelbroschüre bzw. im Internet.

Im Folgenden betrachten wir einen Ausschnitt aus dem Mietspiegel München 2015. Eigentliches Zielmerkmal ist die monatliche Nettomiete (NM), auf die gesamte Wohnfläche oder pro Quadratmeter bezogen. Weitere Merkmale sind unter anderem: Wohnfläche (in qm), Baualter (Baujahr oder Baualterskategorie), Zentralheizung (ja/nein), Warmwasserversorgung (ja/nein), gehobene Ausstattung des Bades bzw. der Küche. Tabelle 1.2 enthält durchschnittliche Nettomieten/qm, gegliedert nach Baualters- und Wohnflächenkategorien (klein, mittel, groß). Sie gibt somit einen ersten Einblick in die Datenlage, wie sie sich in einer Teilstichprobe von 3065 Wohnungen in München darstellt. □

	Nettomiete/qm			
	Wohnfläche			
Baualter	bis 38 qm	39 bis 80 qm	81 bis 120 qm	121 qm und mehr
bis 1918	11.92 (13)	10.92 (159)	10.56 (124)	9.46 (51)
1919 bis 48	12.60 (12)	9.51 (220)	9.99 (96)	11.07 (9)
1949 bis 65	12.59 (86)	10.16 (607)	9.86 (186)	9.33 (10)
1966 bis 77	12.89 (79)	10.30 (365)	9.73 (149)	10.21 (8)
1978 bis 89	13.71 (19)	10.96 (161)	10.22 (72)	10.64 (8)
ab 1990	13.90 (17)	11.86 (381)	12.01 (208)	12.98 (25)

Tabelle 1.2: Einfacher Tabellen-Mietspiegel, in Klammern Anzahl der einbezogenen Wohnungen

Luftschadstoffe

Beispiel 1.3

Die Überwachung, Kontrolle und Reduzierung von Luftschadstoffen ist ein wichtiges umwelt- und gesundheitspolitisches Ziel. In vielen Städten und Gemeinden werden daher an ausgewählten Messstellen entsprechende Messwerte aufgezeichnet und ausgewertet. Abbildung 1.1 zeigt die mittleren Monatswerte der Konzentration von Stickoxiden (Stickstoffdioxid und -monoxid) und Kohlenmonoxid für den Zeitraum 1990 bis 2015. Die Lücken in den Messwerten in den ersten Jahren bedeuten fehlende Werte. Die Einheiten sind ppb (Parts per Billion) bei Stickoxiden und Mikrogramm/Kubikmeter bei Kohlenmonoxid. Die Messstation befindet sich in der zentral gelegenen und mäßig verkehrsbelasteten Stampfenbachstraße in Zürich. Sie ist Teil eines größeren Netzwerks in der Ostschweiz und Liechtenstein (Quelle: OSTLUFT.ch). Typische Fragestellungen sind: Lässt sich ein längerfristiger Trend feststellen? Wie groß sind saisonale Einflüsse? Lassen sich Erfolge umweltpolitischer Maßnahmen erkennen? Wir werden solchen Fragen in Kapitel 14 nachgehen. □

Politische Umfragen

Beispiel 1.4

Befragungen zur Beliebtheit von Politikern, zur Beurteilung der wirtschaftlichen Lage oder darüber, welche Partei man wählen würde, werden regelmäßig von bekannten Instituten durchgeführt. Abbildung 1.2 vergleicht die Beliebtheit von Merkel und Steinbrück für die Monate des Jahres 2013. Die Grafik vermittelt einen sehr eindeutigen Eindruck von sich abzeichnenden Tendenzen. Da die Daten aus Stichproben gewonnen werden, ist jedoch Vorsicht bei der Interpretation geboten: Wie groß ist der Anteil der Stichprobenfehler, also zufälliger Veränderungen, gegenüber substanziellen Veränderungen?

Tabelle 1.3 zeigt für den Befragungszeitraum (10.12.2013- 12.12.2013) Ergebnisse zur sogenannten Sonntagsfrage „Welche Partei würden Sie wählen, wenn am nächsten Sonntag Bundestagswahlen wären?". Dazu sind zu einer Stichprobe von 1349 Personen entsprechende Prozentzahlen

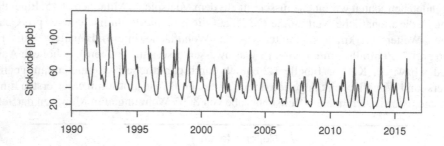

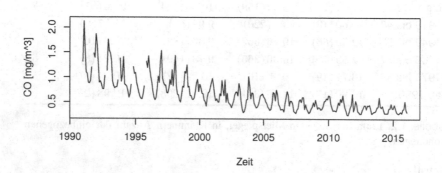

Abbildung 1.1: Mittlere Monatswerte der Konzentration von Stickoxiden (Stickstoffdioxid und -monoxid) und Kohlenmonoxid

getrennt nach Geschlecht bzw. insgesamt angegeben. Es entsteht der Eindruck, dass die Parteipräferenz vom Geschlecht abhängt. Da es sich um eine Stichprobe handelt, entsteht wieder die Frage, ob dies Zufall oder „statistisch signifikant" ist.   □

	CDU/CSU	SPD	FDP	Linke	Grüne	Rest	
Männer	38.8	24.3	5.4	14.8	7.9	8.8	100
Frauen	44.5	25.0	1.6	11.4	13.0	4.5	100
	41.4	24.6	3.6	13.2	10.3	6.9	

Tabelle 1.3: Prozentzahlen der Parteipräferenz bei der Sonntagsfrage. Quelle: Jung, Matthias; Schroth, Yvonne; Wolf, Andrea (2015): Politbarometer 2013 (Cumulated Data Set, incl. Flash). GESIS Data Archive, Cologne. ZA5677 Data file Version 1.1.0, doi:10.4232/1.12171

Beispiel 1.5   Kreditwürdigkeitsprüfung und Insolvenzprognose

Bei der Kreditvergabe ist es für Banken offensichtlich wichtig, dass die Rückzahlung ordnungsgemäß abgewickelt wird. Um zu vermeiden, dass es zu Verzögerungen der Ratenzahlungen oder gar zum Kreditausfall kommt, ist es daher nötig, die zukünftige Bonität eines potenziellen Kreditnehmers abzuschätzen und die Vergabe eines Kredits davon abhängig zu machen. Die Bank steht vor

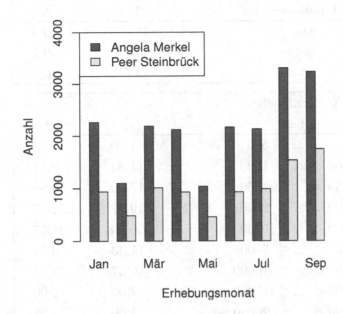

Abbildung 1.2: Kanzlerpräferenz

dem Problem, einen potenziellen Kreditnehmer entweder der Klasse der problemlosen Kreditnehmer zuzuordnen und den Kredit zu vergeben, oder ihn der Klasse der Problemfälle zuzuordnen und auf das Kreditgeschäft zu verzichten bzw. eine genauere Prüfung vorzunehmen.

Für eine datengestützte und automatische Entscheidungshilfe bei der Kreditvergabe werden bereits abgewickelte Kredite als sogenannte Lernstichproben herangezogen. Für jeden Kunden aus dieser Stichprobe ist seine „Kreditwürdigkeit" Y (ja = 0, nein = 1) bekannt. Zusätzlich werden bei der Kreditvergabe weitere Merkmale zum Kredit und zur Person des Kunden erhoben, die Hinweise darauf geben sollen, ob der Kunde als kreditwürdig einzustufen ist oder nicht. Wir betrachten folgende Merkmale aus einer Lernstichprobe von 1000 Konsumentenkrediten einer süddeutschen Großbank mit 300 schlechten und 700 guten Krediten:

X_1 Laufendes Konto bei der Bank (nein = 1, mittel = 2, gut = 3)

X_2 Laufzeit des Kredits in Monaten

X_3 Kredithöhe in Euro

X_4 Rückzahlung früherer Kredite (gut/schlecht)

X_5 Verwendungszweck (privat/beruflich)

X_6 Geschlecht (weiblich/männlich)

Die folgende Tabelle 1.4 gibt für die 300 schlechten ($Y = 1$) und die 700 guten ($Y = 0$) Kredite jeweils die Prozentzahlen für die Ausprägungen der ausgewählten Merkmale X_1, X_3, X_4 und X_5 an. Sieht man sich die Prozentzahlen für die Variable X_1 in beiden „Schichten" $Y = 1$ und $Y = 0$ an, so erkennt man, dass sich diese Variable in den beiden Schichten deutlich unterschiedlich verhält. Dagegen ist zum Beispiel für die Variable X_3 kein deutlicher Unterschied erkennbar.

Automatische Systeme zur Kreditwürdigkeitsprüfung nutzen Merkmale mit deutlichen Unterschieden in beiden Schichten so, dass ein neuer Kunde aufgrund seiner Ausprägungen in diesen

	Y	
X_1: laufendes Konto	1	0
nein	45.0	19.9
gut	15.3	49.7
mittel	39.7	30.2

X_3: Kredithöhe		Y	
in Euro		1	0
$< \dots \leq\ 500$		1.00	2.14
$500 < \dots \leq\ 1000$		11.33	9.14
$1000 < \dots \leq\ 1500$		17.00	19.86
$1500 < \dots \leq\ 2500$		19.67	24.57
$2500 < \dots \leq\ 5000$		25.00	28.57
$5000 < \dots \leq\ 7500$		11.33	9.71
$7500 < \dots \leq\ 10000$		6.67	3.71
$10000 < \dots \leq\ 15000$		7.00	2.00
$15000 < \dots \leq\ 20000$		1.00	.29

	Y	
X_4: Frühere Kredite	1	0
gut	82.33	94.85
schlecht	17.66	5.15

	Y	
X_5: Verwendungszweck	1	0
privat	57.53	69.29
beruflich	42.47	30.71

Tabelle 1.4: Prozentzahlen ausgewählter Merkmale zur Kreditwürdigkeit

Merkmalen als kreditwürdig oder nicht kreditwürdig eingestuft wird. Dabei sollen Fehleinstufungen mit möglichst geringen Wahrscheinlichkeiten auftreten.   □

Beispiel 1.6   Aktienkurse

Ein wichtiges Anwendungsgebiet der Statistik ist die Analyse von Finanzmarktdaten, z.B. von Aktien-, Wechsel- und Zinskursen. Ziele sind etwa das Aufspüren von systematischen Strukturen, der Einfluss bestimmter politischer oder wirtschaftlicher Ereignisse, schnelles Erkennen von Veränderungen und Entscheidungsunterstützung für An- und Verkauf sowie für Portfoliogestaltung.

Neben Kursen einzelner Aktien bilden dazu auch die Werte eines Aktienindex eine wichtige Datengrundlage. Bekannte Aktienindizes sind etwa der Deutsche Aktienindex (DAX), der MDAX, in dem mittelgroße Unternehmen (deutsche Midcaps) vertreten sind, international der S&P Global 1200 (Standard & Poor's Global 1200), welcher 1200 der größten Aktiengesellschaften der Welt enthält, oder der MSCI World, der Aktien von Unternehmen aus 23 Ländern enthält.

Abbildung 1.3 zeigt die täglichen Kurse der BMW-Aktie von Januar 2000 bis Juni 2015.

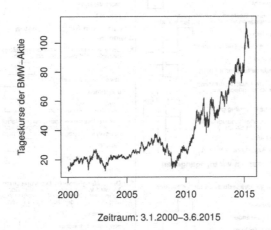

Zeitraum: 3.1.2000–3.6.2015

Abbildung 1.3: Tageskurse der BMW-Aktie

Durch Vergleich mit dem DAX lassen sich sogenannte *Beta-Faktoren* für die Aktien berechnen. *Beta-Faktoren*
Diese werden zur Steuerung von Aktienportfolios verwendet. Die Berechnung der Beta-Faktoren
basiert auf dem *„Capital Asset Pricing Model" (CAPM)* und wird in den Abschnitten 3.6 und 12.1 *Capital Asset*
illustriert. Das CAPM spielt in der Kapitalmarkttheorie eine wichtige Rolle. Anhand dieses Mo- *Pricing Model*
dells wird versucht, Aussagen über die Rendite einer Aktie unter Berücksichtigung ihres Risikos zu *(CAPM)*
treffen. ⊔

Klinische und epidemiologische Studien
Beispiel 1.7

In medizinischen Studien ist oft die Beurteilung der Wirkung eines Medikaments bzw. einer Therapie
oder das Erkennen bestimmter Risikofaktoren von primärem Interesse. In sogenannten randomisier-
ten Studien werden Patienten z.B. zufällig entweder der Therapiegruppe oder einer Placebogruppe
zugewiesen. Zusätzlich werden in der Regel noch personenspezifische Merkmale wie Alter, Geschlecht, allgemeiner Gesundheitszustand oder besondere Risikofaktoren mit erhoben. Ziel ist der
statistische Nachweis der Wirksamkeit des Medikaments, der Therapie bzw. die Quantifizierung des
Einflusses anderer Merkmale und Faktoren.

Als Beispiel betrachten wir eine am Klinikum der Technischen Universität München in den Jahren 1987 bis 1994 durchgeführte Studie zur Überlebenszeit nach einer Magenkrebsoperation, wobei
der Tumor vollständig entfernt wurde. Von den 179 Patienten verstarben 82 an den Folgen der Tumorerkrankung, die restlichen Patienten überlebten bis zum Ende der Studie oder starben aufgrund
anderer Ursachen. Neben dem Zeitpunkt der Operation, dem Alter und dem Geschlecht wurden
von jedem Patienten prognostische Faktoren erhoben, die Art, Stärke, Lokalisation und Stadium der
Tumorerkrankung betrafen. Von besonderem Interesse ist die Analyse des Einflusses, den solche
Faktoren auf den weiteren Krankheitsverlauf und langfristige Überlebenschancen haben. □

Konjunkturtest des IFO-Instituts
Beispiel 1.8

Seit 1949 führt das IFO-Institut in München monatliche Unternehmensbefragungen durch, an denen
sich zur Zeit rund 12000 Unternehmen des verarbeitenden und des Baugewerbes sowie des Groß-

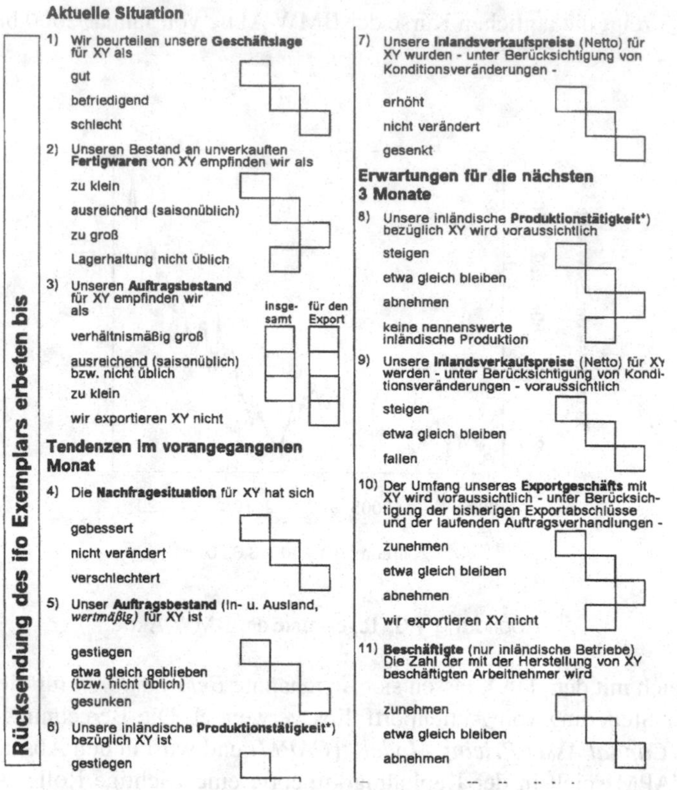

Rücksendung des ifo Exemplars erbeten bis

Aktuelle Situation

1) Wir beurteilen unsere **Geschäftslage** für XY als
   - gut
   - befriedigend
   - schlecht

2) Unseren Bestand an unverkauften **Fertigwaren** von XY empfinden wir als
   - zu klein
   - ausreichend (saisonüblich)
   - zu groß
   - Lagerhaltung nicht üblich

3) Unseren **Auftragsbestand** für XY empfinden wir als   insge-samt   für den Export
   - verhältnismäßig groß
   - ausreichend (saisonüblich) bzw. nicht üblich
   - zu klein
   - wir exportieren XY nicht

Tendenzen im vorangegangenen Monat

4) Die **Nachfragesituation** für XY hat sich
   - gebessert
   - nicht verändert
   - verschlechtert

5) Unser **Auftragsbestand** (In- u. Ausland, wertmäßig) für XY ist
   - gestiegen
   - etwa gleich geblieben (bzw. nicht üblich)
   - gesunken

6) Unsere inländische **Produktionstätigkeit***) bezüglich XY ist
   - gestiegen

7) Unsere **Inlandsverkaufspreise** (Netto) für XY wurden - unter Berücksichtigung von Konditionsveränderungen -
   - erhöht
   - nicht verändert
   - gesenkt

Erwartungen für die nächsten 3 Monate

8) Unsere inländische **Produktionstätigkeit***) bezüglich XY wird voraussichtlich
   - steigen
   - etwa gleich bleiben
   - abnehmen
   - keine nennenswerte inländische Produktion

9) Unsere **Inlandsverkaufspreise** (Netto) für XY werden - unter Berücksichtigung von Konditionsveränderungen - voraussichtlich
   - steigen
   - etwa gleich bleiben
   - fallen

10) Der Umfang unseres **Exportgeschäfts** mit XY wird voraussichtlich - unter Berücksichtigung der bisherigen Exportabschlüsse und der laufenden Auftragsverhandlungen -
   - zunehmen
   - etwa gleich bleiben
   - abnehmen
   - wir exportieren XY nicht

11) **Beschäftigte** (nur inländische Betriebe) Die Zahl der mit der Herstellung von XY beschäftigten Arbeitnehmer wird
   - zunehmen
   - etwa gleich bleiben
   - abnehmen

Abbildung 1.4: Frageboges des IFO-Konjunkturtests für das verarbeitende Gewerbe

und Einzelhandels beteiligen. Ziel dieses sogenannten „Konjunkturtests" ist es, direkt und schnell von den Unternehmen Auskunft z.B. über die Veränderungen von Urteilen, Plänen und Erwartungen zu bestimmten ökonomischen Größen zu bekommen, die sich als Indikatoren zur Konjunkturbeurteilung eignen.

Der IFO-Konjunkturtest beschränkt sich auf die Erhebung von Entwicklungstendenzen bestimmter betrieblicher Variablen, wie z.B. Produktion, Preise, Auftrags- und Lagerbestand bzw. die Beurteilung dieser Entwicklungen bezogen auf die Vergangenheit und/oder die Zukunft. Themen der Fragen sind für das verarbeitende Gewerbe neben der aktuellen Beurteilung von Geschäftslage, Auftrags- und Lagerbestand die Veränderung gegenüber dem Vormonat von Nachfrage, Auftragsbestand, Produktion und Preisen sowie die Erwartungen über die Entwicklung der Preise, der Produktion, des Exportgeschäfts und der allgemeinen Geschäftslage. Ein Ausschnitt des Fragebogens ist in Abbildung 1.4 dargestellt.

Die daraus erhaltenen Daten werden auch Mikrodaten genannt, da sie auf Unternehmensebene erhoben werden. Im Folgenden sind einige Fragen für das verarbeitende Gewerbe wiedergegeben, die von den teilnehmenden Unternehmen jeweils monatlich beantwortet werden. Die Daten des Konjunkturtests stellen eine Alternative zu Daten der amtlichen Statistik dar, mit dem Vorteil, dass sie einfacher erhoben und deutlich rascher veröffentlicht werden können. Durch geeignete Aufbereitung, wie etwa im monatlichen Konjunkturspiegel, und statistische Analysen wird eine kurzfristige Beurteilung der konjunkturellen Entwicklung möglich. Abbildung 1.5 zeigt den Geschäftklimaindex für die gewerbliche Wirtschaft. Basis der Berechnung des Indexes sind sogenannte Salden. Die Unternehmen können auf die Fragen zur Geschäftserwartung mit „günstiger", „gleichbleibend" oder „ungünstiger" antworten. Für die gegenwärtige Geschäftslage stehen die Antworten „gut", „befriedigend" oder „schlecht" zur Auswahl. Der Saldowert der gegenwärtigen Geschäftslage ist die Differenz der Prozentanteile der Antworten „gut" und „schlecht", der Saldowert der Erwartungen ist die Differenz der Prozentanteile der Antworten „günstiger" und „ungünstiger".

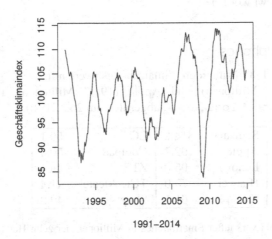

Abbildung 1.5: Geschäftsklimaindex für die gewerbliche Wirtschaft 01/1991-12/2014

Das Geschäftsklima ist ein (geometrischer) Mittelwert aus den Salden der Geschäftslage und Erwartungen. Durch Normierung entsteht daraus der Geschäftsklimaindex, dessen Werte wie in Abbildung 1.5 um den Wert 100 nach unten und oben schwanken.

□

Das SHARE-Projekt   Beispiel 1.9

Das SHARE-Projekt (Survey of Health, Ageing and Retirement in Europe) ist eine interdisziplinäre und länderübergreifende Studie mit Mikrodaten (also personenbezogenen Daten) zu den folgenden Merkmalen und Bereichen (nur exemplarische Auswahl).

- Demografie: Alter, Geschlecht, Geburtsland, Alter und Geschlecht des Partners

- Haushaltszusammensetzung: Haushaltsgröße, im Haushalt lebende Kinder

- Soziales Netzwerk: Anzahl Kinder, Anzahl Enkelkinder, Anzahl lebender Geschwister

- Bedingungen im Kindesalter: Anzahl Bücher im Alter von 10 Jahren, relative mathematische Kenntnisse und Sprachkenntnisse im Alter von 10 Jahren

- Gesundheit und Gesundheitsverhalten: chronische Krankheiten, Depressionsskala (EURO-D), CASP-12 Index für Lebensqualität, Body Mass Index (BMI), Rauch- und Trinkgewohnheiten, Sportaktivitäten

- Funktionale Einschränkungen, gemessen mit verschiedenen Indizes: Mobilitätsindex, grobmotorische und fein-motorische Fähigkeiten, kognitive Funktionen

- Arbeit und Geld: momentane Arbeitssituation, Art des Hauptjobs, Arbeitsstunden pro Woche, Zufriedenheit mit dem Hauptjob, Einkommensperzentil des monatlichen Haushaltseinkommens, Pläne für vorzeitigen Ruhestand, Ausgaben für Nahrungsmittel

Die Studie ist als Panelstudie angelegt, das heißt die Befragung wird über mehrere Jahre in sogenannten Wellen durchgeführt, und enthält mittlerweile über 123.000 Personen im Alter von 50 Jahren oder darüber aus 20 europäischen Ländern und Israel. Insgesamt wurden bis jetzt etwa 293.000 Interviews durchgeführt. Jede eingeschlossene Person erhielt eine eindeutige Identifikationsnummer und kann mehrfach interviewt worden sein.   □

Beispiel 1.10   Marktanteile bei Smartphones

In 2014 wurden etwa $1,3$ Milliarden Smartphones verkauft. Die größten Marktanteile besitzen Samsung (314,2 Millionen) und Apple (192,7 Millionen). (Quelle: `http : // communities-dominate.blogs.com/`, abgerufen am 25.2.2016).

Samsung	314.2	LG	59.1
Apple	192.7	Coolpad	50.4
Lenovo	95.0	ZTE	46.1
Huawei	75.0	TCL-Alcatel	41.4
Xiaomi	61.1	Sony	40.2

Tabelle 1.5: Anzahl verkaufter Smartphones in Millionen der zehn Hersteller mit den meisten Verkäufen

In Tabelle 1.5 sind die Anteile der zehn Smartphone-Hersteller mit den meisten Verkäufen angegeben, auf die wir uns im Folgenden beschränken. Diese machen etwa 75% aller Verkäufe aus. Kann man hier bereits von einer hohen Marktkonzentration sprechen, d.h. wenige Hersteller dominieren den Smartphone-Markt? In Kapitel 2.3 werden wir geeignete Maßzahlen zur Messung der Konzentration kennenlernen.   □

1.2   Was macht man mit Statistik?

Wie an den vorangehenden Beispielen deutlich wurde, lassen sich allgemein bei wissenschaftlichen Untersuchungen oder Problemstellungen der Praxis verschiedene Stufen unterscheiden, die von der Planung einer Untersuchung bis hin zur Auswertung der Ergebnisse und Formulierung neuer Fragestellungen reichen. Auf jeder Stufe kommen Methoden entsprechender Teilgebiete der Statistik zum Einsatz. So interessieren im Rahmen der Planung einer Erhebung oder eines Versuches statistische Methoden der Stichprobenziehung und der Versuchsplanung. Aber auch zur Überprüfung der Reliabilität und Validität von Fragebögen werden statistische Verfahren eingesetzt. Speziell bei der Datenanalyse lassen sich

Deskription
Exploration
Induktion

drei Grundaufgaben der Statistik angeben: Beschreiben (*Deskription*), Suchen (*Exploration*) und Schließen (*Induktion*). Jeder dieser Aufgaben entspricht ein Teilgebiet der Statistik. So widmet sich die deskriptive Statistik der Beschreibung und Darstellung von Daten. Die explorative Statistik befasst sich mit dem Auffinden von Strukturen, Fragestellungen und Hypothesen, während die induktive Statistik Methoden bereitstellt, um statistische Schlüsse mittels stochastischer Modelle ziehen zu können. Diese drei Gebiete werden im Folgenden kurz beschrieben und in entsprechenden Kapiteln dieses Buches ausführlich diskutiert.

deskriptive
Statistik

Die *deskriptive Statistik* dient zunächst zur beschreibenden und grafischen Aufbereitung und Komprimierung von Daten (vgl. Kapitel 2 und 3). Dies ist vor allem zur Präsentation umfangreichen Datenmaterials von Bedeutung. Sie umfasst insbesondere grafische Darstellungen wie Diagramme und Verlaufskurven, Tabellen, die ein- und mehrdimensionale Häufigkeiten zusammenfassen, und Kenngrößen wie zum Beispiel Mittelwert oder Streuung. Beschrieben oder dargestellt werden jeweils *Merkmale* oder *Variablen*, die gewisse *Ausprägungen* oder *Werte* besitzen. Bei der Erstellung des Mietspiegels interessieren beispielsweise die Merkmale Nettomiete mit möglichen Ausprägungen 1560, 750, 1020, ... (Euro), Baualter mit den Werten 1965, 1980, 1995, ... oder Wohnfläche in Quadratmetern. Bei der Kreditwürdigkeitsüberprüfung wird für jeden Kunden das Merkmal Kreditwürdigkeit erhoben. Dieses Merkmal hat nur zwei Ausprägungen: ja oder nein, je nachdem ob der Kunde kreditwürdig ist oder nicht. Merkmale lassen sich aufgrund verschiedener Kriterien charakterisieren, die in Abschnitt 1.3 diskutiert werden. Eine eher generelle Unterscheidung von Variablen und zwar nicht nur in der deskriptiven Statistik richtet sich dabei nach der Fragestellung, die der jeweiligen Erhebung oder dem Versuch zugrunde liegt. Man unterscheidet Variablen, die beeinflusst werden, die sogenannten *Zielgrößen*, und solche, die beeinflussen. Diese werden weiter aufgeteilt in beobachtbare Variablen, also Variablen, die gemessen werden können und die als *Einflussgrößen* oder *Faktoren* bezeichnet werden, und in nicht beobachtbare Variablen, die zum Teil als *Störgrößen* gelten, aber auch wichtige Faktoren sein können und dann als *latent* bezeichnet werden. Diese Unterscheidung ist so zu verstehen, dass es eine oder mehrere interessierende Größen, die Zielgrößen, gibt, die insbesondere im Hinblick darauf interessieren, welche Merkmale für Veränderungen der Zielgrößen verantwortlich sind, diese also beeinflussen. Dies sei noch einmal an dem Beispiel des Mietspiegels veranschaulicht. Hier ist die Nettomiete einer Wohnung die Zielgröße, mögliche Einflussgrößen sind die Wohnfläche, das Baualter sowie erhobene Ausstattungs- und Lagemerkmale. Zu den Störgrößen müssen wir nicht erhobene oder schlecht quantifizierbare Ausstattungs- und Lagemerkmale sowie unbekannte Präferenzen oder Gewohnheiten von Mieter oder Vermieter zählen. Damit können wir die Höhe der Nettomiete zwar größtenteils durch die erhobenen Einflussgrößen erklären, aber dieser Zusammenhang lässt sich aufgrund der Störgrößen nicht vollständig erfassen.

Merkmal, Variable Ausprägung

Zielgrößen

Einflussgrößen, Faktoren

Störgrößen, latente Größen

Neben der Darstellung und Verdichtung von Daten dient die deskriptive Statistik auch zur *Datenvalidierung* und zur Gewinnung erster Eindrücke oder Ideen zur weiteren Analyse. Dabei ist speziell der Aspekt der Datenvalidierung nicht zu vernachlässigen. Mithilfe der deskriptiven Aufbereitung der Daten lassen sich relativ leicht Fehler in dem Datensatz, die beispielsweise durch eine falsche Übertragung vom Fragebogen auf den Datenträger entstanden sind, entdecken und eventuell beheben. Werden solche Fehler nicht frühzeitig entdeckt, müssen darauf aufbauende spätere Analysen noch einmal durchgeführt werden, was unnötige Kosten und zusätzlichen Zeitaufwand beinhaltet.

Datenvalidierung

Im Unterschied zur induktiven Statistik verwendet die deskriptive keine Stochastik. Formale Rückschlüsse über die Daten und Objekte der Erhebung hinaus sind damit nicht möglich.

Die *explorative Datenanalyse* geht weiter als die deskriptive Statistik. Sie verwendet zwar ebenfalls keine Stochastik, also auf Wahrscheinlichkeitstheorie basierende Verfahren, aber einige ihrer Methoden sind durchaus von der induktiven Statistik beeinflusst. Über die Darstellung von Daten hinaus ist sie konzipiert zur Suche nach Strukturen und Besonderheiten in den Daten und kann so oft zu neuen Fragestellungen oder Hypothesen in den

explorative Datenanalyse

jeweiligen Anwendungen führen. Sie wird daher typischerweise eingesetzt, wenn die Fragestellung nicht genau definiert ist oder auch die Wahl eines geeigneten statistischen Modells
unklar ist. Die Methoden der explorativen Datenanalyse sind häufig sehr computerintensiv.
Ihre Entwicklung und praktische Nutzung sind dementsprechend durch die Bereitstellung
schneller und leistungsstarker Rechner gefördert worden.

Rückschlüsse über die Erhebung hinaus sind zwar auch hier nicht durch Wahrschein-
lichkeitsaussagen formalisiert, dennoch ergeben sich oft deutliche Hinweise oder „empirische Evidenz" für bestimmte Tatsachen oder Forschungshypothesen. Wir sehen die explorative Datenanalyse als Weiterführung und Verfeinerung der deskriptiven Statistik an und
fassen beide Teile als Deskription und Exploration von Daten zusammen.

induktive
Statistik

Die *induktive Statistik* – auch schließende oder inferentielle Statistik genannt – versucht,
durch geeigneten Einbezug von Wahrscheinlichkeitstheorie und Stochastik über die erhobenen Daten hinaus allgemeinere Schlussfolgerungen für umfassendere Grundgesamtheiten
zu ziehen, z.B.: Wie gut kann man mit durchschnittlichen Nettomieten aus einer Stichprobe
die Durchschnittsmiete aller mietspiegelrelevanten Wohnungen approximieren? Inwieweit
sind die Antworten zur Sonntagsfrage, die in einer Umfrage erhalten werden, repräsentativ
für alle Wahlberechtigten? Ist Therapie A besser als Therapie B? Eine statistisch abgesicher-
te Beantwortung solcher Fragen erfordert eine sorgfältige Versuchsplanung, vorbereitende
deskriptive und explorative Analysen sowie klar definierte stochastische Modelle, um wahrscheinlichkeitstheoretische Rückschlüsse zu ermöglichen.

Statistik und die von dieser Wissenschaft bereitgestellten Methoden sind somit stets
notwendig, wenn im Rahmen empirischer Untersuchungen Daten erhoben werden und diese
analysiert werden sollen. Dabei sind die Aufgaben und Methoden der Statistik so vielfältig
wie die praktischen Fragestellungen, für die die Statistik eingesetzt wird. Statistik ist keine
stagnierende Wissenschaft. Komplexe Fragestellungen aus der Praxis erfordern eine stete
Weiterentwicklung statistischer Methoden. Ihre interdisziplinäre Ausrichtung wurde an den
vorgestellten Beispielen deutlich, die aus den verschiedensten Bereichen der Forschung wie
Medizin, Forstwissenschaft, Ökonomie, Soziologie u.a. stammten.

In den folgenden Kapiteln werden Standardmethoden der Statistik, die den oben beschriebenen Bereichen zuzuordnen sind, eingeführt und erläutert. Wir werden zu ihrer Veranschaulichung auf die bereits vorgestellten Beispiele zurückgreifen, aber auch weitere heranziehen.

1.3   Was steht am Anfang?

Bevor wir ausführlich statistische Verfahren zur Datenanalyse vorstellen, beschreiben wir
zunächst einige Grundzüge der Datenerhebung. In jedem der oben geschilderten Beispiele
werden im Rahmen empirischer Untersuchungen Daten erhoben, die mithilfe statistischer
Methoden komprimiert, dargestellt und analysiert werden sollen. Die statistische Analyse
dient dabei dazu, inhaltliche Fragestellungen mathematisch-statistisch zu erfassen und anschließend beispielsweise Zusammenhänge zwischen verschiedenen interessierenden Größen aufzudecken. Um dies leisten zu können, muss jedoch zunächst geklärt werden, welcher
Art die erhobenen Daten sind und wie sie gewonnen wurden.

1.3.1 Statistische Einheiten, Merkmale und Gesamtheiten

Daten werden stets an gewissen Objekten beobachtet. Man spricht in der Statistik dann von *statistischen Einheiten*. Diese können völlig unterschiedlich sein wie etwa Wohnungen beim Mietspiegel, Unternehmen beim IFO-Konjunkturtest oder Bankkunden bei der Kreditwürdigkeitsüberprüfung. Beim SHARE-Projekt sind es Personen aus Europa und Israel im Alter von 50 oder darüber, während dies in der Münchner Absolventenstudie gerade die Absolventen des Studiengangs Soziologie sind.

statistische Einheiten

Bei diesen von uns betrachteten 36 Absolventen der Münchner Absolventenstudie (vgl. Tabelle 1.1) handelt es sich nur um eine Auswahl der insgesamt für die Befragung relevanten Studienabgänger. Die Gesamtheit aller Absolventen des Studiengangs Soziologie, die zwischen 1998 und 2011 ihren Abschluss an der Universität München abgelegt haben, bildet die sogenannte *Grundgesamtheit (Population)*. Als Grundgesamtheit wird somit die Menge aller statistischen Einheiten bezeichnet, über die man Aussagen gewinnen will. Diese muss klar umgrenzt sein und hängt natürlich von der interessierenden Fragestellung ab. Beim Münchner Mietspiegel setzt sich die Grundgesamtheit aus allen nach dem Gesetz relevanten Wohnungen Münchens zusammen. Im Rahmen politischer Umfragen etwa dazu, welche Partei man wählen würde, ist die Grundgesamtheit die zu dem jeweiligen Zeitpunkt wahlberechtigte Bevölkerung eines Landes. In diesen Beispielen ist die Population jeweils *endlich*. Es ist aber zu beachten, dass eine Grundgesamtheit nicht immer eine endliche Menge an statistischen Einheiten sein muss, deren Elemente konkret vorliegen. Sie kann auch *unendlich* groß oder sogar *hypothetisch* sein. Im Zusammenhang mit der Kreditwürdigkeitsüberprüfung bilden alle potenziellen Kunden die Grundgesamtheit, die somit hypothetisch ist. Als ein Beispiel für eine unendliche Grundgesamtheit kann die Menge aller möglichen Wartezeiten während der Betriebszeit einer U-Bahn angesehen werden. Beschränkt man die Untersuchung auf Teilmengen der Grundgesamtheit, beispielsweise auf die weiblichen Absolventen, so spricht man von *Teilgesamtheiten (Teilpopulationen)*.

Grundgesamtheit, Population

endlich

unendlich hypothetisch

Teilgesamtheiten, Teilpopulationen

Typischerweise wird man nicht alle statistischen Einheiten der Grundgesamtheit in die Untersuchung einbeziehen, sondern sich auf eine nach bestimmten Kriterien auszuwählende Teilgesamtheit beschränken. Die tatsächlich untersuchte Teilgesamtheit wird als *Stichprobe* bezeichnet. Dabei ist darauf zu achten, dass die Stichprobe ein möglichst getreues Abbild der Gesamtpopulation ist. Dies erreicht man insbesondere durch zufällige Stichproben, wobei zufällig nicht mit willkürlich gleichzusetzen ist, sondern beispielsweise meint, dass jede statistische Einheit dieselbe Chance hat, in die Stichprobe aufgenommen zu werden.

Stichprobe

An den statistischen Einheiten, die in eine Stichprobe gelangt sind, werden interessierende Größen beobachtet, die sogenannten *Merkmale* oder auch *Variablen*. Man spricht daher häufig auch von den statistischen Einheiten als *Merkmalsträgern*. In der Regel wird an einem Objekt mehr als ein Merkmal erhoben. So wurden in der Münchner Absolventenstudie für jeden Studienabgänger das Geschlecht, die Semesterdauer, die Durchschnittsnote und noch eine Vielzahl weiterer Merkmale erfasst. Bei dem IFO-Konjunkturtest wird unter anderem nach der Beurteilung der Geschäftslage und nach dem Auftragsbestand gefragt. Zu den erhobenen Merkmalen beim Mietspiegel gehören die Nettomiete, das Baualter und die Wohngröße. Dabei kann jedes Merkmal verschiedene *Werte* annehmen. Diese Werte nennt man auch *Merkmalsausprägungen* oder nur kurz *Ausprägungen*. Das Merkmal Geschlecht beispielsweise hat die Ausprägungen männlich/weiblich. Das bei der SHARE-Studie unter

Merkmal, Variable Merkmalsträger

Werte, Merkmalsausprägungen

anderem interessierende Merkmal Einkommensperzentil kann etwa $1, 2, \ldots, 10$ als Ausprägungen besitzen (dabei bedeutet 2 zum Beispiel, dass das monatliche Haushaltseinkommen zu den niedrigsten 20% der Haushaltseinkommen gehört). Für jede statistische Einheit wird im Rahmen einer Datenerhebung nun notiert, welche Ausprägung das jeweilige Merkmal besitzt. Damit beschreibt der Begriff Merkmal die interessierende Größe allgemein, während die Merkmalsausprägung den konkreten Wert dieser Größe für eine bestimmte statistische Einheit angibt.

Statistische Einheiten, Merkmale, Gesamtheiten

Statistische Einheiten: Objekte, an denen interessierende Größen erfasst werden

Grundgesamtheit: Menge aller für die Fragestellung relevanten statistischen Einheiten

Teilgesamtheit: Teilmenge der Grundgesamtheit

Stichprobe: tatsächlich untersuchte Teilmenge der Grundgesamtheit

Merkmal: interessierende Größe, *Variable*

Merkmalsausprägung: konkreter Wert des Merkmals für eine bestimmte statistische Einheit

---

Beispiel 1.11   Münchner Absolventenstudie

In Tabelle 1.1 bilden die 36 Absolventen die statistischen Einheiten, an denen die Merkmale Geschlecht, Studiendauer in Semestern, bei der jetzigen Stelle benötigte Studieninhalte des Fachs Statistik, Hauptfinanzierungsquelle während des Studiums sowie Gesamtnote erfasst wurden. Dabei wurden zum Beispiel für die Person mit der Nummer 25 folgende Ausprägungen der fünf Merkmale beobachtet:

Geschlecht = 1, Studiendauer = 12, benötigte Inhalte = 3, Fianzierungsquelle = 4, Gesamtnote = $2,02$,

d.h. diese Person ist männlich, hat ihr Studium nach 12 Semestern abgeschlossen, benötigt Studieninhalte des Fachs Statistik gelegentlich bei der jetzigen Stelle, bestritt den Lebensunterhalt während des Studiums durch eigenes Einkommen und hat mit der Note $2,02$ abgeschlossen.   □

1.3.2 Merkmalstypen

Für die spätere Datenanalyse ist es hilfreich und wichtig, Merkmale hinsichtlich bestimmter Charakteristika in Typen einzuteilen.

Betrachten wir beispielsweise folgende Merkmale: Geschlecht mit den Ausprägungen männlich/weiblich, Schulnote mit den Ausprägungen sehr gut, gut, befriedigend, ausreichend, mangelhaft und Körpergröße mit Ausprägungen zwischen $140\,cm$ und $220\,cm$, so lassen sich unmittelbar einige Unterschiede erkennen. Geschlecht und Schulnote haben endlich viele Ausprägungen, wobei die Ausprägungen für das Geschlecht nicht sinnvoll in eine

Reihenfolge gebracht werden können. Für die Noten existiert eine Ordnung; jedoch sind die Abstände kaum sinnvoll interpretierbar. Bei der Körpergröße sind theoretisch unendlich viele Ausprägungen möglich, die geordnet werden können, und deren Abstände interpretierbar sind.

Stetige und diskrete Merkmale

Eine einfache Unterteilung von Merkmalen orientiert sich an der Anzahl der möglichen Ausprägungen.

Kann ein Merkmal nur endlich viele Ausprägungen annehmen, wie z.B. die Anzahl der Kinder in einem Haushalt, oder abzählbar unendlich viele Ausprägungen, wie z.B. die Anzahl der Würfe mit einem Würfel, bis eine Sechs erscheint, so heißt das Merkmal *diskret*. Zähldaten, auch wenn keine obere Schranke angegeben werden kann, sind somit stets diskret. Kann ein Merkmal hingegen alle Werte eines Intervalls annehmen, wie etwa die Körpergröße, heißt es *stetig*. Bei der Einteilung in diskrete und stetige Merkmale gibt es gewisse Zwischenformen. *stetig*

So spricht man auf der einen Seite von *quasi-stetigen* Merkmalen, wenn diese an sich nur diskret gemessen werden können, aber sich aufgrund einer sehr feinen Abstufung wie stetige Merkmale behandeln lassen. Dazu gehören insbesondere monetäre Größen wie die Nettomiete oder die Kredithöhe. Aufgrund von Messungenauigkeiten werden auch häufig Variablen wie Zeit etwa bei Lebensdauern, Länge oder Ähnliches als quasi-stetig bezeichnet. *quasi-stetig*

Auf der anderen Seite lassen sich die Ausprägungen eines stetigen Merkmals so zusammenfassen, dass es als diskret angesehen werden kann. Dies geschieht dadurch, dass die Ausprägungen zu Klassen zusammengefasst werden. Betrachtet man etwa das Merkmal Körpergröße, so ließen sich die Ausprägungen etwa wie folgt in Klassen einteilen: eine Körpergröße von mindestens 120 cm und unter 140 cm, mindestens 160 cm und unter 180 cm, usw. Werden die Beobachtungen derart zusammengefasst, so nennt man diesen Vorgang *gruppieren*, aber auch *klassieren* oder *kategorisieren*. Entsprechend spricht man von *gruppiert* gruppierten Daten, wenn die ursprünglichen Beobachtungen, d.h. die *Rohdaten*, in Katego- *Rohdaten* rien eingeteilt vorliegen. An dieser Stelle sei noch eine weitere Form der Datenauflistung erwähnt. Falls ein Merkmal nur wenige verschiedene Ausprägungen annimmt, so bietet es sich an, die Beobachtungen nicht einzeln aufzulisten, sondern bei jeder Ausprägung anzugeben, wie oft diese im Datensatz aufgetreten ist. Bei den 36 Absolventen der Münchner Absolventenstudie tritt etwa als Studiendauer 9 Semester zweimal auf, 10 Semester zweimal, 11 Semester zwölfmal, 12 Semester neunmal, 13 Semester zweimal, 14 Semester sechsmal und 15, 16 und 19 Semester je einmal auf (und 17 Semester und 18 Semester keinmal). Solche Daten bezeichnen wir im Verlaufe dieses Buchs als *Häufigkeitsdaten*. *Häufigkeitsdaten*

Skalen

Eine weitere Unterscheidung erfolgt anhand des *Skalenniveaus*, auf dem ein Merkmal ge- *Skalenniveau* messen wird. Hier gibt es vier grundlegende Typen.

Ein Merkmal heißt *nominalskaliert*, wenn die Ausprägungen Namen oder Kategorien *Nominalskala*

sind, die den Einheiten zugeordnet werden, wie zum Beispiel Farben oder Religionszugehörigkeit. In unseren Beispielen sind etwa Geschlecht (Münchner Absolventenstudie), Zentralheizung (Mietspiegel), Verwendungszweck (Kreditwürdigkeitsüberprüfung) sowie Nutzungsart (Waldschadensforschung) nominalskalierte Merkmale. Den Ausprägungen solcher
qualitativen Merkmale werden häufig aus technischen Gründen Zahlen zugewiesen, die
dementsprechend nur der Kodierung dienen und denselben Zweck wie Namen erfüllen.
Diese zugeordneten Zahlen sind also nur Stellvertreter, deren numerischer Wert nicht als
solcher benutzt werden sollte, d.h. übliche Rechenoperationen wie Addition oder Multiplikation lassen sich nicht mehr sinnvoll durchführen. Addiert man beispielsweise die durch
$1, 2, 3, \ldots$ kodierte Religionszugehörigkeit einer Gruppe von Personen, so ist die resultierende Summe nicht mehr empirisch sinnvoll interpretierbar. Allerdings stellt die Zuordnung
von Zahlen zu inhaltlich definierten Ausprägungen eines Merkmals wie Religionszugehörigkeit die einfachste Form der Messung dar, wenn auch mit bestimmten Einschränkungen
an mögliche sinnvolle Weiterverarbeitungen der Zahlenwerte. Sinnvoll bleibt im Gegensatz
zu der oben beschriebenen Addition zum Beispiel die Bestimmung der Häufigkeit, mit der
einzelne Ausprägungen auftreten.

Ordinalskala   Bei einem *ordinalskalierten* Merkmal können die Ausprägungen geordnet werden, aber
ihre Abstände sind nicht interpretierbar. Ein klassisches Beispiel für ein ordinalskaliertes
Merkmal sind Schulnoten. Zwar weiß man, dass die Note 1 besser ist als die Note 2, aber
der Abstand zwischen 1 und 2 lässt sich sicherlich nicht interpretieren oder vergleichen
etwa mit demjenigen zwischen 4 und 5.

Intervallskala   Die nächsthöhere Skala ist die sogenannte *Intervallskala*. Bei dieser können die Abstände zwischen den Ausprägungen, die Zahlen sind, interpretiert werden. Als typisches
Beispiel für ein intervallskaliertes Merkmal wird häufig die Temperatur gemessen in Grad
Celsius angeführt, bei der man keinen sinnvollen Nullpunkt angeben kann. Dies ist ein Charakteristikum dieser Skala. Dadurch, dass es generell bei einem intervallskalierten Merkmal
keinen sinnvollen Nullpunkt gibt, können Quotienten von Ausprägungen im Sinne von „eine Person ist doppelt so groß wie eine andere" nicht interpretiert werden. Ist dies zusätzlich
Verhältnisskala   erfüllt, so heißt das Merkmal *verhältnisskaliert*. Damit sind die Nettomiete, die Kredithöhe und die Semesteranzahl Beispiele für verhältnisskalierte Merkmale. Häufig werden
Kardinalskala   die Intervall- und die Verhältnisskala zur sogenannten *Kardinalskala* zusammengefasst. Ein
metrisch   kardinalskaliertes Merkmal wird zudem als *metrisch* bezeichnet.

In Abhängigkeit davon, auf welcher Skala ein Merkmal erhoben wurde, können bestimmte Berechnungen für die gewonnenen Daten sinnvoll durchgeführt werden, wie Tabelle 1.6 illustriert.

Skalenart	sinnvoll interpretierbare Berechnungen			
	auszählen	ordnen	Differenzen bilden	Quotienten bilden
nominal	ja	nein	nein	nein
ordinal	ja	ja	nein	nein
Intervall	ja	ja	ja	nein
Verhältnis	ja	ja	ja	ja

Tabelle 1.6: Sinnvolle Berechnungen für Daten verschiedener Skalen

Es gibt allerdings auch häufig gewisse „Grauzonen", bei denen Berechnungen vorgenommen werden, die an sich nicht als sinnvoll gelten. Ein bekanntes Beispiel dafür ist die Ermittlung von Durchschnittsnoten als arithmetisches Mittel. Obwohl es sich bei Noten um ein ordinalskaliertes Merkmal handelt und damit die Addition keinen Sinn ergibt, ist eine Durchschnittsnote durchaus sinnvoll interpretierbar, insbesondere als vergleichende Maßzahl.

Die verschiedenen Skalenniveaus stellen eine Hierarchie dar, die vom niedrigsten Nominalskalenniveau bis zur Kardinalskala reicht. Methoden, die für ein niedriges Skalenniveau geeignet sind, können unter möglichem Verlust an Information auch für ein höheres Skalenniveau verwendet werden. Die Umkehrung gilt allerdings nicht. Das heißt, man kann generell Merkmale, die auf einer hohen Skala gemessen wurden, so transformieren, dass ihre Ausprägungen dann niedriger skaliert sind. Allerdings geht dabei, wie bereits erwähnt, Information verloren. Betrachten wir dazu folgendes Beispiel: Für ein Kinderferienprogramm liegen Anmeldungen von Kindern und Jugendlichen im Alter von 6 bis 16 Jahren vor. Bei dem Alter handelt es sich um ein metrisches, genauer um ein verhältnisskaliertes Merkmal. Für das Ferienprogramm werden Altersgruppen gebildet: Gruppe 1: 6 − 7 Jahre, Gruppe 2: 8 − 9 Jahre, Gruppe 3: 10 − 12 Jahre und Gruppe 4: 13 − 16 Jahre. Durch die Gruppierung geht Information verloren. Wir wissen nur noch, zu welcher Altersgruppe ein Kind gehört, aber nicht mehr das genaue Alter. Zudem sind diese Alterskategorien lediglich ordinalskaliert. Nehmen wir nun weiter an, dass am Ferienort die Kinder einer Altersgruppe gemeinsam in einer Unterkunft untergebracht werden, etwa Gruppe 1 in der Pension Alpenrose, Gruppe 2 im Vereinsheim, Gruppe 3 im Jugendhaus und Gruppe 4 in der Jugendherberge. Nach dieser Einteilung haben wir mit der Unterkunftszugehörigkeit nur noch ein nominalskaliertes Merkmal vorliegen.

Quantitative und qualitative Merkmale

Unter *qualitativen* oder *kategorialen* Merkmalen versteht man Größen, die endlich viele Ausprägungen besitzen und höchstens ordinalskaliert sind. Von Bedeutung ist dabei, dass die Ausprägungen eine Qualität und nicht ein Ausmaß widerspiegeln. Geben die Ausprägungen hingegen eine Intensität bzw. ein Ausmaß wieder, in dem die interessierende Eigenschaft enthalten ist, so spricht man von *quantitativen* Merkmalen. Damit sind alle Messungen im herkömmlichen Sinn, deren Werte Zahlen darstellen, Ausprägungen quantitativer Merkmale. Somit lässt sich auch direkt wieder ein Bezug herstellen zum Skalenniveau: Kardinalskalierte Merkmale sind stets ebenfalls quantitativ.

qualitativ, kategorial

quantitativ

Bei ordinalskalierten Merkmalen ist die Zuordnung nicht so eindeutig. Sie nehmen eine Zwitterstellung ein. Da man ihre Ausprägungen anordnen kann, besitzen sie einen – wenn auch schwachen – quantitativen Aspekt. Allerdings ordnet man sie aufgrund ihres eher dominierenden qualitativen Charakters den qualitativen Merkmalen zu, zumindest wenn sie nur endlich viele Ausprägungen besitzen.

Merkmalstypen

diskret: endlich oder abzählbar unendlich viele Ausprägungen

stetig: alle Werte eines Intervalls sind mögliche Ausprägungen

nominalskaliert: Ausprägungen sind Namen, keine Ordnung möglich

ordinalskaliert: Ausprägungen können geordnet, aber Abstände nicht interpretiert werden

intervallskaliert: Ausprägungen sind Zahlen, Interpretation der Abstände möglich

verhältnisskaliert: Ausprägungen besitzen sinnvollen absoluten Nullpunkt

qualitativ: endlich viele Ausprägungen, höchstens Ordinalskala

quantitativ: Ausprägungen geben Intensität wieder

Diese verschiedenen Merkmalstypen werden abschließend noch einmal kurz anhand der Münchner Absolventenstudie aus Abschnitt 1.1 erläutert.

Beispiel 1.12   **Münchner Absolventenstudie**

In dem von uns betrachteten Auszug dieser Studie wurden fünf Merkmale untersucht. Dabei ist das Geschlecht qualitativ und nominalskaliert, da die Ausprägungen nur zugewiesene Namen sind und nicht geordnet werden können. Die Studiendauer ist ein diskretes, verhältnisskaliertes Merkmal, da es endlich viele Ausprägungen und einen absoluten Nullpunkt besitzt. Die Frage, wie häufig das Fach Statistik bei der aktuellen Stelle benötigt wird, ist ein qualitatives Merkmal, das auf einer Ordinalskala erhoben wurde, da die Ausprägungen in eine Reihenfolge gebracht, die Abstände jedoch nicht interpretiert werden können. Die Finanzierungsquelle während des Studiums ist ebenfalls ein qualitatives Merkmal. Da die Ausprägungen nicht geordnet werden können, ist es allerdings nur nominalskaliert. Die Gesamtnote ist eine Durchschnittsnote mit Nachkommastellen, und dennoch nur ordinalskaliert. □

1.4   Wie gewinnt man Daten?

Forschungs-
fragen
Empirie

Statistische Verfahren werden grundsätzlich dann eingesetzt, wenn bestimmte *Forschungs-fragen empirisch* überprüft werden sollen. Solche Fragestellungen sind unterschiedlichen Typs. Der Erstellung des Münchner Mietspiegels (Beispiel 1.2) beispielsweise lag die Frage zugrunde, ob und wie sich die Nettomiete aufgrund bestimmter Variablen wie Lage, Größe der Wohnung, Alter und Ausstattung vorhersagen lässt. In klinischen Studien (Beispiel 1.7) stehen Hypothesen über die Wirksamkeit einer neuen Therapie oder eines neuen Medikaments im Forschungsinteresse. Beim SHARE-Projekt ist man am gesundheitlichen und sozioökonomischen Status von Personen im Alter von 50 oder darüber und deren (eventuell jüngeren) Partnern und ihrer Eingebundenheit in familiäre und soziale Netzwerke interessiert. Dabei wird auch nach Informationen aus der Vergangenheit gefragt, die die momentanen Lebensumstände beeinflussen können. Dazu gehören Fragen zum Verlauf der Kindheit,

zur Arbeitsgeschichte, zu Partnern, Kindern, Gesundheit und Gesundheitsvorsorge. All diesen Beispielen liegt dieselbe Problemstellung zugrunde, und zwar, ob *Einflüsse* bestimmter
Größen auf ein interessierendes Merkmal vorhanden sind. Die Frage nach dem Vorhandensein möglicher Einflüsse lässt sich als Theorie bzw. als Modell formulieren, in der bzw. in
dem die Beeinflussung postuliert wird. Neben solchen gerichteten Zusammenhängen interessieren häufig auch symmetrische Beziehungen zwischen Variablen wie beispielsweise bei
der Untersuchung von Zinsverläufen und Aktienkursen.

Einflüsse

1.4.1 Elemente der Versuchsplanung

Will man solche Assoziationsstrukturen empirisch überprüfen, ist es notwendig, die inhaltlichen Fragestellungen, die vermutete Beziehungen zwischen Variablen betreffen, zu präzisieren. Dazu müssen beobachtbare Merkmale benannt werden, die zur Erfassung der eigentlichen Fragestellung geeignet sind. Bei klinischen Studien müssen zum Beispiel die
Laborexperimente festgelegt werden, die die Wirkung eines Präparats erfassen können, und
es muss fixiert werden, welche Veränderung dieser Laborparameter auf eine Wirksamkeit
des Präparats schließen lässt. Die Zielvariable ist in diesem Beispiel also die Veränderung
des entsprechenden Laborparameters, und die vermutete entscheidende Einflussgröße ist die
Dosis des verabreichten Präparats. Häufig ist es jedoch viel schwieriger, sowohl Ziel- und
Einflussgrößen festzulegen als auch diese in der Untersuchung zu „messen", also quantitativ
zu erfassen. Gerade in psychologischen oder soziologischen empirischen Untersuchungen
liegen derartige Operationalisierungen nicht direkt auf der Hand. Wie kann man zum Beispiel die Auswirkungen sozialer Deprivation und positiver Verstärkung auf das motorische
Verhalten von Kindern erfassen? Dazu müssen sowohl die möglichen Einflussgrößen soziale Deprivation und positive Verstärkung als auch die Zielgröße motorisches Verhalten
quantifiziert werden. In diesem Experiment wurde die positive Verstärkung auf zwei Stufen erzeugt: Lächeln, Nicken und lobende Worte bzw. nur Lächeln und Nicken. Die soziale
Deprivation wurde dadurch bewirkt, dass das Kind in einem Raum mit Spielsachen alleine
warten gelassen wurde, bis es an der Reihe war. Zur Beurteilung eines möglichen Effekts
ließ man die Kinder unterschiedlich lange warten: 10, 20, 30 bzw. 40 Minuten. Die motorische Geschicklichkeit der Kinder wurde schließlich gemessen über die Anzahl der Kugeln,
die das Kind aus einer Schachtel durch ein Loch in eine zweite Schachtel innerhalb von fünf
Minuten gesteckt hat.

Man sieht an diesem Beispiel deutlich, wie wichtig, aber auch wie schwierig dieser
Aspekt der Operationalisierung im Rahmen einer empirischen Forschungsarbeit sein kann.
Es sei zudem noch einmal betont, dass ebenfalls die Festlegung und Erfassung aller relevanten Einflussgrößen von enormer Bedeutung ist. Wir werden in Abschnitt 3.5 noch einmal
diskutieren, welche drastischen Fehlinterpretationen entstehen können, wenn zentrale Ein-
flussvariablen übersehen werden.

Erfasst man für eine zu untersuchende Fragestellung bestimmte Merkmale, so ist dafür
die Erstellung eines *Versuchsplans* erforderlich. In einem Versuchsplan muss festgehalten
werden, *welches Ziel* mit dem Experiment oder der Studie verfolgt wird, *wie* dieses *Ziel
erreicht werden kann* und *welche statistischen Methoden* geeignet sind, um die erzielten
Resultate statistisch zu manifestieren. Damit enthält der Versuchsplan eine für alle an dem

*Versuchsplan,
Ziel und dessen
Erreichung,
statistische
Methoden*

verbindliche Festlegung

Experiment beteiligten Personen *verbindliche Festlegung* der im Rahmen des Experiments oder der Studie insgesamt zu beachtenden Aspekte. Es sind zudem die auftretenden Verantwortlichkeiten geregelt, wodurch zum einen organisatorische Vorteile gewonnen werden und zum anderen die Gefahr einer unpräzisen Durchführung der Studie gering gehalten wird.

Um die oben formulierten drei Fragen im Versuchsplan abzuklären, ist eine Vielzahl von einzelnen Aspekten zu berücksichtigen, die hier nicht im vollen Umfang abgeklärt werden können. Zur Präzisierung des verfolgten Ziels gehört beispielsweise die genaue Bestimmung der Grundgesamtheit, über die eine Aussage getroffen werden soll. Außerdem muss die Forschungsfrage, wie bereits oben diskutiert, klar über messbare Merkmale formuliert werden. Dies ist hilfreich, um die mit der zweiten Frage verbundenen Punkte festzulegen, denn es ist zu klären, welche Variablen zu messen sind und welche Messtechnik bzw. welches Erhebungsinstrument dafür einzusetzen ist. Weiterhin muss der Umfang der zu ziehenden Stichprobe bestimmt werden. Dazu ist, will man eine gewisse vorgegebene Präzision erreichen, der Einsatz statistischer Verfahren notwendig. Diese erfordern wiederum eine Angabe des für das Experiment oder die Studie geplanten Erhebungsschemas. Speziell für den letzten Punkt werden Kenntnisse möglicher Stichprobenverfahren verlangt. Sowohl der letzte als auch der vorherige Punkt machen deutlich, wieso bereits im Versuchsplan statistische Methoden zu berücksichtigen sind.

Die hier beschriebenen Aspekte eines Versuchsplans können nur grob wiedergeben, welche Details insgesamt zu beachten sind. Das Gebiet der Versuchsplanung ist so komplex, dass es dazu eine eigene umfangreiche statistische Literatur gibt. Allerdings soll dieses Teilgebiet der Statistik nicht abgeschlossen werden, ohne nicht noch einen wichtigen Aspekt

Störvariablen

anzusprechen, und zwar die Kontrolle von *Störvariablen*. Bei diesen handelt es sich um zusätzliche Einflussgrößen auf die abhängigen Variablen. An der Erfassung des von ihnen ausgehenden Einflusses ist man jedoch i.A. nicht interessiert. Im Gegenteil: Man möchte diesen Einfluss eliminieren, weil es den eigentlich Interessierenden überlagern kann. Interessiert man sich etwa für den Einfluss einer bestimmten Unterrichtsmethode auf den Erfolg der Schüler und Schülerinnen, so kann dieser Erfolg zudem abhängen vom Alter, vom Geschlecht, aber auch von der Lehrperson.

Wie lassen sich nun solche Störvariablen kontrollieren?

Homogenisierung

Eine Möglichkeit besteht in der Zerlegung in hinsichtlich der Störvariablen homogenen Teilpopulationen. Sieht man das Geschlecht beispielsweise als Störvariable an, so könnte man sich auf die Untergruppe der Mädchen oder der Jungen beschränken. Das Problem besteht aber darin, dass nach Einschränkung auf Teilpopulationen auch nur eine Aussage über die jeweilige Gruppe möglich ist.

Randomisierung

Eine günstigere und in der Regel auch erfolgreiche Methode bietet die *Randomisierung*, d.h. in dem obigen Beispiel würden die zu vergleichenden Unterrichtsmethoden zufällig der Gruppe der Jungen und der Gruppe der Mädchen zugewiesen. Auf diese Weise, so hofft man, macht sich der Einfluss der Störvariable, hier das Geschlecht, gleichermaßen für beide Methoden bemerkbar, sodass dieser bei dem Vergleich der Methoden insgesamt wieder ausgeglichen wird.

Parallelisieren

Eine andere Methode, die häufig in medizinischen Studien eingesetzt wird, wird mit *Parallelisieren* umschrieben oder als *Matched-Pair-Design* bezeichnet. Dabei wird zu jedem

Schüler, der gemäß der neuen Unterrichtsmethode unterrichtet werden soll, ein hinsichtlich der Störvariablen passendes Pendant gesucht, das dann gemäß der alten Methode unterrichtet wird. Dies erlaubt zwar einen direkten Vergleich, impliziert aber eine sehr aufwendige Verfahrensweise.

Ist es nicht möglich oder geplant, Störvariablen bereits in das Design der Studie mit einzubeziehen, so lässt sich auf der Ebene der statistischen Auswertung deren Einfluss durch geeignete Modellierung berücksichtigen. Dazu wird ein sogenanntes *statistisches Modell* aufgestellt, mit dem versucht wird, die Realität in einer mathematischen Gleichung einzufangen. Auf den Aspekt der statistischen Modellbildung werden wir später noch zurückkommen. In unserem Beispiel könnte nun ein Modell aufgestellt werden, das den Einfluss des Alters, des Geschlechts, der Unterrichtsmethode und der Lehrperson auf den Erfolg erfasst.

statistisches Modell

1.4.2 Datengewinnung und Erhebungsarten

Zur Beantwortung von Fragestellungen anhand empirischer Studien ist also die Gewinnung von Daten notwendig, die den interessierenden Sachverhalt widerspiegeln. Dabei unterscheidet man die Erfassung von im Prinzip vorhandenen Daten und die Erfassung von Daten, die zunächst in geeigneter Weise erzeugt werden müssen. Im letzteren Fall spricht man von *Experimenten*. Dazu gehören unter anderem klinische Studien, wie sie im Beispiel 1.7 beschrieben werden. In der dort geschilderten konkreten Studie wurde Patienten mit einem Magenkarzinom der Tumor vollständig entfernt und anschließend der Therapieerfolg über die Lebensdauer der Patienten erfasst. Sind die interessierenden Daten im Gegensatz dazu bereits vorhanden, so spricht man von einer *Erhebung*. Diese kann eine Befragung ohne Interviewer wie bei der Münchner Absolventenstudie oder mit Interviewer wie bei einigen politischen Umfragen oder der SHARE-Studie sein oder eine Beobachtungsstudie, wie bei der Aufzeichnung von Aktienkursen, um zum Beispiel ein Portfolio zu studieren oder wie bei der Messung von Luftschadstoffen in Beispiel 1.3. In jedem dieser Beispiele müssen mit den statistischen Einheiten keine zusätzlichen Aktionen vorgenommen werden, um an die Daten zu gelangen. Bei Erhebungen unterscheidet man noch weiter, je nachdem, ob die Erhebung speziell in Hinblick auf die aktuelle Fragestellung durchgeführt wird *(primärstatistische Erhebung)* oder ob bereits vorhandene Originaldaten z.B. aus statistischen Jahrbüchern herangezogen werden *(sekundärstatistische Erhebung)*. Stehen nur noch bereits transformierte oder komprimierte Daten etwa in Form von Mittelwerten für die Untersuchung zur Verfügung, so nennt man dies eine *tertiärstatistische Erhebung*. Dabei kann man bei diesen drei Erhebungsarten mit wachsenden Fehlerquellen rechnen.

Experiment

Erhebung

primär-, sekundär- und tertiär- statistische Erhebung

Selbst bei der Durchführung einer primärstatistischen Erhebung kann ein zusätzliches, für die spätere Analyse gravierendes Problem auftreten, und zwar das Problem *fehlender Daten*. Solche lückenhaften Datensätze können je nach Erhebungsverfahren verschiedene Ursachen haben: So ist bei Fragebogenaktionen in der Bevölkerung damit zu rechnen, dass ein Teil der Befragten die Auskunft entweder vollständig oder nur bei bestimmten, sensible Bereiche betreffenden Fragen verweigert. Technische Gründe können bei geplanten Experimenten zu fehlenden Beobachtungen führen. Zusätzliche Datenquellen wie Krankenhausakten könnten unvollständig sein. Unter Umständen werden aus logistischen oder auch aus

fehlende Daten

Kostengründen nur bei einem Teil der Untersuchungseinheiten alle Merkmale erhoben. In all diesen Situationen treten also für eine oder mehrere Untersuchungseinheiten hinsichtlich einiger Merkmale fehlende Werte auf. Solche Datensätze werfen die Frage nach einer geeigneten Auswertungsstrategie auf. Häufig wird dabei so vorgegangen, dass einfach die Untersuchungseinheiten, bei denen Angaben fehlen, komplett aus der Analyse herausgenommen werden. Dies zieht zum einen einen Informationsverlust nach sich. Schwerwiegender ist jedoch, dass zum anderen ein solches Vorgehen zu erheblichen Verzerrungen der Ergebnisse führen kann, nämlich dann, wenn das Fehlen einer Angabe direkt mit ihrer Ausprägung zusammenhängt. So lässt eine Person etwa die Angabe bezüglich ihres Einkommens eher unbeantwortet, wenn dieses sehr hoch ist. Zur Auswertung stehen daher wesentlich subtilere Methoden zur Verfügung, die zum Teil darauf basieren, zusätzliche Information über die Entstehung der fehlenden Werte mit einzubeziehen.

Datenschutz

Ein weiterer Aspekt, der bei der Erhebung von insbesondere personenbezogenen Daten berücksichtigt werden muss, betrifft die Gewährleistung der Anonymität der befragten Person. Solche *Datenschutzmaßnahmen* sind erforderlich und können sehr weitreichend sein. Besteht beispielsweise bei einem bestimmten Merkmal die Gefahr, dass aufgrund der konkreten Ausprägung eine Identifizierung der befragten Person möglich ist, so wird dieses Merkmal nur vergröbert erfasst, was etwa durch eine Klasseneinteilung erreicht wird.

Vollerhebung

Erfasst man nun im Zuge einer Erhebung alle statistischen Einheiten einer Grundgesamtheit, so spricht man von einer *Vollerhebung*. Ein Beispiel dafür ist die Volkszählung. Nicht immer ist eine solche Vollerhebung möglich oder auch nur erwünscht. Sie birgt unter Umständen erhebliche Fehlerquellen und ist sowohl kosten- als auch zeitaufwendig. Zudem ist es in einigen Fällen überhaupt nicht möglich, eine Vollerhebung durchzuführen, wie zum Beispiel bei hypothetischen Grundgesamtheiten oder zerstörenden Prüfungen.

Stichprobe

Wann immer man auf eine Vollerhebung verzichtet, greift man auf die Ziehung einer *Stichprobe* aus der eigentlich interessierenden Grundgesamtheit zurück. Bei einer Stichprobe handelt es sich also um einen Teil der Grundgesamtheit, der aber vor der Ziehung noch nicht bekannt ist. Die Frage ist nun, wie solche Stichproben zu ziehen sind, damit einerseits ein hoher Grad an Effektivität erreicht wird und andererseits die Stichprobe repräsentativ für die Grundgesamtheit bezüglich der interessierenden Merkmale ist, also diesbezüglich ein möglichst genaues Abbild der Grundgesamtheit darstellt. Letzteres versucht man dadurch zu erreichen, dass die einzelnen Elemente der Grundgesamtheit gemäß eines bestimmten Zufallsmechanismus in die Stichprobe gelangen, d.h. jede Untersuchungseinheit besitzt eine gewisse Wahrscheinlichkeit gezogen zu werden.

Einfache Zufallsstichproben

einfache Zufallsstichprobe

Bei einer *einfachen Zufallsstichprobe* werden Teilmengen der Grundgesamtheit so erhoben, dass jede dieser Teilmengen dieselbe Wahrscheinlichkeit besitzt gezogen zu werden. Daraus folgt sofort, dass auch jede Untersuchungseinheit mit derselben Wahrscheinlichkeit gezogen wird. Die Umkehrung gilt jedoch nicht, d.h. alleine aus der Tatsache, dass jedes Element aus der Grundgesamtheit mit derselben Wahrscheinlichkeit gezogen wird, kann noch nicht auf das Vorliegen einer einfachen Zufallsstichprobe geschlossen werden. Um eine einfache Zufallsstichprobe ziehen zu können, müssen die Elemente der Grundgesamtheit nummerierbar sein und zumindest theoretisch als „Liste" vorliegen.

Wie lässt sich nun eine einfache Zufallsstichprobe realisieren? Dazu kann man sich die Grundgesamtheit durchnummeriert denken. Für jede Untersuchungseinheit wird die zugehörige Nummer auf einer Kugel notiert. Anschließend werden alle Kugeln in eine „Urne" gegeben und gut durchgemischt. Dann kann man entweder die gesamte Stichprobe auf einmal ziehen oder, wie bei den Lottozahlen, sukzessive ziehen und nach jeder Ziehung wieder mischen. Eine andere Möglichkeit besteht in der Ziehung von Zufallszahlen. All diese Verfahren sind technisch schwer umzusetzen, sodass in der Regel in der Praxis keine „echten" einfachen Zufallsstichproben gezogen werden können. Für unsere in den nachfolgenden Kapiteln angestellten Überlegungen und vorgestellten Methoden gehen wir jedoch davon aus, dass zumindest theoretisch eine einfache Zufallsstichprobe gezogen wurde und dass die praktische Umsetzung dem damit verbundenen Anspruch sehr nahe kommt. Häufig angewandt wird zum Beispiel die sogenannte *systematische Ziehung*, bei der etwa jede siebte Wohnung in einem Straßenzug erhoben wird. Problematisch sind solche Ziehungen aber, wenn in den zu erhebenden Einheiten eine Systematik vorliegt, die gerade durch den Erhebungsplan erfasst wird. Dies wäre in dem Beispiel etwa dann der Fall, wenn die siebte Wohnung jeweils die Wohnung des Hausmeisters ist. Dieser Haushalt wird sich hinsichtlich bestimmter Kriterien sicherlich von den anderen Haushalten eines Wohnhauses unterscheiden.

systematische Ziehung

Neben der einfachen Zufallsauswahl gibt es eine Reihe weiterer Ziehungsmechanismen, die unter anderem die Praktikabilität des Ziehungsverfahrens erhöhen sollen.

Geschichtete Zufallsstichproben

Eine Variante zur Erhöhung der praktischen Umsetzbarkeit besteht darin, die Grundgesamtheit in sich nicht überlappende Schichten zu zerlegen und anschließend aus jeder Schicht eine einfache Zufallsauswahl zu ziehen. Dieses Vorgehen einer *geschichteten Zufallsstichprobe* ist aber nicht nur einfacher umzusetzen, sondern führt in der Regel auch zu genaueren Schätzungen für die eigentlich interessierende Größe in der Grundgesamtheit, d.h., dass eine geschichtete Zufallsstichprobe häufig informativer ist als eine einfache Zufallsstichprobe. Dieses Phänomen wird auch als *Schichtungseffekt* bezeichnet. Dieser hängt von vielen Faktoren ab, wird aber entscheidend von der *Schichtungsvariable* beeinflusst, also von dem Merkmal, das zur Bildung der Schichten herangezogen wird. Dies sollte hochkorreliert sein mit dem eigentlich interessierenden Merkmal und so zur Schichtenbildung eingesetzt werden, dass die Schichten in sich möglichst homogen und untereinander sehr heterogen bezüglich des zu untersuchenden Merkmals sind. Ist man etwa an dem durchschnittlichen Einkommen der Bundesbürger interessiert, so bietet sich beispielsweise eine Schichtung nach sozialem Status oder bestimmten Berufsfeldern an.

geschichtete Zufallsstichprobe

Schichtungseffekt
Schichtungs-variable

Klumpenstichprobe

Bei einer geschichteten Zufallsstichprobe wird die Schichtenbildung „künstlich" durchgeführt, d.h. die Grundgesamtheit zerfällt nicht im vorhinein auf „natürliche" Weise in derartige Schichten. Oft hat man aber gerade solche natürlichen Anhäufungen von Untersuchungseinheiten, sogenannte *Klumpen*, wie beispielsweise Gemeinden. Bei einer *Klumpenstich-*

Klumpen

Klumpenstich-
probe

probe wird nun die praktische Umsetzbarkeit noch einmal erhöht, da aus der Gesamtheit aller Klumpen lediglich einige wenige erhoben werden. Die ausgewählten Klumpen werden dann vollständig erfasst, d.h. es werden Vollerhebungen der Klumpen durchgeführt. Werden beispielsweise Gemeinden als Klumpen angesehen, können durch eine Klumpenstichprobe die Reisekosten der Interviewer erheblich gesenkt werden. Allerdings ist eine solche Erhebung nur sinnvoll im Sinne des Informationsgewinns, wenn die einzelnen Klumpen hinsichtlich der Untersuchungsvariable sehr heterogen, also „kleine" Abbilder der Grundgesamtheit und untereinander sehr homogen sind. Es werden schließlich nicht aus allen Klumpen Stichproben gezogen, sondern nur einige komplett erfasst. Unterscheiden diese sich wesentlich von den nicht erfassten Klumpen hinsichtlich des interessierenden Merkmals, so ist mit erheblichen Verfälschungen der gewonnenen Ergebnisse zu rechnen.

Mehrstufige Auswahlverfahren

mehrstufige
Auswahl-
verfahren

Meistens ist eine direkte Ziehung der Untersuchungseinheiten nur schwer oder gar nicht umzusetzen. In solchen Fällen wird üblicherweise auf *mehrstufige Auswahlverfahren* zurückgegriffen. Dies bedeutet, dass die Auswahl der eigentlichen Untersuchungseinheiten auf mehreren Stufen erfolgt. In der Waldschadensforschung könnte man die Forstbezirke als Untersuchungseinheiten auf der ersten Stufe zugrunde legen, aus denen zunächst eine Stichprobe gezogen wird. Auf der zweiten Stufe könnten Waldstücke ausgewählt werden, bevor schließlich auf der dritten Stufe eine Zufallsauswahl unter den Bäumen als eigentlich interessierende Untersuchungseinheiten getroffen wird.

Bewusste Auswahlverfahren

Neben diesen Zufallsstichproben werden bei Meinungsumfragen häufig Verfahren eingesetzt, denen zwar ein bestimmter Stichprobenplan zugrunde liegt, die aber nicht mehr als zufällig angesehen werden können. Sie werden mit dem Ziel durchgeführt, die Repräsentativität der gezogenen Stichprobe zu erhöhen. Der bekannteste Vertreter ist die sogenannte

Quotenauswahl

Quotenauswahl. Hier liegt die Auswahl der Untersuchungseinheiten zu großen Teilen in den Händen des Interviewers. Dieser kann die Untersuchungseinheiten gegebenenfalls unter Einhaltung eines bestimmten Plans zwar selbst auswählen, muss aber vorgegebenen *Quo-*

Quoten

ten genügen. Quoten legen bestimmte Verhältnisse von Merkmalen in der Stichprobe fest. Ermittelt werden diese Quoten, falls möglich, aus der Grundgesamtheit. Sind zum Beispiel $40\,\%$ aller Studierenden weiblich, so sollen auch $40\,\%$ der Studierenden in der Stichprobe weiblich sein. Damit wird erreicht, dass die Stichprobe bezüglich dieses Merkmals ein repräsentatives Abbild der Grundgesamtheit ist. Oft reicht aber die Angabe der Quote be-

Quotenpläne

züglich eines Merkmals nicht aus. Stattdessen werden *Quotenpläne* erstellt, die die Quoten für verschiedene relevante Merkmale enthalten. Ein Nachteil dieses Verfahrens besteht darin, dass die praktische Umsetzung sehr stark von dem Interviewer beeinflusst wird.

Auswahl
typischer Fälle

Ein anderes Verfahren ist die sogenannte *Auswahl typischer Fälle*, bei der nach subjektiven Kriterien des Verantwortlichen für die Studie Untersuchungseinheiten als typische Vertreter der Grundgesamtheit ausgewählt werden. Ein solches Vorgehen ist natürlich extrem problematisch, da zum Beispiel entscheidende Kriterien bei der Auswahl übersehen werden können.

Studiendesigns

Neben den verschiedenen Stichprobenverfahren sind für die Erhebung von Daten, abhängig von der jeweiligen Fragestellung, unterschiedliche Studiendesigns denkbar. Wir werden im Folgenden kurz einige der gängigen Formen vorstellen.

Von einer *Querschnittstudie* wird gesprochen, wenn an einer bestimmten Anzahl von Objekten, den statistischen Einheiten, zu einem bestimmten Zeitpunkt ein Merkmal oder mehrere erfasst werden. Dementsprechend handelt es sich bei der Absolventenstudie, dem Mietspiegel und der Waldschadensinventur um typische Querschnittstudien. Wird *ein* Objekt hinsichtlich eines Merkmals über einen ganzen Zeitraum hinweg beobachtet, d.h. wird das interessierende Merkmal zu verschiedenen Zeitpunkten erfasst, liegen die Beobachtungen als *Zeitreihe* vor. Damit sind der Verlauf der Aktienkurse, des DAX oder auch die Salden (siehe Seite 8) und der Index für bestimmte Branchen beim IFO-Konjunkturtest Zeitreihen. In der Regel beobachtet man aber nicht nur ein einzelnes Objekt zu verschiedenen Zeitpunkten, sondern eine ganze Gruppe von gleichartigen Objekten. Einen solchen Studientyp bezeichnet man als *Längsschnittstudie* oder *Panel*, d.h. hier werden dieselben Objekte über die Zeit hinweg verfolgt. Betrachtet man also nicht eine einzelne Branche beim IFO-Konjunkturtest, sondern mehrere, erhält man eine Längsschnittstudie mit monatlichen Beobachtungen. Für das SHARE-Panel werden die Daten in Wellen erhoben (bisher 4 Wellen, Welle 4 geht zum Beispiel über die Jahre 2010 bis 2012, je nach Land). Interessiert man sich nicht für die zeitliche Entwicklung einer einzelnen Aktie, sondern eines Portfolios von Aktien oder Wertpapieren, so liegt ebenfalls ein Längsschnitt vor. Klinische und epidemiologische Studien sind typischerweise auch als Längsschnittstudien angelegt.

Zusammenfassend kann man also sagen, dass bei einer Querschnittstudie mehrere Objekte zu einem Zeitpunkt, bei einer Zeitreihe ein Objekt zu mehreren Zeitpunkten und bei einer Längsschnittstudie mehrere und zwar dieselben Objekte zu mehreren Zeitpunkten beobachtet werden.

Querschnittstudie

Zeitreihe

Längsschnittstudie, Panel

1.5 Zusammenfassung und Bemerkungen

Die vielfältigen Beispiele zu Beginn dieses Kapitels haben deutlich gemacht, dass der Einsatz von statistischen Verfahren unabhängig vom Anwendungsgebiet immer dann erforderlich ist, wenn mittels empirischer Untersuchungen Kenntnisse gewonnen werden sollen. Dabei dienen statistische Methoden zur *reinen Beschreibung* von Daten, zur *Generierung von Hypothesen* und zur *Ziehung von Schlüssen* von einer Stichprobe auf die Grundgesamtheit.

Die Gewinnung von Daten setzt die Erfassung von Objekten, den *statistischen Einheiten*, voraus, an denen die interessierenden Merkmale beobachtet werden können. Hierzu ist die Erstellung eines *Versuchsplans* erforderlich, der die Durchführung eines Experiments oder einer Erhebung in allen Details festlegt, siehe dazu auch Cox (1958). In der Regel werden wir dabei nicht alle möglichen, für die Fragestellung relevanten statistischen Einheiten erheben, also keine *Vollerhebung* durchführen, sondern uns auf eine Teilgesamtheit beschränken. Die Ziehung einer solchen *Stichprobe* kann nach verschiedenen Prinzipien erfolgen. Der einfachste und vielleicht auch typischste Fall ist der einer *einfachen Zufalls-auswahl*, bei der jede mögliche Teilgesamtheit dieselbe Wahrscheinlichkeit besitzt, gezogen zu werden. Statistische Methoden, die speziell für andere Ziehungsverfahren geeignet sind, werden in diesem Buch nur vereinzelt angegeben und besprochen. Ergänzend sei daher beispielsweise auf das Buch von Kauermann und Küchenhoff (2011) und auf die dort angegebene weiterführende Literatur verwiesen.

Weiterhin sind verschiedene Studiendesigns denkbar, je nachdem, ob die interessierenden Objekte zu einem festen Zeitpunkt oder zu verschiedenen Zeitpunkten beobachtet werden sollen. Dabei hängt die Wahl des Studiendesigns natürlich von der zu untersuchenden Fragestellung ab.

Bei der Festlegung einer geeigneten statistischen Methode zur Analyse eines Datensatzes geht neben dem Ziehungsverfahren und dem Studiendesign entscheidend ein, in welcher Weise die Daten gemessen wurden. Man unterscheidet zunächst *diskrete* und *stetige* Merkmale. Eine feinere Typisierung ergibt sich durch die verschiedenen *Skalenniveaus*, die sich wiederum in Beziehung setzen lassen zu der Differenzierung zwischen *quantitativen* und *qualitativen* Merkmalen. Ferner ist bei der Wahl einer geeigneten Auswertungsstrategie zu berücksichtigen, ob in dem Datensatz bei einigen Untersuchungseinheiten Angaben fehlen. Methoden zur Behandlung *fehlender Werte* werden in dem Buch von Little und Rubin (2002) behandelt.

1.6 Statistische Software

Es existiert eine Vielzahl von statistischen Programmen, mit denen Daten gesammelt, aufbereitet, strukturiert und analysiert werden können. Wir wollen uns auf die frei verfügbare (sogenannte open source) Software R (R Core Team 2015) fokussieren. Sie kann kostenlos unter http : //www.r-project.org/ heruntergeladen und auf dem eigenen Rechner installiert werden. Zusätzlich bietet sich an, zum Beispiel mit *RStudio* (http : //www.rstudio.com/) eine ansprechende (ebenfalls kostenlose) Umgebung für R zu installieren. *RStudio* ist eine sogenannte IDE (integrated devlopment environment) für R. Zusätzlich zum Basispaket existieren mehrere Tausend zusätzliche Pakete, die R zu einem mächtigen Werkzeug für die Bearbeitung und Analyse von Daten machen. Eine kleine Einführung zu R findet sich in Kapitel 15. Für dieses Buch steht ebenfalls eine zusätzliche Bibliothek statistikv8 zur Verfügung, mit der ein großer Teil der Daten-Beispiele und Grafiken im Buch nachvollzogen werden kann. Daten werden in R in einem data.frame Objekt verarbeitet, dessen Spalten die einzelnen Merkmale und dessen Zeilen die einzelnen Untersuchungseinheiten enthält. Der folgende Ausschnitt zeigt einen Screenshot des Mietspiegel-Datensatzes mittels des $fix()$-Befehls an. Alternativ kann der Datensatz mit dem $View()$-Befehl betrachtet werden.

```
library(statistikv8)
data(mietspiegel2015)
fix(mietspiegel2015)
View(mietspiegel2015)
```

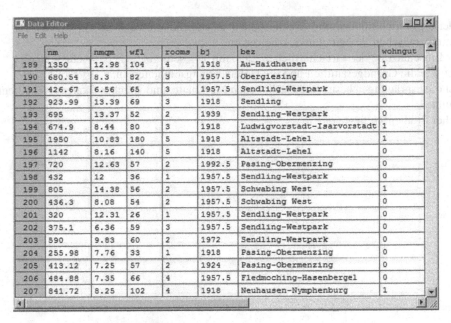

Abbildung 1.6: Screenshot des Mietspiegeldatensatzes

1.7 Aufgaben

Diskutieren Sie die im Rahmen des Münchner Mietspiegels (Beispiel 1.2, Seite 2) erhobenen Merkmale Größe, Ausstattung, Beschaffenheit, Lage der Wohnung und Nettomiete hinsichtlich ihres Skalenniveaus. Entscheiden Sie zudem, ob es sich um diskrete oder stetige und quantitative oder qualitative Merkmale handelt.

Aufgabe 1.1

Um welchen Studientyp handelt es sich bei
(a) dem Münchner Mietspiegel (Beispiel 1.2, Seite 2),
(b) den Aktienkursen (Beispiel 1.6, Seite 6),
(c) dem IFO-Konjunkturtest (Beispiel 1.8, Seite 7)?

Aufgabe 1.2

Eine statistische Beratungsfirma wird mit folgenden Themen beauftragt:
(a) Qualitätsprüfung von Weinen in Orvieto,
(b) Überprüfung der Sicherheit von Kondomen in der Produktion,
(c) Untersuchung des Suchtverhaltens Jugendlicher.
Als Leiterin oder Leiter der Abteilung Datenerhebung sollen Sie zwischen einer Vollerhebung und einer Stichprobenauswahl zur Gewinnung der benötigten Daten entscheiden. Begründen Sie Ihre Entscheidung.

Aufgabe 1.3

Eine Firma interessiert sich im Rahmen der Planung von Parkplätzen und dem Einsatz von firmeneigenen Bussen dafür, in welcher Entfernung ihre Beschäftigten von der Arbeitsstätte wohnen und mit welchen Beförderungsmitteln die Arbeitsstätte überwiegend erreicht wird. Sie greift dazu auf eine Untersuchung zurück, die zur Erfassung der wirtschaftlichen Lage der Mitarbeiterinnen und Mitarbeiter durchgeführt wurde. Bei der Untersuchung wurden an einem Stichtag 50 Beschäftige ausgewählt und befragt hinsichtlich
• Haushaltsgröße (Anzahl der im Haushalt lebenden Personen),
• monatlicher Miete,

Aufgabe 1.4

- Beförderungsmittel, mit dem die Arbeitsstätte überwiegend erreicht wird,
- Entfernung zwischen Wohnung und Arbeitsstätte,
- eigener Einschätzung der wirtschaftlichen Lage mit $1 =$ sehr gut, $\ldots, 5 =$ sehr schlecht.

(a) Geben Sie die Grundgesamtheit und die Untersuchungseinheiten an.

(b) Welche Ausprägungen besitzen die erhobenen Merkmale, und welches Skalenniveau liegt ihnen zugrunde?

(c) Welcher Studientyp liegt vor?

Kapitel 2

Univariate Deskription und Exploration von Daten

Dieses Kapitel führt in die grundlegenden statistischen Methoden ein, mit denen univariate oder eindimensionale Daten, d.h. Daten, die aus Beobachtungen eines einzelnen Merkmals bestehen, in geeigneter Weise dargestellt, beschrieben und untersucht werden können. Neben den üblichen Mitteln der univariaten deskriptiven Statistik wie Histogrammen und Maßzahlen zu Lage und Streuung werden einige einfache Techniken der explorativen Datenanalyse wie Box-Plots, Schätzung von Dichtekurven und Quantil-Plots dargestellt. Die univariaten Methoden dieses Kapitels bilden auch die Grundlage für multivariate statistische Fragestellungen, bei denen wie in den meisten Beispielen von Kapitel 1 mehrere Merkmale gleichzeitig beobachtet, beschrieben und untersucht werden. So kann man etwa ein primär interessierendes Merkmal, wie die Nettomiete von Wohnungen, die Präferenz für eine bestimmte Partei, die Überlebensdauer nach einer Krebsoperation, nicht nur für die gesamte Erhebung, sondern auch für Teilgesamtheiten oder Schichten betrachten, die durch Kategorien anderer Merkmale oder Einflussfaktoren wie Baualterskategorien, männliche bzw. weibliche Wähler, Behandlungsgruppen bestimmt sind. Durch den Vergleich univariater Ergebnisse in den Schichten können erste Eindrücke über mögliche Abhängigkeiten gewonnen werden und damit zu genaueren zwei- oder mehrdimensionalen Untersuchungen mit Methoden des dritten Kapitels hinführen.

2.1 Verteilungen und ihre Darstellungen

Wir gehen von einer Erhebung vom Umfang n aus, bei der an den n Untersuchungseinheiten die Werte $x_1, \ldots, x_n$ eines Merkmals X beobachtet oder gemessen wurden. Diese Werte werden als *Urliste*, *Roh-* oder *Primärdaten* bezeichnet. Auch bei einem kleinen oder mittleren Umfang n wird eine reine Auflistung der Rohdaten schnell unübersichtlich. In vielen Anwendungen ist n so groß, dass verschiedene Formen einer übersichtlicheren oder zusammenfassenden Darstellung zweckmäßig bzw. notwendig sind.

Urliste
Rohdaten
$x_1, \ldots, x_n$

2.1.1 Häufigkeiten

Ausprägungen
Werte
$a_1, \ldots, a_k$

Um die Daten so weit wie möglich zusammenzufassen, wird die Urliste nach verschiedenen vorkommenden *Zahlenwerten* oder *Ausprägungen* durchsucht. Wir bezeichnen diese Menge von Zahlen mit $a_1, a_2, \ldots, a_k$, $k \leq n$. Zur notationellen Vereinfachung nehmen wir an, dass die Werte bereits der Größe nach geordnet sind, d.h. dass $a_1 < a_2 < \ldots < a_k$ gilt. Dabei ist zu beachten, dass für eine Nominalskala diese Anordnung keine inhaltliche Bedeutung besitzt. Für kategoriale Merkmale ist k gleich der Anzahl der Kategorien und damit meist erheblich kleiner als n. Für metrische Merkmale sind oft nur wenige Werte der Urliste identisch, sodass k fast oder ebenso groß wie n ist. Die folgende Definition ist für jedes Skalenniveau sinnvoll: Als *absolute* bzw. *relative Häufigkeit* einer Ausprägung a_j, $j = 1, \ldots, k$, bezeichnet man die Anzahl bzw. den Anteil von Werten der Urliste, die mit a_j übereinstimmen.

Absolute und relative Häufigkeiten

$h(a_j) = h_j$ *absolute Häufigkeit* der Ausprägung a_j,

                         d.h. Anzahl der x_i aus $x_1, \ldots x_n$ mit $x_i = a_j$

$f(a_j) = f_j = h_j/n$ *relative Häufigkeit* von a_j

$h_1, \ldots, h_k$ *absolute Häufigkeitsverteilung*

$f_1, \ldots, f_k$ *relative Häufigkeitsverteilung*

Häufigkeitsdaten
$a_1, \ldots, a_k$
$f_1, \ldots, f_k$

Für nicht zu großen Umfang n und kleines k, etwa für ein kategoriales Merkmal mit k Kategorien, können die Häufigkeiten von Hand mit einer Strichliste bestimmt werden. Die Häufigkeiten $h_1, \ldots, h_k$ bzw. $f_1, \ldots, f_k$ fasst man in einer Häufigkeitstabelle zusammen. Wir bezeichnen die Ausprägungen $a_1, \ldots, a_k$ zusammen mit den Häufigkeiten als *Häufigkeitsdaten*.

Beispiel 2.1   **Absolventenstudie**

Für die Variable D „Finanzierungsquelle" ist die Urliste durch die entsprechende Spalte von Tabelle 1.1 (Seite 2) gegeben.

Person i	1	2	3	4	5	6	7	8	9	10	11	12
Variable D	4	4	1	4	4	1	4	1	1	4	1	1

Person i	13	14	15	16	17	18	19	20	21	22	23	24
Variable D	4	3	1	1	1	5	1	1	1	3	1	3

Person i	25	26	27	28	29	30	31	32	33	34	35	36
Variable D	4	1	4	1	1	4	4	4	1	1	1	1

Strichliste

Die $k = 4$ verschiedenen Ausprägungen sind 1 (Zuwendung von Eltern, Verwandten), 3 (BAföG), 4 (eigenes Einkommen), 5 (Sonstiges). Die Häufigkeiten können in Form einer *Strichliste* (Abbildung 2.1) notiert werden. Die Strichliste vermittelt zugleich einen einfachen optischen Eindruck der Häufigkeitsverteilung der Variable.

An der Strichliste wird bereits deutlich, dass Eltern und Verwandte am häufigsten genannt wurden (von 20 der 36 Absolventen, oder von 55.6%), während BAföG eine geringere Rolle zu spielen

Zuwendung Eltern, Verwandte	1	||||| ||||| ||||| ||||| |||||
BAföG	3	|||
Eigenes Einkommen	4	||||| ||||| ||
Sonstiges	5		

Abbildung 2.1: Strichliste für die Variable D „Ausrichtung der Diplomarbeit"

scheint. Dies ist nur bei drei von den 36 Absolventen genannt, also bei $8.3\,\%$. Diese Informationen finden sich komprimiert in der folgenden Häufigkeitstabelle 2.1.   □

Ausprägung	absolute Häufigkeit h	relative Häufigkeit f
1	20	$20/36 = 0.556$
3	3	$3/36 = 0.083$
4	12	$12/36 = 0.333$
5	1	$1/36 = 0.028$

Tabelle 2.1: Häufigkeitstabelle für die Variable F „Finanzierungsquelle"

In vielen Erhebungen ist der Umfang n deutlich größer, sodass das Abzählen der Häufigkeiten sinnvollerweise mithilfe eines Computers erfolgt. Die sich daraus ergebenden Häufigkeitstabellen sind jedoch im Prinzip genauso erstellt; man vergleiche etwa die Tabelle 1.3 (Seite 4) zur Sonntagsfrage in Beispiel 1.4 (Seite 3). Die unterschiedlichen relativen Häufigkeiten für Frauen und Männer scheinen darauf hinzuweisen, dass die Parteipräferenz vom Geschlecht abhängt. Da es sich bei der Erhebung um eine Stichprobe von 931 Befragten handelt, entsteht jedoch die Frage, ob dies nur für die Stichprobe gilt, also zufällig ist, oder ob dies auch für die Grundgesamtheit zutrifft, also „statistisch signifikant" ist. Diese Frage lässt sich erst mithilfe von Methoden der induktiven Statistik klären.

In anderen Fällen, insbesondere für metrische stetige oder quasi-stetige Merkmale, ist es oft nicht möglich, die Urliste zu einer deutlich kleineren Menge $a_1, \ldots, a_k$ von Werten zu komprimieren. Die Beschreibung der Daten durch eine Häufigkeitstabelle bringt dann keinen Vorteil. In solchen Fällen kann es zweckmäßig und wünschenswert sein, die Daten der Urliste durch Bildung geeigneter *Klassen* zu gruppieren (vgl. Abschnitt 1.3.2) und eine Häufigkeitstabelle für die *gruppierten Daten* zu erstellen.

Klassenbildung

gruppierte Daten

Nettomieten

Beispiel 2.2

Wir greifen aus dem gesamten Datensatz die Wohnungen ohne zentrale Warmwasserversorgung heraus. Die folgende Urliste zeigt, bereits der Größe nach geordnet, die Nettomieten dieser $n = 26$ Wohnungen:

195.35	264.74	271.00	278.15	302.95	312.66	315.69
371.35	399.83	415.31	424.21	461.00	474.82	523.00
556.86	580.00	581.43	638.00	644.05	650.00	657.53
727.03	731.56	816.38	930.00	1000.00		

Da alle Werte verschieden sind, ist hier $k = n$ und $\{x_1, \ldots, x_n\} = \{a_1, \ldots, a_k\}$. Die relativen Häufigkeiten h_j, $j = 1, \ldots, 26$, sind somit alle gleich $1/26 = 0.0385$.

Gruppiert man die Urliste in 5 Klassen mit gleicher Klassenbreite von 200 €, so erhält man folgende Häufigkeitstabelle: □

Klasse	absolute Häufigkeit	relative Häufigkeit
$0 < \ldots \leq 200$	1	$1/26 = 0.0385$
$200 < \ldots \leq 400$	8	$8/26 = 0.308$
$400 < \ldots \leq 600$	8	$8/26 = 0.308$
$600 < \ldots \leq 800$	6	$6/26 = 0.231$
$800 < \ldots \leq 1000$	3	$3/26 = 0.115$

Tabelle 2.2: Häufigkeiten für gruppierte $n = 26$ Nettomieten

Eine Gruppierung von Originaldaten kann auch aus Datenschutzgründen notwendig sein, etwa wenn die Kredithöhen in Beispiel 1.5 (Seite 4) nicht durch den genauen Betrag, sondern in gruppierter Form wie in Tabelle 1.4 (Seite 6) ausgewiesen werden. Ebenso kann es zweckmäßig sein, ein metrisches Merkmal bereits in gruppierter Form zu erheben, um Antwortverweigerungen oder -verzerrungen zu vermeiden, indem man nicht nach dem genauen Einkommen oder Alter fragt, sondern nur nach Einkommens- oder Altersgruppen.

2.1.2 Grafische Darstellungen

Stab- und Kreisdiagramme

Die bekanntesten Darstellungsformen kategorialer oder diskreter Merkmale sind Stab-, Säulen-, Balken- und Kreisdiagramme. Sie sind vor allem angebracht, wenn die Anzahl k der verschiedenen Merkmalsausprägungen klein ist. Darüber hinaus gibt es natürlich weitere optisch ansprechende Möglichkeiten, insbesondere in Form von Farbgrafiken.

Stabdiagramm   Bei einem *Stabdiagramm* werden auf der horizontalen Achse die Ausprägungen des Merkmals abgetragen und auf der vertikalen die absoluten (relativen) Häufigkeiten der je-

Säulendiagramm   weiligen Ausprägungen in Form eines Stabes. Ein *Säulendiagramm* ist eine optische Modifikation des Stabdiagramms. Es werden lediglich die Stäbe durch Rechtecke ersetzt, die mittig über die Ausprägungen gezeichnet werden und nicht aneinanderstoßen sollten. Das

Balkendiagramm   *Balkendiagramm* ergibt sich als weitere Variante direkt aus dem Säulendiagramm, indem man die Ausprägungen auf der vertikalen Achse abträgt. Eine weitere beliebte Darstellungs-

Kreisdiagramm   form ist das *Kreisdiagramm*, bei dem der Winkel, der den Kreisausschnitt einer Kategorie oder Ausprägung festlegt, proportional zur absoluten (relativen) Häufigkeit ist. Damit ist natürlich auch die Fläche des Kreissektors proportional zur Häufigkeit.

Stabdiagramm, Säulen- und Balkendiagramm

Stabdiagramm: Trage über $a_1, \ldots, a_k$ jeweils einen zur x-Achse senkrechten Strich (Stab) mit Höhe $h_1, \ldots, h_k$ (oder $f_1, \ldots, f_k$) ab.

Säulendiagramm: wie Stabdiagramm, aber mit Rechtecken statt Strichen.

Balkendiagramm: wie Säulendiagramm, aber mit vertikal statt horizontal gelegter x-Achse.

Kreisdiagramm

Flächen der Kreissektoren proportional zu den Häufigkeiten:
Winkel des Kreissektors $j = f_j \cdot 360°$.

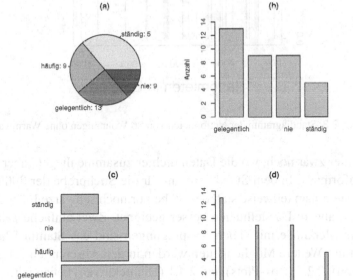

Abbildung 2.2: (a) Kreis-, (b) Säulen-, (c) Balken- und (d) Stabdiagramm für das Merkmal „Benötigen Sie Statistik bei Ihrer aktuellen Stelle?" von 36 Absolventen

Beispiel 2.3   Absolventenstudie

Für die Variable bzw. Frage „Benötigen Sie Statistik bei Ihrer aktuellen Stelle?" erhält man die Diagramme der Abbildung 2.2. Das Kreisdiagramm ist optisch sehr ansprechend. Es ermöglicht jedoch i.A. nicht ein direktes Ablesen der relativen bzw. absoluten Häufigkeiten, wie es beim Stab-, Säulen- oder Balkendiagramm der Fall ist. In diesem Beispiel wurden an den Rändern des Kreisdiagramms die absoluten Häufigkeiten mit angegeben.   □

Wie unmittelbar ersichtlich wird, sind diese Darstellungsformen nur geeignet, wenn die Anzahl k der möglichen Ausprägungen nicht zu groß ist. Für metrische Merkmale mit vielen verschiedenen Werten werden die Säulen-, Balken- und Kreisdiagramme sehr unübersichtlich, aber auch das Stabdiagramm wird weniger günstig. Für die Nettomieten aus Beispiel 2.2 erhält man das Stabdiagramm in Abbildung 2.3.

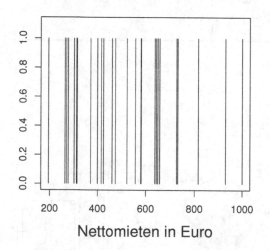

Abbildung 2.3: Stabdiagramm der Nettomieten von 26 Wohnungen ohne Warmwasser

Man erkennt hier zwar noch, wo die Daten dichter zusammenliegen, aber ansonsten ist das Bild wenig informativ. In dem Stabdiagramm für die Stichprobe der 3065 Wohnungen in Abbildung 2.4 sieht man teilweise statt der Stäbe nur noch schwarze Flächen. Für solche Daten sind deshalb andere Darstellungen besser geeignet. Zwei einfache Darstellungsformen für metrische Merkmale mit vielen Ausprägungen sind das Stamm-Blatt-Diagramm und das Histogramm. Weitere Möglichkeiten werden in den Abschnitten 2.1.3 (empirische Verteilungsfunktion), 2.2.2 (Box-Plots) und 2.4.1 (Dichtekurven) behandelt.

Stamm-Blatt-Diagramme

Stamm-Blatt-Diagramm   Das *Stamm-Blatt-Diagramm* („Stem-leaf display") ist eine semigrafische Darstellungsform für metrische Merkmale, die für mittleren Datenumfang auch per Hand zu bewältigen ist.

Wir erklären das Konstruktionsprinzip zunächst am Beispiel der $n = 26$ Nettomieten von Beispiel 2.2 (Seite 31). Beim Stamm-Blatt-Diagramm arbeitet man in der Regel mit

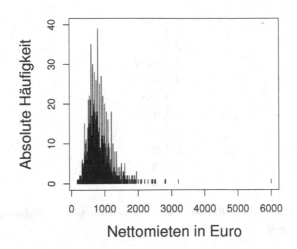

Abbildung 2.4: Stabdiagramm der Nettomieten von 3065 Wohnungen

gerundeten Daten. Wir streichen zunächst die Stellen nach dem Komma und erhalten die gerundete Urliste

195	264	271	278	302	312	315
371	399	415	424	461	474	523
556	580	581	638	644	650	657
727	731	816	930	1000		

Anschließend wird der sogenannte *Stamm* definiert, d.h. eine vertikale Liste geordneter Zahlen, in der jede Zahl die erste(n) Ziffer(n) von Werten in den zugehörigen Klassen enthält. Im Beispiel wählen wir als Klassen Intervalle der Breite 100 und als Klassengrenzen die Zahlen $100, 200, \ldots, 500, 1000$. Der Stamm enthält dann die Ziffern $1, \ldots, 10$ wie in Abbildung 2.5. Um die *Blätter* des Stammes zu erhalten, rundet man nun die Beobachtungen auf die Stelle, die nach den Ziffern des Stammes folgt. Im Beispiel runden wir etwa 195 zu 200, 264 zu 260, 271 zu 270, 278 zu 280. Die so für diese Stelle erhaltenen Ziffern trägt man als Blätter rechts von den zugehörigen Ziffern des Stamms zeilenweise und der Größe nach geordnet ab. Das Blatt 6 in der zweiten Zeile steht somit für 60. Die Blätter 0 und 7 der dritten Zeile ergeben sich aus den zweiten Ziffern der gerundeten Nettomieten 302 zu 300 und 371 zu 370. Auf diese Weise entsteht aus der Urliste der $n = 26$ Nettomieten das Stamm-Blatt-Diagramm in Abbildung 2.5.

Stamm

Blätter

Zusätzlich sollte noch die Einheit angegeben werden, z.B. in der Form $6 = 60$, um ein Rückrechnen zu ermöglichen.

Für größere Datensätze kann es zweckmäßig sein, die Zeilen aufzuteilen. Die Zahlen des Stamms erscheinen dabei zweimal. Auf jeder zugehörigen oberen Zeile werden dann die Blätter 0 bis 4 und auf der unteren die Blätter 5 bis 9 eingetragen, vergleiche dazu Abbildung 2.6. Die einzelnen Zeilen entsprechen jetzt Intervallen der Breite 50 statt 100.

Einheit 2 | 7 = 270

1	
2	0678
3	0127
4	02267
5	2688
6	4456
7	33
8	2
9	3
10	0

Abbildung 2.5: Stamm-Blatt-Diagramm der Nettomieten von 26 Wohnungen ohne Warmwasserversorgung

Allgemein lässt sich das Konstruktionsprinzip so beschreiben:

Stamm-Blatt-Diagramm

Schritt 1: Teile den Datenbereich in Intervalle gleicher Breite $d = 0.5$ oder 1 mal einer Potenz von 10 ein. Trage die erste(n) Ziffer(n) der Werte im jeweiligen Intervall links von einer senkrechten Linie der Größe nach geordnet ein. Dies ergibt den *Stamm*.
Schritt 2: Runde die beobachteten Werte auf die Stelle, die nach den Ziffern des Stamms kommt. Die resultierenden Ziffern ergeben die *Blätter*. Diese werden zeilenweise und der Größe nach geordnet rechts vom Stamm eingetragen.

Faustregel Bei der Wahl der Intervallbreite wird man versuchen, das Stamm-Blatt-Diagramm so übersichtlich wie möglich zu gestalten und andererseits möglichst wenig Information durch Rundung zu verlieren. Man kann sich auch an *Faustregeln für die Zahl* der Zeilen orientieren. Eine übliche Faustregel ist

$$\text{Anzahl der Zeilen} \approx 10 \log_{10}(n) \,.$$

Die Anzahl der Zeilen in den Beispielen 2.4 und 2.5 entspricht in etwa dieser Faustregel.

Beispiel 2.4   Nettomieten

Für die Teilstichprobe von $n = 703$ mittelgroßen Wohnungen mit einer Wohnfläche von mindestens 80 qm und höchstens 100 qm (egal ob mit oder ohne Warmwasserversorgung) wählen wir als Intervallbreite $d = 50$.

Damit treten (hier) die Zahlen $3, 4, \ldots$ usw. des Stammes zweimal auf. Die erste Zeile enthält jeweils die Blätter 0 bis 4, die zweite Zeile die Blätter 5 bis 9. Man erkennt daraus die Form der Häufigkeitsverteilung mit einer leichten Unsymmetrie und einer Häufung von Nettomieten um 750 − 1040 € recht gut.   □

Im folgenden Beispiel zeigt das Stamm-Blatt-Diagramm noch mehr Auffälligkeiten.

Einheit 2 | 7 = 270

2	7
3	013
3	789
4	00223344
4	55567779999
5	012234
5	5556777788888888999999
6	011111122223333333344444
6	5555555566666666666667777777777788888999999
7	000001111111111222222222333333334444444
7	555555555556666666666677777777777778888888888888999999999999
8	000000000000000000001111111222222222333333333344444444444
8	5555555555555555555566666666777777778888888888999999999
9	00000000000011111111112222222233333333344444
9	5555555555555555666666666666677777777777888888888888888999999999999999
10	0000000000000000000001111122222222222222233333344444444444444
10	5555555555555555556667788888888899999999
11	00000000000000001111112222222222222222233334444444444
11	555555566666677778888999999
12	00000000000000011123344444
12	5555555677778888889
13	000012344
13	55567789
14	01112333
14	55669
15	0000
15	56789
16	000
16	9
17	4
17	
18	
18	9

Abbildung 2.6: Stamm-Blatt-Diagramm der Nettomieten von 703 mittelgroßen Wohnungen (Wohnfläche mindestens 80 qm und höchstens 100 qm)

Umlaufrenditen   Beispiel 2.5

Die Abbildung 2.7 zeigt die Monatsdurchschnitte der Umlaufrenditen (in Prozent) inländischer Inhaberschuldverschreibungen (insgesamt). von Januar 1973 bis Mai 2015 (Quelle: Deutsche Bundesbank). Die Zeitreihe weist drei deutliche Phasen einer Hochzinspolitik auf mit einem Maximum zu Beginn der 80er Jahre und zeigt auch den starken Rückgang auf sehr niedrige Zinsen (3% und darunter) seit 2010.

Das zugehörige Stamm-Blatt-Diagramm (vgl. Abb. 2.8) zeigt ein entsprechendes Muster mit einer Häufung von Renditen zwischen 3.0 % bis 7.4 %, einer weiteren Häufung von Umlaufrenditen um ca. 8 % (Hochzinsphase) und einigen wenigen sehr hohen Renditen, die man als „Ausreißer" bezeichnen kann. Im Vergleich zur grafischen Darstellung der Renditen als Zeitreihe geht hier jedoch deutlich Information verloren: Der zeitliche Einfluss ist nicht mehr erkennbar.   □

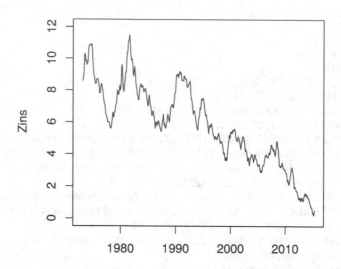

Abbildung 2.7: Umlaufrenditen deutscher Inhaberschuldverschreibungen

Histogramme

Histogramm

Stamm-Blatt-Diagramme besitzen den Vorteil, dass sie – bis auf Rundung – die Werte der Urliste enthalten und somit einen guten Einblick in die Datenstruktur für explorative Analysen ermöglichen. Für große Datensätze werden sie jedoch unübersichtlich und lassen sich nicht mehr auf Papier oder Bildschirm präsentieren. Es ist dann zweckmäßig, die Daten zu gruppieren und die resultierende Häufigkeitstabelle durch ein *Histogramm* zu visualisieren.

Gruppierung Klassen

Wir gehen dabei von einem zumindest ordinalskalierten Merkmal aus, das in vielen Ausprägungen vorliegt. Für die *Gruppierung* (vgl. Abschnitt 1.3) wählt man als *Klassen* benachbarte Intervalle

$$[c_0, c_1), [c_1, c_2), \ldots, [c_{k-1}, c_k).$$

Es wäre nun möglich, über den Klassen in der Art des Säulendiagramms die jeweilige absolute bzw. relative Häufigkeit aufzutragen. Dabei treten jedoch unerwünschte Effekte auf. Verdoppelt man beispielsweise die Breite des rechten Randintervalls $[c_{k-1}, c_k)$ durch Hinzunahme der rechts davon liegenden Werte, bleibt die Häufigkeit in diesem Intervall f_k unverändert. Der optische Eindruck bei einem breiteren Randintervall würde jedoch eine wesentlich größere Häufigkeit suggerieren, da die Breite des Intervalls und damit des darüberliegenden Rechtecks doppelt so viel Fläche aufweist wie das entsprechende Rechteck des ursprünglichen Intervalls.

Klassenbreite

Da das Auge primär die Fläche der Rechtecke bzw. Säulen wahrnimmt, wird das Histogramm so konstruiert, dass die Fläche über den Intervallen gleich oder proportional zu den absoluten bzw. relativen Häufigkeiten ist. Aus der Beziehung „Fläche = Breite × Höhe" und der *Klassenbreite* $d_j = c_j - c_{j-1}$ ergibt sich die abzutragende Höhe gleich oder proportional

```
Einheit 2 │ 3 = 0.023(2.3%)
        0 │ 2334
        0 │ 567789
        1 │ 0111112222333333333444
        1 │ 555566777999
        2 │ 01223344
        2 │ 56788889999
        3 │ 0000011111122222333333333333444
        3 │ 5556666667777777788888888889999999999
        4 │ 00000001111111222222233334444444
        4 │ 55566667777788888888899999999
        5 │ 000001111111111112233333344444
        5 │ 5555555556666666777777777888888888999999
        6 │ 00000000000000011111222233333333444444
        6 │ 55555555666666667777788899999
        7 │ 0000000111111111222334444444444
        7 │ 5556667777788888999999
        8 │ 00000000111111222222222233333333333344444444
        8 │ 5555666666666677777777788888999999
        9 │ 000000011111222244
        9 │ 5566677899999
       10 │ 00122344
       10 │ 6678889999
       11 │ 0123
       11 │ 5
```

Abbildung 2.8: Stamm-Blatt-Diagramm der Umlaufrenditen

zu h_j/d_j bzw. f_j/d_j.

Histogramm

Zeichne über den Klassen $[c_0, c_1), \ldots, [c_{k-1}, c_k)$ Rechtecke mit

Breite: $d_j = c_j - c_{j-1}$

Höhe: gleich (oder proportional zu) h_j/d_j bzw. f_j/d_j

Fläche: gleich (oder proportional zu) h_j bzw. f_j

Das Histogramm ist damit so konstruiert, dass es dem *Prinzip der Flächentreue* folgt, d.h. die dargestellten Flächen sind direkt proportional zu den absoluten bzw. relativen Häufigkeiten. Zu bemerken ist, dass die prinzipielle Darstellungsform nicht davon abhängt, ob die Intervalle als rechtsoffen oder als linksoffen gewählt werden.

Prinzip der Flächentreue

Falls möglich und sinnvoll, sollten die Klassenbreiten d_j gleich groß sein. Dann kann man als Höhe der Rechtecke auch die absoluten oder – wie in den Abbildungen 2.9 bis 2.16 – die relativen Häufigkeiten wählen. Ferner sollten offene Randklassen vermieden werden. Wie man auch an einigen der folgenden Beispiele sehen kann, wird die resultierende Darstellung insbesondere durch die Klassenbreite und damit die Anzahl der Intervalle und den Anfangspunkt c_0 bestimmt. Bei sehr kleiner Klassenbreite geht durch die Gruppierung wenig von der ursprünglichen Information der Urliste verloren. Dafür erhält man unruhige Histogramme, die im Extremfall dem Stabdiagramm ähnlich werden. Mit wachsender Klassenbreite wird das Histogramm weniger Sprünge aufweisen, im Extremfall – wenn alle Da-

Klassenzahl
Klassenbreite
Faustregeln

ten in einer Klasse maximaler Breite liegen – erhält man jedoch nur noch ein einziges Rechteck, das wenig über die Daten aussagt. Für die *Anzahl von Klassen* und damit für die *Wahl der Klassenbreite* existieren *Faustregeln*, also Empfehlungen, etwa $k = [\sqrt{n}]$, $k = 2[\sqrt{n}]$ oder $k = [10 \log_{10} n]$ zu wählen. Neben diesen Faustregeln wird aber der subjektive optische Eindruck, den das Histogramm vermittelt, über die Klassenbreiten entscheiden.

Beispiel 2.6　Absolventenstudie

Will man etwa die Häufigkeitsverteilung des Merkmals „Studiendauer in Semestern" der Absolventenliste in einer Abbildung darstellen, so bietet sich hier ein Histogramm an. Es sind in der folgenden Abbildung 2.9 $\sqrt{n} = \sqrt{36} = 6$ Klassen gewählt worden, die jeweils gleich breit mit einer Klassenbreite von zwei Semestern sind. Die Intervalle sind abgeschlossen bezüglich der rechten Intervallgrenze. Die erste Klasse umfasst die Semester 9 und 10. Im Histogramm ist das zugehörige Rechteck über der Klassenmitte 9 mit Klassengrenzen 8 und 10 eingezeichnet. Entsprechend sind die anderen Klassen konstruiert. Deutlich erkennt man, dass die meisten Studierenden (fast 60%) ihr Studium erst nach 11 oder 12 Semestern abgeschlossen haben.　　　　□

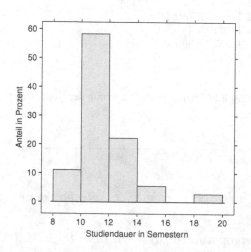

Abbildung 2.9: Histogramm der Studiendauer von 36 Absolventen

Beispiel 2.7　Nettomieten

Abbildung 2.10 ist das zur Tabelle 2.2 (Seite 32) gehörende Histogramm für die Nettomieten der 26 Wohnungen ohne Warmwasser und entspricht hier nicht dem Stamm-Blatt-Diagramm von Abbildung 2.5 (Seite 36), welches eine feinere Intervalleinteilung verwendet.

Interessanter ist die Darstellung der Verteilung der Nettomieten durch Histogramme für den gesamten Datensatz oder für wichtige Schichten daraus. In den Abbildungen 2.11 und 2.12 ist als Klassenbreite jeweils $d = 100$ gewählt. Abbildung 2.11 zeigt das Histogramm für die $n = 3065$ Wohnungen der gesamten Stichprobe. Mietpreise zwischen 600 und 700 € sind am häufigsten. Die Häufigkeiten nehmen nach links steiler ab als nach rechts, d.h. die Verteilung ist nicht symmetrisch, sondern schief, genauer: *linkssteil* oder *rechtsschief*. Das Histogramm vermittelt damit optisch den erwarteten Eindruck: Im höheren Mietpreisbereich streuen die Mieten stärker als im niedrigen Bereich, und die „durchschnittlichen" Mieten liegen dadurch links von der Mitte der Grenzen des Datenbereichs.

linkssteil
rechtsschief

　　Mietpreise werden natürlich am stärksten von der Wohnfläche beeinflusst. Entsprechend der Gruppierung nach Wohnflächen in Tabellenmietspiegeln kann man sich Histogramme für die Teilschichten kleiner (≤ 38 qm), mittlerer (39 bis 80 qm) großer (81 qm bis 120 qm) und sehr großer

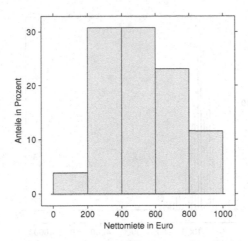

Abbildung 2.10: Histogramm der Nettomieten von 26 „kleinen Wohnungen" ohne Warmwasserversorgung

Wohnungen (≥ 121 qm) ansehen, um Unterschiede in Lage und Form der Häufigkeitsverteilungen zu erkennen. Aus Abbildung 2.12 ist ersichtlich, dass sich die Verteilungen innerhalb dieser Wohnflächenkategorien nicht nur durch die Lage, sondern auch durch die Form unterscheiden. Insbesondere nimmt mit zunehmender Wohnfläche nicht nur der durchschnittliche Mietpreis zu, sondern die Mieten liegen auch weiter auseinander: Für große Wohnungen verläuft das Histogramm viel flacher und der Datenbereich ist klar größer.

Abbildung 2.13 zeigt schließlich, dass die Wahl der Klassenbreite, die hier gleich 50 ist, einen starken Einfluss auf den optischen Eindruck und damit auf die Interpretation ausüben kann. Im Vergleich zu dem entsprechenden unteren Histogramm in Abbildung 2.12 wird das Bild wesentlich unruhiger. Einzelne Spitzen in den Häufigkeiten sind vermutlich eher auf Zufälligkeiten in der Stichprobe als auf systematische Gründe zurückzuführen, die auch für die Grundgesamtheit gelten.   □

Aktienrenditen   Beispiel 2.8

Kurse verschiedenster Aktien findet man regelmäßig im Wirtschaftsteil von Tageszeitungen und anderen Veröffentlichungen zum Geschehen am Aktienmarkt. Aus dem Kursverlauf lassen sich unmittelbar die Renditen bestimmen, die mit dem Besitz einer Aktie über einen Zeitraum hinweg verbunden waren. Sowohl für kurz- als auch für langfristige Anlagen ist dabei zunächst von Interesse, wie sich die täglichen Renditen verhalten. Deshalb wollen wir an dieser Stelle definieren, wie diese Renditen aus den Kursen berechnet werden.

Renditen

Sei X_t der Kurs einer Aktie oder eines Wertpapiers am Tag t, dann ist $(X_t - X_{t-1})/X_{t-1}$ die sogenannte direkte Rendite. Wir berechnen im Weiteren immer sogenannte log-Renditen $\ln(X_t/X_{t-1})$, die für den Fall einer stetigen Verzinsung definiert sind. Als Faustregel gilt, dass bei Renditen unter 10% der Unterschied unerheblich ist. Dies ist für Tageskurse normalerweise der Fall, siehe z.B. Franke, Härdle und Hafner (2001), Kapitel 10.

Die Betrachtung der Verteilung von Tagesrenditen ist unerlässlich, bevor fundierte Aktienmarktmodelle aufgestellt werden. Aktien, deren Tagesrenditen über einen längeren Zeitraum häufiger einen negativen Wert, d.h. einen Verlust, als einen positiven aufweisen, werden sich nicht am Markt behaupten können. Insofern ist zunächst überraschend, dass das Histogramm der Tagesrenditen vom

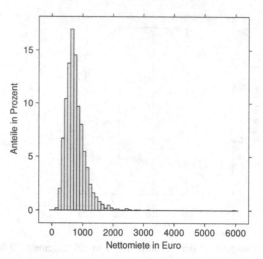

Abbildung 2.11: Histogramm der Nettomieten aller 3065 Wohnungen in der gesamten
Stichprobe, Klassenbreite = 100 €

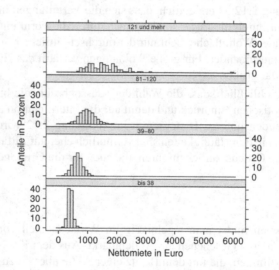

Abbildung 2.12: Histogramme der Nettomieten, nach Wohnungsgröße geschichtet

4. Januar 2000 bis zum 3. Juni 2015 ($n = 3952$) der Munich RE in Abbildung 2.14 den Eindruck
vermittelt, dass negative Renditen häufiger sind als positive. Die Darstellung von Häufigkeitsverteilungen mithilfe von Histogrammen ist jedoch empfindlich gegenüber der Klasseneinteilung: Abbildung 2.15 basierend auf denselben Daten, aber mit einer anderen Wahl der Klassengrenzen, vermittelt das erwartete Bild. Ferner erkennt man hier, dass sich die Tagesrenditen offensichtlich *symme-*
symmetrisch   *trisch* um den Nullpunkt verteilen.   □

Beispiel 2.9   Altersverteilungen

Betrachtet man die Verteilung des Merkmals Lebensalter von Personen in einer Stichprobe, so ergibt
das zugehörige Histogramm selten ein symmetrisches Bild. Beispielsweise ist in der Magenkarzi-
nomstudie (Beispiel 1.7) der jüngste Patient 30 Jahre alt und der älteste 90 Jahre, aber nur 35 %

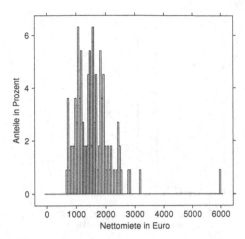

Abbildung 2.13: Histogramm der Nettomieten der „sehr großen" Wohnungen in der Stichprobe, Klassenbreite = 50 €

sind jünger als 61. Die am häufigsten vertretene Altersklasse ist mit 36 % die der 61 bis 70-Jährigen (vgl. Abb. 2.16).

Der steile Abfall im oberen Bereich lässt sich dadurch erklären, dass auch der Anteil der über 80-Jährigen in der Bevölkerung klein ist, sodass weniger Personen unter dem Risiko stehen, an Magenkrebs zu erkranken. Da das Histogramm in Abbildung 2.16 nach links langsamer abfällt als nach rechts, wird eine Verteilung mit dieser Gestalt als *linksschief* oder *rechtssteil* bezeichnet.   □   *linksschief*
rechtssteil

Die in den Beispielen durch Histogramme dargestellten Arten von Verteilungen besitzen generelle Bedeutung für die Charakterisierung der Form von empirischen Verteilungen. Die folgenden Typisierungen beziehen sich nicht nur auf Histogramme, sondern in entsprechender Weise auf andere Häufigkeitsdarstellungen wie etwa Stab- oder Stamm-Blatt-Diagramme.

Unimodale und multimodale Verteilungen

Viele empirische Verteilungen weisen wie in den Abbildungen 2.9, 2.10 und 2.16 der vorangehenden Beispiele einen Gipfel auf, von dem aus die Häufigkeiten flacher oder steiler zu den Randbereichen hin verlaufen, ohne dass ein zweiter deutlich ausgeprägter Gipfel hervortritt. Solche Verteilungen heißen *unimodal* (eingipfelig). Treten weitere deutliche Gipfel auf, wie im Stamm-Blatt-Diagramm (Abbildung 2.8) oder Histogramm der Umlaufrenditen (Abbildung 2.17), so heißt die Verteilung *multimodal* (mehrgipfelig). Bei zwei Gipfeln spricht man von einer *bimodalen* (zweigipfligen) Verteilung.

unimodal

multimodal

bimodalen

Bimodale und multimodale Verteilungen können entstehen, wenn die Daten eines Merkmals unterschiedlichen Teilgesamtheiten entstammen, aber in der Darstellung zusammengemischt werden. So könnte man für das Zinsbeispiel eine Teilgesamtheit „üblicher Zinsen" und eine Teilgesamtheit „Hochzinsphasen" sowie eine Teilgesamtheit „Niedrigzinsphasen" unterscheiden. Bimodale und multimodale Verteilungen erfordern daher eine besonders sorgfältige Interpretation.

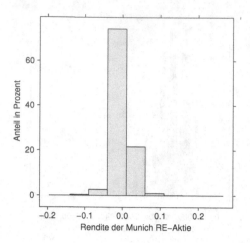

Abbildung 2.14: Histogramm der Tagesrenditen der Munich RE-Aktie

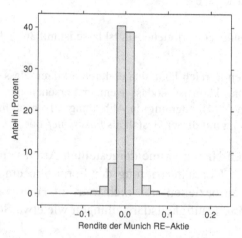

Abbildung 2.15: Histogramm der Tagesrenditen der Munich RE-Aktie mit einer anderen Klasseneinteilung als in Abbildung 2.14

Symmetrie und Schiefe

symmetrisch

Eine Verteilung heißt *symmetrisch*, wenn es eine Symmetrieachse gibt, sodass die rechte und die linke Hälfte der Verteilung wie in Abbildung 2.18(b) annähernd zueinander spiegelbildlich sind. Exakte Symmetrie ist bei empirischen Verteilungen selten gegeben. Deutlich unsymmetrische Verteilungen heißen *schief*. Eine Verteilung ist *linkssteil* (oder *rechtsschief*), wenn der überwiegende Anteil von Daten linksseitig konzentriert ist. Dann fällt wie in Abbildung 2.18(a) die Verteilung nach links deutlich steiler und nach rechts langsamer ab. Entsprechend heißt eine Verteilung *rechtssteil* (oder *linksschief*), wenn wie in Abbildung 2.18(c) die Verteilung nach rechts steiler und nach links flacher abfällt.

schief
linkssteil
rechtsschief

rechtssteil
linksschief

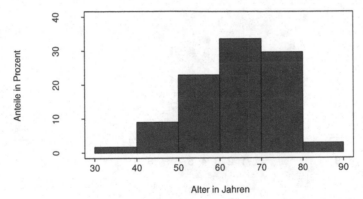

Abbildung 2.16: Histogramm des Lebensalters der Patienten aus der Magenkarzinom-studie

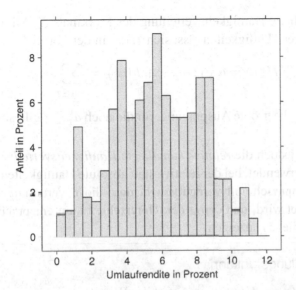

Abbildung 2.17: Das Histogramm der Umlaufrenditen zeigt eine multimodale Verteilung

2.1.3 Kumulierte Häufigkeitsverteilung und empirische Verteilungsfunktion

Die empirische Verteilungsfunktion beantwortet die Fragestellung „Welcher Anteil der Daten ist kleiner oder gleich einem interessierenden Wert x?". Diese Frage ist natürlich nur dann sinnvoll, wenn die Relationen „kleiner" bzw. „kleiner/gleich" sinnvoll sind, d.h. wenn zumindest eine Ordinalskala vorliegt. Um die Frage zu beantworten, bildet man die bis zur Schranke x *aufsummierten* absoluten oder relativen Häufigkeiten.

Die *absolute kumulierte Häufigkeitsverteilung* eines Merkmals X erhält man folgendermaßen: Für jede vorgegebene Zahl $x \in \mathbb{R}$ bestimmt man die Anzahl von Beobachtungswerten, die kleiner oder gleich x sind. Die sich ergebende Funktion

absolute kumulierte Häufigkeits-verteilung

$$H(x) = \text{Anzahl der Werte } x_i \text{ mit } x_i \leq x$$

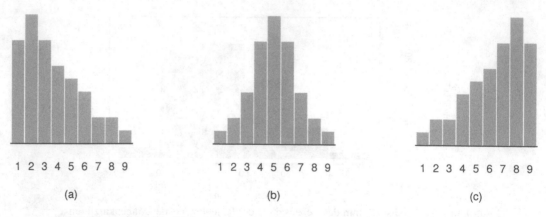

Abbildung 2.18: Eine linkssteile (a), symmetrische (b) und rechtssteile Verteilung (c)

ist die absolute kumulierte Häufigkeitsverteilung des Merkmals X. Mit den Ausprägungen $a_1 < \ldots < a_k$ und deren Häufigkeiten lässt sich $H(x)$ in der Form

$$H(x) = h(a_1) + \ldots + h(a_j) = \sum_{i:a_i \leq x} h_i$$

schreiben. Dabei ist a_j die größte Ausprägung, für die noch $a_j \leq x$ gilt, sodass also $a_{j+1} > x$ ist.

relative kumulierte Häufigkeitsverteilung

In der Regel wird jedoch die *relative kumulierte Häufigkeitsverteilung* oder *empirische Verteilungsfunktion* verwendet, bei der relative statt absolute Häufigkeiten aufsummiert werden. Das Adjektiv empirisch soll verdeutlichen, dass diese Verteilungsfunktion aus konkreten Daten berechnet wird, und somit den Unterschied zum entsprechenden Begriff für Zufallsvariablen (Kapitel 5) anzeigen.

Empirische Verteilungsfunktion

$$F(x) = H(x)/n = \text{Anteil der Werte } x_i \text{ mit } x_i \leq x$$

bzw.

$$F(x) = f(a_1) + \ldots + f(a_j) = \sum_{i:a_i \leq x} f_i\,,$$

wobei $a_j \leq x$ und $a_{j+1} > x$ ist.

Treppenfunktion

Beide Funktionen sind monoton wachsende *Treppenfunktionen*, die an den Ausprägungen $a_1, \ldots, a_k$ um die entsprechende absolute bzw. relative Häufigkeit nach oben springen. Dabei ist an den Sprungstellen der obere Wert, d.h. die Treppenkante, der zugehörige Funktionswert und die Funktion somit rechtsseitig stetig. Die Funktionen $H(x)$ bzw. $F(x)$ sind gleich 0 für alle $x < a_1$ und gleich n bzw. 1 für $x \geq a_k$.

Beispiel 2.10   Absolventenstudie

Abbildung 2.19 zeigt die empirische Verteilungsfunktion für das Merkmal „Studiendauer in Semestern". Greift man auf der x-Achse etwa den Wert „12" heraus, so lässt sich der dazugehörige Wert auf der y-Achse von 0.69 wie folgt interpretieren: 69 % der 36 Absolventen haben höchstens 12 Semester studiert, oder anders formuliert: Die Studiendauer ist bei 69 % der 36 Absolventen kleiner

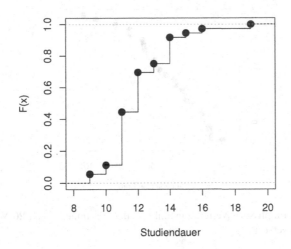

Abbildung 2.19: Empirische Verteilungsfunktion der Studiendauer von 36 Absolventen

oder gleich 12. Dabei entspricht die letztere Formulierung gerade derjenigen, mit der die Betrachtung der empirischen Verteilungsfunktion motiviert wurde.

a_j	9	10	11	12	13	14	15	16	19
$h(a_j)$	2	2	12	9	2	6	1	1	1
$H(a_j)$	2	4	16	25	27	33	34	35	36
$F(a_j)$	0.056	0.111	0.444	0.694	0.750	0.917	0.944	0.972	1.000

□

Die empirische Verteilungsfunktion eignet sich auch zur grafischen Darstellung der Häufigkeitsverteilungen von metrischen Merkmalen, bei denen viele oder alle Beobachtungswerte unterschiedlich sind, ohne dass die Daten vorher gruppiert werden. Es ist jedoch auch möglich, zum Histogramm gruppierter Daten eine geeignete Verteilungsfunktion zu konstruieren. Wegen der geringeren Bedeutung gehen wir darauf nicht ein.

Nettomieten

Beispiel 2.11

Für die Teilstichprobe der Wohnungen ohne Warmwasserversorgung ergibt sich die dem Stabdiagramm der Abbildung 2.3 entsprechende empirische Verteilungsfunktion in Abbildung 2.20.

Am Funktionsverlauf lässt sich die Gestalt der Verteilung erkennen: Dort, wo die Funktion stark ansteigt, liegen die Mietpreise dicht zusammen, d.h. die Daten sind dort „dichter", während in Bereichen mit flachem Funktionsverlauf wenig Mietpreise liegen, d.h. die Daten liegen dort weiter auseinander oder sind „dünn".

Ein Vorteil der empirischen Verteilungsfunktion ist, dass die grafische Darstellung mit zunehmendem Datenumfang n glatter wird. Die sprunghafte Treppenfunktion geht über in eine für das Auge fast stetige, monoton wachsende Verteilungsfunktion. Dies zeigt sich deutlich für die in Abbildung 2.21 (S. 48) wiedergegebene empirische Verteilungsfunktion der Nettomieten aus der gesamten Mietspiegelstichprobe.

Die Interpretation ist analog wie oben. Im Vergleich zu den Histogrammen der gruppierten Daten fällt es etwas schwerer, die Schiefe der Verteilung zu beurteilen. Dafür wird der subjektive Einfluss der Klassenbildung vermieden. □

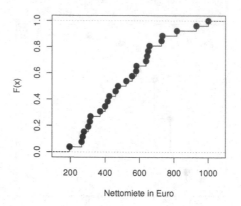

Abbildung 2.20: Empirische Verteilungsfunktion der Nettomieten von 26 Wohnungen ohne Warmwasserversorgung

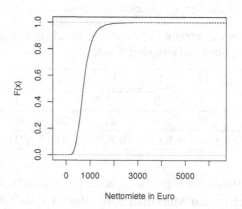

Abbildung 2.21: Empirische Verteilungsfunktion der Nettomieten aller 3065 Wohnungen

Beispiel 2.12   **BMW-Renditen**

Abbildung 2.22 (S. 49) zeigt die empirische Verteilungsfunktion der Tagesrenditen der BMW-Aktie. Bedingt durch den großen Stichprobenumfang ($n = 3991$) ist ihr Verlauf sehr glatt. Lediglich um die Null steigt die Verteilungsfunktion stark an, was auf relativ viele Nullrenditen zurückzuführen ist. Die Symmetrie der Häufigkeitsverteilung erkennt man hier an der Punktsymmetrie der Kurve um den Punkt mit den Koordinaten $(x, y) = (0, 0.5)$.   □

2.2   Beschreibung von Verteilungen

Durch grafische Darstellungen lassen sich charakteristische Eigenschaften der Lage und Form von Häufigkeitsverteilungen erkennen. Wie in den Beispielen ergeben sich dabei oft

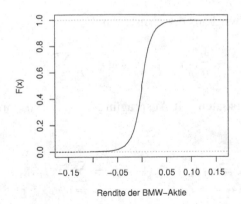

Abbildung 2.22: Empirische Verteilungsfunktion der Tagesrenditen der BMW-Aktie

Fragen folgender Art: Wo liegt das Zentrum der Daten? Wie stark streuen diese um das Zentrum? Ist die Verteilung symmetrisch oder schief? Gibt es Ausreißer? Diese Fragen stehen meist auch beim Vergleich von Verteilungen im Vordergrund. Dieser Abschnitt behandelt *Maßzahlen* oder *Parameter* von Verteilungen, mit denen sich deren Eigenschaften in komprimierter Form durch numerische Werte formal quantifizieren lassen. Diese Maßzahlen lassen sich auch in geeigneter Form, wie etwa im Box-Plot, visualisieren.

Maßzahlen
Parameter

2.2.1 Lagemaße

Maßzahlen zur Lage beschreiben das Zentrum einer Verteilung durch einen numerischen Wert. Welches Lagemaß in einer bestimmten Fragestellung sinnvoll ist, hängt vom Kontext, von der Datensituation und vom Skalenniveau des Merkmals ab.

Arithmetisches Mittel

Das aus Alltagsproblemen bekannteste Lagemaß ist das arithmetische Mittel. Dieses erhält man, indem alle beobachteten Werte aufsummiert werden und diese Summe durch die Anzahl der Beobachtungen dividiert wird.

Das arithmetische Mittel ist für metrische Merkmale sinnvoll definiert. Für qualitative Merkmale ist es i.A. ungeeignet. Eine Ausnahme betrifft binäre oder dichotome Merkmale mit den zwei Kategorien $a_1 = 0$ und $a_2 = 1$. Dann ist das arithmetische Mittel $\bar{x}$ identisch mit der relativen Häufigkeit $f_2 = f(a_2)$.

Arithmetisches Mittel

Das *arithmetische Mittel* wird aus der Urliste durch

$$\bar{x} = \frac{1}{n}(x_1 + \ldots + x_n) = \frac{1}{n}\sum_{i=1}^{n} x_i$$

berechnet. Für Häufigkeitsdaten mit Ausprägungen $a_1, \ldots, a_k$ und relativen Häufigkeiten $f_1, \ldots, f_k$ gilt

$$\bar{x} = a_1 f_1 + \ldots + a_k f_k = \sum_{j=1}^{k} a_j f_j\,.$$

Wie sich einfach zeigen lässt, gilt für das arithmetische Mittel

$$\sum_{i=1}^{n}(x_i - \bar{x}) = 0\,,$$

*Schwerpunkt-
eigenschaft*

d.h. die Summe der Abweichungen zwischen x_i und $\bar{x}$ verschwindet. Dies lässt sich als *Schwerpunkteigenschaft* des arithmetischen Mittels interpretieren. Würde man an die Stelle jeder Beobachtung eine Münze oder ein Einheitsgewicht legen, so wäre die Zahlengerade genau am Punkt $\bar{x}$, dem Schwerpunkt, im Gleichgewicht.

Beispiel 2.13   Nettomieten

Für die 26 kleinen Wohnungen ohne Warmwasserversorgung erhält man aus der Urliste von Beispiel 2.2 (Seite 31)

$$\bar{x} = \frac{1}{26}(195.35 + \ldots + 1000.00) = 520.11\ \text{\euro}\,.$$

Das arithmetische Mittel für die gesamte Stichprobe ist

$$\bar{x}_{ges} = 763.06$$

und für die Schichten der kleinen, mittleren, großen und sehr großen Wohnungen ergibt sich

$$\bar{x}_{kl} = 407.41\,, \quad \bar{x}_{mi} = 656.33\,, \quad \bar{x}_{gr} = 992.86\,, \quad \bar{x}_{sg} = 1578.80\,.$$

□

Falls man wie im Beispiel 2.13 die arithmetischen Mittel in den Schichten kennt, kann man daraus das arithmetische Mittel für die Gesamterhebung berechnen:

Dazu sei eine Erhebungsgesamtheit E vom Umfang n in r Schichten oder Teilgesamtheiten $E_1, \ldots, E_r$ mit jeweiligen Umfängen $n_1, \ldots, n_r$ und arithmetischen Mitteln $\bar{x}_1, \ldots, \bar{x}_r$ zerlegt. Dann gilt für das arithmetische Mittel $\bar{x}$ in E:

Arithmetisches Mittel bei Schichtenbildung

$$\bar{x} = \frac{1}{n}(n_1 \bar{x}_1 + \ldots + n_r \bar{x}_r) = \frac{1}{n}\sum_{j=1}^{r} n_j \bar{x}_j\,.$$

Nettomieten

So kann man in der Mietspiegel-Tabelle von Beispiel 1.2 das Gesamtmittel und die Mittel in Baualters- oder Wohnflächenklassen aus den mittleren Nettomieten/qm der einzelnen Zellen ausrechnen.

	Nettomiete/qm				
	Wohnfläche				
Baualter	bis 38 qm	39 bis 80 qm	81 bis 120 qm	$\geq$ 121 qm	
bis 1918	11.92(13)	10.92(159)	10.56(124)	9.46(51)	10.61(347)
1919 bis 48	12.60(12)	9.51(220)	9.99(96)	11.07(9)	9.80(337)
1949 bis 65	12.59(86)	10.16(607)	9.86(186)	9.33(10)	10.32(889)
1966 bis 77	12.89(79)	10.30(365)	9.73(149)	10.21(8)	10.50(601)
1978 bis 89	13.71(19)	10.96(161)	10.22(72)	10.64(8)	10.94(260)
ab 1990	13.90(17)	11.86(381)	12.01(208)	12.98(25)	12.01(631)
	12.85(226)	10.58(1893)	10.52(835)	10.51(111)	10.73(3065)

□

Für die Stichprobe der 26 Wohnungen liegt die höchste Miete von € 1000.00 um 70 Euro über der zweithöchsten Miete (€ 930.00). Verändert man den höchsten Wert auf € 940.00, so verändert sich $\bar{x} = 520.11$ zu $\bar{x} = 517.80$; erhöht man auf € 1300.00, so würde $\bar{x} = 531.65$ gelten. Das arithmetische Mittel reagiert offensichtlich *empfindlich* auf extreme Werte oder *Ausreißer* in den Daten. Dies kann unerwünscht sein, z.B. wenn Ausreißer durch Besonderheiten der zugehörigen Einheit oder einfach durch Fehler bei der Datenerhebung oder Datenaufbereitung verursacht wurden.

ausreißer-empfindlich

Das getrimmte und das winsorisierte Mittel

Gelegentlich weicht man auf resistentere Lagemaße aus. Eine Möglichkeit ist, einen Teil der Daten, zum Beispiel (im Fall des 10%-getrimmten Mittels) die niedrigsten 10% der Werte und die größten 10% der Werte (also insgesamt 20%) wegzulassen und dann das arithmetische Mittel aus den restlichen Daten zu berechnen. Dazu sortiert man die Daten zunächst der Größe nach und schneidet dann am Anfang und Ende der sortierten Daten entsprechend viele Werte ab.

Alternativ zum Weglassen von Werten kann man die Werte am Anfang und Ende durch weniger extreme Werte ersetzen, nämlich durch die Extremwerte, die verbleiben, wenn man am Anfang und Ende abschneidet. Man spricht dann von einem winsorisierten Mittel. Besteht die sortierte Datenreihe zum Beispiel aus den 10 Werten

$$1 < 10 < 12 < 15 \leq 15 < 17 < 20 < 23 < 30 < 47 \,,$$

so ist das 10%-winsorisierte Mittel

$$\bar{x}_w = \frac{1}{10}(10 + 10 + 12 + 15 + 15 + 17 + 20 + 23 + 30 + 30) = 18.2 \,,$$

während das artihmetische Mittel den Wert 19 und das 10%-getrimmte Mittel den Wert

$$\bar{x}_g = \frac{1}{8}(10 + 12 + 15 + 15 + 17 + 20 + 23 + 30) = 17.75$$

annimmt.

Beispiel 2.15   Nettomieten

Für die 3065 Mietwohnungen ergeben sich folgende Mittelwerte und getrimmte Mittelwerte (ohne 10% kleinste und 10% größte Werte):

Variable	Mittelwert	getrimmter Mittelwert
Nettomiete	763.06	727.08
Wohnfläche	71.98	70.19
Nettomiete/qm	10.73	10.74

□

Median

Resistenz
Robustheit

Lagemaße, die den Einfluss solcher Extremwerte begrenzen, heißen *resistent* oder *robust*. Ein derartiges resistentes Lagemaß ist der Median. Er wird so in die Datenmitte platziert, dass eine Hälfte der Daten unterhalb und die andere Hälfte oberhalb des Medians liegt. Dazu ordnet man zunächst die Werte $x_1, \ldots, x_n$ der Größe nach. Dies ergibt die *geordnete*
geordnete Urliste   *Urliste* $x_{(1)} \leq \ldots \leq x_{(i)} \leq \ldots \leq x_{(n)}$.

Median

Für ungerades n ist der *Median* x_{med} die mittlere Beobachtung der geordneten Urliste und für gerades n ist der *Median* x_{med} das arithmetische Mittel der beiden in der Mitte liegenden Beobachtungen, d.h.

$$x_{med} = \begin{cases} x_{\left(\frac{n+1}{2}\right)} & \text{für } n \text{ ungerade} \\[2ex] \frac{1}{2}\left(x_{(n/2)} + x_{(n/2+1)}\right) & \text{für } n \text{ gerade} \end{cases}$$

Ordinalskala

Der Median setzt also ein mindestens *ordinalskaliertes* Merkmal voraus, er ist aber als resistentes Lagemaß auch für metrische Merkmale sinnvoll. Im Beispiel 2.2 (Seite 31) ergibt sich für die 26 Wohnungen als Median

$$x_{med} = 498.91 = (474.82 + 523.00)/2 \, .$$

Dieser Wert bleibt unverändert, wenn man $x_{(26)}$ so wie oben erhöht oder erniedrigt. Für die gesamte Stichprobe erhält man

$$x_{med,ges} = 700.00$$

und für die vier Schichten

$$x_{med,kl} = 400.00, \quad x_{med,mi} = 650.00, \quad x_{med,gr} = 980.00, \quad x_{med,sg} = 1500.00.$$

Liegt keine Kardinalskala wie in diesem Beispiel vor, ist übrigens die Mittelbildung für gerades n nur als Vorschrift zu verstehen, mit der ein eindeutiger Wert zwischen $x_{(n/2)}$ und $x_{(n/2+1)}$ festgelegt wird. Im Prinzip wäre aber auch jeder andere Wert dazwischen geeignet, um die Daten in zwei gleich große Hälften aufzuteilen. Man erkennt ferner auch, dass die Definition des Medians nicht abgeändert werden muss, wenn in der Urliste sogenannte *Bindungen* auftreten, d.h. wenn mehrere verschiedene Einheiten, etwa i und j, gleiche Werte $x_i = x_j$ besitzen. *Bindungen*

Eigenschaft des Medians

Mindestens 50 % der Daten sind kleiner oder gleich x_{med}.
Mindestens 50 % der Daten sind größer oder gleich x_{med}.

Neben der Robustheit weist der Median gegenüber dem arithmetischen Mittel noch den Vorteil einfacher Interpretierbarkeit auf. Auf der Suche nach einer Wohnung sagt mir der Median, dass 50 % der Wohnungen billiger, 50 % aber teurer sind, das arithmetische Mittel als „Durchschnittswert" kann hingegen von extrem billigen bzw. teuren Wohnungen beeinflusst sein.

Modus

Ein weiteres wichtiges Lagemaß ist der Modus, der angibt, welche Ausprägung am häufigsten vorkommt.

Modus

Modus x_{mod}: Ausprägung mit größter Häufigkeit.
Der Modus ist eindeutig, falls die Häufigkeitsverteilung ein eindeutiges Maximum besitzt.

Der Modus ist das wichtigste Lagemaß für *kategoriale* Merkmale und bereits auf *Nominalskalenniveau* sinnvoll. In der Darstellung durch Stab- oder Säulendiagramme ist der Modus die Ausprägung mit dem höchsten Stab. In der Absolventenstudie (Beispiel 2.1) ist etwa für das Merkmal D „Finanzierungsquelle" $x_{mod} = 1$, d.h. Zuwendungen von den Eltern und Verwandten kommen am häufigsten vor.

Im Folgenden werden noch einige weitere wichtige *Eigenschaften* der drei Lageparameter angegeben: *Eigenschaften*

1. Arithmetisches Mittel und Median stimmen bei diskreten Merkmalen i.A. mit keiner der möglichen Ausprägungen überein. So besitzt kein Bundesbürger 10.53 Bücher, auch wenn dies als arithmetisches Mittel einer Stichprobe resultieren mag. Deshalb kann auch für metrische Merkmale der Modus sinnvoller sein als $\bar{x}$ oder der Median. *künstliche Mittelwerte*

2. Werden die Daten transformiert, so sind die Lageparameter je nach Skalenniveau *äqui-variant* gegenüber gewissen Transformationen. Transformiert man die Werte x_i linear in

$$y_i = a + bx_i \,,$$

so gilt für das arithmetische Mittel $\bar{y}$ der y-Werte ebenfalls

$$\bar{y} = a + b\bar{x} \,.$$

Ist $b \neq 0$, so werden Median und Modus genauso transformiert.

Diese Transformationseigenschaften lassen sich direkt über die Definitionen der Lageparameter nachvollziehen.

Optimalitäts-eigenschaften
3. Die Art, wie die Lageparameter das Verteilungszentrum charakterisieren, lässt sich auch durch die folgenden Optimalitätseigenschaften beschreiben. Möchte man das Zentrum durch einen Wert z auf der x-Achse festlegen, der die Summe der quadratischen Abweichungen

$$Q(z; x_1, \ldots, x_n) = \sum_{i=1}^{n} (x_i - z)^2$$

zwischen Daten $x_1, \ldots, x_n$ und Zentrum z minimiert, so ergibt sich $\bar{x} = z$ als minimierender Wert, d.h. es gilt

$$\sum_{i=1}^{n} (x_i - \bar{x})^2 < \sum_{i=1}^{n} (x_i - z)^2$$

für alle $z \neq \bar{x}$. Dies lässt sich z.B. durch Nullsetzen der 1. Ableitung von Q nach z und Auflösen nach z zeigen.

Der Median minimiert dagegen die Summe der absoluten Abweichungen

$$A(z; x_1, \ldots, x_n) = \sum_{i=1}^{n} |x_i - z| \,.$$

Darin spiegelt sich die größere Resistenz des Medians gegenüber Extremwerten wider. Extremwerte beeinflussen durch das Quadrieren die Summe quadratischer Abweichungen und damit den minimierenden Wert deutlich stärker als die Summe absoluter Abweichungen.

Auch der Modus besitzt eine Optimalitätseigenschaft: Er minimiert die Summe

$$\sum_{i=1}^{n} I(x_i, z)$$

der Indikatorfunktionen $I(x_i, z) = 1$ für $x_i \neq z$, $I(x_i, z) = 0$ für $x_i = z$. Die „Distanzfunktion" $I(x, z)$ gibt nur an, ob sich die Werte x und z unterscheiden $(I = 1)$ oder nicht $(I = 0)$. Damit wird nochmals deutlich, dass der Modus für Nominalskalenniveau geeignet ist.

Berechnung der Lagemaße bei gruppierten Daten

Liegen die Daten nicht als Urliste vor, sondern lediglich *gruppiert*, können die oben angegebenen Formeln für die Lagemaße nicht mehr verwendet werden. Es gibt jedoch Möglichkeiten, die entsprechenden Lagemaße bei gruppierten Daten als Näherungswerte für die aus der Urliste berechneten Werte zu ermitteln. Diese stimmen natürlich i.A. nicht mit denen aus der Urliste überein. Geht man von gruppierten Daten mit gleicher Klassenbreite aus, so erscheint es z.B. sinnvoll, für die Bestimmung des *Modus* zunächst die Klasse mit der größten Beobachtungszahl (*Modalklasse*) heranzuziehen und die Klassenmitte der Modalklasse als Näherung für den Modus der Urliste zu verwenden. Es ist aber zu beachten, dass der wahre Modus, d.h. derjenige der Urliste, noch nicht einmal in der Modalklasse liegen muss. Außerdem ist es möglich, dass der gruppierte Modus nicht mit einem Beobachtungswert zusammenfällt.

*Modus
Modalklasse*

Ähnlich geht man bei der Bestimmung des *Medians* aus gruppierten Daten vor. Man legt zunächst die *Einfallsklasse* des Medians als die Klasse $[c_{i-1}, c_i)$ fest, für die in der Folge $F(c_i)$, $i = 1, \ldots, k$, erstmals 0.5 überschreitet. Dabei ermittelt man $F(c_i)$, indem man die absolute Häufigkeit aller Beobachtungen, die kleiner gleich c_i sind, durch den Gesamtstichprobenumfang dividiert. Damit muss der Median in dieser Klasse liegen, da hier zum ersten Mal einerseits mehr als die Hälfte der Beobachtungen kleiner gleich der oberen Klassengrenze und andererseits weniger als die Hälfte kleiner als die untere Klassengrenze sind. Es ist nun der Punkt x in der Einfallsklasse des Medians zu bestimmen, für den die empirische Verteilungsfunktion den Wert 0.5 annimmt, d.h. $F(x) = 0.5$. Da die Urliste aber nicht bekannt ist, kann dies nur annähernd erfolgen, indem man annimmt, dass sich die Beobachtungen in dieser Klasse gleichmäßig verteilen.

*Median
Einfallsklasse*

Zur Ermittlung des *arithmetischen Mittels* aus gruppierten Daten werden wie beim Modus die Klassenmitten m_j, $j = 1, \ldots, k$, herangezogen. Diese werden dann mit den relativen Klassenhäufigkeiten gewichtet und aufaddiert.

*arithmetisches
Mittel*

Gruppierte Lagemaße

Modus: Bestimme Modalklasse (Klasse mit der größten Beobachtungszahl) und verwende Klassenmitte als Modus.

Median: Bestimme Einfallsklasse $[c_{i-1}, c_i)$ des Medians und daraus

$$x_{med,grupp} = c_{i-1} + \frac{d_i \cdot (0.5 - F(c_{i-1}))}{f_i}.$$

Arithmetisches Mittel: $\bar{x}_{grupp} = \sum_{i=1}^{k} f_i m_i.$

Absolventenstudie

Beispiel 2.16

Man betrachte erneut das Merkmal „Studiendauer in Semestern" zum einen ungruppiert und zum anderen in der Weise gruppiert, wie es auch für das Histogramm in Abbildung 2.9 zugrunde gelegt wurde.

Der Modus der ungruppierten Daten entspricht einer Semesterzahl von 11 (12 der 36 ausgewählten Studenten). Die Modalklasse ergibt sich als $(10, 12]$, d.h. sie umfasst die Semester 11 und 12, und die Klassenmitte 11 liefert den gruppierten Modus. In diesem Fall liegt der wahre Modus x_{mod} ebenfalls in der Modalklasse und die Klassenmitte entspricht sogar dem ungruppierten Modus. Für den Median der gruppierten Daten muss zunächst seine Einfallsklasse ermittelt werden. Diese entspricht der Klasse $(10, 12]$, da hier zum ersten Mal die empirische Verteilungsfunktion an der oberen Klassengrenze mit $F(12) = 0.694$ den Wert 0.5 überschreitet. Damit berechnet sich der Median als

$$x_{med,grupp} = 10 + \frac{2 \cdot (0.5 - 0.111)}{0.583} = 10 + 1.33$$
$$= 11.33\,,$$

wobei $0.111 = F(10)$ und 0.583 die relative Häufigkeit in dieser Klasse sowie $d_i = d_2 = 2$ die Klassenbreite ist. In diesem Beispiel liegen der gruppierte Median und der wahre Median, der sich zu 12 ergibt, dicht beieinander. Das arithmetische Mittel berechnet sich aus der Urliste als $\bar{x} = 12.17$ und aus den gruppierten Daten als

$$\bar{x}_{grupp} = \sum_{i=1}^{6} f_i m_i$$
$$= 9 \cdot 0.111 + 11 \cdot 0.583 + 13 \cdot 0.222$$
$$+ 15 \cdot 0.055 + 17 \cdot 0.0 + 19 \cdot 0.028$$
$$= 11.67\,.$$

Auch diese Werte liegen relativ nahe zusammen.

Die insgesamt doch eher geringen Unterschiede zwischen den Maßzahlen aus der Urliste und den gruppierten Daten lassen darauf schließen, dass sich die Beobachtungen zumindest in dem mittleren Bereich relativ gleichmäßig verteilen.   □

Lageregeln

Symmetrie
Schiefe

Für metrisch skalierte Merkmale können das arithmetische Mittel, der Median und der Modus auch dazu verwendet werden, um *Symmetrie* oder *Schiefe* einer Verteilung zu beurteilen. Wir betrachten dazu die in den Abbildungen 2.18 dargestellten Verteilungen, die den in Tabelle 2.3 angegebenen Werten entsprechen. Die Verteilung der Stichprobe I fällt nach links steil ab und läuft nach rechts flach aus, ist also linkssteil. Die Verteilung der Stichprobe II ist exakt symmetrisch und Stichprobe III ergibt eine rechtssteile Verteilung. An den jeweiligen Lagemaßen sieht man, dass für eine (exakt) symmetrische Verteilung arithmetisches Mittel $\bar{x}$, Median x_{med} und Modus x_{mod} übereinstimmen. Für linkssteile Verteilungen gilt $\bar{x} > x_{med} > x_{mod}$. Für die folgenden Lageregeln schwächt man die Gleichheit der Lagemaße bei Symmetrie ab, da empirische Verteilungen praktisch selten exakt symmetrisch sind.

Lageregeln

Symmetrische Verteilungen:	$\bar{x} \approx x_{med} \approx x_{mod}$
Linkssteile Verteilungen:	$\bar{x} > x_{med} > x_{mod}$
Rechtssteile Verteilungen:	$\bar{x} < x_{med} < x_{mod}$

a_i	Stichprobe I $h(a_i)$	Stichprobe II $h(a_i)$	Stichprobe III $h(a_i)$
1	8	1	1
2	10	2	2
3	8	4	2
4	6	8	4
5	5	10	5
6	4	8	6
7	2	4	8
8	2	2	10
9	1	1	8
$\bar{x}$	3.57	5	6.43
x_{med}	3	5	7
x_{mod}	2	5	8

Tabelle 2.3: Eine linkssteile, eine symmetrische und eine rechtssteile Häufigkeits-verteilung

Die Lageregeln sind in erster Linie für unimodale Verteilungen von Bedeutung. Je stärker sich $\bar{x}$, x_{med} und x_{mod} unterscheiden, desto schiefer sind die Verteilungen. Diese Lageregeln sind auch im Fall von Lagemaßen für gruppierte Daten in analoger Weise anwendbar.

Die Unterschiede zwischen $\bar{x}$, x_{med} und x_{mod} bei schiefen Verteilungen sind in Anwendungen auch von Bedeutung, wenn festgelegt werden soll, was unter „Mittelwert" in einer bestimmten Situation zu verstehen ist. Beispielsweise sind Einkommensverteilungen nahezu immer linkssteil und laufen für sehr hohe Einkommen flach nach rechts aus. Standesvertreter von Berufsgruppen mit hohem Einkommen könnten den Median oder auch Modus als die kleineren Werte zur Argumentation benutzen, während ein sparorientierter Minister das höhere arithmetische Mittel bevorzugen würde.

Im Folgenden werden noch einige andere Lagemaße, die für bestimmte Fragestellungen und Datensituationen geeignet sind, kurz dargestellt.

Das geometrische Mittel

Dieses Mittel wird in der Regel im Zusammenhang mit Wachstums- oder Zinsfaktoren verwendet, die für mehrere Zeitperioden, etwa Jahre, Monate usw. beobachtet werden. Ausgehend von einem Anfangsbestand B_0 sei $B_0, B_1, \ldots, B_n$ eine Zeitreihe von Bestandsdaten in den Perioden $0, 1, \ldots, n$. Dann ist für $i = 1, \ldots, n$

$$x_i = B_i/B_{i-1}$$

der i-te *Wachstumsfaktor* und   *Wachstumsfaktor*

$$r_i = \frac{B_i - B_{i-1}}{B_{i-1}} = x_i - 1$$

Wachstumsrate   die i-te *Wachstumsrate*. Damit gilt

$$B_n = B_0 x_1 \cdot \ldots \cdot x_n \, .$$

Analog zum arithmetischen Mittel erhält man das geometrische Mittel, indem alle Faktoren miteinander multipliziert werden und daraus dann die n-te Wurzel gezogen wird.

Geometrisches Mittel

Das *geometrische Mittel* zu den Faktoren $x_1, \ldots, x_n$ ist

$$\bar{x}_{geom} = (x_1 \cdot \ldots \cdot x_n)^{1/n} \, .$$

Daraus folgt

$$B_n = B_0 \bar{x}_{geom} \cdot \ldots \cdot \bar{x}_{geom} = B_0 (\bar{x}_{geom})^n \, ,$$

d.h. mit $\bar{x}_{geom}$ als mittlerem Wachstumsfaktor für alle Perioden erhält man den gleichen Bestand B_n der letzten Periode, den man für die tatsächlichen Wachstumsfaktoren $x_1, \ldots, x_n$ erhält. In diesem Sinn ist $\bar{x}_{geom}$ die adäquate „Mittelung" von Wachstumsfaktoren.

Für das geometrische Mittel folgt durch Logarithmieren

$$\ln \bar{x}_{geom} = \frac{1}{n} \sum_{i=1}^{n} \ln x_i$$

und daraus

$$\bar{x}_{geom} \leq \bar{x} = \frac{1}{n} (x_1 + \ldots + x_n) \, ,$$

wobei $\bar{x}_{geom} = \bar{x}$ genau dann gilt, wenn $x_1 = \ldots = x_n$ ist. Im Allgemeinen täuscht also die Angabe von $\bar{x}$ statt $\bar{x}_{geom}$ überhöhte Wachstumsraten vor.

Beispiel 2.17   **Bergbau und verarbeitendes Gewerbe**

In diesem aus (Heiler und Michels 1994) entnommenen Beispiel geht es um das Wachstum der Anzahl von Betrieben im Bergbau und im Verarbeitenden Gewerbe Nordrhein-Westfalens von 1981 bis 1991. Tabelle 2.4 gibt dazu Wachstumsraten und Wachstumsfaktoren an. Mit dem geometrischen Mittel kann man berechnen, um wie viel die Anzahl der Betriebe durchschnittlich gewachsen ist. Man erhält

$$\bar{x}_{geom} = (0.9761 \cdot 0.9807 \cdot \ldots \cdot 1.0115)^{1/11} = 1.01424^{1/11} = 1.00129 \, .$$

Die Anzahl der Betriebe ist also pro Jahr durchschnittlich um $(1.00129 - 1) \cdot 100\,\% = 0.13\,\%$ gewachsen. Ein Blick auf die Tabelle zeigt allerdings, dass die Anzahl der Betriebe von 1980 bis 1985 gefallen und anschließend wieder angestiegen ist. Für die durchschnittliche jährliche Abnahme während der ersten Zeitperiode ergibt sich $\bar{x}_{geom}^{(1)} = 0.9835$, also eine Abnahme von $1.165\,\%$ pro Jahr, und für die anschließende Zunahme $\bar{x}_{geom}^{(2)} = 1.0164$, also eine Zunahme von $1.64\,\%$ pro Jahr. Das bereits berechnete Gesamtmittel $\bar{x}_{geom}$ lässt sich daraus folgendermaßen berechnen:

$$(\bar{x}_{geom}^{(1)})^{5/11} \cdot (\bar{x}_{geom}^{(2)})^{6/11} = 0.9835^{5/11} \cdot 1.0164^{6/11} = 1.0013 = \bar{x}_{geom} \, .$$

$\square$

Jahr:	1981	1982	1983	1984
Wachstumsrate ($p_i \times 100\,\%$):	$-2.39\,\%$	$-1.93\,\%$	$-1.77\,\%$	$-1.35\,\%$
Wachstumsfaktor (x_i):	0.9761	0.9807	0.9823	0.9865

Jahr:	1985	1986	1987	1988
Wachstumsrate ($p_i \times 100\,\%$):	$-0.81\,\%$	$0.32\,\%$	$0.10\,\%$	$0.43\,\%$
Wachstumsfaktor (x_i):	0.9919	1.0032	1.0010	1.0043

Jahr:	1989	1990	1991
Wachstumsrate ($p_i \times 100\,\%$):	$3.87\,\%$	$4.03\,\%$	$1.15\,\%$
Wachstumsfaktor (x_i):	1.0387	1.0403	1.0115

Tabelle 2.4: Veränderung der Anzahl der Betriebe im Bergbau und im Verarbeitenden Gewerbe Nordrhein-Westfalens von 1980 bis 1991 (Angabe der Veranderung gegenuber dem Vorjahr in %)

Das harmonische Mittel

Für manche Fragestellungen ist das *harmonische Mittel*

$$\bar{x}_{har} = \frac{1}{\frac{1}{n}\sum_{i=1}^{n}\frac{1}{x_i}}$$

ein sinnvoller Durchschnittswert. Eine typische Fragestellung ist die Ermittlung von durchschnittlicher Geschwindigkeit, wie etwa in folgendem Beispiel: Es seien $x_1,\ldots,x_n$ die Geschwindigkeiten (m/min), mit denen Bauteile eine Produktionslinie der Länge l durchlaufen. Die gesamte Bearbeitungsdauer ist dann

$$\frac{l}{x_1}+\ldots+\frac{l}{x_n}$$

und die durchschnittliche Laufgeschwindigkeit ist

$$\bar{x}_{har} = \frac{l+\ldots+l}{\frac{l}{x_1}+\ldots+\frac{l}{x_n}}.$$

2.2.2 Quantile und Box-Plot

Für eine zusammenfassende Beschreibung von Verteilungen müssen Maßzahlen für die Lage in jedem Fall noch durch Angaben zur Streuung der Daten um ihr Zentrum ergänzt werden. So kann etwa in zwei Ländern das mittlere Einkommen pro Kopf identisch sein, obwohl einmal große Unterschiede zwischen Reich und Arm vorliegen und im anderen Fall wesentlich geringere Einkommensunterschiede bestehen. Quantile und die daraus abgeleiteten Box-Plots als grafische Zusammenfassung sind geeignete Mittel, um die Streuung der Daten zu charakterisieren.

Das p-Quantil einer Verteilung trennt die Daten so in zwei Teile, dass etwa $p \cdot 100\%$ der Daten darunter und $(1 - p) \cdot 100\%$ darüber liegen. Damit ist der Median gerade das 50%-Quantil. Diese Eigenschaft wird im Folgenden formalisiert. Ähnlich wie beim Median, lässt die allgemeine Definition noch Möglichkeiten für eine eindeutige Lösung offen. Wie bei der Definition des Medians bezeichnet dabei $x_{(1)} \leq \ldots \leq x_{(i)} \leq \ldots \leq x_{(n)}$ die der Größe nach *geordnete Urliste*.

geordnete Urliste

Quantile

Jeder Wert x_p mit $0 < p < 1$, für den mindestens ein Anteil p der Daten kleiner/gleich x_p und mindestens ein Anteil $1 - p$ größer/gleich x_p ist, heißt *p-Quantil*. Es muss also gelten

$$\frac{\text{Anzahl } (x\text{-Werte} \leq x_p)}{n} \geq p \quad \text{und} \quad \frac{\text{Anzahl } (x\text{-Werte} \geq x_p)}{n} \geq 1 - p \,.$$

Damit gilt für das *p-Quantil*:

$$x_p = x_{([np]+1)} \,, \text{ wenn } np \text{ nicht ganzzahlig} \,,$$

$$x_p \in [x_{(np)}, x_{(np+1)}] \,, \text{ wenn } np \text{ ganzzahlig} \,.$$

Dabei ist $[np]$ die zu np nächste kleinere ganze Zahl.
Unteres Quartil = 25%-Quantil = $x_{0.25}$,
Oberes Quartil = 75%-Quantil = $x_{0.75}$.

Median
Dezile

Der *Median* ergibt sich als 50%-Quantil. Weitere wichtige Quantile sind etwa *Dezile* mit $p = 10\%, 20\%, \ldots, 90\%$ sowie 5% bzw. 95% Quantile.

Gelegentlich werden Quartile (und auch weitere Quantile) etwas anders definiert, etwa $x_{0.25}$ und $x_{0.75}$ so, dass sie die über oder unter dem Median liegenden Datenhälften wiederum halbieren. Für kleinen Umfang n wirkt sich dies in unterschiedlichen Zahlenwerten aus; dieser Unterschied ist aber für praktische Zwecke unerheblich und verschwindet mit wachsendem n. Statistische Programmpakete benutzen zum Teil unterschiedliche Definitionsvarianten, durch die sich abweichende Quantilswerte ergeben können.

Quantile lassen sich auch grafisch aus der empirischen Verteilungsfunktion bestimmen. Dazu trägt man im Abstand p zur x-Achse eine Horizontale ein. Ist np nicht ganzzahlig, so trifft die Horizontale auf ein senkrechtes Stück der Treppenfunktion. Der dazugehörige x-Wert ist das eindeutig bestimmte p-Quantil x_p. Ist np ganzzahlig, liegt die Horizontale genau auf der Höhe einer Treppenstufe. Eine eindeutige Festlegung von x_p erhält man, wenn man den mittleren Wert der beiden Beobachtungen wählt, die die Treppenstufe definieren. Man könnte aber, wie beim Median, auch andere x-Werte zwischen diesen beiden Beobachtungen als p-Quantil wählen; auch damit ist die allgemeine Definition erfüllt.

Beispiel 2.18   **Nettomieten**

In Beispiel 2.2 (Seite 31) der Nettomieten von $n = 26$ Wohnungen ohne zentrale Warmwasserversorgung ergibt $26 \cdot 0.25 = 6.5$ zur Bestimmung von $x_{0.25}$ keinen ganzzahligen Wert. Somit erhält man wegen $[6.5] + 1 = 7$ für das untere Quartil $x_{0.25} = x_{(7)} = 315.69$. Analog berechnet man für das obere Quantil $x_{0.75} = x_{(20)} = 650.00$. Die grafische Bestimmung der Quantile veranschaulicht Abbildung 2.23 (Seite 61). Während das untere und das obere Quartil eindeutig bestimmt sind, trennt jeder Wert auf der Treppenstufe zwischen 474.82 und 523.00 die Stichprobe in zwei gleichgroße Hälften. Definitionsgemäß erhält man eine eindeutige Festlegung des Medians, indem man diese

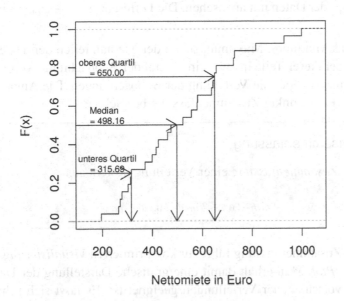

Abbildung 2.23: Grafische Bestimmung der Quantile

beiden Werte mittelt bzw. die Mitte der Treppenstufe bestimmt. □

Die Quartile geben zusammen mit dem Median auf einfache Art Hinweise auf die Verteilung der Daten: Links des unteren Quartils liegen etwa 25 % der Daten und rechts des oberen Quartils ebenfalls etwa 25 % der Daten. Im mittleren Bereich dazwischen liegen die restlichen 50 % der Daten. Ist die Verteilung annähernd symmetrisch zum Median, so sind $x_{0.25}$ und $x_{0.75}$ etwa gleich weit vom Median entfernt. Liegt $x_{0.75}$ weiter entfernt vom Median als $x_{0.25}$, so weist dies auf eine linkssteile (rechtsschiefe) Verteilung hin. Entsprechendes gilt für eine rechtssteile Verteilung.

Für metrische Merkmale geben die Quartile auch unmittelbar Aufschluss darüber, wie weit eine Verteilung auseinandergezogen ist. Eine unmittelbar daraus abgeleitete Maßzahl für diese Streuung ist der Interquartilsabstand.

Interquartilsabstand (IQR)

Die Distanz

$$d_Q = x_{0.75} - x_{0.25}$$

heißt *Interquartilsabstand* („interquartile range").

Da die Quartile nicht von der Lage der Daten links von $x_{0.25}$ und rechts von $x_{0.75}$ beein-

Faustregel
Zaun

flusst werden, ist der Interquartilsabstand resistent gegen Ausreißer. Eine *Faustregel* zur Identifikation von potenziellen Ausreißern ist: Bilde den inneren „*Zaun*" mit der Untergrenze $z_u = x_{0.25} - 1.5 d_Q$ und der Obergrenze $z_o = x_{0.75} + 1.5 d_Q$. Daten kleiner als z_u und größer als z_o sind dann Ausreißerkandidaten, die genauer zu inspizieren sind.

Enden

Da Quartile und Median keine Information über die linken und rechten *Enden* („tails") der Verteilung enthalten, ist es zweckmäßig, den kleinsten Wert $x_{min} = x_{(1)}$ und den größten Wert $x_{max} = x_{(n)}$ der Daten mit anzusehen. Die Differenz $x_{max} - x_{min}$ wird als *Spannweite* bezeichnet.

Spannweite

Die Quartile, das Minimum, Maximum sowie der Median teilen den Datensatz also in vier Teile, wobei jeder dieser Teile in etwa ein Viertel der Beobachtungswerte enthält. Dies gibt ebenfalls Information über die Verteilung der Beobachtungen. Die Angabe dieser fünf Werte wird auch als Fünf-Punkte-Zusammenfassung bezeichnet.

Fünf-Punkte-Zusammenfassung

Die *Fünf-Punkte-Zusammenfassung* einer Verteilung besteht aus

$$x_{min}, x_{0.25}, x_{med}, x_{0.75}, x_{max}$$

Visualisierung
Box-Plot

Diese Fünf-Punkte-Zusammenfassung führt zur komprimierten *Visualisierung* einer Verteilung durch den *Box-Plot*. Man erhält damit eine grafische Darstellung der Daten, die sehr gut zum Vergleich verschiedener Verteilungen geeignet ist. Es lässt sich schnell ein Eindruck darüber gewinnen, ob die Beobachtungen z.B. annähernd symmetrisch verteilt sind, oder ob Ausreißer in dem Datensatz auftreten.

Box-Plot

1. $x_{0.25}$ = Anfang der Schachtel („box")
   $x_{0.75}$ = Ende der Schachtel
   d_Q = Länge der Schachtel
2. Der Median wird durch einen Punkt in der Box markiert.
3. Zwei Linien („whiskers") außerhalb der Box gehen bis zu x_{min} und x_{max}.

Zusätzliche Information erhält man, wenn man z.B. die 5 % und 95 % Quantile oder die Zäune z_u und z_o einzeichnet. Letzteres führt zum modifizierten Box-Plot.

Modifizierter Box-Plot

Die Linien außerhalb der Schachtel werden nur bis zu x_{min} bzw. x_{max} gezogen, falls x_{min} und x_{max} innerhalb des Bereichs $[z_u, z_o]$ der Zäune liegen. Ansonsten gehen die Linien nur bis zum kleinsten bzw. größten Wert innerhalb der Zäune, und die außerhalb liegenden Werte werden individuell eingezeichnet.

Nettomieten

Beispiel 2.19

Abbildung 2.24 zeigt modifizierte Box-Plots für die Nettomieten der 3065 Wohnungen geschichtet nach (kategorialer) Wohnungsgröße. Zunächst erkennt man, dass der Median mit wachsender Wohnungsgröße erwartungsgemäß größer wird. Nettomieten über den oberen Zäunen – gekennzeichnet durch runde Kreise – gibt es in allen vier Kategorien, aber die Spannweite der Daten wächst zusammen mit der Wohnungsgröße. □

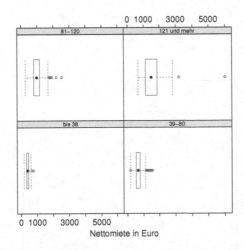

Abbildung 2.24: Box-Plots der Nettomieten, nach Wohnungsgröße geschichtet

Renditen

Beispiel 2.20

Der Box-Plot der täglichen Renditen der Aktie der Munich RE in Abbildung 2.25 zeigt deutlich die Symmetrie der empirischen Verteilung. In diesem Beispiel treten besonders viele Werte außerhalb der Zäune auf. □

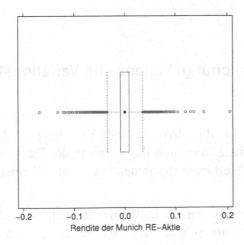

Abbildung 2.25: Box-Plot der Tagesrenditen der Munich RE

Beispiel 2.21   Umlaufrenditen

Das Histogramm der Umlaufrenditen (Abbildung 2.17) weist auf eine bimodale Verteilung hin. Offensichtlich kann man Besonderheiten wie eine bi- oder multimodale Verteilung nicht anhand eines Box-Plots erkennen, vgl. dazu Abbildung 2.26.   □

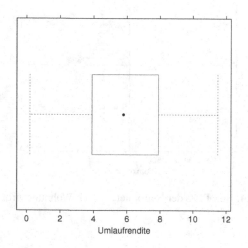

Abbildung 2.26: Box-Plot der Umlaufrenditen

2.2.3 Standardabweichung, Varianz und Variationskoeffizient

Die bekannteste Maßzahl für die Streuung einer Verteilung ist die Standardabweichung bzw. ihr Quadrat, die Varianz. Sie misst die Streuung der Daten um ihr Mittel $\bar{x}$ und ist deshalb nur für metrische Merkmale zusammen mit $\bar{x}$ sinnvoll einsetzbar.

Zur Abgrenzung gegen entsprechende Begriffe für Zufallsvariablen in Kapitel 5 und 6 wird hier von *empirischer* Varianz und Standardabweichung gesprochen. Das Wort empirisch soll bedeuten, dass es sich um Maßzahlen handelt, die aus konkreten Daten berechnet werden. Ist der Zusammenhang jedoch klar, verzichtet man oft auf den Zusatz empirisch.

Empirische Varianz und Standardabweichung

Die *Varianz* der Werte $x_1, \ldots, x_n$ ist

$$\tilde{s}^2 = \frac{1}{n}[(x_1 - \bar{x})^2 + \ldots + (x_n - \bar{x})^2] = \frac{1}{n}\sum_{i=1}^{n}(x_i - \bar{x})^2.$$

Die *Standardabweichung* $\tilde{s}$ ist die Wurzel aus der Varianz,

$$\tilde{s} = +\sqrt{\tilde{s}^2}.$$

Für die Häufigkeitsdaten gilt

$$\tilde{s}^2 = (a_1 - x)^2 f_1 + \ldots + (a_k - x)^2 f_k = \sum_{j=1}^{k}(a_j - x)^2 f_j.$$

Die Definition von Varianz und Standardabweichung beruht auf folgender Idee: Die Abweichungen $x_i - \bar{x}$ messen, wie stark die Daten um ihren Mittelwert $\bar{x}$ streuen. Dabei treten sowohl positive wie negative Abweichungen auf, sodass die Summe aller Abweichungen keine geeignete Maßzahl für die Streuung ist. Tatsächlich gilt ja für das arithmetische Mittel gerade $(x_1 - \bar{x}) + \ldots + (x_n - \bar{x}) = 0$, vgl. Abschnitt 2.2.1. Durch das Quadrieren bekommen alle Abweichungen ein positives Vorzeichen, und für weit von $\bar{x}$ entfernte Werte x_i ergeben sich große quadrierte Abweichungen $(x_i - \bar{x})^2$. Die Varianz ist dann gerade das Mittel dieser quadratischen Abweichungen und ist somit groß bzw. klein, wenn die Daten x_i weit bzw. eng um ihren Mittelwert $\bar{x}$ streuen. Infolge des Quadrierens hat $\tilde{s}^2$ nicht die gleiche Maßeinheit, etwa Euro, Meter, Minuten etc., wie die Werte selbst. Die Standardabweichung s hingegen misst die Streuung um das Mittel $\bar{x}$ mit der gleichen Maßeinheit. *mittlere quadratische Abweichung*

Für *Häufigkeitsdaten* mit den Ausprägungen $a_1, \ldots, a_k$ und relativen Häufigkeiten $f_1, \ldots, f_k$ können Varianz und Standardabweichung in äquivalenter Weise durch die zweite Formel berechnet werden. *Häufigkeitsdaten*

Die Varianz wird oft auch in leicht modifizierter Weise definiert, indem man statt durch n durch $n - 1$ dividiert. Diese modifizierte Form

$$s^2 = \frac{1}{n-1}\sum_{i=1}^{n}(x_i - \bar{x})^2$$

nennen wir *Stichprobenvarianz*. Sie wird in der induktiven Statistik bevorzugt und ist in statistischen Programmpaketen deshalb oft die voreingestellte Standardoption. Bei größerem Umfang n ist der Unterschied in den meisten Fällen vernachlässigbar. Die Mittelung durch $n - 1$ statt durch n kann folgendermaßen plausibel gemacht werden: Da $\sum(x_i - \bar{x}) = 0$ gilt, ist z. B. die letzte Abweichung $x_n - \bar{x}$ bereits durch die ersten $n - 1$ bestimmt. Somit variieren nur $n - 1$ Abweichungen frei und man mittelt deshalb, indem man durch die Anzahl $n - 1$ der sogenannten *Freiheitsgrade* dividiert. Diese Plausibilitätserklärung wird im Rahmen der induktiven Statistik formalisiert. *Stichproben-varianz*

Freiheitsgrade

Eigenschaften   Varianz und Standardabweichung besitzen folgende *Eigenschaften*:

Ausreißer-
empfindlichkeit

1. Varianz und Standardabweichung sind nur für metrische Merkmale geeignet. Da extreme Abweichungen von $\bar{x}$ durch das Quadrieren sehr stark in die Summe eingehen, sind sie *nicht resistent*, reagieren also empfindlich auf Ausreißer.

Verschiebungs-
satz

2. Es gilt der sogenannte *Verschiebungssatz*.

Verschiebungssatz

Für jedes $c \in \mathbb{R}$ gilt

$$\sum_{i=1}^{n}(x_i - c)^2 = \sum_{i=1}^{n}(x_i - \bar{x})^2 + n(\bar{x} - c)^2.$$

Speziell für $c = 0$ folgt

$$\tilde{s}^2 = \left\{\frac{1}{n}\sum_{i=1}^{n}x_i^2\right\} - \bar{x}^2.$$

Die zweite Formel ist vor allem zur schnellen (Hand-)Berechnung von $\tilde{s}^2$ geeignet: Man bildet die Summe der quadrierten Werte x_i^2, mittelt diese und zieht das bereits vorher berechnete quadrierte arithmetische Mittel $\bar{x}^2$ ab. Achtung: Die Formel sollte aber nicht für Berechnungen am Computer verwendet werden, da bei großen Stichprobenumfängen leicht Überläufe und Auslöschungsprobleme auftreten können.

Die erste Formel zeigt man mit den Umformungen:

$$\sum_{i=1}^{n}(x_i - c)^2 = \sum_{i=1}^{n}(x_i - \bar{x} + \bar{x} - c)^2$$
$$= \sum_{i=1}^{n}[(x_i - \bar{x})^2 + 2(x_i - \bar{x})(\bar{x} - c) + (\bar{x} - c)^2]$$
$$= \sum_{i=1}^{n}(x_i - \bar{x})^2 + 2(\bar{x} - c)\sum_{i=1}^{n}(x_i - \bar{x}) + \sum_{i=1}^{n}(\bar{x} - c)^2$$
$$= \sum_{i=1}^{n}(x_i - \bar{x})^2 + n(\bar{x} - c)^2,$$

da der mittlere Term wegen $\sum(x_i - \bar{x}) = 0$ gleich null ist. Die zweite Formel folgt daraus für $c = 0$ und nach Division durch n.

lineare Transfor-
mationen

3. Transformiert man die Daten x_i linear zu $y_i = ax_i + b$, so gilt für die Varianz $\tilde{s}_y^2$ bzw. Standardabweichung der Daten y_i die

Transformationsregel

Für $y_i = ax_i + b$ ist

$$\tilde{s}_y^2 = a^2\tilde{s}_x^2 \quad \text{bzw.} \quad \tilde{s}_y = |a|\tilde{s}_x.$$

Sie ergibt sich direkt aus der Definition und $\bar{y} = a\bar{x} + b$:

$$\tilde{s}_y^2 = \frac{1}{n} \sum_{i=1}^{n} (y_i - \bar{y})^2 = \frac{1}{n} \sum_{i=1}^{n} (ax_i + b - a\bar{x} - b)^2 = a^2 \frac{1}{n} \sum_{i=1}^{n} (x_i - \bar{x})^2 = a^2 \tilde{s}_x^2 .$$

4. Wird die Erhebungsgesamtheit E vom Umfang n in r Schichten $E_1, \ldots, E_r$ mit den Umfängen $n_1, \ldots, n_r$ und jeweiligen Mitteln $\bar{x}_1, \ldots, \bar{x}_r$ und Varianzen $\tilde{s}_1^2, \ldots, \tilde{s}_r^2$ zerlegt, so gilt für die gesamte Varianz $\tilde{s}^2$ in E:

Schichtung
Streuungs-
zerlegung

Streuungszerlegung

$$\tilde{s}^2 = \frac{1}{n} \sum_{j=1}^{r} n_j \tilde{s}_j^2 + \frac{1}{n} \sum_{j=1}^{r} n_j (\bar{x}_j - \bar{x})^2 ,$$

wobei

$$\bar{x} = \frac{1}{n} \sum_{j=1}^{r} n_j \bar{x}_j ,$$

das arithmetische Gesamtmittel bei Schichtenbildung ist.

Der erste Ausdruck rechts misst die *Streuung innerhalb der Schichten* durch ein gewichtetes Mittel der jeweiligen Streuungen $\tilde{s}_1^2, \ldots, \tilde{s}_r^2$. Der zweite Ausdruck misst die *Streuung zwischen den Schichten* durch ein gewichtetes Mittel der quadrierten Abweichungen der Mittelwerte $\bar{x}_j$ der Schichten vom Gesamtmittel $\bar{x}$. Die Streuungszerlegung lässt sich damit verbal so fassen:

Gesamtstreuung = Streuung innerhalb der Schichten + Streuung zwischen den Schichten.

5. Die Standardabweichung wird oft zusammen mit dem arithmetischen Mittel dazu benutzt, Intervalle der Form $\bar{x} \pm \tilde{s}$, $\bar{x} \pm 2\tilde{s}$ oder $\bar{x} \pm 3\tilde{s}$ anzugeben. Ist das Merkmal X in etwa normalverteilt, man vergleiche dazu Abschnitt 2.4.2 und Abschnitt 6.3.1, so gilt:

Schwankungs-
intervalle

in $\bar{x} \pm \tilde{s}$ liegen ca. 68 % aller Daten,

in $\bar{x} \pm 2\tilde{s}$ liegen ca. 95 % aller Daten,

in $\bar{x} \pm 3\tilde{s}$ liegen ca. 99 % aller Daten.

Die Angabe solcher Intervalle ist vor allem in technischen Anwendungen sehr üblich. Für nicht normalverteilte, insbesondere schiefe Verteilungen sind jedoch Box-Plots deutlich besser geeignet, um Lage und Streuung einer Verteilung anzuzeigen.

Nettomieten

Beispiel 2.22

Für die Nettomieten der 26 Wohnungen ohne Warmwasserversorgung (Beipiele 2.2, Seite 31 und 2.13, Seite 50) erhält man nach der Verschiebungsregel die Varianz

$$\tilde{s}^2 = \frac{1}{26} \left\{ (195.35)^2 + \ldots + (1000.00)^2 \right\} - (520.11)^2 = 43575.24$$

(Hinweise: ohne Rundungsfehler ergibt sich 43573.64) und die Standardabweichung $\tilde{s} = 208.75$ (ohne Rundungsfehler: 208.74). Für die Nettomieten/qm der gesamten Stichprobe ergibt sich die Standardabweichung

$$\tilde{s}_{ges} = 2.67452$$

und für die Schichten der kleinen, mittleren, großen und sehr großen Wohnungen ergibt sich

$$\tilde{s}_{kl} = 2.43\,, \quad \tilde{s}_{mi} = 2.57\,, \quad \tilde{s}_{gr} = 2.67\,, \quad \tilde{s}_{sg} = 3.05\,.$$

Betrachtet man statt der Nettomieten/qm die Nettomieten selbst, ergibt sich gesamt

$$\tilde{s}_{ges} = 338.16$$

und geschichtet

$$\tilde{s}_{kl} = 86.76\,, \quad \tilde{s}_{mi} = 186.95\,, \quad \tilde{s}_{gr} = 280.31\,, \quad \tilde{s}_{sg} = 666.48\,.$$

Mit der Streuungszerlegung kann man die Gesamtvarianz der Nettomieten/qm aus den Varianzen geschichtet nach der Wohnungsgröße berechnen. Die erforderlichen Mittelwerte und Umfänge zur Gewichtung sind bereits aus der Tabelle von Beispiel 2.14 (Seite 51) bekannt. Man erhält

$$\tilde{s}^2 = \frac{1}{3065} \left(226 \cdot 2.43^2 + 1893 \cdot 2.57^2 + 835 \cdot 2.67^2 + 111 \cdot 3.05^2 \right)$$
$$+ \frac{1}{3065} \left[226 \cdot (12.85 - 10.73)^2 + 1893 \cdot (10.58 - 10.73)^2 \right.$$
$$\left. + 835 \cdot (10.52 - 10.73)^2 + 111 \cdot (10.51 - 10.73)^2 \right] = 6.79\,.$$

(ohne Rundungsfehler: $7.15 = 2.67452^2$).   □

Beispiel 2.23   **Renditen der Munich RE-Aktie**

Hier ergibt sich $\tilde{s}^2 = 0.00044$.   □

Maßstabsunab-
hängigkeit

Für Merkmale mit nichtnegativen Ausprägungen und arithmetischem Mittel $\bar{x} > 0$ lässt sich durch den Variationskoeffizienten ein maßstabsunabhängiges Streuungsmaß bilden, das zum Vergleich unterschiedlicher Streuungen geeignet ist.

Variationskoeffizient

$$v = \frac{\tilde{s}}{\bar{x}}\,, \quad \bar{x} > 0$$

Beispiel 2.24   **Nettomieten**

Geschichtet nach Wohnungsgröße erhält man für alle 2051 Wohnungen die folgenden Variationskoeffizienten der Nettomieten/qm:

Wohnfläche	bis 38 qm	39 bis 80 qm	81 bis 120 qm	121 qm und mehr
v	$\frac{2.43}{12.85} = 0.19$	$\frac{2.57}{10.58} = 0.24$	$\frac{2.67}{10.52} = 0.25$	$\frac{3.05}{10.51} = 0.29$

□

2.2.4 Maßzahlen für Schiefe und Wölbung

In den Beispielen der vorhergehenden Abschnitte zeigten bereits die grafischen Darstellungen, dass sich Verteilungen nicht nur durch Lage und Streuung, sondern auch in Bezug auf Symmetrie oder Schiefe („skewness") unterscheiden können. Außerdem können sich selbst symmetrische Verteilungen durch ihre Wölbung („kurtosis") unterscheiden. Diese zeigt, ob Daten stark um das Lagezentrum konzentriert sind, oder ob eben die Wölbung flacher ist. Grafische Darstellungen, insbesondere auch die in Abschnitt 2.4 behandelten Quantil-Plots vermitteln dazu einen sehr guten visuellen Eindruck. Zusätzlich gibt es aber auch traditionellere Maßzahlen, die in diesem Abschnitt beschrieben werden.

Schiefe

Eine erste Beurteilung der *Schiefe* oder Symmetrie einer Verteilung kann durch einen Vergleich der Lagemaße mittels der Lageregeln aus Abschnitt 2.2.1 erfolgen.

Maßzahlen für die Schiefe der Verteilung metrischer Merkmale sind Quantils- und Momentenkoeffizienten.

Quantilskoeffizient der Schiefe

$$g_p = \frac{(x_{1-p} - x_{med}) - (x_{med} - x_p)}{x_{1-p} - x_p}$$

Für $p = 0.25$ erhält man den *Quartilskoeffizienten*.

Quantilskoeffizienten messen im Zähler den Unterschied zwischen der Entfernung des p- und $(1-p)$-Quantils zum Median. Bei linkssteilen (bzw. rechtssteilen) Verteilungen liegt das untere Quantil näher am (bzw. weiter entfernt vom) Median. Somit gilt:

Werte des Quantilskoeffizienten

$g_p = 0$ für symmetrische Verteilungen,

$g_p > 0$ für linkssteile Verteilungen,

$g_p < 0$ für rechtssteile Verteilungen.

Durch den Nenner wird g_p so normiert, dass $-1 \leq g_p \leq 1$ gilt. Da die Definition mittels der Quantile und des Medians erfolgt, sind Quantilskoeffizienten resistent. Dies gilt nicht für die in Analogie zur Varianz $\tilde{s}^2$ gebildeten Momentenkoeffizienten der Schiefe:

Momentenkoeffizient der Schiefe

$$g_m = \frac{m_3}{\tilde{s}^3} \quad \text{mit} \quad m_3 = \frac{1}{n}\sum_{i=1}^{n}(x_i - \bar{x})^3$$

Durch die dritte Potenz $(x_i - \bar{x})^3$ bleiben im Vergleich zur Standardabweichung die Vorzeichen bei den Abweichungen $(x_i - \bar{x})$ erhalten. Bei linkssteilen (bzw. rechtssteilen) Verteilungen überwiegen positive (bzw. negative) Abweichungen, sodass g_m positiv (negativ) wird. Wegen der Division durch $\tilde{s}^3$ ist g_m maßstabsunabhängig.

> ### Werte des Momentenkoeffizienten
>
> $g_m = 0$ für symmetrische Verteilungen,
>
> $g_m > 0$ für linkssteile Verteilungen,
>
> $g_m < 0$ für rechtssteile Verteilungen.

In einigen statistischen Programmpaketen werden – ähnlich wie bei der Varianz – modifizierte Versionen von g_m berechnet. Für größeren Umfang n ist der Unterschied wiederum praktisch irrelevant.

Wölbung   Maßzahlen für die *Wölbung* sollen charakterisieren, wie stark oder schwach der zentrale Bereich und – damit zusammenhängend – die Randbereiche der Daten besetzt sind. Dabei ist zu beachten, dass Verteilungen mit gleicher Streuung unterschiedliche Wölbungen in der Mitte bzw. unterschiedliche linke und rechte Enden in den Randbereichen besitzen können.

In der Mitte vergleichsweise spitze Verteilungen sind in den Enden („tails") stärker besetzt als in der Mitte flache Verteilungen. Als Vergleichs- oder Referenzverteilung für das Maß an Wölbung in der Mitte oder Breite in den Enden („heaviness of tails") dient dazu die Normalverteilung (vgl. Abschnitt 2.4 und Abschnitt 6.3.1). Eine gängige Maßzahl, die gerade so definiert ist, dass sie bei Vorliegen einer Normalverteilung null wird, ist das

> ### Wölbungsmaß von Fisher
>
> $$\gamma = \frac{m_4}{\tilde{s}^4} - 3 \quad \text{mit} \quad m_4 = \frac{1}{n}\sum_{j=1}^{n}(x_j - \bar{x})^4 \quad \text{bzw.} \quad \frac{1}{n}\sum_{j=1}^{k}(a_j - \bar{x})^4 n_j$$
>
> Dabei ist
>
> $\gamma = 0$ bei Normalverteilung,
>
> $\gamma > 0$ bei spitzeren Verteilungen,
>
> $\gamma < 0$ bei flacheren Verteilungen.

Wie bei der Varianz $\tilde{s}^2$ und beim Schiefemaß g_m existieren Modifikationen, die sich aber für größeres n nur unwesentlich unterscheiden.

Beispiel 2.25   Tägliche und monatliche Renditen

Die folgende Tabelle basiert auf Daten für den Zeitraum Oktober 2006 bis Januar 2015. Die Quartilskoeffizienten liegen für die Renditen der Munich RE-Aktie und für die täglichen Renditen der BMW-Aktie nahe bei null, was für eine annähernde Symmetrie der Verteilungen spricht. Allerdings weisen die leicht negativen Werte des Momentenkoeffizienten auf eine leichte Unsymmetrie Richtung rechtssteile Verteilung hin. Bei den monatlichen Renditen der BMW-Aktie deuten beide Schiefekoeffizienten auf eine moderat rechtssteile Verteilung hin. Die Verringerung des Wölbungsmaßes beim Übergang zu monatlichen Renditen ist deutlich und in Übereinstimmung mit einer Abflachung der Spitze im Lagezentrum, vergleiche dazu auch 2.35 für die BMW-Aktie.

	Munich RE		BMW	
	täglich	monatlich	täglich	monatlich
$g_{0.25}$	0.0231	0.0018	−0.0410	−0.4873
g_m	−0.2041	−0.1444	−0.1205	−0.3120
γ	8.1265	−0.3810	4.4299	1.0578

$\square$

2.3 Konzentrationsmaße

Eine in den Wirtschaftswissenschaften relevante, mit der Streuung zusammenhängende Fragestellung gilt der Konzentration von Merkmalen auf Merkmalsträgern. Dabei interessiert man sich beispielsweise dafür, wie ein Markt sich auf die Anbieter aufteilt (Marktkonzentration), oder wie sich das Einkommen oder der Grundbesitz einer demografischen Einheit auf Individuen bzw. Familien aufteilt (Einkommenskonzentration). Ziel ist es, die Stärke der Konzentration in einem Kennwert bzw. einer Grafik zum Ausdruck zu bringen.

Vermögensverteilung in Deutschland

Beispiel 2.26

Der Sachverständigenrat zur Begutachtung der gesamtwirtschaftlichen Entwicklung (`www.sachverstaendigenrat-wirtschaft.de`) hat im Jahresgutachten 2014/15 die Einkommens- und Vermögensverteilung in Deutschland untersucht. Daten zur Vermögensentwicklung sind schwieriger zu erhalten als Daten zur Einkommensentwicklung und werden nur alle fünf Jahre erhoben (zuletzt 2002, 2007 und 2012). Tabelle 2.27 (Seite 72) gibt eine Übersicht über die Vermögensverteilung und enthält eine Maßzahl zur Konzentration von Vermögen (den sog. Gini-Koeffizienten), der in Abschnitt 2.3.1 eingeführt wird.

$\square$

Marktkonzentration in drei Städten

Beispiel 2.27

In drei Städten G, M und V sei der monatliche Umsatz (in 1000 €) der Möbelbranche bestimmt durch die folgende Tabelle:

Einrichtungs-	Stadt		
häuser	G	M	V
1	40	180	60
2	40	5	50
3	40	5	40
4	40	5	30
5	40	5	20

Wie man unmittelbar sieht, ist der Gesamtumsatz der Möbelbranche in der Stadt G völlig gleichmäßig auf die fünf Anbieter verteilt, in der Stadt M besitzt ein Einrichtungshaus nahezu eine Monopolstellung, während in V die Umsätze über die Anbieter variieren.

$\square$

SACHVERSTÄNDIGENRAT
zur Begutachtung der
gesamtwirtschaftlichen Entwicklung

Verteilung der individuellen Nettovermögen in Deutschland[1]

	Einheit	Deutschland			Westdeutschland			Ostdeutschland		
		2002	2007	2012	2002	2007	2012	2002	2007	2012
Mittelwert	Euro	79 941	81 089	83 308	90 004	93 651	93 790	36 713	32 007	41 138
Median	Euro	15 000	14 818	16 663	19 800	18 910	21 200	7 500	7 100	8 080
90. Perzentil	Euro	210 134	207 695	216 971	235 700	239 700	239 300	104 938	91 014	111 580
95. Perzentil	Euro	323 722	319 731	323 180	353 200	366 300	363 980	153 580	134 917	171 359
99. Perzentil	Euro	759 969	787 500	817 279	834 853	897 841	876 050	341 657	274 704	399 820
Negatives oder kein Vermögen	%[2]	25,9	27,1	27,7	25,7	26,4	26,9	26,7	29,5	30,8
Gini-Koeffizient		0,776	0,799	0,780	0,761	0,784	0,768	0,816	0,823	0,792
90/50-Dezilverhältnis		14,01	14,02	13,03	11,91	12,68	11,30	13,99	12,82	13,81
nachrichtlich: Bevölkerungsanteil	%	100	100	100	81,1	79,6	80,1	18,9	20,4	19,9

1 – Personen in Privathaushalten, älter als 16 Jahre.   2 – Anteil an der Gesamtbevölkerung älter als 16 Jahre.

Quelle: SOEP, Berechnungen des DIW

SVR-14-303

Abbildung 2.27: Tabelle aus dem Jahresgutachten des Sachverständigenrats zur Begutachtung der gesamtwirtschaftlichen Entwicklung

Im Folgenden wird in Hinblick auf die Konzentrationsmessung angenommen, dass das Merkmal *kardinal* skaliert ist und die Messungen $x_1, \ldots, x_n$ alle *nicht-negativ* sind. Betrachtet werden damit nur Merkmale wie Umsatz, Einkommen oder Anzahl Beschäftigter, die prinzipiell positiv (bzw. null) sind. Der Einfachheit halber wird von bereits geordneten Werten $x_1 \leq \ldots \leq x_n$ ausgegangen. Eine Tabelle wie im Beispiel 2.27 ist also umzuordnen, bevor man die nachfolgenden Formeln anwendet. Die *Gesamtmerkmalssumme* bestimmt sich durch

kardinal
nicht-negativ
geordnete Werte

Gesamtmerk-
malssumme

$$\sum_{i=1}^{n} x_i > 0 \,.$$

Dadurch ist die zur Verfügung stehende Gesamtmenge (Gesamtumsatz, Gesamteinkommen, Gesamtzahl der Beschäftigen) gegeben.

2.3.1 Relative Konzentration: Lorenzkurve und Gini-Koeffizient

Lorenzkurve aus den geordneten Daten

Eine einfache Darstellungsform, die Aufschluss über die Stärke der Konzentration gibt, ist die Lorenzkurve, die von M. Lorenz zur Charakterisierung der Vermögenskonzentration benutzt wurde. Ausgehend von den bereits geordneten Merkmalsausprägungen $x_1, \ldots, x_n$ überlegt man sich, dass für $j = 1, \ldots, n$ der Anteil j/n der Merkmalsträger die kumulierte relative Merkmalssumme

$$\frac{\sum_{i=1}^{j} x_i}{\sum_{i=1}^{n} x_i}$$

auf sich konzentriert. Die *Lorenzkurve* gibt dies für sämtliche Anteile j/n in grafischer Form wieder.

Lorenzkurve

Lorenzkurve

Für die geordnete Urliste $x_1 \le \ldots \le x_n$ ergibt sich die *Lorenzkurve* als Streckenzug durch die Punkte

$$(0,0), (u_1, v_1), \ldots, (u_n, v_n) = (1,1)$$

mit

$$u_j = j/n \quad \text{Anteil der Merkmalsträger},$$

$$v_j = \frac{\sum_{i=1}^{j} x_i}{\sum_{i=1}^{n} x_i} \quad \text{kumulierte relative Merkmalssumme}.$$

Marktkonzentration in drei Städten

Beispiel 2.28

Für die Städte G, M und V aus Beispiel 2.27 erhält man die Lorenzkurve L aus Tabelle 2.5, wobei zu beachten ist, dass die Werte nun der Größe nach geordnet sind. Die zugehörigen Grafiken sind in Abbildung 2.28 dargestellt. □

		Stadt G			Stadt M			Stadt V		
j	u_j	x_i	$\sum_{i=1}^{j} x_i$	v_j	x_i	$\sum_{i=1}^{j} x_i$	v_j	x_i	$\sum_{i=1}^{j} x_i$	v_j
1	0.2	40	40	0.2	5	5	0.025	20	20	0.10
2	0.4	40	80	0.4	5	10	0.050	30	50	0.25
3	0.6	40	120	0.6	5	15	0.075	40	90	0.45
4	0.8	40	160	0.8	5	20	0.100	50	140	0.70
5	1.0	40	200	1.0	180	200	1.000	60	200	1.00

Tabelle 2.5: Marktkonzentrationen

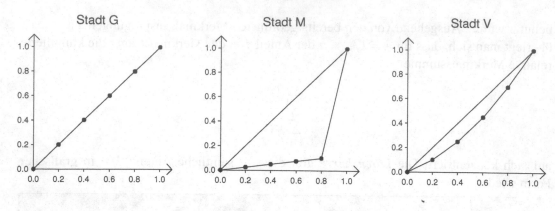

Abbildung 2.28: Lorenzkurven zur Marktkonzentration

Der Grundgedanke der Lorenzkurve besteht darin darzustellen, auf welchen Anteil der kleinsten Merkmalsträger welcher kumulierte relative Anteil an der Gesamtmerkmalssumme entfällt. Entspricht der Anteil der Merkmalsträger unmittelbar dem kumulierten relativen Anteil, so erhält man eine Gerade, genauer die Diagonale, die wie für die Stadt G Nullkonzentration signalisiert. Je kleiner die relative kumulierte Merkmalssumme der kleinsten Merkmalsträger ausfällt, desto stärker entfernt man sich von der Winkelhalbierenden. So ergibt sich beispielsweise eine sehr starke Konzentration in Stadt M, bei der auf 4/5 der Merkmalsträger nur 10 % der Merkmalssumme entfallen.

Interpretiert wird die Lorenzkurve nur an den berechneten Punkten (u_j, v_j), die meist mit Knickstellen zusammenfallen. Aus der Kurve lässt sich unmittelbar ablesen, dass auf $u_j \cdot 100\,\%$ der kleinsten Merkmalsträger $v_j \cdot 100\,\%$ der Merkmalssumme entfallen bzw. dass auf $(1 - u_j) \cdot 100\,\%$ der größten Merkmalsträger $(1 - v_j) \cdot 100\,\%$ der Merkmalssumme konzentriert sind.

Eigenschaften:
Monotonie,
Konvexität

Wesentliche *Eigenschaften* der Lorenzkurve sind *Monotonie*, d.h. die Kurve wächst monoton, und *Konvexität*, d.h. es liegt Wölbung nach unten vor.

Häufigkeitsdaten

Liegen die Daten bereits in Form von absoluten bzw. relativen Häufigkeiten $h_1, \ldots, h_k$ bzw. $f_1, \ldots, f_k$ für die Merkmalsausprägungen $a_1, \ldots, a_k$ vor, so lässt sich die Berechnung vereinfachen. Man bestimmt nur noch die Knickstellen

$$u_j = \sum_{i=1}^{j} h_i/n = \sum_{i=1}^{j} f_i$$

$$v_j = \frac{\sum\limits_{i=1}^{j} h_i a_i}{\sum\limits_{i=1}^{k} h_i a_i} = \frac{\sum\limits_{i=1}^{j} f_i a_i}{\sum\limits_{i=1}^{k} f_i a_i} \quad j = 1, \ldots, k\,.$$

Die resultierende Kurve ist identisch mit der aus den ursprünglichen Daten $x_1, \ldots, x_n$ berechneten Kurve.

Lorenzkurve bei gruppierten Daten

In vielen Anwendungen liegen die Merkmale nur in gruppierter Form vor, d.h. man kennt nur die Häufigkeiten $h_1, \ldots, h_k$ bzw. $f_1, \ldots, f_k$ der Klassen $[c_0, c_1), \ldots, [c_{k-1}, c_k)$. Die Lorenzfunktion wird nun für jede Klasse, genauer für den rechten Endpunkt jeder Klasse berechnet. Dabei sind zwei Fälle zu unterscheiden.

Ist die *Merkmalssumme* für die einzelnen Klassen gegeben, bezeichnet man der Einfachheit halber mit x_i die *Merkmalssumme* der i-ten Klasse und erhält die Lorenzkurve wie für unklassierte Daten durch

Merkmalssumme bekannt

$$u_j = \sum_{i=1}^{j} h_i/n = \sum_{i=1}^{j} f_i, \quad v_j = \frac{\sum_{i=1}^{j} x_i}{\sum_{i=1}^{k} x_i}.$$

In der amtlichen Statistik sind oft nur die absoluten bzw. relativen Häufigkeiten in den Klassen bekannt, jedoch ist die *Merkmalssumme unbekannt*. Zur Darstellung einer Lorenzkurve nimmt man nun idealisierenderweise an, dass innerhalb der Klasse keine Konzentration vorliegt, d.h. dass alle Ausprägungen denselben Wert, nämlich die Klassenmitte, annehmen. Mit den Klassenmitten $m_i = (c_i + c_{i-1})/2$ erhält man in Analogie zur obigen Form die Lorenzkurve

Merkmalssumme unbekannt

$$u_j = \sum_{i=1}^{j} h_i/n = \sum_{i=1}^{j} f_i, \quad v_j = \frac{\sum_{i=1}^{j} h_i m_i}{\sum_{i=1}^{k} h_i m_i}.$$

Eine Lorenzkurve, die aus klassierten Daten entstanden ist, wird üblicherweise nicht nur an den Knickstellen, sondern auch an allen Zwischenwerten interpretiert. Dabei liegt für bekannte wie für unbekannte Merkmalssummen die Annahme zugrunde, dass sich der Merkmalsanteil in Abhängigkeit vom Anteil der Merkmalsträger innerhalb der Klassen linear verhält.

Marktanteile bei Smartphones

Beispiel 2.29

In 2014 wurden etwa 1,3 Milliarden Smartphones verkauft (Quelle: http : // communities-dominate.blogs.com/, abgerufen am 25.2.2016). Die größten Marktanteile besitzen Samsung (314,2 Millionen) und Apple (192,7 Millionen).

Samsung	314.2	LG	59.1
Apple	192.7	Coolpad	50.4
Lenovo	95.0	ZTE	46.1
Huawei	75.0	TCL-Alcatel	41.4
Xiaomi	61.1	Sony	40.2

Tabelle 2.6: Anzahl verkaufter Smartphones in Millionen der zehn Hersteller mit den meisten Verkäufen

In Tabelle 2.6 sind die Anteile der zehn Smartphone-Hersteller mit den meisten Verkäufen angegeben, auf die wir uns im Folgenden beschränken. Diese machen etwa 75% aller Verkäufe aus. In

Tabelle 2.7 findet sich die Berechnung der zugehörigen Lorenzkurve, die in Abbildung 2.29 darge-stellt ist. Man sieht unmittelbar die Abweichung von der Ideallinie gleicher Marktanteile.

Daraus ist beispielsweise ablesbar, dass die 20% verkaufsstärksten Unternehmen (entspricht Samsung und Apple) fast 52% Marktanteil haben.

a_i	h_i	f_i	u_j	$a_i h_i$	$\frac{a_i h_i}{\text{Summe}}$	v_j
40.2	1	0.1	0.1	40.2	0.04122	0.0412
41.4	1	0.1	0.2	41.4	0.04245	0.0837
46.1	1	0.1	0.3	46.1	0.04727	0.1309
50.4	1	0.1	0.4	50.4	0.05168	0.1826
59.1	1	0.1	0.5	59.1	0.06060	0.2432
61.1	1	0.1	0.6	61.1	0.06265	0.3059
75.0	1	0.1	0.7	75.0	0.07691	0.3828
95.0	1	0.1	0.8	95.0	0.09742	0.4802
192.7	1	0.1	0.9	192.7	0.19760	0.6778
314.2	1	0.1	1.0	314.2	0.32219	1.000
	1	10		975.2 = Summe		

Tabelle 2.7: Berechnung der Lorenzkurve für die Marktanteile bei Smartphones

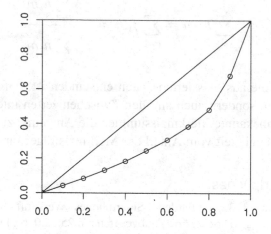

Abbildung 2.29: Lorenzkurve für die Marktanteile bei Smartphone-Verkäufen

□

Gini-Koeffizient

Die Stärke der Konzentration drückt sich in der Lorenzkurve durch die Entfernung von der Diagonalen aus. Ein naheliegendes Maß für die Konzentration benutzt daher die Fläche

zwischen der Diagonalen und der Lorenzkurve und setzt diese ins Verhältnis zur „Gesamtfläche" zwischen u-Achse und Diagonale (innerhalb des Quadrates mit der Seitenlänge 1).
Das daraus resultierende Konzentrationsmaß heißt Gini-Koeffizient.

Gini-Koeffizient

Der *Gini-Koeffizient* ist bestimmt durch

$$G = \frac{\text{Fläche zwischen Diagonale und Lorenzkurve}}{\text{Fläche zwischen Diagonale und } u\text{-Achse}}$$

$$= 2 \cdot \text{Fläche zwischen Diagonale und Lorenzkurve}$$

Geordnete Urliste $x_1 < \ldots \leq x_n$:

$$G = \frac{2 \sum_{i=1}^{n} i x_i}{n \sum_{i=1}^{n} x_i} - \frac{n+1}{n}$$

Häufigkeitsdaten mit $a_1 < \ldots < a_k$:

$$G = \frac{\sum_{i=1}^{k} (u_{i-1} + u_i) h_i a_i}{\sum_{i=1}^{k} h_i a_i} - 1,$$

wobei $u_i = \sum_{j=1}^{i} h_j / n$, $v_i = \sum_{j=1}^{i} h_j a_j / \sum_{j=1}^{k} h_j a_j$.

Die beiden letzten Ausdrücke für den Gini-Koeffizienten ergeben sich durch einfache Umformung. Für die Häufigkeitsform des Gini-Koeffizienten sind die entsprechenden
Knickstellen eingesetzt. Für gruppierte Daten mit bekannten Merkmalssummen erhält man
G nach der mittleren Formel, wobei wiederum x_i für die Merkmalssumme der i-ten Klasse
steht, für gruppierte Daten mit unbekannten Merkmalssummen berechnet man G nach der
unteren Formel, wobei die Ausprägungen $a_1, \ldots, a_k$ durch die Klassenmitten $m_1, \ldots, m_k$
ersetzt werden.

Wie man sich einfach überlegt, sind die extremen Ausprägungen des Gini-Koeffizienten
von der Form

$$G_{min} = 0 \text{ bei Nullkonzentration, } x_1 = \ldots = x_n$$
$$G_{max} = \frac{n-1}{n} \text{ bei maximaler Konzentration, } x_1 = \ldots = x_{n-1} = 0, x_n \neq 0.$$

Vermögensverteilung in Deutschland   Beispiel 2.30

In Abbildung 2.27 (Seite 72) sind die Gini-Koeffizienten für die Jahre 2002, 2007 und 2012 angegeben (für Gesamtdeutschland, sowie für West- und Ostdeutschland). Die Gini-Koeffizienten für

Gesamtdeutschland sind mit etwa 0.78 relativ groß und deuten auf eine starke Konzentration der
Vermögen hin.   □

Die maximale Ausprägung des Koeffizienten hängt damit von der Anzahl der Merkmalsträger ab. Um diesen Effekt zu vermeiden, betrachtet man meist den normierten Gini-
Koeffizienten.

> **Normierter Gini-Koeffizient (Lorenz-Münzner-Koeffizient)**
>
> $$G^* = \frac{G}{G_{max}} = \frac{n}{n-1}G \quad \text{mit dem Wertebereich} \quad G^* \in [0,1]$$

Interpretation   Für die Interpretation ist zu beachten:

   (a) Der Gini-Koeffizient als Maß für die Konzentration sollte immer in Zusammenhang mit der Lorenzkurve interpretiert werden. In Abbildung 2.30 sind zwei Länder mit
unterschiedlichen Lorenzkurven (für den Grundbesitz), aber identischen Gini-Koeffizienten
dargestellt. Während in Land A die ärmere Hälfte der Bevölkerung gerade 10 % besitzt,

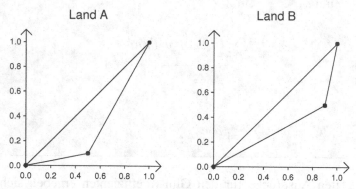

Abbildung 2.30: Zwei unterschiedliche Lorenzkurven mit gleichen Gini-Koeffizienten

besitzen in Land B die reichsten 10 % der Bevölkerung 50 % des Grundbesitzes.

relative   (b) Lorenzkurve und Gini-Koeffizient zielen auf die *relative Konzentration* ab. Teilen
Konzentration sich zwei Anbieter einen Markt, sodass jeder einen 50 %igen Anteil beliefert, so liegt keine
Konzentration ($G = 0$) vor. Bei zwei Anbietern von keiner Konzentration zu sprechen, ist
jedoch in vielen Anwendungsbereichen inadäquat. Als relatives Konzentrationsmaß, das
nur den Prozentanteil der Menge in Abhängigkeit vom Prozentanteil der Marktteilnehmer
betrachtet, berücksichtigt der Gini-Koeffizient nicht die Anzahl der Marktteilnehmer.

2.3.2 Alternative Konzentrationsmaße

Konzentrationsrate CR_g

Lorenzkurve und Gini-Koeffizient betrachten die *relative* Konzentration und damit Problemstellungen der Art

„*Wie viel Prozent* der Marktteilnehmer teilen sich *wie viel Prozent* des Volumens?"

Die daraus resultierende Nichtberücksichtigung der absoluten Anzahl der Teilnehmer wird vermieden bei Konzentrationsmaßen, die auf Problemstellungen der Form

„*Wie viele Anbieter* haben *wie viel Prozent* des Marktvolumens?"

abzielen. Für die g größten Anbieter liefert eine derartige Aussage die Konzentrationsrate CR_g.

Konzentrationsrate CR_g

Für vorgegebenes g und $x_1 \leq \ldots \leq x_n$ bildet man

$$CR_g = \sum_{i=n-g+1}^{n} p_i, \quad \text{wobei} \quad p_i = \frac{x_i}{\sum_{j=1}^{n} x_j}$$

den Merkmalsanteil der i-ten Einheit bezeichnet.

Die Konzentrationsrate gibt unmittelbar wieder, welcher Anteil von den g größten Merkmalsträgern gehalten wird. Sie liefert damit eine Information, die schon in der Lorenzkurve enthalten ist. Die Beschränkung auf die g größten Merkmalsträger kann sich nachteilig auswirken. Bei Vergleichen beispielsweise von Industriezweigen, kann die Festlegung von g bestimmen, welcher Industriezweig konzentrierter erscheint.

Herfindahl-Index

Ein weiteres gebräuchliches Konzentrationsmaß ist die nach Herfindahl benannte Kennzahl. Ausgangspunkt sind wiederum nicht-negative Ausprägungen $x_1, \ldots, x_n$.

Herfindahl-Index

$$H = \sum_{i=1}^{n} p_i^2, \quad \text{wobei} \quad p_i = \frac{x_i}{\sum_{j=1}^{n} x_j}$$

den Merkmalsanteil der i-ten Einheit bezeichnet.

Für die Extremkonstellationen ergibt sich

$H_{min} = \frac{1}{n}$ bei gleichem Marktanteil, d.h. $x_1 = \ldots = x_n$ ($p_i = 1/n$)

$H_{max} = 1$ bei einem Monopolisten, d.h. $x_1 = \ldots = x_{n-1} = 0, x_n \neq 0$ ($p_n = 1$).

Der Wertebereich von H ist bestimmt durch

$$\frac{1}{n} \leq H \leq 1,$$

und man sieht unmittelbar, dass die durch H gemessene Konzentration umso kleiner wird, je mehr Anbieter mit gleichem Marktanteil beteiligt sind. Der Gini-Koeffizient ist in diesem Fall unabhängig von der Anzahl der Anbieter immer null. Bei gleichem Marktanteil gibt $H_{min} = 1/n$ den Anteil jedes Anbieters am Markt an.

Beispiel 2.31   Marktanteile bei Smartphones

Für die Lorenzkurve aus Abbildung 2.29 (Seite 76) erhält man einen Gini-Koeffizienten von $G = 0.394$, was für eine deutliche Konzentration spricht. Der Herfindahl-Index liefert mit $H = 0.174$ ein ähnliches Ergebnis. Für die absolute Konzentrationsrate der verkaufsstärksten Unternehmen ergeben sich $CR_1 = 0.32219$, $CR_3 = 0.6172$ und $CR_5 = 0.7568$. Daraus ersieht man eine doch nicht zu unterschätzende Konzentration, da beispielsweise 5 Unternehmen mehr als 75% Marktanteil besitzen.   □

2.4   Dichtekurven und Normalverteilung

2.4.1   Dichtekurven

Mit den bisher behandelten grafischen und numerischen Methoden verfügen wir bereits über eine gute Auswahl von Möglichkeiten, um die Verteilung eines erhobenen Merkmals zu visualisieren und durch Kennzahlen zusammenfassend zu beschreiben. In vielen Anwendungen wird allerdings für ein metrisches Merkmal ein umfangreicher Datensatz erhoben, wie etwa die Nettomieten in der Mietspiegelstichprobe oder die täglichen Renditen von Aktien. Stamm-Blatt-Diagramme sind dann praktisch nicht mehr erstellbar, Häufigkeitstabellen und Histogramme für gruppierte Daten unterdrücken Information und hängen von der Wahl der Klassen ab, und Maßzahlen beschreiben nur Teilaspekte der Daten. Histogramme entsprechen auch optisch nicht der gedanklichen Vorstellung, dass die Verteilung eines stetigen Merkmals besser durch eine glatte Kurve als durch eine – oft sehr sprunghafte – Treppenfunktion repräsentiert wird. Der Vorstellung einer stetigen Verteilung kommt bei umfangreichen Datensätzen die empirische Verteilungsfunktion deutlich näher, wie man am Beispiel der Nettomieten in Abbildung 2.21 (Seite 48) sieht. Hier bietet es sich geradezu an, die – mit dem Auge kaum mehr wahrnehmbare – Treppenfunktion durch eine glatte stetige Funktion zu approximieren. Allerdings sind Regelmäßigkeiten oder Besonderheiten einer Verteilung mithilfe der empirischen Verteilungsfunktion oft nicht leicht erkennbar. Es liegt deshalb nahe, Histogramme durch eine glatte Kurve, eine sogenannte *Dichtekurve*, zu approximieren. Abbildung 2.31 zeigt zum Histogramm monatlicher Aktien-Renditen eine stetige Dichtekurve, mit der die Form der Verteilung in idealisierter Weise beschrieben werden kann.

Glattheit Dichtekurve

Diese stetige Kurve glättet zwar einige Details des Histogramms heraus, dafür gibt sie eine optisch kompakte Visualisierung der Form der Verteilung und lässt sich oft durch eine einzige Formel als Funktion $f(x)$ beschreiben.

Beim Übergang von Histogrammen zu stetigen Dichtekurven $f(x)$ müssen jedoch folgende wichtige Eigenschaften des Histogramms erhalten bleiben: Die Treppenfunktion des Histogramms ist nichtnegativ, und die von ihr überdeckte Fläche ist gleich 1. Zudem ist die

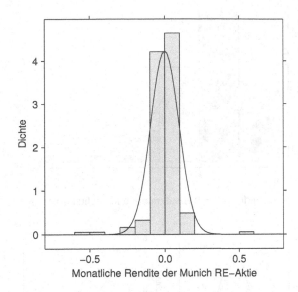

Abbildung 2.31: Histogramm und Dichtekurve der Monatsrenditen der Munich RE-Aktie

Fläche über dem Wertebereich einer Klasse gleich der relativen Häufigkeit für diese Klasse. Dies führt zu folgenden Anforderungen an Dichtekurven:

Dichtekurven

Eine stetige Funktion $f(x)$ ist eine *Dichtekurve* oder kurz *Dichte*, wenn $f(x) \geq 0$ und die von $f(x)$ überdeckte Gesamtfläche gleich 1 ist, also

$$\int f(x)dx = 1$$

gilt.

Die Fläche, die von der Kurve über einem bestimmten Intervall $[a, b]$ von x-Werten begrenzt wird, ist dann als prozentualer Anteil der x-Werte zu interpretieren, die in dieses Intervall fallen, siehe Abbildung 2.32.

Diese Fläche wird beim Histogramm durch das schraffierte Rechteck über $[a, b]$ approximiert. Dichtekurven können wie Histogramme viele Formen besitzen. Insbesondere unterscheidet man wieder zwischen *symmetrischen* und *schiefen* Dichtekurven sowie *unimodalen* und *multimodalen* Dichtekurven.

Symmetrie
Schiefe
Modalität

Einige Maßzahlen für Häufigkeitsverteilungen lassen sich sofort auf Dichtefunktionen übertragen. Die Abbildung 2.34 zeigt, wie Median und Quantile in Analogie zu Häufigkeitsverteilungen definiert werden können.

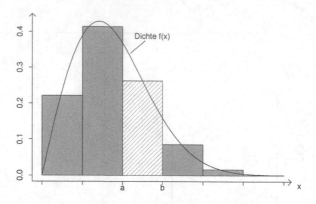

Abbildung 2.32: Histogramm und Dichtekurve

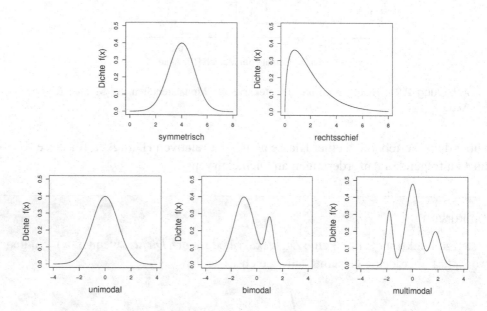

Abbildung 2.33: Verschiedene Formen von Dichtekurven

Median und Quantile einer Dichtekurve

Für $0 < p < 1$ ist das *p-Quantil* x_p der Wert auf der x-Achse, der die Gesamtfläche unter $f(x)$ in eine Fläche von $p \cdot 100\,\%$ links und eine Fläche $(1-p) \cdot 100\,\%$ rechts von x_p aufteilt.
Der *Median* $x_{0.5}$ teilt die Gesamtfläche in zwei gleich große linke und rechte Hälften auf.

Für symmetrische und unimodale (eingipfelige) Dichtekurven liegt der Median somit in der Mitte, fällt mit dem Modus als Symmetriepunkt zusammen und kann als Mittelwert der Dichte $f(x)$ bzw. des Merkmals X angesehen werden.

Um eine empirische Verteilung möglichst gut durch eine Dichtekurve zu repräsentieren,
parametrisch   gibt es verschiedene Möglichkeiten. So kann man etwa versuchen, bestimmte *parametrische*

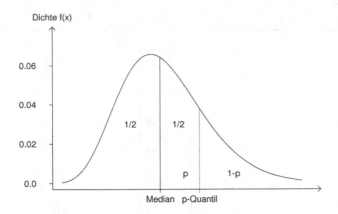

Abbildung 2.34: Median und Quantil

Formen von Verteilungen wie die im nächsten Abschnitt beschriebene Normalverteilung durch geeignete Wahl der Parameter so zu spezifizieren, dass sie den Daten möglichst gut angepasst werden. Deutlich flexiblere Möglichkeiten bieten sogenannte *nonparametrische* Approximationen von Dichtekurven. Eine sehr populäre und in etlichen Programmpaketen als Standard angebotene Methode ist in Abschnitt *2.4.3 genauer beschrieben. Die in Abbildung 2.35 dargestellten Dichtekurven zu den Histogrammen von Nettomieten, täglichen Renditen der Munich RE-Aktie und Umlaufrenditen sind mit dieser Methode berechnet worden. Zusätzlich sind die Dichtekurven zu täglichen und monatlichen Renditen der BMW-Aktie abgebildet. Während die täglichen Renditen eine spitze und fast symmetrische Dichte besitzen, wird die Kurve für die monatlichen Renditen flacher und leicht rechtssteil, passend zu den Schiefe- und Wölbungsmaßen in Beispiel 2.25.

nonparametrisch

2.4.2   Normalverteilungen

Normalverteilungen bilden eine Klasse von besonders wichtigen Dichtekurven. Sie sind symmetrisch, unimodal und glockenförmig. Sie heißen nach dem deutschen Mathematiker Gauß, der ihre Bedeutung erkannte, auch *Gauß-Verteilungen*. In Abbildung 2.31 ist eine Normalverteilung dem Histogramm monatlicher Renditen angepasst. Normalverteilungen sind durch eine spezielle Formel für die Dichtekurven definiert:

Gauß-Verteilung

> ### Dichtekurven von Normalverteilungen
>
> Die *Dichte* ist für jedes $x \in \mathbb{R}$ durch
>
> $$f(x|\mu, \sigma) = \frac{1}{\sigma\sqrt{2\pi}} \exp\left(-\frac{1}{2}\left(\frac{x-\mu}{\sigma}\right)^2\right)$$
>
> definiert. Für gegebene Werte der Parameter $\mu \in \mathbb{R}$ und $\sigma > 0$ ist $f(x|\mu, \sigma)$ eindeutig spezifiziert. Dabei heißt μ *Mittelwert* und σ *Standardabweichung* von $f(x|\mu, \sigma)$.

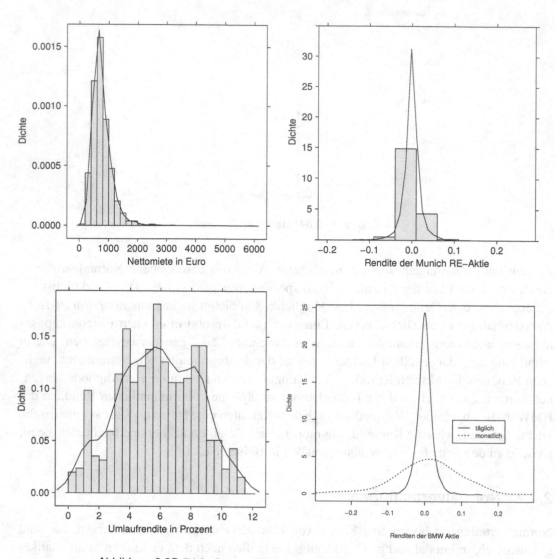

Abbildung 2.35: Dichtekurve zu Nettomieten, Aktien- und Umlaufrenditen

Der Faktor

$$\exp\left(-\frac{1}{2}\left(\frac{x-\mu}{\sigma}\right)^2\right)$$

unimodal
symmetrisch
glockenförmig

Normierung

bestimmt die Form von $f(x)$: Die Dichte besitzt genau ein Maximum an der Stelle $x = \mu$. Sie fällt links und rechts symmetrisch und glockenförmig gegen null ab. Dabei ist dieser Abfall umso steiler und damit die Kurve umso enger um das Mittel μ konzentriert, je kleiner der Wert von σ ist. Je größer die Standardabweichung σ ist, desto mehr Fläche liegt weiter links oder rechts von μ und umso größer ist die Streuung der x-Werte. Der erste Faktor ist so gewählt, dass die Fläche unter $f(x)$ gleich 1 wird. Er dient also nur als *Normierungskonstante* und hat keinen Einfluss auf die Form von $f(x)$. Die Abbildungen 2.36 zeigen zwei Normalverteilungskurven mit kleinem und großem σ.

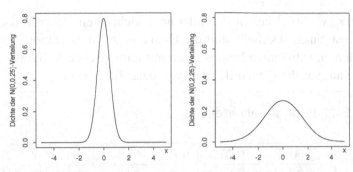

Abbildung 2.36: Zwei Dichtekurven einer Normalverteilung mit kleiner (links) und großer (rechts) Standardabweichung σ

Mittelwert μ und Standardabweichung σ entsprechen in ihrer Bedeutung dem arithmetischen Mittel $\bar{x}$ und der empirischen Standardabweichung $\tilde{s}$ von Beobachtungen $x_1, \ldots, x_n$ einer Variable X. Für μ ist dies plausibel, da es im Zentrum der symmetrischen Verteilung liegt. Wie später in der induktiven Statistik gezeigt wird, ist eine Normalverteilung einer Häufigkeitsverteilung mit $\bar{x}, \tilde{s}$ so anzupassen, dass $\mu = \bar{x}$ und $\sigma = \tilde{s}$ gilt. Genau dies wurde bei der Approximation des Histogramms monatlicher Aktienrenditen durch eine Normalverteilungskurve in Abbildung 2.31 beachtet.

Variiert man μ und σ, so erhält man verschiedene Normalverteilungen. Alle diese Normalverteilungen lassen sich aber auf eine Standardform zurückführen.

Standardi-
sierung

Standardnormalverteilung

Sei $f(x)$ die Dichtekurve einer Normalverteilung mit Mittelwert μ und Standardabweichung σ. Dann besitzt die *standardisierte* Variable

$$Z = \frac{X - \mu}{\sigma}$$

die Dichtekurve einer Normalverteilung mit $\mu = 0$ und $\sigma = 1$. Diese Normalverteilung heißt *Standardnormalverteilung* und die Variable Z entsprechend *standardnormalverteilt*. Die zugehörige Dichtekurve wird mit $\phi(z)$ bezeichnet, d.h.

$$\phi(z) = \frac{1}{\sqrt{2\pi}} \exp\left(-\frac{z^2}{2}\right).$$

Der Faktor $\exp(-z^2/2)$ ergibt sich unmittelbar aus der allgemeinen Form, wenn man dort $z = (x - \mu)/\sigma$ einsetzt. Durch die um den Faktor $1/\sigma$ veränderte Skalierung ändert sich auch die Normierungskonstante zu $1/\sqrt{2\pi}$, sodass die Fläche unter $\phi(z)$ wieder gleich 1 ist.

Der Übergang von X zur standardisierten Variable Z bewirkt, dass Beobachtungen als Abweichungen vom Mittel μ und mit der Standardabweichung als Maßeinheit gemessen werden. Mithilfe der Standardisierung können alle Berechnungen für X, etwa die Berechnung von Quantilen, auf Berechnungen für die Standardnormalverteilung zurückgeführt werden.

Die Quantile z_p von $\phi(z)$ lassen sich allerdings nicht in einfacher Weise durch analytische Formeln bestimmen. Deshalb sind die Quantile der Standardnormalverteilung entweder aus Tabellen zu entnehmen bzw. werden mit numerischen Verfahren am Computer berechnet. Einige ausgewählte Quantile sind (vgl. dazu Tabelle A):

> ## Quantile der Standardnormalverteilung
>
> | p | 50 % | 75 % | 90 % | 95 % | 97.5 % | 99 % |
> |-----|------|------|------|------|--------|------|
> | z_p | 0.0 (Median) | 0.67 | 1.28 | 1.64 | 1.96 | 2.33 |

Symmetrie Wegen der *Symmetrie* der Normalverteilung gilt:

$$z_p = -z_{1-p} \quad \text{für} \quad 0 < p < 1 \,.$$

Man nutzt diese Beziehung für Werte von p kleiner 50 %. Es gilt also z.B. $z_{0.1} = -z_{0.9} = -1.28$. Quantile x_p für die Verteilung $f(x)$ erhält man aus den Quantilen z_p der Standardnormalverteilung $\phi(z)$ durch die zur Standardisierung inverse lineare Transformation

$$x_p = \mu + \sigma z_p \,.$$

In gleicher Weise erhält man Anteilswerte für Intervalle von x aus entsprechenden Intervallen für z, indem die Flächen über diesen Intervallen für $\phi(z)$ berechnet bzw. in Tabellen nachgeschlagen werden. Bekannt ist folgende Regel, die in Abbildung 2.37 illustriert ist.

> ## Die 68-95-99.7-Prozent-Regel
>
> 68 % der Beobachtungen liegen im Intervall $\mu \pm \sigma$
>
> 95 % der Beobachtungen liegen im Intervall $\mu \pm 2\sigma$
>
> 99.7 % der Beobachtungen liegen im Intervall $\mu \pm 3\sigma$

Wenn sich eine Häufigkeitsverteilung für die Daten eines erhobenen Merkmals X gut durch eine Normalverteilung mit $\mu = \bar{x}$, $\sigma = s$ approximieren lässt, gelten Aussagen wie die 68-95-99.7-Prozent-Regel auch approximativ für diese Daten. So ist etwa die Aussage in Abschnitt 2.2.3 über die Anteile von Beobachtungswerten, die in den Intervallen $\bar{x} \pm ks$, $k = 1, 2, 3$, liegen, durch eine derartige Approximation entstanden.

approximative Normalverteilung Variablen, deren Verteilung erfahrungsgemäß häufig *approximativ normal* ist, sind z.B. Punktzahlen bei Klausuren oder Tests, physikalische oder technische Größen, etwa die Abmessungen oder das Gewicht eines laufend produzierten Massenartikels, und Merkmale von homogenen biologischen Populationen, etwa Gewicht und Größe von Männern einer bestimmten Altersgruppe oder der Ertrag einer bestimmten Weizensorte.

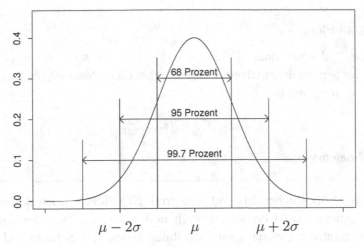

Abbildung 2.37: Die 68-95-99.7-Regel für Normalverteilungen

Viele andere Variablen, gerade in sozial- und wirtschaftswissenschaftlichen Anwendungen, besitzen jedoch deutlich schiefe Verteilungen und sind somit typischerweise nicht normalverteilt. Dazu gehören in unseren Beispielen Nettomieten, Einkommen, Lebensdauern usw.

Viele Verfahren der Statistik arbeiten dann gut, wenn eine (approximative) Normalverteilung vorliegt. Man benötigt deshalb Methoden, mit denen dies beurteilt werden kann. Die Normalverteilung dient dazu als Referenzverteilung mit „idealer" Symmetrie und Wölbung. Nicht-normale Verteilungen sind dagegen typischerweise schief, anders „gewölbt" oder „gekrümmt". Hinweise, ob eine Normalverteilung vorliegt, erhält man auch durch Maßzahlen oder durch Vergleich eines Histogramms mit einer angepassten Normalverteilung. Genaueren Aufschluss bekommt man durch verfeinerte grafische Hilfsmittel. Dazu gehören insbesondere Normal-Quantil-Plots und die Dichteschätzer des nächsten Abschnitts.

*Normal-Quantil-Plots

Statt die Häufigkeitsverteilung der Beobachtungen einer Variable X direkt mit einer Normalverteilung wie in Abbildung 2.31 zu vergleichen, werden bei *Normal-Quantil-Plots* die Quantile der Häufigkeitsverteilung mit entsprechenden Quantilen der Standardnormalverteilung verglichen. Dazu fasst man die Werte $x_{(1)}, \ldots, x_{(n)}$ als Quantile der Häufigkeitsverteilung auf und trägt sie gegen entsprechende Quantile der Standardnormalverteilung ab. Sei z.B. $n = 20$, dann ist $x_{(1)}$ das $1/20 = 5\,\%$-Quantil, $x_{(2)}$ das $1/10 = 10\,\%$-Quantil, usw. Allgemein ist dann $x_{(i)}$ das i/n-Quantil. Statt $x_{(i)}$ gegen das i/n-Quantil der Standardnormalverteilung aufzutragen, ist es günstiger, die $(i - 0.5)/n$-Quantilen der Standardnormalverteilung zu verwenden. Durch diese sogenannte Stetigkeitskorrektur wird die Approximation der empirischen Verteilung durch eine Normalverteilung verbessert.

Normal-Quantil-Plots

> **Normal-Quantil-Plots**
>
> Sei $x_{(1)}, \ldots, x_{(n)}$ die geordnete Urliste. Für $i = 1, \ldots, n$ werden die $(i - 0.5)/n$-Quantile $z_{(i)}$ der Standardnormalverteilung berechnet. Der *Normal-Quantil-Plot* (NQ-Plot) besteht aus den Punkten
>
> $$(z_{(1)}, x_{(1)}), \ldots, (z_{(n)}, x_{(n)})$$
>
> im z-x-Koordinatensystem.

Für größeres n wird der Rechenaufwand sehr groß. NQ-Plots werden deshalb in statistischen Programmpaketen am Computer erstellt und gehören inzwischen zum Standardwerkzeug der explorativen Datenanalyse. Mit ihnen lassen sich Schiefe und Wölbung im Vergleich zu Normalverteilungen und andere Besonderheiten der Daten sehr gut erkennen.

approximativ-standard-normalverteilt
linkssteil

Falls die empirische Verteilung der Beobachtungen *approximativ standard-normalverteilt* ist, liegen die Punkte $(z_{(i)}, x_{(i)})$ des NQ-Plots nahe an oder auf der Winkelhalbierenden $z = x$ wie in Abbildung 2.38(a).

Falls weiterhin $\bar{x} = 0$ gilt, aber die Verteilung *linkssteil* ist, so sind die z-Quantile größer als die x-Quantile, sodass der NQ-Plot durchhängt, in der Tendenz also konvex ist (vgl. Abb. 2.38(b)). Für eine *rechtssteile* Verteilung erhält man ganz analog einen konkaven NQ-Plot (vgl. Abb. 2.38(c)).

rechtssteil

symmetrisch, gewölbt

Für eine *symmetrische* Verteilung, die bei $\bar{x} = 0$ einen im Vergleich zur Standardnormalverteilung spitzeren Gipfel, d.h. eine *stärkere Wölbung* hat und dafür dickere Enden links und rechts besitzt, erhält man einen NQ-Plot wie in Abbildung 2.38(d).

approximativ normalverteilt

Ist die Variable X *approximativ normalverteilt* mit Mittelwert $\mu = \bar{x}$ und Standardabweichung $\sigma = s$, so ist die standardisierte Variable $Z = (X - \mu)/\sigma$ approximativ standardnormalverteilt. Die Punkte $(z_{(i)}, x_{(i)})$ des NQ-Plots liegen dann in etwa auf der Geraden $x = \mu + \sigma z$. Abweichungen von dieser Geraden indizieren dann in analoger Weise Schiefe, Wölbung oder andere Besonderheiten, wie Ausreißer oder Bimodalität, im Vergleich zu einer Normalverteilung mit $\mu = \bar{x}$ und $\sigma = s$.

Beispiel 2.32   Nettomieten

Der NQ-Plot für die Nettomieten der 26 Wohnungen von höchstens 71 qm und ohne Warmwasser könnte – wenn auch mühsam – im Prinzip noch von Hand erstellt werden. Die folgende Tabelle zeigt beispielhaft die Koordinaten der einzelnen Punkte, wobei die $z_{(i)}$ der Tabelle A der Standardnormalverteilung entnommen werden können.

i	$x_{(i)}$	Quantil	$z_{(i)}$
1	195.35	0.019	-2.07
2	264.74	0.058	-1.57
3	271.00	0.096	-1.30
⋮	⋮	⋮	⋮
24	816.38	0.904	1.30
25	930.00	0.942	1.57
26	1000.00	0.981	2.07

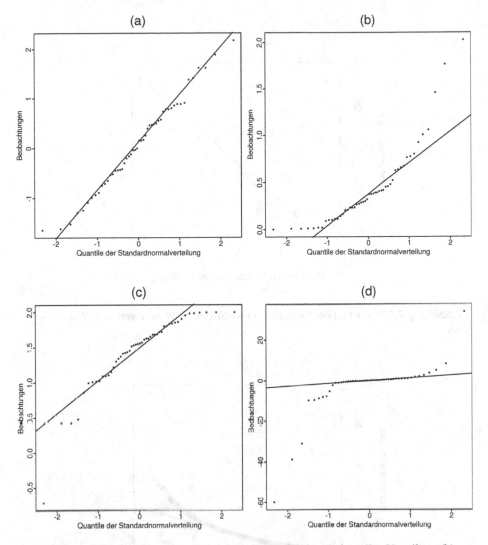

Abbildung 2.38: NQ-Plot einer Normalverteilung (a), einer linkssteilen Verteilung (b), einer rechtssteilen Verteilung (c) und einer symmetrischen, aber stark gekrümmten Verteilung (d)

Die Werte $z_{(i)}$ geben dabei die x–Koordinaten und die $x_{(i)}$ die zugehörigen y–Koordinaten an. Die Gerade erhält man schließlich aus der Beziehung $x = \bar{x} + s \cdot z = 250.02 + 100.53 \cdot z$. Der resultierende NQ–Plot in Abbildung 2.39 weist im unteren und oberen Wertebereich Abweichungen von der Geraden und damit von der Normalverteilung auf. Die leichten Schwankungen um die „Ideallinie" können rein zufälliger Natur sein.

Die Form der Abweichungen weist darauf hin, dass die Verteilung der Nettomieten in dieser Teilstichprobe leicht *linkssteil* ist, was durch das Histogramm in Abbildung 2.10 (S. 41) bestätigt wird. Dies wird deutlicher, wenn man den NQ–Plot für die Nettomieten aller 3065 Wohnungen in Abbildung 2.40 betrachtet. Hier liegen sowohl im oberen als auch im unteren Wertebereich alle Punkte über der Geraden, was ganz offensichtlich auf eine *linkssteile* Verteilung hinweist. □

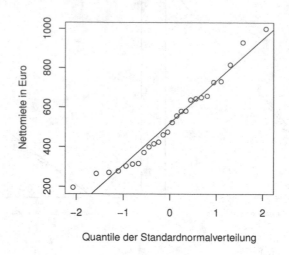

Abbildung 2.39: NQ-Plot der Nettomieten von 26 kleinen Wohnungen ohne Warmwasser

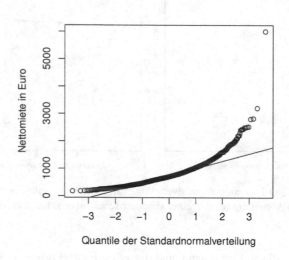

Abbildung 2.40: NQ-Plot der Nettomieten von 3065 Wohnungen

Beispiel 2.33   Renditen

*symmetrisch
stärker gekrümmt*

Einerseits bedingt durch Ausreißer, d.h. besonders starke Verluste bzw. Gewinne, und andererseits durch eine Häufung von Nullrenditen, sind empirische Verteilungen von täglichen Aktienrenditen zwar *symmetrisch*, aber in der Regel *stärker gekrümmt* als die Normalverteilung. Beispielsweise zeigt der NQ-Plot der täglichen Renditen der BMW-Aktie in Abbildung 2.41 den dafür typischen Verlauf. Dieser Effekt lässt deutlich nach, wenn anstelle von Tagesrenditen die Monatsrenditen betrachtet werden.   □

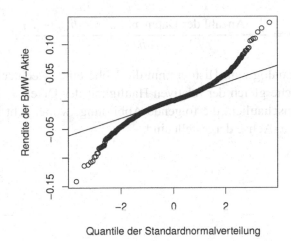

Abbildung 2.41: NQ-Plot der Renditen der BMW-Aktie

*2.4.3   Approximation von Dichtekurven

Mit NQ-Plots kann man untersuchen und entscheiden, ob die Verteilung einer Variable durch die stetige Dichtekurve einer Normalverteilung ausreichend gut approximiert werden kann. Ist dies nicht der Fall, so verbleibt zunächst die Möglichkeit, sich nach Gruppieren der Daten mit der Repräsentation durch ein Histogramm zufriedenzugeben. Zwei Nachteile von Histogrammen wurden bereits angesprochen: Die – auch bei Verwendung von Faustregeln subjektive – Klasseneinteilung kann den optischen Eindruck wesentlich beeinflussen, und eine stetige Dichtekurve wird durch eine Treppenfunktion dargestellt, deren Sprungstellen gerade die gewählten Klassengrenzen sind. Diese Schwäche des Histogramms als Approximation einer stetigen Dichtekurve $f(x)$ wird in folgender Abbildung noch deutlicher:

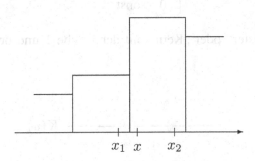

An der Stelle x hat die Beobachtung x_1 keinen Einfluss auf die Höhe des Histogramms. Dagegen zählt die von x weiter weg gelegene Beobachtung x_2 bei der Bestimmung dieser Höhe voll mit.

Dies kann man vermeiden, indem man statt der fest gewählten Klasseneinteilung des Histogramms ein *gleitendes Histogramm* verwendet. Für einen beliebigen x-Wert bildet

gleitendes Histogramm

man dazu ein Intervall $[x - h, x + h)$ der Breite $2h$ und approximiert die Dichtekurve an der Stelle x durch

$$\hat{f}(x) = \frac{\frac{1}{n} \cdot \text{Anzahl der Daten } x_i \text{ in } [x - h, x + h)}{2h} \, .$$

Der Wert $\hat{f}(x)$ ist also analog zum Histogramm die Höhe eines Rechtecks mit Breite $2h$, sodass die Rechtecksfläche gleich der relativen Häufigkeit der Daten x_i im Intervall $[x - h, x + h)$ ist. Dies veranschaulicht die folgende Abbildung, wobei acht Daten $x_1, \ldots, x_8$ durch $*$-Zeichen auf der x-Achse dargestellt sind.

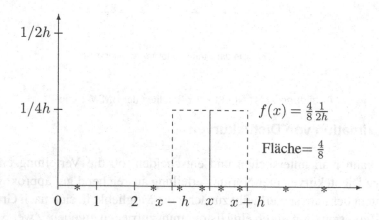

Lässt man nun x und das Intervall $[x - h, x + h)$ über die x-Achse gleiten, erhält man den Graphen des gleitenden Histogramms.

Rechtecksfenster　　　Das gleitende Histogramm lässt sich mithilfe eines *Rechtecksfensters*, das mit x über die Zahlenachse gleitet, anders schreiben. Sei dazu

$$K(u) = \begin{cases} \frac{1}{2} & \text{für} \quad -1 \leq u < 1 \\ 0 & \text{sonst} \end{cases}$$

ein „Einheitsrechteckfenster" oder „Kern" mit der Fläche 1 und der Höhe $1/2$ über dem Intervall $-1 \leq u < 1$:

$$\rule{4cm}{0.4pt} \quad K(u)$$

$$\begin{array}{ccc} \text{-1} & 0 & 1 \end{array} \longrightarrow u$$

Dann ist

$$\frac{1}{h} K \left(\frac{x - x_i}{h} \right) = \begin{cases} 1/2h & x_i - h \leq x < x_i + h \\ 0 & \text{sonst} \end{cases}$$

ein über x_i zentriertes Rechteckfenster mit Fläche 1 und Breite $2h$. Damit lässt sich $\hat{f}(x)$ auch in der Form

$$\hat{f}(x) = \frac{1}{n} \sum_{i=1}^{n} \frac{1}{h} K\left(\frac{x - x_i}{h}\right)$$

schreiben. Durch die Summation werden zu jedem x-Wert genau so viel von Rechteckshöhen über x aufaddiert, wie x_i-Werte im Intervall $[x - h, x + h)$ liegen und anschließend durch n dividiert.

Gleitende Histogramme verfeinern zwar die grafische Darstellung, sie sind jedoch immer noch unstetige Treppenfunktionen, da unstetige Rechteckfenster aufsummiert werden. Stetige Schätzer für Dichtekurven erhält man nun, indem man statt des Rechteckkerns stetige *Kerne* zulässt. In der Praxis werden folgende Kerne häufig verwendet:

Kerne

$$K(u) = \frac{3}{4}(1 - u^2) \quad \text{für} \quad -1 \leq u < 1, \quad 0 \quad \text{sonst}.$$

Epanechnikov-Kern

$$K(u) = \frac{15}{16}(1 - u^2)^2 \quad \text{für} \quad -1 \leq u < 1, \quad 0 \quad \text{sonst}.$$

Bisquare-Kern

$$K(u) = \frac{1}{\sqrt{2\pi}} \exp\left(-\frac{1}{2}u^2\right) \quad \text{für} \quad u \in \mathbb{R}.$$

Gauß-Kern

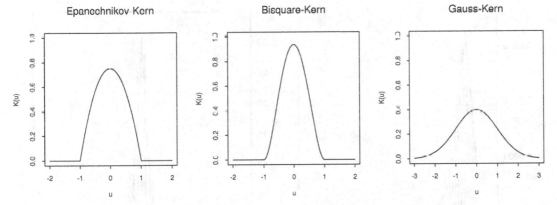

Abbildung 2.42: Häufig verwendete Kerne zur Approximation von Dichtekurven

Mit diesen Kernen lassen sich nun Dichtefunktionen durch sogenannte Kern-Dichteschätzer approximieren.

Kern-Dichteschätzer

Sei $K(u)$ eine Kernfunktion. Zu gegebenen Daten $x_1, \ldots, x_n$ ist dann

$$\hat{f}(x) = \frac{1}{nh} \sum_{i=1}^{n} K\left(\frac{x - x_i}{h}\right), x \in \mathbb{R}$$

ein *(Kern-) Dichteschätzer* für $f(x)$.

Im Vergleich zum Rechteckkern werden durch die Form von Epanechnikov-, Bisquare- und Gauß-Kern näher bei x liegende Datenpunkte stärker gewichtet, als weiter von x entfernte. Dies entspricht der intuitiven Vorstellung, dass zu x benachbarte Werte größeren Einfluss auf die Schätzung von $f(x)$ haben sollten als weiter entfernte. Für alle drei Kerne erhält man eine stetige Schätzung $\hat{f}(x)$ und, wie für Dichtekurven verlangt, ist die Fläche unter $\hat{f}(x)$ gleich 1. Für größeren Datenumfang n sind die Dichteschätzer mit Epanechnikov-, Bisquare- und Gauß-Kern praktisch identisch.

Wahl der
Bandbreite

Die Form von $\hat{f}(x)$ wird dagegen entscheidend von der *Bandbreite* h beeinflusst. Für großes h sind die Fenster weit, die Kurve wird sehr glatt, aber wichtige Details können verschluckt werden. Ist umgekehrt h zu klein, wird die Kurve rauer, es treten jedoch möglicherweise Details hervor, die nur mit der Zufälligkeit der Stichprobe etwas zu tun haben. Ähnlich wie für Histogramme existieren Faustregeln zur Wahl von h, aber auch komplexere, computerintensive Möglichkeiten zur Bestimmung von h. Die statistischen Programmpakete lassen jedoch auch zu, dass h vom Benutzer, geleitet von Faustregeln, subjektiv nach dem optischen Eindruck gewählt wird.

Die folgenden Abbildungen zeigen für die Nettomieten und Tagesrenditen sowohl die Approximation durch Kerndichteschätzer als auch durch eine Normalverteilung. Man sieht auch hier, ähnlich wie bei den Quantilen, dass die Verteilungen deutlich von der Normalverteilung abweichen.

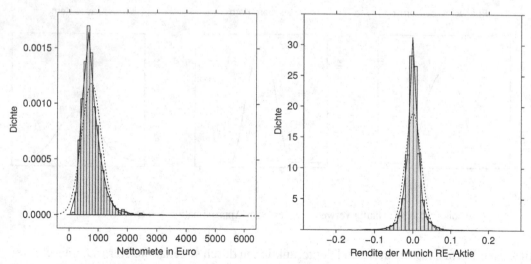

Abbildung 2.43: Approximation durch Kerndichteschätzer (—) und Normalverteilung ($\cdots$)

2.5   Zusammenfassung und Bemerkungen

Bei statistischen Erhebungen treten in der Regel unterschiedliche Typen von Merkmalen auf:

1. Das Merkmal X besitzt nur *wenige* verschiedene *Ausprägungen*. Sehr oft ist dabei X ein *kategoriales* Merkmal, und die Ausprägungen entsprechen den verschiedenen geordneten

oder ungeordneten Kategorien.

2. Das Merkmal X ist *metrisch* und besitzt *viele* verschiedene *Ausprägungen*. Dabei ist X entweder stetig oder diskret mit vielen möglichen Werten (quasi-stetig).

Um die Verteilung von X darzustellen, geht man im ersten Fall von der *Urliste* $x_1, \ldots, x_n$ über zu den *Häufigkeitsdaten*, d.h. für die verschiedenen Ausprägungen $a_1, \ldots, a_k$ werden die absoluten bzw. relativen Häufigkeiten $f_1, \ldots, f_k$ bzw. $h_1, \ldots, h_k$ berechnet und in einer *Häufigkeitstabelle* eingetragen. Zur grafischen Darstellung werden vor allem *Kreis-* und *Säulendiagramme* verwendet.

Um Lage und Form der Verteilung eines metrischen Merkmals zu beschreiben, sind andere Darstellungsarten besser geeignet. Herkömmliche Mittel dazu sind das *Stamm-Blatt-Diagramm*, das *Histogramm* und die *empirische Verteilungsfunktion*. Neuere, allerdings computerintensive Werkzeuge der explorativen Datenanalyse sind *Box-Plots* sowie *Dichtekurven* und *Normal-Quantil-Plots* (Abschnitt 2.4). Damit lassen sich Fragen folgender Art beantworten: Wo liegt das Zentrum der Daten? Wie stark streuen die Daten um dieses Zentrum? Ist die Verteilung schief oder symmetrisch, uni- oder multimodal, flach oder gewölbt? Gibt es Ausreißer?

Solche Eigenschaften von Verteilungen lassen sich in komprimierter Form, allerdings unter Informationsverlust, durch *Maßzahlen* oder *Parameter* formal quantifizieren. *Lagemaße* beschreiben das Zentrum einer Verteilung. Am wichtigsten sind das *arithmetische Mittel*, der *Median* und der *Modus*. Welches dieser Maße in einer bestimmten Fragestellung sinnvoll ist, hängt von Kontext und vom Merkmalstyp ab:

Skalierung	nominal	ordinal	kardinal
Lagemaß	Modus	Modus	Modus
		Median	Median
			arithm. Mittel

Für metrische Merkmale mit vielen Ausprägungen ist es sinnvoll, alle drei Maße zu berechnen. Mithilfe der *Lageregel* können Hinweise zur Schiefe bzw. Symmetrie gewonnen werden.

Die *Streuung* der Daten lässt sich für metrische Merkmale durch die *empirische Varianz*, die *Standardabweichung* und den *Variationskoeffizienten* beschreiben. Diese Maßzahlen sollten aber immer durch die auf Quantilen basierende *Fünf-Punkte-Zusammenfassung* und noch besser durch *Box-Plots* ergänzt werden. Damit gewinnt man genauere Information zu Streuung und Schiefe der Verteilung sowie über mögliche Ausreißer. Auch für Schiefe und Wölbung existieren Maßzahlen. Sie sind aber ohne grafische Darstellungen oft weniger aufschlussreich.

Häufig ist es von Nutzen, an den Daten *Transformationen* vorzunehmen, um eine sachbezogenere Interpretation zu ermöglichen oder eine symmetrischere Verteilung zu gewinnen. Bei positiven Merkmalsausprägungen x, z.B. Schadstoffkonzentrationen in der Luft, wird meist die logarithmische Transformation $y = \ln x$ durchgeführt, die außerdem in der Lage ist, Ausreißer zu entfernen. Ferner werden auch Potenztransformationen verwendet,

zu denen insbesondere die Box-Cox-Transformation gehört, die auch bei negativen Merkmalsausprägungen angewandt werden kann. Detaillierte Ausführungen geben Heiler und
Michels (1994).

Eine mit der Streuung verwandte Fragestellung gilt der *Konzentration* von Merkmalen
auf Merkmalsträgern. Die *Lorenzkurve* eignet sich für die grafische Darstellung, und der
Gini-Koeffizient ist die am meisten verwendete Maßzahl.

Traditionelle Methoden der univariaten deskriptiven Statistik sind in jedem einführenden Lehrbuch beschrieben, z.B. in Mittag (2015) oder Toutenburg und Heumann (2009).
Dagegen findet sich zur explorativen Datenanalyse vergleichsweise wenig. Bahnbrechend
auf diesem Gebiet war das Buch „Exploratory Data Analysis" von Tukey (1977). Für den
deutschen Sprachraum bieten Polasek (1994) und Heiler und Michels (1994) einen aktuellen
Überblick. Teile der explorativen Datenanalyse sind bei Schlittgen (2000) integriert. Grafische Werkzeuge, auch interaktiver Art, gewinnen infolge leistungsstarker Rechner weiter an
Bedeutung. Dazu sei auf z.B. Chambers, Cleveland, Kleiner und Tukey (1983), Cleveland
(1993) oder nochmal Mittag (2015) verwiesen.

2.6   Univariate Datenanalyse mit R

R bietet alle nowendigen Funktionen zum Erzeugen von Grafiken und zur Berechnung der
univariaten Maßzahlen. Eine Ausnahme stellt der Modus dar. Im Folgenden stellen wir die
Funktionen exemplarisch anhand der Mietspiegeldaten vor. Der Mietspiegeldatensatz lässt
sich aus dem bereitgestellten R-Paket `statistikv8` mit den Befehlen

```
data(mietspiegel2015)
attach(mietspiegel2015)
```

in den sognannten `workspace` von R laden. Der Befehl `attach()` führt dazu, dass
die Variablen im Datensatz direkt angesprochen werden können. Wir werden die Variablen
`nm` (Nettomiete), `nmqm` (Nettomiete pro Quadratmeter) und `wfl`(Wohnfläche) verwenden.
Um auch eine kategoriale Variable zur Verfügung zu haben, erstellen wir aus der Variablen
`wfl` mittels des Befehls `cut` durch Intervallbildung eine Variable mit vier Ausprägungen
(vergleiche Beispiel 2.7).

```
wfl.cat <- cut(wfl, breaks=c(0,39,81,121,301),
        labels=c("bis 38", "39-80", "81-120",
        "121 und mehr"),
        right=FALSE,dig.lab=3)
```

Die Beschreibungen der Optionen erhält man durch Aufruf der Hilfefunktion `?cut`. Die
durch `cut` erzeugte Variable ist automatisch eine Faktorvariable.

Für Grafiken stehen in R eine Reihe von Bibliotheken zur Verfügung, die die Standardgrafiken aus dem Basispaket erweitern. Das Paket `ggplot2` stellt eine spezielle Imple-
mentierung der sogenannten *Grammar of Graphics* dar. Eine ausführliche Einführung in
`ggplot2` findet sich in Wickham (2009). In diesem Buch werden wir nur die Standardgrafiken und Grafiken aus dem `lattice`-Paket verwenden. Dieses kann man durch

```
library(lattice)
```

aktivieren.

2.6.1 Verteilungen und ihre Darstellungen

Eine Häufigkeitstabelle der absoluten Häufigkeiten für die kategoriale Wohnflächenvariable erhält man mit

```
table(wfl.cat)
```

Relative Häufigkeiten bekommt man mit der Funktion prop.table():

```
prop.table(table(wfl.cat))
```

Daraus lassen sich auch unmittelbar die kumulierten relativen Häufigkeiten berechnen:

```
cumsum(prop.table(table(wfl.cat)))
```

Die Verteilung von Faktorvariablen wie wfl.cat kann durch

```
plot(wfl.cat)
```

direkt als Säulendiagramm dargestellt werden. Für numerische Variablen (beispielsweise nm) liefert plot() dagegen ein Stabdiagramm. Die Funktion plot() bietet eine Vielzahl von Optionen, mit denen die Ausgabe beeinflusst werden kann, zum Beispiel xlab und ylab zur Beschriftung der x- und y-Achse. Für die Darstellung von Säulen- und Balkendiagrammen gibt es die spezielle Funktion barplot(height, ...). Als erstes Argument erwartet die Funktion die Höhe (oder Breite bei vertikaler Darstellung) der Säulen bzw. Balken. Für die Darstellung der absoluten Häufigkeiten muss deshalb zunächst die Funktion table() auf die Variable angewendet werden. Eine vertikale Darstellung erhält man mit

```
barplot( table(wfl.cat), horiz=TRUE)
```

Kreisdiagramme erhält man mit der Funktion pie() und Stamm-Blatt-Diagramme mit stem(). Das Stamm-Blatt-Diagramm aus Abbildung 2.6 erhält man beispielsweise durch folgende Befehle:

```
wohnungen.mittel <- subset(
                mietspiegel2015, (wfl>=80&wfl<=100) )$nm
stem(wohnungen.mittel, scale=2)
```

Auch für Histogramme stehen in R verschiedene Implementationen zur Verfügung: hist() aus dem Basispaket, truehist() aus der MASS-Bibliothek oder histogram() aus der Bibliothek lattice. Hier wollen wir exemplarisch die Funktion aus dem lattice-Paket verwenden und die Abbildung 2.12 reproduzieren:

```
require("lattice")
hist <- histogram(~nm | wfl.cat,
        breaks=seq(from=0,to=6000,by=100),
        xlab=list(label="Nettomiete in Euro",cex=1.5),
        ylab=list("Anteile in Prozent", cex=1.5),
        col="grey90",
        type="percent",
        scales=list(cex=1.5),
        layout=c(1,4))
print(hist)
```

Der Parameter `breaks` gibt die Intervalle mit einer Breite von 100 Euro vor. `type` würde alternativ statt Prozentwerte auch absolute Häufigkeiten zulassen (`type="count"`). In `scales` wird eine Grafikoption gesetzt (`cex`, die sogenannte *character extension*), die die Achsenbeschriftungen größer macht (Standard ist `cex=1`). `layout=c(1,4)` steuert, dass die vier Histogramme untereinander gezeichnet werden.

Für die empirische Verteilungsfunktion kann mit `ecdf()` ein Objekt erzeugt werden, das anschließend mit der `plot()`-Funktion gezeichnet werden kann. Diese besitzt spezielle Parameter, die die Ausgabe steuern, zum Beispiel `verticals`.

2.6.2 Beschreibung von Verteilungen

Für das artihmetische Mittel und das getrimmte Mittel kann die Funktion `mean()` verwendet werden:

```
mean(nmqm)
```

Für das winsorisierte Mittel muss man sich selbst eine Funktion schreiben oder kann alternativ zum Beispiel auf die Funktion `winsorize` im Paket `robustHD` zurückgreifen.

Analog stehen die Funktionen `median()` für den Median, `var()` für die Varianz und `sd()` für die Standardabweichung zur Verfügung. Dabei ist zu beachten, dass hier die Stichprobenversionen mit dem Faktor $1/(n-1)$ berechnet werden.

Für den Modus kann man folgende Befehle verwenden (hier für die Nettomiete):

```
table(nm)[which.max(table(nm))]
as.numeric(names(which.max(table(nm))))
```

Der erste Befehl liefert Modus und die Häufikeit dazu, der zweite Befehl extrahiert den Modus und wandelt ihn in einen numerischen Wert um, mit dem man gegebenenfalls weiterrechnen kann.

Um Maßzahlen für einzelne Schichten zu berechnen, kann man die `tapply`-Funktion verwenden:

```
tapply(nmqm, wfl.cat, mean)
```

liefert die durchschnittlichen Nettomieten pro Quadratmeter für die vier aus der Wohnfläche gebildeten Schichten. Analog kann man

```
tapply(nmqm, wfl.cat, median)
tapply(nmqm, wfl.cat, var)
tapply(nmqm, wfl.cat, sd)
```

für die anderen Maßzahlen verwenden.

Für harmonisches und geometrisches Mittel stehen keine Funktionen im Basispaket zur Verfügung. Für das geometrische Mittel kann man beispielsweise

```
exp(mean(log(nmqm)))
```

verwenden, sofern garantiert ist, das alle Werte im übergebenen Vektor (hier nmqm) positiv sind. Nicht zu empfehlen ist eine Variante, die zunächst das Produkt berechnet und anschließend erst die Wurzel zieht. Hier kommt es leicht zu einem Überlauf:

```
prod(nmqm)^(1/3065)
```

liefert Inf als falsches Ergebnis.

Für die Quantile gibt es die Funktion quantile. Standardmäßig liefert

```
quantile(nmqm)
```

Mimimum, 25%-Quantil, Median, 75%-Quantil und Maximum zurück. Durch verändern des Parameters probs lassen sich aber auch andere Quantile berechnen. Die Dezile, die die Daten in zehn umfangsgleiche Teile zerlegen, erhält man zum Beispiel mit

```
quantile(nmqm, probs=seq(from=0,to=1,by=0.1))
```

Die Funktion

```
summary(nm)
```

liefert die sogenannte Fünf-Punkte-Zusammenfassung und das arithmetische Mittel. Sie kann sowohl auf einzelne Variablen als auch auf ganze Datensätze angewendet werden. Wird die Funktion auf eine Faktorvariable angewendet, erhält man als Ergebnis die absolute Häufigkeitsverteilung.

Für die Box-Plots existiert die Funktion boxplot() aus dem Basispaket und die Funktion bwplot() aus dem lattice-Paket. Die Abbildung 2.24 (Box-Plots geschichtet nach Wohnungsgröße) wurde mit

```
bp <- bwplot(~nm | wfl.cat,
      xlab=list(label="Nettomiete in Euro",cex=1.5),
      scales=list(cex=1.5))
print(bp)
```

erzeugt.

Für die Maßzahlen für Schiefe und Wölbung (Kurtosis) lassen sich leicht selbst Funktionen schreiben (zum Beispiel mittels `quantile` für den Quantilskoeffizienten der Schiefe) oder es können die Funktionen `skewness` und `kurtosis()` aus dem Paket `moments` verwendet werden. Zu beachten ist, dass `kurtosis()` nicht den konstanten Wert 3 wie in Abschnitt 2.2.4 definiert subtrahiert.

2.6.3 Konzentrationsmaße

Für die Konzentrationsmaße gibt es das umfangreiche Paket `ineq`. Die Berechnungen im Buch sind allerdings alle elementar ohne dieses Paket durchgeführt worden.

2.6.4 Dichtekurven und Normalverteilung

Für Kerndichteschätzungen gibt es die Funktion `density()` aus dem Basispaket oder die Funktion `panel.densityplot()` aus dem `lattice`-Paket. Folgender Code zeigt die Erstellung der Grafik für die Nettomiete in Abbildung 2.35.

```
hist <- histogram(nm,
        xlab=list("Nettomiete in Euro",cex=1.5),
        col="grey90",
        ylab=list("Dichte",cex=1.5),
        type="density",
        breaks=seq(from=0,to=6000,by=200),
        scales=list(cex=1.5),
        panel = function(x, ...) {
          panel.histogram(x, ...)
          panel.densityplot(x, col="black",plot.points=FALSE)
        }
)
print(hist)
```

Die Dichte der Standardnormalverteilung mit Parametern μ und σ^2 lässt sich in R mit der Funktion `dnorm()` berechnen. Die Funktion `curve()` erlaubt das einfache Zeichnen von Funktionen:

```
curve(dnorm(x),from=-3,to=3)
```

zeichnet die Dichte der Standardnormalverteilung im Intervall $[-3, 3]$.

Die Quantile der Standardnormalverteilung lassen sich mit der Funktion `qnorm()` berechnen:

```
qnorm(p=c(0.01, 0.025, 0.05, 0.1, 0.25,
        0.5,
        0.75, 0.9, 0.95, 0.975, 0.99))
```

berechnet das $1\%, 2.5\%, \ldots, 99\%$–Quantil.

R erlaubt auch die einfache Darstellung von Normal–Quantil–Plots mit der `qqnorm()`-Funktion:

`qqnorm(nmqm)`

zeichnet den Normal–Quantil–Plot für die Variable Nettomiete pro Quadratmeter.

2.7 Aufgaben

Kreditwürdigkeit von Bankkunden (Beispiel 1.5). **Aufgabe 2.1**

(a) Stellen Sie die Information in Tabelle 1.4 (Seite 6) zur Kreditwürdigkeit von 1000 Bankkunden auf geeignete Weise grafisch dar. Beachten Sie dabei insbesondere die unterschiedliche Klassenbreite des gruppierten Merkmals „Kredithöhe in EURO".

(b) Berechnen Sie die Näherungswerte für das arithmetische Mittel, den Modus und den Median der Kredithöhen.

26 Mitglieder des Data-Fan-Clubs wurden zur Anzahl der gesehenen Folgen der Serie Star–Trek **Aufgabe 2.2**
befragt. Die Mitglieder machten folgende Angaben:

$$183 \quad 194 \quad 202 \quad 176 \quad 199 \quad 201 \quad 208 \quad 186 \quad 194 \quad 209 \quad 166 \quad 203 \quad 177$$
$$205 \quad 173 \quad 207 \quad 202 \quad 199 \quad 172 \quad 200 \quad 198 \quad 195 \quad 203 \quad 202 \quad 208 \quad 196$$

Erstellen Sie ein Stamm-Blatt-Diagramm mit neun Blättern.

Die Fachzeitschrift *Mein Radio und Ich* startet alljährlich in der Weihnachtswoche eine Umfrage **Aufgabe 2.3**
zu den Hörgewohnheiten ihrer Leser. Zur Beantwortung der Frage „Wie viele Stunden hörten Sie
gestern Radio?" konnten die Teilnehmer zehn Kategorien ankreuzen. In den Jahren 1950, 1970 und
1990 erhielt die Redaktion folgende Antworten:

Stunden	$[0,1)$	$[1,2)$	$[2,3)$	$[3,4)$	$[4,5)$	$[5,6)$	$[6,7)$	$[7,8)$	$[8,9)$	$[9,10)$
Anzahl 1950	5	3	10	9	13	18	21	27	12	3
Anzahl 1970	6	7	5	20	29	27	13	5	3	2
Anzahl 1990	35	24	13	8	9	4	2	1	0	1

(a) Bestimmen Sie aus den gruppierten Daten die Lagemaße arithmetisches Mittel, Modus und Median.

(b) Wie drücken sich die geänderten Hörgewohnheiten durch die drei unter (a) berechneten Lagemaße aus?

Die folgende Zeitreihe beschreibt die Zinsentwicklung deutscher festverzinslicher Wertpapiere mit **Aufgabe 2.4**
einjähriger Laufzeit im Jahr 1993:

Monat	Jan	Feb	Mrz	Apr	Mai	Jun	Jul	Aug	Sep	Okt	Nov	Dez
Zinsen in Prozent	7.13	6.54	6.26	6.46	6.42	6.34	5.99	5.76	5.75	5.45	5.13	5.04

Berechnen Sie den durchschnittlichen Jahreszinssatz.

Aufgabe 2.5   Bernd legt beim Marathonlauf die ersten 25 km mit einer Durchschnittsgeschwindigkeit von 17 km/h zurück. Auf den nächsten 15 km bricht Bernd etwas ein und schafft nur noch 12 km/h. Beim Endspurt zieht Bernd nochmals an, sodass er es hier auf eine Durchschnittsgeschwindigkeit von 21 km/h bringt.

(a) Berechnen Sie Bernds Durchschnittsgeschwindigkeit über die gesamte Strecke von 42 km.

(b) Wie lange war Bernd insgesamt unterwegs?

Aufgabe 2.6   Fünf Hersteller bestimmter Großgeräte lassen sich hinsichtlich ihrer Marktanteile in zwei Gruppen aufteilen: Drei Hersteller besitzen jeweils gleiche Marktanteile von 10 Prozent, der Rest des Marktes teilt sich unter den verbleibenden Herstellern gleichmäßig auf. Zeichnen Sie die zugehörige Lorenzkurve und berechnen Sie den (unnormierten) Ginikoeffizienten. Betrachten Sie die Situation, dass in einer gewissen Zeitperiode vier der fünf Hersteller kein Großgerät verkauft haben. Zeichnen Sie die zugehörige Lorenzkurve und geben Sie den Wert des Ginikoeffizienten an.

Aufgabe 2.7   In einer Branche konkurrieren zehn Unternehmen miteinander. Nach ihrem Umsatz lassen sich diese in drei Klassen einteilen: fünf kleine, vier mittlere und ein großes Unternehmen. Bei den mittleren Unternehmen macht ein Unternehmen im Schnitt einen Umsatz von 3 Mio Euro. Insgesamt werden in der Branche 30 Mio Umsatz jährlich gemacht. Bestimmen Sie den Umsatz, der in den verschiedenen Gruppen erzielt wird, wenn der Ginikoeffizient 0.42 beträgt.

R-Aufgaben

Aufgabe 2.8   Wir betrachten die Mietspiegeldaten von 2015.

(a) Erzeugen Sie eine Tabelle der absoluten Häufigkeiten der Variablen `rooms` (Anzahl der Zimmer) und das zugehörige Säulendiagramm.

(b) Erstellen Sie die Fünf-Punkte–Zusammenfassung für die Variable Baujahr (`bj`). Erzeugen Sie eine neue Variable `bj.cat`, die den Wert 1 annimmt, wenn das Baujahr älter als 1958 ist und den Wert 2, wenn das Baualter 1958 oder jünger ist.

(c) Berechnen Sie die Fünf-Punkte–Zusammenfassung, sowie Standardabweichung, Varianz und Interquartilsabstand für die Variablen `nm` und `nmqm`, geschichtet nach der Variablen `bj.cat`. Plotten Sie entsprechende Histogramme und Box-Plots. Interpretieren Sie die Ergebnisse.

(d) Führen Sie die Analysen der vorhergehenden Teilaufgabe mit der Variable `rooms` statt mit `bj.cat` durch. Interpretieren Sie die Ergebnisse.

(e) Erstellen Sie für die Variable `nmqm` einen Normal–Quantil–Plot und eine Grafik, welche ein mit einer Kerndichteschätzung überlagertes Histogramm enthält. Erstellen Sie eine analoge Grafik, bei der statt der Kerndichteschätzung eine Normalverteilung angepasst wird. Vergleichen Sie die beiden Grafiken.

(f) Berechnen und vergleichen Sie Schiefe und Wölbung für die Variablen `nm` und `nmqm` des gesamten Datensatzes.

Aufgabe 2.9   Analysieren Sie die Verteilung der Tagesrenditen der BMW-Aktie vor und nach dem allgemeinen Kurseinbruch an der Börse im Jahr 2008 mit Hilfe von R. Lesen Sie dazu zunächst die Aktienkurse ein und berechnen Sie die Renditen.

(a) Bestimmen Sie das arithmetische Mittel, den Median und die Standardabweichung.

(b) Erstellen Sie für die Daten bis Mitte 2008 Histogramme mit verschiedenen Klasseneinteilungen. Probieren sie auch andere Darstellungen der empirischen Verteilung in R aus.

(c) Berechnen Sie Masszahlen der Schiefe und Wölbung. Können Sie diese Ergebnisse in den Grafiken erkennen?

(d) Verfahren Sie nun analog mit den Kursen ab dem Jahr 2009. Gibt es Unterschiede?

Simulieren Sie mit der R-Funktion `rnorm()` 10 Zufallszahlen aus einer Standardnormalverteilung. Berechnen Sie das arithmetische Mittel, den Median sowie die Stichprobenvarianz. Zeichnen Sie ein Histogramm und die Dichte der Standardnormalverteilung. Erstellen Sie ferner einen Normal–Quantil–Plot. Wiederholen Sie dies für 100 und 1000 Zufallszahlen. Wie verändern sich Mittelwert und Stichprobenvarianz?

Aufgabe 2.10

Kapitel 3

Multivariate Deskription und Exploration

In vielen Anwendungen ist man nicht nur an einem einzigen, sondern an vielen erhobenen Merkmalen interessiert. Beschränkt man sich auf ein Merkmal wie Dauer der Arbeitslosigkeit, so lassen sich zwar die Form der Verteilung, die mittlere Dauer der Arbeitslosigkeit sowie die Varianz untersuchen, wesentliche Fragestellungen jedoch, beispielsweise danach, wie die Dauer der Arbeitslosigkeit von Ausbildungsniveau oder Geschlecht abhängt, lassen sich mit diesem eindimensionalen Datenmaterial nicht beantworten. Dazu ist es notwendig, die Merkmale Dauer, Ausbildungsniveau und Geschlecht *gemeinsam* zu erheben, d.h. zu einer Person werden mehrere Werte $(x, y, z, \dots)$, sogenannte *mehrdimensionale* Daten erhoben. Im Folgenden wird ausgeführt, wie sich derartige Daten aufbereiten und grafisch darstellen lassen. Wir beschränken uns dabei hauptsächlich auf den zweidimensionalen Fall. In einem weiteren Schritt werden Maße entwickelt, die den Zusammenhang zwischen Merkmalen erfassen. Dabei werden zuerst Methoden für diskrete bzw. diskretisierte Merkmale behandelt. Anschließend werden Verfahren für metrisch skalierte Merkmale vorgestellt.

3.1 Diskrete und gruppierte Merkmale

3.1.1 Zweidimensionale Daten: Die Kontingenztabelle

Im folgenden Abschnitt werden Methoden zur Darstellung der gemeinsamen Verteilung von zwei *diskreten* Merkmalen entwickelt, die nur relativ wenige Ausprägungen aufweisen. Dabei kann es sich um kategoriale qualitative Merkmale handeln wie Geschlecht oder Parteipräferenz, die nur auf Nominalskalenniveau gemessen werden. Ebenso kommen metrische Merkmale in Betracht, die durch Gruppierung kategorial werden. Beispielsweise wird in einer der folgenden Anwendungen die eigentlich metrische Variable Dauer der Arbeitslosigkeit nur in den Kategorien kurzfristige, mittelfristige und Langzeitarbeitslosigkeit betrachtet. Auch rein metrische Variablen, die nur wenige Ausprägungen besitzen, beispielsweise die Anzahl der Personen in einem Haushalt, lassen sich mit den im Folgenden dargestellten Methoden behandeln. Wesentlich ist jedoch, dass nur das Nominalskalenniveau der Merkmale benutzt wird, auch wenn die Merkmale ein höheres Messniveau besitzen. Als Einführung werden einige Beispiele behandelt.

Beispiel 3.1   Sonntagsfrage

Die Ergebnisse der Sonntagsfrage: „Welche Partei würden Sie wählen, wenn am nächsten Sonntag Bundestagswahlen wären?" werden üblicherweise in Prozenten (%) wiedergegeben. Für den Befragungszeitraum 11.1.–24.1.1995 ergab sich folgende Tabelle (vgl. Beispiel 1.4, Seite 3).

	CDU/CSU	SPD	FDP	Linke	Grüne	Rest	
Männer	38.8	24.3	5.4	14.8	7.9	8.8	100
Frauen	44.5	25.0	1.6	11.4	13.0	4.5	100
	41.4	24.6	3.6	13.2	10.3	6.9	

Tabelle 3.1: Prozentzahlen der Parteipräferenz bei der Sonntagsfrage. Quelle: Politbarometer 2013

Aus den ersten beiden Zeilen ergibt sich, dass die Parteipräferenzen für Männer und Frauen unterschiedlich zu sein scheinen. Männer zeigen weniger Präferenz für die CDU/CSU als Frauen, während sie die FDP stärker zu präferieren scheinen als Frauen. Die Variablen Geschlecht und Parteipräferenz scheinen somit einen Zusammenhang aufzuweisen. Die Stärke dieses Zusammenhangs soll im Folgenden deskriptiv quantifiziert werden. In der angegebenen Tabelle sind die ursprünglichen Daten bereits in Prozenten für die geschlechtsspezifischen Populationen angegeben. Um die ursprünglichen Daten wiederzugewinnen, ist eine Rückrechnung erforderlich. Da bekannt ist, dass unter den 1349 Befragten 717 Männer und 632 Frauen waren, lässt sich bis auf Rundungsfehler bestimmen, wie viele Personen sich jeweils für gewisse Parteien entschieden haben. Man erhält die folgenden Anzahlen.

	CDU/CSU	SPD	FDP	Linke	Grüne	Rest	
Männer	278	174	39	106	57	63	717
Frauen	281	158	10	72	82	29	632
	559	332	49	178	139	92	1349

□

Beispiel 3.2   Arbeitslosigkeit

Bei der Analyse der Dauer von Arbeitslosigkeit ist eine potenzielle Einflussgröße das Ausbildungsniveau. Die Daten aus Tabelle 3.2 sind eine Teilstichprobe des sozioökonomischen Panels. Das Sozioökonomische Panel (SOEP) ist eine repräsentative Befragung von Privathaushalten in Deutschland (Quelle: http : //www.diw.de/de/soep). Die Haushalte werden dabei jährlich wiederholt zu den Themen Einkommen, Erwerbstätigkeit, Bildung und Gesundheit befragt. Tabelle 3.2 fasst zusammen, wie sich 447 männliche deutsche Arbeitslose auf die verschiedenen Ausbildungsstufen und Kategorien der Dauer von Arbeitslosigkeit verteilen.

Die beiden Merkmale sind das Ausbildungsniveau mit den vier Ausprägungen „keine Ausbildung" (K), „Lehre" (L), „Fachspezifische Ausbildung" (F), „Hochschulabschluss" (H) und das kategorisierte Merkmal Dauer der Arbeitslosigkeit mit den Kategorien „Kurzzeitarbeitslosigkeit" (≤ 6 Monate), „mittelfristige Arbeitslosigkeit" (7–12 Monate), „Langzeitarbeitslosigkeit" (≥ 12 Monate). Von Interesse ist dabei ein möglicher Zusammenhang zwischen dem Ausbildungsniveau und der Dauer der Arbeitslosigkeit.

□

	Kurzzeit-arbeitslosigkeit	mittelfristige Arbeitslosigkeit	Langzeit-arbeitslosigkeit	
Keine Ausbildung	86	19	18	123
Lehre	170	43	20	233
Fachspez. Ausbildung	40	11	5	56
Hochschulabschluss	28	4	3	35
	324	77	46	447

Tabelle 3.2: Ausbildungsspezifische Dauer der Arbeitslosigkeit für männliche Deutsche

SHARE Projekt

Beispiel 3.3

Im SHARE Projekt (vgl. Beispiel 1.9) werden u.a. Fragen zu gesundheitlichen Einschränkungen und Risikofaktoren gestellt. In Tabelle 3.3 sind die erhobenen Daten zu zwei Merkmalen aus der vierten Erhebungswelle dargestellt. Der Mobilitätsindex setzt sich aus dem erfolgreichen oder nicht erfolgreichen Absolvieren von vier Tätigkeiten (zum Beispiel Treppensteigen) zusammen und kann die diskreten Werte 0, 1, 2, 3 und 4 annehmen. Höhere Werte bedeuten eine schlechtere Mobilität. Der Body Mass Index (BMI) ist in die vier Kategorien „untergewichtig (< 18.5)", „normalgewichtig ($18{,}5 - 24.9$)", „übergewichtig ($25 - 29.9$)" und „fettleibig (≥ 30)" eingeteilt.

Mobilitätsindex	Body Mass Index in Kategorien				
	< 18.5	$18.5 - 24.9$	$25 - 29.9$	$>= 30$	
0	423	14952	15810	6211	37396
1	115	2897	4261	3164	10437
2	78	1147	1637	1463	4325
3	64	747	894	968	2673
4	45	349	324	288	1006
	725	20092	22926	12094	55837

Tabelle 3.3: Mobilitätsindex nach BMI-Kategorien

□

Einfache Zusammenfassungen in Tabellenform wie in den Beispielen 3.1, 3.2 oder 3.3 werden im Folgenden verallgemeinert und formalisiert. Ausgangspunkt sind zwei Merkmale X und Y mit den möglichen Ausprägungen

$$a_1, \ldots, a_k \quad \text{für } X$$
$$b_1, \ldots, b_m \quad \text{für } Y.$$

In der *Urliste* liegen für jedes Objekt die gemeinsamen Messwerte vor, d.h. man erhält die Tupel $(x_1, y_1), \ldots, (x_n, y_n)$. In völliger Analogie zur eindimensionalen Häufigkeitstabelle bildet man nun die Häufigkeiten $h_{ij} = h(a_i, b_j)$, mit der die möglichen

Urliste

Kombinationen (a_i, b_j), $i = 1, \ldots, k$, $j = 1, \ldots, m$, auftreten. Die Häufigkeiten h_{ij}, $i = 1, \ldots, k$, $j = 1, \ldots, m$, werden auch als *gemeinsame Verteilung der Merkmale X und Y in absoluten Häufigkeiten* bezeichnet. Die sich daraus ergebende Häufigkeitstabelle heißt *Kontingenztafel* oder *Kontingenztabelle* und besitzt die Struktur

gemeinsame
Verteilung

Kontingenztafel

$$
\begin{array}{c|ccc}
 & b_1 & \cdots & b_m \\
\hline
a_1 & h_{11} & \cdots & h_{1m} \\
a_2 & h_{21} & \cdots & h_{2m} \\
\vdots & \vdots & & \vdots \\
a_k & h_{k1} & \cdots & h_{km}
\end{array}
$$

Unter Angabe der Anzahl der Zeilen und Spalten spricht man genauer von einer $(k \times m)$-Kontingenztafel. Der Name verweist auf die Kontingenz, also den Zusammenhang zwischen zwei Merkmalen, der auf diese Art und Weise dargestellt wird. Kontingenztafeln sind somit nur eine tabellenartig strukturierte Zusammenfassung von Häufigkeiten. Von den beiden Merkmalen wird nur vorausgesetzt, dass sie diskret bzw. kategorial sind. An das Skalenniveau werden hierbei keine Anforderungen gestellt, man setzt nur qualitative Daten voraus. Die Merkmale können originär diskret sein, wie das nominale Merkmal Partei in Beispiel 3.1 (Seite 106), oder sie können gruppiert sein wie die Dauer der Arbeitslosigkeit in Beispiel 3.2 (Seite 106) oder der Body Mass Index in Beispiel 3.3 (Seite 107). In den beiden letzteren Fällen kann man die möglichen Ausprägungen $a_1, \ldots, a_k$ bzw. $b_1, \ldots, b_m$ einfach als $1, \ldots, k$ bzw. $1, \ldots, m$ entsprechend der Klassennummer wählen.

Kontingenztafeln werden naheliegenderweise durch die Zeilen- und Spaltensummen ergänzt. Die Zeilensummen ergeben die *Randhäufigkeiten des Merkmals X* und werden abgekürzt durch

Randhäufig-
keiten zu X

$$
h_{i\cdot} = h_{i1} + \cdots + h_{im}, \qquad i = 1, \ldots, k.
$$

Die sich ergebenden Randsummen $h_{1\cdot}, h_{2\cdot}, \ldots, h_{k\cdot}$ sind die einfachen Häufigkeiten, mit der das Merkmal X die Werte $a_1, \ldots, a_k$ annimmt, wenn das Merkmal Y nicht berücksichtigt wird. Man bezeichnet sie auch als *Randverteilung von X* in absoluten Häufigkeiten.

Randhäufig-
keiten zu Y

Die Spaltensummen bzw. *Randhäufigkeiten des Merkmals Y* werden abgekürzt durch

$$
h_{\cdot j} = h_{1j} + \cdots + h_{kj}, \qquad j = 1, \ldots, m.
$$

Die sich ergebenden Randsummen $h_{\cdot 1}, \ldots, h_{\cdot m}$ entsprechen den Häufigkeiten, mit denen das Merkmal Y die Werte $b_1, \ldots, b_m$ annimmt unter Vernachlässigung des Merkmals X. Sie bilden entsprechend die *Randverteilung von Y* in absoluten Häufigkeiten.

Die Punktnotation in den Randsummen $h_{i\cdot} = \sum_j h_{ij}, h_{\cdot j} = \sum_i h_{ij}$ macht deutlich, über welchen Index jeweils summiert wurde. Wird über den zweiten Index (das Merkmal Y) summiert, wird in der Randsumme für diesen Index ein Punkt angegeben, entsprechend verfährt man für den ersten Index (Summation über das erste Merkmal). Die Summation über die Ausprägungen des jeweils anderen Merkmals beinhaltet, dass diese Information vernachlässigt wird, das Resultat sind die eindimensionalen Häufigkeiten jeweils eines Merkmals.

Kontingenztafel der absoluten Häufigkeiten

Eine $(k \times m)$-*Kontingenztafel der absoluten Häufigkeiten* besitzt die Form

$$
\begin{array}{c|ccc|c}
 & b_1 & \ldots & b_m & \\
\hline
a_1 & h_{11} & \ldots & h_{1m} & h_{1\cdot} \\
a_2 & h_{21} & \ldots & h_{2m} & h_{2\cdot} \\
\vdots & \vdots & & \vdots & \vdots \\
a_k & h_{k1} & \ldots & h_{km} & h_{k\cdot} \\
\hline
 & h_{\cdot 1} & \ldots & h_{\cdot m} & n
\end{array}
$$

Dabei bezeichnen

$h_{ij} = h(a_i, b_j)$ die absolute Häufigkeit der Kombination (a_i, b_j),

$h_{1\cdot}, \ldots, h_{k\cdot}$ die Randhäufigkeiten von X und

$h_{\cdot 1}, \ldots, h_{\cdot m}$ die Randhäufigkeiten von Y.

Die Kontingenztabelle gibt die gemeinsame Verteilung der Merkmale X und Y in absoluten Häufigkeiten wieder.

Da Anteile bzw. Prozente häufig anschaulicher sind, betrachtet man anstatt der absoluten Häufigkeiten auch die relativen Häufigkeiten, die sich ergeben, indem man durch die Gesamtzahl der Beobachtungen n dividiert.

Kontingenztafel der relativen Häufigkeiten

Die $(k \times m)$-*Kontingenztafel der relativen Häufigkeiten* hat die Form

$$
\begin{array}{c|ccc|c}
 & b_1 & \ldots & b_m & \\
\hline
a_1 & f_{11} & \ldots & f_{1m} & f_{1\cdot} \\
\vdots & \vdots & & \vdots & \vdots \\
a_k & f_{k1} & \ldots & f_{km} & f_{k\cdot} \\
\hline
 & f_{\cdot 1} & \ldots & f_{\cdot m} & 1
\end{array}
$$

Dabei bezeichnen

$f_{ij} = h_{ij}/n$ die relative Häufigkeit der Kombination (a_i, b_j),

$f_{i\cdot} = \sum_{j=1}^{m} f_{ij} = h_{i\cdot}/n, \quad i = 1, \ldots, k,$ die relativen Randhäufigkeiten zu X,

$f_{\cdot j} = \sum_{i=1}^{k} f_{ij} = h_{\cdot j}/n, \quad j = 1, \ldots, m,$ die relativen Randhäufigkeiten zu Y.

Die Kontingenztabelle gibt die gemeinsame Verteilung von X und Y wieder.

Beispiel 3.4   Arbeitslosigkeit

Die (4×3)-Kontingenztabelle der relativen Häufigkeiten für Ausbildungsstufe und Dauer der Arbeitslosigkeit ergibt sich durch

	Kurzzeit-arbeitslosigkeit	mittelfristige Arbeitslosigkeit	Langzeit-arbeitslosigkeit	
Keine Ausbildung	0.192	0.043	0.040	0.275
Lehre	0.380	0.096	0.045	0.522
Fachspez. Ausbildung	0.098	0.025	0.011	0.125
Hochschulabschluss	0.063	0.009	0.006	0.078
	0.725	0.172	0.103	1

Tabelle 3.4: Ausbildungsspezifische Dauer der Arbeitslosigkeit für männliche Deutsche

Aus den Rändern lässt sich unmittelbar ablesen, dass 72.5 % der Stichprobe kurzzeitarbeitslos 17.2 % mittelfristig und 10.3 % langzeitarbeitslos waren. Von den betrachteten Personen fielen 27.5 % in die Kategorie „keine Ausbildung", 52.2 % hatten eine Lehre abgeschlossen, 12.5 % eine fachspezifische Ausbildung und 7.8 % einen Hochschulabschluss.   □

Eine einfache grafische Darstellungsform für gemeinsame Häufigkeiten ist das zweidimensionale Säulendiagramm. Dabei trägt man die absoluten (bzw. relativen) Häufigkeiten für jede Ausprägungskombination (a_i, b_j) der Merkmale X und Y ab. Abbildung 3.1 zeigt das Säulendiagramm für Beispiel 3.2 (Seite 106).

Die beobachteten Häufigkeiten werden hier unmittelbar anschaulich. Man sieht sofort, dass die Kurzzeitarbeitslosen mit Lehre die stärkste Gruppe bilden, während Langzeitarbeitslose mit Hochschulabschluss die am schwächsten vertretene Population darstellen.

3.1.2   Bedingte Häufigkeiten

Aus den *gemeinsamen* absoluten Häufigkeiten h_{ij} bzw. den relativen Häufigkeiten f_{ij} lässt sich nicht unmittelbar auf den Zusammenhang zwischen den Merkmalen schließen. So lassen sich in Tabelle 3.2 die Häufigkeiten für Kurzzeitarbeitslosigkeit in der Gruppe derer ohne Ausbildung nicht mit den Häufigkeiten der Gruppe mit einer Lehre vergleichen, da die beiden Gruppen unterschiedlich groß sind. Ein Vergleich erfolgt stattdessen mit den bedingten relativen Häufigkeiten.

bedingte Verteilung von Y

Wählt man $X = a_i$ fest, ergibt sich die *bedingte Häufigkeitsverteilung von Y unter der Bedingung* $X = a_i$ (abgekürzt $Y|X = a_i$) durch

$$f_Y(b_1|a_i) = \frac{h_{i1}}{h_{i\cdot}}, \ldots, f_Y(b_m|a_i) = \frac{h_{im}}{h_{i\cdot}}.$$

Die relativen Häufigkeiten in der durch $X = a_i$ charakterisierten Teilpopulation werden also gebildet, indem man durch die entsprechende Zeilen-Randsumme $h_{i\cdot}$ dividiert. Völlig

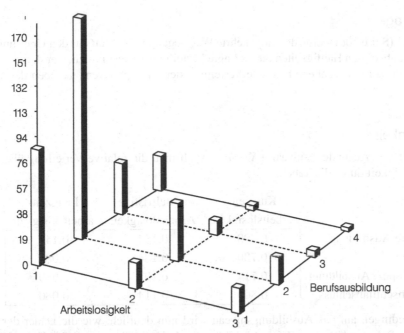

Abbildung 3.1: Säulendiagramm zur Ausbildung (1: keine Ausbildung, 2: Lehre, 3: fachspez. Ausbildung, 4: Hochschule) und Dauer der Arbeitslosigkeit (1: $\leq$ 6 Monate, 2:
6–12 Monate, 3: > 12 Monate)

analog ergibt sich für fest gewähltes $Y = b_j$ die *bedingte Häufigkeitsverteilung von X unter
der Bedingung $Y = b_j$* (abgekürzt $X|Y = b_j$) durch

bedingte
Verteilung
von X

$$f_X(a_1|b_j) = \frac{h_{1j}}{h_{.j}}, \ldots, f_X(a_k|b_j) = \frac{h_{kj}}{h_{.j}}.$$

Die Teilpopulation, auf die sich die relative Häufigkeit bezieht, ist durch $Y = b_j$ bestimmt,
entsprechend wird durch die zugehörige Spaltensumme $h_{.j}$ dividiert.

Bedingte relative Häufigkeitsverteilung

Die *bedingte Häufigkeitsverteilung von Y unter der Bedingung $X = a_i$*, kurz $Y|X = a_i$, ist bestimmt durch

$$f_Y(b_1|a_i) = \frac{h_{i1}}{h_{i.}}, \ldots, f_Y(b_m|a_i) = \frac{h_{im}}{h_{i.}}.$$

Die *bedingte Häufigkeitsverteilung von X unter der Bedingung $Y = b_j$*, kurz $X|Y = b_j$, ist bestimmt durch

$$f_X(a_1|b_j) = \frac{h_{1j}}{h_{.j}}, \ldots, f_X(a_k|b_j) = \frac{h_{kj}}{h_{.j}}.$$

Beispiel 3.5   Sonntagsfrage

In Beispiel 3.1 (Seite 106) wurde der umgekehrte Weg gegangen. Anstatt aus den Ursprungsdaten der gemeinsamen absoluten Häufigkeiten die bedingte Verteilung zu bestimmen, war dort der Ausgangspunkt die in Prozent angegebene bedingte Verteilung der Parteipräferenz gegeben das Geschlecht.

□

Beispiel 3.6   Arbeitslosigkeit

Für festgehaltenes Ausbildungsniveau $(X = a_i)$ erhält man die relative Verteilung über die Dauer der Arbeitslosigkeit durch die Tabelle

	Kurzzeit- arbeitslosigkeit	mittelfristige Arbeitslosigkeit	Langzeit- arbeitslosigkeit	
Keine Ausbildung	0.699	0.154	0.147	1
Lehre	0.730	0.184	0.086	1
Fachspez. Ausbildung	0.714	0.197	0.089	1
Hochschulabschluss	0.800	0.114	0.086	1

Durch das Bedingen auf das Ausbildungsniveau wird nun deutlich, wie die Dauer der Arbeitslosigkeit für die Subpopulationen „Keine Ausbildung", „Lehre", usw. verteilt ist. Diese Verteilungen lassen sich nun miteinander vergleichen, da in diesen bedingten Verteilungen die Häufigkeit, mit der die einzelnen Subpopulation auftreten (die Randhäufigkeiten von X) mitberücksichtigt ist. Ersichtlich ist beispielsweise, dass die relative Häufigkeit für Kurzzeitarbeitslosigkeit in der Subpopulation „Hochschulabschluss" mit 0.8 am größten ist.

□

bedingte Säulen-diagramme   In Analogie zu den Säulendiagrammen der gemeinsamen Verteilung (vgl. Abb. 3.1, Seite 111) lassen sich *bedingte Säulendiagramme* bilden. Anstatt h_{ij} werden nun die bedingten Verteilungen von $Y|X = a_1, \ldots Y|X = a_k$ (bzw. die bedingten Verteilungen von $X|Y = b_1, \ldots X|Y = b_m$) aufgetragen. Durch das Bedingen auf die Ausprägungen der anderen Variable wird deutlich, ob die Verteilungen von der Bedingung abhängen.

Beispiel 3.7   Arbeitslosigkeit

In Abbildung 3.2 sind die bedingten Verteilungen der Dauer von Arbeitslosigkeit dargestellt, wobei jeweils auf das Ausbildungsniveau bedingt wird (vgl. Beispiel 3.6, Seite 112). Die bedingten Verteilungen unterscheiden sich nicht sehr stark, obwohl tendenziell die Dauer für Arbeitslose ohne Ausbildung insbesondere im Vergleich mit Hochschulabsolventen etwas verlängert ist.

□

Beispiel 3.8   SHARE Projekt

Für die Kontingenztafel in Beispiel 3.3 (Seite 107) macht es ebenfalls Sinn, bedingte Verteilungen zu betrachten. Hier bietet sich an, jeweils auf die Kategorie des Body Mass Index zu bedingen, also die bedingten Verteilungen des Mobilitätsindex gegeben BMI zu betrachten. Diese sind in Tabelle 3.5 (Seite 113) dargestellt. Man erkennt, dass in der Gruppe der normalgewichtigen Personen der Anteil mit bestem Mobilitätsindex (Ausprägung 0) am höchsten ist (74.4%). Am meisten Probleme (Mobilitätsindex 3 oder 4) haben untergewichtige und fettleibige Personen.

□

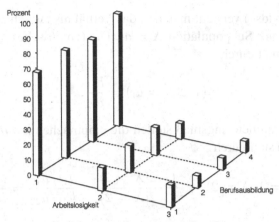

Abbildung 3.2: Bedingtes Säulendiagramm für das Merkmal Dauer (1: $\leq$ 6 Monate, 2: 6–12 Monate, 3: > 12 Monate) gegeben das Ausbildungsniveau (1: keine Ausbildung, 2: Lehre, 3: fachspez. Ausbildung, 4: Hochschule)

	Body Mass Index in Kategorien			
Mobilitätsindex	< 18.5	$18.5 - 24.9$	$25 - 29.9$	$>= 30$
0	0.583	0.744	0.690	0.514
1	0.159	0.144	0.186	0.262
2	0.108	0.057	0.071	0.121
3	0.088	0.037	0.039	0.080
4	0.062	0.017	0.014	0.024
	1	1	1	1

Tabelle 3.5: Mobilitätsindex nach BMI-Katgorien

3.2 Zusammenhangsanalyse in Kontingenztabellen

Bisher wurde der Zusammenhang nur grafisch oder in der Form von Kontingenztafeln dargestellt. Im Folgenden werden Methoden dargestellt, die Stärke des Zusammenhangs zu quantifizieren.

3.2.1 Chancen und relative Chancen

Es sei der Einfachheit halber zuerst der Fall einer (2×2)-Kontingenztafel betrachtet. Die (2×2)-Häufigkeitstafel hat die Form

$$
\begin{array}{cc}
 & Y \\
\end{array}
$$

$$
\begin{array}{cc|cc|c}
 & & 1 & 2 & \\
\hline
X & 1 & h_{11} & h_{12} & h_{1\cdot} \\
 & 2 & h_{21} & h_{22} & h_{2\cdot} \\
\hline
 & & h_{\cdot 1} & h_{\cdot 2} & n
\end{array}
$$

Chance

Unter einer *Chance* („odds") versteht man nun das Verhältnis zwischen dem Auftreten von $Y = 1$ und $Y = 2$ in einer Subpopulation $X = a_i$. Die (empirische) *bedingte Chance* für festes $X = a_i$ ist bestimmt durch

$$\gamma(1,2|X = a_i) = \frac{h_{i1}}{h_{i2}}.$$

relative Chance

Odds Ratio

Ein sehr einfaches Zusammenhangsmaß stellen die empirischen *relativen Chancen* (Odds Ratio) dar, die gegeben sind durch

$$\gamma(1,2|X = 1, X = 2) = \frac{\gamma(1,2|X = 1)}{\gamma(1,2|X = 2)} = \frac{h_{11}/h_{12}}{h_{21}/h_{22}} = \frac{h_{11}h_{22}}{h_{21}h_{12}},$$

d.h. das Verhältnis zwischen den Chancen der 1. Population ($X = 1$, 1. Zeile) zu den Chancen der 2. Population ($X = 2$, 2. Zeile).

Beispiel 3.9   Dauer der Arbeitslosigkeit

Beschränkt man sich im Beispiel 3.2 (Seite 106) jeweils nur auf zwei Kategorien von X und Y, erhält man beispielsweise die Tabelle

	Kurzzeit-arbeitslosigkeit	Mittel- und langfristige Arbeitslosigkeit
Fachspezifische Ausbildung	40	16
Hochschulabschluss	28	7

Daraus ergibt sich für Personen mit fachspezifischer Ausbildung die „Chance", kurzzeitig arbeitslos zu sein, im Verhältnis dazu, längerfristig arbeitslos zu sein, durch

$$\gamma(1,2|\text{fachspezifisch}) = \frac{40}{16} = 2.5.$$

Für Arbeitslose mit Hochschulabschluss erhält man

$$\gamma(1,2|\text{Hochschulabschluss}) = \frac{28}{7} = 4.$$

Für fachspezifische Ausbildung stehen die „Chancen" somit 5 : 2, für Arbeitslose mit Hochschulabschluss mit 4 : 1 erheblich besser.

Man erhält für fachspezifische Ausbildung und Hochschulabschluss die relativen Chancen

$$\gamma(1,2|\text{fachsp. Ausbildung, Hochschule}) = \frac{2.5}{4} = 0.625.$$

□

Kreuzproduktver-hältnis

Wegen der spezifischen Form $\gamma(1,2|X = 1, X = 2) = (h_{11}h_{22})/(h_{21}h_{12})$ werden die relativen Chancen auch als *Kreuzproduktverhältnis* bezeichnet. Es gilt

$\gamma = 1$ Chancen in beiden Populationen gleich

$\gamma > 1$ Chancen in Population $X = 1$ besser als in Population $X = 2$

$\gamma < 1$ Chancen in Population $X = 1$ schlechter als in Population $X = 2$.

Die relativen Chancen geben somit an, welche der Populationen die besseren Chancen besitzen und um wie viel besser diese Chancen sind.

Kreuzproduktverhältnis

Für die Kontingenztafel

$$\begin{array}{|cc|} \hline h_{11} & h_{12} \\ h_{21} & h_{22} \\ \hline \end{array}$$

ist das *Kreuzproduktverhältnis* (*relative Chance* oder *Odds Ratio*) bestimmt durch

$$\gamma = \frac{h_{11}/h_{12}}{h_{21}/h_{22}} = \frac{h_{11}h_{22}}{h_{21}h_{12}}.$$

Das Verfahren lässt sich direkt auf mehr als zwei Ausprägungen verallgemeinern, indem man sich auf jeweils zwei Zeilen $X = a_i$ und $X = a_j$ und zwei Spalten $Y = b_r$ und $Y = b_s$ und die zugehörigen vier Zellen einer $(k \times m)$-Kontingenztafel beschränkt.

Die relativen Chancen zwischen $X = a_i$ und $X = a_j$ in Bezug auf die Chancen von $Y = b_r$ zu $Y = b_s$ sind damit bestimmt durch die relativen Chancen

$$\gamma(b_r, b_s | X = a_i, X = a_j) = \frac{h_{ir}/h_{is}}{h_{jr}/h_{js}} = \frac{h_{ir}h_{js}}{h_{jr}h_{is}}.$$

Arbeitslosigkeit

Beispiel 3.10

Für das Beispiel 3.2 (Seite 106) erhält man für die Populationen „keine Ausbildung" und „Lehre" in Bezug auf die Chancen für mittelfristige gegenüber langfristiger Arbeitslosigkeit die Subtabelle:

	Mittelfristige Arbeitslosigkeit	Langfristige Arbeitslosigkeit
Keine Ausbildung	19	18
Lehre	43	20

Daraus ergeben sich die relativen Chancen

$$\gamma(\text{mittelfristig, langfristig}|\text{keine Ausbildung, Lehre}) = \frac{19/18}{43/20} = \frac{1.06}{2.15} = 0.493,$$

was bedeutet, dass die Chance für mittelfristige gegenüber langfristiger Arbeitslosigkeit in der Population der Arbeitslosen ohne Ausbildung nur etwa halb so groß ist wie in der Population der Arbeitslosen mit Lehre. □

3.2.2 Kontingenz- und χ^2-Koeffizient

Den Hintergrund für den Kontingenzkoeffizienten bildet die Überlegung „Wie sollten die Häufigkeiten verteilt sein, wenn die beiden Merkmale keinerlei Zusammenhang aufweisen?" Dabei geht man von den vorgegebenen Rändern aus, das heißt von der beobachteten

Verteilung von X und Y (jeweils für sich genommen) in der Tafel

$$
\begin{array}{c c}
 & \begin{array}{ccc} b_1 & \dots & b_m \end{array} \\
\begin{array}{c} a_1 \\ \vdots \\ a_k \end{array}
\boxed{\qquad ? \qquad}
\begin{array}{c} h_1. \\ \vdots \\ h_k. \end{array} \\
 & \begin{array}{ccc} h_{.1} & \dots & h_{.m} \end{array} \quad n
\end{array}
$$

Läge kein Zusammenhang zwischen den Merkmalen vor, sollte es ohne Einfluss sein, in welcher Zeile (d.h. Subpopulation $X = a_i$) die bedingte Verteilung von Y gegeben $X = a_i$ betrachtet wird. In jeder Zeile würde man dieselbe Verteilung erwarten, und zwar die Verteilung von Y ohne Berücksichtigung von X. Im Beispiel 3.2 (Seite 106) würde man somit erwarten, dass die Verteilung auf die Kategorien der Dauer von Arbeitslosigkeit in jeder Ausbildungsstufe dieselbe ist, d.h. dieselbe, die auch in der gesamten Stichprobe vorliegt. Bezeichnet $\tilde{h}_{ij}$ die Häufigkeit, die man erwarten würde, wenn kein Zusammenhang vorliegt, führt diese Überlegung in der i-ten Zeile zu dem folgenden *Postulat der empirischen Unabhängigkeit*

empirische Unabhängigkeit

$$
\frac{\tilde{h}_{ij}}{h_{i.}} = \frac{h_{.j}}{n}.
$$

zu erwartende bedingte relative Häufigkeit

Auf der linken Seite steht hier die *zu erwartende bedingte relative Häufigkeit*, die sich durch die zu erwartende Häufigkeit dividiert durch die Zeilensumme ergibt. Auf der rechten Seite steht die beobachtete relative Häufigkeit von Y, d.h. die Randverteilung von Y (beobachtete Häufigkeit dividiert durch Gesamtstichprobenumfang). Das Postulat der empirischen Unabhängigkeit führt somit zu den zu erwartenden Beobachtungen

$$
\tilde{h}_{ij} = \frac{h_{i.}h_{.j}}{n},
$$

die sich einfach als Produkt aus Zeilensumme und Spaltensumme, geteilt durch den Stichprobenumfang errechnen lassen.

Wenn die Merkmale X und Y keinen Zusammenhang aufweisen, d.h. unabhängig sind, sollten die tatsächlich beobachteten Häufigkeiten von den zu erwartenden kaum abweichen. Zur Konstruktion eines Zusammenhangsmaßes benutzt man die Diskrepanz zwischen diesen Werten, also zwischen

$$h_{ij},$$ den tatsächlichen Häufigkeiten und

$$\tilde{h}_{ij} = h_{i.}h_{.j}/n,$$ den Häufigkeiten, die zu erwarten sind,

wenn kein Zusammenhang vorliegt.

Als Zusammenhangsmaß betrachtet man

$$
\chi^2 = \sum_{i=1}^{k} \sum_{j=1}^{m} \frac{(h_{ij} - \tilde{h}_{ij})^2}{\tilde{h}_{ij}}.
$$

Die wesentliche Komponente in χ^2 ist die quadrierte Distanz $(h_{ij} - \tilde{h}_{ij})^2$, das Teilen durch $\tilde{h}_{ij}$ dient nur der Normierung. Nach Konstruktion sollte für die immer nichtnegative Größe χ^2 gelten:

- χ^2 groß (starke Diskrepanz), wenn X und Y voneinander abhängen,

- χ^2 klein (kleine Diskrepanz), wenn X und Y nicht voneinander abhängen.

Auch wenn X und Y tatsächlich keinen Zusammenhang aufweisen, ist nicht davon auszugehen, dass das Postulat der empirischen Unabhängigkeit exakt gilt, d.h. $\chi^2 = 0$ resultiert. Zufallsschwankungen, die später ausführlich reflektiert werden, werden immer eine Abweichung zwischen h_{ij} und $\tilde{h}_{ij}$ erzeugen.

χ^2-Koeffizient

Der χ^2-*Koeffizient* ist bestimmt durch

$$\chi^2 = \sum_{i=1}^{k} \sum_{j=1}^{m} \frac{\left(h_{ij} - \frac{h_{i.}h_{.j}}{n}\right)^2}{\frac{h_{i.}h_{.j}}{n}}, \qquad \chi^2 \in [0, \infty).$$

Die Herleitung von χ^2 stützt sich wesentlich auf das Unabhängigkeitspostulat. Dieses basiert auf der Zeilenunabhängigkeit der Verteilung $Y|X = a_i$. Aus Symmetriegründen lässt sich (mit demselben Resultat) das Postulat auch auf die Spaltenunabhängigkeit der Verteilung $X|Y = b_j$ aufbauen. Man erhält dann

$$\frac{\tilde{h}_{ij}}{h_{.j}} = \frac{h_{i.}}{n},$$

d.h. die bedingte Verteilung $X|Y = b_j$ entspricht der Randverteilung von X. Wie man unmittelbar sieht, ist diese Gleichung äquivalent zum Postulat der Unabhängigkeit.

Die bei Unabhängigkeit zu erwartenden Häufigkeiten sind nicht mehr ganzzahlig. Man beachte, dass die Randsummen der zu erwartenden Häufigkeiten mit den tatsächlich beobachteten Randsummen übereinstimmen. Dies folgt unmittelbar aus der Konstruktion von $\tilde{h}_{ij}$, bei der von fest vorgegebenen Randsummen, nämlich den beobachteten, ausgegangen wurde (vgl. die Beispiele 3.1, Seite 106 und 3.2, Seite 106).

SHARE Projekt   Beispiel 3.11

Für das SHARE Projekt (vgl. Beispiel 3.3) ergibt sich Tabelle 3.6 für die erwarteten Häufigkeiten. Der χ^2-Koeffizient berechnet sich zu $\chi^2 = 2103.585$.

□

Ein gravierender Nachteil von χ^2 als Zusammenhangsmaß liegt darin, dass die Werte, die χ^2 annehmen kann, von der Dimension der Tafel abhängen. Es lässt sich daher nicht ohne zusätzliche Überlegungen feststellen, wie groß χ^2 sein muss, um auf einen Zusammenhang hinzuweisen. Ein erster Normierungsschritt führt zum *Kontingenzkoeffizienten*

Kontingenz-koeffizient

$$K = \sqrt{\frac{\chi^2}{n + \chi^2}}.$$

Mobilitätsindex	Body Mass Index in Kategorien				
	< 18.5	$18.5 - 24.9$	$25 - 29.9$	$>= 30$	
0	485.55	13456.31	15354.34	8099.77	37396
1	135.51	3755.57	4285.30	2260.59	10437
2	56.15	1556.27	1775.79	936.77	4325
3	34.70	961.83	1097.50	578.95	2673
4	13.06	361.99	413.05	217.89	1006
	725	20092	22926	12094	55837

Tabelle 3.6: Erwartete Häufigkeiten unter Unabhängigkeit für Mobilitätsindex und BMI

Dieser kann Werte zwischen 0 und $K_{\max}$ annehmen, wobei

$$K_{\max} = \sqrt{\frac{M - 1}{M}} \quad \text{mit } M = \min\{k, m\}.$$

korrigierter Kontingenzkoeffizient   In einem weiteren Normierungsschritt erhält man den *korrigierten Kontingenzkoeffizienten*

$$K^* = \frac{K}{K_{\max}},$$

für den nach Konstruktion gilt $K^* \in [0, 1]$.

Während der Wertebereich des Kontingenzkoeffizienten noch von der Dimension der Kontingenztafel abhängt, ist dies für den korrigierten Koeffizienten K^* nicht mehr der Fall.

Die Wirkungsweise von K^* wird besonders deutlich für den Spezialfall einer quadratischen Kontingenztafel, d.h. $k = m$. Dann nämlich gilt, dass $K^* = 1$ ($K = K_{\max}$) genau dann eintritt, wenn in jeder Zeile und jeder Spalte der Kontingenztabelle genau eine Zelle besetzt ist. Man hat also eine Zusammenhangsstruktur wie in Abbildung 3.3.

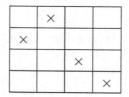 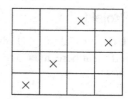

Abbildung 3.3: Besetzungsstruktur bei quadratischen Kontingenztafeln, wenn $K^* = 1$, × steht für besetzte Zellen, alle anderen sind leer

Der maximale Wert $K^* = 1$, also stärkstmöglicher Zusammenhang, besagt in diesem Fall, dass bei Kenntnis der Zeile (Spalte) vorausgesagt werden kann, welche Spalte (Zeile) nur besetzt sein kann.

> ## Kontingenzkoeffizient
>
> Der *Kontingenzkoeffizient* ist bestimmt durch
>
> $$K = \sqrt{\frac{\chi^2}{n + \chi^2}}$$
>
> und besitzt den Wertebereich $K \in \left[0, \sqrt{\frac{M-1}{M}}\right]$, wobei $M = \min\{k, m\}$.
> Der *korrigierte Kontingenzkoeffizient* ergibt sich durch
>
> $$K^* = K / \sqrt{\frac{M-1}{M}}$$
>
> mit dem Wertebereich $K^* \in [0, 1]$.

Die Maße χ^2, K, K^* besitzen folgende *Eigenschaften*:

1. Es wird nur die *Stärke* des Zusammenhangs gemessen, eine Richtung der Wirkungsweise wird nicht erfasst in dem Sinne, dass wachsendes X mit wachsendem (oder fallendem) Y einhergeht.

   Stärke des Zusammenhangs

2. Die Maße sind vergleichender Art. Misst man den Zusammenhang von X und Y in zwei Subpopulationen, lässt sich damit die Stärke des Zusammenhangs über die Subpopulationen vergleichen. Eine eindeutige Interpretation ist nur in Spezialfällen ($K = 1$) möglich.

   vergleichendes Maß

3. Vorsicht ist geboten bei einem Vergleich von Kontingenztafeln mit stark unterschiedlichen Stichprobenumfängen, da χ^2 mit wachsendem Stichprobenumfang wächst, beispielsweise führte eine Verzehnfachung von h_{ij} und $\tilde{h}_{ij}$ zu zehnfachem χ^2.

   Abhängigkeit vom Stichprobenumfang

4. Sämtliche Maße benutzen nur das Nominalskalenniveau von X und Y. Dies sieht man unmittelbar daran, dass sich die Maße nicht verändern, wenn man Zeilen bzw. Spalten untereinander vertauscht. Eine Folge dieser *Invarianz gegenüber Vertauschungen* ist die oben erwähnte Eigenschaft, dass durch diese Maße keine gerichteten Zusammenhänge erfassbar sind.

   Invarianz

Sonntagsfrage

Beispiel 3.12

Für die Kontingenztafel aus Geschlecht und Parteipräferenz aus Beispiel 3.1 (Seite 106) erhält man die in Tabelle 3.7 wiedergegebenen zu erwartenden Häufigkeiten $\tilde{h}_{ij}$.

Man sieht aus Tabelle 3.7 beispielsweise, dass 297.1 die CDU/CSU präferierende Männer zu erwarten wären, wenn Geschlecht und Parteipräferenz keinen Zusammenhang aufweisen. Tatsächlich wurden nur 278 beobachtet. Die Bewertung dieser Diskrepanzen ergibt einen χ^2-Wert von $36,295$. Daraus ergeben sich nach einfacher Rechnung $K = 0.162$ und $K^* = 0.229$, was für einen nicht zu starken Zusammenhang spricht. □

	CDU/CSU	SPD	FDP	Linke	Grüne	Rest	
Männer	297,1	176,5	26,0	94,6	73,9	48,9	717
	(278)	(174)	(39)	(106)	(57)	(63)	
Frauen	261,9	155,5	23,0	83,4	65,1	43,1	632
	(281)	(158)	(10)	(72)	(82)	(29)	
	559	332	49	178	139	92	1349

Tabelle 3.7: Zu erwartende Häufigkeiten $\tilde{h}_{ij}$ und tatsächliche Häufigkeiten h_{ij} (in Klammern)

(2 × 2)-*Tafel* Für den Spezialfall einer (2×2)-Tafel lässt sich der χ^2-Wert und damit der Kontingenzkoeffizient auf sehr einfache Art berechnen. Liegt eine Kontingenztafel der Form

$$
\begin{array}{cc|c}
a & b & a+b \\
c & d & c+d \\
\hline
a+c & b+d &
\end{array}
$$

vor, erhält man χ^2 aus

$$
\chi^2 = \frac{n(ad-bc)^2}{(a+b)(a+c)(b+d)(c+d)},
$$

wobei sich im Nenner nur das Produkt über sämtliche Randhäufigkeiten findet.

Beispiel 3.13   Arbeitslosigkeit

Aus der Kontingenztafel

	Mittelfristige Arbeitslosigkeit	Langfristige Arbeitslosigkeit	
Keine Ausbildung	19	18	37
Lehre	43	20	63
	62	38	100

erhält man also unmittelbar

$$
\chi^2 = \frac{100(19 \cdot 20 - 18 \cdot 43)^2}{37 \cdot 63 \cdot 62 \cdot 38} = 2.826
$$

und $K = 0.165$, $K^* = 0.234$.   □

3.3   Grafische Darstellungen quantitativer Merkmale

Für die Darstellung quantitativer, d.h. metrisch skalierter Merkmale mit vielen Ausprägungen, empfehlen sich andere Methoden als für qualitative Merkmale. Die Instrumente des letzten Abschnittes sind prinzipiell auch anwendbar für metrische Merkmale, wenn man diese beispielsweise durch Intervallbildung kategorisiert. Allerdings nimmt man damit immer einen Informationsverlust in Kauf. Hinzu kommt, dass in der Kontingenztafelanalyse nur das nominale Skalenniveau benutzt wurde, d.h. die Merkmale wurden als qualitativ behandelt. Im Folgenden wird explizit metrisches Skalenniveau vorausgesetzt. Darüber hinaus sollte die Anzahl der möglichen Werte hoch sein, was insbesondere bei stetigen Variablen der Fall ist.

3.3.1 Streudiagramm

Die einfachste Darstellung der gemeinsamen Messwerte $(x_i, y_i), i = 1, \ldots, n$, zweier stetiger Merkmale ist das *Streudiagramm*, in dem die Messwerte in einem $(x$–$y)$-Koordinatensystem als Punkte, Kreuze oder sonstige Symbole dargestellt werden.

> **Streudiagramm**
>
> Die Darstellung der Messwerte $(x_1, y_1), \ldots, (x_n, y_n)$ im $(x$–$y)$-Koordinatensystem heißt *Streudiagramm*.

Prognose des Sachverständigenrates   Beispiel 3.14

Die Prognose des Sachverständigenrates weicht notwendigerweise vom tatsächlichen Wirtschaftswachstum ab (Prognosen sind schwierig, insbesondere wenn sie die Zukunft betreffen). Interessant ist jedoch, inwieweit die Prognose vom tatsächlichen Wirtschaftswachstum abweicht bzw. wie stark der Zusammenhang ist. In Tabelle 3.8 finden sich die Werte.

Jahr	1975	1976	1977	1978	1979	1980	1981	1982	1983	1984
X	2.0	4.5	4.5	3.5	3.75	2.75	0.5	0.5	1.0	2.5
Y	-3.6	5.6	2.4	3.4	4.4	1.8	-0.3	-1.2	1.2	2.6

Jahr	1985	1986	1987	1988	1989	1990	1991	1992	1993	1994
X	3.0	3.0	2.0	1.5	2.5	3.0	3.5	2.5	0.0	0.0
Y	2.5	2.5	1.7	3.4	4.0	4.6	3.4	1.5	-1.9	2.3

Tabelle 3.8: Prognose des Sachverständigenrates (X) und tatsächliches Wirtschaftswachstum (Y) in den Jahren 1975–1994

In Abbildung 3.4 ist das Streudiagramm der Merkmale X: prognostiziertes Wirtschaftswachstum und Y: tatsächliches Wirtschaftswachstum in Prozent für die Jahre 1975–1994 dargestellt.   □

Mieten   Beispiel 3.15

Sucht man eine Wohnung mit bestimmter Wohnfläche, ist es interessant zu wissen, mit welcher Miete man rechnen muss. In Abbildung 3.5 findet sich das Streudiagramm zu den Merkmalen „Wohnfläche" und „Nettomiete" für eine Teilstichprobe des Mietbeispiels, d.h. für einen Teil der im Rahmen der Erstellung des Münchner Mietspiegels erhobenen Stichprobe.   □

Aus Streudiagrammen wie Abbildung 3.4 und 3.5 lässt sich ein erster Eindruck gewinnen, ob und wie stark zwei Merkmale zusammenhängen. Man sieht in Abbildung 3.4, dass

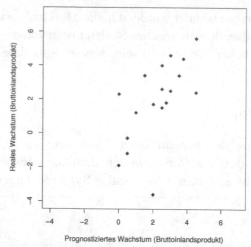

Abbildung 3.4: Prognostizierte und reale Wachstumsrate für die Prognose des Sachverständigenrates in den Jahren 1975–1994

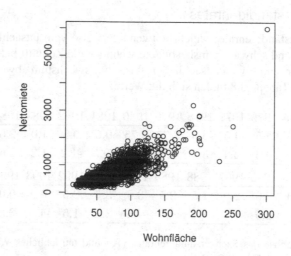

Abbildung 3.5: Streudiagramm für Wohnfläche und Nettomiete

tendenzmäßig bei hohen prognostizierten Werten auch tatsächlich hohe Wachstumswerte
eintreten. Auffallend ist, dass die Variationsbreite der Prognosewerte wesentlich geringer
ist als die Variationsbreite der tatsächlichen Werte. Die Prognosen sind hier konservativer
als die Realität. Für das Mietspiegelbeispiel sieht man, dass eine wachsende Wohnfläche
erwartungsgemäß mit höheren Mieten einhergeht. Es zeigt sich eine Tendenz zu größerer
Streuung der Mieten bei wachsender Wohnfläche. In der Grafik ist ein Extremwert erkennbar, es findet sich eine 300 qm große Wohnung, die auch entsprechend teuer ist.

3.3.2 Zweidimensionale Histogramme und Dichten

Bei einer sehr hohen Zahl von Messwerten oder wenn gleiche Messwerte öfter auftreten, werden Streudiagramme unübersichtlich. Zur Veranschaulichung von Häufigkeiten in

diesen Fällen lassen sich zweidimensionale Histogramme bzw. glatte Varianten des Histogramms verwenden. Dazu bildet man

$$\text{Intervalle} \quad [c_0, c_1), \ldots, [c_{k-1}, c_k) \quad \text{für Merkmal } X \text{ und}$$
$$\text{Intervalle} \quad [e_0, e_1), \ldots, [e_{m-1}, e_m) \quad \text{für Merkmal } Y.$$

Seien h_{ij} die absoluten Häufigkeiten im i-ten Intervall von X und im j-ten Intervall von Y, d.h. in $[c_{i-1}, c_i) \times [e_{j-1}, e_j)$. Die relative Häufigkeit wird wieder mit $f_{ij} = h_{ij}/n$ bezeichnet.

Während im eindimensionalen Histogramm die Fläche über dem Intervall den Häufigkeiten entspricht, soll nun das Volumen über dem Rechteck $[c_{i-1}, c_i) \times [e_{j-1}, e_j)$ den absoluten bzw. relativen Häufigkeiten entsprechen.

Aus der Formel „Volumen = Grundfläche × Höhe" ergibt sich also die Höhe für das *zweidimensionale absolute Histogramm* durch

zweidimensionales absolutes Histogramm

$$\frac{h_{ij}}{\text{Grundfläche}} = \frac{h_{ij}}{(c_i - c_{i-1})(e_j - e_{j-1})}.$$

Für das *zweidimensionale relative Histogramm* wird h_{ij} durch $f_{ij} = h_{ij}/n$ ersetzt.

Zweidimensionales Histogramm

Zeichne über den Rechtecksklassen

$$[c_{i-1}, c_i) \times [e_{j-1}, e_j), \quad i = 1, \ldots, k, \ j = 1, \ldots, m,$$

Blöcke mit

$$\text{Grundkante} \quad [c_{i-1}, c_i) \quad \text{in der } x\text{-Koordinate}$$
$$\text{Grundkante} \quad [e_{j-1}, e_j) \quad \text{in der } y\text{-Koordinate}$$

und Höhe

$$\frac{h_{ij}}{(c_i - c_{i-1})(e_j - e_{j-1})} \quad \text{bzw.} \quad \frac{h_{ij}/n}{(c_i - c_{i-1})(e_j - e_{j-1})}.$$

Die Nachteile des eindimensionalen Histogramms, wie subjektive Klasseneinteilung und Unstetigkeit der Treppenfunktion, bleiben auch für das zweidimensionale Histogramm erhalten. Als Alternative wurde in Abschnitt *2.4.3 ein gleitendes Histogramm bzw. ein glatter Dichteschätzer dargestellt. Dieses Verfahren lässt sich auch auf mehr als eine Dimension erweitern. Der glatte Schätzer in einer Dimension hatte die Form

$$\hat{f}(x) = \frac{1}{n} \sum_{i=1}^{n} \frac{1}{h} K\left(\frac{x - x_i}{h}\right),$$

wobei K eine sogenannte Kernfunktion ist, beispielsweise der Epanechnikov-Kern $K(u) = (3/4)(1 - u^2)$ für $-1 \leq u \leq 1$.

zweidimensio-
naler
Kerndichte-
schätzer

Der *zweidimensionale (Kerndichte-) Schätzer* hat die Form

$$\hat{f}(x,y) = \frac{1}{n} \sum_{i=1}^{n} \frac{1}{h_1} K\left(\frac{x-x_i}{h_1}\right) \frac{1}{h_2} K\left(\frac{y-y_i}{h_2}\right),$$

wobei h_1, h_2 Glättungsparameter zu X bzw. Y sind. Anstatt eines Kernes hat man das Produkt zweier Kerne bzw. Fenster. Für den Rechteckskern erhält man wiederum ein gleitendes Histogramm, das jetzt über die $(x-y)$-Ebene gleitet. Für stetige Kernfunktionen erhält man eine glattere Darstellung. Die Funktion der Glättungsparameter entspricht der Fensterweite. Gehen die Bandweiten h_1, h_2 gegen 0, wird die dadurch geschätzte Oberfläche unruhig mit starken Ausschlägen an den Stellen der Daten. Lässt man die Bandweiten immer größer werden, wird die geschätzte Oberfläche zunehmend glatter.

Beispiel 3.16   Mietspiegel

Abbildung 3.6 zeigt ein zweidimensionales Histogramm für die Variablen Wohnfläche und Nettomiete der Wohnungen bis 200 qm Wohnfläche und bis 2000 Euro Nettomiete. Dabei wurde der Wertebereich für beide Merkmale in 10 Intervalle gleicher Breite eingeteilt. Für die Nettomiete ergeben sich Intervallbreiten von 182.525. Die Intervallgrenzen sind 174.750, 357.275, 539.800, 722.325, 904.850, 1087.375, 1269.900, 1452.425, 1634.950, 1817.475 und 2000. Für die Wohnfläche erhält man Intervalle der Länge 18.5. Die Intervallgrenzen sind 15.0, 33.5, 52.0, 70.5, 89.0, 107.5, 126.0, 144.5, 163.0, 181.5 und 200.0.

Abbildung 3.7 zeigt die entsprechende zweidimensionale Kerndichteschätzung. Insbesondere die letztere Darstellung zeigt deutlich, dass Wohnungen vor allem im Bereich zwischen 50 qm und 100 qm bei einem Preis zwischen 500 € und 1500 € sehr dicht gepackt sind.   □

3.3.3 Mehrdimensionale Darstellungen

Die Darstellung von Messpunkten in drei Dimensionen führt zu Punktwolken, deren exakte Lage häufig aus einem Bild nicht mehr gut erkennbar ist. Computerprogramme mit interaktiven Grafikmodulen ermöglichen es allerdings, die Koordinaten auf dem Bildschirm langsam zu drehen, sodass die Anordnung der Punkte deutlich wird.

Eine einfache Methode zur Darstellung mehrdimensionalen Datenmaterials besteht darin, für jeweils zwei Merkmale ein Streudiagramm zu bilden. Man erhält damit eine Matrix

paarweises
Streudiagramm

von *paarweisen Streudiagrammen*, eine sogenannte *Scatterplot-Matrix*. Dadurch wird zumindest der Zusammenhang jeweils zweier Merkmale verdeutlicht.

Beispiel 3.17   Mietspiegel

In Abbildung 3.8 (Seite 127) findet sich die Matrix der Streudiagramme zu den Merkmalen „Nettomiete", „Wohnfläche", „Zimmeranzahl" und „Nettomiete/qm". In der Diagonale ist nur die Variable wiedergegeben, die die Abszisse bzw. die Ordinate bestimmt. Beispielsweise entspricht die Wohnfläche der Abszisse (x-Variable) in allen Bildern der zweiten Spalte. Gleichzeitig stellt die Wohnfläche die Ordinate (y-Variable) in allen Bildern der zweiten Reihe dar. Jedes Streudiagramm findet sich also in zwei verschiedenen Formen. Das zweite Bild der ersten Reihe gibt Wohnfläche × Nettomiete wieder, das erste Bild der zweiten Reihe gibt Nettomiete × Wohnfläche wieder. An den Bildern wird unmittelbar anschaulich, dass Streudiagramme, die mit einer diskreten Variable wie Anzahl der Zimmer gebildet werden, qualitativ anders aussehen als Streudiagramme mit zwei

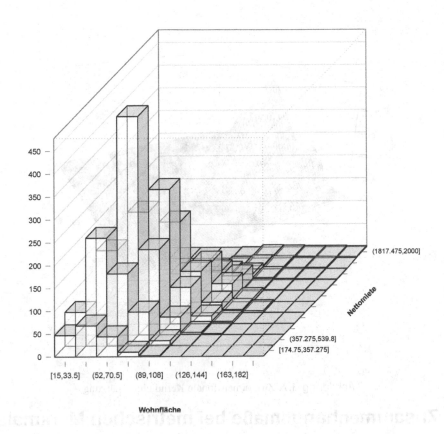

Abbildung 3.6: Zweidimensionales Histogramm

stetigen Variablen. Eine relativ klare lineare Struktur erhält man erwartungsgemäß für den Zusammenhang zwischen Zimmerzahl und Wohnfläche. Aus den Darstellungen wird deutlich, wie variabel die Wohnfläche jeweils für festgehaltene Zimmerzahl noch ist. Das Streudiagramm zu Wohnfläche und Nettomiete/qm zeigt, dass die Quadratmetermiete bei großen Wohnflächen tendenziell abnimmt.

Zu bemerken ist, dass nur Zusammenhänge zwischen jeweils zwei Variablen – ohne Berücksichtigung der anderen Variablen – wiedergegeben werden. Die Quadratmetermiete muss nicht mit der Wohnfläche sinken, wenn man beispielsweise nur Ein-Zimmer-Appartements betrachtet.   □

Rendite am Aktienmarkt

Beispiel 3.18

In Abbildung 3.9 (Seite 128) findet sich die Matrix der Streudiagramme der mittleren Monatsrenditen für den DAX und die Aktien von BMW, BASF und Munich RE (MuRE). Zusätzlich wird noch der Zins betrachtet, in der Form des LIBORs (London Interbank Offered Rate), also dem Zinssatz, zu dem sich Geschäftsbanken gegenseitig Geld mit einer Laufzeit bis zu einem Jahr leihen. Man sieht, dass die Höhe der Rendite für Aktien untereinander deutlich zusammenhängen, während kein deutlicher Zusammenhang zwischen Aktienrendite und Zins erkennbar ist.   □

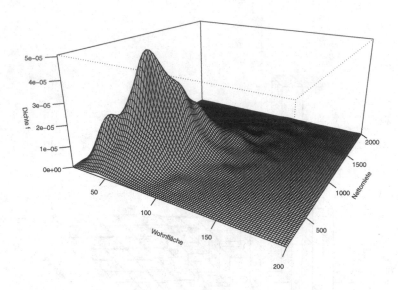

Abbildung 3.7: Zweidimensionale Kerndichteschätzung

3.4 Zusammenhangsmaße bei metrischen Merkmalen

3.4.1 Empirischer Korrelationskoeffizient nach Bravais-Pearson

Streudiagramme und Dichteschätzung sind grafische Hilfsmittel, die die Anordnung der Beobachtungspunkte veranschaulichen. Wenn die Werte beispielsweise so angeordnet sind, dass für wachsende Werte des Merkmals X auch das Merkmal Y tendenzmäßig größere Werte aufweist, ist es naheliegend, einen Zusammenhang zwischen den Merkmalen zu vermuten. Ein Maß für die Stärke dieses Zusammenhanges ist der *empirische Korrelationskoeffizient*, der auch als *Bravais-Pearson-Korrelationskoeffizient* bezeichnet wird. Er ist bestimmt durch

Bravais-Pearson-Korrelation

$$r = r_{XY} = \frac{\sum\limits_{i=1}^{n}(x_i - \bar{x})(y_i - \bar{y})}{\sqrt{\sum\limits_{i=1}^{n}(x_i - \bar{x})^2 \sum\limits_{i=1}^{n}(y_i - \bar{y})^2}} = \frac{\tilde{s}_{XY}}{\tilde{s}_X \tilde{s}_Y},$$

wobei

$$\tilde{s}_X = \sqrt{\frac{1}{n}\sum\limits_{i=1}^{n}(x_i - \bar{x})^2}, \qquad \tilde{s}_Y = \sqrt{\frac{1}{n}\sum\limits_{i=1}^{n}(y_i - \bar{y})^2}$$

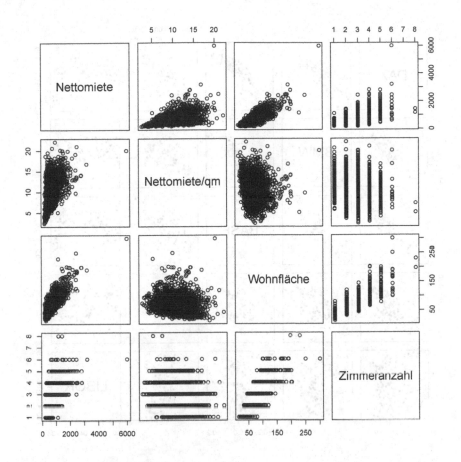

Abbildung 3.8: Matrix der Streudiagramme für Variablen Nettomiete, Wohnfläche, Zimmerzahl, Nettomiete/qm

für die Standardabweichungen der Merkmale X bzw. Y stehen und

$$\tilde{s}_{XY} = \frac{1}{n}\sum_{i=1}^{n}(x_i - \bar{x})(y_i - \bar{y})$$

die *empirische Kovarianz* bezeichnet. Der Nenner in r_{XY}, der die Streuungen enthält, dient der Normierung. Der interessantere Teil der Formel ist die empirische Kovarianz im Zähler, die sich als Summe von Abweichungsprodukten ergibt. Jeder einzelne Summand hat die Struktur $(x_i - \bar{x})(y_i - \bar{y})$. Um sich zu verdeutlichen, welchen Beitrag diese einzelnen Summanden liefern, betrachte man Abbildung 3.10. Dort ist ein Koordinatensystem durch den Punkt $(\bar{x}, \bar{y})$ gelegt, der den Schwerpunkt der Punktwolke darstellt. In jedem Quadranten dieses Koordinatensystems wird jeweils ein Punkt angegeben. Aus der Darstellung ergeben sich unmittelbar die Vorzeichen der einzelnen Komponenten und des Produkts, die in der Tabelle 3.9 angegeben sind.

empirische Kovarianz

Daraus ergibt sich, dass alle Beiträge von Messwerten aus dem ersten und dritten Quadranten positiv sind, während Messwerte aus dem zweiten und vierten Quadranten einen negativen Beitrag liefern. Punktwolken, die vor allem im ersten und dritten Quadranten liegen,

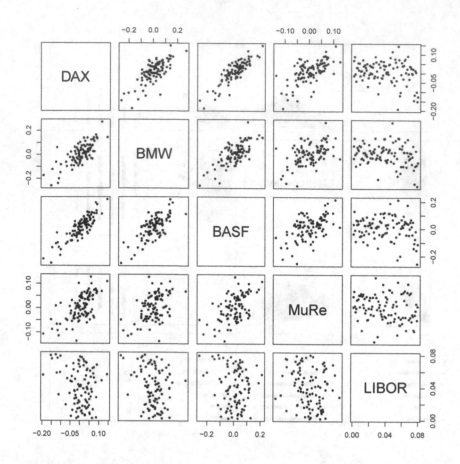

Abbildung 3.9: Streudiagramm-Matrix der mittleren Monatsrenditen für den DAX und Aktien, sowie des Zinses in Form des LIBORs

werden demnach einen positiven Korrelationskoeffizienten $(r > 0)$ liefern. Bei derartigen Punktwolken finden sich bei großen x-Werten gehäuft große y-Werte, bei kleinen x-Werten aber kleine y-Werte. Der Zusammenhang ist *gleichsinnig*. Punktwolken, die vorwiegend im zweiten und vierten Quadranten liegen, führen entsprechend zu einem negativen Korrelationskoeffizienten $(r < 0)$. Kleine x-Werte gehen hier mit hohen y-Werten einher. Der Zusammenhang ist *gegensinnig*. Sind alle Quadranten einigermaßen gleich stark besetzt, heben sich positive und negative Beiträge gegenseitig auf, und man erhält einen Korrelationskoeffizienten in der Nähe von null $(r \approx 0)$.

gleichsinniger Zusammenhang

gegensinniger Zusammenhang

Zur Interpretation des Korrelationskoeffizienten ist noch der Wertebereich und die Art des gemessenen Zusammenhangs wichtig. Der Nenner in der Formel ist so gewählt, dass gilt

$$-1 \leq r \leq 1.$$

Die Art des gemessenen Zusammenhangs wird deutlich, wenn man die Extremwerte von r betrachtet. Liegen alle Punkte auf einer Geraden positiver Steigung, gilt $r = 1$. In diesem Fall führen zunehmende x-Werte zu linear wachsenden y-Werten, der Extremfall eines gleichsinnigen linearen Zusammenhangs liegt vor. Liegen alle Punkte auf einer Geraden negativer Steigung, erhält man $r = -1$. Für wachsendes x erhält man linear fallendes y

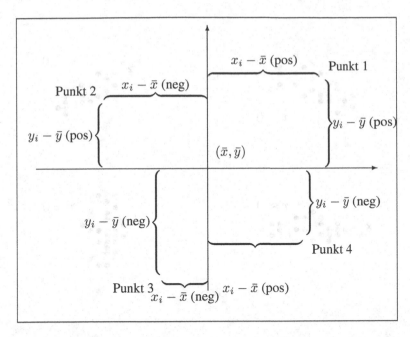

Abbildung 3.10: Punkte im Koordinatensystem durch den Schwerpunkt $(\bar{x}, \bar{y})$

	$x_i - \bar{x}$	$y_i - \bar{y}$	$(x_i - \bar{x})(y_i - \bar{y})$
Punkt 1 (1.Quadrant)	positiv	positiv	positiv
Punkt 2 (2.Quadrant)	negativ	positiv	negativ
Punkt 3 (3.Quadrant)	negativ	negativ	positiv
Punkt 4 (4.Quadrant)	positiv	negativ	negativ

Tabelle 3.9: Vorzeichen der Produkte im Zähler des Korrelationskoeffizienten

bzw. für abnehmendes x linear wachsendes y, also den Extremfall eines gegensinnigen linearen Zusammenhangs.

Der Korrelationskoeffizient misst die *Stärke des linearen Zusammenhangs*. Je näher die Messwerte an einer Geraden liegen, desto näher liegt r bei 1, wenn die Gerade positive Steigung hat, desto näher liegt r bei -1, wenn die Gerade eine negative Steigung hat. In Abbildung 3.11 sind einige Punktwolken dargestellt und die sich ergebenden Korrelationskoeffizienten qualitativ charakterisiert.

linearer Zusammenhang

Die Werte von r lassen sich wiederum einfach nach der oben beschriebenen Methode des Beitrags einzelner Messpunkte zum Zähler ableiten. Von besonderem Interesse ist die badewannenförmige und die runddachförmige Punktwolke. In beiden Fällen liegt keine Kor-

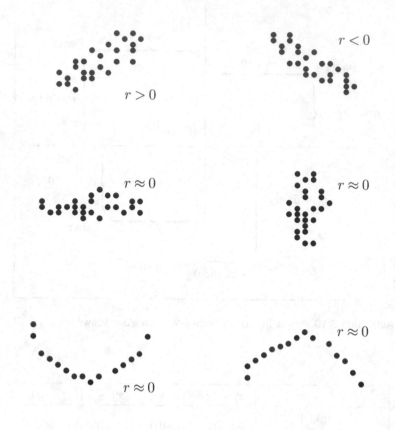

Abbildung 3.11: Punktkonfigurationen und Korrelationskoeffizienten (qualitativ)

relation ($r \approx 0$) vor, zwischen X und Y besteht allerdings ein deutlicher Zusammenhang. Da dieser jedoch nicht linear ist, wird er vom Korrelationskoeffizienten r nicht erfasst!

Für die Korrelation zwischen prognostiziertem und tatsächlichem Wirtschaftswachstum aus Beispiel 3.14 (Seite 121) erhält man eine Korrelation mittlerer Stärke von $r = 0.695$. In einem groben Raster lassen sich Korrelationen einordnen durch

$$
\begin{aligned}
\text{„schwache Korrelation"} \quad & |r| < 0.5 \\
\text{„mittlere Korrelation"} \quad & 0.5 \le |r| < 0.8 \\
\text{„starke Korrelation"} \quad & 0.8 \le |r|.
\end{aligned}
$$

Allerdings sollte noch berücksichtigt werden, welche Variablen untersucht werden. Für relativ genaue Messungen wie Nettomiete oder tatsächliches Wirtschaftswachstum kann diese Grobeinteilung zugrunde gelegt werden. Für „weich gemessene" Merkmale wie Einstellungsskalen stellen Korrelationen um 0.5 eher das Maximum dar und sind daher ernster *vergleichendes* zu nehmen. Korrelationskoeffizienten sind insbesondere hilfreich als *vergleichende* Maße. *Maß* Betrachtet man beispielsweise die Korrelation zwischen Wohnfläche und Miete für verschiedene Städte, lassen sich aus dem Vergleich der Korrelationskoeffizienten Hinweise auf unterschiedlich starke Zusammenhänge gewinnen. Zu berücksichtigen ist allerdings der explorative und deskriptive Charakter der Koeffizienten.

Bravais-Pearson-Korrelationskoeffizient

Der *Bravais-Pearson-Korrelationskoeffizient* ergibt sich aus den Daten (x_i, y_i), $i = 1, \ldots, n$, durch

$$r = \frac{\sum\limits_{i=1}^{n}(x_i - \bar{x})(y_i - \bar{y})}{\sqrt{\sum\limits_{i=1}^{n}(x_i - \bar{x})^2 \sum\limits_{i=1}^{n}(y_i - \bar{y})^2}}.$$

Wertebereich: $-1 \leq r \leq 1$

$r > 0$ positive Korrelation, gleichsinniger linearer Zusammenhang,
 Tendenz: Werte (x_i, y_i) um eine Gerade positiver Steigung liegend

$r < 0$ negative Korrelation, gegensinniger linearer Zusammenhang,
 Tendenz: Werte (x_i, y_i) um eine Gerade negativer Steigung liegend

$r = 0$ keine Korrelation, unkorreliert, kein linearer Zusammenhang

---

Der Korrelationskoeffizient r lässt sich nach einfacher Ableitung in rechengünstigerer Form darstellen durch   *rechengünstige Formel*

$$r = \frac{\sum\limits_{i=1}^{n} x_i y_i - n\bar{x}\bar{y}}{\sqrt{\left(\sum\limits_{i=1}^{n} x_i^2 - n\bar{x}^2\right)\left(\sum\limits_{i=1}^{n} y_i^2 - n\bar{y}^2\right)}}.$$

Mietspiegel   Beispiel 3.19

Für die in Abbildung 3.8 (Seite 127) dargestellten Variablen Nettomiete und Wohnfläche und ferner für die ebenfalls erhobene Zimmeranzahl und Nettomiete pro qm erhält man die im folgenden angegebenen paarweisen Korrelationskoeffizienten, die eine Korrelationsmatrix ergeben.

Nettomiete			
0.783	Wohnfläche		
0.588	0.839	Zimmerzahl	
0.462	−0.136	−0.216	Nettomiete/qm

Man erhält somit eine „mittlere Korrelation" zwischen Wohnfläche und Nettomiete und eine „starke Korrelation" zwischen der Zimmerzahl und der Wohnfläche. Eine negative Korrelation erhält man beispielsweise zwischen Wohnfläche und Nettomiete/qm. Auch wenn diese relativ schwach ist, scheint doch bei größerer Wohnfläche die Nettomiete/qm tendenziell abzunehmen.   □

ϕ-Koeffizient

Der Bravais-Pearson Korrelationskoeffizient ist prinzipiell nur für metrische Variablen geeignet. Einen Ausnahmefall stellen Variablen mit nur zwei Ausprägungen, sogenannte dichotome oder binäre Variablen, dar. Für die beiden Ausprägungen wählt man die spezielle Kodierung durch „0" und „1", d.h. $X, Y \in \{0, 1\}$. Die Daten lassen sich in einer (2×2)-Tabelle zusammenfassen. Mit den Zellbesetzungen h_{ij}, $i, j \in \{1, 2\}$, erhält man

$$
\begin{array}{c|cc|c}
 & \multicolumn{2}{c}{Y} & \\
 & 0 & 1 & \\
\hline
X \quad 0 & h_{11} & h_{12} & h_{1.} \\
1 & h_{21} & h_{22} & h_{2.} \\
\hline
 & h_{.1} & h_{.2} &
\end{array}
$$

Berechnet man für die $(0 - 1)$-kodierten Variablen den Bravais-Pearson-Korrelationskoeffizienten ergibt sich nach einfacher Rechnung

$$
r = \frac{h_{11}h_{22} - h_{12}h_{21}}{\sqrt{h_{1.}h_{2.}h_{.1}h_{.2}}} = \phi.
$$

ϕ-Koeffizient   Dieses Maß wird als ϕ-*Koeffizient* bzw. Phi-Koeffizient bezeichnet. Ein Vergleich mit den Assoziationsmaßen für Kontingenztabellen zeigt, dass der Korrelations- bzw. ϕ-Koeffizient eng mit dem χ^2-Wert verwandt ist. Es gilt genauer

$$
\phi^2 = \frac{\chi^2}{n}.
$$

Der χ^2-Wert misst nur die Stärke des Zusammenhangs, nicht die Richtung im Sinne von gleich- oder gegensinnigem Zusammenhang. Dies kommt auch im Quadrieren in der Formel $\phi^2 = \chi^2/n$ zum Ausdruck. Durch das Quadrieren verliert der Korrelationskoeffizient die Richtungsinformation. Während $\phi \in [-1, 1]$ gilt, ist ϕ^2 aus dem Intervall $[0, 1]$. Als Korrelationskoeffizient gibt ϕ auch die Richtung des Zusammenhangs wieder.

Beispiel 3.20   Arbeitslosigkeit

Für die (2×2)-Tafel

		Mittelfristige Arbeitslosigkeit 0	Langfristige Arbeitslosigkeit 1
Keine Ausbildung	0	19	18
Lehre	1	43	20

wurde bereits in Beispiel 3.13 (Seite 120) ein χ^2-Wert von 2.826 errechnet. Für $n = 100$ Beobachtungen erhält man $\phi^2 = 0.028$. Daraus ergibt sich $|\phi| = 0.168$. Um das Vorzeichen zu bestimmen, ist es allerdings nötig, das Vorzeichen von r zu kennen. Man erhält daraus $\phi = -0.168$, also eine relativ kleine negative Korrelation. Für den Kontingenzkoeffizienten und die korrigierte Variante erhält man $K = 0.165$ bzw $K^* = 0.234$.   □

Das Vorzeichen des ϕ-Koeffizienten hängt wesentlich von der Art der Kodierung ab. In Beispiel 3.20 erhält man mit $\phi = -0.168$ eine negative Korrelation zwischen Ausbildungsniveau und Dauer der Arbeitslosigkeit (in zwei Kategorien). Für das höhere Ausbildungsniveau ist die Tendenz zu längerfristiger Arbeitslosigkeit verringert. Vertauscht man beispielsweise die Kodierung des Ausbildungsniveaus, indem Lehre durch „0" und keine Ausbildung durch „1" kodiert wird, erhält der ϕ-Koeffizient ein anderes Vorzeichen. Mit $\phi = 0.168$ erhält man eine positive Korrelation zwischen „Mangel an Ausbildung" und Dauer der Arbeitslosigkeit.

3.4.2 Spearmans Korrelationskoeffizient

Einen alternativen Korrelationskoeffizienten erhält man, wenn man von den ursprünglichen x- und y-Werten zu ihren *Rängen* übergeht. Dabei ordnet man jedem x-Wert aus $x_1, \ldots, x_n$ als Rang die Platzzahl zu, die der Wert bei größenmäßiger Anordnung aller Werte erhält. Die Prozedur wird unmittelbar deutlich an dem folgenden Beispiel *Rang*

x_i	2.17	8.00	1.09	2.01
$rg\,(x_i)$	3	4	1	2

Bezeichnen $x_{(1)} \leq \cdots \leq x_{(n)}$ wieder die geordneten Werte, dann gilt

$$rg\,(r_{(i)}) = i$$

Dieselbe Vergabe von Rangplätzen wird unabhängig von den x-Werten für die y-Messwerte $y_1, \ldots, y_n$ durchgeführt. Man erhält mit den geordneten Werten

$$y_{(1)} \leq \cdots \leq y_{(n)}, \quad rg\,(y_{(i)}) = i.$$

Damit ergeben sich aus den ursprünglichen Messpaaren (x_i, y_i), $i = 1, \ldots, n$, die neuen Rangdaten $(rg\,(x_i), rg\,(y_i))$, $i = 1, \ldots, n$. Man beachte, dass hier die Ränge der ursprünglichen Daten, nicht der geordneten Daten angegeben sind: Im Allgemeinen gilt $rg\,(x_i) \neq i$, d.h. x_1 muss nicht der kleinste Wert sein, $x_{(1)}$ bezeichnet den kleinsten Wert, dies kann aber der siebte erhobene Wert x_7 sein.

Sowohl innerhalb der x-Werte als auch innerhalb der y-Werte können identische Werte auftreten. Die Rangvergabe ist dann nicht eindeutig. Man behilft sich mit *Durchschnitts-* *rängen*, d.h. jedem der identischen Messwerte wird als Rang das arithmetische Mittel der infrage kommenden Ränge zugewiesen.

Durchschnitts-ränge

Im Folgenden Beispiel tritt die Messung 2.17 dreimal auf mit den potenziellen Rangplätzen 2, 3, 4, sodass jedem der Messwerte der Durchschnittsrang $rg = (2+3+4)/3 = 3$ zugeordnet wird.

x_i	1.09	2.17	2.17	2.17	3.02	4.5
$rg\,(x_i)$	1	3	3	3	5	6

Derartige identische Messwerte nennt man *Bindungen* oder *Ties*. Der Tiebreak im Tennis

Bindungen

Ties

dient dazu, das 6 : 6 als identische Scores aufzubrechen.

Spearmans Korrelationskoeffizient ergibt sich nun als der Bravais-Pearson-Korrelationskoeffizient, angewandt auf die Rangpaare $(rg\,(x_i), rg\,(y_i)), i = 1, \ldots, n$, durch

$$r_{SP} = \frac{\sum (rg\,(x_i) - \bar{rg}_X)(rg\,(y_i) - \bar{rg}_Y)}{\sqrt{\sum (rg\,(x_i) - \bar{rg}_X)^2 \sum (rg\,(y_i) - \bar{rg}_Y)^2}},$$

wobei die Mittelwerte der Ränge gegeben sind durch

$$\bar{rg}_X = \frac{1}{n} \sum_{i=1}^{n} rg\,(x_i) = \frac{1}{n} \sum_{i=1}^{n} i = (n+1)/2,$$

$$\bar{rg}_Y = \frac{1}{n} \sum_{i=1}^{n} rg\,(y_i) = \frac{1}{n} \sum_{i=1}^{n} i = (n+1)/2.$$

Die letzte Umformung in beiden Ausdrücken resultiert aus der einfach ableitbaren Formel $\sum_{i=1}^{n} i = n(n+1)/2$.

Zur Veranschaulichung, welche Form des Zusammenhangs Spearmans Korrelationskoeffizient misst, betrachte man die Extremfälle $r_{SP} = 1$ bzw. $r_{SP} = -1$. Spearmans Korrelationskoeffizient nimmt nach Definition den Wert $r_{SP} = 1$ an, wenn die Rangpaare $\big(rg\,(x_i), rg\,(y_i)\big)$, $i = 1, \ldots, n$, auf einer Geraden positiver Steigung liegen, vorausgesetzt, keine Bindungen treten auf. Da Ränge ganzzahlig sind, müssen die Rangpaare dann von der Form $(i, i), i = 1, \ldots, n$, sein, d.h. sie liegen auf den Gitterpunkten der Winkelhalbierenden. Für die ursprünglichen Werte (x_i, y_i) gilt dann zwangsläufig, dass die Beobachtung mit dem kleinsten x-Wert auch den kleinsten y-Wert aufweist, die Beobachtung mit dem zweitkleinsten x-Wert besitzt auch den zweitkleinsten y-Wert usw. In Abbildung 3.12 sind der Übersichtlichkeit wegen nur vier Messpunkte dargestellt, für die $r_{SP} = 1$ gilt. Aus dieser Überlegung folgt, dass $r_{SP} = 1$ dann gilt, wenn für wachsende x-Werte die y-Werte streng monoton wachsen, formal ausgedrückt, wenn $x_i < x_j$ dann gilt $y_i < y_j$ für beliebige $i \neq j$.

Völlig analog dazu überlegt man sich, dass $r_{SP} = -1$ gilt, wenn die Punkte $\big(rg\,(x_i), rg\,(y_i)\big)$, $i = 1, \ldots, n$, auf einer Geraden negativer Steigung liegen, d.h. wenn zwischen x-Werten und y-Werten ein umgekehrt monotoner Zusammenhang besteht. Formal ausgedrückt heißt das, wenn $x_i < x_j$ gilt, muss $y_i > y_j$ gelten für beliebige $i \neq j$. Man vergleiche dazu Abbildung 3.12.

Aus diesen Überlegungen folgt, dass Spearmans Korrelationskoeffizient nicht die Stärke des linearen, sondern des *monotonen Zusammenhangs* misst.

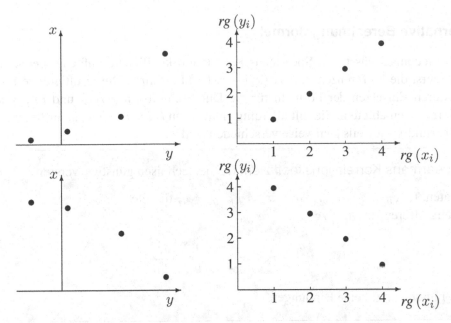

Abbildung 3.12: Extremfälle für Spearmans Korrelationskoeffizienten, $r_{SP} = 1$ (oben) und $r_{SP} = -1$ (unten)

Spearmans Korrelationskoeffizient

Der *Korrelationskoeffizient nach Spearman* ist definiert durch

$$r_{SP} = \frac{\sum (rg(x_i) - \bar{rg}_X)(rg(y_i) - \bar{rg}_Y)}{\sqrt{\sum (rg(x_i) - \bar{rg}_X)^2 \sum (rg(y_i) - \bar{rg}_Y)^2}},$$

Wertebereich: $-1 \leq r_{SP} \leq 1$

$r_{SP} > 0$ gleichsinniger monotoner Zusammenhang,
Tendenz: x groß $\Leftrightarrow$ y groß, x klein $\Leftrightarrow$ y klein

$r_{SP} < 0$ gegensinniger monotoner Zusammenhang,
Tendenz: x groß $\Leftrightarrow$ y klein, x klein $\Leftrightarrow$ y groß

$r_{SP} \approx 0$ kein monotoner Zusammenhang

Ein weiterer Aspekt des Spearmans Korrelationskoeffizienten ist seine Eignung für Merkmale, die auf Ordinalskalenniveau gemessen sind. Nach Konstruktion benutzt der Koeffizient nur die Ordnungsrelation und ist daher bereits ab Ordinalskalenniveau anwendbar. Gelegentlich sind die Messungen selbst Rangreihen. Wenn beispielsweise zwei Weinkenner zehn Weinproben ihrer Qualität nach ordnen, lässt sich aus den resultierenden Rängen der Spearmansche Korrelationskoeffizient unmittelbar bestimmen, der dann mit dem Bravais-Pearson-Korrelationskoeffizienten identisch ist.

Eignung bei Ordinalskala

Alternative Berechnungsformel

Rechentechnisch lässt sich Spearmans Korrelationskoeffizient einfacher berechnen, wenn man zuerst die Differenzen $d_i = rg\,(x_i) - rg\,(y_i)$ bestimmt. Die resultierende Formel lässt sich durch Einsetzen der Formeln für die Durchschnittsränge $\bar{rg}_X$ und $\bar{rg}_Y$ und weitere Umformungen ableiten. Sie gilt allerdings nur, wenn *keine Bindungen* auftreten, d.h. wenn alle x_i (und y_i) jeweils paarweise verschieden sind.

Spearmans Korrelationskoeffizient (rechentechnisch günstige Version)

Daten: (x_i, y_i), $i = 1, \ldots, n$, $x_i \neq x_j$, $y_i \neq y_j$ für alle i, j
Rangdifferenzen: $d_i = rg\,(x_i) - rg\,(y_i)$

$$r_{SP} = 1 - \frac{6 \sum d_i^2}{(n^2 - 1)n}$$

Voraussetzung: keine Bindungen

Beispiel 3.21   Renditen

Für die in Abbildung 3.9 (Seite 128) dargestellten mittleren Monatsrenditen erhält man die folgenden Korrelationen. Die Bravais-Pearson-Korrelation ist links unten, die Korrelation nach Spearman rechts oben wiedergegeben.

DAX	0.671	0.809	0.618	−0.152
0.747	BMW	0.636	0.415	−0.204
0.863	0.721	BASF	0.489	−0.086
0.637	0.465	0.540	MuRe	−0.200
−0.232	−0.227	−0.136	−0.187	LIBOR

Die Korrelationen zwischen dem LIBOR und den Aktien, inklusive des DAX, sind sehr klein. Die Bravais-Pearson-Korrelation sowie die Korrelation nach Spearman zwischen den Aktienrenditen ist von mittlerer Stärke und größenmäßig nicht zu unterschiedlich, was auf einen tendenziell linearen Zusammenhang verweist.   □

3.4.3   Alternative Rangkorrelationsmaße

Neben Spearmans Rangkorrelationskoeffizienten gibt es weitere gebräuchliche Maße des Zusammenhangs, die nur das ordinale Skalenniveau der Daten benutzen. Sogenannte Konkordanzmaße bauen auf dem Vergleich von Paaren von Beobachtungstupeln auf.

Sei das Paar $(x_i, y_i), (x_j, y_j)$ so gewählt, dass $x_i < x_j$. Das Paar heißt dann

> konkordant,   wenn $y_i < y_j$, d.h. wenn sich x- und y-Werte gleich-
> sinnig verhalten
>
> diskordant,   wenn $y_i > y_j$, d.h. wenn sich x- und y-Werte gegen-
> sinnig verhalten).

Ist ein Paar weder konkordant noch diskordant heißt es gebunden oder „Tie". Der Fall tritt also ein, wenn $y_i = y_j$ (oder $x_i = x_j$) gilt. Zur Veranschaulichung betrachte man Abbildung 3.12. Jedes Paar von Punkten im oberen linken Bild der Abbildung 3.12 ist konkordant, jedes Paar im unteren linken Bild diskordant.

Für beobachtete Paare bezeichne

N_c die Anzahl dieser Paare, die konkordant sind,

N_d die Anzahl dieser Paare, die diskordant sind.

Kendalls τ_a ist ein Konkordanzmaß, das die Differenz aus konkordanten und diskordanten Paaren ins Verhältnis setzt zur Anzahl von Paaren, die sich aus n Beobachtungen bilden lassen. Einfache Überlegung ergibt, dass sich $n(n-1)/2$ Paare von Tupeln ergeben. Man erhält somit Kendalls τ_a durch

$$\tau_a = \frac{N_c - N_d}{n(n-1)/2}.$$

Wie die anderen Korrelationskoeffizienten nimmt Kendalls τ_a Werte zwischen -1 und 1 an. Treten ausschließlich konkordante Paare auf, erhält man $\tau_a = 1$, sind alle Paare diskordant, ergibt sich $\tau_a = -1$. Man erhält dann wie im oberen linken Bild der Abbildung 3.12 (Seite 135) einen vollständig gleichsinnigen bzw. wie im unteren linken Bild einen vollständig gegensinnigen Zusammenhang. Finden sich etwa gleich viele konkordante und diskordante Paare, erhält man einen Koeffizienten in der Nähe von null.

Treten viele Ties auf, was zu erwarten ist, wenn die Merkmale nur wenige Ausprägungen besitzen, dann nimmt τ_a keine Werte in der Nähe von 1 oder -1 an, da die Anzahl aller möglichen Paare im Nenner benutzt wird. In solchen Fällen empfiehlt sich das *Konkordanzmaß nach Goodman und Kruskal*, das keine Ties berücksichtigt. Es hat die Form

$$\gamma = \frac{N_c - N_d}{N_c + N_d}.$$

Wie Kendalls τ_a nimmt es Werte zwischen -1 und 1 an, große Werte signalisieren einen gleichsinnigen, kleine Werte einen gegensinnigen Zusammenhang.

Kendalls τ_a

$$\tau_a = \frac{N_c - N_d}{n(n-1)/2}$$

Goodman und Kruskals γ-Koeffizient

$$\gamma = \frac{N_c - N_d}{N_c + N_d}$$

Ein Vorteil der Konkordanzmaße gegenüber Spearmans Korrelationskoeffizienten ist, dass sich zugrundeliegende wahrscheinlichkeitsbasierte Maße in der Grundgesamtheit definieren lassen. Die beschriebenen Maße lassen sich dann als Schätzungen der zugrundeliegenden Koeffizienten auffassen. Eine ausführliche Darstellung findet sich beispielsweise in Newson (2002).

Beispiel 3.22   Mietspiegel

In Beispiel 3.19 (Seite 131) wurden bereits die Bravais-Pearson-Korrelationskoeffizienten für die Merkmale des Mietspiegels angegeben. Diese finden sich in der folgenden Darstellung im linken unteren Dreieck. Im rechten oberen Dreieck sind die entsprechenden Korrelationskoeffizienten nach Spearman angegeben.

Korrelationskoeffizient nach Spearman

Nettomiete	0.750	0.607	0.438
0.783	Wohnfläche	0.859	−0.177
0.588	0.893	Zimmerzahl	−0.224
0.462	−0.163	−0.216	Nettomiete/qm

Bravais-Pearson-Korrelationskoeffizient

Die Werte, die die Korrelationskoeffizienten nach Spearman annehmen, sind mit denen des Bravais-Pearson-Korrelationskoeffizienten vergleichbar, was dafür spricht, dass die Form des monotonen Zusammenhangs weitgehend linear ist. Die größte Differenz zwischen r und r_{SP} findet sich für die Merkmale Wohnfläche und Zimmeranzahl, sodass für diese Merkmale der monotone Zusammenhang am wenigsten linear zu sein scheint.

In der folgenden Tabelle finden sich die Bravais-Pearson-Korrelationskoeffizienten wiederum im linken unteren Dreieck, im rechten oberen Dreieck sind nun Kendalls τ_a. Die Werte von Kendalls τ_a sind durchwegs bertagsmäßig kleiner als die Werte des Korrelationskoeffizienten nach Spearman.

Kendalls τ_a

Nettomiete	0.569	0.485	0.314
0.783	Wohnfläche	0.739	−0.123
0.588	0.893	Zimmerzahl	−0.172
0.462	−0.163	−0.216	Nettomiete/qm

Bravais-Pearson-Korrelationskoeffizient

□

3.4.4 Invarianzeigenschaften

Der Bravais-Pearson- wie auch die übrigen Korrelationskoeffizienten bleiben (bis auf das Vorzeichen) unverändert, wenn die Merkmale bestimmten Transformationen unterworfen werden.

lineare Transformation   Betrachtet man anstatt der ursprünglichen Merkmale X und Y die *linear transformierten* Merkmale

$$\tilde{X} = a_X X + b_X, \quad a_X \neq 0,$$
$$\tilde{Y} = a_Y Y + b_Y, \quad a_Y \neq 0,$$

erhält man für die Bravais-Pearson-Korrelation zwischen $\tilde{X}$ und $\tilde{Y}$

$$r_{\tilde{X}\tilde{Y}} = \frac{\sum [a_X x_i + b_X - (a_X \bar{x} + b_X)][a_Y y_i + b_Y - (a_Y \bar{y} + b_Y)]}{\sqrt{\sum [a_X x_i + b_X - (a_X \bar{x} + b_X)]^2 \sum [a_Y y_i + b_Y - (a_Y \bar{y} + b_Y)]^2}}$$

$$= \frac{a_X a_Y \sum (x_i - \bar{x})(y_i - \bar{y})}{\sqrt{[a_X^2 \sum (x_i - \bar{x})^2][a_Y^2 \sum (y_i - \bar{y})^2]}} = \frac{a_X a_Y}{|a_X||a_Y|} r_{XY}.$$

Daraus folgt unmittelbar die Eigenschaft

$$|r_{\tilde{X}\tilde{Y}}| = |r_{XY}|,$$

die als *Maßstabsunabhängigkeit des Bravais-Pearson-Korrelationskoeffizient* bezeichnet   *Maßstabsunab-*
wird. Der abgeleitete Zusammenhang   *hängigkeit*

$$r_{\tilde{X}\tilde{Y}} = \frac{a_X a_Y}{|a_X|\,|a_Y|} r_{XY}$$

zeigt genauer, dass gilt

- $r_{\tilde{X}\tilde{Y}} = r_{XY}$, wenn $a_X, a_Y > 0$ bzw. $a_X, a_Y < 0$,

- $r_{\tilde{X}\tilde{Y}} = -r_{XY}$, wenn $a_X > 0$, $a_Y < 0$ bzw. $a_X < 0$, $a_Y > 0$.

Für Spearmans Korrelationskoeffizient gilt nach Konstruktion dieselbe Eigenschaft,
ebenso für die Konkordanzmaße. Allerdings sind diese Koeffizienten darüber hinaus in-
variant gegenüber allgemeineren Transformationen, genauer gegenüber *streng monotonen*   *streng monotone*
Transformationen. Betrachtet man anstatt der ursprünglichen Merkmale X und Y die trans-   *Transformation*
formierten Merkmale

$$\tilde{X} = g(X), \quad \text{wobei } g \text{ streng monoton (wachsend oder fallend) ist,}$$

$$\tilde{Y} = h(Y), \quad \text{wobei } h \text{ streng monoton (wachsend oder fallend) ist,}$$

so gilt nach einfacher Überlegung:

- $r_{SP}(\tilde{X}, \tilde{Y}) = r_{SP}(X, Y)$,   wenn g *und* h monoton wachsend bzw. *g und h*
                                                    monoton fallend sind,

- $r_{SP}(\tilde{X}, \tilde{Y}) = -r_{SP}(X, Y)$,   wenn g monoton wachsend *und* h monoton fallend
                                                     bzw. g monoton fallend *und* h monoton wachsend
                                                     sind.

Analoge Aussagen gelten für die Konkordanzmaße. Diese Aussagen gelten allerdings nicht
für den Bravais-Pearson-Korrelationskoeffizienten. Dort sind bei den Invarianzüberlegun-
gen *lineare* Transformationen vorausgesetzt. Diese Invarianzeigenschaften, also Invarianz
gegenüber linearen Transformationen für den Bravais-Pearson-Koeffizienten und Invarianz
gegenüber (streng) monotonen Transformationen für ordinale Koeffizienten, machen nochmals deutlich, dass ersterer lineare, letztere monotone Zusammenhänge erfassen.

Eine weitere Eigenschaft der Koeffizienten, die auch unter dem Aspekt der Interpretation von Bedeutung ist, ist die Invarianz gegenüber der Vertauschung der Rolle von X und
Y. Vertauscht man die Merkmale miteinander, so bleiben die Koeffizienten unverändert. Es
gilt

$$r_{XY} = r_{YX} \quad \text{bzw.} \quad r_{SP}(X, Y) = r_{SP}(Y, X).$$

Die Merkmale stehen gleichberechtigt nebeneinander, keines wird durch die Formeln als
abhängig von dem anderen ausgezeichnet. Die Koeffizienten können nur einen Zusammenhang, *nicht* die Richtung der Wirkung im Sinne des Einflusses auf eine Zielgröße erfassen.

Die Korrelation zwischen der Körpergröße des Vaters und des Sohnes erfasst nur die Stärke des Zusammenhangs. Wenn eine Wirkung von einer Variable auf die andere ausgeht, in diesem Fall von der Größe des Vaters auf die des Sohnes, so folgt diese aus inhaltlichen bzw. substanzwissenschaftlichen Überlegungen, nicht aus der Größe der Korrelationskoeffizienten. In diesem Zusammenhang ist auch auf das Phänomen der Scheinkorrelation hinzuweisen (vgl. Abschnitt 3.5).

> **Korrelation**
>
> Korrelation ist ein Maß für die *Stärke* des Zusammenhangs zwischen X und Y. Die *Richtung* der Wirkung, sofern vorhanden, wird durch Korrelationskoeffizienten nicht erfasst.

3.5 Korrelation und Kausalität

Wie zum Ende von Abschnitt 3.4 bereits erläutert wurde, geben die Koeffizienten zur Messung der Korrelation nicht an, in welche Richtung eine mögliche Beeinflussung zwischen zwei Variablen stattfindet. Dies ist jedoch nur ein Aspekt, der bei der Interpretation von Korrelationskoeffizienten beachtet werden muss. Ein anderes Problem entsteht dadurch, dass man leicht versucht ist, einen betragsmäßig hohen Wert eines Korrelationskoeffizienten nicht nur als Indikator für einen Zusammenhang der betrachteten beiden Merkmale anzusehen, sondern diesen Zusammenhang auch kausal zu interpretieren. *Kausalzusammenhänge* können aber niemals allein durch große Werte eines entsprechenden Zusammenhangsmaßes oder allgemeiner durch eine statistische Analyse begründet werden. Dazu müssen stets sachlogische Überlegungen herangezogen werden. Aufgrund dieser substanzwissenschaftlichen Betrachtungen kann in einem ersten Schritt festgestellt werden, welches der beiden Merkmale das andere, wenn überhaupt, beeinflusst und in einem zweiten Schritt, ob diese Beeinflussung kausal ist.

Kausalität

Während der erste Schritt noch relativ unproblematisch ist, sind für den zweiten Schritt umfassende Kenntnisse aus dem entsprechenden Forschungsgebiet erforderlich. So ist es zum Beispiel möglich, dass zwar eine Beeinflussung von einem Merkmal A auf ein Merkmal B stattfindet, aber nicht direkt, sondern über ein direktes Merkmal C. Berücksichtigt man C in der statistischen Analyse nicht, kann dies zu völlig falschen Schlüssen führen.

Wollte man Kausalität beweisen, so wäre dies am ehesten mithilfe eines Experiments möglich, bei dem kontrolliert die Auswirkung des potenziell beeinflussenden Merkmals A auf das zu beeinflussende Merkmal B beobachtet werden kann. Bewirken Veränderungen der Intensität von A die Veränderung der Intensität von B, so liegt die Vermutung eines kausalen Zusammenhangs nahe. Als Beispiel für ein solches Experiment seien Untersuchungen zur Beurteilung der Auswirkung von Alkoholkonsum auf das Reaktionsvermögen genannt. Derartige Experimente lassen sich aber in den wenigsten Fällen durchführen. Häufig sind sie aus ethischen oder auch aus technischen Gründen nicht vertretbar.

Man sollte daher eine hohe Korrelation eher als einen Hinweis auf einen möglicherweise bestehenden Zusammenhang zwischen zwei Merkmalen verstehen. Um auf einen gerichteten oder gar kausalen Zusammenhang schließen zu können, sind zusätzliche sachlogische Überlegungen erforderlich. Zudem sollte man kritisch die Möglichkeit überdenken, weitere wesentliche Merkmale unter Umständen übersehen zu haben. Dies kann zu *Scheinkorrelationen*, aber auch zu *verdeckten Korrelationen* führen, wie die folgenden Beispiele illustrieren.

Scheinkorrelation
verdeckte
Korrelation

Scheinkorrelation

Von einer Scheinkorrelation spricht man, wenn man eine hohe Korrelation zwischen zwei Merkmalen beobachtet, die inhaltlich nicht gerechtfertigt ist. Solche scheinbaren Zusammenhänge können dadurch bewirkt werden, dass ein mit beiden beobachteten Merkmalen hochkorreliertes drittes Merkmal übersehen wird und somit unberücksichtigt bleibt. Zur Verdeutlichung dieses Begriffs betrachten wir das folgende fiktive Beispiel.

Wortschatz von Kindern

Beispiel 3.23

Bei fünf zufällig ausgewählten Kindern wurden der Wortschatz X und die Körpergröße Y in cm gemessen. Dabei erfolgte die Messung des Wortschatzes über die Anzahl der verschiedenen Wörter, die die Kinder in einem Aufsatz über die Erlebnisse in ihren Sommerferien benutzten. Nehmen wir an, wir hätten folgende Daten erhalten:

x_i	37	30	20	28	35
y_i	130	112	108	114	136

Stellt man die Daten in einem Streudiagramm (vgl. Abb. 3.13) dar, erkennt man bereits einen starken positiven Zusammenhang, d.h. je größer der Wortschatz ist, desto größer sind auch die Kinder.

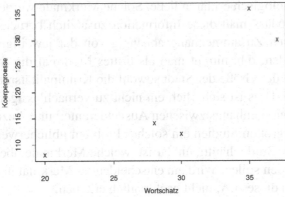

Abbildung 3.13: Streudiagramm des Wortschatzes X und der Körpergröße Y gemessen an fünf Kindern

Da beide Merkmale metrisch sind, können wir die Stärke des Zusammenhangs mithilfe des Korrelationskoeffizienten nach Bravais-Pearson messen. Dieser berechnet sich als

$$r_{XY} = \frac{\sum\limits_{i=1}^{5} x_i y_i - 5\bar{x}\bar{y}}{\sqrt{\left(\sum\limits_{i=1}^{5} x_i^2 - 5\bar{x}^2\right)\left(\sum\limits_{i=1}^{5} y_i^2 - 5\bar{y}^2\right)}}.$$

Mit $\bar{x} = 30$, $\bar{y} = 120$, $\sum_{i=1}^{5} x_i^2 = 4678$, $\sum_{i=1}^{5} y_i^2 = 72600$ und $\sum_{i=1}^{5} x_i y_i = 18282$ erhalten wir

$$r_{XY} = 0.863\,,$$

was auf einen starken, linearen, positiven Zusammenhang hinzuweisen scheint.

Sachlogisch lässt sich nicht erklären, dass ein direkter Zusammenhang von zunehmender Körpergröße und Wortschatz vorliegt. Vielmehr scheint hier das Problem vorzuliegen, dass eine andere wesentliche Variable diesen Zusammenhang bewirkt. In diesem einfachen Beispiel ist die Lösung des Problems naheliegend: Mit wachsendem Alter nehmen sowohl Körpergröße als auch Wortschatz zu. Nimmt man das Alter als drittes Merkmal Z gemessen in Jahren hinzu, also:

x_i	37	30	20	28	35
y_i	130	112	108	114	136
z_i	12	7	6	7	13

so ergeben sich

$$r_{YZ} = 0.996 \quad \text{und} \quad r_{XZ} = 0.868\,.$$

Damit liegt die oben beschriebene Situation vor: Ein drittes, mit den anderen beiden Merkmalen hochkorreliertes Merkmal blieb zunächst unberücksichtigt. Der Effekt war die Beobachtung einer Scheinkorrelation zwischen den ersten beiden Variablen.   □

In diesem kleinen Beispiel ist es offensichtlich, dass das Alter der Kinder die eigentlich entscheidende Größe ist, um diese Scheinkorrelation aufzuklären. Oft lässt sich aber für eine beobachtete Korrelation eine Erklärung finden, die zwar einsichtig erscheint, aber dennoch die eigentlich entscheidenden Zusammenhänge übersieht. Ein solcher Fall liegt beispielsweise bei der hohen Korrelation zwischen Ausländeranteil und Kriminalitätsrate vor, die sich sicherlich soziologisch erklären ließe. Solche Merkmale werden jedoch häufig auf Stadtebene erhoben, sodass man diese Information zusätzlich berücksichtigen kann. Betrachtet man also diesen Zusammenhang abhängig von der jeweiligen Stadt, in der die Delikte begangen werden, d.h. nimmt man als drittes Merkmal die Stadtgröße hinzu, so wird deutlich, dass mit der Größe der Stadt sowohl die Kriminalitätsrate als auch der Ausländeranteil zunehmen. Dies ist sicherlich ein nicht zu vernachlässigender Aspekt bei der Untersuchung des Zusammenhangs zwischen Ausländeranteil und Anzahl der Kriminaldelikte. Allerdings ist in großen Studien ein solches Problem üblicherweise nicht einfach zu lösen, da zu Beginn der Studie häufig unklar ist, welche Merkmale überhaupt wichtig sind und somit erhoben werden sollen. Wird ein entscheidendes Merkmal in der Studienplanung übersehen, so lässt sich dieses i.A. nicht nachträglich erheben.

Die Tatsache, dass ein entscheidendes Merkmal nicht berücksichtigt wird, kann aber nicht nur eine Scheinkorrelation hervorrufen, sondern auch eine tatsächlich vorhandene Korrelation verschleiern oder hinsichtlich des Vorzeichens umkehren.

Verdeckte Korrelation

Betrachten wir zunächst ein Beispiel für eine verschleierte Korrelation. Auch wenn die im Folgenden beschriebene Situation in etwa die Realität widerspiegelt, ist sie hier als fiktives Beispiel gedacht.

Zigarettenkonsum

Nehmen wir an, bei der Untersuchung des Zigarettenkonsums seit 1950 stellte man fest, dass dieser nahezu konstant geblieben ist. Tatsächlich hätte aber eine ziemlich starke Entwicklung stattgefunden, die erst entdeckt werden kann, wenn man die Korrelation zwischen Zigarettenkonsum und Zeit für die Geschlechter getrennt analysiert. Es zeigte sich dann deutlich, dass der Zigarettenkonsum in der weiblichen Bevölkerung seit 1950 ständig zugenommen hätte, während diese Entwicklung in der männlichen Bevölkerung gerade gegenläufig gewesen wäre.

Hätte man das Geschlecht als mögliche Einflussgröße vergessen, so wäre die Korrelation zwischen Zigarettenkonsum und Zeit verdeckt worden, da sie zwar in beiden Populationen vorhanden, aber gegenläufig gewesen ist. □

Während das obige Beispiel den Fall verdeutlicht, dass durch das Ignorieren eines entscheidenden Merkmals die Korrelation zwischen den interessierenden Merkmalen als nicht vorhanden erscheint, illustriert das folgende, erneut fiktive Beispiel die Situation, dass ein an sich positiver Zusammenhang zwischen zwei Merkmalen als negativ erscheint.

Therapieerfolg und Dosierung

Die Dosierung von Medikamenten zur Behandlung von Krankheiten ist i.A. nicht unproblematisch. Zwar kann man meist davon ausgehen, dass mit wachsender Dosierung auch der Heilungserfolg ansteigt, aber diesem positiven Effekt sind Grenzen gesetzt: zum einen bedingt durch einen möglichen toxischen Effekt und zum anderen durch die steigende Gefahr möglicher Nebenwirkungen. Verblüffend erscheint jedoch der Ausgang einer Studie, wenn diese trotz Beachtung der toxischen Grenze und möglicher Nebenwirkungen eine negative Korrelation zwischen Dosierung und Therapieerfolg liefern würde (vgl. Abb. 3.14).

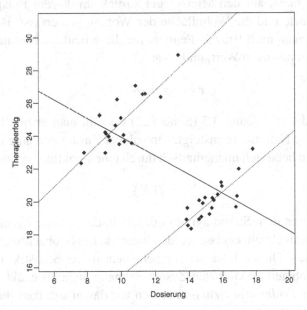

Abbildung 3.14: Therapieerfolg in Abhängigkeit von der Dosierung

Betrachtet man ergänzend zum Korrelationskoeffizienten das zugehörige Streudiagramm, so erkennt man einen interessanten Effekt: Die Gesamtpopulation der Kranken zerfällt in zwei Teilpopulationen. In jeder Teilpopulation nimmt mit der Dosierung der Therapieerfolg zwar zu, aber über die Populationen hinweg sieht man einen gegenläufigen Effekt, wie Abbildung 3.14 illustriert. Wie lässt sich dieses Phänomen erklären? An der Abbildung wird deutlich, dass der Datensatz in zwei Cluster zerfällt. In dem linken Cluster ist der Therapieerfolg groß, obwohl die Dosierung insgesamt eher gering ist, während in dem rechten Cluster der Therapieerfolg trotz hoher Dosierung wesentlich geringer ist. Ein solcher Effekt ist dadurch bedingt, dass die Teilpopulation des linken Clusters nur leicht erkrankte Patienten enthält, die schon bei geringer Dosierung schnell gesunden, und die des rechten Clusters aus schwer kranken Patienten besteht, die selbst bei hoher Dosierung geringere Therapieerfolge aufweisen.   □

Der in Beispiel 3.25 beschriebene Effekt kann immer dann auftreten, wenn eine Population hinsichtlich des interessierenden Zusammenhangs in Teilpopulationen zerfällt. Man sollte sich daher nie alleine auf den Korrelationskoeffizienten beschränken, sondern zumindest ergänzend das zugehörige Streudiagramm betrachten.

3.6 Regression

Bislang haben wir anhand der Korrelationsanalyse nur ungerichtete Zusammenhänge untersuchen können. Allerdings haben wir bereits darauf hingewiesen, dass sachlogische Überlegungen häufig eine Richtung in der Beeinflussung nahelegen. Damit lässt sich also ein Merkmal, sagen wir Y, als abhängig von dem anderen Merkmal X ansehen.

3.6.1 Das lineare Regressionsmodell

Kommen wir noch einmal auf den Mietspiegel zurück. In diesem Beispiel wurden unter anderem die Nettomiete und die Wohnfläche der Wohnungen erfasst. Berechnet man den Korrelationskoeffizienten nach Bravais-Pearson für diese beiden Merkmale, erhält man erwartungsgemäß einen positiven Wert, und zwar

$$r_{XY} = 0.783 \, .$$

Im Streudiagramm der Abbildung 3.5 (Seite 122) erkennt man ebenfalls, dass mit wachsender Wohnfläche die Nettomiete ansteigt. Ein solcher Zusammenhang zwischen metrisch skalierten Merkmalen ließe sich mathematisch durch eine Funktion beschreiben in der Form

$$Y = f(X) \, .$$

Allerdings sehen wir an dem Streudiagramm deutlich, dass ein so klarer funktionaler Zusammenhang offenbar nicht angegeben werden kann, da die Beobachtungen doch eine starke Streuung aufweisen. Dieser Tatsache versucht man in der Statistik dadurch Rechnung zu tragen, dass man obigen funktionalen Zusammenhang nicht als exakt annimmt, sondern *Fehlerterm* noch einen zufälligen *Fehlerterm* ϵ zulässt. Gehen wir davon aus, dass dieser additiv ist, so betrachten wir die Beziehung:

$$Y = f(X) + \epsilon \, .$$

Wir hoffen natürlich, dass wir eine Funktion f zur Beschreibung des vorliegenden Zusammenhangs finden können, sodass ein möglichst großer Anteil der Variabilität in den Daten erklärt werden kann, also nur wenig auf den Fehler ϵ zurückzuführen ist.

Beziehungen dieser Art nennt man *Regressionen* oder Regressionsmodelle. Bei der Suche nach einem geeigneten f beginnt man oft mit einer linearen Funktion. Das heißt, man versucht, durch die Punktwolke eine *Ausgleichsgerade* zu legen, also eine Gerade, die möglichst nahe an den tatsächlichen Beobachtungen liegt. Wir werden später noch klären, wie sich eine solche Gerade bestimmen lässt, oder anders formuliert, was wir unter „möglichst nahe" verstehen sollen. In dem Fall, dass wir eine Gerade an die Daten anpassen wollen, ist die Funktion f somit von der Gestalt

Regressionen

Ausgleichsgerade

$$f(X) = \alpha + \beta X \,.$$

Für die Datenpaare (x_i, y_i), $i = 1, \ldots, n$, gilt dann die *lineare empirische Beziehung*

lineare empirische Beziehung

$$y_i = \alpha + \beta x_i + \epsilon_i \,, \quad i = 1, \ldots, n \,,$$

wobei ϵ_i gerade den durch die Geradenanpassung bedingten „Fehler" wiedergibt. Das dazugehörige Modell ist das der sogenannten *linearen Einfachregression*, das wohl bekannteste und am einfachsten zu handhabende Modell. Erweiterungen dieses Ansatzes werden in Kapitel 12 dargestellt. Passt man eine Gerade an die Daten an, so geschieht dies auch in Anlehnung an den Korrelationskoeffizienten nach Bravais-Pearson, der gerade einen linearen Zusammenhang misst.

lineare Einfachregression

3.6.2 Die Berechnung der Ausgleichsgeraden

Bei der Beschreibung der Beobachtungen durch eine Gerade $\alpha + \beta X$ wird man versuchen, die Koeffizienten α und β, d.h. den *Achsenabschnitt* und die *Steigung*, so zu bestimmen, dass die einzelnen Datenpunkte möglichst wenig von der Gerade entfernt liegen. Wir müssen also nach einem Verfahren suchen, das in Abhängigkeit von den Daten α und β festlegt.

Achsenabschnitt Steigung

Aufgrund der Geradengleichung wird für jedes x_i ein Wert, nämlich gerade $\alpha + \beta x_i$, für das Merkmal Y berechnet. Diesen Wert würde also im obigen Beispiel die Nettomiete für eine bestimmte Quadratmeterzahl annehmen, wenn die Beobachtungen alle genau auf einer Geraden lägen. Da sie aber offensichtlich um diese noch zu bestimmende Gerade streuen, wird der Wert, den wir aufgrund dieser Geradengleichung prognostizieren, von dem tatsächlichen abweichen. Diese Abweichung soll nun möglichst klein sein. Es macht dabei keinen Sinn, das Problem einer möglichst kleinen Abweichung für jeden Datenpunkt einzeln zu lösen. Wir müssen die für alle Punkte möglichen Abweichungen global gering halten. Dies kann man dadurch erreichen, dass man die durchschnittliche Abweichung minimiert. Allerdings haben wir damit noch nichts dazu gesagt, wie diese Abweichung zu messen ist.

Das übliche Vorgehen besteht darin, die quadrierten Differenzen zwischen den beobachteten und den prognostizierten bzw. gefitteten y-Werten zu verwenden. Bezeichnen wir die prognostizierten Werte als $\hat{y}_i$, $i = 1, \ldots, n$, muss also die folgende Funktion in Abhängigkeit von α und β minimiert werden:

$$Q(\alpha, \beta) = \frac{1}{n} \sum_{i=1}^{n} (y_i - \hat{y}_i)^2 = \frac{1}{n} \sum_{i=1}^{n} [y_i - (\alpha + \beta x_i)]^2 \,.$$

*Kleinste-
Quadrate-
Schätzer*

*Methode der
Kleinsten
Quadrate*

Die Werte von α und β, für die $Q(\alpha, \beta)$ ihr Minimum annimmt, nennt man *Kleinste-Quadrate-Schätzer* und dieses Verfahren zur Bestimmung der Ausgleichsgeraden die *Methode der Kleinsten Quadrate*.

Die Kleinste-Quadrate-Schätzer $\hat{\alpha}$ und $\hat{\beta}$ von α und β lassen sich ermitteln, indem man $Q(\alpha, \beta)$ nach α und β differenziert und gleich null setzt. Man erhält für die partiellen Ableitungen

$$\frac{\partial Q(\alpha, \beta)}{\partial \alpha} = -\frac{2}{n} \sum_{i=1}^{n} [y_i - (\alpha + \beta x_i)] \,,$$

$$\frac{\partial Q(\alpha, \beta)}{\partial \beta} = -\frac{2}{n} \sum_{i=1}^{n} [y_i - (\alpha + \beta x_i)] \, x_i \,.$$

Nullsetzen der Ableitungen und Auflösen der Gleichungen liefert

$$\frac{1}{n} \sum_{i=1}^{n} y_i - \hat{\alpha} - \hat{\beta} \frac{1}{n} \sum_{i=1}^{n} x_i = 0$$

und

$$\frac{1}{n} \sum_{i=1}^{n} y_i x_i - \frac{1}{n} \hat{\alpha} \sum_{i=1}^{n} x_i - \frac{1}{n} \hat{\beta} \sum_{i=1}^{n} x_i^2 = 0 \,.$$

Aus der oberen Gleichung erhält man

$$\hat{\alpha} = \bar{y} - \hat{\beta} \bar{x} \,.$$

Setzt man dies in die zweite Gleichung ein, ergibt sich

$$\frac{1}{n} \sum_{i=1}^{n} y_i x_i - \frac{1}{n} \bar{y} \sum_{i=1}^{n} x_i + \frac{1}{n} \hat{\beta} \bar{x} \sum_{i=1}^{n} x_i - \frac{1}{n} \hat{\beta} \sum_{i=1}^{n} x_i^2 = 0 \,.$$

Dies ist äquivalent zu

$$\frac{1}{n} \sum_{i=1}^{n} y_i x_i - \bar{y} \bar{x} = \frac{1}{n} \hat{\beta} \left(\sum_{i=1}^{n} x_i^2 - n \bar{x}^2 \right) \,,$$

woraus man für die Bestimmung von $\hat{\beta}$ erhält:

$$\hat{\beta} = \frac{\sum_{i=1}^{n} y_i x_i - n \bar{y} \bar{x}}{\sum_{i=1}^{n} x_i^2 - n \bar{x}^2} = \frac{\sum_{i=1}^{n} (x_i - \bar{x})(y_i - \bar{y})}{\sum_{i=1}^{n} (x_i - \bar{x})^2} = \frac{\tilde{s}_{XY}}{\tilde{s}_X^2} \,.$$

Somit lautet die Gleichung der Ausgleichsgeraden

$$\hat{y} = \hat{\alpha} + \hat{\beta} x \,.$$

Das folgende Beispiel 3.26 illustriert zunächst an einem fiktiven, kleinen Datensatz die Umsetzung und Bedeutung der angegebenen Formeln. Das sich anschließende Beispiel 3.27 (Seite 148) zeigt die konkrete Anwendung der Bestimmung von Kleinste-Quadrate-Schätzern für die Mietspiegeldaten.

Fernsehen und Schlafverhalten

Nehmen wir an, ein Kinderpsychologe vermutet, dass sich häufiges Fernsehen negativ auf das Schlafverhalten von Kindern auswirkt. Um dieser Frage nachzugehen, wurde bei neun zufällig ausgewählten Kindern gleichen Alters die Dauer (Y) der Tiefschlafphasen einer Nacht in Stunden gemessen. Außerdem wurde ebenfalls in Stunden angegeben, wie lange das Kind am Tag ferngesehen (X) hat. Es ergeben sich folgende Beobachtungen:

Kind i	1	2	3	4	5	6	7	8	9
Fernsehzeit x_i	0.3	2.2	0.5	0.7	1.0	1.8	3.0	0.2	2.3
Dauer Tiefschlaf y_i	5.8	4.4	6.5	5.8	5.6	5.0	4.8	6.0	6.1

Stellt man die Daten in einem Streudiagramm dar (vgl. Abb. 3.15), so erkennt man einen starken negativen Zusammenhang zwischen der Fernsehzeit und der Dauer der Tiefschlafphase. Wir wollen nun durch diese Punktwolke eine Gerade legen, die möglichst nahe an den beobachteten Punkten liegt. Die Steigung und den y-Achsenabschnitt dieser Geraden erhalten wir über die Kleinste-Quadrate-Schätzer.

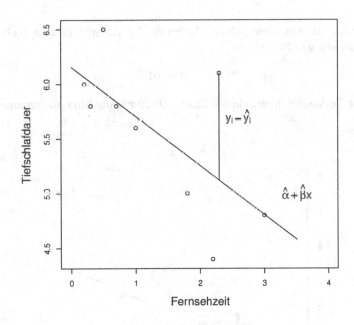

Abbildung 3.15: Streudiagramm und Ausgleichsgerade zur Regression der Dauer des Tiefschlafs auf die Fernsehzeit

Zu berechnen sind also

$$\hat{\beta} = \frac{\sum\limits_{i=1}^{n} y_i x_i - n\bar{y}\bar{x}}{\sum\limits_{i=1}^{n} x_i^2 - n\bar{x}^2} \quad \text{und} \quad \hat{\alpha} = \bar{y} - \hat{\beta}\bar{x}.$$

Bestimmen wir zunächst einige Hilfsgrößen:

$$\sum_{i=1}^{9} x_i = 12, \quad \bar{x} = 1.3\bar{3}, \quad \sum_{i=1}^{9} y_i = 50, \quad \bar{y} = 5.5\bar{5}, \quad \sum_{i=1}^{9} y_i x_i = 62.96, \quad \sum_{i=1}^{9} x_i^2 = 24.24.$$

Damit ergeben sich

$$\hat{\beta} = \frac{62.96 - 9 \cdot 5.5\bar{5} \cdot 1.3\bar{3}}{24.24 - 9 \cdot 1.3\bar{3}^2} = \frac{-3.7067}{8.24} = -0.45 , \quad \hat{\alpha} = 5.5\bar{5} + 0.45 \cdot 1.3\bar{3} = 6.16$$

und als Ausgleichsgerade

$$\hat{y} = \hat{\alpha} + \hat{\beta}x = 6.16 - 0.45x .$$

Aufgrund dieser Geraden würde man also bei einer Fernsehzeit von einer Stunde eine Tiefschlafphase von $6.16 - 0.45 \cdot 1 = 5.71$ Stunden vorhersagen. Tatsächlich beobachtet wurde eine Tiefschlafphase von 5.6 Stunden bei einstündiger Fernsehzeit. Der tatsächlich beobachtete und der vorhergesagte Wert liegen also dicht beieinander. Bei einer Fernsehzeit von 2.2 Stunden erhalten wir aufgrund des Regressionsmodells eine prognostizierte Tiefschlafphase von 5.17 Stunden. Hier weichen der tatsächlich beobachtete und der prognostizierte Wert deutlicher voneinander ab. Um zu erfahren, wie gut die Ausgleichsgerade einen vorliegenden Datensatz beschreibt, muss eine Maßzahl gefunden werden, die auf diesen Abweichungen basiert. Dieses Problem wird auch noch einmal in dem folgenden Beispiel deutlich.   □

Beispiel 3.27   Mietspiegel

Die Berechnung der Kleinste-Quadrate-Schätzer liefert für die Mietspiegeldaten, wobei $x =$ Wohnfläche der Wohnungen und $y =$ Nettomiete:

$$\hat{\alpha} = 22.48 , \quad \hat{\beta} = 10.29 .$$

In Abbildung 3.16 ist die Ausgleichsgerade $\hat{y} = 22.48 + 10.29\, x$ in das Streudiagramm eingezeichnet.

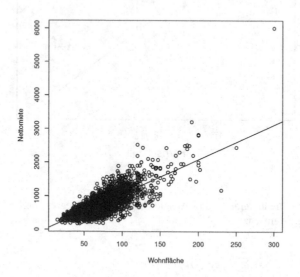

Abbildung 3.16: Streudiagramm und Ausgleichsgerade zur Mietspiegel-Regression

An der Abbildung wird noch einmal deutlich, dass wir anhand der Ausgleichsgeraden für jeden x-Wert, also für jede Wohnfläche, einen $\hat{y}$-Wert, also einen Nettomieten-Preis, erhalten, der i.A. nicht mit demjenigen y-Wert übereinstimmt, den wir tatsächlich beobachtet haben. Demnach ist es wichtig festzuhalten, dass wir anhand des linearen Regressionsmodells und der Kleinste-Quadrate-Methode versuchen, eine Gerade zu finden, die die Daten möglichst gut beschreibt in dem Sinne, dass die wahren y-Werte möglichst nahe bei der Geraden liegen. Dabei ist es in der Regel natürlich nicht realisierbar, dass alle Punkte auch tatsächlich nahe bei der Geraden liegen. Je weiter entfernt sie aber sind, desto schlechter werden sie durch das lineare Regressionsmodell vorhergesagt. An dem Streudiagramm erkennen wir einige Punkte, insbesondere für die großen Wohnflächen, deren Abstand zur Geraden sehr groß ist. Insbesondere die Wohnung mit einer Fläche von 300 qm kostet etwa 6000 €, während man anhand des linearen Modells für diese Wohnung eine Nettomiete von etwa 3000 € erwarten würde. □

Güte

Wollen wir die *Güte* eines Regressionsmodells beurteilen, liegt es nahe, eine solche Beurteilung anhand der Abweichungen zwischen den beobachteten y-Werten und den aufgrund der berechneten Gerade vorhergesagten y-Werten vorzunehmen. Diese Abweichungen nennt man *Residuen* und bezeichnet sie mit

Residuen

$$\hat{\epsilon}_i = y_i - \hat{y}_i, \quad i = 1, \ldots, n.$$

Zusammenfassend können wir damit bislang festhalten:

Lineare Einfachregression und Kleinste-Quadrate-Schätzer

Seien $(y_1, x_1), \ldots, (y_n, x_n)$ Beobachtungen der Merkmale Y und X, dann heißt

$$y_i = \alpha + \beta x_i + \epsilon_i, \quad i = 1, \ldots, n,$$

lineare Einfachregression, wobei α den Achsenabschnitt, β den Steigungsparameter und ϵ den Fehler bezeichnen.

Die *Kleinste-Quadrate-Schätzer* für α und β sind gegeben durch

$$\hat{\alpha} = \bar{y} - \hat{\beta}\bar{x}, \qquad \hat{\beta} = \frac{\sum\limits_{i=1}^{n} x_i y_i - n\bar{x}\bar{y}}{\sum\limits_{i=1}^{n} x_i^2 - n\bar{x}^2} = \frac{\sum\limits_{i=1}^{n} (x_i - \bar{x})(y_i - \bar{y})}{\sum\limits_{i=1}^{n} (x_i - \bar{x})^2}.$$

Die *Residuen* $\hat{\epsilon}_i$ berechnen sich durch

$$\hat{\epsilon}_i = y_i - \hat{y}_i, \quad i = 1, \ldots, n,$$
$$\text{mit} \qquad \hat{y}_i = \hat{\alpha} + \hat{\beta} x_i.$$

3.6.3 Bestimmtheitsmaß und Residualanalyse

Mithilfe der Residuen kann man nun für jeden einzelnen Datenpunkt überprüfen, wie gut er aufgrund des Modells vorhergesagt worden wäre. Damit haben wir aber noch kein Maß gefunden, mit dem wir die Güte des Modells insgesamt beurteilen können. Ein solches Maß können wir über die sogenannte *Streuungszerlegung* erhalten. Die dahinterstehende

Streuungs-zerlegung

Frage ist: Welcher Anteil der Streuung der y_i lässt sich durch die Regression von Y auf X erklären? Die gesamte Streuung der y_i lässt sich erfassen über

$$SQT = \sum_{i=1}^{n}(y_i - \bar{y})^2 \,,$$

wobei SQT die Abkürzung für „**S**um of **S**quares **T**otal" ist. Dieser Term ist uns bereits *Gesamtstreuung* aus der Berechnung der Stichprobenvarianz bekannt und wird hier mit *Gesamtstreuung* bezeichnet. Für diese gilt nun die folgende Zerlegung:

Gesamtstreuung

Streuungszerlegung

$$SQT = SQE + SQR$$
$$\sum_{i=1}^{n}(y_i - \bar{y})^2 = \sum_{i=1}^{n}(\hat{y}_i - \bar{y})^2 + \sum_{i=1}^{n}(y_i - \hat{y}_i)^2$$

---

erklärte Streuung

Residualstreuung

In der Streuungszerlegung geben $\sum_{i=1}^{n}(\hat{y}_i - \bar{y})^2 = SQE$ gerade die *erklärte Streuung* und $\sum_{i=1}^{n}(y_i - \hat{y}_i)^2 = SQR$ die *Rest-* oder *Residualstreuung* an, wobei SQE und SQR wieder in Anlehnung an die englischen Begriffe für „**S**um of **S**quares **E**xplained" und „**S**um of **S**quares **R**esiduals" stehen. Die erklärte Streuung enthält dabei die Variation der Datenpunkte auf der Geraden um $\bar{y}$. Sie stellt damit die auf den linearen Zusammenhang zwischen X und Y zurückführbare Variation der y-Werte dar. Die Residualstreuung entspricht dem verbleibenden Rest an Variation der y-Werte.

Liegen alle beobachteten Punkte exakt auf einer Geraden, so sind die Residuen alle null und ebenso die Residualstreuung. In diesem Fall wäre also die Gesamtstreuung gleich der erklärten Streuung, d.h. die gesamte Variation von Y ließe sich durch die Variation von X zusammen mit der postulierten linearen Beziehung erklären. Je größer nun die Residualstreuung ist, desto schlechter beschreibt das Modell die Daten, d.h. desto weniger wird die in den Daten vorhandene Streuung durch das Modell erklärt. Als Maßzahl für die Güte der Modellanpassung verwendet man eine Größe, die auf dieser Streuungszerlegung aufbaut, *Bestimmt-* und zwar das sogenannte *Bestimmtheitsmaß* bzw. den Determinationskoeffizienten R^2. Dieses gibt gerade den Anteil der Gesamtstreuung der y_i an, der durch die Regression von Y auf X erklärt wird, und ist somit der Quotient aus erklärter und Gesamtstreuung, d.h.

Bestimmt-
heitsmaß

$$R^2 = \frac{SQE}{SQT} = \frac{\sum_{i=1}^{n}(\hat{y}_i - \bar{y})^2}{\sum_{i=1}^{n}(y_i - \bar{y})^2} = \frac{\sum_{i=1}^{n}(y_i - \bar{y})^2 - \sum_{i=1}^{n}(y_i - \hat{y}_i)^2}{\sum_{i=1}^{n}(y_i - \bar{y})^2} = 1 - \frac{\sum_{i=1}^{n}(y_i - \hat{y}_i)^2}{\sum_{i=1}^{n}(y_i - \bar{y})^2} \,.$$

Das Bestimmtheitsmaß nimmt Werte zwischen null und eins an. Dabei bedeutet ein Wert von 0, dass $\sum_{i=1}^{n}(\hat{y}_i - \bar{y})^2 = 0$, also die erklärte Streuung gleich null ist und somit das Modell denkbar schlecht. Der andere Extremfall beinhaltet, dass die Residualstreuung null ist, also die gesamte Streuung durch die Regression erklärt wird und somit das Modell eine perfekte Anpassung an die Daten liefert. Dieser letzte Fall kann nur eintreten, wenn die Originaldaten bereits auf einer Geraden lagen.

Man kann auch an dieser Stelle wieder die Brücke zum Korrelationskoeffizienten nach Bravais-Pearson schlagen, der, wie wir gesehen haben, den linearen Zusammenhang zweier Merkmale misst, und zwar gilt:

$$R^2 = r_{XY}^2 \,.$$

Zum Nachweis dieser Gleichung überlegt man sich zunächst, dass der Mittelwert der prognostizierten Werte $\hat{y}_i$ mit dem der beobachteten Werte y_i übereinstimmt, denn

$$\bar{\hat{y}} = \frac{1}{n}\sum_{i=1}^n \hat{y}_i = \frac{1}{n}\sum_{i=1}^n (\hat{\alpha} + \hat{\beta}x_i) = \hat{\alpha} + \hat{\beta}\bar{x} = (\bar{y} - \hat{\beta}\bar{x}) + \hat{\beta}\bar{x} = \bar{y}\,.$$

Daraus folgt:

$$\sum_{i=1}^n (\hat{y}_i - \bar{y})^2 = \sum_{i=1}^n (\hat{y}_i - \bar{\hat{y}})^2 = \sum_{i=1}^n (\hat{\alpha} + \hat{\beta}x_i - \hat{\alpha} - \hat{\beta}\bar{x})^2 = \hat{\beta}^2 \sum_{i=1}^n (x_i - \bar{x})^2\,,$$

und somit für R^2

$$R^2 = \frac{\sum_{i=1}^n (\hat{y}_i - \bar{y})^2}{\sum_{i=1}^n (y_i - \bar{y})^2} = \frac{\hat{\beta}^2 \sum_{i=1}^n (x_i - \bar{x})^2}{\sum_{i=1}^n (y_i - \bar{y})^2} = \frac{s_{XY}^2 \cdot s_X^2}{(s_X^2)^2 \cdot s_Y^2} = \left(\frac{s_{XY}}{s_X s_Y}\right)^2 = r_{XY}^2\,.$$

Damit ergibt sich auch eine neue Interpretation des Korrelationkoeffizienten. Der quadrierte Korrelationskoeffizient entspricht dem Anteil der erklärten Streuung an der Gesamtstreuung. Beobachtet man in einer Stichprobe beispielsweise eine Korrelation von $r_{XY} = 0.8$ zwischen Alter und Reaktionszeit, lässt sich die in der Stichprobe variierende Reaktionszeit bei Unterstellung eines linearen Zusammenhangs zu 64 % ($r_{XY}^2 = 0.64$) darauf zurückführen, dass auch X variiert, sich also Personen unterschiedlichen Alters in der Stichprobe befinden.

> ### Bestimmtheitsmaß
>
> Das *Bestimmtheitsmaß* R^2 ist definiert als
>
> $$R^2 = \frac{\sum_{i=1}^n (\hat{y}_i - \bar{y})^2}{\sum_{i=1}^n (y_i - \bar{y})^2} = 1 - \frac{\sum_{i=1}^n (y_i - \hat{y}_i)^2}{\sum_{i=1}^n (y_i - \bar{y})^2}\,.$$
>
> Es gilt :
>
> $$0 \leq R^2 \leq 1\,, \quad R^2 = r_{XY}^2\,.$$

Neben dieser eher formalen Überprüfung der Güte des Modells mittels des Bestimmtheitsmaßes kann man auch anhand grafischer Darstellungen einen guten Eindruck gewinnen.

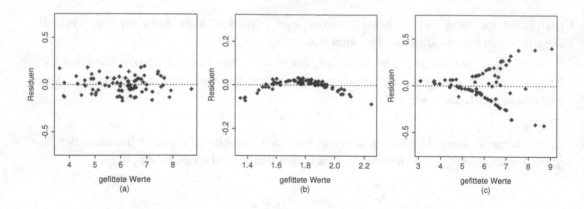

Abbildung 3.17: Schematische Darstellung von Residualplots

Residualplot

Dazu verwendet man typischerweise die Residuen. In Abbildung 3.17 sind einige *Residualplots* skizziert.

Abbildung 3.17(a) zeigt ein ideales Verhalten der Residuen: Sie schwanken unsystematisch um die horizontale Achse und sind nahe bei null. Dies deutet auf eine gute Modellanpassung hin. Der Verlauf der Residuen in Abbildung 3.17(b) legt die Vermutung nahe, dass eine nicht lineare Abhängigkeit zwischen den Merkmalen besteht, die nicht durch das Modell erfasst wird. Auch Abbildung 3.17(c) weist daraufhin, dass bestimmte Voraussetzungen an das Modell nicht erfüllt sind. Hier wächst oder allgemeiner verändert sich die Variabilität der Residuen mit den Werten der Einflussgröße X. Auf diese Voraussetzungen und ihre Bedeutung wird in Kapitel 12 noch ausführlicher eingegangen.

Der bereits schon häufiger in diesem Abschnitt angesprochene Mietspiegel und ergänzend das CAP-Modell werden abschließend mithilfe der linearen Regression analysiert. Zunächst wird aber zur Illustration auf das fiktive Beispiel 3.26 (Seite 147) zurückgegriffen.

Beispiel 3.28 **Fernsehen und Schlafverhalten**

Als Ausgleichsgerade zur Beschreibung des Zusammenhangs von Fernsehzeit und Dauer des Tiefschlafs ergab sich

$$\hat{y} = 6.16 - 0.45x \, .$$

Bei der Diskussion der Güte der Beschreibung des Datensatzes durch diese Gerade hatten wir schon für einzelne Punkte die Abweichung des jeweils tatsächlich beobachteten vom prognostizierten Wert, also die Residuen betrachtet. Im Einzelnen ergibt sich

i	1	2	3	4	5	6	7	8	9
y_i	5.8	4.4	6.5	5.8	5.6	5.0	4.8	6.0	6.1
$\hat{y}_i$	6.02	5.17	5.93	5.84	5.71	5.35	4.81	6.07	5.12
$\hat{\varepsilon}_i$	−0.22	−0.77	0.57	−0.04	−0.11	−0.35	−0.01	−0.07	0.98

Daraus können wir nun das Bestimmtheitsmaß berechnen als

$$R^2 = 1 - \frac{\sum\limits_{i=1}^{9}(y_i - \hat{y_i^2})}{\sum\limits_{i=1}^{9}(y_i - \bar{y^2})} = 0.45 \, .$$

Damit beträgt der Anteil der durch das Regressionsmodell erklärten Varianz nur 45 %.   □

Mietspiegel

Bei den Mietspiegel-Daten untersuchen wir einen möglicherweise linearen Zusammenhang zwischen $Y = $ „Nettomiete" und $X = $ „Wohnfläche". Als Ausgleichsgerade haben wir berechnet

$$\hat{y} = 22.48 + 10.29\,x\,.$$

Das Bestimmtheitsmaß R^2 nimmt hier einen Wert an von

$$R^2 = \frac{\sum_{i=1}^{n}(\hat{y}_i - \bar{y})^2}{\sum_{i=1}^{n}(y_i - \bar{y})^2} = 0.61 = 0.78^2 = r_{XY}^2\,,$$

was darauf schließen lässt, dass die Punktwolke insgesamt durchaus eine lineare Tendenz aufweist. Die gesamte Variabilität kann zu 61 % durch das Modell erklärt werden. Abb. 3.18 zeigt den resultierenden Residualplot. Bereits im Streudiagramm konnte man den Eindruck gewinnen, dass sich die Variabilität mit den Werten der Einflussgröße verändert. □

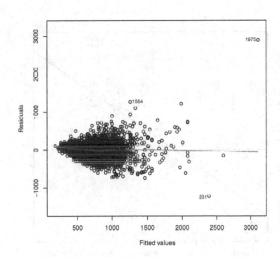

Abbildung 3.18: Residualplot zur Mietspiegel-Regression

CAP-Modell

Das *„Capital Asset Pricing Model"* (CAPM) dient zum Vergleich verschiedener Aktien bzgl. ihres Risikos. Es basiert auf einigen Annahmen, die z.B. in Franke, Härdle und Hafner (2001) aufgeführt sind (und in der Praxis nur im Idealfall exakt erfüllt sein werden). Basierend auf Finanzmarktdaten über einen längeren Zeitraum wird mithilfe dieses Modells für jede Aktie der sogenannte *Beta-Faktor* bestimmt, der als Risiko dieser Aktie gemessen am Risiko des gesamten Marktes interpretiert werden kann. Beispielsweise bedeutet ein Beta-Faktor größer als eins, dass das Risiko der Aktie überproportional zum Marktrisiko ist. Andererseits spricht ein Beta-Faktor kleiner als eins für eine weniger risikobehaftete Aktie. In diesem Modell interessiert uns der Zusammenhang zwischen dem abhängigen Merkmal $Y = $ „Monatsrendite der MunichRe-Aktie minus Zins" und der Einflussgröße $X = $ „monatliche Marktrendite minus Zins". Als Marktrendite verwenden wir den DAX und als Zins den LIBOR, wobei dafür auch Renditen nahezu risikofreier Wertpapiere wie z.B. Bundesanleihen möglich wären. Wir betrachten den Zeitraum November 2011 bis November 2014 und passen für die 35 Datenpunkte ein lineares Modell an:

$$y_i = \alpha + \beta x_i + \epsilon_i \,, \,, i = 1, \dots, 35 \,.$$

Es ergeben sich die Kleinste-Quadrate-Schätzungen

$$\hat{\beta} = \frac{\sum\limits_{i=1}^{35} x_i y_i - 35\bar{x}\bar{y}}{\sum\limits_{i=1}^{35} x_i^2 - 35\bar{x}^2} = 0.8553$$

und

$$\hat{\alpha} = \bar{y} - \hat{\beta}\bar{x} = 0.0044 \,.$$

Unsere Geradengleichung lautet demnach

$$\hat{y}_i = 0.0044 + 0.8553 \, x_i \,, \quad i = 1, \dots, 35 \,,$$

d.h., wir erhalten eine Gerade, die fast durch den Nullpunkt geht, wie wir auch am Streudiagramm (Abb. 3.19) sehen.

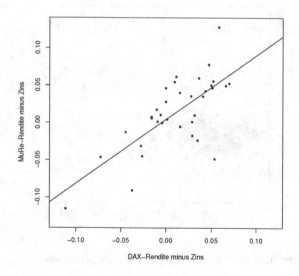

Abbildung 3.19: Streudiagramm und Ausgleichsgerade für das CAP-Modell

Dieses Ergebnis kann man so interpretieren, dass sich bei einer Änderung von X um einen Punkt die Monatsrendite Y um etwa 0.85, also etwas weniger als einen Punkt, verändert. Damit wäre das Risiko der Aktie niedriger als das Risiko $\beta = 1$ des Gesamtmarktes. Da der Beta-Faktor 0.85 aber geschätzt ist, bleibt die Frage, ob diese Abweichung von $\beta = 1$ „zufällig" oder „statistisch signifikant" ist. Solche Fragen werden mithilfe der induktiven Statistik beantwortet. Speziell für die Regressionsanalyse finden sich solche Methoden in Kapitel 12.

Das Streudiagramm zeigt zudem keine besonderen Auffälligkeiten. Es scheint keine Veränderung in der Variabilität in Abhängigkeit von der Einflussgröße vorzuliegen. Dies wird auch durch den Residualplot untermauert (Abb. 3.20). Allerdings erkennt man deutlich drei „Ausreißer" (Mai 2012, April 2013, Juli 2013) von der Punktwolke.

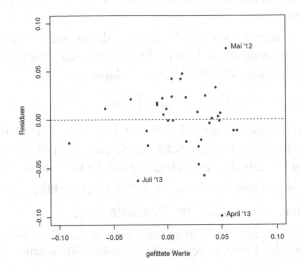

Abbildung 3.20: Residualplot für das CAP-Modell

Das Bestimmtheitsmaß R^2 ergibt sich in dieser Datensituation als

$$R^2 = 0.51 \, .$$

Wir erhalten hier eine bessere Anpassung an die Daten als im Fall des Mietspiegels. Zudem weist das R^2 von 0.51 auf eine relativ gute Modellanpassung für Studien im wirtschaftswissenschaftlichen Bereich hin.   □

*3.6.4 Nichtlineare Regression

Das in diesem Kapitel bislang vorgestellte Modell ging von der Anpassung einer Ausgleichsgeraden an die Daten aus. Oft zeigt bereits ein erster Blick auf das Streudiagramm
der Daten aber, dass diese besser durch eine Parabel, eine Sinuskurve oder eine exponentielle Funktion beschrieben werden können. Letzteres ist insbesondere bei *Wachstumsverläufen*
oder *Sättigungskurven* der Fall. Liegt eine solche Struktur in den Daten vor, ist es nicht günstig, stur an dem Modell der linearen Regression festzuhalten. Eine Alternative dazu bieten
nichtlineare Regressionsmodelle, in denen der Einfluss von X auf Y durch andere als lineare Funktionen beschrieben wird. Damit bezieht sich der Begriff der Nichtlinearität nicht
auf die x-Werte, sondern auf die in dem Modell auftretenden unbekannten Größen, die sogenannten *Modellparameter*. Bei der linearen Regression sind die Modellparameter gerade
der Achsenabschnitt α und der Steigungsparameter β. Betrachten wir etwa die Situation,
dass die y-Werte in etwa exponentiell mit den x-Werten anwachsen, also

$$y_i \approx \alpha \exp(\beta x_i), \quad i = 1, \dots, n,$$

*Wachstums-
verläufe
Sättigungskurven*

*nichtlineare
Regressions-
modelle*

Modellparameter

so lassen sich die Schätzungen für α und β prinzipiell nach dem Kleinste-Quadrate-Prinzip herleiten, aber nicht immer sind die Schätzungen explizit darstellbar. Dies macht den Einsatz von numerischen Verfahren, d.h. von sogenannten *Iterationsverfahren*, zur Bestimmung der Schätzer erforderlich.

In manchen Fällen besteht jedoch die Möglichkeit, durch eine geschickte Transformation ein nichtlineares Regressionsmodell auf ein lineares Modell zurückzuführen. Im obigen Beispiel liefert die Verwendung der Logarithmus-Funktion:

$$\ln y_i \approx \ln\left[\alpha\exp(\beta x_i)\right] = \ln\alpha + \beta x_i\,, \quad i = 1,\ldots,n\,.$$

Nach Anwendung dieser Transformation lassen sich $\ln\alpha$ und β standardmäßig schätzen. Vorsicht ist aber bei der Interpretation der Schätzwerte geboten. Bei einer Rücktransformation muss berücksichtigt werden, dass die Schätzung auf der logarithmischen Skala erfolgte.

Das folgende Beispiel illustriert die Notwendigkeit eines nichtlinearen Modells.

Beispiel 3.31 **Wirkung von Werbemaßnahmen auf den Produktertrag**

Sei X die eingesetzte Geldmenge für Werbemaßnahmen, wobei diese Werte auf $\bar{x} = 0$ normiert sind, und Y der erzielte Ertrag in geeigneten Einheiten. Wir nehmen die in Tabelle 3.10 angegebenen Werte an.

i	1	2	3	4	5	6
x_i	-5	-3	-1	1	3	5
y_i	127	151	379	421	460	426

Tabelle 3.10: Eingesetzte Geldmenge x für Werbemaßnahmen und erzielte Erträge

Für die Modellierung bietet es sich an, die Regel vom abnehmenden Grenznutzen anzupassen mit

$$y = \alpha + \beta\exp(-\gamma x)\,.$$

Dabei steht α für den Grenzertrag, γ für die exponentielle Rate der Ertragsminderung, und β stellt die Differenz zwischen Durchschnittsertrag ($x = 0$) und Grenzertrag dar. Das Streudiagramm (Abb. 3.21) zeigt deutlich, dass die Anpassung einer Ausgleichsgeraden der Datenstruktur nicht gerecht würde. Durch die Verwendung eines geeigneten Iterationsverfahrens erhalten wir folgende Schätzungen für α, β und γ:

$$\hat{\alpha} = 523.3\,, \quad \hat{\beta} = -156.9\,, \quad \hat{\gamma} = 0.1997\,.$$

Trägt man die geschätzte Kurve in das Streudiagramm ein, so erkennt man, dass dies eine gute Anpassung liefert.   □

In Abschnitt *12.4 kommen wir noch einmal auf nichtlineare Regressionsmodelle zurück.

3.7 Zusammenfassung und Bemerkungen

Typischerweise ist bei praktischen Fragestellungen nicht nur ein einzelnes Merkmal, sondern eine ganze Reihe von Merkmalen von Interesse, die an den Untersuchungseinheiten gemeinsam erhoben werden. Bei der Diskussion derartiger mehrdimensionaler Merkmale geht

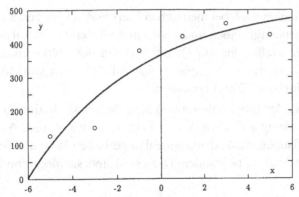

Abbildung 3.21: Streudiagramm und Regressionskurve für Ertrag Y bei für Werbemaßnahmen eingesetzter Geldmenge X

es entsprechend primär um die Erfassung eines möglichen Zusammenhangs zwischen den
Merkmalen. Dazu bestimmt man bei *gruppierten* bzw. *diskreten* Merkmalen zunächst die
gemeinsame Häufigkeitsverteilung. Diese gibt die *Häufigkeit* bestimmter Merkmalskom-
binationen an. Interessiert man sich nur für die Häufigkeiten der Ausprägungen eines der
beiden Merkmale, so ermittelt man dessen Randverteilung. Zusammengefasst werden diese
Häufigkeitsverteilungen in *Kontingenztabellen*. Als Darstellungsform bietet sich ein zweidimensionales Säulendiagramm an. Von besonderer Bedeutung ist jedoch die Betrachtung
der Verteilung eines der beiden Merkmale für die verschiedenen Ausprägungen des anderen
Merkmals. Solche bedingten Verteilungen erlauben eine erste Beurteilung des Zusammenhangs zweier Merkmale, allerdings ohne dessen Stärke zu quantifizieren. Dazu kann man
im Fall von (2×2)-Häufigkeitstafeln das Kreuzproduktverhältnis heranziehen, das angibt,
welche der beiden Populationen die besseren Chancen besitzt und um wie viel besser diese
Chancen sind. Mithilfe des *Kontingenzkoeffizienten* lässt sich beurteilen, ob zwei Merkmale empirisch unabhängig sind oder ein Zusammenhang vorliegt. Aus Normierungsgründen
wird diese bevorzugte Weise in seiner korrigierten Form verwendet.

Neben der Zusammenhangsanalyse qualitativer Merkmale sind auch bei mehrdimensionalen Merkmalen *Methoden für quantitative Größen* gefragt. Eine häufig verwendete grafische Darstellungsform ist das Streudiagramm, in dem die einzelnen Datenpunkte in einem
Koordinatensystem aufgetragen werden. Andere grafische Darstellungen bieten zweidimensionale Histogramme und Kerndichteschätzer. Bei mehr als zwei Merkmalen greift man zur
grafischen Darstellung auf eine Scatterplot-Matrix, d.h. eine Matrix von paarweisen Streudiagrammen zurück.

Bei quantitativen Merkmalen stehen je nach Skalenniveau verschiedene Maßzahlen zur
Erfassung der Stärke des Zusammenhangs zur Verfügung. Bei metrischen Merkmalen verwendet man üblicherweise den *empirischen Korrelationskoeffizient nach Bravais-Pearson*,
der den linearen Zusammenhang zweier Merkmale misst. Dieser Koeffizient kann als Ausnahmefall auch für zwei $0-1$-kodierte Merkmale berechnet werden. Das resultierende Maß
wird auch als ϕ-*Koeffizient* bezeichnet. Liegen ordinalskalierte Merkmale vor, so kann man
Spearmans Rangkorrelationskoeffizient berechnen, der gerade der Korrelationskoeffizient
nach Bravais-Pearson, angewendet auf die Ränge der Beobachtungen, ist. Dieser Koeffizient
misst die Stärke des monotonen Zusammenhangs zweier Merkmale. Natürlich kann Spear-

mans Korrelationkoeffizient auch bei metrischen Merkmalen verwendet werden. Neben den vorgestellten Zusammenhangsmaßen finden sich in der Literatur und in der praktischen Anwendung noch weitere Maßzahlen zur Quantifizierung der Stärke eines Zusammenhangs wie etwas *Kendall's* τ. Hierzu sei beispielsweise auf das Buch von Büning und Trenkler (1994) und von Benninghaus (2002) verwiesen.

Zu beachten ist bei der Interpretation von Korrelationskoeffizienten, dass diese weder die Richtung einer Wirkung zwischen X und Y erfassen noch einen Aufschluss über eine kausale Beziehung erlauben. Kausalzusammenhänge lassen sich allerdings niemals allein durch eine statistische Analyse begründen. Dazu sind stets sachlogische Überlegungen notwendig.

Will man gerichtete Zusammenhänge untersuchen, bietet sich die *Regression* als statistische Methode an. Im einfachsten Fall versucht man dabei für zwei metrische Merkmale, deren Beziehung durch eine Gerade zu beschreiben. Man spricht dann von einer *linearen Einfachregression*. Diese Gerade wird so bestimmt, dass ihr Abstand zu den beobachteten Datenpunkten im Mittel möglichst gering wird. Eine solche Ausgleichsgerade lässt sich mithilfe der *Kleinste-Quadrate-Methode* ermitteln. Die Güte der Anpassung dieser Geraden an die Daten kann anschließend anhand des *Bestimmtheitsmaßes* und der Residualplots beurteilt werden. Natürlich ist ein lineares Regressionsmodell nicht immer zur Beschreibung des Zusammenhangs zwischen zwei Merkmalen adäquat. Es werden daher auch nichtlineare Regressionen gerechnet beispielsweise bei der Analyse von Wachstumsverläufen, Sättigungskurven oder von Sterbetafeln, wobei im letztgenannten Fall insbesondere die sogenannte Gompertz-Kurve von Relevanz ist. Als weiterführende Literatur zu Regressionsmodellen sei auf Kapitel 4 in Fahrmeir, Hamerle und Tutz (1996), Fahrmeir, Kneib und Lang (2009) und Fahrmeir, Kneib, Lang und Marx (2013) verwiesen.

3.8 Multivariate Deskription mit R

Auch für die multivariate Deskription stellt R einen großen Werkzeugkasten zur Verfügung. Geschichtete Analysen, zum Beispiel mit gruppierten Box-Plots oder Histogrammen, haben wir bereits in Abschnitt 2.6 kennen gelernt. Sie stellen schon eine einfache Möglichkeit dar, die Verteilung einer metrischen und einer kategorialen Variablen zu betrachten. Hier wollen wir nun die Fälle besprechen, dass alle betrachteten Variablen kategorial sind oder dass alle Variablen metrisch (oder zumindest ordinal skaliert) sind.

3.8.1 Diskrete und gruppierte Daten

Zweidimensionale Kontingenztabellen lassen sich in R mit dem `table()`-Befehl erzeugen. Für die Mietspiegeldaten liefert

```
table(badextra,kueche)
```

die entsprechende Tabelle. Die Randhäufigkeiten lassen sich durch den Befehl `addmargins()` hinzufügen:

```
addmargins(table(badextra,kueche))
```

Ein gruppiertes Säulendiagramm erhält man unmittelbar mit

```
tabelle <- table(badextra,kueche)
barplot(tabelle, beside=TRUE,
        legend.text=rownames(tabelle),
        ylab="absolute Häufigkeiten")
```

Mit

```
prop.table(tabelle)
```

kann man die gemeinsamen relativen Häufigkeiten berechnen. Ein dreidimensionales Säulendiagramm erfordert zusätzliche Pakete, zum Beispiel das Paket `epade` mit der Funktion `bar3d.ade`. Die Befehlssequenz

```
library(epade)
bar3d.ade(table(badextra,kueche),
          xlab="kueche",
          ylab="Absolute H.",
          zlab="badextra",alpha=0.1)
```

erzeugt ein transparentes dreidimensionales Diagramm der absoluten Häufigkeiten.

Die bedingten relativen Häufigkeiten lassen sich durch verwenden der `margin`-Option berechnen:

```
prop.table(tabelle,margin=1)
```

berechnet die relativen bedingten Häufigkeiten von `kueche` gegeben `badextra=0` und von `kueche` gegeben `badextra=1`,

```
prop.table(tabelle,margin=2)
```

dagegen die relativen bedingten Häufigkeiten von `badextra` gegeben `kueche=0` und von `badextra` gegeben `kueche=1`.

Alternativ können auch die Funktionen `ftable()` und `xtabs()` verwendet werden, auch für mehrdimensionale Kontingenztabellen. Der folgende Befehl erzeugt beispielsweise eine dreidimensionale Kontingenztabelle mit den entsprechenden Randsummen:

```
ftable(addmargins(table(badextra,kueche,wohnbest)))
```

Die Funktion `Untable()` aus dem Paket `DescTools` erlaubt die Rückumwandlung der Tabelle in Rohdaten, d.h. es wird ein `data.frame` erzeugt, der die einzelnen Ausprägungskombinationen der Variablen entsprechend oft enthält.

3.8.2 Zusammenhangsanalyse in Kontingenztabellen

Für die Berechnung des χ^2-Koeffizienten und des (unkorrigierten) Kontingenzkoeffizienten steht die Funktion `assocstats()` im Paket `vcd` zur Verfügung.

```
tabelle <- table(badextra,kueche)
assocstats(tabelle)
```

Alternativ kann für die Berechnung des χ^2-Koeffizienten auch die Funktion `chisq.test()` verwendet werden. Im Fall einer 2×2-Tabelle erhält man den Odds Ratio mit dem Aufruf

```
fisher.test(tabelle)$estimate
```

3.8.3 Grafische Darstellungen quantitativer Merkmale

Einfache Streudiagramme lassen sich mit der `plot()`-Funktion realisieren:

```
plot(wfl,nm)
```

erzeugt ein Streudiagramm mit `wfl` auf der x-Achse und `nm` auf der y-Achse.

Für eine 3d-Darstellung eines zweidimensionalen Histogramms kann die Funktion `hist2d()` aus dem Paket `gplots` zusammen mit der bereits eingeführten Funktion `bar3d.ade` verwendet werden. Abbildung 3.6 wurde mit folgendem Skript erzeugt:

```
sub <- subset(mietspiegel2015, wfl<=200 & nm<=2000)
h <- hist2d(sub$nm, sub$wfl, nbins=c(10,10), show=FALSE)
beschriftung <- rownames(h$counts)
rownames(h$counts) <- c(
  "[174.75,357.275]","(357.275,539.8]","","",
  "","","","",
  "","(1817.475,2000]"
)
print(rownames(h$counts))

bar3d.ade(h$counts,xw=18,
          xlab="Wohnfläche",
          zlab="Nettomiete",
          col="white",
          wall=2)
```

Eine zweidimensionale Kerndichteschätzung erhält man beispielsweise mit der Funktion `kde2d()` aus dem MASS-Paket.

Mit der Funktion `pairs()` lassen sich Streudiagramm–Matrizen erzeugen:

```
pairs(data.frame(nm,nmqm,wfl,rooms))
```

3.8.4 Zusammenhangsmaße bei metrischen Merkmalen

In R werden alle besprochenen Korrelationskoeffizienten (Bravais–Pearson, Spearman, Kendall's τ) durch die Funktion `cor()` zur Verfügung gestellt. Die Auswahl des Koeffizienten erfolgt dann durch die Option `method`. Die folgende Behfehlssequenz berechnet jeweils eine Korrelationsmatrix.

```
teildaten <- data.frame(nm,nmqm,wfl,rooms)
cor(teildaten,method="pearson")
cor(teildaten,method="spearman")
cor(teildaten,method="kendall")
```

3.8.5 Regression

Für die Berechnung eines linearen Regressionsmodells ist die Funktion `lm()` die richtige Wahl. Das Objekt umfasst die Kleinste-Quadrate-Schätzungen, das Bestimmtheitsmaß und verschiedene grafische Ausgaben.

```
lin.reg <- lm(nm~wfl)
summary(lin.reg)
```

Die Kleinste-Quadrate-Schätzer $\hat{\alpha}$ und $\hat{\beta}$ kann man aus diesem Objekt mit der `coefficients()`-Funktion extrahieren:

```
coefficients(lin.reg)
```

Das Bestimmtheitsmaß erhält man mit

```
summary(lin.reg)$r.squared
```

Die Werte der Ausgleichsgerade kann man mit

```
fitted.values(lin.reg)
```

oder

```
lin.reg$fitted.values
```

extrahieren, die Residuen mit

```
lin.reg$residuals
```

Wendet man die `plot()`-Funktion an, also

```
plot(lin.reg)
```

werden nacheinander einige Plots erstellt. Will man zum Beispiel die Grafik, die die Werte der Ausgleichsgerade gegen die Residuen abträgt, wählt man den Befehl

```
plot(lin.reg, which=1)
```

Die Option `which=2` zeichnet einen Normal-Quantil-Plot der Residuen.

3.9 Aufgaben

Aufgabe 3.1 Bei der Untersuchung des Zusammenhangs zwischen Geschlecht und Parteipräferenz (Beispiel 3.1, Seite 106) betrachte man die sich ergebenden (2×2)-Tabellen, wenn man CDU/CSU jeweils nur einer Partei gegenüberstellt. Bestimmen und interpretieren Sie jeweils die relativen Chancen, den χ^2-Koeffizienten, den Kontingenzkoeffizienten und den ϕ-Koeffizienten.

Aufgabe 3.2 In einem Experiment zur Wirkung von Alkohol auf die Reaktionszeit wurden 400 Versuchspersonen zufällig in zwei Gruppen aufgeteilt. Eine dieser Gruppen erhält eine standardisierte Menge Alkohol. Es ergab sich folgende Kontingenztabelle

	Reaktion		
	gut	mittel	stark verzögert
ohne Alkohol	120	60	20
mit Alkohol	60	100	40

(a) Bestimmen Sie die Randhäufigkeiten dieser Kontingenztabelle und interpretieren Sie diese, soweit dies sinnvoll ist.

(b) Bestimmen Sie die bedingte relative Häufigkeitsverteilung, die sinnvoll interpretierbar ist.

(c) Bestimmen Sie den χ^2- und den Kontingenzkoeffizienten.

(d) Welche relativen Chancen lassen sich aus dieser Kontingenztafel gewinnen? Man bestimme und interpretiere diese.

Aufgabe 3.3 Für die zehn umsatzstärksten Unternehmen Deutschlands ergeben sich 1995 folgende Umsätze (in Milliarden Euro) und Beschäftigungszahlen (in Tausend)

Umsatz	52.94	45.38	45.06	37.00	33.49	26.67	25.26	23.59	22.79	21.44
Beschäftigte	311.0	373.0	242.4	125.2	135.1	161.6	106.6	115.8	142.9	83.8

Die dahinterstehenden Firmen sind Daimler-Benz, Siemens, Volkswagen, VEBA, RWE, Hoechst, BASF, BMW, Bayer und VIAG. Man bestimme den Bravais-Pearson- und den Spearmanschen Korrelationskoeffizienten. Wie ändern sich die Korrelationskoeffizienten, wenn man in absoluten Euro-Umsätzen und absoluten Beschäftigungszahlen rechnet?

Aufgabe 3.4 In einer Studie zur Auswirkung von Fernsehprogrammen mit gewalttätigen Szenen auf das Sozialverhalten von Kindern wurden ein Aggressivitätsscore X, die Zeitdauer in Minuten Y, während der das Kind pro Tag gewöhnlich solche Sendungen sieht, und das Geschlecht Z des Kindes mit $1 = $ weiblich und $2 = $ männlich erfasst. Sowohl der Aggressivitätsscore als auch die Zeitdauer lassen sich wie metrische Variablen behandeln. Nehmen wir folgende Beobachtungen für eine zufällig ausgewählte Kindergartengruppe an:

i	1	2	3	4	5	6	7	8	9	10	11	12	13
x_i	4	5	2	6	6	8	7	2	7	3	5	1	3
y_i	10	50	30	70	80	60	90	40	10	20	30	50	60
z_i	2	2	2	2	2	2	2	1	1	1	1	1	1

(a) Zeichnen Sie ein Streudiagramm für die 13 Kinder, und berechnen Sie den Korrelationskoeffizienten nach Bravais-Pearson zwischen X und Y ohne Berücksichtigung des Geschlechts.

(b) Zeichen Sie nun für Jungen und Mädchen getrennt jeweils ein Streuungsdiagramm, und berechnen Sie für beide Geschlechter den Korrelationskoeffizienten.

(c) Vergleichen Sie Ihre Ergebnisse aus (a) und (b). Welche Art von Korrelation beobachten Sie hier, und wie ändert sich Ihre Interpretation des Zusammenhangs zwischen aggressivem Verhalten und dem Beobachten gewalttätiger Szenen im Fernsehen?

In einem Schwellenland wurde eine Studie durchgeführt, die den Zusammenhang zwischen dem Geburtsgewicht von Kindern und zahlreichen sozioökonomischen Variablen untersucht. Hier sei speziell der Zusammenhang zwischen dem Geburtsgewicht und dem monatlichen Einkommen von Interesse. Es wurden acht Kinder zufällig ausgewählt und für diese sowohl das Geburtsgewicht Y in Pfund als auch das monatliche Einkommen der Eltern in 1000 Einheiten der Landeswährung erfasst. Die Daten sind in der folgenden Tabelle zusammengefasst:

Aufgabe 3.5

i	1	2	3	4	5	6	7	8
x_i	2.7	1.9	3.1	3.9	4.0	3.4	2.1	2.9
y_i	5	6	9	8	7	6	7	8

(a) Tragen Sie die Beobachtung in ein Streuungsdiagramm ein.

(b) Man möchte nun anhand des Einkommens mithilfe eines linearen Regressionsmodells das Geburtsgewicht vorhersagen. Berechnen Sie die Regressionsgerade und zeichnen Sie diese in das Streuungsdiagramm ein. Ein Ehepaar verdient 3×1000 Einheiten der Landeswährung im Monat. Welches Geburtsgewichts prognostizieren Sie?

(c) Berechnen Sie das Bestimmtheitsmaß. Wie beurteilen Sie die Eignung des Einkommens zur Vorhersage des Geburtsgewichts?

Ein Medikament zur Behandlung von Depression steht im Verdacht, als Nebenwirkung das Reaktionsvermögen zu reduzieren. In einer Klinik wurde deshalb eine Studie durchgeführt, an der zehn zufällig ausgewählte Patienten teilnahmen, die das Präparat in verschiedenen Dosierungen verabreicht bekamen. Das Reaktionsvermögen wurde mithilfe des folgenden Experiments gemessen: Der Patient musste einen Knopf drücken, sobald er ein bestimmtes Signal erhalten hat. Die Zeit zwischen Signal und Knopfdruck wurde als Maß für das Reaktionsvermögen betrachtet. Er ergaben sich folgende Werte für die Dosierung X in mg und die dazugehörige Reaktionszeit Y in Sekunden:

Aufgabe 3.6

i	1	2	3	4	5	6	7	8	9	10
x_i	1	5	3	8	2	2	10	8	7	4
y_i	1	6	1	6	3	2	8	5	6	2

(a) Was sagt das Streuungsdiagramm über den Zusammenhang von X und Y aus?

(b) Passen Sie eine Gerade an die beobachteten Datenpunkte unter Verwendung der Kleinste-Quadrate-Methode an. Beurteilen Sie die Güte Ihrer Anpassung. Nutzen Sie, dass der Korrelationskoeffizient nach Bravais-Pearson r_{XY} hier 0.8934 beträgt. Was sagt dieser Wert über den Zusammenhang von X und Y aus?

(c) Ein Patient erhält 5.5 mg des Medikaments. Welche Reaktionszeit prognostizieren Sie?

(d) Wie lässt sich der in (b) geschätzte Steigungsparameter interpretieren?

R-**Aufgaben**

Betrachten Sie die Messwerte von Stickoxiden, CO, Feinstaub, Lufttemperatur, Ozon und SO_2 aus Beispiel 1.3. Die Daten finden sich in der Datei `wetterzrh`.

Aufgabe 3.7

(a) Wie stark sind diese Variablen mit sich selbst korreliert? Wo ist die Korrelation am kleinsten, wo am stärksten? Berechnen Sie dazu mithilfe von R die Bravais-Pearson-Korrelationskoeffizienten von (y_t, y_{t+1}), $t = 101, \ldots, 301$ für den Zeitraum Mai 1999 bis Februar 2016, der keine fehlenden Werte (NA) enthält.

(b) Bestimmen Sie paarweise die Korrelationskoeffizienten der einzelnen Messreihen untereinander.

Aufgabe 3.8   Wir betrachten wieder die Mietspiegeldaten 2015.

(a) Erstellen Sie ein Streudiagramm von `bj` und `nmqm`.

(b) Berechnen Sie eine lineare Einfachregression mit `nmqm` als abhängigem Merkmal Y und `bj` als Einflussgröße X. Wie lauten die Schätzungen für α und β?

(c) Welches Bestimmtheitsmaß ergibt sich? Interpretieren Sie das Ergebnis.

(d) Zeichnen Sie die Ausgleichsgerade in das Streudiagramm.

(e) Erstellen Sie einen Normal-Quantil-Plot der Residuen. Interpretieren Sie das Ergebnis.

Kapitel 4

Wahrscheinlichkeitsrechnung

„Was ist Statistik?" war eine der Fragen, die wir uns in Kapitel 1 gestellt haben. Dabei wurden speziell die Säulen „Beschreiben" (deskriptive Statistik), „Suchen" (explorative Statistik) und „Schließen" (induktive Statistik) hervorgehoben. Die Verfahren, die wir bislang kennengelernt haben, sind den ersten beiden Säulen zuzuordnen. Damit sind wir nun in der Lage, einen Datensatz so zu bearbeiten, dass wir ihn komprimiert in grafischer oder tabellarischer Form darstellen und Kenngrößen etwa zur Beschreibung einer zentralen Tendenz angeben können. Mithilfe der explorativen Statistik können wir zudem den Datensatz hinsichtlich interessanter Strukturen oder sonstiger Besonderheiten tiefergehend analysieren.

Dies wird uns i.Allg. aber nicht genügen. Da typischerweise keine Vollerhebungen, sondern Stichprobenziehungen durchgeführt werden, wäre es anhand der deskriptiven oder auch explorativen Statistik möglich, den vorliegenden Datensatz zu beschreiben und extensiv zu untersuchen insbesondere auch hinsichtlich der Gewinnung von Hypothesen, aber ohne formale Rückschlüsse auf die dahinterstehende Grundgesamtheit ziehen zu können. Würde man etwa in einer klinischen Studie ein neues Präparat mit einem Placebo hinsichtlich seiner Wirksamkeit vergleichen, so könnten wir mit den uns bislang zur Verfügung stehenden Methoden beispielsweise nur die Aussage treffen, dass das neue Präparat in dem vorliegenden Kollektiv eine im Durchschnitt bessere Wirkung erzielt hat als das Placebo. Für die Zulassung dieses Präparats auf dem Markt ist es natürlich nicht ausreichend zu wissen, dass es bei einer ausgewählten Gruppe von Patienten wirkt. Eine ähnliche Fragestellung trifft man bei Marktanalysen an, deren Ziel unter anderem darin besteht, die Akzeptanz eines neuen Produkts festzustellen. Auch hier genügt es nicht, eine Akzeptanz des Produkts in einer ausgewählten Stichprobe potenzieller Käufer zu beobachten. Entscheidend ist es, in Erfahrung zu bringen, ob die in der Stichprobe *beobachtete* Wirkung allein auf den *Zufall* zurückzuführen ist oder ob sie mit *großer Sicherheit* tatsächlich durch das Präparat hervorgerufen wurde. Ist Letzteres der Fall, ist der beobachtete Effekt nicht von dem behandelten Kollektiv abhängig, sondern für eine umfassendere Grundgesamtheit gültig, und das Präparat kann auf dem Markt zugelassen werden. Eine solche Entscheidung wird in der Regel durch statistische Methoden abgesichert und erfordert zum einen die Betrachtung des Ausgangs der klinischen Studie als das Ergebnis eines Zufallsvorgangs sowie zum anderen die Verwendung von Wahrscheinlichkeitsrechnung, um die Bedeutung des Zufalls für den Ausgang dieses Zufallsvorgangs quantifizieren zu können.

Zufall

Im Verlauf dieses Abschnitts werden wir den Begriff des Zufallsvorgangs präzisieren und den Begriff der Wahrscheinlichkeit einführen. Einfache Rechenregeln und weitergehende Gesetze für Wahrscheinlichkeiten bilden dann die Grundlage für die Inhalte der weiteren Abschnitte.

4.1 Definition und Begriff der Wahrscheinlichkeit

Zufallsvorgang

An dem obigen Beispiel der klinischen Studie wurde bereits kurz der Begriff des *Zufalls-vorgangs* erwähnt, ohne diesen allerdings genauer zu erläutern. Was sowohl diese klinische Studie als auch beispielsweise die Erhebung im Rahmen des Mietspiegels auszeichnet, ist die Tatsache, dass man zwar die möglichen Ausgänge dieses „Vorgangs" kennt, wie die Heilung oder Nicht-Heilung eines Patienten oder die Beträge für die Nettomiete von Wohnungen, aber man weiß vor der Durchführung des Vorgangs nicht, welches Ergebnis eintreten wird. Das heißt, es ist unklar, ob ein bestimmter Patient, der an der Studie teilnimmt, nach der Behandlung mit dem neuen Präparat geheilt ist. Genauso wenig weiß man zunächst, wie hoch die Nettomiete einer Wohnung ist, die zufällig in die Stichprobe für den Mietspiegel gelangt ist.

Zufalls-experiment

Damit haben wir bereits die zwei Charakteristika eines Zufallsvorgangs formuliert: Man kennt die möglichen Ausgänge, weiß aber nicht, welches Ergebnis eintritt. Das konkrete Ergebnis ist vom Zufall abhängig, etwa insofern, als es zufällig ist, welche Wohnung in die Stichprobe gelangt, und somit welche Nettomiete registriert wird. Bei Beobachtungsstudien, Befragungen oder allgemeinen Stichprobenerhebungen sind im Gegensatz zu Experimenten die Rahmenbedingungen i.Allg. eher nicht kontrollierbar. Man spricht daher von *Zufallsexperimenten*, wenn ein Zufallsvorgang unter kontrollierten Bedingungen abläuft und somit unter gleichen Bedingungen wiederholbar ist.

> ### Zufallsvorgang
>
> Ein *Zufallsvorgang* führt zu einem von mehreren, sich gegenseitig ausschließenden Ergebnissen. Es ist vor der Durchführung ungewiss, welches Ergebnis tatsächlich eintreten wird.

Wahrschein-lichkeit

Solche ungewissen Ergebnisse belegt man hinsichtlich ihres Eintretens mit *Wahrscheinlich-keiten*. So kann man sich überlegen, wie wahrscheinlich es ist, beim Würfelspiel eine Sechs zu würfeln. Ist der Würfel fair, beträgt diese Wahrscheinlichkeit bekanntermaßen gerade $1/6$. Dieser Wert hängt nicht von dem jeweiligen Betrachter ab, sondern ist durch eine frequentistische Sichtweise motiviert: Würde man das Zufallsexperiment des Würfelns sehr oft wiederholen, würde man bei einem fairen Würfel ungefähr einen Anteil von $1/6$ beobachten, mit dem die Sechs im Verhältnis zu allen anderen Zahlen gewürfelt wird. Wir werden i.Allg. diesen auch als *objektivistisch* bezeichneten Wahrscheinlichkeitsbegriff den nachfolgenden Überlegungen zugrunde legen. Im Gegensatz dazu sind Wahrscheinlichkeiten, mit denen wir Ereignisse unseres täglichen Lebens bewerten, oft *subjektiver* Natur. So hat sicherlich bereits jeder einmal Sätze formuliert wie: „Höchstwahrscheinlich kommt am Wochenende meine Freundin zu Besuch." oder „Wahrscheinlich bestehe ich die Klausur.".

objektive Wahrschein-lichkeit

subjektive Wahrschein-lichkeit

Auch damit sind Vorgänge angesprochen, deren Ausgang noch ungewiss ist. Unabhängig von der Art des Wahrscheinlichkeitsbegriffs ist es notwendig, einen Apparat zu entwickeln, mit dem wir die Ausgänge eines Zufallsvorgangs quantifizieren können.

4.1.1 Mengen und Mengenoperationen

Es ist sinnvoll, die möglichen Ausgänge eines Zufallsvorgangs in Mengenschreibweise zu behandeln. Wir definieren im Folgenden einige Grundbegriffe der Mengenlehre und zugehörige *Mengenoperationen*.

Menge

Menge

Eine *Menge* ist eine Zusammenfassung verschiedener Objekte zu einem Ganzen. Die einzelnen Objekte werden Elemente genannt.

Mengen werden üblicherweise mit Großbuchstaben bezeichnet und entweder durch eine Auflistung ihrer Elemente, wobei jedes Element nur einmal vorkommt, oder durch eine sie definierende Eigenschaft angegeben. Die erste Möglichkeit ist dabei nur eingeschränkt praktikabel.

Mengen

Beispiel 4.1

Sei A die Menge der natürlichen Zahlen von eins bis zehn, so kann A wie folgt angegeben werden:

$A = \{1, 2, 3, 4, 5, 6, 7, 8, 9, 10\}$ oder
$A = \{x : x$ ist eine natürliche Zahl mit $1 \leq x \leq 10\}$.

Enthält die Menge B die möglichen Ausgänge eines Münzwurfs, so besteht B aus zwei Elementen:

$B = \{$Wappen, Zahl$\}$.

Beschreibt C alle möglichen Ausgänge einer politischen Umfrage dahingehend, welche Partei eine zufällig ausgewählte Person am nächsten Sonntag wählen würde, wenn an diesem Tag Bundestagswahlen wären, lautet C etwa:

$C = \{$CDU/CSU, SPD, Bündnis 90/Die Grünen, FDP, Linke, AfD, Sonstige, Keine Meinung$\}$.

□

Einige Standardmengen haben zur Vereinfachung der Notation eigene Symbole.

Standardmengen

$\mathbb{N}$	$= \{1, 2, 3, \ldots\}$	: Menge der *natürlichen Zahlen*
$\mathbb{N}_0$	$= \{0, 1, 2, 3, \ldots\}$	: Menge der *natürlichen Zahlen inklusive* 0
$\mathbb{Z}$	$= \{0, \pm 1, \pm 2, \ldots\}$	: Menge der *ganzen Zahlen*
$\mathbb{R}$	$= (-\infty, \infty)$	: Menge der *reellen Zahlen*
$\emptyset$		: *leere* Menge

Für den weiteren Umgang mit Mengen ist eine Reihe von Notationen, Abkürzungen und ergänzenden Definitionen notwendig. Diese seien zunächst nachstehend zusammengefasst, bevor sie anhand von Venn-Diagrammen und Beispielen veranschaulicht werden.

Grundlegende Begriffe der Mengenlehre

1. Die Eigenschaft „x ist ein *Element* der Menge A" stellt man in Zeichen dar als: $x \in A$; sonst $x \notin A$.
2. A ist *Teilmenge* von B, i.Z.: $A \subset B$, wenn jedes Element von A auch in B ist.
3. Die *Schnittmenge* $A \cap B$ ist die Menge aller Elemente, die sowohl in A als auch in B sind; i.Z.: $A \cap B = \{x : x \in A \textbf{ und } x \in B\}$.
4. Die *Vereinigungsmenge* $A \cup B$ ist die Menge aller Elemente, die in A oder B sind; i.Z.: $A \cup B = \{x : x \in A \textbf{ oder } x \in B\}$.
5. Die *Differenzmenge* $A \setminus B$ ist die Menge aller Elemente, die in A aber nicht in B sind; i.Z.: $A \setminus B = \{x : x \in A \textbf{ und } x \notin B\}$.
6. Für $A \subset \Omega$ ist die *Komplementärmenge* $\overline{A}$ von A bzgl. Ω die Menge aller Elemente von Ω, die nicht in A sind, i.Z.: $\overline{A} = \Omega \setminus A$.
7. Die *Potenzmenge* $\mathcal{P}(\mathcal{A})$ ist die Menge aller Teilmengen von $\mathcal{A}$; i.Z.: $\mathcal{P}(\mathcal{A}) = \{\mathcal{M} : \mathcal{M} \subset \mathcal{A}\}$.
8. Die *Mächtigkeit von* A gibt an, wieviele Elemente in A enthalten sind; i.Z.: $|A| = \#\{x : x \in A\}$. Dabei steht das Symbol „#" für „Anzahl".

Venn-Diagramm   Mengenoperationen lassen sich am anschaulichsten in einem *Venn-Diagramm* darstellen. Dieses besteht aus einem Kasten, in dem die Mengen als Kreise oder Ellipsen dargestellt werden. Der Kasten stellt dabei eine u.U. fiktive Menge dar, von der die in dem Kasten gezeichneten Mengen Teilmengen sind.

Beispiel 4.2   Mengenoperationen

Seien im Folgenden Ω = {CDU/CSU, SPD, FDP, Bündnis 90/Die Grünen, Linke, AfD, Sonstige}, A = {CDU/CSU, SPD, FDP, Bündnis 90/Die Grünen, Linke, AfD}, B = {CDU/CSU, SPD, FDP}, C = {SPD, FDP, Bündnis 90/Die Grünen}. (Die nachfolgende Nummerierung bezieht sich auf die oben aufgeführten grundlegenden Begriffe der Mengenlehre.)

Zu 1. Für das Element x = Bündnis 90/Die Grünen gilt: $x \in C$, aber $x \notin B$.

Zu 2. Es gilt $B \subset A$; im Venn-Diagramm:

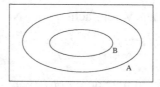

Allgemein gilt: $\emptyset \subset A, A \subset A$.

Zu 3. Die Schnittmenge $B \cap C$ ergibt sich zu $B \cap C$ = {SPD, FDP}; im Venn-Diagramm:

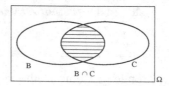

Allgemein gilt: $A \subset B \Rightarrow A \cap B = A$,
insbesondere : $A \cap A = A$, $A \cap \emptyset = \emptyset$.

Zu 4. Die Vereinigung $B \cup C$ ergibt sich als $B \cup C = \{$CDU/CSU, SPD, FDP, Bündnis 90/Die Grünen$\}$; im Venn-Diagramm:

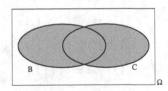

Allgemein gilt: $A \subset B \Rightarrow A \cup B = B$,
insbesondere : $A \cup A = A$, $A \cup \emptyset = A$.

Zu 5. Die Differenzmenge $B \backslash C$ ist gegeben als $B \backslash C = \{$CDU/CSU$\}$; im Venn-Diagramm:

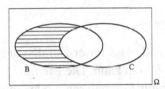

Allgemein gilt: $A \cap B = \emptyset \Rightarrow A \backslash B = A$,
$A \subset B \Rightarrow A \backslash B = \emptyset$.

Zu 6. Die Komplementärmenge $\overline{B} = \Omega \backslash B$ ist in diesem Beispiel $\overline{B} = \{$Bündnis 90/Die Grünen, Linke, AfD, Sonstige$\}$; im Venn-Diagramm:

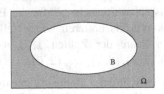

Zu 7. Die Potenzmenge $\mathcal{P}(\mathcal{B})$ resultiert hier in $\mathcal{P}(\mathcal{B}) = \{\emptyset$, B, $\{$CDU/CSU$\}$, $\{$SPD$\}$, $\{$FDP$\}$, $\{$CDU/CSU, SPD$\}$, $\{$CDU/CSU, FDP$\}$, $\{$SPD, FDP$\}\}$.
An dieser Darstellung wird deutlich, dass die Elemente einer Potenzmenge selbst wieder Mengen sind.

Zu 8. Da B drei Parteien enthält, ist $|B| = 3$.   □

Des Weiteren sind einige Rechenregeln von Bedeutung, deren Gültigkeit man sich leicht anhand von Venn-Diagrammen überlegen kann.

Rechenregeln für Mengen

1. Kommutativgesetze	:	$A \cap B = B \cap A$, $A \cup B = B \cup A$,
2. Assoziativgesetze	:	$(A \cap B) \cap C = A \cap (B \cap C)$,
		$(A \cup B) \cup C = A \cup (B \cup C)$,
3. Distributivgesetze	:	$(A \cup B) \cap C = (A \cap C) \cup (B \cap C)$,
		$(A \cap B) \cup C = (A \cup C) \cap (B \cup C)$,
4. De Morgansche Regeln	:	$\overline{(A \cup B)} = \overline{A} \cap \overline{B}$,
		$\overline{(A \cap B)} = \overline{A} \cup \overline{B}$.

5. Aus $A \subset B$ folgt: $\overline{B} \subset \overline{A}$.

6. Für die Differenzmenge $A \backslash B$ gilt: $A \backslash B = A \cap \overline{B}$.

4.1.2 Zufallsereignisse

Ergebnis,
Ergebnisraum

Wir betrachten zunächst den Fall, dass unser Zufallsvorgang nur zu endlich vielen möglichen *Ergebnissen* $\omega_1, \ldots, \omega_n$ führen kann. Die Menge $\Omega = \{\omega_1, \ldots, \omega_n\}$, die diese Ergebnisse umfasst, bezeichnen wir mit *Ergebnisraum* oder *-menge* bzw. *Stichprobenraum*.

Beispiel 4.3   Ergebnisraum

(a) Ein einfaches Beispiel für ein Zufallsexperiment ist das Werfen einer Münze. Als Ergebnis interessiert uns die Seite, die nach oben zeigt. Damit ist der Ergebnisraum Ω gegeben als $\Omega = \{$Zahl, Wappen$\}$.

(b) Wirft man einen Würfel einmal und interessiert sich für die Zahl, die oben liegt, erhält man als Ergebnisraum die Menge $\Omega = \{1, 2, \ldots, 6\}$, wobei die Elemente keine Zahlen sind, sondern Ergebnisse des Zufallsexperiments. Beispielsweise steht „2" für das Ergebnis „Die 2 liegt oben".

Beim zweimaligen Werfen eines Würfels notieren wir jeweils die Zahl, die oben liegt. In diesem Fall bilden alle möglichen Paare der Zahlen $1, \ldots, 6$ den Ergebnisraum Ω, d.h. $\Omega = \{(1, 1), (1, 2), (1, 3), (1, 4), (1, 5), (1, 6), (2, 1), \ldots, (2, 6), \ldots, (6, 6)\}$.

(c) Für die Mietspiegelerstellung besteht der Zufallsvorgang in dem zufälligen Ziehen einer Wohnung aus allen mietspiegelrelevanten Wohnungen. Diese stellen dementsprechend den Ergebnisraum dar.

(d) Das Schreiben einer Klausur kann ebenfalls als Zufallsvorgang angesehen werden. Ist die erreichte Punktzahl von Interesse, so ergibt sich bei einer maximal erreichbaren Punktzahl von 100 der Ergebnisraum Ω als $\Omega = \{0, 1, 2, \ldots, 100\}$.

(e) Werden Sachverständige zur Beurteilung der Konjunkturentwicklung im nächsten Jahr befragt, so lässt sich auch das Ergebnis der subjektiven Einschätzung der Sachverständigen als Ausgang eines Zufallsvorgangs ansehen. Der Ergebnisraum besteht in diesem Fall aus den Ergebnissen „$+$" = Aufschwung, „$=$" = unveränderte Konjunkturlage, „$-$" = negative Konjunkturentwicklung, d.h. $\Omega = \{+, =, -\}$. Völlig analog lässt sich der IFO-Konjunkturtest behandeln. Auch hier wird die subjektive Vermutung der teilnehmenden Unternehmen erfasst.

$\square$

In vielen Fragestellungen interessieren neben den Ergebnissen selbst bestimmte Zusammenfassungen davon. Dies lässt sich gut am Beispiel 4.3(d) erläutern. Für die meisten Studierenden ist die genaue Punktzahl, die sie in der Klausur erreicht haben, gar nicht so relevant; entscheidend ist, ob sie bestanden haben oder nicht. Nehmen wir an, man bräuchte mindestens 40 Punkte zum Bestehen, so ließen sich die Ergebnisse zusammenfassen zu $\{0, 1, \ldots, 39\}$ und $\{40, 41, \ldots, 100\}$, wobei eine Punktzahl, die Element der ersten Menge ist, „nicht-bestanden" und entsprechend eine Punktzahl der zweiten Menge „bestanden" bedeutet. Aber auch die Konzentration auf die Augensumme beim zweimaligen Werfen eines Würfels liefert eine solche Zusammenfassung von Ergebnissen, in diesem Fall der gewürfelten Zahlenpaare zu ihrer Summe. Allgemein nennt man Zusammenfassungen von Ergebnissen eines Zufallsvorgangs *(Zufalls-)Ereignisse*. Ereignisse sind also Teilmengen des Ergebnisraums $\Omega = \{\omega_1, \ldots, \omega_n\}$. Die einelementigen Teilmengen $\{\omega_1\}, \ldots, \{\omega_n\}$, also die Ergebnisse, heißen *Elementarereignis*. Damit sind die einzelnen möglichen Punktzahlen in dem obigen Beispiel die Elementarereignisse.

Zufallsereignis

Elementarereignis

Zufallsereignisse

Der *Ergebnisraum* $\Omega = \{\omega_1, \ldots, \omega_n\}$ ist die Menge aller Ergebnisse $\omega_i, i = 1, \ldots, n$, eines Zufallsvorgangs. Teilmengen von Ω heißen *(Zufalls-)Ereignisse*. Die einelementigen Teilmengen von Ω, d.h. $\{\omega_1\}, \ldots, \{\omega_n\}$ werden als *Elementarereignisse* bezeichnet.

Da sich Ereignisse als Mengen schreiben lassen, kann das Eintreten von Ereignissen über entsprechende Mengenoperationen formuliert werden. So sagt man „Das Ereignis A tritt ein", wenn das Ergebnis ω des Zufallsvorgangs in A liegt, also $\omega \in A$ gilt. In unserem Beispiel hätte ein Student bestanden, wenn seine erreichte Punktzahl in der Menge $\{40, 41, \ldots, 100\}$ liegt. Entsprechend heißt es „A tritt nicht ein", wenn das *Komplementärereignis* $\overline{A}$ eintritt, d.h., das Ergebnis ω des Zufallsvorgangs liegt nicht in A, also $\omega \notin A$. Entspricht A der leeren Menge, so ist A ein *unmögliches Ereignis*. Stimmt A mit dem gesamten Ergebnisraum Ω überein, so tritt A *sicher* ein. Kann A oder B eintreten in dem Sinne, dass entweder A oder B oder auch beide gemeinsam eintreten können, gilt $\omega \in A \cup B$. Wenn sowohl A als auch B eintritt, liegt das Ergebnis ω im Schnitt von A und B, also $\omega \in A \cap B$. Sind A und B sich gegenseitig ausschließende Ereignisse, heißen sie *disjunkt*, und es gilt $A \cap B = \emptyset$.

Komplementärereignis

unmögliches Ereignis
sicheres Ereignis

disjunkt

Diese Begriffe seien im Folgenden illustriert anhand eines einfachen Beispiels.

Einmaliges Werfen eines Würfels

Beispiel 4.4

Für dieses Zufallsexperiment bildet $\Omega = \{1, 2, 3, 4, 5, 6\}$ das sichere Ereignis, da eine Zahl von 1 bis 6 mit Sicherheit geworfen wird.

Dem Ereignis „Eine gerade Zahl wird geworfen" entspricht die Menge $A = \{2, 4, 6\}$ und dem Ereignis „Eine Zahl kleiner oder gleich 2 wird geworfen" gerade die Menge $B = \{1, 2\}$. Zur Menge $\overline{B} = \{3, 4, 5, 6\}$ gehört das Ereignis „Eine Zahl größer als 2 wird geworfen". „Eine 1 wird geworfen" ist ein Beispiel für ein Elementarereignis. Das Ereignis „Eine 7 wird geworfen" ist ein unmögliches Ereignis und entspricht der leeren Menge.

Zu dem Ereignis „Es wird eine gerade Zahl oder eine Zahl kleiner oder gleich 2 geworfen"
gehört die Vereinigungsmenge $A \cup B = \{1, 2, 4, 6\}$, während das Ereignis „Es wird eine gerade
Zahl geworfen, die größer als 2 ist" durch die Schnittmenge $A \cap \overline{B} = \{4, 6\}$ wiedergegeben wird. $\square$

4.1.3 Wahrscheinlichkeiten

Vor der Durchführung eines Zufallsvorgangs ist es ungewiss, welches Ereignis eintritt.
Trotzdem ist man bestrebt, sich auf die verschiedenen Möglichkeiten einzustellen, die eintreten können. Dazu versucht man, die Chance für das Eintreten eines bestimmten Ereignisses $A \subset \Omega$ durch eine Zahl zu bewerten. Nehmen wir die einfache Situation einer Losbude
auf dem Münchner Oktoberfest. Wir wissen, dass in dem Körbchen mit den Losen 25 Gewinne und 75 Nieten sind. Die Chance, beim Ziehen eines Loses einen Gewinn zu haben,
ist dementsprechend $1 : 3$. Zieht man nun vier Lose, so würde man einen Gewinn darunter
erwarten. Wollte man „sicher" gehen, so könnte man natürlich alle Lose in dem Körbchen
kaufen. In diesem Fall hätte man mit $100\,\%$iger Sicherheit einen Gewinn. Zieht man erneut
nur ein einzelnes Los, so ist es sicher, entweder einen Gewinn oder eine Niete zu ziehen.
Das Eintreten eines Gewinns allein bewertet man mit $1/4$, das Eintreten einer Niete mit $3/4$.
Die Summe der beiden Einzelbewertungen ergibt wieder 1. Die letztgenannte Eigenschaft
lässt sich noch weiter verallgemeinern. Sie ist Teil der sogenannten *Axiome von Kolmogo-*
Axiome von *roff*. Diese Axiome beinhalten Anforderungen an die Zahlenzuordnung zur Bewertung der
Kolmogoroff Chancen für das Eintreten eines Ereignisses. Werden diese Axiome von gewissen Zahlenzu-
ordnungen erfüllt, so heißen diese zugeordneten Zahlen *Wahrscheinlichkeiten*. In Zeichen
Wahrschein- wird die Wahrscheinlichkeit für das Eintreten eines Ereignisses A durch $P(A)$ dargestellt.
lichkeiten Dabei resultiert das Symbol P von dem englischen Ausdruck für Wahrscheinlichkeit „probability". Mit dieser Schreibweise können die von dem russischen Mathematiker Andrej
Kolmogoroff $(1903 - 1987)$ erstmals formulierten Axiome für Wahrscheinlichkeiten angegeben werden. Diese beinhalten, nur allgemein formuliert, die Eigenschaften von Wahrscheinlichkeiten, die wir uns anhand des Losbudenbeispiels bereits überlegt haben.

Axiome von Kolmogoroff

(K1) $P(A) \geq 0$.

(K2) $P(\Omega) = 1$.

(K3) Falls $A \cap B = \emptyset$, so ist $P(A \cup B) = P(A) + P(B)$.

Das erste Axiom von Kolmogoroff besagt, dass Wahrscheinlichkeiten stets größer oder
gleich null sind. Die Wahrscheinlichkeit von null muss dabei zugelassen werden, um die
Möglichkeit zu haben, auch Ereignisse, die unmöglich eintreten können, mit einer bestimmten Wahrscheinlichkeit zu bewerten. Dem sicheren Ereignis Ω wird die Wahrscheinlichkeit
1 zugewiesen. Schließen sich zwei Ereignisse A und B gegenseitig aus, d.h. sind sie disjunkt, etwa $A = $ Gewinn, $B = $ Niete, so ist nach dem dritten Axiom die Wahrscheinlichkeit
für ihre Vereinigung als Summe ihrer Einzelwahrscheinlichkeiten berechenbar.

Die Wahrscheinlichkeit P von Ereignissen lässt sich als Abbildung auffassen. Dabei ordnet P jedem Ereignis A, das eine Teilmenge von Ω ist, eine Zahl zwischen 0 und 1 zu, also:

$$P : \{A : A \subset \Omega\} \rightarrow [0,1]$$
$$A \mapsto P(A)$$

Man nennt P dann ein *Wahrscheinlichkeitsmaß* auf dem Mengensystem $\{A : A \subset \Omega\}$.

Wahrschein-lichkeitsmaß

Zwischen relativen Häufigkeiten und Wahrscheinlichkeiten lassen sich Verbindungen herstellen, die zum einen als Motivation für die Axiome von Kolmogoroff angesehen werden können und zum anderen den *objektivistischen Wahrscheinlichkeitsbegriff* begründen. Dieser objektivistische Wahrscheinlichkeitsbegriff basiert auf einer Häufigkeitsinterpretation der Wahrscheinlichkeit. Bei einem Zufallsexperiment geht man davon aus, dass es beliebig oft wiederholt werden kann. Ermittelt man nun bei n unabhängigen Wiederholungen dieses Experiments jeweils die relative Häufigkeit eines Ereignisses A, so lässt sich die Wahrscheinlichkeit für das Eintreten von A als den Wert ansehen, bei dem sich die relative Häufigkeit von A mit wachsendem n stabilisiert. Auf diesen Aspekt werden wir später noch einmal eingehen. Diesem Wahrscheinlichkeitsbegriff steht die subjektive Auffassung von Wahrscheinlichkeiten gegenüber, bei der die Wahrscheinlichkeit für das Eintreten eines Ereignisses A von der jeweiligen Person festgelegt wird. Bei derartigen subjektiven Bewertungen können also ein und demselben Ereignis verschiedene Wahrscheinlichkeiten zugeordnet werden. Die Analogie des Wahrscheinlichkeitsbegriffs zu den relativen Häufigkeiten bietet eine Reihe von Vorteilen. So lassen sich unter anderem die für die relativen Häufigkeiten bekannten Rechenregeln auch auf Wahrscheinlichkeiten übertragen. Dies wird deutlich, wenn man noch einmal auf die Axiome von Kolmogoroff zurückkommt und deren „Gültigkeit" für die relativen Häufigkeiten überprüft.

objektiver Wahr-scheinlichkeits-begriff

Motivation der Axiome von Kolmogoroff

Beispiel 4.5

Zur Motivation der Axiome betrachten wir das Zufallsexperiment des einmaligen Werfen eines Würfels. Es interessiert die Zahl, die bei dem Würfel oben liegt. Der Ergebnisraum Ω ist also $\Omega = \{1, 2, 3, 4, 5, 6\}$. Das Experiment wurde 1000-mal unabhängig voneinander wiederholt und die relativen Häufigkeiten $f_1, \ldots, f_6$ für das Auftreten der Zahlen $1, \ldots, 6$ wurden ermittelt. Damit sind $f_1, \ldots, f_6$ die relativen Häufigkeiten der Elementarereignisse. Aus den vertrauten Rechenregeln für relative Häufigkeiten (vgl. Kapitel 2) weiß man, dass daraus die relative Häufigkeit eines beliebigen Ereignisses A berechenbar ist, etwa für

$$A = \{\text{eine Zahl} \leq 3 \text{ liegt oben}\} = \{\omega : \omega \leq 3\} = \{1, 2, 3\}$$
$$\text{als} \quad f(A) = f_1 + f_2 + f_3 \, ,$$
$$\text{d.h. allgemein} \quad f(A) = \sum_{i \in A} f_i \, .$$

Nachdem wir uns diese Regel vergegenwärtigt haben, überprüfen wir nun die „Gültigkeit" der Axiome von Kolmogoroff:

(K1) Da

$$f(A) = \sum_{i \in A} f_i \geq 0$$

ist dieses „Axiom" offensichtlich erfüllt, da relative Häufigkeiten stets größer oder gleich null sind.

(K2) Da

$$f(\Omega) = f(\{1, 2, 3, 4, 5, 6\})$$
$$= f(\{\text{eine Zahl zwischen 1 und 6 liegt oben}\})$$
$$= f_1 + f_2 + f_3 + f_4 + f_5 + f_6 = 1\,,$$

gilt auch das zweite „Axiom", da die Summe aller relativen Häufigkeiten stets 1 ergibt.

(K3) Sei $A \cap B = \emptyset$, dann gilt:

$$f(A \cup B) = \sum_{i \in A \cup B} f_i = \sum_{i \in A} f_i + \sum_{i \in B} f_i = f(A) + f(B)\,.$$

Betrachten wir etwa die disjunkten Ereignisse $A = \{1, 2\}$, $B = \{3, 4\}$, dann gilt $A \cup B = \{1, 2, 3, 4\}$ und weiterhin:

$$f(A) = f_1 + f_2\,, \quad f(B) = f_3 + f_4\,, \quad f(A \cup B) = f_1 + f_2 + f_3 + f_4\,.$$

Somit ist dieses dritte „Axiom" auch erfüllt, denn

$$f(A \cup B) = f_1 + f_2 + f_3 + f_4 = f(A) + f(B)\,.$$

Machen wir uns an diesem Beispiel zudem klar, dass für die Gültigkeit dieses Axioms i.Allg. nicht auf die Voraussetzung der Disjunktheit verzichtet werden kann: Seien $A = \{1, 2, 3\}$ und $B = \{3, 4\}$. Dann ist die Schnittmenge von A und B nicht leer, $A \cap B = \{3\}$, d.h. A und B sind nicht disjunkt. Betrachten wir erneut $A \cup B = \{1, 2, 3, 4\}$, so gilt:

$$f(A \cup B) = f_1 + f_2 + f_3 + f_4 \neq f(A) + f(B)\,, \quad \text{da}$$
$$f(A) = f_1 + f_2 + f_3 \quad \text{und} \quad f(B) = f_3 + f_4 \quad \text{und somit}$$
$$f(A) + f(B) = f_1 + f_2 + 2f_3 + f_4\,.$$

$\square$

Rechenregeln Aus den Axiomen von Kolmogoroff lassen sich nun die (für relative Häufigkeiten bereits vertrauten) *Rechenregeln* auch für Wahrscheinlichkeiten ableiten:

Rechenregeln für Wahrscheinlichkeiten

Sei Ω ein Ergebnisraum, dann gilt:

1. $0 \leq P(A) \leq 1$ für $A \subset \Omega$,
2. $P(\emptyset) = 0$,
3. $P(A) \leq P(B)$, falls $A \subset B$ und $A, B \subset \Omega$,
4. $P(\overline{A}) = 1 - P(A)$ mit $\overline{A} = \Omega \setminus A$,
5. $P(A_1 \cup A_2 \cup \ldots \cup A_k) = P(A_1) + P(A_2) + \ldots + P(A_k)$, falls $A_1, A_2, \ldots, A_k$ paarweise disjunkt und $A_i \subset \Omega$, $i = 1, \ldots, k$,
6. $P(A \cup B) = P(A) + P(B) - P(A \cap B)$.

Die Richtigkeit dieser Regeln kann man leicht nachprüfen:

Zu 1. Nach (K2) gilt: $P(\Omega) = 1$. Aus $\Omega = A \cup \overline{A}$ folgt damit nach (K3):

$$1 = P(\Omega) = P(A \cup \overline{A}) = P(A) + P(\overline{A}),$$

wobei $P(A)$ und $P(\overline{A})$ nach (K1) jeweils größer gleich null sind und somit die erste Regel erfüllt ist.

Zu 2. Wieder beginnen wir mit (K2):

$$1 = P(\Omega) = P(\Omega \cup \emptyset) = P(\Omega) + P(\emptyset).$$

Damit kann $P(\emptyset)$ nur gleich null sein.

Zu 3. Da $A \subset B$, lässt sich B schreiben als $B \backslash A \cup A$, woraus folgt:

$$P(B) = P(B \backslash A) + P(A).$$

Da zudem $P(B \backslash A) \geq 0$, gilt:

$$P(A) \leq P(B).$$

Zu 4. Da $\Omega = A \cup \overline{A}$ und $P(\Omega) = 1$, folgt:

$$P(A) + P(\overline{A}) = 1$$

und daraus die vierte Rechenregel.

Zu 5. Diese ergibt sich als direkte Verallgemeinerung aus (K3). Zur Veranschaulichung betrachten wir das folgende Venn-Diagramm, in dem drei paarweise disjunkte Mengen A_1, A_2, A_3 dargestellt sind.

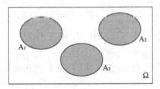

Man erkennt deutlich, dass sich die Fläche der Vereinigung dieser drei Mengen als Summe der Einzelflächen ergibt, was in Analogie zur Wahrscheinlichkeit der Vereinigung steht, die als Summe der Einzelwahrscheinlichkeiten ermittelt werden kann.

Zu 6. Seien $A, B \subset \Omega$, dann gilt: $A \backslash B$, $A \cap B$ und $B \backslash A$ sind paarweise disjunkte Ereignisse, wie man sich leicht anhand eines Venn-Diagramms überlegt. Damit gilt für die entsprechenden Wahrscheinlichkeiten:

$$P(A) = P((A \backslash B) \cup (A \cap B)) = P(A \backslash B) + P(A \cap B),$$
$$P(B) = P((B \backslash A) \cup (A \cap B)) = P(B \backslash A) + P(A \cap B) \quad \text{und}$$
$$P(A \cup B) = P((A \backslash B) \cup (A \cap B) \cup (B \backslash A)) = P(A \backslash B) + P(A \cap B) + P(B \backslash A).$$

Daraus ergibt sich direkt

$$P(A) + P(B) = P(A \backslash B) + P(A \cap B) + P(B \backslash A) + P(A \cap B) = P(A \cup B) + P(A \cap B)$$

Additionssatz   und damit die Regel (6):

$$P(A \cup B) = P(A) + P(B) - P(A \cap B).$$

Im Gegensatz zum Venn-Diagramm, das die fünfte Rechenregel veranschaulicht, erkennt man in dem folgenden Venn-Diagramm, dass die Fläche der Vereinigung der beiden Mengen A und B nicht einfach als Summe der beiden einzelnen Flächen berechnet werden kann, da in diesem Fall die Fläche der Schnittmenge von A und B zweimal eingehen würde.

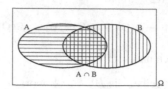

Da die letzte Regel, der sogenannte *Additionssatz*, von besonderer Bedeutung ist, sei ihre Anwendung an dem folgenden Beispiel kurz illustriert.

Beispiel 4.6   Additionssatz

Betrachten wir erneut die Mengen B = {CDU/CSU, SPD, FDP} und C = {SPD, FDP, Bündnis 90/Die Grünen}, vgl. Beispiel 4.2 (Seite 168). Nach einer bundesweiten Umfrage vom Dezember 2015 (Quelle: infratest dimap) betragen die Wahrscheinlichkeiten für eine Wahl der CDU/CSU 0.38, für die SPD 0.24, für die FDP 0.04 und für die Wahl von Bündnis 90/Die Grünen 0.10. Daraus lässt sich $P(B)$ analog zu den relativen Häufigkeiten berechnen als

$$P(B) = 0.38 + 0.24 + 0.04 = 0.66.$$

Entsprechend gilt für $P(C)$:

$$P(C) = 0.24 + 0.04 + 0.10 = 0.38.$$

Da $B \cup C$ ={CDU/CSU, SPD, FDP, Bündnis 90/Die Grünen}, ergibt sich für $P(B \cup C)$:

$$P(B \cup C) = 0.38 + 0.24 + 0.04 + 0.10 = 0.76.$$

Da die Wahrscheinlichkeit von $B \cap C$ = {SPD, FDP} gegeben ist als

$$P(B \cap C) = 0.24 + 0.04 = 0.28,$$

erhält man insgesamt

$$P(B \cup C) = 0.76 = 0.66 + 0.38 - 0.28 = P(B) + P(C) - P(B \cap C).$$

□

Im obigen Beispiel haben wir bereits ausgenutzt, dass sich Wahrscheinlichkeiten für Ereignisse im Fall endlicher Grundgesamtheiten als Summe der Wahrscheinlichkeiten der zugehörigen Elementarereignisse berechnen lassen. Die folgenden Rechenregeln beschreiben diesen Zusammenhang allgemein.

> **Berechnung der Wahrscheinlichkeit für das Eintreten eines Ereignisses A**
>
> Sei $A \subset \Omega$, Ω endlich, und seien die Elementarereignisse bezeichnet mit $\{\omega_1\}, \ldots, \{\omega_n\}$, dann gilt
>
> $$P(\{\omega_i\}) \geq 0, \quad i = 1, \ldots, n,$$
> $$P(\Omega) = P(\{\omega_1\}) + \ldots + P(\{\omega_n\}) = 1,$$
> $$P(A) = \sum_{\omega \in A} P(\{\omega\}).$$
>
> Schreibweise: $P(\{\omega\}) = p_\omega, \omega \in \Omega$.

Wie sich leicht nachprüfen lässt, sind diese Rechenregeln im Fall endlicher Grundgesamtheiten äquivalent zu den Axiomen von Kolmogoroff.

Neben der Übertragbarkeit der Rechenregeln liegt ein weiterer Vorteil der *Analogie zwischen relativen Häufigkeiten und Wahrscheinlichkeiten* darin, dass sich bei endlichen Grundgesamtheiten relative Häufigkeiten unter Umständen als Wahrscheinlichkeiten interpretieren lassen. Beträgt der Anteil der Frauen in einer bestimmten Population z.B. 51 % und der der Männer 49 %, so kann man sagen, dass mit einer Wahrscheinlichkeit von 0.51 eine zufällig ausgewählte Person weiblich ist. Entsprechend wird mit einer Wahrscheinlichkeit von 0.49 zufällig eine männliche Person ausgewählt. Im Beispiel 4.6 wurde diese Tatsache bereits ausgenutzt. Dort wurden die ermittelten Wähleranteile als Wahrscheinlichkeiten für die Wahl der einzelnen Parteien interpretiert. Außerdem dienen relative Häufigkeiten auch zur Schätzung von Wahrscheinlichkeiten für das Eintreten von Ereignissen, falls diese unbekannt sind (vgl. auch Kapitel 9).

Analogien

4.2 Zur empirischen Interpretation von Wahrscheinlichkeiten

Die Wahrscheinlichkeitsrechnung hat vermutlich ihren Ursprung beim Glücksspiel und zwar beim Berechnen von Chancen für einen Gewinn. Dabei gilt als erste mathematische Auseinandersetzung mit Wahrscheinlichkeiten der berühmte Briefwechsel zwischen den französischen Mathematikern Blaise Pascal (1623 − 1662) und Pierre de Fermat (1601 − 1665), der aus einer Anfrage des Chevaliers de Méré 1654 an Pascal nach den Gewinnchancen beim Würfelspiel entstand. Die Antworten von Pascal und Fermat wurden anschließend von dem holländischen Mathematiker Christiaan Huygens (1629 − 1695) erweitert und in seinem 1657 erschienenen Buch über Wahrscheinlichkeitsrechnung „De ratiociniis in alea ludo" veröffentlicht. Im Jahr 1713 erscheint das Buch „Ars conjectandi" von Jakob Bernoulli (1654 − 1705), zu dessen Inhalt unter anderem die Binomialverteilung (vgl. Abschnitt 5.3.1) und das Gesetz der großen Zahlen (vgl. Abschnitt 7.1.1) gehören. Schließlich sind als frühe Werke noch das 1718 erschienene Buch von Abraham de Moivre (1667 − 1754) zu nennen, in dem eine Beziehung zwischen der Binomial- und der Normalverteilung hergestellt wird, und die Arbeit des englischen Geistlichen Thomas Bayes

Laplace-Wahr-
scheinlichkeit

(1702−1761). Der in der letztgenannten Arbeit veröffentlichte und nach dem Autor benannte Satz von Bayes wird am Ende dieses Abschnitts behandelt. All diesen Arbeiten liegt der
klassische Wahrscheinlichkeitsbegriff zugrunde, der auch als *Laplace-Wahrscheinlichkeit*
bekannt ist. Für die Definition der Laplace-Wahrscheinlichkeit wird ausgenutzt, dass es bei
endlichen Grundgesamtheiten genügt, die Wahrscheinlichkeiten aller Elementarereignisse
zu kennen, um die Wahrscheinlichkeit für das Eintreten beliebiger Ereignisse A berechnen
zu können.

4.2.1 Die Laplace-Wahrscheinlichkeit

Laplace-
Experiment

Laplace-Wahr-
scheinlichkeit

Bei Glücksspielen ist es häufig gerechtfertigt, davon auszugehen, dass alle möglichen Ausgänge eines solchen Spiels mit gleicher Wahrscheinlichkeit eintreten können. Kann man
für ein beliebiges Zufallsexperiment annehmen, dass alle Elementarereignisse gleichwahrscheinlich sind, so nennt man ein solches Experiment ein *Laplace-Experiment* nach dem
französischen Mathematiker Pierre Simon Marquis de Laplace (1749 − 1827). Dieser definierte die Wahrscheinlichkeit für das Eintreten eines Ereignisses A in dem Fall, dass Ω
endlich ist, über die folgende Berechnungsart: Man dividiere die Anzahl der für A günstigen Ergebnisse eines Zufallsexperiments durch die Anzahl aller möglichen Ergebnisse.
Dabei spricht man von einem für A günstigen Ergebnis, wenn A eintritt. Vorausgesetzt für
diese Art der Berechnung von Wahrscheinlichkeiten ist die oben bereits erwähnte Gleichwahrscheinlichkeit der Elementarereignisse, unter der sich die Wahrscheinlichkeit eines
Elementarereignisses gerade als 1 dividiert durch die Mächtigkeit von Ω ergibt, d.h. sei
$\Omega = \{1, \dots, N\}$, dann gilt

$$P(\{j\}) = p_j = \frac{1}{N} = \frac{1}{|\Omega|}, \quad j = 1, \dots, N.$$

Abzählregel

Für die *Laplace-Wahrscheinlichkeit* von A gilt nach den obigen Überlegungen folgende
Abzählregel:

$$P(A) = \frac{\text{Anzahl der für } A \text{ günstigen Ergebnisse}}{\text{Anzahl aller möglichen Ergebnisse}}.$$

Bezeichnen M die Anzahl der für ein beliebiges Ereignis A günstigen Ergebnisse, also
$|A| = M$, und N die Anzahl aller möglichen Ergebnisse eines Zufallsexperiments, also
$|\Omega| = N$, so können wir die folgende Definition der Laplace-Wahrscheinlichkeit festhalten:

Laplace-Wahrscheinlichkeit

In einem Laplace-Experiment gilt für $P(A)$ mit $|A| = M$ und $|\Omega| = N$:

$$P(A) = \frac{|A|}{|\Omega|} = \frac{M}{N}.$$

Zur Illustration dieses Begriffs betrachten wir im Folgenden einige Beispiele.

Beispiel 4.7   **Dreimaliger Münzwurf**

Wir werfen dreimal unabhängig voneinander eine faire Münze und notieren jeweils, ob die Münze
Wappen oder Zahl anzeigt. Der zugehörige Ergebnisraum lautet:

$$\Omega = \{(W, W, W), (W, W, Z), (W, Z, W), (Z, W, W),$$
$$(W, Z, Z), (Z, W, Z), (Z, Z, W), (Z, Z, Z)\}$$

und enthält die acht Ergebnisse dieses Zufallsexperiments, d.h. $|\Omega| = 8$. Da wir vorausgesetzt haben, dass die Münze fair ist, kann dieser Zufallsvorgang als Laplace-Experiment angesehen werden, und es gilt:

$$p_\omega = \frac{1}{8} = \frac{1}{|\Omega|}, \quad \omega \in \Omega.$$

Damit besitzt jedes mögliche Ergebnis die gleiche Wahrscheinlichkeit $1/8$, d.h. dreimal hintereinander Wappen zu erhalten, ist genauso wahrscheinlich wie etwa die Kombination (W, Z, W).

Die Wahrscheinlichkeit für das Ereignis $A = \{$mindestens einmal Wappen$\}$ berechnet sich nun direkt als Quotient der Anzahl der für A günstigen Ergebnisse und der Anzahl aller möglichen Ergebnisse. Da bei sieben Elementarereignissen von Ω mindestens einmal Wappen auftritt, ist $|A| = 7$ und somit

$$P(A) = \frac{7}{8}.$$

Die Wahrscheinlichkeit für das Gegenereignis $\overline{A} = \{$keinmal Wappen$\}$ beträgt $1/8$, denn nach der vierten Rechenregel für Wahrscheinlichkeiten gilt:

$$P(\overline{A}) = 1 - P(A)$$

bzw. aufgrund der Definition der Laplace-Wahrscheinlichkeit:

$$P(\overline{A}) = \frac{|\overline{A}|}{|\Omega|} - \frac{1}{8}.$$

Für das Ereignis $B = \{$genau zweimal Wappen$\}$ gilt:

$$B = \{(W, W, Z), (W, Z, W), (Z, W, W)\},$$

also $|B| = 3$ und damit $P(B) = \frac{3}{8}$. Hier finden wir auch die dritte Rechenregel bestätigt: $B \subset A$, und es gilt:

$$P(B) = \frac{3}{8} \leq \frac{7}{8} = P(A).$$

$\square$

Ziehen mit Zurücklegen

Nehmen wir an, in einer Urne befinden sich sechs Kugeln, zwei rote und vier blaue. Aus dieser Urne ziehen wir nacheinander drei Kugeln, wobei wir uns nach jedem Hineingreifen in die Urne die Farbe der gezogenen Kugel notieren und diese dann in die Urne zurücklegen. Man spricht dann vom *Ziehen mit Zurücklegen*. Würden wir nur einmal in die Urne greifen, wäre der Ergebnisraum gerade die Menge der sechs Kugeln, also $\Omega = \{r_1, r_2, b_1, b_2, b_3, b_4\}$, wobei r_i, $i = 1, 2$, die beiden roten und b_j, $j = 1, 2, 3, 4$, die vier blauen Kugeln bezeichnen. Der Ergebnisraum, den man beim dreimaligen Ziehen mit Zurücklegen erhält, ergibt sich dann aus allen möglichen Kombinationen von drei Kugeln und lässt sich schreiben als $\Omega \times \Omega \times \Omega$. Da wir mit Zurücklegen ziehen, stehen bei jedem Hineingreifen sechs Kugeln zur Verfügung. Die Anzahl aller möglichen Ergebnisse beim Ziehen mit Zurücklegen ist demnach

$$N = 6 \cdot 6 \cdot 6 = 216.$$

Wir interessieren uns nun für die Wahrscheinlichkeit, eine rote und zwei blaue Kugeln zu ziehen. Dieses Ereignis sei bezeichnet mit A. Es tritt ein, wenn beim 1. und 2. Zug eine blaue und beim 3. Zug eine rote gezogen wird oder falls beim 1. Zug eine rote und beim 2. und 3. Zug jeweils eine blaue oder beim 1. und 3. Zug eine blaue und beim 2. Zug eine rote Kugel gezogen wird. Um die Laplace-Wahrscheinlichkeit für dieses Ereignis bestimmen zu können, benötigen wir die Anzahl der für A günstigen Ergebnisse. Dabei haben wir für den ersten Fall im 1. Zug vier Möglichkeiten, eine blaue Kugel zu ziehen, im 2. Zug ebenfalls vier Möglichkeiten und im 3. Zug zwei Möglichkeiten, eine rote Kugel zu ziehen. Damit gibt es für den ersten Fall $4 \cdot 4 \cdot 2 = 32$ günstige Ergebnisse. Man überlegt sich leicht, dass die Anzahl der günstigen Ergebnisse für den zweiten und dritten Fall ebenfalls 32 beträgt, sodass wir insgesamt $32 + 32 + 32 = 96$ günstige Ergebnisse erhalten können. Daraus ergibt sich

$$P(A) = \frac{96}{216} = 0.4\overline{4}.$$

$\square$

Beispiel 4.9   Ziehen ohne Zurücklegen

Betrachten wir erneut die Situation aus Beispiel 4.8 mit dem einzigen Unterschied, dass die Kugeln nicht wieder zurückgelegt werden. Einen solchen Zufallsvorgang bezeichnet man als *Ziehen ohne Zurücklegen*.

Da die Kugeln nicht mehr zurückgelegt werden, ändern sich die Anzahlen sowohl der möglichen als auch der für A günstigen Ergebnisse. Die Mächtigkeit des Ergebnisraums, d.h. die Anzahl der möglichen Ergebnisse, ergibt sich nun als

$$N = 6 \cdot 5 \cdot 4 = 120,$$

da im 1. Zug sechs Kugeln zur Verfügung stehen, im 2. Zug nur noch fünf und im 3. Zug nur noch vier Kugeln. Bei den in Beispiel 4.8 angesprochenen drei unterscheidbaren Fällen für die günstigen Ergebnisse gibt es im ersten Fall beim 1. Zug zwei Möglichkeiten für eine rote Kugel; beim 2. Zug ergeben sich vier Möglichkeiten, eine blaue Kugel zu ziehen. Damit hat man im 3. Zug nur noch drei Möglichkeiten für eine blaue Kugel, sodass es $2 \cdot 4 \cdot 3 = 24$ günstige Ergebnisse gibt. Für den zweiten Fall ergeben sich $4 \cdot 3 \cdot 2 = 24$ günstige Ergebnisse und im dritten Fall $4 \cdot 2 \cdot 3 = 24$. Insgesamt sind 72 Ergebnisse für A günstig, woraus sich

$$P(A) = \frac{72}{120} = 0.6$$

ergibt.

$\square$

Die im obigen Beispiel beschriebenen Zufallsexperimente werden auch als zusammengesetzte Laplace-Experimente bezeichnet, da mehrere Experimente hintereinandergeschaltet werden.

Natürlich kann nicht immer davon ausgegangen werden, dass alle Elementarereignisse gleichwahrscheinlich sind, also ein Laplace-Experiment vorliegt. Zudem ist es nicht immer möglich, die Wahrscheinlichkeiten für bestimmte Ereignisse durch einfaches Auszählen zu bestimmen. Hier sind zusätzliche Überlegungen notwendig, wie insbesondere in Kapitel 5 und 6, aber auch im nächsten Abschnitt ausgeführt wird.

4.2.2 Objektive Wahrscheinlichkeiten als Grenzwert relativer Häufigkeiten

Könnte man stets davon ausgehen, dass die Ergebnisse eines Zufallsexperiments gleichwahrscheinlich sind, so wäre der in Abschnitt 4.2.1 eingeführte Laplacesche Wahrscheinlichkeitsbegriff zur Interpretation von Wahrscheinlichkeiten ausreichend. Dies ist aber nicht der Fall.

Anzahl der Wappen beim dreimaligen Münzwurf | Beispiel 4.10

In der Situation des dreimaligen Münzwurfs aus Beispiel 4.7 (Seite 178) interessiere man sich nun nicht mehr für die expliziten Ergebnisse, sondern lediglich für die Anzahl der geworfenen Wappen. Dies führt zu dem Ergebnisraum $\Omega = \{0, 1, 2, 3\}$. Diese Elementarereignisse sind offensichtlich nicht mehr gleichwahrscheinlich, auch wenn sich hier die zugehörigen Wahrscheinlichkeiten aus denen in Beispiel 4.7 ableiten lassen. Man erhält mit $P(\{i\}) = p_i$

$$p_0 = \frac{1}{8}, \quad p_1 = \frac{3}{8}, \quad p_2 - \frac{3}{8}, \quad p_3 = \frac{1}{8}.$$

□

Könnte man diese Wahrscheinlichkeiten nicht direkt berechnen, so bestünde ein Ausweg darin, wiederholt dreimal eine Münze zu werfen und die jeweiligen relativen Häufigkeiten zu notieren. Führt man das Zufallsexperiment häufig genug durch, so pendelt sich in der Regel die relative Häufigkeit bei dem Wert für die Wahrscheinlichkeit des entsprechenden Ereignisses ein. Zur Verdeutlichung dieser Eigenschaft relativer Häufigkeiten formalisieren wir das beschriebene Vorgehen wie folgt: Man wiederhole ein Zufallsexperiment n-mal unabhängig voneinander, wobei jedes Ereignis A bei jeder Durchführung dieselbe Chance besitzt einzutreten. Bezeichne nun $h_n(A)$ die absolute Häufigkeit der Vorgänge, bei denen A eingetreten ist, und entsprechend $f_n(A)$ die relative Häufigkeit des Eintretens von A bei n Wiederholungen. Das folgende Beispiel veranschaulicht noch einmal dieses Vorgehen.

Wahrscheinlichkeit für das Eintreten von Wappen beim einmaligen Münzwurf | Beispiel 4.11

Wir betrachten das Zufallsexperiment „Werfen einer Münze". Dieses führen wir unabhängig voneinander mehrmals durch und notieren jeweils, ob Wappen oder Zahl eingetreten ist. Zudem wird für jedes n die relative Häufigkeit $f_n(A)$ berechnet, wobei A hier für das Eintreten von Wappen steht. Nehmen wir an, es hätten sich bei einer 20-maligen Durchführung des Experiments die folgenden Ergebnisse gezeigt:

n	1	2	3	4	5
Ergebnis	W	W	Z	W	W
$f_n(A)$	$\frac{1}{1}=1$	$\frac{2}{2}=1$	$\frac{2}{3}=0.67$	$\frac{3}{4}=0.75$	$\frac{4}{5}=0.8$

n	6	7	8	9	10
Ergebnis	Z	Z	W	Z	W
$f_n(A)$	$\frac{4}{6}=0.67$	$\frac{4}{7}=0.57$	$\frac{5}{8}=0.625$	$\frac{5}{9}=0.56$	$\frac{6}{10}=0.6$

n	11	12	13	14	15
Ergebnis	Z	Z	Z	Z	W
$f_n(A)$	$\frac{6}{11}=0.55$	$\frac{6}{12}=0.5$	$\frac{6}{13}=0.46$	$\frac{6}{14}=0.43$	$\frac{7}{15}=0.47$

n	16	17	18	19	20
Ergebnis	Z	W	Z	W	W
$f_n(A)$	$\frac{7}{16}=0.44$	$\frac{8}{17}=0.47$	$\frac{8}{18}=0.44$	$\frac{9}{19}=0.47$	$\frac{10}{20}=0.5.$

Dabei erhält man etwa für $n=9$ den Wert $f_9(A)$ als $0.56=5/9$, da bis einschließlich des 8. Wurfs fünfmal Wappen und im 9. Wurf Zahl eingetreten ist.

Wie man an den relativen Häufigkeiten erkennt (siehe auch Abb. 4.1), pendeln sich diese bei 0.5 ein, wobei dieser Wert gerade der Wahrscheinlichkeit für das Eintreten von Wappen bei einer fairen Münze entspricht. Dies ist bekannt, da das Werfen einer fairen Münze einem Laplace-Experiment

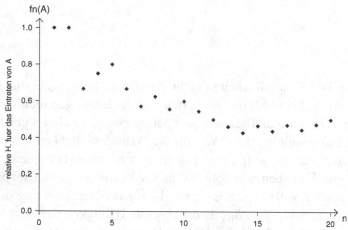

Abbildung 4.1: Relative Häufigkeit $f_n(A)$ des Eintretens von Wappen bei n-maligem Münzwurf

entspricht, und damit Wappen und Zahl gleichwahrscheinlich sind.   □

Wie man an dem obigen Beispiel erkennen kann, stabilisiert sich die Folge der relativen Häufigkeiten $f_n(A)$ mit einer wachsenden Zahl n von Versuchen erfahrungsgemäß um den Wert $P(A)$ (vgl. Abschnitt 7.1). Es lässt sich also empirisch festhalten:

$$f_n(A) \xrightarrow{n\to\infty} P(A)\,.$$

Grenzwert   Damit kommen wir auf die bereits angesprochene Möglichkeit zurück, den *Grenzwert* der relativen Häufigkeiten eines Ereignisses A als Wahrscheinlichkeit von A zu interpretieren.

Problematisch ist dabei, dass die Zahl der Wiederholungen gegen unendlich gehen muss, was praktisch natürlich nicht realisierbar ist. Man kann aber die aus endlichen Stichprobenumfängen ermittelten relativen Häufigkeiten zur Schätzung der entsprechenden unbekannten Wahrscheinlichkeit heranziehen (vgl. Kapitel 9).

4.2.3 Subjektive Wahrscheinlichkeiten

Im Gegensatz zu dem objektiven oder frequentistischen Wahrscheinlichkeitsbegriff begründet sich der *subjektive Wahrscheinlichkeitsbegriff* auf einer persönlichen, also subjektiven Einschätzung des jeweiligen Betrachters. Die Quantifizierung dieser Wahrscheinlichkeit basiert auf einer Art imaginärer Wette, und zwar in dem Sinn, dass sich die jeweilige Person überlegt, zu welchem Verhältnis von Einsatz und Gewinn sie noch bereit wäre, tatsächlich auf das Eintreten eines bestimmten Ereignisses A zu wetten. Dieser „Wettquotient" ist gerade die subjektive Wahrscheinlichkeit für das Eintreten von A. Kommen wir zur Illustration noch einmal auf zwei der unter 4.3 (Seite 170) aufgeführten Beispiele zurück.

subjektiver Wahrscheinlichkeitsbegriff

Subjektiver Wahrscheinlichkeitsbegriff

Beispiel 4.12

(a) Der Unterschied zwischen subjektiver und objektiver Wahrscheinlichkeit lässt sich anhand des Werfens eines Würfels veranschaulichen. Geht man davon aus, dass die Gleichwahrscheinlichkeit der Ergebnisse des Würfelwurfs bedingt durch die physikalisch gesicherte Symmetrie des Würfels eine dem Würfel inhärente Eigenschaft und völlig unabhängig vom jeweiligen Betrachter ist, so ist die Zuweisung der Laplace-Wahrscheinlichkeit von $1/6$ objektiv. Diese Eigenschaft des Würfels ließe sich zudem frequentistisch überprüfen.

Macht der Betrachter aufgrund seiner Kenntnisse die Annahme, dass die geworfenen Zahlen gleichwahrscheinlich sind, so basiert seine Zuweisung auf einer subjektiven Annahme.

(b) Die Beurteilung der Konjunkturentwicklung im nächsten Jahr durch Sachverständige oder auch die Ergebnisse des IFO-Konjunkturtests basieren auf subjektiven Einschätzungen. Legt man $\Omega = \{+,=,-\}$ aus Beispiel 4.3(e) (Seite 170) mit „$+$" = Aufschwung, „$-$" = unveränderte Konjunkturlage, „$-$" = negative Konjunkturentwicklung zugrunde, so sind die subjektiven Wahrscheinlichkeiten $p_+, p_=, p_-$ so festgelegt, dass gilt:

$$ p_+ \geq 0, p_- \geq 0, p_= \geq 0 \quad \text{und} \quad p_+ + p_- + p_= = 1. $$

Eine Häufigkeitsinterpretation ist für diese Wahrscheinlichkeiten unnötig.

$\square$

Weitere Beispiele für subjektive Wahrscheinlichkeiten sind etwa die persönliche Beurteilung von Zinsentwicklungen, vgl. auch Beispiel 4.26 (Seite 201) in Abschnitt 4.7, von Strategien eines Marktkonkurrenten oder auch von Siegchancen einer Fußballmannschaft, vgl. Beispiel 4.23 (Seite 197) in Abschnitt 4.6. Auch wenn die Festlegung subjektiver Wahrscheinlichkeiten aufgrund persönlicher Einschätzungen erfolgt, müssen diese stets die Axiome von Kolmogoroff erfüllen bzw. mit der dazu äquivalenten Charakterisierung konsistent sein. Dies kann man auch bei den bekanntesten Vertretern dieser Wahrscheinlichkeitstheorie, Bruno de Finetti (1906 $-$ 1986) und Leonard J. Savage (1917 $-$ 1971), wiederfinden.

4.3 Zufallsstichproben und Kombinatorik

In Abschnitt 4.2.1 hatten wir gesehen, dass es in bestimmten Fällen möglich ist, Wahrscheinlichkeiten durch Auszählen zu ermitteln, wobei dazu jeweils der Quotient aus der Anzahl der für ein Ereignis A günstigen Ergebnisse und der Anzahl aller möglichen Ergebnisse gebildet wurde. Die beiden Beispiele 4.8 (Seite 179) und 4.9 (Seite 180) zeigten zudem, dass diese Anzahlen davon abhängen, in welcher Weise die Ziehung von Kugeln aus einer Urne vorgenommen wird. Die dort angestellten Überlegungen lassen sich verall-

Zufallsstichprobe gemeinern. Zunächst entspricht die Ziehung von Kugeln aus einer Urne der Ziehung einer *Zufallsstichprobe* aus einer endlichen Grundgesamtheit, d.h. einem dreimaligen Ziehen entspricht eine Stichprobe vom Umfang drei. Dies kann man sich wie folgt veranschaulichen: Die Grundgesamtheit G bestehe aus N Einheiten, also $G = \{1, \ldots, N\}$. Aus dieser Grundgesamtheit soll nun eine Stichprobe vom Umfang n gezogen werden. Dazu abstrahieren wir

Urnenmodell diese Situation als ein *Urnenmodell*. Jeder Einheit der Grundgesamtheit ordnen wir eine nummerierte Kugel E_i, $i = 1, \ldots, N$, zu und denken uns diese in einer Urne. Aus der Urne entnehmen wir n Kugeln. Die gezogenen Kugeln, d.h. das geordnete Tupel $(E_1, \ldots, E_n)$

Stichprobe mit $E_i \in G$, nennt man eine *Stichprobe vom Umfang n*. Dabei erhält man bei jeder Ziehung von n Kugeln aus der Urne typischerweise eine andere Stichprobe. Sind alle mögli-

einfache Zufalls- chen Stichproben gleichwahrscheinlich, so spricht man von *einfachen Zufallsstichproben*.
stichproben Den Begriff der Zufallsstichprobe haben wir bereits im Zusammenhang mit der Diskussion von verschiedenen Möglichkeiten zur Gewinnung von Daten kennengelernt (vgl. Abschnitt 1.4.2). Dabei wurde die einfache Zufallsstichprobe als eine Variante der Stichprobenziehung eingeführt, von der wir jedoch in der Regel ausgehen werden.

> ### Einfache Zufallsstichprobe
>
> Besitzt jede Stichprobe vom Umfang n aus einer Grundgesamtheit vom Umfang N dieselbe Wahrscheinlichkeit gezogen zu werden, so liegt eine *einfache Zufallsstichprobe* vor.

Zur Berechnung von Wahrscheinlichkeiten durch Auszählen ist die Kenntnis der Anzahl aller möglichen Stichproben wichtig. Diese Anzahl hängt, wie die Beispiele 4.8 und 4.9 außerdem gezeigt haben, von der Art der Ziehung ab. Daher werden im Folgenden die in den Beispielen beschriebenen Ziehungsverfahren und die daraus resultierenden Anzahlen möglicher Stichproben allgemein diskutiert. Dazu sind sogenannte *kombinatorische Über-*

Kombinatorik *legungen* erforderlich.

4.3.1 Modell mit Zurücklegen

Beim *Modell mit Zurücklegen* entnimmt man sukzessive eine Kugel, notiert die Nummer und legt sie anschließend in die Urne zurück, vgl. Beispiel 4.8 (Seite 179). Wie viele mögliche Stichproben vom Umfang n können auf diese Weise aus einer Grundgesamtheit vom Umfang N gezogen werden? Dieser Frage gehen wir zunächst in dem folgenden einfachen Beispiel nach.

Ziehen einer Stichprobe vom Umfang $n = 2$ mit Zurücklegen Beispiel 4.13

Man ziehe mit Zurücklegen eine Stichprobe vom Umfang $n = 2$ aus einer Grundgesamtheit vom Umfang $N = 3$. Für die Kugel im 1. Zug gibt es die Möglichkeiten E_1, E_2, E_3. Da die Kugel zurückgelegt wird, gibt es für die Kugel im 2. Zug dieselben Möglichkeiten, sodass insgesamt folgende Stichproben vom Umfang $n = 2$ gezogen werden können:

$$(E_1, E_1), (E_1, E_2), (E_1, E_3),$$
$$(E_2, E_1), (E_2, E_2), (E_2, E_3),$$
$$(E_3, E_1), (E_3, E_2), (E_3, E_3).$$

Dabei bedeutet (E_1, E_3) beispielsweise, dass im 1. Zug die Kugel E_1 und im 2. Zug die Kugel E_3 gezogen wurde. Es gibt also $9 = 3^2$ mögliche Stichproben. $\qquad\square$

Das Ergebnis des obigen Beispiels lässt sich als die folgende allgemeine Regel formulieren: Bei einer Grundgesamtheit vom Umfang N stehen beim Ziehen mit Zurücklegen im 1. Zug N Kugeln zur Verfügung. Da die Kugel nach der Ziehung wieder zurückgelegt wird, stehen im 2. Zug ebenfalls N Kugeln zur Auswahl. Da die Anzahl der zur Verfügung stehenden Kugeln von Zug zu Zug gleich bleibt, gibt es bei einer Ziehung mit Zurücklegen aus einer Grundgesamtheit vom Umfang N also $N \cdot N \cdot \ldots \cdot N = N^n$ mögliche Stichproben vom Umfang n.

> **Modell mit Zurücklegen**
>
> Bei einer Ziehung mit Zurücklegen aus einer Grundgesamtheit vom Umfang N ist die Anzahl der möglichen Stichproben vom Umfang n gegeben als
>
> $$N^n.$$

4.3.2 Modell ohne Zurücklegen

Beim *Modell ohne Zurücklegen* entnimmt man sukzessive eine Kugel, notiert die Nummer und legt sie nicht mehr in die Urne zurück, vgl. Beispiel 4.9 (Seite 180). Zur Bestimmung der Anzahl aller möglichen Stichproben vom Umfang n aus einer Grundgesamtheit vom Umfang N betrachten wir erneut zunächst ein einfaches Beispiel:

Ziehung einer Stichprobe vom Umfang $n = 2$ ohne Zurücklegen Beispiel 4.14

Sei auch hier wieder $N = 3$. Für die erste Kugel gibt es damit drei Möglichkeiten: E_1, E_2, E_3. Da nach der Ziehung der 1. Kugel diese jedoch nicht wieder zurückgelegt wird, bleiben für die 2. Kugel nur noch zwei Möglichkeiten, sodass sich folgende Stichproben ergeben können:

$$(E_1, E_2), (E_1, E_3),$$
$$(E_2, E_1), (E_2, E_3),$$
$$(E_3, E_1), (E_3, E_2).$$

Wenn wir im 1. Zug die Kugel E_1 gezogen haben, bleiben für den 2. Zug nur noch die Kugeln E_2 und E_3. Wir erhalten also insgesamt $3 \cdot 2 = 6$ Stichproben. $\qquad\square$

Die in dem Beispiel ermittelte Anzahl kann wieder verallgemeinert werden: Bei einer Grundgesamtheit vom Umfang N stehen beim Ziehen ohne Zurücklegen im 1. Zug N Kugeln zur Verfügung, im 2. Zug $N-1$ Kugeln, im 3. Zug $N-2$ Kugeln und im n-ten Zug nur noch $N-n+1$ Kugeln. Damit gibt es bei einer Ziehung ohne Zurücklegen aus einer Grundgesamtheit vom Umfang N also $N \cdot (N-1) \cdot \ldots \cdot (N-n+1)$ mögliche Stichproben vom Umfang n. Diese Anzahl kann auch kompakter angegeben werden. Dazu führen wir den Begriff der *Fakultät* ein.

Fakultät

Die *Fakultät* einer natürlichen Zahl k ist definiert als

$$k! = k \cdot (k-1) \cdot (k-2) \cdot \ldots \cdot 2 \cdot 1 .$$

Es gilt:

$$1! = 1, \quad 0! = 1 .$$

Aus dieser Schreibweise folgt

$$N \cdot (N-1) \cdot \ldots \cdot (N-n+1) = \frac{N!}{(N-n)!} ,$$

denn es gilt

$$\frac{N!}{(N-n)!} = \frac{N \cdot (N-1) \cdot \ldots \cdot (N-n+1) \cdot (N-n) \cdot (N-n-1) \cdot \ldots \cdot 2 \cdot 1}{(N-n) \cdot (N-n-1) \cdot \ldots \cdot 2 \cdot 1} ,$$

sodass sich die Terme $(N-n) \cdot (N-n-1) \cdot \ldots \cdot 2 \cdot 1$ in Zähler und Nenner herauskürzen. Somit können wir festhalten:

Modell ohne Zurücklegen

Bei einer Ziehung ohne Zurücklegen aus einer Grundgesamtheit vom Umfang N ist die Anzahl der möglichen Stichproben vom Umfang n gegeben als

$$\frac{N!}{(N-n)!} .$$

4.3.3 Permutationen

Zieht man aus einer Urne alle Kugeln und notiert sich diese in der gezogenen Reihenfolge, so spricht man von einer *Permutation*. Das heißt, eine Permutation ist eine Stichprobe ohne Zurücklegen, bei der der Stichprobenumfang mit dem Umfang der Grundgesamtheit übereinstimmt.

Damit ist hier die Anzahl der möglichen Stichproben gleich der Anzahl der möglichen Anordnungen von N möglichen Objekten unter Berücksichtigung der Reihenfolge, also gerade die Anzahl der Permutationen von N Objekten. Zur Bestimmung dieser Anzahl können wir die Formel aus Abschnitt 4.3.2 heranziehen, wobei lediglich n gleich N gesetzt werden muss, d.h. die Anzahl der Permutationen ist gleich

$$\frac{N!}{(N-N)!} = \frac{N!}{0!} = N!\,.$$

Permutationen

Es gibt $N!$ *Permutationen* von N unterscheidbaren Objekten.

Permutationen

Beispiel 4.15

In einer Schulklasse will der Lehrer vor einer Klausur seine Schüler und Schülerinnen umsetzen. Wie viele Möglichkeiten hat er? Diese Frage lässt sich mit obiger Formel direkt beantworten: Sind nur fünf Kinder in seiner Klasse, so hat er

$$5! = 120$$

Möglichkeiten, die Kinder auf die vorhandenen fünf Plätze zu verteilen. Sind in der Klasse zehn Kinder und stehen diesen zehn Sitzplätze zur Verfügung, so hat der Lehrer bereits

$$10! = 3628800$$

Möglichkeiten, die Kinder zu permutieren. Man sieht deutlich, wie stark die Anzahl der möglichen Permutationen mit der Anzahl der unterscheidbaren Objekte anwächst. □

4.3.4 Modell ohne Zurücklegen und ohne Berücksichtigung der Reihenfolge

Beim *Modell ohne Zurücklegen und ohne Berücksichtigung der Reihenfolge* unterscheidet man im Gegensatz zum Beispiel 4.14 (Seite 185) nicht, ob im 1. Zug E_1 und im 2. Zug E_2 gezogen wird oder umgekehrt. Ein wohlbekanntes praktisches Beispiel für ein solches Modell ist die wöchentliche Ziehung der Lottozahlen, wenn man die Zusatzzahl außer Betracht lässt. Hier spielt die Reihenfolge der gezogenen Kugeln keine Rolle, d.h. die Stichprobe

$$4, 7, 11, 13, 26, 28$$

wird nicht unterschieden von der Ziehung

$$11, 26, 13, 28, 4, 7\,.$$

Das heißt, jede Umordnung oder genauer jede Permutation dieser sechs Zahlen liefert dieselbe Stichprobe. Es ist bekannt, dass es bei n Objekten $n!$ verschiedene Permutationen gibt, d.h. es gibt bei den sechs gezogenen Lottozahlen $6!$ verschiedene Permutationen, die als eine Stichprobe angesehen werden.

Zur Bestimmung der Anzahl aller möglichen einfachen Zufallsstichproben vom Umfang n aus einer Grundgesamtheit vom Umfang N ziehen wir zunächst die Formel zur Herleitung der Anzahl von Stichproben ohne Zurücklegen aus Abschnitt 4.3.2 heran. Diese lautete $\frac{N!}{(N-n)!}$. Da wir aber nun nicht mehr zwischen den $n!$ verschiedenen Permutationen der n Elemente der Stichprobe unterscheiden wollen, müssen wir diese Anzahl noch durch $n!$ dividieren und können damit die Anzahl aller möglichen einfachen Zufallsstichproben bestimmen als

$$\frac{N!}{(N-n)! \cdot n!}.$$

Für Ausdrücke dieser Form gibt es eine verkürzende Schreibweise, den sogenannten *Binomialkoeffizienten*.

Binomialkoeffizient

Der *Binomialkoeffizient* $\binom{N}{n}$ ist definiert als

$$\binom{N}{n} = \frac{N!}{(N-n)! \cdot n!}.$$

Es gilt:

$$\binom{N}{0} = 1, \binom{N}{1} = N, \binom{N}{N} = 1, \quad \binom{N}{n} = 0, \text{ falls } N < n.$$

Der Binomialkoeffizient $\binom{N}{n}$ gibt also die Anzahl der Möglichkeiten an, aus N Objekten n auszuwählen. Damit halten wir fest:

Modell ohne Zurücklegen und ohne Berücksichtigung der Reihenfolge

Bei einer Ziehung ohne Zurücklegen aus einer Grundgesamtheit vom Umfang N ist die Anzahl der möglichen Stichproben vom Umfang n, wenn zwischen den Anordnungen der Objekte in der Stichprobe nicht unterschieden wird, gegeben als

$$\binom{N}{n}.$$

An dem Beispiel der Ziehung der Lottozahlen wird abschließend noch einmal die Möglichkeit aufgezeigt, Wahrscheinlichkeiten für bestimmte Ereignisse durch einfaches Auszählen zu bestimmen.

Ziehung der Lottozahlen **Beispiel 4.16**

Bei der Ziehung der Lottozahlen ohne Zusatzzahl handelt es sich, wie bereits oben ausgeführt, um ein Modell ohne Zurücklegen und ohne Berücksichtigung der Reihenfolge. Damit gibt es unter Verwendung der obigen Formel $\binom{49}{6}$ Möglichkeiten, sechs Lottozahlen aus den 49 Kugeln zu ziehen. Dies ergibt

$$\binom{49}{6} = \frac{49!}{43! \cdot 6!} = 13983816$$

mögliche Stichproben. Betrachtet man diese als die Elementarereignisse, so gibt es also 13983816 gleichwahrscheinliche Elementarereignisse.

Die Wahrscheinlichkeit für „6 Richtige" kann man nun als

$$\frac{\text{Anzahl der günstigen Ergebnisse}}{\text{Anzahl der möglichen Ergebnisse}}$$

ermitteln. Da für „6 Richtige" nur ein einziges Elementarereignis günstig ist, erhält man

$$P(\text{„6 Richtige"}) = \frac{1}{13983816} = 0.000000072\,,$$

also eine extrem geringe Wahrscheinlichkeit.

In analoger Weise lässt sich die Wahrscheinlichkeit für „genau 5 Richtige" berechnen. Zunächst bestimmen wir die Anzahl der für dieses Ereignis günstigen Ergebnisse. Hat man genau fünf Richtige, so müssen fünf der sechs Zahlen auf dem Tippschein mit den gezogenen sechs Zahlen übereinstimmen. Dafür gibt es $\binom{6}{5}$ Möglichkeiten. Die verbleibende sechste Zahl auf dem Tippschein darf nicht mehr mit einer der gezogenen sechs Zahlen übereinstimmen, da man sonst „6 Richtige" hätte, d.h. diese Zahl muss gleich einer der sich noch in der Lostrommel befindlichen 43 Zahlen sein. Dafür gibt es $\binom{43}{1}$ Möglichkeiten und somit insgesamt $\binom{6}{5} \cdot \binom{43}{1}$ günstige Ergebnisse für das Ereignis „genau 5 Richtige". Die Anzahl aller möglichen Ergebnisse haben wir bereits ermittelt. Damit erhalten wir

$$P(\text{„genau 5 Richtige"}) = \frac{\binom{6}{5} \cdot \binom{43}{1}}{\binom{49}{6}} = \frac{6 \cdot 43}{13983816} = 0.0000184\,.$$

□

Bei der Betrachtung der verschiedenen Möglichkeiten zur Ziehung von Stichproben haben wir den Fall der Ziehung *mit Zurücklegen* und *ohne Berücksichtigung der Reihenfolge* bislang außer Acht gelassen. Auf die komplizierte Herleitung der Formel sei an dieser Stelle auch verzichtet. Es lässt sich zeigen:

Modell mit Zurücklegen und ohne Berücksichtigung der Reihenfolge

Bei einer Ziehung mit Zurücklegen aus einer Grundgesamtheit vom Umfang N ist die Anzahl der möglichen Stichproben vom Umfang n, wenn zwischen den Anordnungen der Objekte in der Stichprobe nicht unterschieden wird, gegeben als

$$\binom{N+n-1}{n}\,.$$

Zusammenfassend erhalten wir also für die Anzahl aller möglichen Stichproben vom Umfang n aus einer Grundgesamtheit vom Umfang N unter Verwendung der verschiedenen Ziehungsverfahren:

	ohne Zurücklegen	mit Zurücklegen
mit Berücksichtigung der Reihenfolge	$\dfrac{N!}{(N-n)!}$	N^n
ohne Berücksichtigung der Reihenfolge	$\dbinom{N}{n}$	$\dbinom{N+n-1}{n}$

4.4 Bedingte Wahrscheinlichkeiten

bedingte Wahrscheinlichkeit

In Abschnitt 3.1.2 haben wir uns ausführlich dem Problem gewidmet, dass wir relative Häufigkeiten nicht nur bezogen auf die gesamte Population ermitteln wollten, sondern auch bezogen auf Teilgesamtheiten. Dazu wurde der Begriff der bedingten relativen Häufigkeit eingeführt. In Analogie dazu werden im Folgenden *bedingte Wahrscheinlichkeiten* definiert. Bei solchen bedingten Wahrscheinlichkeiten nutzt man zur Bewertung der Chance für das Eintreten eines Ereignisses A Informationen über ein Ereignis B, das bereits eingetreten ist. So muss die Chance dafür, dass ein 40jähriger Mann einen Herzinfarkt bekommt, neu bewertet werden, wenn man die zusätzliche Information erhält, dass dieser unter extremem Bluthochdruck leidet. Auch wird man die Wahrscheinlichkeit für das Bestehen einer Klausur höher ansetzen, wenn man weiß, dass der entsprechende Student sich intensiv darauf vorbereitet hat, als wenn man die Information nicht hätte.

Die Frage ist nun, wie man derartige Informationen nutzen kann bzw. wie man bedingte Wahrscheinlichkeiten berechnet. Dazu betrachten wir das folgende einfache Beispiel.

Beispiel 4.17   Würfeln

Das Werfen eines fairen Würfels beschreibt ein Laplace-Experiment, d.h. für die Elementarereignisse ω mit $\omega \in \Omega = \{1, \ldots, 6\}$ gilt:

$$p_j = \frac{1}{6}, \quad j = 1, \ldots, 6.$$

Die Wahrscheinlichkeiten für die Ereignisse

$$A = \{j : j \text{ ist eine gerade Zahl}\} = \{2, 4, 6\} \text{ bzw.}$$
$$\overline{A} = \{j : j \text{ ist eine ungerade Zahl}\} = \{1, 3, 5\}$$

lassen sich durch Auszählen als

$$\frac{\text{Anzahl der für } A \text{ (bzw. } \overline{A}) \text{ günstigen Ergebnisse}}{\text{Anzahl aller möglichen Ergebnisse}}$$

direkt ermitteln. Wir erhalten: $P(A) = \frac{3}{6} = \frac{1}{2} = P(\overline{A})$.

Angenommen, man erhält die zusätzliche Information, die geworfene Zahl sei kleiner gleich 3, also das Ereignis $B = \{1, 2, 3\}$ sei eingetreten, so ist die Chance für das Eintreten von A bzw. $\overline{A}$ neu zu bewerten.

So ist etwa die Wahrscheinlichkeit dafür, eine gerade Zahl zu würfeln, wenn 1, 2 oder 3 gewürfelt wurde, gegeben als

$$\frac{\text{Anzahl der für } A \text{ und } B \text{ günstigen Ergebnisse}}{\text{Anzahl der für } B \text{ möglichen Ergebnisse}} = \frac{1}{3}.$$

Ebenso erhält man als Wahrscheinlichkeit dafür, dass $\overline{A}$ eintritt, wenn B gegeben ist:

$$\frac{\text{Anzahl der für } \overline{A} \text{ und } B \text{ günstigen Ergebnisse}}{\text{Anzahl der für } B \text{ günstigen Ergebnisse}} = \frac{2}{3}.$$

□

Analog zu den bedingten relativen Häufigkeiten wird also die gemeinsame absolute Häufigkeit durch die Häufigkeit für das *bedingende Ereignis* dividiert. In Kapitel 3 haben wir gesehen, dass dieser Quotient derselbe bleibt, wenn im Zähler und Nenner die absoluten Häufigkeiten durch die entsprechenden relativen Häufigkeiten, natürlich jeweils bezogen auf die gesamte Population, ersetzt werden. Nutzt man nun wieder die Beziehung zwischen relativen Häufigkeiten und Wahrscheinlichkeiten, so erhält man unter Verwendung einer zu bedingten relativen Häufigkeiten äquivalenten Schreibweise:

bedingendes Ereignis

$$P(A|B) = \frac{P(A \cap B)}{P(B)}.$$

Damit berechnet sich die Wahrscheinlichkeit für ein Ereignis A gegeben das Ereignis B oder kürzer die Wahrscheinlichkeit für A unter (der Bedingung) B als Quotient aus der Wahrscheinlichkeit für die Schnittmenge von A und B, also das gemeinsame Ereignis, und der Wahrscheinlichkeit für das bedingende Ereignis.

Bedingte Wahrscheinlichkeit

Seien $A, B \subset \Omega$ und $P(B) > 0$. Dann ist die *bedingte Wahrscheinlichkeit* von A unter B definiert als

$$P(A|B) = \frac{P(A \cap B)}{P(B)}.$$

Würfeln

Beispiel 4.18

Die im obigen Beispiel hergeleiteten Wahrscheinlichkeiten lassen sich leicht anhand der Definition der bedingten Wahrscheinlichkeit berechnen:

$$P(A|B) = \frac{P(A \cap B)}{P(B)} = \frac{P(\{2\})}{P(\{1, 2, 3\})} = \frac{\frac{1}{6}}{\frac{3}{6}} = \frac{1}{3},$$

$$P(\overline{A}|B) = \frac{P(\overline{A} \cap B)}{P(B)} = \frac{P(\{1, 3\})}{P(\{1, 2, 3\})} = \frac{\frac{2}{6}}{\frac{3}{6}} = \frac{2}{3}.$$

□

Wie man bereits an dem Beispiel sieht, addieren sich die bedingten Wahrscheinlichkeiten bei festem B wieder zu eins auf.

Rechenregeln für bedingte Wahrscheinlichkeiten

Seien $A, B \subset \Omega$ und $P(B) > 0$. Dann gilt bei fest gehaltenem B:

$$P(\cdot|B) : \{A : A \subset \Omega\} \quad \to [0,1]$$
$$A \quad \mapsto P(A|B)$$

ist wieder eine Wahrscheinlichkeit mit $P(B|B) = 1$.
Die Axiome von Kolmogoroff gelten entsprechend für bedingte Wahrscheinlichkeiten.

Speziell das dritte Axiom von Kolmogoroff lautet mit $A_1, A_2, B \subset \Omega$, $A_1 \cap A_2 = \emptyset$ und $P(B) > 0$:

$$P(A_1|B) + P(A_2|B) = P(A_1 \cup A_2|B).$$

Betrachtet man als A_2 gerade $\overline{A_1}$, so erhält man:

$$P(A_1|B) + P(\overline{A_1}|B) = 1.$$

Beispiel 4.19 **Zufällige Auswahl einer Person**

Bei der Münchner Absolventenstudie, vgl. Beispiel 1.1 (Seite 1), wurde unter anderem nach der Anzahl der Semester und nach dem Geschlecht gefragt. Dabei hatten in der vorliegenden Teilpopulation von 36 Studierenden 10 der weiblichen Studierenden mindestens 12 Semester und 14 weniger als 12 Semester studiert. Bei den männlichen Studierenden wurde bei 10 eine Studiendauer von mindestens 12 Semestern und bei zwei eine von weniger als 12 Semestern registriert. Für eine zufällig ausgewählte Person lässt sich die entsprechende relative Häufigkeit als Wahrscheinlichkeit interpretieren. Damit gilt für

$$A = \{\omega : \text{Person } \omega \text{ hat mindestens 12 Semester studiert}\}$$
$$B = \{\omega : \text{Person } \omega \text{ ist weiblich}\} :$$
$$P(A) = \frac{10 + 10}{36} = 0.5\overline{5},$$
$$P(B) = \frac{24}{36} = 0.6\overline{6} \text{ und}$$
$$P(A \cap B) = \frac{10}{36} = 0.2\overline{7},$$

da $|\Omega| = 36, |A| = 10 + 10, |B| = 24$ und $|A \cap B| = 10$.
Wie groß ist nun die Wahrscheinlichkeit, dass eine zufällig ausgewählte Person mindestens 12 Semester studiert hat unter der Bedingung, dass diese weiblich ist? Gesucht ist damit $P(A|B)$. Diese berechnet sich als

$$P(A|B) = \frac{P(A \cap B)}{P(B)} = \frac{0.2\overline{7}}{0.6\overline{6}} = 0.41\overline{6},$$

d.h. die Wahrscheinlichkeit dafür, dass ein zufällig ausgewählter Student eine Studiendauer von mindestens 12 Semestern aufweist, verringert sich von $0.5\overline{5}$ auf $0.41\overline{6}$, wenn man die zusätzliche

Information besitzt, dass die ausgewählte Person weiblich ist. Diese Verringerung der Wahrscheinlichkeit ist darin begründet, dass bei den Frauen ein kleinerer Anteil mindestens 12 Semester studiert hat als bei ihren männlichen Kommilitonen. □

Wie schon bei den bedingten relativen Häufigkeiten kann man aus der Wahrscheinlichkeit für das Eintreten des bedingten Ereignisses und derjenigen für das Eintreten des bedingenden Ereignisses auch umgekehrt die Wahrscheinlichkeit für das gemeinsame Eintreten von A und B berechnen.

Produktsatz

Seien $A, B \subset \Omega$ und $P(B) > 0$, dann gilt:

$$P(A \cap B) = P(A|B) \cdot P(B).$$

Da $P(B|A) = P(A \cap B)/P(A)$, falls $P(A) > 0$, gilt obiger *Produktsatz* ebenfalls in der folgenden Form:

$$P(A \cap B) = P(B|A) \cdot P(A).$$

Den Produktsatz werden wir an späterer Stelle, insbesondere zur Herleitung der Formel für die totale Wahrscheinlichkeit (Abschnitt 4.6) und des Satzes von Bayes (Abschnitt 4.7), noch benötigen.

4.5 Unabhängigkeit von zwei Ereignissen

In dem vorangegangenen Abschnitt wurde der Begriff der bedingten Wahrscheinlichkeit eingeführt. Dabei sind wir davon ausgegangen, dass sich die Wahrscheinlichkeit für das Eintreten eines Ereignisses A verändern kann, wenn man die Information über ein bereits eingetretenes Ereignis B nutzt. Zeigt sich jedoch, dass diese zusätzliche Information nicht zu einer Neubewertung der Chance für das Eintreten von A führt, so nennt man diese Ereignisse *stochastisch unabhängig*. Dabei spricht man von *stochastischer* Unabhängigkeit, weil diese Eigenschaft von Ereignissen über ihre Wahrscheinlichkeiten definiert wird. Sind zwei Ereignisse also unabhängig in diesem Sinn, so ist es für die Wahrscheinlichkeit von A ohne Bedeutung, ob B eintritt, d.h.

stochastische Unabhängigkeit

$$P(A|B) = P(A).$$

Nach der Definition der bedingten Wahrscheinlichkeit erhält man somit:

$$P(A) = P(A|B) = \frac{P(A \cap B)}{P(B)},$$

woraus folgt

$$P(A \cap B) = P(A) \cdot P(B),$$

wobei $P(B) > 0$ vorausgesetzt wird.

Damit sind zwei Ereignisse A und B also unabhängig, wenn sich die Wahrscheinlichkeit für ihre Schnittmenge als Produkt der Einzelwahrscheinlichkeiten berechnen lässt. Analog zu der Bedingung $P(A|B) = P(A)$ kann man die Unabhängigkeit von A und B natürlich auch über die Bedingung $P(B|A) = P(B)$ formulieren. An beiden Darstellungen erkennt man deutlich, dass die zusätzliche Information über B bzw. A die Wahrscheinlichkeit für das Eintreten von A bzw. B nicht verändert, falls A und B unabhängig sind. Anders ausgedrückt kann man für den Fall, dass A und B unabhängig sind, zeigen, dass es für die Wahrscheinlichkeit von A ohne Belang ist, ob B oder $\overline{B}$ eintritt, d.h.

$$P(A|B) = P(A|\overline{B}),$$

denn mit

$$P(A) = P(A \cap \overline{B}) + P(A \cap B) \text{ und } P(\overline{B}) = 1 - P(B)$$

ergibt sich

$$P(A|\overline{B}) = \frac{P(A \cap \overline{B})}{P(\overline{B})} = \frac{P(A) - P(A \cap B)}{1 - P(B)} = \frac{P(A) - P(A) \cdot P(B)}{1 - P(B)}$$
$$= \frac{P(A)(1 - P(B))}{1 - P(B)} = P(A) = P(A|B).$$

Bei diesen Umrechnungen sind die äquivalenten Definitionen der Unabhängigkeit zweier Ereignisse A und B eingegangen. Ist $P(A) = 0$ oder $P(B) = 0$, so nennt man A und B stets unabhängig, d.h. jedes Ereignis ist von dem unmöglichen Ereignis per definitionem unabhängig.

Unabhängigkeit

Seien $A, B \subset \Omega$ zwei Ereignisse. A und B heißen *(stochastisch) unabhängig*, wenn gilt

$$P(A \cap B) = P(A) \cdot P(B) \quad \text{bzw.}$$
$$P(A|B) = P(A) \quad \text{mit } P(B) > 0 \text{ bzw.}$$
$$P(B|A) = P(B) \quad \text{mit } P(A) > 0.$$

Beispiel 4.20   **Zweimaliges Würfeln**

Man werfe zweimal hintereinander einen Würfel und interessiere sich jeweils dafür, ob eine Eins gewürfelt wird. Bezeichnen also $A = \{$Beim 1. Würfelwurf eine Eins$\}$ und $B = \{$Beim 2. Würfelwurf eine Eins$\}$ die interessierenden Ereignisse, so stellt sich die Frage, ob diese Ereignisse unabhängig sind.

Da bei jedem Würfelwurf der zugehörige Ergebnisraum gegeben ist durch $\Omega = \{1, \ldots, 6\}$ und jedes Elementarereignis gleichwahrscheinlich ist, folgt: $p_j = \frac{1}{6}$, $j = 1, \ldots, 6$, und somit $P(A) = P(B) = \frac{1}{6}$.

Der Ergebnisraum beim zweimaligen Würfeln besteht aus den 36 möglichen Paaren der Zahlen $1, \ldots, 6$, d.h. $\Omega = \{(1,1), \ldots, (1,6), (2,1), \ldots, (2,6), \ldots, (6,1), \ldots, (6,6)\}$, d.h. $|\Omega| = 36$ und $p_\omega = \frac{1}{36}$, $\omega \in \Omega$. Damit ergibt sich

$$P(A \cap B) = P(\{(1,1)\}) = \frac{1}{36} = \frac{1}{6} \cdot \frac{1}{6} = P(A) \cdot P(B),$$

woraus folgt, dass die Ereignisse, beim 1. und beim 2. Würfelwurf eine Eins zu würfeln, voneinander unabhängig sind.

Diese Eigenschaft gilt allgemein beim zweifachen Würfeln: Ereignisse, die nur den 1. Wurf betreffen, sind unabhängig von Ereignissen, die nur den 2. Wurf betreffen. □

Urnenmodell

Beispiel 4.21

In einer Urne befinden sich die Zahlen $1, 2, 3, 4$. Aus dieser Urne ziehen wir zweimal.

Legen wir dabei die gezogenen Zahlen jeweils wieder zurück, erhalten wir als Ergebnisraum $\Omega = \{(1,1), (1,2), (1,3), (1,4), \ldots, (4,1), (4,2), (4,3), (4,4)\}$ mit $|\Omega| = 16$. Beim Ziehen ohne Zurücklegen fallen gerade alle Paare (i, i) mit $i = 1, \ldots, 4$ weg, d.h. $\Omega = \{(1,2), (1,3), (1,4), \ldots, (4,1), (4,2), (4,3)\}$, also $|\Omega| = 12$.

Seien $A = \{$Eins wird beim 1. Mal gezogen$\}$ und $B = \{$Zwei wird beim 2. Mal gezogen$\}$, so gilt beim Ziehen mit Zurücklegen

$$P(A) = \frac{4}{16} = \frac{1}{4} = P(B),$$

während sich beim Ziehen ohne Zurücklegen

$$P(A) = \frac{3}{12} = \frac{1}{4} = P(B)$$

ergibt. Die Wahrscheinlichkeit für das gemeinsame Eintreten von A und B berechnet sich beim Ziehen mit Zurücklegen als

$$P(A \cap B) = P(\{(1,2)\}) = \frac{1}{16}$$

und ist somit gleich dem Produkt der Einzelwahrscheinlichkeiten, d.h.

$$P(A \cap B) = \frac{1}{16} = \frac{1}{4} \cdot \frac{1}{4} = P(A) \cdot P(B),$$

und damit sind A und B in diesem Fall unabhängig. Dies gilt aber nicht für das Ziehen ohne Zurücklegen. Hier ist

$$P(A \cap B) = P(\{(1,2)\}) = \frac{1}{12} \neq \frac{1}{4} \cdot \frac{1}{4} = P(A) \cdot P(B),$$

woraus folgt, dass A und B abhängig sind. □

Das Resultat aus Beispiel 4.21 kann man allgemein zeigen, d.h. es gilt:

> ### Ziehen mit/ohne Zurücklegen
>
> Beim Ziehen *mit* Zurücklegen sind die Ergebnisse der einzelnen Ziehungen unabhängig.
> Beim Ziehen *ohne* Zurücklegen sind die Ergebnisse der einzelnen Ziehungen abhängig.

Der Begriff der stochastischen Unabhängigkeit von Ereignissen gehört zu den zentralen Begriffen der Wahrscheinlichkeitsrechnung. Diese Eigenschaft ist von großer Bedeutung für die induktive Statistik, wie wir noch im Zusammenhang mit der Herleitung von Schätzern (vgl. Abschnitt 9.3) und von statistischen Tests (vgl. etwa Abschnitt 11.1) sehen werden. Häufig wird dabei die Unabhängigkeit von Ereignissen bei komplexeren Zufallsvorgängen als Modellannahme formuliert. Natürlich ist im Einzelfall zu prüfen, ob diese Annahme in der jeweiligen Situation plausibel ist, wie etwa in dem folgenden Beispiel.

Beispiel 4.22   **Zehnmaliger Münzwurf**

Interessiert man sich für die Wahrscheinlichkeit, zehnmal Wappen zu werfen, so lässt sich diese leicht ausrechnen, wenn die folgenden Modellannahmen getroffen werden können: Zum einen nehmen wir an, dass die Münze fair ist, also bei jedem Wurf die Wahrscheinlichkeit für Wappen 0.5 beträgt. Zum anderen erscheint es plausibel anzunehmen, dass die Würfe sich gegenseitig nicht beeinflussen. Dies entspricht der stochastischen Unabhängigkeit der zugehörigen Ereignisse. Diese Annahme erleichtert die Berechnung der gesuchten Wahrscheinlichkeit deutlich, denn diese berechnet sich jetzt einfach als Produkt der Einzelwahrscheinlichkeiten, d.h.

$$P(\{\text{zehnmal Wappen}\}) = P(\{1.\ \text{Wurf Wappen}\}) \cdot \ldots \cdot P(\{10.\ \text{Wurf Wappen}\}) = 0.5^{10} \approx 0.001\,.$$

□

4.6 Totale Wahrscheinlichkeit

In gewissen Fällen ist es möglich, die Information über das bedingte Eintreten eines Ereignisses zu nutzen, um die Wahrscheinlichkeit für das Eintreten dieses Ereignisses insgesamt *disjunkte* zu ermitteln. Wir gehen dazu von einer *disjunkten Zerlegung* des Ergebnisraumes Ω aus. *Zerlegung* Dabei spricht man von einer disjunkten Zerlegung, wenn sich Ω schreiben lässt als Vereinigung von Mengen $A_1, \ldots, A_k$ mit $A_i \subset \Omega$, d.h. $\Omega = A_1 \cup A_2 \cup \ldots \cup A_k$, wobei aber je zwei von diesen sich gegenseitig ausschließende Ereignisse sind, also paarweise disjunkt sein müssen, d.h. $A_i \cap A_j = \emptyset$ für alle $i,j = 1, \ldots, k, i \neq j$. Enthält der Ergebnisraum z.B. alle Frauen und Männer einer bestimmten Population, so besteht eine mögliche disjunkte Zerlegung in die Menge aller Frauen und die Menge aller Männer. Aber auch eine Kategorisierung nach dem Alter in etwa 10-Jahres-Intervalle würde zu einer disjunkten Zerlegung führen. Die Abbildung 4.2 möge das veranschaulichen.

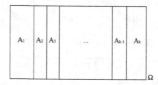

Abbildung 4.2: Disjunkte Zerlegung des Ergebnisraums

Man betrachte nun ein weiteres Ereignis B aus Ω, für das gilt:

$$B = (B \cap A_1) \cup (B \cap A_2) \cup \ldots \cup (B \cap A_k)\,.$$

Grafisch lässt sich dies wie in der Abbildung 4.3 veranschaulichen. Wie aus Abbildung 4.3 zu erkennen ist, ergibt die Vereinigung der einzelnen schraffierten Flächen, die gerade den Schnittereignissen $B \cap A_i, i = 1, \ldots, k$, entsprechen, das Ereignis B. Bei dieser Darstellung greifen wir erneut auf die Interpretation von Ereignissen als Mengen zurück.

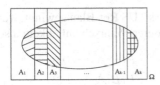

Abbildung 4.3: Darstellung einer Menge B aus Ω über deren disjunkte Zerlegung

Da die $A_1, \ldots, A_k$ eine disjunkte Zerlegung von Ω bilden, sind auch die Schnittmengen $B \cap A_i, i = 1, \ldots, k$, paarweise disjunkt. Damit können wir die Wahrscheinlichkeit für das Eintreten von B anhand der Rechenregeln für Wahrscheinlichkeiten berechnen als:

$$P(B) = P(B \cap A_1) + P(B \cap A_2) + \ldots + P(B \cap A_k).$$

Häufig werden wir aber keine Information über das gemeinsame Eintreten von B und den Ereignissen $A_i, i = 1, \ldots, k$, haben, sondern über das bedingte Eintreten von B unter A_i sowie über das Eintreten der Ereignisse A_i selbst. Das heißt, wir kennen sowohl $P(B|A_i)$ als auch $P(A_i), i = 1, \ldots, k$. Diese Kenntnisse können wir unter Verwendung des Produktsatzes ausnutzen, um $P(B)$ zu berechnen, denn nach dem Produktsatz gilt: $P(B \cap A_i) = P(B|A_i) \cdot P(A_i)$. Damit erhalten wir:

$$P(B) = P(B|A_1) \cdot P(A_1) + \ldots + P(B|A_k) \cdot P(A_k).$$

Diese Formel ist als *Satz von der totalen Wahrscheinlichkeit* bekannt und wird im Anschluss an einem Beispiel veranschaulicht.

Satz von der totalen Wahrscheinlichkeit

Satz von der totalen Wahrscheinlichkeit

Sei $A_1, \ldots, A_k$ eine disjunkte Zerlegung von Ω. Dann gilt für $B \subset \Omega$:

$$P(B) = \sum_{i=1}^{k} P(B|A_i) \cdot P(A_i).$$

Siegchancen im Halbfinale

Beispiel 4.23

Bei einem Fußballturnier ist die Mannschaft TUS Rot-Blau bis ins Halbfinale gelangt. Der Trainer schätzt die Siegchancen seiner Mannschaft folgendermaßen ein: Von den anderen drei Mannschaften hat sie gegen WSV eine Siegchance von 0.7, gegen SVE eine von 0.65 und gegen ihren Angstgegner SVG lediglich eine von 0.2. Mit welcher Wahrscheinlichkeit erreicht TUS Rot-Blau das Finale? Der Gegner wird zufällig ausgelost. Bezeichnen wir die Ereignisse mit

$$B = \{\text{TUS Rot-Blau gewinnt}\},$$
$$A_1 = \{\text{Gegner ist WSV}\},$$
$$A_2 = \{\text{Gegner ist SVE}\},$$
$$A_3 = \{\text{Gegner ist SVG}\}.$$

Da der Gegner zufällig ausgelost wird, ist die Wahrscheinlichkeit dafür, dass A_1, A_2 oder A_3 eintritt, jeweils 1/3. Außerdem wissen wir aus obigen Angaben:

$$P(B|A_1) = 0.7,$$

d.h. die Wahrscheinlichkeit dafür, dass TUS Rot-Blau gewinnt, wenn der Gegner WSV ist, ist gerade 0.7. Entsprechend lassen sich die anderen Wahrscheinlichkeiten schreiben als

$$P(B|A_2) = 0.65 \,,$$
$$P(B|A_3) = 0.2 \,.$$

Die Wahrscheinlichkeit, dass TUS Rot-Blau das Finale erreicht, entspricht gerade $P(B)$. Diese lässt sich nach dem Satz von der totalen Wahrscheinlichkeit berechnen als

$$P(B) = \sum_{i=1}^{3} P(B|A_i) \cdot P(A_i)$$
$$= 0.7 \cdot \frac{1}{3} + 0.65 \cdot \frac{1}{3} + 0.2 \cdot \frac{1}{3}$$
$$= 1.55 \cdot \frac{1}{3} = 0.52 \,.$$

Damit stehen die Chancen für einen Sieg nur geringfügig besser als für eine Niederlage.   □

4.7   Der Satz von Bayes

Bevor wir den Satz von Bayes in seiner allgemeinen Form herleiten, motivieren wir seine Herleitung anhand des folgenden Beispiels.

Beispiel 4.24   Medizinische Diagnostik

Zur Erkennung von Krankheiten stehen in der Diagnostik medizinische Tests zur Verfügung, die so angelegt sein sollen, dass sie eine Erkrankung erkennen, wenn sie tatsächlich vorliegt, und nicht reagieren, wenn der entsprechende Patient nicht erkrankt ist. Diese Bedingungen können medizinische Tests nicht hundertprozentig erfüllen. Sie werden aber so entwickelt, dass sie eine hohe Sensitivität und Spezifität aufweisen. Dabei ist die Sensitivität eines medizinischen Tests gerade die Wahrscheinlichkeit dafür, dass ein Kranker als krank eingestuft wird, während die Spezifität der Wahrscheinlichkeit entspricht, einen Nichtkranken als nicht krank zu erkennen. Nehmen wir nun an, es geht um die Erkennung einer sehr seltenen Krankheit. Mit der Bezeichnung

$$A = \{\text{Patient ist krank}\}$$
$$B = \{\text{Testergebnis ist positiv}\}$$

lassen sich aus der Erprobungsphase des Tests folgende Wahrscheinlichkeiten als bekannt annehmen:

$$P(B|A) = P\left(\{\text{Testergebnis ist positiv bei Kranken}\}\right) = 0.98 \,,$$
$$P(B|\overline{A}) = P\left(\{\text{Testergebnis ist positiv bei Nichtkranken}\}\right) = 0.03 \,,$$
$$P(A) = 0.001 \,.$$

Die letzte Wahrscheinlichkeit macht noch einmal deutlich, dass es sich um eine seltene Krankheit handelt. Für einen Patienten ist es natürlich von Interesse zu erfahren, wie sicher er davon ausgehen kann, tatsächlich krank zu sein, wenn der Test ein positives Ergebnis anzeigt. Diese Wahrscheinlichkeit ist gerade $P(A|B)$. Wie sich die gesuchte Wahrscheinlichkeit aus den angegebenen Wahrscheinlichkeiten gewinnen lässt, beantwortet der Satz von Bayes, der im Folgenden allgemein hergeleitet wird.   □

Zur Lösung des im Beispiel beschriebenen Problems gehen wir erneut von einer disjunkten Zerlegung des Ergebnisraums aus, d.h. $\Omega = A_1 \cup A_2 \cup \ldots \cup A_k$ mit $A_1, \ldots, A_k$ paarweise disjunkt. Im obigen Beispiel entspricht das Ereignis {Patient ist krank} A_1 und das Ereignis {Patient ist nicht krank} A_2. Offensichtlich ist dadurch eine disjunkte Zerlegung des Ergebnisraums gegeben. Nehmen wir analog z.B. an, dass die Wahrscheinlichkeiten für die Ereignisse $A_1, \ldots, A_k$, d.h. $P(A_1), \ldots, P(A_k)$, sowie die bedingten Wahrscheinlichkeiten bekannt seien. Nach der Definition von bedingten Wahrscheinlichkeiten gilt

$$P(A_1|B) = \frac{P(A_1 \cap B)}{P(B)},$$

d.h. benötigt werden $P(A_1 \cap B)$ und $P(B)$. Die erste benötigte Wahrscheinlichkeit lässt sich leicht über den Produktsatz berechnen als

$$P(A_1 \cap B) = P(B|A_1) \cdot P(A_1),$$

wobei die auftretenden Wahrscheinlichkeiten bekannt sind. Zur Bestimmung von $P(B)$ benutzen wir den Satz von der totalen Wahrscheinlichkeit und erhalten

$$P(B) = \sum_{i=1}^{k} P(B|A_i) \cdot P(A_i).$$

Setzen wir diese beiden Formeln in den Zähler und Nenner von $P(A_1|B)$ ein, so ergibt sich der *Satz von Bayes* allgemein formuliert für $P(A_j|B)$ als:

Satz von Bayes

Satz von Bayes

Sei $A_1, \ldots, A_k$ eine disjunkte Zerlegung von Ω, wobei für mindestens ein $i, i = 1, \ldots, k, P(A_i) > 0$ und $P(B|A_i) > 0$ erfüllt ist. Dann gilt:

$$P(A_j|B) = \frac{P(B|A_j) \cdot P(A_j)}{\sum_{i=1}^{k} P(B|A_i) \cdot P(A_i)} = \frac{P(B|A_j) \cdot P(A_j)}{P(B)}, \quad j = 1, \ldots, k.$$

Im Zusammenhang mit dem Satz von Bayes werden die Wahrscheinlichkeiten $P(A_i)$ auch als *a-priori* Wahrscheinlichkeiten und $P(A_i|B)$ als *a-posteriori* Wahrscheinlichkeiten bezeichnet, da $P(A_i)$ das Eintreten von A_i *vor* Kenntnis des Ereignisses B und $P(A_i|B)$ das Eintreten dieses Ereignisses *nach* Kenntnis von B bewertet.

a-priori

a-posteriori

Medizinische Diagnostik

Beispiel 4.25

Mit dem Satz von Bayes lässt sich die gesuchte Wahrscheinlichkeit des vorhergehenden Beispiels direkt berechnen als

$$
\begin{aligned}
P(A|B) &= \frac{P(B|A) \cdot P(A)}{P(B|A) \cdot P(A) + P(B|\overline{A}) \cdot P(\overline{A})} \\
&= \frac{0.98 \cdot 0.001}{0.98 \cdot 0.001 + 0.03 \cdot 0.999} \\
&= \frac{0.00098}{0.00098 + 0.02997} = 0.032,
\end{aligned}
$$

wobei hier $A_1 = A$ und $A_2 = \overline{A}$ gilt. Dieser Wert besagt nun, dass nur mit einer Wahrscheinlichkeit von 0.032 davon ausgegangen werden kann, dass eine Person wirklich krank ist, wenn der Test dies anzeigt. Anders ausgedrückt lässt sich diese Wahrscheinlichkeit so interpretieren, dass nur bei 3.2 % der Patienten mit einem positiven Testergebnis davon ausgegangen werden kann, dass die Krankheit wirklich vorliegt. Bei den übrigen 96.8 % handelt es sich demnach um Fehldiagnosen.

Zur Erläuterung des Satzes von Bayes betrachten wir die folgenden Wahrscheinlichkeiten, die sich mithilfe des Produktsatzes berechnen lassen:

		Krankheit		
		ja (A)	nein ($\overline{A}$)	$\sum$
Test	pos (B)	0.00098	0.02997	0.03095
	neg ($\overline{B}$)	0.00002	0.96903	0.96905
	$\sum$	0.001	0.999	1

Diese lassen sich nun wie folgt interpretieren: Wegen $P(A) = 0.001$ ist in einer Population von z.B. 100 000 Personen bei 100 Personen mit der Krankheit zu rechnen, bei den verbleibenden 99 900 dagegen nicht. Die Wahrscheinlichkeit $P(B|A) = 0.98$ bedeutet nun, dass von den 100 Kranken 98 mit dem Test richtig diagnostiziert werden. Dagegen beinhaltet $P(B|\overline{A}) = 0.03$, dass von den 99 900 nicht kranken Personen fälschlicherweise 2997 als krank eingestuft werden. Insgesamt zeigt der Test also bei $98 + 2997 = 3095$ Personen ein positives Ergebnis an, von denen sind jedoch nur 98 tatsächlich krank. Das entspricht einem Anteil von $\frac{98}{3095} \cdot 100\,\% = 3.2\,\%$. Wir haben durch diese Überlegung demnach dasselbe Resultat erhalten, wie es der Satz von Bayes direkt liefert. □

Die obige Berechnung von bedingten Wahrscheinlichkeiten entsprechend dem Satz von Bayes lässt sich auch durch Baumstrukturen (siehe Abbildung 4.4) darstellen. Die berechneten Anzahlen aus Beispiel 4.25 finden sich direkt in der Baumstruktur wieder und die damit verbundene Lösungsstrategie ist gelegentlich einfacher nachzuvollziehen. Wieder ausgehend von der fiktiven Population aufgespalten in 100 Kranke ($100000 \cdot 0.001$) und 99900 Gesunde zeigt der Test bei 98 von den 100 Kranken ein positives Testergebnis ($100 \cdot 0.98$) und bei 2 ein negatives Ergebnis an. In der Gruppe der 99900 Gesunden zeigt der Test bei 2997 ($99900 \cdot 0.03$) ein positives Ergebnis an und bei 96903 ein negatives. Die Wahrscheinlichkeit, dass jemand mit einem positiven Testergebnis tatsächlich krank ist, bestimmt sich dann wieder als die Anzahl derjenigen mit positivem Testergebnis und vorliegender Krankheit geteilt durch die Anzahl aller mit positivem Testergebnis

$$P(\text{krank}|\text{positiver Test}) = \frac{98}{98 + 2997} = 0.032.$$

Das Ergebnis ist identisch mit dem, das durch die explizite Formel von Bayes erzielt wird. Es ist einfach nachzuvollziehen, dass man auch mit einer kleineren Ausgangspopulation arbeiten kann. Die Wahl 100000 führt zu ganzzahligen Ergebnissen im Baum. Wählt man als fiktive Ausgangspopulation 1000, erhält man rationale Zahlen in der Baumstruktur, erzielt aber dasselbe Ergebnis. Der entsprechende Baum liefert dann

$$P(\text{krank}|\text{positiver Test}) = \frac{0.98}{0.98 + 29.97} = 0.032.$$

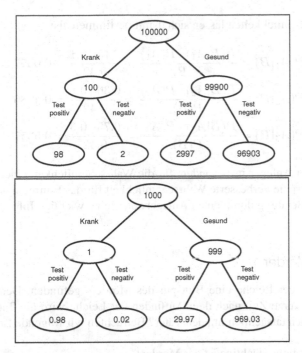

Abbildung 4.4: Baumstruktur für das Beispiel Medizinische Diagnostik

Geldanlage

Beispiel 4.26

In diesem Beispiel interessieren die Wahrscheinlichkeiten für bestimmte Tendenzen in der Kursentwicklung, aufgrund dessen man über die Anlage seines Kapitals entscheidet. Es seien drei Ereignisse möglich: $A_1 = \{\text{Der Zins fällt um } 0.5\,\%\}$, $A_2 = \{\text{Der Zins bleibt unverändert}\}$ und $A_3 = \{\text{Der Zins steigt um } 0.5\,\%\}$. Nach der eigenen subjektiven Einschätzung nehmen wir folgende a-priori Wahrscheinlichkeiten für das Eintreten obiger Ereignisse an:

$$P(A_1) = 0.1, \quad P(A_2) = 0.6, \quad P(A_3) = 0.3.$$

Als Ereignis B ziehen wir die Prognose eines Anlageberaters $\{\text{Der Zins steigt um } 0.5\,\%\}$ hinzu. Aufgrund von Erfahrungswerten sei zudem bekannt:

$$P(B|A_1) = 0.15, \quad P(B|A_2) = 0.30, \quad P(B|A_3) = 0.75.$$

Falls der Kurs also tatsächlich steigt, sagt der Anlageberater dies mit einer Wahrscheinlichkeit von 0.75 richtig voraus. Falls der Zins jedoch fällt, so hätte der Anlageberater mit einer Wahrscheinlichkeit von 0.15 eine Steigerung vorausgesagt. Im Fall gleichbleibender Zinsentwicklung hätte der Anlageberater die Prognose einer Zinssteigerung mit Wahrscheinlichkeit 0.3 getroffen.

Gesucht sind nun die Wahrscheinlichkeiten für das Eintreten obiger Zinsveränderungen unter Berücksichtigung der positiven Prognose des Anlageberaters, also $P(A_j|B), j = 1, 2, 3$. Diese werden, wie bereits erwähnt, auch als a-posteriori Wahrscheinlichkeiten bezeichnet und lassen sich wiederum über den Satz von Bayes ermitteln. Dazu benötigen wir die Wahrscheinlichkeit für das Eintreten einer positiven Prognose des Anlageberaters, die sich über die Formel von der totalen Wahrscheinlichkeit berechnet als:

$$P(B) = P(B|A_1) \cdot P(A_1) + P(B|A_2) \cdot P(A_2) + P(B|A_3) \cdot P(A_3)$$
$$= 0.15 \cdot 0.1 + 0.30 \cdot 0.6 + 0.75 \cdot 0.3 = 0.42.$$

Die gesuchten Wahrscheinlichkeiten lassen sich damit bestimmen als:

$$P(A_1|B) = \frac{P(B|A_1) \cdot P(A_1)}{P(B)} = \frac{0.15 \cdot 0.1}{0.42} = 0.0357\,,$$

$$P(A_2|B) = \frac{P(B|A_2) \cdot P(A_2)}{P(B)} = \frac{0.30 \cdot 0.6}{0.42} = 0.4286\,,$$

$$P(A_3|B) = \frac{P(B|A_3) \cdot P(A_3)}{P(B)} = \frac{0.75 \cdot 0.3}{0.42} = 0.5357\,.$$

Da sich ein potenzieller Anleger insbesondere für die Wahrscheinlichkeit einer steigenden Zinsentwicklung interessiert, ist die verbesserte Wahrscheinlichkeit für das Eintreten von A_3, also für einen Zinsanstieg, nach der Beratung durch einen Anlageberater eine wichtige Information. □

Beispiel 4.27   **Suche nach dem Mörder**

Am Tatort wird neben der Leiche eine Blutspur des Mörders gefunden. Der Laborbefund ergibt Blutgruppe B. Bereits kurze Zeit nach dem Auffinden der Leiche wird ein Tatverdächtiger festgenommen. Handelt es sich tatsächlich um den Täter? Betrachten wir folgende Ereignisse:

$$A_1 = \{\text{Der Tatverdächtige ist der Mörder}\}\,,$$
$$A_2 = \overline{A_1} = \{\text{Der Tatverdächtige ist nicht der Mörder}\}\,,$$
$$B = \{\text{Die Blutgruppe der Blutspur stimmt mit der des Tatverdächtigen überein}\}\,.$$

Der zuständige Kommissar denkt nun, entweder der Tatverdächtige hat die Tat begangen oder nicht, und nimmt daher an, dass $P(A_1) = P(\overline{A_1}) = 0.5$. Damit ist $P(B|A_1) = 1$, da die Blutgruppe der entdeckten Blutspur sicher mit der des Tatverdächtigen übereinstimmt, wenn dieser der Täter ist. Als $P(B|\overline{A_1})$ wählt man sinnvollerweise den Anteil der Personen in der Bevölkerung mit Blutgruppe B, d.h. $P(B|\overline{A_1}) = 0.25$. Die Anwendung des Satzes von Bayes liefert die Wahrscheinlichkeit dafür, dass der Tatverdächtige der Mörder ist, wenn er Blutgruppe B hat, und zwar als

$$P(A_1|B) = \frac{P(B|A_1) \cdot P(A_1)}{P(B|A_1) \cdot P(A_1) + P(B|\overline{A_1}) \cdot P(\overline{A_1})}$$
$$= \frac{1 \cdot 0.5}{1 \cdot 0.5 + 0.25 \cdot 0.5} = 0.8\,.$$

Die Wahrscheinlichkeit ist also sehr hoch, und es sieht nicht sehr gut für den Verdächtigen aus. Allerdings ist die Annahme der a-priori Wahrscheinlichkeit von 0.5 für seine Schuld unsinnig. Nimmt man im Gegensatz dazu an, dass jeder Bürger eines Landes mit einer Bevölkerungsstärke von zum Beispiel 60 Millionen Einwohnern der Mörder sein könnte, dann ist $P(A_1) = \frac{1}{6 \cdot 10^7}$. Mithilfe des Satzes von Bayes errechnet man dann:

$$P(A_1|B) = \frac{1/6 \cdot 10^{-7} \cdot 1}{1/6 \cdot 10^{-7} \cdot 1 + (1 - 1/6 \cdot 10^{-7}) \cdot 0.25} \approx \frac{3}{2} \cdot 10^{-7}\,.$$

Diese Wahrscheinlichkeit ist nun verschwindend gering. An diesem Beispiel wird deutlich, wie stark die a-posteriori Wahrscheinlichkeiten von den Annahmen über die a-priori Wahrscheinlichkeiten beeinflusst werden können. □

4.8 Unendliche Grundgesamtheiten

Bislang sind wir implizit davon ausgegangen, dass unser Experiment nur zu endlich vielen Ergebnissen führen kann. Für diesen Fall waren auch die Axiome von Kolmogoroff definiert. Es kann aber durchaus Situationen geben, in denen es notwendig wird, die Betrachtungen auf den Fall unendlich vieler Ergebnisse auszudehnen, wie das folgende Beispiel illustriert.

Würfeln   Beispiel 4.28

Um bei dem Würfelspiel „Mensch ärgere dich nicht" ins Spiel zu kommen, muss eine Sechs gewürfelt werden. Ein Spieler würfelt nun so lange, bis die Sechs gewürfelt ist. Das Ergebnis des Experiments sei dabei die Anzahl an Würfen, die der Spieler bis zum Würfeln einer Sechs benötigt. Damit ist der Ergebnisraum als die gesamten natürlichen Zahlen gegeben, d.h. $\Omega = \{1, 2, 3, \ldots\} = \mathbb{N}$, da der Spieler rein theoretisch beliebig oft würfeln muss (vgl. auch Kapitel 5, Geometrische Verteilung). Für die Wahrscheinlichkeiten ergibt sich dabei $P(\{\omega = 1\}) = 1/6$, da das Würfeln einer Sechs im 1. Wurf dem Ausgang eines Laplace-Experiments entspricht. Ist die Anzahl der Würfe gleich 2, wurde im 1. Wurf keine Sechs gewürfelt, aber im 2. Wurf, da sonst weitergewürfelt worden wäre. Für die entsprechende Wahrscheinlichkeit ergibt sich wegen der Unabhängigkeit der Würfe:

$$
\begin{aligned}
P(\{\omega = 2\}) &= P(\{1.\text{ Wurf keine Sechs}\}) \cdot \\
&\quad P(\{2.\text{ Wurf eine Sechs}|1.\text{ Wurf keine Sechs}\}) \\
&= P(\{1.\text{ Wurf keine Sechs}\}) \cdot P(\{2.\text{ Wurf eine Sechs}\}) \\
&= \frac{5}{6} \cdot \frac{1}{6}.
\end{aligned}
$$

Allgemein können solche Wahrscheinlichkeiten mit den folgenden Bezeichnungen

$$
\begin{aligned}
A_i &= \{i\text{-ter Wurf keine Sechs}\} \\
B_i &= \{i\text{-ter Wurf eine Sechs}\} \\
C_i &= \{\text{Spiel endet nach } i \text{ Würfen}\}
\end{aligned}
$$

bestimmt werden als

$$
\begin{aligned}
P(C_i) &= P(A_1 \cap A_2 \cap A_3 \cap \ldots \cap A_{i-1} \cap B_i) \\
&= P(A_1) \cdot P(A_2) \cdot P(A_3) \cdot \ldots \cdot P(A_{i-1}) \cdot P(B_i) \\
&= \frac{5}{6} \cdot \frac{5}{6} \cdot \frac{5}{6} \cdot \ldots \cdot \frac{5}{6} \cdot \frac{1}{6} \\
&= \left(\frac{5}{6}\right)^{i-1} \cdot \frac{1}{6}.
\end{aligned}
$$

□

Da in dem obigen Beispiel i beliebig groß werden kann, müssen die Axiome von Kolmogoroff, d.h. speziell das dritte Axiom, auf abzählbar unendliche Vereinigungen verallgemeinert werden.

Axiome von Kolmogoroff für unendliche Ergebnisräume

(K1) $P(A) \geq 0$.

(K2) $P(\Omega) = 1$.

($\widetilde{\text{K3}}$) Seien $A_1, \ldots, A_k, \ldots \subset \Omega$ paarweise disjunkt, dann gilt:

$$P(A_1 \cup \ldots \cup A_k \cup \ldots) = \sum_{i=1}^{\infty} P(A_i).$$

Das derart erweiterte Axiom ($\widetilde{\text{K3}}$) schließt das Axiom (K3) ein. Die bislang hergeleiteten Rechenregeln und Formeln gelten im übrigen auch bei unendlichen Grundgesamtheiten bis auf den zentralen Unterschied, dass sich die Wahrscheinlichkeit für eine Menge mit überabzählbar vielen Elementen nicht mehr als Summe von Einzelwahrscheinlichkeiten berechnen lässt, wie das folgende Beispiel veranschaulicht.

Beispiel 4.29   **Das Idealexperiment**

Wenn wir bestimmte Variablen messen, so könnten wir das theoretisch beliebig genau machen; praktisch sind wir aber gezwungen, uns auf endlich viele Nachkommastellen zu beschränken. Im Idealexperiment hätten alle Zahlen unendlich viele Stellen nach dem Komma. Damit sind in vielen Fällen die tatsächlich durchgeführten Experimente Näherungen des Idealexperiments. Nehmen wir nun an, wir wollten aus dem Intervall $[0, 1]$ zufällig einen Punkt auswählen. Wie groß ist die Wahrscheinlichkeit, dass dieser aus dem Intervall $[0, 0.5]$ stammt?

In der **1. Näherung** „messen" wir auf eine Nachkommastelle genau und erhalten als Ergebnisraum $\Omega = \{0.0, 0.1, \ldots, 0.9, 1.0\}$. Damit ist $|\Omega| = 11$, woraus $p_\omega = 1/11$ folgt. Die Wahrscheinlichkeit dafür, dass ω aus dem Intervall $[0, 0.5]$ stammt, lässt sich berechnen als Summe der Einzelwahrscheinlichkeiten der rein diskreten Punkte in diesem Intervall, d.h.

$$P(\omega \in [0, 0.5]) = P(\{0.0, 0.1, 0.2, 0.3, 0.4, 0.5\})$$
$$= \frac{6}{11} = \frac{1}{2} + \frac{1}{22} = \frac{1}{2} + \frac{1}{2 \cdot (10^1 + 1)}.$$

Diese Darstellung der Wahrscheinlichkeit erscheint zunächst ungewöhnlich, wird uns aber bei den weiteren Überlegungen dienlich sein.

In der **2. Näherung** „messen" wir auf zwei Nachkommastellen genau. Damit ergibt sich $\Omega = \{0.00, 0.01, \ldots, 0.99, 1.00\}$ mit $|\Omega| = 101$ und $p_\omega = 1/101$. Entsprechend berechnet man

$$P(\omega \in [0, 0.5]) = P(\{0.00, 0.01, \ldots, 0.49, 0.5\})$$
$$= \frac{51}{101} = \frac{1}{2} + \frac{1}{202} = \frac{1}{2} + \frac{1}{2 \cdot (10^2 + 1)}.$$

Wir könnten dies nun beliebig oft weiterführen, aber die schon offensichtliche Struktur bei der Ermittlung von Ω und von $P(\omega \in [0, 0.5])$ liefert direkt bei der n-ten Näherung:

$$|\Omega| = 10^n + 1 \text{ mit } p_\omega = \frac{1}{10^n + 1} \text{ und}$$
$$P(\omega \in [0, 0.5]) = \frac{1}{2} + \frac{1}{2 \cdot (10^n + 1)},$$

d.h. je mehr Nachkommastellen wir „messen", also je größer n, desto näher liegt p_ω bei null und $P(\omega \in [0, 0.5])$ bei 0.5. Im Idealexperiment gilt schließlich:

$$p_\omega = 0 \quad \text{und} \quad P(\omega \in [0, 0.5]) = 0.5 \,.$$

Damit wird offensichtlich, dass sich im Idealexperiment die Wahrscheinlichkeit für ein Ereignis nicht mehr als Summe der Wahrscheinlichkeiten für die Elementarereignisse darstellen lässt, d.h. also

$$P(A) \neq \sum_{\omega \in A} p_\omega \,.$$

$\square$

Das in dem Beispiel beobachtete Phänomen ist darin begründet, dass einerseits alle Punkte eines Intervalls als Elemente des Ereignisses A möglich sind. Andererseits ist es aber nicht möglich, ein Intervall als abzählbare Vereinigung seiner Punkte darzustellen, d.h., dass z.B. $[0, 0.5]$ nicht darstellbar ist als $\{\omega_1\} \cup \{\omega_2\} \cup \{\omega_3\} \cup \ldots$. Das Axiom von Kolmogoroff $(\widetilde{K3})$ gilt aber nur für solche Vereinigungen. Wollen wir also Wahrscheinlichkeiten bestimmter Ereignisse eines Idealexperiments berechnen, bei dem alle Elemente eines Intervalls mit unendlich vielen Nachkommastellen als Ergebnis auftreten können, können wir $P(A)$ nicht länger als $\sum_{\omega \in A} p_\omega$ darstellen, sondern müssen über diese Menge integrieren. Dieser Aspekt wird in Kapitel 6 im Zusammenhang mit stetigen Zufallsvariablen erneut aufgegriffen.

4.9 Zusammenfassung und Bemerkungen

In der Statistik fassen wir den Ausgang empirischer Untersuchungen als Ergebnis eines *Zufallsvorgangs* auf. Dabei interessiert insbesondere, wie sicher man mit dem Eintreten eines bestimmten Ergebnisses rechnen kann. Eine solche Beurteilung wird möglich durch die Zuweisung von Wahrscheinlichkeiten. Man unterscheidet dabei grob den *objektiven* und den *subjektiven Wahrscheinlichkeitsbegriff*. Ersterer basiert auf der Häufigkeitsinterpretation von Wahrscheinlichkeiten und ist daher nicht vom jeweiligen Betrachter des Experiments abhängig. Die subjektive Wahrscheinlichkeit hängt hingegen von der persönlichen Einschätzung einer Situation ab.

Bei der Bewertung von Ergebnissen eines Zufallsvorgangs anhand von Wahrscheinlichkeiten ist es zweckmäßig, diese als Mengen anzusehen und zur Verknüpfung von Ergebnissen die üblichen Mengenoperationen einzusetzen. Dabei bezeichnen wir die Menge aller möglichen Ergebnisse mit *Ergebnis-* bzw. *Stichprobenraum*. Teilmengen des Ergebnisraums heißen *(Zufalls-)Ereignisse*. Die Bewertung von Ereignissen hinsichtlich ihres Eintretens erfolgt nun anhand von Zahlen, die die *Axiome von Kolmogoroff* erfüllen müssen. Diese zugeordneten Zahlen nennt man schließlich *Wahrscheinlichkeiten*. Für diese lassen sich aus den Axiomen Rechenregeln ableiten, die bereits aus dem Umgang mit relativen Häufigkeiten bekannt sind.

Zur konkreten Berechnung von Wahrscheinlichkeiten sind zusätzliche Informationen über den Zufallsvorgang erforderlich. In einigen Fällen wie etwa beim Glücksspiel ist es

gerechtfertigt, alle möglichen Ausgänge des Zufallsvorgangs als gleichwahrscheinlich anzusehen. Damit lässt sich bei endlichen Ergebnisräumen die Wahrscheinlichkeit für das
Eintreten eines Ereignisses einfach über die sogenannte Abzählregel bestimmen. Dazu ist
die Kenntnis der Anzahl aller möglichen Ergebnisse notwendig. Das bedeutet im Fall einer
Stichprobenziehung, dass man die Anzahl aller möglichen Stichproben kennen muss. Diese
hängt davon ab, ob man mit oder ohne Zurücklegen und mit oder ohne Berücksichtigung
der Reihenfolge zieht. Natürlich kann man aber nicht immer davon ausgehen, dass die Ergebnisse eines Zufallsvorgangs gleich wahrscheinlich sind. Will man in solchen Fällen die
Wahrscheinlichkeit für das Eintreten eines bestimmten Ereignisses ermitteln, so ist es oft
hilfreich, diese als Grenzwert der relativen Häufigkeit für das Eintreten des interessierenden Ereignisses anzusehen.

Häufig kann bzw. muss man die Bewertung für das Eintreten eines Ereignisses relativie-
ren, wenn man Informationen über ein anderes Ereignis hinzuzieht, das bereits eingetreten
ist. Dies führt zu dem Begriff der bedingten Wahrscheinlichkeit erneut in Analogie zu dem
entsprechenden Begriff bei den relativen Häufigkeiten. Verändert sich die Wahrscheinlichkeit für das Eintreten eines Ereignisses nicht, wenn man die Information über ein anderes,
bereits eingetretenes Ereignis nutzt, so nennt man diese beiden Ereignisse stochastisch unabhängig. Die Eigenschaft der *stochastischen Unabhängigkeit* ist eine zentrale. Sie macht
es möglich, selbst bei komplexen Zufallsvorgängen Wahrscheinlichkeiten für bestimmte Ereignisse noch relativ leicht zu berechnen.

Der Begriff der bedingten Wahrscheinlichkeit spielt erneut eine große Rolle bei dem
Satz von Bayes, der es ermöglicht, a-posteriori Wahrscheinlichkeiten von Ereignissen zu
bestimmen, wenn man deren a-priori und zusätzliche bedingte Wahrscheinlichkeiten kennt.
In den Satz von Bayes geht der Satz von der totalen Wahrscheinlichkeit ein, bei dem die
Wahrscheinlichkeit eines Ereignisses mithilfe einer disjunkten Zerlegung des Ergebnisrau-
mes berechnet wird.

Abschließend sei noch besonders auf den Fall hingewiesen, dass der Ergebnisraum überabzählbar viele Elemente enthält. Hier ist es nicht mehr möglich, Wahrscheinlichkeiten für
bestimmte Ereignisse als Summe von Einzelwahrscheinlichkeiten auszurechnen.

Als Ergänzung zu diesem Kapitel sei auf Rüger (1996) verwiesen.

4.10 Aufgaben

Aufgabe 4.1   Ein Experiment bestehe aus dem Werfen eines Würfels und einer Münze.
(a) Geben Sie einen geeigneten Ergebnisraum Ω an.
(b) Zeigt die Münze Wappen, so wird die doppelte Augenzahl des Würfels notiert, bei Zahl nur die
      einfache. Wie groß ist die Wahrscheinlichkeit, dass eine gerade Zahl notiert wird?

Aufgabe 4.2   Aus einer Grundgesamtheit $G = \{1, 2, 3, 4\}$ wird eine einfache Zufallsstichprobe vom Umfang $n = 2$
gezogen. Betrachten Sie die beiden Fälle „Modell mit Zurücklegen“ und „Modell ohne Zurückle-
gen“.
(a) Listen Sie für beide Fälle alle möglichen Stichproben auf.
(b) Wie groß ist jeweils für ein einzelnes Element die Wahrscheinlichkeit, in die Stichprobe zu ge-
      langen?

(c) Wie groß ist jeweils die Wahrscheinlichkeit, dass die Elemente 1 und 2 beide in die Stichprobe gelangen?

Aus einer Gruppe von drei Männern und vier Frauen sind drei Positionen in verschiedenen Kommissionen zu besetzen. Wie groß ist die Wahrscheinlichkeit für die Ereignisse, dass mindestens eine der drei Positionen mit einer Frau besetzt wird bzw. dass höchstens eine der drei Positionen mit einer Frau besetzt wird,
(a) falls jede Person nur eine Position erhalten kann?
(b) falls jede Person mehrere Positionen erhalten kann?

Aufgabe 4.3

Eine Gruppe von 60 Drogenabhängigen, die Heroin spritzen, nimmt an einer Therapie teil ($A =$ stationär, $\overline{A} =$ ambulant). Zudem unterziehen sich die Drogenabhängigen freiwillig einem HIV-Test ($B =$ HIV-positiv, $\overline{B} =$ HIV-negativ). Dabei stellen sich 45 der 60 Personen als HIV-negativ und 15 als HIV-positiv heraus. Von denen, die HIV-positiv sind, sind 80 % in der stationären Therapie, während von den HIV-negativen nur 40 % in der stationären Therapie sind.
(a) Formulieren Sie die obigen Angaben als Wahrscheinlichkeiten.
(b) Sie wählen zufällig eine der 60 drogenabhängigen Personen aus. Berechnen Sie die Wahrscheinlichkeit, dass diese
   (i) an der stationären Therapie teilnimmt und HIV-positiv ist,
   (ii) an der stationären Therapie teilnimmt und HIV-negativ ist,
   (iii) an der stationären Therapie teilnimmt.
(c) Berechnen Sie $P(B|A)$, und fassen Sie das zugehörige Ereignis in Worte.
(d) Welcher Zusammenhang besteht zwischen $P(A|B)$ und $P(A)$, wenn A und B unabhängig sind?

Aufgabe 4.4

Zeigen Sie:
Sind A und B stochastisch unabhängig, dann sind auch $\overline{A}$ und B stochastisch unabhängig.

Aufgabe 4.5

An einer Studie zum Auftreten von Farbenblindheit nimmt eine Gruppe von Personen teil, die sich zu 45 % aus Männern (M) und zu 55 % aus Frauen ($\overline{M}$) zusammensetzt. Man weiß, dass im Allgemeinen 6 % der Männer farbenblind (F) sind, d.h. es gilt $P(F \mid M) = 0.06$. Dagegen sind nur 0.5 % der Frauen farbenblind, d.h. $P(F \mid \overline{M}) = 0.005$.
Verwenden Sie die angegebene Information zum Berechnen der Wahrscheinlichkeit, dass eine per Los aus der Gruppe ausgewählte Person eine farbenblinde Frau ist, d.h. zum Berechnen von $P(F \cap \overline{M})$.
Berechnen Sie außerdem $P(\overline{M} \cap \overline{F})$, $P(M \cap F)$, $P(F)$ und $P(\overline{M} \mid F)$. Beschreiben Sie die zugehörigen Ereignisse in Worten.

Aufgabe 4.6

An den Kassen von Supermärkten und Kaufhäusern wird ein zusätzliches Gerät bereitgestellt, mit dem die Echtheit von 100 €-Scheinen geprüft werden soll. Aus Erfahrung weiß man, dass 15 von 10.000 Scheinen gefälscht sind. Bei diesem Gerät wird durch Aufblinken einer Leuchte angezeigt, dass der Schein als falsch eingestuft wird. Es ist bekannt, dass das Gerät mit einer Wahrscheinlichkeit von 0.95 aufblinkt, wenn der Schein falsch ist, und mit einer Wahrscheinlichkeit von 0.1, wenn der Schein echt ist. Wie sicher kann man davon ausgehen, dass der 100 €-Schein tatsächlich falsch ist, wenn das Gerät aufblinkt?

Aufgabe 4.7

Kapitel 5

Diskrete Zufallsvariablen

Einige Beispiele des vorangehenden Kapitels zeigen, dass die Ergebnisse von Zufallsvorgängen nicht immer Zahlen sind. Wie bei der Beschreibung von Ergebnissen einer Erhebung in der deskriptiven oder explorativen Statistik ist es jedoch zweckmäßig, die Ergebnisse von Zufallsvorgängen durch Zahlen zu repräsentieren. Oft interessiert man sich auch nicht primär für die zugrundeliegenden Ergebnisse selbst, sondern für daraus abgeleitete Zahlen, etwa wie oft Wappen beim mehrmaligen Werfen einer Münze auftritt. Ordnet man den Ergebnissen eines Zufallsvorgangs Zahlen zu, so erhält man eine Zufallsvariable. Dies entspricht im Wesentlichen dem Begriff einer Variable oder eines Merkmals in der deskriptiven oder explorativen Statistik, nur wird jetzt betont, dass die möglichen Werte oder Ausprägungen als Ergebnisse eines Zufallsvorgangs gedeutet werden.

In den Kapiteln 5 bis 7 behandeln wir die grundlegenden Begriffe und Eigenschaften von *eindimensionalen* oder *univariaten Zufallsvariablen*. Sie bilden auch die Basis für die in vielen Anwendungen auftretende Situation, dass mehrere Zufallsvariablen gemeinsam betrachtet werden. Voneinander abhängige, mehrdimensionale Zufallsvariablen sind Gegenstand von Kapitel 8. Zunächst behandeln wir jedoch nur unabhängige eindimensionale Zufallsvariablen. Wir unterscheiden, wie in einführenden Darstellungen üblich, zwischen *diskreten* und *stetigen* Zufallsvariablen. Für die in Abschnitt 5.2 betrachteten diskreten Zufallsvariablen werden Analogien zu Kapitel 2 besonders deutlich. Entsprechende Begriffe und Eigenschaften für stetige Zufallsvariablen ergeben sich dann durch den Übergang vom diskreten zum stetigen Fall (Kapitel 6). Im folgenden Abschnitt verdeutlichen wir zunächst anhand von Beispielen, was man unter Zufallsvariablen versteht, und schließen eine allgemeine Definition an, die noch nicht zwischen diskreten und stetigen Zufallsvariablen unterscheidet.

eindimensionale Zufallsvariablen

diskret

stetig

5.1 Zufallsvariablen

Die folgenden Beispiele veranschaulichen exemplarisch Situationen, in denen die Einführung von Zufallsvariablen zweckmäßig ist, und zeigen, wie diese gebildet werden.

Werfen einer Münze

Beispiel 5.1

Eine Münze mit den Seiten Zahl (Z) und Wappen (W) werde viermal geworfen. Als Ergebnis erhält man z.B. (Z, W, W, Z). Wenn wir die Variable $X = $ „Anzahl von Wappen" einführen, so resultiert daraus $X = 2$. Erhält man beim nächsten Werfen (Z, W, Z, Z), so ist $X = 1$. Für die Variable X sind die Werte $0, 1, 2, 3$ und 4 möglich, aber vor jedem neuen Wurf ist nicht sicher, welcher dieser Werte sich ergeben wird. Wenn wir uns nur für X interessieren, nicht jedoch für den zugrundeliegenden Zufallsvorgang des viermaligen Münzwurfs selbst, so können wir uns auf den einfacheren Ergebnisraum $\{0, 1, 2, 3, 4\}$ beschränken. Die Ergebnisse des Zufallsvorgangs sind dann die Werte der Variable X selbst. Man nennt X deshalb Zufallsvariable. Die Bildung von X lässt sich demnach auch als Abbildung auffassen, wobei dem ursprünglichen Ergebnis $\omega \in \Omega$, etwa $\omega = (Z, W, W, Z)$, eine reelle Zahl $X(\omega) = 2$ zugeordnet wird.

In Bezug auf die Variable X interessieren vor allem Ereignisse, bei denen X bestimmte Werte annimmt, etwa

$$\{X = 2\} = \text{„Es tritt genau zweimal Wappen auf"}$$

oder

$$\{X \leq 2\} = \text{„Es tritt höchstens zweimal Wappen auf"}.$$

Zur Berechnung der Wahrscheinlichkeiten ist in diesem Beispiel die Darstellung durch die ursprünglichen Ergebnisse nützlich. Es gilt etwa

$$\{X = 2\} = \{(Z, Z, W, W), (Z, W, Z, W), (Z, W, W, Z),$$
$$(W, W, Z, Z), (W, Z, W, Z), (W, Z, Z, W)\}.$$

Dann lässt sich die Abzählregel anwenden und man erhält

$$P(\{X = 2\}) = 6/16,$$

da es insgesamt $2^4 = 16$ verschiedene Ergebnisse beim viermaligen Münzwurf gibt.   □

Beispiel 5.2   Zweimal Würfeln

Die ursprüngliche Ergebnismenge Ω besteht aus den 36 Zahlenpaaren $\omega = (i, j)$, $1 \leq i, j \leq 6$, vergleiche Beispiel 4.3(b) (Seite 170). Für die Variable $X =$„Summe der Augenzahlen" erhält man zu jedem Ergebnis (i, j) den Wert $x = i + j$. Da die möglichen Ergebnisse (i, j) und damit die Werte $x = i + j$ vom Zufall abhängen, wird X zu einer Zufallsvariable mit der Werte- oder Ergebnismenge $\{2, 3, \ldots, 12\}$. Ebenso wie im vorangehenden Beispiel lässt sich somit X als Abbildung aus dem ursprünglichen Ergebnisraum $\Omega = \{i, j : 1 \leq i, j \leq 6\}$ nach $\{2, 3, \ldots, 12\}$ auffassen, mit $X : \omega \mapsto X(\omega) = x = i + j$. Interessierende Ereignisse sind z.B.

$$\{X = 4\} = \text{„Die Augensumme ist 4"}$$

oder

$$\{X \leq 4\} = \text{„Die Augensumme ist höchstens gleich 4"}.$$

Solche Ereignisse lassen sich auch durch die ursprünglichen Ergebnisse (i, j) ausdrücken. Es gilt

$$\{X = 4\} = \{(1, 3), (2, 2), (3, 1)\}$$

und

$$\{X \leq 4\} = \{(1, 1), (1, 2), (1, 3), (2, 1), (2, 2), (3, 1)\}.$$

Auch hier ist die Rückführung auf die ursprünglichen Ergebnisse nützlich, um die Wahrscheinlichkeiten für derartige Ereignisse zu berechnen: Es ist z.B.

$$P(X = 4) = P(1, 3) + P(2, 2) + P(3, 1) = \frac{3}{36} = \frac{1}{12}$$

und

$$P(X \leq 4) = P(1,1) + \ldots + P(3,1) = \frac{6}{36} = \frac{1}{6}.$$

□

Mietspiegelerhebung

Die Mietspiegelerhebung für München beruht auf einer Zufallsstichprobe, bei der nach einem bestimmten Stichprobenplan Wohnungen zufällig ausgewählt werden. Ergebnismenge ist die Menge Ω aller mietspiegelrelevanten Wohnungen und als typisches Ergebnis ω erhält man eine solche ausgewählte Wohnung. Die interessierenden Merkmale wie X=„Nettomiete", Y=„Wohnfläche", Z=„Zimmeranzahl" usw. sind somit als Zufallsvariablen interpretierbar. Als Ergebnismenge für die stetigen Merkmale X und Y kann man $\mathbb{R}_+ = \{x : x \geq 0\}$ wählen, für das diskrete Merkmal Z entsprechend $\mathbb{N}_0 = \{0, 1, 2, \ldots\}$. Für statistische Analysen sind wieder vor allem Ereignisse der Form

$$\{X \leq c\}, \quad \{X > c\}, \quad \{a \leq X \leq c\}, \quad a, b, c \in \mathbb{R}_+$$

sowie deren Wahrscheinlichkeiten von Interesse. So bedeuten etwa

$\{X \leq 1000\}$ „Auswahl einer Wohnung mit einer Nettomiete von höchstens 1000 €",

$\{900 \leq X \leq 1000\}$ „Auswahl einer Wohnung mit einer Nettomiete zwischen 900 € und 1000 €".

Auch in diesem Beispiel kann man X als Abbildung auffassen, bei der einer zufällig ausgewählten Wohnung ω die dafür zu zahlende Nettomiete $x = X(\omega)$ zugeordnet wird. Für die Bestimmung von Wahrscheinlichkeiten für Ereignisse obiger Art bringt dies hier jedoch keinen Nutzen. □

Aktienkurse

Tägliche oder gemittelte Kurse bzw. Renditen von Aktien sind von zufälligen Vorgängen mitbeeinflusst, auch wenn es unmöglich ist, den Zufallsvorgang oder einen zugrundeliegenden Ergebnisraum Ω explizit zu beschreiben. Trotzdem ist es für statistische Analysen zweckmäßig, das Merkmal X = „Rendite der Aktie X am Tag t" als Zufallsvariable zu interpretieren, deren Wert $x \in \mathbb{R}$ man nach Börsenschluss am Tag t erfahren kann. Ebenso sind Ereignisse der Form $\{X = c\}$, $\{X \leq c\}$, $\{X \geq c\}$, $\{a \leq X \leq b\}$ und zugehörige Wahrscheinlichkeiten von Interesse. So bedeutet etwa $P\{X \geq 0\}$ die Wahrscheinlichkeit, keinen Verlust zu erleiden, und $P(2\% \leq X \leq 3\%)$ die Wahrscheinlichkeit, einen Gewinn zwischen 2 % und 3 % zu erzielen. □

Ähnliche Situationen wie in den beiden letzten Beispielen, bei denen der zugrundeliegende Zufallsvorgang nicht von primärem Interesse bzw. schwer oder nicht explizit beschreibbar ist, treten in vielen Anwendungen auf, etwa bei Lebensdauern oder Abmessungen von Geräten in der Produktion, der erzielten Punktezahl in einem Test, der Wartezeit an einer Bushaltestelle usw. Damit tritt auch die Auffassung einer Zufallsvariable als Abbildung, die wie in den Beispielen 5.1 (Seite 209) und 5.2 auf der gegenüberliegenden Seite den Ergebnissen ω eines zugrundeliegenden Zufallsvorgangs reelle Zahlen zuordnet, in den Hintergrund. Es ist dann wie in der folgenden Definition einfacher, als Ergebnisraum direkt den Wertebereich der Variable zu betrachten. Eine Definition, die den Charakter der Variable als Abbildung oder Zuordnungsvorschrift deutlicher betont, wird in Kapitel 7 gegeben.

Zufallsvariable

Eine Variable oder ein Merkmal X, dessen Werte oder Ausprägungen die Ergebnisse eines Zufallsvorgangs sind, heißt *Zufallsvariable* X. Die Zahl $x \in \mathbb{R}$, die X bei einer Durchführung des Zufallsvorgangs annimmt, heißt *Realisierung* oder Wert von X.

Da aus dem Kontext meist ersichtlich ist, ob mit X eine Zufallsvariable gemeint ist, nennt man X kürzer auch wieder einfach Variable oder Merkmal und bezeichnet eine Realisierung x von X auch als Merkmalsausprägung. Ebenso werden die in Kapitel 1 definierten *Skalierung* Begriffe zur *Skalierung* von Merkmalen (qualitativ, quantitativ, nominal-, ordinal- bzw. kardinalskaliert) und die Unterscheidung in diskrete und stetige Merkmale auf Zufallsvariablen *stetige und* übertragen. *Stetige Zufallsvariablen* sind meist metrisch, zumindest aber ordinalskaliert, *diskrete* während *diskrete Zufallsvariablen* nominal-, ordinal- oder kardinalskaliert vorliegen kön-*Zufallsvariablen* nen. Wie in der deskriptiven Statistik muss man beachten, dass bestimmte Begriffe nicht für alle Skalenarten sinnvoll definiert oder interpretierbar sind.

Ereignisse   Wie in den Beispielen interessiert man sich bei Zufallsvariablen meist für *Ereignisse* der Art

$$\{X = x\}, \quad \{X \neq x\}, \quad \{X \leq x\}, \quad \{X > x\}, \quad \{a \leq X \leq b\}$$

bzw. allgemein

$$\{X \in I\},$$

wobei I ein abgeschlossenes, offenes oder halboffenes Intervall ist. Dabei ist für eine sinn-volle Interpretation von Ereignissen der Form $\{a \leq X \leq b\}$ usw. vorauszusetzen, dass X *zulässige* ordinalskaliert ist. Weitere durch X definierte *zulässige Bereiche* B ergeben sich daraus *Bereiche* durch Komplementbildung und abzählbare Durchschnitts- und Vereinigungsbildung. Die Festlegung, Berechnung oder Schätzung von Wahrscheinlichkeiten für solche Ereignisse ist eine zentrale Aufgabe der Wahrscheinlichkeitsrechnung und der induktiven Statistik.

    Die Menge aller Wahrscheinlichkeiten $P(X \in I)$ oder $P(X \in B)$ für Intervalle I oder *Wahrscheinlich-* zulässige Bereiche B nennt man auch *Wahrscheinlichkeitsverteilung*.
keitsverteilung

5.2 Verteilungen und Parameter von diskreten Zufallsva-riablen

5.2.1 Definition und Verteilung

Nach der allgemeinen Definition ist eine *diskrete Zufallsvariable* eine diskrete Variable, de-ren Werte als Ergebnisse eines Zufallsvorgangs aufgefasst werden. Dies führt zur folgenden Definition.

> ## Diskrete Zufallsvariable
>
> Eine Zufallsvariable X heißt *diskret*, falls sie nur endlich oder abzählbar unendlich viele Werte $x_1, x_2, \ldots, x_k, \ldots$ annehmen kann. Die *Wahrscheinlichkeitsverteilung* von X ist durch die Wahrscheinlichkeiten
>
> $$P(X = x_i) = p_i, \quad i = 1, 2, \ldots, k, \ldots,$$
>
> gegeben.

Die Wertemenge von X wird auch als *Träger* von X bezeichnet, wir schreiben dafür kurz $\mathcal{T} = \{x_1, x_2, \ldots, x_k, \ldots\}$. Für die Wahrscheinlichkeiten p_i muss wegen der Axiome von Kolmogoroff   *Träger*

$$0 \le p_i \le 1$$

und

$$p_1 + p_2 + \ldots + p_k + \ldots = \sum_{i \ge 1} p_i = 1$$

gelten. Die Wahrscheinlichkeit $P(X \in A)$ dafür, dass X einen Wert aus einer Teilmenge A von $\mathcal{T}$ annimmt, ist durch die Summe der p_i mit x_i in A gegeben:

$$P(X \in A) = \sum_{i: x_i \in A} p_i.$$

Insbesondere gilt somit

$$P(a \le X \le b) = \sum_{i: a \le x_i \le b} p_i.$$

Dabei ist zu beachten, dass $\{a \le X \le b\}$ bzw. $a \le x_i \le b$ für eine sinnvolle Interpretation eine ordinalskalierte Variable X voraussetzen.

In vielen Anwendungen reicht ein *endlicher* Wertebereich $\{x_1, \ldots, x_k\}$ zur Beschreibung des interessierenden Zufallsvorgangs aus. Wir sprechen dann von einer *endlichen diskreten* Zufallsvariable. Die oben auftretenden Summen sind somit alle endlich, z.B. muss   *endliche diskrete Zufallsvariable* $p_1 + \ldots + p_k = 1$ gelten. Die Wahrscheinlichkeitsverteilung $p_1, \ldots, p_k$ für die Werte $x_1, \ldots, x_k$ der Zufallsvariable X ist dann das *wahrscheinlichkeitstheoretische Analogon* zur *relativen Häufigkeitsverteilung* $f_1, \ldots, f_k$ für die möglichen Werte $a_1, \ldots, a_k$ des   *Analogon zur Häufigkeitsverteilung* Merkmals X. Während die Wahrscheinlichkeitsverteilung das Verhalten einer Zufallsvariable und damit eines Zufallsexperiments charakterisiert, wird durch die relative Häufigkeitsverteilung jedoch die empirische Verteilung von Daten beschrieben.

Ein in Anwendungen häufig auftretender Spezialfall sind *binäre Zufallsvariablen*: Oft   *binäre Zufallsvariable* interessiert man sich bei einem Zufallsvorgang nur dafür, ob ein bestimmtes Ereignis A eintritt oder nicht. Man spricht auch von einem *Bernoulli-Vorgang* oder *Bernoulli-Experiment*.   *Bernoulli-Vorgang* Beispielsweise kann A das Ereignis sein, dass beim einmaligen Würfeln eine gerade Augenzahl erzielt wird, dass ein Kreditkunde nicht kreditwürdig ist, d.h. seinen Kredit nicht ordnungsgemäß zurückzahlt, oder dass ein Patient durch eine bestimmte Therapie geheilt wird. Die Zufallsvariable

$$X = \begin{cases} 1, & \text{falls } A \text{ eintritt} \\ 0, & \text{falls } A \text{ nicht eintritt} \end{cases}$$

Bernoulli-Variable

besitzt den Träger $\mathcal{T} = \{0, 1\}$ und indiziert, ob A eintritt oder nicht. Sie heißt *binäre Variable*, oder *Bernoulli-Variable*. Wenn $P(A) = \pi$ gilt, so folgt

$$P(X = 1) = \pi, \quad P(X = 0) = 1 - \pi.$$

Bernoulli-Verteilung

Diese Verteilung heißt *Bernoulli-Verteilung*.

mehrkategoriale Zufallsvariablen

Entsprechend definiert man *mehrkategoriale Zufallsvariablen*. Seien $A_1, \ldots, A_k$ sich gegenseitig ausschließende Ereignisse mit $A_1 \cup \ldots \cup A_k = \Omega$. Die Zufallsvariable X mit den Kategorien bzw. Werten

$$X = i, \quad \text{falls } A_i \text{ eintritt}, \quad i = 1, \ldots, k,$$

indiziert, welches Ereignis eintritt. Die Kategorien $1, \ldots, k$ können dabei geordnet oder ungeordnet sein, sodass die Zufallsvariable ordinal- oder nominalskaliert ist. Die Verteilung von X ist durch die Wahrscheinlichkeiten $P(X = i), i = 1, \ldots, k$ gegeben.

Reelle Zahlen $x \notin \mathcal{T}$, können nicht bzw. nur mit Wahrscheinlichkeit null auftreten, d.h. es ist $P(X = x) = 0$ für $x \notin \mathcal{T}$. Zusammen mit den Wahrscheinlichkeiten $P(X = x_i) = p_i$ ergibt dies die Wahrscheinlichkeitsfunktion.

Wahrscheinlichkeitsfunktion

Die *Wahrscheinlichkeitsfunktion* $f(x)$ einer diskreten Zufallsvariable X ist für $x \in \mathbb{R}$ definiert durch

$$f(x) = \begin{cases} P(X = x_i) = p_i, & x = x_i \in \{x_1, x_2, \ldots, x_k, \ldots\} \\ 0, & \text{sonst.} \end{cases}$$

Stabdiagramm

Analog wie die relative Häufigkeitsverteilung lässt sich die Wahrscheinlichkeitsverteilung bzw. Wahrscheinlichkeitsfunktion durch ein *Stab-* oder *Säulendiagramm* darstellen, wobei die Stabhöhe über $x_i, i = 1, 2, \ldots, k, \ldots$ gleich p_i ist. Eine verwandte Darstellungsform sind *Wahrscheinlichkeitshistogramme*. Ähnlich wie bei Histogrammen empirischer Verteilungen werden Rechtecke gezeichnet, die über den Werten x_i zentriert sind und deren Flächen gleich oder proportional zu $p_i = P(X = x_i)$ sind. Für äquidistante Werte x_i werden die Rechtecke oft als aneinandergrenzend gezeichnet, ansonsten ergibt sich im Wesentlichen wieder ein Säulendiagramm.

Wahrscheinlich-keitshistogramm

Durch die Wahrscheinlichkeitsverteilung bzw. Wahrscheinlichkeitsfunktion ist auch die Verteilungsfunktion $F(x) = P(X \leq x)$ gegeben, wenn man in der Formel für $P(X \in A)$ $A = \{X \leq x\}$ setzt. Für eine sinnvolle Interpretation setzen wir X als ordinalskaliert voraus und nehmen an, dass die Werte x_i bereits der Größe nach geordnet sind.

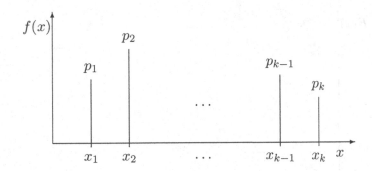

Abbildung 5.1: Stabdiagramm

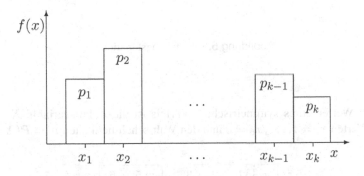

Abbildung 5.2: Wahrscheinlichkeitshistogramm

Verteilungsfunktion einer diskreten Zufallsvariable

$$F(x) = P(X \le x) = \sum_{i:x_i \le x} f(x_i).$$

Die Verteilungsfunktion ist somit ganz analog zur empirischen Verteilungsfunktion (Abschnitt 2.1.3) gebildet und hat auch die gleichen *Eigenschaften*: $F(x)$ ist eine *Treppenfunktion*, die an den Stellen x_i um den Wert $p_i = f(x_i)$ nach oben springt, dazwischen verläuft sie konstant. An den Sprungstellen ist der obere Wert, d.h. die Treppenkante, der zugehörige Funktionswert und die Funktion somit *rechtsseitig stetig*. Für $x < x_1$ ist $F(x) = 0$ und für eine endliche diskrete Zufallsvariable mit größtem möglichem Wert x_k ist $F(x) = 1$ für $x \ge x_k$. Im nicht-endlichen Fall geht $F(x) \longrightarrow 1$ für $x \longrightarrow +\infty$, da $\{X \le +\infty\}$ das sichere Ereignis ist und somit $P\{X \le +\infty\} = 1$ gilt. Abbildung 5.3 auf der folgenden Seite zeigt die zu den Abbildungen 5.1 und 5.2 gehörige Verteilungsfunktion.

Eigenschaften der Verteilungsfunktion

Treppenfunktion rechtsseitig stetig

Die Sprungstellen $x_1, x_2, \dots$ und die zugehörigen Sprunghöhen entsprechen genau der Lage und der Höhe der Stäbe im Stabdiagramm. Trotz dieses Vorteils verwenden wir im weiteren in der Regel die Darstellung durch Säulendiagramme oder Wahrscheinlichkeitshistogramme, da diese wegen des optischen Eindrucks in der Praxis bevorzugt werden.

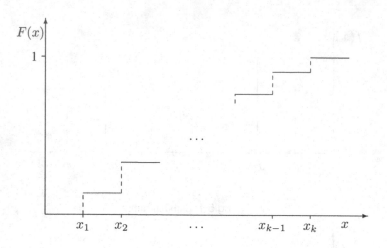

Abbildung 5.3: Verteilungsfunktion

Beispiel 5.5   Würfeln

Beim einmaligen Werfen eines symmetrischen Würfels ist die Zufallsvariable $X = $ „Augenzahl"
diskret mit den Werten $x_1 = 1, \ldots, x_6 = 6$ und den Wahrscheinlichkeiten $p_i = P(X = i) = 1/6$:

x	1	2	3	4	5	6
p	$\frac{1}{6}$	$\frac{1}{6}$	$\frac{1}{6}$	$\frac{1}{6}$	$\frac{1}{6}$	$\frac{1}{6}$

Das Wahrscheinlichkeitshistogramm $f(x)$ ist in der folgenden Abbildung 5.4 dargestellt. Daraus ergibt sich die Verteilungsfunktion $F(x)$ aus Abbildung 5.5. Beim zweimaligen Werfen ei-

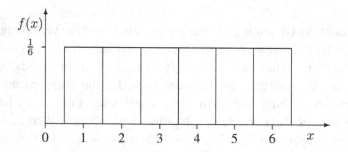

Abbildung 5.4: Wahrscheinlichkeitshistogramm beim einmaligen Würfeln

nes Würfels definieren wir wie in Beispiel 5.2 (Seite 210) die Zufallsvariable $X = $ „Summe der
Augenzahlen". Sie besitzt den Träger $\mathcal{T} = \{2, 3, \ldots, 12\}$. Die Wahrscheinlichkeiten $P(X =
2), P(X = 3), \ldots, P(X = 12)$ berechnet man wie in Beispiel 5.2 nach der Abzählregel. Sie sind
in der folgenden Tabelle angegeben.

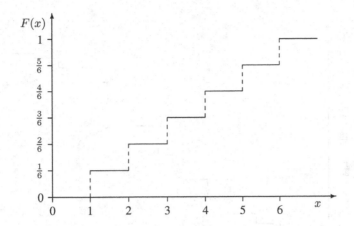

Abbildung 5.5: Verteilungsfunktion beim einmaligen Würfeln

x	2	3	4	5	6	7	8	9	10	11	12
p	$\frac{1}{36}$	$\frac{2}{36}$	$\frac{3}{36}$	$\frac{4}{36}$	$\frac{5}{36}$	$\frac{6}{36}$	$\frac{5}{36}$	$\frac{4}{36}$	$\frac{3}{36}$	$\frac{2}{36}$	$\frac{1}{36}$

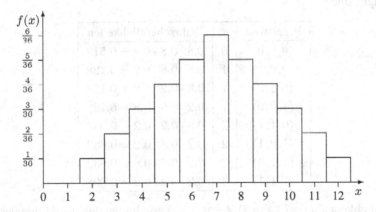

Abbildung 5.6: Wahrscheinlichkeitshistogramm beim zweimaligen Würfeln

Abbildung 5.6 zeigt das Wahrscheinlichkeitshistogramm $f(x)$, Abbildung 5.7 die Verteilungsfunktion $F(x)$. Man liest etwa für $x = 5$ den Wert $10/36$ der Verteilungsfunktion ab, d.h. mit Wahrscheinlichkeit $10/36$ nimmt die Summe der Augenzahlen beim zweimaligen Würfeln einen Wert von höchstens 5 an. □

Treffer und Nieten   Beispiel 5.6

Ein Spieler nimmt an drei aufeinanderfolgenden unabhängigen Ausspielungen einer Lotterie teil. Die Wahrscheinlichkeit für einen Treffer sei bei jeder Ausspielung 20 %. Wie ist die Zufallsvariable

$$X = \text{„Anzahl der Treffer“}$$

verteilt?

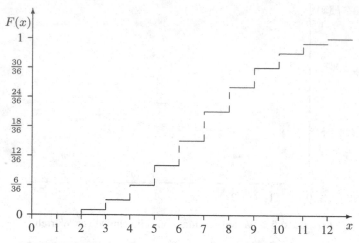

Abbildung 5.7: Verteilungsfunktion beim zweimaligen Würfeln

Der Zufallsvorgang besteht aus drei unabhängigen Bernoulli-Experimenten mit den binären Variablen X_1, X_2 und X_3 für die Ausspielungen. Dabei bezeichnet $X_i = 1$ einen Treffer, der mit Wahrscheinlichkeit $P(X_i = 1) = 0.2$ eintritt, und $X_i = 0$ mit $P(X_i = 0) = 0.8$ eine Niete. Die möglichen Ergebnisse, Trefferzahlen X und zugehörigen Wahrscheinlichkeiten finden sich in der folgenden Tabelle. Bei der Berechnung der Wahrscheinlichkeiten verwendet man, dass die einzelnen Ausspielungen unabhängig sind.

Ergebnisse	x	Wahrscheinlichkeiten
$(0,0,0)$	0	$0.8 \cdot 0.8 \cdot 0.8 = 0.512$
$(0,0,1)$	1	$0.8 \cdot 0.8 \cdot 0.2 = 0.128$
$(0,1,0)$	1	$0.8 \cdot 0.2 \cdot 0.8 = 0.128$
$(1,0,0)$	1	$0.2 \cdot 0.8 \cdot 0.8 = 0.128$
$(0,1,1)$	2	$0.8 \cdot 0.2 \cdot 0.2 = 0.032$
$(1,0,1)$	2	$0.2 \cdot 0.8 \cdot 0.2 = 0.032$
$(1,1,0)$	2	$0.2 \cdot 0.2 \cdot 0.8 = 0.032$
$(1,1,1)$	3	$0.2 \cdot 0.2 \cdot 0.2 = 0.008$

Die Wahrscheinlichkeiten $p_i = P(X = i)$, $i = 0, \ldots, 3$ erhält man durch Addition der Wahrscheinlichkeiten der zugehörigen Ergebnisse:

x	0	1	2	3
p	0.512	0.384	0.096	0.008

Der Zufallsvorgang dieses Beispiels ist ein Spezialfall: Betrachtet man allgemeiner bei n unabhängigen Bernoulli-Experimenten und gleichbleibender Trefferwahrscheinlichkeit die Anzahl X der
Binomial-
verteilung   Treffer, so führt dies zur *Binomialverteilung*, die in Abschnitt 5.3.1 allgemein behandelt wird.   □

Diskrete Gleichverteilung

Die Zufallsvariable X = „Augenzahl" beim einmaligen Würfeln ist ein einfaches Beispiel einer *gleichverteilten* diskreten Zufallsvariable. Die allgemeine Definition ist:

> ### Diskrete Gleichverteilung
>
> Eine diskrete Zufallsvariable X heißt *gleichverteilt* auf dem Träger $\mathcal{T} = \{x_1, x_2, \ldots, x_k\}$, wenn für alle $i = 1, \ldots, k$
>
> $$P(X = x_i) = \frac{1}{k}$$
>
> gilt.

Die zugehörige Wahrscheinlichkeitsfunktion $f(x)$ besitzt dann das Wahrscheinlichkeitshistogramm aus Abbildung 5.8.

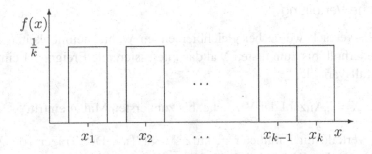

Abbildung 5.8: Wahrscheinlichkeitshistogramm einer diskreten Gleichverteilung

In den bisherigen Beispielen waren die Zufallsvariablen endlich und diskret. Im folgenden Beispiel ist die Zufallsvariable nicht endlich.

Geometrische Verteilung

Wiederum sei bei einem Zufallsvorgang nur von Interesse, ob ein bestimmtes Ereignis A eintritt, wobei $P(A) = \pi$ mit $0 < \pi < 1$ gelte. Der Zufallsvorgang werde nun unabhängig voneinander sooft wiederholt, bis zum ersten Mal A eintritt. Als Zufallsvariable definieren wir

$$X = \text{„Anzahl der Versuche, bis zum ersten Mal } A \text{ eintritt“.}$$

Beispielsweise könnte bei wiederholtem Würfeln X die Anzahl von Würfen sein, bis zum ersten Mal eine Sechs ($\pi = 1/6$) fällt, oder X könnte angeben, wie viele Wochen es dauert, bis jemand beim Lottospiel sechs Richtige hat. Da man keine noch so große Zahl k von Versuchen angeben kann, bei der mit Sicherheit A bereits zum ersten Mal eingetreten ist, kann X mit positiver Wahrscheinlichkeit jeden der Werte $1, 2, 3, \ldots$ annehmen. Somit ist X eine diskrete Zufallsvariable mit der Menge der natürlichen Zahlen $\mathbb{N} = \{1, 2, 3, \ldots\}$ als Träger. Um die Wahrscheinlichkeitsfunktion zu bestimmen, betrachten wir das Ereignis $\{X = k\}$. Es ist dadurch definiert, dass zunächst $(k-1)$-mal das Komplementärereignis $\bar{A}$

und beim k-ten Versuch A auftritt, also die Folge

$$\underbrace{\bar{A} \cdot \ldots \cdot \bar{A}}_{(k-1)\text{-mal}} \cdot A$$

beobachtet wird. Wegen der Unabhängigkeit der Versuche gilt

$$p_k = P(X = k) = (1 - \pi)^{k-1} \pi$$

für $k = 1, 2, 3, \ldots$. Da die Wahrscheinlichkeiten p_k eine geometrische Folge bilden, heißt die Verteilung geometrisch und die Zufallsvariable X heißt geometrisch verteilt.

Geometrische Verteilung

Ein Bernoulli-Versuch werde bei gleichbleibenden Wahrscheinlichkeiten $\pi = P(A)$ so lange wiederholt, bis zum ersten Mal das interessierende Ereignis A eintritt. Dann heißt die Zufallsvariable

$$X = \text{„Anzahl der Versuche, bis zum ersten Mal } A \text{ eintritt“}$$

geometrisch verteilt mit Parameter π, kurz $X \sim G(\pi)$. Der Träger von X ist $\mathcal{T} = \{1, 2, 3, \ldots\} = \mathbb{N}$. Die Wahrscheinlichkeitsverteilung ist durch

$$P(X = x) = (1 - \pi)^{x-1} \pi$$

gegeben.

Abbildung 5.9 zeigt die Wahrscheinlichkeitsfunktion $f(x)$ für verschiedene Werte von π.

Die Verteilungsfunktion $F(x) = P(X \leq x)$ berechnet man am einfachsten über die Beziehung

$$P(X \leq x) = 1 - P(X > x).$$

Das Ereignis $\{X > x\}$ bedeutet, dass x-mal das Ereignis $\bar{A}$ eingetreten ist. Wegen der Unabhängigkeit der Versuche gilt

$$P(X > x) = (1 - \pi)^x$$

und damit

$$F(x) = 1 - (1 - \pi)^x.$$

Der in Abbildung 5.10 (Seite 222) wiedergegebene Graph erreicht für keinen endlichen x-Wert die 1, jedoch gilt $F(x) \longrightarrow 1$ für $x \longrightarrow +\infty$.

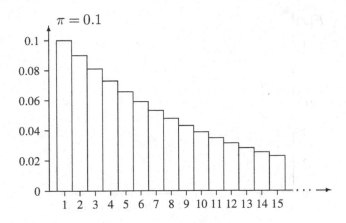

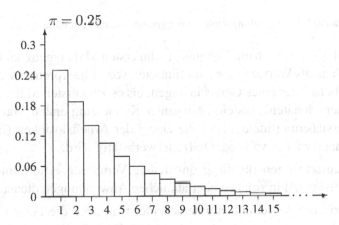

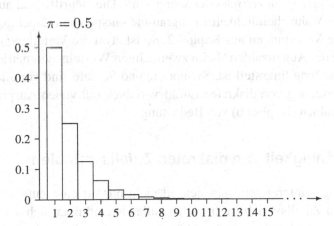

Abbildung 5.9: Wahrscheinlichkeitshistogramme zur geometrischen Verteilung

Die geometrische Verteilung kommt in vielen Anwendungen, bei denen der oben beschriebene Zufallsvorgang als zugrundeliegend angenommen werden kann, als Wahrscheinlichkeitsmodell infrage. Insbesondere dient sie als einfaches Modell für eine diskrete Lebensdauer oder Wartezeitverteilung. Dazu werde die Zeitachse in gleich lange Zeiteinheiten $[0, 1), [1, 2), \ldots, [k-1, k), \ldots$, z.B. Tage, Wochen, Monate eingeteilt. Am Ende eines jeden

geometrische
Verteilung
als Modell

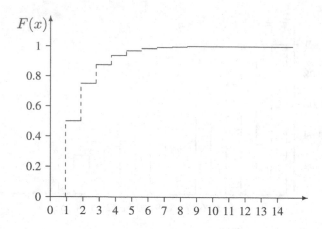

Abbildung 5.10: Verteilungsfunktion der geometrischen Verteilung für $\pi = 0.5$

Zeitintervalls wird überprüft, ob ein Ereignis A zum ersten Mal eingetreten ist. Die Zufallsvariable X kann dann als Wartezeit bis zum Eintreten von A interpretiert werden. Beispiele dafür sind: die Lebensdauer eines Geräts in Tagen, bis es zum ersten Mal ausfällt, die Dauer (in Wochen oder Monaten), bis ein bestimmter Kunde zum ersten Mal einen Schaden bei seiner Kfz-Versicherung meldet oder die Dauer der Arbeitslosigkeit (in Wochen oder Monaten), bis jemand wieder voll- oder teilzeiterwerbstätig wird.

Falls die Voraussetzungen für die geometrische Verteilung erfüllt sind, kann sie als Wahrscheinlichkeitsmodell in solchen oder ähnlichen Anwendungen dienen.

symmetrisch, schief

Wie bei empirischen Verteilungen unterscheidet man auch die Form diskreter Verteilungen dadurch, ob sie *symmetrisch* oder *schief* sind. Die Begriffe und auch die grafische Darstellung durch Wahrscheinlichkeitshistogramme entsprechen dabei genau den Begriffen für empirische Verteilungen aus Kapitel 2. So ist etwa die Verteilung der Zufallsvariable $X =$ „Summe der Augenzahlen" beim zweimaligen Würfeln symmetrisch, während die geometrische Verteilung linkssteil ist. Symmetrie und Schiefe sind vor allem zur Charakterisierung der Verteilung von diskreten Zufallsvariablen mit vielen Ausprägungen und für stetige Zufallsvariablen (Kapitel 6) von Bedeutung.

5.2.2 Unabhängigkeit von diskreten Zufallsvariablen

Bei Zufallsvorgängen interessiert man sich oft nicht nur für eine Zufallsvariable, sondern für zwei oder mehr Zufallsvariablen. In vielen Fällen beeinflussen sich die Zufallsvariablen gegenseitig, sodass sie als voneinander abhängig anzusehen sind. Dies ist in der Regel der Fall, wenn im Rahmen einer zufälligen Stichprobe an den ausgewählten Untersuchungseinheiten gleichzeitig die Werte von mehreren interessierenden Variablen X und Y oder $X_1, \ldots, X_n$ festgestellt werden. So kann man etwa in Beispiel 1.5 (Seite 4) die Merkmale $X =$ „Kreditwürdigkeit" und $Y =$ „laufendes Konto" als Zufallsvariablen interpretieren. Offensichtlich hat das laufende Konto Y einen bedeutenden Einfluss auf die Kreditwür-

abhängig

digkeit, sodass man X und Y als voneinander *abhängig* ansehen wird. Solche abhängigen mehrdimensionalen Zufallsvariablen sind Gegenstand des Kapitels 8.

Falls sich dagegen zwei oder mehr Zufallsvariablen nicht gegenseitig beeinflussen, spricht man von *unabhängigen* Zufallsvariablen. Die wichtigste derartige Situation liegt vor, wenn n Zufallsvorgänge unabhängig voneinander durchgeführt werden. Sind $X_1, \ldots, X_n$ dazugehörige Zufallsvariablen, so sind diese unabhängig. Das einfachste Beispiel ergibt sich, falls ein Bernoulli-Experiment n-mal unabhängig wiederholt wird. Der Gesamtvorgang wird auch als *Bernoulli-Kette* bezeichnet. Die entsprechenden Bernoulli-Variablen $X_1, \ldots, X_n$ sind dann unabhängig. Ein anderes Beispiel ist das wiederholte Werfen eines Würfels, wobei X_i, $i = 1, \ldots, n$, die Augenzahl beim i-ten Werfen ist. Ähnliche Zufallsvorgänge treten bei vielen Glücksspielen, aber auch bei Zufallsstichproben auf. Für eine formale Definition der Unabhängigkeit von Zufallsvariablen überträgt man das Konzept der Unabhängigkeit von Ereignissen, indem man auf die durch die Zufallsvariablen definierten zulässigen Ereignisse zurückgeht. Betrachten wir zunächst den Spezialfall einer Bernoulli-Kette. Dabei bezeichnet A_i, $i = 1, \ldots, n$, das Ereignis, dass bei der i-ten Wiederholung A eingetreten ist und X_i die entsprechende Bernoulli-Variable. Dann sind neben den Ereignissen $A_1, \ldots, A_n$ auch Ereignisse der Form $\bar{A}_1, \bar{A}_2, \ldots, \bar{A}_i, \ldots, \bar{A}_n$ unabhängig, wobei $\bar{A}_i$ das Komplementärereignis zu A_i ist. Somit gilt also

unabhängig

Bernoulli-Kette

$$P(A_1 \cap \bar{A}_2 \cap \ldots \cap A_n) = P(A_1) \cdot P(\bar{A}_2) \cdot \ldots \cdot P(A_n).$$

Formuliert man dies für die Bernoulli-Variablen $X_1, \ldots, X_n$, so gilt für diese die Beziehung

$$P(X_1 = i_1, X_2 = i_2, \ldots, X_n = i_n) = P(X_1 = i_1) \cdot P(X_2 = i_2) \cdot \ldots \cdot P(X_n = i_n),$$

wobei $i_1, i_2, \ldots, i_n$ jeweils die Werte 0 oder 1 sein können. Allgemeiner lässt sich die Unabhängigkeit von diskreten Zufallsvariablen wie folgt definieren.

Unabhängigkeit von diskreten Zufallsvariablen

Zwei diskrete Zufallsvariablen X und Y mit den Trägern $\mathcal{T}_X = \{\S_\infty, \S_\in, \ldots, \S_{\|}, \ldots\}$ und $\mathcal{T}_Y = \{\dagger_\infty, \dagger_\in, \ldots, \dagger_\ddagger, \ldots\}$ heißen *unabhängig*, wenn für beliebige $x \in \mathcal{T}_X$ und $y \in \mathcal{T}_Y$

$$P(X = x, Y = y) = P(X = x) \cdot P(Y = y)$$

gilt. Allgemeiner heißen n diskrete Zufallsvariablen $X_1, X_2, \ldots, X_n$ unabhängig, wenn für beliebige Werte $x_1, x_2, \ldots, x_n$ aus den jeweiligen Trägern

$$P(X_1 = x_1, X_2 = x_2, \ldots, X_n = x_n) = P(X_1 = x_1) \cdot P(X_2 = x_2) \cdot \ldots \cdot P(X_n = x_n)$$

gilt.

Sind zwei Zufallsvariablen X und Y gemäß dieser Definition unabhängig, so folgt sogar allgemeiner die Unabhängigkeit von zwei Ereignissen der Form $X \in A$ und $Y \in B$, d.h. es gilt

$$P(X \in A, Y \in B) = P(X \in A) \cdot P(Y \in B).$$

Man erhält dies sofort, indem man die Beziehungen $P(X = i, Y = j) = P(X = i) \cdot P(Y = j)$ über alle i bzw. j, die in A bzw. B liegen, aufsummiert.

Beispiel 5.7   **Mehrmaliges Würfeln**

Beim Werfen von zwei Würfeln lässt sich mit der Abzählregel feststellen, dass für die Augenzahlen X und Y

$$P(X = i, Y = j) = \frac{1}{36} = \frac{6}{36} \cdot \frac{6}{36} = P(X = i) \cdot P(Y = j)$$

für alle $1 \leq i, j \leq 6$ gilt. Somit sind X und Y unabhängig. Daraus folgt dann auch

$$P(X \in A, Y \in B) = P(X \in A) \cdot P(Y \in B)$$

durch Summation über die Wahrscheinlichkeiten für alle i und j, die in A und B liegen. Ganz entsprechend erhält man beim n-maligen Werfen eines Würfels die Unabhängigkeit der Zufallsvariablen $X_1 = $ „Augenzahl beim ersten Wurf", ..., $X_n = $ „Augenzahl beim n-ten Wurf". Genauso können zwei Würfel n-mal hintereinander geworfen werden. Mit X_i, $i = 1, \ldots, n$, sei dann die jeweilige Summe der Augenzahlen bezeichnet. Auch hier sind $X_1, \ldots, X_n$ unabhängig. Beispielsweise gilt somit

$$P(X_i \leq 4) = P(X_i = 2) + P(X_i = 3) + P(X_i = 4) = \frac{1}{6}$$

und

$$P(X_1 \leq 4, X_2 \leq 4, \ldots, X_n \leq 4) = \left(\frac{1}{6} \right)^n.$$

□

Beispiel 5.8   **Gut/Schlecht-Prüfung in der Qualitätssicherung**

Bei der Fertigung von elektronischen Bauteilen werden zur Qualitätssicherung zufällig n Bauteile aus der laufenden Produktion entnommen und daraufhin überprüft, ob sie den Qualitätsanforderungen genügen (gut) oder nicht (schlecht). Die binären Variablen

$$X_i = \begin{cases} 1, & \text{falls das } i\text{-te Bauteil gut ist} \\ 0, & \text{falls das } i\text{-te Bauteil schlecht ist} \end{cases}$$

indizieren die möglichen Ergebnisse der Stichprobe. Falls die Fertigung der Bauteile unabhängig und mit gleichbleibender Qualität, d.h. gleichbleibenden Wahrscheinlichkeiten $P(X_i = 1) = \pi$ für „gut", erfolgt, kann man annehmen, dass die Zufallsstichprobe eine Bernoulli-Kette bildet und die Zufallsvariablen $X_1, \ldots, X_n$ *unabhängig* und *identisch* mit

$$P(X_i = 1) = \pi, \quad P(X_i = 0) = 1 - \pi$$

verteilt sind.   □

Beispiel 5.9   **Zufallsstichproben aus einer endlichen Grundgesamtheit**

In einer endlichen Grundgesamtheit vom Umfang N interessiere ein binäres Merkmal X, etwa die Präferenz (ja/nein) für einen Bürgermeisterkandidaten einer Stadt oder das Vorhandensein einer Zentralheizung (ja/nein) in den mietspiegelrelevanten Wohnungen einer Stadt. In einer Wahlumfrage werden $n = 500$ verschiedene Personen zufällig ausgewählt und befragt, ob sie den Bürgermeisterkandidaten präferieren oder nicht. Wir unterstellen damit, dass es sich um eine Zufallsstichprobe ohne Zurücklegen handelt, vgl. Abschnitt 4.3. Mit A_i, $i = 1, 2, \ldots, n$, bezeichnen wir das Ereignis, dass die i-te Person mit ja antwortet, und mit X_i, $i = 1, \ldots, n$, die zugehörigen Indikatorvariablen. Bildet die Folge der Ereignisse $A_1, A_2, \ldots, A_n$ bzw. der Indikatorvariablen $X_1, X_2, \ldots, X_n$ eine Bernoulli-Kette? Die Antwort ist: fast, aber nicht exakt. Nehmen wir an, dass die Grundgesamtheit (alle Wahlberechtigten) den Umfang $N = 900000$ habe, und dass davon $M = 300000$ den Kandidaten wählen werden. Die Wahrscheinlichkeit $P(X_1 = 1)$, dass die erste befragte Person mit ja antwortet, ist dann $300000/900000 = 1/3$. Nehmen wir an, die Person antwortet mit ja. Da es sich um eine Stichprobe ohne Zurücklegen handelt, ist die entsprechende Wahrscheinlichkeit $P(X_2 = 1)$ für die zweite befragte Person $299999/899999$, also ebenfalls annähernd $1/3$. Antwortet diese mit nein, erhält man für die nächste Person die Wahrscheinlichkeit $P(X_3 = 1) = 299999/8999998 \approx 1/3$, usw. □

Bei vielen Zufallsstichproben aus endlichen Grundgesamtheiten liegt eine ähnliche Situation vor. Sie entspricht dem *Ziehen ohne Zurücklegen* aus einer Urne mit N Kugeln, davon M schwarzen, vgl. Abschnitt 4.3.2. Wenn der Umfang n der Stichprobe klein ist im Verhältnis zum Umfang N der Grundgesamtheit, ändert die Entnahme wenig am Verhältnis M/N. Die Zufallsstichprobe kann dann für praktische Zwecke als Bernoulli-Kette betrachtet werden, d.h. wie eine *Zufallsstichprobe mit Zurücklegen*, vgl. Abschnitt 4.3.1.

Ziehen ohne und mit Zurücklegen

5.2.3 Lageparameter, Quantile und Streuungsparameter einer diskreten Verteilung

Wie sich im vorigen Abschnitt gezeigt hat, besitzen diskrete Verteilungen formal ganz ähnliche Eigenschaften wie empirische Verteilungen. Dies gilt auch für *Parameter* von Verteilungen, die z.B. die Lage oder die Variabilität beschreiben: Die in Abschnitt 2.2 behandelten Parameter von empirischen Verteilungen finden ihre Entsprechung für Verteilungen von Zufallsvariablen im Wesentlichen dadurch, dass relative Häufigkeiten oder Anteile durch Wahrscheinlichkeiten ersetzt werden.

Parameter

Erwartungswert

Der Erwartungswert einer diskreten Zufallsvariable wird analog dem arithmetischen Mittel einer empirischen Verteilung gebildet und ist eine Maßzahl für das Zentrum einer Verteilung. Die Definition entspricht formal der des arithmetischen Mittels in der gewichteten Form $\bar{x} = a_1 f_1 + \ldots + a_k f_k$, indem man $a_1, \ldots, a_k$ durch die möglichen Werte $x_1, \ldots, x_k, \ldots$ und die relativen Häufigkeiten $f_1, \ldots, f_k$ durch die Wahrscheinlichkeiten $p_1, \ldots, p_k, \ldots$ ersetzt.

Erwartungswert einer diskreten Zufallsvariable

Der *Erwartungswert* $E(X)$ einer diskreten Zufallsvariable mit den Werten $x_1, \ldots,$ $x_k, \ldots$ und der Wahrscheinlichkeitsverteilung $p_1, \ldots, p_k, \ldots$ ist

$$E(X) = x_1 p_1 + \ldots + x_k p_k + \ldots = \sum_{i \geq 1} x_i p_i \,.$$

Mit der Wahrscheinlichkeitsfunktion $f(x)$ lässt sich $E(X)$ in der äquivalenten Form

$$E(X) = x_1 f(x_1) + \ldots + x_k f(x_k) + \ldots = \sum_{i \geq 1} x_i f(x_i)$$

schreiben. Statt $E(X)$ findet auch das Symbol μ_X oder einfach μ Verwendung.

Der Erwartungswert einer diskreten Zufallsvariable ist also ein mit den Wahrscheinlichkeiten p_i gewichtetes Mittel der möglichen Werte x_i von X. Wie das arithmetische Mittel ist der Erwartungswert für metrische Variablen sinnvoll definiert, nicht jedoch für qualitative Merkmale.

Trotz der formalen Ähnlichkeit von Erwartungswert und arithmetischem Mittel ist deren Funktion deutlich zu unterscheiden. Während das arithmetische Mittel die Lage von Daten charakterisiert, gibt der Erwartungswert die Lage der Verteilung wieder, *ohne* dass das Experiment durchgeführt wird, d.h. es liegen keine Daten vor. Es wird nur das potenzielle Ergebnis eines Zufallsexperiments reflektiert.

Erwartungswert und arithmetisches Mittel

$E(X)$ charakterisiert das Verhalten eines Zufallsexperiments

$\bar{x}$ beschreibt den Schwerpunkt von Daten

Analoge Unterschiede gelten für alle im Folgenden behandelten Kennwerte von Zufallsvariablen und deren Entsprechungen bei der Datenbeschreibung in Kapitel 2.

Wie Wahrscheinlichkeiten lässt sich der Erwartungswert objektiv oder subjektiv interpretieren. Die folgenden Beispiele zeigen, dass in Spiel- bzw. Verlust-Gewinn-Situationen der Erwartungswert als durchschnittlicher Gewinn pro Spiel auf lange Sicht objektiv interpretiert werden kann.

Beispiel 5.10   Werfen von Münzen und Würfeln

Beim Werfen einer Münze erhält Spieler A von Spieler B eine Geldeinheit, z.B. € 1.-, falls Zahl oben liegt. Ansonsten muss A an B eine Geldeinheit zahlen. Die Zufallsvariable $X = $ „Gewinn/Verlust für A bei einem Wurf" besitzt die Werte $+1$ und -1, die jeweils mit $P(X = +1) = P(X = -1) = 1/2$ auftreten können. Der Erwartungswert ist

$$E(X) = +1 \cdot \frac{1}{2} - 1 \cdot \frac{1}{2} = 0 \,.$$

Der durchschnittliche Gewinn für A nach n Spielen ist

$$+1 \cdot f_n(1) - 1 \cdot f_n(-1) \,,$$

wobei $f_n(1)$ und $f_n(-1)$ die relativen Häufigkeiten der Ergebnisse Zahl bzw. Wappen sind. Für großes n ist nach der Häufigkeitsinterpretation von Wahrscheinlichkeiten $f_n(1) \approx 1/2$ und $f_n(-1) \approx 1/2$, also liegt der durchschnittliche Gewinn etwa bei $E(X) = 0$.

Nehmen wir nun an, dass eine andere Münze zur Verfügung steht, von der Spieler A glaubt, dass die Wahrscheinlichkeit für Zahl wegen einer Unsymmetrie bei 0.6 liege. Dann gilt $P(X = 1) = 0.6$, $P(X = -1) = 0.4$ und

$$E(X) = 1 \cdot 0.6 - 1 \cdot 0.4 = 0.2 \,.$$

Auch bei einem nur einmaligen Werfen wäre es für den Spieler A eine subjektiv richtige, rationale Entscheidung, mit dieser Münze zu werfen, da die Gewinnerwartung positiv ist.

Für die Zufallsvariable $X =$ „Augenzahl beim einmaligen Werfen eines Würfels" ist

$$E(X) = 1 \cdot \frac{1}{6} + 2 \cdot \frac{1}{6} + 3 \cdot \frac{1}{6} + 4 \cdot \frac{1}{6} + 5 \cdot \frac{1}{6} + 6 \cdot \frac{1}{6} = 3.5$$

gleich dem arithmetischen Mittel der Augenzahlen. Wir können $E(X) = 3.5$ als zu erwartende durchschnittliche Augenzahl bei einer größeren Zahl von Würfen ansehen. Würde man für die erzielte Augenzahl bei jedem Wurf eine Geldeinheit bekommen, so wäre „$3.5 \times$ Anzahl der Würfe" der zu erwartende Gewinn. Beim zweimaligen Werfen erhält man für $X =$ „Augensumme" ganz analog

$$E(X) = 2 \cdot \frac{1}{36} + 3 \cdot \frac{2}{36} + \ldots 7 \cdot \frac{6}{36} + \ldots 11 \cdot \frac{2}{36} + 12 \cdot \frac{1}{36} = 7 \,.$$

□

Treffer und Nieten

Beispiel 5.11

Für die Zufallsvariable $X =$ „Anzahl der Treffer" erhält man mit der Wahrscheinlichkeitstabelle von Beispiel 5.6 (Seite 217)

$$E(X) = 0 \cdot 0.512 + 1 \cdot 0.384 + 2 \cdot 0.096 + 3 \cdot 0.008 = 0.6 \,.$$

Die erwartete Anzahl von Treffern ist also 0.6, ein Wert, der bei dreimaliger Ausspielung selbst nicht auftreten kann. Erhält der Spieler jedoch – abzüglich des Einsatzes – pro Treffer € 10.-, so kann er einen Gewinn von € 6.- erwarten.

Wir bemerken noch, dass $E(X) = 0.6$ gerade gleich der dreifachen Trefferwahrscheinlichkeit von 0.2 in jeder der drei Ausspielungen ist. Diese Eigenschaft gilt auch allgemeiner für binomialverteilte Zufallsvariablen, vgl. Abschnitt 5.3.1. □

Analoge Interpretationen objektiver oder subjektiver Art sind auch in anderen Beispielen möglich, wenn X eine metrische Zufallsvariable ist. Die *Häufigkeitsinterpretation* des *Erwartungswertes* lässt sich allgemein so beschreiben:

Häufigkeits-interpretation

Der X zugrundeliegende Zufallsvorgang werde n-mal unabhängig voneinander durchgeführt. Dabei werden die n Realisierungen $x_1, \ldots, x_n$ von X beobachtet. Dann liegt das arithmetische Mittel $\bar{x}$ mit hoher Wahrscheinlichkeit bei $\mu = E(X)$. Dabei geht die Wahrscheinlichkeit gegen 1, wenn n sehr groß ist. Dieses „Gesetz der großen Zahlen" wird in

Abschnitt 7.1 formal behandelt. Somit kann $E(X)$ als der Wert interpretiert werden, der sich im Durchschnitt ergibt.

subjektive Interpretation

Für eine *subjektive Interpretation* kann man sich p_i als das „Gewicht" vorstellen, das dem Wert x_i zukommt, da man diesen mit Wahrscheinlichkeit $p_i = P(X = x_i)$ erwartet. Für X erwartet man dann die Summe der gewichteten Werte $x_i p_i$. Diese subjektive Interpretation entspricht folgender physikalischer Analogie: Auf der x-Achse als Waagebalken sitzen auf den Stellen x_i Gewichte p_i mit der Summe 1. Dann ist $E(X) = x_1 p_1 + \ldots + x_k p_k$ gerade der Gleichgewichtspunkt des Waagebalkens oder der Schwerpunkt der Verteilung der Gewichte.

binäre Zufallsvariablen

Dagegen ist die Bildung von $E(X)$ nicht sinnvoll, wenn die Zufallsvariable X nur nominal- oder ordinalskaliert ist. Eine Ausnahme bilden *binäre Zufallsvariablen* mit $P(X = 1) = \pi$, $P(X = 0) = 1 - \pi$. Dann ist nach Definition

$$E(X) = 1 \cdot \pi + 0 \cdot (1 - \pi) = \pi = P(X = 1).$$

Am folgenden Beispiel der geometrischen Verteilung erkennt man, dass die Bestimmung des Erwartungswertes für unendlich-diskrete Zufallsvariablen i.A. mehr mathematischen Aufwand erfordert.

Beispiel 5.12   Geometrische Verteilung

Gemäß Definition gilt

$$E(X) = \sum_{x=1}^{\infty} x f(x) = \sum_{x=1}^{\infty} x(1 - \pi)^{x-1} \pi.$$

Die direkte Berechnung dieser Reihe ist zwar möglich, aber aufwendig und umständlich. Es ergibt sich jedoch das einfache Resultat

$$E(X) = \frac{1}{\pi}.$$

Statt den formalen Beweis zu führen, machen wir uns dieses Ergebnis folgendermaßen plausibel: Nach der Häufigkeitsinterpretation ist π die durchschnittliche „Trefferquote", mit der das interessierende Ereignis bei *einem* Bernoulli-Experiment eintritt. Daher wird man im Durchschnitt $1/\pi$ Bernoulli-Experimente warten müssen, bis das Ereignis zum *ersten Mal* eintritt. Zum Beispiel beträgt die Wahrscheinlichkeit für sechs Richtige im Lotto $\pi = 1/13983816$, sodass man im Schnitt 13983816-mal tippen muss, bevor man zum ersten Mal sechs Richtige hat.   □

Eigenschaften von Erwartungswerten

Wir halten noch einige *Eigenschaften von Erwartungswerten* fest, die insbesondere auch bei ihrer Berechnung nützlich sind.

Für eine reelle Funktion $g(x)$ ist mit X auch $Y = g(X)$ eine Zufallsvariable. Der Träger von Y besteht aus den transformierten Werten $y = g(x)$, wobei x aus dem Träger von X ist. Dabei kann es vorkommen, dass verschiedene x-Werte den gleichen y-Wert ergeben, beispielsweise führt Quadrieren von $\pm x$ zum gleichen Wert $y = x^2$. Zur Berechnung von $P(Y = y)$ muss man die Wahrscheinlichkeiten für alle Werte x_i aufsummieren, für die $y = g(x_i)$ gilt:

$$P(Y = y) = \sum_{i : g(x_i) = y} p_i.$$

Diese Berechnung kann recht mühsam sein. Dagegen lässt sich der Erwartungswert $E(Y)$ einfacher mithilfe der Verteilung von X bestimmen:

Transformationsregel für Erwartungswerte

Sei $g(x)$ eine reelle Funktion. Dann gilt für $Y = g(X)$:

$$E(Y) = E(g(X)) = \sum_{i \geq 1} g(x_i)p_i = \sum_{i \geq 1} g(x_i)f(x_i).$$

Zum Beispiel gilt für $Y = X^2$ und eine endlich-diskrete Zufallsvariable X

$$E(X^2) = x_1^2 p_1 + \ldots + x_k^2 p_k.$$

Speziell für die lineare Transformation $g(x) = ax + b$ erhalten wir:

Lineare Transformation von Erwartungswerten

Für $Y = aX + b$ ist

$$E(Y) = aE(X) + b.$$

Diese Regel entspricht der Regel $\bar{y} = a\bar{x} + b$ bei arithmetischen Mitteln. Sie folgt aus $y_i = ax_i + b$, $P(Y = y_i) = P(X = x_i) = p_i$ und $\sum_i p_i = 1$:

$$E(Y) = \sum_i y_i p_i = \sum_i ax_i p_i + \sum_i b p_i = a \sum_i x_i p_i + b \sum_i p_i = aE(X) + b.$$

Besonders einfach ist die Bestimmung des Erwartungswerts, wenn die Wahrscheinlichkeitsfunktion symmetrisch um einen Punkt ist, d.h. wenn es einen Punkt c gibt, für den $f(c + x) = f(c - x)$ für alle x gilt. Ein Beispiel hierfür sind die Wahrscheinlichkeitsfunktionen für die Augenzahl bzw. Augensumme beim zweimaligen Würfeln.

Erwartungswert von symmetrischen Verteilungen

Ist die Wahrscheinlichkeitsfunktion $f(x)$ symmetrisch um c, so ist

$$E(X) = c.$$

Dies folgt direkt aus der Definition des Erwartungswertes: $\sum_i x_i p_i$ lässt sich in der Form $\sum_j (c - x_j)p_j + \sum_j (c + x_j)p_j$ schreiben, sodass sich $\sum_i x_i p_i = c \sum_i p_i = c$ ergibt.

Sehr einfach kann man den Erwartungswert der Summe von zwei oder mehr Zufallsvariablen als Summe der einzelnen Erwartungswerte angeben:

> ### Erwartungswert der Summe von Zufallsvariablen
>
> Für zwei Zufallsvariablen X und Y ist
>
> $$E(X + Y) = E(X) + E(Y)\,.$$
>
> Allgemeiner gilt mit beliebigen Konstanten $a_1, \ldots, a_n$
>
> $$E(a_1 X_1 + \ldots + a_n X_n) = a_1 E(X_1) + \ldots + a_n E(X_n)\,.$$

Die erste Formel drückt das plausible Ergebnis aus, dass der Erwartungswert der Summe von Zufallsvariablen gleich der Summe der jeweiligen Erwartungswerte ist. Beispielsweise könnte X bzw. Y die Dauer in Stunden für zwei Arbeitsvorgänge sein. Im Durchschnitt wird die Gesamtdauer $X + Y$ gerade gleich der Summe der durchschnittlichen Teildauern sein. Dabei dürfen X und Y durchaus voneinander abhängig sein. Ein formaler Beweis ist notationell aufwendig. Man macht sich die Gültigkeit leichter an einem Spezialfall, z.B. für *Additivität*   zwei binäre Zufallsvariablen, klar. Die allgemeinere Formel für die gewichtete Summe *Linearität* $a_1 X_1 + \ldots + a_n X_n$ zeigt, dass die Erwartungswertbildung *additiv* und *linear* ist. Sie lässt sich durch wiederholtes Anwenden der ersten Formel in Kombination mit der Regel für Lineartransformationen zeigen.

Für das Produkt von Zufallsvariablen gilt i.A. keine ähnlich einfache Regel. Vielmehr *Unabhängigkeit*   benötigt man dazu die *Unabhängigkeit* der Zufallsvariablen.

> ### Produktregel für unabhängige Zufallsvariablen
>
> Für zwei *unabhängige* diskrete Zufallsvariablen X und Y gilt
>
> $$E(X \cdot Y) = E(X) \cdot E(Y)\,.$$

Beim zweimaligen Würfeln gilt also für das Produkt der Augenzahl $X \cdot Y$

$$E(X \cdot Y) = E(X) \cdot E(Y) = \frac{7}{2} \cdot \frac{7}{2} = \frac{49}{4}\,.$$

Eine direkte Berechnung wäre mühsam.

5.2.4 Weitere Lageparameter

Die Definition weiterer Lageparameter erfolgt in völliger Analogie zu entsprechenden Definitionen für empirische Verteilungen in Abschnitt 2.2, indem man relative Häufigkeiten durch Wahrscheinlichkeiten ersetzt.

Modus   So ist der *Modus* x_{mod} ein Wert x, für den die Wahrscheinlichkeitsfunktion $f(x) = P(X = x)$ maximal wird. Für symmetrische Verteilungen mit einem eindeutigen Modus, beispielsweise beim zweimaligen Würfeln, gilt $E(X) = x_{mod}$.

Median   *Median* und *Quantile* setzen ordinales Skalenniveau voraus. Überträgt man die Definition aus Abschnitt 2.2.2, so erhält man: Jeder Wert x_p mit $0 < p < 1$ für den $P(X \leq x_p) =$ $F(x_p) \geq p$ und $P(X \geq x_p) \geq 1 - p$ gilt, heißt *p-Quantil* der diskreten Zufallsvariable X mit Verteilungsfunktion $F(x)$. Für $p = 0.5$ heißt $x_{0.5}$ *Median*.   *Quantile*

Bei dieser Definition treten die gleichen Schwierigkeiten auf wie bei der Definition von empirischen Quantilen: x_p ist nicht immer eindeutig. Dies wird für den Median, d.h. für $p = 0.5$, in der folgenden Abbildung 5.11 veranschaulicht.

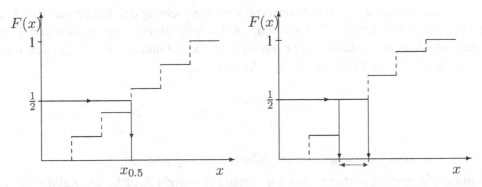

Abbildung 5.11: Eindeutiger Median (links) und nicht eindeutiger Median (rechts)

Falls $F(x)$ den Wert 0.5 überspringt (Abb. 5.11, links) so ist der Median eindeutig. Nimmt jedoch wie in Abbildung 5.11 (rechts) $F(x)$ den Wert 0.5 an, so erfüllt jeder x-Wert in dem zur Treppe gehörigen Intervall die Definition. Man kann z.B. wie in Abschnitt 2.2.2 den Mittelpunkt des Intervalls als eindeutigen Median wählen oder auch den linken Randpunkt. Bei der zweiten Festlegung erreicht man, dass der Median zum Träger der Verteilung gehört. Die gleichen Überlegungen gelten entsprechend für beliebige Quantile.

Varianz und Standardabweichung

Varianz und Standardabweichung sind die wichtigsten Streuungsparameter einer diskreten Zufallsvariable. Sie sind in Analogie zu den entsprechenden empirischen Maßzahlen definiert und setzen metrisch skalierte Zufallsvariablen voraus. Wir ersetzen dazu in Abschnitt 2.2 Ausprägungen $a_1, \ldots, a_k, \ldots$ durch $x_1, \ldots, x_k, \ldots$, relative Häufigkeiten $f_1, \ldots, f_k, \ldots$ durch $p_1, \ldots, p_k, \ldots$ und das arithmetische Mittel $\bar{x}$ durch den Erwartungswert $\mu = E(X)$.

Varianz und Standardabweichung einer diskreten Zufallsvariable

Die *Varianz* einer diskreten Zufallsvariable ist

$$\sigma^2 = Var(X) = (x_1 - \mu)^2 p_1 + \ldots + (x_k - \mu)^2 p_k + \ldots$$
$$= \sum_{i \geq 1} (x_i - \mu)^2 f(x_i).$$

Die *Standardabweichung* ist

$$\sigma = +\sqrt{Var(X)}.$$

Führt man die Zufallsvariable $(X - \mu)^2$ ein, so lässt sich die Varianz gemäß dieser Definition auch in der folgenden Form schreiben:

> ## Varianz als erwartete quadratische Abweichung
>
> $$Var(X) = E(X - \mu)^2$$

*Häufigkeits-
interpretation*

Damit kann sie als die zu erwartende quadratische Abweichung der Zufallsvariable X von ihrem Erwartungswert interpretiert werden. In der *Häufigkeitsinterpretation* von Erwartungswerten bedeutet dies, dass bei n unabhängigen Wiederholungen von X mit den Werten $x_1, \ldots, x_n$ die durchschnittliche quadrierte Abweichung

$$\tilde{s}^2 = \frac{1}{n} \sum_{i=1}^{n} (x_i - \bar{x})^2$$

für große n mit hoher Wahrscheinlichkeit nahe bei σ^2 liegen wird.

Ähnlich wie beim Erwartungswert muss man bei unendlich-diskreten Zufallsvariablen voraussetzen, dass die auftretenden Summen einen endlichen Wert ergeben. Aus der Definition ergibt sich, dass $Var(X) \geq 0$ ist und dass $Var(X) = 0$ genau dann gilt, wenn X nur *entartete
Zufallsvariable* den einen Wert $x = \mu$ annehmen kann. Eine solche „*Zufallsvariable*" ist deterministisch, also eine feste Zahl μ. Ihre Varianz ist gleich null und ihre Verteilung heißt „entartet", da $P(X = x) = 0$ für alle $x \neq \mu$ gilt.

Für Varianzen gelten in Analogie zu empirischen Varianzen die Verschiebungsregel und die Regel für lineare Transformationen. Diese Regeln sind zum Berechnen von Varianzen oft hilfreich.

> ## Verschiebungsregel
>
> $$Var(X) = E(X^2) - (E(X))^2 = E(X^2) - \mu^2$$
>
> bzw. allgemeiner
>
> $$Var(X) = E((X - c)^2) - (\mu - c)^2 .$$

Die einfachere Form der Verschiebungsregel ergibt sich aus der allgemeinen Regel für $c = 0$. Der Beweis erfolgt direkt in Analogie zum Beweis des Verschiebungssatzes in Abschnitt 2.2.3 oder so:

$$Var(X) = E(X - \mu)^2 = E(X^2 - 2\mu X + \mu^2) .$$

Wegen der Linearität des Erwartungswertes folgt

$$Var(X) = E(X^2) - 2\mu E(X) + \mu^2 = E(X^2) - 2\mu^2 + \mu^2 =$$
$$= E(X^2) - \mu^2 .$$

Die Verschiebungsregel vereinfacht das Berechnen der Varianz, wenn vorher bereits der Erwartungswert berechnet wurde. Man bildet dann die Tabelle

p	p_1	...	p_i	...	p_k	...	
x	x_1	...	x_i	...	x_k	...	$\sum x_i p_i = \mu$
x^2	x_1^2	...	x_i^2	...	x_k^2	...	$\sum x_i^2 p_i = E(X^2)$

und berechnet daraus die Varianz.

Lineare Transformation

Für $Y = aX + b$ ist

$$Var(Y) = Var(aX + b) = a^2 Var(X) \quad \text{und} \quad \sigma_Y = |a| \sigma_X.$$

Man kann dies wieder ähnlich wie für empirische Varianzen zeigen oder wie folgt:

$$Var(aX + b) = E(aX + b - a\mu - b)^2 = E(aX - a\mu)^2 =$$
$$= a^2 E((X - \mu)^2) = a^2 Var(X),$$

wobei die Linearität des Erwartungswertes ausgenutzt wurde.

Für die Summe von Zufallsvariablen erhält man eine ähnlich einfache Regel, wie für Erwartungswerte, wenn die Variablen *unabhängig* sind. Ohne diese Voraussetzung gelten die folgenden Formeln i.A. nicht.

unabhängig

Varianz der Summe von unabhängigen Zufallsvariablen

Für unabhängige Zufallsvariablen X und Y bzw. $X_1, \ldots, X_n$ gilt

$$Var(X + Y) = Var(X) + Var(Y)$$

und mit beliebigen Konstanten $a_1, \ldots, a_n$

$$Var(a_1 X_1 + \ldots + a_n X_n) = a_1^2 Var(X_1) + \ldots + a_n^2 Var(X_n).$$

Der Beweis der ersten Formel ist aufwendig. Die zweite ergibt sich daraus in Kombination mit der Regel für lineare Transformationen.

Binäre Zufallsvariablen

Beispiel 5.13

Für binäre Null-Eins-Variablen mit $P(X = 1) = \pi$, $P(X = 0) = 1 - \pi$ gilt $E(X) = \pi$. Für $E(X^2)$ erhält man

$$E(X^2) = 0^2(1 - \pi) + 1^2 \cdot \pi = \pi,$$

und mit der Verschiebungsregel ergibt sich

$$Var(X) = \pi - \pi^2 = \pi(1 - \pi).$$

Man kann X als metrische Zufallsvariable interpretieren: X zählt, mit den Werten 0 oder 1, das Eintreten von A bei einmaliger Durchführung des Zufallsvorgangs. Die Varianz $\pi(1 - \pi)$ ist klein, wenn $\pi = E(X)$ nahe bei 0 oder 1 liegt, d.h. wenn die Wahrscheinlichkeit für A gering oder groß ist. $Var(X)$ wird am größten (= 0.25) für $\pi = 0.5$, d.h. wenn die Unsicherheit, ob A oder $\bar{A}$ eintritt, am größten ist. □

Beispiel 5.14 **Würfeln**

Beim einmaligen Würfeln mit $X = $ „Augenzahl" gilt nach Beispiel 5.10 (Seite 226) $E(X) = 7/2$. Mit der Verschiebungsregel erhalten wir

$$Var(X) = (1^2 + 2^2 + \ldots + 6^2) \cdot \frac{1}{6} - \left(\frac{7}{2}\right)^2 = \frac{91}{6} - \frac{49}{4} = \frac{70}{24} = 2.92\,.$$

Betrachten wir zum Vergleich eine Zufallsvariable Y, die nur die Werte 1 und 6 jeweils mit Wahrscheinlichkeit $P(Y = 1) = P(Y = 6) = 1/2$ annimmt. Dann gilt $E(Y) = 7/2$ wie bei X, jedoch ist

$$Var(Y) = \frac{1}{2}(1^2 + 6^2) - \left(\frac{7}{2}\right)^2 = \frac{37}{2} - \frac{49}{4} = 6.25\,,$$

d.h. Y hat eine größere Varianz als X, da die Werte von Y im Mittel weiter ($(6-3.5)^2 = (1-3.5)^2 = 6.25$) von $\mu = 7/2$ liegen.

Beim zweimaligen Würfeln mit $X = $ „Augensumme" kann man analog, aber mühsam

$$Var(X) = (2^2 \cdot \frac{1}{36} + 3^2 \cdot \frac{2}{36} + \ldots + 11^2 \cdot \frac{2}{36} + 12^2 \frac{1}{36}) - 7^2 = \frac{35}{6}$$

berechnen. Die gleiche Zahl ergibt sich jedoch wesentlich einfacher durch die Regel für die Varianz einer Summe von unabhängigen Zufallsvariablen: Wenn X_1 die Augenzahl beim ersten Wurf und X_2 die Augenzahl beim zweiten Wurf bezeichnet, so sind X_1 und X_2 unabhängig, und es ist $X = X_1 + X_2$ die Augensumme. Damit gilt

$$Var(X) = Var(X_1) + Var(X_2) = \frac{70}{24} + \frac{70}{24} = \frac{35}{6}\,.$$

□

Beispiel 5.15 **Geometrische Verteilung**

Für eine geometrisch verteilte Zufallsvariable X gilt $E(X) = 1/\pi$. Die Berechnung der Varianz ist ebenfalls aufwendig. Es lässt sich zeigen, dass

$$Var(X) = \frac{1-\pi}{\pi^2}$$

gilt.

□

5.3 Spezielle diskrete Verteilungsmodelle

Dieser Abschnitt beschreibt einige weitere diskrete Verteilungen, die häufig zur Modellierung von Zufallsvorgängen und zur Datenanalyse mittels induktiver Statistik eingesetzt werden. Zwei öfter verwendete spezielle Verteilungen haben wir bereits im vorangehenden Abschnitt kennengelernt: die diskrete Gleichverteilung und die geometrische Verteilung. Dabei handelt es sich jeweils um eine Familie von *parametrischen Verteilungen*: Die Wahrscheinlichkeitsfunktion hängt noch von einem oder auch *mehreren Parametern* ab,

parametrische Verteilungen

wie etwa von der Erfolgswahrscheinlichkeit π bei der geometrischen Verteilung. Erst wenn für die Parameter numerische Werte eingesetzt werden, ist die Wahrscheinlichkeitsfunktion eindeutig festgelegt. In Anwendungen werden die Parameterwerte so festgelegt, dass eine möglichst gute Übereinstimmung mit einer aus Daten gewonnenen empirischen Verteilung erzielt wird, siehe dazu Kapitel 9.

Damit wird auch der Modellcharakter spezieller parametrischer Verteilungen deutlich: In der Regel gelingt es nur in einfachen Situationen und unter gewissen Idealisierungen, etwa bei Glücksspielen, durch logische Kausalschlüsse zu zeigen, dass eine bestimmte Verteilung dem Sachverhalt exakt angepasst ist. Meistens lässt sich nur feststellen, auch mit Mitteln der Statistik, ob eine gewählte Verteilung dem Sachverhalt und den Daten gut oder schlecht angepasst ist. *Modellcharakter*

5.3.1 Die Binomialverteilung

Mit der in den Beispielen 5.6 (Seite 217) und 5.11 (Seite 227) betrachteten Anzahl von Treffern wurde bereits exemplarisch eine spezielle, binomialverteilte Zufallsvariable betrachtet. Im Folgenden werden die dabei erhaltenen Ergebnisse und Eigenschaften allgemein formuliert.

Wir betrachten eine Bernoulli-Kette von n-mal wiederholten Bernoulli-Experimenten mit $\pi = P(A)$ für das interessierende Ereignis und der Folge $A_1, A_2, \ldots, A_n$ von unabhängigen Ereignissen. Dabei steht A_i für das Eintreten von A im i-ten Versuch. Zur Bernoulli-Kette definieren wir die Zufallsvariable

$$X = \text{„Anzahl der Versuche, bei denen } A \text{ eintritt“}.$$

Einfache Beispiele hierfür sind das wiederholte Werfen von Münzen bzw. Würfeln, wobei X zählt, wie oft „Kopf" bzw. „Sechs" auftritt. Das Standardmodell für eine Bernoulli-Kette ist das *Ziehen mit Zurücklegen* aus einer Urne, die N Kugeln, darunter M schwarze, enthält. Daraus werden zufällig und mit Zurücklegen nacheinander n Kugeln gezogen. Die Ereignisse A_i „Bei der i-ten Ziehung wird eine schwarze Kugel gezogen" sind dann unabhängig und es ist $P(A_i) = M/N = \pi$. Ähnliche Zufallsvorgänge treten bei vielen Glücksspielen, aber auch beim zufälligen Ziehen mit Zurücklegen aus einer endlichen Grundgesamtheit auf. Auch bei der laufenden Gut/Schlecht-Prüfung im Beispiel 5.8 (Seite 224) kann man oft von einer Bernoulli-Kette ausgehen, bei der X die Anzahl defekter Stücke bedeutet. Das Beispiel 5.9 (Seite 224) zeigt, dass auch bei zufälligem *Ziehen ohne Zurücklegen* angenähert eine Bernoulli-Kette vorliegt, wenn das Verhältnis n/N klein ist. Die Zufallsvariable X ist somit bei vielen *Zählvorgängen* von Bedeutung. *Urnenmodell* *Ziehen mit Zurücklegen* *Ziehen ohne Zurücklegen*

Die Wahrscheinlichkeitsfunktion von X lässt sich (in Verallgemeinerung der Überlegungen in Beispiel 5.6, Seite 217) folgendermaßen ableiten: Der Träger von X ist $\mathcal{T} = \{0, 1, \ldots, n\}$. Das Ereignis $\{X = x\}$ resultiert z. B. für die Ereignisfolge

$$A_1 A_2 \cdots A_x \bar{A}_{x+1} \cdots \bar{A}_n,$$

bei der in der Bernoulli-Kette zuerst x-mal das Ereignis A und anschließend $(n-x)$-mal $\bar{A}$

auftritt. Wegen der Unabhängigkeit der einzelnen Versuche gilt

$$P(A_1 A_2 \cdots A_x \bar{A}_{x+1} \cdots \bar{A}_n) = \underbrace{\pi \cdot \ldots \cdot \pi}_{x-\text{mal}} \underbrace{(1-\pi) \cdot \ldots \cdot (1-\pi)}_{(n-x)-\text{mal}} =$$

$$= \pi^x (1-\pi)^{n-x} \,.$$

Das Ereignis $\{X = x\}$ tritt aber auch ein, wenn x-mal A und $(n-x)$-mal $\bar{A}$ in irgendeiner anderen Reihenfolge erscheinen. Die Wahrscheinlichkeit ist dabei jeweils ebenfalls $\pi^x(1-\pi)^{n-x}$. Insgesamt gibt es nach Abschnitt 4.3 genau $\binom{n}{x}$ verschiedene derartige Reihenfolgen. Damit folgt

$$P(X = x) = \binom{n}{x} \pi^x (1-\pi)^{n-x} \,, \quad x = 0, 1, \ldots, n \,.$$

Man nennt eine Zufallsvariable mit dieser Wahrscheinlichkeitsfunktion binomialverteilt.

Binomialverteilung

Eine Zufallsvariable heißt *binomialverteilt* mit den Parametern n und π, kurz $X \sim B(n, \pi)$, wenn sie die Wahrscheinlichkeitsfunktion

$$f(x) = \begin{cases} \binom{n}{x} \pi^x (1-\pi)^{n-x}, & x = 0, 1, \ldots, n \\ 0, & \text{sonst} \end{cases}$$

besitzt. Die Verteilung heißt *Binomialverteilung* oder kurz $B(n, \pi)$-Verteilung. Sie ergibt sich, wenn aus n unabhängigen Wiederholungen eines Bernoulli-Experiments mit konstanter Wahrscheinlichkeit π die Summe der Treffer gebildet wird.

Die folgende Abbildung 5.12 zeigt für $n = 10$ zu verschiedenen Werten von π die Wahrscheinlichkeitshistogramme der Binomialverteilung.

Man erkennt, dass die Verteilung für $\pi < 0.5$ linkssteil ist, und zwar umso deutlicher, je kleiner π ist. Für $\pi = 0.5$ ist die Verteilung symmetrisch zum Wert $x = n\pi$. Für $\pi > 0.5$ erhält man rechtssteile Verteilungen als „Spiegelbild" zu entsprechenden linkssteilen Verteilungen (etwa $\pi = 0.25$ und $\pi = 0.75$).

Für größeres n lässt sich das Wahrscheinlichkeitshistogramm gut durch die Dichtekurve einer Normalverteilung mit $\mu = n\pi$ und $\sigma^2 = n\pi(1-\pi)$ approximieren, siehe die Abbildungen 5.13. Diese Approximation ist umso besser, je näher π bei 0.5 liegt, und wird schlechter, je näher π bei 0 oder 1 liegt. Die theoretische Rechtfertigung liefert der zentrale Grenzwertsatz aus Abschnitt 7.1.2.

Erwartungswert und Varianz der $B(n, \pi)$-Verteilung lassen sich leicht berechnen, wenn man die unabhängigen Indikatorvariablen

$$X_i = \begin{cases} 1, & \text{falls beim } i\text{-ten Versuch } A \text{ eintritt} \\ 0, & \text{falls beim } i\text{-ten Versuch } A \text{ nicht eintritt}, \end{cases}$$

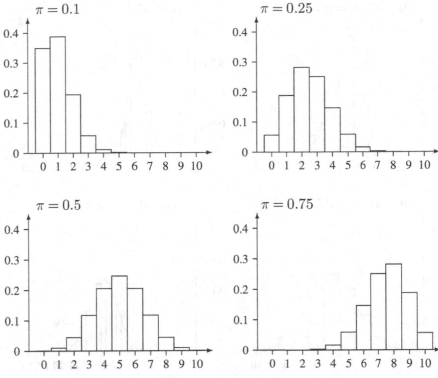

Abbildung 5.12: Wahrscheinlichkeitshistogramme von Binomialverteilungen für $n = 10$

$i = 1, \ldots, n$, eingeführt. Für diese gilt

$$P(X_i = 1) = \pi\,, \quad P(X_i = 0) = 1 - \pi\,, \quad E(X_i) = \pi\,, \quad Var(X_i) = \pi(1 - \pi)\,.$$

Jedes X_i ist also binomialverteilt mit $n = 1$ und π. Offensichtlich lässt sich X in der *Summendarstellung*

$$X = X_1 + \ldots + X_n$$

Summendarstellung

schreiben. Daraus folgt nach den Rechenregeln für Erwartungswerte und für Varianzen unabhängiger Zufallsvariablen

$$E(X) = E(X_1) + \ldots + E(X_n) = n\pi\,,$$
$$Var(X) = Var(X_1) + \ldots + Var(X_n) = n\pi(1 - \pi)\,.$$

Erwartungswert und Varianz

einer $B(n, \pi)$-verteilten Zufallsvariable X:

$$E(X) = n\pi\,, \quad Var(X) = n\pi(1 - \pi)\,.$$

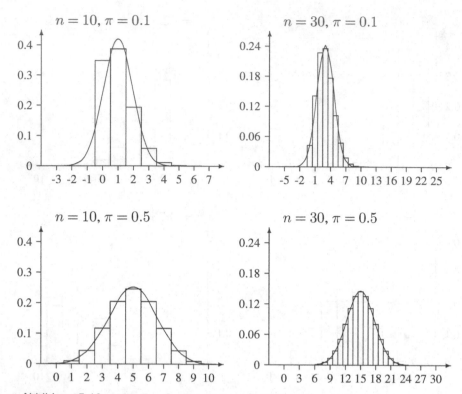

Abbildung 5.13: Approximation von Wahrscheinlichkeitshistogrammen durch Dichtekurven der Normalverteilung

Folgende beide Eigenschaften sind oft nützlich:

Additionseigenschaft

Sind $X \sim B(n, \pi)$ und $Y \sim B(m, \pi)$ unabhängig, so ist $X + Y \sim B(n + m, \pi)$.

Symmetrieeigenschaft

Sei $X \sim B(n, \pi)$ und $Y = n - X$. Dann gilt

$$Y \sim B(n, 1 - \pi).$$

Die Summe von unabhängigen binomialverteilten Zufallsvariablen mit gleichem Parameter π ist also wieder binomialverteilt. Die Eigenschaft ergibt sich aus der Darstellung von X und Y als Summe von Indikatorvariablen. Die Symmetrieeigenschaft folgt aus

$$f_X(x) = P(X = x) = \binom{n}{x} \pi^x (1 - \pi)^{n-x} = \binom{n}{n - x} (1 - \pi)^{n-x} \pi^{n-(n-x)}$$

$$= \binom{n}{y} (1 - \pi)^y \pi^{n-y} = P(Y = y) = f_Y(y).$$

Zum praktischen Arbeiten ist die Verteilungsfunktion

$$B(x|n,\pi) = P(X \le x|n,\pi) = \sum_{t=0}^{x} f(t)$$

für ausgewählte Werte von π und in der Regel für $n \le 30$ tabelliert (Tabelle B). Dabei genügt es wegen der Symmetrieeigenschaft, die Tabelle nur für $\pi \le 0.5$ anzulegen. Für $\pi > 0.5$ gilt

$$B(x|n,\pi) = P(X \le x|n,\pi) = P(Y \ge n-x|n,1-\pi)$$
$$= 1 - P(Y \le n-x-1|n,1-\pi) = 1 - B(n-x-1|n,1-\pi).$$

Die Wahrscheinlichkeitsfunktion ergibt sich aus den Tabellen durch

$$f(x) = P(X = x) = B(x|n,\pi) - B(x-1|n,\pi).$$

Für größeres n verwendet man die *Approximation* durch eine *Normalverteilung*, vgl. Abschnitt 7.2.

Normal-verteilungs-approximation

Treffer und Nieten

Beispiel 5.16

(a) In Beispiel 5.6 (Seite 217) gilt für die Anzahl X von Treffern bei drei unabhängigen Ausspielungen der Lotterie $X \sim B(3, 0.20)$. Die in Beispiel 5.6 direkt berechnete Wahrscheinlichkeitsfunktion von X ergibt sich auch aus Tabelle B der Verteilungsfunktion $B(x|3, 0.20)$ dieser Binomialverteilung. Beispielsweise liest man für $x = 0$

$$P(X = 0) = B(0|3, 0.20) = 0.512$$

ab. Mit

$$P(X \le 1) = B(1|3, 0.20) = 0.896$$

erhält man den Wert

$$P(X = 1) = P(X \le 1) - P(X = 0) = 0.896 - 0.512 = 0.384$$

wie in der Wahrscheinlichkeitstabelle von Beispiel 5.6 (Seite 217). Die Wahrscheinlichkeit $P(X \ge 1)$, mindestens einen Treffer zu erzielen, ist

$$P(X \ge 1) = 1 - P(X < 1) = 1 - P(X = 0) = 0.488.$$

(b) Bei der Produktion eines Massenartikels, etwa von Skiern oder Bauteilen, vgl. Beispiel 5.8 (Seite 224), liege der Anteil einwandfrei produzierter und somit nicht nachzubehandelnder Stücke bei $\pi = 0.90$. Aus der laufenden Produktion werden 20 Stücke entnommen. Wenn man wie in Beispiel 5.8 annimmt, dass die Fertigung der einzelnen Skier oder Bauteile unabhängig erfolgt, so bildet die Stichprobe eine Bernoulli-Kette, und es gilt für die Anzahl X von einwandfreien Stücken

$$X \sim B(20, 0.90).$$

Um Wahrscheinlichkeiten, etwa $P(X \le 18)$, für interessierende Ereignisse zu berechnen, geht man zunächst zur Anzahl $Y = n - X$ nicht einwandfreier Stücke über, da die $B(20, 0.90)$-Verteilung nicht tabelliert ist. Für Y gilt dann

$$Y \sim B(20, 0.10).$$

Damit errechnet man z.B.

$$P(X \leq 18) = P(Y \geq 20 - 18) = 1 - P(Y < 2) = 1 - P(Y \leq 1)$$
$$= 1 - 0.3917 = 0.6083,$$

oder

$$P(X = 18) = P(Y = 2) = P(Y \leq 2) - P(Y \leq 1)$$
$$= 0.6769 - 0.3917 = 0.2852.$$

Die Wahrscheinlichkeit, den Erwartungswert $n\pi = 20 \cdot 0.90 = 18$ zu erhalten, liegt also bei fast 30 %.

$\square$

5.3.2   Die hypergeometrische Verteilung

Urnenmodell ohne Zurücklegen   Aus einer endlichen Grundgesamtheit von N Einheiten, von denen M eine Eigenschaft A besitzen, wird *n-mal rein zufällig, aber ohne Zurücklegen* gezogen. Im Urnenmodell mit N Kugeln, davon M schwarzen, entspricht dies dem zufälligen n-maligen Ziehen ohne Zurücklegen. Wir interessieren uns wieder für die Zufallsvariable

$$X = \text{„Anzahl der gezogenen Objekte mit der Eigenschaft } A\text{``}.$$

Auswahlsatz

Faustregel   Falls der *Auswahlsatz* n/N klein genug ist (*Faustregel*: $n/N \leq 5\%$), ist X *näherungsweise binomialverteilt* mit Parametern n und $\pi = M/N$. Falls n/N größer ist, muss die Verteilung von X exakt bestimmt werden. Dies führt zur *hypergeometrischen* Verteilung.

Wertebereich   Zunächst geben wir den *Wertebereich* von X an. Der größtmögliche Wert x_{max} von X ist n, wenn $n \leq M$ ist, und er ist M, wenn $M < n$ ist. Also ist

$$x_{max} = \min(n, M),$$

die kleinere der beiden Zahlen n und M. Ähnlich überlegt man, dass der kleinstmögliche Wert

$$x_{min} = \max(0, n - (N - M))$$

ist. Damit besitzt X den Träger $\mathcal{T} = \{x_{min}, \ldots, x_{max}\}$. Falls $n \leq M$ und $n \leq M - N$ gilt, vereinfacht sich der Träger zu $\mathcal{T} = \{0, 1, \ldots, n\}$, also dem gleichen Träger wie bei der Binomialverteilung. Die Wahrscheinlichkeitsverteilung von X lässt sich mit den anschließend angeführten kombinatorischen Argumenten herleiten.

Hypergeometrische Verteilung

Eine Zufallsvariable X heißt *hypergeometrisch verteilt* mit Parametern n, M und N, kurz $X \sim H(n, M, N)$, wenn sie die Wahrscheinlichkeitsfunktion

$$f(x) = \begin{cases} \dfrac{\dbinom{M}{x}\dbinom{N-M}{n-x}}{\dbinom{N}{n}}, & x \in \mathcal{T} \\ 0, & \text{sonst} \end{cases}$$

besitzt. Dabei ist $\mathcal{T}$ durch $\{\max(0, n-(N-M)), \ldots, \min(n, M)\}$ gegeben. Es gilt

$$E(X) = n\frac{M}{N}, \quad Var(X) = n\frac{M}{N}\left(1 - \frac{M}{N}\right)\frac{N-n}{N-1}.$$

Damit besitzt eine $H(n, M, N)$-verteilte Zufallsvariable den gleichen Erwartungswert wie eine $B(n, M/N)$-verteilte Zufallsvariable. Jedoch ist die Varianz kleiner, da der sogenannte *Korrekturfaktor* $(N-n)/(N-1)$ für $n > 1$ kleiner als 1 ist. Diese Verkleinerung der Varianz ist plausibel, da man *ohne* Zurücklegen zieht und somit keine schon gewonnene Information verschenkt. Für kleine Werte n/N des Auswahlsatzes ist der Korrekturfaktor praktisch gleich 1; die Varianzen sind dann also näherungsweise gleich.

Korrekturfaktor

Eine hypergeometrisch verteilte Zufallsvariable lässt sich ebenfalls als Summe

$$X = X_1 + \ldots + X_n$$

von Indikatorvariablen

$$X_i = \begin{cases} 1, & \text{wenn beim } i\text{-ten Ziehen } A \text{ eintritt} \\ 0, & \text{wenn beim } i\text{-ten Ziehen } A \text{ nicht eintritt} \end{cases}$$

darstellen. *Vor Beginn* der Ziehungen gilt weiterhin

$$X_i \sim B(1, M/N), \quad i = 1, \ldots, n,$$

jedoch sind die Indikatorvariablen voneinander abhängig. Wegen der Additivität des Erwartungswertes folgt sofort

$$E(X) = E(X_1) + \ldots + E(X_n) = n\frac{M}{N}.$$

Die entsprechende Summenformel für Varianzen gilt jedoch wegen der Abhängigkeit nicht, sodass der Beweis für $Var(X)$ aufwendiger wird.

Die Wahrscheinlichkeitsfunktion selbst lässt sich nach der Abzählregel folgendermaßen ableiten: Insgesamt gibt es $\binom{N}{n}$ Möglichkeiten, aus N Kugeln n ohne Zurücklegen und ohne Beachtung der Reihenfolge zu ziehen. Dies ergibt den Nenner. Um aus M schwarzen Kugeln genau x herauszugreifen, gibt es $\binom{M}{x}$ Möglichkeiten. Genauso verbleiben $\binom{N-M}{n-x}$ Möglichkeiten, um aus $N-M$ weißen Kugeln genau $n-x$ herauszugreifen. Dies ergibt für den Zähler insgesamt $\binom{M}{x}\binom{N-M}{n-x}$ „günstige" Möglichkeiten.

5.3.3 Die Poisson-Verteilung

Binomial- und hypergeometrisch verteilte Zufallsvariablen zählen, *wie oft* bei n-maligem Ziehen aus Urnen oder Grundgesamtheiten ein bestimmtes Ereignis A eintritt. Der Wertebereich ist nach oben durch n begrenzt und somit endlich. Die geometrische Verteilung (Abschnitt 5.2) zählt, *wie lange* man warten muss, bis ein Ereignis A *zum ersten Mal* eintritt. Der Wertebereich ist die Menge $\mathbb{N}$ der natürlichen Zahlen und nicht nach oben be-

Poisson-Verteilung Zählvorgänge

grenzt. Die *Poisson-Verteilung* eignet sich ebenfalls zur Modellierung von *Zählvorgängen*. Dabei werden bestimmte Ereignisse gezählt, die innerhalb eines festen, vorgegebenen Zeitintervalls eintreten können. Die mögliche Anzahl der Ereignisse ist gleichfalls nicht nach oben begrenzt. Zugleich soll die Wahrscheinlichkeit, dass ein Ereignis in einem sehr kleinen Zeitintervall eintritt, ebenfalls sehr klein sein. Beispiele für Zählvorgänge dieser Art sind die Anzahl von Schadensmeldungen bei einer Sachversicherung innerhalb eines Jahres, die Anzahl von Krankheitsfällen einer (seltenen) Krankheit in einem Monat, oder die Anzahl von Kunden, die in einem Monat bei einer Bank einen Kredit beantragen, usw.

In Abbildung 5.14 sind die Ereignisse auf der Zeitachse durch Sterne markiert. Als Zeitintervall wählen wir das Einheitsintervall $[0, 1]$, was sich durch geeignete Wahl der Zeitskala immer erreichen lässt.

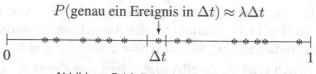

$$P(\text{genau ein Ereignis in } \Delta t) \approx \lambda \Delta t$$

Abbildung 5.14: Ereignisse im Zeitverlauf

Die Markierung durch Sterne auf der Zeitachse unterstellt bereits, dass Ereignisse zu *Zeitpunkten* oder innerhalb vernachlässigbar kleiner Zeitspannen auftreten. Dies setzen wir im Weiteren voraus.

Wir interessieren uns somit für die Zufallsvariable

$$X = \text{„Anzahl der Ereignisse, die innerhalb des Intervalls } [0, 1] \text{ eintreten“}.$$

Da keine obere Schranke für X bekannt oder aber sehr groß ist, nehmen wir als Wertebereich von X die Zahlen $\mathbb{N}_0 = \{0, 1, 2, \dots\}$ an. Falls für den Zählvorgang folgende *Annahmen* zutreffen, ergibt sich für X eine *Poisson-Verteilung*:

Annahmen

Poisson-Verteilung

1. Zwei Ereignisse können nicht genau gleichzeitig auftreten.

2. Die Wahrscheinlichkeit, dass ein Ereignis während eines kleinen Zeitintervalls der Länge Δt stattfindet, ist annähernd $\lambda \Delta t$, vgl. Abbildung 5.14. Wenn Δt klein genug ist, wird diese Wahrscheinlichkeit ebenfalls sehr klein. Die Poisson-Verteilung wird

Verteilung der seltenen Ereignisse

deshalb gelegentlich als *Verteilung der seltenen Ereignisse* bezeichnet. Der Parameter λ heißt auch (Intensitäts-)Rate.

3. Die Wahrscheinlichkeit für das Eintreten einer bestimmten Zahl von Ereignissen in einem Teilintervall hängt nur von dessen Länge l, aber nicht von seiner Lage auf der Zeitachse ab (I_1 und I_2 in Abbildung 5.15).

4. Die Anzahlen von Ereignissen in zwei disjunkten Teilintervallen sind unabhängig (I_1 und I_3 in Abbildung 5.15, nicht jedoch I_2 und I_3).

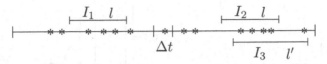

Abbildung 5.15: Zu den Annahmen der Poissonverteilung

Ob diese Annahmen – zumindest näherungsweise – in bestimmten Anwendungen erfüllt sind, muss kritisch geprüft werden. Falls sie jedoch gelten, ist die Zufallsvariable X Poisson-verteilt.

Poisson-Verteilung

Eine Zufallsvariable X mit der Wahrscheinlichkeitsfunktion

$$f(x) = P(X = x) = \begin{cases} \frac{\lambda^x}{x!} e^{-\lambda}, & x \in \{0, 1, \ldots\} \\ 0, & \text{sonst} \end{cases}$$

heißt *Poisson-verteilt* mit Parameter (oder Rate) $\lambda > 0$, kurz $X \sim Po(\lambda)$. Es gilt

$$E(X) = \lambda, \quad Var(X) = \lambda.$$

Die Abbildung 5.16 zeigt die Wahrscheinlichkeitshistogramme für verschiedene Werte von λ.

Man erkennt: Je kleiner λ ist desto linkssteiler wird die Wahrscheinlichkeitsfunktion und desto größer werden die Wahrscheinlichkeiten für kleine x-Werte. Für größeres λ, etwa ab $\lambda \geq 10$, wird die Verteilung annähernd symmetrisch und lässt sich durch eine Normalverteilungsdichte approximieren, vgl. dazu Abschnitt 7.2. Die Eigenschaft $E(X) = Var(X) = \lambda$, also Gleichheit von Erwartungswert und Varianz, ist charakteristisch für eine Poisson-verteilte Zählvariable. Unterscheiden sich bei Zähldaten aus einer empirischen Erhebung $\bar{x}$ und $\bar{s}^2$ deutlich, so ist ein Poisson-Modell ungeeignet. Die Poisson-Verteilung lässt sich auch als Grenzfall der Binomialverteilung ableiten. Dazu nimmt man etwa im Beispiel von Schadensmeldungen bei einer Versicherung an, dass diese eine große Anzahl n von Kunden habe, aber jeder Kunde mit sehr kleiner Wahrscheinlichkeit π einen Schaden in der Zeitperiode (Monat, Jahr) melde. Definiert man $\lambda = n\pi$ und lässt (bei festgehaltenem λ) $n \longrightarrow \infty$ und $\pi \longrightarrow 0$ gehen, so ergibt sich für die Anzahl X von Schadensmeldungen eine $Po(\lambda)$-Verteilung. Somit kann für große n und kleine π die $B(n, \pi)$-Verteilung durch eine $Po(\lambda)$-Verteilung mit $\lambda = n\pi$ approximiert werden.

Normal-verteilungs-approximation

Approximation der Binomialverteilung

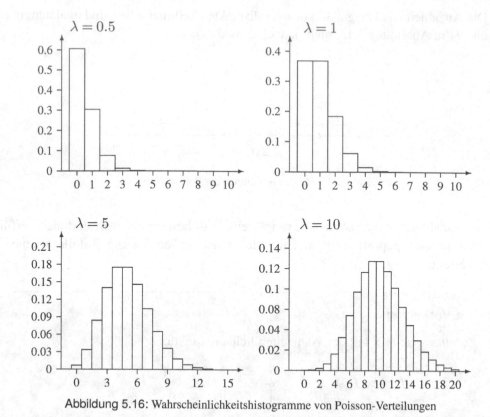

Abbildung 5.16: Wahrscheinlichkeitshistogramme von Poisson-Verteilungen

Ähnlich wie für die Binomialverteilung gilt noch eine Additionseigenschaft:

Addition von unabhängigen Poisson-verteilten Zufallsvariablen

Sind $X \sim Po(\lambda)$, $Y \sim Po(\mu)$ und voneinander unabhängig, so gilt

$$X + Y \sim Po(\lambda + \mu).$$

Damit lässt sich auch Folgendes zeigen:

Poisson-Verteilung für Intervalle beliebiger Länge

Falls die Anzahl X von Ereignissen im Einheitsintervall $Po(\lambda)$-verteilt ist, so ist die Anzahl Z von Ereignissen in einem Intervall der Länge t Poisson-verteilt mit Parameter λt, kurz $Z \sim Po(\lambda t)$.

Beispiel 5.17   **Schadensfälle bei einer Versicherung**

Eine Rückversicherung will die Prämien für Versicherungen gegen Großunfälle kalkulieren. Aufgrund von Erfahrungswerten geht sie davon aus, dass die Zufallsvariable

$$X = \text{„Anzahl der Großunfälle im Winterhalbjahr (Oktober bis März)"}$$

Poisson-verteilt ist mit der Rate $\lambda = 3$. Dagegen wird

$$Y = \text{„Anzahl der Großunfälle im Sommerhalbjahr (April bis September)“}$$

als Poisson-verteilt mit der Rate $\mu = 6$ betrachtet. Beispielsweise lässt sich damit die Wahrscheinlichkeit für genau zwei Großunfälle in einem Winter bestimmen:

$$P(X = 2) = e^{-3}\frac{3^2}{2!} = 0.2240 \,.$$

Mehr als ein Großunfall geschieht im Winter mit der Wahrscheinlichkeit

$$P(X \geq 2) = 1 - P(X = 0) - P(X = 1)$$
$$= 1 - e^{-3}\left(\frac{3^0}{0!} + \frac{3^1}{1!}\right)$$
$$= 1 - 0.1991 = 0.8009 \,.$$

Diese Wahrscheinlichkeiten lauten im Sommerhalbjahr 0.044 für genau zwei bzw. 0.983 für mindestens zwei Unfälle:

$$P(Y = 2) = e^{-6}\frac{6^2}{2!} = 0.044 \,,$$
$$P(Y \geq 2) = 1 - P(Y = 0) - P(Y = 1)$$
$$= 1 - e^{-6}\left(\frac{6^0}{0!} + \frac{6^1}{1!}\right) = 1 - 0.01735 = 0.9826 \,.$$

Wegen $E(X) = \lambda = 3$ und $E(Y) = \mu = 6$ sind mit drei Unfällen im Winter weniger Unfälle als im Sommer zu erwarten.

Da man annehmen kann, dass Unfälle im Sommer und im Winter in keinem Zusammenhang stehen, können ferner die Zufallsvariablen X und Y als *unabhängig* behandelt werden. Die Wahrscheinlichkeit, dass sowohl im Winter als auch im Sommer mehr als zwei Unfälle geschehen, beträgt dann mithilfe der Rechenregeln für unabhängige Zufallsvariablen

$$P(X \geq 2, Y \geq 2) = P(X \geq 2) \cdot P(Y \geq 2)$$
$$= 0.8009 \cdot 0.9826 = 0.7870 \,,$$

also ca. 79 %. Betrachtet man nun die Anzahl Z der Großunfälle in einem ganzen Jahr, so gilt $Z = X + Y$ und wiederum wegen der Unabhängigkeit von X und Y ist Z Poisson-verteilt mit Rate $\lambda + \mu = 3 + 6 = 9$. $\qquad\qquad\square$

5.4 Zusammenfassung und Bemerkungen

Definitionen, Eigenschaften und Rechenregeln für diskrete Zufallsvariablen entsprechen formal weitgehend Begriffen und Ergebnissen für empirische Verteilungen von Häufigkeitsdaten von Kapitel 2. Dabei sind die relativen Häufigkeiten $f_1, \ldots, f_k$ für Ausprägungen $a_1, \ldots, a_k$ durch die Wahrscheinlichkeiten $p_1, \ldots, p_k, \ldots$ für die möglichen Werte $x_1, \ldots, x_k, \ldots$ zu ersetzen. Trotz der formalen Ähnlichkeiten sind jedoch Funktion und

Schreibweise: Binomialverteilung $X \sim B(n, \pi)$

Hypergeometrische Verteilung $X \sim H(n, M, N)$

Poissonverteilung $X \sim Po(\lambda)$

Geometrische Verteilung $X \sim G(\pi)$

Verteilung	Dichte	$E(X)$	$Var(X)$
$X \sim B(n, \pi)$	$f(x) = \begin{cases} \binom{n}{x} \pi^x (1-\pi)^{n-x} & \text{für } x = 0, 1, \ldots, n \\ 0 & \text{sonst} \end{cases}$	$n\pi$	$n\pi(1-\pi)$
$X \sim H(n, M, N)$	$f(x) = \begin{cases} \dfrac{\binom{M}{x}\binom{N-M}{n-x}}{\binom{N}{n}} & \text{für } x = 0, 1, \ldots, n \\ 0 & \text{sonst} \end{cases}$ $(n \leq M, n \leq M - N)$	$n\dfrac{M}{N}$	$n\dfrac{M}{N}\dfrac{(N-M)}{N}\dfrac{(N-n)}{(N-1)}$
$X \sim Po(\lambda)$	$f(x) = \begin{cases} \dfrac{\lambda^x}{x!} e^{-\lambda} & \text{für } x = 0, 1, 2, \ldots \\ 0 & \text{sonst} \end{cases}$ $(\lambda > 0)$	λ	λ
$X \sim G(\pi)$	$f(x) = \begin{cases} (1-\pi)^{x-1}\pi & \text{für } x = 1, 2, 3, \ldots \\ 0 & \text{sonst} \end{cases}$ $(0 < \pi < 1)$	$\dfrac{1}{\pi}$	$\dfrac{1-\pi}{\pi^2}$

Tabelle 5.1: Spezielle diskrete Verteilungen mit ihren Dichten, Erwartungswerten und Varianzen

Interpretation deutlich zu unterscheiden: Die relative Häufigkeitsverteilung und daraus abgeleitete Begriffe wie arithmetisches Mittel und empirische Varianz beschreiben die Verteilung von Daten. Dagegen wird durch die *Wahrscheinlichkeitsverteilung*, den *Erwartungswert* und die *Varianz* das Verhalten einer *Zufallsvariable* charakterisiert. Der zugrundeliegende Zufallsvorgang muss dazu nicht durchgeführt werden, sodass auch keine Daten vorliegen. Der Zusammenhang zwischen empirischen Verteilungen und Wahrscheinlichkeitsverteilungen lässt sich jedoch über die Häufigkeitsinterpretation von Wahrscheinlichkeiten herstellen: Wenn der Zufallsvorgang n-mal unabhängig wiederholt wird, nähern sich mit wachsendem n die empirische Verteilung der resultierenden Daten $x_1, \ldots, x_n$, das arithmetische Mittel und die empirische Varianz der Wahrscheinlichkeitsverteilung der Zufallsvariable X, ihrem Erwartungswert und ihrer Varianz immer besser an. Formalisiert wird dieser Zusammenhang erst durch Gesetze großer Zahlen in Abschnitt 7.1.

In Tabelle 5.1 sind die in diesem Kapitel behandelten diskreten Verteilungsmodelle zusammengefasst. Diese speziellen diskreten Verteilungen sind vor allem zur Modellierung von Zählvorgängen geeignet. In Abbildung 5.17 wird dies nochmals aufgezeigt. Die Pfeile weisen dabei auf Beziehungen zwischen den Verteilungen bzw. Zufallsvariablen hin.

Die hier dargestellten diskreten Verteilungsmodelle sind zwar am bekanntesten und werden entsprechend häufig eingesetzt. Trotzdem sind sie nicht in jeder Anwendung zur Modellierung geeignet, sondern es werden oft flexiblere, aber auch kompliziertere Verteilungen benötigt. Für eine umfassende Darstellung verweisen wir auf das Nachschlagewerk von Johnson, Kotz und Kemp (1993).

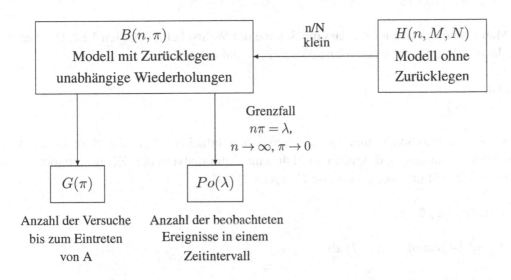

Abbildung 5.17: Diskrete Verteilungsmodelle

5.5 Diskrete Verteilungen in R

In R gibt es für die eingeführten Verteilungen Funktionen zur Berechnung von Verteilungsfunktionen, Wahrscheinlichkeiten und Quantilen.

Funktion	Verteilung
binom	Binomialverteilung
geom	Geometrische Verteilung
hyper	Hypergeometrische Verteilung
pois	Poisson-Verteilung

Die Wahrscheinlichkeitsfunktion einer hypergeometrischen Verteilung lässt sich mit der Funktion dhyper() berechnen. Als Beispiel betrachten wir eine Urne mit 50 weißen Kugeln und 100 schwarzen Kugeln. Gesucht ist die Wahrscheinlichkeitsfunktion für 5 Ziehungen ohne Zurücklegen. Mögliche Ergebnisse sind 0 weiße Kugeln oder 1 weiße Kugel, usw., bis maximal 5 weiße Kugeln. Die Verteilung ist nach unserer Schreibweise eine $H(5, 50, 150)$. In R gibt man dagegen die Anzahl der Kugeln je Farben an, der Gesamtumfang ergibt sich dann automatisch. Um die Wahrscheinlichkeitsfunktion in einem Schritt zu berechnen, gibt man die möglichen Ergebnisse als Vektor in die dhyper()-Funktion

```
x <- dhyper(0:5, 50,100,5)
x
```

und erhält die Ausgabe

```
[1] 0.127260845 0.331408452 0.334825034
[4] 0.163995935 0.038928328 0.003581406
```

Man überzeugt sich leicht, dass die Summe der Wahrscheinlichkeiten 1 ist. Die Verteilung lässt sich grafisch mit dem `barplot()`-Befehl darstellen:

```
sum(x)
barplot(x)
```

Verteilungsfunktionen und Quantilsfunktionen erlauben auch die Berechnung von Wahrscheinlichkeiten und Quantilen. Für eine binomialverteilte Zufallsvariable $X \sim B(10, 0.5)$, erhält man beispielsweise $P(X <= 2)$ als

```
pbinom(2,10,0.5)
```

und das 90%-Quantil ($x_{0.9} = 7$) als

```
qbinom(0.9, 10, 0.5)
```

5.6 Aufgaben

Aufgabe 5.1 Sie und Ihr Freund werfen je einen fairen Würfel. Derjenige, der die kleinere Zahl wirft, zahlt an den anderen so viele Geldeinheiten, wie die Differenz der Augenzahlen beträgt. Die Zufallsvariable X beschreibt Ihren Gewinn, wobei ein negativer Gewinn für Ihren Verlust steht.

(a) Bestimmen Sie die Wahrscheinlichkeitsfunktion von X und berechnen Sie den Erwartungswert.

(b) Falls Sie beide die gleiche Zahl würfeln, wird der Vorgang noch einmal wiederholt, aber die Auszahlungen verdoppeln sich. Würfeln Sie wieder die gleiche Zahl, ist das Spiel beendet. Geben Sie für das modifizierte Spiel die Wahrscheinlichkeitsfunktion von Y für Ihren Gewinn bzw. Verlust an.

Aufgabe 5.2 Ein Student, der keine Zeit hat, sich auf einen 20-Fragen-Multiple-Choice-Test vorzubereiten, beschließt, bei jeder Frage aufs Geratewohl zu raten. Dabei besitzt jede Frage fünf Antwortmöglichkeiten.

(a) Welche Verteilung hat die Zufallsvariable, die die Anzahl der richtigen Antworten angibt? Wie viele Fragen wird der Student im Mittel richtig beantworten?

(b) Der Test gilt als bestanden, wenn 10 Fragen richtig beantwortet sind. Wie groß ist die Wahrscheinlichkeit des Studenten, den Test zu bestehen? Wo müsste die Grenze liegen, wenn die Chance des Studenten, die Klausur durch Raten zu bestehen, größer als 5 % sein soll?

Aufgabe 5.3 Berechnen Sie den Erwartungswert und die Varianz der diskreten Gleichverteilung auf dem Träger $\mathcal{T} = \{a, a+1, a+2, \ldots, b-2, b-1, b\}$.

Sind die beiden Zufallsvariablen X und Y, die die Augensumme bzw. die Differenz beim Werfen zweier fairer Würfel angeben, unabhängig?

Aufgabe 5.4

Zeigen Sie für zwei unabhängige binäre Zufallsvariablen $X \sim B(1, \pi)$ und $Y \sim B(1, \rho)$ die Linearität von Erwartungswert und Varianz:

Aufgabe 5.5

$$E(X + Y) = E(X) + E(Y), \quad Var(X + Y) = Var(X) + Var(Y) \quad,$$

sowie die Produktregel für Erwartungswerte:

$$E(X \cdot Y) = E(X) \cdot E(Y)$$

Bestimmen Sie den Median der geometrischen Verteilung mit dem Parameter $\pi = 0.5$. Vergleichen Sie Ihr Resultat mit dem Erwartungswert dieser Verteilung. Was folgt gemäß der Lageregel für die Gestalt des Wahrscheinlichkeitshistogramms? Skizzieren Sie das Wahrscheinlichkeitshistogramm, um Ihre Aussage zu überprüfen.

Aufgabe 5.6

Welche Verteilungen besitzen die folgenden Zufallsvariablen:
X_1 = Anzahl der Richtigen beim Lotto „6 aus 49".
X_2 = Anzahl der Richtigen beim Fußballtoto, wenn alle Spiele wegen unbespielbarem Platz ausfallen und die Ergebnisse per Los ermittelt werden.
X_3 = Anzahl von Telefonanrufen in einer Auskunftsstelle während einer Stunde.
In einer Urne mit 100 Kugeln befinden sich 5 rote Kugeln:
X_4 = Anzahl der roten Kugeln in der Stichprobe, wenn 10 Kugeln auf einen Schlag entnommen werden.
X_5 = Anzahl der Studenten, die den Unterschied zwischen der Binomial- und der hypergeometrischen Verteilung verstanden haben, unter 10 zufällig ausgewählten Hörern einer Statistikveranstaltung, an der 50 Studenten teilnehmen.
X_6 = Stückzahl eines selten gebrauchten Produkts, das bei einer Lieferfirma an einem Tag nachgefragt wird.

Aufgabe 5.7

Bei einem Fußballspiel kommt es nach einem Unentschieden zum Elfmeterschießen. Zunächst werden von jeder Mannschaft fünf Elfmeter geschossen, wobei eine Mannschaft gewinnt, falls sie häufiger getroffen hat als die andere. Nehmen Sie an, dass die einzelnen Schüsse unabhängig voneinander sind und jeder Schütze mit einer Wahrscheinlichkeit von 0.8 trifft. Wie groß ist die Wahrscheinlichkeit, dass es nach zehn Schüssen (fünf pro Mannschaft) zu einer Entscheidung kommt?

Aufgabe 5.8

Aus Erfahrung weiß man, dass die Wahrscheinlichkeit dafür, dass bei einem Digitalcomputer eines bestimmten Typus während 12 Stunden kein Fehler auftritt, 0.7788 beträgt.
(a) Welche Verteilung eignet sich zur näherungsweisen Beschreibung der Zufallsvariable X = „Anzahl der Fehler, die während 12 Stunden auftreten"?
(b) Man bestimme die Wahrscheinlichkeit dafür, dass während 12 Stunden mindestens zwei Fehler auftreten.
(c) Wie groß ist die Wahrscheinlichkeit, dass bei vier (voneinander unabhängigen) Digitalcomputern desselben Typus während 12 Stunden genau ein Fehler auftritt?

Aufgabe 5.9

Aufgabe 5.10   Von den 20 Verkäuferinnen eines mittelgroßen Geschäftes sind vier mit längeren Ladenöffnungszeiten einverstanden. Ein Journalist befragt für eine Dokumentation der Einstellung zu einer Änderung der Öffnungszeiten fünf Angestellte, die er zufällig auswählt. Wie groß ist die Wahrscheinlichkeit, dass sich keine der Befragten für längere Öffnungszeiten ausspricht? Mit welcher Wahrscheinlichkeit sind genau bzw. mindestens zwei der ausgewählten Angestellten bereit, länger zu arbeiten?

Kapitel 6

Stetige Zufallsvariablen

6.1 Definition und Verteilung

Eine Variable oder ein Merkmal X heißt *stetig*, falls zu zwei Werten $a < b$ auch jeder Zwischenwert im Intervall $[a, b]$ möglich ist (vgl. die Definition von Kapitel 1). Falls die Werte von X als Ergebnisse eines Zufallsvorgangs resultieren, wird X zu einer stetigen Zufallsvariable. Wie lassen sich nun Wahrscheinlichkeiten für Ereignisse der Form $\{a \leq X \leq b\}$ festlegen? Für diskrete Zufallsvariablen ist $P(a \leq X \leq b)$ gleich der Summe jener Wahrscheinlichkeiten $p_i = f(x_i) = P(X = x_i)$, für die x_i in $[a, b]$ liegt. Für stetige Zufallsvariablen sind die x-Werte in $[a, b]$ nicht mehr abzählbar, sondern überabzählbar, sodass ein solches Aufsummieren nicht möglich ist. Um zu sehen, wie man für eine stetige Zufallsvariable X Wahrscheinlichkeiten $P(a \leq X \leq b)$ geeignet festlegt, ist es dennoch zweckmäßig, von einer diskreten Zufallsvariable X_d auszugehen, die man als Approximation von X ansehen kann. Stuft man den Wertebereich von X_d immer feiner ab, gelangt man dann durch eine Grenzbetrachtung zu sinnvollen Definitionen und Begriffsbildungen für stetige Zufallsvariablen.

stetige Zufallsvariable

Wir gehen dazu zunächst vom einfachsten diskreten Verteilungsmodell, einer diskreten Gleichverteilung, aus. Glücksräder in Casinos oder Spielshows sind ähnlich wie beim Roulette in gleich große Sektoren unterteilt. Einfachheitshalber denken wir uns das Glücksrad wie in Abbildung 6.1 in 10 Sektoren unterteilt.

Nachdem das Glücksrad in Schwung gebracht worden ist, wird nach einer zufälligen Zeitspanne mit dem Abbremsen begonnen, bis das Rad schließlich anhält. Jener Sektor, der vor einer fixen Markierung durch einen Pfeil anhält, entspricht dann der ausgespielten Gewinnzahl. Der zugrundeliegende Zufallsvorgang ist dabei so angelegt, dass jeder Sektor die gleiche Wahrscheinlichkeit hat, vor der Markierung stehenzubleiben. Bei 10 Sektoren ist dann die Zufallsvariable $X_d =$ „ausgewählter Sektor" diskret mit den Werten $1, \ldots, 10$ und jeweiligen Wahrscheinlichkeiten $1/10$. Wenn wir den Rand des Glücksrads als Einheitsintervall auf der x-Achse ausrollen, erhalten wir das Wahrscheinlichkeitshistogramm für X_d in Abbildung 6.2. Dabei ist die Fläche über jedem Teilintervall der Länge 0.1 gleich der Wahrscheinlichkeit 0.1 für die jeweiligen Sektoren. Entsprechend ist die Wahrscheinlichkeit, dass einer der Sektoren $3, 4, 5$ oder 6 vor der Markierung stehen bleibt, gleich der Fläche über dem Intervall $[0.2, 0.6]$, also gleich 0.4. Unterteilt man das Glücksrad bzw. das

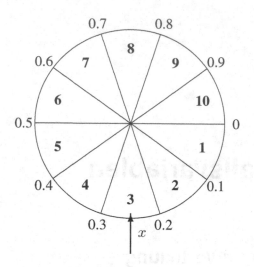

Abbildung 6.1: Glücksrad

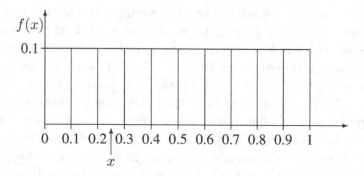

Abbildung 6.2: Wahrscheinlichkeitshistogramm zum Glücksrad

Intervall feiner, z.B. in 100 Teilintervalle der Länge 0.01, so werden zwar die Flächen über diesen Teilintervallen gleich 1/100. Die Fläche 0.4 über dem Intervall [0.2, 0.6] ist jedoch weiter die Wahrscheinlichkeit, dass einer der Teilsektoren zwischen 0.2 und 0.6 vor der Markierung zum Stehen kommt. Betrachtet man nun als Zufallsergebnis die genaue Zahl x aus [0, 1], worauf die Markierung zeigt, so wird dadurch eine stetige Zufallsvariable X mit Werten aus [0, 1] definiert. Die Wahrscheinlichkeit $P(0.2 \leq X \leq 0.6)$ ist weiter die Fläche 0.4 zwischen dem Intervall [0.2, 0.6] und der stetigen Funktion $f(x) = 1$. Allgemeiner ist $P(a \leq X \leq b)$ durch die Fläche über dem Intervall [a, b] gegeben. Für Intervalle [a, b] und [c, d] mit unterschiedlicher Lage, aber gleicher Länge $b - a = c - d$ ergeben sich gleiche Wahrscheinlichkeiten $P(a \leq X \leq b) = P(c \leq X \leq d)$. Diese Gleichheit ist die „stetige Entsprechung" des Modells einer diskreten Gleichverteilung.

Nichtnegativität   Die Festlegung von Wahrscheinlichkeiten durch Flächen unter einer *nichtnegativen* Funktion $f(x)$ lässt sich in gleicher Weise für andere Verteilungsformen als die Gleichverteilung veranschaulichen. In Abbildung 6.3 ist das Wahrscheinlichkeitshistogramm einer diskreten Zufallsvariable X_d gegeben.

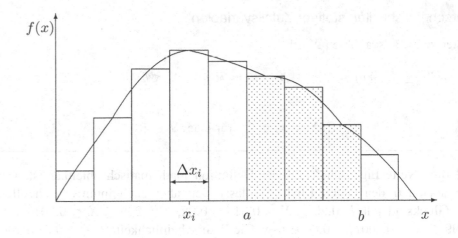

Abbildung 6.3: Dichte und approximierendes Wahrscheinlichkeitshistogramm

Die möglichen Werte seien die Klassenmitten x_i der i-ten Klasse mit der Länge Δx_i. Die Rechtecksfläche über Δx_i ist gleich $P(X_d = x_i) = f(x_i)\Delta x_i$. Für gegen null gehende Klassenbreiten Δx_i geht X_d über in eine stetige Zufallsvariable X. Das Histogramm geht über in eine stetige Kurve $f(x)$ mit der Eigenschaft, dass $P(a \leq X \leq b)$ gleich der Fläche zwischen dem Intervall $[a, b]$ und $f(x)$ ist.

Für $\Delta x_i \longrightarrow 0$ geht auch die Fläche der zugehörigen Rechtecke über $[a, b]$ gegen diese Fläche, sodass auch $P(a \leq X_d \leq b) \longrightarrow P(a \leq X \leq b)$ gilt. Diese Überlegungen führen zur folgenden Definition von stetigen Zufallsvariablen, wobei gleichzeitig die *Dichtefunktion* $f(x)$ definiert wird.

Dichtefunktion

Stetige Zufallsvariablen und Dichten

Eine Zufallsvariable X heißt *stetig*, wenn es eine Funktion $f(x) \geq 0$ gibt, sodass für jedes Intervall $[a, b]$

$$P(a \leq X \leq b) = \int_a^b f(x)dx$$

gilt. Die Funktion $f(x)$ heißt (*Wahrscheinlichkeits-*) *Dichte* von X.

Somit ist für jede stetige Zufallsvariable die Wahrscheinlichkeit $P(a \leq X \leq b)$ gleich der Fläche zwischen dem Intervall $[a, b]$ und der darüberliegenden Funktion $f(x)$. Die Berechnung dieser Fläche lässt sich allerdings nicht immer in so einfacher Weise geometrisch durchführen wie im Eingangsbeispiel. Auch die Integration wird oft so schwierig, dass sie mit numerischen Verfahren am Computer durchgeführt werden muss.

Aus der Definition folgt, dass die Wahrscheinlichkeiten unverändert bleiben, wenn man die Grenzen a, b des Intervalls nicht mitrechnet. Wenn die Länge des Intervalls gegen null geht, in der Grenze also $a = b$ gilt, folgt mit $x = a = b$ auch $P(X = x) = 0$ für jedes beliebige $x \in \mathbb{R}$.

Wahrscheinlichkeiten stetiger Zufallsvariablen

Für stetige Zufallsvariablen X gilt

$$P(a \leq X \leq b) = P(a < X \leq b) = P(a \leq X < b) = P(a < X < b)$$

und

$$P(X = x) = 0 \quad \text{für jedes } x \in \mathbb{R}.$$

Obwohl die zweite Eigenschaft aus der Definition mathematisch ableitbar ist, verwundert sie doch auf den ersten Blick. Sie lässt sich aber auch intuitiv nachvollziehen: Für das Glücksrad gilt $P(0.29 \leq X \leq 0.31) = 0.02$, $P(0.299 \leq X \leq 0.301) = 0.002$, $P(0.2999 \leq X \leq 0.3001) = 0.0002$ usw. Die Wahrscheinlichkeit $P(X = 0.3)$ dafür, dass X *exakt* gleich 0.3 ist, muss deshalb gleich null sein. Positive Wahrscheinlichkeiten können sich nur für – möglicherweise kleine – Intervalle um x ergeben.

Da $-\infty < X < +\infty$ sicher eintritt, muss $P(-\infty < X < +\infty) = 1$ sein. Somit gilt für jede Dichte neben der Nichtnegativität die

Normierungseigenschaft

$$\int_{-\infty}^{+\infty} f(x)dx = 1,$$

d.h. die Gesamtfläche zwischen x-Achse und der Dichte $f(x)$ ist gleich 1.

Träger

Die Dichte $f(x)$ einer stetigen Zufallsvariable muss nicht für alle x größer als null sein. Wir nennen wie bei der Wahrscheinlichkeitsfunktion die Menge der x-Werte, für die $f(x) > 0$ ist, den *Träger* $\mathcal{T} = \{x : f(x) > 0\}$. Die auftretenden Integrationen erstrecken sich dann tatsächlich nur über Bereiche von $\mathcal{T}$, vergleiche die Beispiele 6.1 (Seite 256) und 6.2 (Seite 259). Die Dichte $f(x)$ besitzt einige Analogien zur Wahrscheinlichkeitsfunktion einer diskreten Zufallsvariable. Deshalb wird auch die gleiche Bezeichnung verwendet. Ein wesentlicher Unterschied ist jedoch, dass die Werte $f(x)$ einer stetigen Dichte *keine*

Dichte ist keine Wahrscheinlichkeit

Wahrscheinlichkeiten sind. Somit können Dichten auch Werte $f(x) > 1$ annehmen.

Aus der Definition von Dichten erhält man für die Verteilungsfunktion $F(x) = P(X \leq x) = P(-\infty < X \leq x)$ sofort folgende Beziehung:

Verteilungsfunktion einer stetigen Zufallsvariable

$$F(x) = P(X \leq x) = \int_{-\infty}^{x} f(t)dt$$

Die Verteilungsfunktion einer stetigen Zufallsvariable ist also das unbestimmte Integral der Dichte, d.h. die Gesamtfläche zwischen dem Teil der x-Achse links vom Wert x und der darüberliegenden Dichte, vgl. Abbildung 6.4.

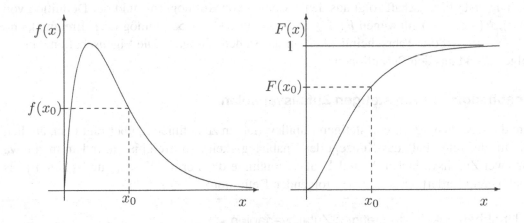

Abbildung 6.4: Dichte und Verteilungsfunktion einer stetigen Zufallsvariable

Diese Beziehung ist das stetige Analogon zur Beziehung

$$F(x) = \sum_{x_i \le x} f(x_i)$$

im diskreten Fall. In der Darstellung durch ein Wahrscheinlichkeitshistogramm wie in Abbildung 6.3 erhält man $F(x)$ durch Summation der Rechtecksflächen bis x. Der Grenzübergang liefert die obige Integrationsbeziehung.

Aus der Definition der Verteilungsfunktion folgen mittels der Axiome und Rechenregeln für Wahrscheinlichkeiten die folgenden Eigenschaften.

Eigenschaften der Verteilungsfunktion einer stetigen Zufallsvariable

1. $F(x)$ ist stetig und monoton wachsend mit Werten im Intervall $[0, 1]$.
2. Für die Grenzen gilt

$$F(-\infty) = \lim_{x \to -\infty} F(x) = 0\,,$$
$$F(+\infty) = \lim_{x \to +\infty} F(x) = 1\,.$$

3. Für Werte von x, an denen $f(x)$ stetig ist, gilt

$$F'(x) = \frac{dF(x)}{dx} = f(x)\,,$$

  d.h. die Dichte ist die Ableitung der Verteilungsfunktion.
4. Für Intervalle erhält man

$$P(a \le X \le b) = F(b) - F(a)\,,$$
$$P(X \ge a) = 1 - F(a)\,.$$

Die erste Eigenschaft folgt aus den Axiomen von Kolmogoroff und der Definition von $F(x)$. $F(-\infty) = 0$ gilt wegen $P(X \leq x) \longrightarrow 0$ für $x \longrightarrow -\infty$ (unmögliches Ereignis), und $F(+\infty) = 1$ ist die Wahrscheinlichkeit für das sichere Ereignis. Die Eigenschaften 3 und 4 folgen direkt aus den Definitionen.

Unabhängigkeit von stetigen Zufallsvariablen

Um die Unabhängigkeit von stetigen Zufallsvariablen zu definieren, überträgt man, ähnlich wie im diskreten Fall, das Konzept der Unabhängigkeit von Ereignissen, indem man etwa für zwei Zufallsvariablen X und Y alle Ereignisse der Form $\{X \leq x\}$ und $\{Y \leq y\}$ als unabhängig fordert. Dies führt zur folgenden Definition:

Unabhängigkeit von stetigen Zufallsvariablen

Zwei stetige Zufallsvariablen X und Y sind *unabhängig*, wenn für alle $x \in \mathbb{R}$ und $y \in \mathbb{R}$

$$P(X \leq x, Y \leq y) = P(X \leq x) \cdot P(Y \leq y) = F_X(x) \cdot F_Y(y)$$

gilt. Dabei ist F_X bzw. F_Y die Verteilungsfunktion von X bzw. Y.
Allgemeiner sind die stetigen Zufallsvariablen $X_1, \ldots, X_n$ unabhängig, wenn für $x_1, \ldots, x_n \in \mathbb{R}$

$$P(X \leq x_1, \ldots, X_n \leq x_n) = P(X_1 \leq x_1) \cdot \ldots \cdot P(X_n \leq x_n)$$

gilt.

Es lässt sich – wiederum in Analogie zum diskreten Fall – zeigen, dass aus dieser Definition auch die Unabhängigkeit von allgemeineren durch die Zufallsvariablen definierten Ereignissen folgt: Falls $X_1, \ldots, X_n$ unabhängig sind, so gilt für beliebige zulässige Ereignisse $A_1, \ldots, A_n$, insbesondere für Intervalle $[a_1, b_1], \ldots, [a_n, b_n]$,

$$P(X_1 \in A_1, \ldots, X_n \in A_n) = P(X_1 \in A_1) \cdot \ldots \cdot P(X_n \in A_n) \, .$$

Beispiel 6.1   ## Stetige Gleichverteilung

Die stetige Zufallsvariable $X =$ „Stelle des Glücksrads, auf die der Pfeil zeigt" heißt auf dem Intervall $[0, 1]$ gleich- (oder gleichmäßig) verteilt, da für Intervalle gleicher Länge

$$P(a \leq X \leq b) = P(c \leq X \leq d)$$

gilt. Die Dichte ist bestimmt durch

$$f(x) = \begin{cases} 1, & 0 \leq x \leq 1 \\ 0, & \text{sonst} . \end{cases}$$

Die Verteilungsfunktion ergibt sich sofort zu

$$F(x) = \begin{cases} 0, & x < 0 \\ x, & 0 \leq x \leq 1 \\ 1, & x > 1 . \end{cases}$$

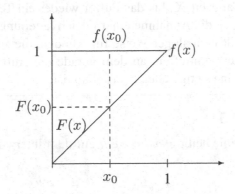

Abbildung 6.5: Dichte und Verteilungsfunktion einer auf $[0,1]$ gleichverteilten Zufallsvariable

Gleichverteilte stetige Zufallsvariablen sind auch in anderen Situationen brauchbare Modelle für Zufallsvorgänge. Ein – in Variationen – oft verwendetes Beispiel ist das folgende: Ein Tourist kommt am Flughafen München-Erding an. Er möchte mit der Airport-Linie S8, die normalerweise regelmäßig alle 20 Minuten abfährt, zum Marienplatz. Da er den Fahrplan nicht kennt, geht er nach der Gepäckabfertigung und dem Kauf eines Fahrscheins zum S-Bahnsteig und wartet auf die nächste Abfahrt. Die Wartezeit (in Minuten) X auf die nächste Abfahrt kann dann als Zufallsvariable mit Werten im Intervall $[0,20]$ interpretiert werden. Da der Tourist „rein zufällig" ankommt, ist es plausibel, X als gleichverteilt auf $[0,20]$ anzunehmen, d.h. die Wahrscheinlichkeiten für gleich lange Teilintervalle, etwa $0 \leq X \leq 5$ und $10 \leq X \leq 15$, sind gleich groß. Dies wird durch eine über $[0,20]$ konstante Dichte $f(x) = k > 0$ erreicht. Wegen der Normierungseigenschaft muss $k \cdot 20 = 1$, also $k = 1/20$ gelten. Damit ist

$$f(x) = \begin{cases} \frac{1}{20}, & 0 \leq x \leq 20 \\ 0, & \text{sonst} \end{cases}$$

die Dichte einer auf dem Intervall $[0,20]$ gleichverteilten Zufallsvariable. Die Verteilungsfunktion $F(x)$ ergibt sich für $0 \leq x \leq 20$ aus

$$F(x) = \int_{-\infty}^{x} f(t)dt = \int_{0}^{x} \frac{1}{20}dt = \frac{x}{20}.$$

Also ist

$$F(x) = \begin{cases} 0, & x < 0 \\ \frac{1}{20}x, & 0 \leq x \leq 20 \\ 1, & x > 20. \end{cases}$$

Für eine Wartezeit von höchstens x Minuten erhält man somit $P(X \leq x) = x/20$, d.h. die Wahrscheinlichkeit ist proportional zur Dauer x. □

Ähnliche Situationen treten auch bei anderen Transport- oder Bedienungssystemen auf. Bei der Produktion größerer Systeme oder Geräte arbeiten Maschinen oft in einer Fertigungslinie. Eine Maschine benötige zur Anfertigung eines bestimmten Teils eine feste Bearbeitungszeit von d Zeiteinheiten. Nach Beendigung des Auftrags werden die Teile in einem „Puffer" oder Lager abgelegt. Dort werden die Teile zu zufälligen Zeiten von der nächsten Maschine der Linie oder durch eine externe Nachfrage abgeholt. Um kostengünstig zu arbeiten, sind stets nur wenig Teile im Puffer, manchmal ist das Puffer auch leer. Im letzteren Fall ist für die Wartezeit X, bis das Puffer wieder ein Teil enthält und die Nachfrage befriedigt werden kann, die Annahme einer Gleichverteilung auf $[0, d]$ eine plausible Modellvorstellung. Dies gilt in analoger Weise für Kunden, die zufällig vor einem Bedienungssystem oder „Schalter" eintreffen, an dem gerade ein Auftrag bearbeitet wird. Die allgemeine Definition für eine stetige Gleichverteilung ist:

> ## Stetige Gleichverteilung
>
> Eine stetige Zufallsvariable heißt *gleichverteilt* auf dem Intervall $[a, b]$, wenn sie eine *Dichte*
>
> $$f(x) = \begin{cases} \frac{1}{b-a} & \text{für } a \leq x \leq b \\ 0 & \text{sonst} \end{cases}$$
>
> besitzt. Eine auf $[0, 1]$ gleichverteilte Zufallsvariable nennt man auch *standardgleichverteilt*.

Verteilungs-
funktion

Die *Verteilungsfunktion* ergibt sich dann für $a \leq x \leq b$ zu

$$F(x) = \int_{-\infty}^{x} f(t)dt = \int_{a}^{x} \frac{1}{b-a} dt = \frac{x-a}{b-a}.$$

Für $x < a$ ist $F(x) = 0$ und für $x > b$ ist $F(x) = 1$. Also ist

$$F(x) = \begin{cases} 0 & , \quad x < a \\ \frac{x-a}{b-a} & , \quad a \leq x \leq b \\ 1 & , \quad x > b. \end{cases}$$

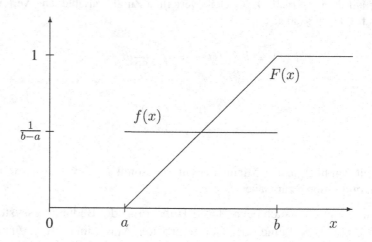

Abbildung 6.6: Dichte und Verteilungsfunktion einer auf $[a, b]$ gleichverteilten Zufallsvariable

Die Dichte ist an den Stellen $x = a$ und $x = b$ unstetig, die Verteilungsfunktion weist Knickpunkte auf, ist also dort nicht differenzierbar. An allen anderen Stellen x ist $F(x)$

differenzierbar, $f(x)$ ist stetig, und es gilt

$$F'(x) = f(x).$$

Abweichungen vom Sollwert

Bei der Produktion von Kolben für Zylinder wird durch die Art der Herstellung garantiert, dass Abweichungen des Durchmessers nach oben oder unten höchstens gleich einem Wert d sind. Zur Vereinfachung setzen wir im Weiteren $d = 1$. Interpretieren wir die in der laufenden Produktion auftretenden Abweichungen als Realisierungen einer Zufallsvariable, so besitzen allerdings Abweichungen um 0 normalerweise eine deutlich größere Wahrscheinlichkeit als Abweichungen, die weiter von 0 entfernt sind. Das Modell einer Gleichverteilung für die Abweichungen ist daher nicht sinnvoll. Wenn diese Wahrscheinlichkeiten für ± 1 gegen null gehen und die Abweichungen um 0 nach oben und unten symmetrisch sind, so könnte eine konkave Parabel $f(x) = ax^2 + bx + c$, die ihr Maximum für $x = 0$ annimmt und für die $f(-1) = f(+1) = 0$ gilt, eine geeignete Dichte für die Verteilung der Zufallsvariable $X = $ „Abweichung vom Sollwert" sein. Die Parameter a, b, c von $f(x)$ sind dabei so festzulegen, dass $f(-1) = f(+1) = 0$ gilt und die Gesamtfläche unter $f(x) = 1$ ist, sodass $f(x)$ eine Dichte ist. Aus $f(1) = 0$ folgt $a + b + c = 0$, aus $f(-1) = 0$ folgt $a - b + c = 0$. Addition der beiden Gleichungen ergibt $2a + 2c = 0$ und somit $c = -a$. Aus $a + b - a = 0$ folgt dann $b = 0$. Um die Normierungseigenschaften zu erfüllen, muss

$$1 = \int_{-1}^{+1} (ax^2 - a)dx = a\left[\frac{x^3}{3} - x\right]_{-1}^{+1} = a\left(-\frac{2}{3} - \frac{2}{3}\right) = -\frac{4}{3}a,$$

also $a = -\frac{3}{4}$ gelten. Die gewünschte Dichte ist also (Abbildung 6.7)

$$f(x) = -\frac{3}{4}x^2 + \frac{3}{4} = \frac{3}{4}(1 - x^2).$$

Die Verteilungsfunktion $F(x)$ ergibt sich durch Integration:

$$F(x) = \int_{-\infty}^{x} f(t)dt = \frac{3}{4}\left[t - \frac{t^3}{3}\right]_{-1}^{x} = -\frac{1}{4}x^3 + \frac{3}{4}x + \frac{1}{2}.$$

$F(x)$ ist an allen Stellen differenzierbar, und $f(x) = F'(x)$ ist stetig.

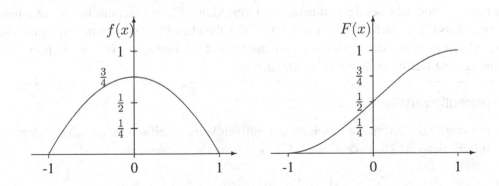

Abbildung 6.7: Dichte und Verteilungsfunktion der Abweichungen vom Sollwert

Wenn wir nun zehn Kolben aus der laufenden Produktion herausgreifen, wie groß ist dann die Wahrscheinlichkeit, dass alle zehn Abweichungen zwischen -0.8 und $+0.8$ liegen? Wenn wir annehmen, dass die Abweichungen $X_1, X_2, \ldots, X_n$ unabhängig und unter gleichen Bedingungen durch die Maschine produziert wurden, so gilt

$$P(-0.8 \leq X_1 \leq 0.8, -0.8 \leq X_2 \leq 0.8, \ldots, -0.8 \leq X_{10} \leq 0.8) =$$
$$P(-0.8 \leq X_1 \leq 0.8) \cdot P(-0.8 \leq X_2 \leq 0.8) \cdot \ldots \cdot P(-0.8 \leq X_{10} \leq 0.8) =$$
$$\{P(-0.8 \leq X \leq 0.8)\}^{10} = \left\{ \int_{-0.8}^{0.8} \frac{3}{4}(1 - x^2)dx \right\}^{10}.$$

Damit erhält man für die gesuchte Wahrscheinlichkeit

$$\left\{ \frac{3}{4} \left[x - \frac{x^3}{3} \right]_{-0.8}^{0.8} \right\}^{10} = 0.5619.$$

In beiden Beispielen war der Wertebereich von X ein endliches Intervall. Im nächsten Beispiel betrachten wir eine stetige Zufallsvariable X mit nichtnegativen, nach oben nicht beschränkten Werten.

□

Exponentialverteilung

Exponential-verteilung

geometrische Verteilung

In Abschnitt 5.2.1 hatten wir die geometrische Verteilung als mögliches Modell für eine in diskreten Zeitabständen gemessene Lebensdauer oder Wartezeit abgeleitet. Die *Exponentialverteilung* ist das stetige Analogon zur *geometrischen Verteilung*, wenn man die Lebensdauer oder Wartezeit bis zu einem bestimmten Ereignis als stetige Zufallsvariable auffasst. Dementsprechend wird die Exponentialverteilung angewandt zur Modellierung von Dauern, bei denen die Zeit – zumindest approximativ – stetig gemessen wird, etwa die Lebensdauer von Produkten oder technischen Systemen, die Zeit bis zur nächsten Schadensmeldung bei einer Sachversicherung, die Bearbeitungszeit von Kundenaufträgen oder die Überlebenszeit nach einer Operation. Ähnlich wie die geometrische Verteilung ist die Exponentialverteilung nur dann als *Lebensdauerverteilung* geeignet, wenn folgende *Voraussetzung* erfüllt ist: Für jeden Zeitpunkt t hängt die noch verbleibende Lebensdauer nicht von der bereits bis t verstrichenen Lebensdauer ab. Dies entspricht der Voraussetzung der Unabhängigkeit der einzelnen Versuche bei der geometrischen Verteilung. Für ein technisches System heißt das etwa, dass dieses nicht altert, also die Ausfallwahrscheinlichkeit unabhängig vom Alter immer gleich groß ist. Man spricht deshalb auch von *Gedächtnislosigkeit* der Exponentialverteilung. Die Definition lautet folgendermaßen:

Lebensdauer-verteilung

Gedächtnis-losigkeit

Exponentialverteilung

Eine stetige Zufallsvariable X mit nichtnegativen Werten heißt *exponentialverteilt* mit dem *Parameter* $\lambda > 0$, kurz $X \sim Ex(\lambda)$, wenn sie die Dichte

$$f(x) = \begin{cases} \lambda e^{-\lambda x} & \text{für} \quad x \geq 0 \\ 0 & \text{für} \quad x < 0 \end{cases}$$

besitzt. Die zugehörige Verteilung heißt *Exponentialverteilung* mit Parameter λ.

Der Parameter λ steuert, wie schnell die Exponentialfunktion für $x \longrightarrow \infty$ gegen 0 geht. Die Fläche unter $f(x)$ ist immer gleich 1.

Die *Verteilungsfunktion* ergibt sich durch Integration zu

$$F(x) = \begin{cases} 1 - e^{-\lambda x} & \text{für} \quad x \geq 0 \\ 0 & \text{für} \quad x < 0 \,. \end{cases}$$

Verteilungs-funktion

Abbildung 6.8 zeigt Dichten und Verteilungsfunktion für verschiedene Werte von λ. Je größer der Parameter λ ist, desto schneller geht die Dichte für $x \longrightarrow \infty$ gegen 0 und die Verteilungsfunktion gegen 1.

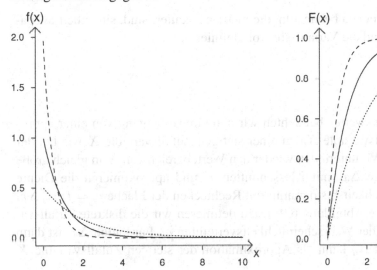

Abbildung 6.8: Dichte und Verteilungsfunktion der Exponentialverteilung für $\lambda = 0.5$ ($\cdots$), $\lambda = 1.0$ (———) und $\lambda = 2.0$ (- - -)

Wir zeigen noch, wie sich die Exponentialverteilung als *Grenzfall der geometrischen Verteilung* ergibt. Dazu teilen wir die Zeitachse zunächst in Zeitintervalle der Länge 1 ein und halbieren diese Zeitintervalle laufend.

Grenzfall der geometrischen Verteilung

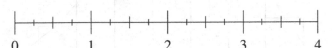

Sei $\pi = P(A)$ die Wahrscheinlichkeit für den Eintritt des Ereignisses A, das die (diskrete) Wartezeit beendet, in einem Zeitintervall der Länge 1. Mit der laufenden Verfeinerung durch Halbierung der Zeitintervalle sollen die Wahrscheinlichkeiten entsprechend kleiner werden: $\pi/2, \pi/4, \ldots, \pi/n, \ldots$ usw. Man erhält dann für festes x auf dem Zahlengitter von Intervallen der Länge $1/n$

$$P(X > x) = (1 - \frac{\pi}{n})^{nx}, \quad n = 1, 2, \ldots \quad .$$

Der Grenzübergang $n \longrightarrow \infty$ liefert

$$P(X > x) = e^{-\pi x}, \quad P(X \leq x) = 1 - e^{-\pi x}$$

und mit $\pi = \lambda$ die Exponentialverteilung.

Die Exponentialverteilung steht auch in engem *Zusammenhang zur Poisson-Verteilung* (vgl. Abschnitt 5.3.3, insbesondere Abbildung 5.14): Die Anzahl von Ereignissen in einem Zeitintervall ist genau dann $Po(\lambda)$-verteilt, wenn die Zeitdauern zwischen aufeinanderfolgenden Ereignissen unabhängig und exponentialverteilt mit Parameter λ sind.

6.2 Lageparameter, Quantile und Varianz von stetigen Zufallsvariablen

Da wir nur stetige Zufallsvariablen behandeln, die metrisch skaliert sind, sind alle Lageparameter sowie die Quantile und die Varianz sinnvoll definiert.

Erwartungswert

Zur Definition des Erwartungswertes betrachten wir den Grenzübergang von einer approximierenden diskreten Zufallsvariable X_d zu einer stetigen Zufallsvariable X wie bei der Definition der Dichte $f(x)$. Wir unterteilen wieder den Wertebereich von X in gleich große Intervalle $[c_{i-1}, c_i]$ der Länge Δx_i mit Klassenmitten x_i und approximieren die Dichte $f(x)$ durch ein Wahrscheinlichkeitshistogramm mit Rechtecken der Fläche $p_i = f(x_i)\Delta x_i$ über den Klassenmitten, siehe Abbildung 6.9. Dazu definieren wir die diskrete Zufallsvariable X_d mit Werten x_i und der Wahrscheinlichkeitsverteilung p_i. Für kleine Δx_i ist dann $p_i \approx P(c_{i-1} \le X \le c_i)$, und X_d kann als Approximation der stetigen Zufallsvariable X aufgefasst werden.

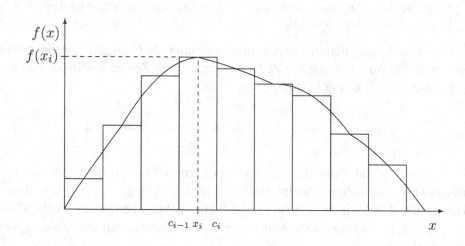

Abbildung 6.9: Dichte von X und approximierendes Histogramm von X_d

Für den Erwartungswert von X_d gilt

$$E(X_d) = \sum_i x_i p_i = \sum_i x_i f(x_i)\Delta x_i \,.$$

Verkleinert man die Intervalllängen Δx_i, so wird die Approximation von X durch X_d besser. Der (heuristische) Grenzübergang $\Delta x_i \longrightarrow 0$ für alle Intervalle liefert

$$\sum_i x_i f(x_i) \Delta x_i \longrightarrow \int_{-\infty}^{+\infty} x f(x) dx.$$

Deshalb definiert man die rechte Seite als den Erwartungswert einer stetigen Zufallsvariable.

Erwartungswert

Der *Erwartungswert* $E(X)$ einer stetigen Zufallsvariable X mit Dichte $f(x)$ ist

$$\mu = E(X) = \int_{-\infty}^{+\infty} x f(x)\, dx.$$

Falls der Träger $\mathcal{T} = \{x : f(x) > 0\}$ nur aus einem endlichen Intervall besteht, durchläuft x nur diesen Bereich und $E(X)$ ist endlich. Falls dies nicht gilt, wie etwa für $\mathcal{T} = [0, \infty)$ oder $\mathcal{T} = \mathbb{R}$, ist $|E(X)| < \infty$ nicht generell gewährleistet, sondern muss im Folgenden vorausgesetzt werden. Wie bei unendlich-diskreten Zufallsvariablen setzt man sogar mehr voraus, nämlich, dass $\int |x| f(x) dx < \infty$ ist.

Eigenschaften von Erwartungswerten

1. Transformationen:
   Sei $g(x)$ eine reelle Funktion. Dann gilt für $Y = g(X)$

   $$E(Y) = E(g(X)) = \int_{-\infty}^{+\infty} g(x) f(x) dx.$$

2. Lineare Transformationen:
   Für $Y = aX + b$ ist

   $$E(Y) = E(aX + b) = aE(X) + b.$$

3. Symmetrische Verteilungen:
   Ist die Dichte $f(x)$ symmetrisch um den Punkt c, d.h. ist $f(c - x) = f(x + c)$ für alle x, so gilt
   $$E(X) = c.$$

4. Additivität:
   Für zwei Zufallsvariablen X und Y ist

   $$E(X + Y) = E(X) + E(Y).$$

5. Allgemeiner gilt mit beliebigen Konstanten $a_1, \dots, a_n$

   $$E(a_1 X_1 + \dots + a_n X_n) = a_1 E(X_1) + \dots + a_n E(X_n).$$

Interpretation und Eigenschaften von Erwartungswerten lassen sich also vom diskreten auf den stetigen Fall ohne wesentliche Änderung übertragen. Wir haben die Eigenschaften deshalb nochmals zusammengefasst, verzichten aber auf Beweise, die teils in Analogie zum diskreten Fall geführt werden können.

Linearität
Additivität

Diese Eigenschaften erleichtern oft die Berechnung von Erwartungswerten. Die Eigenschaften 2, 4 und 5 nennt man zusammen *Linearität* und *Additivität* des Erwartungswertes.

Beispiel 6.3 Stetige Gleichverteilung

Sei X wie in Beispiel 6.1 (Seite 256) auf $[a, b]$ gleichverteilt. Dann ist

$$E(X) = \int_{-\infty}^{+\infty} x\, f(x)\, dx = \int_a^b x\, \frac{1}{b-a}\, dx = \frac{1}{b-a}\left(\frac{b^2}{2} - \frac{a^2}{2}\right) = \frac{(b-a)(b+a)}{2(b-a)},$$

also

$$E(X) = \frac{a+b}{2}.$$

Dieses Ergebnis hätten wir auch ohne Integration aus der Symmetrieeigenschaft erhalten können: Der Mittelpunkt $(a+b)/2$ des Intervalls $[a, b]$ ist Symmetriepunkt der Gleichverteilung.

Für das Beispiel der Wartezeit auf die nächste S-Bahn ist also die zu erwartende Wartezeit gleich 10 Minuten. □

Beispiel 6.4 Abweichungen vom Sollwert

Der Erwartungswert der Zufallsvariablen $X =$ „Abweichung vom Sollwert" ist durch

$$E(X) = \int_{-\infty}^{+\infty} xf(x)dx = \int_{-1}^{+1} x\frac{3}{4}(1-x^2)\, dx = \frac{3}{4}\int_{-1}^{+1}(x - x^3)\, dx$$

definiert. Integration ergibt

$$E(X) = \frac{3}{4}\left[\frac{x^2}{2} - \frac{x^4}{4}\right]_{-1}^{+1} = 0.$$

Das gleiche Ergebnis erhält man auch aus der Symmetrie von $f(x)$ zum Punkt 0.

Falls man wiederholt, etwa n-mal, Abweichungen $x_1, x_2, \ldots, x_n$ misst, wird nach der Häufigkeitsinterpretation das arithmetische Mittel $\bar{x} = (x_1 + x_2 + \ldots + x_n)/n$ dieser Abweichungen nahe bei null liegen. □

Beispiel 6.5 Exponentialverteilung

Für eine exponentialverteilte Zufallsvariable $X \sim Ex(\lambda)$ ist

$$E(X) = \lambda \int_0^\infty xe^{-\lambda x}\, dx = \frac{1}{\lambda}.$$

Die Integration ist nicht mehr elementar durchführbar. Man kann aber Formelsammlungen entnehmen, dass die Funktion

$$\frac{e^{-\lambda x}}{\lambda^2}(-\lambda x - 1)$$

Stammfunktion von $xe^{-\lambda x}$ ist, und daraus das Ergebnis erhalten, oder man benutzt partielle Integration:

$$\int_0^\infty x\lambda e^{-\lambda x}\, dx = \left[x\cdot(-1)e^{-\lambda x}\right]_0^\infty + \int_0^\infty e^{-\lambda x}\, dx = 0 + 1/\lambda.$$

□

Modus

Die Definition bezieht sich nun auf Maxima der Dichte $f(x)$.

> ### Modus
>
> Jeder x-Wert, für den $f(x)$ ein Maximum besitzt, ist *Modus*, kurz x_{mod}. Falls das Maximum eindeutig ist und $f(x)$ keine weiteren lokalen Maxima besitzt, heißt $f(x)$ unimodal.

Existieren zwei oder mehrere (lokale) Maxima, heißt $f(x)$ bimodal oder multimodal.   *Modalität*

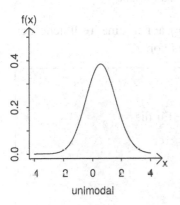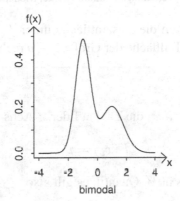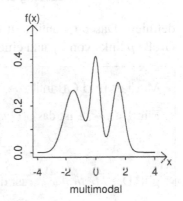

Abbildung 6.10: Uni- und multimodale Dichten

Falls $f(x)$ unimodal und symmetrisch um c ist, ist offensichtlich $c = x_{mod} = E(X)$. Als Lageparameter ist x_{mod} nur für unimodale Verteilungen sinnvoll. In Beispiel 6.4 ist $E(X) = 0 = x_{mod}$, für die Gleichverteilung ist aber nach unserer Definition jeder Wert $x \in [a, b]$ auch Modus, womit natürlich die Lage nicht charakterisiert wird.

Median und Quantile

Wir betrachten zunächst den in der induktiven Statistik weitaus wichtigsten Fall, dass die Verteilungsfunktion auf ihrem Träger $\mathcal{T} = \{x : f(x) > 0\}$ *streng* monoton wachsend ist wie in Abbildung 6.11. Der Median x_{med} ist dann der Wert auf der x-Achse, für den

$$F(x_{med}) = P(X \le x_{med}) = P(X \ge x_{med}) = 1 - F(x_{med}) = \frac{1}{2}$$

gilt. Damit teilt der *Median* auch die Fläche 1 unter der Dichte in zwei gleich große Teilflä-   *Median*
chen.

Für $0 < p < 1$ sind *p-Quantile* x_p ganz analog durch   *p-Quantile*

$$F(x_p) = P(X \le x_p) = p$$

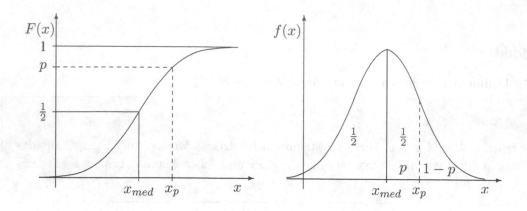

Abbildung 6.11: Verteilungsfunktion, Dichte, Median und Quantile

definiert. Das p-Quantil teilt dann die Gesamtfläche unter $f(x)$ auf in eine Teilfläche der Größe p links von x_p und eine Teilfläche der Größe $1 - p$ rechts von x_p.

> ## Median und Quantile
>
> Für $0 < p < 1$ ist das p-*Quantil* x_p die Zahl auf der x-Achse, für die
>
> $$F(x_p) = p$$
>
> gilt. Der *Median* x_{med} ist das $50\,\%$-Quantil, es gilt also
>
> $$F(x_{med}) = 1/2\,.$$
>
> Für streng monotone Verteilungsfunktionen $F(x)$ sind p-Quantil und Median eindeutig bestimmt.

Für nicht streng monoton wachsende Verteilungsfunktionen kann zum Beispiel der Median nicht eindeutig bestimmt sein, wenn $F(x) = 0.5$ auf einem Intervall gilt. Dann wäre jeder x-Wert aus diesem Intervall Median. Zur eindeutigen Festlegung könnte man etwa den linken Randpunkt oder den Mittelpunkt des Intervalls wählen. Dieser Fall tritt selten auf und hat somit geringere Anwendungsrelevanz.

Symmetrie   Für zu einem Punkt c symmetrische und unimodale Verteilungen gilt

$$E(X) = x_{mod} = x_{med}\,.$$

Im Allgemeinen gilt diese Gleichung jedoch nicht.

Beispiel 6.6   Stetige Gleichverteilung, Exponentialverteilung

Bei der stetigen Gleichverteilung gilt wegen der Symmetrie

$$x_{med} = \frac{a + b}{2}\,.$$

Für die Exponentialverteilung berechnet sich der Median aus der Gleichung

$$\int_0^{x_{med}} \lambda e^{-\lambda x} dx = \frac{1}{2} \,,$$

also

$$\left[-e^{-\lambda x}\right]_0^{x_{med}} = -e^{-\lambda x_{med}} + 1 = \frac{1}{2} \,.$$

Logarithmieren ergibt

$$-\lambda x_{med} = \ln\left(-\frac{1}{2}\right) = -\ln 2 \,, \quad x_{med} = \frac{\ln 2}{\lambda} \,.$$

Somit ist

$$x_{med} = \frac{\ln 2}{\lambda} < \frac{1}{\lambda} = E(X) \,.$$

Da der Modus $= 0$ ist, erhält man insgesamt

$$x_{mod} < x_{med} < E(X) \,.$$

$\square$

Varianz

Wie für den Erwartungswert kann die Definition der Varianz durch einen Grenzübergang vom diskreten zum stetigen Fall motiviert werden. Die Varianz der approximierenden diskreten Zufallsvariable X_d ist

$$Var(X_d) = \sum_i (x_i - \mu)^2 f(x_i) \Delta x_i \,.$$

Für $\triangle x_i \longrightarrow 0$ wird diese Summe zu einem Integral, und man erhält folgende Definition.

> ### Varianz und Standardabweichung einer stetigen Zufallsvariable
>
> Die *Varianz* $Var(X)$ einer stetigen Zufallsvariable X mit Dichte $f(x)$ ist
>
> $$\sigma^2 = Var(X) = \int_{-\infty}^{+\infty} (x - \mu)^2 f(x) dx$$
>
> mit $\mu = E(X)$.
> Die *Standardabweichung* ist
>
> $$\sigma = +\sqrt{Var(X)} \,.$$

Interpretationen und Eigenschaften gelten wie im diskreten Fall.

Eigenschaften von Varianzen

1. Es gilt $Var(X) = E((X - \mu)^2)$.
2. Verschiebungsregel

$$Var(X) = E(X^2) - (E(X))^2 = E(X^2) - \mu^2$$

bzw.

$$Var(X) = E((X - c)^2) - (\mu - c)^2 \,.$$

3. Lineare Transformationen
   Für $Y = aX + b$ ist

$$Var(Y) = Var(aX + b) = a^2 Var(X) \,,$$

$$\sigma_Y = |a| \sigma_X \,.$$

4. Varianz der Summe von *unabhängigen* Zufallsvariablen
   Falls X und Y bzw. $X_1, \ldots, X_n$ unabhängig sind, gilt

$$Var(X + Y) = Var(X) + Var(Y)$$

bzw. mit beliebigen Konstanten $a_1, \ldots, a_n$

$$Var(a_1 X_1 + \ldots + a_n X_n) = a_1^2 Var(X_1) + \ldots + a_n^2 Var(X_n) \,.$$

Die Beweise für diese Eigenschaften aus Abschnitt 5.2.2 können dabei zum Teil unverändert übernommen werden.

Beispiel 6.7   Stetige Gleichverteilung

Es ist zunächst

$$E(X^2) = \int_{-\infty}^{+\infty} x^2 f(x) \, dx = \int_a^b x^2 \frac{1}{b - a} \, dx = \frac{b^3 - a^3}{3(b - a)} \,.$$

Aus dem Verschiebungssatz erhalten wir

$$Var(X) = E(X^2) - (E(X))^2 = \frac{b^3 - a^3}{3(b - a)} - \frac{(a + b)^2}{4} = \frac{(b - a)^3}{12(b - a)} = \frac{(b - a)^2}{12} \,.$$

Die Varianz wächst also quadratisch und die Standardabweichung $\sigma = (b - a)/\sqrt{12}$ linear mit der Länge des Intervalls.   □

Abweichungen vom Sollwert

Für die Zufallsvariable $X = $ „Abweichung vom Sollwert" ist $E(X) = 0$. Also ist

$$
\begin{aligned}
Var(X) = E(X^2) &= \int_{-1}^{+1} x^2 \cdot \frac{3}{4}(1 - x^2)\, dx \\
&= \frac{3}{4} \int_{-1}^{+1} (x^2 - x^4)\, dx = \left[\frac{3}{4}\left(\frac{x^3}{3} - \frac{x^5}{5}\right)\right]_{-1}^{+1} = \\
&= \frac{3}{4}\left(\frac{1}{3} - \frac{1}{5}\right) - \frac{3}{4}\left(-\frac{1}{3} + \frac{1}{5}\right) = \frac{3}{2}\frac{5-3}{15} = \frac{1}{5}\,.
\end{aligned}
$$

$\square$

Exponentialverteilung

Die Integration erfordert hier wieder größeren Aufwand; wir führen sie nicht durch. Es ergibt sich für $X \sim Ex(\lambda)$

$$
Var(X) = \frac{1}{\lambda^2}\,.
$$

Die Varianz ist also umgekehrt proportional zu λ^2: Je größer λ ist, desto steiler geht die Dichte $f(x)$ gegen null, desto näher ist die Verteilung bei null konzentriert und desto kleiner ist somit die Varianz.

$\square$

Standardisierung von Zufallsvariablen

Eine Zufallsvariable X mit $\mu = E(X)$ und $\sigma = Var(X)$ kann man ähnlich wie ein Merkmal bzw. Daten *standardisieren*. Man geht über zu

$$
Z = \frac{X - \mu}{\sigma}\,.
$$

Dann gilt nach den Regeln für lineare Transformationen

$$
E(Z) = 0 \quad \text{und} \quad Var(Z) = 1\,.
$$

Symmetrie und Schiefe

Wie bei empirischen Verteilungen ist auch bei Verteilungen von Zufallsvariablen nach Lage und Streuung die Schiefe die nächstwichtige, die Form der Verteilung charakterisierende Eigenschaft. Abbildung 6.12 zeigt für stetige Zufallsvariablen die Dichten einer linkssteilen (oder rechtsschiefen), einer symmetrischen und einer rechtssteilen (oder linksschiefen) Verteilung. Die Graphen entsprechen schiefen oder symmetrischen Dichtekurven in Kapitel 2.

Eine formale Definition von Symmetrie und Schiefe ist über die Entfernung der Quantile x_p und x_{1-p}, $0 < p < 1$, vom Median möglich.

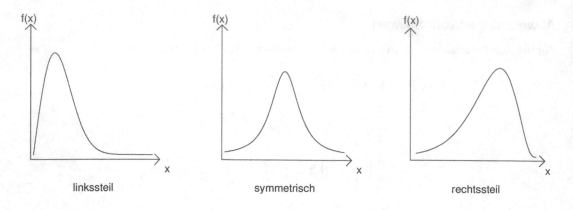

Abbildung 6.12: Dichten einer linkssteilen, symmetrischen und rechtssteilen Verteilung

Symmetrie und Schiefe stetiger Verteilungen

Sei X eine stetige Zufallsvariable. Dann heißt die Verteilung

symmetrisch,	wenn	$x_{med} - x_p = x_{1-p} - x_{med}$
linkssteil,	wenn	$x_{med} - x_p \leq x_{1-p} - x_{med}$
(oder *rechtsschief*)		
rechtssteil,	wenn	$x_{med} - x_p \geq x_{1-p} - x_{med}$
(oder *linksschief*)		

jeweils für alle $0 < p < 1$ gilt und bei linkssteilen bzw. rechtssteilen Verteilungen für mindestens ein p das $<$ bzw. $>$ Zeichen gilt.

Diese Definitionen entsprechen dem Verhalten empirischer Verteilungen, das auch in Box-Plots visualisiert wird. Charakteristisch ist auch die folgende Lageregel bezüglich Modus, Median und Erwartungswert:

Lageregeln

Symmetrische unimodale Verteilung:	$x_{mod} = x_{med} = E(X)$
Linkssteile Verteilung:	$x_{mod} < x_{med} < E(X)$
Rechtssteile Verteilung:	$x_{mod} > x_{med} > E(X)$

Diese Lageregeln gelten auch für diskrete Verteilungen, vergleiche etwa die geometrische Verteilung. Eine sehr einfache linkssteile Verteilung ist die Exponentialverteilung, bei der wir die Lageregel im Beispiel 6.6 (Seite 266) nachvollziehen können. Linkssteile Verteilungen spielen insbesondere bei der Modellierung von Lebensdauern, Einkommensverteilungen u.a. eine wichtige Rolle. Wir geben noch ein einfaches Beispiel einer rechtssteilen Verteilung an.

Eine rechtssteile Verteilung Beispiel 6.10

Die Zufallsvariable X habe die Dichte

$$f(x) = \begin{cases} 2x, & 0 \le x \le 1 \\ 0, & \text{sonst}. \end{cases}$$

Die Verteilung ist rechtssteil mit $x_{mod} = 1$ und

$$\mu = E(X) = \int_0^1 x2x dx = \frac{2}{3}.$$

Der Median x_{med} berechnet sich aus

$$F(x_{med}) = 1/2$$

mit der Verteilungsfunktion

$$F(x) = \begin{cases} 0, & x < 0 \\ x^2, & 0 \le x \le 1 \\ 1, & x > 1. \end{cases}$$

Damit folgt $x_{med} = \sqrt{1/2}$. Es gilt also die Lageregel. □

6.3 Spezielle stetige Verteilungsmodelle

Dieser Abschnitt beschreibt einige wichtige Verteilungen für stetige Zufallsvariablen. Bezüglich des Modellcharakters gelten die gleichen Vorbemerkungen wie zu diskreten Verteilungsmodellen in Abschnitt 5.3. Die stetige Gleichverteilung und die Exponentialverteilung wurden als zeitstetige Analoga zur diskreten Gleichverteilung und zur geometrischen Verteilung bereits im vorangehenden Abschnitt behandelt. Die Dichtekurve der Normalverteilung, der wichtigsten stetigen Verteilung, wurde bereits in Abschnitt 2.4.2, allerdings ohne Bezug zu Zufallsvariablen, eingeführt.

6.3.1 Die Normalverteilung

Die Normalverteilung ist die bekannteste und wichtigste Verteilung. Zwei wesentliche Gründe dafür sind: In vielen Anwendungen lässt sich die empirische Verteilung von Daten, die zu einem stetigen oder quasi-stetigen, d.h. feinabgestuften diskreten, Merkmal X erhoben werden, durch eine Normalverteilung ausreichend gut approximieren, zumindest dann, wenn die Originaldaten bzw. das ursprüngliche Merkmal geeignet transformiert wurden. Deshalb wurde die Dichtekurve der Normalverteilung bereits in Kapitel 2 eingeführt. Die glockenförmige Gestalt dieser Dichte ist insbesondere dann ein gutes Modell für die Verteilung einer Variable X, wenn diese durch das Zusammenwirken einer größeren Zahl von zufälligen Einflüssen entsteht, etwa bei Messfehlern, bei Abweichungen von einem Soll- oder Durchschnittswert bei der Produktion von Geräten, bei physikalischen Größen wie Gewicht, Länge, Volumen, bei Punktezahlen in Tests usw. Die theoretische Rechtfertigung für dieses empirisch beobachtbare Phänomen liefert der zentrale Grenzwertsatz

(Abschnitt 7.1.2). Für die induktive Statistik noch entscheidender ist, dass sich viele andere Verteilungen, insbesondere solche, die bei Schätz- und Testprozeduren mit größerem Stichprobenumfang auftreten, durch die Normalverteilung gut approximieren lassen. Auch hierfür liefert der zentrale Grenzwertsatz die theoretische Rechtfertigung.

Normalverteilung

Eine Zufallsvariable X heißt *normalverteilt* mit Parametern $\mu \in \mathbb{R}$ und $\sigma^2 > 0$, kurz $X \sim N(\mu, \sigma^2)$, wenn sie die Dichte

$$f(x) = \frac{1}{\sqrt{2\pi}\sigma} \exp\left(-\frac{(x-\mu)^2}{2\sigma^2}\right), \quad x \in \mathbb{R}$$

besitzt. Es gilt

$$E(X) = \mu, \quad Var(X) = \sigma^2.$$

Die Normalverteilung wird auch als Gauß-Verteilung und die Dichtekurve als Gauß-Kurve bezeichnet.

Speziell für $\mu = 0$, $\sigma^2 = 1$ erhält man die *Standardnormalverteilung* $N(0,1)$ mit der Dichte

$$\phi(x) = \frac{1}{\sqrt{2\pi}} \exp\left(-\frac{1}{2}x^2\right).$$

Symmetrie   Die Dichte ist *symmetrisch* zu μ, d.h. es gilt

$$f(\mu - x) = f(\mu + x), \quad x \in \mathbb{R}.$$

Glockenform   Die Gauß-Kurve hat *Glockenform* mit dem Maximum an der Stelle μ und den Wendepunkten bei $\mu \pm \sigma$. Eine Veränderung von μ bei gleichbleibender Varianz bewirkt nur eine Lageverschiebung auf der x-Achse, jedoch keine Veränderung der Form. Diese wird durch den Wert von σ bestimmt: Die Glockenkurve fällt umso schneller bzw. langsamer vom Maximum an der Stelle μ gegen null ab, je kleiner bzw. größer der Wert der Standardabweichung σ ist. Abbildung 6.13 zeigt einige Dichten für verschiedene Werte von μ und σ.

Aus der Symmetrie um μ folgt sofort, dass $E(X) = \mu$ ist. Auf die schwierigeren Beweise, dass $f(x)$ eine Dichte ist, d.h. $\int f(x)dx = 1$ gilt, und dass σ^2 die Varianz von X ist, verzichten wir.

Verteilungs-funktion   Die *Verteilungsfunktion* ist definitionsgemäß durch

$$F(x) = P(X \le x) = \int_{-\infty}^{x} f(t)\, dt$$

gegeben. Dieses Integral lässt sich nicht analytisch berechnen und durch bekannte Funktionen in geschlossener Form schreiben. Dies gilt ebenso für die *Verteilungsfunktion* $\Phi(x)$ der *Standardnormal-verteilung*

$$\Phi(x) = \int_{-\infty}^{x} \phi(t)dt = \int_{-\infty}^{x} \frac{1}{\sqrt{2\pi}} \exp\left(-\frac{t^2}{2}\right) dt.$$

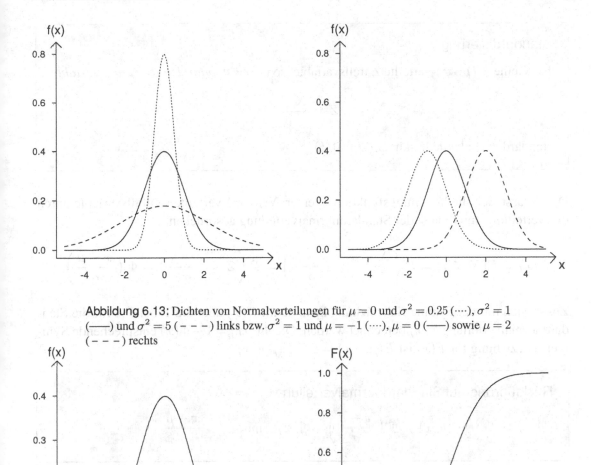

Abbildung 6.13: Dichten von Normalverteilungen für $\mu = 0$ und $\sigma^2 = 0.25$ (····), $\sigma^2 = 1$ (——) und $\sigma^2 = 5$ (– – –) links bzw. $\sigma^2 = 1$ und $\mu = -1$ (····), $\mu = 0$ (——) sowie $\mu = 2$ (– – –) rechts

Abbildung 6.14: Dichte und Verteilungsfunktion der Standardnormalverteilung

Deshalb muss $\Phi(x)$ durch spezielle numerische Verfahren am Computer berechnet werden und ist für bequemeres Rechnen tabelliert. Da $\phi(x)$ symmetrisch zum Nullpunkt ist, folgt die *Symmetriebeziehung*

Symmetrie-beziehung

$$\Phi(-x) = 1 - \Phi(x).$$

Daher reicht es aus, $\Phi(x)$ für $x \geq 0$ zu berechnen bzw. zu tabellieren. Um die Verteilungsfunktion $F(x) = P(X \leq x)$ und Wahrscheinlichkeiten anderer Ereignisse für beliebige $N(\mu, \sigma^2)$-verteilte Zufallsvariablen zu berechnen, genügt es, $\Phi(x)$ sowie $\mu = E(X)$ und $\sigma^2 = Var(X)$ zu kennen. Entscheidend ist die folgende Eigenschaft:

Standardisierung

Ist X eine $N(\mu, \sigma^2)$-verteilte Zufallsvariable, so ist die *standardisierte Zufallsvariable*

$$Z = \frac{X - \mu}{\sigma}$$

standardnormalverteilt, d.h. $Z \sim N(0, 1)$.

Damit lässt sich die Verteilungsfunktion F einer $N(\mu, \sigma^2)$-verteilten Zufallsvariable durch die Verteilungsfunktion Φ der Standardnormalverteilung ausdrücken.

$$F(x) = P(X \leq x) = P\left(\frac{X - \mu}{\sigma} \leq \frac{x - \mu}{\sigma}\right) = P\left(Z \leq \frac{x - \mu}{\sigma}\right) = \Phi\left(\frac{x - \mu}{\sigma}\right).$$

Zusammen mit der Symmetriebeziehung kann damit $F(x)$ über die Tabelle A für die Standardnormalverteilung $\Phi(x)$ berechnet werden. Die $\Phi(-x) = 1 - \Phi(x)$ entsprechende Symmetriebeziehung für $F(x)$ ist $F(\mu - x) = 1 - F(\mu + x)$.

Rückführung auf Standardnormalverteilung

$$F(x) = \Phi\left(\frac{x - \mu}{\sigma}\right) = \Phi(z) \quad \text{mit} \quad z = \frac{x - \mu}{\sigma}.$$

Quantile

Die Quantile z_p der Standardnormalverteilung sind durch die Gleichung

$$\Phi(z_p) = p, \quad 0 < p < 1,$$

bestimmt. Das p-Quantil z_p teilt damit die Fläche unter der Dichte $\phi(z)$ in eine Fläche mit Inhalt p links von z_p und eine Fläche mit Inhalt $1 - p$ rechts davon auf.

Wegen der Symmetrie gilt

$$z_p = -z_{1-p}.$$

Wichtige Quantile der Standardnormalverteilung sind (vgl. Abschnitt 2.4.2)

p	50 %	75 %	90 %	95 %	97.5 %	99 %
z_p	0.0 (Median)	0.67	1.28	1.64	1.96	2.33

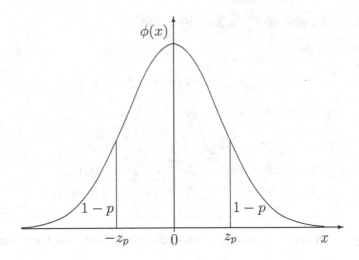

Abbildung 6.15: Quantile der Standardnormalverteilung

Zwischen den Quantilen x_p einer $N(\mu, \sigma^2)$-Verteilungsfunktion $F(x)$ und den z_p-Quantilen besteht durch die Standardisierung folgende Beziehung:

Quantile

$$z_p - \frac{x_p - \mu}{\sigma} \quad \text{bzw.} \quad x_p = \mu + \sigma z_p.$$

Mit den Quantilen lassen sich auch sofort die Wahrscheinlichkeiten für sogenannte *zentrale Schwankungsintervalle* der Form $\mu - c \leq X \leq \mu + c$ angeben. Dabei gibt man entweder c vor, zum Beispiel $c = 2\sigma$, und bestimmt dazu α bzw. $1-\alpha$ so, dass $P(\mu - c \leq X \leq \mu + c) = 1 - \alpha$ gilt, oder man gibt die Wahrscheinlichkeit $1 - \alpha$ vor und bestimmt mittels Quantile das richtige c, vgl. Abbildung 6.16.

zentrale Schwankungs-intervalle

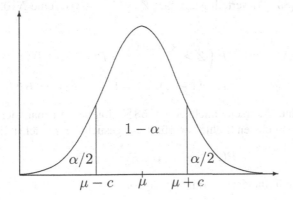

Abbildung 6.16: Zentrales Schwankungsintervall

Zentrale Schwankungsintervalle, $k\sigma$-Bereiche

Für $X \sim N(\mu, \sigma^2)$ gilt

$$P(\mu - z_{1-\alpha/2}\sigma \le X \le \mu + z_{1-\alpha/2}\sigma) = 1 - \alpha.$$

Für $z_{1-\alpha/2} = k$ erhält man die $k\sigma$-*Bereiche*

$$k = 1 : P(\mu - \sigma \le X \le \mu + \sigma) = 0.6827$$
$$k = 2 : P(\mu - 2\sigma \le X \le \mu + 2\sigma) = 0.9545$$
$$k = 3 : P(\mu - 3\sigma \le X \le \mu + 3\sigma) = 0.9973$$

Diese Beziehungen ergeben sich über die Standardisierung. Die erste Gleichung folgt direkt aus

$$P(\mu - z_{1-\alpha/2}\sigma \le X \le \mu + z_{1-\alpha/2}\sigma) = P\left(-z_{1-\alpha/2} \le \frac{X - \mu}{\sigma} \le z_{1-\alpha/2}\right) = 1 - \alpha.$$

Weiter gilt

$$F(\mu + k\sigma) - F(\mu - k\sigma) = \Phi\left(\frac{\mu + k\sigma - \mu}{\sigma}\right) - \Phi\left(\frac{\mu - k\sigma - \mu}{\sigma}\right)$$
$$= \Phi(k) - \Phi(-k) = 2\Phi(k) - 1.$$

Für $k = 1, 2, 3$ erhält man die angegebenen Wahrscheinlichkeiten aus Tabelle A.

Beispiel 6.11   **Stühle und Tische**

Eine Firma erhält den Auftrag, für die oberen Klassen $(14 - 16$-Jährige) einer Hauptschule neue Schulmöbel herzustellen. Da zufallsbedingte Ungenauigkeiten in der Herstellung nicht ausgeschlossen werden können, wurde angenommen, dass die Höhe der Stühle in guter Approximation als normalverteilte Zufallsvariable angesehen werden kann mit einer durchschnittlichen Sitzhöhe von 83 cm und einer Standardabweichung von 5 cm. Möchte man beispielsweise die Wahrscheinlichkeit dafür bestimmen, dass ein Stuhl eine Sitzhöhe von mindestens 82 cm hat, so ist X zunächst in eine standardnormalverteilte Zufallsvariable Z zu transformieren, damit die zugehörige Tabelle A verwendet werden kann. Da X $N(83, 25)$-verteilt ist, besitzt $Z = (X - 83)/5$ eine $N(0, 1)$-Verteilung und es gilt

$$P(X \ge 82) = P\left(Z \ge \frac{82 - 83}{5}\right) = P(Z \ge -0.2)$$
$$= 1 - \Phi(-0.2) = 1 - 1 + \Phi(0.2) = 0.5793.$$

Also beträgt die gesuchte Wahrscheinlichkeit ca. 58 %. Interessiert man sich andererseits für die Mindesthöhe x der 20 % höchsten Stühle, so erfüllt das gesuchte x zunächst die Beziehung

$$P(X \ge x) = 1 - F(x) = 0.2,$$

also $F(x) = 0.8$ und durch Standardisierung erhält man

$$F(x) = \Phi\left(\frac{x - 83}{5}\right) = 0.8.$$

Das 0.8-Quantil der Standardnormalverteilung ist laut Tabelle ungefähr gleich 0.84. (Genaugenommen ist dieser Wert das 0.7994-Quantil. Mithilfe von Statistik-Programm-Paketen erhält man mit 0.8416 ein genaueres 0.8-Quantil.) Die Gleichung

$$\frac{x - 83}{5} = 0.84$$

liefert dann die gesuchte Mindesthöhe von $x = 0.84 \cdot 5 + 83 = 87.2$ cm. Der 2σ-Bereich der Verteilung der Stuhlhöhe ist das Intervall [73, 93], d.h. etwa 95 % der produzierten Stühle sind mindestens 73 cm und höchstens 93 cm hoch. □

Zwei wichtige Eigenschaften von normalverteilten Zufallsvariablen betreffen ihr Verhalten bei linearen Transformationen und bei Addition.

Lineare Transformation

Für $X \sim N(\mu, \sigma^2)$ ist die linear transformierte Variable $Y = aX + b$, $a \neq 0$, wieder normalverteilt mit

$$Y \sim N(a\mu + b, a^2\sigma^2).$$

Addition

Sind $X \sim N(\mu_X, \sigma_X^2)$ und $Y \sim N(\mu_Y, \sigma_Y^2)$ normalverteilt und *unabhängig*, so gilt

$$X + Y \sim N(\mu_X + \mu_Y, \sigma_X^2 + \sigma_Y^2).$$

Sind $X_i \sim N(\mu_i, \sigma_i^2)$, $i = 1, \ldots, n$, *unabhängig*, so ist jede Linearkombination $Y = a_1 X_1 + \ldots + a_n X_n$ wieder normalverteilt mit

$$Y \sim N(a_1\mu_1 + \ldots + a_n\mu_n, a_1^2\sigma_1^2 + \ldots + a_n^2\sigma_n^2).$$

Die Normalverteilungseigenschaft bleibt also bei der linearen Transformation und bei der Addition von unabhängigen Zufallsvariablen erhalten.

Wir zeigen nur die lineare Transformationsregel. Es ist

$$P(Y \leq y) = P(aX + b \leq y) = P\left(X \leq \frac{y - \mu}{\sigma}\right) =$$

$$= \int_{-\infty}^{\frac{y-b}{a}} f(x)dx = \int_{-\infty}^{y} f\left(\frac{t - b}{a}\right) \cdot \frac{1}{a}dt,$$

wobei die Substitution von $t = ax + b$, $dt = adx$ verwendet wurde. Einsetzen liefert

$$\frac{1}{a}f\left(\frac{t - b}{a}\right) = \frac{1}{a\sqrt{2\pi}\sigma} \exp\left(-\frac{1}{2}\frac{\left((t - b)/a - \mu\right)^2}{\sigma^2}\right)$$

$$= \frac{1}{\sqrt{2\pi}a\sigma} \exp\left(-\frac{1}{2}\frac{\left(t - (a\mu + b)\right)^2}{a^2\sigma^2}\right),$$

also gerade die Dichte der $N(a\mu + b, a^2\sigma^2)$-Verteilung.

Die Regel für die Linearkombinationen ergibt sich aus der Verbindung der beiden ersten Aussagen.

Beispiel 6.12   Stühle und Tische

Bei der Herstellung der Stuhltische ergab sich, dass ihre Höhe Y als $N(113, 16)$-verteilte Zufallsvariable angesehen werden kann. Aus orthopädischen Untersuchungen ist bekannt, dass eine optimale Sitzposition dann gegeben ist, wenn der Stuhltisch um $28\,\text{cm}$ höher ist als der Stuhl. Somit ist die Zufallsvariable $V = Y - X$, die die Differenz zwischen der Tischhöhe aus Beispiel 6.11 und der Stuhlhöhe beschreibt, von Interesse. Aufgrund der Transformationsregel (mit $a = -1$) folgt $-X$ einer $N(-83, 25)$-Verteilung, sodass V wegen der Additionsregel $N(113 - 83, 16 + 25)$, also $N(30, 41)$-verteilt ist. Dabei darf die Additionsregel nur verwendet werden, da Tische und Stühle von verschiedenen Maschinen hergestellt werden, sodass X und Y als unabhängig betrachtet werden können. Entnimmt man nun der Produktion zufällig einen Tisch und einen Stuhl, so weicht diese Kombination mit nur ca. $12\,\%$ Wahrscheinlichkeit um weniger als $1\,\text{cm}$ von der optimalen Sitzposition ab:

$$P(27 \leq V \leq 29) = P\left(\frac{27 - 30}{\sqrt{41}} \leq \frac{V - \mu}{\sigma} \leq \frac{29 - 30}{\sqrt{41}}\right)$$
$$\approx \Phi(-0.16) - \Phi(-0.47)$$
$$= 1 - \Phi(0.16) - 1 + \Phi(0.47)$$
$$= -0.5636 + 0.6808 = 0.1172\,.$$

$\square$

6.3.2 Die logarithmische Normalverteilung

Verteilungen von nichtnegativen Zufallsvariablen, etwa Lebensdauern, Wartezeiten oder Einkommen, sind häufig linkssteil. Eine einfache, aber nicht immer adäquate Möglichkeit zur Modellierung solcher Variablen bietet die Exponentialverteilung.

Eine andere Möglichkeit besteht darin, eine nichtnegative Zufallsvariable X mit linkssteiler Verteilung zu transformieren, um eine Zufallsvariable mit symmetrischer Verteilung zu erhalten. Häufig logarithmiert man X zu $Y = \ln(X)$ und hofft, dass Y zumindest annähernd normalverteilt ist.

> **Logarithmische Normalverteilung**
>
> Eine nichtnegative Zufallsvariable X heißt *logarithmisch normalverteilt* mit Parametern μ und σ^2, kurz $X \sim LN(\mu, \sigma^2)$, wenn $Y = \ln(X)$ $N(\mu, \sigma^2)$-verteilt ist. Es gilt
>
> $$E(X) = e^{\mu + \sigma^2/2}, \quad Var(X) = e^{2\mu + \sigma^2}(e^{\sigma^2} - 1)\,.$$

Die Dichte lässt sich ebenfalls über die logarithmische Transformation in geschlossener Form angeben. Abbildung 6.17 zeigt für verschiedene Werte von μ und σ^2 die Dichtekurven. Weitere Verteilungen, die häufig zur Analyse von Lebensdauern eingesetzt werden, sind Weibull-Verteilungen, Gamma-Verteilungen (mit der Exponentialverteilung als Spezialfall) und die Pareto-Verteilung (insbesondere als Modell für Einkommensverteilungen).

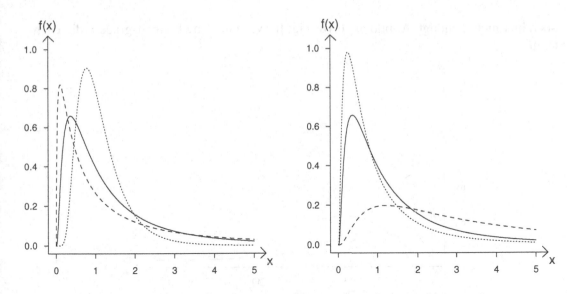

Abbildung 6.17: Dichten der logarithmischen Normalverteilung für $\mu = 0$ und $\sigma^2 = 0.25$ ($\cdots$), $\sigma^2 = 1$ (—) und $\sigma^2 = 2.25$ (– – –) links bzw. $\sigma^2 = 1$ und $\mu = -0.4$ ($\cdots$), $\mu = 0$ (—) sowie $\mu = 1.2$ (– – –) rechts

6.3.3 Chi-Quadrat-, Student- und Fisher-Verteilung

Quantile inferentielle Statistik

Von den folgenden Verteilungen werden wir insbesondere die zugehörigen *Quantile* für Schätz- und Testverfahren der *inferentiellen Statistik* benötigen. Die Chi-Quadrat-Verteilung kann aber auch zur Modellierung von *Lebensdauern* und die Student-Verteilung für *robuste Verfahren* verwendet werden.

Die Chi-Quadrat-Verteilung

Viele Teststatistiken besitzen, vor allem für sogenannte Anpassungstests (vgl. Kapitel 11), unter geeigneten Voraussetzungen zumindest approximativ eine Chi-Quadrat-Verteilung. Diese lässt sich als Verteilung der Summe von unabhängigen und quadrierten standardnormalverteilten Zufallsvariablen herleiten.

χ^2-Verteilung

Seien $X_1, \ldots, X_n$ unabhängige und identisch $N(0,1)$-verteilte Zufallsvariablen. Dann heißt die Verteilung der Zufallsvariablen

$$Z = X_1^2 + \ldots + X_n^2$$

Chi-Quadrat-Verteilung mit n *Freiheitsgraden*, kurz $\chi^2(n)$-Verteilung, und Z heißt $\chi^2(n)$-verteilt, kurz $Z \sim \chi^2(n)$. Es gilt

$$E(Z) = n, \quad Var(Z) = 2n.$$

Die Dichten der $\chi^2(n)$-Verteilung lassen sich in geschlossener Form angeben, werden jedoch hier nicht benötigt. Abbildung 6.18 zeigt für verschiedene Freiheitsgrade n die Dichtekurven.

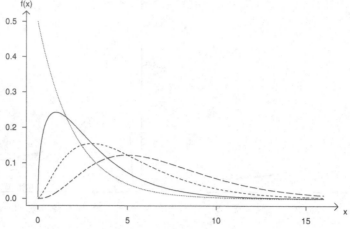

Abbildung 6.18: Dichten von χ^2-Verteilungen für $n = 2$ $(\cdots)$, $n = 3$ (—) $n = 5$ (- - -) und $n = 7$ (− −) Freiheitsgrade

Für kleine n sind die Dichten deutlich linkssteil. Für wachsendes n nähern sie sich der Gaußschen Glockenkurve an. Dies ist eine Folge des zentralen Grenzwertsatzes (Abschnitt 7.1.2), da die Summe der Zufallsvariablen $X_1^2, \ldots, X_n^2$ dessen Voraussetzungen erfüllt. Für $n \leq 30$ sind zu ausgewählten Werten von p die Quantile tabelliert (Tabelle C). Für $n > 30$ benutzt man folgende *Normalverteilungsapproximation*:

Normal-
verteilungs-
approximation

$$x_p = \frac{1}{2}(z_p + \sqrt{2n-1})^2,$$

wobei z_p das p-Quantil der $N(0,1)$-Verteilung ist. Diese Approximation ist besser als die direkte Approximation der $\chi^2(n)$-Verteilung durch eine $N(n, 2n)$-Verteilung.

Die Student-Verteilung

Diese Verteilung findet besonders bei Parametertests und bei Konfidenzintervallen für Parameter Verwendung, vgl. Kapitel 9 bzw. 11. Sie wird häufig auch als Students t-Verteilung oder kurz t-Verteilung bezeichnet.

---

t-Verteilung, Student-Verteilung

Seien $X \sim N(0,1)$, $Z \sim \chi^2(n)$ sowie X und Z unabhängig. Dann heißt die Verteilung der Zufallsvariable

$$T = \frac{X}{\sqrt{Z/n}}$$

t-Verteilung mit n *Freiheitsgraden*, kurz $t(n)$-Verteilung. Die Zufallsvariable T heißt $t(n)$-verteilt, kurz $T \sim t(n)$. Es gilt

$$E(T) = 0 \ (m \geq 2), \quad Var(T) = \frac{n}{n-2} \ (n \geq 3).$$

Die Formeln für die Dichten werden hier nicht benötigt. Abbildung 6.19 zeigt für ausgewählte Freiheitsgrade n die entsprechenden Dichtekurven. Man erkennt Folgendes: Gemäß

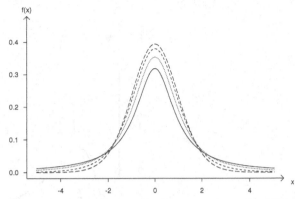

Abbildung 6.19. Dichten von t-Verteilungen für $n = 1$ (—) $n = 2$ ($\cdots$), $n = 5$ (- - -) und $n = 20$ (— —) Freiheitsgrade

der Definition sind die t-Verteilungen symmetrisch um null. Für kleineres n besitzen sie im Vergleich zur Standardnormalverteilung breitere Enden, d.h. die Flächen unter der Dichtekurve für kleine und große Werte von x sind größer. Umgekehrt ist weniger Wahrscheinlichkeitsmasse im Zentrum um $x = 0$ verteilt. Damit eignet sich die t-Verteilung auch zur Modellierung von Daten, die – im Vergleich zur Normalverteilung – einen größeren Anteil an extremen Werten enthalten. Deshalb wird die t-Verteilung auch für *robuste* Verfahren der inferentiellen Statistik eingesetzt.

robust

Für $n \longrightarrow \infty$ konvergiert die Dichtekurve gegen die Dichte ϕ der *Standardnormalverteilung*. Ab $n > 30$ ist die *Approximation* bereits sehr gut. Deshalb sind die Quantile nur bis $n = 30$ vertafelt (Tabelle D).

Normalverteilungsapproximation

Die Fisher-Verteilung

Quantile der Fisher-Verteilung werden vor allem bei Testverfahren der Regressions- und Varianzanalyse (vgl. Kapitel 12 und 13) benötigt.

Fisher-Verteilung

Seien $X \sim \chi^2(m)$ und $Y \sim \chi^2(n)$-verteilt und voneinander unabhängig. Dann heißt die Verteilung der Zufallsvariable

$$Z = \frac{X/m}{Y/n}$$

Fisher- oder F-verteilt mit den *Freiheitsgraden* m und n, kurz $Z \sim F(m, n)$. Es gilt

$$E(Z) = \frac{n}{n-2} \quad \text{für} \quad n \geq 3,$$

$$Var(Z) = \frac{2n^2(n + m - 2)}{m(n-4)(n-2)^2} \quad \text{für} \quad n \geq 5.$$

Abbildung 6.20 zeigt für verschiedene Freiheitsgrade die Dichtekurven.

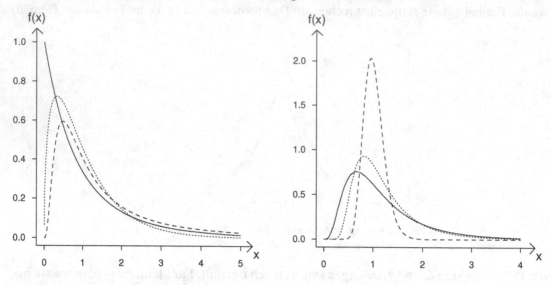

Abbildung 6.20: Dichten der $F(2,10)$-(——), der $F(3,100)$- ($\cdots$) und $F(10,3)$-(---) links, sowie der $F(10,10)$-(——), $F(100,10)$-($\cdots$) und der $F(100,100)$-Verteilung (---) rechts

Quantile

Wichtige Quantile sind für ausgewählte Werte der Freiheitsgrade m und n tabelliert (Tabelle E). Für andere Werte von m und n genügt es zu interpolieren. Zusätzlich beachte man, dass aufgrund der Definition der F-Verteilung zwischen dem p-Quantil $x_p(m,n)$ der $F(m,n)$-Verteilung und dem $(1-p)$-Quantil $x_{1-p}(n,m)$ der $F(n,m)$-Verteilung die Beziehung

$$x_p(m,n) = \frac{1}{x_{1-p}(n,m)}.$$

gilt.

Diskrete Zufallsvariable X	Stetige Zufallsvariable X
diskreter Wertebereich $\{x_1, x_2, \dots\}$	stetiger Wertebereich $\subseteq \mathbb{R}$
$f(x)$ Wahrscheinlichkeitsfunktion	$f(x)$ Dichte
$0 \leq f(x) \leq 1$	$f(x) \geq 0$
$\sum\limits_{i \geq 1} f(x_i) = 1$	$\int f(x)\,dx = 1$

$$F(x) = P(X \leq x) \text{ Verteilungsfunktion}$$

$F(x) = \sum\limits_{i : x_i \leq x} f(x_i)$	$F(x) = \int\limits_{-\infty}^{x} f(t)\,dt$

Wahrscheinlichkeiten

$P(a \leq X \leq b) = \sum\limits_{i : a \leq x_i \leq b} f(x_i)$	$P(a \leq X \leq b) = \int\limits_{a}^{b} f(x)\,dx$

Erwartungswert

$\mu = E(X) = \sum\limits_{i \geq 1} x_i f(x_i)$	$\mu = E(X) = \int\limits_{-\infty}^{+\infty} x f(x)\,dx$

Varianz

$Var(X) = \sum\limits_{i \geq 1} (x_i - \mu)^2 f(x_i)$	$Var(X) = \int (x - \mu)^2 f(x)\,dx$
$= E(X - \mu)^2$	$= E(X - \mu)^2$

Erwartungswert von Summen
$$E(a_1 X_1 + \dots + a_n X_n) = a_1 E(X_1) + \dots + a_n E(X_n)$$

Varianz für Summen von *unabhängigen* Zufallsvariablen
$$Var(a_1 X_1 + \dots + a_n X_n) = a_1^2 Var(X_1) + \dots + a_n^2 Var(X_n)$$

Tabelle 6.1: Definition und Eigenschaften von diskreten und stetigen Zufallsvariablen

6.4 Zusammenfassung und Bemerkungen

Stuft man den Wertebereich von diskreten Zufallsvariablen immer feiner ab, so gelangt man zu geeigneten Begriffsbildungen für stetige Zufallsvariablen. Vielfach gehen dabei Summen in Integrale über, jedoch gelten wichtige Eigenschaften und Rechenregeln unverändert für den diskreten und stetigen Fall. Die Tabelle 6.1 gibt dazu eine Zusammenfassung, siehe dazu auch Hartung, Elpelt und Klösener (2002).

In Tabelle 6.2 sind die wichtigsten speziellen Verteilungen zusammengestellt. Viele weitere wichtige Verteilungen, z.B. die *Gamma-* oder *Pareto-Verteilung* zur Modellierung von *Lebensdauern* oder *Einkommensverteilungen* finden sich im Nachschlagewerk von Johnson, Kotz und Balakrishnan (1994, 1995).

Verteilung	Dichte	Erwart.wert	Varianz
Gleichverteilung	$f(x) = \begin{cases} \dfrac{1}{b-a} & \text{für } a \leq x \leq b \\ 0 & \text{sonst} \end{cases}$	$\dfrac{a+b}{2}$	$\dfrac{(b-a)^2}{12}$
Exponentialverteilung	$f(x) = \begin{cases} \lambda e^{-\lambda x} & \text{für } x \geq 0 \\ 0 & \text{sonst} \end{cases}$ wobei $\lambda > 0$	$\dfrac{1}{\lambda}$	$\dfrac{1}{\lambda^2}$
$X \sim N(\mu, \sigma^2)$ Normalverteilung	$f(x) = \dfrac{1}{\sqrt{2\pi\sigma^2}} \exp\left\{\dfrac{-(x-\mu)^2}{2\sigma^2}\right\}$ für $x \in \mathbb{R}$	μ	σ^2
$Z \sim \chi^2(n)$ χ^2-Verteilung	siehe Johnson, Kotz und Balakrishnan (1994, 1995)	n	$2n$
$T \sim t(n)$ t-Verteilung	siehe Johnson, Kotz und Balakrishnan (1994, 1995)	0	$\dfrac{n}{n-2}$
$Z \sim F(m,n)$ F-Verteilung	siehe Johnson, Kotz und Balakrishnan (1994, 1995)	$\dfrac{n}{n-2}$	$\dfrac{2n^2(n+m+2)}{m(n-4)(n-2)^2}$

Tabelle 6.2: Spezielle stetige Verteilungen mit ihren Dichten, Erwartungswerten und Varianzen

6.5 Stetige Zufallsvariablen in R

Analog zum diskreten Fall stehen auch für viele stetige Verteilungen Verteilungsfunktion, Dichtefunktion und Quantilsfunktion zur Verfügung.

Funktion	Verteilung
unif	Gleichverteilung
exp	Exponential
norm	Normal
chisq	χ^2
t	t-Verteilung

Die `curve()`-Funktion erlaubt eine einfache grafische Darstellung der Dichtefunktionen. Für die Dichte einer $F(5,15)$-Verteilung im Intervall $(0,8]$ würde man folgenden Befehl ausführen:

```
curve(df(x,df1=5, df2=15), from=0, to=8 )
```

Analoges gilt für die anderen stetigen Verteilungen.

Berechnungen mit der Verteilungsfunktion und der Quantilsfunktion sind ebenfalls möglich:

```
pf(2,df1=5, df2=15)
```

liefert $P(Z \leq 2)$, wenn $Z \sim F(5,15)$.

```
qf(0.5,df1=5, df2=15)
```

berechnet den Median einer $F(5, 15)$-Verteilung.

6.6 Aufgaben

Für eine stetige Zufallsvariable X gilt :

$$f(x) = \begin{cases} 4ax\,, & 0 \leq x < 1 \\ -ax + 0.5\,, & 1 \leq x \leq 5 \\ 0\,, & \text{sonst} \end{cases}$$

Bestimmen Sie den Parameter a so, dass $f(x)$ eine Dichtefunktion von X ist. Ermitteln Sie die zugehörige Verteilungsfunktion und skizzieren Sie deren Verlauf. Berechnen Sie den Erwartungswert sowie die Varianz von X.

Aufgabe 6.1

Das statistische Bundesamt hält für die Wachstumsrate des Bruttosozialproduktes X alle Werte im Intervall $2 \leq x \leq 3$ für prinzipiell möglich und unterstellt für ihre Analyse folgende Funktion

$$f(x) = \begin{cases} c \cdot (x - 2)\,, & 2 \leq x \leq 3 \\ 0\,, & \text{sonst} \end{cases}$$

Aufgabe 6.2

(a) Bestimmen Sie c derart, dass obige Funktion die Dichtefunktion einer Zufallsvariable X ist.
(b) Bestimmen Sie die Verteilungsfunktion der Zufallsvariable X.
(c) Berechnen Sie $P(2.1 < X)$ und $P(2.1 < X < 2.8)$.
(d) Berechnen Sie $P(-4 \leq X \leq 3 | X \leq 2.1)$ und zeigen Sie, dass die Ereignisse $\{-4 \leq X < 3\}$ und $\{X \leq 2.1\}$ stochastisch unabhängig sind.
(e) Bestimmen Sie den Erwartungswert, den Median und die Varianz von X.

An der Münchner U-Bahn-Station „Universität" verkehren zwei Linien tagsüber jeweils im 10-Minuten-Takt, wobei die U3 drei Minuten vor der U6 fährt. Sie gehen gemäß einer stetigen Gleichverteilung nach der Vorlesung zur U-Bahn. Wie groß ist die Wahrscheinlichkeit, dass als Nächstes die Linie U3 fährt?

Aufgabe 6.3

Sei X eine zum Parameter λ exponentialverteilte Zufallsvariable. Zeigen Sie die „Gedächtnislosigkeit" der Exponentialverteilung, d.h. dass

$$P(X \leq x | X > s) = P(X \leq x - s)$$

für $x, s \in \mathbb{R}$ mit $s < x$ gilt.

Aufgabe 6.4

In Aufgabe 5.9 wurde die Zufallsvariable X betrachtet, die die Anzahl der Fehler, die während 12 Stunden an einem Digitalcomputer auftreten, beschreibt.
(a) Welche Verteilung hat unter den gegebenen Voraussetzungen die Zufallsvariable $Y=$„Wartezeit auf den nächsten Fehler" ?
(b) Wie lange wird man im Mittel auf den nächsten Fehler warten?
(c) Während 12 Stunden ist kein Fehler aufgetreten. Wie groß ist die Wahrscheinlichkeit, dass sich in den nächsten 12 Stunden ebenfalls kein Fehler ereignet?

Aufgabe 6.5

Aufgabe 6.6   Beweisen Sie die Markov-Ungleichung

$$P(X \geq c) \leq \frac{E(X)}{c}$$

für jede positive Zahl c, falls X nur nichtnegative Werte annimmt.

Aufgabe 6.7   Die Erlang-n-Verteilung wird häufig zur Modellierung von Einkommensverteilungen verwendet. Sie ergibt sich als Summe von n unabhängigen mit Parameter λ exponentialverteilten Zufallsgrößen. Beispielsweise hat für $n = 2$ die Dichte die Form

$$f(x) = \begin{cases} \lambda^2 x e^{-\lambda x}, & x \geq 0 \\ 0, & \text{sonst.} \end{cases}$$

(a) Zeigen Sie, dass $f(x)$ tatsächlich eine Dichtefunktion ist.

(b) Zeigen Sie, dass

$$F(x) = \begin{cases} 0, & x < 0 \\ 1 - e^{-\lambda x}(1 + \lambda x), & x \geq 0 \end{cases}$$

die zugehörige Verteilungsfunktion ist.

(c) Berechnen Sie den Erwartungswert, den Median und den Modus der Erlang-2-Verteilung mit Parameter $\lambda = 1$. Was folgt gemäß der Lageregel für die Gestalt der Dichtefunktion? Skizzieren Sie die Dichte, um Ihre Aussage zu überprüfen.

(d) Bestimmen Sie den Erwartungswert und die Varianz der Erlang-n-Verteilung für beliebige $n \in N$ und $\lambda \in \mathbb{R}^+$.

Aufgabe 6.8   In einer Klinik wird eine Studie zum Gesundheitszustand von Frühgeburten durchgeführt. Das Geburtsgewicht X eines in der 28ten Schwangerschaftswoche geborenen Kindes wird als normalverteilte Zufallsvariable mit Erwartungswert 1000 g und Standardabweichung 50 g angenommen.

(a) Wie groß ist die Wahrscheinlichkeit, dass ein in der 28ten Schwangerschaftswoche geborenes Kind ein Gewicht zwischen 982 und 1050 g hat?

(b) Bestimmen Sie das 10 %-Quantil des Geburtsgewichts. Was sagt es hier aus?

(c) Geben Sie ein um den Erwartungswert symmetrisches Intervall an, in dem mit einer Wahrscheinlichkeit von 95 % das Geburtsgewicht liegt.

Aufgabe 6.9   Eine Firma verschickt Tee in Holzkisten mit jeweils 10 Teepackungen. Das Bruttogewicht der einzelnen Teepackungen sei normalverteilt mit $\mu = 6$ kg und der Standardabweichung $\sigma = 0.06$. Das Gewicht der leeren Holzkiste sei normalverteilt mit dem Erwartungswert $\mu = 5$ kg und der Standardabweichung $\sigma = 0.05$ kg. Geben Sie ein symmetrisch zum Erwartungswert liegendes Intervall an, in dem in 95 % der Fälle das Bruttogewicht der versandfertigen Holzkiste liegt.

Aufgabe 6.10   Da Tagesrenditen von Aktien oft Ausreißer enthalten, wird zu ihrer Modellierung häufig anstelle einer Normalverteilung eine t-Verteilung verwendet. Beispielsweise lassen sich die Renditen der MRU-Aktie (=X) aus Beispiel 2.8 nach der Transformation $Y = (X - 0.0007)/0.013$ durch eine t-Verteilung mit 1 Freiheitsgrad gut approximieren. Wie groß ist demnach die Wahrscheinlichkeit, eine Rendite größer als 0.04 zu erzielen? Wie groß wäre diese Wahrscheinlichkeit, wenn für X eine $N(0.0007, 0.013^2)$-Verteilung zugrundegelegt würde? Geben Sie ferner für das Modell mit Normalverteilungsannahme ein zentrales Schwankungsintervall an, in dem mit einer Wahrscheinlichkeit von

99 % die Tagesrenditen liegen. Warum kann bei Annahme einer t-Verteilung für X kein zentrales Schwankungsintervall berechnet werden?

Kapitel 7

Mehr über Zufallsvariablen und Verteilungen

Gemäß der Häufigkeitsinterpretation von Wahrscheinlichkeiten nähert sich bei n-maliger unabhängiger Wiederholung eines Zufallsvorgangs die relative Häufigkeit $f(A)$, mit der ein interessierendes Ereignis A eintritt, immer besser der Wahrscheinlichkeit $P(A)$ an. In Abschnitt 7.1 wird dieses „Gesetz großer Zahlen" formal und in allgemeiner Form präzisiert. Des Weiteren enthält der Abschnitt den grundlegenden „zentralen Grenzwertsatz". Dieser rechtfertigt in vielen Fällen die Approximation von diskreten oder stetigen Verteilungen durch eine Normalverteilung (Abschnitt 7.2). Mit Zufallszahlen (Abschnitt *7.3) lassen sich Zufallsvorgänge am Rechner nachbilden. Sie liefern somit die Basis für Computersimulationen. Mit Zufallszahlen können auch theoretische Resultate, wie z.B. das Gesetz großer Zahlen empirisch bestätigt werden. Abschnitt *7.4 enthält einige ergänzende Begriffe und Resultate.

7.1 Gesetz der großen Zahlen und Grenzwertsätze

In den vorhergehenden Abschnitten wurde des Öfteren folgende Situation betrachtet: Ein Zufallsvorgang, dessen Ergebnisse die Realisierungen einer diskreten oder stetigen Zufallsvariable X sind, wird n-mal unabhängig wiederholt. Der einfachste Fall ist dabei eine Bernoulli-Kette, bei der die einzelnen Bernoulli-Versuche mit gleichbleibender Wahrscheinlichkeit $P(A)$ für das Eintreten des Ereignisses A wiederholt werden. Dann ist X binär mit

$$X = \begin{cases} 1, & \text{falls } A \text{ eintritt} \\ 0, & \text{falls } A \text{ nicht eintritt}, \end{cases}$$

d.h. X ist $B(1, \pi)$-verteilt mit $\pi = P(A)$. Die einzelnen Bernoulli-Versuche werden durch die unabhängigen Indikatorvariablen

$$X_i = \begin{cases} 1, & \text{falls } A \text{ im } i\text{-ten Versuch eintritt} \\ 0, & \text{falls } A \text{ im } i\text{-ten Versuch nicht eintritt}, \end{cases}$$

beschrieben, mit $X_i \sim B(1, \pi)$ für $i = 1, \ldots, n$. Dies lässt sich auch so formulieren: Die Zufallsvariablen $X_1, \ldots, X_n$ sind *unabhängig und identisch wie* $X \sim B(1, \pi)$ verteilt. Bei einer konkreten Durchführung erhält man als Ergebnis die Realisierungen $x_1, \ldots, x_n$ (jeweils 1 oder 0) der Zufallsvariablen $X_1, \ldots, X_n$.

„Gesetz großer Zahlen"

Ein zugehöriges *„Gesetz großer Zahlen"* wird dann heuristisch folgendermaßen formuliert: Für großes n liegt die *relative Häufigkeit* $f_n(A) = f_n(X = 1)$ für das Auftreten von A mit großer Wahrscheinlichkeit nahe bei der Wahrscheinlichkeit $P(A) = P(X = 1)$, d.h.

$$f_n(X = 1) \approx P(X = 1),$$

und für $n \longrightarrow \infty$ „konvergiert" $f_n(X = 1)$ gegen $P(X = 1)$, d.h.

$$f_n(X = 1) \quad \longrightarrow \quad P(A) \text{ für } n \longrightarrow \infty.$$

In Abbildung 7.1 sieht man, wie die relative Häufigkeit f_n mit wachsender Anzahl der

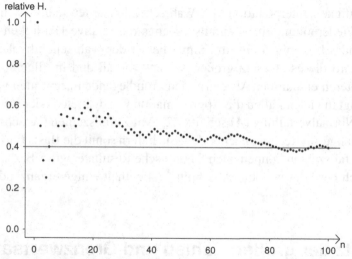

Abbildung 7.1: Relative Häufigkeit f_n, durch Punkte markiert, nach n unabhängigen Wiederholungen eines Bernoulli-Versuchs mit $\pi = 0.4$

Versuchswiederholungen tendenziell immer näher am wahren Wert $\pi = 0.4$ liegt.

In diesem Abschnitt werden Gesetze großer Zahlen in präziserer und in genereller Form, d.h. für allgemeinere diskrete und stetige Zufallsvariablen als grundlegende Sätze dargestellt. Entsprechendes gilt für die Summe

$$H_n = X_1 + \ldots + X_n,$$

der *absoluten Häufigkeit* des Auftretens von A. Für jedes endliche n ist H_n $B(n, \pi)$-verteilt. Für großes n ist die Summe approximativ normalverteilt bzw. die Verteilung von H_n „konvergiert" gegen eine Normalverteilung (vgl. Abschnitt 5.3.1). Eine formale und allgemeinere Beschreibung dieses Sachverhalts wird durch den *zentralen Grenzwertsatz* gegeben.

zentraler Grenzwertsatz

Wir fassen zunächst das für das Beispiel der Bernoulli-Kette dargestellte Konzept der n-maligen unabhängigen Versuchswiederholung in seiner allgemeinen Form zusammen.

> ## Unabhängige und identische Wiederholung
>
> Sei X eine diskrete oder stetige Zufallsvariable mit Erwartungswert μ, Varianz σ^2 und einer bestimmten Verteilungsfunktion F. Der zu X gehörende Zufallsvorgang werde n-mal unabhängig wiederholt. Die Zufallsvariablen X_i, $i = 1, \ldots, n$, geben an, welchen Wert X beim i-ten Teilversuch annehmen wird.
>
> Die Zufallsvariablen $X_1, \ldots, X_n$ sind unabhängig und besitzen alle die gleiche Verteilungsfunktion F und damit insbesondere den gleichen Erwartungswert μ und die gleiche Varianz σ^2 wie X. Man sagt kurz:
>
> $X_1, \ldots, X_n$ sind *unabhängig identisch verteilt wie X*, oder
>
> $X_1, \ldots, X_n$ sind *unabhängige Wiederholungen von X*.
>
> Die nach der Durchführung erhaltenen Ergebnisse sind Realisierungen $x_1, \ldots, x_n$ von $X_1, \ldots, X_n$.

Diese Annahme ist bei vielen Zufallsstichproben vom Umfang n für ein Merkmal X zumindest näherungsweise erfüllt. Wir setzen für diesen Abschnitt im Weiteren diese Annahme voraus.

7.1.1 Das Gesetz der großen Zahlen und der Hauptsatz der Statistik

Das *arithmetische Mittel*

$$\bar{X}_n = \frac{1}{n}(X_1 + \ldots + X_n)$$

arithmetisches Mittel

gibt den durchschnittlichen Wert von X bei n Versuchen wieder. Nach Durchführung wird

$$\bar{x}_n = \frac{1}{n}(x_1 + \ldots + x_n)$$

als Realisierung von $\bar{X}_n$ beobachtet. Zur Verdeutlichung sei hier noch einmal erwähnt, dass große Buchstaben die Zufallsvariablen bezeichnen und kleine Buchstaben für die Realisierungen verwendet werden. Nach den Rechenregeln für Summen von unabhängigen Zufallsvariablen gilt:

> ## Erwartungswert und Varianz des arithmetischen Mittels
>
> $$E(\bar{X}_n) = \mu, \quad Var(\bar{X}_n) = \frac{\sigma^2}{n}.$$

Dabei folgt $E(\bar{X}_n) = \mu$ aus $E(\bar{X}_n) = (E(X_1) + \ldots + E(X_n))/n = n\mu/n = \mu$ und $Var(\bar{X}) = Var(X_1 + \ldots + X_n)/n^2 = n\sigma^2/n^2 = \sigma^2/n$, wobei für $Var(\bar{X}_n)$ die Unabhängigkeit der $X_1, \ldots, X_n$ ausgenutzt wird.

Beweis

    Der Erwartungswert des arithmetischen Mittels ist also gleich dem von X selbst. Die Varianz σ^2/n ist umgekehrt proportional zu n und geht für $n \longrightarrow \infty$ gegen null. Damit ist für großes n die Verteilung von $\bar{X}_n$ stark um $\mu = E(X)$ konzentriert. Formal lässt sich dies so fassen:

Gesetz der großen Zahlen

Für beliebig kleines $c > 0$ gilt

$$P(|\bar{X}_n - \mu| \le c) \longrightarrow 1 \quad \text{für} \quad n \longrightarrow \infty.$$

Man sagt: $\bar{X}_n$ *konvergiert nach Wahrscheinlichkeit* gegen μ.

Interpretation

Das Gesetz der großen Zahlen sagt also aus, dass die Wahrscheinlichkeit, mit der das arithmetische Mittel in ein beliebig vorgegebenes Intervall $[\mu-c, \mu+c]$ fällt, gegen 1 konvergiert, wenn $n \longrightarrow \infty$ geht. Für großes n ist damit $P(\mu - c \le \bar{X}_n \le \mu + c)$ nahe bei 1.

Der an sich einfache Beweis benutzt die Ungleichung von Tschebyscheff, siehe Abschnitt 7.4.3. Für $n \longrightarrow \infty$ geht σ^2/nc^2 gegen null. Daraus folgt die Behauptung.

Für den eingangs betrachteten Fall $X \sim B(1, \pi)$ ist $\pi = P(A) = P(X = 1) = E(X)$ und $\bar{X}_n = (X_1 + \ldots + X_n)/n$ gerade die relative Häufigkeit H_n/n des Eintretens von A. Also gilt:

Theorem von Bernoulli

Die relative Häufigkeit, mit der ein Ereignis A bei n unabhängigen Wiederholungen eines Zufallsvorgangs eintritt, konvergiert nach Wahrscheinlichkeit gegen $P(A)$.

---

empirische Verteilungsfunktion

Das Theorem von Bernoulli lässt sich direkt auf empirische Verteilungsfunktionen anwenden: Für jedes feste x ist die *empirische Verteilungsfunktion* $F_n(x)$ die relative Häufigkeit des Ereignisses $\{X \le x\}$. Fasst man die Daten $x_1, \ldots, x_n$ als Realisierung der unabhängigen und identisch wie X verteilten Zufallsvariablen $X_1, \ldots, X_n$ auf, so folgt, dass $F_n(x)$ für jedes feste x mit $n \longrightarrow \infty$ nach Wahrscheinlichkeit gegen die Verteilungsfunktion $F(x)$ von X *konvergiert*. Tatsächlich gilt eine entsprechende Aussage nicht nur für jedes feste x,

gleichmäßige Konvergenz

sondern global („*gleichmäßig*") für alle $x \in \mathbb{R}$.

Hauptsatz der Statistik (Satz von Glivenko-Cantelli)

Sei X eine Zufallsvariable mit der Verteilungsfunktion $F(x)$. Dann gilt für die zu unabhängigen und identisch wie X verteilten $X_1, \ldots, X_n$ gebildete Verteilungsfunktion $F_n(x)$

$$P(\sup_{x \in \mathbb{R}} |F_n(x) - F(x)| \le c) \longrightarrow 1 \quad \text{für} \quad n \longrightarrow \infty.$$

Mit „sup" wird damit die maximale Abweichung zwischen $\hat{F}_n(x)$ und $\hat{F}(x)$ bezeichnet. Der Hauptsatz der Statistik zeigt also, dass für Zufallsstichproben, bei denen $X_1, \ldots, X_n$ unabhängig und identisch wie das interessierende Merkmal X verteilt sind, die unbekannte Verteilung $F(x)$ von X durch die empirische Verteilungsfunktion $F_n(x)$ für $n \longrightarrow \infty$

gut approximiert wird. Stimmen umgekehrt $F_n(x)$ und eine theoretische Verteilung $F(x)$, etwa die Normalverteilung, schlecht überein, so entstammen die Daten vermutlich einer anderen Verteilung. Sowohl das Gesetz der großen Zahlen als auch der Satz von Glivenko-Cantelli gelten übrigens auch unter schwächeren Annahmen, insbesondere lässt sich die Voraussetzung der Unabhängigkeit der $X_1, \ldots, X_n$ abschwächen.

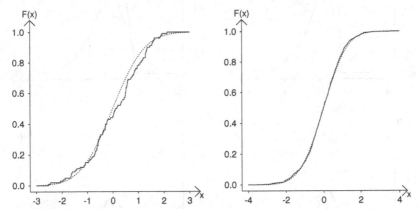

Abbildung 7.2: Empirische Verteilungsfunktion (—) von 100 (links) und 1000 (rechts) standardnormalverteilten Zufallszahlen im Vergleich mit der Verteilungsfunktion der Standardnormalverteilung (····)

Abbildung 7.2 zeigt anhand von 100 bzw. 1000 unabhängigen Wiederholungen einer standardnormalverteilten Zufallsvariable X, dass die empirische Verteilungsfunktion umso näher an der theoretischen Verteilungsfunktion liegt, je größer die Anzahl der Wiederholungen n ist. Die unabhängigen Ziehungen wurden dabei am Computer mithilfe von Zufallszahlen simuliert, vgl. Abschnitt *7.3.

7.1.2 Der zentrale Grenzwertsatz

Im Fall einer binomialverteilten Zufallsvariable $X \sim B(n, \pi)$ hatte sich gezeigt, dass sich die Verteilung, genauer das Wahrscheinlichkeitshistogramm, von

$$X = X_1 + \ldots + X_n \quad \text{mit} \quad X_i \sim B(1, \pi)$$

für größeres n gut durch eine Normalverteilung approximieren lässt. Die folgenden Abbildungen zeigen, dass dies auch für andere Verteilungen gilt. Die durchgezogene Kurve in Abbildung 7.3(a) gibt die Dichte $f(x)$ einer Zufallsvariable X_1 mit $E(X_1) = 0$, $Var(X_1) = 1$ an. Dazu ist die Dichte $\phi(x)$ der Standardnormalverteilung gezeichnet. In Abbildung 7.3(b), (c) und (d) sieht man die standardisierten Dichten der Summen $X_1 + X_2, X_1 + X_2 + X_3, X_1 + \ldots + X_6$ von unabhängigen nach $f(x)$ verteilten Zufallsvariablen $X_1, \ldots, X_6$. Man erkennt deutlich, dass die entsprechenden Dichten mit wachsender Anzahl von Summanden immer besser durch eine Normalverteilung approximiert werden können.

Tatsächlich gilt sehr allgemein, dass die Verteilung einer Summe $X_1 + \ldots + X_n$ von Zufallsvariablen für $n \longrightarrow \infty$ gegen eine Normalverteilung konvergiert bzw. für großes n approximativ normalverteilt ist. Für unabhängige und identisch verteilte Zufallsvariablen

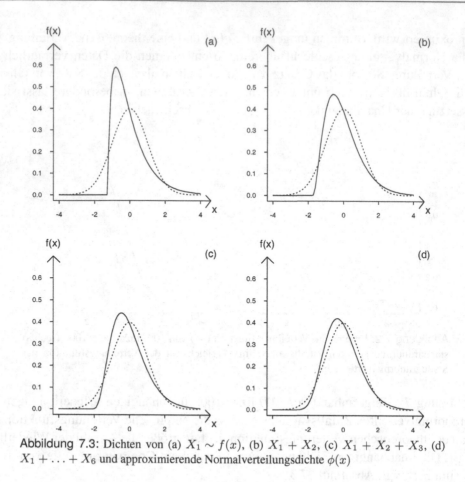

Abbildung 7.3: Dichten von (a) $X_1 \sim f(x)$, (b) $X_1 + X_2$, (c) $X_1 + X_2 + X_3$, (d) $X_1 + \ldots + X_6$ und approximierende Normalverteilungsdichte $\phi(x)$

$X_1, \ldots, X_n$ mit $E(X_i) = \mu$, $Var(X_i) = \sigma^2$ sind dabei Erwartungswert und Varianz der Summe gemäß den Rechenregeln für Erwartungswerte und Varianzen durch

$$E(X_1 + \ldots + X_n) = n\mu, \quad Var(X_1 + \ldots + X_n) = n\sigma^2$$

standardisierte Summe

gegeben. Für die Formulierung des Grenzwertsatzes ist es zweckmäßig, zur *standardisierten Summe* überzugehen. Dabei steht $\overset{a}{\sim}$ für approximativ (bei größerem n) oder asymptotisch (für $n \longrightarrow \infty$) verteilt. Für die unstandardisierte Summe $X_1 + \ldots + X_n$ gilt in dieser Schreibweise

$$X_1 + \ldots + X_n \overset{a}{\sim} N(n\mu, n\sigma^2).$$

Normalverteilungsapproximation

Für endliches n ist die Summe umso besser *approximativ normalverteilt*, je weniger asymmetrisch die Verteilung der X_i ist. Umgekehrt ist für deutlich asymmetrische Verteilungen ein größeres n nötig, um eine ähnliche Approximationsgüte zu erreichen. Typischerweise formuliert man den sogenannten Zentralen Grenzwertsatz jedoch nicht für $X_1 + \ldots + X_n$ selbst, sondern für die standardisierte Summe. Ein Grund ist, dass für $n \longrightarrow \infty$ die Verteilung $N(n\mu, n\sigma^2)$ unendlichen Erwartungswert und unendliche Varianz besitzt.

Zentraler Grenzwertsatz

$X_1, \ldots, X_n$ seien unabhängig identisch verteilte Zufallsvariablen mit

$$E(X_i) = \mu \quad \text{und} \quad Var(X_i) = \sigma^2 > 0 \,.$$

Dann konvergiert die Verteilungsfunktion $F_n(z) = P(Z_n \leq z)$ der standardisierten Summe

$$Z_n = \frac{X_1 + \ldots + X_n - n\mu}{\sqrt{n}\sigma} = \frac{1}{\sqrt{n}} \sum_{i=1}^{n} \frac{X_i - \mu}{\sigma}$$

für $n \longrightarrow \infty$ an jeder Stelle $z \in \mathbb{R}$ gegen die Verteilungsfunktion $\Phi(z)$ der Standardnormalverteilung:

$$F_n(z) \longrightarrow \Phi(z) \,.$$

Wir schreiben dafür kurz

$$Z_n \overset{a}{\sim} N(0,1) \,.$$

Der zentrale Grenzwertsatz gilt in noch wesentlich allgemeineren Varianten, wobei die $X_1, \ldots, X_n$ abhängig und verschieden verteilt sein dürfen. Entscheidend ist, dass keine der Zufallsvariablen X_i die restlichen deutlich dominiert. Damit liefern die zentralen Grenzwertsätze die theoretische Begründung dafür, dass eine Zufallsvariable X dann in guter Näherung normalverteilt ist, wenn sie durch das Zusammenwirken von vielen kleinen zufälligen Effekten entsteht. Für den eingangs betrachteten Spezialfall einer binomialverteilten Variable

$$H_n = X_1 + \ldots + X_n \ \sim \ B(n, \pi)$$

mit unabhängigen Bernoulli-Variablen $X_i \sim B(1, \pi)$, $E(X_i) = \pi$, $Var(X_i) = \pi(1 - \pi)$ erhält man:

Grenzwertsatz von de Moivre

Für $n \longrightarrow \infty$ konvergiert die Verteilung der standardisierten *absoluten Häufigkeit*

$$\frac{H_n - n\pi}{\sqrt{n\pi(1 - \pi)}}$$

gegen eine Standardnormalverteilung. Für großes n gilt

$$H_n \overset{a}{\sim} N(n\pi, n\pi(1 - \pi)) \,,$$

d.h. die $B(n, \pi)$-Verteilung lässt sich durch eine Normalverteilung mit $\mu = n\pi$, $\sigma^2 = n\pi(1 - \pi)$ approximieren. Für die *relative Häufigkeit* H_n/n gilt entsprechend

$$H_n/n \overset{a}{\sim} N(\pi, \pi(1 - \pi)/n)$$

7.2 Approximation von Verteilungen

Dieser Abschnitt fasst einige Möglichkeiten zur Approximation von diskreten und stetigen Verteilungen durch in der Regel einfacher handhabbare Verteilungen zusammen. Besonders wichtig ist die Approximation der Binomialverteilungen durch eine Normalverteilung sowie die Approximation von Quantilen stetiger Verteilungen, insbesondere der Chi-Quadrat und Student-Verteilung, durch Quantile der Normalverteilung. Die theoretische Grundlage liefert in vielen Fällen der zentrale Grenzwertsatz.

Normal-
verteilungs-
approximation

Die *Normalverteilungsapproximation der Binomialverteilung* beruht direkt auf dem Grenzwertsatz von Moivre, einem Spezialfall des zentralen Grenzwertsatzes. Danach lässt sich die Verteilungsfunktion $P(X \leq x) = B(x|n, \pi)$ von $X \sim B(n, \pi)$ durch eine Normalverteilung mit $\mu = n\pi$ und $\sigma^2 = n\pi(1 - \pi)$ annähern. Es gilt also

$$P(X \leq x) \approx \Phi\left(\frac{x - n\pi}{\sqrt{n\pi(1 - \pi)}}\right)$$

Die Approximation wird besser, wenn die Treppenfunktion des Wahrscheinlichkeitshistogramms von der Dichtekurve etwa in der Mitte getroffen wird. Dies führt zur sogenannten *Stetigkeits-* *Stetigkeitskorrektur*, bei der im Zähler 0.5 addiert wird.
korrektur

Approximation der Binomialverteilung mit Stetigkeitskorrektur

Sei $X \sim B(n, \pi)$-verteilt. Falls $n\pi$ und $n(1 - \pi)$ groß genug sind, gilt

$$P(X \leq x) = B(x|n, \pi) \approx \Phi\left(\frac{x + 0.5 - n\pi}{\sqrt{n\pi(1 - \pi)}}\right)$$

$$P(X = x) \approx \Phi\left(\frac{x + 0.5 - n\pi}{\sqrt{n\pi(1 - \pi)}}\right) - \Phi\left(\frac{x - 0.5 - n\pi}{\sqrt{n\pi(1 - \pi)}}\right)$$

Faustregel: $n\pi \geq 5$, $n(1 - \pi) \geq 5$

Die in der Literatur angegebenen Faustregeln sind nicht immer einheitlich, sondern schwanken in Abhängigkeit von der angestrebten Approximationsgüte.

Beispiel 7.1   Treffer und Nieten

In Beispiel 5.16(b) (Seite 239) wurden 20 Stück eines Massenartikel geprüft. Wenn größere Stückzahlen entnommen werden, arbeitet man mit der Normalverteilungsapproximation. Sei etwa $n = 100$, also $X \sim B(100, 0.90)$. Dann wird wegen $n\pi = 90$, $n(1 - \pi) = 10$ die Faustregel gerade erfüllt. Dann ist etwa

$$P(X \leq 90) \approx \Phi\left(\frac{90.5 - 90}{\sqrt{100 \cdot 0.90 \cdot 0.10}}\right) = \Phi\left(\frac{0.5}{3}\right)$$
$$= \Phi(0.167) = 0.567,$$

und

$$P(X = 90) \approx \Phi\left(\frac{0.5}{3}\right) - \Phi\left(-\frac{0.5}{3}\right) = 2\Phi\left(\frac{0.5}{3}\right) - 1 = 0.134.$$

Dabei nutzt man $\Phi(-x) = 1 - \Phi(x)$ aus, vgl. Abschnitt 6.3.1. Die Wahrscheinlichkeit, genau den Erwartungswert $E(X) = n\pi = 90$ zu erhalten, sinkt damit auf ca. 13 %. □

Das Diagramm der Abbildung 7.4 zeigt im Überblick weitere Approximationsmöglichkeiten zusammen mit Faustregeln auf. Die Pfeile zwischen den Verteilungen bedeuten dabei „approximierbar durch". Die Approximationsbedingungen sind zusätzlich angegeben.

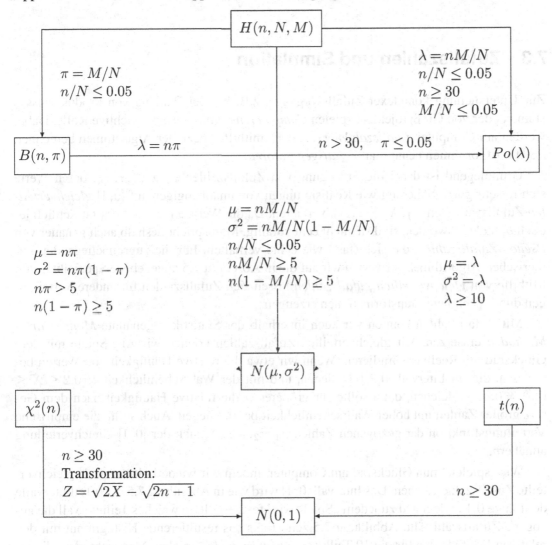

Abbildung 7.4: Approximationsmöglichkeiten und Reproduktionseigenschaften der Verteilungen

Viele dieser Approximationen wurden in den Abschnitten 5.3 und 6.2 bereits angesprochen, weitere ergeben sich daraus durch Verknüpfung untereinander. So ergibt sich beispielsweise durch die Betrachtung der Poisson-Verteilung als Grenzfall der Binomialverteilung für $n \to \infty$ und $\pi \to 0$ die Näherung

$$B(n, \pi) \overset{a}{\sim} Po(\lambda = n\pi)$$

mit der angegebenen Faustregel.

Die Approximation der Binomialverteilung durch eine Normalverteilung führt dazu, dass auch die Poisson-Verteilung für größeres λ approximativ normalverteilt ist. Bei Berücksichtigung der Stetigkeitskorrektur erhält man für $X \sim Po(\lambda)$ und $\lambda \geq 10$

$$P(X \leq x) \approx \Phi\left(\frac{x + 0.5 - \lambda}{\sqrt{\lambda}}\right).$$

*7.3 Zufallszahlen und Simulation

Computer-
simulationen

Zufallszahlen

Zur Untersuchung komplexer Zufallsvorgänge, z.B. bei der Planung von Produktionssystemen oder von Großprojekten, spielen *Computersimulationen* eine wichtige Rolle. Dabei werden am Computer *Zufallszahlen* $x_1, \ldots, x_n$ mithilfe spezieller Algorithmen berechnet. Solche Algorithmen nennt man *Zufallsgeneratoren*.

Pseudo-
Zufallszahlen

Gleichverteilung

Grundlegend ist dabei die Erzeugung von Zufallszahlen $x_1, x_2, \ldots, x_n$, deren Werte sich in sehr guter Näherung wie Realisierungen von unabhängigen auf $[0, 1]$ *gleichverteilten* Zufallsvariablen $X_1, X_2, \ldots, X_n$ verhalten. Da die Werte $x_1, x_2, \ldots, x_n$ tatsächlich jedoch *berechnet* werden, sind sie nicht echt zufällig. Man spricht deshalb auch genauer von *Pseudo-Zufallszahlen*, die sich (fast) wie echte verhalten. Für die zugrundeliegenden numerischen Algorithmen verweisen wir auf die in Abschnitt 7.5 angegebene Speziallliteratur. Mithilfe von *gleichverteilten Zufallszahlen* lassen sich Zufallszahlen für andere Verteilungen durch geeignete Transformationen erzeugen.

Monte-Carlo-
Methoden

Mit Zufallszahlen können wir auch innerhalb der Statistik sogenannte *Monte-Carlo-Methoden* einsetzen. Mit gleichverteilten Zufallszahlen können wir z.B. Spiele mit dem Glücksrad am Rechner simulieren. Wenn wir etwa die relative Häufigkeit von Werten berechnen, die im Intervall $[0.2, 0.6]$ liegen, und mit der Wahrscheinlichkeit $P(0.2 \leq X \leq 0.6) = 0.4$ vergleichen, dann sollte für größeres n die relative Häufigkeit nach dem Gesetz großer Zahlen mit hoher Wahrscheinlichkeit bei 0.4 liegen. Auch sollte die empirische Verteilungsfunktion der gezogenen Zahlen $x_1, x_2, \ldots, x_n$ sich der $[0, 1]$-Gleichverteilung annähern.

Wir „spielen" nun Glücksrad am Computer, indem wir wiederholt auf $[0, 1]$ gleichverteilte Zufallszahlen ziehen. Das Intervall $[0, 1]$ wird wie in Abbildung 7.5 in 10 Teilintervalle der Länge 0.1 zerlegt und zu jedem „Spiel" wird festgestellt, in welches Teilintervall die gezogene Zufallszahl fällt. Abbildung 7.5 zeigt links das resultierende Histogramm mit den relativen Häufigkeiten für die 10 Teilklassen nach $n = 100$ Spielen. Man sieht, dass die relativen Häufigkeiten zum Teil noch deutlich von dem zu erwartenden Wert 0.10 abweichen. Für $n = 1000$ haben sich diese Häufigkeiten bereits wesentlich besser um den Wert 0.10 stabilisiert. Anders ausgedrückt: Die empirische Verteilung der gezogenen Zahlen approximiert die „wahre" Gleichverteilung besser.

Bernoulli-
Verteilung

Zufallszahlen für andere Verteilungen lassen sich aus gleichverteilten Zufallszahlen durch geeignete Transformationen gewinnen. Je nach Verteilung kann dies sehr einfach oder aber auch kompliziert sein. Will man beispielsweise Zufallszahlen $x_1, \ldots, x_n$ zur *Bernoulli-Verteilung* $B(1, \pi)$ erzeugen, kann man folgendermaßen vorgehen: Zunächst

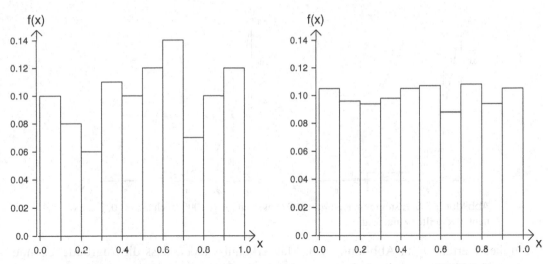

Abbildung 7.5: Empirische Häufigkeitsverteilungen beim Ziehen von $n = 100$ (links)
und $n = 1000$ rechts auf $[0, 1]$ gleichverteilten Zufallszahlen

„zieht" man gleichverteilte Zufallszahlen $u_1, \ldots, u_n$. Ist $u_i \leq \pi$ setzt man $x_i = 1$, sonst
$x_i = 0$, $i = 1, \ldots, n$. Durch Addition erhält man mit $x = x_1 + \ldots + x_n$ eine Zufallszahl zur
Binomialverteilung $B(n, \pi)$.

*Binomial-
verteilung*

Das Erzeugen von *exponentialverteilten Zufallsvariablen* ist bereits etwas schwieriger.
Dazu müssen wir Zahlen $x_1, x_2, \ldots, x_n$ erzeugen, die als Realisierungen von unabhängigen
Zufallsvariablen $X_1, X_2, \ldots, X_n$, die alle wie $X \sim Ex(\lambda)$ verteilt sind, angesehen werden
können. Dies geschieht durch geeignete Transformation von Zufallszahlen $u_1, u_2, \ldots, u_n$
aus einer $[0, 1]$-Gleichverteilung. Die Transformation ergibt sich durch folgende Überlegung: Für $X \sim Ex(\lambda)$ gilt

*Exponential-
verteilung*

$$P(X \leq x) = 1 - e^{-\lambda x} = F(x).$$

Mit der Umkehrfunktion

$$F^{-1}(x) = -\frac{1}{\lambda} \ln(1 - x)$$

gilt

$$F(x) = u \iff x = F^{-1}(u).$$

Mit der transformierten Zufallsvariable $U = F(X)$ gilt dann

$$P(U \leq u) = P(F^{-1}(U) \leq F^{-1}(u)) = P(X \leq x) = 1 - e^{-\lambda x} = u, \quad 0 \leq u \leq 1,$$

d.h. U ist auf $[0, 1]$ gleichverteilt. Somit liefert die Transformation

$$x_i = F^{-1}(u_i) = -\frac{1}{\lambda} \ln(1 - u_i), \quad i = 1, 2, \ldots, n,$$

von auf $[0, 1]$ gleichverteilten Zufallszahlen $u_1, u_2, \ldots, u_n$ exponentialverteilte Zufallszahlen $x_1, x_2, \ldots, x_n$.

Wenn wir analog wie bei der Gleichverteilung 100 bzw. 1000 mit Parameter $\lambda = 0.75$
exponentialverteilte Zufallszahlen bilden, ergeben sich die Histogramme der empirischen

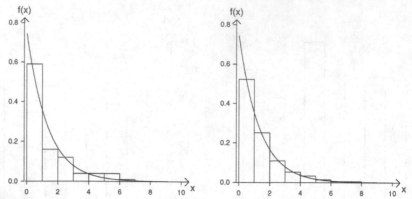

Abbildung 7.6: Histogramme zu $n = 100$ (links) und $n = 1000$ (rechts) auf $[0, 1]$ exponentialverteilten Zufallszahlen

Häufigkeitsverteilung in Abbildung 7.6. Man erkennt wieder, dass die zugrundeliegende „wahre" Exponentialverteilung für größeres n besser approximiert wird.

Standardnormal-
verteilung

Mithilfe geeigneter Transformationen von gleichverteilten Zufallsvariablen, auf die wir hier nicht näher eingehen, lassen sich am Computer auch *standardnormalverteilte* Zufallszahlen $x_1, \ldots, x_n, \ldots$ erzeugen, die als Realisierungen von unabhängigen $N(0, 1)$-Variablen $X_1, \ldots, X_n, \ldots$ angesehen werden können. Durch den Übergang zu $y_i = \mu + \sigma x_i$ erhält man dann $N(\mu, \sigma^2)$-verteilte Zufallszahlen.

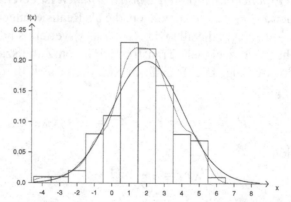

Abbildung 7.7: Dichte der $N(2, 2)$-Verteilung, Histogramm und Dichtekurve ($\cdots$) der empirischen Verteilung

Abbildung 7.7 zeigt für $\mu = 2$ und $\sigma^2 = 4$ die „wahre" Dichte der $N(2, 2)$-Verteilung, das resultierende Histogramm und eine Kernapproximation der Dichtekurve der empirischen Verteilung zu $n = 100$ gezogenen Zufallszahlen. Dabei zeigen sich noch deutliche Abweichungen zwischen theoretischer und empirischer Verteilung.

*7.4 Einige Ergänzungen

Dieser Abschnitt enthält einige Ergänzungen zu Zufallsvariablen, Verteilungen und ihren Eigenschaften.

7.4.1 Zufallsvariablen als Abbildungen

In den einführenden Beispielen 5.1 bis 5.3 (ab Seite 209) hatten wir gezeigt, dass sich eine Zufallsvariable X auch als Abbildung auffassen lässt: Jedem Ergebnis ω einer zugrundeliegenden Ergebnismenge Ω wird dabei sein Wert $X(\omega) = x$, eine reelle Zahl, zugeordnet. So ist etwa in Beispiel 5.2 (Zweimal Würfeln) jedem Paar $\omega = (i,j)$, $1 \leq i, j \leq 6$, durch die Zufallsvariable $X = $ „Augensumme" der Wert $X(\omega) = x = i + j$ zugeordnet. In Beispiel 5.3 (Mietspiegel) wird für jede ausgewählte Wohnung ω aus der Gesamtheit Ω aller mietspiegelrelevanten Wohnungen die zu zahlende Nettomiete $x = X(\omega)$ oder ihre Wohnfläche $y = Y(\omega)$ festgestellt. Ergebnisse der Art $\{X = x\}$, $\{X \leq x\}$ usw. lassen sich dann auf Ereignisse der ursprünglichen Ergebnismenge zurückführen. Man identifiziert jeweils

$$\{X = x\} \text{mit} \{\omega : X(\omega) = x\},$$
$$\{X \leq x\} \text{mit} \{\omega : X(\omega) \leq x\}$$

usw. So ist beim zweimaligen Würfeln

$$\{X = 4\} = \{(1,3), (2,2), (3,1)\},$$
$$\{X \leq 4\} = \{(1,1), (1,2), (1,3), (2,1), (2,2), (3,1)\},$$

und beim Mietspiegel tritt das Ereignis $\{X \leq 1000\}$ ein, wenn eine Wohnung mit einer Nettomiete von höchstens 1000€ gezogen wird, d.h. der Menge $\{\omega : X(\omega) \leq 1000\}$ angehört.

Nimmt man diese *Abbildungseigenschaft* von Zufallsvariablen explizit in die Definition auf, so ergibt sich:

Abbildungseigenschaft

Zufallsvariablen und Ereignisse

Gegeben sei ein Zufallsexperiment mit der Ergebnismenge Ω. Eine *Zufallsvariable* X ist eine Abbildung, die jedem $\omega \in \Omega$ eine reelle Zahl $X(\omega) = x$ zuordnet, kurz

$$X : \Omega \longrightarrow \mathbb{R}$$
$$\omega \mapsto X(\omega) = x.$$

Der Wert x, den X bei Durchführung des Zufallsexperiments annimmt, heißt *Realisierung* von X.

Durch die Zufallsvariable X werden *Ereignisse* festgelegt, beispielsweise von der Art:

$$\{X = x\} = \{\omega \in \Omega | X(\omega) = x\},$$
$$\{X \leq x\} = \{\omega \in \Omega | X(\omega) \leq x\},$$
$$\{a \leq X \leq b\} = \{\omega \in \Omega | a \leq X(\omega) \leq b\},$$
$$\{X \in I\} = \{\omega \in \Omega | X(\omega) \in I\},$$

wobei I ein Intervall ist.

Wie etwa Beispiel 5.4 (Seite 211) zeigt, ist es in vielen Anwendungen nicht notwendig, nicht wichtig oder nicht möglich, einen zugrundeliegenden Ergebnisraum wie in den Beispielen 5.1 bis 5.3 zu finden. Trotzdem lassen sich die dabei interessierenden Merkmale X, etwa die Rendite einer Aktie wie in Beispiel 5.4, formal ebenfalls als Zufallsvariable im Sinne der obigen Definition auffassen: Als Ergebnisraum Ω wählt man die Menge aller für x möglichen Werte, d.h. den Träger $\mathcal{T}$ oder auch eine Obermenge dieser Werte, also in jedem Fall $\Omega \subseteq \mathbb{R}$. Als Zuordnungsvorschrift wählt man $\omega = x = X(\omega)$, d.h. X ist formal die „identische" Abbildung.

Tatsächlich interessiert man sich aber selten für X als Abbildung, insbesondere nicht für das eben beschriebene Konstrukt. Vielmehr möchte man etwas über die Verteilung von X wissen, d.h. über Wahrscheinlichkeiten der Form $P(X \in I)$ oder $P(X \in B)$, wobei I ein Intervall oder allgemeiner B eine „zulässige" Teilmenge von $\mathbb{R}$ ist, vgl. Abschnitt 5.1.

Wahrscheinlichkeitsverteilung

Die *Wahrscheinlichkeitsverteilung* oder kurz Verteilung von X ist die Zuordnung von Wahrscheinlichkeiten

$$P(X \in I) \quad \text{oder} \quad P(X \in B)$$

für Intervalle oder zulässige Bereiche.

7.4.2 Verteilungsfunktion und ihre Eigenschaften

Die Festlegung aller Wahrscheinlichkeiten $P(X \in I)$ wäre für praktische Zwecke mühsam, aber auch unnötig. Wegen der Rechenregeln für Wahrscheinlichkeiten genügt es nämlich, die Wahrscheinlichkeiten $P(X \leq x)$ für Ereignisse der Form $\{X \leq x\}$ zu kennen. Daraus lassen sich die Wahrscheinlichkeiten für andere Ereignisse berechnen. Dies führt sofort zur folgenden Definition der Verteilungsfunktion, bei der wir zunächst nicht mehr zwischen diskreten und stetigen Zufallsvariablen unterscheiden:

Verteilungsfunktion

Sei X eine Zufallsvariable. Die Funktion $F(x)$, die jedem $x \in \mathbb{R}$ die Wahrscheinlichkeit $P(X \leq x)$ zuordnet,

$$F(x) = P(X \leq x),$$

heißt *Verteilungsfunktion* von X.

Für diskrete Zufallsvariablen ist $F(x)$ immer eine monoton wachsende Treppenfunktion, für stetige Zufallsvariablen eine monoton wachsende stetige Funktion. Es gibt jedoch auch Zufallsvariablen, die weder diskret noch stetig sind. Sei beispielsweise X die Wartezeit eines Kunden vor einem Schalter. Dann kann etwa mit Wahrscheinlichkeit 0.2 der Schalter frei sein, d.h. $P(X = 0) = 0.2$. Ist der Schalter jedoch nicht frei, kann die Wartezeit etwa auf dem Intervall $(0, m]$ gleichverteilt sein, wenn m die maximale Wartezeit ist. Die Verteilungsfunktion sieht dann wie in Abbildung 7.8 aus.

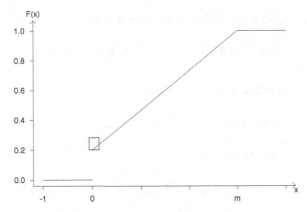

Abbildung 7.8: Eine gemischt stetig-diskrete Verteilungsfunktion

Sie weist bei $x = 0$ einen Sprung der Höhe 0.2 auf, sonst ist sie stetig. Es gibt offensichtlich auch noch kompliziertere Formen von Verteilungsfunktionen, auf die wir aber nicht eingehen.

Aus der Definition $F(x) = P(X \leq x)$ lassen sich über Axiome und Rechenregeln folgende allgemeine Eigenschaften von Verteilungsfunktionen zeigen:

Eigenschaften von Verteilungsfunktionen

1. $F(x)$ ist monoton wachsend, d.h. es gilt

$$F(x_1) \leq F(x_2) \quad \text{für} \quad x_1 < x_2 \,.$$

2. Es gilt

$$\lim_{x \to -\infty} F(x) = 0, \quad \lim_{x \to +\infty} F(x) = 1 \,.$$

3. $F(x)$ ist rechtsseitig stetig, d.h. für $h > 0$ gilt

$$\lim_{h \to 0} F(x + h) = F(x) \,.$$

Mit dem linksseitigen Grenzwert

$$\lim_{h \to 0} F(x - h) = F(x^-)$$

gilt

$$F(x) - F(x^-) = P(X = x) \,.$$

Die Sprunghöhe $F(x) - F(x^-)$ ist also gleich der Wahrscheinlichkeit für das Ereignis $\{X = x\}$.

Für stetige Verteilungsfunktionen ist $F(x) = F(x^-)$, also $P(X = x) = 0$. Für Verteilungsfunktionen von diskreten Zufallsvariablen ergibt Eigenschaft 3 gerade die Sprunghöhen der Treppenfunktion. Die ersten beiden Eigenschaften lassen sich folgendermaßen beweisen:

1. Für $x_1 < x_2$ ist $\{X \le x_1\} \subset \{X \le x_2\}$. Damit folgt

$$F(x_1) = P(X \le x_1) \le P(X \le x_2) = F(x_2).$$

2. Für jede aufsteigende Folge $x_n \longrightarrow \infty$ gilt

$$(-\infty, x_1] \cup (x_1, x_2] \cup \ldots (x_{n-1}, x_n] \cup \ldots = \mathbb{R}.$$

Daraus erhält man für $x_n \longrightarrow \infty$

$$P(X \le x_n) = F(x_n) \longrightarrow \lim_{x \to \infty} F(x) = 1.$$

$\lim_{x \to -\infty} F(x) = 0$ beweist man durch Komplementbildung.

Der Beweis zu Eigenschaft 3 verlangt etwas mehr Aufwand, sodass wir an dieser Stelle darauf verzichten.

Viele Begriffe und Eigenschaften von Zufallsvariablen lassen sich nicht nur für diskrete und stetige Zufallsvariablen, sondern auch für allgemeinere Typen ableiten, etwa Mischformen mit diskreten und stetigen Anteilen wie im obigen Beispiel. So gilt etwa die Definition der Unabhängigkeit von Zufallsvariablen ganz allgemein, wenn man in der Definition der Unabhängigkeit für stetige Zufallsvariablen beliebige Verteilungsfunktionen zulässt. Ebenso ist es möglich, Erwartungswerte, Varianzen, aber auch höhere Momente, die bei Schiefe- und Wölbungsmaßen in Abschnitt 7.4.4 Verwendung finden, allgemein zu definieren. Entsprechend gelten Rechenregeln, Gesetze großer Zahlen, die folgende Ungleichung von Tschebyscheff und vieles andere nicht nur für diskrete und stetige Zufallsvariablen, sondern allgemeiner.

7.4.3 Ungleichung von Tschebyscheff

Bei metrisch skalierten Zufallsvariablen ist man oft an den Wahrscheinlichkeiten für Ereignisse der Form $\{\mu - c < X < \mu + c\} = \{|X - \mu| \le c\}$, $c > 0$, oder den Komplementärereignissen $\{|X - \mu| > c\}$ interessiert. Dabei kann man $\mu = E(X)$ als „Sollwert" interpretieren, und $\{|X - \mu| \le c\}$ heißt, dass X um maximal $\pm c$ vom Sollwert μ entfernt ausfällt. Zur Berechnung von $P(|X - \mu| \le c)$ benötigt man i.A. die Wahrscheinlichkeitsfunktion von X. Die Ungleichung von Tschebyscheff ermöglicht es, diese Wahrscheinlichkeit allein bei Kenntnis der Varianz abzuschätzen.

Ungleichung von Tschebyscheff

Für eine Zufallsvariable X mit $E(X) = \mu$ und $Var(X) = \sigma^2$ gelten für beliebiges $c > 0$ folgende Ungleichungen:

$$P(|X - \mu| \ge c) \le \frac{\sigma^2}{c^2} \quad \text{und} \quad P(|X - \mu| < c) \ge 1 - \frac{\sigma^2}{c^2}.$$

Die zweite Ungleichung ergibt sich dabei aus der ersten wegen $P(|X - \mu| \geq c) = 1 - P(|X-\mu| < c)$. Sie besagt, dass bei festem c die Wahrscheinlichkeit für $\{\mu-c < X < \mu+c\}$ desto näher bei 1 liegt, je kleiner σ^2 ist. Entsprechend liegt sie bei fester Varianz σ^2 desto näher bei 1, je größer c ist.

Die erste Ungleichung lässt sich folgendermaßen zeigen: Man definiert die diskrete Zufallsvariable

$$Y = \begin{cases} 0, & \text{falls} \quad |X - \mu| < c \\ c^2, & \text{falls} \quad |X - \mu| \geq c. \end{cases}$$

Damit gilt $P(Y = 0) = P(|X - \mu| < c)$ und $P(Y = c^2) = P(|X - \mu| \geq c)$. Somit ist

$$E(Y) = c^2 P(|X - \mu| \geq c).$$

Da nach Definition von Y immer $Y \leq |X - \mu|^2$ gilt, folgt

$$E(Y) \leq E(X - \mu)^2 = Var(X) = \sigma^2,$$

d.h. die erste Ungleichung.

Würfeln   Beispiel 7.2

Für $X = $ „Augenzahl beim einmaligen Würfeln" ist $\mu = 3.5$ und $\sigma^2 = 2.92$. Für $c = 2$ gilt nach der Ungleichung von Tschebyscheff

$$P(3.5 - 2 < X < 3.5 + 2) = P(1.5 < X < 5.5)$$
$$\geq 1 - \frac{2.92}{4} = 0.27.$$

Wegen $\{1.5 < X < 5.5\} = \{x \in \{2,3,4,5\}\}$ gilt jedoch

$$P\{1.5 < X < 5.5\} = \frac{4}{6} = \frac{2}{3}.$$

Die Abschätzung ist also hier sehr ungenau.   □

Die Ungleichung von Tschebyscheff findet vor allem für feinabgestufte diskrete oder stetige Zufallsvariablen Verwendung. Insbesondere wird die zweite Form oft zur Abschätzung für die Wahrscheinlichkeiten von $k\sigma$-Bereichen $[\mu - k\sigma, \mu+k\sigma]$, $k = 1,2,3,\ldots$, benutzt. Man $k\sigma$-Bereiche erhält mit $c = k\sigma$

$$P(\mu - k\sigma \leq X \leq \mu + k\sigma) \geq 1 - \frac{\sigma^2}{(k\sigma)^2} = 1 - \frac{1}{k^2}.$$

Für $k = 1$ ist die Abschätzung wertlos. Für $k = 2$ und $k = 3$ ergibt sich

$$P(\mu - 2\sigma \leq X \leq \mu + 2\sigma) \geq \frac{3}{4},$$
$$P(\mu - 3\sigma \leq X \leq \mu + 3\sigma) \geq \frac{8}{9}.$$

Falls X normalverteilt ist, ergeben sich als Wahrscheinlichkeiten für die entsprechenden Bereiche die Werte 0.9545 ($k = 2$) und 0.9973 ($k = 3$), vgl. Abschnitt 6.3. Auch hier, wenn auch nicht in dem Maße wie im vorangehenden Beispiel, wird der Informationsverlust deutlich, den man erleidet, wenn keine Kenntnis über die Verteilung benutzt wird.

Mit der Ungleichung von Tschebyscheff lässt sich auch das Gesetz der großen Zahlen leicht beweisen. Dazu wendet man die Ungleichung auf das arithmetische Mittel $\bar{X}_n$ an. Wegen $E(\bar{X} = \mu)$, $Var(\bar{X}_n) = \sigma^2/n$ erhält man

$$P(|\bar{X}_n - \mu)| \leq c) \geq 1 - \frac{\sigma^2}{nc^2}.$$

Für $n \longrightarrow \infty$ geht σ^2/nc^2 gegen null. Daraus folgt die Behauptung.

7.4.4 Maßzahlen für Schiefe und Wölbung

Maßzahlen für die Schiefe von Verteilungen lassen sich in Analogie zu Kennzahlen für empirische Verteilungen definieren. Der p-Quantilskoeffizient nutzt die Beziehung zwischen Median und Quantilen.

---

p-Quantilskoeffizient der Schiefe

$$\gamma_p = \frac{(x_{1-p} - x_{med}) - (x_{med} - x_p)}{x_{1-p} - x_p}, \quad 0 < p < 1,$$

$\gamma_{0.25}$ heißt *Quartilskoeffizient der Schiefe*.

Es gilt $-1 \leq \gamma_p \leq 1$ und

$$\gamma_p = 0 \quad \text{für symmetrische Verteilungen},$$
$$\gamma_p > 0 \quad \text{für linkssteile Verteilungen},$$
$$\gamma_p < 0 \quad \text{für rechtssteile Verteilungen}.$$

Ein weiterer Schiefeparameter ist der

Momentenkoeffizient der Schiefe

$$\gamma_m = \frac{E(X - \mu)^3}{\sigma^3}$$

mit $\mu = E(X)$, $\sigma^2 = Var(X)$.

Wegen der dritten Potenz wird γ_m positiv, wenn die x-Werte überwiegen, die größer als μ sind. Dies ist bei linkssteilen Verteilungen der Fall. Bei symmetrischen Verteilungen heben sich positive und negative Abweichungen gerade auf. Also gilt

$$\gamma_m = 0 \quad \text{für symmetrische Verteilungen},$$
$$\gamma_m > 0 \quad \text{für linkssteile Verteilungen},$$
$$\gamma_m < 0 \quad \text{für rechtssteile Verteilungen}.$$

Rechtssteile Verteilung   Beispiel 7.3

Im Beispiel 6.10 (Seite 271) ist $x_{0.75} = \sqrt{0.75}$, $x_{0.25} = \sqrt{0.25}$. Daraus folgt

$$\gamma_{0.25} = \frac{(\sqrt{0.75} - \sqrt{0.5}) - (\sqrt{0.5} - \sqrt{0.25})}{\sqrt{0.75} - \sqrt{0.25}} = -0.13\,.$$

Der negative Quartilskoeffizient indiziert also eine rechtssteile Verteilung.   □

7.5 Zusammenfassung und Bemerkungen

Die in Abschnitt 7.1.1 formulierten *Gesetze großer Zahlen* sind von grundlegender Bedeutung für die induktive Statistik: Falls man Daten $x_1, \ldots, x_n$ so erhebt, dass sie sich als
Ergebnisse von n *unabhängigen* Wiederholungen der interessierenden Zufallsvariable X interpretieren lassen, dann konvergieren für $n \to \infty$ empirische Verteilungen und Parameter
gegen die Verteilung von X und entsprechende Verteilungsparameter. Für Zufallsstichproben, wie sie in den späteren Kapiteln zur induktiven Statistik zugrunde gelegt werden, ist
diese Voraussetzung zumindest näherungsweise erfüllt. Dann lassen sich die Verteilungen
bzw. Parameter von X durch die empirischen Analoga sinnvoll schätzen. Ebenso grundlegend ist der *zentrale Grenzwertsatz*: Er rechtfertigt die Annahme einer – zumindest approximativen – Normalverteilung für Zufallsvariablen, die sich additiv aus vielen zufälligen
Einflüssen ähnlicher Größenordnung erklären lassen, und – noch wichtiger – *Normalvertei-
lungsapproximationen* für eine Reihe von Schätz- und Teststatistiken der *induktiven Statistik*. Beweise dieser Grenzwertsätze und Verallgemeinerungen finden sich in Lehrbüchern
zur Wahrscheinlichkeitstheorie und mathematischen Statistik, z.B. Fisz (1989).

Zufallszahlen sind Basisbausteine für moderne, computerintensive Simulationstechniken. Sie können aber auch (wie in Abschnitt *7.3) zur empirischen Überprüfung oder zur
Gewinnung von theoretischen Resultaten der Statistik dienen. Umfassende Darstellungen
zur Erzeugung von Zufallszahlen finden sich bei Ripley (1987) und Devroye (1986).

7.6 Zufallszahlen mit R

R bietet für alle eingeführten diskreten und stetigen Verteilungen Funktionen zur Erzeugung
von Zufallszahlen.

Möchte man reproduzierbare Folgen von Zufallszahlen erzeugen, so muss vorher der
sogenannte `seed` entsprechend auf einen (beliebigen) Wert gesetzt werden, zum Beispiel
mit dem Befehl

```
set.seed(31793104)
```

Zufallszahlen einer beliebigen diskreten Verteilung erhält man mit der `sample()`-
Funktion. Um beispielsweise 100 Zufallszahlen aus einer Gleichverteilung auf den natürlichen Zahlen $1, 2, \ldots, 10$ (mit Zurücklegen) zu ziehen, genügt der Befehl

```
sample(1:10, 100, replace=TRUE)
```

Möchte man keine Gleichverteilung, kann mit dem Parameter `prob` eine beliebige Wahrscheinlichkeitsfunktion angegeben werden, zum Beispiel

```
sample(c(1,2,3,4), 100, replace=TRUE,
       prob=c(0.25, 0.25, 0.2, 0.3) )
```

Die simulierten Zufallszahlen nehmen dann die Werte 1, 2, 3 und 4 mit den Wahrscheinlichkeiten 0.25, 0.25, 0.2 und 0.3 an.

Zufallzahlen aus einer Normalverteilung mit Erwartungswert μ und Varianz σ^2 lassen sich mit der Funktion `rnorm()` erzeugen. Dabei ist zu beachten, dass `rnorm()` die Standardabweichung und nicht die Varianz als Parameter erwartet. Möchte man beispielsweise $n = 100$ Zufallszahlen aus einer $N(5, 16)$-Verteilung ziehen und in einer Variablen x abspeichern, so erreicht man dies mit dem Befehl

```
x <- rnorm(n=100, mean=5, sd=4)
```

Entsprechende Funktionen stehen für andere Verteilungen zur Verfügung, zum Beispiel `rpois()` für Zufallszahlen aus einer Poisson-Verteilung oder `rexp()` für Zufallszahlen aus einer Exponentialverteilung.

Simulation zum zentralen Grenzwertsatz

Folgender Code-Abschnitt veranschaulicht den zentralen Grenzwertsatz aus Abschnitt 7.1.2 anhand von Poisson-verteilten Zufallszahlen. Jeweils $S = 1000$ Zufallszahlen werden aus der standardisierten Summe von n $Po(0.4)$-verteilten Zufallszahlen gebildet, wobei n immer größer wird. Für die jeweils $S = 1000$ Zufallszahlen wird ein Kern-Dichteschätzer berechnet und mit der Dichte einer Standardnormalverteilung in ein Diagramm gezeichnet. D.h. um die tatsächliche Verteilung der standardisierten Summe von jeweils n $Po(0.4)$-verteilten Zufallszahlen mit guter Näherung darstellen zu können, wird dieser Vorgang $S = 1000$-mal wiederholt.

```
set.seed(3134561)
lambda <- 0.4
N <- c(5,6,7,8,9,10,20,30,50,100,150,200,1000)
S <- 1000
for ( n in N ){
 rv <- matrix(nrow=n, ncol=S,
       data=rpois(n=S*n,lambda=lambda) )
 zvalues <- ( colSums(rv)-n*lambda) / ( sqrt(n*lambda) )
 plot(density(zvalues),main=bquote(n== .(n)),ylim=c(0,0.5))
 curve( dnorm(x), from=-4, to=4, add=T, col="red")
 mtext(bquote(lambda== .(lambda)),3)
 Sys.sleep(3)
}
```

Es wird also zunächst eine $n \times 1000$-Matrix mit $Po(\lambda)$-verteilten Zufallszahlen erzeugt, wobei hier $\lambda = 0.4$ gewählt wurde. Dann werden spaltenweise über die n Zeilen die Summen gebildet, danach die standardisierte Summe. Dabei nutzt man aus, dass σ im zentralen Grenzwertsatz hier $\sqrt{\lambda}$ entspricht, da die Varianz bei der Poisson-Verteilung gleich dem Erwartungswert λ ist. Das Ganze wird für wachsendes n wiederholt. Der Befehl $Sys.sleep(3)$ stoppt das Programm nach jedem n für kurze Zeit, damit man die Grafiken in Ruhe betrachten kann.

7.7 Aufgaben

Die Studie zum Gesundheitszustand von Frühgeburten aus Aufgabe 6.8 wurde an mehreren Kliniken durchgeführt, sodass insgesamt 500 Kinder teilgenommen haben. Welche Verteilung besitzt die Anzahl der Kinder, die weniger als 980 g wiegen? Wie groß ist die Wahrscheinlichkeit, dass genau 175 Kinder der Studie ein Geburtsgewicht kleiner als 980 g aufweisen?

Aufgabe 7.1

In der Situation von Aufgabe 5.10 befragt der Journalist zufällig fünf der 200 Angestellten eines Kaufhauses. Wie lauten annähernd die gesuchten Wahrscheinlichkeiten, wenn der Anteil der Angestellten, die bereit sind, länger zu arbeiten, wieder gleich 0.2 ist? Welche approximative Verteilung hat die interessierende Zufallsvariable ferner, wenn 40 Personen der ganzen Warenhauskette mit 1000 angestellten Verkäuferinnen befragt würden?

Aufgabe 7.2

Ihr kleiner Neffe bastelt eine 50-teilige Kette, deren einzelne Glieder im Mittel eine Länge von 2 cm mit einer Standardabweichung von 0.2 cm aufweisen. Welche Verteilung hat die Gesamtlänge der Spielzeugkette?

Aufgabe 7.3

Die Nettomiete von Zwei-Zimmer-Wohnungen eines Stadtteils sei annähernd symmetrisch verteilt mit Erwartungswert 570 und Standardabweichung 70. Es wird eine Zufallsstichprobe von 60 solcher Wohnungen gezogen. Geben Sie mithilfe der Ungleichung von Tschebyscheff ein um den Erwartungswert symmetrisches Intervall an, in dem das Stichprobenmittel mit 95 % Wahrscheinlichkeit liegt.

Aufgabe 7.4

Eine Fertigungslinie stellt Fußbälle her, deren Durchmesser im Mittel normgerecht ist, aber eine Standardabweichung von 0.4 cm aufweisen. Bälle, die mehr als 0.5 cm von der Norm abweichen, gelten als Ausschuss. Wie groß ist der Ausschussanteil höchstens?

Aufgabe 7.5

Wie kann man mithilfe von normalverteilten Zufallszahlen t-verteilte Zufallszahlen simulieren?

Aufgabe 7.6

Bestimmen Sie den Quartilskoeffizienten der geometrischen Verteilung mit $\pi = 0.5$ sowie der Exponentialverteilung mit dem Parameter $\lambda = 0.5$.

Aufgabe 7.7

R-Aufgaben

Im Folgenden sollen Zufallszahlen aus verschiedenen Verteilungen gezogen und anschließend grafisch dargestellt werden. Wiederholen Sie die Experimente mit anderen Zufallszahlen und prüfen Sie, ob Sie zu den gleichen Aussagen kommen.

Aufgabe 7.8 Zufallszahlen aus Binomial-und Poisson-Verteilungen.

(a) Ziehen Sie nacheinander $n = 10, 100, 1000, 10000$ Zufallszahlen aus einer $B(n, 0.5)$ (Werfen
einer fairen Münze). Stellen Sie die relativen Häufigkeiten grafisch dar und vergleichen Sie diese
mit der Wahrscheinlichkeitsfunktion einer $B(n, 0.5)$. Beurteilen Sie die Übereinstimmung.

(b) Ziehen Sie nacheinander $n = 10, 100, 1000, 10000$ Zufallszahlen aus einer $B(n, 0.51)$ (Werfen
einer leicht unfairen Münze). Ab wann würden Sie sagen, dass Sie erkennen können, dass die
Münze unfair ist?

(c) Simulieren Sie jeweils $n = 1000$ Zufallszahlen aus zwei Poisson-Verteilungen mit den Parametern 2 und 5. Betrachten Sie die Verteilung der $n = 1000$ paarweisen Summen, Differenzen und
Produkte. Wie stark weicht das arithmetische Mittel der Summen noch vom Erwartungswert ab?

Aufgabe 7.9 Simulieren Sie $n = 10, 20, 50, 100, 1000, 10000$ Zufallszahlen aus einer Standardnormalverteilung.
Erstellen sie eine Grafik, in der sowohl eine Kerndichteschätzung der n Zufallszahlen als auch die
Dichtefunktion der Standardnormalverteilung enthalten ist.

Aufgabe 7.10 Simulieren Sie $n = 5, 8, 15, 20, 25, 30, 50, 100$ Zufallszahlen aus einer Standardnormalverteilung
(X) und einer χ^2-Verteilung (Z) mit n Freiheitsgraden. Erstellen sie jeweils eine Grafik, in der
sowohl eine Kerndichteschätzung der n Quotienten $T = X/\sqrt{Z/n}$ als auch die Dichtefunktion der
t-Verteilung mit n Freiheitsgraden enthalten ist. Berechnen Sie die arithmetisches Mittel und Varianz von T und vergleichen Sie diese mit den theoretischen Größen Erwartungswert und Varianz.

Aufgabe 7.11 Simulieren Sie $N(1, 5)$-verteilte Zufallszahlen und stellen Sie die Konvergenz des arithmetischen
Mittels $\bar{x}_n$ gegen den Erwartungswert mit wachsendem Stichprobenumfang $n = 1, 2, \ldots$ grafisch
dar.

Aufgabe 7.12 In Abschnitt 7.6 wurde der zentrale Grenzwertsatz veranschaulicht. Schreiben Sie ein R-Programm
zur Veranschaulichung des Grenzwertsatzes von de Moivre. Wählen Sie dazu z.B. $\pi = 0.4$ und $n =
5, 20, 30, 50, 100$ und zeichnen Sie die Histogramme der Häufigkeitsverteilungen. Vergleichen Sie
die Histogramme mit der Dichte der passenden Normalverteilung. Was ändert sich für $\pi = 0.04$?

Aufgabe 7.13 In Abschnitt 7.6 wurde der zentrale Grenzwertsatz veranschaulicht. Voraussetzung dafür ist, dass
Erwartungswert und Varianz der Zufallsvariablen existieren. Ein Gegenbeispiel ist die Cauchy-
Verteilung. Veranschaulichen Sie, dass der zentrale Grenzwertsatz bei Cauchy-verteilten Zufalls-
variablen (Funktion `rcauchy()`) nicht funktioniert.

Kapitel 8

Mehrdimensionale Zufallsvariablen

Bei der Durchführung von Zufallsexperimenten interessiert man sich häufig nicht nur für ein einziges Merkmal allein, sondern für zwei oder mehrere Variablen, die für dieselben Untersuchungseinheiten erfasst werden. Es ist dann notwendig, die *gemeinsame* Verteilung dieser Merkmale zu betrachten. Im Folgenden wird zuerst das Konzept mehrdimensionaler Zufallsvariablen eingeführt und anschließend der zweidimensionale Fall für diskrete und stetige Zufallsvariablen eingehender betrachtet. Ein wesentlicher Abschnitt gilt der Kovarianz und der Korrelation als Verteilungsparametern, die den Zusammenhang zwischen je zwei Zufallsvariablen charakterisieren.

8.1 Begriff mehrdimensionaler Zufallsvariablen

Eindimensionale Zufallsvariablen erhält man, indem man die Ausprägungen von Merkmalen als Ergebnisse eines Zufallsvorgangs auffasst. Mehrdimensionale Zufallsvariablen ergeben sich dadurch, dass anstatt eines Merkmals, d.h. einer Zufallsvariable, mehrere betrachtet werden. Den Ergebnissen des Zufallsvorgangs werden demnach mindestens zwei reelle Zahlen zugeordnet. Einige typische Beispiele sollen dies veranschaulichen.

Mietspiegel   Beispiel 8.1

Bei der Erstellung eines Mietspiegels ist man an mehreren Merkmalen wie beispielsweise Nettomiete, Wohnfläche und Zimmerzahl interessiert. Jede Wohnung weist für diese Merkmale bestimmte Ausprägungen auf. Die Merkmale lassen sich als Abbildungen verstehen, die jeder Wohnung die ihr entsprechende Nettomiete, Wohnfläche und Zimmerzahl zuordnet. Wählt man nun eine der Wohnungen rein zufällig aus, so ist die Wahrscheinlichkeit, mit der bestimmte Ausprägungen des Tupels (Nettomiete, Wohnfläche, Zimmerzahl) resultieren, bestimmt durch die in der jeweiligen Stadt vorliegenden Wohnverhältnisse.   □

Roulette   Beispiel 8.2

Die Felder des Roulettes tragen die Zahlen 0, 1 bis 36. Geht man von einem idealen Kessel aus, wird jedes Feld mit der Wahrscheinlichkeit 1/37 auftreten. Setzt man nicht auf Zahlen, sondern auf das Merkmal „Farbe" (also rot oder schwarz) bzw. auf den „Zahlentyp" (gerade oder ungerade) fokussiert sich das Interesse nur auf das Ergebnis dieser beiden Merkmale. Man betrachtet somit die Zufallsvariablen Farbe

$$X = \begin{cases} 1 & \text{rote Zahl} \\ 2 & \text{schwarze Zahl} \\ 3 & \text{Zero} \end{cases}$$

und Typ

$$Y = \begin{cases} 1 & \text{gerade Zahl} \\ 2 & \text{ungerade Zahl} \\ 3 & \text{Zero.} \end{cases}$$

Das gesamte Zufallsexperiment reduziert sich damit auf die Betrachtung der Wahrscheinlichkeiten für $X = i, Y = j$ mit $i, j \in \{1, 2, 3\}$.

Die Felder des Roulettes sind bestimmt durch das folgende Schema, wobei die schwarzen Felder schattiert und die roten unschattiert sind.

34	31	28	25	22	19	16	13	10	7	4	1	
35	32	29	26	23	20	17	14	11	8	5	2	0
36	33	30	27	24	21	18	15	12	9	6	3	

Die Wahrscheinlichkeit für das gemeinsame Ereignis $X = 1, Y = 1$, also gerade *und* rot, entspricht demnach dem Auftreten der Zahlen 12, 14, 16, 18, 30, 32, 34, 36, d.h.

$$P(X = 1, Y = 1) = P(\{12, 14, 16, 18, 30, 32, 34, 36\}) = 8/37.$$

Die Wahrscheinlichkeiten für $X = i, Y = j$ lassen sich für jede Ausprägung von X und Y analog zu diesem Beispiel berechnen und in einer Tabelle darstellen

$P(X = i, Y = j)$			Y	
		gerade	ungerade	Zero
		1	2	3
	rot 1	8/37	10/37	0
X	schwarz 2	10/37	8/37	0
	Zero 3	0	0	1/37

□

Beispiel 8.3   Messwiederholungen

Ein einfaches Experiment wie der Münzwurf wird dreimal wiederholt. Bezeichne X_k das Merkmal

$$X_k = \begin{cases} 1 & \text{Kopf im } k\text{-ten Wurf} \\ 0 & \text{Zahl im } k\text{-ten Wurf.} \end{cases}$$

Eine Sequenz wie (K, K, Z) steht für das sukzessive Auftreten von Kopf, Kopf, Zahl beim 1., 2. und 3. Wurf. Für die gemeinsamen Auftretenswahrscheinlichkeiten erhält man beispielsweise

$$P(X_1 = 1, X_2 = 1, X_3 = 1) = P(\{(K, K, K)\}),$$
$$P(X_1 = 1, X_2 = 1, X_3 = 0) = P(\{(K, K, Z)\}).$$

Die jeweils rechts stehenden Wahrscheinlichkeiten sind die Wahrscheinlichkeiten des Zufallsexperiments. Links steht die dadurch festgelegte Wahrscheinlichkeit für das gemeinsame Auftreten bestimmter Ausprägungen der einzelnen Zufallsvariablen. $\square$

Jede Komponente von mehrdimensionalen Zufallsvariablen ist eine eindimensionale Zufallsvariable im Sinne der Kapitel 5 und 6. Während bei eindimensionalen Zufallsvariablen jedem Ergebnis eines Zufallsvorgangs genau eine reelle Zahl zugeordnet wird, werden nun *einem* Ergebnis simultan *mehrere* reelle Zahlen zugeordnet. Jede Komponente, d.h. jede einzelne Zufallsvariable, entspricht dabei einer Zuordnung. Mehrdimensionale Zufallsvariablen lassen sich somit in Analogie zu Abschnitt*7.4 auch als mehrdimensionale Abbildungen verstehen. Den Zufallsvariablen $X_1, \ldots, X_n$ liegt die Abbildung

$$X_1, X_2, \ldots, X_n : \Omega \longrightarrow \mathbb{R}^n$$
$$\omega \longmapsto (X_1(\omega), \ldots, X_n(\omega))$$

zugrunde, die jedem Ergebnis ω genau n Messwerte zuordnet. Im Mietspiegelbeispiel entspricht Ω der Menge aller Wohnungen, im Roulette-Beispiel der Menge der Zahlen und im Münzwurfbeispiel der Menge möglicher Kopf-Wappen-Kombinationen. Der Zufallscharakter der Ausprägungen von $X_1, \ldots, X_n$ ergibt sich aus dem Zufallsexperiment „Ziehen aus Ω".

Von zentraler Bedeutung ist die sich daraus ergebende gemeinsame Verteilung der Zufallsvariablen. Für die Zufallsvariablen $X_1, \ldots, X_n$ ist diese bestimmt durch

$$P(X_1 \in B_1, \ldots, X_n \in B_n),$$

womit die Wahrscheinlichkeit bezeichnet wird, dass die Zufallsvariable X_1 Werte in der Menge B_1 annimmt, gleichzeitig X_2 Werte in der Menge B_2 annimmt, usw. Die Schreibweise $X_1 \in B_1, X_2 \in B_2, \ldots, X_n \in B_n$, bei der Ereignisse durch Kommata getrennt sind, entspricht wiederum dem logischen „und", d.h. alle Ereignisse treten gemeinsam (Schnittmenge) auf. Unter Betonung des Abbildungscharakters lässt sich das Ereignis $\{X_1 \in B_1, \ldots, X_n \in B_n\}$ auch darstellen durch $\{\omega | X_1(\omega) \in B_1, \ldots, X_n(\omega) \in B_n\}$. Wie sich die gemeinsame Verteilung analog zum Fall einer Variable durch Instrumente wie Verteilungsfunktion und Dichte näher charakterisieren lässt, wird in den nächsten Abschnitten behandelt. Dabei werden wir uns weitgehend auf den Fall zweier Zufallsvariablen X und Y beschränken.

8.2 Zweidimensionale diskrete Zufallsvariablen

Seien X und Y zwei diskrete Zufallsvariablen, wobei X die Werte $x_1, x_2, \ldots$ und Y die Werte $y_1, y_2, \ldots$ annehmen kann. Die gemeinsame Wahrscheinlichkeitsverteilung ist bestimmt durch die Wahrscheinlichkeiten, mit der die Werte (x_i, y_j), $i = 1, 2, \ldots$, $j = 1, 2, \ldots$, angenommen werden.

Gemeinsame Wahrscheinlichkeitsfunktion

Die *Wahrscheinlichkeitsfunktion* der bivariaten diskreten Zufallsvariable (X, Y) ist bestimmt durch

$$f(x, y) = \begin{cases} P(X = x, Y = y) & \text{für } (x, y) \in \{(x_1, y_1), (x_1, y_2), \ldots\} \\ 0 & \text{sonst.} \end{cases}$$

Wir bezeichnen die Wahrscheinlichkeitsfunktion auch als (gemeinsame) *diskrete Dichte* oder (gemeinsame) *Verteilung*.

---

endlich viele Ausprägungen

In der Wahrscheinlichkeitsfunktion ist die gesamte Information des Zufallsexperiments in Bezug auf die Merkmale X, Y enthalten. Besitzen X und Y jeweils nur *endlich viele Ausprägungen*, lässt sich die gemeinsame Wahrscheinlichkeitsfunktion übersichtlich in Kontingenztafeln zusammenfassen. Besitze X die möglichen Ausprägungen $x_1, \ldots, x_k$ und Y die möglichen Ausprägungen $y_1, \ldots, y_m$. Bezeichne

$$p_{ij} = P(X = x_i, Y = y_j) = f(x_i, y_j)$$

Kontingenztafel der Wahrscheinlichkeiten

die Auftretenswahrscheinlichkeit an den Stellen (x_i, y_j), $i = 1, \ldots, k$, $j = 1, \ldots, m$, mit positiver Wahrscheinlichkeitsfunktion, erhält man die *Kontingenztafel der Wahrscheinlichkeiten* durch

$$\begin{array}{c|ccc} & y_1 & \cdots & y_m \\ \hline x_1 & p_{11} & \cdots & p_{1m} \\ \vdots & \vdots & \ddots & \vdots \\ x_k & p_{k1} & \cdots & p_{km} \end{array}$$

Ein einfaches Beispiel für eine Kontingenztafel ist die in Beispiel 8.2 wiedergegebene Tabelle für die Merkmale „Farbe" und „Zahlentyp". Eine grafische Veranschaulichung lässt

Stabdiagramm

sich durch ein *Stabdiagramm* in der $(x$–$y)$-Ebene erreichen.

Aus der gemeinsamen Verteilung $f(x, y)$ erhält man problemlos die Verteilung der Zufallsvariable X ohne Berücksichtigung der Zufallsvariable Y durch einfaches Aufsummie-

Randverteilung von X

ren. Die entsprechende *Randverteilung von X* ist bestimmt durch

$$f_X(x) = P(X = x) = \sum_j P(X = x, Y = y_j) = \sum_j f(x, y_j).$$

Das Aufsummieren über sämtliche mögliche Werte von Y bedeutet, dass nicht berücksichtigt wird, welchen Wert Y annimmt. Insbesondere gilt $f_X(x) = 0$, wenn x nicht aus der

Randverteilung von Y

Menge der möglichen Ausprägungen $x_1, x_2, \ldots$ ist. Entsprechend ergibt sich die *Randverteilung von Y* durch die Wahrscheinlichkeitsfunktion

$$f_Y(y) = P(Y = y) = \sum_i P(X = x_i, Y = y) = \sum_i f(x_i, y)$$

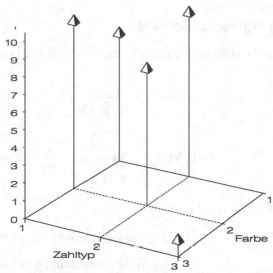

Abbildung 8.1: Stabdiagramm zu den Zufallsvariablen „Farbe" (1: rot, 2: schwarz, 3: Zero) und „Zahltyp" (1: gerade, 2: ungerade, 3: Zero) beim Roulette (Beispiel 8.2)

mit $f_Y(y) = 0$, wenn $y \notin \{y_1, y_2, \dots\}$.

Randverteilungen

Die *Randverteilung von X* ist gegeben durch

$$f_X(x) = P(X = x) = \sum_j f(x, y_j),$$

die *Randverteilung von Y* durch

$$f_Y(y) = P(Y = y) = \sum_i f(x_i, y).$$

Für den Fall endlich vieler Ausprägungen von X und Y lassen sich die Randverteilungen wieder als Ränder der Kontingenztafel darstellen, die die Wahrscheinlichkeiten enthält. In Analogie zu den Kontingenztafeln für relative Häufigkeiten in Abschnitt 3.1 wählt man dann wieder die „Punktnotation", in der

$$p_{i\cdot} = \sum_{j=1}^{m} p_{ij} = f_X(x_i) \qquad \text{und} \qquad p_{\cdot j} = \sum_{i=1}^{k} p_{ij} = f_Y(y_j)$$

die jeweiligen Zeilen- und Spaltensummen bezeichnen.

Kontingenztafel der Wahrscheinlichkeiten

Die $(k \times m)$-Kontingenztafel der Wahrscheinlichkeiten hat die Form

$$
\begin{array}{c|ccc|c}
 & y_1 & \cdots & y_m & \\
\hline
x_1 & p_{11} & \cdots & p_{1m} & p_{1\cdot} \\
\vdots & \vdots & \ddots & \vdots & \vdots \\
x_k & p_{k1} & \cdots & p_{km} & p_{k\cdot} \\
\hline
 & p_{\cdot 1} & \cdots & p_{\cdot m} & 1
\end{array}
$$

Dabei bezeichnen für $i = 1, \ldots, k,\ j = 1, \ldots, m,$

$$p_{ij} = P(X = x_i, Y = y_j) \quad \text{die Wahrscheinlichkeiten für } (x_i, y_j),$$

$$p_{i\cdot} = \sum_{j=1}^{m} p_{ij} \quad \text{die Wahrscheinlichkeiten für } x_i,$$

$$p_{\cdot j} = \sum_{i=1}^{k} p_{ij} \quad \text{die Wahrscheinlichkeiten für } y_j.$$

Der wesentliche Unterschied zwischen dieser Kontingenztafel und den Kontingenztafeln in Abschnitt 3.1 liegt darin, dass dort Häufigkeiten zusammengefasst sind, d.h. Daten beschrieben werden, während die Einträge in der hier betrachteten Kontingenztafel die wahren, allerdings in Anwendungen meist unbekannten Wahrscheinlichkeiten sind.

bedingte Wahrscheinlich-keitsfunktion

Wenn man die gemeinsame Verteilung der Zufallsvariablen X und Y kennt, kann man einfach ableiten, wie eine der Zufallsvariablen verteilt ist, wenn man die Ausprägung der anderen kennt. Unter der *bedingten Wahrscheinlichkeitsfunktion* von X gegeben $Y = y$ (abgekürzt $X|Y = y$) versteht man die Verteilung der Zufallsvariable X, wenn bekannt ist, dass $Y = y$ eingetreten ist. Es gilt also bei festgehaltenem y zu bestimmen, mit welcher Wahrscheinlichkeit die Werte $x_1, x_2, \ldots$ unter dieser Voraussetzung auftreten. Aus der Definition der bedingten Wahrscheinlichkeit erhält man für $P(Y = y) \neq 0$

$$P(X = x_i | Y = y) = \frac{P(X = x_i, Y = y)}{P(Y = y)} = \frac{f(x_i, y)}{f_Y(y)},$$

bedingte Wahrscheinlich-keitsfunktion von X

wobei benutzt wird, dass die Schreibweisen $X = x$ oder $Y = y$ Abkürzungen für Ereignisse sind. Daraus ergibt sich unmittelbar die *bedingte Wahrscheinlichkeitsfunktion von X gegeben $Y = y$* bzw. die *diskrete Dichte von X gegeben $Y = y$* durch

$$f_X(x|y) = \frac{f(x, y)}{f_Y(y)} \quad \text{für festen Wert } y.$$

Für den (uninteressanten) Fall $f_Y(y) = 0$ definiert man $f_X(x|y) = 0$ für alle x. Für *festgehaltenes* y ist $f_X(x|y)$ wieder eine Wahrscheinlichkeitsfunktion für die x-Werte, d.h. es gilt $\sum_i f_X(x_i|y) = 1$. Die Wahrscheinlichkeitsfunktion beschreibt das Verhalten der bedingten Zufallsvariable $X|Y = y$.

Man beachte, dass die bedingte Verteilung von X völlig analog zur *bedingten Häufigkeitsverteilung* von X konstruiert ist. In Abschnitt 3.1.2 wird die bedingte Häufigkeitsverteilung $f_X(a_i|b_j) = h_{ij}/h_{.j}$ betrachtet. Im Nenner findet sich dabei die Häufigkeit des Auftretens von $Y = b_j$, entsprechend bezieht man sich nur auf die Population mit $Y = b_j$. In der Entsprechung dazu findet sich in der Definition der bedingten Wahrscheinlichkeitsfunktion im Nenner die Wahrscheinlichkeit $P(Y = y)$, man bezieht sich also auf die Subpopulation, für die $Y = y$ gilt.

Völlig analog ergibt sich die *bedingte Wahrscheinlichkeitsfunktion von Y gegeben* $X = x$ (kurz: $Y|X = x$) durch

bedingte Wahrscheinlichkeitsfunktion von Y

$$f_Y(y|x) = \frac{f(x,y)}{f_X(x)}.$$

Dadurch wird das Verhalten der Zufallsvariable Y beschrieben, wenn bekannt ist, dass $X = x$ aufgetreten ist.

Bedingte Wahrscheinlichkeitsfunktionen

Die *bedingte Wahrscheinlichkeitsfunktion von X gegeben $Y = y$* ist (für festen Wert y und $f_Y(y) \neq 0$) bestimmt durch

$$f_X(x|y) = \frac{f(x,y)}{f_Y(y)},$$

die *bedingte Wahrscheinlichkeitsfunktion von Y gegeben $X = x$* ist (für festen Wert x und $f_X(x) \neq 0$) bestimmt durch

$$f_Y(y|x) = \frac{f(x,y)}{f_X(x)}.$$

Für $f_Y(y) = 0$ legt man $f_X(x|y) = 0$ und für $f_X(x) = 0$ entsprechend $f_Y(y|x) = 0$ fest.

Roulette

Beispiel 8.4

Die Randverteilungen des Roulette-Beispiels mit den Variablen Farbe (X) und Zahlentyp (Y) ergeben sich unmittelbar als die Randsummen in der folgenden Tabelle.

$P(X=i, Y=j)$		Y gerade 1	ungerade 2	Zero 3	
	rot 1	8/37	10/37	0	18/37
X	schwarz 2	10/37	8/37	0	18/37
	Zero 3	0	0	1/37	1/37
		18/37	18/37	1/37	1

Die Randsummen spiegeln wider, dass weder eine Farbausprägung noch ein bestimmter Zahlentyp beim Roulette bevorzugt werden. Es gilt jeweils die Wahrscheinlichkeit 18/37 für die einzelnen Ausprägungen, wobei Zero natürlich eine Sonderstellung einnimmt.

Für die bedingte Wahrscheinlichkeitsfunktion der Zufallsvariable „Zahlentyp, gegeben rote Zahl", die vom Typ $Y|X = 1$ ist, ergibt sich

$$P(Y = 1|X = 1) = 8/18, \qquad P(Y = 2|X = 1) = 10/18, \qquad P(Y = 3|X = 1) = 0.$$

Für „Zahlentyp, gegeben schwarze Zahl" erhält man

$$P(Y = 1|X = 2) = 10/18, \qquad P(Y = 2|X = 2) = 8/18, \qquad P(Y = 3|X = 2) = 0.$$

Daraus ergibt sich für logisch denkende Spieler, dass wenn sie auf rot $(X = 1)$ gesetzt haben, sie im gleichen Spieldurchgang besser auf ungerade $(Y = 2)$ setzen als auf gerade $(Y = 1)$, wenn sie die Chance auf eine Verdoppelung des Einsatzes im Auge haben. Zu bemerken ist allerdings, dass die Gewinnerwartung insgesamt nicht von der Platzierung des zweiten Chips abhängt. Die Zufallsvariablen X und Y sind offensichtlich nicht unabhängig im Sinne von Abschnitt 5.2.2.   □

gemeinsame Verteilungsfunktion

Die Verallgemeinerung des Konzeptes der Verteilungsfunktion auf zwei Variablen führt zu einer zweidimensionalen Funktion. Die *gemeinsame Verteilungsfunktion von X und Y* ist gegeben durch

$$F(x, y) = P(X \le x, Y \le y) = \sum_{x_i \le x} \sum_{y_j \le y} f(x_i, y_j).$$

In dieser weniger anschaulichen, aber gelegentlich hilfreichen Funktion wird die simultane Wahrscheinlichkeit angegeben, dass X Werte annimmt, die kleiner oder gleich x sind, und Y gleichzeitig Werte annimmt, die kleiner oder gleich y sind.

Randverteilungsfunktion

Aus $F(x, y)$ lassen sich unmittelbar die *Randverteilungsfunktionen* von X bzw. Y bestimmen. Man erhält

$$F_X(x) = P(X \le x) = F(x, \infty) = \sum_{x_i \le x} \sum_{y_j} f(x_i, y_j),$$

$$F_Y(y) = P(Y \le y) = F(\infty, y) = \sum_{x_i} \sum_{y_j \le y} f(x_i, y_j).$$

Gemeinsame Verteilungsfunktion

Als *gemeinsame Verteilungsfunktion* zu X und Y erhält man

$$F(x, y) = P(X \le x, Y \le y) = \sum_{x_i \le x} \sum_{y_j \le y} f(x_i, y_j).$$

8.3 Zweidimensionale stetige Zufallsvariablen

Wenn X und Y stetig sind, das heißt, wenn zu jeweils zwei Werten auch jeder Zwischenwert auftreten kann, lässt sich die Wahrscheinlichkeit für das gemeinsame Auftreten bestimmter Werte $X = x$ und $Y = y$ nicht mehr sinnvoll angeben.

Wie in der eindimensionalen Betrachtung lässt sich aber die Wahrscheinlichkeit für Intervalle angeben.

Gemeinsame stetige Verteilung und Dichte zweier Zufallsvariablen

Die Zufallsvariablen X und Y sind *gemeinsam stetig verteilt*, wenn es eine *zweidimensionale Dichtefunktion* $f(x,y) \geq 0$ gibt, sodass

$$P(a \leq X \leq b, c \leq Y \leq d) = \int_a^b \int_c^d f(x,y)\,dy\,dx.$$

Die Dichtefunktion f besteht nicht wie im diskreten Fall nur aus Stäben an bestimmten Punkten, sondern ist eine zumindest stückweise glatte Funktion, die darstellt, wie dicht die Wahrscheinlichkeit an bestimmten Stellen „gepackt" ist. Das Doppelintegral in der Definition entspricht anschaulich dem von der Funktion $f(x,y)$ eingeschlossenen Volumen über der Grundfläche $[a,b] \times [c,d]$.

Ein Beispiel für eine derartige Dichtefunktion ist in Abbildung 8.2 dargestellt.

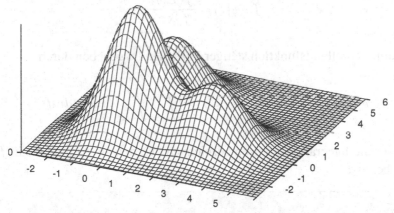

Abbildung 8.2: Form einer zweidimensionalen Dichte $f(x,y)$

Jede zweidimensionale Dichtefunktion lässt sich als derartiges „Gebirge" in der $(x\text{–}y)$-Ebene darstellen, wobei das Volumen des Gebirges der Gesamtwahrscheinlichkeit entsprechend eins beträgt.

Aus dem durch f festgelegten Verteilungsgesetz lassen sich wieder die Randdichten bestimmen. Die *Randdichte von X*, d.h. unter Vernachlässigung von Y, ist bestimmt durch

Randdichte von X

$$f_X(x) = \int_{-\infty}^{\infty} f(x,y)\,dy.$$

Randdichte
von Y

Das bei diskreten Zufallsvariablen benutzte Summieren über alle möglichen y-Werte wird hier ersetzt durch das Integrieren über alle y-Werte. Entsprechend ergibt sich die *Randdichte von Y* (unter Vernachlässigung von X) durch

$$f_Y(y) = \int_{-\infty}^{\infty} f(x,y)dx.$$

bedingte Dichte
von X|Y = y

In völliger Analogie zum diskreten Fall erhält man die *bedingte Dichte von X|Y = y* durch

$$f_X(x|y) = \frac{f(x,y)}{f_Y(y)} \qquad \text{für festes } y \text{ mit } f_Y(y) \neq 0.$$

Diese Dichtefunktion gibt das Verteilungsgesetz von X wieder, wenn $Y = y$ bekannt ist, d.h. das Verteilungsgesetz der Zufallsvariable $X|Y = y$. Wie man einfach nachprüft, ist $f_X(x|y)$ für *festes y* wieder eine stetige Dichte, d.h. es gilt

$$\int_{-\infty}^{\infty} f_X(x|y)dx = 1.$$

bedingte Dichte
von Y|X = x

Die *bedingte Dichte von Y|X = x* ist entsprechend bestimmt durch

$$f_Y(y|x) = \frac{f(x,y)}{f_X(x)}.$$

Die gemeinsame Verteilungsfunktion stetiger Variablen ist gegeben durch

$$F(x,y) = P(X \leq x, Y \leq y) = \int_{-\infty}^{x} \int_{-\infty}^{y} f(u,v)dv\,du.$$

Da x und y hier die Integrationsgrenzen bezeichnen, werden als Argumente in f die Variablen u und v benutzt.

Randdichten

Die *Randdichte von X* ist gegeben durch

$$f_X(x) = \int_{-\infty}^{\infty} f(x,y)dy,$$

die *Randdichte von Y* durch

$$f_Y(y) = \int_{-\infty}^{\infty} f(x,y)dx.$$

Bedingte Dichten und Verteilungsfunktion

Die *bedingte Dichte von Y unter der Bedingung* $X = x$, kurz $Y|X = x$, ist für festen Wert x und $f_X(x) \neq 0$ bestimmt durch

$$f_Y(y|x) = \frac{f(x,y)}{f_X(x)}.$$

Für $f_X(x) = 0$ legt man $f_Y(y|x) = 0$ fest.
Die *bedingte Dichte von X unter der Bedingung* $Y = y$, kurz $X|Y = y$, ist für festen Wert y und $f_Y(y) \neq 0$ bestimmt durch

$$f_X(x|y) = \frac{f(x,y)}{f_Y(y)}.$$

Für $f_Y(y) = 0$ legt man $f_X(x|y) = 0$ fest.
Die *gemeinsame Verteilungsfunktion* zu (X, Y) erhält man aus

$$F(x,y) = P(X \leq x, Y \leq y) = \int_{-\infty}^{x} \int_{-\infty}^{y} f(u,v)dv\,du.$$

8.4 Unabhängigkeit von Zufallsvariablen

Die Unabhängigkeit von Zufallsvariablen wurde bereits in den Abschnitten 5.2.2 und 6.1 eingeführt. Im Folgenden wird der Zusammenhang zwischen Unabhängigkeit und den bedingten Dichten hergestellt. Darüber hinaus wird der Begriff der Unabhängigkeit auf mehr als zwei Variablen erweitert.

Betrachten wir zuerst zwei Zufallsvariablen X und Y. Wie in den vorangehenden Abschnitten dargestellt, führt Vorwissen über eine der beiden Variablen zur bedingten Verteilung. Ist $X = x$ bekannt, betrachtet man die Verteilung von $Y|X = x$, die durch

$$f_Y(y|x) = \frac{f(x,y)}{f_X(x)}$$

bestimmt ist. Wenn das Vorwissen $X = x$ Information über die Verteilung von Y enthält, sollte die bedingte Verteilung $f_Y(y|x)$ tatsächlich von dem Vorwissen $X = x$ abhängen. Ist dies nicht der Fall, gilt also für alle x und y

$$f_Y(y|x) = f_Y(y),$$

nennt man X und Y (stochastisch) *unabhängig*. Die bedingte Verteilung $f_Y(y|x)$ ist dann mit der Randverteilung $f_Y(y)$ identisch. Aus der Definition der bedingten Verteilung ergibt sich unmittelbar, dass die Identität $f_Y(y|x) = f_Y(x)$ genau dann gilt, wenn sich die gemeinsame Verteilung als Produkt

$$f(x,y) = f_X(x)f_Y(y)$$

darstellen lässt.

Unabhängigkeit

Völlig analog kann man natürlich die Verteilung von $X|Y=y$ zugrunde legen. Unabhängigkeit drückt sich dann dadurch aus, dass $f_X(x|y)$ nicht von y abhängt, d.h. $f_X(x|y) = f_X(x)$ gilt. Aus der Definition der bedingten Verteilung erhält man für unabhängige Zufallsvariablen wiederum die Produktbedingung $f(x,y) = f_X(x)f_Y(y)$.

Unabhängigkeit von zwei Zufallsvariablen

Die Zufallsvariablen X und Y heißen *unabhängig*, wenn für alle x und y gilt

$$f(x,y) = f_X(x)f_Y(y).$$

Ansonsten heißen X und Y *abhängig*.

Die Unabhängigkeit von Zufallsvariablen wurde bereits in den Kapiteln 6 (diskrete Zufallsvariablen) und 7 (stetige Zufallsvariablen) betrachtet. Zu betonen ist, dass die Begriffsbildung identisch ist. Die in Kapitel 6 gewählte Darstellung der Unabhängigkeit diskreter Zufallsvariablen, nämlich wenn $P(X=x, Y=y) = P(X=x) \cdot P(Y=y)$ gilt, entspricht unmittelbar der Produktbedingung. In Kapitel 7 wurden stetige Variablen als unabhängig bezeichnet, wenn $P(X \leq x, Y \leq y) = P(X \leq x) \cdot P(Y \leq y)$ gilt. Dies folgt unmittelbar aus der Produktbedingung, da wegen $f(x,y) = f_X(x)f_Y(y)$ gilt

$$P(X \leq x, Y \leq y) = \int_{-\infty}^{x} \int_{-\infty}^{y} f(u,v)\, dv\, du$$

$$= \int_{-\infty}^{x} f_X(u)\, du \int_{-\infty}^{y} f_Y(v)\, dv$$

$$= P(X \leq x) \cdot P(Y \leq y).$$

Die umgekehrte Aussage, dass aus $P(X \leq x, Y \leq y) = P(X \leq x) \cdot P(Y \leq y)$ die Produktbedingung folgt, ist etwas aufwendiger zu zeigen, gilt aber ebenso.

Beispiele für die Unabhängigkeit finden sich bereits in den Kapiteln 6 und 7. In Beispiel 8.4 wurde gezeigt, dass für das Roulette Zahlentyp und Farbe keine unabhängigen Zufallsvariablen sind.

Beispiel 8.5   **Messwiederholungen**

Bezeichnet X_i das Ergebnis des i-ten Münzwurfes, $i = 1, 2$, einer fairen Münze mit $X_i = 1$ für Kopf in Wurf i und $X_i = 0$ für Zahl in Wurf i, so erhält man die gemeinsame Verteilung durch

		X_2	
		1	0
X_1	1	1/4	1/4
	0	1/4	1/4

Für die Randverteilungen gilt $f_{X_1}(1) = 1/2$, $f_{X_2}(1) = 1/2$ und somit $f(x_1, x_2) = f_{X_1}(x_1)f_{X_2}(x_2)$ für alle $x_1, x_2 \in \{0, 1\}$. Die Zufallsvariablen X_1 und X_2 sind daher unabhängig.   □

Der Begriff der Unabhängigkeit von Zufallsvariablen lässt sich auf mehr als zwei Zufallsvariablen erweitern. Analog zum Fall zweier Zufallsvariablen lassen sich die Zufallsvariablen $X_1, \ldots, X_n$ als unabhängig verstehen, wenn die bedingte Verteilung jeder dieser Zufallsvariablen, gegeben die Ausprägungen der übrigen $n-1$ Zufallsvariablen, nicht von diesen Ausprägungen abhängt. Dies führt zur einfachen Darstellung der gemeinsamen Dichte als Produkt der Randdichten.

Die gemeinsame n-dimensionale Dichte ist im diskreten Fall bestimmt durch $f(x_1, \ldots, x_n) = P(X_1 = x_1, \ldots, X_n = x_n)$, im stetigen Fall ist es diejenige Funktion $f(x_1, \ldots, x_n)$, für die gilt

$$F(x_1, \ldots, x_n) = P(X_1 \leq x_1, \ldots, X_n \leq x_n)$$
$$= \int_{-\infty}^{x_1} \cdots \int_{-\infty}^{x_n} f(u_1, \ldots, u_n) du_n \ldots du_1.$$

Unabhängigkeit von Zufallsvariablen

Die Zufallsvariablen $X_1, \ldots, X_n$ heißen *unabhängig*, wenn für alle $x_1, \ldots, x_n$ gilt

$$P(X_1 \leq x_1, \ldots, X_n \leq x_n) = P(X_1 \leq x_n) \cdot \ldots \cdot P(X_n \leq x_n).$$

Äquivalent dazu ist die Produktbedingung

$$f(x_1, \ldots, x_n) = f_{X_1}(x_1) \cdot \ldots \cdot f_{X_n}(x_n),$$

wobei $f(x_1, \ldots, x_n)$ die gemeinsame Dichte von $X_1, \ldots, X_n$ und $f_{X_i}(x_i)$ die Dichte der Zufallsvariable X_i bezeichnen $(i = 1, \ldots, n)$.

8.5 Kovarianz und Korrelation

Der die beiden Zufallsvariablen X und Y steuernde Wahrscheinlichkeitsmechanismus ist in der gemeinsamen Verteilung $f(x, y)$ enthalten. In vielen Fällen will man jedoch die wesentliche Information in wenigen Parametern zusammengefasst zur Verfügung haben. Als Kenngrößen der zentralen Tendenz dienen wiederum die Erwartungswerte, wobei jetzt zwei Erwartungswerte, nämlich $E(X)$ und $E(Y)$, auftreten. Diese sind definiert als eindimensionale Erwartungswerte, die aus den Randverteilungen zu X bzw. Y bestimmt werden. Völlig analog erhält man für jede Zufallsvariable aus den Randverteilungen Kennwerte wie Varianz oder Schiefe.

Ein neuer Aspekt bei der Behandlung zweier Zufallsvariablen ist die Frage nach dem Zusammenhang der beiden Variablen. Ein Maß für diesen Zusammenhang ist die Kovarianz.

> **Kovarianz**
>
> Die *Kovarianz* der Zufallsvariablen X und Y ist bestimmt durch
>
> $$Cov(X,Y) = E([X - E(X)][Y - E(Y)]).$$

Die Kovarianz ist nach Definition der Erwartungswert der Zufallsvariable $[X - E(X)][Y - E(Y)]$, die selbst ein Produkt von zwei Zufallsvariablen ist. Die Zufallsvariablen, die das Produkt bilden, sind um null zentriert, d.h. es gilt $E(X - E(X)) = 0$ und $E(Y - E(Y)) = 0$. Man kann sich – ähnlich wie für den empirischen Korrelationskoeffizienten – leicht klar machen, dass das Produkt positiv ist, wenn X und Y tendenzmäßig einen gleichsinnigen linearen Zusammenhang aufweisen, hingegen ist es negativ, wenn X und Y einen gegensinnigen linearen Zusammenhang besitzen. Deutlich wird dies aus der Darstellung

$$Cov(X,Y) = \begin{cases} \sum_i \sum_j f(x_i, y_j)(x_i - E(X))(y_j - E(Y)) & X \text{ und } Y \text{ diskret} \\ \int_{-\infty}^{\infty} \int_{-\infty}^{\infty} f(x,y)(x - E(X))(y - E(Y))\, dx\, dy & X \text{ und } Y \text{ stetig.} \end{cases}$$

Insbesondere für diskrete Variablen ist erkennbar, dass in einem Koordinatensystem durch den Punkt $(E(X), E(Y))$ in der Summe alle Werte des ersten und dritten Quadranten einen positiven, alle Werte des zweiten und vierten Quadranten einen negativen Beitrag liefern. Die Überlegung erfolgt völlig analog zu der Behandlung des empirischen Korrelationskoeffizienten. Im Unterschied zu den Überlegungen dort sind jetzt (x_i, y_j) keine Beobachtungen, sondern die möglichen Ausprägungen, gewichtet mit der tatsächlichen Auftretenswahrscheinlichkeit $f(x_i, y_j)$.

Beispiel 8.6   **Messwiederholungen**

Bezeichne X_i das Ergebnis des i-ten Münzwurfes einer fairen Münze, wobei

$$X_i = \begin{cases} 1 & \text{Kopf bei Wurf } i \\ 0 & \text{Zahl bei Wurf } i. \end{cases}$$

Für zwei Münzwürfe berechnet sich die gemeinsame Wahrscheinlichkeitsverteilung als Laplace-Wahrscheinlichkeiten durch

	X_2	
	1	0
X_1 1	1/4	1/4
0	1/4	1/4

Daraus erhält man mit $E(X_i) = 0.5$ die Kovarianz

$$Cov(X_1, X_2) = \frac{1}{4}(1 - 0.5)(1 - 0.5) + \frac{1}{4}(1 - 0.5)(0 - 0.5)$$
$$+ \frac{1}{4}(0 - 0.5)(1 - 0.5) + \frac{1}{4}(0 - 0.5)(0 - 0.5)$$
$$= \frac{1}{4}(0.25 - 0.25 - 0.25 + 0.25) = 0.$$

Man erhält somit für die Kovarianz zwischen X_1 und X_2 den Wert null. Wie im Folgenden dargestellt wird, gilt dies generell für unabhängige Zufallsvariablen. $\square$

Einige Eigenschaften der Kovarianz, die von weiterer Bedeutung sind, werden im Folgenden zusammengefasst:

Verschiebungssatz

$$Cov(X, Y) = E(XY) - E(X) \cdot E(Y)$$

Symmetrie

$$Cov(X, Y) = Cov(Y, X)$$

Lineare Transformation

Die Kovarianz der transformierten Zufallsvariablen $\widetilde{X} = a_X X + b_X$, $\widetilde{Y} = a_Y Y + b_Y$ ist bestimmt durch

$$Cov(\widetilde{X}, \widetilde{Y}) = a_X a_Y Cov(X, Y).$$

Zu diesen Eigenschaften gelten folgende Bemerkungen:

1. Die durch den Verschiebungssatz bestimmte alternative Darstellung der Varianz ist rechentechnisch häufig vorteilhafter, da $E(X)$ und $E(Y)$ meist vorher schon berechnet wurden, und damit nur $E(XY)$ zu berechnen ist durch

rechentechnisch günstige Variante

$$E(XY) = \begin{cases} \sum_i \sum_j f(x_i, y_j) x_i y_j & X \text{ und } Y \text{ diskret} \\ \int\limits_{-\infty}^{\infty} \int\limits_{-\infty}^{\infty} xy\, f(x, y) dy\, dx & X \text{ und } Y \text{ stetig}. \end{cases}$$

2. Die Vertauschbarkeit von X und Y ergibt sich unmittelbar aus der Definition, da die Reihenfolge der Multiplikation in $[X - E(X)][Y - E(Y)]$ beliebig ist.

Vertauschbarkeit

3. Die Kovarianz der transformierten Variablen $\widetilde{X} = a_X X + b_X$, $\widetilde{Y} = a_Y Y + b_Y$ erhält man aus der Kovarianz von X und Y durch Multiplikation mit den Transformationskonstanten $a_X a_Y$. Die Kovarianz ist damit *maßstabsabhängig*.

Maßstabs-abhängigkeit der Kovarianz

Die letzte Eigenschaft der Maßstabsabhängigkeit hat zur Folge, dass, wenn statt X der zehnfache Wert $10 \cdot X$ betrachtet wird, für die Kovarianz $Cov(10X, Y) = 10 Cov(X, Y)$ gilt. Diese Abhängigkeit von der Skalenwahl macht die Kovarianz als Absolutzahl schwierig interpretierbar. Eine geeignete Normierung liefert der Korrelationskoeffizient.

Korrelationskoeffizient

Der *Korrelationskoeffizient* ist bestimmt durch

$$\rho = \rho(X, Y) = \frac{Cov(X, Y)}{\sqrt{Var(X)}\sqrt{Var(Y)}} = \frac{Cov(X, Y)}{\sigma_X \sigma_Y}.$$

Eigenschaften   Der Korrelationskoeffizient hat folgende *Eigenschaften*:

1. Sein Wertebereich ist bestimmt durch

$$-1 \leq \rho(X, Y) \leq 1.$$

2. Es lässt sich zeigen, dass

$|\rho(X, Y)| = 1$ genau dann gilt, wenn Y eine lineare Transformation von X ist,
d.h. $Y = aX + b$ für Konstanten a, b gilt.

Wenn $a > 0$ ist, gilt $\rho(X, Y) = 1$, und wenn $a < 0$ ist, gilt $\rho(X, Y) = -1$.

3. Aus dem Satz für lineare Transformationen von Kovarianzen ergibt sich für die „standardisierten" Zufallsvariablen $\widetilde{X} = X/\sigma_X$ und $\widetilde{Y} = Y/\sigma_Y$

$$Cov\,(\widetilde{X}, \widetilde{Y}) = Cov\,(X/\sigma_X, Y/\sigma_Y) = \frac{1}{\sigma_X \sigma_Y} Cov\,(X, Y) = \rho(X, Y).$$

Die Korrelation von X und Y lässt sich daher als die Kovarianz der „standardisierten" Zufallsvariablen verstehen.

Maßstabsunab-   4. Eine wichtige Eigenschaft des Korrelationskoeffizienten ist die Maßstabsunabhängig-
hängigkeit des   keit. Wie man einfach ableitet, gilt für die Korrelation der transformierten Variablen $\widetilde{X} = $
Korrelations- $a_X X + b_X$, $a_X \neq 0$, $\widetilde{Y} = a_Y Y + b_Y$, $a_Y \neq 0$, die Aussage
koeffizienten

$$\rho(\widetilde{X}, \widetilde{Y}) = \frac{a_X a_Y}{|a_X||a_Y|} \rho(X, Y),$$

d.h. insbesondere

$$|\rho(\widetilde{X}, \widetilde{Y})| = |\rho(X, Y)|.$$

Wie für den empirischen Korrelationskoeffizienten gilt $\rho(\widetilde{X}, \widetilde{Y}) = -\rho(X, Y)$, wenn eine der Variablen ein anderes Vorzeichen erhält, d.h. wenn $a_X > 0, a_Y < 0$ bzw. $a_X < 0, a_Y > 0$ gilt.

Generell ist ρ ein Maß für den linearen Zusammenhang zwischen den Zufallsvariablen X und Y. Für das Verschwinden der Korrelation wird die Bezeichnung Unkorreliertheit verwendet:

Unkorreliertheit

Zwei Zufallsvariablen X und Y heißen *unkorreliert*, wenn gilt

$$\rho(X, Y) = 0.$$

Wenn $\rho(X, Y) \neq 0$ gilt, heißen sie *korreliert*.

Die Eigenschaft der Unkorreliertheit fordert etwas weniger als die Unabhängigkeit von X und Y. Allgemein gilt die folgenden Aussage.

Unabhängigkeit und Korrelation

Sind zwei Zufallsvariablen *unabhängig*, so sind sie auch *unkorreliert*, d.h. es gilt $\rho(X,Y) = 0$.

Die Gültigkeit dieser Aussage ist unmittelbar einsehbar. Für unabhängige Zufallsvariablen gilt $E(X \cdot Y) = E(X) \cdot E(Y)$. Daraus folgt mit dem Verschiebungssatz $Cov(X,Y) = E(X \cdot Y) - E(X) \cdot E(Y) = 0$ und damit $\rho(X,Y) = 0$. Die Umkehrung, dass unkorrelierte Zufallsvariablen auch unabhängig sind, gilt nicht allgemein. Sie gilt allerdings dann, wenn X und Y gemeinsam normalverteilt sind (vgl. Abschnitt 8.6).

Klar zu unterscheiden sind der theoretische Parameter Korrelationskoeffizient und der empirische Korrelationskoeffizient. Während der Korrelationskoeffizient den wahren, aber meist unbekannten linearen *Zusammenhang zwischen den Zufallsvariablen X und Y* misst, beschreibt der empirische Korrelationskoeffizient den beobachteten *Zusammenhang von Daten*. Der Korrelationskoeffizient $\rho(X,Y)$ beschreibt keine Daten, sondern das zugrundeliegende stochastische Verhalten eines Systems. Dies sei an einem Beispiel nochmals veranschaulicht.

Münzwurf
Beispiel 8.7

Eine faire Münze mit Kopf (K) und Zahl (Z) werde viermal geworfen. Bezeichne X die Anzahl der Würfe, bei denen Kopf resultiert, und Y die Anzahl der Würfe, bei denen Zahl resultiert. Man überlegt sich einfach, dass für (X,Y) nur die Paare $(0,4)$, $(1,3)$, $(2,2)$, $(3,1)$, $(4,0)$ auftreten können. Da diese Werte alle auf einer Geraden negativer Steigung liegen, ergibt sich $\rho(X,Y) = -1$ (richtige Berechnung führt natürlich zu demselben Wert). Die maximal-negative Korrelation ist dadurch begründet, dass sich Kopf und Zahl bei jedem Wurf ausschließen. Wesentlich ist jedoch, dass das Experiment nicht durchgeführt werden muss, um zu bestimmen, dass $\rho(X,Y) = -1$ gilt. Die Korrelation folgt nur aus dem Verteilungsgesetz und der Art der betrachteten Variablen und ist somit eine Systemeigenschaft. Es werden keinerlei Daten erhoben. $\square$

Die Varianz der Summe von Zufallsvariablen wurde bisher nur für unabhängige Zufallsvariablen betrachtet. Betrachtet man allgemeiner die Zufallsvariablen X_1 und X_2 erhält man aus der Definition der Varianz

$$
\begin{aligned}
Var(X_1 + X_2) &= E([X_1 + X_2 - E(X_1) - E(X_2)]^2) \\
&= E[(X_1 - E(X_1))^2 + (X_2 - E(X_2))^2 \\
&\quad + 2(X_1 - E(X_1))(X_2 - E(X_2))] \\
&= Var(X_1) + Var(X_2) + 2Cov(X_1, X_2).
\end{aligned}
$$

Bei der Bestimmung der Varianz einer Summe von Zufallsvariablen ist demnach die Kovarianz mit zu berücksichtigen.

Varianz der Summe zweier Zufallszahlen

Für die Varianz einer Summe von Zufallsvariablen gilt

$$Var(X_1 + X_2) = Var(X_1) + Var(X_2) + 2Cov\,(X_1, X_2).$$

Kovarianz und Korrelation sind Maße für den (linearen) Zusammenhang jeweils zweier Variablen. Für n Zufallsvariablen $X_1, \ldots, X_n$ lässt sich jeweils paarweise die Kovarianz $Cov\,(X_i, Y_j)$ bzw. die Korrelation $\rho(X_i, X_j)$ betrachten. Diese Kovarianzen werden ge-

Linear- nerell bedeutungsvoll, wenn *Linearkombinationen* von Zufallsvariablen gebildet werden.
kombination Anstatt der einfachen Summe $X_1 + \cdots + X_n$ betrachte man allgemeiner die gewichtete Summe

$$X = a_1 X_1 + \cdots + a_n X_n,$$

wobei $a_1, \ldots, a_n$ feste Gewichte darstellen. Beispielsweise kann X den Gewinn eines internationalen Konzerns darstellen, der sich aus der Summe der Einzelgewinne ergibt, wobei $a_1, \ldots, a_n$ die entsprechenden Faktoren zur Umrechnung in eine Währungseinheit darstellen (Dollar und Euro sollte man nicht addieren).

Was erfährt man aus der Kenntnis der Erwartungswerte und Varianzen der einzelnen Zufallsvariablen über das Verhalten der gewichteten Summe? Aus den folgenden Transformationsregeln lässt sich auf deren Erwartungswert und Varianz schließen. Für den Erwartungswert weiß man aus den Kapiteln 5 und 6, dass $E(X) = a_1 E(X_1) + \cdots + a_n E(X_n)$ gilt. Damit erhält man für die Varianz unmittelbar aus der Definition von Varianz und Kovarianz

$$
\begin{aligned}
Var(X) &= E([X - E(X)]^2) \\
&= E\left(\left[\sum_{i=1}^{n} a_i X_i - \sum_{i=1}^{n} a_i E(X_i)\right]^2\right) = E\left(\left[\sum_{i=1}^{n} a_i(X_i - E(X_i))\right]^2\right) \\
&= E\left(\sum_{i=1}^{n} a_i^2 (X_i - E(X_i))^2 + \sum_{i \neq j} a_i a_j (X_i - E(X_i))(X_j - E(X_j))\right) \\
&= \sum_{i=1}^{n} a_i^2 Var(X_i) + \sum_{i \neq j} a_i a_j Cov\,(X_i, X_j) \\
&= \sum_{i=1}^{n} a_i^2 Var(X_i) + 2 \sum_{i < j} a_i a_j Cov\,(X_i, X_j).
\end{aligned}
$$

Dabei wird $\sum_{i \neq j}$, d.h. die Summe über alle Werte i und j mit $i \neq j$, wegen $Cov\,(X_i, X_j) = Cov\,(X_j, X_i)$ ersetzt durch $2\sum_{i < j}$, d.h. die Summe über alle Werte i und j, für die $i < j$ gilt; entsprechend wird jedes Paar $Cov\,(X_i, X_j)$ doppelt gezählt.

Für die Varianz der gewichteten Summe sind also nicht nur die Varianzen der einzelnen Variablen von Relevanz, sondern auch der Zusammenhang der Variablen, soweit er in den Kovarianzen erfasst ist. Diese Aussage hat wesentliche Konsequenzen beispielsweise bei der Risikominimierung von Wertpapiermischungen (vgl. Beispiel 8.8).

Sind alle Variablen unkorreliert, d.h. gilt $\rho(X_i, X_j) = 0$ und damit $Cov\,(X_i, X_j) = 0$, erhält man die einfache Form

$$Var(X) = \sum_{i=1}^{n} a_i^2 Var(X_i),$$

die bereits in den Kapiteln 5 und 6 benutzt wurde. In der folgenden Übersicht ist ergänzend die aus diesem Kapitel bekannte Formel für den Erwartungswert einer Summe von Zufallsvariablen nochmals wiedergegeben. Im Gegensatz zur Varianz von X ist diese Formel für korrelierte und unkorrelierte Zufallsvariablen gültig.

Erwartungswert und Varianz von Linearkombinationen

Die gewichtete Summe

$$X = a_1 X_1 + \cdots + a_n X_n$$

der Zufallsvariablen $X_1, \ldots, X_n$ besitzt den *Erwartungswert*

$$E(X) = a_1 E(X_1) + \cdots + a_n E(X_n)$$

und die *Varianz*

$$\begin{aligned}
Var(X) &= a_1^2 Var(X_1) + \cdots + a_n^2 Var(X_n) \\
&\quad + 2a_1 a_2 Cov\,(X_1, X_2) + 2a_1 a_3 Cov\,(X_1, X_3) + \cdots \\
&= \sum_{i=1}^{n} a_i^2 Var(X_i) + 2 \sum_{i<j} a_i a_j Cov\,(X_i, X_j).
\end{aligned}$$

Portfolio-Optimierung

Beispiel 8.8

Ein zur Verfügung stehender Betrag sei aufgeteilt in zwei Anlageformen. Der Anteil a_1 wird in eine erste Wertanlage (beispielsweise Aktie A), der Anteil a_2 wird in eine zweite Wertanlage (beispielsweise Aktie B) investiert, d.h. $a_1 + a_2 = 1$. Man betrachtet nun die Rendite dieser Wertpapiermischung, d.h. den prozentualen Gewinn des Portfolios während eines festen Zeitraums. Die Gesamtrendite ergibt sich durch

$$X = a_1 X_1 + a_2 X_2,$$

wobei X_1, X_2 die Renditen der beiden Anlageformen darstellen. Renditen, insbesondere bei Risikoanlagen sind Zufallsvariablen. Die festverzinsliche risikofreie Anlage lässt sich als Spezialfall mit verschwindender Varianz ($Var(X_i) = 0$) betrachten. Nach den entwickelten Formeln erhält man für die zu erwartende Gesamtrendite

$$E(X) = a_1 E(X_1) + a_2 E(X_2),$$

also eine gemäß den Anteilen gewichtete Summe der zu erwartenden Einzelrenditen. Ein wichtiger Indikator für eine Wertpapiermischung ist das Portfolio-Risiko, unter dem die Varianz der Gesamtrendite verstanden wird. Man erhält unmittelbar

$$Var(X) = a_1^2 Var(X_1) + a_2^2 Var(X_2) + 2a_1 a_2 Cov\,(X_1, X_2).$$

Das Risiko der Gesamtrendite wird demnach nicht nur vom Risiko der Einzelrenditen, sondern auch von der Kovarianz bestimmt. Wegen $\rho = Cov(X_1, X_2)/\sqrt{Var(X_1)Var(X_2)}$ lässt sich diese Beziehung mit $\sigma_i = \sqrt{Var(X_i)}$ auch darstellen durch

$$Var(X) = a_1^2\sigma_1^2 + a_2^2\sigma_2^2 + 2a_1a_2\rho\sigma_1\sigma_2,$$

wobei die Kovarianz jetzt durch den Korrelationskoeffizienten ersetzt ist. Der Vorteil ist, dass der Wertebereich von ρ bekannt ist, da $-1 \leq \rho \leq 1$ gilt. Man sieht daraus, dass für negativ korrelierte Renditen ($\rho < 0$) ein Gesamtrisiko resultiert, das kleiner ist als das Gesamtrisiko für unkorrelierte Renditen ($\rho = 0$).

Zur Veranschaulichung sei der Spezialfall $\sigma_1 = \sigma_2 = \sigma$ betrachtet. Man erhält durch Einsetzen

$$Var(X) = (a_1^2 + a_2^2 + 2a_1a_2\rho)\sigma^2.$$

Es ist unmittelbar ersichtlich, dass für den Extremfall positiver Korrelation ($\rho = 1$) die Beziehung

$$Var(X) = (a_1 + a_2)^2\sigma^2 = \sigma^2$$

gilt. Für den Extremfall negativer Korrelation ($\rho = -1$) erhält man die Beziehung

$$Var(X) = (a_1 - a_2)^2\sigma^2.$$

Eine gleichmäßige Mischung $a_1 = a_2 = 0.5$ führt dann zum risikolosen Portfolio mit $Var(X) = 0$. Prinzipiell gilt, dass negativ korrelierte Renditen das Risiko vermindern.   □

8.6 Die zweidimensionale Normalverteilung

Die eindimensionale Normalverteilung wurde als eines der wichtigsten stetigen Verteilungsmodelle bereits behandelt. Ihre Dichte ist von der Form

$$f(x) = \frac{1}{\sqrt{2\pi}\sigma} \exp\left\{-\frac{1}{2}\left(\frac{x-\mu}{\sigma}\right)^2\right\},$$

wobei $\mu = E(X)$ der Erwartungswert und $\sigma^2 = Var(X)$ die Varianz der normalverteilten Zufallsvariable X bezeichnet. Erwartungswert μ und Varianz σ^2 sind die beiden charakterisierenden Parameter.

Betrachtet man zwei stetige Zufallsvariablen X und Y, beispielsweise Haushaltseinkommen und Haushaltsausgaben, dann sind für die gemeinsame Verteilung mehr Parameter von Interesse. Insbesondere sind das

$$
\begin{aligned}
\mu_1 &= E(X), && \text{der Erwartungswert von } X, \\
\mu_2 &= E(Y), && \text{der Erwartungswert von } Y, \\
\sigma_1^2 &= Var(X), && \text{die Varianz von } X, \\
\sigma_2^2 &= Var(Y), && \text{die Varianz von } Y \text{ und} \\
\rho &= Cov(X,Y)/\sigma_1\sigma_2, && \text{die Korrelation zwischen } X \text{ und } Y.
\end{aligned}
$$

In der Erweiterung der Normalverteilung auf zweidimensionale Zufallsvariablen, die im Folgenden gegeben ist, treten alle diese Parameter auf.

Zweidimensionale Normalverteilung

Die Zufallsvariablen X und Y heißen *gemeinsam normalverteilt*, wenn die Dichte bestimmt ist durch

$$f(x,y) = \frac{1}{2\pi\sigma_1\sigma_2\sqrt{1-\rho^2}}$$
$$\times \exp\left\{ -\frac{1}{2(1-\rho^2)}\left[\left(\frac{x-\mu_1}{\sigma_1}\right)^2 - 2\rho\left(\frac{x-\mu_1}{\sigma_1}\right)\left(\frac{y-\mu_2}{\sigma_2}\right) + \left(\frac{y-\mu_2}{\sigma_2}\right)^2 \right] \right\}.$$

In den Abbildungen 8.3 bis 8.6 sind Dichten zweidimensionaler Normalverteilungen dargestellt.

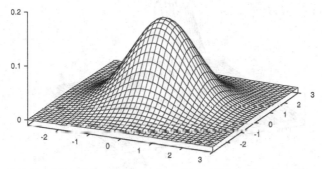

Abbildung 8.3: Zweidimensionale Normalverteilungsdichte für unkorrelierte Merkmale, $\rho = 0$, mit $\mu_1 = \mu_2 = 0, \sigma_1 = \sigma_2 = 1.0$

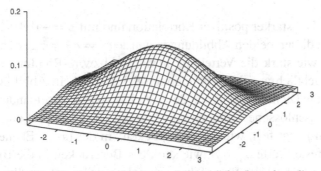

Abbildung 8.4: Zweidimensionale Normalverteilungsdichte für unkorrelierte Merkmale, $\rho = 0$, mit $\mu_1 = \mu_2 = 0, \sigma_1 = 1.5, \sigma_2 = 1.0$

Die Erwartungswerte sind in allen Abbildungen durch $\mu_1 = \mu_2 = 0$ festgelegt. Da alle Normalverteilungsdichten *eingipflig* sind mit dem Gipfel an der Stelle (μ_1, μ_2), sind sämtliche Abbildungen um den Nullpunkt $(0, 0)$ zentriert. Die Dichten in den Abbildungen 8.3 und 8.4 zeigen mit $\rho = 0$ unkorrelierte Variablen. Die beiden Abbildungen unterscheiden sich nur in der Standardabweichung von X. In Abbildung 8.3 wird $\sigma_1 = \sigma_2 = 1$, in Abbildung 8.4 wird $\sigma_1 = 1.5, \sigma_2 = 1.0$ zugrunde gelegt. Die Abbildungen 8.5 und 8.6 zeigen mit

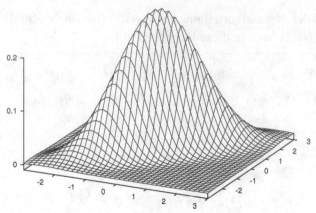

Abbildung 8.5: Zweidimensionale Normalverteilungsdichte, $\rho = 0.8$, $\mu_1 = \mu_2 = 0$, $\sigma_1 = \sigma_2 = 1.0$

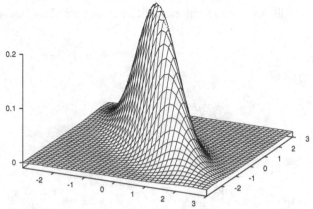

Abbildung 8.6: Zweidimensionale Normalverteilungsdichte, $\rho = -0.8$, $\mu_1 = \mu_2 = 0$, $\sigma_1 = \sigma_2 = 1.0$

$\rho = 0.8$ einmal den Fall starker positiver Korrelation und mit $\rho = -0.8$ den Fall stark negativer Korrelation. In diesen beiden Abbildungen wurde $\sigma_1 = \sigma_2 = 1$ gewählt. Die Varianzen σ_1^2, σ_2^2 bestimmen, wie stark die Verteilung in die x-, bzw. y-Richtung auseinandergezogen ist. Dies ist ersichtlich aus den Abbildungen 8.3 und 8.4. In Abbildung 8.4 ist wegen $\sigma_1 = 1.5 > \sigma_2 = 1$ die Dichte in Richtung der x-Achse stärker auseinandergezogen. Da das von den Dichten umschlossene Volumen eins beträgt, ist der Gipfel entsprechend niedriger. Die Korrelation ρ legt fest, wie der „Bergrücken" in der $(x\text{--}y)$-Ebene ausgerichtet ist, und bestimmt (für feste Werte σ_1^2, σ_2^2), wie stark der Bergrücken in die Breite gezogen ist. Für $|\rho|$ in der Nähe von 1 ist der Bergrücken schmaler, für $|\rho|$ nahe null ist der Bergrücken breiter. Für die positive Korrelation in Abbildung 8.5 ist der Bergrücken dem gleichsinnigen Zusammenhang der beiden Variablen entsprechend an der Winkelhalbierenden des ersten Quadranten ausgerichtet. Die Abbildung 8.6 zeigt, wie bei negativer Korrelation, dem gegensinnigen Zusammenhang entsprechend, große Ausprägungen der ersten Variable tendenziell mit kleinen Ausprägungen der zweiten Variable einhergehen. Prinzipiell wird $|\rho| < 1$ vorausgesetzt, was man unmittelbar daran sieht, dass $1 - \rho^2$ in der gemeinsamen Dichte im Nenner erscheint. Für $\rho = 1$ ist die Verteilung entartet, d.h. geht die Korrelation von X und Y gegen eins, so wird der Bergrücken beliebig schmal.

Man sieht aus der gemeinsamen Dichtefunktion, dass für $\rho = 0$ gilt

$$f(x,y) = \frac{1}{\sqrt{2\pi}\sigma_1} \exp\left\{-\frac{1}{2}\left(\frac{x-\mu_1}{\sigma_1}\right)^2\right\} \frac{1}{\sqrt{2\pi}\sigma_2} \exp\left\{-\frac{1}{2}\left(\frac{x-\mu_2}{\sigma_2}\right)^2\right\},$$

d.h. die Dichte lässt sich als Produkt der Randdichten $f_X(x)$ und $f_Y(y)$ von X bzw. Y darstellen. Die Produktdarstellung $f(x,y) = f_X(x)f_Y(y)$ ist äquivalent zur Aussage, dass X und Y unabhängig sind. Für gemeinsam normalverteilte Zufallsgrößen X und Y gilt demnach, dass unkorrelierte Zufallsgrößen ($\rho = 0$) auch unabhängig sind.

Unabhängigkeit und Korrelation bei normalverteilten Zufallsvariablen

Für gemeinsam normalverteilte Zufallsvariablen X und Y gilt:

X und Y sind unabhängig genau dann, wenn sie unkorreliert sind.

Für den Spezialfall unkorrelierter Größen lässt sich die gemeinsame Dichte demnach als Produkt der Randdichten darstellen. Auch für korrelierte gemeinsam normalverteilte Zufallsgrößen gilt, dass die Randverteilungen normalverteilt sind, d.h. man erhält

$$X \sim N(\mu_1, \sigma_1^2), \qquad Y \sim N(\mu_2, \sigma_2^2).$$

8.7 Zusammenfassung und Bemerkungen

Die Untersuchung der gemeinsamen Verteilung von Zufallsvariablen ist ein Grundstein zum Verständnis der Analyse des Zusammenhangs von Variablen. Zentrale Konzepte wie Kovarianz, Korrelation und Unabhängigkeit ermöglichen es, diesen Zusammenhang zu quantifizieren. Kovarianz und Korrelation sind *theoretische* Zusammenhangsmaße, erfasst wird dadurch der durch ein Zufallsexperiment bedingte *zugrundeliegende* Zusammenhang, der selbst nicht direkt beobachtbar ist. Sie bilden den theoretischen Hintergrund, auf dem erklärbar ist, dass zweidimensionale Beobachtungen, also Realisationen von Zufallsexperimenten eine gemeinsame – gegensinnige oder gleichsinnige – Tendenz aufweisen.

Der Begriff der *Unabhängigkeit* von Zufallsvariablen wird auch in den folgenden Kapiteln eine wichtige Rolle spielen. Wenn Zufallsexperimente wiederholt unter gleichen Bedingungen und unabhängig voneinander durchgeführt werden, erhält man unabhängige Zufallsvariablen $X_1, \ldots, X_n$, die – als Stichprobenvariablen bezeichnet – die Grundlage für Rückschlüsse auf die Grundgesamtheit darstellen. Dabei erweisen sich die in diesem Kapitel behandelten Regeln zur Bildung von Erwartungswert und Varianz von Summen von Zufallsvariablen als wichtig.

Ausführlichere Darstellungen mehrdimensionaler Zufallsvariablen und die sich ergebenden Probleme, die Zusammenhangsstruktur von mehr als zwei Zufallsvariablen zu erfassen, finden sich in der Literatur zur multivariaten Statistik, z.B. in Fahrmeir, Hamerle und Tutz (1996).

8.8   Die zweidimensionale Normalverteilung in R

Im Paket `mvtnorm` werden Dichte und Zufallszahlen über die Funktionen `dmvnorm()` und `rmvnorm()` zur Verfügung gestellt. Die Funktionen sind allgemein und decken nicht nur den bivariaten Fall ab, sondern sind auch für eine multivariate Normalverteilung anwendbar. Der folgende Code-Abschnitt zeigt das Vorgehen zur Simulation von Zufallszahlen aus einer bivariaten Normalverteilung.

```
set.seed(3134561)
mu <- c(2,5)
Sigma=diag(1,nrow=2)
Sigma[1,2] = Sigma[2,1] = 0.5
X <- rmvnorm(n=100, mean=mu, sigma=Sigma)
cov(X)[1,1]
cov(X)[2,2]
cor(X)[1,2]
colMeans(X)
```

Nach Festlegen des `seeds` werden $\mu_1 = 2$ und $\mu_2 = 5$ festgelegt. Anschließend wird die sogenannte Kovarianzmatrix aufgestellt. Hier hat diese Matrix den Wert 1 auf der Diagonalen, d.h. $\sigma_1^2 = \sigma_2^2 = 1$. Die Korrelation wird durch den darauf folgenden Befehl auf $\rho = 0.5$ festgelegt (da die Varianzen 1 sind entspricht hier die Kovarianzmatrix gleich der Korrelationsmatrix). `Sigma` ist symmetrisch und hat die Gestalt

```
> Sigma
     [,1] [,2]
[1,]  1.0  0.5
[2,]  0.5  1.0
```

Der Befehl `X <- rmvnorm(n=100, mean=mu, sigma=Sigma)` erzeugt schließlich die Zufallszahlen in einer $n \times 2$-Matrix, wobei hier $n = 100$ gewählt wurde. Die erste Spalte enthält also die Zufallszahlen der Variable X_1, die zweite Spalte die Zufallszahlen der Variable X_2. Danach werden noch die empirischen Varianzen, die Kovarianz und die Korrelation der Zufallszahlen ausgegeben, sowie die artihmetischen Mittel. Hierbei lässt sich wiederum die Abweichung dieser empirischen Werte von den theoretischen Parametern studieren, in dem man die Anzahl der Zufallszahlen variiert (also n).

8.9   Aufgaben

Aufgabe 8.1

Die gemeinsame Verteilung von X und Y sei durch die folgende Kontingenztafel der Auftretenswahrscheinlichkeiten bestimmt:

		Y		
		1	2	3
X	1	0.25	0.15	0.10
	2	0.10	0.15	0.25

(a) Man bestimme den Erwartungswert und die Varianz von X bzw. Y.

(b) Man bestimme die bedingten Verteilungen von $X|Y = y$ und $Y|X = x$.

(c) Man bestimme die Kovarianz und die Korrelation von X und Y.

(d) Man bestimme die Varianz von $X + Y$.

Die gemeinsame Wahrscheinlichkeitsfunktion von X und Y sei bestimmt durch

$$f(x, y) = \begin{cases} e^{-2\lambda} \frac{\lambda^{x+y}}{x!y!} & \text{für } x, y \in \{0, 1, \dots\} \\ 0 & \text{sonst.} \end{cases}$$

Aufgabe 8.2

(a) Man bestimme die Randverteilung von X bzw. Y.

(b) Man bestimme die bedingten Verteilungen von $X|Y = y$ und $Y|X = x$ und vergleiche diese mit den Randverteilungen.

(c) Man bestimme die Kovarianz von X und Y.

Der Türsteher einer Nobeldiskothek entscheidet sequenziell. Der erste Besucher wird mit der Wahrscheinlichkeit 0.5 eingelassen, der zweite mit 0.6 und der dritte mit 0.8. Man betrachte die Zufallsvariable X: „Anzahl der eingelassenen Besucher unter den ersten beiden Besuchern" und Y: „Anzahl der eingelassenen Besucher unter den letzten beiden Besuchern".

Aufgabe 8.3

(a) Man bestimme die gemeinsame Wahrscheinlichkeitsfunktion von X und Y.

(b) Man untersuche, ob X und Y unabhängig sind.

Ein Anleger verfügt zu Jahresbeginn über 200000 €. 150000 € legt er bei einer Bank an, die ihm eine zufällige Jahresrendite R_1 garantiert, welche gleichverteilt zwischen 6 % und 8 % ist. Mit den restlichen 50000 € spekuliert er an der Börse, wobei er von einer $N(8, 4)$-verteilten Jahresrendite R_2 (in %) ausgeht. Der Anleger geht davon aus, dass die Renditen R_1 und R_2 unabhängig verteilt sind.

Aufgabe 8.4

(a) Man bestimme den Erwartungswert und die Varianz von R_1 und R_2.

(b) Man berechne die Wahrscheinlichkeiten, dass der Anleger an der Börse eine Rendite von 8 %, von mindestens 9 % bzw. zwischen 6 % und 10 % erzielt.

(c) Wie groß ist die Wahrscheinlichkeit, dass der Anleger bei der Bank eine Rendite zwischen 6.5 % und 7.5 % erzielt?

(d) Man stelle das Jahresendvermögen V als Funktion der Renditen R_1 und R_2 dar und berechne Erwartungswert und Varianz von V.

(e) Angenommen, die beiden Renditen sind nicht unabhängig, sondern korrelieren mit $\rho = -0.5$. Wie würden Sie die 200000 € aufteilen, um eine minimale Varianz der Gesamtrendite zu erzielen. Wie ändert sich die zu erwartende Rendite?

R-**Aufgabe**

Wir betrachten die zweidimensionale Normalverteilung.

Aufgabe 8.5

(a) Stellen Sie die zweidimensionalen Dichten in den Abbildungen 8.3 bis 8.6 mit R dar (Hinweis: Funktion `persp()`).

(b) Alternativ zu einer perspektivischen Grafik bieten sich auch andere Darstellungsmöglichkeiten an, zum Beispiel Höhenlinien (Hinweis: `contour()`) oder ein Farbbild, in dem kleine Rechtecke den Dichtewerten entsprechend mit unterschiedlichen Farben gemäß dem Wert der Dichte gezeichnet werden (Hinweis: `image()`). Stellen Sie die Dichten aus den Abbildungen 8.3 bis 8.6 auch mit diesen Möglichkeiten dar.

Kapitel 9

Parameterschätzung

Die Ziehung von Stichproben, die ein möglichst getreues Abbild der Grundgesamtheit wiedergeben sollen, erfolgt nicht zum Selbstzweck. Vielmehr besteht das Ziel einer Stichprobenziehung darin, Informationen über das Verhalten eines Merkmals in der Grundgesamtheit zu gewinnen. Genau dieser Aspekt ist entscheidend: Man ist nicht eigentlich daran interessiert zu erfahren, wie sich das Merkmal in der Stichprobe verhält, sondern diese Information wird benutzt, um daraus auf das Verhalten in der Grundgesamtheit zu schließen. Um diesen Schluss ziehen zu können, benötigt man ein Modell, das die Verteilung des interessierenden Merkmals in der Grundgesamtheit beschreibt. Damit können Ergebnisse, die man für eine Stichprobe – sofern deren Ziehung bestimmten Kriterien genügt – ermittelt hat, auf die entsprechende Grundgesamtheit übertragen werden. Diese Verallgemeinerung ist natürlich nicht mit hundertprozentiger Präzision möglich, da zum einen das Modell, in dem man sich bewegt, eben nur ein Modell ist und zum anderen die Stichprobe nicht absolut den zuvor festgelegten Kriterien genügt. Allerdings ist es möglich, wie wir in den folgenden Kapiteln sehen werden, unter Vorgabe einer gewissen Präzision solche Schlüsse vorzunehmen. Dabei unterscheidet man grob Schätz- und Testverfahren.

Interessiert man sich beispielsweise für den Anteil von Frauen an deutschen Hochschullehrern, so kann man eine Stichprobe aus allen deutschen Hochschullehrern ziehen. In dieser Stichprobe zählt man, wie viele Hochschullehrer weiblich und wie viele männlich sind. Der Anteil der weiblichen Hochschullehrer in dieser Stichprobe sei 0.12. Dieser Wert gibt i.A. nicht den Anteil der weiblichen Hochschullehrer in der Grundgesamtheit aller Hochschullehrer wieder. Ziehen wir nämlich eine zweite Stichprobe, so könnten wir z.B. einen Anteilswert von 0.09 erhalten. Der beobachtete Anteilswert hängt also ab von der gezogenen Stichprobe, die wiederum eine zufällige Auswahl ist. Damit ist auch der berechnete Anteilswert die Ausprägung einer Zufallsvariable, die den Anteil der weiblichen Hochschullehrer beschreibt. Was hat man dann überhaupt von diesem berechneten Wert? Der in der Stichprobe beobachtete Anteilswert liefert einen *Schätzer* für den wahren Anteil in der Grundgesamtheit. Wie gut er den wahren Anteil schätzt, also wie nahe er an den wahren Wert heranreicht und wie stabil er ist, d.h. wie stark er von Stichprobe zu Stichprobe schwankt, wird unter anderem vom Stichprobenumfang, aber auch von der Qualität des Schätzverfahrens und von der Qualität der Stichprobe beeinflusst. Schätzverfahren und deren Güte sind Thema dieses Kapitels.

Schätzer

9.1   Punktschätzung

Schätzverfahren zielen darauf ab, aus einer Zufallsstichprobe auf die Grundgesamtheit zu-
rückzuschließen. Dabei konzentriert man sich auf bestimmte Aspekte des in einer Grundgesamtheit untersuchten Merkmals. Ob man die Intelligenz in einer Studentenpopulation
untersucht oder die von einer Maschine produzierte Schraubenlänge, meist sind bestimmte Aspekte (Parameter) der Verteilung von primärem Interesse, die beispielsweise Auskunft
über Lage oder Streuung des Merkmals geben. Engeres Ziel der Punktschätzung ist es, einen
möglichst genauen Näherungswert für einen derartigen unbekannten Grundgesamtheitsparameter anzugeben. Parameter treten dabei insbesondere in zwei Formen auf, nämlich als
Kennwerte einer beliebigen, unbekannten Verteilung oder als *spezifische Parameter eines
angenommenen Verteilungsmodells.* Beispiele für den ersten unspezifischen Typ von Parametern sind

- Erwartungswert und Varianz einer Zufallsvariable

- Median oder p-Quantil einer Zufallsvariable

- Korrelation zwischen zwei Zufallsvariablen.

Häufig lässt sich der Typ einer Verteilung bei guter Anpassung an den realen Sachverhalt
annehmen. Beispielsweise sind Intelligenzquotienten so konstruiert, dass sie einer Normalverteilung folgen, Zählvorgänge wie die Anzahl bestimmter Schadensmeldungen innerhalb
eines Jahres lassen sich häufig durch die Poisson-Verteilung approximieren. Modelliert man
Merkmale durch die Annahme des Verteilungstyps, reduziert sich das Schätzproblem darauf, dass nur noch die Parameter dieser Verteilung zu bestimmen sind. Beispiele dafür sind

- der Parameter λ, wenn die Anzahl der Schadensmeldungen durch die Poisson-
  Verteilung $Po(\lambda)$ modelliert wird,

- die Parameter μ, σ^2, wenn von einer Normalverteilung $N(\mu, \sigma^2)$ der produzierten
  Schraubenlängen auszugehen ist,

- der Parameter λ, wenn für die Wartezeit eine Exponentialverteilung $\exp(\lambda)$ angenommen wird.

Wie man aus diesen Beispielen sieht, sind gelegentlich „unspezifische" Parameter wie Erwartungswert und die Parameter eines Verteilungstyps identisch, z.B. gilt für die Normalverteilung $E(X) = \mu$. Der Parameter λ der Exponentialverteilung hingegen unterscheidet
sich vom Erwartungswert der zugehörigen Zufallsvariable.

Ausgangspunkt der Punktschätzung sind n Stichprobenziehungen oder Zufallsexperimente, die durch die Zufallsvariablen $X_1, \ldots, X_n$ repräsentiert werden. $X_1, \ldots, X_n$ wer-
Stichproben- den auch als *Stichprobenvariablen* bezeichnet. Häufig fordert man von Stichprobenvaria-
variablen blen, dass sie *unabhängige Wiederholungen von X* sind. Durch diese knappe Formulierung
unabhängige wird ausgedrückt, dass
Wiederholungen

- die den Zufallsvariablen $X_1, \ldots, X_n$ zugrundeliegenden Experimente unabhängig
  sind,

- jedesmal dasselbe Zufallsexperiment (enthalten in „Wiederholung") durchgeführt wird.

Aus den Realisierungen $x_1, \ldots, x_n$ dieser Zufallsvariablen soll auf einen Parameter θ geschlossen werden. Der Parameter θ steht hier stellvertretend für einen festgelegten Kennwert: Das kann der Erwartungswert sein, aber ebenso die Varianz oder der Parameter der Poisson-Verteilung. Eine *Punktschätzung* für θ ist eine Funktion der Realisierungen $x_1, \ldots, x_n$ der Form

Punktschätzung

$$t = g(x_1, \ldots, x_n).$$

Beispielsweise liefert die Funktion $g(x_1, \ldots, x_n) = \sum_i x_i/n$ einen Schätzwert für den zugrundeliegenden Erwartungswert $\theta = E(X)$. Der Zufallscharakter des Verfahrens, der sich dadurch ausdrückt, dass jedesmal, wenn diese n Stichprobenziehungen durchgeführt werden, ein anderer Schätzwert resultiert, wird deutlich in der Darstellung der Schätzfunktion durch

$$T = g(X_1, \ldots, X_n).$$

T ist als Funktion von Zufallsvariablen selbst eine Zufallsvariable. So ist das arithmetische Mittel $\bar{X} = g(X_1, \ldots, X_n) = \sum_i X_i/n$ eine Zufallsvariable, deren Variabilität von den Zufallsvariablen $X_1, \ldots, X_n$ bestimmt wird. Eine derartige *Schätzfunktion* bzw. Stichprobenfunktion heißt auch *Schätzstatistik* oder einfach nur *Statistik*.

Schätzfunktion, Schätzstatistik

Eine *Schätzfunktion* oder *Schätzstatistik* für den Grundgesamtheitsparameter θ ist eine Funktion

$$T = g(X_1, \ldots, X_n)$$

der Stichprobenvariablen $X_1, \ldots, X_n$. Der aus den Realisationen $x_1, \ldots, x_n$ resultierende numerische Wert

$$g(x_1, \ldots, x_n)$$

ist der zugehörige *Schätzwert*.

In der deskriptiven Statistik wurden Lage- und Streuungsparameter *der Stichprobe* bestimmt. Hinter diesen deskriptiven Parametern stehen Schätzfunktionen, deren Argumente Zufallsvariablen sind. Die *resultierenden Realisationen* dieser Schätzfunktionen entsprechen dann direkt den deskriptiven Lage- bzw. Streuungsparametern. So lässt sich

$\bar{X} = g(X_1, \ldots, X_n) = \frac{1}{n} \sum_{i=1}^{n} X_i$ als Schätzfunktion für den Erwartungswert $\mu = E(X)$ verstehen, $\bar{x}$ ist die zugehörige Realisation oder das arithmetische Mittel der Stichprobe.

Weitere Schätzfunktionen sind:

$\bar{X} = g(X_1, \ldots, X_n) = \frac{1}{n} \sum_{i=1}^{n} X_i$, $X_i \in \{0, 1\}$, für die Auftretenswahrscheinlichkeit bzw. den Anteilswert $\pi = P(X = 1)$,

$$S^2 = g(X_1, \ldots, X_n) = \frac{1}{n-1} \sum_{i=1}^{n} (X_i - \bar{X})^2 \text{ für die Varianz } \sigma^2 = Var(X),$$

$$\widetilde{S}^2 = g(X_1, \ldots, X_n) = \frac{1}{n} \sum_{i=1}^{n} (X_i - \bar{X})^2 \text{ für die Varianz } \sigma^2 = Var(X).$$

9.2 Eigenschaften von Schätzstatistiken

Eine Schätzstatistik wie $\bar{X}$ für den Erwartungswert ist zwar intuitiv einleuchtend, daraus folgt jedoch nicht, dass sie ein gutes oder das „beste" Schätzverfahren darstellt. Insbesondere in komplexeren Schätzproblemen ist es wichtig, klare Kriterien für die Güte eines Schätzverfahrens zur Verfügung zu haben, d.h. die entsprechenden Eigenschaften der Schätzstatistik zu kennen.

9.2.1 Erwartungstreue

Man erwartet von einer Schätzstatistik, dass sie *tendenziell* den richtigen Wert liefert, d.h. weder systematisch über- noch unterschätzt. Diese Eigenschaft wird als *Erwartungstreue* bezeichnet und wird an einem einfachen Beispiel illustriert.

Beispiel 9.1   Dichotome Grundgesamtheit

Man betrachte n unabhängige Wiederholungen der Zufallsvariable

$$X = \begin{cases} 1 & \text{CDU-Wähler} \\ 0 & \text{sonstige Partei.} \end{cases}$$

Aus den resultierenden Zufallsvariablen $X_1, \ldots, X_n$ bilde man die relative Häufigkeit $\bar{X} = \sum_i X_i/n$. Nimmt man nun an, in der Population seien 40 % CDU-Wähler (Wahrscheinlichkeit $\pi = P(X = 1) = 0.4$), dann lässt sich der Erwartungswert von $\bar{X}$ berechnen. Da unter dieser Voraussetzung $E(X_i) = 0.4$ gilt, folgt unmittelbar

$$E(\bar{X}) = \frac{1}{n} \sum_{i=1}^{n} E(X_i) = \frac{1}{n} n \, 0.4 = 0.4.$$

Nimmt man hingegen an, dass in der Population 35 % CDU-Wähler sind, dann folgt mit $E(X_i) = 0.35$ unmittelbar $E(\bar{X}) = 0.35$. Allgemeiner heißt das, unabhängig davon, welches π tatsächlich zugrunde liegt, wenn man den Erwartungswert von $\bar{X}$ bildet, ergibt sich $E(\bar{X}) = \pi$. Für die Berechnung des Erwartungswertes wird dabei vorausgesetzt, dass ein bestimmtes, wenn auch unbekanntes π in der Grundgesamtheit vorliegt. Essenziell ist dabei, dass dieses π nicht bekannt ist, der Erwartungswert ist berechenbar allein aus der Annahme, dass π der wahre Parameter ist. Um auszudrücken, dass der Erwartungswert unter dieser Annahme gebildet wird, nimmt man gelegentlich und genauer den Wert π als Index des Erwartungswertes hinzu, sodass $E_\pi(\bar{X}) = \pi$ resultiert.   □

Erwartungstreue   Allgemein heißt eine Schätzstatistik $T = g(X_1, \ldots, X_n)$ *für den Parameter θ erwartungstreu oder unverzerrt*, wenn gilt

$$E_\theta(T) = \theta.$$

Bestimmt man also den Erwartungswert von T unter der Voraussetzung, dass der unbekannte Parameter θ zugrunde liegt, ergibt sich θ als Erwartungswert. Man kann auf diese Art ohne Kenntnis der tatsächlichen Größe des Parameters θ untersuchen, ob der Erwartungswert die richtige Tendenz besitzt. Eine erwartungstreue Schätzstatistik adaptiert sich automatisch an den tatsächlich in der Grundgesamtheit vorliegenden Sachverhalt.

Eine erwartungstreue Schätzstatistik für den Erwartungswert $\mu = E(X)$ ist das Stichprobenmittel $\bar{X} = \sum_i X_i/n$, da gilt

$$E_\mu(\bar{X}) = \frac{1}{n} \sum_i E_\mu(X_i) = \frac{1}{n} n\mu = \mu.$$

Schätzt man damit beispielsweise den zu erwartenden Intelligenzquotienten einer Studentenpopulation, erhält man $E(\bar{X}) = 110$, wenn der tatsächliche Wert 110 beträgt, aber 105, wenn der tatsächliche Wert 105 beträgt.

Ein Extrembeispiel einer nicht erwartungstreuen Schätzstatistik für μ wäre $T = 110$, d.h. T nimmt unabhängig von $X_1, \ldots, X_n$ immer den Wert 110 an. Entsprechend gilt $E(T) = 110$ und die Schätzstatistik ist nur dann unverzerrt, wenn tatsächlich $\mu = 110$ gilt, für alle anderen Werte ist sie verzerrt.

Systematische Über- oder Unterschätzung einer Schätzstatistik wird erfasst in der *Verzerrung*, auch *Bias* genannt, die bestimmt ist durch

Verzerrung, Bias

$$Bias_\theta(T) = E_\theta(T) - \theta.$$

Erwartungstreue Schätzstatistiken

Beispiel 9.2

In den folgenden Beispielen wird von unabhängigen Wiederholungen ausgegangen.

1. Es lässt sich zeigen, dass die Stichprobenvarianz

$$S^2 = \frac{1}{n-1} \sum_{i=1}^{n} (X_i - \bar{X})^2$$

eine erwartungstreue Schätzstatistik für die Varianz $\sigma^2 = Var(X)$ ist. Es gilt $E_{\sigma^2}(S^2) = \sigma^2$. Hier findet auch die Normierung durch $1/(n-1)$ ihren tieferen Grund. Eben diese Normierung liefert eine erwartungstreue Schätzstatistik für die Varianz. Die im ersten Schritt „natürlicher" scheinende Normierung durch $1/n$ liefert hingegen eine verzerrte Schätzstatistik (siehe 2.).

2. Für die empirische Varianz bzw. mittlere quadratische Abweichung

$$\widetilde{S}^2 = \frac{1}{n} \sum_{i=1}^{n} (X_i - \bar{X})^2$$

gilt, sofern die Varianz endlich ist, $E_{\sigma^2}(\widetilde{S}^2) = \frac{n-1}{n}\sigma^2$. $\widetilde{S}^2$ ist somit nicht erwartungstreu für σ^2. Die Verzerrung

$$Bias_{\sigma^2}(\widetilde{S}^2) = E_{\sigma^2}(\widetilde{S}^2) - \sigma^2 = -\frac{1}{n}\sigma^2$$

zeigt, dass $\widetilde{S}^2$ die Varianz tendenziell unterschätzt. Allerdings verschwindet die Verzerrung für wachsenden Stichprobenumfang n.

3. Zwar ist S^2 eine erwartungstreue Schätzstatistik für σ^2, die Wurzel daraus, also S, ist jedoch i.A. nicht erwartungstreu für σ. S unterschätzt tendenziell die Standardabweichung.

4. Für den Anteilswert $\pi = P(X = 1)$ einer dichotomen Grundgesamtheit mit $X \in \{1, 0\}$, ist die relative Häufigkeit

$$\bar{X} = \frac{1}{n} \sum_i X_i$$

eine erwartungstreue Schätzstatistik.   □

asymptotische
Erwartungstreue

Eine abgeschwächte Forderung an die Schätzstatistik ist die asymptotische Erwartungstreue. Eine Schätzstatistik heißt *asymptotisch erwartungstreu*, wenn gilt

$$\lim_{n \to \infty} E_\theta(T) = \theta,$$

d.h. mit wachsendem Stichprobenumfang verschwindet die Verzerrung von T. Für die mittlere quadratische Abweichung gilt

$$E_{\sigma^2}(\widetilde{S}^2) = \frac{n-1}{n} \sigma^2.$$

$\widetilde{S}^2$ ist daher nicht erwartungstreu. Wegen $\lim_{n \to \infty} \frac{n-1}{n} = 1$ ist aber $\widetilde{S}^2$ asymptotisch erwartungstreu für σ^2.

Asymptotische Erwartungstreue bezieht sich auf große Stichprobenumfänge. Für kleines n kann eine asymptotische erwartungstreue Schätzstatistik erheblich verzerrte Schätzungen liefern. Für $n = 2$ liefert beispielsweise die mittlere quadratische Abweichung mit $E_{\sigma^2}(\widetilde{S}^2) = \sigma^2/2$ eine erhebliche Unterschätzung von σ^2.

Erwartungstreue und Verzerrung (Bias)

Eine Schätzstatistik $T = g(X_1, \dots, X_n)$ heißt *erwartungstreu für θ*, wenn gilt

$$E_\theta(T) = \theta.$$

Sie heißt *asymptotisch erwartungstreu für θ*, wenn gilt

$$\lim_{n \to \infty} E_\theta(T) = \theta.$$

Der *Bias* ist bestimmt durch

$$Bias_\theta(T) = E_\theta(T) - \theta.$$

Wir werden im Folgenden beim Erwartungswert auf den Index θ verzichten, wobei weiterhin Erwartungswerte, aber auch Varianzen und Wahrscheinlichkeiten unter der Annahme der unbekannten zugrundeliegenden Verteilung bestimmt werden.

Eine Schätzstatistik liefert zu den Realisationen $x_1, \dots, x_n$ einen Schätzwert, der aber i.A. nicht mit dem wahren Wert θ identisch ist. Die Genauigkeit der Schätzung ergibt sich nicht aus dem Schätzwert selbst. Für erwartungstreue Schätzstatistiken, die also zumindest die richtige Tendenz aufweisen, lässt sich die *Genauigkeit des Schätzverfahrens* an der Varianz der Schätzstatistik festmachen. Die Wurzel aus dieser Varianz, also die Standardabweichung der Schätzstatistik, wird als *Standardfehler* bezeichnet. Da sie i.A. nicht bekannt ist, muss sie selbst geschätzt werden.

Standardfehler

Arithmetisches Mittel

Beispiel 9.3

Die Schätzfunktion $\bar{X} = \sum_i X_i/n$ besitzt wegen $Var(\bar{X}) = \sigma^2/n$ den Standardfehler $\sigma_{\bar{X}} = \sigma/\sqrt{n} = \sqrt{Var(X)/n}$. Eine Schätzung des Standardfehlers von $\bar{X}$ liefert

$$\hat{\sigma}_{\bar{X}} = \frac{\sqrt{S^2}}{\sqrt{n}} = \frac{\sqrt{\frac{1}{n-1}\sum_i (X_i - \bar{X})^2}}{\sqrt{n}}.$$

□

Standardfehler

Der *Standardfehler* einer Schätzstatistik ist bestimmt durch die Standardabweichung der Schätzstatistik

$$\sigma_g = \sqrt{Var g(X_1, \ldots, X_n)}.$$

9.2.2 Erwartete mittlere quadratische Abweichung und Konsistenz

Wie die asymptotische Erwartungstreue ist die Konsistenz eine Eigenschaft, die das Verhalten bei großen Stichprobenumfängen reflektiert. Während bei der Erwartungstreue nur das Verhalten des Erwartungswerts, also die zu erwartende mittlere Tendenz der Schätzstatistik eine Rolle spielt, wird bei der Konsistenz die Varianz der Schätzung mit einbezogen. Dazu betrachtet man als ein generelles Maß der Schätzgüte die zu erwartende *mittlere quadratische Abweichung*, kurz MSE für *mean squared error*, die gegeben ist durch

mittlere quadratische Abweichung

mean squared error

$$E([T - \theta]^2).$$

Die mittlere quadratische Abweichung gibt nach Definition wieder, welche Abweichung zwischen Schätzfunktion T und wahrem Wert θ für die Schätzfunktion T zu erwarten ist. Sie lässt sich durch Ergänzen und Ausmultiplizieren einfach umformen zu

$$\begin{aligned} E([T - \theta]^2) \\ &= E([T - E(T) + E(T) - \theta]^2) \\ &= E([T - E(T)]^2) + 2E([T - E(T)][E(T) - \theta]) + E([E(T) - \theta]^2) \\ &= E([T - E(T)]^2) + [E(T) - \theta]^2 = Var(T) + Bias\,(T)^2. \end{aligned}$$

Die zu erwartende quadratische Abweichung lässt sich somit darstellen als Summe aus der Varianz von T und dem quadrierten Bias, d.h. die Minimierung der zu erwartenden quadratischen Abweichung stellt einen Kompromiss dar, zwischen Dispersion der Schätzstatistik und Verzerrtheit.

Aus dieser Darstellung der zu erwartenden kleinsten quadratischen Abweichung wird deutlich, dass die Varianz der Schätzstatistik bzw. deren Wurzel als Kriterium für die Güte der Schätzung nur Sinn macht, wenn die Verzerrung mitberücksichtigt wird. Der Standardfehler als Vergleichsmaß für die Güte ist daher auf erwartungstreue Statistiken beschränkt, d.h. wenn $Bias\,(T) = 0$ gilt.

Erwartete mittlere quadratische Abweichung (MSE)

Die *erwartete mittlere quadratische Abweichung* (mean squared error) ist bestimmt durch

$$MSE = E([T - \theta]^2)$$

und lässt sich ausdrücken in der Form

$$MSE = Var(T) + Bias\,(T)^2.$$

Konsistenz

Asymptotische Erwartungstreue beinhaltet, dass die Verzerrung für wachsenden Stichprobenumfang verschwindet. Geht gleichzeitig auch die Varianz gegen null, spricht man von *Konsistenz*, genauer von Konsistenz im quadratischen Mittel. Wegen der Zerlegung der mittleren quadratischen Abweichung in einen Varianz- und einen Verzerrungsanteil verschwinden mit wachsendem Stichprobenumfang sowohl Verzerrung als auch Varianz, wenn die mittlere quadratische Abweichung gegen null konvergiert.

Konsistenz (im quadratischen Mittel) oder MSE-Konsistenz

Eine Schätzstatistik heißt *konsistent im quadratischen Mittel*, wenn gilt

$$MSE \ \stackrel{n \to \infty}{\longrightarrow}\ 0.$$

---

asymptotische Eigenschaft

Im Gegensatz zur Erwartungstreue, die für endlichen Stichprobenumfang definiert wird, ist Konsistenz eine *asymptotische Eigenschaft*, die das Verhalten für große Stichprobenumfänge wiedergibt. Eine konsistente Schätzstatistik kann für *endlichen* Stichprobenumfang eine erhebliche Verzerrung und große Varianz besitzen.

schwache Konsistenz

Häufig findet man eine alternative Definition der Konsistenz, die auch als *schwache Konsistenz* bezeichnet wird. Eine Schätzstatistik heißt schwach konsistent, wenn die Wahrscheinlichkeit, dass die Schätzfunktion Werte in einem beliebig kleinen Intervall um den wahren Parameterwert annimmt, mit wachsendem Stichprobenumfang gegen eins wächst. Formal führt dies zur folgenden Definition.

Schwache Konsistenz

Die Schätzstatistik $T = g(X_1, \ldots, X_n)$ heißt *schwach konsistent*, wenn zu beliebigem $\varepsilon > 0$ gilt

$$\lim_{n \to \infty} P(|T - \theta| < \varepsilon) = 1$$

bzw.

$$\lim_{n \to \infty} P(|T - \theta| \geq \varepsilon) = 0.$$

Die Definition besagt somit, dass egal wie klein das Intervall um den wahren Wert gewählt wird, die Wahrscheinlichkeit für das Ereignis $T \in (\theta - \varepsilon, \theta + \varepsilon)$ gegen eins wächst, also die Abweichung vom wahren Wert um mindestens ε gegen 0 konvergiert. Für großen Stichprobenumfang sollte der Schätzwert also in unmittelbarer Nähe des wahren (unbekannten) Parameters θ liegen. Prinzipiell ist festzuhalten, eine Schätzstatistik, die im quadratischen Mittel konsistent ist, ist auch schwach konsistent.

Arithmetisches Mittel

Beispiel 9.4

Ein Merkmal X sei normalverteilt mit $X \sim N(\mu, \sigma^2)$. Aus unabhängigen Wiederholungen $X_1, \ldots,$ X_n wird der Erwartungswert durch die Schätzstatistik $\bar{X} = \sum_i X_i / n$ geschätzt. Für $\bar{X}$ erhält man unmittelbar $E(\bar{X}) = \mu$ (d.h. Erwartungstreue) und $Var(\bar{X}) = \sum_i \sigma^2 / n = \sigma^2 / n$, d.h. es gilt

$$\bar{X} \sim N\left(\mu, \frac{\sigma^2}{n}\right).$$

$\bar{X}$ ist somit eine für μ erwartungstreue Schätzstatistik, deren Varianz mit zunehmendem Stichprobenumfang abnimmt. Daraus ergibt sich, dass $\bar{X}$ konsistent (im quadratischem Mittel) ist.

Darüber hinaus erhält man

$$P(|\bar{X} - \mu| \leq \varepsilon) = P\left(\left|\frac{\bar{X} - \mu}{\sigma / \sqrt{n}}\right| \leq \frac{\varepsilon}{\sigma / \sqrt{n}}\right)$$
$$= \Phi\left(\frac{\varepsilon}{\sigma}\sqrt{n}\right) - \Phi\left(-\frac{\varepsilon}{\sigma}\sqrt{n}\right).$$

Für feste Werte von ε und σ lässt sich damit unmittelbar die Wahrscheinlichkeit $P(|\bar{X} - \mu| \leq \varepsilon)$ aus der Tabelle der Standardnormalverteilungsfunktion ablesen. In Abbildung 9.1 ist die Wahrscheinlichkeit für das Ereignis $|\bar{X} - \mu| \leq \varepsilon$ für zwei Stichprobenumfänge dargestellt. Man sieht deutlich, wie die Wahrscheinlichkeit dieses Ereignisses als Fläche über dem Intervall mit wachsendem Stichprobenumfang zunimmt. $\bar{X}$ ist damit schwach konsistent. $\square$

Eine erwartungstreue Schätzstatistik ist offensichtlich konsistent im quadratischen Mittel, wenn die Varianz für wachsenden Stichprobenumfang gegen null konvergiert. Auch die schwache Konsistenz lässt sich in diesem Fall einfach an der Varianz festmachen, da sich für erwartungstreue Schätzstatistiken die Wahrscheinlichkeit einer Abweichung um ε durch die Tschebyscheffsche Ungleichung (Abschnitt 7.4.3) abschätzen lässt. Es gilt wegen $E(T) = \theta$

$$P(|T - \theta| \geq \varepsilon) \leq \frac{Var(T)}{\varepsilon^2}.$$

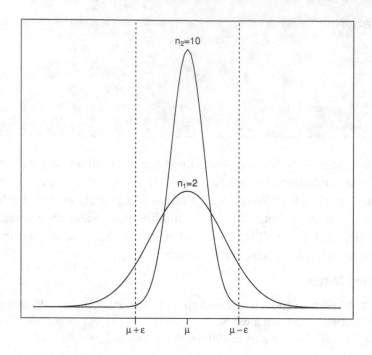

Abbildung 9.1: Wahrscheinlichkeit für $|\bar{X} - \mu| \leq \varepsilon$ für $\varepsilon = 1$, $\sigma = 1$ und den Stichprobenumfängen $n_1 = 2, n_2 = 10$.

Daraus folgt unmittelbar, dass jede erwartungstreue Schätzstatistik schwach konsistent ist, wenn $Var(T) \to 0$ für $n \to \infty$.

Für unabhängige Wiederholungen erhält man insbesondere die im quadratischen Mittel und damit auch schwach konsistenten Schätzstatistiken

- $\bar{X}$ für den Erwartungswert $\mu = E(X)$ (siehe auch Gesetz der großen Zahlen, Abschnitt 7.1),

- $\bar{X}$ bei dichotomem Merkmal für den Anteilswert π,

- S^2 für die Varianz $\sigma^2 = Var(X)$.

9.2.3 Wirksamste Schätzstatistiken

MSE-
Wirksamkeit

Die mittlere quadratische Abweichung ist ein Maß für die Güte der Schätzung, das sowohl die Verzerrung als auch die Varianz der Schätzfunktion einbezieht. Darauf aufbauend lässt sich eine Schätzstatistik im Vergleich zu einer zweiten Schätzstatistik als *MSE-wirksamer* bezeichnen, wenn ihre mittlere quadratische Abweichung (MSE) kleiner ist. Zu berücksichtigen ist dabei, dass der Vergleich zweier Statistiken jeweils für eine Klasse von zugelassenen Verteilungen erfolgt. Beispielsweise wird man Schätzungen für den Parameter λ einer

Poisson-Verteilung nur vergleichen unter Zulassung aller Poisson-Verteilungen (mit beliebigem λ). Bei der Schätzung des Erwartungswertes lassen sich entweder alle Verteilungen mit endlicher Varianz zugrunde legen oder auch nur alle Normalverteilungen. Die Effizienz einer Statistik kann daher von der Wahl der zugelassenen Verteilungen abhängen. Mit der Bezeichnung $MSE(T)$ für die mittlere quadratische Abweichung der Schätzstatistik T erhält man die folgende Begriffsbildung.

MSE – Wirksamkeit von Schätzstatistiken

Von zwei Schätzstatistiken T_1 und T_2 heißt T_1 *MSE-wirksamer*, wenn

$$MSE(T_1) \leq MSE(T_2)$$

für alle zugelassenen Verteilungen gilt. Eine Statistik heißt *MSE-wirksamst*, wenn ihre mittlere quadratische Abweichung für alle zugelassenen Verteilungen den kleinsten möglichen Wert annimmt.

Beschränkt man sich auf *erwartungstreue* Statistiken, d.h. *Bias* $= 0$, reduziert sich die MSE-Wirksamkeit auf den Vergleich der Varianzen von Schätzstatistiken. Dieser Vergleich lässt sich allerdings auch ohne Bezug zur MSE-Wirksamkeit motivieren. Erwartungstreue Schätzstatistiken besitzen als Erwartungswert den tatsächlich zugrundeliegenden Parameter, haben also prinzipiell die „richtige" Tendenz. Will man nun zwei erwartungstreue Schätzstatistiken hinsichtlich ihrer Güte miteinander vergleichen, ist es naheliegend, diejenige zu bevorzugen, die um den „richtigen" Erwartungswert am wenigsten schwankt. Misst man die Variation durch die Varianz der Schätzfunktion erhält man unmittelbar ein Kriterium zum Vergleich der Güte von Schätzstatistiken.

Wirksamkeit von erwartungstreuen Schätzstatistiken

Von zwei *erwartungstreuen* Schätzstatistiken T_1 und T_2 heißt T_1 *wirksamer* oder *effizienter* als T_2, wenn

$$Var(T_1) \leq Var(T_2)$$

für alle zugelassenen Verteilungen gilt.

Eine erwartungstreue Schätzstatistik heißt *wirksamst* oder *effizient*, wenn ihre Varianz für alle zugelassenen Verteilungen den kleinsten möglichen Wert annimmt.

Zu dieser Begriffsbildung ist zu bemerken:

Ein Varianzvergleich macht natürlich nur Sinn für erwartungstreue Schätzstatistiken. Die fast immer verzerrte Schätzstatistik $T_0 = 100$, die immer den Wert 100 annimmt, besitzt die Varianz null. Würde man eine derartige Statistik zur Konkurrenz zulassen, wäre ihre Varianz nicht unterbietbar, obwohl sie tendenziell fast immer verzerrte Werte liefert.

Die Erwartungstreue von Schätzstatistiken hängt immer von den zugelassenen Verteilungen ab. Beispielsweise gilt für Poisson-Verteilungen $E(X) = Var(X) = \lambda$ und damit sind sowohl $\bar{X}$ als auch S^2 erwartungstreu für $E(X)$. S^2 ist jedoch nicht unverzerrt für $E(X)$, wenn auch Normalverteilungen zugelassen sind.

Für die Varianz einer erwartungstreuen Schätzstatistik lässt sich eine untere Schranke angeben, die sogenannte Cramér-Rao-Schranke. Wirksamste Statistiken erreichen diese Schranke, die wir hier nicht explizit angeben.

Wirksamste Schätzstatistiken sind insbesondere:

$\bar{X}$ für den Erwartungswert, wenn alle Verteilungen mit endlicher Varianz zugelassen sind,

$\bar{X}$ für den Erwartungswert, wenn alle Normalverteilungen zugelassen sind,

$\bar{X}$ für den Anteilswert π dichotomer Grundgesamtheiten, wenn alle Bernoulli-Verteilungen zugelassen sind,

$\bar{X}$ für den Parameter λ, wenn alle Poisson-Verteilungen $Po(\lambda)$ zugelassen sind.

9.3 Konstruktion von Schätzfunktionen

Bisher haben wir wünschenswerte Eigenschaften von Schätzstatistiken diskutiert. Dabei wurden Schätzfunktionen betrachtet, die zum Teil schon aus den vorhergehenden Kapiteln bekannt sind. In diesem Abschnitt wird die Herkunft dieser Schätzfunktionen reflektiert. Es werden Methoden entwickelt, wie man eine geeignete Schätzfunktion für einen unbekannten Parameter findet. Der Schwerpunkt bei den klassischen Ansätzen liegt auf dem sehr generellen Maximum Likelihood-Prinzip, das auch in komplexen Schätzsituationen anwendbar ist. Abschnitt 9.3.3 führt zusätzlich in Bayes-Schätzer ein. Konzepte der Bayes-Inferenz haben in letzter Zeit durch die Entwicklung neuer computerintensiver Methoden wachsende Bedeutung erlangt.

9.3.1 Maximum Likelihood-Schätzung

Aus Gründen der Einfachheit seien $X_1, \ldots, X_n$ unabhängige und identische Wiederholungen eines Experiments. Im Bisherigen wurde oft betrachtet, mit welcher Wahrscheinlichkeit bestimmte Werte einer Zufallsvariable X auftreten, wenn eine feste Parameterkonstellation zugrunde liegt. Beispielsweise haben wir für Bernoulli-Variablen mit Parameter π abgeleitet, dass für $x \in \{0, 1\}$

$$f(x|\pi) = P(X = x|\pi) = \pi^x (1 - \pi)^{1-x}$$

gilt. Bei stetigen Variablen tritt an die Stelle der Wahrscheinlichkeit eine stetige Dichte, beispielsweise bei der Normalverteilung mit den Parametern μ und σ die Dichte

$$f(x|\mu, \sigma) = \frac{1}{\sqrt{2\pi}\sigma} \exp\left(-\frac{(x-\mu)^2}{2\sigma^2}\right).$$

Geht man allgemeiner von dem Parameter θ aus, der auch zwei- oder höherdimensional sein kann, und betrachtet den Fall unabhängiger identischer Wiederholungen, ergibt sich die (diskrete oder stetige) Dichte

$$f(x_1, \ldots, x_n | \theta) = f(x_1 | \theta) \cdots f(x_n | \theta).$$

Anstatt für festen Parameter θ die Dichte an beliebigen Werten $x_1, \ldots, x_n$ zu betrachten, lässt sich umgekehrt für feste Realisationen $x_1, \ldots, x_n$ die Dichte als Funktion in θ auffassen. Diese Funktion

$$L(\theta) = f(x_1, \ldots, x_n | \theta)$$

heißt *Likelihoodfunktion* und besitzt als Argument den Parameter θ bei festen Realisationen $x_1, \ldots, x_n$. Das *Maximum Likelihood-Prinzip* zur Konstruktion einer Schätzfunktion beruht auf der Maximierung dieser Likelihood.

Maximum Likelihood-Prinzip

Das *Maximum Likelihood-Prinzip* besagt: Wähle zu $x_1, \ldots, x_n$ als Parameterschätzung denjenigen Parameter $\hat{\theta}$, für den die Likelihood maximal ist, d.h.

$$L(\hat{\theta}) = \max_\theta L(\theta)$$

bzw.

$$f(x_1, \ldots, x_n | \hat{\theta}) = \max_\theta f(x_1, \ldots, x_n | \theta).$$

Man wählt somit zu den Realisationen $x_1, \ldots, x_n$ denjenigen Parameter $\hat{\theta}$, für den die Wahrscheinlichkeit bzw. Dichte, dass gerade diese Werte $x_1, \ldots, x_n$ auftreten, maximal wird. Man sucht somit zu den Realisierungen $x_1, \ldots, x_n$ denjenigen Parameter, der die plausibelste Erklärung für das Zustandekommen dieser Werte liefert. Nach Konstruktion erhält man damit einen Schätzwert $\hat{\theta}$ zu jeder Realisierungsfolge $x_1, \ldots, x_n$, also letztendlich eine Schätzung $\hat{\theta} = \hat{\theta}(x_1, \ldots, x_n)$. Das Einsetzen beliebiger Realisationen liefert die Schätzfunktion $g(x_1, \ldots, x_n) = \hat{\theta}(x_1, \ldots, x_n)$. Eine derart konstruierte Schätzfunktion heißt *Maximum Likelihood-Schätzer*.

Üblicherweise bestimmt man das Maximum einer Funktion durch Ableiten und Nullsetzen der Ableitung. Für die Likelihood führt das wegen der Produkte in $L(\theta)$ meist zu unfreundlichen Ausdrücken. Es empfiehlt sich daher, statt der Likelihood selbst die logarithmierte Likelihood, die sogenannte *Log-Likelihood*, zu maximieren. Da Logarithmieren eine streng monoton wachsende Transformation ist, liefert das Maximieren von $L(\theta)$ und $\ln L(\theta)$ denselben Wert $\hat{\theta}$. Für den bisher betrachteten Fall unabhängiger und identischer Wiederholungen ergibt sich die Log-Likelihood als Summe

$$\ln L(\theta) = \sum_{i=1}^n \ln f(x_i | \theta).$$

Poisson-Verteilung

Beispiel 9.5

Likelihood-funktion

Maximum Likelihood-Prinzip

Maximum Likelihood-Schätzer

Log-Likelihood

Seien $X_1, \ldots, X_4$ unabhängige Wiederholungen einer Poisson-verteilten Größe $Po(\lambda)$ mit zu schätzendem Wert λ. Die Realisationen seien $x_1 = 2$, $x_2 = 4$, $x_3 = 6$, $x_4 = 3$. Damit erhält man die Likelihoodfunktion

$$L(\lambda) = f(x_1|\lambda) \cdots f(x_4|\lambda) = e^{-\lambda}\frac{\lambda^2}{2!}e^{-\lambda}\frac{\lambda^4}{4!}e^{-\lambda}\frac{\lambda^6}{6!}e^{-\lambda}\frac{\lambda^3}{3!} = e^{-4\lambda}\lambda^{15}\frac{1}{2!\,4!\,6!\,3!}$$

bzw. die Log-Likelihood-Funktion

$$\ln L(\lambda) = -4\lambda + 15\ln\lambda - \ln(2!\,4!\,6!\,3!).$$

Ableiten und Nullsetzen ergibt

$$\frac{\partial \ln L(\lambda)}{\partial \lambda} = -4 + \frac{15}{\hat{\lambda}} = 0$$

und damit $\hat{\lambda} = 15/4$. Bemerkenswert ist daran, dass $\hat{\lambda} = \bar{X} = (2 + 4 + 6 + 3)/4$, d.h. es ergibt sich eine bekannte Schätzfunktion.

Das Verfahren lässt sich natürlich genereller für die Realisationen $x_1, \ldots, x_n$ durchführen. Man erhält die Log-Likelihood-Funktion

$$\ln L(\lambda) = \sum_{i=1}^{n} \ln f(x_i|\lambda) = \sum_{i=1}^{n} \ln\left(e^{-\lambda}\frac{\lambda^{x_i}}{x_i!}\right)$$

$$= \sum_{i=1}^{n}(-\lambda + x_i\ln\lambda - \ln(x_i!)).$$

Ableiten und Nullsetzen liefert

$$\frac{\partial \ln L(\lambda)}{\partial \lambda} = \sum_{i=1}^{n}\left(-1 + \frac{x_i}{\hat{\lambda}}\right) = 0$$

und damit

$$-n + \frac{\sum_{i=1}^{n} x_i}{\hat{\lambda}} = 0 \qquad \text{bzw.} \qquad \hat{\lambda} = \frac{\sum_{i=1}^{n} x_i}{n} = \bar{x}.$$

Der Maximum Likelihood-Schätzer ist also in diesem Fall für jede Realisationsfolge identisch mit dem arithmetischen Mittel. □

Beispiel 9.6   Normalverteilung

Seien $X_1, \ldots, X_n$ unabhängige Wiederholungen einer Normalverteilung $N(\mu, \sigma^2)$. Zu schätzen sind μ und σ, d.h. der Parameter $\theta = (\mu, \sigma)$. Die Likelihoodfunktion besitzt hier für generelle Realisationen $x_1, \ldots, x_n$ die Form

$$L(\mu, \sigma) = \frac{1}{\sqrt{2\pi}\sigma}e^{-\frac{(x_1-\mu)^2}{2\sigma^2}} \cdot \ldots \cdot \frac{1}{\sqrt{2\pi}\sigma}e^{-\frac{(x_n-\mu)^2}{2\sigma^2}},$$

die Log-Likelihood-Funktion ist bestimmt durch

$$\ln L(\mu, \sigma) = \sum_{i=1}^{n}\left[\ln\left(\frac{1}{\sqrt{2\pi}\sigma}\right) - \frac{(x_i-\mu)^2}{2\sigma^2}\right] = \sum_{i=1}^{n}\left[-\ln\sqrt{2\pi} - \ln\sigma - \frac{(x_i-\mu)^2}{2\sigma^2}\right].$$

Partielles Differenzieren nach μ und σ und Nullsetzen ergibt das Gleichungssystem

$$\frac{\partial \ln L(\mu, \sigma)}{\partial \mu} = \sum_{i=1}^{n} \frac{x_i - \hat{\mu}}{\hat{\sigma}^2} = 0,$$

$$\frac{\partial \ln L(\mu, \sigma)}{\partial \sigma} = \sum_{i=1}^{n} \left(-\frac{1}{\hat{\sigma}} + \frac{2(x_i - \hat{\mu})^2}{2\hat{\sigma}^3} \right) = 0.$$

Aus der ersten Gleichung ergibt sich $\sum_{i=1}^{n} x_i - n\hat{\mu} = 0$ und damit $\hat{\mu} = \bar{x}$. Aus der zweiten Gleichung erhält man

$$-\frac{n}{\hat{\sigma}} + \sum_{i=1}^{n} \frac{(x_i - \hat{\mu})^2}{\hat{\sigma}^3} = 0$$

und daraus

$$\hat{\sigma} = \sqrt{\frac{1}{n} \sum_{i} (x_i - \hat{\mu})^2} = \sqrt{\frac{1}{n} \sum_{i} (x_i - \bar{x})^2}.$$

Als Maximum Likelihood-Schätzer für μ und σ im Fall der Normalverteilung erhält man somit die bereits bekannten Schätzstatistiken $\bar{X}$ und $\widetilde{S}$. □

9.3.2 Kleinste-Quadrate-Schätzung

Ein einfaches Prinzip der Parameterschätzung besteht darin, die aufsummierten quadratischen Abweichungen zwischen Beobachtungswert und geschätztem Wert zu minimieren. Dieses Prinzip findet insbesondere Anwendung in der Regressionsanalyse (siehe Abschnitt 3.6.2).

Arithmetisches Mittel Beispiel 9.7

Zur Schätzung der zentralen Tendenz wird μ so geschätzt, dass

$$\sum_{i=1}^{n} (X_i - \mu)^2 \to \min.$$

Daraus resultiert nach einfacher Ableitung als Schätzer das arithmetische Mittel $\bar{X}$. □

9.3.3 Bayes-Schätzung

Den bisher beschriebenen Konzepten zur Parameterschätzung liegen objektive Wahrscheinlichkeiten und zugehörige Häufigkeitsinterpretationen zugrunde. Die Bayes-Schätzung basiert auf dem subjektiven Wahrscheinlichkeitsbegriff (vgl. Abschnitt 4.2.3). Wie wir sehen werden, besteht dennoch eine enge Verbindung zwischen der Maximum-Likelihood-Schätzung und der Bayes-Schätzung.

Die Bayes-Inferenz geht von einem anderen Grundverständnis aus: Die Unsicherheit wird durch eine Verteilung repräsentiert, d.h. formal werden Parameterwerte als Realisierungen von Zufallsvariablen angesehen. Bevor die Daten aus einer Stichprobe vorliegen, werden die Parameter durch eine *a priori Verteilung* beschrieben. Sobald die Daten bekannt

sind, wird mithilfe des Satzes von Bayes (Abschnitt 4.7) die entsprechende *a posteriori Verteilung* berechnet. Dieses Vorgehen bezeichnet man auch als *Bayesianisches Lernen*. Als (Punkt-)Schätzer für die unbekannten Parameter werden übliche Lageparameter, wie Erwartungswert, Median oder Modus der a posteriori Verteilung gewählt.

Wir gehen der Einfachheit wieder davon aus, dass die Daten $(x_1, \ldots, x_n)$ der Stichprobe Realisierungen von unabhängigen und identisch verteilten Wiederholungen $X_1, \ldots, X_n$ einer Zufallsvariable X sind, und dass ein skalarer Parameter θ vorliegt. Die Erweiterung auf mehrdimensionale Parameter und Zufallsvariablen ist konzeptionell ohne Weiteres möglich.

Zunächst beschreiben wir die formale Vorgehensweise allgemein und kommen dann auf die Beispiele 9.5 (Poisson-Verteilung) und 9.6 (Normalverteilung) zurück. Dazu benötigen wir einige Varianten bzw. Erweiterungen des Satzes von Bayes aus Abschnitt 4.7.

Im Weiteren bezeichne Θ die Zufallsvariable "Parameter" und θ den Parameterwert. Wir betrachten zunächst den Fall $n = 1$, sodass nur eine Realisierung x von X vorliegt. In völliger Analogie zu den Abschnitten 8.2 und 8.3, wobei notationell Y und y durch Θ und θ ersetzt werden, sind dann

- $f(x \mid \theta)$ die bedingte Wahrscheinlichkeitsfunktion bzw. Dichte von X, gegeben $\Theta = \theta$,

- $f(x)$ die Randverteilung oder -dichte von X,

- $f(\theta)$ die a priori Wahrscheinlichkeitsfunktion oder a priori Dichte von Θ (d.h. die Randverteilung von Θ),

- $f(\theta \mid x)$ die a posteriori (oder bedingte) Wahrscheinlichkeitsfunktion oder Dichte von Θ, gegeben die Beobachtung $X = x$,

- $f(x, \theta)$ die gemeinsame Wahrscheinlichkeitsfunktion oder Dichte.

Dann gilt folgende Form des *Satzes von Bayes*:

$$f(\theta \mid x) = \frac{f(x, \theta)}{f(x)} = \frac{f(x \mid \theta) f(\theta)}{f(x)} \, .$$

Wenn Θ und X diskret sind, gilt

$$P(X = x) = f(x) = \sum_j f(x \mid \theta_j) f(\theta_j) \, ,$$

wobei über die möglichen Werte θ_j von Θ summiert wird. Dann ist obige Beziehung, wenn auch in anderer Notation, der Satz von Bayes aus Abschnitt 4.7. Meist wird jedoch Θ als stetig angesehen. Dann gilt der *Satz von Bayes* in folgender Erweiterung:

$$f(\theta \mid x) = \frac{f(x \mid \theta) f(\theta)}{\int f(x \mid \theta) f(\theta) \, d\theta} = \frac{f(x \mid \theta) f(\theta)}{f(x)} \, .$$

Dabei kann X stetig oder diskret sein. Wenn nun statt einer Beobachtung x eine Stichprobe $(x_1, \ldots, x_n)$ vorliegt, bleibt der Satz von Bayes auch richtig, wenn $f(x \mid \theta)$ durch die (bedingte) gemeinsame Dichte $f(x_1, \ldots, x_n \mid \theta)$ ersetzt wird. Wegen der unabhängigen und identisch nach $f(x \mid \theta)$ verteilten Stichprobenvariablen gilt

$$f(x_1, \ldots, x_n \mid \theta) = f(x_1 \mid \theta) \cdots f(x_n \mid \theta) = L(\theta),$$

mit $L(\theta)$ als Likelihoodfunktion. Damit lässt sich die *Bayes-Inferenz* oder *Bayesianisches Lernen* folgendermaßen zusammenfassen:

Bayes-Inferenz, Bayesianisches Lernen

Die Wahrscheinlichkeitsfunktion oder Dichte von X, gegeben θ, sei

$$f(x \mid \theta)$$

und

$$L(\theta) = f(x_1, \ldots, x_n \mid \theta)$$

die gemeinsame Dichte bzw. Likelihoodfunktion für n unabhängige Wiederholungen von X.

Für den unbekannten Parameter wird eine a priori Dichte

$$f(\theta)$$

spezifiziert.

Dann ist die a posteriori Dichte über den Satz von Bayes bestimmt durch

$$f(\theta \mid x_1, \ldots, x_n) = \frac{f(x_1 \mid \theta) \cdots f(x_n \mid \theta) f(\theta)}{\int f(x_1 \mid \theta) \cdots f(x_n \mid \theta) f(\theta) \, d\theta} = \frac{L(\theta) f(\theta)}{\int L(\theta) f(\theta) \, d\theta}.$$

Das Bayesianische Lernen besteht somit darin, die (subjektive) a priori Information über θ und die Stichprobeninformation mithilfe des Satzes von Bayes zur a posteriori Information in Form der a posteriori Dichte zu verarbeiten.

Als Bayes-Schätzer für θ bieten sich übliche Lageparameter der a posteriori Verteilung an, insbesondere Erwartungswert und Modus. Da der Nenner $\int L(\theta) f(\theta) \, d\theta$ nicht mehr von θ abhängt – θ wird "herausintegriert" –, kann der Modus durch Maximieren des Zählers $L(\theta) f(\theta)$ bzw. äquivalent durch Maximieren des logarithmischen Zählers $\ln L(\theta) + \ln f(\theta)$ bestimmt werden.

Bayes-Schätzer

a posteriori Erwartungswert:

$$\hat{\theta}_p = E(\theta \mid x_1, \ldots, x_n) = \int \theta f(\theta \mid x_1, \ldots, x_n)\, d\theta$$

a posteriori Modus oder *maximum a posteriori (MAP)* Schätzer: Wähle denjenigen Parameterwert $\hat{\theta}_{\text{MAP}}$, für den die a posteriori Dichte maximal wird, d.h.

$$L(\hat{\theta}_{\text{MAP}})f(\hat{\theta}_{\text{MAP}}) = \max_{\theta} L(\theta)f(\theta)$$

bzw.

$$\ln L(\hat{\theta}_{\text{MAP}}) + \ln f(\hat{\theta}_{\text{MAP}}) = \max_{\theta}\{\ln L(\theta) + \ln f(\theta)\}$$

Zur Berechnung der vollen a posteriori Verteilung muss das Integral $\int L(\theta)f(\theta)\, d\theta$ berechnet werden. Dies kann bereits für vergleichsweise einfache Dichten $f(x \mid \theta)$ und a priori Dichten $f(\theta)$ analytisch nicht mehr durchführbar sein. Dann müssen numerische Integrationsverfahren oder moderne Simulationstechniken wie *MCMC* (Markov Chain Monte Carlo) eingesetzt werden. Bei der Bestimmung des MAP-Schätzers wird dieses Problem umgangen, da nur der Zähler $L(\theta)f(\theta)$ maximiert werden muss. Damit wird auch die Beziehung zur Maximum Likelihood-Schätzung deutlich: Statt der Likelihood $L(\theta)$ ist die mit der a priori Dichte $f(\theta)$ gewichtete Funktion $L(\theta)f(\theta)$ zu maximieren. Ist $f(\theta)$ sehr flach, so drückt dies wenig Vorwissen darüber aus, wo θ liegt. Im Extremfall kann $f(\theta)$ z.B. eine Gleichverteilung über $[-c, c]$ mit sehr großem c sein. Dann sind der Maximum Likelihood-Schätzer $\hat{\theta}$ und der MAP-Schätzer $\hat{\theta}_{MAP}$ praktisch identisch und stimmen für den völlig "diffusen" Grenzfall $c \to \infty$ überein. Dies wird auch im Folgenden Beispiel deutlich.

Beispiel 9.8   **Poisson-Verteilung**

Seien $X_1, \ldots, X_4$ wie in Beipiel 9.5 unabhängige Wiederholungen von $X \sim Po(\lambda)$ mit zu schätzendem Wert λ und den Realisationen $x_1 = 2$, $x_2 = 4$, $x_3 = 6$, $x_4 = 3$. Wir erhalten somit wieder die Likelihoodfunktion

$$L(\lambda) = f(x_1 \mid \lambda) \cdots f(x_4 \mid \lambda) = e^{-4\lambda}\lambda^{15}\frac{1}{2!\,4!\,6!\,3!}\,.$$

Als a priori Dichte für λ wählen wir eine Exponentialverteilung mit dem "Hyper-Parameter" a, also

$$f(\lambda) = \begin{cases} ae^{-a\lambda} & \text{für } \lambda \geq 0 \\ 0 & \text{für } \lambda < 0. \end{cases}$$

Damit gilt a priori $E(\lambda) = 1/a$. Der Hyperparameter a wird subjektiv gewählt und reflektiert die Vorinformation über λ: Für großes a geht $f(\lambda)$ schnell gegen 0, d.h. wir glauben an einen relativ kleinen Wert von λ. Für kleines a ist die Exponentialverteilung flach und geht langsam gegen 0, d.h. auch größere λ-Werte werden als wahrscheinlich angesehen, vgl. auch Abbildung 6.8, S. 261. Für den Grenzfall $a \to 0$ wird die Dichte völlig flach, sodass keine Vorkenntnis über λ vorliegt.

Zur Bestimmung des MAP-Schätzers $\hat{\lambda}_{\text{MAP}}$ ist $L(\lambda)f(\lambda)$ bzw.

$$\ln L(\lambda) + \ln f(\lambda) = -4\lambda + 15\ln\lambda - a\lambda + c$$

bezüglich λ zu maximieren, wobei die Konstante c nicht von λ abhängt. Ableiten und Nullsetzen ergibt

$$-4 + \frac{15}{\hat{\lambda}_{\mathrm{MAP}}} - a = 0,$$

und damit

$$\hat{\lambda}_{\mathrm{MAP}} = \frac{15}{4+a}.$$

Man erkennt die Auswirkung des Hyperparameters a: Für großes a favorisiert die a priori Dichte kleine λ-Werte. Dies spiegelt sich im Schätzwert $\hat{\lambda}_{\mathrm{MAP}}$ wider: $\hat{\lambda}_{\mathrm{MAP}} = 15/(4+a)$ wird im Vergleich zur Maximum Likelihood-Schätzung $\hat{\lambda} = 15/4$ in Beispiel 9.5 gegen 0 gedrückt. Für $a \to 0$, also den Grenzfall "keine Vorinformation" über λ, gilt $\hat{\lambda}_{\mathrm{MAP}} \to \hat{\lambda}$. Somit steuert a die Gewichtung zwischen subjektiver Vorinformation und Stichprobeninformation.

Bereits in diesem einfachen Beispiel ist die Bestimmung der a posteriori Dichte und damit auch des a posteriori Erwartungswerts $\hat{\theta}_p$ schwierig: Es ist das Integral

$$\int_0^\infty e^{-(4+a)\lambda} \lambda^{15}\, d\lambda$$

zu berechnen, was mit elementaren Mitteln nicht mehr möglich ist.

Für den allgemeinen Fall von Realisierungen $x_1, \ldots, x_n$ rechnet man leicht nach, dass

$$\hat{\lambda}_{\mathrm{MAP}} = \frac{\sum_{i=1}^n x_i}{n+a}$$

gilt. Für den Grenzfall $a \to 0$ (keine Vorinformation) ergibt sich wieder $\hat{\lambda}_{\mathrm{MAP}} = \bar{x}$, also der Maximum Likelihood-Schätzer. Ansonsten gilt immer $\hat{\lambda}_{\mathrm{MAP}} < \bar{x}$, und $\hat{\lambda}_{\mathrm{MAP}}$ ist umso näher bei 0, je größer a im Verhältnis zum Stichprobenumfang n ist. $\square$

Normalverteilung

Beispiel 9.9

Wie in Beispiel 9.6 seien $X_1, \ldots, X_n$ unabhängige Wiederholungen von $X \sim N(\mu, \sigma^2)$, wobei μ zu schätzen ist, aber nun σ^2 als bekannt angenommen wird. Als a priori Dichte für μ wählen wir eine $N(\mu_0, \sigma_0^2)$-Verteilung, also

$$f(\mu) = \frac{1}{(2\pi\sigma_0^2)^{1/2}} \exp\left\{ -\frac{(\mu - \mu_0)^2}{2\sigma_0^2} \right\}.$$

Diese Vorinformation besagt, dass μ um den Erwartungswert μ_0 mit der Varianz σ_0^2 streut. Je kleiner σ_0^2, desto präziser ist das Vorwissen; je größer σ_0^2, desto unsicherer ist diese Vorinformation.

Die a posteriori Dichte ergibt sich aus

$$f(\mu \mid x_1, \ldots, x_n) = \frac{L(\mu, \sigma) f(\mu)}{\int L(\mu, \sigma) f(\mu)\, d\mu},$$

mit der in Beispiel 9.6 angegebenen Likelihood $L(\mu, \sigma)$. In diesem Fall kann nach einiger Rechnung die a posteriori Dichte analytisch bestimmt werden. Es ergibt sich eine Normalverteilung

$$\mu \mid x_1, \ldots, x_n \sim N(\tilde{\mu}, \tilde{\sigma}^2)$$

mit a posteriori Erwartungswert

$$\tilde{\mu} = \frac{n\sigma_0^2}{n\sigma_0^2 + \sigma^2}\bar{x} + \frac{\sigma^2}{n\sigma_0^2 + \sigma^2}\mu_0$$

und a posteriori Varianz

$$\tilde{\sigma}^2 = \frac{\sigma^2}{n + \sigma^2/\sigma_0^2}.$$

Der a posteriori Erwartungswert $\tilde{\mu}$ ist damit ein gewichtetes Mittel aus dem Stichprobenmittel $\bar{x}$ und dem a priori Erwartungswert μ_0. Für $\sigma_0^2 \to 0$ ("exaktes Vorwissen") gilt $\tilde{\mu} \to \mu_0$, und für $\sigma_0^2 \to \infty$ ("kein Vorwissen") ergibt sich $\tilde{\mu} \to \bar{x}$, d.h. die Maximum Likelihood-Schätzung $\hat{\mu} = \bar{x}$ aus der Stichprobe. Analog erhält man $\tilde{\sigma}^2 \to 0$ für $\sigma_0^2 \to 0$ und $\tilde{\sigma}^2 \to \sigma^2/n$, die Varianz des Maximum Likelihood-Schätzers $\hat{\mu}$, für $\sigma_0^2 \to \infty$.

Zusammengefasst gilt somit

$$\mu \mid x_1, \ldots, x_n \to N(\bar{x}, \sigma^2/n) \quad \text{für } \sigma_0^2 \to \infty$$

bei nichtvorhandenem Vorwissen über μ, und

$$\mu \mid x_1, \ldots, x_n \to N(\mu_0, 0)$$

bei sicherem Vorwissen $\mu = \mu_0$.

Der "Hyperparameter" σ_0^2 steuert also wieder den Kompromiss zwischen Stichprobeninformation und subjektiver a priori Information. $\square$

9.4 Intervallschätzung

Die Punktschätzung liefert uns einen Parameterschätzwert $\hat{\theta}$, der im Regelfall nicht mit dem wahren θ identisch ist. In jeder sinnvollen Anwendung ist es daher notwendig, neben dem Schätzwert $\hat{\theta}$ selbst, die Präzision des Schätzverfahrens mitanzugeben. Für erwartungstreue Schätzer ist der Standardfehler, d.h. die Standardabweichung der Schätzstatistik, ein sinnvolles Maß für die Präzision.

Intervall-schätzung

Ein anderer Weg, die Genauigkeit des Schätzverfahrens direkt einzubeziehen, ist die *Intervallschätzung*. Als Ergebnis des Schätzverfahrens ergibt sich hier ein Intervall, wobei man versucht, die Wahrscheinlichkeit, mit der das Verfahren ein Intervall liefert, das den wahren Wert θ *nicht* enthält, durch eine vorgegebene Irrtumswahrscheinlichkeit α zu kontrollieren. Übliche Werte für diese *Irrtumswahrscheinlichkeit* sind $\alpha = 0.10$, $\alpha = 0.05$ oder $\alpha = 0.01$. Entsprechend ergibt sich die Wahrscheinlichkeit, dass das Verfahren ein Intervall liefert, das den wahren Wert θ enthält, durch die Gegenwahrscheinlichkeit $1 - \alpha$, die auch

Überdeckungs-wahrscheinlich-keit

als *Überdeckungswahrscheinlichkeit* bezeichnet wird. Für diese erhält man dann die Werte 0.90, 0.95 bzw. 0.99.

Man benötigt zur Intervallschätzung zwei Stichprobenfunktionen,

$$G_u = g_u(X_1, \ldots, X_n) \quad \text{und} \quad G_o = g_o(X_1, \ldots, X_n),$$

für die untere bzw. die obere Intervallgrenze.

$(1 - \alpha)$-Konfidenzintervall

Zu vorgegebener *Irrtumswahrscheinlichkeit* α liefern die aus den Stichprobenvariablen $X_1, \ldots, X_n$ gebildeten Schätzstatistiken

$$G_u = g_u(X_1, \ldots, X_n) \text{ und } G_o = g(X_1, \ldots, X_n)$$

ein $(1 - \alpha)$-*Konfidenzintervall* (Vertrauensintervall), wenn gilt

$$P(G_u \leq G_o) = 1$$
$$P(G_u \leq \theta \leq G_o) = 1 - \alpha.$$

$1 - \alpha$ wird auch als *Sicherheits- oder Konfidenzwahrscheinlichkeit* bezeichnet. Das sich aus den Realisationen $x_1, \ldots, x_n$ ergebende realisierte Konfidenzintervall besitzt die Form

$$[g_u, g_o],$$

wobei $g_u = g_u(x_1, \ldots, x_n)$, $g_o = g_o(x_1, \ldots, x_n)$.

Sind sowohl G_u als auch G_o Statistiken mit echter Variabilität, erhält man damit ein *zweiseitiges Konfidenzintervall*, d.h. eine Intervallschätzung $[g_u, g_o]$ mit i.A. nichtentarteten Grenzen $g_u \neq -\infty, g_o \neq \infty$. Wir werden uns im Folgenden auf den Fall *symmetrischer Konfidenzintervalle* beschränken. Bei symmetrischen Konfidenzintervallen ist nach Konstruktion die Wahrscheinlichkeit, dass θ über der oberen Grenze liegt, dieselbe wie die Wahrscheinlichkeit, dass θ unter der unteren Grenze liegt. Wenn man die Abweichung der Schätzung vom wahren Wert nur in eine Richtung kontrollieren will, gibt es die Möglichkeit eine der Grenzen prinzipiell durch $-\infty$ bzw. ∞ festzusetzen. Daraus ergeben sich *einseitige Konfidenzintervalle*. *zweiseitiges Konfidenzintervall*

Einseitige $(1 - \alpha)$-Konfidenzintervalle

Setzt man prinzipiell $G_u = -\infty$ (für alle Werte $X_1, \ldots, X_n$) erhält man ein *einseitiges Konfidenzintervall*

$$P(\theta \leq G_o) = 1 - \alpha$$

mit der oberen Konfidenzschranke G_o. Für $G_o = \infty$ erhält man ein einseitiges Konfidenzintervall

$$P(G_u \leq \theta) = 1 - \alpha$$

mit der unteren Konfidenzschranke G_u.

Das Problem einseitiger Konfidenzintervalle stellt sich, wenn nur Abweichungen in eine Richtung Konsequenzen haben. Benötigt man beispielsweise für das Bestehen einer Klausur eine bestimmte Punktzahl und will seine Leistungsfähigkeit aus der Bearbeitung von Probeklausuren (den Stichprobenvariablen) ableiten, dann gilt das Interesse einem einseitigen Konfidenzintervall der Form $[g_u, \infty]$. Man will nur absichern, dass eine bestimmte

Punktzahl überschritten wird, die Abweichung nach oben ist uninteressant, wenn nur das Bestehen oder Nichtbestehen von Relevanz ist.

Prinzipiell ist zur Interpretation von Konfidenzintervallen festzuhalten: Die Intervallgrenzen sind Zufallsvariablen. Die Schätzung von Konfidenzintervallen ist so konstruiert, dass mit der Wahrscheinlichkeit $1 - \alpha$ das Intervall $[G_u, G_o]$ den wahren Wert θ überdeckt. Das ist jedoch eine *Eigenschaft des Schätzverfahrens*, d.h. $1 - \alpha$ ist die Wahrscheinlichkeit, mit der das Verfahren zu Konfidenzintervallen führt, die den wahren Wert enthalten. Für das realisierte Konfidenzintervall $[g_u, g_o]$ mit den Realisationen g_u, g_o lässt sich daraus *nicht* schließen, dass θ mit der Wahrscheinlichkeit $1 - \alpha$ darin enthalten ist. In einem konkreten Konfidenzintervall ist θ enthalten oder nicht. Es lässt sich nur aussagen, dass das *Häufigkeits-* Verfahren so konstruiert ist, dass in $(1 - \alpha) \cdot 100\,\%$ der Fälle, in denen Konfidenzintervalle *interpretation* geschätzt werden, die resultierenden Intervalle den wahren Wert enthalten.

9.4.1 Konfidenzintervalle für Erwartungswert und Varianz

Generell seien im Folgenden $X_1, \ldots, X_n$ unabhängige Wiederholungen einer $N(\mu, \sigma^2)$-verteilten Zufallsvariablen. Gesucht ist eine Konfidenzintervall-Schätzung für den unbekannten Erwartungswert μ.

1. Fall: σ^2 bekannt

Ausgangspunkt bei der Bestimmung des Konfidenzintervalls ist ein Punktschätzer für den unbekannten Erwartungswert μ. Ein Schätzer, der sich anbietet, ist das arithmetische Mittel $\bar{X}$, das normalverteilt ist gemäß $N(\mu, \sigma^2/n)$. $\bar{X}$ lässt sich standardisieren, sodass gilt

$$\frac{\bar{X} - \mu}{\sigma/\sqrt{n}} \sim N(0, 1).$$

Man hat damit eine Statistik,

- die den unbekannten Parameter μ enthält (σ ist bekannt),

- deren Verteilung man kennt. Darüber hinaus ist diese Verteilung nicht von μ abhängig.

Für diese Statistik lässt sich unmittelbar ein zweiseitig beschränkter Bereich angeben, in dem sie mit der Wahrscheinlichkeit $1 - \alpha$ liegt. Es gilt

$$P\left(-z_{1-\alpha/2} \leq \frac{\bar{X} - \mu}{\sigma/\sqrt{n}} \leq z_{1-\alpha/2}\right) = 1 - \alpha,$$

wobei $z_{1-\alpha/2}$ das $(1 - \alpha/2)$-Quantil der bekannten Standardnormalverteilung bezeichnet. Ein Konfidenzintervall erhält man daraus durch einfaches Umformen der Ungleichungen innerhalb der Klammern. Man erhält

$$1 - \alpha = P\left(-z_{1-\alpha/2} \leq \frac{\bar{X} - \mu}{\sigma}\sqrt{n} \leq z_{1-\alpha/2}\right)$$

$$= P\left(-z_{1-\alpha/2}\frac{\sigma}{\sqrt{n}} \leq \bar{X} - \mu \leq z_{1-\alpha/2}\frac{\sigma}{\sqrt{n}}\right)$$

$$= P\left(\bar{X} - z_{1-\alpha/2}\frac{\sigma}{\sqrt{n}} \leq \mu \leq \bar{X} + z_{1-\alpha/2}\frac{\sigma}{\sqrt{n}}\right).$$

In der letzten Form sind die Bedingungen für ein $(1-\alpha)$-Konfidenzintervall erfüllt, das sich damit ergibt durch

$$\left[\bar{X} - z_{1-\alpha/2}\frac{\sigma}{\sqrt{n}},\ \bar{X} + z_{1-\alpha/2}\frac{\sigma}{\sqrt{n}}\right].$$

Die Breite dieses Konfidenzintervalls ist gegeben durch

$$b_{KI} = 2z_{1-\alpha/2}\frac{\sigma}{\sqrt{n}}.$$

Das heißt, neben σ hängt die Breite vom Stichprobenumfang n und der Irrtumswahrscheinlichkeit α ab. Genauer kann man festhalten:

- Die Breite des Konfidenzintervalls nimmt mit zunehmendem Stichprobenumfang n so ab, dass $b_{KI} \to 0$ für $n \to \infty$. Die wachsende Schätzgenauigkeit drückt sich in kleineren Konfidenzintervallen aus.

- Die Breite des Konfidenzintervalls nimmt mit wachsender Sicherheitswahrscheinlichkeit $1 - \alpha$ (abnehmender Irrtumswahrscheinlichkeit α) zu. Für $1 - \alpha \to 1$, also $\alpha \to 0$, ergibt sich $b_{KI} \to \infty$, das 100%-Konfidenzintervall ist unendlich groß.

Die Abhängigkeit von α und n bietet mehrere Möglichkeiten der Steuerung. Will man beispielsweise zu fester Irrtumswahrscheinlichkeit α Konfidenzintervalle bestimmter Maximalbreite haben, lässt sich der Stichprobenumfang entsprechend anpassen durch $n \geq (2z_{1-\alpha/2}\sigma)^2/b_{KI}$.

Maximalbreite von Konfidenzintervallen

Aus der standardisierten Zufallsvariable $(\bar{X} - \mu)/(\sigma/\sqrt{n})$ lassen sich in analoger Art und Weise einseitige Konfidenzintervalle ableiten. Man erhält

$$1 - \alpha = P\left(\frac{\bar{X} - \mu}{\sigma}\sqrt{n} \leq z_{1-\alpha}\right) = P\left(\bar{X} - \mu \leq z_{1-\alpha}\frac{\sigma}{\sqrt{n}}\right)$$

$$= P\left(\mu \geq \bar{X} - z_{1-\alpha}\frac{\sigma}{\sqrt{n}}\right)$$

und damit das einseitige Konfidenzintervall

$$\left[\bar{X} - z_{1-\alpha}\frac{\sigma}{\sqrt{n}},\ \infty\right).$$

Die Begrenzung nach oben ergibt das einseitige Konfidenzintervall

$$\left(-\infty,\ \bar{X} + z_{1-\alpha}\frac{\sigma}{\sqrt{n}}\right].$$

2. Fall: σ^2 unbekannt

Die wesentliche Voraussetzung bei der Konstruktion der obigen Konfidenzintervalle war die Existenz einer Zufallsvariable, die den wahren Parameter enthält, deren Verteilung bekannt ist und deren Verteilung nicht von dem unbekannten Parameter abhängt. Eine derartige Variable heißt Pivot-Variable und ist für den Fall, dass σ^2 unbekannt ist, gegeben durch $(\bar{X} - \mu)/(S/\sqrt{n})$, wobei σ durch die Schätzung $S=\sqrt{\sum_i(X_i-\bar{X})^2/(n-1)}$ ersetzt wird. Diese Variable besitzt eine t-Verteilung mit $n-1$ Freiheitsgraden (zur t-Verteilung vgl. Abschnitt 6.3), d.h. es gilt

$$\frac{\bar{X} - \mu}{S}\sqrt{n} \sim t(n-1).$$

Für diese Variable lässt sich wiederum ein Bereich angeben, der mit der Wahrscheinlichkeit $1 - \alpha$ angenommen wird. Es gilt

$$P\left(-t_{1-\alpha/2}(n-1) \leq \frac{\bar{X} - \mu}{S}\sqrt{n} \leq t_{1-\alpha/2}(n-1)\right) = 1 - \alpha,$$

wobei $t_{1-\alpha/2}(n-1)$ nun das $(1-\alpha/2)$-Quantil der t-Verteilung mit $n-1$ Freiheitsgraden darstellt.

Die Umformung in völliger Analogie zum Fall für bekanntes σ^2 führt zum zweiseitigen Konfidenzintervall

$$\left[\bar{X} - t_{1-\alpha/2}(n-1)\frac{S}{\sqrt{n}}, \ \bar{X} + t_{1-\alpha/2}(n-1)\frac{S}{\sqrt{n}}\right].$$

Die Breite dieses Konfidenzintervalls ist bestimmt durch

$$b_{KI} = 2t_{1-\alpha/2}(n-1)\frac{S}{\sqrt{n}} = 2t_{1-\alpha/2}(n-1)\frac{S}{\sqrt{n}}.$$

$(1 - \alpha)$-Konfidenzintervalle für μ bei normalverteiltem Merkmal

Wenn σ^2 *bekannt* ist, erhält man

$$\left[\bar{X} - z_{1-\alpha/2}\frac{\sigma}{\sqrt{n}}, \bar{X} + z_{1-\alpha/2}\frac{\sigma}{\sqrt{n}}\right],$$

wenn σ^2 *unbekannt* ist, ergibt sich

$$\left[\bar{X} - t_{1-\alpha/2}(n-1)\frac{S}{\sqrt{n}}, \ \bar{X} + t_{1-\alpha/2}(n-1)\frac{S}{\sqrt{n}}\right]$$

mit $S = \sqrt{\frac{1}{n-1}\sum_i(X_i - \bar{X})^2}$.

Zu bemerken ist, dass für *beliebig verteiltes Merkmal*, aber großen Stichprobenumfang ($n > 30$) wegen der approximativen Normalverteilung

$$\left[\bar{X} - z_{1-\alpha/2}\frac{\sigma}{\sqrt{n}}, \ \bar{X} + z_{1-\alpha/2}\frac{\sigma}{\sqrt{n}}\right]$$

ein approximatives Konfidenzintervall darstellt, wenn σ bekannt ist, und

$$\left[\bar{X} - z_{1-\alpha/2}\frac{S}{\sqrt{n}}, \ \bar{X} + z_{1-\alpha/2}\frac{S}{\sqrt{n}} \right]$$

ein approximatives Konfidenzintervall ist, wenn σ unbekannt ist.

$(1 - \alpha)$-Konfidenzintervall für μ bei beliebiger Verteilung ($n > 30$)

Wenn σ^2 bekannt ist, stellt

$$\left[\bar{X} - z_{1-\alpha/2}\frac{\sigma}{\sqrt{n}}, \ \bar{X} + z_{1-\alpha/2}\frac{\sigma}{\sqrt{n}} \right],$$

wenn σ^2 unbekannt ist, stellt

$$\left[\bar{X} - z_{1-\alpha/2}\frac{S}{\sqrt{n}}, \ \bar{X} + z_{1-\alpha/2}\frac{S}{\sqrt{n}} \right]$$

ein *approximatives* Konfidenzintervall für μ dar.

Ein Konfidenzintervall für σ^2 bei normalverteilter Grundgesamtheit lässt sich konstruieren aus der Verteilung von S^2. Es gilt, dass eine „normierte" Version von S^2, nämlich $\frac{n-1}{\sigma^2}S^2$, eine χ^2-Verteilung mit $n-1$ Freiheitsgraden besitzt, d.h.

$$\frac{n-1}{\sigma^2}S^2 \sim \chi^2(n-1).$$

Daraus erhält man mit

$$q_{\alpha/2} = \chi^2_{\alpha/2}(n-1),$$

dem $(\alpha/2)$-Quantil der $\chi^2(n-1)$-Verteilung, und

$$q_{1-\alpha/2} = \chi^2_{1-\alpha/2}(n-1),$$

dem $(1 - \alpha/2)$-Quantil der $\chi^2(n-1)$-Verteilung,

$$\begin{aligned}
1 - \alpha &= P\left(q_{\alpha/2} \leq \frac{n-1}{\sigma^2}S^2 \leq q_{1-\alpha/2} \right) \\
&= P\left(\frac{q_{\alpha/2}}{(n-1)S^2} \leq \frac{1}{\sigma^2} \leq \frac{q_{1-\alpha/2}}{(n-1)S^2} \right) \\
&= P\left(\frac{(n-1)S^2}{q_{1-\alpha/2}} \leq \sigma^2 \leq \frac{(n-1)S^2}{q_{\alpha/2}} \right).
\end{aligned}$$

Daraus ergibt sich das zweiseitige Konfidenzintervall:

> **$(1 - \alpha)$-Konfidenzintervall für σ^2 bei normalverteiltem Merkmal**
>
> Das *zweiseitige Konfidenzintervall* ist bestimmt durch die Grenzen
>
> $$\left[\frac{(n-1)S^2}{q_{1-\alpha/2}}, \frac{(n-1)S^2}{q_{\alpha/2}} \right]$$

9.4.2 Konfidenzintervalle für den Anteilswert

In einer dichotomen Grundgesamtheit interessiert man sich für den Anteilswert bzw. die Auftretenswahrscheinlichkeit

$$\pi = P(X = 1),$$

wobei X ein dichotomes Merkmal mit den Ausprägungen 0 oder 1 ist. Für n unabhängige Wiederholungen ist die Summe $\sum_i X_i$ binomialverteilt mit

$$\sum_{i=1}^{n} X_i \sim B(n, \pi).$$

Der zentrale Grenzwertsatz (vgl. Abschnitt 7.1) besagt, dass die normierte Version $\bar{X} = \sum_i X_i/n$ für großen Stichprobenumfang approximativ normalverteilt ist, d.h. dass annähernd gilt

$$\frac{\bar{X} - E(\bar{X})}{\sqrt{Var(\bar{X})}} \sim N(0, 1).$$

Wegen $E(\bar{X}) = \pi$ und $Var(\bar{X}) = \pi(1 - \pi)/n$ gilt damit approximativ

$$\frac{\bar{X} - \pi}{\sqrt{\pi(1 - \pi)/n}} \sim N(0, 1).$$

Approximiert man nun noch den Nenner, indem man π durch die relative Häufigkeit $\hat{\pi} = \bar{X}$ ersetzt, ergibt sich zu vorgegebenem α

$$1 - \alpha \approx P\left(-z_{1-\alpha/2} \leq \frac{\hat{\pi} - \pi}{\sqrt{\hat{\pi}(1 - \hat{\pi})/n}} \leq z_{1-\alpha/2} \right)$$

$$= P\left(\hat{\pi} - z_{1-\alpha/2}\sqrt{\frac{\hat{\pi}(1 - \hat{\pi})}{n}} \leq \pi \leq \hat{\pi} + z_{1-\alpha/2}\sqrt{\frac{\hat{\pi}(1 - \hat{\pi})}{n}} \right).$$

$(1 - \alpha)$-Konfidenzintervall für den Anteilswert π

In dichotomen Grundgesamtheiten ist für großen Stichprobenumfang $(n \geq 30)$ ein *approximatives* Konfidenzintervall gegeben durch

$$\left[\hat{\pi} - z_{1-\alpha/2}\sqrt{\frac{\hat{\pi}(1 - \hat{\pi})}{n}}, \hat{\pi} + z_{1-\alpha/2}\sqrt{\frac{\hat{\pi}(1 - \hat{\pi})}{n}}\right],$$

wobei $\hat{\pi} = \bar{X}$ die relative Häufigkeit bezeichnet.

Sonntagsfrage   Beispiel 9.10

Von den 717 zur Präferenz von Parteien befragten Männern äußerten 57 eine Präferenz für die Grünen. Unter den 632 befragten Frauen waren es 82, die eine Präferenz für die Grünen zeigten (vgl. Beispiel 3.12, Seite 119). Legt man eine Sicherheitswahrscheinlichkeit von $1-\alpha = 0.95$ zugrunde, erhält man $z_{1-\alpha/2} = 1.96$. Für Männer ergibt sich

$$\hat{\pi} \pm z_{1-\alpha/2}\sqrt{\frac{\hat{\pi}(1 - \hat{\pi})}{n}} = 0.079 \quad \pm 1.96\sqrt{\frac{0.079 \cdot 0.921}{717}}$$
$$= 0.079 \pm 0.020$$

und damit das approximative 0.95-Konfidenzintervall $[0.059, \ 0.099]$. Für Frauen erhält man

$$\hat{\pi} \pm z_{1-\alpha/2}\sqrt{\frac{\hat{\pi}(1 - \hat{\pi})}{n}} = 0.130 \quad \pm 1.96\sqrt{\frac{0.130 \cdot 0.870}{632}}$$
$$= 0.130 \pm 0.026$$

und daraus das approximative 0.95-Konfidenzintervall $[0.104, \ 0.156]$.   □

9.5 Zusammenfassung und Bemerkungen

Schätzverfahren lassen sich unterteilen in Verfahren der Punktschätzung und der Intervallschätzung. *Punktschätzer* stellen eine Regel dar, den Ergebnissen einer Zufallsstichprobe *einen* Schätzwert zuzuordnen, der möglichst nahe an dem wahren Parameterwert liegt. Wie gut diese Regel ist, lässt sich an den Eigenschaften der Schätzfunktion ablesen. Eine wünschenswerte Eigenschaft ist die Erwartungstreue, da erwartungstreue Schätzstatistiken unverzerrt sind, d.h. die Parameter werden weder systematisch über- noch unterschätzt. Allerdings besagt Erwartungstreue allein noch nicht, dass das Verfahren wirklich gut ist, da damit nichts über die Streuung der Schätzung ausgesagt wird. Ein Kriterium, das sowohl die Variabilität als auch die Verzerrung des Schätzers einbezieht, ist die *erwartete mittlere quadratische Abweichung* (MSE). *Konsistenz*, d.h. die Tendenz zum richtigen Wert bei wachsendem Stichprobenumfang, lässt sich am Verschwinden dieser mittleren quadratischen Abweichung festmachen. Man fordert, dass für wachsenden Stichprobenumfang $MSE \rightarrow 0$ gilt. *Wirksamkeit* als Vergleichskriterium für Schätzstatistiken bei endlichen Stichproben beruht auf dem Vergleich der erwarteten mittleren quadratischen Abweichung. Bei erwartungstreuen Statistiken reduziert sich dieser Vergleich auf die Betrachtung der Varianzen von Schätzstatistiken.

Intervallschätzung berücksichtigt die Unsicherheit der Schätzung dadurch, dass ein Intervall konstruiert wird, das mit vorgegebener Sicherheitswahrscheinlichkeit den wahren Parameter überdeckt. Die Breite des Intervalls hängt vom Stichprobenumfang, von der Sicherheitswahrscheinlichkeit und vom Vorwissen über den Verteilungstyp ab.

Bei der Konstruktion von Punktschätzern wurde vorwiegend das Maximum Likelihood-Prinzip betrachtet. Alternativen dazu, wie die *Momenten-Methode* oder *Bayes-Schätzer*, werden in Rohatgi und Saleh (2000) ausführlich dargestellt. Eine Einführung in *robuste* Schätzverfahren, die unempfindlich sind gegenüber einzelnen extremen Beobachtungen, sogenannten Ausreißern, findet sich beispielsweise in Schlittgen (1996). Dort werden auch generelle Methoden zur Konstruktion von Intervallschätzern dargestellt. Weitere vertiefende Bücher sind Rüger (1996) und das Übungsbuch von Hartung und Heine (2004).

9.6 Konfidenzintervalle in R

Konfidenzintervalle für die im Abschnitt 9.4 besprochenen Fälle lassen sich in R wie im Folgenden beschrieben berechnen.

Ein Konfidenzintervall für den Erwartungswert μ einer normalverteilten Grundgesamtheit bei bekannter Varianz σ^2 lässt sich durch Verwenden der qnorm()-Funktion berechnen. Für ein 95%-Konfidenzintervall erhält man das Quantil als qnorm(p=0.975).

Ein Konfidenzintervall für den Erwartungswert μ einer normalverteilten Grundgesamtheit bei unbekannter Varianz lässt sich über die t.test()-Funktion direkt aus den Daten berechnen. Sind $\bar{x}$ und s^2 aus der Stichprobe bereits berechnet, steht die Quantilsfunktion qt() der t-Verteilung für die Bestimmung des Quantils zur Verfügung. Zur Demonstration der t.test()-Funktion ziehen wir zufällig 10 Werte (ohne Zurücklegen) der Variable Nettomiete pro Quadratmeter aus dem Mietspiegeldatensatz und berechnen ein 95%-Konfidenzintervall. Zur Reproduzierbarkeit der Stichprobe setzen wir vorher den seed:

```
set.seed(3134561)
x <- mietspiegel2015$nmqm[
    sample(1:3065, replace=FALSE, size=10)]
t.test(x)
```

Als Ausgabe erhält man

```
One Sample t-test

data:  x
t = 13.013, df = 9, p-value = 3.849e-07
alternative hypothesis: true mean is not equal to 0
95 percent confidence interval:
```

```
 7.980771 11.339229
sample estimates:
mean of x
    9.66
```

Das 95%-Konfidenzintervall ist also [7.98, 11.34]. Mit dem Parameter `conf.level` können auch andere Sicherheitswahrscheinlichkeiten eingestellt werden.

Ein Konfidenzintervall für σ^2 bei normalverteilter Grundgesamtheit kann in R zum Beispiel nach Laden des Pakets `TeachingDemos` verwendet werden. Mit der gleichen Stichprobe x erhalten wir ein 95%-Konfidenzintervall mit

```
library(TeachingDemos)
sigma.test(x)
```

und die Ausgabe

```
One sample Chi-squared test for variance

data:  x
X-squared = 49.593, df = 9, p-value = 2.57e-07
alternative hypothesis: true variance is not equal to 1
95 percent confidence interval:
   2.607013 18.364980
sample estimates:
var of x
5.510289
```

Man hätte das Ergebnis natürlich genauso mit der Quantilsfunktion der χ^2-Verteilung, `qchisq()`, erhalten können:

```
level <- 0.95
alpha2 <- (1-level)/2
n <- length(x)
S2 <- var(x)
U <- (n-1)*S2 / qchisq(p=1-alpha2, df=n-1)
O <- (n-1)*S2 / qchisq(p=alpha2, df=n-1)
cat("[", U, ",", O, "]\n")
```

Ein Konfidenzintervall für den Anteilswert π einer Binomialverteilung erhält man in R mit der Funktion `binom.test()`. Die Berechnung demonstrieren wir an den Daten von Beispiel 9.10. Die beiden Konfidenintervalle erhält man mit

```
binom.test(57, 717)
binom.test(82, 632)
```

für Männer und Frauen. Die Ergebnisse unterscheiden sich etwas von den dort berechneten approximativen Intervallen. In R werden die Konfidenzintervalle für die Binomialverteilung nach einer etwas anderen Methode berechnet.

9.7   Aufgaben

Aufgabe 9.1   Die Suchzeiten von n Projektteams, die in verschiedenen Unternehmen dasselbe Problem lösen sollen, können als unabhängig und identisch exponentialverteilt angenommen werden. Aufgrund der vorliegenden Daten soll nun der Parameter λ der Exponentialverteilung mit der Maximum Likelihood-Methode geschätzt werden. Es ergab sich eine durchschnittliche Suchzeit von $\bar{x} = 98$.

Man stelle die Likelihoodfunktion auf, bestimme die ML-Schätzfunktion für λ und berechne den ML-Schätzwert für λ.

Aufgabe 9.2   Die durch die Werbeblöcke erzielten täglichen Werbeeinnahmen eines Fernsehsenders können als unabhängige und normalverteilte Zufallsvariablen angesehen werden, deren Erwartungswert davon abhängt, ob ein Werktag vorliegt oder nicht.

Für die weitere Auswertung wurden folgende Statistiken berechnet (alle Angaben in €):

$$\text{Werktage (Mo–Fr): } (n = 36) \quad \bar{x} = 145\,500 \quad s = 32\,700$$
$$\text{Wochenende (Sa–So): } (n = 25) \quad \bar{x} = 375\,500 \quad s = 52\,700$$

Man gebe jeweils ein Schätzverfahren zur Berechnung von 0.99-Konfidenzintervallen für die wahren täglichen Werbeeinnahmen an Werktagen bzw. Wochenenden an, und berechne die zugehörigen Schätzungen.

Aufgabe 9.3   Eine Grundgesamtheit besitze den Mittelwert μ und die Varianz σ^2. Die Stichprobenvariablen $X_1, \dots, X_5$ seien unabhängige Ziehungen aus dieser Grundgesamtheit. Man betrachtet als Schätzfunktionen für μ die Stichprobenfunktionen $T_1 = \bar{X} = (X_1 + X_2 + \cdots + X_5)/5$, $T_2 = (X_1 + X_2 + X_3)/3$, $T_3 = \frac{1}{8}(X_1 + X_2 + X_3 + X_4) + \frac{1}{2}X_5$, $T_4 = X_1 + X_2$, $T_5 = X_1$.
(a) Welche Schätzfunktionen sind erwartungstreu für μ?
(b) Welche Schätzfunktion ist die wirksamste, wenn alle Verteilungen mit existierender Varianz zur Konkurrenz zugelassen werden?

Aufgabe 9.4   Aus einer dichotomen Grundgesamtheit seien $X_1, \dots, X_n$ unabhängige Wiederholungen der dichotomen Zufallsvariable X mit $P(X = 1) = \pi$, $P(X = 0) = 1 - \pi$. Bezeichne $\hat{\pi} = \sum_{i=1}^n X_i / n$ die relative Häufigkeit.
(a) Man bestimme die erwartete mittlere quadratische Abweichung (MSE) für $\pi \in \{0, 0.25, 0.5, 0.75, 1\}$ und zeichne den Verlauf von (MSE) in Abhängigkeit von π.
(b) Als alternative Schätzfunktion betrachtet man

$$T = \frac{n}{\sqrt{n} + n}\hat{\pi} + \frac{\sqrt{n}}{n + \sqrt{n}}0.5$$

Man bestimme den Erwartungswert und die Varianz dieser Schätzfunktion und skizziere die erwartete mittlere quadratische Abweichung.

Aufgabe 9.5   Bei der Analyse der Dauer von Arbeitslosigkeit in Beispiel 3.2, Seite 106, wurde der Zusammenhang zwischen Ausbildungsniveau und Dauer der Arbeitslosigkeit untersucht. Unter den 123 Arbeitslosen ohne Ausbildung waren 86 Kurzzeit-, 19 mittelfristige und 18 Langzeitarbeitslose.

Man schätze die Wahrscheinlichkeit, dass ein Arbeitsloser kurzzeitig, mittelfristig oder langfristig arbeitslos ist, und gebe für jede der Schätzungen ein 95 %- und 99 %-Konfidenzintervall an. Wie viel größer müsste der Stichprobenumfang sein, um die Länge der Konfidenzintervalle zu halbieren?

Zeigen Sie, dass für die empirische Varianz $\widetilde{S}^2$ gilt: Aufgabe 9.6

$$E_{\sigma^2}(\widetilde{S}^2) = \frac{n-1}{n}\sigma^2 .$$

R-Aufgaben

Es sollen nochmal die Beispiele 9.5 und 9.8 betrachtet werden bei denen 4 unabhängige Beobach-   Aufgabe 9.7
tungen einer Poisson-Verteilung vorliegen.

(a) Zeichnen Sie die Likelihoodfunktion und die Log-Likelihood-Funktion. Veranschaulichen Sie
    grafisch, dass beide Funktionen das Maximum an der selben Stelle annehmen.

(b) Zeichnen Sie den MAP-Schätzer in Abhängigkeit von a. Berechnen und zeichnen Sie die a
    posteriori Dichte in Abhängigkeit von a (Hinweis: R-Funktion `integrate`).

Kapitel 10

Testen von Hypothesen

Neben dem Schätzen von Parametern theoretischer Verteilungen ist es oft von zentralem Interesse zu überprüfen, ob bestimmte Vermutungen über einen Parameter oder eine Verteilung in der Grundgesamtheit zutreffen oder nicht. So könnte ein Forscher bereits eine gewisse Vorstellung über den Anteil geschädigter Bäume in einer Waldregion oder über die Stärke eines Zusammenhangs oder über die Wirksamkeit eines Medikaments haben. Diese Vermutung, z.B. dass der Anteil geschädigter Bäume über 50 % beträgt, kann in der Regel nicht anhand der Grundgesamtheit geprüft werden. Zwar wird die Vermutung hinsichtlich des Verhaltens des interessierenden Merkmals in der Grundgesamtheit aufgestellt, überprüft wird sie aber wieder auf Stichprobenbasis. Die Überprüfung solcher Annahmen über das Verhalten des Untersuchungsmerkmals in der Grundgesamtheit fällt unter den Begriff des *statistischen Testens*. Die Regeln, die zur Überprüfung eingesetzt werden, heißen entsprechend *statistische Tests*. Damit statistische Tests zur Beantwortung solcher Fragestellungen eingesetzt werden können, müssen die entsprechenden Vermutungen nicht nur operationalisiert, sondern auch als *statistisches Testproblem* formuliert werden.

statistisches Testen

In diesem Kapitel werden nun sowohl erste konkrete Verfahren vorgestellt als auch die Prinzipien des statistischen Testens diskutiert. Da statistische Tests jedoch von der interessierenden Fragestellung, dem Skalenniveau und anderen Kriterien abhängen, gibt es eine Vielzahl von diesen Prüfregeln. Diese werden problemadäquat in den nachfolgenden Kapiteln eingeführt.

10.1 Der Binomial- und der Gauß-Test

Statistische Tests spielen in den verschiedensten Bereichen eine große Rolle. Man kann sogar sagen, dass diese nahezu stets eingesetzt werden, wenn Daten anfallen – sei es in der täglichen Praxis oder in geplanten empirischen Forschungsvorhaben. Bevor wir im Folgenden auf drei konkrete Testvorschriften näher eingehen, sollen die nachstehenden Beispiele die Idee und die Verwendung statistischer Tests verdeutlichen.

Qualitätsprüfung (Gut-Schlecht)   Beispiel 10.1

In Produktionsfirmen wird vor der Auslieferung einer bestimmten Warenpartie deren Qualität auf Stichprobenbasis kontrolliert. Dazu werden statistische Methoden eingesetzt, und zwar zunächst

Attributen-
prüfung

Ausschussanteil

geeignete Verfahren zur Stichprobenziehung und anschließend statistische Tests zur Auswertung der erhobenen Daten. Häufig findet dabei lediglich eine sogenannte "Gut-Schlecht-" oder auch *Attributenprüfung* statt. Das heißt, dass bei jedem produzierten Stück nur festgehalten wird, ob es den Qualitätsstandards genügt ("gut") oder nicht ("schlecht"). Ein schlechtes Stück wird als Ausschuss bezeichnet. Gezählt werden schließlich die schlechten Stücke. Diese Anzahl kann als binomialverteilt mit Erfolgswahrscheinlichkeit π angesehen werden, wobei diese dem *Ausschussanteil* π in der Grundgesamtheit entspricht.

Bei diesem wichtigen Teilgebiet der Statistik, der statistischen Qualitätskontrolle bzw. -sicherung, geht es häufig darum zu garantieren, dass der Ausschussanteil in einer Lieferung unter einer bestimmten Grenze liegt. So könnte ein Vertrag zwischen Produzent und Kunde vereinfacht lauten, dass der Kunde die Lieferung akzeptiert, sofern der Ausschussanteil mit einer bestimmten Wahrscheinlichkeit unter 10 % liegt. Natürlich ist es i.Allg. aus Kosten- und Zeitgründen, aber auch insbesondere im Fall einer zerstörenden Prüfung nicht möglich, sämtliche Teile einer Lieferung hinsichtlich ihrer Qualität zu überprüfen. Man zieht, wie bereits oben beschrieben, stattdessen eine Stichprobe und zählt die Ausschussstücke in dieser Stichprobe. Nehmen wir der Einfachheit halber an, die Stichprobe wäre vom Umfang $n = 1000$ Stück und in dieser Stichprobe befänden sich 102 Ausschussstücke. Damit ergäbe sich als Schätzer für den wahren, aber unbekannten Ausschussanteil π in dieser Lieferung $\hat{\pi} = \frac{102}{1000} = 0.102$, also 10.2 %. Sicherlich ließe sich jetzt leicht argumentieren, dass dieser Wert so wenig größer ist als 10 %, dass die Lieferung vom Kunden akzeptiert werden muss, aber welcher Ausschussanteil hätte sich bei einer anderen Stichprobe ergeben? Anders formuliert stellt sich die Frage, ob der Unterschied von 10.2 % zu 10 % gering genug ist, um daraus schließen zu können, dass der tatsächliche Ausschussanteil sogar kleiner ist als 10 %? Oder ist der beobachtete Unterschied rein zufällig bedingt und eine andere Zufallsstichprobe hätte vielleicht sogar zu einem geschätzten Anteilswert geführt, der wesentlich über der Grenze von 10 % liegt?   □

statistischer Test
Fehlentschei-
dungen

Zur Beantwortung dieser Fragen benötigt man ein objektives Entscheidungskriterium. Dieses ist gerade in einem *statistischen Test* gegeben. Allerdings kann auch ein statistischer Test zu einem falschen Ergebnis, d.h. zu *Fehlentscheidungen* gelangen. Letztendlich basiert seine Entscheidung nur auf der gezogenen Stichprobe, auch wenn ein Test, wie wir noch sehen werden, zusätzliche Information über die Verteilung des Merkmals in der Grundgesamtheit nutzt. Damit ist es also in unserem obigen Beispiel möglich, dass der statistische Test aufgrund der Stichprobe zu der Entscheidung kommt, dass der wahre Ausschussanteil kleiner ist als 10 %, obwohl dieser tatsächlich darüber liegt. Aber auch der umgekehrte Fall kann eintreten, d.h. der statistische Test entscheidet, dass der wahre Ausschussanteil nicht unterhalb der 10 %-Grenze liegt, obwohl in der gesamten Lieferung dieser die 10 %-Grenze nicht überschreitet. Solche Fehlentscheidungen können nicht ausgeschlossen werden. Man wird aber versuchen, einen statistischen Test so zu konstruieren, dass die Wahrscheinlichkeiten für solche Fehlentscheidungen möglichst gering sind.

Beispiel 10.2   Kontrollkarten

Kontrollkarten

In dem obigen Beispiel haben wir den Fall betrachtet, dass am Ende des Produktionsprozesses vor der Auslieferung eine Warenausgangskontrolle vorgenommen wird. Natürlich finden auch während des laufenden Prozesses Qualitätskontrollen statt. Ein häufig eingesetztes Mittel sind in diesem Zusammenhang *Kontrollkarten*. Bei der abgebildeten Regelkarte, die uns freundlicherweise von der Firma BMW zur Verfügung gestellt wurde, handelt es sich um eine sogenannte kombinierte $\bar{x}/R$-Karte (siehe Abb. 10.1).

Dazu wird auf der horizontalen Achse dieser Karte die Zeit abgetragen. Auf der vertikalen Achse trägt man den Sollwert ab, den beispielsweise die Länge eines bestimmten Werkstücks einhalten soll. Zudem werden zwei zur Zeitachse parallele Linien eingezeichnet, die im selben Abstand unter-

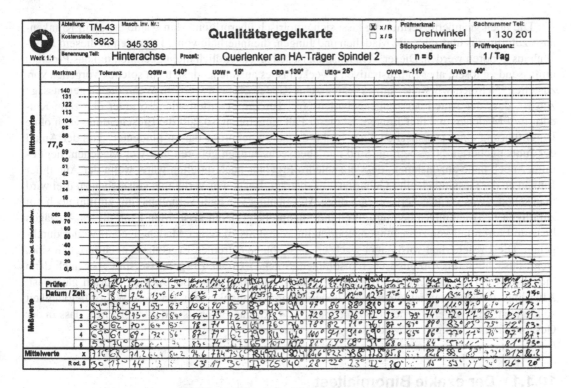

Abbildung 10.1: Beispiel für eine $\bar{x}/R$-Karte

und oberhalb des *Sollwerts* liegen. Diese markieren i.Allg. die *Kontrollgrenzen*. Zu bestimmten Zeitpunkten wird nun der laufenden Produktion jeweils eine Anzahl n von Werkstücken entnommen,
deren Länge gemessen und daraus das arithmetische Mittel berechnet. Dieses trägt man dann in
die $\bar{x}$-Karte ein. Solange die Werte von $\bar{x}$ innerhalb der Kontrollgrenzen liegen, spricht man davon,
dass der Prozess unter *statistischer Kontrolle* ist. Man spricht dabei von einer statistischen Kontrolle, weil die Grenzen mithilfe statistischer Überlegungen, genauer auf der Basis statistischer Tests,
ermittelt werden. Man geht zunächst davon aus, dass das interessierende Merkmal wie etwa die Länge des Werkstücks normalverteilt ist, wobei der Erwartungswert mit dem Sollwert übereinstimmt,
solange der Prozessverlauf unter Kontrolle ist. Die Varianz wird aufgrund zahlreicher Vorläufe als
bekannt vorausgesetzt. Die Grenzen werden nun unter der Annahme ermittelt, der Sollwert würde
eingehalten und beobachtete Abweichungen davon wären nur zufällig bedingt.

Unter dieser Annahme soll die Wahrscheinlichkeit dafür, dass $\bar{x}$ sich gerade in diesem Bereich
realisiert, 0.99 betragen. Da Schwankungen in diesem Bereich also als zufallsbedingt angesehen
werden, wird erst in den laufenden Prozess zwecks Reparatur- oder Adjustierungsmaßnahmen an
der Maschine eingegriffen, wenn $\bar{x}$ außerhalb dieser Schranken liegt. Man geht dann davon aus,
dass eine so große Abweichung vom Sollwert nur noch mit einer extrem kleinen Wahrscheinlichkeit
auftreten kann, wenn der Prozess unter Kontrolle ist. Das heißt, dass eine solche Abweichung eher
ein Indiz dafür ist, dass der Sollwert eben nicht mehr eingehalten wird. □

Das folgende überschaubare Beispiel soll nun dazu dienen, die Grundidee statistischer Tests
zu verdeutlichen.

Mädchen- und Jungengeburten

Es wird oft die Vermutung geäußert, dass mehr Jungen als Mädchen geboren werden, dass also der
Anteil der Jungengeburten an den Geburten insgesamt über 50 % liegt. Eine Gegenaussage besagt,
dass es genauso viele Jungen- wie Mädchengeburten gibt.

Sollwert
Kontrollgrenzen

statistische
Kontrolle

Beispiel 10.3

Die oben geäußerte Vermutung lässt sich empirisch überprüfen. Man wähle etwa ein Kranken-haus zufällig aus und zähle die Mädchen und Jungen, die innerhalb von 24 Stunden in diesem Kran-kenhaus geboren werden. Dieser Versuchsplan ist selbstverständlich nicht geeignet, um das Problem umfassend zu lösen, aber zu illustrativen Zwecken ist es ausreichend, sich ein solches Vorgehen vor-zustellen. Nehmen wir weiter an, es wären zehn Kinder geboren worden. Wenn die Gegenaussage zutrifft, dass der Anteil der Jungengeburten 50 % beträgt, erwarten wir also unter den zehn Kin-dern fünf Mädchen und fünf Jungen. Ist dieser Fall eingetreten, so fällt die Entscheidung auch ohne Durchführung eines statistischen Tests leicht, dass die Stichprobe darauf hindeutet, dass der Anteil der Jungengeburten 50 % beträgt. Sind nun aber sechs Jungen geboren und vier Mädchen, liegt es immer noch nahe anzunehmen, dass ein solches Ergebnis auch möglich wäre, wenn der Anteil der Jungen an der Gesamtheit aller Geburten 50 % beträgt. Bei einem Verhältnis von sieben zu drei wird man schon etwas verunsichert, ob sich diese Abweichung von dem Verhältnis fünf zu fünf noch mit zufälligen Schwankungen bedingt durch die Stichprobe erklären lässt. Man kann dieses Abwägen bis zum Extremfall von zehn Jungengeburten im Verhältnis zu keiner Mädchengeburt weiter durch-gehen. Die Unsicherheit wird dabei wachsen, dass solche extremen Ergebnisse noch möglich sind, wenn tatsächlich die Anzahlen übereinstimmen. Solche extremen Ergebnisse sind aber auch dann möglich, wenn die tatsächliche Wahrscheinlichkeit für Mädchen- oder Jungengeburten gleich ist. Allerdings treten sie nur mit einer sehr kleinen Wahrscheinlichkeit ein. Da diese Wahrscheinlichkeit so klein ist, sind wir eher geneigt anzunehmen, dass extreme Ergebnisse dafür sprechen, dass in der Gesamtheit mehr Jungen als Mädchen geboren werden.   □

10.1.1   Der exakte Binomialtest

Die in Beispiel 10.3 beschriebene Situation ist vom selben Typ wie in Beispiel 10.1 (Sei-te 369). In beiden Fällen beobachten wir ein dichotomes Merkmal und zählen, wie oft das interessierende Ereignis eintritt. Um das Vorgehen zu formalisieren, führen wir die folgende Bezeichnung ein (vgl. Beispiel 5.13):

$$X_i = \begin{cases} 1, & \text{falls } A \text{ eintritt} \\ 0, & \text{falls } \bar{A} \text{ eintritt.} \end{cases}$$

In Beispiel 10.1 (Seite 369) werden die schlechten Werkstücke gezählt. Das interessierende Ereignis A in Beispiel 10.3 entspricht gerade einer Jungengeburt. Die Wahrscheinlichkeit für das Ereignis $\{X_i = 1\}$ sei auch hier mit π bezeichnet. Die Aussage, dass Jungen- und Mädchengeburten gleich häufig auftreten, lässt sich also auch als Aussage über π, und zwar als $\pi = 0.5$ formulieren. Dementsprechend lässt sich die Vermutung, dass mehr Jungen geboren werden, als $\pi > 0.5$ beschreiben.

statistisches Testproblem

Alternative

Nullhypothese

Zu Beginn dieses Kapitels wurde bereits erwähnt, dass zur Durchführung statistischer Tests die inhaltliche Fragestellung als *statistisches Testproblem* aufgefasst wird. Dabei wird die interessierende Forschungshypothese als *statistische Alternativhypothese* (kurz: Alter-native) über den entsprechenden Parameter formuliert. Diese muss sich gegen die *Nullhy-pothese* (kurz: Hypothese) durchsetzen. In Beispiel 10.3 auf der vorherigen Seite beschreibt die Vermutung, dass Jungengeburten häufiger auftreten als Mädchengeburten, die Alterna-tive H_1, die sich formal angeben lässt als

$$H_1 : \pi > 0.5\,,$$

während die Nullhypothese H_0 die Gleichheit der Anteile widerspiegelt, also

$$H_0 : \pi = 0.5 \, .$$

Will man nun, wie in obigen Beispielen beschrieben, auf empirischem Wege die über π geäußerte Vermutung bestätigen oder widerlegen, zieht man eine Stichprobe $X_1, \ldots, X_n$, also beispielsweise $n = 10$ Geburten, und zählt, wie oft das interessierende Ereignis eingetreten ist. Das heißt, dass auch beim statistischen Testen analog zum Schätzen die Information aus der Stichprobe verdichtet werden muss. Man nennt diese zusammenfassende Größe im Rahmen statistischer Tests *Prüfgröße* oder auch *Teststatistik*. In der obigen Situation bietet sich also

Prüfgröße
Teststatistik

$$\text{die Anzahl} \quad X = \sum_{i=1}^{n} X_i \quad \text{bzw. der Anteil} \quad \bar{X} = \frac{1}{n} \sum_{i=1}^{n} X_i$$

als Prüfgröße an. Anhand dieser Prüfgröße entscheidet man über die Ablehnung der Nullhypothese zugunsten der Alternative, in unserem Beispiel also darüber, ob der Anteil der Jungengeburten größer ist als der der Mädchengeburten. Für die Alternative H_1 spricht, wenn $\bar{X}$ zu "groß" wird, also

$$\bar{X} > c$$

für einen geeigneten "kritischen Wert" c. Dabei tritt gerade die oben beschriebene Frage auf, wie groß c zu wählen ist.

Es soll hier noch einmal betont werden, dass es bei einem statistischen Test darum geht zu entscheiden, ob das für die gezogene Stichprobe beobachtete Verhalten auch für die Grundgesamtheit, also beispielsweise für die Gesamtheit aller Geburten gilt. Hypothese und Alternative sind daher immer *Aussagen über die Grundgesamtheit* und nicht über die Stichprobe.

Aussagen über die Grund-gesamtheit

In vielen Fällen ist es für die obige Situation gerechtfertigt anzunehmen, dass die Ziehungen unabhängig voneinander erfolgen und somit die Anzahl $X = \sum_{i=1}^{n} X_i$ binomialverteilt ist mit Parametern n und π (vgl. Abschnitt 5.3.1). An dieser Formulierung wird noch einmal deutlich, dass das Ergebnis dieser Stichprobe selbst wieder eine Zufallsvariable ist, von der aber die Verteilung unter der Nullhypothese bekannt ist. Im Beispiel ist X demnach binomialverteilt mit Parametern 10 und 0.5, d.h. mit der Symbolik aus Abschnitt 5.3.1 gilt also

$$X \sim B(10, 0.5) \, .$$

Mit diesen Modellannahmen ist es möglich zu berechnen, wie wahrscheinlich das Auftreten von keiner, einer bis hin zu zehn Jungengeburten ist. Aus der Binomialverteilungstabelle mit $n = 10$, $\pi = 0.5$ können wir diese Wahrscheinlichkeiten ablesen. Sie sind in Tabelle 10.1 zusammengefasst.

x	0	1	2	3	4	5
$P(X = x)$	0.001	0.01	0.044	0.117	0.205	0.246

Tabelle 10.1: Wahrscheinlichkeitsfunktion einer $B(10, 0.5)$-Verteilung

Da die Verteilung symmetrisch ist um ihren Erwartungswert, der sich unter der Nullhypothese ergibt als $E(X) = 10 \cdot 0.5 = 5$, ist es ausreichend, die angegebenen Werte wie in Tabelle 10.1 aufzulisten. Die Wahrscheinlichkeit $P(X = 4)$ beispielsweise ist aufgrund der Symmetrie identisch mit $P(X = 6)$.

Da die erwartete Anzahl von Jungengeburten unter der Nullhypothese der Gleichwahrscheinlichkeit von Jungen- und Mädchengeburten fünf beträgt, sprechen also Anzahlen größer fünf für die Alternative $H_1 : \pi > 0.5$. Die Frage, die jetzt noch zu klären ist, lautet: Wie groß müssen die Werte sein, dass es extrem unwahrscheinlich ist, dass sie noch unter H_0 zustande gekommen sind? Zur Beantwortung dieser Frage gibt man sich zunächst vor, was man unter „extrem unwahrscheinlich" verstehen will. Übliche Werte dafür sind 0.01, 0.05 oder auch 0.1. Diese Wahrscheinlichkeit bezeichnet man als *Signifikanzniveau*. Als Symbol für das Signifikanzniveau verwendet man α. Dann konstruiert man sich einen Bereich, auch *Ablehnungsbereich* oder *kritischer Bereich* genannt, der gerade die Beobachtungen des Zufallsexperiments umfasst, die in die Richtung der Alternative weisen und deren Wahrscheinlichkeit insgesamt kleiner oder gleich dem vorgegebenen Wert von z.B. 0.01 ist.

Signifikanzniveau
Ablehnungs-
bereich

Beispiel 10.4   Mädchen- und Jungengeburten

Sei zunächst die Wahrscheinlichkeit für den Ablehnungsbereich, also das Signifikanzniveau α, als 0.1 vorgegeben, d.h. dieser Bereich besteht aus allen Beobachtungen einer Binomialverteilung mit Parametern $n = 10$ und $\pi = 0.5$, die

- in die Richtung der Alternative zeigen, also größer als fünf sind, und

- die unter H_0 als Vereinigung mit einer Wahrscheinlichkeit von *höchstens* 0.1 eintreten.

Da es um so naheliegender ist, von der Gültigkeit der Alternative auszugehen, je mehr Jungen geboren werden, füllt man nun sukzessive den Ablehnungsbereich beginnend mit $x = 10$ so lange auf, bis der Bereich insgesamt unter H_0 die Wahrscheinlichkeit 0.1 besitzt. Da $P_{H_0}(X = 10) = 0.001 < 0.1$, wobei die Schreibweise P_{H_0} bedeutet, dass die Wahrscheinlichkeit für das Eintreten von A unter der Nullhypothese H_0 ermittelt wird, kann die Zehn in den Ablehnungsbereich aufgenommen werden. Man betrachte nun im nächsten Schritt $x = 9$. Es gilt: $P_{H_0}(X = 9) = 0.01$ und damit

$$P_{H_0}(\{9, 10\}) = 0.001 + 0.01 = 0.011 < 0.1,$$

d.h. auch die Neun liegt noch im Ablehnungsbereich. Für $x = 8$ erhalten wir $P_{H_0}(X = 8) = 0.044$, also

$$P_{H_0}(\{8, 9, 10\}) = 0.001 + 0.01 + 0.044 = 0.055 < 0.1.$$

Damit kann auch die Acht in den Ablehnungsbereich genommen werden. Als Nächstes untersuchen wir $x = 7$. Für $P_{H_0}(X = 7)$ liest man aus Tabelle 10.1 auf der Seite zuvor den Wert 0.117 ab. Dieser Wert allein ist schon größer als 0.1 und somit

$$P_{H_0}(\{7, 8, 9, 10\}) = 0.055 + 0.117 = 0.172$$

erst recht. Die Sieben kann also nicht mehr in den Ablehnungsbereich gelangen, der sich damit als $\{8, 9, 10\}$ ergibt.

Inhaltlich lässt sich dieses Ergebnis wie folgt interpretieren: Acht, neun oder zehn Jungengeburten können unter der Annahme, dass Mädchen- und Jungengeburten gleichwahrscheinlich sind, nur mit einer Wahrscheinlichkeit von höchstens 10 % eintreten. Diese Wahrscheinlichkeit sehen wir als so gering an, dass wir bei mindestens acht Jungengeburten schließen, dass die Alternative gilt, also die Wahrscheinlichkeit für eine Jungengeburt größer ist als 0.5. Man sagt dann auch: Die Nullhypothese kann zugunsten der Alternative verworfen werden. Sieben Jungengeburten wären im Gegensatz dazu unter der Nullhypothese mit einer so großen Wahrscheinlichkeit (0.117) möglich, dass ein solches Ergebnis nicht mehr für die Gültigkeit der Alternative spricht. □

Für den Fall, dass das Testproblem

$$H_0 : \pi = 0.5 \quad \text{gegen} \quad H_1 : \pi < 0.5$$

lautet, geht man völlig analog vor, nur dass nun kleine Werte für die Alternative sprechen. Man erhält dementsprechend als Ablehnungsbereich die Menge $\{0, 1, 2\}$. Falls man lediglich wissen möchte, ob sich Mädchen- und Jungengeburten in ihrer Häufigkeit unterscheiden, erhält man als Testproblem

$$H_0 : \pi = 0.5 \quad \text{gegen} \quad H_1 : \pi \neq 0.5 \,.$$

In diesem Fall sprechen Werte, die in unserem Beispiel von fünf verschieden sind, also sowohl kleine als auch große Werte, für die Alternative. Will man für dieses Testproblem den Ablehnungsbereich bestimmen, so teilt man die Wahrscheinlichkeit, die man diesem Bereich maximal zuweisen möchte, gleichmäßig auf die Teilmengen der kleinen und der großen Werte auf. Kommen wir wieder auf unser Beispiel zurück, bedeutet das, man fasst am oberen und unteren Ende des Wertebereiches $\{0, 1, \ldots, 10\}$ so viele Beobachtungen zusammen, bis die Wahrscheinlichkeit für deren Vereinigung jeweils $0.05 = \frac{0.1}{2}$ beträgt. Es ergibt sich dann, wie man leicht nachrechnet, als Ablehnungsbereich die Menge $\{0, 1\} \cup \{9, 10\}$.

Erarbeitet man sich die Ablehnungsbereiche im Fall eines Testproblems über den Parameter π einer Binomialverteilung, wie oben durchgeführt, anhand der exakten Wahrscheinlichkeit der entsprechenden Binomialverteilung unter der Nullhypothese, so heißt der statistische Test, der auf dem so errechneten Ablehnungsbereich basiert, *exakter Binomialtest*. Man kann sich leicht vorstellen, dass die Durchführung des exakten Binomialtests, d.h. die Berechnung der dafür erforderlichen Ablehnungsbereiche, mit wachsendem Stichprobenumfang n sehr aufwendig wird. Wir werden daher im Folgenden eine Möglichkeit vorstellen, den Ablehnungsbereich numerisch weniger aufwendig, wenn auch nur approximativ zu bestimmen.

exakter Binomialtest

10.1.2 Der approximative Binomialtest

Aus Abschnitt 5.3.1 ist bekannt, dass sich die Binomialverteilung für großes n durch die Normalverteilung approximieren lässt. Damit kann man also für großes n den Ablehnungsbereich des exakten Binomialtests über die Normalverteilung annähern. Man erhält so den *approximativen Binomialtest*. Genauer gilt mit $X = \sum_{i=1}^{n} X_i \sim B(n, \pi)$ für $n\pi$ und $n(1 - \pi)$ groß genug, dass

approximativer Binomialtest

$$X \overset{(approx.)}{\sim} N(n\pi, n\pi(1 - \pi)) \quad \text{bzw.} \quad Z = \frac{X - n\pi}{\sqrt{n\pi(1 - \pi)}} \overset{(approx.)}{\sim} N(0, 1) \,.$$

Zur Illustration dieses approximativen Vorgehens kommen wir auf Beispiel 10.1 (Seite 369) zurück. Dort ist es von Interesse zu erfahren, ob der Ausschussanteil π bei der Endabnahme größer 0.1 ist. Dies lässt sich als Testproblem wie folgt formulieren:

$$H_0 : \pi = 0.1 \quad \text{gegen} \quad H_1 : \pi > 0.1\,.$$

Wie man sieht, wird der eigentlich interessierende Sachverhalt wieder als statistische Alternative formuliert. Da insgesamt $n = 1000$ Stück in der zu prüfenden Stichprobe sind, können die Voraussetzungen zur Anwendung der Approximation als erfüllt angesehen werden. Damit ist also

$$Z = \frac{X - 1000 \cdot 0.1}{\sqrt{1000 \cdot 0.1 \cdot 0.9}} = \frac{X - 100}{\sqrt{90}} \overset{(approx.)}{\sim} N(0,1)\,.$$

Zur Bestimmung des Ablehnungsbereichs des Tests, der auf dieser Prüfgröße basiert, ist es hilfreich, die grafische Darstellung der Dichte der Standardnormalverteilung zu betrachten (vgl. Abb. 10.2).

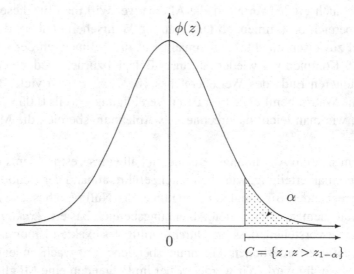

Abbildung 10.2: Ablehnungsbereich eines statistischen Tests basierend auf einer standardnormalverteilten Prüfgröße

Da im obigen Testproblem große Werte von Z für die Alternative sprechen, ist der Ablehnungsbereich des Tests gerade als die Menge gegeben, die am rechten Rand der z-Achse liegt und deren Wahrscheinlichkeit höchstens α beträgt. Dabei ist der linke äußere Punkt dieses Bereichs bereits bekannt als das $(1-\alpha)$-Quantil der Standardnormalverteilung (vgl. Abschnitt 6.3.1), sodass man als Ablehnungsbereich C erhält

$$C = \{z : z > z_{1-\alpha}\}\,.$$

kritischer Wert   Der äußere Punkt des Ablehnungsbereiches, in diesem Fall $z_{1-\alpha}$, wird auch als *kritischer Wert* bezeichnet. Wir entscheiden uns wieder für die Alternative, falls der beobachtete Prüfwert in C liegt.

Gut-Schlecht-Prüfung

Für Beispiel 10.1 (Seite 369) lautet nach obigen Ausführungen das Testproblem

$$H_0 : \pi = 0.1 \quad \text{gegen} \quad H_1 : \pi > 0.1 \,.$$

Als Wahrscheinlichkeit, mit der wir uns für die Alternative entscheiden, obwohl eigentlich die Nullhypothese gilt, wählen wir $\alpha = 0.05$. Dies ist also unter der Nullhypothese die Wahrscheinlichkeit dafür, dass die Prüfgröße im Ablehnungsbereich C des Tests liegt. Da $z_{1-\alpha} = z_{0.95} = 1.64$, ist C gegeben als

$$\{z : z > 1.64\} \,.$$

Der Wert der Prüfgröße $Z = \frac{X - 100}{9.5}$ berechnet sich bei einer Anzahl fehlerhafter Stücke von $x = 102$ als

$$z = \frac{102 - 100}{9.5} = 0.21 \,.$$

Da $0.21 < 1.64$, können wir sagen, dass die Anzahl von 102 fehlerhaften Stücken in der Stichprobe nicht den Schluss zulässt, dass der Anteil fehlerhafter Stücke in der gesamten Partie über $10\,\%$ liegt. Diese Abweichung von der unter der Annahme eines Schlechtanteils von $10\,\%$ erwarteten Anzahl von 100 schlechten Stücken ist zu gering, als dass sie nicht rein zufällig bedingt sein könnte. □

In Beispiel 10.5 haben wir den statistischen Test mittels der standardisierten Prüfgröße Z durchgeführt. Dabei fällt die Entscheidung für H_1, falls $z \in C$, also falls $z > z_{1-\alpha}$. Alternativ kann man den Test auch über die Anzahl x selbst durchführen, denn

$$z = \frac{x - n\pi_0}{\sqrt{n\pi_0(1 - \pi_0)}} > z_{1-\alpha}$$

ist äquivalent zu

$$x > n\pi_0 + \sqrt{n\pi_0(1 - \pi_0)}\, z_{1-\alpha} \,,$$

wobei π_0 gerade den Wert des Schlechtanteils unter H_0 bezeichnet. In Beispiel 10.1 (Seite 369) ist $\pi_0 = 0.1$ und

$$n\pi_0 + \sqrt{n\pi_0(1 - \pi_0)}\, z_{1-\alpha} = 100 + 9.5 \cdot 1.64 = 115.58 \,.$$

Da die beobachtete Anzahl fehlerhafter Stücke 102 und somit kleiner als 115.58 ist, gelangt man zu derselben Entscheidung wie unter Verwendung der Prüfgröße Z.

Für den Fall, dass das Testproblem gegeben ist als

$$H_0 : \pi = \pi_0 \quad \text{gegen} \quad H_1 : \pi < \pi_0 \,,$$

sprechen kleine Werte der Prüfgröße für die Alternative, und der Ablehnungsbereich C befindet sich somit am linken Rand der z-Achse, d.h.

$$C = \{z : z < z_\alpha\} = \{z : z < -z_{1-\alpha}\} \,,$$

da die Standardnormalverteilung symmetrisch ist um 0 (vgl. Abschnitt 6.3.1).

Liegt das Testproblem

$$H_0 : \pi = \pi_0 \quad \text{gegen} \quad H_1 : \pi \neq \pi_0$$

vor, setzt sich der Ablehnungsbereich C basierend auf der Prüfgröße Z wieder zusammen aus dem linken und dem rechten Rand der z-Achse, wobei für jede dieser Mengen die Wahrscheinlichkeit $\alpha/2$ beträgt. Damit ergibt sich der Ablehnungsbereich C als

$$
\begin{aligned}
C &= \{z : z > z_{1-\alpha/2}\} \cup \{z : z < z_{\alpha/2} = -z_{1-\alpha/2}\} \\
&= \{z : z > z_{1-\alpha/2} \quad \text{oder} \quad z < -z_{1-\alpha/2}\} \\
&= \{z : |z| > z_{1-\alpha/2}\}.
\end{aligned}
$$

Wir fassen zusammen:

Approximativer Binomialtest

Gegeben seien folgende Testprobleme über den Parameter π einer $B(n, \pi)$-Verteilung

$$
\begin{aligned}
&\text{(a)} \quad H_0 : \pi = \pi_0 \quad \text{gegen} \quad H_1 : \pi \neq \pi_0 \\
&\text{(b)} \quad H_0 : \pi = \pi_0 \quad \text{gegen} \quad H_1 : \pi < \pi_0 \\
&\text{(c)} \quad H_0 : \pi = \pi_0 \quad \text{gegen} \quad H_1 : \pi > \pi_0 .
\end{aligned}
$$

Basierend auf der Prüfgröße

$$
Z = \frac{X - n\pi_0}{\sqrt{n\pi_0(1 - \pi_0)}} = \frac{\bar{X} - \pi_0}{\sqrt{\frac{\pi_0(1-\pi_0)}{n}}} \overset{(approx.)}{\underset{H_0}{\sim}} N(0, 1)
$$

und dem vorgegebenen Niveau α fällt die Entscheidung für H_1 im Testproblem

$$
\begin{aligned}
&\text{(a), falls } |z| > z_{1-\alpha/2} \\
&\text{(b), falls } z < -z_{1-\alpha} \\
&\text{(c), falls } z > z_{1-\alpha}.
\end{aligned}
$$

10.1.3 Der Gauß-Test

Bei dem oben formulierten Testproblem über π handelt es sich um Hypothesen und Alternativen bezüglich des Erwartungswerts einer speziellen Verteilung, und zwar der $B(1, \pi)$-Verteilung. Fragestellungen dieses Typs sind aber natürlich auch für Erwartungswerte anderer Verteilungen von Interesse. Beispiel 10.2 (Seite 370) beschreibt gerade ein solches Problem. Es geht darum zu beurteilen, ob der Sollwert beispielsweise für die Länge eines Werkstücks bei der Fertigung eingehalten wird. Um dies zu überprüfen, benötigt man wieder eine geeignete Prüfgröße. Da sich der Sollwert auffassen lässt als Erwartungswert μ der Länge X eines Werkstücks, also $\mu = E(X)$, bietet sich als Prüfgröße das Stichprobenmittel $\bar{X}$ an. Dabei wollen wir voraussetzen, dass wir eine Stichprobe unabhängig identisch und stetig verteilter Zufallsvariablen $X_1, \ldots, X_n$ gezogen haben. In diesem Kapitel gehen wir zudem davon aus, dass die Varianz $Var(X_i) = Var(X) = \sigma^2$, $i = 1, \ldots, n$, bekannt ist. Diese Voraussetzung ist i.Allg. als kritisch zu bewerten. Im Bereich der statistischen Qualitätskontrolle kann man sie jedoch als nahezu erfüllt ansehen, da die Standardabweichung

σ der Produktionsstücke als feste „Maschinengenauigkeit" vom Hersteller angegeben wird, während μ als „Einstellung" variiert werden kann. Dementsprechend sind nur Aussagen über $E(X_i) = \mu$, $i = 1, \ldots, n$, zu treffen.

Dazu betrachten wir analog zu den Aussagen über π die folgenden Testprobleme:

$$\text{(a)} \quad H_0 : \mu = \mu_0 \quad \text{gegen} \quad H_1 : \mu \neq \mu_0$$
$$\text{(b)} \quad H_0 : \mu = \mu_0 \quad \text{gegen} \quad H_1 : \mu < \mu_0$$
$$\text{(c)} \quad H_0 : \mu = \mu_0 \quad \text{gegen} \quad H_1 : \mu > \mu_0 .$$

Im Beispiel 10.2 (Seite 370) entspricht μ_0 gerade dem Sollwert der Werkstücklänge. Zur Bestimmung des Ablehnungsbereichs überlegen wir zunächst erneut, welche Beobachtungswerte für die jeweilige Alternative sprechen. Da unter der Nullhypothese gilt:

$$E_{H_0}(\bar{X}) = \mu_0 ,$$

spricht also im Testproblem

(a) eine starke Abweichung des Stichprobenmittels $\bar{x}$ von μ_0 für H_1, also

$$|\bar{x} - \mu_0| > c_a ,$$

(b) ein wesentlich kleinerer Wert von $\bar{x}$ als μ_0 für H_1, also

$$\bar{x} - \mu_0 < c_b \quad \text{mit} \quad c_b < 0 ,$$

und schließlich

(c) ein wesentlich größerer Wert von $\bar{x}$ als μ_0 für H_1, also

$$\bar{x} - \mu_0 > c_c .$$

Das Problem, das sich auch hier stellt, liegt darin, wie c_a, c_b und c_c zu bestimmen sind. Wie oben schon angemerkt, erscheint $\bar{X}$ als Prüfgröße naheliegend und sinnvoll. Es ergibt sich als Verteilung von $\bar{X}$ unter der Nullhypothese im Fall, dass alle X_i zusätzlich zu den obigen Annahmen *normalverteilt* sind, eine $N(\mu_0, \frac{\sigma^2}{n})$-Verteilung. Es ist daher günstiger, statt $\bar{X}$ selbst erneut (vgl. approximativer Binomialtest) seine standardisierte Variante als Prüfgröße zu verwenden:

Normalverteilungsannahme

$$Z = \frac{\bar{X} - \mu_0}{\sigma} \sqrt{n} .$$

Diese ist unter H_0 standardnormalverteilt. Damit lässt sich der Ablehnungsbereich des statistischen Tests basierend auf Z wieder über die entsprechenden Quantile der Standardnormalverteilung festlegen.

Kontrollkarten

Beispiel 10.6

Bei der Konstruktion von Kontrollkarten wird implizit zu jedem der Kontrollzeitpunkte ein statistisches Testproblem unterstellt. Es geht jeweils darum zu prüfen, ob der Erwartungswert der produzierten Stücke noch mit dem Sollwert übereinstimmt oder ob in den laufenden Prozess aufgrund einer nicht zufallsbedingten Abweichung eingegriffen werden muss. Nehmen wir an, bei dem produzierten Werkstück handelt es sich um Bleistifte, deren Länge 17 cm betragen soll, dann lautet das Testproblem:

$$H_0 : \mu = 17 \quad \text{gegen} \quad H_1 : \mu \neq 17 .$$

Es sei bekannt, dass die Länge X der Bleistifte (approximativ) normalverteilt ist mit $E(X) = \mu$ und $Var(X) = \sigma^2 = 2.25$. Es wird nun zum Zeitpunkt $t = 1$ eine unabhängige Stichprobe aus der laufenden Produktion entnommen. Folgende Längen werden an den fünf Bleistiften gemessen:

$$19.2 \, \text{cm}, \, 17.4 \, \text{cm}, \, 18.5 \, \text{cm}, \, 16.5 \, \text{cm}, \, 18.9 \, \text{cm}.$$

Daraus ergibt sich $\bar{x}$ als 18.1 cm. Als standardisierte Prüfgröße erhält man

$$z = \frac{\bar{x} - \mu_0}{\sigma} \sqrt{n} = \frac{18.1 - 17}{1.5} \sqrt{5} = 1.64 .$$

Legen wir die Wahrscheinlichkeit, uns irrtümlicherweise für die Alternative zu entscheiden, also die Wahrscheinlichkeit unter H_0 für den Ablehnungsbereich als $\alpha = 0.01$ fest, so müssen wir analog zu dem für den approximativen Binomialtest angegebenen kritischen Wert zunächst das $(1 - \alpha/2) = (1 - 0.005) = 0.995$-Quantil der Standardnormalverteilung bestimmen, das sich als 2.5758 ergibt. Damit muss davon ausgegangen werden, dass sich der Prozess nicht mehr unter statistischer Kontrolle befindet, falls für den Prüfgrößenwert z gilt:

$$|z| > 2.5758 .$$

Da für die obige Stichprobe Z den Wert 1.64 angenommen hat, kann der Prozess weiterlaufen. Ein Eingriff ist nicht nötig.

Im Gegensatz zu diesem Vorgehen ist die $\bar{x}$-Karte leichter zu handhaben, wenn die kritischen Werte, d.h. die Kontrollgrenzen für $\bar{x}$ bestimmt werden und nicht für z. Diese ergeben sich als

$$\mu_0 \pm z_{1-\alpha/2} \cdot \frac{\sigma}{\sqrt{n}} ,$$

da

$$|z| > z_{1-\alpha/2}$$

äquivalent ist zu

$$\bar{x} > z_{1-\alpha/2} \cdot \frac{\sigma}{\sqrt{n}} + \mu_0 \quad \text{bzw.} \quad \bar{x} < \mu_0 - z_{1-\alpha/2} \cdot \frac{\sigma}{\sqrt{n}} .$$

Diese Grenzen sind bereits bekannt, und zwar aus der Konfidenzintervallschätzung. Auf diesen Zusammenhang wird an späterer Stelle noch einmal eingegangen. □

Gauß-Test   Der Test, der auf obiger Prüfgröße basiert, wird üblicherweise als *Gauß-Test* bezeichnet, da er für Testprobleme über den Erwartungswert einer Normalverteilung konstruiert ist. Aufgrund des zentralen Grenzwertsatzes (vgl. Abschnitt 7.1.2) kann man jedoch dieselbe Prüfgröße und dieselben kritischen Werte auch dann verwenden, wenn die $X_i, i = 1, \ldots, n$, nicht normalverteilt sind, aber der Stichprobenumfang groß genug ist, denn dann sind $\bar{X}$ und Z zumindest *approximativ normalverteilt*.

Zusammenfassend ergeben sich folgende Entscheidungsregeln des Gauß-Tests.

Gauß-Test

Gegeben seien unabhängig identisch verteilte Zufallsvariablen $X_1, \ldots, X_n$ mit $X_i \sim N(\mu, \sigma^2)$, σ^2 bekannt, bzw. mit beliebiger stetiger Verteilung und $E(X_i) = \mu$, $Var(X_i) = \sigma^2$, n groß genug (Faustregel: $n \geq 30$).
Man betrachte folgende Testprobleme:

$$
\begin{aligned}
&\text{(a)} \quad H_0 : \mu = \mu_0 \quad \text{gegen} \quad H_1 : \mu \neq \mu_0 \\
&\text{(b)} \quad H_0 : \mu = \mu_0 \quad \text{gegen} \quad H_1 : \mu < \mu_0 \\
&\text{(c)} \quad H_0 : \mu = \mu_0 \quad \text{gegen} \quad H_1 : \mu > \mu_0 .
\end{aligned}
$$

Für $\mu - \mu_0$ ist

$$
Z = \frac{\bar{X} - \mu_0}{\sigma} \sqrt{n} \overset{(approx.)}{\sim} N(0,1) \quad \text{bzw.} \quad \bar{X} \overset{(approx.)}{\sim} N(\mu_0, \frac{\sigma}{\sqrt{n}}),
$$

Basierend auf der Prüfgröße Z fällt die Entscheidung für H_1 im Testproblem

$$
\begin{aligned}
&\text{(a), falls } |z| > z_{1-\alpha/2} \\
&\text{(b), falls } z < -z_{1-\alpha} \\
&\text{(c), falls } z > z_{1-\alpha} .
\end{aligned}
$$

Im folgenden Abschnitt werden die Prinzipien statistischer Tests unter allgemeinen formalen Gesichtspunkten beschrieben, wobei aber auf die hier präsentierten Beispiele zur Illustration zurückgegriffen wird.

10.2 Prinzipien des Testens

An den in Abschnitt 10.1 vorgestellten Beispielen sieht man, dass die Durchführung eines statistischen Tests gewissen Prinzipien genügen muss. Bevor wir diese im Folgenden formalisieren, seien sie hier zunächst noch einmal zusammengefasst.

Im *1. Schritt* muss das inhaltliche Problem quantifiziert werden. In Beispiel 10.1 (Seite 369) wurde die Frage nach der Annahme der Warenpartie über die Größe des Ausschussanteils formuliert.

Im *2. Schritt* müssen die Modellannahmen formuliert werden. In Beispiel 10.2 (Seite 370) wurde angenommen, dass $X_1, \ldots, X_n$ unabhängig und identisch $N(\mu, \sigma^2)$-verteilt sind, wobei σ^2 als bekannt vorausgesetzt wurde.

Im *3. Schritt* wird das quantifizierte inhaltliche Problem als ein statistisches Testproblem über den Modellparameter dargestellt. Dazu werden die Nullhypothese und die Alternative festgelegt. In Beispiel 10.6 (Seite 379) wurde dementsprechend das Testproblem über die erwartete Länge der Bleistifte als

$$
H_0 : \mu = 17 \quad \text{gegen} \quad H_1 : \mu \neq 17
$$

angegeben, wobei 17 cm der Sollwert der Bleistiftlänge war.

Im *4. Schritt* muss festgelegt werden, wie groß das Signifikanzniveau α sein soll, mit dem man sich höchstens für die Alternative entscheidet, obwohl eigentlich die Nullhypothese zutrifft. Das heißt, es muss die Wahrscheinlichkeit für den Ablehnungsbereich unter H_0 festgelegt werden. Im Beispiel 10.6 wurde $\alpha = 0.01$ gewählt.

Annahmebereich Im *5. Schritt* geht es um die Bestimmung des Ablehnungsbereiches C. Das Komplement von C heißt *Annahmebereich* des Tests. Dazu muss zunächst eine geeignete *Prüfgröße*
Prüfgröße bzw. *Teststatistik* aus $X_1, \ldots, X_n$ gebildet werden. Geeignet bedeutet dabei, dass

- anhand des Wertes, den sie für die gezogene Stichprobe annimmt, tatsächlich beurteilt werden kann, ob eher H_0 oder H_1 für die Grundgesamtheit zutrifft, d.h. dass die Prüfgröße sensibel für das Testproblem ist. In Beispiel 10.6 erfüllt $\bar{X}$ als Prüfgröße diese Anforderung.

- ihre Verteilung unter der Nullhypothese bestimmt werden kann, da aus dieser Verteilung die kritischen Werte des Ablehnungsbereiches ermittelt werden. Diese Ver-
Prüfverteilung teilung wird auch als *Prüfverteilung* bezeichnet. In Beispiel 10.6 wurde zur standardisierten Größe $Z = \frac{\bar{X} - \mu_0}{\sigma}\sqrt{n}$ übergegangen, deren Verteilung unter H_0 gerade die Standardnormalverteilung ist, sodass die kritischen Werte leicht als die entsprechenden $(1 - \alpha/2)$-Quantile aus der Tabelle abgelesen werden konnten.

Schließlich wird der Ablehnungsbereich C so konstruiert, dass

- in ihm Werte zusammengefasst werden, die tatsächlich für die Alternative sprechen, womit der Forderung der Sensibilität für das Testproblem Rechnung getragen wird. Da die Alternative H_1 in Beispiel 10.6 $\mu \neq 17$ lautete, waren dies sowohl sehr kleine als auch sehr große Werte der Prüfgröße Z.

- die Wahrscheinlichkeit des Ablehnungsbereichs C unter H_0 höchstens gleich α ist. In Beispiel 10.6 ergab sich daher $C = \{z : |z| > z_{1-\alpha/2} = z_{0.995} = 2.5758\}$. Hierbei wurde ausgenutzt, dass die Verteilung der Teststatistik für $\mu = 17$, also unter H_0, bekannt ist.

Im *6. Schritt* wird für die konkrete Stichprobe der Wert der Prüfgröße berechnet. In Beispiel 10.6 berechnete sich Z als 1.64.

Der *7. Schritt* beinhaltet schließlich die Entscheidung darüber, ob die Nullhypothese zugunsten der Alternative verworfen werden kann oder beibehalten werden muss. Dazu überprüft man, ob der berechnete Prüfgrößenwert im Ablehnungsbereich liegt oder nicht. Liegt dieser im Ablehnungsbereich, so wird die Nullhypothese verworfen. Diese formale Entscheidung hat häufig eine weitreichende inhaltliche Bedeutung. So hatte die Nicht-Verwerfung der Nullhypothese in Beispiel 10.6 die Konsequenz, dass nicht in den laufenden Prozess eingegriffen wird, der Prozess also als unter statistischer Kontrolle angesehen wird.

Bei statistischen Testproblemen sind weitere Unterscheidungen üblich. Für den Fall, dass unter der Alternative sowohl Abweichungen nach oben als auch nach unten interessieren, wie etwa in Beispiel 10.6 mit

$$H_0 : \mu = 17 \quad \text{gegen} \quad H_1 : \mu \neq 17,$$

spricht man von einem *zweiseitigen Testproblem*. Ansonsten, d.h. für   *zweiseitiges Testproblem*

$$H_0 : \mu \leq 17 \quad \text{gegen} \quad H_1 : \mu > 17 \quad \text{bzw.}$$

$$H_0 : \mu \geq 17 \quad \text{gegen} \quad H_1 : \mu < 17 \,,$$

liegt jeweils ein *einseitiges Testproblem* vor.   *einseitiges Testproblem*

Falls H_0 oder H_1 nur aus einem Punkt bestehen, wie z.B. $H_0 : \mu = 17$, nennt man H_0 oder H_1 *einfach*. Für den Fall, dass H_0 oder H_1 eine Menge von Punkten beschreiben, heißen diese auch *zusammengesetzt*.   *einfache Hypothese*

Abweichend von den Beispielen in Abschnitt 10.1 ist in den obigen Testproblemen nicht nur die Alternative zusammengesetzt, sondern auch die Nullhypothese, d.h. statt $H_0 : \mu = \mu_0$ betrachten wir nun $H_0 : \mu \leq \mu_0$ mit z.B. $\mu_0 = 17$ cm. In Beispiel 10.6 (Seite 379) etwa wurde nun der kritische Wert des Tests bzw. der Ablehnungsbereich aus der Standardnormalverteilung ermittelt, da unter der Nullhypothese, d.h. für $\mu = \mu_0$, $Z = \frac{\bar{X} - \mu_0}{\sigma} \sqrt{n}$ gerade $N(0, 1)$-verteilt ist. Wie kann man nun vorgehen, wenn man eigentlich die Verteilung von Z unter der zusammengesetzten Nullhypothese bestimmen müsste? Da dies nicht möglich ist, bestimmt man den Ablehnungsbereich so, dass für den Wert von μ aus H_0, der am dichtesten an der Alternative liegt, also für $\mu = \mu_0$, die Wahrscheinlichkeit für den Ablehnungsbereich α beträgt. In Abbildung 10.3 wird deutlich, dass durch dieses Vorgehen garantiert ist, dass für andere Werte von μ, d.h. für $\mu < \mu_0$, aus H_0 die Wahrscheinlichkeit α sogar unterschritten und somit die Bedingung für die Konstruktion des Ablehnungsbereichs eingehalten wird.   *zusammengesetzte Hypothese*

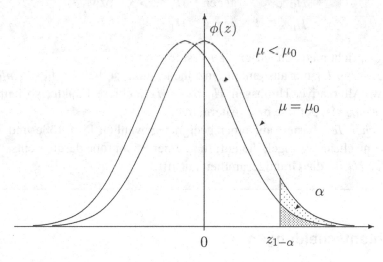

Abbildung 10.3: Ablehnungsbereiche für das Testproblem $H_0 : \mu \leq \mu_0$ und $H_1 : \mu > \mu_0$ basierend auf $Z = \frac{\bar{X} - \mu_0}{\sigma} \sqrt{n}$

Eine weitere Unterscheidung statistischer Tests ergibt sich durch die getroffenen Modellannahmen, die bei der Beschreibung einer allgemeinen Vorgehensweise beim statistischen Testen im 2. Schritt formuliert wurden. Diese sind wichtig, um eine geeignete Prüfgröße bzw. Teststatistik zu konstruieren und deren Verteilung unter der Nullhypothese bestimmen zu können. Für den Fall, dass die Verteilung des Merkmals in der Grundgesamtheit vom Typ her, also zum Beispiel Normalverteilung, bekannt oder der Stichprobenumfang groß genug ist, lassen sich häufig direkt Prüfgrößen für bestimmte Verteilungsparameter angeben, deren Verteilung noch relativ leicht zu bestimmen ist. Komplizierter wird es, wenn man keine Vorstellung von der Verteilung des Merkmals in der Grundgesamtheit hat. Man versucht dann Tests zu konstruieren, deren Prüfgröße derart ist, dass ihre Verteilung unter der Nullhypothese auch ohne genauere Angaben über die Verteilung der Zufallsvariablen

verteilungsfrei

$X_1, \dots, X_n$ bestimmbar ist. Solche Tests heißen *verteilungsfreie* oder *nichtparametrische*

nichtpara-metrischer Test

Tests. Entsprechend nennt man Tests, deren Prüfgrößen zur Bestimmung der Prüfverteilung Annahmen über den Verteilungstyp in der Grundgesamtheit benötigen, *parametrische Tests*.

parametrischer Test

Die wichtigsten Begriffe seien noch einmal kurz zusammengefasst.

Statistisches Testproblem, statistischer Test

Ein *statistisches Testproblem* besteht aus einer Nullhypothese H_0 und einer Alternative H_1, die sich gegenseitig ausschließen und Aussagen über die gesamte Verteilung oder über bestimmte Parameter des interessierenden Merkmals in der Grundgesamtheit beinhalten.
Falls das Testproblem lautet:

$$H_0 : „ = “ \quad \text{gegen} \quad H_1 : „ \neq “,$$

nennt man dieses *zweiseitig*. Falls

$$H_0 : „ \leq “ \quad \text{gegen} \quad H_1 : „ > “ \quad \text{bzw.}$$
$$H_0 : „ \geq “ \quad \text{gegen} \quad H_1 : „ < “$$

zu testen ist, spricht man von *einseitigen* Testproblemen.
Bestehen H_0 bzw. H_1 nur aus einem einzelnen Punkt, so heißen diese *einfache* Hypothese bzw. Alternative. Umfassen H_0 bzw. H_1 mehrere Punkte, so heißen diese *zusammengesetzte* Hypothese bzw. Alternative.
Ein *statistischer Test* basiert auf einer geeignet gewählten Prüfgröße und liefert eine formale Entscheidungsregel, die aufgrund einer Stichprobe darüber entscheidet, ob eher H_0 oder H_1 für die Grundgesamtheit zutrifft.

10.2.1 Fehlentscheidungen

In den obigen Beispielen wurden die Entscheidungen über H_0 und H_1, die die Grundge-

H_0 beibehalten

samtheit betreffen, bereits verbalisiert. So spricht man davon, „dass H_0 *beibehalten* wird", wenn der Wert der Prüfgröße nicht im kritischen Bereich liegt. Realisiert sich die Prüfgröße für die konkrete Stichprobe im Ablehnungsbereichs des Tests, so sagt man „H_0 *wird ab-*

H_0 ablehnen, verwerfen

gelehnt" oder „H_0 *wird verworfen*". Dabei haben wir bereits das Problem angesprochen, dass aufgrund eines statistischen Tests Fehlentscheidungen möglich sind. In Beispiel 10.6 (Seite 379) könnte der Test aufgrund einer gezogenen Stichprobe an Bleistiften zu der Entscheidung kommen, dass die durchschnittliche Länge der Bleistifte von $17\,\mathrm{cm}$ verschieden ist, obwohl dies tatsächlich nicht der Fall ist. Eine solche Fehlentscheidung, bei der also H_0

aufgrund der Stichprobe verworfen wird, obwohl H_0 für die Grundgesamtheit zutrifft, nennt man *Fehler 1. Art*. Der umgekehrte Fall, dass H_0 beibehalten wird, obwohl die Alternative H_1 wahr ist, kann ebenfalls eintreten. Man spricht dann von einem *Fehler 2. Art*. In Beispiel 10.6 hätte ein Fehler 2. Art zur Folge, dass die Entscheidung fiele, dass die durchschnittliche Bleistiftlänge 17 cm beträgt, obwohl eigentlich Bleistifte mit einer systematisch von 17 cm verschiedenen Länge produziert werden. Solche Fehlentscheidungen sind möglich, weil man mit der Durchführung eines statistischen Tests den Schluss von einer konkreten Stichprobe auf die Grundgesamtheit wagt. Dementsprechend schlagen sich systematische oder zufällige Fehler in der Stichprobe auf die Testentscheidung nieder.

Fehler 1. Art

Fehler 2. Art

Fehler 1. Art, Fehler 2. Art

Bei einem statistischen Testproblem H_0 gegen H_1 und einem geeigneten statistischen Test spricht man von einem

- *Fehler 1. Art*, wenn H_0 verworfen wird, obwohl H_0 wahr ist,

- *Fehler 2. Art*, wenn H_0 beibehalten wird, obwohl H_1 wahr ist.

Es können demnach folgende Ausgänge eines statistischen Tests eintreten:

	Entscheidungen für H_0	Entscheidungen für H_1
H_0 wahr	richtig	falsch Fehler 1. Art (α-Fehler)
H_1 wahr	falsch Fehler 2. Art (β-Fehler)	richtig

Fehlentscheidungen dieses Typs sind immer möglich. Zudem lässt sich bei einer vorliegenden Testentscheidung nicht beurteilen, ob diese nun richtig oder falsch ist. Man konstruiert statistische Tests daher so, dass die Wahrscheinlichkeit für den Fehler 1. Art durch eine kleine vorgegebene obere Schranke kontrolliert wird. Diese obere Schranke wird als *Signifikanzniveau* bezeichnet. Aus den Beispielen des vorigen Abschnitts ist es bereits als Wahrscheinlichkeit α für den Ablehnungsbereich unter der Nullhypothese bekannt. Entsprechend spricht man von $1 - \alpha$ auch als *Sicherheitswahrscheinlichkeit*. Die *Wahrscheinlichkeit für den Fehler 2. Art*, kurz als β bezeichnet, wird dagegen nicht kontrolliert. Man sucht jedoch unter allen Tests, die die Wahrscheinlichkeit für den Fehler 1. Art durch α kontrollieren, nach solchen, die die Wahrscheinlichkeit für den Fehler 2. Art möglichst gering halten. Eine gleichzeitige Minimierung beider Fehlerwahrscheinlichkeiten ist i.Allg. nicht möglich. Die fälschliche Verwerfung der Nullhypothese ist somit durch das Signifikanzniveau α abgesichert. Man spricht dann auch von einem *statistischen Test zum (Signifikanz-) Niveau α*. Die Wahrscheinlichkeit für den Fehler 2. Art wird nicht vorgegeben und wird in Abhängigkeit von dem in der Grundgesamtheit vorliegenden Parameter betrachtet, wie wir

Signifikanzniveau

Wahrscheinlichkeit für den Fehler 2. Art

Test zum Niveau α

an der Darstellung der Gütefunktion noch sehen werden. Es gilt: Je näher der wahre Parameter aus der Alternative an dem nicht wahren Wert der Nullhypothese liegt, desto größer wird die Wahrscheinlichkeit für den Fehler 2. Art. Man nehme an, die wahre produzierte Bleistiftlänge beträgt im Mittel 17.2 cm, vgl. Beispiel 10.6 (Seite 379), der Sollwert ist aber als 17 cm festgelegt. Dieser kleine Unterschied ist anhand eines statistischen Tests nur schwer zu erkennen. Der statistische Test wird dazu tendieren, die Nullhypothese nicht zu verwerfen, d.h. der Test wird vermutlich zu der falschen Entscheidung gelangen, dass der Sollwert eingehalten wird. Die Wahrscheinlichkeit für den Fehler 2. Art ist also groß. Liegt das Mittel der produzierten Bleistiftlänge jedoch bei 20 cm, um einen Extremfall zu nennen, wird der statistische Test eher darauf erkennen, dass der Sollwert nicht mehr eingehalten wird. Die Wahrscheinlichkeit für den Fehler 2. Art ist klein. Diese *Ungleichbehandlung* der beiden Fehlerarten ist der Grund dafür, dass die eigentlich interessierende Fragestellung als statistische Alternative formuliert wird. Entscheidet man sich für diese, so möchte man mit Sicherheit sagen können, mit welchem Fehler diese Entscheidung behaftet ist. Eine solche Aussage ist für den Fall, dass H_0 beibehalten wird, nur schwer möglich.

Ungleichbehandlung

Signifikanztest

Ein statistischer Test heißt *Test zum Signifikanzniveau* α, $0 < \alpha < 1$, oder *Signifikanztest*, falls

$$P(H_1 \text{ annehmen} \mid H_0 \text{ wahr}) \leq \alpha,$$

d.h.

$$P(\text{Fehler 1. Art}) \leq \alpha.$$

Typische Werte für das Signifikanzniveau α sind $0.1, 0.05, 0.01$.

Anschaulich kann man das Signifikanzniveau α wie folgt interpretieren: Nehmen wir an, es würden 100 gleichgroße Stichproben zu derselben Fragestellung gezogen, z.B. 100 Stichproben mit je 10 Geburten. Außerdem gelte die Nullhypothese, d.h. in unserem Beispiel seien Jungen- und Mädchengeburten gleich wahrscheinlich. Dann würde ein statistischer Test zum Niveau $\alpha = 5\,\%$ in höchstens 5 der 100 Stichproben die Nullhypothese verwerfen. Da Testentscheidungen somit von dem vorgegebenen Signifikanzniveau abhängen, sagt man im Fall einer Verwerfung der Nullhypothese „Das Ergebnis ist *statistisch signifikant* (zum Niveau α)" und im Fall einer Beibehaltung der Nullhypothese „Das Ergebnis ist *nicht statistisch signifikant* (zum Niveau α)". Bei dieser Formulierung wird auch noch einmal deutlich, dass der Test lediglich erkennt, ob ein Ergebnis im statistischen Sinn bedeutend ist. Statistische Signifikanz ist also nicht ohne Weiteres gleichzusetzen damit, dass ein Ergebnis auch unter substanzwissenschaftlichem Gesichtspunkt bedeutend ist.

(nicht) statistisch signifikant

10.2.2 Statistische Tests und Konfidenzintervalle

Interessant ist es an dieser Stelle anzumerken, dass die Entscheidung eines Signifikanztests z.B. bei einem zweiseitigen Testproblem analog über das entsprechende Konfidenzintervall gefällt werden kann. Dieser Zusammenhang lässt sich gut anhand des Gauß-Tests veranschaulichen. Dort gilt, dass H_0 zu verwerfen ist, falls

$$|z| = \left| \frac{\bar{x} - \mu_0}{\sigma} \sqrt{n} \right| > z_{1-\alpha/2}\,,$$

bzw. dass H_0 beizubehalten ist, falls

$$|z| = \left| \frac{\bar{x} - \mu_0}{\sigma} \sqrt{n} \right| \leq z_{1-\alpha/2}\,.$$

Letztere Ungleichung lässt sich äquivalent umformen zu

$$|\bar{x} - \mu_0| \leq z_{1-\alpha/2} \cdot \frac{\sigma}{\sqrt{n}}\,,$$

d.h.

$$\bar{x} - \mu_0 \geq -z_{1-\alpha/2} \cdot \frac{\sigma}{\sqrt{n}} \quad \text{und} \quad \bar{x} - \mu_0 \leq z_{1-\alpha/2} \cdot \frac{\sigma}{\sqrt{n}}$$

bzw.

$$-\mu_0 \geq -\bar{x} - z_{1-\alpha/2} \cdot \frac{\sigma}{\sqrt{n}} \quad \text{und} \quad -\mu_0 \leq -\bar{x} + z_{1-\alpha/2} \cdot \frac{\sigma}{\sqrt{n}}$$

bzw.

$$\mu_0 \leq \bar{x} + z_{1-\alpha/2} \cdot \frac{\sigma}{\sqrt{n}} \quad \text{und} \quad \mu_0 \geq \bar{x} - z_{1-\alpha/2} \cdot \frac{\sigma}{\sqrt{n}}\,.$$

Diese Grenzen sind bekannt als Grenzen des $(1-\alpha)$-Konfidenzintervalls für μ, das gegeben ist als

$$\left[\bar{x} - z_{1-\alpha/2} \cdot \frac{\sigma}{\sqrt{n}} \quad , \quad \bar{x} + z_{1-\alpha/2} \cdot \frac{\sigma}{\sqrt{n}} \right]\,.$$

Damit kann man aufgrund obiger Äquivalenzumformungen also entscheiden, dass H_0 beizubehalten ist, falls μ_0 in dem $(1 - \alpha)$-Konfidenzintervall für μ liegt, bzw. dass H_0 zu verwerfen ist, falls μ_0 nicht Element des entsprechenden Konfidenzintervalls ist.

Allgemein können wir also festhalten, dass ein $(1 - \alpha)$-Konfidenzintervall gerade dem Annahmebereich des zugehörigen zweiseitigen Signifikanztests entspricht.

10.2.3 Überschreitungswahrscheinlichkeit

Alternativ zu der oben beschriebenen Vorgehensweise lassen sich statistische Tests auch über die sogenannten *p-Werte* bzw. *Überschreitungswahrscheinlichkeiten* durchführen. Diese werden standardgemäß von statistischen Software-Paketen ausgegeben. Anstatt die Prüfgröße mit einem bestimmten kritischen Wert zu vergleichen, um über die Ablehnung der Nullhypothese zu entscheiden, vergleicht man den p-Wert direkt mit dem vorgegebenen Signifikanzniveau α. Da der p-Wert gerade die Wahrscheinlichkeit angibt, unter H_0 den beobachteten Prüfgrößenwert oder einen in Richtung der Alternative extremeren Wert zu erhalten, ist die Nullhypothese dann zu verwerfen, falls der p-Wert kleiner ist als α (vgl. dazu auch Abb. 10.4).

p-Werte

Wenn der p-Wert nämlich sehr klein ist, bedeutet das, dass es unter H_0 sehr unwahrscheinlich ist, diesen Prüfgrößenwert zu beobachten. Dies spricht dafür, dass H_0 eher falsch ist.

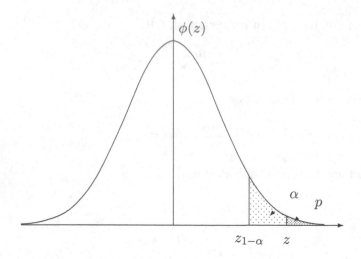

Abbildung 10.4: Zusammenhang zwischen p-Wert und Signifikanzniveau

Die einzelnen Schritte, die bei der Durchführung eines statistischen Tests zu machen sind, bleiben unverändert, wenn man diesen anhand von p-Werten durchführt. Lediglich die Entscheidung über die Verwerfung der Nullhypothese wird mittels einer formal anderen Regel getroffen, d.h. mittels „H_0 wird abgelehnt, falls der p-Wert kleiner ist als α", statt mittels „H_0 wird abgelehnt, falls der Prüfgrößenwert in den kritischen Bereich fällt".

Beispiel 10.7   **Gut-Schlecht-Prüfung**

In Beispiel 10.5 (Seite 377) betrug der Prüfgrößenwert $z = 0.21$. Da die Alternative über den Schlechtanteil π formuliert war als $H_1 : \pi > 0.1$, sind in Richtung der Alternative extremere Prüfgrößenwerte solche, die größer sind als z. Damit ist der p-Wert gegeben als

$$p = P_{H_0}(Z \geq 0.21) = 1 - P_{H_0}(Z \leq 0.21) = 1 - \Phi(0.21) = 1 - 0.5832 = 0.4168\,.$$

Da der p-Wert größer ist als das vorgegebene Signifikanzniveau α von 0.05, kann die Nullhypothese nicht verworfen werden. Diese Entscheidung stimmt mit der in Beispiel 10.5 getroffenen überein. □

Bei der Berechnung des p-Werts ist also die Überlegung entscheidend, welche Prüfgrößenwerte noch stärker gegen H_0 sprechen.

---

p-Wert

Der *p-Wert* ist definiert als die Wahrscheinlichkeit, unter H_0 den beobachteten Prüfgrößenwert oder einen in Richtung der Alternative extremeren Wert zu erhalten.
Ist der p-Wert kleiner als das vorgegebene Signifikanzniveau α, so wird H_0 verworfen. Ansonsten behält man H_0 bei.

Da p-Werte Wahrscheinlichkeiten sind, nehmen sie stets Werte größer gleich 0 und kleiner gleich 1 an. Somit haben sie den Vorteil, dass sie die Vergleichbarkeit verschiedener Testergebnisse ermöglichen. Außerdem werden sie, wie schon erwähnt, von statistischen Programmpaketen automatisch ausgegeben, wodurch eine schnelle Durchführung statistischer Tests möglich ist, und zwar in Form folgender Regel: Falls der p-Wert kleiner als α ist, lehne H_0 ab, andernfalls behalte H_0 bei. P-Werte liefern zudem mehr Informationen als die Ja-Nein-Entscheidung bzgl. der Ablehnung der Nullhypothese: Man kann an ihnen ablesen, zu welchem Niveau der zugehörige Test die Nullhypothese gerade noch verworfen hätte. Diese letzte Interpretation birgt jedoch die *Gefahr eines Missbrauchs* insofern, als zunächst der Test durchgeführt, also der p-Wert berechnet werden kann und dann das Signifikanzniveau festgelegt wird und zwar gerade so, dass man H_0 noch ablehnen kann. Dies setzt natürlich die gesamte dahinterstehende Testtheorie außer Kraft, was anhand der Diskussion der Gütefunktion deutlich wird.

Gefahr eines Missbrauchs

10.2.4 Gütefunktion

Bei der obigen Diskussion statistischer Tests wurden Fehler 1. Art und 2. Art als zwei Kriterien zur Beurteilung ihrer Qualität eingeführt. Diese beiden Kriterien lassen sich unter dem Begriff der *Gütefunktion* zusammenführen. Zur Erinnerung seien noch einmal die Wahrscheinlichkeiten für Fehler 1. und 2. Art formal angegeben:

Gütefunktion

$$P(\text{Fehler 1. Art}) = P(H_0 \text{ ablehnen}|H_0 \text{ wahr}),$$
$$P(\text{Fehler 2. Art}) = P(H_0 \text{ beibehalten}|H_1 \text{ wahr})$$
$$= 1 - P(H_0 \text{ ablehnen}|H_1 \text{wahr}).$$

Die letzte Umformung ist zum Verständnis der Gütefunktion entscheidend. Diese gibt für einen Signifikanztest nämlich gerade in Abhängigkeit des interessierenden Parameters die Wahrscheinlichkeit an, die Nullhypothese zu verwerfen. Falls also der wahre Parameter aus der Alternative stammt, entspricht die Gütefunktion der Wahrscheinlichkeit, die richtige Entscheidung zu treffen, nämlich H_0 zu verwerfen. Für den Fall, dass der wahre Parameter in der Nullhypothese liegt, gibt die Gütefunktion die Wahrscheinlichkeit für den Fehler 1. Art an, die durch das vorgegebene Signifikanzniveau nach oben beschränkt ist. Der Verlauf einer idealen Gütefunktion ist in Abbildung 10.5 skizziert.

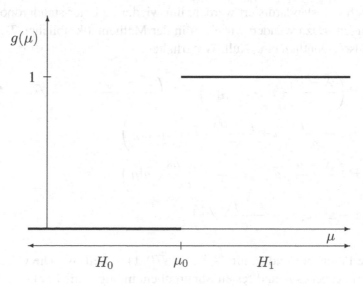

Abbildung 10.5: Verlauf einer idealen Gütefunktion

Eine solche Gütefunktion gehört zu einem statistischen Test, bei dem weder ein Fehler 1. Art noch ein Fehler 2. Art auftreten kann, da die Wahrscheinlichkeit, die Hypothese zu verwerfen, für Werte aus H_0 gerade null und für Werte aus H_1 eins beträgt. Dies ist, wie wir oben überlegt haben, praktisch nicht möglich.

Zur Konkretisierung des Begriffs der Gütefunktion betrachten wir erneut den Gauß-Test für das Testproblem:

$$H_0 : \mu \leq \mu_0 \quad \text{gegen} \quad H_1 : \mu > \mu_0 \, .$$

Für dieses Testproblem ist die Gütefunktion g in Abhängigkeit vom interessierenden Parameter als Funktion von μ zu betrachten, d.h.

$$g(\mu) = P(H_0 \text{ ablehnen} | \mu) \, .$$

An dieser Schreibweise wird deutlich, dass $g(\mu)$ für die verschiedensten Werte des unbekannten, aber wahren Parameters μ die Wahrscheinlichkeit angibt, H_0 zu verwerfen. Gilt

- $\mu \in H_0$, so ist $g(\mu) \leq \alpha$,

- $\mu \in H_1$, so ist $1 - g(\mu)$ die Wahrscheinlichkeit für den Fehler 2. Art.

Wie lässt sich $g(\mu)$ nun genauer berechnen? Dies kann i.Allg. recht kompliziert werden. Für den Gauß-Test lässt sich $g(\mu)$ aber relativ einfach herleiten. Nach Definition ist $g(\mu) = P(H_0 \text{ ablehnen} | \mu)$. Da H_0 im obigen Testproblem abgelehnt wird, falls $\frac{\bar{X} - \mu_0}{\sigma} \sqrt{n} > z_{1-\alpha}$, lässt sich $g(\mu)$ auch schreiben als

$$g(\mu) = P\left(\frac{\bar{X} - \mu_0}{\sigma} \sqrt{n} > z_{1-\alpha} | \mu \right) \, .$$

Diese Wahrscheinlichkeit ist für $\mu = \mu_0$ exakt α. Für alle anderen Werte von μ müsste die Prüfgröße jedoch neu standardisiert werden, um wieder zu einer standardnormalverteilten Größe zu gelangen. Dazu wenden wir einen in der Mathematik üblichen Trick an und addieren $\mu - \mu$, also eigentlich eine Null. Wir erhalten

$$g(\mu) = P\left(\frac{\bar{X} - \mu_0}{\sigma} \sqrt{n} > z_{1-\alpha} | \mu \right) = P\left(\frac{\bar{X} - \mu_0 + \mu - \mu}{\sigma} \sqrt{n} > z_{1-\alpha} | \mu \right)$$

$$= P\left(\frac{\bar{X} - \mu}{\sigma} \sqrt{n} + \frac{\mu - \mu_0}{\sigma} \sqrt{n} > z_{1-\alpha} | \mu \right)$$

$$= P\left(\frac{\bar{X} - \mu}{\sigma} \sqrt{n} > z_{1-\alpha} - \frac{\mu - \mu_0}{\sigma} \sqrt{n} | \mu \right)$$

$$= 1 - \Phi\left(z_{1-\alpha} - \frac{\mu - \mu_0}{\sigma} \sqrt{n} \right) \, ,$$

da μ der wahre Parameter und somit $\frac{\bar{X} - \mu}{\sigma} \sqrt{n}$ $N(0,1)$-verteilt ist. Die Gütefunktion kann man für ein vorgegebenes α und festen Stichprobenumfang n als Funktion von μ grafisch darstellen, wie in Abbildung 10.6 skizziert und in Beispiel 10.8 illustriert ist.

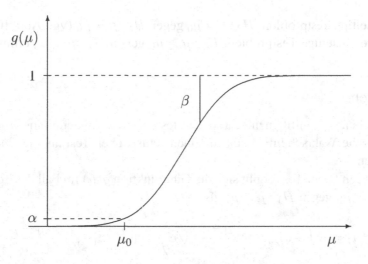

Abbildung 10.6: Skizze einer Gütefunktion $g(\mu) = 1 - \Phi\left(z_{1-\alpha} - \frac{\mu - \mu_0}{\sigma}\sqrt{n}\right)$

Qualitätsprüfung

Beispiel 10.8

Kommen wir noch einmal auf Beispiel 10.6 (Seite 379) zurück. Von Interesse sei nun aber nicht die Konstruktion einer Kontrollkarte, sondern folgendes Testproblem

$$H_0 : \mu \leq 17\,\text{cm} \quad \text{gegen} \quad H_1 : \mu > 17\,\text{cm}\,.$$

Hier wird also versucht, eine Abweichung der Bleistiftlänge vom Sollwert nach oben zu verhindern. Sei $\alpha = 0.05$ und $n = 10$. Die Standardabweichung sei wieder als $\sigma = 1.5$ vorausgesetzt. Dann ist die Gütefunktion gegeben als

$$g(\mu) = 1 - \Phi\left(z_{0.95} - \frac{\mu - 17}{1.5}\sqrt{10}\right) = 1 - \Phi\left(1.64 - \frac{\mu - 17}{1.5} \cdot 3.16\right)\,.$$

Die Werte der Funktion $g(\mu)$ können aus der Tabelle der Verteilungsfunktion der Standardnormalverteilung für verschiedene Werte von μ abgelesen werden. Man erhält folgende Wertetabelle:

μ	16	16.5	17	17.5	18	18.5	19
$g(\mu)$	0	0.003	0.05	0.279	0.68	0.936	0.995

Als Rechenbeispiel betrachte man $\mu = 17.5$, wofür sich ergibt:

$$g(17.5) = 1 - \Phi\left(1.64 - \frac{17.5 - 17}{1.5} \cdot 3.16\right) = 1 - \Phi(0.59) = 0.279\,.$$

Man sieht, dass die Wahrscheinlichkeit, H_0 zu verwerfen, für $\mu = 17.5\,\text{cm}$ mit 0.279 sehr klein ist. Das heißt: Obwohl wir sicher wissen, dass mit $\mu = 17.5\,\text{cm}$ die Alternative zutrifft, fällt die Entscheidung des Tests mit einer großen Wahrscheinlichkeit von $1 - 0.279 = 0.721$ für H_0. Dies ist gerade die Wahrscheinlichkeit für den Fehler 2. Art. Man erkennt deutlich, dass diese Wahrscheinlichkeit von den Werten der Alternative abhängt: Je größer die Abweichung von μ_0, also je größer der zu entdeckende Effekt ist, desto kleiner wird die Wahrscheinlichkeit für den Fehler 2. Art. Ebenso wird ersichtlich, vgl. Abbildung 10.6, dass die Wahrscheinlichkeit für den Fehler 1. Art für alle Werte μ aus H_0 kleiner oder gleich $\alpha = 0.05$ ist. Für $\mu = \mu_0 = 17\,\text{cm}$ nimmt $g(\mu)$ den Wert des Signifikanzniveaus α an. Dies verdeutlicht noch einmal, dass die Gütefunktion für $\mu \in H_1$ gerade $1 - $Wahrscheinlichkeit für den Fehler 2. Art und für $\mu \in H_0$ die Wahrscheinlichkeit für den Fehler 1. Art angibt, wobei letzterer durch α an der Stelle $\mu = \mu_0$ nach oben beschränkt ist. □

Für das zweiseitige Testproblem $H_0 : \mu = \mu_0$ gegen $H_1 : \mu \neq \mu_0$ (vgl. Abb. 10.7, Seite 392) und das andere einseitige Testproblem $H_0 : \mu \geq \mu_0$ gegen $H_1 : \mu < \mu_0$ ermittelt man $g(\mu)$ analog.

Gütefunktion

Für vorgegebenes Signifikanzniveau α und festen Stichprobenumfang n gibt die *Gütefunktion* g die Wahrscheinlichkeit für einen statistischen Test an, die Nullhypothese zu verwerfen.

Speziell für den Gauß-Test ergibt sich die Gütefunktion $g(\mu)$ im Fall des Testproblems

(a) $H_0 : \mu = \mu_0$ gegen $H_1 : \mu \neq \mu_0$ als

$$g(\mu) = \Phi\left(-z_{1-\alpha/2} + \frac{\mu - \mu_0}{\sigma}\sqrt{n}\right) + \Phi\left(-z_{1-\alpha/2} - \frac{\mu - \mu_0}{\sigma}\sqrt{n}\right)$$

(b) $H_0 : \mu \geq \mu_0$ gegen $H_1 : \mu < \mu_0$ als

$$g(\mu) = \Phi\left(z_\alpha - \frac{\mu - \mu_0}{\sigma}\sqrt{n}\right)$$

(c) $H_0 : \mu \leq \mu_0$ gegen $H_1 : \mu > \mu_0$ als

$$g(\mu) = 1 - \Phi\left(z_{1-\alpha} - \frac{\mu - \mu_0}{\sigma}\sqrt{n}\right),$$

wobei Φ die Verteilungsfunktion der $N(0,1)$-Verteilung bezeichnet.

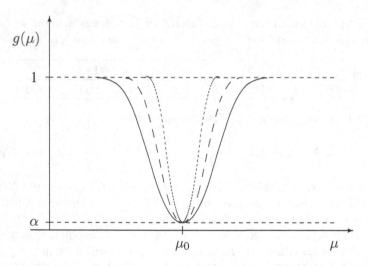

Abbildung 10.7: Skizze einer Gütefunktion des zweiseitigen Gauß-Tests mit $n = 10$ (——), $n = 20$ (- - -), $n = 50$ (····)

Die Gütefunktion erlaubt also Aussagen über die Qualität eines statistischen Tests. Sie enthält nicht nur Informationen darüber, für welche Parameterwerte die Nullhypothese mit großer Wahrscheinlichkeit verworfen wird, sondern auch das Signifikanzniveau. Diese Zweiteilung bei der Interpretation der Gütefunktion spiegelt sich auch in ihrer Namensgebung wider. Für Werte aus der Alternative spricht man von der Gütefunktion auch als *Macht*, *Trennschärfe* oder *Power* eines Tests. Gütefunktionen werden daher zum Vergleich mehrerer konkurrierender Tests zu einem Testproblem herangezogen. Man wählt, falls möglich, den Test unter allen Niveau-α-Tests aus, der die größte Macht besitzt oder, wie bereits zu Beginn dieses Unterkapitels formuliert, die geringste Wahrscheinlichkeit für einen Fehler 2. Art.

Power

Bei der Herleitung der Gütefunktion des Gauß-Tests hat man aber gesehen, dass $g(\mu)$ als Funktion von μ noch von dem Signifikanzniveau α und dem Stichprobenumfang n abhängt. Diese Abhängigkeit werden wir im Folgenden am Beispiel des Gauß-Tests genauer untersuchen.

Qualitätsprüfung

Beispiel 10.9

Betrachten wir zunächst die Abhängigkeit der Güte eines Tests vom Stichprobenumfang n anhand des obigen Beispiels. Wir haben gesehen, dass eine Abweichung von $0.5\,\mathrm{cm}$ nach oben vom Sollwert nur mit einer Wahrscheinlichkeit von 0.279 von dem statistischen Test entdeckt worden wäre. Lässt sich diese Abweichung besser entdecken, wenn n vergrößert wird? Zur Beantwortung dieser Frage sei nun $n = 50$ und $n = 100$ gewählt. Es ergibt sich:

- $n = 50$: $g(17.5) = 1 - \Phi(1.64 - \frac{17.5-17}{1.5} \cdot \sqrt{50})\ = 1 - \Phi(-0.71) = 0.761$,

- $n = 100$: $g(17.5) = 1 - \Phi(1.64 - \frac{17.5-17}{1.5} \cdot \sqrt{100}) = 1 - \Phi(-1.69) = 0.954$,

d.h. schon für $n = 50$ wäre die Abweichung von $0.5\,\mathrm{cm}$ mit einer Wahrscheinlichkeit von 0.761 und für $n = 100$ schließlich mit einer Wahrscheinlichkeit von 0.954 ziemlich sicher entdeckt worden (vgl. auch Abb. 10.8).

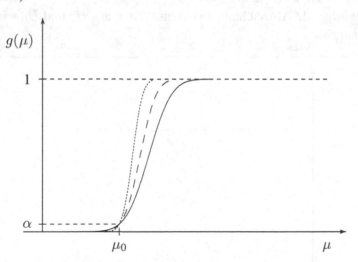

Abbildung 10.8: Gütefunktion des einseitigen Gaußtests für verschiedene Stichprobenumfänge $n = 10$ (——), $n = 20$ (---), $n = 50$ ($\cdots$), $\sigma = 1.5$

Man kann also durch eine Vergrößerung des Stichprobenumfangs erreichen, dass auch kleine Effekte bzw. kleine Abweichungen durch den statistischen Test entdeckt werden. Nur sollte man sich dabei fragen, ob die Entdeckung sehr kleiner Effekte unter substanzwissenschaftlichem Gesichtspunkt überhaupt sinnvoll ist, d.h. es ist vielleicht fraglich, ob dermaßen kleine Effekte eigentlich noch interpretierbar sind.

Der zweite Aspekt der Gütefunktion, den wir untersuchen wollen, betrifft ihre Abhängigkeit vom Signifikanzniveau α. Zu Beginn der Diskussion der Prinzipien statistischer Tests wurde angemerkt, dass es nicht möglich ist, beide Fehlerwahrscheinlichkeiten gleichzeitig zu minimieren. Das müsste also zur Folge haben, dass eine Veränderung von α auch eine Veränderung der Wahrscheinlichkeit für den Fehler 2. Art nach sich zieht, und zwar insofern, dass eine Vergrößerung von α eine Verkleinerung von β und umgekehrt bewirkt. Betrachten wir daher im obigen Beispiel $\alpha = 0.01$ und $\alpha = 0.1$ für $\mu = 17.5$. Für $\alpha = 0.01$ ergibt sich $z_{1-\alpha} = z_{0.99}$ als 2.3262 und für $\alpha = 0.1$ erhält man als kritischen Wert $z_{0.9} = 1.2816$ und somit

- $\alpha = 0.01:$ $g(17.5) = 1 - \Phi\left(2.3263 - \frac{17.5-17}{1.5}\sqrt{10}\right) = 1 - \Phi(1.27) = 0.102,$

- $\alpha = 0.1:$ $g(17.5) = 1 - \Phi\left(1.2816 - \frac{17.5-17}{1.5}\sqrt{10}\right) = 1 - \Phi(0.23) = 0.41.$

Man sieht deutlich, dass die Wahrscheinlichkeit für den Fehler 2. Art kleiner wird, wenn man bei der Wahrscheinlichkeit für den Fehler 1. Art gewisse Abstriche macht (vgl. auch Abb. 10.9).   □

Folgende Eigenschaften einer Gütefunktion lassen sich zusammenfassen (vgl. auch Abb. 10.8, 10.9):

Eigenschaften einer Gütefunktion eines statistischen Tests

1. Für Werte aus H_1 heißt die Gütefunktion Trennschärfe oder Macht.
2. Für Werte aus H_0 ist die Gütefunktion kleiner gleich α.
3. Für wachsendes n wird die Macht eines Tests größer, d.h. die Gütefunktion wird steiler.
4. Für wachsendes α wird die Macht eines Tests größer.
5. Für eine wachsende Abweichung zwischen Werten aus H_1 und H_0 wird die Macht eines Tests größer.

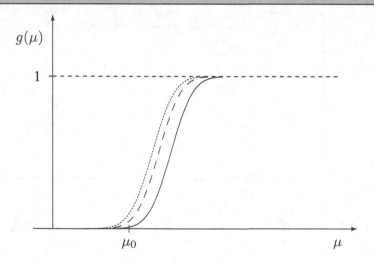

Abbildung 10.9: Gütefunktion des einseitigen Gaußtests für verschiedene Signifikanzniveaus $\alpha = 0.01$ (——), $\alpha = 0.05$ (- - -), $\alpha = 0.1$ (······), $\sigma = 1.5$

*Multiple Testprobleme

Häufig sind an empirische Studien mehrere wissenschaftliche Fragen geknüpft, die alle anhand von Signifikanztests überprüft werden sollen.

Gut-Schlecht-Prüfung   Beispiel 10.10

Nehmen wir an, über die Qualität eines Werkstücks wird anhand dreier verschiedener Merkmale entschieden. Das Werkstück wird als schlecht eingestuft, wenn mindestens eines der drei Qualitätsmerk-
male als nicht erfüllt angesehen wird. Ob die Qualitätsanforderung erfüllt ist oder nicht, wird jeweils
anhand eines statistischen Tests entschieden. Das heißt, es werden drei Tests durchgeführt, und zwar
jeweils zum Niveau $\alpha = 0.05$. Mit welcher Fehlerwahrscheinlichkeit ist dann die Entscheidung über
die Qualität des Werkstücks insgesamt behaftet? Dazu überlegt man sich, dass das Werkstück genau
dann als schlecht eingestuft wird, wenn mindestens einer der drei Tests die entsprechende Nullhypothese verwirft, dass das jeweilige Qualitätsmerkmal in Ordnung ist. Das Komplementärereignis
dazu ist, dass keiner der Tests ablehnt. Es gilt, da jeder der Tests ein Niveau-α-Test ist:

$$P_{H_0^i}(H_0^i \text{ verwerfen}) = 0.05 \quad , \quad i = 1, 2, 3 \,.$$

Sind die Tests stochastisch unabhängig voneinander, berechnet sich die Wahrscheinlichkeit dafür,
dass keiner der Tests ablehnt im Fall, dass die Nullhypothesen gelten, als

$$0.95 \cdot 0.95 \cdot 0.95 = 0.85735 \,.$$

Damit ist die Wahrscheinlichkeit, dass mindestens einer der Tests fälschlicherweise ablehnt, gegeben
als

$$1 - 0.85735 = 0.14265 \,.$$

Das heißt, eine falsche Entscheidung über die Qualität des Werkstücks insgesamt in Form einer Bewertung als schlecht ist mit einer Wahrscheinlichkeit von 0.143 behaftet, also mit einer viel größeren
Fehlerwahrscheinlichkeit als jede einzelne Entscheidung.   □

Sollen aufgrund eines Datensatzes mehrere Testprobleme anhand von Signifikanztests überprüft werden, spricht man von einem *multiplen Testproblem*. Die Wahrscheinlichkeit, min-   *multiples*
destens einen Fehler 1. Art zu begehen, wächst mit der Anzahl der durchzuführenden Tests.   *Testproblem*
Im Fall von k unabhängigen Tests gilt in Verallgemeinerung von Beispiel 10.10 für die
Wahrscheinlichkeit von α^*, mindestens ein fälschlicherweise signifikantes Ergebnis zu erhalten:

$$\alpha^* = 1 - (1 - \alpha)^k \,.$$

Wählt man $\alpha = 0.05$, vgl. Beispiel 10.10, so erhält man

k	α^*
3	0.143
5	0.226
10	0.401
100	0.994(!)

Bonferroni-
Korrektur

Zum Schutz gegen eine solche Überschreitung einer vorgegebenen Fehlerwahrscheinlichkeit lässt sich etwa die *Bonferroni-Korrektur* anwenden, bei der jeder Test zum Niveau α/k
statt zum Niveau α durchgeführt wird. Es gibt allerdings wesentlich verfeinerte Verfahren
zur Korrektur, die in einschlägigen Werken zu finden sind.

10.3   Zusammenfassung und Bemerkungen

Vielen empirischen Untersuchungen liegt eine bestimmte Fragestellung über ein Merkmal
in der Grundgesamtheit zugrunde, die mithilfe statistischer Methoden auf Stichprobenbasis geklärt werden soll. Um den Einsatz statistischer Verfahren zu ermöglichen, muss die
Fragestellung zunächst quantifiziert werden. Für den Fall, dass diese bereits eine Vermutung beispielsweise über einen Parameter der Verteilung des interessierenden Merkmals in
der Grundgesamtheit beinhaltet, wird die zu klärende Fragestellung dann als *statistisches
Testproblem* formuliert. Ein solches Testproblem besteht aus einer *Nullhypothese* und einer
Alternative, wobei Letztere in der Regel die interessierende Forschungshypothese wiedergibt. Das geeignete Instrumentarium zur Lösung eines statistischen Testproblems liefert nun
ein *statistischer Test*. Dieser stellt eine formale Entscheidungsregel dar, mit der es möglich
sein soll zu unterscheiden, ob das in der Stichprobe beobachtete Verhalten ein reines Zu-
fallsprodukt ist oder den Schluss auf die Grundgesamtheit zulässt. Ein solcher statistischer
Test basiert auf einer *Prüfgröße* bzw. *Teststatistik*, die so konstruiert ist, dass sie für das
interessierende Testproblem sensibel ist und dass ihre Verteilung unter der Nullhypothese
bekannt ist. Damit lässt sich dann ein Bereich, der sogenannte *Ablehnungs-* oder *kritische
Bereich*, ermitteln, der aus Werten der Prüfgröße besteht, deren Zustandekommen unter der
Nullhypothese sehr unwahrscheinlich wäre und die somit für die Alternative sprechen. Die
Nullhypothese wird demnach abgelehnt, wenn der beobachtete Prüfgrößenwert in dem Ablehnungsbereich liegt. Ansonsten wird sie beibehalten. Die Wahrscheinlichkeit für den Ablehnungsbereich unter der Annahme, dass die Nullhypothese doch für die Grundgesamtheit
zutrifft, soll also klein sein. Diese Wahrscheinlichkeit wird als *Signifikanzniveau* bezeichnet. Statistische Tests liefern demnach nie hundertprozentige Aussagen. Die Unsicherheit,
die durch die Ziehung einer Zufallsstichprobe an den Daten haftet, überträgt sich auf die
Testentscheidung, wobei zwei Fehlentscheidungen möglich sind. Die Wahrscheinlichkeit
für den *Fehler 1. Art*, der darin besteht, die Nullhypothese zu verwerfen, obwohl sie für die
Grundgesamtheit zutrifft, wird gerade durch das Signifikanzniveau nach oben begrenzt. Die
Wahrscheinlichkeit für den *Fehler 2. Art*, die Nullhypothese beizubehalten, obwohl die Alternative zutrifft, versucht man, möglichst klein zu halten. Man wählt unter allen Tests zum
Signifikanzniveau α denjenigen mit der kleinsten Wahrscheinlichkeit für den Fehler 2. Art
bzw. mit der größten *Trennschärfe* aus. Ein solcher Vergleich zwischen statistischen Tests
erfolgt über die *Gütefunktion*, die gerade die Wahrscheinlichkeit angibt, die Nullhypothese
zu verwerfen. Sie beinhaltet damit sowohl Information über das Signifikanzniveau als auch
über die Trennschärfe.

In Analogie zu dem kritischen Bereich eines Tests lassen sich alle Prüfgrößenwerte, die
nicht zur Ablehnung der Nullhypothese führen, in dem *Annahmebereich* des Tests zusammenfassen. Dieser entspricht bei einem Test zum Signifikanzniveau α gerade dem zugehörigen $(1 - \alpha)$-Konfidenzintervall. Als weiterführende Literatur, insbesondere hinsichtlich

der Konstruktion von Teststatistiken, sei auf Rüger (1996) und Schlittgen (1996) verwiesen. Als zusätzliches Übungsbuch bietet sich beispielsweise Hartung und Heine (2004) an.

Alternativ zu dem obigen Vorgehen lassen sich statistische Tests auch mittels sogenannter p-*Werte* durchführen. Diese geben die Wahrscheinlichkeit an, unter der Nullhypothese den beobachteten Prüfgrößenwert oder einen in Richtung der Alternative extremeren Wert zu erhalten. Dementsprechend wird die Nullhypothese bei Verwendung des p-Werts dann abgelehnt, wenn dieser kleiner dem vorgegebenen Signifikanzniveau ist.

Ein zusätzliches Problem tritt dann auf, wenn mehrere statistische Tests auf Grundlage eines Datensatzes durchgeführt werden sollen. Man spricht dann von einem *multiplen Testproblem*. Hier ist besondere Vorsicht geboten, da ohne Berücksichtigung der Multiplizität der Fragestellung signifikante Ergebnisse rein zufällig auftreten können. Verfahren, die davor schützen, finden sich beispielsweise in Hochberg und Tamhane (1987) und in Hsu (1996).

Grundlegend für die Durchführung statistischer Tests ist neben der Formulierung eines der praktischen Fragestellung angemessenen statistischen Testproblems die Bereitstellung einer geeigneten Prüfgröße. Diese hängt von der Skalierung des Merkmals, den Annahmen über die Verteilung der Stichprobenvariablen in der Grundgesamtheit und dem Testproblem ab. Wir haben hier den exakten und den approximativen Binomialtest zur Überprüfung von Anteilen kennengelernt. Im Zusammenhang mit der Qualitätskontrolle wurde der Gauß-Test eingeführt. Zur Vertiefung der für die Qualitätskontrolle relevanten Methoden sei z.B. das Buch von Rinne und Mittag (1994) genannt. Weitere konkrete Tests werden speziell in Kapitel 11, aber auch in den nachfolgenden Kapiteln behandelt.

10.4 Aufgaben

Eine Verbraucherzentrale möchte überprüfen, ob ein bestimmtes Milchprodukt Übelkeit bei den Verbrauchern auslöst. In einer Studie mit zehn Personen wird bei sieben Personen nach dem Genuss dieses Milchprodukts eine auftretende Übelkeit registriert. Überprüfen Sie zum Signifikanzniveau $\alpha = 0.05$ die statistische Nullhypothese, dass der Anteil der Personen mit Übelkeitssymptomen nach dem Genuss dieses Produkts in der Grundgesamtheit höchstens $60\,\%$ beträgt. Geben Sie zunächst das zugehörige statistische Testproblem an.

Aufgabe 10.1

Bisher ist der Betreiber des öffentlichen Verkehrsnetzes in einer Großstadt davon ausgegangen, dass 35% der Fahrgäste Zeitkarteninhaber sind. Bei einer Fahrgastbefragung geben 112 der insgesamt 350 Befragten an, dass sie eine Zeitkarte benutzen. Testen Sie zum Niveau $\alpha = 0.05$, ob sich der Anteil der Zeitkarteninhaber verändert hat. Formulieren Sie die Fragestellung zunächst als statistisches Testproblem.

Aufgabe 10.2

Aufgrund einer Theorie über die Vererbung von Intelligenz erwartet man bei einer bestimmten Gruppe von Personen einen mittleren Intelligenzquotienten (IQ) von 105. Dagegen erwartet man bei Nichtgültigkeit der Theorie einen mittleren IQ von 100. Damit erhält man das folgende statistische Testproblem:

$$H_0 : \mu = 100 \quad \text{gegen} \quad H_1 : \mu = 105\,.$$

Die Standardabweichung des als normalverteilt angenommenen IQs sei $\sigma = 15$. Das Signifikanzniveau sei mit $\alpha = 0.1$ festgelegt.

Aufgabe 10.3

(a) Geben Sie zunächst allgemein für eine Stichprobe vom Umfang $n = 25$
  - den Ablehnungsbereich eines geeigneten statistischen Tests,
  - den Annahmebereich dieses Tests und
  - die Wahrscheinlichkeit für den Fehler 2. Art an.

(b) Welchen Bezug haben die Wahrscheinlichkeiten für den Fehler 1. Art und für den Fehler 2. Art zur Gütefunktion dieses Tests?

(c) In der Stichprobe ergibt sich ein mittlerer IQ von 104. Zu welcher Entscheidung kommen Sie?

Aufgabe 10.4 Ein Marktforschungsinstitut führt jährliche Untersuchungen zu den Lebenshaltungskosten durch. Die Kosten für einen bestimmten Warenkorb beliefen sich in den letzten Jahren auf durchschnittlich 600 €. Im Beispieljahr wurde in einer Stichprobe von 40 zufällig ausgewählten Kaufhäusern jeweils der aktuelle Preis des Warenkorbs bestimmt. Als Schätzer für den aktuellen Preis des Warenkorbs ergab sich ein mittlerer Preis von 605 €. Die Varianz $\sigma^2 = 225$ sei aufgrund langjähriger Erfahrung bekannt. Gehen Sie von einer Normalverteilung des Preises für den Warenkorb aus.

(a) Hat sich der Preis des Warenkorbs im Vergleich zu den Vorjahren signifikant zum Niveau $\alpha = 0.01$ erhöht? Wie lautet das zugehörige statistische Testproblem?

(b) Was sagt der Fehler 2. Art hier aus? Bestimmen Sie die Wahrscheinlichkeit für den Fehler 2. Art unter der Annahme, dass 610 € der tatsächliche aktuelle Preis des Warenkorbs ist. Geben Sie zunächst die allgemeine Formel für die Gütefunktion des obigen Tests in diesem konkreten Testproblem an.

(c) Wie groß müsste der Stichprobenumfang mindestens sein, um bei einem Niveau von $\alpha = 0.01$ eine Erhöhung des mittleren Preises um 5 € als signifikant nachweisen zu können. Überlegen Sie sich dazu eine allgemeine Formel zur Bestimmung des erforderlichen Stichprobenumfangs.

Kapitel 11

Spezielle Testprobleme

Nachdem im vorangehenden Kapitel die grundlegende Struktur von Signifikanztests dargestellt wurde, werden in diesem Kapitel exemplarisch Testverfahren zu einigen Standardproblemen behandelt. Die betrachteten Problemstellungen stehen in engem Zusammenhang mit dem Typ der erhobenen Daten. Zur Einführung werden kurz unterschiedliche Problemstellungen und Datensituationen skizziert.

Ein-Stichproben-Fall – Untersuchung einer Verteilung

Von Interesse ist die Verteilung *eines* Untersuchungsmerkmals, beispielsweise der Nettomiete in einem bestimmten Wohnviertel. Ausgehend von einer einfachen Stichprobe vom Umfang n sollen nun bestimmte Eigenschaften dieses Merkmals mithilfe statistischer Tests untersucht werden. Hypothesen über die Eigenschaften des Untersuchungsmerkmals können die gesamte Verteilung betreffen oder aber nur bestimmte Kennwerte der Verteilung wie Erwartungswert, Median oder Varianz zum Gegenstand haben. Eine Nullhypothese vom letzteren Typ der Kennwertuntersuchung ist beispielsweise

$H_0:$ „Die zu erwartende Nettomiete in einem bestimmten Wohnviertel beträgt 8 €/qm".

Eine Hypothese vom ersten Typ, die die gesamte Verteilung spezifiziert, ist

$H_0:$ „Die Nettomiete ist normalverteilt".

Unabhängige Stichproben – Vergleich von Verteilungen

Das Untersuchungsmerkmal wird unter zwei unterschiedlichen Bedingungen bzw. in unterschiedlichen Teilgesamtheiten separat erhoben. Man erhält entsprechend zwei Stichproben, für jede Bedingung bzw. Teilgesamtheit eine, wobei die Stichproben voneinander unabhängig sind. Die Hypothesen beziehen sich nun auf den Vergleich der beiden zugrundeliegenden Verteilungen des Merkmals. Einfache Beispiele für Nullhypothesen zum Vergleich von

Kennwerten sind

H_0 :   „Die zu erwartende Nettomiete in den Wohnvierteln A und B ist identisch".

H_0 :   „Das zu erwartende Einkommen männlicher und weiblicher Arbeitnehmer (in vergleichbarer Position einer Branche) ist gleich".

Einem Vergleich der gesamten Verteilung entspricht die Nullhypothese

H_0 :   „Das Einkommen männlicher Arbeitnehmer besitzt dieselbe Verteilung wie das Einkommen weiblicher Arbeitnehmer".

Verbundene Messungen – Vergleich von Verteilungen

verbundene Messungen

Will man untersuchen, wie sich ein Merkmal unter verschiedenen Bedingungen verhält, ist es oft sinnvoll, das Merkmal unter diesen Bedingungen an denselben Stichprobenelementen zu messen. Interessiert man sich beispielsweise für den Umfang des Vokabulars einer Fremdsprache vor und nach einem Ergänzungskurs in dieser Sprache, ist es naheliegend, *dieselben* Teilnehmer vor und nach dem Kurs zu testen. Da die Merkmalsvarianten derselben Untersuchungseinheiten gemessen werden, spricht man auch von *verbundenen Messungen*. Vergleichen lassen sich nun – wie im Fall unabhängiger Stichproben – die Verteilungen des Merkmals unter den beiden Bedingungen, beispielsweise durch die Nullhypothese

H_0 :   „Die zu erwartende Anzahl richtiger Wortübersetzungen vor und nach dem Sprachkurs unterscheidet sich um 10".

Völlig analog lassen sich wöchentliche Absatzzahlen einzelner Filialen vor und nach einer Werbekampagne untersuchen durch

H_0 :   „Der zu erwartende Zuwachs an wöchentlichem Absatz beträgt 100 Einheiten".

Zusammenhangsanalyse aus verbundenen Messungen

In Fragestellungen nach dem Zusammenhang zweier Variablen, beispielsweise dem Mietpreis und der Quadratmeterzahl, müssen beide Variablen an jeweils denselben Wohnungen erhoben werden. Man geht also wiederum von verbundenen Messungen aus. Interessante Hypothesen betreffen beispielsweise die Stärke dieses Zusammenhangs, z.B. in den Nullhypothesen

H_0 :   „Die Korrelation zwischen Mietpreis und Quadratmeterzahl beträgt 0.8",
H_0 :   „Geschlecht und Parteipräferenz sind unabhängig".

11.1   Ein-Stichproben-Fall

Ziel ist es, die Eigenschaften einer Zufallsvariable X zu untersuchen. Dazu wird im Folgenden vorausgesetzt, dass $X_1, \ldots, X_n$ unabhängige Wiederholungen dieser Zufallsvariable sind.

11.1.1 Tests zu Lagealternativen

t-Test für den Erwartungswert

Die als erste betrachtete Testsituation entspricht der aus Abschnitt 10.1: Ein hypothetischer Erwartungswert μ_0 soll verglichen werden mit dem tatsächlichen, unbekannten Erwartungswert $\mu = E(X)$. Entsprechend sind die Hypothesen dieselben wie für den Gauß-Test. Das Hypothesenpaar zum zweiseitigen Test besitzt die Form

$$H_0 : \mu = \mu_0 \qquad H_1 : \mu \neq \mu_0.$$

Beim einfachen Gauß-Test wird vorausgesetzt, dass die zugrundeliegende Zufallsvariable X normalverteilt ist *mit bekannter Varianz* σ^2. Entsprechend lässt sich als Teststatistik die Zufallsvariable

$$Z = \frac{\bar{X} - \mu_0}{\sigma} \sqrt{n}$$

anwenden. In vielen Testsituationen ist jedoch σ^2 nicht bekannt, sodass Z als Testgröße nicht infrage kommt. Die Gauß-Teststatistik Z enthält im Wesentlichen das Stichprobenmittel $\bar{X}$ als sensiblen Indikator für das unbekannte μ, Z selbst stellt nur eine normierte Version von $\bar{X}$ dar, deren Verteilung unter H_0 bekannt ist. Eine Testgröße, die als wesentliches Element wiederum das Stichprobenmittel $\bar{X}$ enthält, allerdings anders normiert ist, ist der sogenannte *t-Test*

t-Test

$$T = \frac{\bar{X} - \mu_0}{S} \sqrt{n},$$

wobei $S^2 = \sum (X_i - \bar{X})^2 / (n - 1)$ die Stichprobenvarianz bezeichnet und $S = \sqrt{S^2}$ die entsprechende Standardabweichung ist. Die Statistik T unterscheidet sich von Z nur im Nenner. Das nun unbekannte σ in Z wird ersetzt durch die geschätzte Standardabweichung S. Von Teststatistiken wird erwartet, dass

- sie sensibel für das Testproblem sind,

- die Verteilung unter H_0 bekannt ist.

Die erste Bedingung ist erfüllt, da T eine „normierte" Version von $\bar{X}$ darstellt. Die zweite Bedingung ist ebenfalls erfüllt, da T für $\mu = \mu_0$ eine bekannte und tabellierte Verteilung, nämlich eine t-Verteilung mit $n - 1$ Freiheitsgraden, besitzt.

In völliger Analogie zum Gauß-Test wird H_0 abgelehnt, wenn T zu große oder zu kleine Werte annimmt. Um das Signifikanzniveau α einzuhalten, wird H_0 abgelehnt, wenn $T < t_{\alpha/2}(n - 1)$ oder $T > t_{1-\alpha/2}(n - 1)$, wobei $t_{\alpha/2}(n - 1)$ das $(\alpha/2)$-Quantil der t-Verteilung mit $n - 1$ Freiheitsgraden bezeichnet und $t_{1-\alpha/2}(n - 1)$ das entsprechende $(1 - \alpha/2)$-Quantil. Der Unterschied zum Gauß-Test liegt also darin, dass die Quantile der Standardnormalverteilung durch die entsprechenden Quantile der t-Verteilung mit $n - 1$ Freiheitsgraden ersetzt werden.

Bei einseitigen Problemstellungen wird entsprechend H_0 abgelehnt, wenn T zu große bzw. zu kleine Werte annimmt. Die Nullhypothese

$$H_0 : \mu \leq \mu_0$$

wird daher zugunsten von $H_1 : \mu > \mu_0$ abgelehnt, wenn T das $(1 - \alpha)$-Quantil der t-Verteilung mit $n - 1$ Freiheitsgraden überschreitet, d.h. wenn $T > t_{1-\alpha}(n - 1)$. Die Nullhypothese

$$H_0 : \ \mu \geq \mu_0$$

wird abgelehnt, wenn $T < t_\alpha(n-1)$ (α-Quantil der Verteilung). Wesentlich ist, dass T auch bei einseitigen Testproblemen unter der Bedingung $\mu = \mu_0$, also an der Grenze zwischen Null- und Alternativhypothese, wiederum t-verteilt ist mit $n - 1$ Freiheitsgraden.

---

t-Test (Ein-Stichproben-Fall)

Annahmen:	$X_1, \ldots, X_n$ unabhängig und identisch verteilt mit $X \sim N(\mu, \sigma^2)$ bzw. beliebig verteilt bei $n > 30$

Hypothesen:

$(a) \quad H_0 : \mu = \mu_0 \quad H_1 : \mu \neq \mu_0$

$(b) \quad H_0 : \mu \geq \mu_0 \quad H_1 : \mu < \mu_0$

$(c) \quad H_0 : \mu \leq \mu_0 \quad H_1 : \mu > \mu_0$

Teststatistik: $\quad T = \frac{\bar{X}-\mu_0}{S} \sqrt{n}$

Verteilung unter $\mu = \mu_0$: $\ t(n - 1)$, für $n \geq 30$ approximativ $N(0, 1)$

Ablehnungsbereich:

$(a) \quad |T| \ > \ t_{1-\alpha/2}(n - 1)$

$(b) \quad T \ < \ t_\alpha(n - 1) = -t_{1-\alpha}(n - 1)$

$(c) \quad T \ > \ t_{1-\alpha}(n - 1)$

Für $n \geq 30$ ersetze $t(n - 1)$-Quantile durch $N(0, 1)$-Quantile.

Beispiel 11.1   Kontrollkarten für Bleistiftlängen

In Beispiel 10.6 (Seite 379) wurden die Kontrollgrenzen bestimmt, deren Überschreiten eine Entartung des Produktionsprozesses signalisiert. Ausgangspunkt war dort eine zugrundeliegende Normalverteilung mit bekannter Varianz. Wir wollen hier dieselbe Problemstellung betrachten, allerdings ohne die Annahme bekannter Varianz. Das produzierte Werkstück sind Bleistifte mit einer Solllänge von 17 cm, d.h. man betrachtet das Hypothesenpaar

$$H_0 : \ \mu = 17 \qquad \text{gegen} \qquad H_1 : \ \mu \neq 17.$$

Als Daten ergeben sich die fünf Bleistiftlängen

$$19.2\,\text{cm}, 17.4\,\text{cm}, 18.5\,\text{cm}, 16.5\,\text{cm}, 18.9\,\text{cm}\,.$$

Aus Beispiel 10.6 (Seite 379) kennt man bereits $\bar{x} = 18.1$. Man berechnet damit die Stichprobenvarianz $s^2 = 1.265$, und daraus

$$t = \frac{\bar{x} - \mu_0}{s} \sqrt{n} = \frac{18.1 - 17}{1.125} \sqrt{5} = 2.186\,.$$

Der kritische Wert ergibt sich nun als $(1 - \alpha/2)$-Quantil der $t(n - 1)$-Verteilung, d.h. für $\alpha = 0.01$ erhält man $t_{.995}(4) = 4.604$. Da für die Realisation von T gilt $|2.186| < 4.604$, wird H_0 beibehalten.

In Beispiel 10.6 wurde von der bekannten Varianz $\sigma^2 = 2.25$ ausgegangen. Entsprechend lässt sich der Gauß-Test durchführen, der bei $\alpha = 0.01$ die kritische Schranke 2.579 liefert. Die entsprechende kritische Schranke des t-Tests (bei $n = 5$ Beobachtungen) ist mit 4.604 wesentlich höher. Darin drückt sich die größere Unsicherheit aus, die entsteht, wenn die wahre Varianz σ^2 durch die Schätzung S^2 ersetzt wird. Technisch betrachtet, ist die größere kritische Schranke des t-Tests darauf zurückzuführen, dass die t-Verteilung bzw. Student-Verteilung im Vergleich zur Standardnormalverteilung weniger Masse im Zentrum um 0 konzentriert und dafür mehr Masse in den Enden enthält. Für wachsenden Stichprobenumfang $n \to \infty$ verschwinden allerdings die Unterschiede zwischen t-Verteilung und Standardnormalverteilung und die kritischen Schranken beider Tests werden identisch. Dies ist ein Ausdruck dafür, dass die Schätzung von σ^2 durch S^2 mit wachsendem Stichprobenumfang zunehmend genauer wird. Deshalb kann man ab einem Stichprobenumfang von etwa 30 die Quantile der t-Verteilung durch die Quantile der Normalverteilung ersetzen. □

Nonparametrische Tests zur Lage der Verteilung

Gauß- und t-Test setzen zumindest für kleinen Stichprobenumfang eine Normalverteilung des zugrundeliegenden Merkmals X voraus. Ist die Abweichung von dieser Annahme sehr stark, beispielsweise bei einem erheblich rechtsschiefen Merkmal, empfiehlt es sich nicht, diesen Tests zu vertrauen. Eine Alternative sind sogenannte *nonparametrische* bzw. *verteilungsfreie* Tests. Der Begriff nonparametrisch bezieht sich darauf, dass nicht die Parameter der Verteilung, beispielsweise λ bei $Po(\lambda)$, im Vordergrund stehen, sondern generelle Charakteristika wie Median oder Quantile. Der Begriff verteilungsfrei erfasst den wesentlichen Sachverhalt, dass die Verteilung der Teststatistik „unter H_0" nicht von der Verteilung des zugrundeliegenden Merkmals abhängt. Im Folgenden werden zwei einfache Testverfahren für den Median betrachtet, wobei vorausgesetzt wird, dass X eine stetige Verteilungsfunktion besitzt.

nonparametrisch

verteilungsfrei

Das Testproblem ist bestimmt durch das Hypothesenpaar

$$H_0 : x_{med} = \delta_0 \qquad H_1 : x_{med} \neq \delta_0,$$

wobei x_{med} den unbekannten Median des Merkmals X bezeichnet und δ_0 ein vorgegebener, hypothetischer Wert ist. Aus den unabhängigen Wiederholungen $X_1, \ldots, X_n$ lässt sich eine Prüfgröße bestimmen, deren Verteilung unter H_0 einfach anzugeben ist. Man betrachtet

$$A = \text{Anzahl der } X_i \text{ mit einem Wert kleiner als } \delta_0.$$

Unter der Voraussetzung, dass H_0 wahr ist, kann man jedes Ziehen von X_i als Bernoulli-Experiment betrachten mit den beiden Ausgängen

$$\{X_i < \delta_0\} \quad \text{und} \quad \{X_i \geq \delta_0\}.$$

Da die Wahrscheinlichkeit für das Eintreten von $\{X_i < \delta_0\}$ genau $\pi = 0.5$ beträgt, erhält man unmittelbar

$$A \sim B(n, 0.5).$$

Vorzeichentest   Der zugehörige Signifikanztest, der sogenannte *Vorzeichentest* oder *sign-Test*, lehnt die Nullhypothese ab, wenn A nach oben oder unten stark abweicht. Die Grenzen der Abweichungen bestimmen sich so, dass die Wahrscheinlichkeit für ein derart extremes Ereignis kleiner oder gleich einem vorgegebenen α ist. Das führt zur Ablehnung der Nullhypothese, wenn

$$A \leq b_{\alpha/2} \quad \text{oder} \quad n - A \leq b_{\alpha/2},$$

wobei $b_{\alpha/2}$ der größte Wert ist, für den die $B(n, 0.5)$-Verteilungsfunktion den Wert $\alpha/2$ nicht überschreitet. Es gilt also

$$P(A \leq b_{\alpha/2}) \leq \alpha/2 \quad \text{und} \quad P(A \leq b_{\alpha/2} + 1) > \alpha/2.$$

Das Signifikanzniveau α wird dadurch häufig nicht ganz ausgeschöpft, das tatsächliche Signifikanzniveau ist $2\big(\alpha/2 - P(A \leq b_{\alpha/2})\big)$ und damit eventuell kleiner als α. Tests, die das

konservativer   Signifikanzniveau nicht voll ausschöpfen, heißen auch *konservativ*. Alternativ lässt sich der
Test   Test durchführen mit dem p-Wert (der Überschreitungswahrscheinlichkeit). Der p-Wert gibt die Wahrscheinlichkeit wieder, dass die Teststatistik bei Gültigkeit von H_0 den beobachteten Prüfgrößenwert oder einen in Richtung der Alternative extremeren Wert annimmt. Man berechnet also zu dem realisierten Prüfgrößenwert a, sofern $a < n/2$, die Wahrscheinlichkeiten

$$P(A = 0), \ P(A = 1), \dots, P(A = a)$$

für die potenzielle Abweichung nach unten. Wegen der Symmetrie der Verteilung erhält man

$$p = 2(P(A = 0) + \cdots + P(A = a)).$$

Gilt $a > n/2$ ergibt sich $P(A = n), \dots, P(A = a)$ als Abweichung nach oben und damit

$$p = 2(P(A = n) + \cdots + P(A = n - a)).$$

Für $a = n/2$, was nur für gerades n auftreten kann, ist der p-Wert im zweiseitigen Fall gleich eins.

Bei einseitigen Testproblemen ergibt sich der p-Wert völlig analog, allerdings wird nur $p = P(A = 0) + \cdots + P(A = a)$ bestimmt bei $H_1: x_{med} > \delta_0$. Für $H_1 : x_{med} < \delta_0$ muss logischerweise $p = P(A = n) + \cdots + P(A = a)$ ermittelt werden. Wegen der Symmetrie der Verteilung ist das jedoch identisch mit $p = P(A = 0) + \cdots + P(A = a)$.

Aus der Konstruktion des Testverfahrens ergibt sich unmittelbar, dass es genügt, für X ordinales Skalenniveau anzunehmen, da nur betrachtet wird, ob eine Realisation kleiner oder größer als der hypothetische Wert δ_0 ist. Die Voraussetzungen des Vorzeichentests sind genau genommen etwas stärker. Man lässt nur Verteilungsfunktionen zu, die dieselbe Form besitzen, allerdings jeweils um einen Lageparameter verschoben sind. Wie sich aus der folgenden Übersicht ergibt, lässt sich der Vorzeichentest auch auf einseitige Hypothesen anwenden.

Vorzeichen-Test

Annahmen:	$X_1, \ldots, X_n$ unabhängige Wiederholungen, X besitzt stetige Verteilungsfunktion

Hypothesen:
$$(a) \quad H_0 : x_{med} = \delta_0 \quad H_1 : x_{med} \neq \delta_0$$
$$(b) \quad H_0 : x_{med} \geq \delta_0 \quad H_1 : x_{med} < \delta_0$$
$$(c) \quad H_0 : x_{med} \leq \delta_0 \quad H_1 : x_{med} > \delta_0$$

Teststatistik: $A =$ Anzahl der Stichprobenvariablen mit einem Wert kleiner als δ_0

Verteilung unter
$x_{med} = \delta_0$: $B(n, 0.5)$, für $n \geq 25$ approximativ $N(0.5n, 0.25n)$

Ablehnungsbereich:
$$(a) \quad A \leq b_{\alpha/2} \quad \text{oder} \quad n - A \leq b_{\alpha/2}$$
$$(b) \quad n - A \leq b_\alpha$$
$$(c) \quad A \leq b_\alpha$$

Die kritischen Schranken $b_{\alpha/2}$ und b_α sind bestimmt durch

$$B(b_{\alpha/2}) \leq \alpha/2 \quad < B(b_{\alpha/2} + 1)$$
$$B(b_\alpha) \leq \alpha \quad < B(b_\alpha + 1),$$

wobei B die Binomialverteilungsfunktion zu $B(n, 0.5)$ bezeichnet.
Alternativ wird in (b) H_0 abgelehnt, wenn $A > o_{1-\alpha}$, wobei die obere kritische Schranke $o_{1-\alpha}$ bestimmt ist durch

$$B(o_{1-\alpha}) < 1 - \alpha \leq B(o_{1-\alpha} + 1).$$

Gelegentlich treten bei diesem Test auch Messwerte auf, die mit dem postulierten Median δ_0 identisch sind. Da diese Beobachtungen nichts über die Richtung der Abweichung von der Nullhypothese aussagen, werden sie meist ignoriert, d.h. der Test wird nur mit den verbleibenden Messungen durchgeführt. Dadurch reduziert sich der benutzte Stichprobenumfang n um die Anzahl der Messungen, die den Wert δ_0 besitzen. Da eine zusätzliche, dem Test zugrundeliegende Annahme die Stetigkeit der Verteilung ist, sollten derartige Messwerte nicht zu häufig auftreten.

Bleistiftlänge   Beispiel 11.2

Betrachten wir das Problem der Bleistiftlänge aus Beispiel 11.1 (Seite 402). Das analoge Hypothesenpaar ist

$$H_0 : x_{med} = 17 \qquad H_1 : x_{med} \neq 17$$

mit den Daten

$$19.2 \, \text{cm}, 17.4 \, \text{cm}, 18.5 \, \text{cm}, 16.5 \, \text{cm}, 18.9 \, \text{cm}.$$

Man berechnet daraus unmittelbar $A = 1$, da nur ein einziger Bleistift kleiner als 17 cm ist.

Wenn H_0 wahr ist, d.h. $A \sim B(5, 0.5)$ gilt, erhält man die Wahrscheinlichkeitsverteilung bzw. die Verteilungsfunktion $P(A \leq x) = B(x|5, 0.5)$ durch

x	0	1	2	3	4	5
$P(A = x)$	0.0313	0.1562	0.3125	0.3125	0.1562	0.0313
$B(x|5, 0.5)$	0.0313	0.1875	0.5000	0.8125	0.9687	1.0000

Zu $\alpha = 0.1$ ergibt sich $b_{0.05}$ durch 0, da $B(0|5, 0.5) \leq 0.05 < B(1|5, 0.5)$. Folglich wird H_0 nicht verworfen. Alternativ lässt sich der Test mit dem Konzept des p-Werts durchführen. Die Abweichungen, die noch stärker oder genauso stark für H_1 sprechen würden als der Beobachtungswert $A = 1$, sind bestimmt durch $A = 0$, $A = 1$ (nach unten) und $A = 5$, $A = 4$ (nach oben). Der entsprechende p-Wert ist

$$p = P(A = 0) + P(A = 1) + P(A = 5) + P(A = 4)$$
$$= 2(P(A = 0) + P(A = 1)) = 0.375.$$

Bei einem Signifikanzniveau von $\alpha = 0.1$ ergibt sich ein p-Wert, der größer ist als α, damit wird H_0 beibehalten. □

Der Vorzeichentest besitzt als verteilungsfreier Test die angestrebte Eigenschaft, dass die Verteilung der Teststatistik nicht von der Verteilung des Merkmals abhängt. Die Verteilung der Teststatistik lässt sich hier sehr einfach nachvollziehen. Allerdings wird dies dadurch erreicht, dass von den Daten nur benutzt wird, ob sie kleiner oder größer als der hypothetische Wert δ_0 sind. Bei anderen verteilungsfreien Tests, die die in den Daten enthaltene Information effektiver nutzen, ist die Verteilung der Teststatistik schwieriger abzuleiten. Ein Test *Wilcoxon-Vorzei-* dieser Art ist der im Folgenden dargestellte *Wilcoxon-Vorzeichen-Rang-Test*. *chen-Rang-Test*

Die Konstruktion der Teststatistik erfolgt hier in mehreren Schritten:

1. Berechne die Differenzen $D_i = X_i - \delta_0$, $i = 1, \dots, n$.

2. Bilde die zugehörigen betragsmäßigen Differenzen $|D_1|, \dots, |D_n|$.

3. Ordne diesen betragsmäßigen Differenzen Ränge zu, d.h. der kleinste Betrag erhält den Rang 1, der zweitkleinste Betrag den Rang 2, usw.

Bezeichnet $rg\,|D_i|$ den Rang von $|D_i|$, ergibt sich die Teststatistik als die Summe

$$W^+ = \sum_{i=1}^n rg\,|D_i|Z_i \quad \text{mit} \quad Z_i = \begin{cases} 1 & \text{wenn } D_i > 0 \\ 0 & \text{wenn } D_i < 0. \end{cases}$$

W^+ stellt damit die Summe über alle Ränge dar, die zu Beobachtungen gehören, für die $X_i > \delta_0$, d.h. $D_i > 0$ gilt. Die Variable Z_i hat nur eine Auswahlfunktion. Als Indikatorvariable mit den Ausprägungen 0 und 1 wählt sie genau die Beobachtungen aus, für die $D_i > 0$ gilt.

Man kann sich einfach überlegen, dass W^+ sensibel für den zugrundeliegenden wahren Median ist. Ist der wahre Median tatsächlich δ_0, sollten bei symmetrischer Verteilung die Summen der Ränge mit $D_i > 0$ und mit $D_i < 0$ etwa gleich sein. Man erhält als Erwartungswert $E(W^+) = n(n + 1)/4$, d.h. die Hälfte der totalen Rangsumme $rg(D_1) + \cdots + rg(D_n) = 1 + \cdots + n = n(n + 1)/2$.

Ist der wahre Median kleiner als δ_0, liegt der Erwartungswert niedriger, da die Anzahl der Stichprobenvariablen, die größer als δ_0 sind, tendenzmäßig absinkt. Entsprechend ist der Erwartungswert größer, wenn der wahre Median größer ist.

Daraus ergibt sich die im Folgenden gegebene Testprozedur, wobei die kritischen Werte der Verteilung von W^+ tabelliert sind (siehe Tabelle F). Diese Verteilung hängt wiederum nicht von der Verteilung des zugrundeliegenden Merkmals X ab.

Wilcoxon-Vorzeichen-Rang-Test

Annahmen: $X_1, \ldots, X_n$ unabhängig und identisch verteilt wie X. X metrisch skaliert und symmetrisch verteilt. Verteilungsfunktion stetig.

Hypothesen:
- (a) $H_0 : x_{med} = \delta_0$ $H_1 : x_{med} \neq \delta_0$
- (b) $H_0 : x_{med} \geq \delta_0$ $H_1 : x_{med} < \delta_0$
- (c) $H_0 : x_{med} \leq \delta_0$ $H_1 : x_{med} > \delta_0$

Teststatistik:
$$W^+ = \sum_{i=1}^n rg|D_i| Z_i$$

$$\text{mit } D_i = X_i - \delta_0, \quad Z_i = \begin{cases} 1 & D_i > 0 \\ 0 & D_i < 0 \end{cases}$$

Für $n > 20$ ist W^+ approximativ verteilt nach $N\left(\frac{n(n+1)}{4}, \frac{n(n+1)(2n+1)}{24}\right)$.

Ablehnungsbereich:
- (a) $W^+ < w_{\alpha/2}^+$ oder $W^+ > w_{1-\alpha/2}^+$
- (b) $W^+ < w_\alpha^+$
- (c) $W^+ > w_{1-\alpha}^+$,

wobei $w_{\tilde{\alpha}}^+$ das tabellierte $\tilde{\alpha}$-Quantil der Verteilung von W^+ ist.

Bei großen Stichproben lässt sich die Verteilung von W^+ durch eine Normalverteilung annähern mit Erwartungswert $\mu_W = n(n + 1)/4$ und Varianz $\sigma_W^2 = (n(n + 1)(2n + 1))/24$. W^+ wird dann approximativ ersetzt durch die *standardnormalverteilte* Größe $(W^+ - \mu_W)/\sigma_W$, und die Quantile w_α^+ und $w_{1-\alpha}^+$ werden durch die Quantile der Standardnormalverteilung aus Tabelle A $z_{1+\alpha}$ bzw. $z_{1-\alpha}$ ersetzt.

Bei der Durchführung dieses Tests erhält man gelegentlich sogenannte *Bindungen*. Man spricht von Bindungen oder *Ties*, wenn identische Werte oder die Null auftreten. Der erste Bindungstyp liegt vor, wenn $|D_i| = |D_j|$ für zwei oder mehr Differenzen gilt. Man bildet

Bindungen

Ties

dann die Durchschnittsränge, d.h. den Durchschnitt über die Ränge, die diesen Ausprägungen zukommen würden, wenn man die Bindung ignorieren und fortlaufend Ränge vergeben würde. Ein einfaches Beispiel ist gegeben durch

$|D_i|$	2.5	3.8	4.1	4.1	4.1
$rg\,|D_i|$	1	2	4	4	4

Hier würden den letzten drei Messungen die Ränge 3, 4 und 5 zugeordnet. Stattdessen erhält jeder dieser Werte den Durchschnittsrang $(3+4+5)/3 = 4$. Wenn $D_i = X_i - \delta_0 = 0$ gilt, wird diese Beobachtung weggelassen, der für die Tabelle relevante Stichprobenumfang reduziert sich dann um diesen Wert. Bei mehreren Bindungen dieses Typs reduziert sich der Stichprobenumfang entsprechend stärker.

Beispiel 11.3   Mietspiegel

Es soll überprüft werden, ob die durchschnittliche Quadratmetermiete von 11 zufällig ausgewählten Wohnungen größer ist als der aus einer anderen Stadt bekannte Durchschnittswert von 8 €/qm. Das Hypothesenpaar hat also die Form

$$H_0 : \mu = 8 \qquad H_1 : \mu > 8.$$

Eine Teilstichprobe von $n = 11$ Wohnungen ergab

x_1	x_2	x_3	x_4	x_5	x_6	x_7	x_8	x_9	x_{10}	x_{11}
13.22	6.82	10.22	14.03	8.04	10.16	9.43	13.07	13.63	5.04	11.63

Unter der Annahme der Normalverteilung des Merkmals Nettomiete/qm wird ein t-Test durchgeführt. Mit $\bar{x} = 10.48$, $s^2 = 8.83$ ergibt sich

$$t = \frac{\bar{x} - 8}{s}\sqrt{n} = 2.769.$$

Für $\alpha = 0.05$ ergibt sich die kritische Schranke $t_{.95}(10) = 1.8125$, und H_0 wird abgelehnt. Die Bestimmung des (einseitigen) p-Wertes, also $P(T > 2.769)$ unter der Hypothese, H_0 ist wahr, ergibt 0.0099, d.h. ein derart extremes Ergebnis ist nur mit relativ kleiner Wahrscheinlichkeit möglich, wenn $\mu = 8$ gilt.

Für das Hypothesenpaar

$$H_0 : x_{med} = 8 \qquad H_1 : x_{med} > 8$$

lassen sich der Vorzeichen-Test oder der Wilcoxon-Vorzeichen-Rang-Test anwenden. Unter H_0 gilt beim Vorzeichentest $A \sim B(11, 0.5)$ und man erhält mit der Realisation $a = 2$ den p-Wert

$$p = P(A = 11) + P(A = 10) + P(A = 9)$$
$$= P(A = 0) + P(A = 1) + P(A = 2) = B(2, 0.5) = 0.0327.$$

Der p-Wert ist zwar größer als für den t-Test, aber immer noch deutlich unter $\alpha = 0.05$; somit wird H_0 abgelehnt zum Signifikanzniveau $\alpha = 0.05$.

Als informationsintensiverer Test lässt sich noch der Wilcoxon-Vorzeichen-Rang-Test durchführen. Dazu bildet man als Erstes die Differenzen $D_i = x_i - \delta_0$, also $D_i = x_i - 8$. Man erhält

i	1	2	3	4	5	6	7	8	9	10	11
D_i	5.22	-1.18	2.22	6.03	0.04	2.16	1.43	5.07	5.63	-2.96	3.63
$|D_i|$	5.22	1.18	2.22	6.03	0.04	2.16	1.43	5.07	5.63	2.96	3.63
$rg\,|D_i|$	9	2	5	11	1	4	3	8	10	6	7

Daraus ergibt sich

$$W^+ = 1 + 3 + 4 + 5 + 7 + 8 + 9 + 10 + 11 = 58.$$

Bei einem kritischen Wert von $w_{1-\alpha}^+(n) = w_{0.95}^+(11) = 52$ erweist sich auch dieser Test mit einem p-Wert von 0.0093 als signifikant zum Niveau $\alpha = 0.05$. □

11.1.2 Anpassungstests

Im vorhergehenden Abschnitt galt das Interesse nur der Lage der Verteilung. Einige der dort betrachteten Verfahren beruhen auf der expliziten Annahme, dass das zugrundeliegende Merkmal normalverteilt ist. Ist diese Voraussetzung jedoch zweifelhaft, ist zusätzlich zu untersuchen, ob dieser Zweifel nicht gerechtfertigt ist. Man möchte somit überprüfen, ob das interessierende Merkmal einem bestimmten *Verteilungstyp*, nämlich der Normalverteilung folgt. In anderen Problemstellungen kann die zu untersuchende Verteilung vollständig gegeben sein. Weiß man beispielsweise, dass die Preise von Zwei-Zimmerwohnungen in Deutschland $N(\mu_0, \sigma_0^2)$-verteilt sind mit bekanntem (μ_0, σ_0^2), stellt sich die Frage, ob dieselbe Verteilung auch in München vorliegt. Generell überprüft man in derartigen Problemstellungen, ob die tatsächliche Verteilung einer *vorgegebenen* Verteilung entspricht, d.h. ob die Daten dieser Verteilung hinreichend angepasst sind. Man spricht daher auch von *Anpassungs-* oder *Goodness-of-fit-Tests*. Im Folgenden werden Testverfahren betrachtet, die für nominal- oder höherskalierte Merkmale geeignet sind.

Goodness-of-fit-Tests

χ^2-Test für kategoriale Merkmale

Würfeln

Beispiel 11.4

Bestehen erhebliche Zweifel daran, dass ein Würfel fair ist, ist es naheliegend, diese Eigenschaft experimentell zu untersuchen. Die Ergebnisse eines Würfeldurchgangs von beispielsweise 1000 Würfen führt zur folgenden Kontingenztabelle

Augenzahl	1	2	3	4	5	6
Anzahl der aufgetretenen Augenzahlen	162	160	166	164	170	178

Bei einem fairen Würfel wäre die zu erwartende Anzahl in jeder Zelle 166.66. Zu entscheiden ist, ob die beobachtete Abweichung der Anzahlen als signifikant zu betrachten ist, sodass man nicht weiterhin von der Fairness dieses konkreten Würfels ausgehen kann. □

Im Beispiel des fairen Würfels wird ein nominales Merkmal, die Augenzahl, betrachtet. Zu diesem Merkmal gibt es eine Hypothese über die Wahrscheinlichkeiten des Auftretens bestimmter Ausprägungen, d.h. eine Hypothese über die Verteilung des Merkmals, die ja durch diese Wahrscheinlichkeiten bestimmt ist. Für das Würfelbeispiel ist es die diskrete Gleichverteilung über die Kategorien $1, \ldots, 6$. In anderen Anwendungen, beispielsweise bei der Sonntagsfrage mit fünf Parteien, könnte die Hypothese durch die bei der letzten Wahl erreichten Anteile bestimmt sein. Man interessiert sich dann dafür, ob tatsächlich eine Veränderung der Parteipräferenzen stattgefunden hat.

Formal betrachtet man n unabhängige Wiederholungen $X_1, \ldots, X_n$ des kategorialen Merkmals $X \in \{1, \ldots, k\}$. Die relevante Information wird in einer Kontingenztabelle zusammengefasst

Ausprägungen von X	1	2	$\ldots$	k
Häufigkeiten	h_1	h_2	$\ldots$	h_k

Die hypothetisch angenommene Verteilung wird als Nullhypothese formuliert

$$H_0: \ P(X = i) = \pi_i, \quad i = 1, \ldots, k,$$

wobei $\pi_1, \ldots, \pi_k$ fest vorgegebene Werte darstellen. Für das Würfelbeispiel erhält man

$$H_0: \ P(X = i) = 1/6, \quad i = 1, \ldots, 6.$$

Für die Sonntagsfrage mit $X =$ Parteipräferenz stellen die Wahrscheinlichkeiten π_i die bekannten Ergebnisse der letzten Wahl dar. Die Alternativhypothese ist das logische Pendant

$$H_1: \ P(X = i) \neq 1/6 \quad \text{für mindestens ein } i.$$

Es sollte offensichtlich sein, dass – auch wenn die Nullhypothese wahr ist – die relativen Häufigkeiten h_i/n i.A. ungleich den postulierten Auftretenswahrscheinlichkeiten sind. Die Häufigkeiten stellen natürlich das Ergebnis eines Zufallsexperimentes dar, wobei man sich einfach überlegt, dass die Häufigkeiten in Zelle i eine binomialverteilte Zufallsvariable darstellen.

Indem man aus den n unabhängigen Wiederholungen nur die Information verwendet, ob die Beobachtung in Zelle i fällt oder nicht, ergibt sich unter der Annahme $P(X = i) = \pi_i$, also der Nullhypothese, die Verteilung

$$h_i \sim B(n, \pi_i).$$

Daraus folgt, dass $E(h_i) = n\pi_i$ gilt, d.h. unter der Nullhypothese sind $n\pi_i$ Beobachtungen in Zelle i zu erwarten. Allerdings ist mit einiger Variation um diesen Erwartungswert zu rechnen. Die Stärke dieser Variation lässt sich durch die Varianz $Var(h_i) = n\pi_i(1 - \pi_i)$ erfassen.

Wollte man *jede Zelle einzeln* auf Gültigkeit von $P(X = i) = \pi_i$ testen, ließe sich der Binomialtest anwenden. Eine simultane Teststatistik zu H_0: $P(X = i) = \pi_i$, $i = 1, \ldots, k$, die die Abweichung von der Nullhypothese bewertet, lässt sich nun so konstruieren, dass man für jede Zelle die tatsächlich beobachtete Häufigkeit h_i mit der unter der Nullhypothese zu erwartenden vergleicht. Dazu betrachtet man die quadrierten Differenzen zwischen

diesen Werten, die man außerdem noch geeignet normiert, um die Verteilung der zu konstru-
ierenden Teststatistik bestimmen zu können. Die Summe dieser normierten Abweichungen
liefert dann die χ^2-Statistik

$$\chi^2 = \sum_{i=1}^{k} \frac{(h_i - n\pi_i)^2}{n\pi_i}.$$

χ^2-Statistik

Für großes n $(n \to \infty)$ ist χ^2 unter H_0 approximativ χ^2-verteilt mit $k-1$ Freiheitsgraden,
d.h.

$$\chi^2 \overset{a}{\sim} \chi^2(k-1).$$

Der Verlust eines Freiheitsgrades ist darauf zurückzuführen, dass die Anzahlen $h_1, \dots, h_k$
nicht unabhängig sind. Wegen der Randbedingung $h_1 + \cdots + h_k = n$ ist jede Zellhäufigkeit
durch die restlichen $k-1$ Häufigkeiten deterministisch bestimmt.

Bei einem α-Signifikanz-Test ist darauf zu achten, dass H_0 fälschlicherweise nur mit
der Wahrscheinlichkeit α abgelehnt wird. Gegen die Nullhypothese spricht es, wenn die
Abweichung χ^2, die nur quadrierte Terme enthält, sehr groß wird. Entsprechend wird durch
einen α-Signifikanz-Test H_0 verworfen, wenn

$$\chi^2 > \chi^2_{1-\alpha}(k-1),$$

wobei $\chi^2_{1-\alpha}(k-1)$ das $(1-\alpha)$-Quantil der χ^2-Verteilung mit $k-1$ Freiheitsgraden bezeichnet.

χ^2-Anpassungstest bei kategorialem Merkmal

Annahme:	$X_1, \dots, X_n$ unabhängig und identisch verteilt wie $X \in \{1, \dots, k\}$
Hypothesen:	$H_0 : P(X = i) = \pi_i,\ i = 1, \dots, k$ $H_1 : P(X = i) \neq \pi_i$ für mindestens ein i
Teststatistik:	$\chi^2 = \sum_{i=1}^{k} \frac{(h_i - n\pi_i)^2}{n\pi_i}$
Verteilung unter H_0:	approximativ $\chi^2(k-1)$, Approximation anwendbar, wenn $n\pi_i \geq 1$ für alle i, $n\pi_i \geq 5$ für mindestens 80 % der Zellen
Ablehnungsbereich:	$\chi^2 > \chi^2_{1-\alpha}(k-1)$

Zu bemerken ist, dass der χ^2-Test für das Merkmal X nur nominales Skalenniveau vor-
aussetzt. Er ist natürlich auch anwendbar, wenn höheres Skalenniveau vorliegt, beispielsweise, wenn X selbst bestimmte Anzahlen spezifiziert wie $X = $ „Anzahl der Personen in
einem Haushalt“. Wesentlich ist nur, dass X endlich viele Ausprägungen besitzt. Da die
Teststatistik nur approximativ χ^2-verteilt ist, ist darauf zu achten, dass die zu erwartenden

Zellbesetzungen nicht zu niedrig sind. Für große Zellzahl k ist das Verfahren prinzipiell anwendbar, aber der Stichprobenumfang muss dann auch entsprechend groß sein. Will man z.B. beim Roulette die Ausgewogenheit des Kessels untersuchen, d.h. die Nullhypothese $H_0 : P(X = i) = 1/37$ für die möglichen Ergebnisse $0, 1, \dots, 36$, wären $n = 185$ Beobachtungen notwendig, um $n \cdot 1/37 \geq 5$ für alle Zellen zu sichern.

Beispiel 11.5 **Absolventenstudie**

In der Münchener Absolventenstudie (Beispiel 1.11, Seite 14) wurde unter anderem erhoben, was die hauptsächliche Finanzierungsquelle während des Studiums war. Lässt man die Kategorie „Sonstiges" weg, erhält man die anderen Kategorien 1:„Zuwendung Eltern, Verwandte", 2:„BAföG" und 3:„Eigenes Einkommen". Man beachte, dass diesen Kategorien ursprünglich die Nummern 1, 3 und 4 zugewiesen waren, siehe Beispiel 2.1. Die interessierende Hypothese besagt, dass alle diese Finanzierungsquellen gleichwahrscheinlich sind, d.h. man erhält das Hypothesenpaar

$$H_0 : \pi_1 = \pi_2 = \pi_3 = 1/3 \qquad H_1 : \pi_i \neq 1/3 \text{ für mindestens zwei } i,$$

wobei $\pi_i = P(X = i)$ die Wahrscheinlichkeit für das Auftreten des i-ten Typs bezeichnet. Aus den Daten

h_1	h_2	h_3	n
20	3	12	35

berechnet man die bei Gültigkeit der Nullhypothese zu erwartenden Zellhäufigkeiten $n\pi_i = 35 \cdot 1/3 = 11.67$ und erhält

$n\pi_1$	$n\pi_2$	$n\pi_3$	n
11.67	11.67	11.67	35

Für festgehaltenen Stichprobenumfang $n = 35$ sind in jeder Kategorie 11.67 Fälle zu erwarten. Man vergleicht den χ^2-Wert

$$\chi^2 = \frac{(20 - 11.67)^2}{11.67} + \frac{(3 - 11.67)^2}{11.67} + \frac{(12 - 11.67)^2}{11.67} = 12.4$$

mit dem 0.95-Quantil der χ^2-Verteilung mit 2 Freiheitsgraden $\chi^2_{0.95}(2) = 5.99$. Da $12.4 > 5.99$, ist bei einem Niveau von $\alpha = 0.05$ von einer signifikanten Abweichung von der Nullhypothese auszugehen. Es lassen sich also unterschiedliche Wahlwahrscheinlichkeiten nachweisen. $\square$

χ^2-Test für gruppierte Daten

Der χ^2-Test des vorhergehenden Abschnitts setzt ein kategoriales Merkmal $X \in \{1, \dots, k\}$ voraus. Dasselbe Testprinzip lässt sich anwenden, wenn X sehr viele Ausprägungen besitzt, beispielsweise unendlich viele wie bei einer Poisson-Verteilung oder wenn X sogar stetig ist wie bei einem normalverteilten Merkmal. Es ist dann nur notwendig, einen Gruppierungsschritt vorzuschalten. Naheliegend ist es, wie in der univariaten Deskription Klassen benachbarter Intervalle zu bilden durch

$$[c_0, c_1), [c_1, c_2), \dots, [c_{k-1}, c_k).$$

Der Informationsgehalt der Daten wird nun reduziert auf diese Intervalle, indem man nur noch abzählt, wie viele Beobachtungen in die i-te Klasse (das i-te Intervall) fallen. Dies ergibt die Beobachtungszahl für die i-te Zelle. Die Daten sind also von der gleichen Art wie im vorausgehenden Abschnitt. Man erhält Zellbesetzungen

$$h_1, \ldots, h_k.$$

Die Nullhypothese ist im Wesentlichen dieselbe wie im Fall ungruppierter Daten. Man sollte sich jedoch verdeutlichen, dass dahinter eine generellere Hypothese steht.

Betrachten wir als Beispiel die Nullhypothese, dass die Lebensdauer eines Gerätes exponentialverteilt ist mit einem Erwartungswert von 10 Stunden, d.h. $X \sim Ex(0.1)$. Das zugrundeliegende Hypothesenpaar lautet

$$H_0 : X \text{ ist exponentialverteilt mit } Ex(0.1)$$
$$H_1 : X \text{ ist nicht } Ex(0.1)\text{-verteilt.}$$

Das speziellere Hypothesenpaar, das eigentlich überprüft wird, ergibt sich aus der Intervallbildung. Betrachtet man die 16 Intervalle

$$[0.0, 0.01), [0.01, 0.02), \ldots [0.14, 0.15), [0.15, \infty),$$

ergeben sich die hypothetischen Werte $\pi_i = \int\limits_{c_{i-1}}^{c_i} \lambda e^{-\lambda x} dx$ mit $\lambda = 0.1$ und den Intervallgrenzen c_i. Untersucht wird nun im engeren Sinne das Hypothesenpaar

$$H_0 : P(X \in [c_{i-1}, c_i)) = \pi_i, \; i = 1, \ldots, k$$
$$H_1 : P(X \in [c_{i-1}, c_i)) \neq \pi_i \quad \text{für mindestens ein } i.$$

Durch die χ^2-Statistik wird unmittelbar die Gültigkeit des letzteren Hypothesenpaares untersucht. Nur Daten zu diesem spezielleren Hypothesenpaar, nämlich die in Intervallen gruppierten Daten, werden in der Teststatistik benutzt.

Die χ^2-Teststatistik ist dieselbe wie für ein kategoriales Merkmal. Allerdings sind zwei Fälle zu unterscheiden: Entweder ist die Verteilung vollständig spezifiziert inklusive sämtlicher Parameter, oder nur der Verteilungstyp ist spezifiziert und die Parameter werden erst aus den Daten geschätzt. Der erste Fall liegt im Beispiel oben vor mit

$$H_0 : \; X \text{ ist } Ex(0.1)\text{-verteilt.}$$

Ein Beispiel vom zweiten Typ wäre

$$H_0 : X \text{ ist exponentialverteilt}$$
$$H_1 : X \text{ ist nicht exponentialverteilt.}$$

Im letzten Fall ist zur Berechnung von π_i die Schätzung von λ notwendig, beispielsweise durch $\hat{\lambda} = n / \sum_i X_i$. Die einzige Auswirkung dieser Parameterschätzung besteht darin, dass die Freiheitsgrade der χ^2-Verteilung sich um *einen* weiteren Freiheitsgrad reduziert, da *ein* Parameter geschätzt wurde.

χ^2-Test für gruppierte Daten

Annahmen:	$X_1, \ldots, X_n$ unabhängig und identisch verteilt wie X
Hypothesen:	$H_0 : P(X = i) = \pi_i, \ i = 1, \ldots, k,$
	$H_1 : P(X = i) \neq \pi_i$ für mindestens ein i,
	wobei π_i aus einer vorgegebenen Verteilung bestimmt ist.

Teststatistik:
$$\chi^2 = \sum_{i=1}^{k} \frac{(h_i - n\pi_i)^2}{n\pi_i}$$

Verteilung unter H_0: Wenn Verteilung voll spezifiziert: approximativ $\chi^2(k-1)$-verteilt.

Wenn zur Bestimmung von π_i Parameter geschätzt werden: approximativ $\chi^2(k-1-\text{Anzahl geschätzter Parameter})$-verteilt

Ablehnungsbereich: $\chi^2 > \chi^2_{1-\alpha}(\text{Freiheitsgrade})$

Beispiel 11.6   Mietspiegel

Bei Mietpreisen findet man gelegentlich Histogramme, die eine rechtsschiefe Verteilung vermuten lassen, die aber durchaus auch einer Normalverteilung entsprechen könnten. Man will nun untersuchen, ob die Normalverteilungsannahme zutrifft, d.h. die Hypothesen sind bestimmt durch

$$H_0 : X \text{ ist normalverteilt}$$
$$H_1 : X \text{ ist nicht normalverteilt.}$$

Zur Umsetzung in ein χ^2-Testverfahren wurde die Teilstichprobe der 946 Wohnungen mit mehr als 80qm durch die Intervalle $[0, 400), [400, 500), \ldots, [2100, 2200), \geq 2200$ kategorisiert. Außerdem bestimmt man $\bar{x} = 1061.616$ und $s = 395.8303$. Die Annahme einer Normalverteilung hat zur Folge, dass die Wahrscheinlichkeit für ein Intervall $[c_{i-1}, c_i)$ bestimmt ist durch

$$\pi_i = P(c_{i-1} \leq X < c_i) = P\left(\frac{c_{i-1} - \mu}{\sigma} \leq \frac{X - \mu}{\sigma} < \frac{c_i - \mu}{\sigma}\right)$$
$$= \Phi\left(\frac{c_i - \mu}{\sigma}\right) - \Phi\left(\frac{c_{i-1} - \mu}{\sigma}\right).$$

Da μ und σ nicht bekannt sind, ersetzt man μ durch $\bar{x}$ und σ durch s. Man erhält so die zu erwartenden Auftretenswahrscheinlichkeiten approximativ durch

$$\pi_i \approx \Phi\left(\frac{c_i - \bar{X}}{S}\right) - \Phi\left(\frac{c_{i-1} - \bar{X}}{S}\right).$$

Daraus ergibt sich die Tabelle

	h_i	$n\pi_i$		h_i	$n\pi_i$
< 400	7	44.760	$[1300, 1400)$	51	73.028
$[400, 500)$	19	29.004	$[1400, 1500)$	35	58.911
$[500, 600)$	24	41.428	$[1500, 1600)$	23	44.599
$[600, 700)$	65	55.536	$[1600, 1700)$	21	31.687
$[700, 800)$	96	69.867	$[1700, 1800)$	7	21.129
$[800, 900)$	116	82.491	$[1800, 1900)$	13	13.222
$[900, 1000)$	132	91.404	$[1900, 2000)$	8	7.765
$[1000, 1100)$	125	95.050	$[2000, 2100)$	4	4.280
$[1100, 1200)$	105	92.762	$[2100, 2200)$	3	2.214
$[1200, 1300)$	78	84.960	≥ 2200	14	1.905

Die Bestimmung der Teststatistik ergibt $\chi^2 = 214.23$. Die Anzahl der Freiheitsgrade erhält man wegen der beiden geschätzten Parameter $\bar{x}$ und s durch $k - 1 - 2 = 20 - 1 - 2 = 17$. Mit $\chi^2_{0.95}(17) = 27.587$ ergibt sich bei einem Signifikanzniveau von $\alpha = 0.05$ eine signifikante Abweichung von der Normalverteilung.

Das Ergebnis ist allerdings wenig zuverlässig, da für die vorgenommene Gruppierung die Faustregeln nicht erfüllt sind. Insbesondere für Mietpreise über € 2000 sind die Zellen relativ schwach besetzt. Diese Mietpreise werden daher in einer Zelle zusammengefasst mit dem Ergebnis

	h_i	$n\pi_i$
$[2000, \infty)$	21	8.398

Man erhält mit dieser neuen Gruppierung $\chi^2 = 156.0697$. Aus der neuen Zellzahl 18 erhält man als entsprechendes Quantil $\chi^2_{0.95}(15) = 24.996$. H_0 wird also auch mit dieser Testprozedur verworfen.

□

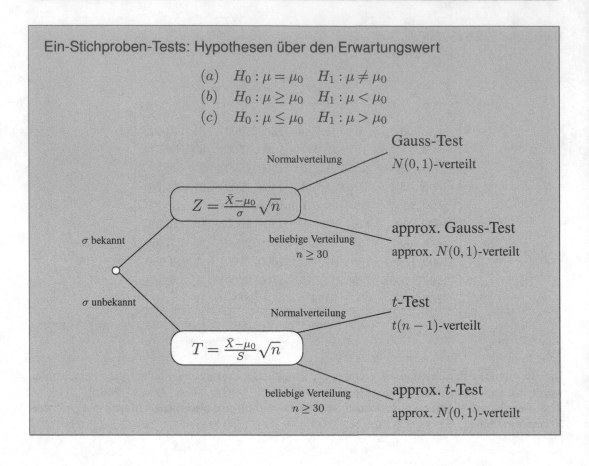

Ein-Stichproben-Tests: Hypothesen über den Erwartungswert

(a) $H_0 : \mu = \mu_0$ $H_1 : \mu \neq \mu_0$

(b) $H_0 : \mu \geq \mu_0$ $H_1 : \mu < \mu_0$

(c) $H_0 : \mu \leq \mu_0$ $H_1 : \mu > \mu_0$

Gauss-Test

$N(0,1)$-verteilt

Normalverteilung

$Z = \frac{\bar{X} - \mu_0}{\sigma} \sqrt{n}$

σ bekannt

beliebige Verteilung
$n \geq 30$

approx. Gauss-Test

approx. $N(0,1)$-verteilt

σ unbekannt

t-Test

$t(n-1)$-verteilt

Normalverteilung

$T = \frac{\bar{X} - \mu_0}{S} \sqrt{n}$

beliebige Verteilung
$n \geq 30$

approx. t-Test

approx. $N(0,1)$-verteilt

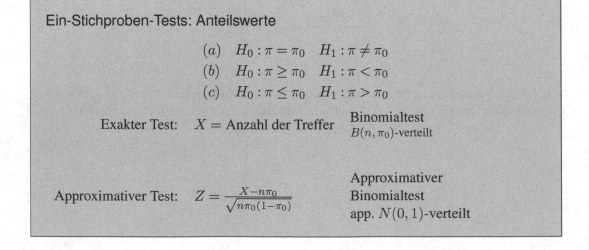

Ein-Stichproben-Tests: Anteilswerte

(a) $H_0 : \pi = \pi_0$ $H_1 : \pi \neq \pi_0$

(b) $H_0 : \pi \geq \pi_0$ $H_1 : \pi < \pi_0$

(c) $H_0 : \pi \leq \pi_0$ $H_1 : \pi > \pi_0$

Exakter Test: $X = $ Anzahl der Treffer   Binomialtest
$B(n, \pi_0)$-verteilt

Approximativer Test: $Z = \frac{X - n\pi_0}{\sqrt{n\pi_0(1-\pi_0)}}$ Approximativer
Binomialtest
app. $N(0,1)$-verteilt

Ein-Stichproben-Tests: Hypothesen über den Median

(für symmetrische Verteilung identisch mit Hypothesen über den Erwartungswert)

$$(a) \quad H_0 : x_{med} = \delta_0 \quad H_1 : x_{med} \neq \delta_0$$
$$(b) \quad H_0 : x_{med} \geq \delta_0 \quad H_1 : x_{med} < \delta_0$$
$$(c) \quad H_0 : x_{med} \leq \delta_0 \quad H_1 : x_{med} > \delta_0$$

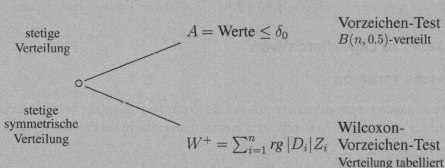

stetige Verteilung

$A = \text{Werte} \leq \delta_0$

Vorzeichen-Test
$B(n, 0.5)$-verteilt

stetige symmetrische Verteilung

$W^+ = \sum_{i=1}^{n} rg\,|D_i|\,Z_i$

Wilcoxon-Vorzeichen-Test
Verteilung tabelliert

Ein-Stichproben-Test: χ^2-Anpassungstest

$$H_0 : P(X = i) = \pi_i, \qquad i = 1, \ldots, k$$
$$H_1 : P(X = i) \neq \pi_i \qquad \text{für ein } i$$

$$\chi^2 = \sum_{i=1}^{k} \frac{(h_i - n\pi_i)^2}{h_i}$$

Bei voll spezifizierter Verteilung: approximativ $\chi^2(k-1)$-verteilt.
Bei l geschätzten Parametern: approximativ $\chi^2(k-1-l)$-verteilt.

11.2 Vergleiche aus unabhängigen Stichproben

Prinzipiell werden im Folgenden zwei Merkmale X und Y unterschieden, deren Verteilungen wir vergleichen wollen. Um Verteilungen miteinander vergleichen zu können, müssen die Merkmale X und Y sinnvoll vergleichbare Größen darstellen. Meist stellen X und Y dasselbe Merkmal dar, allerdings gemessen unter verschiedenen Bedingungen bzw. in unterschiedlichen Populationen. Ist beispielsweise die Nettomiete eines Wohnungstyps von Interesse, lässt sich diese vergleichen für das Wohnviertel A (Variable X) und das Wohnviertel B (Variable Y). Von den Daten wird vorausgesetzt, dass sie sich als unabhängige Realisationen ergeben, wobei

$$X_1, \ldots, X_n \quad \text{unabhängig und identisch verteilt sind wie } X,$$
$$Y_1, \ldots, Y_m \quad \text{unabhängig und identisch verteilt sind wie } Y.$$

Darüber hinaus wird vorausgesetzt, dass die Gesamtstichprobe unabhängig ist, d.h. $X_1, \ldots, X_n, Y_1, \ldots, Y_m$ sind unabhängig. Man spricht dann auch von *unabhängigen Stichproben*.

Die Voraussetzungen sind in der Regel erfüllt, wenn unter den beiden – X und Y entsprechenden – Bedingungen bzw. Populationen separate einfache Stichproben gezogen werden. Im Beispiel der Nettomieten setzt man also voraus, dass n Wohnungen in Viertel A rein zufällig gezogen werden und davon unabhängig m Wohnungen im Viertel B. Die Stichprobenumfänge der separaten (unabhängigen) Stichproben können unterschiedlich sein.

11.2.1 Tests zu Lagealternativen

Parametrische Verfahren

Der häufig wichtigste Vergleich bezieht sich auf die Erwartungswerte der beiden Merkmale X und Y. In der zweiseitigen Variante betrachtet man im einfachsten Fall das Hypothesenpaar

$$H_0: \mu_X = \mu_Y \qquad H_1: \mu_X \neq \mu_Y,$$

wobei $\mu_X = E(X)$ und $\mu_Y = E(Y)$ die unbekannten Erwartungswerte in den beiden Populationen darstellen. Zur Beurteilung der Nullhypothese ist es naheliegend, die Mittelwerte $\bar{X} = \sum_{i=1}^{n} X_i/n$ und $\bar{Y} = \sum_{i=1}^{m} Y_i/m$ heranzuziehen. Wegen

$$E(\bar{X}) = \mu_X \quad \text{und} \quad E(\bar{Y}) = \mu_Y$$

sind $\bar{X}$ und $\bar{Y}$ sensible Indikatoren für die zugrundeliegenden Erwartungswerte μ_X und μ_Y. Entsprechend sollte die Differenz

$$D = \bar{X} - \bar{Y}$$

sensibel für die unbekannten Differenz $\mu_X - \mu_Y$ sein. Man erhält

$$E(\bar{X} - \bar{Y}) = E(\bar{X}) - E(\bar{Y}) = \mu_X - \mu_Y.$$

Die Zufallsvariable D lässt sich nur schwierig unmittelbar als Testgröße verwenden, da die Verteilung natürlich noch von der Varianz der Merkmale X bzw. Y abhängt. Man betrachtet daher wie im Ein-Stichproben-Fall wiederum eine normierte Version der Testgröße D. Die Varianz von $D = \bar{X} - \bar{Y}$ ergibt sich wegen der Unabhängigkeit von X und Y durch

$$Var(\bar{X} - \bar{Y}) = Var(\bar{X}) + Var(\bar{Y}) = \frac{\sigma_X^2}{n} + \frac{\sigma_Y^2}{m},$$

wobei $\sigma_X^2 = Var(X)$, $\sigma_Y^2 = Var(Y)$.

Es gilt nun, wiederum zwei Fälle zu unterscheiden, nämlich ob σ_X^2 und σ_Y^2 bekannt oder unbekannt sind. Im ersten Fall lassen sich σ_X^2 und σ_Y^2 zur Normierung von $\bar{X} - \bar{Y}$ verwenden, im zweiten Fall müssen σ_X^2 und σ_Y^2 geschätzt werden.

Für bekannte Varianzen lässt sich $\bar{X} - \bar{Y}$ normieren durch

$$Z = \frac{\bar{X} - \bar{Y}}{\sqrt{\frac{\sigma_X^2}{n} + \frac{\sigma_Y^2}{m}}},$$

wobei nachvollziehbar ist, dass $E(Z) = 0$ und $Var(Z) = 1$ gilt, wenn H_0 wahr ist. Ist allerdings die Alternativhypothese wahr, gilt $E(Z) > 0$, wenn $\mu_X > \mu_Y$, und $E(Z) < 0$, wenn $\mu_X < \mu_Y$. Entsprechend wird H_0 verworfen zugunsten von $H_1 : \mu_X \neq \mu_Y$, wenn Z sehr große bzw. sehr kleine Werte annimmt. In der folgenden Übersicht werden die Testvarianten in einer etwas allgemeineren Form betrachtet. Anstatt der einfachen Nullhypothese der Gleichheit der Erwartungswerte betrachtet man allgemeiner Hypothesenpaare der Form

$$H_0 : \mu_X - \mu_Y = \delta_0 \qquad H_1 : \mu_X - \mu_Y \neq \delta_0.$$

spezifiziert, ob die Differenz $\mu_X - \mu_Y$ einer fest vorgegebenen hypothetischen Differenz δ_0 entspricht. Beispielsweise lässt sich so untersuchen, ob die zu erwartende Mietpreisdifferenz/qm zwischen dem Villenviertel A und dem einfacheren Wohnviertel B tatsächlich $4\,€$/qm beträgt. Für $\delta_0 = 0$ ergibt sich natürlich die einfache Hypothese $\mu_X = \mu_Y$. Bei einseitigen Hypothesen spezifiziert man zusätzlich eine Richtung der Abweichung.

Vergleich der Erwartungswerte, bekannte Varianzen

Annahme:	$X_1, \ldots, X_n$ unabhängige Wiederholungen von X
	$Y_1, \ldots, Y_m$ unabhängige Wiederholungen von Y
	$X_1, \ldots, X_n, Y_1, \ldots, Y_m$ unabhängig
	σ_X^2, σ_Y^2 bekannt

Hypothesen:

(a) $H_0 :\ \mu_X - \mu_Y = \delta_0 \qquad H_1 :\ \mu_X - \mu_Y \neq \delta_0$

(b) $H_0 :\ \mu_X - \mu_Y \geq \delta_0 \qquad H_1 :\ \mu_X - \mu_Y < \delta_0$

(c) $H_0 :\ \mu_X - \mu_Y \leq \delta_0 \qquad H_1 :\ \mu_X - \mu_Y > \delta_0$

Teststatistik:

$$Z = \frac{\bar{X} - \bar{Y} - \delta_0}{\sqrt{\dfrac{\sigma_X^2}{n} + \dfrac{\sigma_Y^2}{m}}}$$

Verteilung unter
$\mu_X - \mu_Y = \delta_0$:

Für $X \sim N(\mu_X, \sigma_X^2)$, $Y \sim N(\mu_Y, \sigma_Y^2) : Z \sim N(0,1)$
Für $n, m \geq 30$ gilt die Standardnormalverteilung von Z approximativ.

Ablehnungsbereich:

(a) $|Z| > z_{1-\alpha/2}$

(b) $Z < -z_{1-\alpha}$

(c) $Z > z_{1-\alpha}$

Sind die Varianzen unbekannt, werden σ_X^2 und σ_Y^2 durch die entsprechenden Schätzungen

$$S_X^2 = \frac{1}{n-1} \sum_{i=1}^{n} (X_i - \bar{X})^2, \quad S_Y^2 = \frac{1}{m-1} \sum_{i=1}^{m} (Y_i - \bar{Y})^2$$

ersetzt. Entsprechend ergibt sich – da nur approximativ normiert wird – im Folgenden Testverfahren keine Normalverteilung, sondern eine t-Verteilung.

Vergleich der Erwartungswerte, unbekannte Varianzen

Annahmen und Hypothesen wie im Fall bekannter Varianzen

Teststatistik:
$$T = \frac{\bar{X} - \bar{Y} - \delta_0}{\sqrt{\frac{S_X^2}{n} + \frac{S_Y^2}{m}}}$$

Verteilung unter
$\mu_X - \mu_Y = \delta_0$:   Wenn $X \sim N(\mu_X, \sigma_X^2)$, $Y \sim N(\mu_Y, \sigma_Y^2)$: $T \sim t(k)$ mit den Freiheitsgraden

$$k = (S_X^2/n + S_Y^2/m)^2 / \left(\frac{1}{n-1} \left(\frac{S_X^2}{n} \right)^2 + \frac{1}{m-1} \left(\frac{S_Y^2}{m} \right)^2 \right)$$

Ablehnungsbereiche: (a) $|T| > t_{1-\alpha/2}(k)$

(b) $T < -t_{1-\alpha}(k)$

(c) $T > t_{1-\alpha}(k)$

Man beachte, dass die Freiheitsgrade der t-Verteilung als reelle Zahl k gegeben sind. Zur Bestimmung der eigentlichen Freiheitsgrade rundet man k zu einer ganzen Zahl ab. Für große Stichprobenumfänge $(n, m \geq 30)$ ersetzt man die t-Verteilungsquantile wiederum durch die Quantile der Standardnormalverteilung.

In der folgenden Übersicht ist eine weitere Variante des Erwartungswertvergleichs wiedergegeben, die darauf basiert, dass die Varianzen von X und Y zwar unbekannt sind, aber als gleich angenommen werden können.

Vergleich der Erwartungswerte im Zwei-Stichproben-Fall

Voraussetzung	Teststatistik	Verteilung
$X \sim N(\mu_X, \sigma_X^2)$ $Y \sim N(\mu_Y, \sigma_Y^2)$ σ_X, σ_Y bekannt	$\dfrac{\bar{X} - \bar{Y} - \delta_0}{\sqrt{\frac{\sigma_X^2}{n} + \frac{\sigma_Y^2}{m}}}$	$N(0,1)$
$X \sim N(\mu_X, \sigma_X^2)$ $Y \sim N(\mu_Y, \sigma_Y^2)$ $\sigma_X = \sigma_Y$ unbekannt	$\dfrac{\bar{X} - \bar{Y} - \delta_0}{\sqrt{\left(\frac{1}{n} + \frac{1}{m}\right) \frac{(n-1)S_X^2 + (m-1)S_Y^2}{n+m-2}}}$	$t(n+m-2)$
$X \sim N(\mu_X, \sigma_X^2)$ $Y \sim N(\mu_Y, \sigma_Y^2)$ σ_X, σ_Y unbekannt	$\dfrac{\bar{X} - \bar{Y} - \delta_0}{\sqrt{\frac{S_X^2}{n} + \frac{S_Y^2}{m}}}$	$t(k)$ für $n,m \geq 30$ appr. $N(0,1)$
X, Y beliebig verteilt $n, m \geq 30$	$\dfrac{\bar{X} - \bar{Y} - \delta_0}{\sqrt{\frac{S_X^2}{n} + \frac{S_Y^2}{m}}}$	appr. $N(0,1)$

Wilcoxon-Rangsummen-Test

Im Ein-Stichproben-Fall wurde der Wilcoxon-Test als nonparametrische Alternative zu Gauß- und t-Test dargestellt. Auch im Zwei-Stichproben-Fall gibt es eine auf Rängen aufbauende Alternative zum im vorhergehenden Abschnitt eingeführten Verfahren. Prinzipielle Voraussetzung ist, dass die Verteilungsfunktionen von X und Y dieselbe Form besitzen, allerdings möglicherweise um einen Betrag verschoben sind. Unter dieser Voraussetzung gilt, dass die Gleichheit der Mediane, d.h. $x_{med} = y_{med}$, äquivalent ist zur Gleichheit der Verteilungsfunktionen. Gilt $x_{med} > y_{med}$, so ist die Verteilungsfunktion von X gegenüber der Verteilungsfunktion von Y nach rechts verschoben, bei Gültigkeit von $x_{med} < y_{med}$ entsprechend nach links. Der Test geht von dem Grundgedanken aus, dass bei Gültigkeit der Nullhypothese $H_0 : x_{med} = y_{med}$ die Werte der X- und Y-Stichprobe gut „durchmischt" sein sollten, d.h. keine der beiden Stichproben zeigt im Verhältnis zur anderen Stichprobe eine Tendenz zu besonders großen bzw. kleinen Werten.

Entsprechend wird die Teststatistik aus den Rängen sämtlicher Beobachtungen X_1, ..., X_n, $Y_1, \ldots, Y_m$, der sogenannten *gepoolten Stichprobe*, gebildet. Man erhält somit $rg(X_1), \ldots, rg(Y_m)$. Die Teststatistik selbst besteht dann aus der Summe derjenigen Ränge, die zu Werten der X-Stichprobe gehören. Wenn Bindungen zwischen X- und Y-Werten auftreten, d.h. $X_i = Y_j$, werden Durchschnittsränge gebildet. Bei Bindungen innerhalb der X- oder Y-Werte sind entsprechende Ränge zufällig zu vergeben. Die Verteilung dieser Statistik ist wiederum tabelliert. Die folgende Übersicht gibt das Bestimmungsschema für die Teststatistik wieder.

gepoolte Stichprobe

Wilcoxon-Rangsummen-Test

Annahmen: $X_1, \ldots, X_n$ unabhängige Wiederholungen von X,
                   $Y_1, \ldots, Y_m$ unabhängige Wiederholungen von Y,
                   $X_1, \ldots, X_n, Y_1, \ldots, Y_m$ unabhängig,
                   X und Y besitzen stetige Verteilungsfunktionen F bzw. G

Hypothesen: (a) $H_0 : x_{med} = y_{med}$ \qquad $H_1 : x_{med} \neq y_{med}$

                   (b) $H_0 : x_{med} \geq y_{med}$ \qquad $H_1 : x_{med} < y_{med}$

                   (c) $H_0 : x_{med} \leq y_{med}$ \qquad $H_1 : x_{med} > y_{med}$

Teststatistik: Bilde aus sämtlichen Beobachtungen $X_1, \ldots, X_n, Y_1, \ldots, Y_n$
                   die Ränge $rg(X_1), \ldots, rg(X_n), rg(Y_1), \ldots, rg(Y_m)$. Die Test-
                   statistik ist bestimmt durch

$$T_W = \sum_{i=1}^{n} rg(X_i) = \sum_{i=1}^{n+m} i V_i$$

$$\text{mit } V_i = \begin{cases} 1 & i\text{-te Beobachtung der geordneten ge-} \\ & \text{poolten Stichprobe ist } X\text{-Variable} \\ 0 & \text{sonst.} \end{cases}$$

Ablehnungsbereich: (a) $\quad T_W > w_{1-\alpha/2}(n,m) \quad$ oder $\quad T_W < w_{\alpha/2}(n,m)$
                   (b) $\quad T_W < w_{\alpha}(n,m)$
                   (c) $\quad T_W > w_{1-\alpha}(n,m)$,
                   wobei $w_{\tilde{\alpha}}$ das $\tilde{\alpha}$-Quantil der tabellierten Verteilung bezeichnet.

Für große Stichproben (m oder $n > 25$) Approximation durch
$N\left(n(n+m+1)/2, nm(n+m+1)/12\right)$.

Beispiel 11.7   Mietspiegel

Es soll zu einem Signifikanzniveau von $\alpha = 0.01$ untersucht werden, ob sich der Mietpreis/qm für
Ein- und Zwei-Zimmerwohnungen signifikant unterscheidet. Als arithmetisches Mittel ergeben sich
$\bar{x} = 12.55901$ für Ein-Zimmerwohnungen und $\bar{y} = 10.94475$ für Zwei-Zimmerwohnungen. Ohne
Berücksichtigung der Varianz lässt sich daraus natürlich keine Aussage über einen möglichen Unterschied machen. Mit der Bezeichnung μ_X und μ_Y für den erwarteten Quadratmeterpreis für Ein-
bzw. Zwei-Zimmerwohnungen lässt sich das Testproblem formulieren mit den Hypothesen

$$H_0 : \mu_X = \mu_Y \qquad H_1 : \mu_X \neq \mu_Y.$$

Für den t-Test basierend auf 282 Ein- und 1049 Zwei-Zimmerwohnungen erhält man $t = 9.7043$
bei 1329 Freiheitsgraden unter der Annahme unbekannter (aber gleicher) Varianzen. Legt man $\alpha =$
0.01 zugrunde, ergibt sich mit der Annäherung durch die Normalverteilung die kritische Schranke

$z_{1-0.005} = z_{0.995} = 2.58$ und der Unterschied erweist sich als signifikant. Der p-Wert für dieses Testproblem ist verschwindend klein, sodass die Nullhypothese abgelehnt wird.   □

Mietspiegel   Beispiel 11.8

Wir betrachten dieselbe Fragestellung wie in Beispiel 11.7, allerdings für 5- und 6-Zimmerwohnungen, d.h.

$$H_0 : \mu_X = \mu_Y \qquad H_1 : \mu_X \neq \mu_Y,$$

wobei μ_X und μ_Y den Erwartungswert für 5- bzw. 6-Zimmerwohnungen bezeichnen. Aus den 99 5-Zimmerwohnungen und 16 6-Zimmerwohnungen wurden 10 und 9 Wohnungen ausgewählt. Als Mietpreise/qm ergaben sich die folgenden Realisationen

X 5-Z-Whng	11.34	10.95	8.11	11.87	12.64	12.07	4.77	11.39	7.94	6.70
Y 6-Z-Whng	6.03	6.82	8.45	12.94	9.76	16.75	7.93	10.00	20.00	

Mit den Stichprobenumfängen $n = 10$, $m = 9$ berechnet man $\bar{x} = 9.778$, $\bar{y} = 10.964$, $s_X^2 = 7.216, s_Y^2 = 22.307$. Unter der Annahme $\sigma_X = \sigma_Y$ erhält man $t = -0.682$ und 17 Freiheitsgrade. Mit $t_{0.95}(17) = 1.74$ erweist sich der Unterschied zu $\alpha = 0.10$ als nicht signifikant. Geht man von $\sigma_X \neq \sigma_Y$ aus, ergibt sich $t = -0.663$. Für die Freiheitsgrade erhält man nun $k = 12.402$ und mit $t_{0.95}(12) = 1.782$ ist der Unterschied zu $\alpha = 0.10$ ebenfalls nicht signifikant.

Als alternativer Test wird der Wilcoxon-Rangsummen-Test herangezogen. Dazu wird die Stichprobe gepoolt, wobei man festhalten muss, ob der betreffende Messwert der X- oder der Y-Stichprobe entstammt. Für die geordnete gepoolte Stichprobe ergibt sich

Messwert	4.77	6.03	6.70	6.82	7.93	7.94	8.11
Stichprobenzugehörigkeit	X	Y	X	Y	Y	X	X
Rang	1	2	3	4	5	6	7
	8.45	9.76	10.00	10.95	11.34	11.39	
	Y	Y	Y	X	X	X	
	8	9	10	11	12	13	
	11.87	12.07	12.64	12.94	16.75	20.00	
	X	X	X	Y	Y	Y	
	14	15	16	17	18	19	

Die Summe der Ränge aus der X-Stichprobe ergibt sich als $T_W = 1 + 3 + 6 + 7 + 11 + 12 + 13 + 14 + 15 + 16 = 98$. Legt man ein Signifikanzniveau von $\alpha = 0.10$ zugrunde, erhält man die kritischen Schranken $w_{0.05}(10, 9) = 80$ und $w_{0.95} = 120$. Da $T_w \in (80, 120)$, wird die Nullhypothese der Gleichheit der Lage der Verteilungen beibehalten. Der p-Wert beträgt 0.905 und signalisiert damit keine extreme Abweichung in Richtung einer Lageverschiebung.   □

11.2.2 χ^2-Homogenitätstest

Allgemeiner als in den vorangehenden Abschnitten wird hier die Hypothese untersucht, ob k Verteilungen identisch sind.

Sei X_i das Merkmal in der i-ten Population bzw. unter der i-ten Versuchsbedingung. Wir gehen davon aus, dass das Merkmal entweder nur m Kategorien annehmen kann oder in m Klassen gruppiert ist, beispielsweise in die Intervalle $[c_0, c_1), \ldots, [c_{m-1}, c_m)$. Das Merkmal wird in jeder der k Populationen separat erhoben, d.h. es liegen unabhängige Stichproben vor. Die Ergebnisse werden in einer Kontingenztabelle zusammengefasst. Man erhält somit

Merkmalsausprägungen

		1	$\cdots$	m	
	1	h_{11}	$\cdots$	h_{1m}	n_1
	2	h_{21}	$\cdots$	h_{2m}	n_2
Population	$\vdots$	$\vdots$		$\vdots$	$\vdots$
	k	h_{k1}	$\cdots$	h_{km}	n_k
		$h_{\cdot 1}$	$\cdots$	$h_{\cdot m}$	

Die Randsummen $n_1, \ldots, n_k$ über die Zeilen entsprechen hier den Stichprobenumfängen in den einzelnen Populationen. Die Randsummen über die Spalten werden wieder durch die „Punkt-Notation" $h_{\cdot 1}, \ldots, h_{\cdot m}$ bezeichnet.

Beispiel 11.9   Kreditwürdigkeit

In Beispiel 1.5 (Seite 4) zur Kreditwürdigkeit wurden 300 problematische und 700 unproblematische Kreditnehmer ausgewählt. Für diese wurde jeweils festgestellt, ob sie bisher ein laufendes Konto bei der Bank unterhielten und wenn ja, wie der Kontostand zu bewerten ist. Es ergab sich folgende Kontingenztabelle

		Konto			
		nein	gut	mittel	
Kreditwürdigkeit	unproblematische Kredite	139	348	213	700
	Problemkredite	135	46	119	300
		274	394	332	1000

Zu untersuchen ist, ob die Verteilung auf die Kategorien des Merkmals „Konto" für unproblematische Kreditnehmer und für Problemkunden voneinander abweicht. Sollte dies der Fall sein, lässt sich die Variable „Konto" eventuell als Prädiktor verwenden.   □

In Abschnitt 11.1.2 wurde mit dem χ^2-Koeffizienten ein auf Kontingenztafeln aufbauender Test für den Zusammenhang zweier Merkmale entwickelt. Obwohl in den hier betrachteten Kontingenztabellen die Zeilen keinem zufällig erhobenen Merkmal entsprechen, sondern den Populationen, aus denen gezogen wird, lässt sich der χ^2-Koeffizient als Abweichungs-maß anwenden. Das ist einfach einzusehen, wenn man die Nullhypothese

$$H_0 : \quad P(X_1 = j) = \cdots = P(X_k = j) \qquad \text{für } j = 1, \ldots, m$$

betrachtet. Die Nullhypothese postuliert die Homogenität der Verteilungen, d.h. die Verteilung des Merkmals ist in jeder Population dieselbe. Wäre diese Nullhypothese wahr, ließen sich alle Populationen $1, \ldots, k$ zusammenfassen und die relativen Häufigkeiten

$$P(X_i = j) = \frac{h_{\cdot j}}{n}, \qquad j = 1, \ldots, m,$$

ergäben eine vernünftige Schätzung für *jede* Population, da nach Voraussetzungen die Verteilungen identisch sind. Da die Anzahlen h_{ij} binomialverteilt sind mit $B(n_i, P(X_i = j))$, erhält man unmittelbar als Schätzung für die zu erwartende Anzahl

$$\tilde{h}_{ij} = n_i \hat{P}(X_i = j),$$

und wenn die aus der Nullhypothese abgeleitete Bedingung gilt, ergibt sich

$$\tilde{h}_{ij} = \frac{n_i h_{.j}}{n}.$$

Als Maß der Abweichung zwischen tatsächlichen Beobachtungen h_{ij} und den aus der Gültigkeit von H_0 abgeleiteten Erwartungswerten $\tilde{h}_{ij}$ bestimmt man

$$\chi^2 = \sum_{i=1}^{k} \sum_{j=1}^{m} \frac{\left(h_{ij} - \frac{n_i h_{.j}}{n}\right)^2}{\frac{n_i h_{.j}}{n}}.$$

Diese Größe, die als Teststatistik verwendet wird, ist identisch mit dem in Abschnitt 3.2 abgeleiteten χ^2-Koeffizienten, wobei dort die Zeilenrandsummen durch $h_{i.}$ statt n_i bezeichnet wurden. Der kritische Bereich des folgenden Tests ergibt sich aus der Überlegung, dass große Werte von χ^2, also eine große Diskrepanz zwischen tatsächlichen und unter H_0 zu erwartenden Beobachtungen, gegen die Nullhypothese sprechen.

χ^2-Homogenitätstest/k Stichproben

Annahmen: Unabhängige Stichprobenziehung in den k Populationen

Hypothesen: $H_0 : P(X_1 = j) = \cdots = P(X_k = j), \quad j = 1, \dots, m$
                   $H_1 : P(X_{i_1} = j) \neq P(X_{i_2} = j)$
                   für mindestens ein Tupel (i_1, i_2, j)

Teststatistik: $\chi^2 = \sum_{i=1}^{k} \sum_{j=1}^{m} \dfrac{\left(h_{ij} - \frac{n_i h_{.j}}{n}\right)^2}{\frac{n_i h_{.j}}{n}}$

Verteilung unter H_0:   approximativ $\chi^2((k-1)(m-1))$

Ablehnungsbereich: $\chi^2 > \chi^2_{1-\alpha}((k-1)(m-1))$

Kreditwürdigkeit   **Beispiel 11.10**

Für die Kontingenztafel aus Beispiel 11.9 ergaben sich die Werte der zu erwartenden Häufigkeit durch

		Konto			
		nein	gut	mittel	
Kreditwürdigkeit	unproblematische Kredite	191.80	275.80	232.40	700
	Problemkredite	82.20	118.20	99.60	300
		274	394	332	1000

Daraus errechnet sich ein χ^2-Wert von 116.851. Der Vergleich mit dem Quantil der $\chi^2(2)$-Verteilung ergibt $116.851 > \chi^2_{0.95}(2) = 5.99$. Die Hypothese einer identischen Verteilung in den Subpopulationen wird somit abgelehnt. Der Kontostand erweist sich als möglicher Prädiktor. $\qquad\Box$

11.2.3 Exakter Test von Fisher

Speziell für $k = 2$ Populationen und binären Merkmalen stellt der exakte Test von Fisher insbesondere bei kleinen Stichprobenumfängen eine Alternative zum χ^2-Test dar. Das binäre Merkmal sei mit „Erfolg" und „Misserfolg" kodiert. Man betrachtet zwei Stichproben eines binären Merkmals aus zwei Populationen

$$X_1, X_2, \ldots, X_{n_1} \text{ identisch verteilt wie } X, X \sim B(1; p_1)$$
$$Y_1, Y_2, \ldots, Y_{n_2} \text{ identisch verteilt wie } Y, Y \sim B(1; p_2).$$

Für die Summen dieser Zufallsvariablen gilt dann:

$$X = \sum_{i=1}^{n_1} X_i \sim B(n_1; p_1), \quad Y = \sum_{i=1}^{n_2} Y_i \sim B(n_2; p_2).$$

Definiere $Z = X + Y$. Der exakte Test von Fisher nutzt die Tatsache, dass die Zeilensummen n_1 und n_2 in der folgenden 2 × 2-Tabelle

	Erfolg	Misserfolg	Gesamt
Population 1	X	$n_1 - X$	n_1
Population 2	$Z - X = Y$	$n_2 - (Z - X)$	n_2
Gesamt	Z	$(n_1 + n_2 - Z)$	$n = n_1 + n_2$

durch die Stichprobenumfänge n_1 und n_2 festgelegt sind. Bedingt auf die Gesamtzahl $Z = z$ der Erfolge (d.h. die Spaltensummen werden auch festgehalten) ist X die einzige Zufallsvariable (da die anderen Einträge der Tabelle durch die Realisation x von X und die Randsummen bestimmt sind). Unter der Nullhypothese $H_0 : p_1 = p_2 = p$ gilt mit $n = n_1 + n_2$

$$X \sim H(z, n_1, n),$$

d.h.

$$P(X = x | Z = z) = \frac{\binom{n_1}{x}\binom{n - n_1}{z - x}}{\binom{n}{z}}.$$

Einseitige Hypothesen lassen sich ebenfalls testen. Der Beweis nutzt die Bedingung $Z = z$ und die Annahme der Unabhängigkeit der beiden Stichproben:

$$P(X = x | Z = z) = \frac{P(X = x, Z = z)}{P(Z = z)} = \frac{P(X = x, Y = z - x)}{P(Z = z)}$$

$$= \frac{P(X = x)P(Y = z - x)}{P(Z = z)} = \frac{\binom{n_1}{x}p^x(1-p)^{n_1-x}\binom{n_2}{z-x}p^{z-x}(1-p)^{n_2-(z-x)}}{\binom{n}{z}p^z(1-p)^{n-z}}$$

$$= \frac{\binom{n_1}{x}\binom{n_2}{z-x}}{\binom{n}{z}} = \frac{\binom{n_1}{x}\binom{n-n_1}{z-x}}{\binom{n}{z}}.$$

Dabei haben wir verwendet, dass unter H_0 gilt: $Z = X + Y$ ist $B(n, p)$ (Additionseigenschaft der Binomialverteilung, siehe Abschnitt 5.3.1).

Die Berechnung kritischer Werte und zweiseitiger p-Werte erfolgt durch Betrachten der Wahrscheinlichkeiten von Tafeln, die noch „extremer" als die beobachtete Tafel sind. Eine Möglichkeit im zweiseitigen Fall ist es, für alle möglichen Einträge von x, $x \in \{0, \ldots, \min(n_1, z)\}$, die entsprechenden Wahrscheinlichkeiten zu berechnen. Es werden dann alle Wahrscheinlichkeiten von Tafeln aufsummiert, die gleiche oder kleinere Wahrscheinlichkeit wie die beobachtete Tafel besitzen.

Lotteriespiele   Beispiel 11.11

Wir betrachten 2 Lotterien und ziehen jeweils 10 Lose:

	Gewinn	kein gewinn	Gesamt
Lotterie 1	0	10	10
Lotterie 2	4	6	10
Gesamt	4	16	20

Die beobachtete Tafel ($x = 0$), also hat gemäß der hypergeometrischen Verteilung $H(4, 10, 20)$ die Wahrscheinlichkeit 0.04334365. Die Tafel mit $x = 4$, also

	Gewinn	kein gewinn	Gesamt
Lotterie 1	4	6	10
Lotterie 2	0	10	10
Gesamt	4	16	20

hat exakt die gleiche Wahrscheinlichkeit (und gehört damit zu den „extremeren" Tafeln), alle anderen möglichen Tafeln (mit $x = 1, 2, 3$) haben größere Wahrscheinlichkeiten. Damit ergibt sich der zweiseitige p-Wert gerundet als 0.08669. Deshalb wird H_0 bei $\alpha = 0.05$ nicht abgelehnt. □

Exakter Test von Fisher/2 Stichproben

Annahmen:	Unabhängige Stichprobenziehung in den 2 Populationen
Hypothesen:	$H_0 : p_1 = p_2$ $H_1 : p_1 \neq p_2$ Einseitige Hypothesen ebenfalls möglich
Teststatistik:	keine
Verteilung unter H_0:	exakt
Ablehnungsbereich:	Alle Tafeln, die „extremer" sind als die beobachtete Tafel, d.h. deren Wahrscheinlichkeiten gleich oder kleiner sind als die der beobachteten Tafel und deren Wahrscheinlichkeiten addiert kleiner α sind.

Der exakte Test kann auch als Test auf Unabhängigkeit zweier binärer Merkmale in einer 2×2-Tafel verwendet werden.

11.3   Vergleiche aus verbundenen Stichproben

Bisher wurde beim Vergleich von Verteilungen das interessierende Merkmal in separaten
unabhängigen Stichproben erhoben. Im Folgenden wird von verbundenen Messungen ausgegangen, d.h. die Merkmalsvarianten werden an denselben Untersuchungseinheiten erhoben. Ein Beispiel soll nochmals den Unterschied verdeutlichen.

Bei verbundenen Messungen liegen die Stichprobenvariablen in der Form

$$(X_1, Y_1), \dots, (X_n, Y_n)$$

vor, wobei X_i und Y_i das interessierende Merkmal unter variierenden Bedingungen bezeichnen. Für das Beispiel Waldschaden stellt X_i die Messung im Jahr 1994, Y_i die Messung im Jahr 1996 dar. Weiterhin wird angenommen, dass die Tupel (X_i, Y_i) unabhängig
sind, d.h. die Erhebungseinheiten, an denen X und Y gemessen werden, sind zufällig und
unabhängig gewählt.

Prinzipielles Ziel ist es, die Verteilung von X mit der Verteilung von Y zu vergleichen,
beispielsweise, indem man mögliche Unterschiede hinsichtlich der Erwartungswerte $\mu_X = E(X)$ und $\mu_Y = E(Y)$ untersucht.

Ausgehend von den unabhängigen Messungen $(X_1, Y_1), \dots, (X_n, Y_n)$ ist der Grundgedanke, bei metrischen Merkmalen die sich ergebenden Differenzen

$$D_i = X_i - Y_i, \quad i = 1, \dots, n$$

zu betrachten. Die Differenzen D_i lassen sich als unabhängige Wiederholungen der zugrundeliegenden Merkmalsdifferenzen $X - Y$ verstehen.

Eine Nullhypothese über die Differenz der Erwartungswerte

$$H_0 : E(X) - E(Y) = \delta_0$$

lässt sich im vorliegenden Fall als Nullhypothese

$$H_0 : E(X - Y) = \delta_0$$

formulieren. Damit ist eine Nullhypothese über Verteilungseigenschaften *eines* Merkmals,
nämlich $X - Y$, formuliert, und das Testproblem ist äquivalent zu den im Ein-Stichproben-
Fall betrachteten Testproblemen. Wie im Ein-Stichproben-Fall werden auch unabhängige
univariate Stichprobenvariablen, nämlich die Differenzen $D_i = X_i - Y_i$, vorausgesetzt. Kon-
sequenterweise lassen sich damit die Testprozeduren des Ein-Stichproben-Falles (Abschnitt
11.1) anwenden.

11.4   Zusammenhangsanalyse

Die Problemstellungen dieses Abschnitts zielen auf den Zusammenhang zweier Merkmale
X und Y ab. Ausgangspunkt sind wiederum unabhängige Wiederholungen (X_i, Y_i), $i = 1, \dots, n$, der Zufallsgröße (X, Y).

	CDU/CSU	SPD	FDP	Linke	Grüne	Rest	
Männer	278	174	39	106	57	63	717
Frauen	281	158	10	72	82	29	632
	559	332	49	178	139	92	1349

Sonntagsfrage $\qquad\qquad\qquad\qquad\qquad\qquad\qquad\qquad\qquad$ Beispiel 11.12

In Abschnitt 3.2 wurde bereits eine Erhebung zur Parteipräferenz am nächsten Sonntag behandelt. In Tabelle 11.12 sind die Daten nochmals wiedergegeben,

Das Untersuchungsziel ist festzustellen, ob die voneinander abweichenden Häufigkeiten für Männer und Frauen rein zufallsmäßige Schwankungen darstellen oder ob zwischen Geschlecht und Parteipräferenz ein Zusammenhang besteht. $\qquad\qquad\qquad$ □

11.4.1 χ^2-Unabhängigkeitstest

Für kategoriale oder kategorisierte Merkmale X und Y mit $X \in \{1, \ldots, k\}$ und $Y \in \{1, \ldots, m\}$ lässt sich eine Zusammenfassung in Kontingenztafeln betrachten. In der Kontingenztafel

$$
\begin{array}{c|ccc|c}
 & \multicolumn{3}{c}{Y} & \\
 & 1 & \ldots & m & \\
\hline
1 & h_{11} & \ldots & h_{1m} & h_{1.} \\
2 & h_{21} & \ldots & h_{2m} & h_{2.} \\
\vdots & \vdots & & \vdots & \vdots \\
k & h_{k1} & \ldots & h_{km} & h_{k.} \\
\hline
 & h_{.1} & \ldots & h_{.m} & n
\end{array}
$$

bezeichnen die Zellhäufigkeiten h_{ij} die Anzahlen der Beobachtungen mit den Ausprägungen $(X = i, Y = j)$.

Die Hypothese H_0: „X und Y sind unabhängig" nimmt für kategoriale Merkmale eine sehr einfache Form an. Die Nullhypothese, formuliert durch

$$
H_0: \ P(X = i, Y = j) = P(X = i) \cdot P(Y = j) \quad \text{für alle } i, j,
$$

besagt, dass sich die gemeinsame Auftretenswahrscheinlichkeit als Produkt der Randwahrscheinlichkeiten darstellen lässt. Mit den Abkürzungen $\pi_{ij} = P(X = i, Y = j)$, $\pi_{i.} = P(X = i)$ und $\pi_{.j} = P(Y = j)$ erhält man

$$
H_0: \ \pi_{ij} = \pi_{i.}\pi_{.j} \quad \text{für alle } i, j.
$$

Man überlegt sich nun wieder, wie viele Beobachtungen in Zelle (i, j) zu erwarten sind, wenn H_0 wahr ist. Man geht darüber hinaus von fest vorgegebenen Rändern $h_{i.}, h_{.j}$ der Kontingenztafel aus.

Die Randwahrscheinlichkeiten lassen sich einfach durch relative Häufigkeiten schätzen. Man erhält

$$
\hat{\pi}_{i.} = \frac{h_{i.}}{n}, \quad i = 1, \ldots, k,
$$

$$
\hat{\pi}_{.j} = \frac{h_{.j}}{n}, \quad j = 1, \ldots, m.
$$

Wenn H_0 wahr ist, sollte daher

$$\hat{\pi}_{ij} = \hat{\pi}_{i\cdot} \hat{\pi}_{\cdot j}$$

ein vernünftiger Schätzer für die gemeinsame Auftretenswahrscheinlichkeit sein. $\hat{\pi}_{ij}$ ist nur aus den als fest angenommenen Randsummen bestimmt. Wäre dieses $\hat{\pi}_{ij}$ die tatsächliche Auftretenswahrscheinlichkeit, dann wäre h_{ij} binomialverteilt mit $h_{ij} \sim B(n, \hat{\pi}_{ij})$ und dem Erwartungswert $\tilde{h}_{ij} = n\hat{\pi}_{ij}$. Man erhält

$$\tilde{h}_{ij} = n\hat{\pi}_{ij} = n\frac{h_{i\cdot}}{n}\frac{h_{\cdot j}}{n} = \frac{h_{i\cdot}h_{\cdot j}}{n}.$$

Die unter H_0 zu erwartenden Zellbesetzungen $\tilde{h}_{ij}$ ergeben sich also in sehr einfacher Form aus Produkten der entsprechenden Randsummen. Sie lassen sich in einer „Unabhängigkeits-tafel" zusammenfassen:

$$
\begin{array}{c c|ccc|c}
 & & \multicolumn{3}{c}{Y} & \\
 & & 1 & \cdots & m & \\
\hline
 & 1 & \frac{h_1 \cdot h_{\cdot 1}}{n} & \cdots & \frac{h_1 \cdot h_{\cdot m}}{n} & h_{1\cdot} \\
 & 2 & \frac{h_2 \cdot h_{\cdot 1}}{n} & \cdots & \frac{h_2 \cdot h_{\cdot m}}{n} & h_{2\cdot} \\
X & \vdots & \vdots & & \vdots & \vdots \\
 & k & \frac{h_k \cdot h_{\cdot 1}}{n} & \cdots & \frac{h_k \cdot h_{\cdot m}}{n} & h_{k\cdot} \\
\hline
 & & h_{\cdot 1} & \cdots & h_{\cdot m} & n
\end{array}
$$

Man betrachtet nun wieder die Diskrepanz zwischen den tatsächlichen Beobachtungen h_{ij} und den zu erwartenden Beobachtungszahlen $\tilde{h}_{ij}$, die aus der Gültigkeit der Nullhypothese berechnet wurden. Dies führt zum folgenden χ^2-Unabhängigkeitstest, der äquivalent ist zum χ^2-Homogenitätstest. Man vergleiche dazu auch die Ableitung von χ^2 als Zusammenhangsmaß im Abschnitt 3.2.2.

χ^2-Unabhängigkeitstest

Annahmen: Unabhängige Stichprobenvariablen (X_i, Y_i), $i = 1, \ldots, n$, gruppiert in eine $(k \times m)$-Kontingenztafel

Hypothese: $H_0: P(X = i, Y = j) = P(X = i) \cdot P(Y = j)$
                        für alle i, j
                        $H_1: P(X = i, Y = j) \neq P(X = i) \cdot P(Y = j)$
                        für mindestens ein Paar (i, j)

Teststatistik: $\chi^2 = \sum\limits_{i=1}^{k} \sum\limits_{j=1}^{m} \frac{(h_{ij} - \tilde{h}_{ij})^2}{\tilde{h}_{ij}}$ mit $\tilde{h}_{ij} = \frac{h_{i\cdot}h_{\cdot j}}{n}$

Verteilung unter H_0: approximativ $\chi^2((k-1)(m-1))$

Ablehnungsbereich: $\chi^2 > \chi^2_{1-\alpha}((k-1)(m-1))$

Sonntagsfrage   Beispiel 11.13

Der zur Kontingenztabelle aus Beispiel 3.12 gehörende χ^2-Wert wurde bereits in Kapitel 3 (Beispiel 3.12, Seite 119) berechnet. Während der χ^2-Wert dort nur als deskriptives Maß verwendet wurde, wird hier der Zufallscharakter der χ^2-Größe mitberücksichtigt. Legt man die Nullhypothese

$$H_0 : \ P(X = i, Y = j) = P(X = i)P(Y = j), \quad i = 1, 2, \ j = 1, \ldots, 5,$$

zugrunde, erhält man für die χ^2-Statistik eine χ^2-Verteilung mit $(k-1)(m-1) = 5$ Freiheitsgraden. Für $\alpha = 0.05$ erhält man das Quantil $\chi^2_{0.95}(5) = 11.07$. Der aus den Daten resultierende χ^2-Wert von 36.295 führt wegen $36.295 > \chi^2_{0.95}(5)$ zur Ablehnung der Nullhypothese. Zu einem Signifikanzniveau von $\alpha = 0.05$ wird somit die Hypothese verworfen, dass es keinen Zusammenhang zwischen Geschlecht und Präferenzverhalten bzgl. der Parteien gibt.   □

11.4.2 Korrelation bei metrischen Merkmalen

Für gemeinsam normalverteilte Merkmale (X, Y) gilt nach Abschnitt 8.6, dass X und Y genau dann unabhängig sind, wenn sie auch unkorreliert sind. Die Hypothese der Unabhängigkeit reduziert sich damit auf

$$H_0 : \ \rho_{XY} = 0,$$

wobei ρ_{XY} den Korrelationskoeffizienten bezeichnet. Testverfahren dazu bauen naturgemäß auf dem empirischen Korrelationkoeffizienten

$$r_{XY} = \frac{\sum\limits_{i=1}^{n} (X_i - \bar{X})(Y_i - \bar{Y})}{\sqrt{\sum\limits_{i=1}^{n} (X_i - \bar{X})^2 \sum\limits_{i=1}^{n} (Y_i - \bar{Y})^2}}$$

auf. Liegt die Zufallsgröße r_{XY} weit von dem postulierten Wert $\rho_{XY} = 0$ entfernt, spricht das gegen die Hypothese der Unabhängigkeit bzw. Unkorreliertheit. In den folgenden Testverfahren wird auch die generellere Hypothese $H_0 : \ \rho_{XY} = \rho_0$ für einen hypothetischen Wert ρ_0 berücksichtigt.

Korrelations-Tests

Annahmen: Unabhängige gemeinsam normalverteilte Stichprobenvariablen (X_i, Y_i), $i = 1, \ldots, n$

Hypothesen: (a) $H_0 : \rho_{XY} = \rho_0$ $H_1 : \rho_{XY} \neq \rho_0$

                 (b) $H_0 : \rho_{XY} \geq \rho_0$ $H_1 : \rho_{XY} < \rho_0$

                 (c) $H_0 : \rho_{XY} \leq \rho_0$ $H_1 : \rho_{XY} > \rho_0$

Teststatistik: Für $\rho_0 = 0$, d.h. "Unabhängigkeit"

$$T = \frac{r_{XY}}{\sqrt{1 - r_{XY}^2}} \sqrt{n - 2}$$

Für generelles ρ_0

$$Z = \frac{1}{2} \left(\ln \frac{1 + r_{XY}}{1 - r_{XY}} - \ln \frac{1 + \rho_0}{1 - \rho_0} \right) \sqrt{n - 3}$$

Verteilung unter $\rho_{XY} = 0$: $T \sim t(n - 2)$

Verteilung unter $\rho_{XY} = \rho_0$: Z für $n > 25$ approximativ $N(0, 1)$-verteilt

Ablehnungsbereich: (a) $|T| > t_{1-\alpha/2}(n-2)$ bzw. $|Z| > z_{1-\alpha/2}$

                     (b) $T < -t_{1-\alpha}(n-2)$ bzw. $Z < -z_{1-\alpha}$

                     (c) $T > t_{1-\alpha}(n-2)$ bzw. $Z > z_{1-\alpha}$

Beispiel 11.14   Sachverständigenrat

In Beispiel 3.14 (Seite 121) wurde die Prognose des Sachverständigenrates hinsichtlich des Wirtschaftswachstums den tatsächlichen Werten gegenübergestellt. Eine sehr kritische Hypothese besagt, dass Prognose und tatsächliches Wirtschaftswachstum unkorreliert sind, d.h. man betrachtet

$$H_0 : \rho = 0 \qquad H_1 : \rho \neq 0.$$

Man erhält mit dem empirischen Korrelationskoeffizienten $r = 0.640$ die Testgröße

$$t = \frac{0.64}{\sqrt{1 - 0.64^2}} \sqrt{20 - 2} = 3.538.$$

Der Vergleich mit dem 0.95-Quantil $t_{0.95}(18) = 1.734$ zeigt, dass die Hypothese zu $\alpha = 0.10$ abgelehnt wird. Der p-Wert von 0.00235 signalisiert eine sehr deutliche Ablehnung. Es ergibt sich ein statistisch signifikanter Zusammenhang zwischen Prognose und tatsächlicher Entwicklung.   □

Tests zur Zusammenhangsanalyse

Unabhängigkeitstests: „$\rho_{XY} = 0$"

Kategoriale
bzw. gruppierte
Merkmale

$$\chi^2 = \sum_{i=1}^{k} \sum_{j=1}^{m} \frac{(h_{ij} - \tilde{h}_{ij})^2}{\tilde{h}_{ij}}$$

approx. χ^2-verteilt

Normal-
verteilung

$$T = \frac{r_{xy}}{\sqrt{1 - r_{xy}^2}} \sqrt{n - 2}$$

$t(n - 2)$-verteilt

Test zur Stärke der Korrelation: „$\rho_{XY} = \rho_0$"

$$Z = \frac{1}{2} \left(\ln \frac{1 + r_{XY}}{1 - r_{XY}} - \ln \frac{1 + \rho_0}{1 - \rho_0} \right) \sqrt{n - 3}$$

11.5 Zusammenfassung und Bemerkungen

Bei der Überprüfung von Kennwerten einer Verteilung haben wir uns im Wesentlichen auf den *Erwartungswert* (Gauß- und t-Test) und den *Median* (Vorzeichen- und Wilcoxon-Vorzeichen-Test) beschränkt. Wir haben keine Hypothesen betrachtet, die Kennwerte wie die Varianz, die *Schiefe* oder die *Wölbung* spezifizieren. Mit dem χ^2-Test wurde ein *Anpassungstest* dargestellt, der zwar relativ generell einsetzbar ist, aber bei stetigem Merkmal durch die notwendige Gruppierung immer einen gewissen Informationsverlust akzeptiert. Ein Test, der explizit für stetige Merkmale geeignet ist, ist z.B. der nicht behandelte *Kolmogoroff-Smirnoff-Test*.

Ähnlich ist die Situation im Zwei-Stichproben-Fall. Die betrachteten Hypothesen betrafen im Wesentlichen *Lageparameter*. Testsituationen, in denen beispielsweise die Gleichheit bzw. Unterschiedlichkeit der Varianz zweier Merkmale untersucht wird, wurden nicht betrachtet. Auch für den Vergleich der Gesamtverteilung zweier Merkmale wurde mit dem χ^2-Homogenitätstest die gruppierte Variante dargestellt. Die für stetige Merkmale geeignete Version des Kolmogoroff-Smirnoff-Tests findet sich in der vertiefenden Literatur.

Eine Verallgemeinerung des Vergleichs von Erwartungswerten bei unabhängigen Stichproben auf den Fall von mehr als zwei Stichproben wird in Kapitel 13 unter der Bezeichnung Varianzanalyse dargestellt. Eine Vielzahl von Tests für verschiedene Hypothesen über Kennwerte findet sich z.B. bei Sachs (2002). Eine ausführliche Darstellung nonparametrischer Verfahren geben Büning und Trenkler (1994).

11.6 Tests mit R

In R stehen alle in diesem Kapitel besprochenen Tests zur Verfügung. Es gibt für alle t-Tests eine gemeinsame Funktion `t.test()`, die sämtliche Varianten abdeckt (auch die verbundenen Stichproben) und alle Hypothesenformen zulässt. Ebenso gibt es die Funktion `wilcox.test()`, die den Vorzeichen-Rang-Test und den Wilcoxon-Rangsummen-Test beinhaltet. Der Vorzeichen-Test erfordert lediglich Berechnungen zur Binomialverteilung. Für die χ^2-Tests stehen die Funktionen `chisq.test()` und `prop.test()` zur Verfügung. Die Funktion `chisq.test()` liefert je nach übergebenen Parametern einen Anpassungstest oder einen Unabhängigkeits- bzw. Homogenitäts-Test. Der exakte Test von Fisher ist in der Funktion `fisher.test` verfügbar. Der Korrelations-Test ist in der Funktion `cor.test()` implementiert.

Darüber hinaus gibt es weitere populäre Tests wie den Zweistichproben-F-Test (`var.test()`) für den Vergleich der Varianzen zweier Stichproben aus normalverteilten Grundgesamtheiten und den Kolmogoroff-Smirnoff-Test (`ks.test()`) für den Ein- und Zweistichproben-Fall.

Im Folgenden wenden wir die Tests exemplarisch an.

Den t-Test (beide Varianten, also mit und ohne Annahme der Gleichheit der Varianzen) und den Wilcoxon-Rangsummentest für Beispiel 11.8 kann man in R wie folgt durchführen:

```
x <- c(11.34,10.95,8.11,11.87,12.64,
       12.07,4.77,11.39,7.94,6.70)
y <- c(6.03,6.82,8.45,12.94,9.76,
       16.75,7.93,10.00,20.00)
t.test(x,y,var.equal=TRUE)
t.test(x,y,var.equal=FALSE)
wilcox.test(x,y)
```

Die angezeigte Testgröße im Wilcoxon-Rangsummen-Test ist $W = 43$ und unterscheidet sich von der Testgröße, die im Beispiel angegeben ist ($T_W = 98$). Das liegt daran, dass es zwei unterscheidliche Versionen des Tests gibt, die aber äquivalent sind. Ferner liefert

```
wilcox.test(y,x)
```

den Wert $W = 47$, aber p-Wert und damit die Testentscheidung bleiben gleich.

Für die Sonntagsfrage (Beispiel 11.12 und Beispiel 3.12) kann die Funktion `chisq.test()` verwendet werden:

```
sf <- chisq.test(
  rbind(c(278, 174, 39, 106, 57, 63),
        c(281, 158, 10, 72, 82, 29)))
sf
```

Mit dem Aufruf `sf$expected` kann man sich die unter H_0 erwarteten Häufigkeiten anzeigen lassen.

Das Beispiel in Abschnitt 11.2.3 lässt sich mit dem exakten Test von Fisher in R berechnen:

```
ft <- matrix(nrow=2,ncol=2,
             data=cbind(c(0,4), c(10,6)))
fisher.test(x=ft)
```

Beispiel 11.14 untersucht die Daten aus Beispiel 3.14 (Sachverständigenrat). In R berechnen wir:

```
x <- c(2.0,4.5,4.5,3.5,3.75,2.75,0.5,0.5,1.0,2.5,
       3.0,3.0,2.0,1.5,2.5,3.0,3.5,2.5,0.0, 0.0)
y <- c(-3.6,5.6,2.4,3.4,4.4,1.8,-0.3,-1.2,1.2,2.6,
       2.5,2.5,1.7,3.4,4.0,4.6,3.4,1.5,-1.9,2.3)
cor.test(x,y)
```

Das führt zum Ergebnis wie in Beispiel 11.14.

11.7 Aufgaben

Von einem Intelligenztest X ist bekannt, dass er normalverteilte Werte liefert und $Var(X) = 225$ **Aufgabe 11.1**
gilt. Zu testen ist aus einer Stichprobe vom Umfang $n = 10$ die Nullhypothese $E(X) < 110$.
(a) Welchen Verwerfungsbereich erhält man bei einem geeigneten Testverfahren?
(b) Wie lautet die Testentscheidung, wenn $\bar{x} = 112$ resultiert?
(c) Wie groß ist der Fehler zweiter Art, wenn der tatsächliche Erwartungswert 120 beträgt?
(d) Welchen Verwerfungsbereich erhält man, wenn die Varianz nicht bekannt ist, dafür aber $s^2 = 230$
    berechnet wurde. Wird H_0 abgelehnt?

Auf zwei Maschinen A und B wird Tee abgepackt. Auf Stichprobenbasis soll nachgewiesen werden,   **Aufgabe 11.2**
dass die Maschine A mit einem größeren durchschnittlichen Füllgewicht arbeitet als die Maschine
B ($\alpha = 0.01$).
(a) Man weiß, dass die Füllgewichte der beiden Maschinen annähernd normalverteilt sind mit $\sigma_A^2 =$
    $49\,\mathrm{g}^2$ und $\sigma_B^2 = 25\,\mathrm{g}^2$. Eine Zufallsstichprobe vom Umfang $n_A = 12$ aus der Produktion der
    Maschine A liefert ein durchschnittliches Füllgewicht von $\bar{x} = 140\,\mathrm{g}$. Eine Zufallsstichprobe aus
    der Produktion der Maschine B vom Umfang $n_2 = 10$ ergibt ein durchschnittliches Füllgewicht
    von $\bar{x} = 132\,\mathrm{g}$.
    Man führe einen geeigneten Test durch.
(b) Die Varianzen seien nun unbekannt, aber man kann davon ausgehen, dass sie gleich sind. Man
    erhält als Schätzungen der Standardabweichungen $s_A = 5$ und $s_B = 4.5$. Man führe mit den
    Resultaten aus (a) einen geeigneten Test durch.

Bei 5 Personen wurde der Hautwiderstand jeweils zweimal gemessen, einmal bei Tag (X) und ein-   **Aufgabe 11.3**
mal bei Nacht (Y). Man erhielt für das metrische Merkmal Hautwiderstand folgende Daten

X_i	24	28	21	27	23
Y_i	20	25	15	22	18

(a) Die Vermutung in Forscherkreisen geht dahin, dass der Hautwiderstand nachts absinkt. Lässt sich
    diese Vermutung durch die vorliegende Untersuchung erhärten? Man teste einseitig mit einem
    verteilungsfreien Verfahren ($\alpha = 0.05$).

(b) Man überprüfe die Nullhypothese aus (a), wenn bekannt ist, dass der Hautwiderstand normalverteilt ist.

Aufgabe 11.4   Bei einer Umfrage zur Kompetenzeinschätzung der Politiker A und B werden folgende Zufallsvariablen betrachtet

$$X = \begin{cases} 1 & A \text{ ist kompetent} \\ 0 & A \text{ ist nicht kompetent,} \end{cases} \qquad Y = \begin{cases} 1 & B \text{ ist kompetent} \\ 0 & B \text{ ist nicht kompetent.} \end{cases}$$

Es wird eine Stichprobe von $n = 100$ befragt. 60 Personen halten A für kompetent, 40 Personen halten B für kompetent, 35 Personen halten beide für kompetent.

(a) Man gebe die gemeinsame (absolute) Häufigkeitsverteilung der Zufallsvariablen X und Y in einer Kontingenztafel an.

(b) Man teste die Hypothese der Unabhängigkeit von X und Y ($\alpha = 0.05$).

Aufgabe 11.5   Bei $n = 10$ Probanden wurden Intelligenz (Variable X) und Gedächtnisleistung (Variable Y) ermittelt. Man erhielt die Wertepaare:

X	124	79	118	102	86	89	109	128	114	95
Y	100	94	101	112	76	98	91	73	90	84

Man teste die Hypothese der Unabhängigkeit von X und Y unter Verwendung des Bravais-Pearsonschen Korrelationskoeffizienten ($\alpha = 0.05$).
Hinweise: $\sum x_i^2 = 111\,548$, $\sum y_i^2 = 85\,727$, $\sum x_i y_i = 95\,929$.

R-Aufgaben

Aufgabe 11.6   Wir betrachten wieder den Mietspiegeldatensatz. Erstellen Sie wie in Aufgabe 2.8 angegeben eine neue Variable `bj.cat`.

(a) Überprüfen Sie die Forschungshypothese, dass die Nettomieten pro Quadratmeter (nmqm) bei den jüngeren Wohnungen im Mittel höher sind. Wie lauten H_0 und H_1? Welchen parametrischen Test schlagen Sie vor?

(b) Überprüfen Sie ihre Hypothese auch mit einem passenden nichtparametrischen Test. Zu welchem Ergebnis kommen Sie?

(c) Unterscheidet sich auch die mittlere Wohnfläche von jüngeren und älteren Wohnungen?

Aufgabe 11.7   Laden Sie den Mietspiegeldatensatz in R. Führen Sie einen χ^2-Anpassungstest auf Normalverteilung für die Variable nmqm durch. Verwenden Sie verschiedene Klasseneinteilungen und untersuchen sie, inwieweit das Ergebnis von Zahl und Wahl der Klassen abhängt.

Kapitel 12

Regressionsanalyse

In Abschnitt 3.6 wird behandelt, wie sich der Einfluss eines erklärenden Merkmals X auf ein Zielmerkmal Y darstellen und explorativ untersuchen lässt. Beide Merkmale werden dabei als metrisch skaliert vorausgesetzt, und es wird angenommen, dass der Zusammenhang zwischen Y und X durch eine approximative Beziehung der Form

$$Y = f(X) + \epsilon$$

beschrieben werden kann. Dabei ist f eine deterministische Regressionsfunktion und ϵ ein Fehler, der durch X allein nicht erklärbar ist. Am bekanntesten ist die lineare Einfachregression, bei der eine lineare Regressionsfunktion

$$f(X) = \alpha + \beta X$$

als „Ausgleichsgerade" verwendet wird. Als Beispiele betrachten wir auch in diesem Kapitel das CAP-Modell mit $Y =$ „Aktienrendite minus Zins" und $X =$ „Marktrendite" und die Mietspiegel-Regression mit $Y =$ „Nettomiete" (oder „Nettomiete/qm") und $X =$ „Wohnfläche". Die Abbildungen 3.16 und 3.19 aus Abschnitt 3.6 zeigen die Streudiagramme und zugehörigen Ausgleichsgeraden.

Dieser Regressionsansatz wird nun in mehrfacher Hinsicht erweitert. Zunächst wird angenommen, dass der Fehler ϵ eine Zufallsvariable mit bestimmten Eigenschaften ist. Bei gegebenem Wert x von X ist dann auch $Y = f(x) + \epsilon$ eine Zufallsvariable. Das Merkmal X kann deterministisch sein, d.h. die Werte von X können systematisch oder „kontrolliert" variiert werden, oder X ist ebenfalls eine Zufallsvariable, d.h. die x-Werte sind beobachtete Realisierungen von X. Da im Gegensatz zur empirischen Beziehung für die Daten nun Zufallsvariablen in den linearen Ansatz eingehen, gelangt man zu einem stochastischen Modell der linearen Einfachregression (Abschnitt 12.1).

In Anwendungen liegt sehr oft der Fall vor, dass die Zielvariable Y von mehreren Einflussgrößen $X_1, \ldots, X_p$ abhängt. So hängt die Nettomiete von Wohnungen im Beispiel 1.2 neben der Wohnfläche von weiteren Merkmalen ab, die Alter, Ausstattung und Lage der Wohnung beschreiben. Dabei können die Einflussgrößen sowohl metrisch als auch kategorial sein. Abschnitt 12.2 behandelt das zugehörige Modell der linearen Mehrfachregression.

Diese „klassische" lineare Regression basiert auf zwei Grundannahmen: Die Zielvariable Y muss metrisch skaliert sein; zusätzlich ist es zumindest günstig, wenn Y approximativ normalverteilt ist. Zweitens wird die Regressionsfunktion als linear angenommen. Abschnitt *12.4 skizziert einige Erweiterungen der Regressionsanalyse auf nichtlineare Regressionsansätze.

12.1   Lineare Einfachregression

Es liege die Datensituation von Abschnitt 3.6 vor: Für n Objekte werden zu den beiden metrischen Merkmalen Y und X die Werte (y_i, x_i), $i = 1, \ldots, n$, gemessen oder beobachtet. Dabei ist zu beachten, dass es in Anwendungen oft nötig ist, ein ursprünglich erhobenes Merkmal, etwa Z, geeignet in $X = f(Z)$, z.B. durch $X = Z^2$ oder $\ln Z$ zu transformieren, sodass dann nicht Z, sondern die abgeleitete Variable X in den linearen Regressionsansatz eingeht. Dies gilt in analoger Weise für das Merkmal Y.

12.1.1   Das Modell der linearen Einfachregression

In der linearen empirischen Beziehung

$$y_i = \alpha + \beta x_i + \epsilon_i, \quad i = 1, \ldots, n$$

Fehlervariable

zufällige Komponente

fassen wir nun die Fehler ϵ_i als Realisierungen von Zufallsvariablen auf. Im Folgenden unterscheiden wir in der Notation nicht zwischen Fehlern und zugehörigen Zufallsvariablen, sondern bezeichnen beide mit ϵ_i. Die *Fehler-* oder *Störvariablen* ϵ_i sind nicht beobachtbar, sollen aber den nicht kontrollierten oder nicht systematisch messbaren Einfluss von Messfehlern oder anderen Variablen, die im Vergleich zu X deutlich weniger Erklärungswert für Y besitzen, umfassen. Da sie als *unsystematische* oder *zufällige Komponente* eingehen, ist es vernünftig, dass man zumindest

$$E(\epsilon_i) = 0, \quad i = 1, \ldots, n$$

deterministisch

Realisierungen von Zufallsvariablen

systematische Komponente

fordert. Die Werte x_i können *deterministisch*, d.h. fest vorgegeben sein, wie etwa in einem geplanten Versuch, oder sie können sich als *Realisierungen von Zufallsvariablen* X_i ergeben. Die zweite Situation liegt in der Regel dann vor, wenn in einer Zufallsstichprobe an n Objekten simultan die Realisierungen (y_i, x_i), $i = 1, \ldots, n$, der Variablen (Y, X) beobachtet werden. Bei festen oder beobachteten Werten x_i stellt $\alpha + \beta x_i$ die *systematische Komponente* zur Erklärung von Y dar. Die Werte y_i sind damit ebenfalls als Realisierungen von Zufallsvariablen Y_i aufzufassen. Somit geht die empirische Beziehung über in das stochastische Grundmodell

$$Y_i = \alpha + \beta x_i + \epsilon_i, \quad E(\epsilon_i) = 0, \quad i = 1, \ldots, n,$$

der linearen Einfachregression. Dieses Grundmodell wird durch zusätzliche Annahmen weiter spezifiziert. Dem „klassischen" linearen Regressionsmodell liegt die Vorstellung zugrunde, dass die systematische Komponente $\alpha + \beta x_i$ additiv und rein zufällig durch Fehlervariablen ϵ_i überlagert wird. Diese Modellannahme wird formal dadurch ausgedrückt, dass die Zufallsvariablen ϵ_i, $i = 1, \ldots, n$, unabhängig und identisch verteilt sind. Insbesondere besitzen damit alle ϵ_i gleichgroße Varianz $Var(\epsilon_i) = \sigma^2$.

In der folgenden Modelldefinition wird dies zusammengefasst.

Standardmodell der linearen Einfachregression

Es gilt

$$Y_i = \alpha + \beta x_i + \epsilon_i, \quad i = 1, \ldots, n.$$

Dabei sind :

$Y_1, \ldots, Y_n$ beobachtbare metrische Zufallsvariablen,

$x_1, \ldots, x_n$ gegebene deterministische Werte oder Realisierungen einer
metrischen Zufallsvariable X.

$\epsilon_1, \ldots, \epsilon_n$ unbeobachtbare Zufallsvariablen, die unabhängig und
identisch verteilt sind mit $E(\epsilon_i) = 0$ und $Var(\epsilon_i) = \sigma^2$.

Die Regressionskoeffizienten α, β und die Varianz σ^2 sind unbekannte Parameter, die aus den Daten $(y_i, x_i), i = 1, \ldots, n$, zu schätzen sind.

Die folgenden *Bemerkungen* erläutern dieses Modell noch näher.

Bemerkungen

1. Die Annahme fest vorgegebener x-Werte trifft vor allem für „geplante Experimente" zu. Beispielsweise könnte x_i die vorgegebene Dosis eines blutdrucksenkenden Präparats und Y_i der gemessene Blutdruck sein oder x_i die investierten Werbungskosten und Y_i der Umsatz für ein bestimmtes Produkt. In vielen Problemstellungen liegt aber folgende Situation vor: Die Daten $(y_i, x_i), i = 1, \ldots, n$, entstammen einer zufälligen Stichprobe vom Umfang n, bei der für jedes Objekt die Werte der Merkmale Y und X festgestellt werden. Man fasst dann (y_i, x_i) als Realisierungen von unabhängigen und identisch wie (Y, X) verteilten Stichprobenvariablen (Y_i, X_i) auf. Diese Situation trifft in ausreichender Näherung auch dann zu, wenn aus einer großen Grundgesamtheit zufällig *ohne* Zurücklegen gezogen wird, wie etwa im Beispiel eines Mietspiegels, wo zu einer gezogenen Wohnung i deren Nettomiete y_i und Wohnfläche x_i festgestellt wird. In dieser Situation sprechen wir auch kurz von einem Regressionsmodell mit *stochastischem Regressor*. In der obigen Modellfunktion sind dann streng genommen alle Annahmen unter der Bedingung $X_i = x_i, i = 1, \ldots, n$, zu verstehen, also etwa $E(\epsilon_i | X_i = x_i) = 0$, $Var(\epsilon_i | X_i = x_i) = \sigma^2$. Wir unterdrücken diese Bedingung zwar weiterhin notationell, aber Eigenschaften und Aussagen, die aus der Modelldefinition folgen, sind gegebenenfalls „bedingt" zu interpretieren. Dies gilt insbesondere auch für die folgende Bemerkung.

deterministische und stochastische Regressoren

2. Aus den Eigenschaften der Fehlervariablen folgen entsprechende Eigenschaften für die Zielvariablen. Es gilt

Eigenschaften der Zielvariablen

$$E(Y_i) = E(\alpha + \beta x_i + \epsilon_i) = \alpha + \beta x_i$$
$$Var(Y_i) = Var(\alpha + \beta x_i + \epsilon_i) = \sigma^2,$$

und die Verteilungen der Y_i sind bis auf die Verschiebung $\alpha + \beta x_i$ der Erwartungswerte gleich. Abbildung 12.1 veranschaulicht diese Eigenschaften.

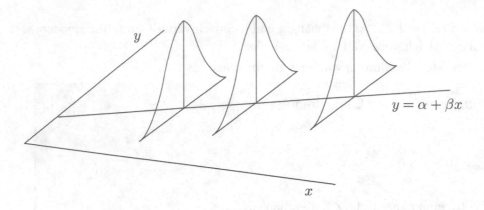

Abbildung 12.1: Dichten der Zielvariablen

Ebenso überträgt sich, bei gegebenen x_i, die Unabhängigkeit der ϵ_i auf die Y_i.

Homo-skedastizität

3. Die Eigenschaft gleicher Varianz σ^2 der Fehlervariablen ϵ_i wird auch als *Homoskedastizität* bezeichnet. Sie wird oft dadurch verletzt, dass die Varianzen der ϵ_i und damit der Y_i mit größer werdenden x-Werten ebenfalls zunehmen. Ob die Annahme der Homoskedastizität kritisch ist, sieht man oft schon aus dem Streudiagramm für die (y_i, x_i)-Werte. In Abbildung 3.16 wächst offensichtlich die (empirische) Varianz der Nettomieten mit der Wohnfläche an. Damit sind die Fehlervarianzen nicht homoskedastisch. Lässt man zu, dass

Hetero-skedastizität

die Varianzen ungleich sind, so spricht man auch von *Heteroskedastizität*. In diesem Fall sind die Methoden der linearen Regression nur in geeignet modifizierter Form anwendbar.

Korrelation

Für Zeitreihendaten, bei denen $i = 1, \ldots, n$ aufeinanderfolgende Zeitpunkte sind, kann die Annahme unabhängiger Fehler und damit, bei gegebenen x_i, unabhängiger Y_i verletzt sein, da eine zeitliche *Korrelation* in Betracht zu ziehen ist. Diese Situation liegt beim CAP-Modell vor. Empirische und theoretische Ergebnisse deuten allerdings darauf hin, dass Renditen keine oder nur eine geringe zeitliche Korrelation besitzen.

Sowohl für heteroskedastische als auch abhängige Fehlervariablen existieren Modifikationen des Standardmodells. Dabei wird das Grundmodell beibehalten, während die weiteren Annahmen entsprechend abgeändert werden. Dies hat auch entsprechende Modifikationen der einzusetzenden Verfahren zur Folge.

Modelldiagnose

Die eben diskutierten, aber auch alle anderen Annahmen, insbesondere die Linearität $\alpha + \beta x$ der systematischen Komponente des klassischen linearen Regressionsmodells, sind in Anwendungen kritisch zu reflektieren und, soweit möglich, mit statistischen Methoden der *Modelldiagnose* zu überprüfen. Dies kann mithilfe von formalen Tests, aber auch mit explorativen grafischen Analysen geschehen (vgl. die Abschnitte 12.1.3 und *12.4).

Exakte Aussagen zu Verteilungen von Schätzern und Teststatistiken, die auch für Stichproben kleineren Umfangs n gültig bleiben, erhält man, wenn man zusätzlich annimmt, dass die Fehler bzw. die Zielvariablen normalverteilt sind.

Normalverteilungsannahme

$$\epsilon_i \sim N(0, \sigma^2) \quad \text{bzw.} \quad Y_i \sim N(\alpha + \beta x_i, \sigma^2), \quad i = 1, \ldots, n.$$

Die im Folgenden dargestellten Inferenztechniken arbeiten üblicherweise dann gut, wenn diese Normalverteilungsannahme wenigstens approximativ gilt. Deshalb ist es auch sinnvoll, diese Annahme zum Beispiel mit Normal-Quantil-Plots zu überprüfen.

12.1.2   Schätzen, Testen und Prognose

Die wichtigsten Grundaufgaben der statistischen Inferenz sind: Punkt- bzw. Intervallschätzen der unbekannten Parameter α, β und σ^2, Testen von Hypothesen über die Regressionskoeffizienten α und β, und die Prognose der Zielvariablen Y für einen neuen Wert x des Regressors X.

Schätzen

Für das Standardmodell der linearen Regression wird wie in Abschnitt 3.6.2 die gewöhnliche *KQ- (Kleinste-Quadrate-) Methode* eingesetzt. Ersetzt man im KQ-Ansatz die Realisierungen y_i durch die Zufallsvariablen Y_i, dann lautet das KQ-Prinzip: Bestimme die Schätzer $\hat{\alpha}$ und $\hat{\beta}$ für α und β so, dass   *KQ-Methode*

$$\sum_{i=1}^{n}(Y_i - \alpha - \beta x_i)^2 \to \min_{\alpha,\beta},$$

also die Summe der quadratischen Abweichungen durch $\hat{\alpha}, \hat{\beta}$ minimiert wird. Die Lösung für $\hat{\alpha}$ und $\hat{\beta}$ ergibt sich wie in Abschnitt 3.6.2, nur sind statt der y_i die Zufallsvariablen Y_i einzusetzen:

$$\hat{\alpha} = \bar{Y} - \hat{\beta}\bar{x}, \quad \hat{\beta} = \frac{\sum\limits_{i=1}^{n}(x_i - \bar{x})(Y_i - \bar{Y})}{\sum\limits_{i=1}^{n}(x_i - \bar{x})^2} = \frac{\sum\limits_{i=1}^{n} x_i Y_i - n\bar{x}\bar{Y}}{\sum\limits_{i=1}^{n} x_i^2 - n\bar{x}^2}$$

mit $\bar{Y} = (Y_1 + \cdots + Y_n)/n$. Damit hängen bei gegebenen x_i-Werten $\hat{\alpha}$ und $\hat{\beta}$ von den Zufallsvariablen $Y_1, \ldots, Y_n$ ab und sind somit *Schätzfunktionen*. Notationell unterscheiden   *Schätzfunktion* wir dabei nicht zwischen den Realisierungen von $\hat{\alpha}$ und $\hat{\beta}$, die man erhält, wenn man für die Y_i die Realisierungen y_i einsetzt. Wie in Abschnitt 3.6 bezeichnet man die Abweichungen $\hat{\epsilon}_i = Y_i - \hat{Y}_i, i = 1, \ldots, n$, zwischen den Zielvariablen und ihren Schätzern $\hat{Y}_i = \hat{\alpha} + \hat{\beta}x_i$ als *Residuen*. Als Schätzer für σ^2 verwendet man die gemittelte Residuenquadratsumme $\hat{\sigma}^2 =$ *Residuen* $\frac{1}{n-2}\sum_{i=1}^{n}\hat{\epsilon}_i^2$. Im Folgenden fassen wir die Schätzer und wichtige Eigenschaften zusammen.

Kleinste-Quadrate-Schätzer

$$\hat{\beta} = \frac{\sum_{i=1}^{n}(x_i - \bar{x})(Y_i - \bar{Y})}{\sum_{i=1}^{n}(x_i - \bar{x})^2}, \quad \hat{\alpha} = \bar{Y} - \hat{\beta}\bar{x},$$

$$\hat{\sigma}^2 = \frac{1}{n-2}\sum_{i=1}^{n}\hat{\epsilon}_i^2 = \frac{1}{n-2}\sum_{i=1}^{n}(Y_i - \hat{\alpha} - \hat{\beta}x_i)^2,$$

mit den *Residuen* $\hat{\epsilon}_i = Y_i - \hat{Y}_i$ und den *gefitteten* Werten $\hat{Y}_i = \hat{\alpha} + \hat{\beta}x_i$.
Es gilt:

$$E(\hat{\alpha}) = \alpha, \quad E(\hat{\beta}) = \beta, \quad E(\hat{\sigma}^2) = \sigma^2,$$

$$Var(\hat{\alpha}) = \sigma_{\hat{\alpha}}^2 = \sigma^2 \frac{\sum x_i^2}{n\sum(x_i - \bar{x})^2} = \sigma^2 \frac{\sum x_i^2}{n(\sum x_i^2 - n\bar{x}^2)},$$

$$Var(\hat{\beta}) = \sigma_{\hat{\beta}}^2 = \frac{\sigma^2}{\sum(x_i - \bar{x})^2} = \frac{\sigma^2}{\sum x_i^2 - n\bar{x}^2}.$$

Somit sind $\hat{\alpha}$, $\hat{\beta}$ und $\hat{\sigma}^2$ erwartungstreue Schätzer. Gilt für $n \to \infty$

$$\sum_{i=1}^{n}(x_i - \bar{x})^2 \to \infty,$$

so sind sie auch konsistent.

Alle obigen Eigenschaften gelten für das Standardmodell der linearen Regression. Für einen stochastischen Regressor X sind die Resultate bedingt zu interpretieren.

Bemerkungen

Beziehung zur Korrelation

Bemerkungen:
1. Die Formel für den KQ-Schätzer $\hat{\beta}$ lässt sich leicht zu

$$\hat{\beta} = r_{XY}\frac{S_Y}{S_X}$$

umformen, wobei r_{XY}, S_Y, S_X die Schätzer für den Korrelationskoeffizienten ρ_{XY} und die Standardabweichungen σ_Y, σ_X sind. Diese Beziehung ist für das Modell mit einem stochastischen Regressor sinnvoll interpretierbar, für deterministische x-Werte bleibt sie rein rechnerisch ebenfalls gültig. Dies gilt in analoger Weise für die Äquivalenz $R^2 = r_{XY}^2$ von Bestimmtheitsmaß und empirischem Korrelationskoeffizienten (vgl. Abschnitt 3.6).

Linearität der KQ-Schätzer

2. Einfache Umformungen zeigen noch deutlicher, wie $\hat{\alpha}$ und $\hat{\beta}$ von $Y_1, \ldots, Y_n$ abhängen. Ausmultiplizieren im Zähler liefert zunächst

$$\hat{\beta} = \frac{\sum_{i=1}^{n}(x_i - \bar{x})Y_i}{\sum_{i=1}^{n}(x_i - \bar{x})^2} - \frac{\sum_{i=1}^{n}(x_i - \bar{x})\bar{Y}}{\sum_{i=1}^{n}(x_i - \bar{x})^2}.$$

Der zweite Term ist null, da $\sum(x_i - \bar{x}) = 0$ ist. Somit erhält man

$$\hat{\beta} = \sum_{i=1}^{n}\left(\frac{x_i - \bar{x}}{\sum\limits_{i=1}^{n}(x_i - \bar{x})^2}\right)Y_i = \sum_{i=1}^{n} b_i Y_i$$

mit den Gewichten

$$b_i = \frac{x_i - \bar{x}}{\sum\limits_{i=1}^{n}(x_i - \bar{x})^2}.$$

Einsetzen in $\hat{\alpha} = \bar{Y} - \hat{\beta}\bar{x}$ ergibt nach kurzer Umformung

$$\hat{\alpha} = \sum_{i=1}^{n} a_i Y_i, \quad a_i = \frac{1}{n} - \frac{x_i - \bar{x}}{\sum\limits_{i=1}^{n}(x_i - \bar{x})^2}\bar{x}.$$

Somit sind $\hat{\alpha}$ und $\hat{\beta}$ lineare Funktionen der Zielvariablen $Y_1,\ldots,Y_n$ und man kann nach den Rechenregeln für Linearkombinationen von unabhängigen Zufallsvariablen (Abschnitt 6.1) Erwartungswert und Varianz von $\hat{\alpha}$ und $\hat{\beta}$ berechnen und daraus die obigen Eigenschaften ableiten.

3. Die Konsistenzbedingung $\sum(x_i - \bar{x})^2 \to \infty$ bedeutet, dass die Werte $x_1,\ldots,x_n,\ldots$ *Konsistenz* für alle n hinreichend stark um ihr arithmetisches Mittel variieren. Nur so kommt immer wieder zusätzliche Information zur Schätzung von $\hat{\alpha}$ und $\hat{\beta}$ hinzu. Für einen stochastischen Regressor X, bei dem $x_1,\ldots,x_n,\ldots$ Realisierungen der unabhängigen und identisch wie X verteilten Stichprobenvariablen $X_1,\ldots,X_n,\ldots$ sind, gilt diese Bedingung, da mit Wahrscheinlichkeit 1 gilt:

$$\frac{1}{n}\sum_{i=1}^{n}(X_i - \bar{X})^2 \to Var(X) = \sigma_X^2.$$

4. Für Modifikationen des Standardmodells ergeben sich Änderungen. Wenn zum Beispiel die Varianzen heteroskedastisch sind, ist es günstiger, sofort zu einer *gewichteten* *gewichtete KQ-Schätzung* überzugehen. Man bestimmt dann $\hat{\alpha}$ und $\hat{\beta}$ so, dass die mit den Varianzen $\sigma_i^2 = Var(\epsilon_i)$ gewichtete Summe der quadratischen Abweichungen

$$\sum_{i=1}^{n}\frac{(Y_i - \alpha - \beta x_i)^2}{\sigma_i^2}$$

bezüglich α und β minimiert wird. Dazu müssen allerdings die σ_i^2 bekannt sein oder geschätzt werden.

Für Intervallschätzungen und Tests benötigt man auch *Verteilungsaussagen* über die *Verteilungs-aussagen* Schätzer. Unter der Normalverteilungsannahme

$$\epsilon_i \sim N(0,\sigma^2) \quad \text{bzw.} \quad Y_i \sim N(\alpha + \beta x_i, \sigma^2), \quad i = 1,\ldots,n,$$

erhält man wegen $\hat{\alpha} = \sum a_i Y_i$, $\hat{\beta} = \sum b_i Y_i$ sofort, dass auch $\hat{\alpha}$ und $\hat{\beta}$ normalverteilt sind mit

$$\hat{\alpha} \sim N(\alpha, \sigma_{\hat{\alpha}}^2), \quad \hat{\beta} \sim N(\beta, \sigma_{\hat{\beta}}^2),$$

wobei $\sigma_{\hat{\alpha}}^2$, $\sigma_{\hat{\beta}}^2$ die oben angegebenen Varianzen von $\hat{\alpha}$ und $\hat{\beta}$ sind. Ersetzt man dort die unbekannte Varianz σ^2 der Fehler durch den Schätzer $\hat{\sigma}^2$, so sind die standardisierten Schätzer Student-verteilt mit $n - 2$ Freiheitsgraden. Die Anzahl der Freiheitsgrade verringert sich von n auf $n - 2$, da die zwei Parameter α, β geschätzt werden.

Verteilung der standardisierten Schätzfunktionen

Unter der Normalverteilungsannahme gilt

$$\frac{\hat{\alpha} - \alpha}{\hat{\sigma}_{\hat{\alpha}}} \sim t(n-2), \quad \frac{\hat{\beta} - \beta}{\hat{\sigma}_{\hat{\beta}}} \sim t(n-2)$$

mit

$$\hat{\sigma}_{\hat{\alpha}} = \hat{\sigma} \frac{\sqrt{\sum_{i=1}^{n} x_i^2}}{\sqrt{n \sum_{i=1}^{n} (x_i - \bar{x})^2}}, \quad \hat{\sigma}_{\hat{\beta}} = \frac{\hat{\sigma}}{\sqrt{\sum_{i=1}^{n} (x_i - \bar{x})^2}}.$$

Mit üblichen Argumenten erhält man daraus symmetrische Konfidenzintervalle:

Konfidenzintervalle für α und β

$$\hat{\alpha} \pm \hat{\sigma}_{\hat{\alpha}} t_{1-\alpha/2}(n-2), \quad \hat{\beta} \pm \hat{\sigma}_{\hat{\beta}} t_{1-\alpha/2}(n-2)$$

Für $n > 30$: t-Quantile der $t(n-2)$-Verteilung durch Quantile der $N(0,1)$-Verteilung ersetzen.

In vielen Fällen ist die Normalverteilungsannahme nur approximativ erfüllt oder sogar deutlich verletzt. Die obigen Verteilungsaussagen bleiben aber asymptotisch für $n \to \infty$ richtig, falls die Konsistenzbedingung $\sum (x_i - \bar{x})^2 \to \infty$ erfüllt ist. Das bedeutet, dass für großen Stichprobenumfang n die Verteilungen der (standardisierten) Schätzfunktionen *approximativ normal-* bzw. *t-verteilt* sind und somit die obigen Konfidenzintervalle approximativ das Konfidenzniveau $1 - \alpha$ besitzen. Falls die Fehler bzw. Zielvariablen selbst bereits *approximativ normalverteilt* sind, genügt dazu bereits ein relativ kleiner ($n \sim 20$) Stichprobenumfang. Für deutlich nicht normalverteilte Fehler bzw. Zielvariablen muss jedoch der Stichprobenumfang ebenfalls deutlich erhöht werden, um zuverlässige Schlüsse zu ziehen.

approximativ normalverteilt t-verteilt

Beispiel 12.1   CAP-Modell und Beta-Koeffizient

In Kapitel 3, Beispiel 3.30 (Seite 153), wurden bereits die KQ-Schätzungen für das CAPM bezüglich der Munich RE-Aktie bestimmt. Man erhielt die Regressionsbeziehung

$$y_i = 0.0044 + 0.8553 x_i + \epsilon_i, \quad i = 1, \dots, 35,$$

für den Zeitraum November 2011 bis November 2014 mit dem Regressor $X = $ „Marktrendite minus Zins" und der Zielvariable $Y = $ „Rendite der Munich RE-Aktie minus Zins". Im Gegensatz zum Mietspiegel-Beispiel zeigt das Streudiagramm dieser beiden Variablen in Abbildung 3.19 keine systematischen Auffälligkeiten: Offensichtlich wird die Streuung der Zielvariable hier nicht von der Regressorvariable beeinflusst, sodass von Homoskedastizität ausgegangen werden kann. Da es sich um Zeitreihendaten handelt, verdient die Annahme unkorrelierter Fehler besonderes Augenmerk. Dazu betrachtet man eine eventuelle Korrelation zwischen den y- Werten mit sich selbst, jedoch um einen Monat verschoben. Der Korrelationskoeffizient von Bravais-Pearson zwischen (Y_i, Y_{i+1}), $i = 1, \ldots, 34$, beträgt hier -0.1369 und der Korrelationstest aus Kapitel 11 kann keine signifikante Korrelation mit den zeitverzögerten Variablen aufzeigen (p-Wert 0.4455). Wir nehmen deshalb im Folgenden an, dass auch die Fehlervariablen nicht korreliert sind. Für ihre Varianz $\sigma^2 = Var(\epsilon_i)$ erhält man die Schätzung

$$\hat{\sigma}^2 = 0.03839/33 = 1.16 \cdot 10^{-3},$$

wobei 0.03839 die Residuenquadratsumme $\sum(y_i - \hat{y}_i)^2$ ist. Die Standardabweichung wird damit durch $\hat{\sigma} = 0.0341$ geschätzt. Mit $\sum_{i=1}^{n} x_i^2 = 0.0588$ und $\bar{x} = 0.0110$ ergeben sich die geschätzten Standardabweichungen der KQ-Schätzungen für die Koeffizienten:

$$\hat{\sigma}_{\hat{\alpha}} = \frac{0.0341}{\sqrt{\frac{35 \cdot (0.0588 - 35 \cdot 0.0110^2)}{0.0588}}} = 0.0060$$

$$\hat{\sigma}_{\hat{\beta}} = \frac{0.0341}{\sqrt{0.0588 - 35 \cdot 0.0110^2}} = 0.1460.$$

In Kapitel 2 haben wir gesehen, dass die monatlichen Durchschnittsrenditen der Munich RE-Aktie nur approximativ normalverteilt sind (vgl. Abbildung 2.31), zudem sind drei Ausreißer vorhanden. Dennoch können wir aufgrund des zentralen Grenzwertsatzes in guter Näherung von normalverteilten KQ-Schätzugnen ausgehen. Unter dieser Verteilungsannahme erhält man zur Überdeckungswahrscheinlichkeit 0.95 die Konfidenzintervalle

$$\hat{\alpha} \pm 0.0060 \cdot 2.0345 = [-0.0079; 0.0166],$$

$$\hat{\beta} \pm 0.1460 \cdot 2.0345 = [0.5583; 1.1524].$$

Dabei liegt der Wert null im Konfidenzintervall für den y-Achsenabschnitt α, nicht aber in dem für den Steigungskoeffizienten β. Da bekanntermaßen 95 %-Konfidenzintervalle dem Annahmebereich eines zweiseitigen Tests zum Niveau 0.05 entsprechen, bedeutet dies, dass die Nullhypothese $\alpha = 0$ nicht verworfen werden kann, während der Steigungsparameter β signifikant von null verschieden ist. Die Nullhypothese $\beta = 1$, d.h. der Beta-Faktor zeigt, dass sich die Munich RE-Aktie wie der Gesamtmarkt verhält, kann dagegen nicht verworfen werden. Natürlich lassen sich auch in der Regressionsanalyse solche Tests anhand geeigneter Teststatistiken durchführen, wie im Folgenden ausgeführt wird. □

Testen

Folgende Hypothesen über α und β sind hauptsächlich von Interesse:

(a) $H_0 : \alpha = \alpha_0$, $\quad H_1 : \alpha \neq \alpha_0$ $\quad$ bzw. $H_0 : \beta = \beta_0$, $\quad H_1 : \beta \neq \beta_0$,

(b) $H_0 : \alpha \geq \alpha_0$, $\quad H_1 : \alpha < \alpha_0$ $\quad$ bzw. $H_0 : \beta \geq \beta_0$, $\quad H_1 : \beta < \beta_0$,

(c) $H_0 : \alpha \leq \alpha_0$, $H_1 : \alpha > \alpha_0$ bzw. $H_0 : \beta \leq \beta_0$, $H_1 : \beta > \beta_0$.

Von besonderer Bedeutung ist das Hypothesenpaar

$$H_0 : \beta = 0, \quad H_1 : \beta \neq 0.$$

Dabei bedeutet $H_0 : \beta = 0$, dass tatsächlich $Y_i = \alpha + \epsilon_i$, $i = 1, \ldots, n$, gilt, und somit X keinen Erklärungswert für Y besitzt. Ablehnung von H_0 zugunsten von H_1 bedeutet, dass es sinnvoll ist, X in Form der systematischen Komponente $\alpha + \beta x$ zur Erklärung von Y einzusetzen. Als Teststatistiken verwendet man die standardisierten Schätzer. Aufgrund ihrer Verteilungseigenschaften erhält man Entscheidungsvorschriften, die völlig analog zu denen des t-Tests im Ein-Stichproben-Fall sind.

Teststatistiken und Ablehnbereiche

$$T_{\alpha_0} = \frac{\hat{\alpha} - \alpha_0}{\hat{\sigma}_{\hat{\alpha}}} \quad \text{bzw.} \quad T_{\beta_0} = \frac{\hat{\beta} - \beta_0}{\hat{\sigma}_{\hat{\beta}}}$$

Ablehnbereiche zu den Hypothesen (a), (b), (c)

(a) $|T_{\alpha_0}| > t_{1-\alpha/2}(n-2)$ bzw. $|T_{\beta_0}| > t_{1-\alpha/2}(n-2)$

(b) $T_{\alpha_0} < -t_{1-\alpha}(n-2)$ bzw. $T_{\beta_0} < -t_{1-\alpha}(n-2)$

(c) $T_{\alpha_0} > t_{1-\alpha}(n-2)$ bzw. $T_{\beta_0} > t_{1-\alpha}(n-2)$

Für $n > 30$: Quantile der $t(n-2)$-Verteilung durch Quantile der $N(0,1)$-Verteilung ersetzen.

Bei Gültigkeit der Normalverteilungsannahme besitzen die Tests exakt das Niveau α, ansonsten approximativ für größeren Stichprobenumfang. Wie immer können die Testentscheidungen auch über die Beziehung zu Konfidenzintervallen oder mittels der p-Werte getroffen werden. Letzteres wird vor allem in statistischen Programmpaketen benutzt. Dort werden üblicherweise die T-Werte und p-Werte zu den Hypothesen a) mit $\alpha_0 = 0$ bzw. $\beta_0 = 0$ ausgegeben. Daraus lässt sich dann erkennen, ob der Einbezug von α bzw. β in den Regressionsansatz sinnvoll ist.

Zusätzlich zu den Schätzwerten $\hat{\alpha}$, $\hat{\beta}$ und T- bzw. p-Werten wird oft mithilfe einer sogenannten Varianzanalysetabelle, die auf der Streuungszerlegung von Abschnitt 3.6.3 beruht, ein sogenannter F-Wert berechnet.

Varianzanalysetabelle

	Streuung	Freiheitsgrade	mittlerer quadratischer Fehler	Prüfgröße
Erklärte Streuung	SQE	1	$MQE = \frac{SQE}{1}$	$F = \frac{MQE}{MQR}$
Reststreuung	SQR	$n-2$	$MQR = \frac{SQR}{n-2}$	
Gesamtstreuung	SQT	$n-1$		

Es lässt sich zeigen, dass $F = T_{\beta_0}^2$ (für $\beta_0 = 0$) gilt. Somit kann auch der F-Wert zur Prüfung von $H_0 : \beta = 0$ verwendet werden. Falls die Normalverteilungsannahme zutrifft, gilt unter dieser Nullhypothese $F \sim F(1, n-2)$. Zudem gilt die Beziehung

$$F = \frac{R^2}{1 - R^2}(n-2) \,.$$

CAP-Modell und Beta-Koeffizient

Beispiel 12.2

Im Rahmen des CAP-Modells sind vor allem die Hypothesen

$$H_0 : \alpha = 0, \quad H_1 : \alpha \neq 0 \quad \text{und} \quad H_0 : \beta = 1, \quad H_1 : \beta \neq 1$$

von Interesse. Die zugehörigen Realisierungen der Testgrößen lauten für unser Beispiel bezüglich der Munich RE-Aktie:

$$T_{\alpha_0} = \frac{\hat{\alpha}}{\hat{\sigma}_{\hat{\alpha}}} = \frac{0.0044}{0.0060} = 0.733 \,, \quad T_{\beta_0} = \frac{\hat{\beta} - 1}{\hat{\sigma}_{\hat{\beta}}} = \frac{0.8553 - 1}{0.1460} = -0.9911 \,.$$

Wegen $t_{0.975}(33) = 2.0345$ liegen sowohl T_{α_0} als auch T_{β_0} nicht im Ablehnbereich zum Signifikanzniveau 5 %. Somit ist hier der Intercept-Term α nicht signifikant von null verschieden, weswegen er auch häufig im CAP-Modell von vornherein weggelassen wird. Der Steigungskoeffizient β, der im Rahmen des CAP-Modells auch als Beta-Faktor bezeichnet wird, ist nicht signifikant von eins verschieden, d.h. die Munich RE-Aktie birgt nach Datenlage weder ein größeres noch ein kleineres Risiko als der Gesamtmarkt. Ferner erhält man hier die folgende Varianztabelle:

$SQE = 0.03991$	1	$MQE = 0.03991$	$F = 34.3$
$SQR = 0.03839$	33	$MQR = 1.16 \cdot 10^{-3}$	
$SQT = 0.07830$	34		

Der p-Wert zu $F = 34.3$ bei 1 und 33 Freiheitsgraden ist gleich $1.4 \cdot 10^{-6}$, sodass β signifikant von null verschieden ist und die X-Variable (Marktrendite minus Zinssatz) also einen Einfluss auf die Y-Variable ausübt. Der Erklärungswert der unabhängigen Variable lässt sich mithilfe des Bestimmtheitsmaßes noch genauer messen: Hier gilt $R^2 = \frac{SQE}{SQT} = 0.51$, d.h., dass das hier beschriebene CAP-Modell 51 % der Variation der abhängigen Variable „MunichRe-Rendite minus Zins" erklärt. □

Prognose

Häufig ist man auch daran interessiert, zu einem neuen Wert x_0 die (Realisierung) der Zielvariable Y_0 zu schätzen. Beispielsweise könnte x_0 die geplante Dosis eines Medikaments und Y_0 der Blutdruck eines Patienten sein, oder x_0 eingesetzte Werbekosten und Y_0 der zu prognostizierende Umsatz. Nimmt man an, dass auch für Y_0, x_0 das gleiche lineare Regressionsmodell

$$Y_0 = \alpha + \beta x_0 + \epsilon_0$$

gilt wie für die $Y_i, x_i, i = 1, \ldots, n$, so ist wegen $E(\epsilon_0) = 0$ die Zufallsvariable

$$\hat{Y}_0 = \hat{\alpha} + \hat{\beta} x_0$$

ein vernünftiger Punktschätzer für Y_0. Über die Eigenschaften von $\hat{\alpha}$ und $\hat{\beta}$ lässt sich auch die Varianz des Prognosefehlers $Y_0 - \hat{Y}_0$ und daraus ein Vertrauensintervall für Y_0 bestimmen.

Prognose von Y_0 zu gegebenem x_0

$$\hat{Y}_0 = \hat{\alpha} + \hat{\beta} x_0$$

Konfidenzintervall für Y_0:

$$\hat{Y}_0 \pm t_{1-\alpha/2}(n-2)\hat{\sigma} \sqrt{1 + \frac{1}{n} + \frac{(x_0 - \bar{x})^2}{\sum_{i=1}^{n} x_i^2 - n\bar{x}^2}}$$

Will man nur ein Konfidenzintervall für die „wahre" Regressionsgerade $\alpha + \beta x$ an der Stelle x, so fällt der additive Fehler ϵ_0 und – daraus resultierend – die 1 unter der Wurzel weg. Man erhält also:

Konfidenzintervall für die Regressionsgerade $\alpha + \beta x$

$$\hat{\alpha} + \hat{\beta} x \pm t_{1-\alpha/2}(n-2)\hat{\sigma} \sqrt{\frac{1}{n} + \frac{(x - \bar{x})^2}{\sum_{i=1}^{n} x_i^2 - n\bar{x}^2}}$$

Beispiel 12.3

korrekt?

CAP-Modell und Beta-Koeffizient

Im Teildatensatz von November 2011 bis November 2014 ist die unabhängige Variable stets kleiner als 0.07, sodass man sich fragen könnte, was mit der Y-Variable geschehen würde, wenn sich der Gesamtmarkt noch positiver entwickeln würde. Wir wollen deshalb die Rendite der Munich RE-Aktie (minus dem risikolosen Zinssatz) für die drei möglichen X-Werte $x_{01} = 0.08$, $x_{02} = 0.09$ und $x_{03} = 0.11$ prognostizieren. Punktschätzer für Y_0 erhält man dann unmittelbar durch Einsetzen in die Regressionsgerade:

$$\hat{y}_{01} = 0.0044 + 0.8553 \cdot 0.08 = 0.0728,$$
$$\hat{y}_{02} = 0.0044 + 0.8553 \cdot 0.09 = 0.0814,$$
$$\hat{y}_{03} = 0.0044 + 0.8553 \cdot 0.11 = 0.0985.$$

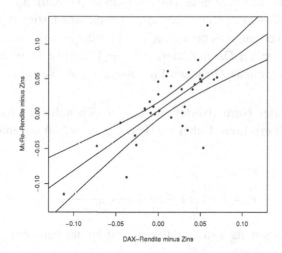

Abbildung 12.2: Konfidenzintervall für die Regressionsgerade zum CAP-Modell

Die zugehörigen Konfidenzintervalle zum Vertrauensgrad 0.95 lauten

$$\hat{y}_0 \pm 2.0345 \cdot 0.0341 \sqrt{1 + \frac{1}{35} + \frac{(x_0 - 0.0110)^2}{0.0588 - 35 \cdot 0.0110^2}},$$

also $[-0.0005, 0.1461]$ für Y_{01}, $[0.0072, 0.1555]$ für Y_{02} und $[0.0222, 0.1747]$ für Y_{03}.

Für Y_{02} und Y_{03} sind die prognostizierten Renditen somit signifikant im positiven Bereich, während das Konfidenzintervall für Y_{01} die Null gerade noch enthält. □

12.1.3 Residualanalyse

Mit dem Schätzen und Testen in einem linearen Regressionsmodell sollte man auch eine *Modelldiagnose* verbinden. Darunter versteht man statistische Mittel, mit denen überprüft werden kann, ob die Annahmen des Standardmodells – zumindest approximativ – erfüllt sind oder deutliche Abweichungen vorliegen. Neben formalen Tests, die hier nicht dargestellt werden, sind vor allem grafische Modelldiagnosen, die auf den Residuen basieren, nützlich. *Modelldiagnose*

Oft sieht man bereits am Streudiagramm selbst, ob Annahmen verletzt sind. Das Streudiagramm Nettomieten-Wohnfläche weist z.B. bereits darauf hin, dass die Varianzen mit der Wohnfläche anwachsen, also heteroskedastisch sind. Aus dem Streudiagramm Nettomieten pro qm-Wohnfläche ersieht man, dass die Beziehung eher nichtlinear ist. Noch deutlicher werden derartige Verletzungen der Modellannahmen durch sogenannte *Residualplots*, also *Residualplots* grafische Darstellung mithilfe der Residuen, vgl. Abschnitt 3.6.3. Letztendlich beruhen alle derartigen Residualanalysen darauf, dass sich die Modellannahmen für die Fehlervariablen ϵ_i in deren Schätzungen, den Residuen $\hat{\epsilon}_i$, widerspiegeln sollten.

Das Streudiagramm der $(\hat{\epsilon}_i, x_i)$-Werte sollte kein systematisches Muster aufweisen. Andernfalls ist, wie im Beispiel der Nettomieten pro qm, das Standardmodell nicht ohne Weiteres anwendbar. Oft hilft hier eine Transformation der Variablen, etwa in der Form $Y \to Y^m, m \neq 0$, oder $Y \to \ln Y$. Damit können oft heteroskedastische Varianzen homoge-

stabilisiert   nisiert oder *stabilisiert* werden. Aus dem gleichen Streudiagramm lassen sich auch Ausreißer, also deutlich vom Rest der Daten entfernte (y_i, x_i)-Werte erkennen. Solche Ausreißer
wird man genauer auf mögliche Ursachen hin ansehen und eventuell aus dem Datensatz
entfernen.

Abweichungen von der Normalverteilung lassen sich anhand eines Normal-Quantil-
Plots für die Residuen überprüfen. Dabei werden statt der $\hat{\epsilon}_i$ oft sogenannte *studentisierte*

studentisierte   *Residuen*
Residuen

$$r_i = \hat{\epsilon}_i \Big/ \sqrt{1 - \frac{1}{n} - \frac{(x_i - \bar{x}^2)^2}{\sum x_i^2 - n\bar{x}^2}}$$

verwendet. Man kann zeigen, dass sie den Eigenschaften der Fehler ϵ_i noch näherkommen
als die Residuen $\hat{\epsilon}_i$.

Beispiel 12.4   CAP-Modell und Beta-Koeffizient

Das Streudiagramm der Residuen und der gefitteten Werte in Abbildung 12.3 zeigt – wünschenswer-
terweise – keine systematischen Auffälligkeiten. Die Punktwolke deutet vielmehr darauf hin, dass
die gefitteten Werte und die Residuen unkorreliert sind. Dies rechtfertigt nachträglich die Annahme
der Homoskedastizität.

Die Normalverteilungsannahme wird zudem durch den Normal-Quantil-Plot der Residuen in
Abbildung 12.4 gestützt. Offensichtlich treten keine bemerkenswerten Ausreißer auf, und die Verteilung der Residuen lässt sich durch eine Normalverteilung gut beschreiben.   □

Beispiel 12.5   Mietspiegel

Am Streudiagramm Nettomieten/Wohnflächen der Abbildung 3.16 aus Abschnitt 3.6 erkennt man
bereits, dass die Fehlervarianzen heteroskedastisch sind. Berechnet man trotzdem nach der gewöhnlichen KQ-Methode die Ausgleichsgerade, so erhält man die Beziehung

$$\hat{Y} = 22.48 + 10.29\, x\,.$$

Das Streudiagramm der Residuen und der gefitteten Werte in Abbildung 12.5 spiegelt diese Inho-
mogenität der Varianzen nochmals wider.

Der Normal-Quantil-Plot in Abbildung 12.6 induziert deutliche Abweichungen von der Normalverteilung. Somit können die ungewichtete Regressionsanalyse und die resultierende Ausgleichsgerade nur deskriptiv aufgefasst werden. Für eine inferentielle Regressionsanalyse müsste eine gewichtete KQ-Schätzung oder eine geeignete Datentransformation durchgeführt werden.   □

12.2   Multiple lineare Regression

In diesem Abschnitt wird die lineare Einfachregression dahingehend erweitert, dass neben
der Zielvariable Y mehrere erklärende Variablen oder Regressoren $X_1, \dots, X_p$ betrachtet

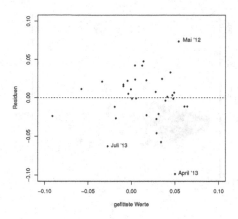

Abbildung 12.3: Residualplot

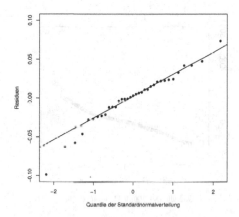

Abbildung 12.4: Normal-Quantil-Plot

werden. Zu diesen Variablen werden jeweils n Werte

$$y_i, x_{i1}, \ldots, x_{ip}, \quad i = 1, \ldots, n,$$

gemessen oder beobachtet.

Mietspiegel   Beispiel 12.6

Die Zielvariable „Nettomiete" soll nun durch weitere Merkmale der Wohnung erklärt werden. Wir betrachten in diesem Abschnitt eine Teilstichprobe des Münchner Mietspiegels mit 260 Wohnungen der Baualtersklasse 1978 − 1990. Als erklärende Variablen werden die Wohnfläche in qm, Badausstattung (gehoben/einfach), Küchenausstattung (gehoben/einfach) und die Wohnlage (normale, gute, beste) herangezogen. Da Wohnungen dieser Baualtersklasse nicht repräsentativ für ganz München sind, dient dieses Beispiel nur zur Illustration der Methoden der multiplen Regressionsanalyse und darf nicht als Vorschlag für einen „Mietspiegel" missverstanden werden.   □

Wie in diesem Beispiel wird für den gesamten Abschnitt vorausgesetzt, dass die Zielvariable metrisch ist. Die Regressoren können dagegen metrisch (wie die Wohnfläche),

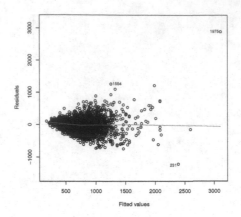

Abbildung 12.5: Residualplot

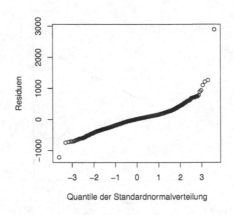

Abbildung 12.6: Normal-Quantil-Plot

binär (wie Bad- bzw. Küchenausstattung) oder mehrkategorial (wie die Wohnlage) sein. Bei metrischen Regressoren wird es in praktischen Anwendungen oft nötig sein, eine ursprüngliche erhobene Variable, etwa z, geeignet in $x = f(z)$, z.B. $x = z^2$, $x = \ln z$, usw., zu transformieren, sodass dann nicht z, sondern die transformierte Variable x linear in den Regressionsansatz eingeht. Kategoriale Regressoren mit k geordneten oder ungeordneten Kategorien $1, \ldots, k$ werden durch einen Vektor von $m = k - 1$ „Dummy-Variablen" $x^{(1)}, \ldots, x^{(m)}$ kodiert. Benutzt man 0-1 Dummy-Variablen, so spricht man auch kurz von

Dummy-
Kodierung

Dummy-Kodierung. Dabei ist $x^{(i)}$, $i = 1, \ldots, m$, durch

$$x^{(i)} = \begin{cases} 1, & \text{falls Kategorie } i \text{ beobachtet wird} \\ 0, & \text{sonst} \end{cases}$$

Referenz-
kategorie

Effekt-Kodierung

definiert. Falls die k-te Kategorie, die *Referenzkategorie*, beobachtet wird, so haben alle m Dummy-Variablen den Wert 0. Ein gebräuchliches alternatives Kodierungsschema ist die *Effekt-Kodierung*, die in der Varianzanalyse bevorzugt wird. Wir werden für das Beispiel des Mietspiegels die Dummy-Kodierung wählen. Die binäre Variable „Badausstattung" ist dann durch

$$x_B = \begin{cases} 1, & \text{gehobene Badausstattung} \\ 0, & \text{einfache Badausstattung} \end{cases}$$

kodiert. Die dreikategoriale, geordnete Variable „Wohnlage" ist durch die zwei Dummy-Variablen

$$x_L^{(1)} = \begin{cases} 1, & \text{gute Lage} \\ 0, & \text{sonst,} \end{cases} \quad x_L^{(2)} = \begin{cases} 1, & \text{beste Lage} \\ 0, & \text{sonst,} \end{cases}$$

definiert. Die Referenzkategorie „normale Lage" ist dann durch $x_L^{(1)} = 0$, $x_L^{(2)} = 0$ gegeben.

Wie bereits im Fall der univariaten linearen Regression kann auch eine Transformation der Zielvariable zweckmäßig oder notwendig sein. Besonders Potenztransformationen $Y \to Y^m, m \neq 0$, oder die logarithmische Transformation $Y \to \ln Y$ sind geeignete Möglichkeiten. So kann eine multiplikative Beziehung durch Logarithmieren in eine additive Beziehung übergeführt werden. Zugleich lassen sich oft gleichzeitig die Varianzen homogenisieren oder stabilisieren. Transformationen dieser Art heißen deshalb auch varianzstabilisierend. Für die weiteren Darstellungen gehen wir davon aus, dass der Einfluss von $X_1, \ldots, X_p$ auf Y – gegebenenfalls nach Transformation – durch eine approximative lineare Funktion

stabilisierende Transformationen

$$Y = \beta_0 + \beta_1 X_1 + \cdots + \beta_p X_p + \epsilon$$

beschrieben werden kann. Dabei ist $\beta_0 + \beta_1 X_1 + \cdots + \beta_p X_p$ die *additiv-lineare systematische Komponente* und ϵ eine Fehlervariable. Die Regressionskoeffizienten sind folgendermaßen zu interpretieren: Erhöht man für einen metrischen Regressor X_1 den Wert x_1 um eine Einheit, so zieht das bei *festgehaltenen* Werten der übrigen Regressoren die Erhöhung der systematischen Komponente um den Wert β_1 nach sich. Da man annimmt, dass die Fehlervariable den Durchschnittswert 0 besitzt, wird sich dann auch der Wert von Y im Durchschnitt um den Wert β_1 erhöhen. Ist zum Beispiel X_p eine binäre Variable oder eine 0-1-Dummy-Variable, so erhöht sich bei Vorliegen des Werts $x_p = 1$ die systematische Komponente um den Wert β_p im Vergleich zur Referenzkategorie $x_p = 0$.

additiv-lineare systematische Komponente

12.2.1   Das multiple lineare Regressionsmodell

Setzt man in die lineare Funktion für $Y, X_1, \ldots, X_p$ die beobachteten Daten ein, so ergibt sich die empirische lineare Beziehung

$$y_i = \beta_0 + \beta_1 x_{i1} + \cdots + \beta_p x_{ip} + \epsilon_i, \quad i = 1, \ldots, n.$$

Damit wird der Ansatz der univariaten linearen Regression auf p Regressoren verallgemeinert. Verbleibt man auf der rein empirischen Ebene der Daten, so kann man die multiple lineare Regression auch rein *deskriptiv* wie die lineare Einfachregression in Abschnitt 3.6 betrachten und die Regressionskoeffizienten nach dem in Abschnitt 12.2.2 dargestellten Kleinste-Quadrate-Prinzip berechnen.

deskriptiv

Für eine stochastische Modellierung fassen wir die Fehler ϵ_i und die Werte y_i wie in Abschnitt 12.1.1 als Realisierungen von Zufallsvariablen ϵ_i und Y_i auf. Auch die Werte $x_{i1}, \ldots, x_{ip}$ können *deterministisch*, d.h. fest vorgegeben, oder Realisierungen von

deterministisch

stochastische Regressoren

stochastische Regressoren, d.h. von Zufallsvariablen $X_1, \ldots, X_p$, sein. Das Grundmodell der linearen Einfachregression wird so zu

$$Y_i = \beta_0 + \beta_1 x_{i1} + \cdots + \beta_p x_{ip} + \epsilon_i, \quad E(\epsilon_i) = 0, \quad i = 1, \ldots, n,$$

erweitert. Nimmt man für die Fehlervariablen die gleichen Annahmen wie im univariaten Fall hinzu, so ergibt sich:

Standardmodell der multiplen linearen Regression

Es gilt

$$Y_i = \beta_0 + \beta_1 x_{i1} + \cdots + \beta_p x_{ip} + \epsilon_i, \quad i = 1, \ldots, n.$$

Dabei sind

$Y_1, \ldots, Y_n$ beobachtbare metrische Zufallsvariablen,

$x_{1j}, \ldots, x_{nj}$ deterministische Werte der Variablen X_j oder Realisierungen von Zufallsvariablen X_j,

$\epsilon_1, \ldots, \epsilon_n$ unbeobachtbare Zufallsvariablen, die unabhängig und identisch verteilt sind mit $E(\epsilon_i) = 0$ und $Var(\epsilon_i) = \sigma^2$.

Die Regressionskoeffizienten $\beta_0, \ldots, \beta_p$ und die Fehlervarianz σ^2 sind aus den Daten $y_i, x_{i1}, \ldots, x_{ip}, i = 1, \ldots, n$, zu schätzen.

Die Bemerkungen im Anschluss an das Standardmodell der linearen Einfachregression bleiben in entsprechend modifizierter Weise gültig. So übertragen sich zum Beispiel die Eigenschaften der Fehlervariablen wieder auf die Zielvariablen: Bei gegebenen Regressorwerten sind die $Y_1, \ldots, Y_n$ unabhängig mit Erwartungswert und Varianz

$$E(Y_i) = \beta_0 + \beta_1 x_{i1} + \cdots + \beta_p x_{ip}, \quad Var(Y_i) = \sigma^2, \quad i = 1, \ldots, n.$$

Normal- verteilungs- annahme

Aus der *Normalverteilungsannahme* für die Fehlervariablen

$$\epsilon_i \sim N(0, \sigma^2), \quad i = 1, \ldots, n,$$

folgt die Normalverteilung für die Zielvariablen, also

$$Y_i \sim N(\mu_i, \sigma^2), \quad \mu_i = \beta_0 + \beta_1 x_{i1} + \cdots + \beta_p x_{ip}, \quad i = 1, \ldots, n.$$

Die im Folgenden dargestellten Schätz- und Testverfahren arbeiten wiederum dann besonders gut, wenn die Fehlervariablen und damit die Zielvariablen zumindest approximativ normalverteilt sind.

12.2.2 Schätzen, Testen und Prognose

Obwohl die Aufgabenstellung und die prinzipielle Vorgehensweise gegenüber dem univariaten Fall im Wesentlichen unverändert bleiben, lassen sich einige Ergebnisse im multiplen

Fall nicht mehr in elementarer Form schreiben. Dies gilt insbesondere für die Schätzung der Regressionskoeffizienten: Die Schätzer $\hat{\beta}_j, j = 0, \ldots, p$, für die Parameter β_j können im Allgemeinen nicht mehr durch einfache, im Prinzip mit der Hand auswertbare Formeln gegeben werden. Für eine vollständige und kompakte Darstellung ist hierfür und an einigen weiteren Stellen eine Notation mittels Vektoren und Matrizen zweckmäßig.

Wir zeigen zunächst die prinzipielle Vorgehensweise in einfacher Form auf und geben eine Zusammenfassung in Matrizenschreibweise am Ende des Abschnitts.

Schätzen

Für das Standardmodell wird wieder die gewöhnliche KQ-Methode eingesetzt. Nach dem KQ-Prinzip sind die Schätzer $\hat{\beta}_0, \hat{\beta}_1, \ldots, \hat{\beta}_p$ so zu bestimmen, dass die Summe der quadratischen Abweichungen zwischen Zielvariable und systematischer Komponente minimal wird:

KQ-Methode

Bestimme $\hat{\beta}_0, \hat{\beta}_1, \ldots, \hat{\beta}_p$ so, dass die Summe der quadratischen Abweichungen bezüglich $\beta_0, \beta_1, \ldots, \beta_p$ minimiert wird:

$$\sum_{i=1}^{n} (Y_i - \beta_0 - \beta_1 x_{i1} - \cdots - \beta_p x_{ip})^2 \to \min_{\beta_0, \beta_1, \ldots, \beta_p} .$$

Damit dieses Minimierungsproblem eine eindeutige Lösung $\hat{\beta}_0, \hat{\beta}_1, \ldots, \hat{\beta}_p$ besitzt, müssen folgende *Voraussetzungen* erfüllt sein:

Voraussetzungen

1. Der Umfang n der Daten muss mindestens so groß sein wie die Zahl der unbekannten Parameter, d.h.

$n \geq p+1$

$$n \geq p+1 .$$

Um den Schätzfehler klein zu halten, ist es sogar notwendig, dass n deutlich größer als $p+1$ ist.

2. Keine Variable $X_j, j = 0, \ldots, p$, mit $X_0 \equiv 1$, darf sich als Linearkombination der restlichen Variablen $X_k, k \neq j$, darstellen lassen, d.h. es darf für kein $j = 0, \ldots, p$

keine Multikollinearität

$$X_j = \sum_{k \neq j} a_k X_k + b$$

gelten. Insbesondere darf also nicht eine erklärende Variable X_j aus einer anderen, etwa X_k, durch Lineartransformation hervorgehen. Sonst würde

$$X_j = a X_k + b$$

gelten, und X_j und X_k würden in der linearen systematischen Komponente dasselbe erklären. Für $X_k = X_0$ bedeutet dies, dass keine der Variablen $X_j, j = 1, \ldots, p$, eine Konstante, d.h. $X_j \equiv c$, sein darf.

Im Folgenden gehen wir davon aus, dass diese Voraussetzungen erfüllt sind. Die KQ-Schätzer $\hat{\beta}_0, \hat{\beta}_1, \ldots, \hat{\beta}_q$ erhält man dann prinzipiell wie im univariaten Fall, indem man die 1. Ableitung nach $\beta_0, \beta_1, \ldots, \beta_p$ gleich null setzt. Dies ergibt ein $p+1$-dimensionales lineares Gleichungssystem, das für gegebene Daten $y_i, x_{i1}, \ldots, x_{ip}, i = 1, \ldots, n$, im Allgemeinen nicht mit der Hand, sondern numerisch durch geeignete Algorithmen mithilfe eines Computer gelöst wird. Als Ergebnis, das auch rein deskriptiv aufgefasst werden kann, erhält man die KQ-Schätzwerte für $\beta_0, \beta_1, \ldots, \beta_p$. Als Schätzer $\hat{\sigma}^2$ für σ^2 verwendet man wieder die geeignet gemittelte Summe der quadratischen Residuen.

KQ-Schätzer im multiplen linearen Modell

$\hat{\beta}_0, \hat{\beta}_1, \ldots, \hat{\beta}_p$: numerische Bestimmung nach dem KQ-Prinzip

$$\hat{\sigma}^2 = \frac{1}{n-p-1} \sum_{i=1}^n \hat{\epsilon}_i^{\,2} = \frac{1}{n-p-1} \sum_{i=1}^n (Y_i - \hat{Y}_i)^2$$

mit den Residuen $\hat{\epsilon}_i = Y_i - \hat{Y}_i$ und den gefitteten Werten $\hat{Y}_i = \hat{\beta}_0 + \hat{\beta}_1 x_{i1} + \cdots + \hat{\beta}_p x_{ip}$.

Die Schätzer sind erwartungstreu, besitzen minimale Varianz im Vergleich zu anderen linearen Schätzern und sind unter ähnlichen Bedingungen wie im univariaten Fall auch konsistent.

Varianz   Die *Varianz*

$$\sigma_j^2 = Var(\hat{\beta}_j), \quad j = 0, \ldots, p,$$

der Schätzer lässt sich zusammen mit den KQ-Schätzern numerisch berechnen bzw. schätzen. Wir bezeichnen die *geschätzte Standardabweichung* mit

geschätzte Standard-abweichung

$$\hat{\sigma}_j = \sqrt{\widehat{Var}(\hat{\beta}_j)}, \quad j = 0, \ldots, p.$$

Streuungs-zerlegung   Wie für die lineare Einfachregression gilt die *Streuungszerlegung*

$$\sum_{i=1}^n (Y_i - \bar{Y})^2 = \sum_{i=1}^n (\hat{Y}_i - Y_i)^2 + \sum_{i=1}^n (\hat{Y}_i - \bar{Y})^2$$

Gesamtstreuung SQT = Reststreuung SQR + erklärte Streuung SQE.

Bestimmt-heitsmaß   Das *Bestimmtheitsmaß*

$$R^2 = \frac{\sum(\hat{Y}_i - \bar{Y})^2}{\sum(Y_i - \bar{Y})^2} = \frac{SQE}{SQT} = 1 - \frac{SQR}{SQT}$$

als Quotient der durch die Regression erklärten Streuung und der Gesamtstreuung dient wieder als einfache Maßzahl zur Beurteilung der Güte eines Regressionsansatzes. Also ist

$$0 \leq R^2 \leq 1,$$

und es gilt die gleiche Interpretation wie für die Einfachregression (Abschnitt 3.6): Je näher R^2 bei 1 liegt, desto besser wird die Zielvariable durch die Regression erklärt. Im Extremfall $R^2 = 1$ gilt $Y_i = \hat{Y}_i$ für alle $i = 1, \ldots, n$. Je näher R^2 bei 0 liegt, desto weniger erklären die Regressoren. Im Extremfall $R^2 = 0$ liefern $X_1, \ldots, X_p$ keinerlei Anteil zur Erklärung der Variabilität; diese wird nur durch die Fehler ϵ_i hervorgerufen.

Unter der Normalverteilungsannahme sind die standardisierten Schätzer exakt t-verteilt mit $n - p - 1$ Freiheitsgraden:

Verteilung der standardisierten Schätzer

$$\frac{\hat{\beta}_j - \beta_j}{\hat{\sigma}_j} \sim t(n - p - 1), \quad j = 0, \ldots, p.$$

Daraus ergeben sich Konfidenzintervalle wie folgt:

Konfidenzintervalle für β_j

$$\hat{\beta}_j \pm \hat{\sigma}_j t_{1-\alpha/2}(n - p - 1), \quad j = 0, \ldots, p.$$

Falls die Normalverteilungsannahme verletzt ist, besitzen diese Konfidenzintervalle für große Stichproben *approximativ* die Überdeckungswahrscheinlichkeit $1 - \alpha$.   *approximativ*

Testen

Für die einzelnen Koeffizienten werden folgende Hypothesen betrachtet:

Hypothesen über einzelne Parameter

(a) $H_0 : \beta_j = \beta_{0j}, \quad H_1 : \beta_j \neq \beta_{0j},$

(b) $H_0 : \beta_j \geq \beta_{0j}, \quad H_1 : \beta_j < \beta_{0j},$

(c) $H_0 : \beta_j \leq \beta_{0j}, \quad H_1 : \beta_j > \beta_{0j}.$

Von besonderer Bedeutung ist dabei Fall a) für $\beta_{0j} = 0$, d.h.

$$H_0 : \beta_j = 0, \quad H_1 : \beta_j \neq 0.$$

Wenn H_0 zutrifft, hat der Regressor X_j keinen signifikanten Erklärungswert für Y und kann aus dem Regressionansatz entfernt werden. Trifft H_1 zu, muss X_j im Ansatz enthalten sein. Die Hypothesen werden folgendermaßen getestet:

Teststatistiken und Ablehnbereiche

$$T_j = \frac{\hat{\beta}_j - \beta_{0j}}{\hat{\sigma}_j}, \quad j = 0, \ldots, p$$

Testvorschrift: H_0 ablehnen, falls

(a) $\quad |T_j| \;>\; t_{1-\alpha/2}(n - p - 1),$

(b) $\quad T_j \;<\; -t_{1-\alpha}(n - p - 1),$

(c) $\quad T_j \;>\; t_{1-\alpha}(n - p - 1).$

Unter der Normalverteilungsannahme besitzen diese Tests exakt das Signifikanzniveau α, ansonsten approximativ für große Stichproben.

Overall-F-Test   Mit dem *Overall-F-Test* soll überprüft werden, ob die Regressoren überhaupt zur Erklärung der Zielvariablen beitragen. Die zugehörige F-Statistik steht in enger Beziehung zum Bestimmtheitsmaß.

Overall-F-Test (Goodness of fit-Test)

Hypothesen:

$$H_0 : \beta_1 = \beta_2 = \cdots = \beta_p = 0, \quad H_1 : \beta_j \neq 0 \quad \text{für mindestens ein } j\,.$$

Teststatistik:

$$F = \frac{R^2}{1 - R^2} \frac{n - p - 1}{p} = \frac{SQE}{SQR} \frac{n - p - 1}{p}$$

Unter H_0 gilt:

$$F \sim F(p, n - p - 1)$$

Testvorschrift: H_0 ablehnen, falls

$$F > F_{1-\alpha}(p, n - p - 1)\,.$$

Die Nullhypothese besagt also, dass keiner der Regressoren $X_1, \ldots, X_p$ einen Beitrag zur Erklärung liefert. Der Name Goodnes of fit-Test ist insofern etwas irreführend: Es wird nicht die Gültigkeit des linearen Ansatzes überprüft, sondern nur, ob wenigstens einer der Regressoren in einem linearen Ansatz einen signifikanten Erklärungsbeitrag liefert.

Die Teststatistik F und die benötigten Quadratsummen SQE und SQR werden oft in Form einer Varianzanalysetabelle zusammengestellt:

	Streuung	Freiheitsgrade	mittlerer quadratischer Fehler	Prüfgröße
Varianzanalysetabelle				
Erklärte Streuung	SQE	p	$MQE = \frac{SQE}{p}$	$F = \frac{MQE}{MQR}$
Reststreuung	SQR	$n-p-1$	$MQR = \frac{SQR}{n-p-1}$	
Gesamtstreuung	SQT	$n-1$		

Die Testentscheidung zur Signifikanz einzelner Regressoren und der Overall-F-Test können mithilfe von statistischen Programmpaketen mittels der standardmäßig ausgegebenen p-Werte durchgeführt werden.

Mietspiegel

Beispiel 12.7

Wir wollen im Folgenden eine Möglichkeit illustrieren, wie mit einem multiplen linearen Regressionsmodell die Zielvariable Nettomiete (NM) durch die Regressoren W = „Wohnfläche" (in qm), Lg = „gute Wohnlage" ($ja = 1$, $nein = 0$), Lb = „beste Wohnlage" ($ja = 1$, $nein = 0$), B = „gekacheltes Bad" ($ja = 1$, $nein = 0$) und K „gehobene Ausstattung der Küche" ($ja = 1$, $nein = 0$) erklärt werden kann. Die Stichprobe umfasst Daten zu 260 Wohnungen der Baualtersklasse $1978 - 1990$, vgl. Beispiel 12.6 (Seite 451). Als Zielvariable für einen linearen Regressionsansatz verwenden wir nicht die Nettomiete NM selbst, sondern die logarithmierte Nettomiete $Y = \ln NM$.

$$\ln NM = \beta_0 + \beta_1 W + \beta_2 Lg + \beta_3 Lb + \beta_4 B + \beta_5 K + \epsilon.$$

Folgende Gründe sind dafür maßgeblich: Durch die logarithmische Transformation werden heteroskedastische, mit der Wohnfläche anwachsende Fehlervarianzen stabilisiert. Zugleich kann eine bessere Approximation an die Normalverteilung erzielt werden. Das Modell lässt sich auch gut interpretieren: Nach Exponentiation erhält man die approximative multiplikative Beziehung

$$NM \approx \exp(\beta_0) \exp(\beta_1 W) \exp(\beta_2 Lg) \exp(\beta_3 Lb) \exp(\beta_4 B) \exp(\beta_5 K)$$

für die durchschnittliche, ortsübliche Miete. Für eine Wohnung in normaler Wohnlage ($Lg = 0$, $Lb = 0$) und mit einfacher Bad- und Küchenausstattung ($B = 0$, $K = 0$) ergibt sich die „Basismiete"

$$NM_B \approx \exp(\beta_0) \exp(\beta_1 W) = \alpha_0 \exp(\beta_1 W).$$

Für Wohnungen in guter Lage ($Lg = 1$, $Lb = 0$) mit gehobener Bad- und Küchenausstattung ($B = 1$, $K = 1$) ergibt sich ein multiplikativer Zuschlag:

$$NM = \exp(\beta_0) \exp(\beta_1 W) \exp(\beta_2) \exp(\beta_4) \exp(\beta_5),$$

d.h.

$$NM = NM_B \alpha_2 \alpha_4 \alpha_5$$

mit den Faktoren

$$\alpha_2 = \exp(\beta_2), \quad \alpha_4 = \exp(\beta_4), \quad \alpha_5 = \exp(\beta_5).$$

Die KQ-Schätzung für die Daten aus der Stichprobe liefert folgende Schätzwerte $\hat{\beta}_j$, geschätzte Standardabweichungen $\hat{\sigma}_j$, t-Werte T_j und zugehörige p-Werte:

1	$\hat{\beta}_j$	$\hat{\sigma}_j$	t-Wert	p-Wert
1	5.6383303	0.0593672	94.974	$< 2e - 16$
W	0.0115481	0.0005537	20.857	$< 2e - 16$
Lg	0.0817376	0.0277712	2.943	0.00355
Lb	0.1433533	0.0549747	2.608	0.00966
B	0.0578621	0.0503924	1.148	0.25195
K	0.0771110	0.0277202	2.782	0.00581

Der t- und p-Wert zum Regressor B zeigt, dass in der betrachteten Teilgesamtheit der Einfluss der Badausstattung auf die Nettomiete nicht signifikant ist. Bei einem vorgegebenen Signifikanzniveau von $\alpha = 5\,\%$ besitzen alle anderen Regressoren einen signifikanten Einfluss. Das Bestimmungsmaß $R^2 = 0.65$ zeigt einen guten Erklärungswert an. Als F-Wert zum Overall-F-Test erhält man $F = 96.28$, bei $p = 5$ und $n - p - 1 = 254$ Freiheitsgraden. Der zugehörige p-Wert von $2.2 \cdot 10^{-16}$ zeigt ebenfalls, dass die Regression einen guten Erklärungswert besitzt.

Setzt man die geschätzten Regressionskoeffizienten in den Regressionsansatz ein, so erhält man für die durchschnittliche Basismiete

$$NM_B \approx \exp(5.6383303) \cdot \exp(0.0115481W) = 280.99 \cdot \exp(0.0115481W),$$

also zum Beispiel $NM_B \approx 630.62$ (Euro) für Wohnungen mit einer Wohnfläche von 70 qm. Als multiplikative Zuschläge bzw. Abschläge ergeben sich

$$\alpha_2 = \exp(0.08174) = 1.085171 \quad \text{für gute Wohnlage,}$$
$$\alpha_3 = \exp(0.14335) = 1.154138 \quad \text{für beste Wohnlage,}$$
$$\alpha_4 = \exp(0.05786) = 1.059569 \quad \text{für ein gekacheltes Bad,}$$
$$\alpha_5 = \exp(0.07711) = 1.080162 \quad \text{für gehobene Küchenausstattung.}$$

$\square$

Prognose

Für neue Werte $x_{01}, \ldots, x_{0p}$ von $X_1, \ldots, X_p$ kann der geschätzte lineare Regressionsansatz zur Prognose von

$$Y_0 = \beta_0 + \beta_1 x_{01} + \cdots + \beta_p x_{0p} + \epsilon_0$$

Prognosewert   eingesetzt werden. Als *Schätz- oder Prognosewert* für Y_0 verwendet man

$$\hat{Y}_0 = \hat{\beta}_0 + \hat{\beta}_1 x_{01} + \cdots + \hat{\beta}_p x_{0p}.$$

Für den Schätzfehler $Y_0 - \hat{Y}_0$ gilt $E(Y_0 - \hat{Y}_0) = 0$. Die Varianz $Var(Y_0 - \hat{Y}_0)$ des Fehlers lässt sich mit den Ergebnissen der KQ-Methode numerisch schätzen. Wir bezeichnen sie mit

$$\hat{\sigma}_{Y_0} = \sqrt{\widehat{Var}(Y_0 - \hat{Y}_0)}.$$

Eine explizite Formel findet sich im nächsten Abschnitt.

Unter der Normalverteilungsannahme ist der standardisierte Schätzfehler t-verteilt:

$$\frac{\hat{Y}_0 - Y_0}{\hat{\sigma}_{Y_0}} \sim t(n - p - 1) \, .$$

Somit erhält man

$(1 - \alpha)$-**Prognoseintervall für** Y_0 **gegeben** x_0

$$\hat{Y}_0 \pm \hat{\sigma}_{Y_0} t_{1-\alpha/2}(n - p - 1)$$

Grafische Verfahren zur Modelldiagnose basieren wiederum auf den Residuen. Übliche Residualdiagramme sind etwa: Häufigkeitsverteilungen der Residuen, Normal-Quantil-Plots und Streudiagramme der Residuen gegen die gefitteten Werte oder gegen einzelne Regressoren.

Mietspiegel

Beispiel 12.8

Das Streudiagramm der Residuen gegen die gefitteten Werte in Abbildung 12.7 zeigt, von wenigen Ausreißern abgesehen, keine besonderen Auffälligkeiten. Der Normal-Quantil-Plot für die Residuen zeigt gewisse Abweichungen von der Normalverteilung am unteren Rand (Abbildung 12.8).

Ansonsten lassen sich keine eklatanten Verletzungen von Modellannahmen erkennen. In Abschnitt *12.4 wird noch zusätzlich untersucht, inwieweit die Annahme des linearen Einflusses der Wohnfläche auf die logarithmierte Nettomiete berechtigt ist. □

*12.2.3 Multiple lineare Regression in Matrixnotation

Wir fassen die Zielvariablen Y_i und die Werte $x_{i1}, \ldots, x_{ip}$, $i = 1, \ldots, n$, in einem $(n \times 1)$-Vektor $\mathbf{Y}$ und in einer $(n \times (p + 1))$-Matrix $\mathbf{X}$ zusammen:

$$\mathbf{Y} = \begin{pmatrix} Y_1 \\ Y_2 \\ \vdots \\ Y_n \end{pmatrix}, \quad \mathbf{X} = \begin{pmatrix} 1 & x_{11} & \cdots & x_{1p} \\ 1 & x_{21} & \cdots & x_{2p} \\ \vdots & & & \vdots \\ 1 & x_{n1} & \cdots & x_{np} \end{pmatrix}.$$

Die Matrix $\mathbf{X}$ enthält zusätzlich in der ersten Spalte die Werte der künstlichen Variable $X_0 \equiv 1$, die restlichen Spalten enthalten die Werte zu den Variablen $X_1, \ldots, X_p$. Bis auf die erste Spalte der $\mathbf{X}$-Matrix entspricht dies auch der Art, wie Datenmatrizen am Rechner gespeichert werden. Zusätzlich definieren wir den $(p \times 1)$-Vektor β der Regressionskoeffizienten und den $(n \times 1)$-Vektor ϵ der Fehlervariablen:

$$\beta = \begin{pmatrix} \beta_0 \\ \beta_1 \\ \vdots \\ \beta_p \end{pmatrix}, \quad \epsilon = \begin{pmatrix} \epsilon_1 \\ \epsilon_2 \\ \vdots \\ \epsilon_n \end{pmatrix}.$$

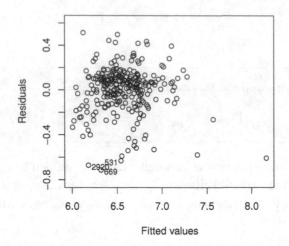

Abbildung 12.7: Streudiagramm: Residuen gegen gefittete Werte

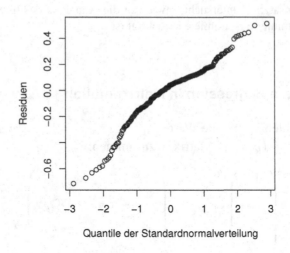

Abbildung 12.8: Normal-Quantil-Plot

Das Grundmodell der multiplen linearen Regression lässt sich dann in Matrixnotation kompakt durch

$$\mathbf{Y} = \mathbf{X}\boldsymbol{\beta} + \boldsymbol{\epsilon}, \quad E(\boldsymbol{\epsilon}) = \mathbf{0}$$

formulieren. Das KQ-Prinzip wird zu

$$(\mathbf{Y} - \mathbf{X}\boldsymbol{\beta})'(\mathbf{Y} - \mathbf{X}\boldsymbol{\beta}) \rightarrow \min_{\boldsymbol{\beta}},$$

wobei $\mathbf{A}'$ die Transponierte einer Matrix oder eines Vektors $\mathbf{A}$ bezeichnet. Nullsetzen der ersten Ableitung nach β liefert das $(p+1)$-dimensionale System der „Normalgleichungen"

$$\mathbf{X}'(\mathbf{Y} - \mathbf{X}\hat{\beta}) = 0 \Leftrightarrow \mathbf{X}'\mathbf{X}\hat{\beta} = \mathbf{X}'\mathbf{Y}.$$

Unter den im vorigen Abschnitt getroffenen Annahmen ist die $(p+1) \times (p+1)$ Matrix $\mathbf{X}'\mathbf{X}$ invertierbar, sodass sich

$$\hat{\beta} = (\mathbf{X}'\mathbf{X})^{-1}\mathbf{X}'\mathbf{Y}$$

als KQ-Schätzer ergibt. Bezeichnen wir die Diagonalelemente von $(\mathbf{X}'\mathbf{X})^{-1}$ mit v_j, $j = 0, \ldots, p$, so lässt sich zeigen, dass

$$Var(\hat{\beta}_j) = \sigma^2 v_j$$

gilt. Ersetzt man σ^2 durch die Schätzung $\hat{\sigma}^2$, so erhält man die im vorigen Abschnitt eingeführte geschätzte Standardabweichung $\hat{\sigma}_j$ als

$$\hat{\sigma}_j = \hat{\sigma}\sqrt{v_j}.$$

Zur Berechnung von $\hat{\beta}$, v_j und damit von $\hat{\sigma}_j$ benötigt man also die Inverse $(\mathbf{X}'\mathbf{X})^{-1}$ von $\mathbf{X}'\mathbf{X}$. Diese Inversion ist im Allgemeinen nur mit numerischen Algorithmen in effizienter Weise mittels eines Computers durchführbar. Auch zur Berechnung der Varianz des Prognosefehlers $Y_0 - \hat{Y}_0$ benötigt man $(\mathbf{X}'\mathbf{X})^{-1}$. Es lässt sich nämlich

$$Var(Y_0 - \hat{Y}_0) = \sigma^2(1 + \mathbf{x}_0'(\mathbf{X}'\mathbf{X})^{-1}\mathbf{x}_0)$$

zeigen. Dabei enthält $\mathbf{x}_0' = (1, x_{01}, \ldots, x_{0p})$ die Werte der Regressoren. Setzt man für σ^2 die Schätzung $\hat{\sigma}^2$ ein, erhält man die für das $(1-\alpha)$-Prognoseintervall benötigte geschätzte Standardabweichung als

$$\hat{\sigma}_{Y_0} = \hat{\sigma}(1 + \mathbf{x}_0'(\mathbf{X}'\mathbf{X})^{-1}\mathbf{x}_0)^{1/2}.$$

Auch hierzu muss die Inverse $(\mathbf{X}'\mathbf{X})^{-1}$ von $\mathbf{X}'\mathbf{X}$ bekannt bzw. durch einen Computer berechnet sein.

12.3 Binäre Regression

In den bisher behandelten Regressionsmodellen wurde die Zielvariable Y immer als metrisch skaliert vorausgesetzt. Ein in der Praxis ebenso häufig auftretender Fall ist der einer kategorialen Zielvariable. Bei der Analyse von Haushalten ist beispielsweise von Interesse, welche Variablen einen Einfluss darauf ausüben, ob im Haushalt ein Auto vorhanden ist bzw. ein Rechner, ein ISDN-Anschluss oder ein anderer Konsumartikel. In Marketingstudien interessiert man sich für Produktpräferenzen, in soziologischen Studien für Parteipräferenzen. Im Kreditscoring ist die binäre abhängige Variable die Kreditwürdigkeit (ja/nein) des potenziellen Kunden. Im Folgenden wird nur der einfachste Fall einer binären Zielvariable betrachtet. Zu gegebenen Regressoren $x_{i1}, \ldots, x_{ip}$ wird die binäre Zielvariable $Y_i \in \{0, 1\}$ betrachtet, wobei 1 beispielsweise für das Vorhandensein eines Automobils im

Haushalt, 0 für das Nichtvorhandensein steht. Die Zielvariable Y_i ist eine Bernoullivariable, wobei

$$\pi_i = P(Y_i = 1), \qquad 1 - \pi_i = P(Y_i = 0)\,. \tag{12.1}$$

Die Auftretenswahrscheinlichkeit π_i hängt natürlich von den beobachteten Regressorwerten $x_{i1}, \ldots, x_{ip}$ ab. Das lineare Regressionsmodell

$$Y_i = \beta_0 + \beta_1 x_{i1} + \cdots + \beta_p x_{ip} + \varepsilon_i \tag{12.2}$$

mit einer Störgröße ε_i mit $E(\varepsilon_i) = 0$ würde fordern, dass gilt

$$E(Y_i) = \pi_i = \beta_0 + \beta_1 x_{i1} + \cdots + \beta_p x_{ip}\,. \tag{12.3}$$

logistische Regression

Problematisch ist hier insbesondere, dass π_i als Wahrscheinlichkeit immer die Restriktion $\pi_i \in [0, 1]$ erfüllen muss, sodass der Gültigkeitsbereich, d.h. die Werte, die die Regressoren annehmen dürfen, erheblich eingeschränkt ist. Ein einfaches Modell, das derartigen Restriktionen nicht unterliegt, ist das logistische Regressionsmodell, das fordert

$$\pi_i = \frac{\exp(\beta_0 + x_{i1}\beta_1 + \cdots + x_{ip}\beta_p)}{1 + \exp(\beta_0 + x_{i1}\beta_1 + \cdots + x_{ip}\beta_p)}\,. \tag{12.4}$$

Mit der logistischen Funktion $h(z) = \exp(z)/\big(1 + \exp(z)\big)$ erhält man die einfache Form

$$\pi_i = h(\beta_0 + x_{i1}\beta_1 + \cdots + x_{ip}\beta_p)\,. \tag{12.5}$$

Der Erwartungswert von Y_i, d.h. die Wahrscheinlichkeit π_i, hängt nun nicht direkt linear von den Regressoren ab, sondern erst nach Transformation durch die Responsefunktion h. Die Form der logistischen Funktion ist aus der Anwendung in Abb. 12.9 ersichtlich. Eine einfache Umformung zeigt, dass das Modell auch darstellbar ist in der Form

$$\log \frac{\pi_i}{1 - \pi_i} = \beta_0 + x_{i1}\beta_1 + \cdots + x_{ip}\beta_p\,, \tag{12.6}$$

wobei $\pi_i/(1 - \pi_i)$ die Chancen („odds") und $\log\big(\pi_i/(1 - \pi_i)\big)$ die logarithmischen Chancen („Logits") darstellen. Zu Chancen und relativen Chancen in der Datendeskription siehe Abschnitt 3.2.1 (S. 113). Aus der letzten Form lassen sich die Parameter einfach interpretieren, β_j ist diejenige Veränderung in Logits, die bei Zunahme von x_j um eine Einheit (von x_{ij} nach $x_{ij} + 1$) bei festgehaltenen restlichen Kovariablen auftritt.

Wie im linearen Regressionsmodell lässt sich untersuchen, ob die Kovariablen einen Einfluss auf die Zielvariable ausüben. Als globale Hypothese untersucht man $H_0\colon \beta_1 = \cdots = \beta_p = 0$ bzw., bezogen auf den Regressor x_j, die Nullhypothese $H_0\colon \beta_j = 0$.

Beispiel 12.9   **Pkw im Haushalt**

Eine Teilstichprobe des sozioökonomischen Panels vom Umfang $n = 6071$ gibt Auskunft über das Haushaltseinkommen (x) und ob ein Pkw vorhanden ist $(y = 1)$ oder nicht $(y = 0)$. Als Schätzwert im Modell

$$\pi_i = \frac{\exp(\beta_0 + x_i\beta)}{1 + \exp(\beta_0 + x_i\beta)} \tag{12.7}$$

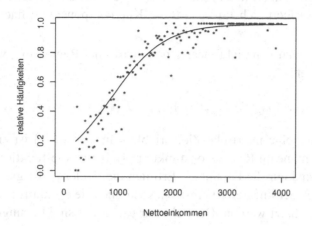

Abbildung 12.9: Pkw-Besitz in Abhängigkeit vom Einkommen.

ergeben sich $\hat{\beta}_0 = -1.851$, $\hat{\beta} = -0.0021$. Abbildung 12.9 zeigt die geschätzte Wahrscheinlichkeit $\hat{\pi}_i$ für den Pkw-Besitz in Abhängigkeit vom Nettoeinkommen (in €). Zusätzlich sind die relativen Häufigkeiten für den Pkw-Besitz, bezogen auf Einkommensintervalle der Länge 25 €, angegeben. Man sieht bereits aus diesen relativen Häufigkeiten die Tendenz zu einer mit dem Einkommen wachsenden Wahrscheinlichkeit, dass ein Pkw im Haushalt vorhanden ist. Die durchgezogene Linie entspricht den Schätzungen des logistischen Regressionsmodells.   □

Das logistische Modell ist nur eines der möglichen Modelle für binäre Zielvariable. Für eine ausführliche Darstellung, insbesondere auch des Falles mehrkategorialer Zielvariable, siehe Tutz (2000), Tutz (2012). Die Modelle lassen sich in eine allgemeinere Modellklasse einbetten, die sog. *generalisierten linearen Modelle*, die zwar einen linearen Term enthalten, aber noch eine Transformation zwischen linearem Term und zu erwartender Zielgröße zulassen. In dieser Modellklasse lassen sich u.a. auch poissonverteilte Zielgrößen für Zähldaten betrachten. Für eine ausführliche Darstellung siehe Fahrmeir und Tutz (2001), Fahrmeir, Kneib und Lang (2009) und Fahrmeir, Kneib, Lang und Marx (2013).

*12.4   Nichtlineare und nichtparametrische Regression

Nichtlineare parametrische Regression

Charakteristisch für lineare Regressionsmodelle ist die Additivität und Linearität der systematischen Komponente $\beta_0 + \beta_1 x_1 + \cdots + \beta_p x_p$. Dabei können zwar die Regressoren auch durch geeignete nichtlineare Transformationen aus ursprünglich erhobenen Variablen gebildet worden sein, entscheidend ist jedoch, dass der Ansatz *linear in den Parametern* $\beta_0, \ldots, \beta_p$ ist. Bereits in Abschnitt *3.6.4 wurde auf einfache Regressionsansätze hingewiesen, die auch in den Parametern nichtlinear sind. Ein Beispiel ist etwa die nichtlineare Beziehung

$$Y_i = \theta_0 + \theta_1 \exp(-\theta_2 x_i) + \epsilon_i, \quad i = 1, \ldots, n.$$

linear in den Parametern

Sie entspricht der Regel vom abnehmenden Grenznutzen: Hier könnten x_i die Kosten für Produktion und Werbung eines Produkts und Y_i der jeweils erzielte Ertrag sein. Mit steigenden x_i-Werten nähert sich für $\theta_2 > 0$ die Kurve exponentiell flacher werdend der Sättigungsgrenze θ_0.

Allgemein spricht man von nichtlinearer parametrischer Regression, wenn ein Modell folgender Form vorliegt:

$$Y_i = g(x_{i1}, \ldots, x_{ip}; \theta_0, \ldots, \theta_q) + \epsilon_i, \quad E(\epsilon_i) = 0, \quad i = 1, \ldots, n.$$

Dabei soll Y weiterhin eine metrische Zielvariable sein, und $g(\cdot, \cdot)$ ist eine in den Parametern $\theta_0, \ldots, \theta_q$ nichtlineare Regressionsfunktion. Dabei ist die funktionale Form von g bekannt; unbekannt sind nur die Parameter. Erfüllen die Fehler ϵ_i die gleichen Annahmen wie im Standardmodell der linearen Regression, so können sie ebenfalls nach dem gewöhnlichen KQ-Prinzip geschätzt werden: Die Schätzer $\hat{\theta}_0, \ldots, \hat{\theta}_q$ sind Lösungen des Minimierungsproblems

$$\sum_{i=1}^{n}(Y_i - g(x_{i1}, \ldots, x_{ip}; \theta_0, \ldots, \theta_q))^2 \to \min_{\theta_0, \ldots, \theta_q}.$$

Zur numerischen Berechnung sind meist iterative Minimierungsalgorithmen notwendig. Zusätzlich können mit $\hat{\theta}_0, \ldots, \hat{\theta}_q$ auch Schätzungen $\hat{\sigma}_0^2, \ldots, \hat{\sigma}_q^2$ der Varianzen $Var(\hat{\theta}_0), \ldots, Var(\hat{\theta}_q)$ bestimmt werden. Für große Stichproben sind die Schätzer approximativ erwartungstreu und normalverteilt, d.h.

$$\hat{\theta}_j \overset{a}{\sim} N(\theta_j, \hat{\sigma}_j^2).$$

Damit können dann (approximative) Konfidenzintervalle und Tests in Analogie zur multiplen linearen Regression konstruiert werden.

Nichtparametrische Regression

In vielen Anwendungen ist man nicht von vornherein in der Lage, eine parametrische Spezifikation der Regressionskurve g anzugeben. Dann empfehlen sich nichtparametrische Regressionsmethoden, die ohne die oft strengen Strukturannahmen parametrischer Modelle auskommen. Sie können, ähnlich wie nichtparametrische Dichteschätzer, auch zur explorativen Analyse benutzt werden, um die Adäquatheit einer parametrischen linearen oder nichtlinearen Regressionsfunktion zu überprüfen oder überhaupt erst einen geeigneten Funktionstyp zu finden.

Wir betrachten zunächst den Fall bivariater Daten $(y_i, x_i), i = 1, \ldots, n$, wobei sowohl die Zielvariable Y als auch der Regressor X stetige Variablen sind. In Erweiterung des Grundmodells der linearen Einfachregression soll nun

$$Y_i = g(x_i) + \epsilon_i, \quad E(\epsilon_i) = 0, \quad i = 1, \ldots, n,$$

gelten. Dabei wird von der Regressionsfunktion $g(x)$ nur verlangt, dass sie hinreichend glatt, d.h. zum Beispiel stetig und differenzierbar ist. Für die Fehlervariablen ϵ_i werden die gleichen Annahmen wie im linearen Standardmodell oder geeignete Modifikationen unterstellt. Das Ziel der nichtparametrischen Regression besteht in der Schätzung der Funktion g. Dazu existieren verschiedene Ansätze. Am bekanntesten sind Kernschätzer, Spline-Regression und lokale Regressionsschätzer. Alle zugehörigen Schätzverfahren sind numerisch aufwendig und werden hier nicht im Detail beschrieben. Sie sind jedoch in einer Reihe von statistischen Programmpaketen implementiert.

Kernschätzer gehen von der Vorstellung der Regressionsfunktion als bedingtem Erwartungswert von Y gegeben $X = x$ aus, d.h.   *Kernschätzer*

$$g(x) = E(Y|x) = \int y f(y|x)\, dy = \frac{\int y f(x,y)\, dy}{f(x)},$$

wobei $f(y|x) = f(x,y)/f(x)$ die bedingte Dichte von Y gegeben $X = x$ ist (vgl. Kapitel 6). Schätzt man $f(x,y)$ und $f(x)$ mittels der Daten durch Kerndichteschätzer, so erhält man einen Kernschätzer $\hat{g}(x)$ für $g(x)$.

Bei der sogenannten *Spline-Regression* wird der Bereich der x-Werte durch ein feines Gitter unterteilt. In jedem der so entstehenden aneinandergrenzenden Intervalle wird $g(x)$ durch ein Polynom niedrigen Grades, oft ein kubisches Polynom, approximiert. Diese stückweisen Polynome werden an den Gitterpunkten oder „Knoten" stetig und differenzierbar aneinandergesetzt. Genauer unterscheidet man noch zwischen *Regressions-Splines*, bei denen Gitterpunkte vorgegeben werden, und *Glättungs-Splines*, bei denen die Knoten gleich den gegebenen, geordneten x-Werten $x_{(1)} \leq x_{(2)} \leq \cdots \leq x_{(n)}$ gewählt werden.   *Spline-Regression*

Regressions-Splines

Glättungs-Splines

Bei Verfahren der *lokalen Regression* wird zu jedem (festen) x-Wert ein „Fenster" ähnlich wie bei der Kerndichteschätzung um x gelegt und an die Daten (y_i, x_i) mit x_i-Werten aus diesem Fenster eine parametrische Regressionsfunktion einfacher Struktur, insbesondere zum Beispiel eine lokale lineare Regression $\hat{\alpha}(x) + \hat{\beta}(x)x$, angepasst. Durchläuft x den Wertebereich von X, so erhält man eine Schätzung $\hat{g}(x)$ für $g(x)$.   *lokale Regression*

Mietspiegel   Beispiel 12.10

Bislang wurde für die Mietspiegel-Regression mit $Y =$ „Nettomiete" und $X =$ „Wohnfläche" eine lineare Regressionsfunktion in Form einer Ausgleichsgeraden geschätzt (vgl. Abbildung 3.16). Für die gleichen Daten ist in Abbildung 12.10 eine nichtparametrische Schätzung mittels einer Spline-Regression durchgeführt.

Man erkennt, dass in einem weiten Bereich von Wohnflächen die Approximation durch eine lineare Regressionsfunktion durchaus adäquat ist. Erst für größere Wohnflächen wird eine leichte Krümmung erkennbar. Dabei ist allerdings zu beachten, dass die Schätzung in diesem Bereich von vergleichsweise wenigen Daten abhängt.   □

Für eine *multiple nichtparametrische Regression* mit Regressoren $X_1, \ldots, X_p$ und Beobachtungen $y_i, x_{i1}, \ldots, x_{ip}, i = 1, \ldots, n$, ist die zu $Y_i = g(x_i) + \epsilon_i$ analoge Form   *multiple nichtparametrische Regression*

$$Y_i = g(x_{i1}, \ldots, x_{ip}) + \epsilon_i,$$

wobei nun $g(x_1, \ldots, x_p)$ eine „glatte" Regressionsoberfläche ist. Für eine geringe Anzahl von Regressoren ($p = 2, 3$) sind multivariate Versionen der eben skizzierten nichtparametrischen Schätzer gelegentlich noch einsetzbar. Für größere Werte von p treten ernsthafte

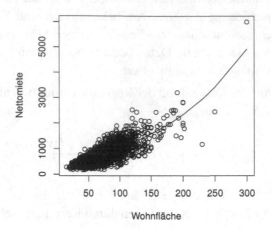

Abbildung 12.10: Nichtparametrische Regression von Nettomiete gegen Wohnfläche

Dimensionsprobleme auf. Es ist dann sinnvoll, speziell strukturierte Regressionsfunktionen zu unterstellen.

additive Modelle   Einen in vielen Fällen brauchbaren Kompromiss stellen *additive Modelle* dar. Im Vergleich zum linearen Modell $Y = \beta_0 + \beta_1 x_1 + \cdots + \beta_p x_p + \epsilon$ werden die linearen Funktionen $\beta_j x_j$ ganz oder zum Teil durch glatte, nichtparametrisch modellierte und geschätzte Funktionen $g_j(x_j)$ ersetzt:

$$Y = g_1(x_1) + \cdots + g_p(x_p) + \epsilon$$

oder zum Beispiel

$$Y = g_1(x_1) + \beta_2 x_2 + \cdots + \beta_p x_p + \epsilon \,.$$

semi-   Der letzte Ansatz heißt auch *semiparametrisch* und ist vor allem dann sinnvoll, wenn die
parametrisch   Regressoren $X_2, \ldots, X_p$ geeignet kodierte binäre oder mehrkategoriale Variablen sind.

Beispiel 12.11   Mietspiegel

In Beispiel 12.7 (Seite 459) wurde ein multipler linearer Regressionsansatz für die logarithmierte Nettomiete $\ln NM$ gewählt, sodass der Einfluss der Wohnfläche W als linear angenommen wurde. Ersetzt man die lineare Funktion $\beta_0 + \beta_1 W$ durch eine glatte Funktion $g_1(W)$, so erhält man einen semiparametrischen Ansatz für $y = \ln NM$.

Abbildung 12.11 zeigt die mit einer Spline-Regression nichtparametrisch geschätzte Funktion $g_1(W)$. Man erkennt, dass ein linearer Ansatz $\beta_0 + \beta_1 W$ für den Einfluss von W zumindest für Wohnflächen bis zu 100 qm eine gute Approximation ist.   □

12.5   Zusammenfassung und Bemerkungen

Die einfache und besonders die multiple Regressionsanalyse zählen zu den bekanntesten und am meisten eingesetzten Verfahren der statistischen Praxis. In diesem Kapitel wurden vor allem die zugehörigen *Schätzprobleme* und *Testprobleme* sowie die *Prognose* behandelt.

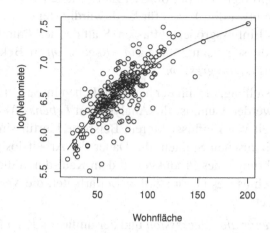

Abbildung 12.11: Nichtparametrische Schätzung des Einflusses der Wohnfläche

Die Adäquatheit der dabei eingesetzten Methoden beruht ganz wesentlich darauf, inwieweit die Annahmen für das lineare Regressionsmodell auch tatsächlich zutreffen. Eine Grundannahme ist, dass die *Zielvariable Y metrisch* ist. Zudem arbeiten die Inferenztechniken dann gut, wenn Y zumindest *approximativ normalverteilt* ist. Dies lässt sich unter Umständen durch eine geeignete *Datentransformation* erreichen. Die anderen *entscheidenden Annahmen* sind: Y lässt sich durch eine *systematische Komponente* und einen *additiven Fehler* erklären. Für die systematische Komponente wird angenommen, dass sie sich als *Linearkombination der Regressoren* $X_1, \ldots, X_p$ schreiben lässt. Von den *Fehlervariablen* wird im Standardmodell gefordert, dass sie *unabhängig* und *homoskedastisch* sind. Zudem ist es günstig, wenn sie *approximativ normalverteilt* sind. Methoden der *Modelldiagnose* dienen dazu, Verletzungen dieser Annahmen zu überprüfen. Wir sind hier nur kurz auf grafisch-explorative Möglichkeiten der *Residualanalyse* eingegangen. Ein für die Praxis eminent wichtiges Problem der Modellwahl ist die *Variablenselektion*, d.h. die Auswahl wichtiger und aussagekräftiger Variablen aus einem oft umfangreichen Katalog von potenziellen Einflussgrößen. Statistische Programmpakete bieten dazu auch automatische datengesteuerte Methoden an. Für ausführliche Darstellungen zu diesen Fragestellungen, aber auch für das lineare Regressionsmodell im Allgemeinen, sei auf Krämer und Sonnberger (1986), Toutenburg (1992) und Fahrmeir, Hamerle und Tutz (1996, Kap. 4) verwiesen, sowie auf Lehrbücher der Ökonometrie, z.B. Schneeweiß (1990) und Judge, Griffiths, Hill, Lütkepohl und Lee (1985).

Falls die Annahmen der Linearität der systematischen Komponente nicht gegeben sind, wird man auf die *nichtlineare* und *nichtparametrische Regression*, welche in Abschnitt *12.4 kurz erwähnt sind, zurückgreifen. Als weiterführende Literatur hierzu seien Seber und Wild (1989), Härdle (1992), Härdle (1991), Hastie und Tibshirani (1990) und Green und Silverman (1994) sowie die entsprechenden Kapitel in Fahrmeir, Kneib und Lang (2009) und Fahrmeir, Kneib, Lang und Marx (2013) genannt.

In manchen Anwendungen ist die Grundannahme einer metrischen Zielvariable Y eklatant verletzt. Ein Paradebeispiel hierfür ist der Fall einer *binären* oder *kategorialen* Ziel-

variable Y. So lässt sich beispielsweise die Fragestellung des Kredit-Scoring, Beispiel 1.5
(Seite 4), als Regressionsproblem mit der binären Zielvariablen $Y = $ „Kreditwürdigkeit",
wobei $Y = 1$ für nicht kreditwürdig, $Y = 0$ für kreditwürdig steht, und den in Beispiel 1.5
genannten Merkmalen als Einflussgrößen auffassen. Statt der herkömmlichen Regressionsanalysen bietet sich dafür die sogenannte *kategoriale Regression* an. Bekannte Vertreter sind
die sogenannte *Probit-* und *Logitregression*.

Eine weitere Problemstellung, die mit der herkömmlichen linearen Regression meist nur
unzureichend behandelt werden kann, ist die Analyse von *Lebens-*, *Verweil-* oder anderen
Zeitdauern in Abhängigkeit von Einflussfaktoren. Beispiele hierfür sind die Lebens- oder
Überlebenszeiten in medizinischen Studien, die Dauer der Arbeitslosigkeit, der Zeitraum
zwischen der Markteinführung eines Produkts und dem Kauf durch die Konsumenten, die
Perioden, in denen ein technisches Gerät störungsfrei arbeitet, die Verweildauer in einem
bestimmten Berufsstatus, etc.

Darstellungen der *kategorialen Regression* und der umfassenderen Klasse *generalisier-
ter linearer Modelle* sowie von Regressionsmodellen für Lebens- und Verweildauern finden
sich bei Fahrmeir, Hamerle und Tutz (1996, Kap. 5,6), Fahrmeir, Kneib und Lang (2009),
Fahrmeir, Kneib, Lang und Marx (2013) und der dort angegebenen Literatur.

12.6 Regressionsanalysen mit R

Für lineare Regressionsanalysen steht in R die Funktion lm() zur Verfügung. Diese liefert
ein sogenanntes lm()-Objekt als Ergebnis.

12.6.1 Einfache lineare Regression

Wir betrachten als erstes Beispiel 3.26 (Seite 147). Folgender R-Code erstellt aus den Daten in der dort angegebenen Tabelle zunächst einen data.frame. Anschließend wird die
lm()-Funktion mit dem entsprechenden data.frame und einer Formel aufgerufen, die
das Modell beschreibt. Die Formel hat die Form Y ~ X, d.h. das Zielmerkmal Y steht links
vom ~-Zeichen und das erklärende Merkmal X rechts davon. Zielmerkmal ist hier die Tief-
schlafdauer, das erklärende Merkmal ist die Fernsehzeit.

```
x <- c(0.3, 2.2, 0.5, 0.7, 1.0, 1.8, 3.0, 0.2, 2.3)
y <- c(5.8, 4.4, 6.5, 5.8, 5.6, 5.0, 4.8, 6.0, 6.1)
df <- data.frame(x,y)
df <- df[order(df[,1]),]
colnames(df) <- c("Fernsehzeit","Tiefschlafdauer")
model <- lm(Tiefschlafdauer~Fernsehzeit, data=df)
```

Nun können wir uns die geschätzten Regressionskoeffizienten und verschiedene andere Informationen mit der summary()-Funktion ausgeben lassen:

```
summary(model)
```

Ausnahmsweise zeigen wir hier die Ausgabe, um die einzelnen ausgegebenen Ergebnisse
zu beschreiben.

```
Call:
lm(formula = Tiefschlafdauer ~ Fernsehzeit, data = df)

Residuals:
     Min       1Q    Median       3Q      Max
-0.76570 -0.22039 -0.06537 -0.00583  0.97929

Coefficients:
            Estimate Std. Error t value Pr(>|t|)
(Intercept)   6.1553     0.3098  19.872 2.04e-07 ***
Fernsehzeit  -0.4498     0.1887  -2.383   0.0486 *
---
Signif. codes:  0 '***' 0.001 '**' 0.01 '*' 0.05 '.' 0.1 ' ' 1

Residual standard error: 0.5418 on 7 degrees of freedom
Multiple R-squared:  0.448, Adjusted R-squared:  0.3691
F-statistic:  5.68 on 1 and 7 DF,  p-value: 0.04864
```

Im Abschnitt `Residuals` werden zusammenfassende Statistiken zu den Residuen ausgegeben. Im Abschnitt `Coefficients` sind in der Spalte `Estimate` die berechneten
KQ-Schätzungen, in der Spalte `Std. Error` die zugehörigen geschätzten Standardabweichungen und in der Spalte `t value` die Testgrößen (die unter Normalverteilungsannahme t-verteilt mit $n-2$ Freiheitsgraden sind) für die zweiseitigen Tests $H_0 : \alpha = 0$ gegen
$H_1 : \alpha \neq 0$ bzw. $H_0 : \beta = 0$ gegen $H_1 : \beta \neq 0$ dargestellt. Dabei entspricht (`Intercept`)
der Schätzung für α und `Fernsehzeit` der Schätzung für β. Die letzte Spalte enthält
die zu den Testgrößen gehörenden zweiseitigen p-Werte. Die geschätzte Standardabweichung (nicht die Varianz) der Residuen bzw. die Wurzel der Reststreuung SQR, $\hat{\sigma}$, findet man in der Zeile `Residual standard error`. Die letzten beiden Zeilen zeigen
das Bestimmtheitsmaß (R^2) `Multiple R-squared` und die overall F-Statistik, die
hier äqivalent zur Testgröße für $H_0 : \beta = 0$ gegen $H_1 : \beta \neq 0$ ist. Alle relevanten Größen lassen sich auch separat aus dem `lm()`-Objekt extrahieren. `model$coefficients`
liefert die Koeffizienten, `model$fitted.values` oder `predict(model)` die gefitteten Werte (auf der Regressionsgeraden), `model$residuals` die Residuen und
`anova(model)` die Varianzanalysetabelle. Konfidenzintervalle für die Parameter erhält
man mit `confint(model)`, wobei die Voreinstellung 95%-Konfidenzintervalle sind.
Dies kann mittels der `level`-Option in `confint()` verändert werden. Prognosen an
beliebigen Werten des erklärenden Merkmals lassen sich ebenfalls mit der `predict()`-
Funktion berechnen. Folgender Code berechnet die Prognosen für drei verschiedene Werte
des erklärenden Merkmals:

```
X <- c(0, 2.3, 3.5)
Y <- predict(model, newdata=data.frame(Fernsehzeit=X))
Y
```

Für den Wert 0 erhält man erwartungsgemäß die Schätzung für α. Weitere wichtige Funktionen sind `vcov()` und `model.matrix()`, mit denen man sich die geschätze Kovarianzmatrix der Koeffizientenschätzungen (in diesem Fall eine 2×2-Matrix), sowie die Designmatrix **X** ausgeben lassen kann:

```
vcov(model)
model.matrix(model)
```

Als zweites Beispiel wollen wir das CAP-Modell aus Beispiel 12.7 betrachten. Zunächst laden wir nacheinander die benötigten Daten und führen für die Renditen entsprechende Differenzenbildungen durch.

```
data(dax)
dax.ren.monate <- diff(log(dax$Schluss[36:1]))
dax.ren.monate

data(mure)
mure.ren.monate <- diff(log(mure$Schluss[36:1]))
mure.ren.monate

data(libor)
zins <- libor$average[1:35]/12
zins
```

Nun berechnen wir das Modell, Konfidenzintervalle und die Varianzanalysetabelle. Schließlich erzeugen wir noch zwei diagnostische Grafiken mit dem `plot`-Befehl, nämlich eine Grafik, die die gefitteten Werte und die Residuen zeigt, sowie ein Normal-Quantil-Plot der Residuen.

```
capm <- lm(c(mure.ren.monate-zins)~c(dax.ren.monate-zins))
summary(capm)
confint(capm)
anova(capm)
plot(capm, which=c(1,2))
```

12.6.2 Multiple lineare Regression

Die multiple lineare Regression lässt sich analog der einfachen linearen Regression durchführen. Die `lm()`-Funktion kann hier in gleicher Weise verwendet werden. Lediglich die Formel für die Regressionsgleichung muss entsprechend angepasst werden. Wir betrachten die Mietspiegeldaten, speziell Beispiel 12.7. Dabei selektieren wir mit dem `subset()`-Befehl nur die gewünschte Teilstichprobe von 260 Wohnungen.

```
data("mietspiegel2015", envir=environment())

bj.cat <- cut(mietspiegel2015$bj,
```

```
    breaks=c(1900,1919, 1949, 1966, 1978, 1990,2015),
    labels=c("bis 1918", "1919 bis 48", "1949 bis 65",
             "1966 bis 77", "1978 bis 90", "ab 1990"),
    right=FALSE,dig.lab=4)
# selektiere 1978 - 1990
extended.dat <- data.frame(mietspiegel2015, bj.cat)
subdata <- subset(extended.dat, bj.cat=="1978 bis 90")
```

Nun lässt sich ein lineares Regressionsmodell berechnen. Dabei transformieren wir das Zielmerkmal nm (Nettomiete) durch den natürlichen Logarithmus.

```
m1 <- lm(log(nm)~wfl+wohngut+wohnbest+badkach0+kueche,
         data=subdata)
print(summary(m1))
```

Analog zur einfachen linearen Regression können wir hier die Funktionen confint(), anova(), plot() und predict auf das lm()-Objekt m1 anwenden.

12.6.3 Weitere Regressionsmodelle

Für binäre Zielmerkmale kann die logistische Regression verwendet werden. Hierfür bietet R die Funktion glm(, family=binomial). Die Modellgleichung wird analog zur lm()-Funktion in einer Formel übergeben. Betrachtet man beispielsweise das binäre Zielmerkmal Y mit $Y = 1$, falls die Nettomiete mehr als 800 Euro beträgt und $Y = 0$ sonst, so lässt sich ein logistisches Regressionsmodell berechnen.

```
m1bin <- glm((nm>800)~wfl+wohngut+wohnbest+badkach0+kueche,
             data=subdata, family=binomial)
summary(m1bin)
```

Semiparametrische Regressionsmodelle mit Splines lassen sich ebenfalls berechnen. Abbildung 12.11 wurde beispielsweise mit folgendem Code generiert.

```
require(splines)
m1sp <- lm(log(nm)~ bs(wfl, degree=3), data=subdata)
print(summary(m1sp))
plot(subdata$wfl,log(subdata$nm),
     xlab="Wohnfläche", ylab="log(Nettomiete)")
h <- cbind(subdata$wfl, predict(m1sp))
h <- h[order(h[,1]), ]
lines(h[,1],h[,2], type="l")
```

bs(,degree=3) erzeugt eine sogenannte B-Spline Basis, hier für ein einfaches Polynom dritten Grades.

12.7 Aufgaben

Aufgabe 12.1 In Beispiel 3.26 (Seite 147) wurde ein lineares Regressionsmodell besprochen, das den Einfluss der täglichen Fernsehzeit auf das Schlafverhalten von Kindern untersucht.

(a) Testen Sie unter Normalverteilungsannahme, ob die vor dem Fernseher verbrachte Zeit einen signifikanten Einfluss auf die Dauer des Tiefschlafs ausübt ($\alpha = 0.05$). Warum ist die Normalverteilungsannahme hier problematisch?

(b) Ein weiteres Kind sah tagsüber 1.5 h fern. Wie lange wird gemäß der angepassten Regression sein Tiefschlaf erwartungsgemäß dauern? Geben Sie zu Ihrer Prognose auch ein 95 %-Konfidenzintervall an.

Aufgabe 12.2 Für 631 nach 1984 gebaute Wohnungen aus der Münchner Stichprobe wurde analog zu Beispiel 12.7 (Seite 459) die logarithmierte Nettomiete in Abhängigkeit von der Wohnfläche (W), der Lage (Lg und Lb), sowie der Bad (B)- und Küchenausstattung (K) durch eine multiple lineare Regression modelliert. Die KQ-Schätzung ergibt die folgenden Werte für die Regressoren und die geschätzten Standardabweichungen:

	$\hat{\beta}_j$	$\hat{\sigma}_j$
1	5.6727	0.0650
W	0.0114	0.0003
Lg	0.0683	0.0175
Lb	0.1627	0.0502
B	0.1647	0.0609
K	0.0482	0.0169

(a) Welche Nettomiete würden Sie gemäß diesem Modell für eine 80 qm große Wohnung in einer normalen Wohnlage mit einer gehobenen Bad- und Küchenausstattung prognostizieren?

(b) Bestimmen Sie die zu den Schätzungen gehörigen t- und p- Werte und interpretieren Sie Ihr Ergebnis.

(c) Das Bestimmheitsmaß beträgt hier $R^2 = 0.6798$. Tragen die Regressoren überhaupt zur Erklärung der Nettomiete bei? Führen Sie einen Overall-F-Test zum Niveau $\alpha = 0.01$ durch.

Aufgabe 12.3 An einer Messstation in München wurden an 14 Tagen neben anderen Luftschadstoffen auch die Schwefeldioxidkonzentrationen gemessen und Tagesmittelwerte gebildet. Untersuchen Sie den Einfluss der Tagesdurchschnittstemperatur in Grad Celsius ($= X_1$) auf die aus Symmetriegründen logarithmierten SO_2-Konzentrationen ($= Y$). Liegt ein Wochenendeffekt vor? Die Variable X_2 gibt an, ob an einem Samstag oder Sonntag gemessen wurde ($X_2 = 1$) oder nicht ($X_2 = 0$). Es gilt:

y	−3.147	−2.830	−3.016	−3.079	−3.541	−2.976	−2.781	−3.352	−2.765	−1.897	−2.120	−2.453	−1.973	−2.235
x_1	16.47	16.02	16.81	22.87	21.68	21.23	20.55	18.32	15.96	15.36	12.47	12.46	11.77	11.72
x_2	0	0	0	1	1	0	0	0	0	0	1	1	0	0

$$(\mathbf{X}'\mathbf{X})^{-1} = \begin{pmatrix} 1.5488742 & -0.0882330 & -0.0162669 \\ -0.0882330 & 0.0053732 & -0.0050992 \\ -0.0162669 & -0.0050992 & 0.3548391 \end{pmatrix},$$

$$\mathbf{X}'\mathbf{y} = \begin{pmatrix} -38.16486 \\ -656.46618 \\ -11.19324 \end{pmatrix}$$

(a) Schätzen Sie die Regressionskoeffizienten im zugehörigen multiplen linearen Modell und kommentieren Sie Ihr Ergebnis.

(b) Als Bestimmheitsmaß erhält man $R^2 = 0.5781$. Tragen die Regressoren überhaupt zur Erklärung der SO_2-Konzentration bei? Führen Sie einen Overall-F-Test zum Niveau $\alpha = 0.01$ durch.

(c) Die geschätzten Standardabweichungen betragen $\hat{\sigma}_1 = 0.0267$ und $\hat{\sigma}_2 = 0.2169$. Testen Sie die Hypothesen $\beta_i = 0$ für $i = 1, 2$ zum Niveau $\alpha = 0.05$. Entfernen Sie die Kovariable, die offenbar keinen Einfluss hat, aus dem Modell und führen Sie eine lineare Einfachregression durch.

R-Aufgabe

In Beispiel 12.7 (Seite 459) wurde die Analyse auf Wohnungen beschränkt, deren Baualter in einem vorgegebenen Intervall lag. Führen Sie folgende Analysen mit dem gesamten Datensatz und ohne die 20 bzgl. der Nettomiete teuersten Wohnungen durch.

Aufgabe 12.4

(a) Führen Sie eine mutiple lineare Regression mit den Variablen Wohnfläche (`wfl`), Baujahr (`bj`), Lage (`wohngut`, `wohnbest`), Bad (`badkach0`) und Küchenausstattung (`kueche`) durch. Das Zielmerkmal ist dabei die logarithmierte Nettomiete (`log(nm)`). Welche Nettomiete prognostizieren Sie für eine 1990 gebaute, 80 qm große Wohnung in Wohnbestlage (`wohnbest=1`) und mit (`badkach0=1`)? Tragen alle Regressoren zur Erklärung des Zielmerkmals bei? Wie gut ist die Anpassung des Modells?

(b) Wiederholen Sie die Analyse mit der unlogarithmierten Nettomiete. Wie lautet in diesem Modell die Prognose für eine Wohnung wie in (a)?

(c) In R lassen sich in eine Formel auch transformierte Variablen und Interaktionen einbauen. Um zu untersuchen, ob das Baujahr auch einen quadratischen Einfluss auf die Nettomiete hat, kann die Funktion `I(bj^2)` oder `I(bj*bj)` in der Formel verwendet werden. Rechnen Sie die Modelle aus (a) und (b) mit dieser zusätzlichen Variable. Wie lauten die t- und p-Werte des entsprechenden Koeffizienten? Wie interpretieren Sie das Ergebnis? Verändert sich Ihre Prognose für eine Wohnung wie in (a)?

(d) Analog zur Nettomiete kann man auch die Nettomiete pro Quadratmeter (`nmqm`) als Zielmerkmal verwenden (logarithmiert und unlogarithmiert). Schätzen Sie entsprechende Regressionsmodelle. Wie lauten in diesen Modellen die Prognosen für eine Wohnung wie in (a)?

(e) Speichern Sie die Prognosen für alle in (a) bis (d) gerechneten Modelle. Wie stark korrelieren die Prognosen? Stellen Sie die den Zusammenhang der Prognosen auch grafisch dar.

Kapitel 13

Varianzanalyse

Einige der statistischen Testverfahren, die wir bislang kennengelernt haben, behandeln den Vergleich von Gruppen. Als ein Beispiel sei hier der t-Test genannt, mit dem unter der Annahme normalverteilter Merkmale zwei unabhängige Stichproben miteinander verglichen werden. Dabei überprüft man, ob sich die beiden Zufallsvariablen hinsichtlich ihrer Erwartungswerte unterscheiden. Eine Verallgemeinerung dieser Situation auf den Vergleich mehrerer Gruppen für ein kategoriales Merkmal liefert der Homogenitätstest, der überprüft, ob dieses Merkmal in allen Gruppen dieselbe Verteilung besitzt. Betrachten wir nun das folgende fiktive Beispiel:

Bildung gleich Manipulation?

Beispiel 13.1

In einer Studie im Bereich der Erziehungswissenschaften mit dem provozierenden Titel „Bildung gleich Manipulation" soll u.a. untersucht werden, wie stark Jugendliche durch einseitiges Informationsmaterial in ihren Einstellungen beeinflusst werden. Konkret wurde ein Fragebogen entwickelt, mit dem die Einstellung von Jugendlichen zur Nutzung von Atomkraft zur Energiegewinnung gemessen werden kann. Um nun in Erfahrung zu bringen, inwieweit eine Beeinflussung durch einseitiges Informationsmaterial möglich ist, wurde eine zufällig ausgewählte Gruppe von Jugendlichen zufällig in drei Untergruppen aufgeteilt. Die Jugendlichen in den drei Untergruppen wurden anschließend mit unterschiedlicher Zielrichtung über Atomkraft informiert: Der „Pro-Gruppe" wurde ein Film gezeigt, in dem die Nutzung von Atomkraft klar befürwortet wird und in dem die Vorteile der Nutzung dieser Energie ausführlich dargestellt werden. Die „Kontra-Gruppe" sah einen Film, der im Gegensatz dazu die Risiken der Atomkraft in den Vordergrund stellt. Die dritte Gruppe diente als „Kontrollgruppe". Der entsprechende Film informierte sachlich sowohl über Vor- als auch über Nachteile der Nutzung von Atomkraft.

Nachdem die Jugendlichen den jeweiligen Film gesehen haben, wurde ihre Einstellung zur Atomkraft über den Fragebogen erfasst. Die verschiedenen Items des Fragebogens wurden dann in einem sogenannten Score zusammengefasst. Aufgrund dieses so gebildeten einzelnen Werts wurde die Einstellung jedes einzelnen Jugendlichen schließlich beurteilt. Die Frage ist nun, ob sich die mittleren Scores in den drei Gruppen unterscheiden und ob man daraus schließen kann, dass der Inhalt des Informationsmaterials Einfluss auf die Einstellung von Jugendlichen hat. □

Zur Beantwortung der in dem Beispiel beschriebenen Fragestellung ist der Vergleich von drei Gruppen erforderlich, da der potentielle Einfluss*faktor* „Informationsmaterial" auf drei *Faktorstufen* untersucht wurde. Die interessierende Zielgröße ist die Einstellung der Jugendlichen. Diese kann je nach Konstruktion als metrische Variable angesehen werden. In

Faktor

Faktorstufen

vielen Fällen werden solche Scores auch derart konstruiert, dass für diese die Normalverteilungsannahme gerechtfertigt ist. Gehen wir nun davon aus, dass die gemessene Zielgröße metrisch ist, so bedeutet diese Fragestellung eine Verallgemeinerung der eingangs beschriebenen Situationen in zwei Richtungen. Zum einen muss der zur Überprüfung des damit verbundenen Testproblems eingesetzte Test den Zweistichproben-t-Test auf mehr als zwei unabhängige Stichproben verallgemeinern. Zum anderen muss die Situation des Mehrgruppenvergleiches einer kategorialen Variable auf den Fall einer metrischen erweitert werden.

Varianzanalyse
Die statistische Methode, die diese Verallgemeinerung leistet, ist die sogenannte *Varianzanalyse*. Anhand dieser Methode ist es möglich, Unterschiede in den Erwartungswerten einer normalverteilten Zufallsvariable in mehreren Gruppen zu beurteilen. Dabei wird ein statistischer Test bereitgestellt, mit dem eine Entscheidung darüber gefällt werden kann, ob die beobachteten Unterschiede in den Mittelwerten der einzelnen Gruppen ausreichend groß sind, um davon auf Unterschiede in den zugehörigen Grundgesamtheiten schließen zu können. Der Name dieses statistischen Verfahrens rührt daher, dass letztendlich anhand der Prüfgröße getestet wird, ob die Variabilität zwischen den Gruppen größer ist als innerhalb der Gruppen. Wäre diese Bedingung erfüllt, so läge ein Indiz dafür vor, dass Unterschiede zwischen den Gruppen bestehen. Neben dem oben beschriebenen beispielhaften varianzanalytischen Problem gibt es viele andere Fragestellungen, die sich anhand einer geeigneten Varianzanalyse lösen lassen.

In der Medizin ist es etwa von Interesse zu erfahren, ob es Unterschiede zwischen verschiedenen Dosierungen eines neuen Medikaments und einem Placebo hinsichtlich der Gesundung der Patienten gibt. In der Landwirtschaft, aus der heraus viele statistische Methoden und insbesondere die Varianzanalyse entwickelt wurden, könnte die Frage nach dem Einfluss der Menge eines Düngemittels und der Beschaffenheit des Bodens auf den Ernteertrag interessieren. Der Einfluss der Schichtzugehörigkeit auf das Einkommen kann ebenfalls über ein *varianzanalytisches Modell* erfasst werden. Dabei erfordern die verschiedenen praktischen Probleme natürlich auch verschiedene Varianzanalysemodelle mit dazugehörigen Prüfgrößen, die sich gerade nach Fragestellung und Versuchsanordnung unterscheiden.

varianzanalytisches Modell

13.1 Einfaktorielle Varianzanalyse

einfaktorielle Varianzanalyse
Die *einfaktorielle Varianzanalyse* oder auch *Einfachklassifikation* ist für die in Beispiel 13.1 beschriebene Situation adäquat, in der lediglich ein Faktor, und zwar die Methode zur Vermittlung von Wissen auf mehreren Stufen, hier ein Film mit positiver Information zu Kernenergie, ein Film mit negativer und einer mit neutraler Information, betrachtet wird. Von Interesse ist nun der Einfluss dieses Faktors auf die eigentliche metrische Zielgröße, die in unserem Beispiel gerade durch die Einstellung der Jugendlichen zur Nutzung von Kernenergie gegeben ist. Anhand der Varianzanalyse wird untersucht, ob die verschiedenen Stufen hier zunächst eines Faktors statistisch signifikant unterschiedliche Wirkungen auf das interessierende Merkmal haben. Außerdem können die Effekte der Faktorstufen quantifiziert werden.

Beispiel 13.2   Bildung gleich Manipulation?

Konkretisieren wir im Folgenden obiges Beispiel. Dazu gehen wir nun davon aus, dass 24 zufällig ausgewählte Jugendliche zuerst zufällig in drei Gruppen aufgeteilt wurden. Zehn Jugendliche bildeten die „Pro-Gruppe", acht die „Kontra-Gruppe" und sechs die „Kontrollgruppe". Der Score, der anhand eines Fragebogens ermittelt wurde und die Einstellung der Jugendlichen zur Nutzung von Kernenergie wiedergeben soll, nimmt umso höhere Werte an, je positiver der Jugendliche die Nutzung von Atomkraft einschätzt. Per Konstruktion kann dieser Score als normalverteilte Größe angesehen werden. Die Befragung ergab folgende Scores für die Einstellung der Jugendlichen zur Nutzung von Atomkraft.

	Scores									
Kontrollgruppe	8	12	7	10	11	12				
Pro-Gruppe	7	9	15	13	11	16	12	8	13	16
Kontra-Gruppe	4	5	6	3	8	10	3	9		

Wie lässt sich nun der Effekt des filmischen Informationsmaterials auf die Einstellung der Jugendlichen schätzen und wie kann man beurteilen, ob das jeweilige Informationsmaterial Einfluss auf die Einstellung der Jugendlichen hat? □

Dazu benötigen wir zunächst eine allgemeine Notation. Bezeichnen wir die Zielgröße mit Y, so liegen uns also Beobachtungen y_{ij} vor, wobei der erste Index angibt, zu welcher Faktorstufe die Beobachtung gehört, und der zweite Index die Nummer der Untersuchungseinheit in dieser Faktorstufe. Die Umfänge der einzelnen Gruppen, die sich durch die Faktorstufen ergeben, müssen, wie in Beispiel 13.2, nicht gleich groß sein. Die in Beispiel 13.2 angegebene Tabelle lässt sich damit in allgemeiner Notation schreiben als

		Zielgröße			
	Stufe 1	y_{11}	y_{12}	$\cdots$	y_{1n_1}
	Stufe 2	y_{21}	y_{22}	$\cdots$	y_{2n_2}
Faktor	$\vdots$	$\vdots$			$\vdots$
	Stufe I	y_{I1}	y_{I2}	$\cdots$	y_{In_I}

Dabei bezeichnen $n_1, \dots, n_I$ die Stichprobenumfänge in jeder Faktorstufe und I die Anzahl der Faktorstufen. In Beispiel 13.2 ist $I = 3, n_1 = 6, n_2 = 10, n_3 = 8$ und $n = \sum_{i=1}^{I} n_i = 24$. Allgemein liegen also auf Faktorstufe i die Merkmalsausprägungen $y_{i1}, \dots, y_{in_i}, i = 1, \dots, I$, vor.

Um nun zu einem varianzanalytischen Modell zu gelangen, muss die Zielvariable in Abhängigkeit der auf Stufen erfassten Einflussgröße beschrieben werden. Man unterscheidet dazu zwei Ansätze:

Modellformulierung (I)

Im ersten Modellansatz nimmt man an, dass durch die jeweilige Faktorstufe eine gewisse durchschnittliche Ausprägung der Zielgröße, wie etwa ein mittlerer Einstellungsscore der Jugendlichen gegenüber der Nutzung von Atomenergie, bedingt wird. Allerdings gibt es natürlich individuelle Schwankungen um diesen mittleren Wert, denen im Modell Rechnung getragen werden muss. Daher lässt sich die Zielgröße Y_{ij} als Summe des Erwartungswerts

μ_i von Faktorstufe i und eines Störterms ϵ_{ij} für die i-te Faktorstufe und die j-te Untersuchungseinheit darstellen, also

$$Y_{ij} = \mu_i + \epsilon_{ij}, \quad i = 1, \ldots, I, \quad j = 1, \ldots, n_i.$$

Normalverteilung Da wir zudem vorausgesetzt haben, dass die Zielvariable in den Gruppen normalverteilt ist und sich, wenn überhaupt, nur durch ihre Erwartungswerte unterscheidet, können wir zudem annehmen, dass die Störgröße *normalverteilt* ist mit

$$\epsilon_{ij} \sim N(0, \sigma^2).$$

Inhaltlich bedeutet diese Annahme, dass sich die Störterme im Mittel wieder ausgleichen und dass die Variabilität in allen Gruppen gleich ist. Da wir die Untersuchungseinheiten zufällig auswählen, können wir zusätzlich davon ausgehen, dass die Y_{ij} und damit die ϵ_{ij} unabhängig sind, d.h. $Y_{11}, Y_{12}, \ldots, Y_{In_I}$ bzw. $\epsilon_{11}, \ldots, \epsilon_{In_I}$ sind voneinander unabhängig.

Uns interessiert nun die Frage, ob sich die Faktorstufen unterschiedlich auf die Zielgröße auswirken. Diese Frage formulieren wir auch hier als statistische Alternative in dem entsprechenden statistischen Testproblem, das gegeben ist als

$$H_0 : \mu_1 = \mu_2 = \cdots = \mu_I \quad \text{gegen} \quad H_1 : \mu_i \neq \mu_j \quad \text{für mindestens ein Paar } (i, j).$$

Die Nullhypothese besagt gerade, dass zwischen den Gruppen keine Mittelwertsunterschiede vorliegen, während die Alternative formuliert, dass sich mindestens zwei Gruppen unterscheiden.

Modellformulierung (II)

Der andere Ansatz zur Modellierung ist völlig äquivalent zu Modell (I). Es wird mit diesem Modell allerdings der Idee Rechnung getragen, dass, formuliert für unser Beispiel, die verschiedenen Filme einen unterschiedlichen Effekt auf die Einstellung haben. Damit versucht Modell (II) die Effekte der Faktorstufen auf den allgemeinen mittleren Wert der Zielgröße zu beschreiben. Man spricht daher auch bei der Darstellung

$$Y_{ij} = \mu + \alpha_i + \epsilon_{ij}, \quad i = 1, \ldots, I, \quad j = 1, \ldots, n_i,$$

Modell in Effektdarstellung

grand mean

Effekt

von dem *Modell in Effektdarstellung*. Den Parameter μ bezeichnet man als *grand mean* oder globalen Erwartungswert, d.h. $\mu = \frac{1}{n} \sum_{i=1}^{I} n_i \mu_i$, und α_i als *Effekt* der i-ten Faktorstufe mit $\alpha_i = \mu_i - \mu$. Betrachtet man das Modell (I)

$$Y_{ij} = \mu_i + \epsilon_{ij}$$

und fügt die Differenz $\mu - \mu$ hinzu, d.h.

$$Y_{ij} = \mu + (\mu_i - \mu) + \epsilon_{ij},$$

so erhält man direkt das Modell (II) mit $\alpha_i = \mu_i - \mu$. Zudem sieht man leicht, dass sich die Effekte im Mittel ausgleichen, d.h.

$$\sum_{i=1}^{I} n_i \alpha_i = 0.$$

Außerdem setzen wir wieder voraus, dass die Störterme $\epsilon_{11}, \ldots, \epsilon_{In_I}$ unabhängig und normalverteilt sind mit $\epsilon_{ij} \sim N(0, \sigma^2)$.

Das in Modell (I) angegebene statistische Testproblem lässt sich nun analog über die Effekte formulieren. Haben nämlich die Faktorstufen keinen Einfluss, so sind die Effekte alle null. Damit erhalten wir folgendes statistisches Testproblem:

$$H_0 : \alpha_1 = \cdots = \alpha_I = 0 \quad \text{gegen} \quad H_1 : \text{mindestens zwei } \alpha_i \neq 0,$$

d.h. unter H_0 gibt es keine unterschiedlichen Effekte auf die Zielgröße bedingt durch den Faktor. Unter H_1 gibt es einen solchen Effekt, wobei bei der Forderung nach mindestens zwei von null verschiedenen α_i die Annahme eingeht, dass sich die Effekte ausgleichen sollen.

Die oben gegebene Formulierung der Modelle geht von einem varianzanalytischen experimentellen Design aus, bei dem die Beobachtungseinheiten verschiedenen Stufen des Einflussfaktors ausgesetzt werden. Der eher typische Fall bei praktischen Untersuchungen ist jedoch der einer Beobachtungsstudie und nicht eines Experiments, bei der sowohl das interessierende Merkmal als auch der Einflussfaktor gleichzeitig an den statistischen Einheiten beobachtet werden, vgl. Beispiel 13.5 (Seite 487). Die varianzanalytische Modellierung und die Methoden der Varianzanalyse bleiben auch in solchen Situationen anwendbar.

Arbeiten wir im Folgenden mit Modell (II), so stellt sich nun die Frage, die wir in Beispiel 13.2 schon inhaltlich formuliert haben, nämlich, wie μ und die Effekte α_i zu schätzen sind und wie H_0 zu testen ist.

Wenden wir uns zunächst dem Schätzproblem zu. Da der globale Erwartungswert das allgemeine Mittel der Zielgröße, also zum Beispiel den mittleren Einstellungsscore der Jugendlichen, wiedergibt, liegt es nahe, diesen auch als Mittelwert aus allen Beobachtungen zu schätzen, d.h.

$$\hat{\mu} = \frac{1}{n} \sum_{i=1}^{I} \sum_{j=1}^{n_i} Y_{ij} = \bar{Y}_{..}\,.$$

Die Effekte α_i beschreiben gerade die durch die Faktorstufe bewirkte Abweichung vom globalen Erwartungswert. Der Erwartungswert der Zielgröße in jeder Faktorstufe lässt sich nun schätzen durch

$$\hat{\mu}_i = \frac{1}{n_i} \sum_{j=1}^{n_i} Y_{ij} = \bar{Y}_{i\cdot}$$

und wir erhalten somit als Schätzung für α_i

$$\hat{\alpha}_i = \bar{Y}_{i\cdot} - \bar{Y}_{..}\,,$$

woraus sich die Residuen des Modells berechnen lassen als Abweichung der tatsächlich beobachteten Zielgröße von dem aufgrund des Modells vorhergesagten Wert, also

$$\hat{\epsilon}_{ij} = y_{ij} - (\hat{\mu} + \hat{\alpha}_i) = y_{ij} - (\bar{y}_{..} + \bar{y}_{i\cdot} - \bar{y}_{..}) = y_{ij} - \bar{y}_{i\cdot}\,.$$

Damit sind wir nun in der Lage, die erste Frage in unserem Beispiel zu beantworten.

Beispiel 13.3   **Bildung gleich Manipulation?**

Es wird im Folgenden davon ausgegangen, dass sich die Einstellung der Jugendlichen zur Nutzung von Atomkraft modellieren lässt als

$$Y_{ij} = \mu + \alpha_i + \epsilon_{ij}\,, \quad i = 1, 2, 3\,, \quad j = 1, \dots, n_i\,,$$
$$\text{mit } n_1 = 6\,, \quad n_2 = 10\,, \quad n_3 = 8\,, \quad n = 24\,.$$

Dabei beschreibt μ die allgemeine mittlere Einstellung der Jugendlichen zur Nutzung von Atomkraft in der Grundgesamtheit, α_i den durch den jeweiligen Film bedingten Effekt und ϵ_{ij} unter anderem die individuellen Schwankungen. In dem Störterm ϵ_{ij} werden aber auch andere Abweichungen vom Modell, zum Beispiel bedingt durch fehlerhafte Messungen, subsumiert.

Für die Schätzung von μ und α_i benötigen wir die Mittelwerte aus allen Beobachtungen und in den jeweiligen Faktorstufen. Letztere berechnen sich als

$$\bar{y}_{1\cdot} = 10\,, \quad \bar{y}_{2\cdot} = 12\,, \quad \bar{y}_{3\cdot} = 6\,.$$

Aus diesen kann $\bar{y}_{\cdot\cdot}$ ermittelt werden als

$$\bar{y}_{\cdot\cdot} = \frac{1}{n} \sum_{i=1}^{I} n_i \bar{y}_{i\cdot} = \frac{1}{24}(6 \cdot 10 + 10 \cdot 12 + 8 \cdot 6) = 9.5\,.$$

Daraus erhält man als Schätzungen für die Effekte

$$\hat{\alpha}_1 = 10 - 9.5 = 0.5\,, \quad \hat{\alpha}_2 = 12 - 9.5 = 2.5\,, \quad \hat{\alpha}_3 = 6 - 9.5 = -3.5\,.$$

Aus diesen lässt sich ablesen, dass ein deutlicher positiver Effekt von 2.5 auf die Einstellung der Jugendlichen gegenüber der Nutzung von Atomkraft durch den Film hervorgerufen wird, in dem die Nutzung von Atomkraft eindeutig bejaht wird, während in der Kontra-Gruppe ein deutlich negativer Effekt von -3.5 vorliegt.   □

Die Teststatistik zur Überprüfung, ob die in der Stichprobe beobachteten Effekte einen Schluss darüber zulassen, dass auch in der Grundgesamtheit ein solcher Effekt des Faktors vorliegt, kann als Verallgemeinerung der Prüfgröße des t-Tests angesehen werden. Diese lautet unter der Annahme, dass die Varianz in beiden Stichproben gleich ist,

$$T = \frac{\bar{X} - \bar{Y}}{\sqrt{S^2(\frac{1}{n} + \frac{1}{m})}}\,,$$

wobei $\bar{X}$, $\bar{Y}$ die Mittelwerte in den beiden unabhängigen Stichproben, n und m die Stichprobenumfänge und $S^2 = ((n-1)S_X^2 + (m-1)S_Y^2)/(n+m-2)$ die Stichprobenvarianz bezeichnen (vgl. Abschnitt 11.2, Seite 421, Kasten). Die Größe S^2 misst gerade die Variabilität innerhalb der Gruppen, also wie stark die einzelnen Beobachtungen innerhalb der Gruppen vom jeweiligen Gruppenmittel abweichen. Die Differenz $\bar{X} - \bar{Y}$ liefert eine Größe zur Messung der Unterschiede und damit der Variabilität zwischen den Gruppen. Damit setzt die Prüfgröße des t-Tests die Variabilität zwischen den Gruppen in Beziehung zur Variabilität innerhalb der Gruppen, wobei diese geeignet gemessen werden.

Diese Idee lässt sich nun auf den Mehrgruppenvergleich der Varianzanalyse übertragen. Es sind lediglich geeignete Größen zur Messung der jeweiligen Variabilitäten zu überlegen.

Zur Messung der Variabilität zwischen den Gruppen macht es keinen Sinn, alle Gruppenmittel voneinander abzuziehen. Allerdings lässt sich diese Variabilität gut über einen Vergleich der Mittelwerte innerhalb der Faktorstufen mit dem Gesamtmittel erfassen. Sei diese Größe bezeichnet mit SQE, die damit berechnet wird als

$$SQE = \sum_{i=1}^{I} \sum_{j=1}^{n_i} (\bar{Y}_{i\cdot} - \bar{Y}_{\cdot\cdot})^2 \, .$$

Da die Terme $(\bar{Y}_{i\cdot} - \bar{Y}_{\cdot\cdot})^2$ nicht mehr von j abhängen und jeder dieser Terme genau n_i-mal vorkommt, lässt sich SQE auch schreiben als

$$SQE = \sum_{i=1}^{I} n_i (\bar{Y}_{i\cdot} - \bar{Y}_{\cdot\cdot})^2 \, .$$

Diese Streuung muss analog zur üblichen Stichprobenvarianz noch durch ihre Freiheitsgrade dividiert werden, die hier $I - 1$ betragen. Die Streuung innerhalb der Gruppen lässt sich wieder erfassen über die quadrierten Abweichungen der Beobachtungen in den Gruppen vom jeweiligen Gruppenmittelwert, sodass man insgesamt die analog zur Regressionsanalyse als SQR bezeichnete Streuung berechnet als

$$SQR = \sum_{i=1}^{I} \sum_{j=1}^{n_i} (Y_{ij} - \bar{Y}_{i\cdot})^2 \, .$$

Kennt man die Stichprobenvarianzen S_i^2 in den Gruppen bereits, also

$$S_i^2 = \frac{1}{n_i - 1} \sum_{j=1}^{n_i} (Y_{ij} - \bar{Y}_{i\cdot})^2 \, ,$$

so lässt sich die Berechnung von SQR vereinfachen:

$$\begin{aligned}
SQR &= \sum_{i=1}^{I} \sum_{j=1}^{n_i} (Y_{ij} - \bar{Y}_{i\cdot})^2 \\
&= \sum_{i=1}^{I} (n_i - 1) \frac{1}{n_i - 1} \sum_{j=1}^{n_i} (Y_{ij} - \bar{Y}_{i\cdot})^2 \\
&= \sum_{i=1}^{I} (n_i - 1) S_i^2 \, .
\end{aligned}$$

Zur Konstruktion der Prüfgröße muss auch SQR durch die entsprechenden Freiheitsgrade $n - I$ dividiert werden. Die hier vorgenommene Aufteilung der gesamten Variabilität in SQR und SQE ist bereits als *Streuungszerlegung* aus der Regressionsanalyse bekannt. Damit erhalten wir insgesamt als Prüfgröße

Streuungszerlegung

$$F = \frac{SQE/(I-1)}{SQR/(n-I)} = \frac{\sum\limits_{i=1}^{I} \sum\limits_{j=1}^{n_i} (\bar{Y}_{i\cdot} - \bar{Y}_{\cdot\cdot})^2 \Big/ (I-1)}{\sum\limits_{i=1}^{I} \sum\limits_{j=1}^{n_i} (Y_{ij} - \bar{Y}_{i\cdot})^2 \Big/ (n-I)} \, .$$

Diese besitzt, wie schon die entsprechende Prüfgröße in der Regressionsanalyse (siehe Kapitel 12), unter der Nullhypothese, dass keine Effekte bedingt durch den Einflussfaktor vorliegen, eine F-Verteilung mit $I - 1$ und $n - I$ Freiheitsgraden. Dabei wird die Nullhypothese verworfen, falls die Variabilität zwischen den Gruppen wesentlich größer ist als innerhalb der Gruppen, also falls der berechnete Prüfgrößenwert das $(1 - \alpha)$-Quantil der $F(I - 1, n - I)$-Verteilung überschreitet.

Varianzanalyse-tabelle

Für zwei Gruppen, d.h. $I = 2$, reduziert sich die F-Statistik auf das Quadrat der t-Statistik. Ebenfalls analog zur Regressionsanalyse ordnet man die zur Berechnung der Prüfgröße notwendigen Ausdrücke in einer *Varianzanalysetabelle* bzw. kurz ANOVA-Tabelle an:

Streuungs-ursache	Streuung	Freiheits-grade	mittlerer quadratischer Fehler	Prüfgröße
Gruppen (Variabilität zwischen den Gruppen)	SQE	$I - 1$	$\frac{SQE}{(I-1)} = MQE$	$F = \frac{MQE}{MQR}$
Residuen (Variabilität innerhalb der Gruppen)	SQR	$n - I$	$\frac{SQR}{(n-I)} = MQR$	

Die Prüfgröße wird nun verwendet, um die zweite in dem Beispiel formulierte Frage zu beantworten, und zwar, ob das filmische Informationsmaterial die Einstellung der Jugendlichen beeinflusst.

Beispiel 13.4   **Bildung gleich Manipulation?**

Die Frage danach, ob das filmische Informationsmaterial die Einstellung der Jugendlichen beeinflusst, lässt sich als statistisches Testproblem wie folgt formulieren:

$$H_0 : \alpha_1 = \alpha_2 = \alpha_3 = 0 \quad \text{gegen} \quad H_1 : \text{mindestens zwei } \alpha_i \neq 0 \, .$$

Der Test soll zum Niveau $\alpha = 0.05$ durchgeführt werden. Zur Berechnung der Prüfgröße

$$F = \frac{MQE}{MQR}$$

$$\text{mit} \quad MQE = \sum_{i=1}^{I} n_i \cdot (\bar{Y}_{i\cdot} - \bar{Y}_{\cdot\cdot})^2 / (I - 1) \quad \text{und} \quad MQR = \sum_{u=1}^{I} (n_i - 1) S_i^2 / (n - I)$$

kann man neben diesen Vereinfachungen noch ausnutzen, dass die Summanden des MQE gerade die quadrierten geschätzten Effekte sind.

Mit $s_1^2 = 4.4$, $s_2^2 = 10.\bar{4}$, $s_3^2 = 7.429$ und $\hat{\alpha}_1 = 0.5$, $\hat{\alpha}_2 = 2.5$, $\hat{\alpha}_3 = -3.5$ erhält man

$$SQE = \sum_{i=1}^{3} n_i \hat{\alpha}_i^2 = 6 \cdot 0.5^2 + 10 \cdot 2.5^2 + 8 \cdot (-3.5)^2 = 1.5 + 62.5 + 98 = 162$$

$$\text{und} \quad SQR = \sum_{i=1}^{3} (n_i - 1) s_i^2 = 5 \cdot 4.4 + 9 \cdot 10.\bar{4} + 7 \cdot 7.429 = 22 + 94 + 52 = 168$$

sowie $MQE = \dfrac{162}{3-1} = 81$, $MQR = \dfrac{168}{24-3} = 8$ und $F = \dfrac{81}{8} = 10.125$.

Dieser Prüfgrößenwert wird verglichen mit dem 95 %-Quantil einer F-Verteilung mit 2 und 21 Freiheitsgraden, das aus der Tabelle E abgelesen werden kann als 3.4668. Da $10.125 > 3.4668$, wird die Nullhypothese verworfen. Es kann zum Niveau $\alpha = 0.05$ auf einen signifikanten Effekt des filmischen Informationsmaterials auf die Einstellung zur Nutzung der Atomkraft geschlossen werden.

□

Wir können damit zusammenfassen:

Einfaktorielle Varianzanalyse

Modell (I): $Y_{ij} = \mu_i + \epsilon_{ij}$,

$\epsilon_{ij} \sim N(0, \sigma^2)$, unabhängig,

$i = 1, \ldots, I, j = 1, \ldots, n_i$.

Modell (II): $Y_{ij} = \mu + \alpha_i + \epsilon_{ij}, \sum\limits_{i=1}^{I} n_i \alpha_i = 0$,

$\epsilon_{ij} \sim N(0, \sigma^2)$, unabhängig,

$i = 1, \ldots, I, j = 1, \ldots, n_i$.

Die Schätzer für μ und α_i im Modell (II) sind gegeben als:

$$\hat{\mu} = \frac{1}{n} \sum_{i=1}^{I} \sum_{j=1}^{n_i} Y_{ij} = \bar{Y}_{..}$$

$$\hat{\alpha}_i = \bar{Y}_{i \cdot} - \bar{Y}_{..} \quad \text{mit} \quad \bar{Y}_{i \cdot} = \frac{1}{n_i} \sum_{j=1}^{n_i} Y_{ij}.$$

Die Prüfgröße für das Testproblem

$$H_0 : \alpha_1 = \cdots = \alpha_I = 0 \quad \text{gegen} \quad H_1 : \text{mindestens zwei } \alpha_i \neq 0$$

ist gegeben als

$$F = \frac{MQE}{MQR} = \frac{\sum\limits_{i=1}^{I} n_i \cdot (\bar{Y}_{i \cdot} - \bar{Y}_{..})^2 \Big/ (I-1)}{\sum\limits_{i=1}^{I} \sum\limits_{j=1}^{n_i} (Y_{ij} - \bar{Y}_{i \cdot})^2 \Big/ (n-I)},$$

wobei H_0 zu verwerfen ist, falls

$$F > F_{1-\alpha}(I-1, n-I).$$

Abschließend sei noch einmal darauf hingewiesen, dass dem varianzanalytischen Modell eine Reihe von Modellannahmenzugrunde liegt, die in jedem Einzelfall geprüft oder zumindest kritisch hinterfragt werden müssen. So geht etwa die Varianzhomogenität, d.h. die

Varianz-
homogenität

Annahme, dass die Varianzen in den jeweiligen Grundgesamtheiten gleich sind, in die Modellierung und die Entwicklung der Prüfgröße ein. Diese Annahme kann zwar ebenfalls
anhand eines statistischen Tests überprüft werden, sollte aber durch substanzwissenschaft-
liche Überlegungen untermauert werden.

Unabhängigkeit   Auch die Annahme der *Unabhängigkeit* aller Beobachtungen kann verletzt sein, zum
Beispiel bei Messwiederholungen, d.h. bei wiederholten Messungen derselben Variable an
denselben Beobachtungseinheiten. Sie sollte daher in der gegebenen Fragestellung ebenfalls
untersucht werden.

Normal-
verteilungs-
annahme   Bei einer Verletzung der *Normalverteilungsannahme* gibt es für den Mehrstichproben-
fall entsprechende verteilungsfreie Tests wie beispielsweise den Kruskal-Wallis-Test als
Verallgemeinerung des Wilcoxon-Rangsummen-Tests.

Als weitergehende Fragestellung ist es natürlich häufig von Interesse, nicht nur zu erfahren, dass Unterschiede zwischen den Effekten in den einzelnen Stufen vorliegen, sondern
diese genauer zu lokalisieren, d.h. also in Erfahrung zu bringen, welche zwei Gruppen sich
Paarvergleichen   jeweils unterscheiden. Dies zieht eine möglicherweise große Anzahl von *Paarvergleichen*
nach sich, deren Behandlung anhand statistischer Tests zu der bereits in Kapitel 10 angesprochenen multiplen Testproblematik führt.

Das oben angegebene varianzanalytische Modell lässt sich erweitern, um den verschiedenen Problemstellungen gerecht zu werden. So können zum Beispiel statt der festen Effekte α_i auch diese als zufällig modelliert werden. Es ist zudem möglich, mehr als einen
Einflussfaktor in das Modell miteinzubeziehen. Der letzte Punkt ist Thema des nächsten
Abschnitts.

13.2 Zweifaktorielle Varianzanalyse mit festen Effekten

Betrachtet man den Einfluss zweier Faktoren auf eine Zielgröße, so stellt sich die Frage, ob
diese sich gemeinsam anders auswirken als jede der Variablen einzeln betrachtet. Besonders
zweifaktorielle   zur Beantwortung dieser Frage dient die *zweifaktorielle Varianzanalyse*. Das entsprechen-
Varianzanalyse   de varianzanalytische Modell berücksichtigt nämlich nicht nur die einzelnen Effekte der
jeweiligen Faktoren, sondern auch die Möglichkeit der gegenseitigen Beeinflussung. Eine
solche gegenseitige Beeinflussung macht sich dadurch bemerkbar, dass sich einer der beiden
Faktoren je nach vorliegender Ausprägung des anderen Faktors auch verschieden auswirkt.
Wechselwirkung   Liegt ein solches Verhalten vor, so spricht man von einer *Wechselwirkung* der Faktoren.
Damit interessiert also zunächst die Überprüfung auf Vorliegen möglicher Wechselwirkungen. Kann davon ausgegangen werden, dass keine Wechselwirkungen vorhanden sind, besteht die nächste Aufgabe darin zu prüfen, ob die beiden Faktoren isoliert betrachtet eine
Haupteffekt   Auswirkung auf die Zielgröße haben. Diese Auswirkungen werden über die *Haupteffekte*
erfasst. Eine Interpretation der Haupteffekte allein macht in der Regel nur Sinn, wenn keine signifikanten Wechselwirkungen vorliegen. Die Überprüfung auf Wechselwirkung und
auf die Haupteffekte erfolgt wieder mittels F-verteilter Prüfgrößen, da sich auch hier eine
Wechselwirkung oder entsprechend die Haupteffekte in Mittelwertsunterschieden zeigen.

Im Folgenden gehen wir von einem vollständigen Versuchsplan aus, d.h. alle Faktorkombinationen werden betrachtet. Die beobachteten Zielgrößenwerte können in einer Kon-

tingenztafel zusammengefasst werden.

Damit besteht das vorliegende Problem darin, den gleichzeitigen Einfluss eines Faktors A und eines zweiten Faktors B auf eine interessierende Zielgröße zu erfassen, wobei davon ausgegangen wird, dass sich A und B gleichzeitig anders auswirken als jeder der Faktoren einzeln betrachtet. So könnte uns etwa der Einfluss des Düngemittels und der Bodenbeschaffenheit auf den Ernteertrag interessieren oder der Einfluss der Unterrichtsmethode und des Leistungsstands der Schüler auf den Erfolg in einer Klausur. Diese Problematik wird im Folgenden an einem kleinen fiktiven Beispiel veranschaulicht.

Zufriedenheit im Studium   Beispiel 13.5

Wir wollen untersuchen, welche Faktoren verantwortlich dafür sind, dass Studierende mit ihrem Studium zufrieden sind. Als zwei mögliche Einflussfaktoren betrachten wir ihre Motivation im Studium (Faktor A) auf zwei Stufen: motiviert ($A1$) und unmotiviert ($A2$) sowie ihre familiäre Situation (Faktor B): mit einem Partner zusammenlebend ($B1$) und allein lebend ($B2$). Es ist anzunehmen, dass sich die beiden Faktoren gemeinsam anders auswirken als jeder Einzelne für sich. Die Zufriedenheit der Studierenden wurde über einen Score erfasst, der Werte zwischen 0 und 100 annehmen kann, wobei hohe Werte für eine große Zufriedenheit stehen. Der Score wurde so konstruiert, dass er als approximativ normalverteilte Zufallsvariable angesehen werden kann. Pro Kombination der beiden Faktoren wurden fünf Studierende zufällig ausgewählt und die folgenden Scores erfasst:

| | | familiäre Situation | |
		Partner	allein lebend
M		85	50
o		89	52
t	motiviert	91	65
i		95	71
v		80	72
a		34	30
t		30	28
i	unmotiviert	28	33
o		23	16
n		40	23

Man sieht bereits an diesen Zahlen, dass die motivierten Studierenden deutlich zufriedener sind, wobei sich das Zusammenleben mit einem Partner positiv verstärkend auswirkt.   □

Allgemein lassen sich die Beobachtungen eines solchen zweifaktoriellen Versuchsplans wie in Tabelle 13.1 angegeben erfassen.

Dabei liegt Faktor A also auf I Stufen vor und Faktor B auf J Stufen. Zudem gehen wir hier einfachheitshalber davon aus, dass pro Faktorkombination dieselbe Anzahl K von Beobachtungen vorhanden ist. Es wird auch vorausgesetzt, dass die Zielgröße für die einzelnen Faktorkombinationen normalverteilt ist und die Varianzen alle gleich sind. Analog zur einfaktoriellen Varianzanalyse können wir zwei Ansätze zur Modellierung der Zielgröße angeben, wobei wiederum das Modell in Effektdarstellung (Modell (II)) das informativere und daher auch das übliche Modell ist:

		1	$\cdots$	j	$\cdots$	J
Faktor A	1	y_{111} y_{112} $\vdots$ y_{11K}				
mit	$\vdots$					
	i			y_{ij1} y_{ij2} $\vdots$ y_{ijK}		
Stufen	$\vdots$					
	I					

(Faktor B mit Stufen)

Tabelle 13.1: Beobachtungen eines zweifaktoriellen Versuchsplans mit I Stufen von Faktor A, J Stufen von Faktor B und K Beobachtungen pro Faktorkombination

Modellformulierung (I)

In diesem Modell beschreiben wir die Zielgröße in Abhängigkeit eines durch die jeweilige Faktorkombination bedingten durchschnittlichen Werts μ_{ij}, der die beobachtete Größe natürlich auch hier nicht deterministisch beschreibt, sondern noch überlagert wird von dem individuellen Störterm ϵ_{ijk}. Damit schreibt sich das Modell (I) als

$$Y_{ijk} = \mu_{ij} + \epsilon_{ijk}, \quad \epsilon_{ijk} \sim N(0, \sigma^2),$$
$$i = 1, \ldots, I, \quad j = 1, \ldots, J, \quad k = 1, \ldots, K,$$

wobei die ϵ_{ijk} als unabhä ngig vorausgesetzt werden. Der Parameter μ_{ij} ist gerade der Erwartungswert von Y_{ijk} in der Faktorkombination (i, j).

Dieses Modell hat den erheblichen Nachteil, dass keine differenzierte Analyse hinsichtlich Wechselwirkungen und Haupteffekten möglich ist. Daher greift man im Allgemeinen auf das Modell in Effektdarstellung zurück.

Modellformulierung (II)

In diesem Modell wird die eingangs beschriebene Überlagerung des Vorliegens von Haupteffekten und Wechselwirkungen umgesetzt. Im Unterschied zu Modell (I) wird der Erwartungswert μ_{ij}, anschaulich formuliert, aufgespalten in einen allgemeinen Mittelwert μ und die durch die Faktoren und ihre gegenseitige Beeinflussung bewirkten Abweichung davon. Somit lautet Modell (II):

$$Y_{ijk} = \mu + \alpha_i + \beta_j + (\alpha\beta)_{ij} + \epsilon_{ijk}, \quad \epsilon_{ijk} \sim N(0, \sigma^2),$$
$$i = 1, \ldots, I, \quad j = 1, \ldots, J, \quad k = 1, \ldots, K.$$

Außerdem werden die ϵ_{ijk} wieder als unabhängig vorausgesetzt. Analog zum einfaktoriellen Varianzmodell ergibt sich

$$\sum_{i=1}^{I} \alpha_i = 0\,, \quad \sum_{j=1}^{J} \beta_j = 0\,, \quad \sum_{i=1}^{I} (\alpha\beta)_{ij} = 0\,, \quad \sum_{j=1}^{J} (\alpha\beta)_{ij} = 0\,.$$

Die einzelnen Parameter des obigen Modells lassen sich nun wie folgt interpretieren: μ bezeichnet wieder den grand mean mit

$$\mu = \frac{1}{IJ} \sum_{i=1}^{I} \sum_{j=1}^{J} \mu_{ij}\,,$$

α_i beschreibt den Effekt von Faktor A auf der i-ten Faktorstufe mit

$$\alpha_i = \mu_{i\cdot} - \mu\,,$$

wobei $\mu_{i\cdot} = \frac{1}{J} \sum_{j=1}^{J} \mu_{ij}$ der Erwartungswert von Faktor A auf der i-ten Faktorstufe, also ohne Betrachtung von Faktor B, ist, β_j beschreibt entsprechend den Effekt von Faktor B auf der j-ten Faktorstufe mit

$$\beta_j = \mu_{\cdot j} - \mu\,,$$

wobei $\mu_{\cdot j} = \frac{1}{I} \sum_{i=1}^{I} \mu_{ij}$ analog der Erwartungswert von Faktor B auf der j-ten Faktorstufe ist,
$(\alpha\beta)_{ij}$ beschreibt die Wechselwirkung von A und B auf der Faktorstufenkombination (i, j) mit

$$(\alpha\beta)_{ij} = \mu_{ij} - (\mu + \alpha_i + \beta_i)\,.$$

An der Definition der Parameter des Modells erkennt man gut die Idee der Modellierung. So erklären die Haupteffekte den Unterschied zwischen den Mittelwerten in der jeweiligen Faktorstufe des entsprechenden Faktors zum Gesamtmittel, während der Wechselwirkungsterm den Unterschied zwischen dem Mittelwert in der jeweiligen Faktorstufenkombination zu dem Teil des Gesamtmittelwerts zu erklären sucht, der nicht durch die Addition der Haupteffekte beschrieben werden kann. Könnte der durch die beiden Faktoren hervorgerufene Gesamteffekt nämlich gerade als Summe der beiden Haupteffekte dargestellt werden, so bedeutete diese Tatsache, dass die gleichzeitige Einwirkung der beiden Faktoren keine Verstärkung oder Schwächung der Einzeleffekte nach sich zieht und somit keine Wechselwirkungen vorhanden sind.

Die Bedeutung von Wechselwirkungen sei im Folgenden anhand zweier Faktoren auf zwei Stufen illustriert. Nehmen wir zunächst den Fall an, dass keine Wechselwirkungen vorliegen. In diesem Fall wirken sich Faktor A bzw. Faktor B gleichmäßig auf den Stufen des jeweiligen anderen Faktors aus, was an den Erwartungswerten in den entsprechenden Faktorkombinationen abzulesen ist. Dies ist in Tabelle 13.2(a) veranschaulicht.

Tabelle 13.2(b) zeigt den Fall einer reinen Wechselwirkung. Man sieht, dass die Faktoren sich in ihrer Auswirkung überkreuzen. In Tabelle 13.2(c) ist der Fall von vorliegenden Haupteffekten und einer Wechselwirkung dargestellt. In dieser Situation ist es im Prinzip

(a) μ_{ij}	Faktor B 1	2
Faktor A 1	5	3
2	2	0

(b) μ_{ij}	Faktor B 1	2
Faktor A 1	5	3
2	3	5

(c) μ_{ij}	Faktor B 1	2
Faktor A 1	5	3
2	3	2

Tabelle 13.2: Erwartungswerte auf der (i,j)-ten Stufe der Kombination zweier Faktoren A und B mit je zwei Stufen bei Vorliegen von (a) keiner Wechselwirkung, (b) reinen Wechselwirkungen, (c) Haupteffekten und Wechselwirkungen

unmöglich zu entscheiden, inwieweit die auftretenden Effekte den Faktoren alleine oder ihrer Kombination zuzuschreiben sind.

Abbildung 13.1 veranschaulicht die Bedeutung von Wechselwirkungen noch einmal grafisch. Man sieht deutlich, dass bei fehlenden Wechselwirkungen ein paralleler Verlauf der beiden Strecken vorliegt, die die Effekte von Faktor A auf den jeweiligen Stufen symbolisieren, vgl. Abbildung 13.1(a). Abbildung 13.1(b) zeigt die Überkreuzung bei reinen Wechselwirkungen, die auch schon in der Tabelle deutlich wurde. In Abbildung 13.1(c) ist kein klarer Hinweis auf die Bedeutung der Haupteffekte und der Wechselwirkungen erkennbar.

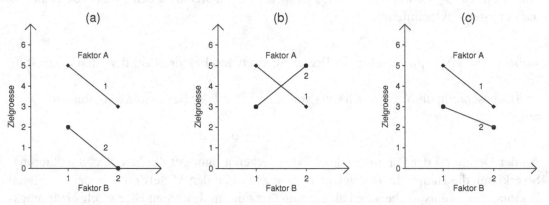

Abbildung 13.1: Grafische Veranschaulichung (a) des Fehlens von Wechselwirkungen, (b) des Vorliegens reiner Wechselwirkungen und (c) des Vorliegens von Haupteffekten und Wechselwirkungen

Es sind im Folgenden zunächst Schätzer für die obigen Modellparameter zu bestimmen. Diese bilden sich analog zur einfaktoriellen Varianzanalyse aus den Mittelwerten der Beobachtungen in den entsprechenden Gruppen.

Dabei wird der globale Erwartungswert μ wieder geschätzt über das arithmetische Mittel aller Beobachtungen, deren Anzahl sich gerade als $I \cdot J \cdot K$ ergibt, sodass

$$\hat{\mu} = \frac{1}{IJK} \sum_{i=1}^{I} \sum_{j=1}^{J} \sum_{k=1}^{K} Y_{ijk} = \bar{Y}_{...},$$

wobei die drei Punkte bei $\bar{Y}_{...}$ verdeutlichen, dass über die Faktorstufen von Faktor A, über diejenigen von Faktor B und über die Beobachtungen in den entsprechenden Kombinationen summiert wird.

Zur Schätzung der Haupteffekte α_i und β_j verwendet man wieder die Abweichung des Mittelwerts in der entsprechenden Faktorstufe vom Gesamtmittel. Damit erhalten wir

$$\hat{\alpha}_i = \bar{Y}_{i\cdot\cdot} - \bar{Y}_{\cdots} \quad \text{mit} \quad \bar{Y}_{i\cdot\cdot} = \frac{1}{JK} \sum_{j=1}^{J} \sum_{k=1}^{K} Y_{ijk} \quad \text{und}$$

$$\hat{\beta}_j = \bar{Y}_{\cdot j\cdot} - \bar{Y}_{\cdots} \quad \text{mit} \quad \bar{Y}_{\cdot j\cdot} = \frac{1}{IK} \sum_{i=1}^{I} \sum_{k=1}^{K} Y_{ijk} \,.$$

Der Wechselwirkungsparameter $(\alpha\beta)_{ij}$ lässt sich schätzen als

$$\begin{aligned}
\widehat{(\alpha\beta)}_{ij} &= \bar{Y}_{ij\cdot} - (\hat{\mu} + \hat{\alpha}_i + \hat{\beta}_j) \\
&= \bar{Y}_{ij\cdot} - (\bar{Y}_{\cdots} + \bar{Y}_{i\cdot\cdot} - \bar{Y}_{\cdots} + \bar{Y}_{\cdot j\cdot} - \bar{Y}_{\cdots}) \\
&= \bar{Y}_{ij\cdot} - \bar{Y}_{i\cdot\cdot} - \bar{Y}_{\cdot j\cdot} + \bar{Y}_{\cdots} \,, \quad \text{wobei}
\end{aligned}$$

$$\bar{Y}_{ij\cdot} = \frac{1}{K} \sum_{k=1}^{K} Y_{ijk} \,.$$

Die Residuen berechnen sich auch hier als Abweichungen des beobachteten Werts y_{ijk} vom prognostizierten Wert $\hat{y}_{ijk} = \hat{\mu} + \hat{\alpha}_i + \hat{\beta}_j + \widehat{(\alpha\beta)}_{ij}$, d.h.

$$\hat{\epsilon}_{ijk} = y_{ijk} - (\hat{\mu} + \hat{\alpha}_i + \hat{\beta}_j + \widehat{(\alpha\beta)}_{ij}) \,.$$

Zufriedenheit im Studium   Beispiel 13.6

Zur Modellierung der Zufriedenheit im Studium Y verwenden wir das oben beschriebene zweifaktorielle varianzanalytische Modell mit

$$Y_{ijk} = \mu + \alpha_i + \beta_j + (\alpha\beta)_{ij} + \epsilon_{ijk} \,,$$

wobei $i = 1, 2$, $j = 1, 2$, $k = 1, \ldots, 5$. Damit haben wir insgesamt $I \cdot J \cdot K = 2 \cdot 2 \cdot 5 = 20$ Beobachtungen. Zur Schätzung von μ müssen nun alle Beobachtungen aufaddiert und durch die Gesamtzahl dividiert werden, d.h.

$$\hat{\mu} = \frac{1}{20} \sum_{i=1}^{2} \sum_{j=1}^{2} \sum_{k=1}^{5} y_{ijk} = 51.75 = \bar{y}_{\cdots} \,.$$

Der Mittelwert für die erste Faktorstufe von Faktor A ergibt sich als gemittelte Summe über die zehn Beobachtungen, die in diese Faktorstufe fallen, also

$$\bar{y}_{1\cdot\cdot} = \frac{1}{10} \sum_{j=1}^{2} \sum_{k=1}^{5} y_{1jk} = 75 \,.$$

Entsprechend berechnet man

$$\bar{y}_{2\cdot\cdot} = \frac{1}{10} \sum_{j=1}^{2} \sum_{k=1}^{5} y_{2jk} = 28.5 \,, \quad \bar{y}_{\cdot 1\cdot} = \frac{1}{10} \sum_{i=1}^{2} \sum_{k=1}^{5} y_{i1k} = 59.5 \,, \quad \bar{y}_{\cdot 2\cdot} = \frac{1}{10} \sum_{i=1}^{2} \sum_{k=1}^{5} y_{i2k} = 44 \,.$$

Für den Mittelwert der Kombination aus der 1. Faktorstufe von A und der 1. Faktorstufe von B müssen die entsprechenden fünf Beobachtungen gemittelt werden, d.h.

$$\bar{y}_{11\cdot} = \frac{1}{5} \sum_{k=1}^{5} y_{11k} = 88 \,.$$

Analog erhält man

$$\bar{y}_{12\cdot} = \frac{1}{5} \sum_{k=1}^{5} y_{12k} = 62 \,, \quad \bar{y}_{21\cdot} = \frac{1}{5} \sum_{k=1}^{5} y_{21k} = 31 \,, \quad \bar{y}_{22\cdot} = \frac{1}{5} \sum_{k=1}^{5} y_{22k} = 26 \,.$$

Anhand dieser Größen können nun die Schätzer für die Haupteffekte und die Wechselwirkungen bestimmt werden:

$$\hat{\alpha}_1 = \bar{y}_{1\cdot\cdot} - \bar{y}_{\cdots} = 75 - 51.75 = 23.25 \,,$$
$$\hat{\alpha}_2 = \bar{y}_{2\cdot\cdot} - \bar{y}_{\cdots} = 28.5 - 51.75 = -23.25 \,,$$
$$\hat{\beta}_1 = \bar{y}_{\cdot1\cdot} - \bar{y}_{\cdots} = 59.5 - 51.75 = 7.75 \,,$$
$$\hat{\beta}_2 = \bar{y}_{\cdot2\cdot} - \bar{y}_{\cdots} = 44 - 51.75 = -7.75 \,,$$
$$\widehat{(\alpha\beta)}_{11} = \bar{y}_{11\cdot} - \bar{y}_{1\cdot\cdot} - \bar{y}_{\cdot1\cdot} + \bar{y}_{\cdots} = 88 - 75 - 59.5 + 51.75 = 5.25 \,,$$
$$\widehat{(\alpha\beta)}_{12} = \bar{y}_{12\cdot} - \bar{y}_{1\cdot\cdot} - \bar{y}_{\cdot2\cdot} + \bar{y}_{\cdots} = 62 - 75 - 44 + 51.75 = -5.25 \,,$$
$$\widehat{(\alpha\beta)}_{21} = \bar{y}_{21\cdot} - \bar{y}_{2\cdot\cdot} - \bar{y}_{\cdot1\cdot} + \bar{y}_{\cdots} = 31 - 28.5 - 59.5 + 51.75 = -5.25 \,,$$
$$\widehat{(\alpha\beta)}_{22} = \bar{y}_{22\cdot} - \bar{y}_{2\cdot\cdot} - \bar{y}_{\cdot2\cdot} + \bar{y}_{\cdots} = 26 - 28.5 - 44 + 51.75 = 5.25 \,.$$

Betrachten wir die grafische Darstellung der Mittelwerte pro Faktorkombination, d.h. von

	$\bar{y}_{ij\cdot}$	Faktor B 1	2
Faktor A	1	88	62
	2	31	26 ,

erkennen wir, dass sowohl Wechselwirkungen als auch Haupteffekte vorliegen (vgl. Abb. 13.2).

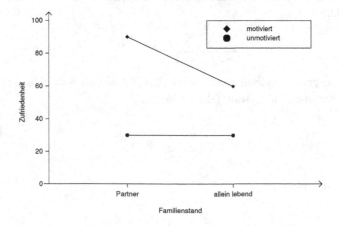

Abbildung 13.2: Grafische Darstellung der Mittelwerte pro Faktorkombination

Wie groß der Anteil der Wechselwirkungen oder der Haupteffekte an den beobachteten Unterschieden zwischen den $\bar{y}_{ij}$ ist, lässt sich jedoch nicht festmachen.

An Abbildung 13.2 wird auch deutlich, dass die Studierenden, die unmotiviert sind, in ihrer Zufriedenheit mit dem Studium kaum eine positive Verstärkung durch das Zusammenleben mit einem Partner erfahren. Bei den motivierten Studierenden ist die Zufriedenheit derjenigen, die mit einem Partner zusammenleben, deutlich höher als bei den allein lebenden Studierenden. Auch wenn Abbildung 13.2 bereits darauf hinweist, dass Wechselwirkungen vorliegen, so ist es natürlich auch hier von Interesse, einen statistischen Test zur Verfügung zu haben, der die objektive Überprüfung der damit verbundenen Hypothesen ermöglicht.   □

Zweifaktorielle Varianzanalyse: Modelle und Schätzer

Modell (I): $Y_{ijk} = \mu_{ij} + \epsilon_{ijk}$,

   $\epsilon_{ijk} \sim N(0, \sigma^2)$, unabhängig,

   $i = 1, \ldots, I, j = 1, \ldots, J, k = 1, \ldots, K$.

Modell (II): $Y_{ijk} = \mu + \alpha_i + \beta_j + (\alpha\beta)_{ij} + \epsilon_{ijk}$,

   $\sum_{i=1}^{I} \alpha_i = 0, \sum_{j=1}^{J} \beta_j = 0, \sum_{i=1}^{I} (\alpha\beta)_{ij} = \sum_{j=1}^{J} (\alpha\beta)_{ij} = 0$

   $\epsilon_{ijk} \sim N(0, \sigma^2)$, unabhängig,

   $i = 1, \ldots, I, j = 1, \ldots, J, k = 1, \ldots, K$.

Die Schätzer für μ, α_i, β_j und $(\alpha\beta)_{ij}$ im Modell (II) sind gegeben als

$$\hat{\mu} = \frac{1}{IJK} \sum_{i=1}^{I} \sum_{j=1}^{J} \sum_{k=1}^{K} Y_{ijk} = \bar{Y}_{\ldots},$$

$$\hat{\alpha}_i = \bar{Y}_{i\cdot\cdot} - \bar{Y}_{\ldots} \quad \text{mit} \quad \bar{Y}_{i\cdot\cdot} = \frac{1}{JK} \sum_{j=1}^{J} \sum_{k=1}^{K} Y_{ijk},$$

$$\hat{\beta}_j = \bar{Y}_{\cdot j\cdot} - \bar{Y}_{\ldots} \quad \text{mit} \quad \bar{Y}_{\cdot j\cdot} = \frac{1}{IK} \sum_{i=1}^{I} \sum_{k=1}^{K} Y_{ijk},$$

$$\widehat{(\alpha\beta)}_{ij} = \bar{Y}_{ij\cdot} - \bar{Y}_{i\cdot\cdot} - \bar{Y}_{\cdot j\cdot} + \bar{Y}_{\ldots} \quad \text{mit} \quad \bar{Y}_{ij\cdot} = \frac{1}{K} \sum_{k=1}^{K} Y_{ijk}.$$

Im Gegensatz zur einfaktoriellen Varianzanalyse sind in der zweifaktoriellen Varianzanalyse drei Typen von Nullhypothesen zu prüfen. Zunächst interessiert, ob Wechselwirkungen vorliegen. Dies führt zu folgendem Testproblem:

$H_0^{A \times B} : (\alpha\beta)_{ij} = 0 \quad$ für alle $\quad i, j, \quad i = 1, \ldots, I, \quad j = 1, \ldots, J, \quad$ gegen

$H_1^{A \times B} :$ für mindestens zwei Paare (i, j) gilt: $(\alpha\beta)_{ij} \neq 0$.

Dabei besagt die Nullhypothese, dass alle Wechselwirkungen null sind, während die Alternative beinhaltet, dass Wechselwirkungen vorliegen.

Zudem ist es wie in der einfaktoriellen Varianzanalyse von Interesse zu überprüfen, ob Faktor A bzw. Faktor B Einfluss nehmen auf die Zielgröße, also ob Haupteffekte vorliegen. Dabei wird das Testproblem jeweils so formuliert, dass die Nullhypothese besagt, dass keine Haupteffekte vorliegen, während die Alternative widerspiegelt, dass auf mindestens zwei Faktorstufen ein Haupteffekt vorliegt. Dieser muss auf mindestens zwei Stufen auftreten, da sich diese Effekte im Mittel ausgleichen sollen.

Hypothesen

Vorliegen von Wechselwirkungen:

$$H_0^{A\times B} : (\alpha\beta)_{ij} = 0 \quad \text{für alle} \quad i=1,\ldots,I, \quad j=1,\ldots,J \quad \text{gegen}$$
$$H_1^{A\times B} : \text{für mindestens zwei Paare } (i,j) \text{ gilt:} \quad (\alpha\beta)_{ij} \neq 0.$$

Vorliegen von Haupteffekten bedingt durch Faktor A:

$$H_0^{A} : \alpha_i = 0 \quad \text{für alle} \quad i=1,\ldots,I \quad \text{gegen}$$
$$H_1^{A} : \text{für mindestens zwei } \alpha_i \text{ gilt: } \alpha_i \neq 0.$$

Vorliegen von Haupteffekten bedingt durch Faktor B:

$$H_0^{B} : \beta_j = 0 \quad \text{für alle} \quad j=1,\ldots,J \quad \text{gegen}$$
$$H_1^{B} : \text{für mindestens zwei } \beta_j \text{ gilt: } \beta_j \neq 0.$$

---

*Streuungs-
zerlegung*

Zur Herleitung von geeigneten Prüfgrößen nutzt man zum einen erneut die Idee der *Streuungszerlegung*, wie wir sie bereits aus der Regressionsanalyse kennen, und zum anderen den Ansatz aus der einfaktoriellen Varianzanalyse, bei der die entsprechenden Streuungen zueinander in Beziehung gesetzt wurden. Die Streuungszerlegung besagt hier, dass sich die Gesamtstreuung (SQT) in eine Summe aus der Streuung bedingt durch Faktor A (SQA), der Streuung bedingt durch Faktor B (SQB), der Streuung bedingt durch die Wechselwirkung von A und B ($SQ(A\times B)$) und der Reststreuung (SQR) zerlegen lässt, d.h.

$$SQT = SQA + SQB + SQ(A\times B) + SQR,$$

$$\text{wobei} \quad SQT = \sum_{i=1}^{I}\sum_{j=1}^{J}\sum_{k=1}^{K}(Y_{ijk} - \bar{Y}_{...})^2,$$

$$SQA = K\cdot J\cdot \sum_{i=1}^{I}(\bar{Y}_{i..} - \bar{Y}_{...})^2 = K\cdot J\cdot \sum_{i=1}^{I}\hat{\alpha}_i^2,$$

$$SQB = K\cdot I\cdot \sum_{j=1}^{J}(\bar{Y}_{.j.} - \bar{Y}_{...})^2 = K\cdot I\cdot \sum_{j=1}^{J}\hat{\beta}_j^2,$$

$$SQ(A \times B) = K \cdot \sum_{i=1}^{I} \sum_{j=1}^{J} (\bar{Y}_{ij\cdot} - \bar{Y}_{i\cdot\cdot} - \bar{Y}_{\cdot j\cdot} + \bar{Y}_{\cdots})^2 = K \cdot \sum_{i=1}^{I} \sum_{j=1}^{J} (\widehat{\alpha\beta})_{ij}^2 \quad \text{und}$$

$$SQR = \sum_{i=1}^{I} \sum_{j=1}^{J} \sum_{k=1}^{K} (Y_{ijk} - \bar{Y}_{ij\cdot})^2 = \sum_{i=1}^{I} \sum_{j=1}^{J} (K-1)S_{ij}^2 \,.$$

Dabei wurde zur Vereinfachung der Berechnung beispielsweise ausgenutzt, dass die Summanden in SQA gerade den quadrierten geschätzten Haupteffekten von Faktor A entsprechen. Bei SQR gehen die in den Faktorkombinationen bereits geschätzten Varianzen S_{ij}^2 ein. Diese Vereinfachungen sind schon in der einfaktoriellen Varianzanalyse verwendet worden.

Wie bereits oben erläutert, werden die Teststatistiken zur Prüfung der drei Testprobleme so gebildet, dass die Streuung bedingt durch die Wechselwirkung, bedingt durch Faktor A bzw. Faktor B in Relation gesetzt wird zur Reststreuung, wobei die Streuungen noch jeweils durch ihre Freiheitsgrade dividiert werden müssen. Die resultierenden Prüfgrößen besitzen unter der jeweiligen Nullhypothese wieder eine F-Verteilung mit den zugehörigen Freiheitsgraden. Im Detail lautet die Prüfgröße zu dem ersten Testproblem bezüglich der Wechselwirkungen

$$F_{A \times B} = \frac{SQ(A \times B)/(I-1)(J-1)}{SQR/IJ(K-1)} \,,$$

wobei die Nullhypothese zum Niveau α verworfen wird, falls der Prüfgrößenwert größer ist als das $(1-\alpha)$-Quantil der F-Verteilung mit $(I-1)(J-1)$ und $IJ(K-1)$ Freiheitsgraden, d.h. falls

$$F > F_{1-\alpha}((I-1)(J-1), IJ(K-1)) \,.$$

Die Nullhypothese bezüglich der Haupteffekte von Faktor A wird verworfen, falls

$$F_A = \frac{SQA/(I-1)}{SQR/IJ(K-1)}$$

das $(1-\alpha)$-Quantil der F-Verteilung mit $(I-1)$ und $IJ(K-1)$ Freiheitsgraden überschreitet, d.h. falls

$$F_A > F_{1-\alpha}(I-1, IJ(K-1)) \,.$$

Entsprechend wird die Nullhypothese bezüglich der Haupteffekte von Faktor B verworfen, falls

$$F_B = \frac{SQB/(J-1)}{SQR/IJ(K-1)}$$

das $(1-\alpha)$-Quantil der F-Verteilung mit $(J-1)$ und $IJ(K-1)$ Freiheitsgraden überschreitet, d.h. falls

$$F_B > F_{1-\alpha}(J-1, IJ(K-1)) \,.$$

Zusammengefasst werden die Prüfgrößen auch hier in der Varianzanalysetabelle:

Streuungs-ursache	Streuung	Freiheits-grade	mittlerer quadratischer Fehler	Prüfgröße
Faktor A	SQA	$I-1$	$MQA = \frac{SQA}{I-1}$	$F_A = \frac{MQA}{MQR}$
Faktor B	SQB	$J-1$	$SQB = \frac{SQB}{J-1}$	$F_B = \frac{MQB}{MQR}$
Wechselwirkung $A \times B$	$SQ(A \times B)$	$(I-1)(J-1)$	$MQ(A \times B) = \frac{SQ(A \times B)}{(I-1)(J-1)}$	$F_{A \times B} = \frac{MQ(A \times B)}{MQR}$
Residuen	SQR	$IJ(K-1)$	$MQR = \frac{SQR}{IJ(K-1)}$	
Gesamt	SQT	$n-1$		

Mithilfe der hergeleiteten statistischen Tests können wir für unser Beispiel nun überprüfen, ob signifikante Wechselwirkungen und Haupteffekte vorliegen.

Beispiel 13.7   **Zufriedenheit im Studium**

Da wir in Beispiel 13.6 (Seite 491) die Haupteffekte und die Wechselwirkungen bereits geschätzt haben, können wir diese Werte zur Berechnung der Streuungen ausnutzen. Wir erhalten

$$SQA = 5 \cdot 2 \cdot \sum_{i=1}^{2} \hat{\alpha}_i^2 = 10 \cdot [23.25^2 + (-23.25)^2] = 10811.25 \,,$$

$$SQB = 5 \cdot 2 \cdot \sum_{j=1}^{2} \hat{\beta}_j^2 = 10 \cdot [7.75^2 + (-7.75)^2] = 1201.25 \quad \text{und}$$

$$SQ(A \times B) = 5 \cdot \sum_{i=1}^{2}\sum_{j=1}^{2} (\widehat{\alpha\beta})_{ij}^2 = 5 \cdot [5.25^2 + (-5.25^2) + (-5.25)^2 + 5.25^2] = 551.25 \,.$$

Für die Reststreuung ergibt sich

$$SQR = \sum_{i=1}^{2}\sum_{j=1}^{2}\sum_{k=1}^{5} (y_{ijk} - \bar{y}_{ij.})^2 = 132 + 434 + 164 + 178 = 908 \,.$$

Mit diesen Werten erhält man die folgende Varianzanalysetabelle:

Streuungs-ursache	Streuung	Freiheits-grade	mittlerer quadratischer Fehler	Prüfgröße
Faktor A	10811.25	1	10811.25	190.51
Faktor B	1201.25	1	1201.25	21.17
Wechselwirkung $A \times B$	551.25	1	551.25	9.71
Residuen	908	16	56.75	
Gesamt	13471.75	19		

Dabei berechnet sich beispielsweise der Wert 190.51 als

$$F_A = \frac{10811.25}{56.75} = 190.51 \,.$$

Wir prüfen nun zunächst zum Niveau $\alpha = 0.05$, ob signifikante Wechselwirkungen vorliegen. Dazu vergleichen wir den Prüfgrößenwert $F_{A \times B} = 9.71$ mit dem 95%-Quantil der F-Verteilung mit 1 und 16 Freiheitsgraden. Dieser Quantilswert beträgt 4.494, wie man Tabelle E entnehmen kann. Da 9.71 größer ist als 4.494, muss von signifikanten Wechselwirkungen ausgegangen werden. Darauf deutete bereits Abbildung 13.2 in Beispiel 13.6 (Seite 491) hin. Beide Haupteffekte sind ebenfalls signifikant, da die entsprechenden Prüfgrößenwerte von $190.51 = F_A$ bzw. von $21.17 = F_B$ jeweils größer sind als $F_{0.95}(1, 16) = 4.494$. Allerdings ist der Effekt bedingt durch Faktor A wesentlich deutlicher, was ebenfalls in Abbildung 13.2 (Seite 492) bereits abzulesen war: Die Motivation spielt eine größere Rolle hinsichtlich der Zufriedenheit im Studium als die familiäre Situation.   □

Zweifaktorielle Varianzanalyse: Prüfgrößen und Tests

Die Prüfgröße auf Vorliegen von Wechselwirkungen ist gegeben als

$$
F_{A \times B} = \frac{MQ(A \times B)}{MQR} = \frac{K \sum_{i=1}^{I} \sum_{j=1}^{J} (\bar{Y}_{ij\cdot} - \bar{Y}_{i\cdot\cdot} - \bar{Y}_{\cdot j\cdot} + \bar{Y}_{\cdots})^2 \Big/ (I-1)(J-1)}{\sum_{i=1}^{I} \sum_{j=1}^{J} \sum_{k=1}^{K} (Y_{ijk} - \bar{Y}_{ij\cdot})^2 \Big/ IJ(K-1)},
$$

wobei $H_0^{A \times B}$ zu verwerfen ist, falls

$$
F > F_{1-\alpha}((I-1)(J-1), IJ(K-1)).
$$

Die Prüfgröße auf Vorliegen von Haupteffekten bedingt durch Faktor A ist gegeben als

$$
F_A = \frac{MQA}{MQR} = \frac{KJ \sum_{i=1}^{I} (\bar{Y}_{i\cdot\cdot} - \bar{Y}_{\cdots})^2 \Big/ (I-1)}{\sum_{i=1}^{I} \sum_{j=1}^{J} \sum_{k=1}^{K} (Y_{ijk} - \bar{Y}_{ij\cdot})^2 \Big/ IJ(K-1)},
$$

wobei H_0^A zu verwerfen ist, falls

$$
F_A > F_{1-\alpha}(I-1, IJ(K-1)).
$$

Die Prüfgröße auf Vorliegen von Haupteffekten bedingt durch Faktor B ist gegeben als

$$
F_B = \frac{MQB}{MQR} = \frac{KI \sum_{j=1}^{J} (\bar{Y}_{\cdot j\cdot} - \bar{Y}_{\cdots})^2 \Big/ (J-1)}{\sum_{i=1}^{I} \sum_{j=1}^{J} \sum_{k=1}^{K} (Y_{ijk} - \bar{Y}_{ij\cdot})^2 \Big/ IJ(K-1)},
$$

wobei H_0^B zu verwerfen ist, falls

$$
F_B > F_{1-\alpha}(J-1, IJ(K-1)).
$$

Die zweifaktorielle Varianzanalyse liefert somit Information darüber, ob sich die Effekte zweier Faktoren lediglich kumulieren oder ob sie sich gegenseitig noch insofern beeinflussen, als sie gemeinsam einen verstärkenden bzw. abschwächenden Effekt haben.

13.3 Zusammenfassung und Bemerkungen

Zur Beurteilung des *Einflusses* eines oder mehrerer *Faktoren* auf ein metrisches Merkmal, wobei die Faktoren jeweils auf verschiedenen *Stufen* vorliegen, bietet die Varianzanalyse ein geeignetes Instrumentarium. Diese stellt zum einen verschiedene varianzanalytische Modelle zur Verfügung, mit denen in Abhängigkeit von der Versuchsanordnung und Fragestellung der Zusammenhang zwischen den Einflussfaktoren und dem interessierenden Merkmal modelliert werden kann. So geht es etwa bei der Einfachklassifikation um die Erfassung der statistischen Beziehung zwischen einem Einflussfaktor auf mehreren Stufen und einer metrischen Zielgröße. Analog zu einem Regressionsmodell wird also bei einem Modell der Varianzanalyse der Zusammenhang zwischen einer Zielvariable und einer oder mehrerer Einflussgrößen beschrieben. Die Varianzanalyse kann als Spezialfall der Regression betrachtet werden. Die Einflussgrößen fließen dabei kategorial in das Modell ein. Genauer modelliert man den Effekt als vorhanden oder nicht, d.h. der Einfluss dieser Variablen geht über eine 0/1-Kodierung in das Modell ein. Sind als mögliche Einflussgrößen nicht nur kategoriale Variablen, sondern auch metrische Variablen von Bedeutung, so spricht man von *Kovarianzanalyse*, sofern hauptsächlich der Einfluss der kategorialen Variablen interessiert. Für eine Vertiefung dieses Aspekts sei etwa auf Scheffé (1959) oder Schach und Schäfer (1978) verwiesen. Neben der Bereitstellung von Modellen beinhaltet die Varianzanalyse zum anderen Verfahren zur Schätzung des Effekts, den der Faktor auf das interessierende Merkmal hat, und statistische Tests zur Beurteilung, ob der Faktor einen Einfluss auf das Merkmal ausübt. Dabei wird dieser mögliche Zusammenhang über einen Vergleich der mittleren *Faktoreffekte* auf den einzelnen Stufen erfasst. Sind die Unterschiede groß genug, so kann auf einen statistisch signifikanten Einfluss des Faktors geschlossen werden. Wie bei der Regressionsanalyse beruht die hier zu verwendende Prüfgröße auf der *Streuungszerlegung*. Mithilfe dieser Prüfgröße ist es jedoch nur möglich zu prüfen, ob generell Unterschiede zwischen den Faktorstufen bestehen. Damit kann man für den Fall, dass Unterschiede bestehen, diese noch nicht lokalisieren. Will man nun genauer in Erfahrung bringen, welche Faktorstufen sich unterscheiden, so ist man mit einer Reihe von Testproblemen konfrontiert, deren Lösung ein adäquates multiples Testverfahren erfordert. Zu den Standardmethoden in diesem Bereich gehören die sogenannten *simultanen Konfidenzintervalle* nach Scheffé und Tukey. Hier sei erneut auf Scheffé (1959), aber auch beispielsweise auf Hsu (1996) verwiesen.

Mithilfe des sogenannten *F-Tests* ist es also möglich, auf Vorliegen von Faktoreffekten zu testen. Wie wir in der zweifaktoriellen Varianzanalyse gesehen haben, werden Prüfgrößen dieses Typs auch zur Prüfung auf *Interaktionen* eingesetzt. Solche Wechselwirkungen tragen der Möglichkeit Rechnung, dass sich mehrere Faktoren in ihrer Wirkung auf das interessierende Merkmal gegenseitig beeinflussen. Eine zentrale Voraussetzung bei allen Tests dieses Typs ist die *Normalverteilung* der metrischen Zielvariable zur Herleitung der Verteilung der Prüfgröße unter der Nullhypothese nicht vorhandener Haupteffekte oder fehlender Wechselwirkungen. Ist diese Annahme nicht gerechtfertigt, so kann erneut auf nichtparametrische Tests zurückgegriffen werden, wie sie z.B. in dem Buch von Büning und Trenkler

(1994) zu finden sind.

Neben dem in diesem Kapitel behandelten Fall zweier Einflussfaktoren sind in praktischen Untersuchungen ebenfalls Situationen denkbar, in denen mehrere Zielvariablen gleichzeitig betrachtet werden. Zur Diskussion derartiger multivariater Fragestellungen sei auf das weiterführende Buch von Fahrmeir, Hamerle und Tutz (1996) hingewiesen, in dem aber auch umfangreiches zusätzliches Material zu univariaten Varianz- und Kovarianzanalysen zu finden ist.

13.4 Aufgaben

In einem Beratungszentrum einer bayerischen Kleinstadt soll eine weitere Stelle für telefonische Seelsorge eingerichtet werden. Aus Erfahrung weiß man, dass hauptsächlich Anrufe von Personen eingehen, die einen bayerischen Dialekt sprechen. Es wird vorgeschlagen, die Stelle mit einem Berater zu besetzen, der ebenfalls bayerisch spricht, da vermutet wird, dass der Dialekt eine wesentliche Rolle beim Beratungsgespräch spielt, und zwar insofern, als die Anrufer mehr Vertrauen zu einem Dialekt sprechenden Berater aufbauen, was sich in längeren Beratungsgesprächen äußert.

Aufgabe 13.1

Nehmen wir nun an, zur Klärung dieser Frage wurde eine Studie mit drei Beratern durchgeführt: Berater Nr. 1 sprach reines hochdeutsch, Berater Nr. 2 hochdeutsch mit mundartlicher Färbung und der letzte bayerisch. Die ankommenden Anrufe von bayerisch sprechenden Personen wurden zufällig auf die drei Berater aufgeteilt. Für jedes geführte Beratungsgespräch wurde dessen Dauer in Minuten notiert. Es ergaben sich folgende Daten:

	Berater 1 Hochdeutsch	Berater 2 Hochdeutsch mit mundartlicher Färbung	Berater 3 Bayerisch
Dauer	8	10	15
der	6	12	11
Gespräche	15	16	18
in	4	14	14
Minuten	7	18	20
	6		12
	10		

(a) Schätzen Sie den Effekt, den der Dialekt des jeweiligen Beraters auf die Dauer des Beratungsgesprächs hat. Interpretieren Sie die Unterschiede.
(b) Stellen Sie eine ANOVA-Tabelle auf.
(c) Die Gesprächsdauer kann als approximativ normalverteilte Zufallsvariable angesehen werden. Prüfen Sie zum Niveau $\alpha = 0.05$, ob der Dialekt des jeweiligen Beraters Einfluss auf die Dauer des Beratungsgesprächs hat. Interpretieren Sie Ihr Ergebnis.
(d) Inwiefern geht in (c) die Annahme der Normalverteilung ein?
(e) Sie haben in (c) festgestellt, dass die Dauer des Gesprächs statistisch signifikant mit dem Dialekt des Beraters zusammenhängt. Wie könnten Sie die Unterschiede zwischen den Beratern bezüglich der Dauer des Gesprächs genauer lokalisieren? Wie ließe sich die Frage als statistisches Testproblem formulieren und welche Tests könnte man zur Überprüfung einsetzen? Welche Schwierigkeit tritt dabei auf? Was schlagen Sie vor, um dieser Schwierigkeit adäquat zu begegnen?

500 Kapitel 13. Varianzanalyse

(f) Welcher Zusammenhang besteht zwischen einer t-Verteilung mit $n-1$ Freiheitsgraden und einer F-Verteilung mit 1 und $n-1$ Freiheitsgraden?

Aufgabe 13.2 Bei einem häufig benutzten Werkstoff, der auf drei verschiedene Weisen hergestellt werden kann, vermutet man einen unterschiedlichen Gehalt an einer krebserregenden Substanz. Von dem Werkstoff wurden für jede der drei Herstellungsmethoden vier Proben je 100 g entnommen und folgende fiktive Durchschnittswerte für den Gehalt an dieser speziellen krebserregenden Substanz in mg pro Methode gemessen:

	Herstellungsmethoden		
	1	2	3
durchschnittlicher Gehalt	59.75	60.75	63

(a) Vervollständigen Sie die folgende ANOVA-Tabelle

Streuungs-ursache	Streuung	Freiheits-grade	mittlerer quadratischer Fehler	Prüfgröße
Gruppen				
Residuen	15.5			
Gesamt	37.67			

(b) Schätzen Sie den Effekt der Herstellungsmethode auf den Gehalt an der krebserregenden Substanz.

(c) Gehen Sie davon aus, dass der Gehalt an der krebserregenden Substanz approximativ normalverteilt ist. Prüfen Sie zum Signifikanzniveau $\alpha = 0.05$, ob sich die drei Herstellungsmethoden hinsichtlich des Gehalts an der krebserregenden Substanz unterscheiden.

Aufgabe 13.3 Eine Firma betreibt ihre Produkte in verschiedenen Ländern. Von Interesse für die Firmenleitung insbesondere hinsichtlich gewisser Marketing-Strategien ist es nun zu erfahren, ob sich u.a. bestimmte Produkte vergleichbaren Typs in manchen Ländern besser umsetzen lassen als in anderen. Dazu wurden für einen zufällig herausgegriffenen Monat die Umsätze sowohl produkt- als auch länderbezogen notiert. Die folgende Tabelle zeigt Ihnen die Umsätze in 1000 € für drei Länder und zwei Produkte:

		Produkt I					Produkt II				
	A	42	45	42	41	42	38	39	37	41	39
Land	B	36	36	36	35	35	39	40	36	36	36
	C	33	32	32	33	32	36	34	36	33	34

(a) Berechnen Sie die mittleren Umsätze und die zugehörigen Standardabweichungen für jede Land-Produkt-Kombination. Stellen Sie die Mittelwerte grafisch dar und beschreiben Sie die beobachteten Zusammenhänge der Tendenz nach.
Bestimmen Sie zudem die Mittelwerte für jedes Land und für jedes Produkt, also unabhängig von der jeweils anderen Variable, und insgesamt.

(b) Schätzen Sie unter Verwendung der Ergebnisse aus (a) die Haupteffekte und die Wechselwirkungsterme. Inwieweit stützen diese Werte die von Ihnen geäußerte Vermutung hinsichtlich der beobachteten Zusammenhänge?

(c) Stellen Sie eine Varianzanalysetabelle auf und prüfen Sie unter Annahme von approximativ normalverteilten Umsätzen die Hypothesen auf Vorliegen von Wechselwirkungen und Haupteffekten jeweils zum Signifikanzniveau $\alpha = 0.05$. Interpretieren Sie Ihr Ergebnis.

Kapitel 14

Zeitreihen

Wenn ein Merkmal Y zu aufeinanderfolgenden Zeitpunkten oder Zeitperioden $t = 1, \ldots, n$ erfasst wird, so bilden die Beobachtungen y_t eine *Zeitreihe*. Abbildung 14.1 zeigt die täglichen Kurse der BMW-Aktie vom 3. Januar 2000 bis zum 3. Juni 2015, vgl. Beispiel 1.6.

Zeitreihe

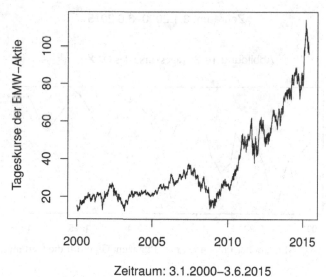

Abbildung 14.1: Tageskurse der BMW-Aktie

Hier werden also die Werte y_t des Merkmals Y „Kurs der BMW-Aktie" an aufeinanderfolgenden Börsentagen $t = 1, \ldots, n$ beobachtet. Obwohl die Notation den Eindruck vermittelt, sind die Zeitpunkte genau genommen nicht äquidistant, da zwischen den Börsentagen Wochenenden und Feiertage liegen. Aus optischen Gründen werden die einzelnen Werte der Zeitreihe $\{y_t, t = 1, \ldots, n\}$ in der Regel verbunden, etwa durch eine Treppenfunktion oder einen Polygonzug.

Um die Entwicklung des Aktienmarktes zu beschreiben, werden Kurse ausgewählter Aktien zu einem Aktienindex zusammengefasst. Abbildung 14.2 zeigt die täglichen Werte des DAX im gleichen Zeitraum wie in Abbildung 14.1. Die Art und Weise, wie die

Zeitraum: 3.1.2000–3.6.2015

Abbildung 14.2: Tageskurse des DAX

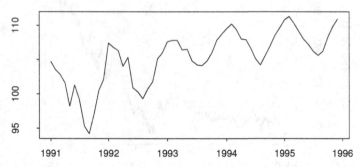

Abbildung 14.3: Monatlicher Preisindex für „Pflanzen, Güter für die Gartenpflege"

ausgewählten Aktienkurse zu einem Aktienindex verarbeitet werden, ist in der Regel unterschiedlich und reicht von einfacher Mittelung hin bis zur Verwendung komplexer Gewichtungsschemata, wie etwa beim DAX.

Dies gilt in ganz ähnlicher Weise für andere Merkmale, zum Beispiel Preise oder Umsätze. So kann man etwa monatliche Durchschnittspreise für eine bestimmte Ware betrachten oder aber einen Preisindex für die Lebenshaltung, der mithilfe eines Warenkorbs einzelner Preise gebildet wird. Abbildung 14.3 zeigt für die Jahre 1991-1995 die monatlichen Werte des Preisindex für die Warengruppe „Pflanzen, Güter für die Gartenpflege".

Die Werte selbst sind in der folgenden Tabelle angegeben.

	Jan.	Febr.	März	April	Mai	Juni	Juli	Aug.	Sept.	Okt.	Nov.	Dez.
1991	104.7	103.5	102.8	101.6	98.2	101.3	99.2	95.3	94.2	97.1	100.5	102.1
1992	107.4	106.8	106.3	104.0	105.3	100.9	100.3	99.3	100.7	101.8	105.1	106.0
1993	107.6	107.8	107.8	106.4	106.5	104.8	104.2	104.1	104.8	106.0	107.8	108.7
1994	109.5	110.2	109.4	108.0	107.9	106.6	105.1	104.2	105.6	106.9	108.5	109.6
1995	110.8	111.3	110.3	109.1	108.0	107.2	106.2	105.6	106.2	108.3	109.8	110.9

Dies ist ein Teilindex zum Preisindex für die Lebenshaltung aller privaten Haushalte, der vom Statistischen Bundesamt ermittelt wird. Wie zu erwarten, lässt die Zeitreihe eine Saisonabhängigkeit erkennen.

Für die adäquate Durchführung und Interpretation von statistischen Analysen kann die Art und Weise, in der sogenannte Indizes gebildet werden, offensichtlich von Bedeutung sein. Abschnitt 14.1 gibt eine kurze Einführung zur Konstruktion von Indexzahlen.

Das IFO-Institut veröffentlicht monatlich den Geschäftsklimaindex für ausgewählte Branchen. Basis der Berechnung des Indexes sind sogenannte Salden, die – wie in Beispiel 1.8 beschrieben – durch Aggregation der kategorialen Antworten aus den Mikrodaten der Fragebögen zur gegenwärtigen und erwarteten Geschäftslage gebildet werden. Der Geschäftsklimaindex entsteht aus den Salden als normiertes geometrisches Mittel. Eine genaue Erläuterung findet man unter `https://www.cesifo-group.de/de/ifoHome/ facts/Survey-Results/Business-Climate.html`. Abbildung 14.4 zeigt den Geschäftsklimaindex für die gewerbliche Wirtschaft. Auffällig sind sind die zyklischen konjunkturellen Bewegungen, vor allem aber das tiefe Tal um 2008, den Höhepunkt der Finanzkrise. In Abschnitt 14.4 werden die Daten genauer analysiert.

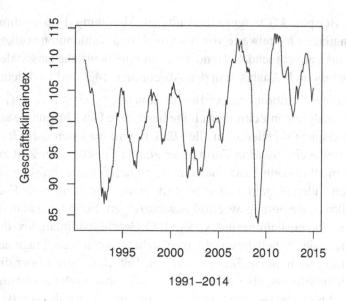

Abbildung 14.4: Geschäftsklimaindex für die gewerbliche Wirtschaft

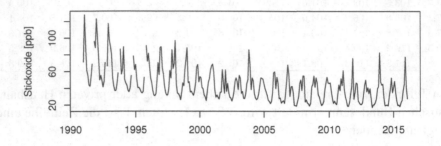

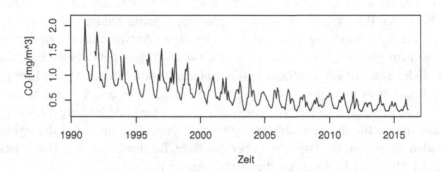

Abbildung 14.5: Mittlere Monatswerte der Konzentration von Stickoxiden (Stickstoffdioxid und -monoxid) und Kohlenmonoxid

Die bereits in Beispiel 1.3 vorgestellten und in Abbildung 14.5 nochmal abgebildeten Zeitreihen monatlicher Mittelwerte von Stickoxid- und Kohlenmonoxidkonzentrationen
scheinen sowohl einen abnehmenden Trend als auch eine deutliche saisonale Komponente
zu besitzen. Dies wird durch Analysen in den Abschnitten 14.3 und 14.4 deutlicher.

Infolge der zeitlichen Anordnung der Beobachtungen $\{y_t, t = 1, \ldots, n\}$ treten bei der
Beschreibung und Analyse von Zeitreihen einige besondere Gesichtspunkte auf. Wir wollen
diese anhand der Beispiele skizzieren. In allen Fällen wird man sich dafür interessieren, ob
Trend   der jeweiligen Zeitreihe ein *Trend* in Form einer glatten Funktion der Zeit zugrunde liegt.
Eine solche Trendfunktion könnte zum Beispiel wirtschaftliche, technische und konjunkturelle Entwicklungen widerspiegeln oder auch strukturelle Änderungen als Folge politischer
Ereignisse, wie Ölkrise, Regierungswechsel usw. anzeigen. Für Monatsdaten, wie bei monatlichen Werten des Lebenshaltungsindex, dem IFO-Geschäftsklimaindex, den Messungen
von Luftschadstoffen oder Arbeitslosenzahlen entsteht zusätzlich die Frage nach jahreszeit-
Saison   lichen Einflüssen bzw. nach einem *Saisoneffekt*. Für Entscheidungen über die Zusammen-
setzung eines Aktienportfolios, über zu tätigende Investitionen oder arbeitsmarktpolitische
Prognose Maßnahmen ist die *Prognose* des zukünftigen Verlaufs einer Zeitreihe von Bedeutung. Eine
weitere, gegenüber Querschnittsanalysen zusätzliche Fragestellung betrifft die *Korrelation*:
Korrelation Wie hängen zeitlich unterschiedliche Beobachtungen voneinander ab?

Das Gebiet der Zeitreihenanalyse umfasst ein breites Spektrum von Methoden und Modellen zur Beantwortung solcher Fragen. Wir beschränken uns hier auf eine Einführung in einige deskriptive und explorative Verfahren, insbesondere zur Ermittlung von Trend und Saison. Dabei gehen wir davon aus, dass das Merkmal Y, zu dem die Zeitreihenwerte $\{y_t, t = 1, \ldots, n\}$ vorliegen, metrisch und (quasi-) stetig ist.

14.1 Indizes

Wie bei Aktienkursen ist man in vielen ökonomischen Anwendungen nicht nur an Zeitreihen einzelner Objekte interessiert, sondern möchte die zeitliche Entwicklung einer Gesamtheit von Objekten durch eine geeignete Maßzahl, wie etwa einen Aktienindex, beschreiben. In der Regel wird eine solche Maßzahl durch geeignete *Mittelung* oder *Aggregation* von Einzelwerten gebildet. Wir sprechen dann allgemein von einem *Index*. In der amtlichen Statistik sind Preis- und Mengenindizes von besonderer Bedeutung. Diese werden in spezieller Weise definiert und oft als *Indexzahlen* im engeren Sinn bezeichnet. *Mittelung*

Aggregation

Index

Indexzahlen

Die rechnerisch einfachste Aggregation von Einzelwerten zu einem Index ist die Bildung des *ungewichteten Mittels*. Nach diesem einfachen Prinzip wird der Dow Jones Industrial Average Index als reiner Kursdurchschnitt von 30 ausgewählten, an der New York Stock Exchange gehandelten Aktien berechnet. In ähnlicher Weise werden die *Salden* für ausgewählte Branchen des IFO-Konjunkturtests ermittelt: Aus den Antworten „gut" und „schlecht" der einzelnen Unternehmen werden die relativen Häufigkeiten für „gut" und „schlecht" berechnet. Ihre Differenz ergibt die monatlichen Salden. Ein klarer Nachteil dieser einfachen Mittelung ist, dass Objekte mit unterschiedlicher Bedeutung wie etwa Aktien großer und kleiner Unternehmen mit gleichem Gewicht in einen derartigen Index eingehen. Die folgenden Indizes vermeiden diesen Nachteil. *ungewichtetes Mittel*

Salden

Preis- und Mengenindizes

Ein Preisindex soll die Preisentwicklung, genauer die Preisveränderung einer großen Menge von einzelnen Gütern, die in einem sogenannten Warenkorb zusammengefasst sind, wiedergeben. Die *Preisveränderung* eines einzelnen Gutes i wird durch den Wert *Preisveränderung*

$$y_t(i) = \frac{p_t(i)}{p_0(i)}, \quad i = 1, \ldots, I,$$

gemessen. Dabei ist $p_t(i)$ der Preis in der *Berichtsperiode* t, $p_0(i)$ der Preis in der *Basisperiode* 0 und I der Umfang des *Warenkorbs*. Ein ungewichteter Index der Preisveränderung *Berichtsperiode*

Basisperiode

Warenkorb

$$\bar{y}_t = \frac{1}{I} \sum_{i=1}^{I} y_t(i) = \frac{1}{I} \sum_{i=1}^{I} \frac{p_t(i)}{p_0(i)}$$

würde die vom jeweiligen Gut verbrauchten Mengen und damit seinen Ausgabenanteil im Warenkorb ignorieren. Im Folgenden seien $q_0(i), i = 1, \ldots, I$, die Mengen in der Basisperiode. Der Preisindex von Laspeyres orientiert sich bei der Gewichtung am Warenkorb der Basisperiode:

Preisindex von Laspeyres

$$P_t^L = \sum_{i=1}^{I} \frac{p_t(i)}{p_0(i)} \, g_0(i) \quad \text{mit} \quad g_0(i) = \frac{p_0(i) \, q_0(i)}{\sum\limits_{j=1}^{I} p_0(j) \, q_0(j)}$$

Das Gewicht $g_0(i)$ ist somit der Anteil an Ausgaben für das Gut i im Verhältnis zu den Gesamtausgaben in der Basisperiode. Beim Preisindex von Paasche werden hingegen die aktuellen Mengen einbezogen:

Preisindex von Paasche

$$P_t^P = \sum_{i=1}^{I} \frac{p_t(i)}{p_0(i)} \, g_t(i) \quad \text{mit} \quad g_t(i) = \frac{p_0(i) \, q_t(i)}{\sum\limits_{j=1}^{I} p_0(j) \, q_t(j)}$$

Kürzen von $p_0(i)$ ergibt folgende gebräuchliche Form:

Aggregatformel für Preisindizes

$$P_t^L = \frac{\sum\limits_{i=1}^{I} p_t(i) \, q_0(i)}{\sum\limits_{i=1}^{I} p_0(i) \, q_0(i)} \, , \quad P_t^P = \frac{\sum\limits_{i=1}^{I} p_t(i) \, q_t(i)}{\sum\limits_{i=1}^{I} p_0(i) \, q_t(i)}$$

$$\text{Laspeyres} \qquad\qquad\qquad \text{Paasche}$$

Interpretation   Daraus liest man folgende *Interpretation* ab: Der Preisindex von Laspeyres gibt jene Preisveränderungen an, die sich bei konstant gehaltenen Verbrauchsmengen aus der Basisperiode ergeben hätten. Der Preisindex von Paasche bezieht sich hingegen auf die laufend aktualisierten Mengen der Berichtsperiode. Wegen des konstanten Gewichtsschemas gibt der Preisindex von Laspeyres die reine Preisveränderung wieder und liegt den vom Statistischen Bundesamt veröffentlichten Preisindizes zugrunde.

Durch Vertauschen der Rollen von Preisen und Mengen in der Aggregatformel erhält man Mengenindizes.

Mengenindizes

$$Q_t^L = \frac{\sum\limits_{i=1}^{I} p_0(i) \, q_t(i)}{\sum\limits_{i=1}^{I} p_0(i) \, q_0(i)} \, , \quad Q_t^P = \frac{\sum\limits_{i=1}^{I} p_t(i) \, q_t(i)}{\sum\limits_{i=1}^{I} p_t(i) \, q_0(i)}$$

$$\text{Laspeyres} \qquad\qquad\qquad \text{Paasche}$$

Dabei sind die Mengen $q_0(i)$ bzw. $q_t(i)$ nicht als Verbrauchsmengen eines Warenkorbs, sondern als produzierte Mengen einer Branche oder eines gesamten Gewerbes aufzufassen. Der Mengenindex von Laspeyres bzw. Paasche gibt somit das Verhältnis an, in dem sich das Volumen oder der Wert der Produktion, bewertet mit den Preisen der Basisperiode bzw. der Berichtsperiode, verändert hat.

Preis- und Mengenindizes sind von Zeit zu Zeit zu aktualisieren. Gründe dafür sind etwa die Einführung eines neuen Warenkorbs, Veränderungen in ihrer Definition, etwas eines „Normalhaushalts", oder die Änderung der Basisperiode. Dazu sind spezielle Rechentechniken (*Umbasierung, Verkettung, Verknüpfung*) notwendig, die aber hier nicht beschrieben werden.

Umbasierung

Verkettung

Verknüpfung

Der Deutsche Aktienindex DAX

Auch einige Aktienindizes basieren auf der Konzeption von Preisindizes. Dies gilt auch für den 1988 eingeführten DAX. Er soll sowohl ein repräsentatives Bild des Aktienmarktes der Bundesrepublik Deutschland geben, als auch als Basisobjekt für neue Terminmarktinstrumente dienen. Der DAX entsteht durch eine am Laspeyres-Index orientierte Gewichtung von 30 deutschen Aktientiteln, die an der Frankfurter Wertpapierbörse notiert werden. Dazu gehören die Titel bekannter Automobilhersteller, Versicherungen, Banken, Kaufhäuser und Unternehmen der Chemie-, Elektro-, Maschinenbau- und Stahlindustrie. Die Indexformel für den DAX modifiziert den Laspeyres-Index durch Einführung von Verkettungs- und Korrekturfaktoren, die dem Problem der Veralterung Rechnung tragen sollen.

> **Indexformel des DAX**
>
> $$\mathrm{DAX}_t = \frac{\sum_{i=1}^{30} p_t(i)\, q_T(i)\, c_t(i)}{\sum_{i=1}^{30} p_0(i)\, q_0(i)} \cdot k(T) \cdot 1000$$

Dabei ist t der Berechnungszeitpunkt, etwa während des Tages oder zum Kassenschluss, $p_0(i)$ bzw. $p_t(i)$ der Aktienkurs der Gesellschaft i zum Basiszeitpunkt (30.12.87) bzw. zum Zeitpunkt t, $q_0(i)$ das Grundkapital zum Basiszeitpunkt und $q_T(i)$ das Grundkapital zum letzten Verkettungstermin T. Die Korrekturfaktoren $c_t(i)$ dienen zur Bereinigung um marktfremde Einflüsse, die durch Dividenden oder Kapitalmaßnahmen der Gesellschaft i entstehen. Diese *Korrekturfaktoren* werden am jährlichen Verkettungstermin T auf 1 zurückgesetzt und in den *Verkettungsfaktor* $k(T)$ überführt. Die Multiplikation mit dem Basiswert 1000 dient nur zur *Adjustierung* auf ein übliches Niveau.

Korrekturfaktor

Verkettungsfaktor

Adjustierung

14.2 Komponentenmodelle

Ein wichtiges Ziel der Zeitreihenanalyse, insbesondere in ökonomischen Anwendungen, ist die Zerlegung der beobachteten Zeitreihe $\{y_t, t = 1, \ldots, n\}$ in systematische Komponenten und eine irreguläre Restkomponente. Zu den systematischen Komponenten zählen Trend,

*Zeitreihen-
zerlegung*

Konjunktur und Saison, aber auch weitere erklärbare Effekte. Nicht erklärte oder erfasste Einflüsse oder Strömungen werden ähnlich wie in einem Regressionsmodell in einer Restkomponente zusammengefasst. Da die systematischen Komponenten wie Trend oder Saison nicht direkt beobachtbar sind, sind für die *Zeitreihenzerlegung* geeignete Modellannahmen zu treffen.

Additive Komponentenmodelle

Die häufigste Modellannahme ist, dass sich die Komponenten additiv überlagern. Das klassische additive Komponentenmodell für monatliche Daten nimmt an, dass

$$y_t = m_t + k_t + s_t + \epsilon_t, \quad t = 1, \ldots, n$$

Trend

Konjunktur

Saison

gilt. Die *Trendkomponente* m_t soll langfristige systematische Veränderungen im Niveau der Zeitreihe, etwa ein lineares oder exponentielles Anwachsen, beinhalten. Die *Konjunkturkomponente* k_t soll den Verlauf von Konjunkturzyklen wiedergeben. Die *Saisonkomponente* s_t umfasst jahreszeitlich bedingte Schwankungen und wiederholt sich jährlich in einem ungefähr gleichbleibenden wellenförmigen Muster. Die irreguläre Restkomponente ϵ_t fasst alle anderen, nicht durch Trend, Konjunktur und Saison erklärten Einflüsse zusammen. Dabei wird angenommen, dass die Werte ϵ_t vergleichsweise klein sind und mehr oder weniger regellos um null schwanken.

*glatte
Komponente*

Die Trennung von Trend- und Konjunkturkomponente ist oft problematisch. Deshalb fasst man Trend und Konjunktur oft zu einer *glatten Komponente* g_t, die man meist wieder als „Trend" bezeichnet, zusammen.

Additives Trend-Saison-Modell

$$y_t = g_t + s_t + \epsilon_t, \quad t = 1, \ldots, n.$$

Trendmodell

Für Zeitreihen ohne erkennbare Saison, etwa Tagesdaten von Aktienkursen oder jährliche Preisindizes, genügt oft ein reines *Trendmodell*

$$y_t = g_t + \epsilon_t, \quad t = 1, \ldots, n.$$

Das additive Modell lässt sich prinzipiell auch erweitern, um den Effekt zusätzlicher, beobachtbarer Regressoren x_t zu erklären: Dies führt zu

$$y_t = g_t + s_t + x_t\beta + \epsilon_t, \quad t = 1, \ldots, n.$$

Kalendereffekte

Auf diese Weise können zum Beispiel *Kalendereffekte* oder politische Maßnahmen berücksichtigt werden.

Multiplikative Modelle

Rein additive Modelle sind nicht immer zur Analyse geeignet. Oft nimmt mit wachsendem Trend auch der Ausschlag der Saison und die Streuung der Werte um den Trend mit zu.

Dieser Datenlage wird ein additives Modell nicht gerecht. Passender ist dann ein multiplikatives Modell der Form

multiplikatives Modell

$$y_t = g_t \cdot s_t \cdot \epsilon_t, \quad t = 1, \dots, n.$$

Dies lässt sich durch Logarithmieren auf ein additives Modell

$$\tilde{y}_t \equiv \log y_t = \log g_t + \log s_t + \log \epsilon_t$$

für die logarithmierten Werte und Komponenten zurückführen. Dies gilt jedoch nicht mehr für *gemischt additiv-multiplikative Modelle*, etwa von der Form

gemischt additiv-multiplikative Modelle

$$y_t = g_t(1 + \tilde{g}_t s_t) + \epsilon_t,$$

bei denen $\tilde{g}_t$ den „Trend" in der Veränderung des Saisonmusters modellieren soll.

Wir werden uns im Weiteren auf additive Modelle beschränken. Trotz der formalen Ähnlichkeiten mit Regressionsmodellen besteht ein für die statistische Analyse wesentlicher Unterschied: Trend und Saison sind unbeobachtbare Funktionen bzw. Folgen $\{g_t, t = 1, \dots, n\}$ und $\{s_t, t = 1, \dots, n\}$, die mithilfe der beobachteten Zeitreihe $\{y_t, t = 1, \dots, n\}$ zu schätzen sind. Die Schätzung der Komponenten, also die Zerlegung der Zeitreihe, wird erst möglich, wenn man man zusätzliche Annahmen trifft. Wir unterscheiden dabei zwischen globalen und lokalen Komponentenansätzen. Bei globalen Komponentenansätzen wird eine über den gesamten Zeitbereich gültige parametrische Funktionsform, etwa ein linearer oder polynomialer Trend, für die Komponenten unterstellt. Damit wird die Zeitreihenzerlegung im Wesentlichen mit Methoden der Regressionsanalyse möglich (Abschnitt 14.3). Lokale Komponentenansätze sind flexibler und unterstellen keinen global gültigen parametrischen Funktionstyp. Man spricht deshalb auch von nichtparametrischer Modellierung. Einige dieser Methoden werden in Abschnitt 14.4 skizziert.

14.3 Globale Regressionsansätze

Wir behandeln zunächst den einfacheren Fall eines reinen Trendmodells $y_t = g_t + \epsilon_t$. Die Zerlegung der Zeitreihe reduziert sich dann auf die Bestimmung einer Schätzung $\hat{g}_t$ für den Trend. Dies geschieht mit einem globalen Regressionsansatz.

14.3.1 Trendbestimmung

Globale Trendmodelle sollen für den gesamten betrachteten Zeitbereich gültig sein. Sie eignen sich vor allem zur Schätzung einfacher, etwa monotoner Trendfunktionen, deren grober Verlauf schon aus den Daten ersichtlich ist. Die Modellierung erfolgt in Form eines Regressionsansatzes. Folgende Liste enthält einige übliche *Trendfunktionen*.

Trendfunktionen

> ## Globale Trendmodelle
>
> $$g_t = \beta_0 + \beta_1 t \qquad\qquad\qquad\quad \textit{linearer Trend}$$
> $$g_t = \beta_0 + \beta_1 t + \beta_2 t^2 \qquad\qquad \textit{quadratischer Trend}$$
> $$g_t = \beta_0 + \beta_1 t + \cdots + \beta_q t^q \qquad \textit{polynomialer Trend}$$
> $$g_t = \beta_0 \exp(\beta_1 t) \qquad\qquad\quad \textit{exponentielles Wachstum}$$
> $$g_t = \frac{\beta_0}{\beta_1 + \exp(-\beta_2 t)} \qquad\quad \textit{logistische Sättigungskurve}$$

Die Schätzung der unbekannten Parameter $\beta_0, \beta_1, \ldots$ erfolgt nach der Kleinste-Quadrate-Methode, d.h. $\beta_0, \beta_1, \ldots$ sind so zu bestimmen, dass die Summe der quadratischen Abweichungen

$$\sum_{t=1}^{n}(y_t - g_t)^2$$

minimal wird. Am einfachsten ist dies für das Trendmodell

$$y_t = \beta_0 + \beta_1 t + \epsilon_t,$$

das die Form einer linearen Einfachregression mit dem Regressor $t \equiv x_t$ besitzt. Aus den Formeln für die KQ-Schätzungen von Abschnitt 3.6 bzw. 12.1 erhält man sofort

$$\hat{\beta}_1 = \frac{\sum_{t=1}^{n} y_t\, t - n\,\bar{t}\,\bar{y}}{\sum_{t=1}^{n} t^2 - n\,(\bar{t})^2}, \qquad \hat{\beta}_0 = \bar{y} - \hat{\beta}\,\bar{t}.$$

(Dabei können $\bar{t} = \sum t/n$ und $\sum t^2$ noch vereinfacht werden; z.B. gilt $\bar{t} = (n+1)/2$.)

Polynomiale Trendmodelle sind in der Form eines multiplen linearen Regressionsansatzes mit den Regressoren $t \equiv x_{t1}, \ldots, t^q \equiv x_{tq}$ (Kapitel 12.2). Die Schätzer $\hat{\beta}_0, \hat{\beta}_1, \ldots, \hat{\beta}_q$ erhält man damit wieder mithilfe der dort behandelten KQ-Schätzung. Obwohl polynomiale Trendmodelle genügend hoher Ordnung oft eine gute Anpassung ermöglichen, haben sie einen gravierenden Nachteil: Polynome höherer Ordnung sind außerhalb des Datenbereichs sehr instabil, gehen schnell nach $\pm\infty$ und sind deshalb für Prognosezwecke ungeeignet. Allgemeiner können Trendmodelle der Form

$$y_t = \beta_0 + \beta_1 x_1(t) + \cdots + \beta_q x_q(t) + \epsilon_t, \quad t = 1, \ldots, n,$$

mit gegebenen Funktionen $x_1(t), \ldots, x_q(t)$, mithilfe der Methoden der multiplen linearen Regression geschätzt werden. Echt nichtlineare parametrische Funktionsformen, etwa für Sättigungskurven, führen dagegen auf Methoden der nichtlinearen Regression.

Beispiel 14.1 BMW-Aktie

Schon ein Blick auf den Kursverlauf für den gesamten Zeitraum verdeutlicht, dass es schwierig bis unmöglich ist, den Trend linear oder auch durch ein Polynom niedrigen Grades adäquat zu approximieren. Dies wird allenfalls für kürzere Zeiträume in erster Näherung möglich sein, siehe Abbildung

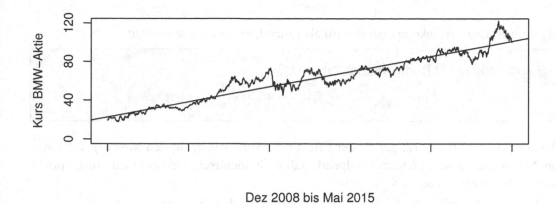

Dez 2008 bis Mai 2015

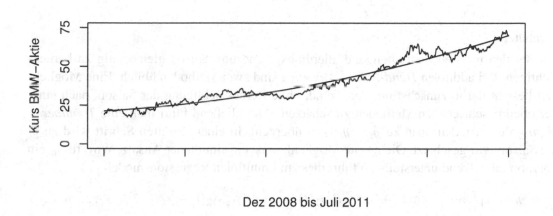

Dez 2008 bis Juli 2011

Abbildung 14.6: Linearer und quadratischer Trend für die BMW-Aktie

14.6 für eine lineare und quadratische Trendschätzung. Daraus eine längerfristige Prognose abzuleiten, wäre offensichtlich fahrlässig. Deutlich flexiblere Ansätze zur Trendanalyse werden in Abschnitt 14.4.1 beschrieben.

□

14.3.2 Bestimmung der Saisonkomponente

Zwei gängige Möglichkeiten zur Modellierung der Saisonkomponente sind Ansätze mit Saison-Dummyvariablen und mit trigonometrischen Funktionen. Wir behandeln dabei den Fall von Monatsdaten.

Bei der Modellierung mit *Dummyvariablen* wird jedem Monat $j = 1, \ldots, 12$ eine Dum-   *Dummyvariable*

myvariable

$$s_j(t) = \begin{cases} 1, & \text{wenn } t \text{ zum Monat } j \text{ gehört} \\ 0, & \text{sonst} \end{cases}$$

zugeordnet. Die Saisonkomponente wird als Linearkombination angesetzt:

Saisonmodell mit Dummyvariablen

$$s_t = \beta_1 s_1(t) + \cdots + \beta_{12} s_{12}(t)$$

Dabei ist $\beta_j, j = 1, \ldots, 12$, gerade der Effekt oder Wert von s_t für den Monat j. Da somit das Saisonmuster für aufeinanderfolgende Jahre als identisch angenommen wird, spricht man auch von einer *starren Saisonfigur*.

starre Saisonfigur

Für eine Zeitreihe, die keinen Trend aufweist, werden die Monatseffekte $\beta_1, \ldots, \beta_{12}$ wieder nach dem KQ-Prinzip

$$\sum_t (y_t - s_t)^2 = \sum_t [y_t - \beta_1 s_1(t) - \cdots - \beta_{12} s_{12}(t)]^2 \to \min$$

geschätzt.

Trend-Saison-Modelle

Bei den meisten Zeitreihen sind allerdings Trend und Saison gleichzeitig zu berücksichtigen. Bei additiven *Trend-Saison-Modellen* sind zwei Methoden üblich. Eine Möglichkeit besteht darin, zunächst nur den Trend, ohne Berücksichtigung der Saison, nach einer der oben beschriebenen Methoden zu schätzen. Anschließend führt man eine *Trendbereinigung* durch, indem man zu $\tilde{y}_t = y_t - \hat{g}_t$ übergeht. In einem zweiten Schritt wird zu $\tilde{y}_t$ die Saisonfigur geschätzt. Die zweite Möglichkeit ist ein simultaner Ansatz. Wird für g_t ein polynomialer Trend unterstellt, so führt dies zum multiplen Regressionsmodell

Trendbereinigung

$$y_t = \alpha_1 t + \ldots + \alpha_q t^q + \ldots + \beta_1 s_1(t) + \ldots + \beta_{12} s_{12}(t) + \epsilon_t, \quad t = 1, \ldots, n.$$

Dabei wird keine Konstante α_0 eingeführt, da das Niveau der Zeitreihe bereits durch Einbezug aller zwölf Monatseffekte festgelegt wird. Alternativ könnte man α_0 einbeziehen und stattdessen eine Monatskomponente, etwa $\beta_{12} s_{12}(t)$, aus dem Modell entfernen.

Bei der Modellierung einer starren Saisonfigur mit trigonometrischen Funktionen wird folgender Ansatz gewählt:

Saisonmodell mit trigonometrischem Polynom

$$s_t = \beta_0 + \sum_{k=1}^{6} \beta_k \cos\left(2\pi \frac{k}{12} t\right) + \sum_{k=1}^{5} \gamma_k \sin\left(2\pi \frac{k}{12} t\right)$$

Durch die Überlagerung von periodischen Schwingungen mit den Frequenzen $1/12, \ldots, 6/12$ können nicht-sinusförmige Saisonfiguren modelliert werden. Wegen $\sin(2\pi \frac{6}{12} t) = 0$ entfällt dabei der letzte Term der zweiten Summe. Die Schätzung der Parameter $\beta_0, \ldots, \beta_6, \gamma_1, \ldots, \gamma_5$ erfolgt wieder nach der KQ-Methode.

Luftschadstoffe

Abbildung 14.7 zeigt die Zerlegung der Stickoxid-Zeitreihe in einen linearen Trend und eine starre Saisonfigur mit trigonometrischen Funktionen. Die Schätzung ist mit der Methode `stl()` in R durchgeführt, die Ähnliches leistet wie früher `STL` in *Splus*. Wegen fehlender Werte zu Beginn wurde die Zeitreihe für einen verkürzten Zeitraum analysiert. Der lineare Trend deutet auf eine zeitlich kontinuierlich abnehmende Belastung durch Stickoxide hin. Der Trend wird durch saisonale Einflüsse überlagert, wobei das jährliche Maximum im Januar und das Minimum im Juli liegt. Hier dürften Witterungseinflüsse und auch der Beginn der Sommerferien im Juli eine Rolle spielen. Im nächsten Abschnitt werden wir überprüfen, ob die Annahme eines linearen Trends und einer starren Saisonfigur in etwa gerechtfertigt ist.

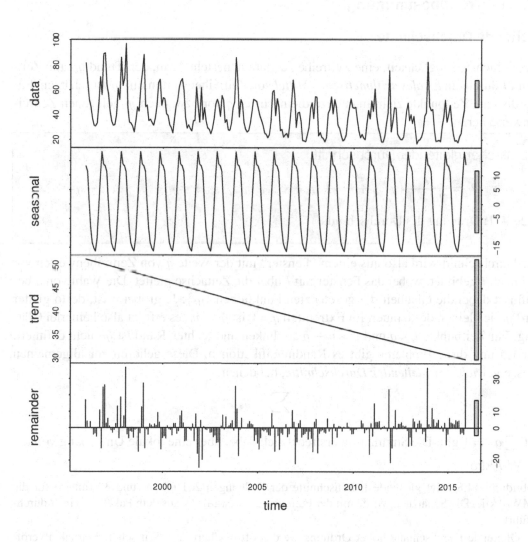

Abbildung 14.7: Zerlegung der Stickoxid-Reihe

□

14.4   Lokale Ansätze

Globale Ansätze sind für längere Zeitreihen oft zu starr, da zeitlich sich verändernde Strukturen nicht ohne Weiteres berücksichtigt werden können. Flexibler sind lokale Ansätze, zu denen auch traditionelle Methoden wie zum Beispiel gleitende Durchschnitte gehören. Verfahren dieser Art wurden in letzter Zeit verstärkt weiterentwickelt. Wir skizzieren die Prinzipien von lokalen Regressionsansätzen in gleitenden Fenstern und von Spline-Glättern. Wie im vorangehenden Abschnitt behandeln wir zunächst die Schätzung des Trends. Gemeinsame Grundidee ist dabei, den Trend durch Glättung der Zeitreihe zu ermitteln.

14.4.1   Trendbestimmung

Gleitende Durchschnitte

lokales arithmetisches Mittel

Die einfachste Möglichkeit, eine Zeitreihe zu glätten, besteht darin, den Trend g_t zum Zeitpunkt t durch ein *lokales arithmetisches Mittel* von Zeitreihenwerten um y_t zu schätzen. Für äquidistante Zeitpunkte zieht man dazu die nächsten q vor bzw. nach y_t gelegenen Zeitreihenwerte heran.

Einfacher gleitender Durchschnitt

$$\hat{g}_t = \frac{1}{2q+1}\left(y_{t-q} + \cdots + y_t + \cdots + y_{t+q}\right), \quad t = q+1,\ldots,n-q$$

$2q + 1$: Ordnung des Durchschnitts

Der Durchschnitt wird also aus einem „Fenster" mit der Weite q von Zeitreihenwerten vor und nach t gebildet, wobei das Fenster mit t über die Zeitachse gleitet. Die Wahl von q beeinflusst dabei die Glattheit der geschätzten Funktionen $\{\hat{g}_t\}$: Je größer q ist, desto glatter wird $\hat{g}_t$, je kleiner, desto rauer. Im Extremfall $q = 0$ ist $\hat{g}_t = y_t$, es erfolgt also keinerlei Glättung. Für Zeitpunkte $t \le q$ und $t > n - q$ am linken und rechten Rand ist $\hat{g}_t$ nicht definiert. Zur Lösung diese Problems gibt es Randmodifikationen. Diese gehören zur allgemeinen

gewichtete gleitende Durchschnitte

Klasse *gewichteter gleitender Durchschnitte*, bei denen

$$\hat{g}_t = \sum_s a_s\, y_s,$$

mit $\sum a_s = 1$ gilt. Die Summation erstreckt sich dabei über eine lokale Umgebung von t.

Beispiel 14.3   **BMW-Aktie**

Abbildung 14.8 zeigt gleitende Durchschnitte der Ordnungen 201 (oben) und 39 (unten) für die BMW-Aktie. Die Schätzung wurde mit der Funktion `rollmean()` aus dem Paket `zoo` in R durchgeführt.

Gleitende Durchschnitte hoher Ordnung werden oft in Charts von Wirtschaftsjournalen veröffentlicht, da sie die langfristigen Bewegungen nachzeichnen. Sie werden auch benutzt, um Ankaufs- und Verkaufssignale zu ermitteln. Gleitende Durchschnitte niedriger Ordnung sind dem aktuellen Verlauf wesentlich deutlicher angepasst. Sie werden vor allem zur Kurzfristprognose eingesetzt. Man erkennt aus den Abbildungen, dass die Wahl der Bandweite q ganz wesentlich die Glattheit des Trends bestimmt.   □

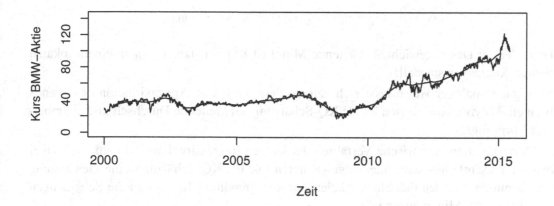

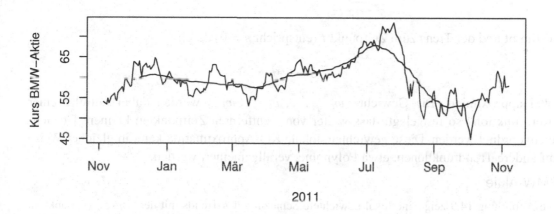

Abbildung 14.8: Gleitende Durchschnitte der Ordnungen 201 (oben) und 39 (unten) für die BMW-Aktie

Lokale Regression

Einfache gleitende Durchschnitte lassen sich auch als *lokale Regressionsschätzer* begründen. Dazu approximiert man die Trendfunktion lokal in einem Fenster der Weite q um t durch eine Gerade und setzt

$$y_s = g_s + \epsilon_s = \alpha_t + \beta_t s + \epsilon_s, \quad s = t - q, \dots, t + q,$$

*lokale
Regressions-
schätzer*

an. Der Index t soll dabei verdeutlichen, dass sich Niveau α_t und Steigung β_t lokal mit t verändern. Für den KQ-Schätzwert $\hat{g}_t$ der Regressionsfunktion $\hat{\alpha}_t + \hat{\beta}_t s$ an der Stelle $t = s$ erhält man

$$\hat{g}_t = \hat{\alpha}_t + \hat{\beta}_t\, t = \bar{y} - \hat{\beta}_t\, \bar{s} + \hat{\beta}_t\, t.$$

Dabei ist $\bar{s}$ das arithmetische Mittel der s-Werte, $\bar{y}$ das Mittel der y-Werte aus dem Fenster. Da $\bar{s} = t$ gilt, folgt

$$\hat{g}_t = \bar{y} = \frac{1}{2q+1}(y_{t-q} + \cdots + y_t + \cdots + y_{t+q}).$$

Das bedeutet: Das ungewichtete gleitende Mittel ist KQ-Schätzer für g_t in einem lokalen linearen Regressionsmodell.

In ganz analoger Weise lässt sich zeigen, dass die lokale Approximation des Trends durch ein Polynom und dessen lokale KQ-Schätzung auf gleitende Durchschnitte allgemeinerer Form führt.

Moderne nonparametrische Verfahren der lokalen Regression bauen darauf auf. Dabei wird im Wesentlichen statt einer ungewichteten lokalen KQ-Schätzung eine Gewichtung vorgenommen. Für den Fall eines lokalen linearen Trendmodells werden die Schätzungen $\hat{\alpha}_t$ und $\hat{\beta}_t$ durch Minimierung von

$$\sum_{s=t-q}^{t+q} w_s \, (y_s - \alpha_t - \beta_t \, s)^2$$

bestimmt und der Trend zum Zeitpunkt t (entspricht $s = 0$) durch

$$\hat{g}_t = \hat{\alpha}_t$$

lokal approximiert. Die Gewichte $w_{t-q}, \dots, w_t, \dots, w_{t+q}$ werden dabei mithilfe einer „Kernfunktion" so festgelegt, dass weiter von t entfernten Zeitpunkten kleinere Gewichte zugeordnet werden. Diese gewichtete lokale KQ-Approximation kann in gleicher Weise auf andere Trendfunktionen, etwa Polynome, verallgemeinert werden.

Beispiel 14.4   **BMW-Aktie**

Die Abbildung 14.9 zeigt eine lokal gewichtete Schätzung des Trends mit der `loess()` Funktion in R. Dabei wurden die voreingestellten Parameter verwendet.   □

*Spline-Glättung

Spline-Funktionen

Die Grundidee zur Schätzung einer glatten Trendfunktion durch sogenannte *Spline-Funktionen* findet sich ebenfalls bereits bei einem traditionellen Ansatz der Zeitreihenanalyse. Dabei fasst man die Trendwerte $\{g_t, t = 1, \dots, n\}$ insgesamt als unbekannte, zu schätzende „Parameter" auf und berücksichtigt dabei, dass der Trend „glatt" sein soll. Eine naive KQ-Schätzung durch Minimierung des KQ-Kriteriums $\sum (y_t - g_t)^2$ führt auf die triviale Lösung $y_t = g_t, t = 1, \dots, n$, da damit die Quadratsumme gleich null wird. Es wird jedoch keinerlei Glättung erreicht, sondern nur interpoliert und somit die Zeitreihe selbst reproduziert. Um eine glatte Schätzung zu erreichen, formalisiert man die Vorstellung, dass aufeinanderfolgende Werte von g_t nicht zu stark voneinander abweichen sollten bzw. dass die Zeitreihe keine starke Krümmung aufweisen sollte. Dies lässt sich durch *Differenzen 1. Ordnung*

Differenzen 1. und 2. Ordnung

$\Delta g_t = g_t - g_{t-1}$ bzw. *2. Ordnung* $\Delta^2 g_t = (g_t - g_{t-1}) - (g_{t-1} - g_{t-2}) = g_t - 2g_{t-1} + g_{t-2}$

Abbildung 14.9: LOESS-Schätzung für die BMW-Aktie

ausdrücken. Die Forderung, dass $g_t - g_{t-1}$ klein ist, bedeutet, dass der Trend keine großen lokalen Änderungen im Niveau besitzen soll. Global heißt dies, dass die Summe der quadratischen Abweichungen

$$\sum_{t=2}^{n}(g_t - g_{t-1})^2$$

nicht zu groß werden darf. Die Forderung einer kleinen Krümmung bedeutet, dass keine großen lokalen Änderungen aufeinanderfolgender Steigungen auftreten dürfen, d.h. dass

$$(g_t - g_{t-1}) - (g_{t-1} - g_{t-2}) = g_t - 2g_{t-1} + g_{t-2}$$

klein sein soll. Global wird die Krümmung durch

$$\sum_{t=3}^{n}(g_t - 2g_{t-1} + g_{t-2})^2$$

gemessen. Damit lässt sich die Vorstellung, dass der Trend $\{g_t\}$ dem Verlauf von $\{y_t\}$ nahe kommt, aber dennoch glatt bleibt, durch das folgende Kriterium ausdrücken:

Penalisierte KQ-Schätzung

Bestimme $\{\hat{g}_t\}$ so, dass

$$\sum_{t=1}^{n}(y_t - g_t)^2 + \lambda \sum_{t=2}^{n}(g_t - g_{t-1})^2 \to \min_{\{g_t\}}$$

bzw.

$$\sum_{t=1}^{n}(y_t - g_t)^2 + \lambda \sum_{t=3}^{n}(g_t - 2g_{t-1} + g_{t-2})^2 \to \min_{\{g_t\}}$$

minimiert wird.

Straffunktion

Glättungs-
parameter

Die Kriterien stellen einen Kompromiss dar zwischen Datentreue des Trends, gemessen durch $\sum(y_t - g_t)^2$, und Glattheit des Trends, gemessen durch die zusätzlichen *„Straf-"* - oder *„Penalisierungsfunktionen"*. Der Kompromiss wird durch den *Glättungsparameter* λ gesteuert, der eine ähnliche Rolle spielt wie die Bandweite q bei gleitenden Durchschnitten: Für kleine Werte von λ wird der geschätzte Trend $\{\hat{g}_t\}$ sehr rau, für $\lambda = 0$ kommt man zurück zur Interpolation. Für große Werte von λ geht der Strafterm mit großem Gewicht in das Kriterium ein, sodass $\{\hat{g}_t\}$ sehr glatt wird. Für $\lambda \to \infty$ strebt g_t gegen das arithmetische Mittel $\bar{y} = \sum y_t/n$ bzw. die KQ-Regressionsgerade der Zeitreihenwerte.

Die Minimierung der penalisierten KQ-Kriterien wird prinzipiell wie üblich durchgeführt: Man bildet die ersten Ableitungen nach $\{g_t\}$, setzt diese gleich 0 und löst nach $\{\hat{g}_t\}$ auf. Dies führt auf ein lineares Gleichungssystem der Dimension n, das sich am Computer effizient und schnell lösen lässt. Wir verzichten hier auf eine explizite Darstellung.

Die Schätzung $\{\hat{g}_t\}$ wird auch als diskreter Glättungsspline bezeichnet, da eine enge Beziehung zur nonparametrischen Schätzung von Regressionsfunktionen durch Spline-Funktionen besteht (vgl. Abschnitt *12.4). Bei Spline-Funktionen geht man von der Vorstellung aus, dass die Zeit stetig läuft und somit eine unbekannte Funktion $g(t)$ der Zeit zu schätzen ist. Deshalb werden die Straffunktionen entsprechend modifiziert. So verwendet man etwa statt der Summe der quadrierten zweiten Differenzen das Integral

$$\int [g''(t)]^2 \, dt$$

der quadrierten zweiten Ableitung als Straffunktion für die Krümmung.

14.4.2 Bestimmung der Saisonkomponente

Gleitende Durchschnitte und lokale Regression

Die Idee der gleitenden lokalen Schätzung lässt sich auch auf Trend-Saison-Modelle $y_t = g_t + s_t + \epsilon_t$ übertragen. Dazu wählt man zu festem t ein Fenster mit Bandweite q, indem g_t lokal durch ein Polynom und s_t lokal durch einen Dummy-Variablen-Ansatz oder ein trigonometrisches Polynom approximiert wird. Die Parameter $\alpha_0, \alpha_1, \ldots, \beta_1, \beta_2, \ldots$ werden durch lokale KQ-Schätzungen aus

$$\sum_{s=t-q}^{t+q} w_s\,(y_s - g_s - s_s)^2 \to \min$$

ermittelt. Auf diesem *simultanen* Ansatz beruht die ursprüngliche Version des *Berliner Verfahrens*, das in modifizierter Version vom Statistischen Bundesamt eingesetzt wird.

Alternativ werden Trend und Saison *sukzessive* ermittelt. Dazu wird zunächst nur der Trend wie in Abschnitt 14.4.1 bestimmt. Mit der Schätzung $\{\hat{g}_t\}$ wird die Zeitreihe y_t zu $\tilde{y}_t = y_t - \hat{g}_t$ trendbereinigt. In einem zweiten Schritt werden Verfahren der gleitenden Durchschnitte oder der lokalen Regression auf $\tilde{y}_t$ angewendet, um die Saison zu schätzen. An dieser Grundkonzeption der sukzessiven Schätzung sind einige bekannte Verfahren orientiert. Sie beinhalten aber deutliche Unterschiede in den algorithmischen Details, auf die wir nicht eingehen.

In der Praxis werden zudem globale und lokale Ansätze gemischt und das Prinzip der sukzessiven Schätzung in iterierter Form angewendet. Zu diesen komplexen Verfahren gehören zum Beispiel das Census X11-Verfahren (im Programmpaket SAS implementiert), das STL-Verfahren (in *Splus* und R implementiert) und das Berliner Verfahren in der derzeitigen Version des Statistischen Bundesamtes. Obwohl die verschiedenen Verfahren für praktische Zwecke oft zu ähnlichen Ergebnissen führen, ist es in jedem Fall wichtig zu wissen, mit welcher Methode die Ermittlung von Trend und Saison durchgeführt wurde.

simultan
Berliner Verfahren
sukzessive

IFO-Geschäftsklimaindex

Beispiel 14.5

Abbildung 14.10 zeigt die Zerlegung des IFO-Geschäftsklimaindex für die gewerbliche Wirtschaft in Trend, flexible Saisonkomponente und Restkomponente, geschätzt mit stl() in R. Beim Trend ist nun deutlich das tiefe Tal um 2008, der Höhepunkt der Finanzkrise, zu erkennen. Der Gipfel davor liegt noch in der Zeit, als die Immobilienblase in den USA erst zu wirken begann. Erstaunlich ist aber auch die rasche Erholung nach 2008. Das Auf und Ab in den Jahren davor ist typisch für zyklische konjunkturelle Bewegungen. Eine mögliche Erklärung für das Tal um 2002 überlassen wir dem Leser durch einen Blick zurück in die politische Historie. Obwohl die Antworten auf die Frage nach der Geschäftslage möglichst saisonbereinigt erfolgen sollten, verbleibt eine – wenn auch geringfügige – Saisonkomponente, die man nicht überinterpretieren darf.

□

Preisindex für Pflanzen

Beispiel 14.6

Abbildung 14.11 zeigt die Ergebnisse der Trend- und Saisonbestimmung für den Preisindex der Warengruppe „Pflanzen, Güter für die Gartenpflege". Neben einem monoton und fast linear ansteigenden Trend zeigt sich die erwartete Saisonabhängigkeit.

□

Luftschadstoffe

Beispiel 14.7

Abbildung 14.12 gibt die mit stl() in R vorgenommene Zerlegung der Stickoxid-Zeitreihe wieder. Anders als in Beispiel 14.2 wird also weder ein linearer Trend noch eine starre Saisonfigur unterstellt. Die Trendkurve fällt zwar glatt und relativ monoton, aber doch eher leicht nichtlinear.

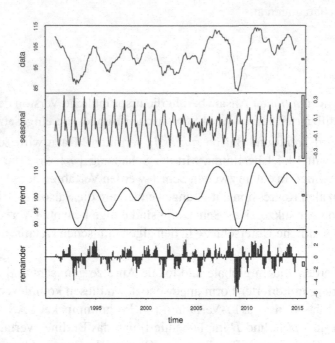

Abbildung 14.10: Zerlegung des IFO-Geschäftsklimaindex

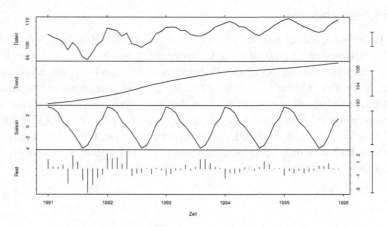

Abbildung 14.11: Monatlicher Preisindex, Saison, Trend und Restkomponente für den Sektor „Pflanzen, Güter für die Gartenpflege"

Einflüsse umwelt- oder verkehrspolitischer Maßnahmen wirken sich eher kontinuierlich als abrupt aus. Die Saisonkomponente ist weiterhin deutlich und von vergleichbarer Größenordnung wie bei einer starren Saisonfigur, wieder mit einem Maximum im Januar und dem Minimum im Juli.

□

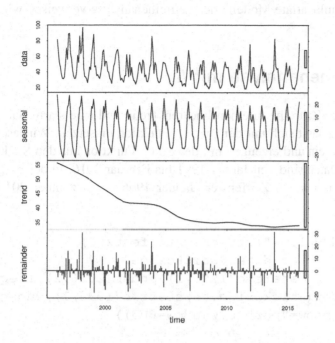

Abbildung 14.12: Zerlegung der Stickoxid-Reihe

*Spline Glättung

Das Prinzip der penalisierten KQ-Schätzung lässt sich auch auf Trend-Saison-Modelle $y_t = g_t + s_t + \epsilon_t$ erweitern. Da die Saison nur die Abweichungen vom Trend beschreiben soll, muss bei Monatsdaten für alle t

$$\sum_{u=0}^{11} s_{t-u} \approx 0$$

gelten. Bringt man diese Forderung in den penalisierten KQ-Ansatz mit ein, so erhält man: Bestimme $\{\hat{g}_t\}$, $\{\hat{s}_t\}$ so, dass

$$\sum_{t=1}^{n}(y_t - g_t - s_t)^2 + \lambda_1 \sum_{t=2}^{n}(g_t - 2g_{t-1} + g_{t-2})^2 + \lambda_2 \sum_{t=12}^{n}\left\{\sum_{u=0}^{11} s_{t-u}\right\}^2$$

minimiert wird. Die algorithmische Minimierung lässt sich wieder auf das Lösen eines hochdimensionalen Gleichungssystems zurückführen.

14.5 Zusammenfassung und Bemerkungen

Dieses Kapitel gibt eine Einführung in deskriptive und explorative Methoden der Zeitreihenanalyse, mit denen sich die wichtigsten Komponenten Trend und Saison bestimmen lassen. Weitere Gebiete wie Prognoseverfahren, stochastische Modelle der Zeitreihenanalyse sowie die statistische Analyse im Frequenzbereich werden z.B. von Schlittgen und Streitberg (2001) behandelt. Eine umfassende Darstellung findet sich z.B. in Hamilton (1994).

Insbesondere für multivariate Modelle der Zeitreihenanalyse verweisen wir auf Lütkepohl (1993).

14.6   Zeitreihenanalyse mit R

Die Zerlegung einer Zeitreihe in einen linearen Trend und eine starre Saisonkomponente wie in Beispiel 14.2 lässt sich mit der `stl()`-Funktion umsetzen. Wir lesen zunächst die Luftschadstoffdaten ein und erzeugen mit der `ts()`-Funktion aus den Stickoxid-Daten eine Zeitreihe. Die Daten sind von Januar 1991 bis Februar 2016. In der `stl()`-Zerlegung benutzen wir daraus nur ein Zeitfenster (Januar 1996 bis Dezember 2015) mithilfe der `window()`-Funktion.

```
daten <- read.delim("luftschadstoffe.txt")
Stickoxide.ts <- ts(daten$Stickoxide,
            start=c(1991,1),end=c(2016,2),frequency=12)
plot(stl(window(Stickoxide.ts,start=c(1996,1),end=c(2015,12)),
        s.window="per",t.window=600))
```

Der Parameter `t.window` für den Trend ist auf einen sehr großen Wert gesetzt. Dadurch wird ein linearer Trend erzwungen. Der Parameter `s.window="per"` sorgt für die starre Saisonfigur.

In Abbildung 14.9 wird eine lokal gewichtete Schätzung durchgeführt. Dazu laden wir die Daten mittels der `get.hist.quote()`-Funktion direkt von einem Internet-Server herunter. Anschließend rufen wir die `loess()`-Funktion auf. Hier ist der komplette Code:

```
require("tseries")
require("zoo")
bmw2 <- get.hist.quote(start="2000-01-01", end="2015-06-03",
        instrument="bmw.de", quote="AdjClose")
plot(bmw2, type="l",
     xlab="Zeitraum: 3.1.2000-3.6.2015",
     ylab="Tageskurse der BMW-Aktie")
index <- 1:length(bmw2)
print(index)
lo <- loess(bmw2$AdjClose~index)
lines(index(bmw2), predict(lo))
```

Abbildung 14.12 kann ebenfalls mithilfe der `stl()`-Funktion erzeugt werden. Statt wie in Beispiel 14.2 wird hier aber weder eine starre Saisonfigur noch ein linearer Trend erzwungen.

```
plot(stl(window(Stickoxide.ts,
     start=c(1996,1),end=c(2015,12)),
     s.window=7,t.window=59))
```

Die Parameter `s.window` und `t.window` sind hier mehr oder weniger willkürlich gewählt. Eine kleinere Wahl von `t.window` führt dazu, dass die Trendfunktion unruhiger wird. Große Werte für `s.window` machen die Saisonfigur starrer.

14.7 Aufgaben

Betrachten Sie den folgenden Ausschnitt aus einer Zeitreihe von Zinsen **Aufgabe 14.1**

| 7.51 | 7.42 | 6.76 | 5.89 | 5.95 | 5.35 | 5.51 | 6.13 | 6.45 | 6.51 | 6.92 |
| 6.95 | 6.77 | 6.86 | 6.95 | 6.66 | 6.26 | 6.18 | 6.07 | 6.52 | 6.52 | 6.71 |

und bestimmen Sie den gleitenden 3er- und 11er-Durchschnitt. Anstelle gleitender Durchschnitte können zur Glättung einer Zeitreihe auch gleitende Mediane verwendet werden, die analog definiert sind. Berechnen Sie die entsprechenden gleitenden Mediane. Zeichnen Sie die Zeitreihe zusammen mit Ihren Resultaten.

Abbildung 14.13 zeigt zu einer Zeitreihe von Zinsen gleitende Durchschnitte und Mediane. Vergleichen Sie die geglätteten Zeitreihen und kommentieren Sie Unterschiede und Ähnlichkeiten. **Aufgabe 14.2**

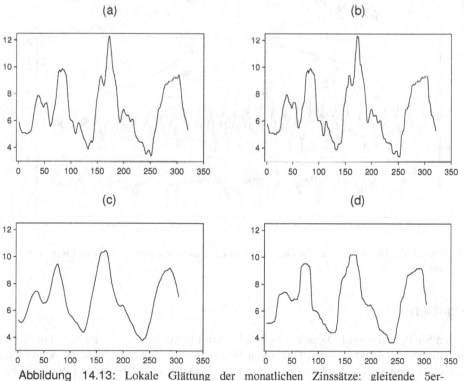

Abbildung 14.13: Lokale Glättung der monatlichen Zinssätze: gleitende 5er-Durchschnitte (a), gleitende 5er-Mediane (b), gleitende 21er-Durchschnitte (c) und gleitende 21er-Mediane (d)

Aufgabe 14.3   Einer Zeitreihe $\{y_t, t = 1, \ldots, n\}$ wird oft ein linearer Trend

$$y_t = \alpha + \beta \cdot t + \epsilon, \quad t = 1, \ldots, n$$

unterstellt.

(a) Vereinfachen Sie die gewöhnlichen KQ-Schätzer.

(b) Von 1982 bis 1987 wird im Folgenden die Anzahl der gemeldeten AIDS-Infektionen in den USA vierteljährlich angegeben:

185	200	293	374	554	713	763	857	1147	1369	1563	1726
2142	2525	2951	3160	3819	4321	4863	5192	6155	6816	7491	7726

Bestimmen Sie die Regressionskoeffizienten.

(c) Die Annahme eines linearen Trends ist hier unter Umständen fragwürdig. Exponentielles Wachstum $y_t = \alpha \cdot \exp(\beta \cdot t) \cdot \epsilon_t$ kann durch Logarithmieren wieder in ein klassisches Regressionsmodell transformiert werden. Berechnen Sie für dieses transformierte Modell die Regressionskoeffizienten.

Aufgabe 14.4   Abbildung 14.14 zeigt die monatlichen Geburten in der BRD von 1950 bis 1980. Kommentieren Sie den Verlauf der Zeitreihe, sowie Trend und Saison, die mittels STL geschätzt wurden.

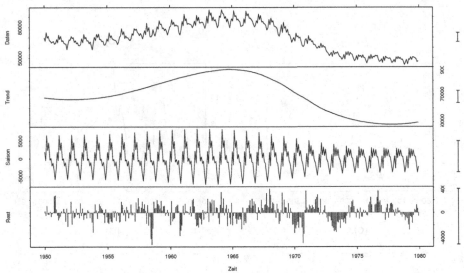

Abbildung 14.14: Monatliche Geburten und Zerlegung in Saison, Trend und Restkomponente

R-Aufgaben

Aufgabe 14.5   Analysieren Sie die Stickoxid-Daten aus Beispiel 1.3 mit Hilfe der `stl()`-Funktion in R. Erstellen Sie dazu ein `ts()`-Objekt aus den Daten von März 1996 bis Februar 2016, die keine fehlenden Werte enthalten und zehn komplette Jahre umfassen, was für die Verwendung dieser R-Funktion vorausgesetzt wird. Wählen Sie starre und flexible Saisonfiguren, sowie lineare und nichtlineare Trendkomponenten und vergleichen Sie Ihre Ergebnisse. Welcher Saisonfigur würden Sie den Vorzug geben?

Analysieren Sie den IFO-Geschäftklimaindex hinsichtlich Trend und Saison.   **Aufgabe 14.6**

Glätten Sie den Verlauf der Munich RE-Aktie mittels gleitender Durchschnitte verschiedener Ord-   **Aufgabe 14.7**
nungen.

Kapitel 15

Einführung in R

Die frei verfügbare (sogenannte open source) Software R (R Core Team 2015) kann kostenlos unter http ://www.r-project.org/ heruntergeladen und auf dem eigenen Rechner installiert werden. Zusätzlich bietet sich an, zum Beispiel mit *RStudio* (http ://www.rstudio.com/) eine ansprechende (ebenfalls kostenlose) Umgebung für R zu installieren. *RStudio* ist eine sogenannte IDE (integrated devlopment environment) für R. Ursprünglich entwickelt wurde R von Ross Ihaka und Robert Gentleman (Universität Auckland, Neuseeland).

15.1 R als Taschenrechner

Nach dem Start von *RStudio* findet man in der Regel vier verschiedene Teile (Fenster) auf dem Bildschirm. Im Folgenden nutzen wir R wie einen Taschenrechner und benötigen dafür nur das sich (meist) in der linken unteren Hälfte befindliche Fenster mit der Bezeichnung *console*. Hier wird die sogenannte Konsole von R dargestellt (zusammen mit einer Pfadangabe als Laufwerk und dem Arbeitsverzeichnis, in dem man sich befindet), in der die einzelnen Befehle abgearbeitet und Ergebnisse ausgegeben werden. Üblicherweise befindet sich ein sogenannter *prompt* (standardmäßig ein >-Zeichen) in diesem Fenster mit einem blinkenden Cursor, welcher die nächste Eingabe erwartet. Die folgende Eingabe

```
> 3*8
```

erzeugt wie erwartet die Ausgabe

```
[1] 24
```

Im Folgenden werden wir den *prompt* weglassen und nur die Eingabe und das Ergebnis angeben. Eine wichtige Eigenschaft von R ist, dass mathematische und andere Operationen nicht nur wie im obigen Beispiel für skalare Werte ausgeführt werden können, sondern auch für komplexere Objekte wie Listen und Vektoren. Ein einfacher Vektor lässt sich mit der c()-Funktion erstellen:

```
c(1,25,121,196) # Vektor von vier Zahlen
```

liefert als Ergebnis einen Vektor der vier angegebenen Zahlen (mit # wird übrigens ein Kommentar in einer Zeile eingeleitet). Wendet man hierauf eine mathematische Funktion an, zum Beispiel die Wurzelfunktion `sqrt()`, so wird diese elementweise für alle Elemente des Vektors angewendet:

```
sqrt( c(1,25,121,196) )
```

liefert (den Vektor)

```
[1]   1   5 11 14
```

Folgende mathematische Funktionen stehen beispielsweise zur Verfügung:

`abs()`	Absolutfunktion
`sqrt()`	Wurzel
`exp()`	Exponentialfunktion
`log()`, `log10()`, `log2()`	Logarithmus zu verschiedenen Basen
`sin()`, `cos()`, `tan()`,	trigonometrische Funktionen
`asin()`, `acos()`, `atan()`	
`sinh()`, `cosh()`, `tanh()`,	hyperbolische Funktionen
`asinh(x)`, `acosh()`, `atanh(x)`	
`round()`, `floor()`, `ceiling()`	Auf- und Abrunden
`sum()`, `prod()`	Summe und Produkt

```
prod( seq(1:5) )
```

liefert beispielsweise das Produkt der Zahlen 1 bis 5, also $1 \cdot 2 \cdot 3 \cdot 4 \cdot 5 = 120$. Dabei erzeugt der `seq(1:5)` in der Voreinstellung einen Vektor mit den fünf natürlichen Zahlen $1, 2, 3, 4$ und 5. Möchte man mehr zu einem Befehl wissen, lässt sich das über die Hilfefunktion erreichen.

```
?seq
```

Damit öffnet sich ein eigenes Fenster (mit dem Reiter "Help") und es wird eine umfassende Beschreibung des Befehls vorgenommen. Die Abschnitte Usage, Arguments, Details und Value beschreiben die Verwendung der Funktion, geben die Eingabeparameter an, führen eine detailliertere Beschreibung der Funktion auf und erklären die von der Funktion zurückgegebenen Werte. Die `seq()`-Funktion enthält beispielsweise folgenden Value-Abschnitt:

```
Value

seq.int and the default method of seq for numeric arguments
return a vector of type "integer" or "double": programmers
should not rely on which.

seq_along and seq_len return an integer vector, unless it
is a long vector when it will be double.
```

Weitere Abschnitte enthalten Literaturverweise, sowie Verweise auf verwandte Funktionen und Beispiele.

Erzeugte Objekte können an eine Variable zugewiesen werden.

```
x <- c(1,5,11,14)
```

weist den Vektor der vier Zahlen an eine Variable mit Namen x zu, der anschließend als Platzhalter für diesen Vektor verwendet werden kann. Die Eingabe von

```
x^2
x^2 - x
```

liefert dann die erwarteten Ergebnisse

```
[1]    1   25  121  196
```

und

```
[1]    0   20  110  182
```

Nebenbei haben wir hier eine allgmeine Eigenschaft von R-Objekten ausgenutzt. Die einfache Eingabe von x am Prompt führt die print-Funktion des Objekts x aus, welche für die gegebene Darstellung in der Konsole verantwortlich ist.

Komplexere Operationen sind ebenfalls möglich.

```
y <- c(2,3)
x^y
```

liefert das Ergebnis

```
[1]    1  125  121 2744
```

Hier wird eine weitere Eigenschaft von R deutlich. Da der y-Vektor nur 2 Elemente enthält, wird er sooft als nötig „recycelt", d.h. er wird (automatisch) erweitert zu c(2,3,2,3), und dann wird die Potenzfunktion elementweise angewendet.

Darüber hinaus existieren Operatoren für logische Variablen. Beispiele sind logisches und, dargestellt durch && und logisches oder, dargstellt durch ||:

```
(7>5) && (2>3)
```

```
[1] FALSE
```

```
(7>5) || (2>3)
```

```
[1] TRUE
```

Logische Verknüpfungen sind auch für Vektoren von logischen Werten möglich. Statt
&& wird nur ein & für die und-Verknüpfung und ein | für die oder-Verknüpfung verwen-
det.

```
l1 <- c(TRUE, TRUE, FALSE, TRUE)
l2 <- c(FALSE, TRUE, FALSE, FALSE)

l1 & l2

[1] FALSE  TRUE FALSE FALSE

l1 | l2

[1]  TRUE  TRUE FALSE  TRUE
```

Weiterhin gibt es zum Beispiel die modula-Operatoren %/% für die ganzzahlige Division und %% für die Berechnung des Restes einer ganzzahligen Division:

```
9%%2

[1] 1

9%/%2

[1] 4
```

15.2 Grundlegende Datenstrukturen in R

15.2.1 Vektoren

Vektoren haben wir bereits im vorhergehenden Abschnitt kennengelernt. Neben der c()-
Funktion kann explizit die Funktion vector() verwendet werden.

```
x <- vector(mode="numeric", length=10)
```

erzeugt einen numrischen Vektor der Länge 10. Dabei sind die Elemente des Vektors zunächst auf den Wert 0 gesetzt, wie die folgende Ausgabe von print(x) zeigt:

```
print(x)

 [1] 0 0 0 0 0 0 0 0 0 0
```

Auf einzelne Elemente des Vektors kann mittels Indizierung mit eckigen Klammern [ ]
zugegriffen werden.

```
x[4] <- 5.5
```

setzt das vierte Element des Vektors x auf den Wert 5.5

```
x
 [1] 0.0 0.0 0.0 5.5 0.0 0.0 0.0 0.0 0.0 0.0
```

und

```
y <- x[4]
```

weist das vierte Element des Vektors an y zu. Eine Indexierung außerhalb des Bereichs 1 bis 10, zum Beispiel x[11] liefert einen fehlenden Wert NA (für not available).

```
x[11]
[1] NA
```

Es kann auch ein Vektor von logischen Werten (TRUE und FALSE) erzeugt werden.

```
x.logisch <- vector(mode="logical", length=4)
x.logisch[1] = x.logisch[3] = x.logisch[4] = TRUE
```

erzeugt den logischen Vektor

```
[1]  TRUE FALSE  TRUE  TRUE
```

Zunächst sind also alle Elemente auf FALSE gesetzt.

Ein Vektor ist dann sinnvoll, wenn die benötigte Länge vor Erzeugung des Vektors bekannt ist. Allerdings können in R auch Vektorobjekte dynamisch wachsen. Eine Zuordnung der Form

```
x.logisch <- c(x.logisch, x.logisch)
```

erzeugt einen Vektor der Länge 8.

```
[1]  TRUE FALSE  TRUE  TRUE  TRUE FALSE  TRUE  TRUE
```

15.2.2   Matrizen und Datensätze

Eine Matrix wird mit der Funktion matrix() erzeugt:

```
x <- matrix( nrow=3, ncol=2, data=10:15, byrow=T )
```

erzeugt eine 3×2-Matrix, wobei die natürlichen Zahlen 10 bis 15 wegen des Parameters byrow=T zeilenweise abgespeichert werden.

```
     [,1] [,2]
[1,]   10   11
[2,]   12   13
[3,]   14   15
```

Eine Indizierung ist wieder durch eckige Klemmern möglich, wobei Zeilenindex und Spaltenindex durch ein , getrennt werden.

```
x[3,1]
[1] 14
```

Die Indizierung kann auch komplette Zeilen und Spalten sowie Bereiche aus der Matrix enthalten. Die Ausgaben der folgenden Beispiele sind selbsterklärend. Der Parameter drop=FALSE sorgt dafür, dass die Ergebnisobjekte ebenfalls Matrizen bleiben (und nicht zu einem Vektor konvertiert werden).

```
x[2,,drop=FALSE]
x[,1,drop=FALSE]
x[c(1,3), 2, drop=FALSE]
x[1:2,,drop=FALSE]
```

Ein data.frame ist der Standard-Datentyp zum Speichern von Datensätzen. Er entspricht dem üblichen Konzept, dass Merkmale als Spalten und Untersuchungseinheiten als Zeilen gespeichert werden. Angenommen, wir haben zwei Merkmale (Alter und Geschlecht) an 5 Personen erhoben. Zunächst speichern wir die Daten in zwei Vektoren und verknüpfen sie anschließend zu einem data.frame.

```
Alter <- c(21, 22, 21, 24, 25)
Geschlecht <- c("m", "w", "w", "w", "m")
x <- data.frame(Alter,Geschlecht)
```

Dies liefert den Datensatz

```
  Alter Geschlecht
1    21          m
2    22          w
3    21          w
4    24          w
5    25          m
```

Eine nützliche Eigenschaft dieses Datentyps ist, dass er bereits verschiedene Merkmalstypen (metrische, kategoriale) enthalten kann. Die erste Spalte (Alter) ist ein metrisches Merkmal und wird von R als Typ numeric erkannt.

```
is.numeric(x[,1])
```

liefert TRUE. Die kategoriale (nominale) Variable Geschlecht wird als sogenannte Faktorvariable gespeichert.

```
is.factor(x[,2])
```

Viele Funktionen in R nützen den Datentyp aus. Beipielsweise erzeugt die `plot()`-Funktion, angewendet auf eine Faktor-Variable, ein Säulendiagramm. Zugriffe auf Bereiche des `data.frame` können analog zum Objekt `matrix()` erfolgen.

Für das Einlesen von Daten aus Textdateien stehen die Funktionen `read.table()`, `read.csv()` und `read.csv2()` (komma- oder semikolon-getrennte Felder, Dezimalzeichen Punkt oder Komma), sowie `read.delim()` und `read.delim2()` (tabulator-getrennte Felder, Dezimalzeichen Punkt oder Komma) zur Verfügung. Fremdformate anderer Programme, die die Daten oft in einem speziellen binären Format abspeichern, können teilweise mit Zusatzbibliotheken (Paket `foreign`) eingelesen werden. Meist werden aber nur alte Formate unterstützt und es ist einfacher, die Daten aus dem Fremdprogramm heraus in einem leichter austauschbaren Textformat zu speichern und in R einzulesen.

Teildatensätze lassen sich mit der Funktion `subset` erzeugen, die als Objekt einen `data.frame` zurückgibt. Möchte man zum Beispiel nur die Frauen auswählen, so kann man das durch den Befehl

```
subset(x, x$Geschlecht=="w")
```

erreichen. Der logische Ausdruck

```
x$Geschlecht=="w"}
```

kann durch einen beliebig komplexen logischen Ausdruck ersetzt werden. Mit

```
subset(x, x$Geschlecht=="w", select=c(1) )
```

behält man nur das Alter für die Frauen als Variable im Datensatz.

Einen Datensatz nach einer Faktorvariablen aufzuteilen, erlaubt der Befehl `split`.

```
split(x, x$Geschlecht)
```

liefert eine Liste von Datensätzen zurück.

```
$m
  Alter Geschlecht
1   21          m
5   25          m

$w
  Alter Geschlecht
2   22          w
3   21          w
4   24          w
```

Die Anzahl entspricht der Zahl der Ausprägungen der Faktorvariablen.

Die Funktion `tapply` erlaubt Zusammenfassungen über einen Datensatz.

```
tapply(x$Alter, x$Geschlecht, mean)
```

berechnet das arithmetische Mittel des Alters getrennt für Frauen und Männer.

```
       m          w
23.00000  22.33333
```

Für eine ganze Liste von Teildatensätzen lässt sich `lapply` und zum Beispiel die
`summary()`-Funktion verwenden.

```
lapply(split(x, x$Geschlecht), summary )
```

```
$m
     Alter       Geschlecht
 Min.   :21     m:2
 1st Qu.:22     w:0
 Median :23
 Mean   :23
 3rd Qu.:24
 Max.   :25


$w
     Alter          Geschlecht
 Min.   :21.00     m:0
 1st Qu.:21.50     w:3
 Median :22.00
 Mean   :22.33
 3rd Qu.:23.00
 Max.   :24.00
```

Weitere nützliche Funktionen sind `by` und `aggregate`.

15.2.3 Listen

Listen sind ein weiterer wichtiger Datentyp, der in R oft verwendet wird, um komplexe
Rückgabewerte in R-Funktionen zu konstruieren, d.h. Funktionen, die mehrere Objekte
gleichzeitig als Ergebnis zurückgeben sollen. Listenelemente können heterogen und ihrer-
seits wieder komplexere Objekte sein.

```
x <- list(Temperatur=c(21.8, 23.5, 22.8, 27.9),
          Kategorie=c("mittel","hoch"))
```

Die Ausgabe

```
$Temperatur
[1] 21.8 23.5 22.8 27.9
$Kategorie
[1] "mittel" "hoch"
```

zeigt, wie Listen indiziert werden können. Mittels des $-Zeichens kann auf die zwei Listenelemente (zwei Vektoren, einer numerisch, der andere mit Zeichenketten) zugegriffen werden. Dabei nutzen wir aus, dass wir den Listenelementen Namen gegeben haben (Temperatur und Kategorie).

```
x$Temperatur
```

liefert also

```
[1] 21.8 23.5 22.8 27.9
```

Möchte man auf ein Element eines Listenelements zugreifen, benötigen wir entweder die Indizierung

```
x$Temperatur[2]
```

oder die Indizierung mittels Doppelklammer (für die Listenelemente) und einfacher Klammer (für den Vektor).

```
x[[1]][2]
```

Man beachte, dass

```
x[1][2]
```

nicht das gewünschte Ergebnis liefert.

15.2.4 Arrays

Mehrdimensionale Arrays können mithilfe der `array()`-Funktion bereitgestellt werden. Der Befehl

```
x <- array(data=1:18, dim=c(2,3,3) )
```

erzeugt einen dreidimensionalen Array mit den Dimensionen 2, 2 und 3.

```
, , 1

     [,1] [,2] [,3]
[1,]    1    3    5
[2,]    2    4    6

, , 2

     [,1] [,2] [,3]
[1,]    7    9   11
[2,]    8   10   12
```

```
, , 3

      [,1] [,2] [,3]
[1,]   13   15   17
[2,]   14   16   18
```

Die Indizierung erfolgt nun mit drei Indizes in eckigen Klammern.

```
x[2,2,3]
[1] 16
```

15.2.5 Mehr zu Faktorvariablen

Faktoren sind ein nützlicher Datentyp in R zur Speicherung von kategorialen (nominalen) Merkmalen. Neben `factor` existiert noch der Typ `ordered` für ordinale Variablen. Faktoren mit mehr als zwei Ausprägungen werden in vielen statistischen Prozeduren (zum Beispiel als Kovariablen in Regressionsmodellen) automatisch in Dummy-Variablen umgewandelt (kodiert) und erleichtern so die Handhabung kategorialer Daten.

```
Geschlecht <- factor(c("m", "w", "w", "w", "m"))
```

Mit

```
levels(Geschlecht)
```

erhält man die verschiedenen Ausprägungen der Variablen.

```
[1] "m" "w"
```

Die Ausprägungen werden dabei automatisch lexikografisch angeordnet und können auch mit einem eigenen sog. `label` versehen werden.

```
Geschlecht <- factor(c("m", "w", "w", "w", "m"),
             labels=c("maennlich","weiblich"))
Geschlecht
```

führt zur Ausgabe

```
[1] maennlich weiblich  weiblich  weiblich  maennlich
Levels: maennlich weiblich
```

Dabei muss die Reihenfolge der Labels sinnvollerweise mit der in `levels` übereinstimmen.

Eine ordinale Variable kann folgendermaßen angelegt werden.

```
Schulnote <- ordered( c("befriedigend", "gut", "befriedigend",
                     "gut", "sehr gut"),
             levels=c("sehr gut","gut","befriedigend"))
```

Mit dem Parameter `levels` wird die richtige Ordnung der Noten festgelegt.

15.2.6 Mehr zur Indizierung

Die Standardmethoden zur Indizierung von Vektoren, Matrizen, Data Frames und Arrays wurden bereits eingeführt. *R* erlaubt eine ganze Reihe weiterer Möglichkeiten zur Indizierung.

- Verwenden eines positiven Index

```
LETTERS[1:3]
LETTERS[ c(2,4,6) ]
```

```
[1] "A" "B" "C"
[1] "B" "D" "F"
```

- Indizierung bzw. Selektion von Elementen durch logische Ausdrücke

```
x <- c(2,5,8,10,12)
x[ (x>5) ]
```

liefert die Ausgabe

```
[1]  8 10 12
```

- Ausschluss von Elementen durch negative Indizes

```
x[-c(1,4)]
```

liefert

```
[1]  5  8 12
```

- Selektion durch Zeichenketten.

```
x <- c(Wasser=1, Limonade=2, Saft=3 )
names(x)
x["Saft"]
```

liefert

```
[1] "Wasser"   "Limonade" "Saft"
Saft
   3
```

15.3 Funktionen und mathematische Konstanten

Funktionen sind ein elementarer Bestandteil jedes R-Programms und R-Pakets. Im Folgenden führen wir häufig benutzte statistische und mathematische Funktionen ein und zeigen, wie man eigene Funktionen schreiben kann.

15.3.1 Statistische Funktionen

Einige häufig verwendete statistische Funktionen sind nachfolgend aufgeführt.

mean(), var()	Mittelwert und Varianz
cov(), cor()	Kovarianz und Korrelation
min, max	Minimum und Maximum

Die Argumente können dabei unterschiedlich sein. Die mean Funktion berechnet beispielsweise den Mittelwert aller Elemente eines Objekts x, solange dies möglich ist. x kann dabei zum Beispiel ein Vektor sein oder eine Matrix. cor(mietspiegel2015[,-6]) beispielsweise berechnet eine Korrelationsmatrix aller Variablen im Mietspiegeldatensatz außer der nominalen Variablen bez (Stadtbezirk).

15.3.2 Weitere praktische mathematische Funktionen

* Kumulative Summe und kumulatives Produkt

```
x <- c(21.8, 23.5, 22.8, 27.9)
cumsum(x)
cumprod(x)
```

führen zur Ausgabe

```
[1] 21.8 45.3 68.1 96.0
[1] 21.80    512.30   11680.44 325884.28
```

* Fakultät

```
factorial(7)
```

liefert

```
[1] 5040
```

* Binomialkoeffizient $\binom{n}{k}$, hier 6 aus 49 (Lotto)

```
choose(49,6)
```

liefert

```
[1] 13983816
```

15.3.3 Mathematische Konstanten

pi	3.14159265358979
Inf, -Inf	$\infty, -\infty$
NaN	Not a Number: z.B. 0/0[1] NaN
NA	Not Available: fehlende Daten
NULL	leere Menge

Ein NaN erhält man beispielsweise als Division $\frac{0}{0}$

```
0/0
[1] NaN
```

15.3.4 Eigene Funktionen in R

In R lassen sich eigene Funktionen einfach implementieren. Die folgende Funktion berechnet das arithmetische Mittel und die Varianz des übergebenen Objekts (zum Beispiel ein Vektor) und gibt dieses Ergebnis zurück. Man beachte, dass keine Überprüfung des Arguments vorgenommen wird. Eine Liste wird als Rückgabewert verwendet. Die Elemente der Liste können mit einem Namen versehen werden.

```
mittelwert.und.varianz <- function(x) {
 meanx <- mean(x)
 varx  <- var(x)
 return( list(mittelwert.x=meanx, varianz.x=varx) )
}
```

Ein Beispielaufruf wäre

```
mittelwert.und.varianz( c(1,2,3,4,5,6,7) )
```

mit dem Ergebnis

```
$mittelwert.x
[1] 4

$varianz.x
[1] 4.666667
```

Das Funktionsergebnis kann auch einer Variablen zugewiesen werden.

```
erg <- mittelwert.und.varianz( c(1,2,3,4,5,6,7) )
```

Auf einzelne Rückgabewerte der Liste kann dann mit dem $-Operator zugegriffen werden.

```
erg$varianz.x
```

Zum Programmieren eigener Funktionen stehen alle notwendigen Sprachelemente zur Verfügung, wie zum Beispiel Schleifen (for, while und repeat), und bedingte Ausführungen (if, else).

15.4   Datenverarbeitung

Im Folgenden zeigen wir, wie Daten sortiert, Ränge gebildet, Duplikate, eindeutige Werte, Mimima und Maxima gefunden, sowie metrische Variablen kategorisiert werden können.

15.4.1   Sortieren

Vektoren lassen sich mittels `sort` in aufsteigender oder absteigender Ordnung sortieren. Interessant ist der Befehl `order`, der zur mehrdimensionalen Sortierung benutzt werden kann, zum Beispiel um einen Datensatz nach einer bestimmten Variable zu sortieren. Zunächst wird nur ein Vektor mit permutierten Indizes zurückgegeben, der die Reihenfolge (Ränge) der sortierten Variable angibt. Dieser kann anschließend zum Umsortieren benutzt werden.

```
x <- c(11,10,8,17,20)
raenge.x <- order(x)
```

liefert den Indexvektor

```
[1] 3 2 1 4 5
```

Die Eingabe

```
x[raenge.x]
```

liefert den sortierten Vektor. Für einen Datensatz können wir ähnlich verfahren.

```
name <- c("Anne","Paul","Peter","Elisabeth","Gunther")
d <- data.frame(x, name)
```

erzeugt den Datensatz

```
   x        name
1 11        Anne
2 10        Paul
3  8       Peter
4 17 Elisabeth
5 20    Gunther
```

Sortieren nach x

```
 d[order(d$x),]
```

liefert

```
    x       name
3   8      Peter
2  10       Paul
1  11       Anne
4  17  Elisabeth
5  20    Gunther
```

Sortieren nach `name`

```
d[order(d$name), ]
```

führt zu

```
    x       name
1  11       Anne
4  17  Elisabeth
5  20    Gunther
2  10       Paul
3   8      Peter
```

wobei die lexikografische Ordnung für Zeichenketten verwendet wird.

15.4.2 Ränge bilden

Ränge können einfach mittels der `rank`-Funktion oder der bereits im vorigen Abschnitt verwendeten `order`-Funktion gebildet werden. Die `rank`-Funktion erlaubt verschiedene Methoden zum Behandeln von Bindungen. Voreinstellung ist die Durchschnittsbildung.

```
x <- c(11,10,17,17,20)
rank(x, ties.method="average")
order(x)
```

liefert

```
> rank(x)
[1] 2.0 1.0 3.5 3.5 5.0
> order(x)
[1] 2 1 3 4 5
```

15.4.3 Duplikate und eindeutige Werte, Minimum und Maximum finden

Hierfür stehen die Funktionen `unique`, `duplicates` sowie `which.min` und `which.max` zur Verfügung. Wir betrachten dazu wieder ein einfaches Beispiel.

```
x <- c(11,10,17,17,20,21,21)
unique(x)
duplicated(x)
which(duplicated(x))
which.min(x)
which.max(x)
```

liefert nacheinander die Ergebnisse

```
[1]  11 10 17 20 21
[1] FALSE FALSE FALSE  TRUE FALSE FALSE  TRUE
[1] 4 7
[1] 2
[1] 6
```

duplicated liefert also einen logischen Vektor zurück, der dann verwendet werden kann,
die Indizes der Duplikate (hier 4 und 7) zu finden.

15.4.4   Diskretisierung numerischer Variablen

Für die Kategorisierung numerischer (metrischer) Variablen steht die Funktion cut mit
umfangreichen Optionen zur Intervallbildung zur Verfügung. Auch hier soll ein einfaches
Beispiel zur Illustration dienen, bei dem wir einfach die ersten 10 Nettomieten aus dem
Mietspiegeldatensatz betrachten.

```
x <- mietspiegel2015$nm[1:10]
x <- sort(x)
x
```

liefert

```
[1]   500.00  565.68  595.00  608.40  685.00
[6]   767.50  780.00  822.60  960.00 1120.00
```

Die Sortierung wird nur der Übersichtlichkeit halber gemacht und ist normalerweise nicht
notwendig.

```
cut(x, breaks=c(400,800,1200) )
```

liefert zwei Intervalle zurück und ordnet die metrischen Werte der entsprechenden Kategorie
zu. Die Kategorien werden in der Voreinstellung nach den gewählten Intervallen benannt.

```
 [1] (400,800]     (400,800]     (400,800]
 [4] (400,800]     (400,800]     (400,800]
 [7] (400,800]     (800,1.2e+03] (800,1.2e+03]
[10] (800,1.2e+03]
Levels: (400,800] (800,1.2e+03]
```

-Inf und Inf sind dabei als untere bzw. obere Intervallgrenze erlaubt.

15.5 Verteilungen und Zufallsvariablen

In R sind viele Funktionen zur Erzeugung von Zufallszahlen aus den häufigsten univariaten stetigen und diskreten Verteilungen bereits vorhanden. Daneben stehen Funktionen zur Berechnung von Dichten und Wahrscheinlichkeitsfunktionen, Quantilen und Verteilungsfunktionen zur Verfügung. Es hat sich dabei eine eingängige Notation für die Funktionsnamen durchgesetzt.

Erster Buchstabe	Funktion	Name der Verteilung (Beispiel)
d	Dichte oder Wahrscheinlichkeitsfunktion	`poisson`
p	Verteilungsfunktion	`binom`
q	Quantile	`normal`
r	Zufallsvariablen	`unif`

Eine Anzahl n von normalverteilten Zufallsvariablen mit vorgegebenem Erwartungswert und vorgegebener Standardabweichung lässt sich beispielsweise mit

```
x <- rnorm(n=1000, mean=3, sd=2)
```

erzeugen.

15.6 Grafiken

Grafiken lassen sich in R oft relativ einfach erzeugen und abspeichern. Es steht eine große Anzahl von globalen Grafikparametern zur Verfügung, die bei Bedarf verändert werden können. Eine Liste der Parameter erhält man mit der Funktion `par()`. Die Parameter `mfrow` und `mfcol` erlauben zum Beispiel mehrere Plots in einer Grafik darzustellen. Standardgrafiken erlauben die Beschriftung der x- und y-Achse und Bildüberschriften. Weitere Beschriftungen sind möglich. Zur Veranschaulichung soll Abbildung 3.15 dienen, für die hier der komplette Code abgedruckt ist:

```
x <- c(0.3, 2.2, 0.5, 0.7, 1.0, 1.8, 3.0, 0.2, 2.3)
y <- c(5.8, 4.4, 6.5, 5.8, 5.6, 5.0, 4.8, 6.0, 6.1)
df <- data.frame(x,y)
df <- df[order(df[,1]),]
model <- lm(y~x, data=df)
X <- c(0, 2.3, 3.5)
Y <- predict(model, newdata=data.frame(x=X))
pdf("abb3_15.pdf")
par(cex.lab=1.4)
plot(x,y,xlab="Fernsehzeit", ylab="Tiefschlafdauer",
     xlim=c(0,4), type="p")
lines(x=X, y=Y)
```

```
text(3.5,5,expression(hat(alpha)+hat(beta)*x), cex=1.4)
lines(x=c(2.3, 2.3), y=c(Y[2],6.1) )
text(2.6, 5.7, expression(y[i]-hat(y[i])), cex=1.4)
par(cex.lab=1)
dev.off()
```

Die `expression()`-Funktion erlaubt zusammen mit der `text()`-Funktion die Ausgabe in der üblichen statistischen Notation. Der Befehl `par(cex.lab=1.4)` vergrößert die Beschriftung der x- und y-Achse. Der `lines()`-Befehl zeichnet die Regressionsgerade. Die Grafikbefehle sind innerhalb der Befehle

```
pdf("abb3_15.pdf")
...
dev.off()
```

gruppiert. Damit wird automatisch eine pdf-Datei angelegt, in der die Grafik mit `dev.off()` schließlich abgespeichert wird. Andere Möglichkeiten statt `pdf()` sind `jpeg()` und `png` (portable network graphics).

15.7 Weiterführende Hinweise

R lässt sich am Besten als Rahmen betrachten, innerhalb dessen statistische Verfahren umgesetzt werden können. Man würde ihm nicht gerecht werden, würde man es lediglich als Statistikprogramm im klassischen Sinn bezeichnen. R kann als Programmiersprache angesehen werden, die im Gegensatz zu klassischen Programmiersprachen wie $C/C++$ oder *Java* Funktionalitäten auf hohem Level bereitstellt. Eine ausführliche Einführung in R bietet zum Beispiel Ligges (2008). Dort werden auch Themen ausführlich besprochen, die hier nur kurz oder gar nicht angerissen wurden, zum Beispiel Zeichenketten und ihre Manipulation, Arbeiten mit dem *workspace* oder das Erstellen von eigenen R-Paketen.

Speziell für Grafiken erfreut sich das Paket `ggplot2` (*Grammar of Graphics*) zunehmender Beliebtheit, das in diesem Buch nicht zur Anwendung kam, da wir uns stattdessen überwiegend auf die Standardgrafiken von R konzentriert haben. Eine ausführliche Einführung in `ggplot2` findet sich in Wickham (2009).

Tabellen

A Standardnormalverteilung

Tabelliert sind die Werte der Verteilungsfunktion $\Phi(z) = P(Z \leq z)$ für $z \geq 0$.

Ablesebeispiel: $\Phi(1.75) = 0.9599$

Funktionswerte für negative Argumente: $\Phi(-z) = 1 - \Phi(z)$

Die z-Quantile ergeben sich genau umgekehrt. Beispielsweise ist $z(0.9599) = 1.75$ und $z(0.9750) = 1.96$.

	0.00	0.01	0.02	0.03	0.04	0.05	0.06	0.07	0.08	0.09
0.0	0.5000	0.5040	0.5080	0.5120	0.5160	0.5199	0.5239	0.5279	0.5319	0.5359
0.1	0.5398	0.5438	0.5478	0.5517	0.5557	0.5596	0.5636	0.5675	0.5714	0.5753
0.2	0.5793	0.5832	0.5871	0.5910	0.5948	0.5987	0.6026	0.6064	0.6103	0.6141
0.3	0.6179	0.6217	0.6255	0.6293	0.6331	0.6368	0.6406	0.6443	0.6480	0.6517
0.4	0.6554	0.6591	0.6628	0.6664	0.6700	0.6736	0.6772	0.6808	0.6844	0.6879
0.5	0.6915	0.6950	0.6985	0.7019	0.7054	0.7088	0.7123	0.7157	0.7190	0.7224
0.6	0.7257	0.7291	0.7324	0.7357	0.7389	0.7422	0.7454	0.7486	0.7517	0.7549
0.7	0.7580	0.7611	0.7642	0.7673	0.7704	0.7734	0.7764	0.7794	0.7823	0.7852
0.8	0.7881	0.7910	0.7939	0.7967	0.7995	0.8023	0.8051	0.8078	0.8106	0.8133
0.9	0.8159	0.8186	0.8212	0.8238	0.8264	0.8289	0.8315	0.8340	0.8365	0.8389
1.0	0.8413	0.8438	0.8461	0.8485	0.8508	0.8531	0.8554	0.8577	0.8599	0.8621
1.1	0.8643	0.8665	0.8686	0.8708	0.8729	0.8749	0.8770	0.8790	0.8810	0.8830
1.2	0.8849	0.8869	0.8888	0.8907	0.8925	0.8944	0.8962	0.8980	0.8997	0.9015
1.3	0.9032	0.9049	0.9066	0.9082	0.9099	0.9115	0.9131	0.9147	0.9162	0.9177
1.4	0.9192	0.9207	0.9222	0.9236	0.9251	0.9265	0.9279	0.9292	0.9306	0.9319
1.5	0.9332	0.9345	0.9357	0.9370	0.9382	0.9394	0.9406	0.9418	0.9429	0.9441
1.6	0.9452	0.9463	0.9474	0.9484	0.9495	0.9505	0.9515	0.9525	0.9535	0.9545
1.7	0.9554	0.9564	0.9573	0.9582	0.9591	0.9599	0.9608	0.9616	0.9625	0.9633
1.8	0.9641	0.9649	0.9656	0.9664	0.9671	0.9678	0.9686	0.9693	0.9699	0.9706
1.9	0.9713	0.9719	0.9726	0.9732	0.9738	0.9744	0.9750	0.9756	0.9761	0.9767
2.0	0.9772	0.9778	0.9783	0.9788	0.9793	0.9798	0.9803	0.9808	0.9812	0.9817
2.1	0.9821	0.9826	0.9830	0.9834	0.9838	0.9842	0.9846	0.9850	0.9854	0.9857
2.2	0.9861	0.9864	0.9868	0.9871	0.9875	0.9878	0.9881	0.9884	0.9887	0.9890
2.3	0.9893	0.9896	0.9898	0.9901	0.9904	0.9906	0.9909	0.9911	0.9913	0.9916
2.4	0.9918	0.9920	0.9922	0.9925	0.9927	0.9929	0.9931	0.9932	0.9934	0.9936
2.5	0.9938	0.9940	0.9941	0.9943	0.9945	0.9946	0.9948	0.9949	0.9951	0.9952
2.6	0.9953	0.9955	0.9956	0.9957	0.9959	0.9960	0.9961	0.9962	0.9963	0.9964
2.7	0.9965	0.9966	0.9967	0.9968	0.9969	0.9970	0.9971	0.9972	0.9973	0.9974
2.8	0.9974	0.9975	0.9976	0.9977	0.9977	0.9978	0.9979	0.9979	0.9980	0.9981
2.9	0.9981	0.9982	0.9982	0.9983	0.9984	0.9984	0.9985	0.9985	0.9986	0.9986
3.0	0.9987	0.9987	0.9987	0.9988	0.9988	0.9989	0.9989	0.9989	0.9990	0.9990
3.1	0.9990	0.9991	0.9991	0.9991	0.9992	0.9992	0.9992	0.9992	0.9993	0.9993
3.2	0.9993	0.9993	0.9994	0.9994	0.9994	0.9994	0.9994	0.9995	0.9995	0.9995
3.3	0.9995	0.9995	0.9995	0.9996	0.9996	0.9996	0.9996	0.9996	0.9996	0.9997
3.4	0.9997	0.9997	0.9997	0.9997	0.9997	0.9997	0.9997	0.9997	0.9997	0.9998
3.5	0.9998	0.9998	0.9998	0.9998	0.9998	0.9998	0.9998	0.9998	0.9998	0.9998
3.6	0.9998	0.9998	0.9999	0.9999	0.9999	0.9999	0.9999	0.9999	0.9999	0.9999
3.7	0.9999	0.9999	0.9999	0.9999	0.9999	0.9999	0.9999	0.9999	0.9999	0.9999
3.8	0.9999	0.9999	0.9999	0.9999	0.9999	0.9999	0.9999	0.9999	0.9999	0.9999
3.9	1.0000	1.0000	1.0000	1.0000	1.0000	1.0000	1.0000	1.0000	1.0000	1.0000

B   Binomialverteilung

Tabelliert sind die Werte der Verteilungsfunktion

$$F(x) = P(X \leq x) = \sum_{k=0}^{x} P(X = k)\,.$$

Ablesebeispiel: $X \sim B(8; 0.1)$ $F(2) = 0.9619$

Funktionswerte für $\pi > 0.5$:

$$X \sim B(n; \pi) \Longrightarrow Y = n - X \sim B(n, 1 - \pi)\,.$$

Approximation der Binomialverteilung durch die Normalverteilung mit Stetigkeitskorrektur: Falls $n\pi$ und $n(1 - \pi)$ groß genug sind (Faustregel: $n\pi \geq 5$ und $n(1 - \pi) \geq 5$), gilt

$$P(X \leq x) = B(x|n, \pi) \approx \Phi\left(\frac{x + 0.5 - n\pi}{\sqrt{n\pi(1 - \pi)}}\right)\,.$$

Approximation der Binomialverteilung durch die Poisson-Verteilung: Falls n groß und π nahe bei null ist (Faustregel: $n > 30$ und $\pi \leq 0.05$), gilt

$$B(n, \pi) \overset{a}{\sim} Po(\lambda = n\pi)\,.$$

$\pi = 0.05$	$n=1$	$n=2$	$n=3$	$n=4$	$n=5$	$n=6$	$n=7$	$n=8$	$n=9$	$n=10$
$x \leq 0$	0.9500	0.9025	0.8574	0.8145	0.7738	0.7351	0.6983	0.6634	0.6302	0.5987
1	1.0000	0.9975	0.9928	0.9860	0.9774	0.9672	0.9556	0.9428	0.9288	0.9139
2	.	1.0000	0.9999	0.9995	0.9988	0.9978	0.9962	0.9942	0.9916	0.9885
3	.	.	1.0000	1.0000	1.0000	0.9999	0.9998	0.9996	0.9994	0.9990
4	.	.	.	1.0000	1.0000	1.0000	1.0000	1.0000	1.0000	0.9999
5	.	.	.	.	1.0000	1.0000	1.0000	1.0000	1.0000	1.0000

$\pi = 0.05$	$n=11$	$n=12$	$n=13$	$n=14$	$n=15$	$n=16$	$n=17$	$n=18$	$n=19$	$n=20$
$x \leq 0$	0.5688	0.5404	0.5133	0.4877	0.4633	0.4401	0.4181	0.3972	0.3774	0.3585
1	0.8981	0.8816	0.8646	0.8470	0.8290	0.8108	0.7922	0.7735	0.7547	0.7358
2	0.9848	0.9804	0.9755	0.9699	0.9638	0.9571	0.9497	0.9419	0.9335	0.9245
3	0.9984	0.9978	0.9969	0.9958	0.9945	0.9930	0.9912	0.9891	0.9868	0.9841
4	0.9999	0.9998	0.9997	0.9996	0.9994	0.9991	0.9988	0.9985	0.9980	0.9974
5	1.0000	1.0000	1.0000	1.0000	0.9999	0.9999	0.9999	0.9998	0.9998	0.9997
6	1.0000	1.0000	1.0000	1.0000	1.0000	1.0000	1.0000	1.0000	1.0000	1.0000

$\pi = 0.05$	$n=21$	$n=22$	$n=23$	$n=24$	$n=25$	$n=26$	$n=27$	$n=28$	$n=29$	$n=30$
$x \leq 0$	0.3406	0.3235	0.3074	0.2920	0.2774	0.2635	0.2503	0.2378	0.2259	0.2146
1	0.7170	0.6982	0.6794	0.6608	0.6424	0.6241	0.6061	0.5883	0.5708	0.5535
2	0.9151	0.9052	0.8948	0.8841	0.8729	0.8614	0.8495	0.8373	0.8249	0.8122
3	0.9811	0.9778	0.9742	0.9702	0.9659	0.9613	0.9563	0.9509	0.9452	0.9392
4	0.9968	0.9960	0.9951	0.9940	0.9928	0.9915	0.9900	0.9883	0.9864	0.9844
5	0.9996	0.9994	0.9992	0.9990	0.9988	0.9985	0.9981	0.9977	0.9973	0.9967
6	1.0000	0.9999	0.9999	0.9999	0.9998	0.9998	0.9997	0.9996	0.9995	0.9994
7	1.0000	1.0000	1.0000	1.0000	1.0000	1.0000	1.0000	1.0000	0.9999	0.9999
8	1.0000	1.0000	1.0000	1.0000	1.0000	1.0000	1.0000	1.0000	1.0000	1.0000

$\pi = 0.1$	$n=1$	$n=2$	$n=3$	$n=4$	$n=5$	$n=6$	$n=7$	$n=8$	$n=9$	$n=10$
$x \leq 0$	0.9000	0.8100	0.7290	0.6561	0.5905	0.5314	0.4783	0.4305	0.3874	0.3487
1	1.0000	0.9900	0.9720	0.9477	0.9185	0.8857	0.8503	0.8131	0.7748	0.7361
2	.	1.0000	0.9990	0.9963	0.9914	0.9842	0.9743	0.9619	0.9470	0.9298
3	.	.	1.0000	0.9999	0.9995	0.9987	0.9973	0.9950	0.9917	0.9872
4	.	.	.	1.0000	1.0000	0.9999	0.9998	0.9996	0.9991	0.9984
5	.	.	.	.	1.0000	1.0000	1.0000	1.0000	0.9999	0.9999
6	.	.	.	.	.	1.0000	1.0000	1.0000	1.0000	1.0000

$\pi = 0.1$	$n=11$	$n=12$	$n=13$	$n=14$	$n=15$	$n=16$	$n=17$	$n=18$	$n=19$	$n=20$
$x \leq 0$	0.3138	0.2824	0.2542	0.2288	0.2059	0.1853	0.1668	0.1501	0.1351	0.1216
1	0.6974	0.6590	0.6213	0.5846	0.5490	0.5147	0.4818	0.4503	0.4203	0.3917
2	0.9104	0.8891	0.8661	0.8416	0.8159	0.7892	0.7618	0.7338	0.7054	0.6769
3	0.9815	0.9744	0.9658	0.9559	0.9444	0.9316	0.9174	0.9018	0.8850	0.8670
4	0.9972	0.9957	0.9935	0.9908	0.9873	0.9830	0.9779	0.9718	0.9648	0.9568
5	0.9997	0.9995	0.9991	0.9985	0.9978	0.9967	0.9953	0.9936	0.9914	0.9887
6	1.0000	0.9999	0.9999	0.9998	0.9997	0.9995	0.9992	0.9988	0.9983	0.9976
7	1.0000	1.0000	1.0000	1.0000	1.0000	0.9999	0.9999	0.9998	0.9997	0.9996
8	1.0000	1.0000	1.0000	1.0000	1.0000	1.0000	1.0000	1.0000	1.0000	0.9999
9	1.0000	1.0000	1.0000	1.0000	1.0000	1.0000	1.0000	1.0000	1.0000	1.0000

$\pi = 0.1$	$n=21$	$n=22$	$n=23$	$n=24$	$n=25$	$n=26$	$n=27$	$n=28$	$n=29$	$n=30$
$x \leq 0$	0.1094	0.0985	0.0886	0.0798	0.0718	0.0646	0.0581	0.0523	0.0471	0.0424
1	0.3647	0.3392	0.3151	0.2925	0.2712	0.2513	0.2326	0.2152	0.1989	0.1837
2	0.6484	0.6200	0.5920	0.5643	0.5371	0.5105	0.4846	0.4594	0.4350	0.4114
3	0.8480	0.8281	0.8073	0.7857	0.7636	0.7409	0.7179	0.6946	0.6710	0.6474
4	0.9478	0.9379	0.9269	0.9149	0.9020	0.8882	0.8734	0.8579	0.8416	0.8245
5	0.9856	0.9818	0.9774	0.9723	0.9666	0.9601	0.9529	0.9450	0.9363	0.9268
6	0.9967	0.9956	0.9942	0.9925	0.9905	0.9881	0.9853	0.9821	0.9784	0.9742
7	0.9994	0.9991	0.9988	0.9983	0.9977	0.9970	0.9961	0.9950	0.9938	0.9922
8	0.9999	0.9999	0.9998	0.9997	0.9995	0.9994	0.9991	0.9988	0.9984	0.9980
9	1.0000	1.0000	1.0000	0.9999	0.9999	0.9999	0.9998	0.9998	0.9997	0.9995
10	1.0000	1.0000	1.0000	1.0000	1.0000	1.0000	1.0000	1.0000	0.9999	0.9999
11	1.0000	1.0000	1.0000	1.0000	1.0000	1.0000	1.0000	1.0000	1.0000	1.0000

$\pi = 0.15$	$n=1$	$n=2$	$n=3$	$n=4$	$n=5$	$n=6$	$n=7$	$n=8$	$n=9$	$n=10$
$x \leq 0$	0.8500	0.7225	0.6141	0.5220	0.4437	0.3771	0.3206	0.2725	0.2316	0.1969
1	1.0000	0.9775	0.9393	0.8905	0.8352	0.7765	0.7166	0.6572	0.5995	0.5443
2	.	1.0000	0.9966	0.9880	0.9734	0.9527	0.9262	0.8948	0.8591	0.8202
3	.	.	1.0000	0.9995	0.9978	0.9941	0.9879	0.9786	0.9661	0.9500
4	.	.	.	1.0000	0.9999	0.9996	0.9988	0.9971	0.9944	0.9901
5	.	.	.	.	1.0000	1.0000	0.9999	0.9998	0.9994	0.9986
6	.	.	.	.	.	1.0000	1.0000	1.0000	1.0000	0.9999
7	.	.	.	.	.	.	1.0000	1.0000	1.0000	1.0000

$\pi = 0.15$	$n=11$	$n=12$	$n=13$	$n=14$	$n=15$	$n=16$	$n=17$	$n=18$	$n=19$	$n=20$
$x \leq 0$	0.1673	0.1422	0.1209	0.1028	0.0874	0.0743	0.0631	0.0536	0.0456	0.0388
1	0.4922	0.4435	0.3983	0.3567	0.3186	0.2839	0.2525	0.2241	0.1985	0.1756
2	0.7788	0.7358	0.6920	0.6479	0.6042	0.5614	0.5198	0.4797	0.4413	0.4049
3	0.9306	0.9078	0.8820	0.8535	0.8227	0.7899	0.7556	0.7202	0.6841	0.6477
4	0.9841	0.9761	0.9658	0.9533	0.9383	0.9209	0.9013	0.8794	0.8556	0.8298
5	0.9973	0.9954	0.9925	0.9885	0.9832	0.9765	0.9681	0.9581	0.9463	0.9327
6	0.9997	0.9993	0.9987	0.9978	0.9964	0.9944	0.9917	0.9882	0.9837	0.9781
7	1.0000	0.9999	0.9998	0.9997	0.9994	0.9989	0.9983	0.9973	0.9959	0.9941
8	1.0000	1.0000	1.0000	1.0000	0.9999	0.9998	0.9997	0.9995	0.9992	0.9987
9	1.0000	1.0000	1.0000	1.0000	1.0000	1.0000	1.0000	0.9999	0.9999	0.9998
10	1.0000	1.0000	1.0000	1.0000	1.0000	1.0000	1.0000	1.0000	1.0000	1.0000

$\pi=0.15$	$n=21$	$n=22$	$n=23$	$n=24$	$n=25$	$n=26$	$n=27$	$n=28$	$n=29$	$n=30$
$x\le 0$	0.0329	0.0280	0.0238	0.0202	0.0172	0.0146	0.0124	0.0106	0.0090	0.0076
1	0.1550	0.1367	0.1204	0.1059	0.0931	0.0817	0.0716	0.0627	0.0549	0.0480
2	0.3705	0.3382	0.3080	0.2798	0.2537	0.2296	0.2074	0.1871	0.1684	0.1514
3	0.6113	0.5752	0.5396	0.5049	0.4711	0.4385	0.4072	0.3772	0.3487	0.3217
4	0.8025	0.7738	0.7440	0.7134	0.6821	0.6505	0.6187	0.5869	0.5555	0.5245
5	0.9173	0.9001	0.8811	0.8606	0.8385	0.8150	0.7903	0.7646	0.7379	0.7106
6	0.9713	0.9632	0.9537	0.9428	0.9305	0.9167	0.9014	0.8848	0.8667	0.8474
7	0.9917	0.9886	0.9848	0.9801	0.9745	0.9679	0.9602	0.9514	0.9414	0.9302
8	0.9980	0.9970	0.9958	0.9941	0.9920	0.9894	0.9862	0.9823	0.9777	0.9722
9	0.9996	0.9993	0.9990	0.9985	0.9979	0.9970	0.9958	0.9944	0.9926	0.9903
10	0.9999	0.9999	0.9998	0.9997	0.9995	0.9993	0.9989	0.9985	0.9978	0.9971
11	1.0000	1.0000	1.0000	0.9999	0.9999	0.9998	0.9998	0.9996	0.9995	0.9992
12	1.0000	1.0000	1.0000	1.0000	1.0000	1.0000	1.0000	0.9999	0.9999	0.9998
13	1.0000	1.0000	1.0000	1.0000	1.0000	1.0000	1.0000	1.0000	1.0000	1.0000

$\pi=0.2$	$n=1$	$n=2$	$n=3$	$n=4$	$n=5$	$n=6$	$n=7$	$n=8$	$n=9$	$n=10$
$x\le 0$	0.8000	0.6400	0.5120	0.4096	0.3277	0.2621	0.2097	0.1678	0.1342	0.1074
1	1.0000	0.9600	0.8960	0.8192	0.7373	0.6554	0.5767	0.5033	0.4362	0.3758
2	.	1.0000	0.8960	0.9920	0.9421	0.9011	0.8520	0.7969	0.7382	0.6778
3	.	.	1.0000	0.9984	0.9933	0.9830	0.9667	0.9437	0.9144	0.8791
4	.	.	.	1.0000	0.9997	0.9984	0.9953	0.9896	0.9804	0.9672
5	.	.	.	.	1.0000	0.9999	0.9996	0.9988	0.9969	0.9936
6	.	.	.	.	.	1.0000	1.0000	0.9999	0.9997	0.9991
7	.	.	.	.	.	.	1.0000	1.0000	1.0000	0.9999
8	.	.	.	.	.	.	.	1.0000	1.0000	1.0000

$\pi=0.2$	$n=11$	$n=12$	$n=13$	$n=14$	$n=15$	$n=16$	$n=17$	$n=18$	$n=19$	$n=20$
$x\le 0$	0.0859	0.0687	0.0550	0.0440	0.0352	0.0281	0.0225	0.0180	0.0144	0.0115
1	0.3221	0.2749	0.2336	0.1979	0.1671	0.1407	0.1182	0.0991	0.0829	0.0692
2	0.6174	0.5583	0.5017	0.4481	0.3980	0.3518	0.3096	0.2713	0.2369	0.2061
3	0.8389	0.7946	0.7473	0.6982	0.6482	0.5981	0.5489	0.5010	0.4551	0.4114
4	0.9496	0.9274	0.9009	0.8702	0.8358	0.7982	0.7582	0.7164	0.6733	0.6296
5	0.9883	0.9806	0.9700	0.9561	0.9389	0.9183	0.8943	0.8671	0.8369	0.8042
6	0.9980	0.9961	0.9930	0.9884	0.9819	0.9733	0.9623	0.9487	0.9324	0.9133
7	0.9998	0.9994	0.9988	0.9976	0.9958	0.9930	0.9891	0.9837	0.9767	0.9679
8	1.0000	0.9999	0.9998	0.9996	0.9992	0.9985	0.9974	0.9957	0.9933	0.9900
9	1.0000	1.0000	1.0000	1.0000	0.9999	0.9998	0.9995	0.9991	0.9984	0.9974
10	1.0000	1.0000	1.0000	1.0000	1.0000	1.0000	0.9999	0.9998	0.9997	0.9994
11	1.0000	1.0000	1.0000	1.0000	1.0000	1.0000	1.0000	1.0000	1.0000	0.9999
12	.	1.0000	1.0000	1.0000	1.0000	1.0000	1.0000	1.0000	1.0000	1.0000

$\pi=0.2$	$n=21$	$n=22$	$n=23$	$n=24$	$n=25$	$n=26$	$n=27$	$n=28$	$n=29$	$n=30$
$x\le 0$	0.0092	0.0074	0.0059	0.0047	0.0038	0.0030	0.0024	0.0019	0.0015	0.0012
1	0.0576	0.0480	0.0398	0.0331	0.0274	0.0227	0.0187	0.0155	0.0128	0.0105
2	0.1787	0.1545	0.1332	0.1145	0.0982	0.0841	0.0718	0.0612	0.0520	0.0442
3	0.3704	0.3320	0.2965	0.2639	0.2340	0.2068	0.1823	0.1602	0.1404	0.1227
4	0.5860	0.5429	0.5007	0.4599	0.4207	0.3833	0.3480	0.3149	0.2839	0.2552
5	0.7693	0.7326	0.6947	0.6559	0.6167	0.5775	0.5387	0.5005	0.4634	0.4275
6	0.8915	0.8670	0.8402	0.8111	0.7800	0.7474	0.7134	0.6784	0.6429	0.6070
7	0.9569	0.9439	0.9285	0.9108	0.8909	0.8687	0.8444	0.8182	0.7903	0.7608
8	0.9856	0.9799	0.9727	0.9638	0.9532	0.9408	0.9263	0.9100	0.8916	0.8713
9	0.9959	0.9939	0.9911	0.9874	0.9827	0.9768	0.9696	0.9609	0.9507	0.9389
10	0.9990	0.9984	0.9975	0.9962	0.9944	0.9921	0.9890	0.9851	0.9803	0.9744
11	0.9998	0.9997	0.9994	0.9990	0.9985	0.9977	0.9965	0.9950	0.9931	0.9905
12	1.0000	0.9999	0.9999	0.9998	0.9996	0.9994	0.9990	0.9985	0.9978	0.9969
13	1.0000	1.0000	1.0000	1.0000	0.9999	0.9999	0.9998	0.9996	0.9994	0.9991
14	1.0000	1.0000	1.0000	1.0000	1.0000	1.0000	1.0000	0.9999	0.9999	0.9998
15	1.0000	1.0000	1.0000	1.0000	1.0000	1.0000	1.0000	1.0000	1.0000	0.9999
16	1.0000	1.0000	1.0000	1.0000	1.0000	1.0000	1.0000	1.0000	1.0000	1.0000

$\pi = 0.25$	$n=1$	$n=2$	$n=3$	$n=4$	$n=5$	$n=6$	$n=7$	$n=8$	$n=9$	$n=10$
$x \le 0$	0.7500	0.5625	0.4219	0.3164	0.2373	0.1780	0.1335	0.1001	0.0751	0.0563
1	1.0000	0.9375	0.8438	0.7383	0.6328	0.5339	0.4449	0.3671	0.3003	0.2440
2	.	1.0000	0.9844	0.9492	0.8965	0.8306	0.7564	0.6785	0.6007	0.5256
3	.	.	1.0000	0.9961	0.9844	0.9624	0.9294	0.8862	0.8343	0.7759
4	.	.	.	1.0000	0.9990	0.9954	0.9871	0.9727	0.9511	0.9219
5	.	.	.	.	1.0000	0.9998	0.9987	0.9958	0.9900	0.9803
6	.	.	.	.	.	1.0000	0.9999	0.9996	0.9987	0.9965
7	.	.	.	.	.	.	1.0000	1.0000	0.9999	0.9996
8	.	.	.	.	.	.	.	1.0000	1.0000	1.0000

$\pi = 0.25$	$n=11$	$n=12$	$n=13$	$n=14$	$n=15$	$n=16$	$n=17$	$n=18$	$n=19$	$n=20$
$x \le 0$	0.0422	0.0317	0.0238	0.0178	0.0134	0.0100	0.0075	0.0056	0.0042	0.0032
1	0.1971	0.1584	0.1267	0.1010	0.0802	0.0635	0.0501	0.0395	0.0310	0.0243
2	0.4552	0.3907	0.3326	0.2811	0.2361	0.1971	0.1637	0.1353	0.1113	0.0913
3	0.7133	0.6488	0.5843	0.5213	0.4613	0.4050	0.3530	0.3057	0.2631	0.2252
4	0.8854	0.8424	0.7940	0.7415	0.6865	0.6302	0.5739	0.5187	0.4654	0.4148
5	0.9657	0.9456	0.9198	0.8883	0.8516	0.8103	0.7653	0.7175	0.6678	0.6172
6	0.9924	0.9857	0.9757	0.9617	0.9434	0.9204	0.8929	0.8610	0.8251	0.7858
7	0.9988	0.9972	0.9944	0.9897	0.9827	0.9729	0.9598	0.9431	0.9225	0.8982
8	0.9999	0.9996	0.9990	0.9978	0.9958	0.9925	0.9876	0.9807	0.9713	0.9591
9	1.0000	1.0000	0.9999	0.9997	0.9992	0.9984	0.9969	0.9946	0.9911	0.9861
10	1.0000	1.0000	1.0000	1.0000	0.9999	0.9997	0.9994	0.9988	0.9977	0.9961
11	1.0000	1.0000	1.0000	1.0000	1.0000	1.0000	0.9999	0.9998	0.9995	0.9991
12	.	1.0000	1.0000	1.0000	1.0000	1.0000	1.0000	1.0000	0.9999	0.9998
13	.	.	1.0000	1.0000	1.0000	1.0000	1.0000	1.0000	1.0000	1.0000

$\pi = 0.25$	$n=21$	$n=22$	$n=23$	$n=24$	$n=25$	$n=26$	$n=27$	$n=28$	$n=29$	$n=30$
$x \le 0$	0.0024	0.0018	0.0013	0.0010	0.0008	0.0006	0.0004	0.0003	0.0002	0.0002
1	0.0190	0.0149	0.0116	0.0090	0.0070	0.0055	0.0042	0.0033	0.0025	0.0020
2	0.0745	0.0606	0.0492	0.0398	0.0321	0.0258	0.0207	0.0166	0.0133	0.0106
3	0.1917	0.1624	0.1370	0.1150	0.0962	0.0802	0.0666	0.0551	0.0455	0.0374
4	0.3674	0.3235	0.2832	0.2466	0.2137	0.1844	0.1583	0.1354	0.1153	0.0979
5	0.5666	0.5168	0.4685	0.4222	0.3783	0.3371	0.2989	0.2638	0.2317	0.2026
6	0.7436	0.6994	0.6537	0.6074	0.5611	0.5154	0.4708	0.4279	0.3868	0.3481
7	0.8701	0.8385	0.8037	0.7662	0.7265	0.6852	0.6427	0.5997	0.5568	0.5143
8	0.9439	0.9254	0.9037	0.8787	0.8506	0.8195	0.7859	0.7501	0.7125	0.6736
9	0.9794	0.9705	0.9592	0.9453	0.9287	0.9091	0.8867	0.8615	0.8337	0.8034
10	0.9936	0.9900	0.9851	0.9787	0.9703	0.9599	0.9472	0.9321	0.9145	0.8943
11	0.9983	0.9971	0.9954	0.9928	0.9893	0.9845	0.9784	0.9706	0.9610	0.9493
12	0.9996	0.9993	0.9988	0.9979	0.9966	0.9948	0.9922	0.9888	0.9842	0.9784
13	0.9999	0.9999	0.9997	0.9995	0.9991	0.9985	0.9976	0.9962	0.9944	0.9918
14	1.0000	1.0000	0.9999	0.9999	0.9998	0.9996	0.9993	0.9989	0.9982	0.9973
15	1.0000	1.0000	1.0000	1.0000	1.0000	0.9999	0.9998	0.9997	0.9995	0.9992
16	1.0000	1.0000	1.0000	1.0000	1.0000	1.0000	1.0000	0.9999	0.9999	0.9998
17	1.0000	1.0000	1.0000	1.0000	1.0000	1.0000	1.0000	1.0000	1.0000	0.9999
18	1.0000	1.0000	1.0000	1.0000	1.0000	1.0000	1.0000	1.0000	1.0000	1.0000

$\pi = 0.3$	$n=1$	$n=2$	$n=3$	$n=4$	$n=5$	$n=6$	$n=7$	$n=8$	$n=9$	$n=10$
$x \le 0$	0.7000	0.4900	0.3430	0.2401	0.1681	0.1176	0.0824	0.0576	0.0404	0.0282
1	1.0000	0.9100	0.7840	0.6517	0.5282	0.4202	0.3294	0.2553	0.1960	0.1493
2	.	1.0000	0.9730	0.9163	0.8369	0.7443	0.6471	0.5518	0.4628	0.3828
3	.	.	1.0000	0.9919	0.9692	0.9295	0.8740	0.8059	0.7297	0.6496
4	.	.	.	1.0000	0.9976	0.9891	0.9712	0.9420	0.9012	0.8497
5	.	.	.	.	1.0000	0.9993	0.9962	0.9887	0.9747	0.9527
6	.	.	.	.	.	1.0000	0.9998	0.9987	0.9957	0.9894
7	.	.	.	.	.	.	1.0000	0.9999	0.9996	0.9984
8	.	.	.	.	.	.	.	1.0000	1.0000	0.9999
9	.	.	.	.	.	.	.	.	1.0000	1.0000

π = 0.3	n = 11	n = 12	n = 13	n = 14	n = 15	n = 16	n = 17	n = 18	n = 19	n = 20
x ≤ 0	0.0198	0.0138	0.0097	0.0068	0.0047	0.0033	0.0023	0.0016	0.0011	0.0008
1	0.1130	0.0850	0.0637	0.0475	0.0353	0.0261	0.0193	0.0142	0.0104	0.0076
2	0.3127	0.2528	0.2025	0.1608	0.1268	0.0994	0.0774	0.0600	0.0462	0.0355
3	0.5696	0.4925	0.4206	0.3552	0.2969	0.2459	0.2019	0.1646	0.1332	0.1071
4	0.7897	0.7237	0.6543	0.5842	0.5155	0.4499	0.3887	0.3327	0.2822	0.2375
5	0.9218	0.8822	0.8346	0.7805	0.7216	0.6598	0.5968	0.5344	0.4739	0.4164
6	0.9784	0.9614	0.9376	0.9067	0.8689	0.8247	0.7752	0.7217	0.6655	0.6080
7	0.9957	0.9905	0.9818	0.9685	0.9500	0.9256	0.8954	0.8593	0.8180	0.7723
8	0.9994	0.9983	0.9960	0.9917	0.9848	0.9743	0.9597	0.9404	0.9161	0.8867
9	1.0000	0.9998	0.9993	0.9983	0.9963	0.9929	0.9873	0.9790	0.9674	0.9520
10	1.0000	1.0000	0.9999	0.9998	0.9993	0.9984	0.9968	0.9939	0.9895	0.9829
11	1.0000	1.0000	1.0000	1.0000	0.9999	0.9997	0.9993	0.9986	0.9972	0.9949
12	.	1.0000	1.0000	1.0000	1.0000	1.0000	0.9999	0.9997	0.9994	0.9987
13	.	.	1.0000	1.0000	1.0000	1.0000	1.0000	1.0000	0.9999	0.9997
14	.	.	.	1.0000	1.0000	1.0000	1.0000	1.0000	1.0000	1.0000

π = 0.3	n = 21	n = 22	n = 23	n = 24	n = 25	n = 26	n = 27	n = 28	n = 29	n = 30
x ≤ 0	0.0006	0.0004	0.0003	0.0002	0.0001	0.0001	0.0001	0.0000	0.0000	0.0000
1	0.0056	0.0041	0.0030	0.0022	0.0016	0.0011	0.0008	0.0006	0.0004	0.0003
2	0.0271	0.0207	0.0157	0.0119	0.0090	0.0067	0.0051	0.0038	0.0028	0.0021
3	0.0856	0.0681	0.0538	0.0424	0.0332	0.0260	0.0202	0.0157	0.0121	0.0093
4	0.1984	0.1645	0.1356	0.1111	0.0905	0.0733	0.0591	0.0474	0.0379	0.0302
5	0.3627	0.3134	0.2688	0.2288	0.1935	0.1626	0.1358	0.1128	0.0932	0.0766
6	0.5505	0.4942	0.4399	0.3886	0.3407	0.2965	0.2563	0.2202	0.1880	0.1595
7	0.7230	0.6713	0.6181	0.5647	0.5118	0.4605	0.4113	0.3648	0.3214	0.2814
8	0.8523	0.8135	0.7709	0.7250	0.6769	0.6274	0.5773	0.5275	0.4787	0.4315
9	0.9324	0.9084	0.8799	0.8472	0.8106	0.7705	0.7276	0.6825	0.6360	0.5888
10	0.9736	0.9613	0.9454	0.9258	0.9022	0.8747	0.8434	0.8087	0.7708	0.7304
11	0.9913	0.9860	0.9786	0.9686	0.9558	0.9397	0.9202	0.8972	0.8706	0.8407
12	0.9976	0.9957	0.9928	0.9885	0.9825	0.9745	0.9641	0.9509	0.9348	0.9155
13	0.9994	0.9989	0.9979	0.9964	0.9940	0.9906	0.9857	0.9792	0.9707	0.9599
14	0.9999	0.9998	0.9995	0.9990	0.9982	0.9970	0.9950	0.9923	0.9883	0.9831
15	1.0000	1.0000	0.9999	0.9998	0.9995	0.9991	0.9985	0.9975	0.9959	0.9936
16	1.0000	1.0000	1.0000	1.0000	0.9999	0.9998	0.9996	0.9993	0.9987	0.9979
17	1.0000	1.0000	1.0000	1.0000	1.0000	1.0000	0.9999	0.9998	0.9997	0.9994
18	1.0000	1.0000	1.0000	1.0000	1.0000	1.0000	1.0000	1.0000	0.9999	0.9998
19	1.0000	1.0000	1.0000	1.0000	1.0000	1.0000	1.0000	1.0000	1.0000	1.0000

π = 0.35	n = 1	n = 2	n = 3	n = 4	n = 5	n = 6	n = 7	n = 8	n = 9	n = 10
x ≤ 0	0.6500	0.4225	0.2746	0.1785	0.1160	0.0754	0.0490	0.0319	0.0207	0.0135
1	1.0000	0.8775	0.7183	0.5630	0.4284	0.3191	0.2338	0.1691	0.1211	0.0860
2	.	1.0000	0.9571	0.8735	0.7648	0.6471	0.5323	0.4278	0.3373	0.2616
3	.	.	1.0000	0.9850	0.9460	0.8826	0.8002	0.7064	0.6089	0.5138
4	.	.	.	1.0000	0.9947	0.9777	0.9444	0.8939	0.8283	0.7515
5	.	.	.	.	1.0000	0.9982	0.9910	0.9747	0.9464	0.9051
6	.	.	.	.	.	1.0000	0.9994	0.9964	0.9888	0.9740
7	.	.	.	.	.	.	1.0000	0.9998	0.9986	0.9952
8	.	.	.	.	.	.	.	1.0000	0.9999	0.9995
9	.	.	.	.	.	.	.	.	1.0000	1.0000

π = 0.35	n = 11	n = 12	n = 13	n = 14	n = 15	n = 16	n = 17	n = 18	n = 19	n = 20
x ≤ 0	0.0088	0.0057	0.0037	0.0024	0.0016	0.0010	0.0007	0.0004	0.0003	0.0002
1	0.0606	0.0424	0.0296	0.0205	0.0142	0.0098	0.0067	0.0046	0.0031	0.0021
2	0.2001	0.1513	0.1132	0.0839	0.0617	0.0451	0.0327	0.0236	0.0170	0.0121
3	0.4256	0.3467	0.2783	0.2205	0.1727	0.1339	0.1028	0.0783	0.0591	0.0444
4	0.6683	0.5833	0.5005	0.4227	0.3519	0.2892	0.2348	0.1886	0.1500	0.1182
5	0.8513	0.7873	0.7159	0.6405	0.5643	0.4900	0.4197	0.3550	0.2968	0.2454
6	0.9499	0.9154	0.8705	0.8164	0.7548	0.6881	0.6188	0.5491	0.4812	0.4166
7	0.9878	0.9745	0.9538	0.9247	0.8868	0.8406	0.7872	0.7283	0.6656	0.6010

$\pi = 0.35$	$n = 11$	$n = 12$	$n = 13$	$n = 14$	$n = 15$	$n = 16$	$n = 17$	$n = 18$	$n = 19$	$n = 20$
8	0.9980	0.9944	0.9874	0.9757	0.9578	0.9329	0.9006	0.8609	0.8145	0.7624
9	0.9998	0.9992	0.9975	0.9940	0.9876	0.9771	0.9617	0.9403	0.9125	0.8782
10	1.0000	0.9999	0.9997	0.9989	0.9972	0.9938	0.9880	0.9788	0.9653	0.9468
11	1.0000	1.0000	1.0000	0.9999	0.9995	0.9987	0.9970	0.9938	0.9886	0.9804
12	.	1.0000	1.0000	1.0000	0.9999	0.9998	0.9994	0.9986	0.9969	0.9940
13	.	.	1.0000	1.0000	1.0000	1.0000	0.9999	0.9997	0.9993	0.9985
14	.	.	.	1.0000	1.0000	1.0000	1.0000	1.0000	0.9999	0.9997
15	.	.	.	.	1.0000	1.0000	1.0000	1.0000	1.0000	1.0000

$\pi = 0.35$	$n = 21$	$n = 22$	$n = 23$	$n = 24$	$n = 25$	$n = 26$	$n = 27$	$n = 28$	$n = 29$	$n = 30$
$x \le 0$	0.0001	0.0001	0.0000	0.0000	0.0000	0.0000	0.0000	0.0000	0.0000	0.0000
1	0.0014	0.0010	0.0007	0.0005	0.0003	0.0002	0.0001	0.0001	0.0001	0.0000
2	0.0086	0.0061	0.0043	0.0030	0.0021	0.0015	0.0010	0.0007	0.0005	0.0003
3	0.0331	0.0245	0.0181	0.0133	0.0097	0.0070	0.0051	0.0037	0.0026	0.0019
4	0.0924	0.0716	0.0551	0.0422	0.0320	0.0242	0.0182	0.0136	0.0101	0.0075
5	0.2009	0.1629	0.1309	0.1044	0.0826	0.0649	0.0507	0.0393	0.0303	0.0233
6	0.3567	0.3022	0.2534	0.2106	0.1734	0.1416	0.1148	0.0923	0.0738	0.0586
7	0.5365	0.4736	0.4136	0.3575	0.3061	0.2596	0.2183	0.1821	0.1507	0.1238
8	0.7059	0.6466	0.5860	0.5257	0.4668	0.4106	0.3577	0.3089	0.2645	0.2247
9	0.8377	0.7916	0.7408	0.6866	0.6303	0.5731	0.5162	0.4607	0.4076	0.3575
10	0.9228	0.8930	0.8575	0.8167	0.7712	0.7219	0.6698	0.6160	0.5617	0.5078
11	0.9687	0.9526	0.9318	0.9058	0.8746	0.8384	0.7976	0.7529	0.7050	0.6548
12	0.9892	0.9820	0.9717	0.9577	0.9396	0.9168	0.8894	0.8572	0.8207	0.7802
13	0.9969	0.9942	0.9900	0.9836	0.9745	0.9623	0.9464	0.9264	0.9022	0.8737
14	0.9993	0.9984	0.9970	0.9945	0.9907	0.9850	0.9771	0.9663	0.9524	0.9348
15	0.9999	0.9997	0.9992	0.9984	0.9971	0.9948	0.9914	0.9864	0.9794	0.9699
16	1.0000	0.9999	0.9998	0.9996	0.9992	0.9985	0.9972	0.9952	0.9921	0.9876
17	1.0000	1.0000	1.0000	0.9999	0.9998	0.9996	0.9992	0.9985	0.9973	0.9955
18	1.0000	1.0000	1.0000	1.0000	1.0000	0.9999	0.9998	0.9996	0.9992	0.9986
19	1.0000	1.0000	1.0000	1.0000	1.0000	1.0000	1.0000	0.9999	0.9998	0.9996
20	1.0000	1.0000	1.0000	1.0000	1.0000	1.0000	1.0000	1.0000	1.0000	0.9999
21	1.0000	1.0000	1.0000	1.0000	1.0000	1.0000	1.0000	1.0000	1.0000	1.0000

$\pi = 0.4$	$n = 1$	$n = 2$	$n = 3$	$n = 4$	$n = 5$	$n = 6$	$n = 7$	$n = 8$	$n = 9$	$n = 10$
$x \le 0$	0.6000	0.3600	0.2160	0.1296	0.0778	0.0467	0.0280	0.0168	0.0101	0.0060
1	1.0000	0.8400	0.6480	0.4752	0.3370	0.2333	0.1586	0.1064	0.0705	0.0464
2	.	1.0000	0.9360	0.8208	0.6826	0.5443	0.4199	0.3154	0.2318	0.1673
3	.	.	1.0000	0.9744	0.9130	0.8208	0.7102	0.5941	0.4826	0.3823
4	.	.	.	1.0000	0.9898	0.9590	0.9037	0.8263	0.7334	0.6331
5	.	.	.	.	1.0000	0.9959	0.9812	0.9502	0.9006	0.8338
6	.	.	.	.	.	1.0000	0.9984	0.9915	0.9750	0.9452
7	.	.	.	.	.	.	1.0000	0.9993	0.9962	0.9877
8	.	.	.	.	.	.	.	1.0000	0.9997	0.9983
9	.	.	.	.	.	.	.	.	1.0000	0.9999
10	.	.	.	.	.	.	.	.	.	1.0000

$\pi = 0.4$	$n = 11$	$n = 12$	$n = 13$	$n = 14$	$n = 15$	$n = 16$	$n = 17$	$n = 18$	$n = 19$	$n = 20$
$x \le 0$	0.0036	0.0022	0.0013	0.0008	0.0005	0.0003	0.0002	0.0001	0.0001	0.0000
1	0.0302	0.0196	0.0126	0.0081	0.0052	0.0033	0.0021	0.0013	0.0008	0.0005
2	0.1189	0.0834	0.0579	0.0398	0.0271	0.0183	0.0123	0.0082	0.0055	0.0036
3	0.2963	0.2253	0.1686	0.1243	0.0905	0.0651	0.0464	0.0328	0.0230	0.0160
4	0.5328	0.4382	0.3530	0.2793	0.2173	0.1666	0.1260	0.0942	0.0696	0.0510
5	0.7535	0.6652	0.5744	0.4859	0.4032	0.3288	0.2639	0.2088	0.1629	0.1256
6	0.9006	0.8418	0.7712	0.6925	0.6098	0.5272	0.4478	0.3743	0.3081	0.2500
7	0.9707	0.9427	0.9023	0.8499	0.7869	0.7161	0.6405	0.5634	0.4878	0.4159
8	0.9941	0.9847	0.9679	0.9417	0.9050	0.8577	0.8011	0.7368	0.6675	0.5956
9	0.9993	0.9972	0.9922	0.9825	0.9662	0.9417	0.9081	0.8653	0.8139	0.7553
10	1.0000	0.9997	0.9987	0.9961	0.9907	0.9809	0.9652	0.9424	0.9115	0.8725
11	1.0000	1.0000	0.9999	0.9994	0.9981	0.9951	0.9894	0.9797	0.9648	0.9435
12	.	1.0000	1.0000	0.9999	0.9997	0.9991	0.9975	0.9942	0.9884	0.9790

$\pi=0.4$	$n=11$	$n=12$	$n=13$	$n=14$	$n=15$	$n=16$	$n=17$	$n=18$	$n=19$	$n=20$
13	.	.	1.0000	1.0000	1.0000	0.9999	0.9995	0.9987	0.9969	0.9935
14	.	.	.	1.0000	1.0000	1.0000	0.9999	0.9998	0.9994	0.9984
15	.	.	.	.	1.0000	1.0000	1.0000	1.0000	0.9999	0.9997
16	.	.	.	.	.	1.0000	1.0000	1.0000	1.0000	1.0000

$\pi=0.4$	$n=21$	$n=22$	$n=23$	$n=24$	$n=25$	$n=26$	$n=27$	$n=28$	$n=29$	$n=30$
$x\leq 0$	0.0000	0.0000	0.0000	0.0000	0.0000	0.0000	0.0000	0.0000	0.0000	0.0000
1	0.0003	0.0002	0.0001	0.0001	0.0001	0.0000	0.0000	0.0000	0.0000	0.0000
2	0.0024	0.0016	0.0010	0.0007	0.0004	0.0003	0.0002	0.0001	0.0001	0.0000
3	0.0110	0.0076	0.0052	0.0035	0.0024	0.0016	0.0011	0.0007	0.0005	0.0003
4	0.0370	0.0266	0.0190	0.0134	0.0095	0.0066	0.0046	0.0032	0.0022	0.0015
5	0.0957	0.0722	0.0540	0.0400	0.0294	0.0214	0.0155	0.0111	0.0080	0.0057
6	0.2002	0.1584	0.1240	0.0960	0.0736	0.0559	0.0421	0.0315	0.0233	0.0172
7	0.3495	0.2898	0.2373	0.1919	0.1536	0.1216	0.0953	0.0740	0.0570	0.0435
8	0.5237	0.4540	0.3884	0.3279	0.2735	0.2255	0.1839	0.1485	0.1187	0.0940
9	0.6914	0.6244	0.5562	0.4891	0.4246	0.3642	0.3087	0.2588	0.2147	0.1763
10	0.8256	0.7720	0.7129	0.6502	0.5858	0.5213	0.4585	0.3986	0.3427	0.2915
11	0.9151	0.8793	0.8364	0.7870	0.7323	0.6737	0.6127	0.5510	0.4900	0.4311
12	0.9648	0.9449	0.9187	0.8857	0.8462	0.8007	0.7499	0.6950	0.6374	0.5785
13	0.9877	0.9785	0.9651	0.9465	0.9222	0.8918	0.8553	0.8132	0.7659	0.7145
14	0.9964	0.9930	0.9872	0.9783	0.9656	0.9482	0.9257	0.8975	0.8638	0.8246
15	0.9992	0.9981	0.9960	0.9925	0.9868	0.9783	0.9663	0.9501	0.9290	0.9029
16	0.9998	0.9996	0.9990	0.9978	0.9957	0.9921	0.9866	0.9785	0.9671	0.9519
17	1.0000	0.9999	0.9998	0.9995	0.9988	0.9975	0.9954	0.9919	0.9865	0.9788
18	1.0000	1.0000	1.0000	0.9999	0.9997	0.9993	0.9986	0.9973	0.9951	0.9917
19	1.0000	1.0000	1.0000	1.0000	0.9999	0.9999	0.9997	0.9992	0.9985	0.9971
20	1.0000	1.0000	1.0000	1.0000	1.0000	1.0000	0.9999	0.9998	0.9996	0.9991
21	1.0000	1.0000	1.0000	1.0000	1.0000	1.0000	1.0000	1.0000	0.9999	0.9998
22	.	1.0000	1.0000	1.0000	1.0000	1.0000	1.0000	1.0000	1.0000	1.0000

$\pi=0.45$	$n=1$	$n=2$	$n=3$	$n=4$	$n=5$	$n=6$	$n=7$	$n=8$	$n=9$	$n=10$
$x\leq 0$	0.5500	0.3025	0.1664	0.0915	0.0503	0.0277	0.0152	0.0084	0.0046	0.0025
1	1.0000	0.7975	0.5748	0.3910	0.2562	0.1636	0.1024	0.0632	0.0385	0.0233
2	.	1.0000	0.9089	0.7585	0.5931	0.4415	0.3164	0.2201	0.1495	0.0996
3	.	.	1.0000	0.9590	0.8688	0.7447	0.6083	0.4770	0.3614	0.2660
4	.	.	.	1.0000	0.9815	0.9308	0.8471	0.7396	0.6214	0.5044
5	.	.	.	.	1.0000	0.9917	0.9643	0.9115	0.8342	0.7384
6	.	.	.	.	.	1.0000	0.9963	0.9819	0.9502	0.8980
7	.	.	.	.	.	.	1.0000	0.9983	0.9909	0.9726
8	.	.	.	.	.	.	.	1.0000	0.9992	0.9955
9	.	.	.	.	.	.	.	.	1.0000	0.9997
10	.	.	.	.	.	.	.	.	.	1.0000

$\pi=0.45$	$n=11$	$n=12$	$n=13$	$n=14$	$n=15$	$n=16$	$n=17$	$n=18$	$n=19$	$n=20$
$x\leq 0$	0.0014	0.0008	0.0004	0.0002	0.0001	0.0001	0.0000	0.0000	0.0000	0.0000
1	0.0139	0.0083	0.0049	0.0029	0.0017	0.0010	0.0006	0.0003	0.0002	0.0001
2	0.0652	0.0421	0.0269	0.0170	0.0107	0.0066	0.0041	0.0025	0.0015	0.0009
3	0.1911	0.1345	0.0929	0.0632	0.0424	0.0281	0.0184	0.0120	0.0077	0.0049
4	0.3971	0.3044	0.2279	0.1672	0.1204	0.0853	0.0596	0.0411	0.0280	0.0189
5	0.6331	0.5269	0.4268	0.3373	0.2608	0.1976	0.1471	0.1077	0.0777	0.0553
6	0.8262	0.7393	0.6437	0.5461	0.4522	0.3660	0.2902	0.2258	0.1727	0.1299
7	0.9390	0.8883	0.8212	0.7414	0.6535	0.5629	0.4743	0.3915	0.3169	0.2520
8	0.9852	0.9644	0.9302	0.8811	0.8182	0.7441	0.6626	0.5778	0.4940	0.4143
9	0.9978	0.9921	0.9797	0.9574	0.9231	0.8759	0.8166	0.7473	0.6710	0.5914
10	0.9998	0.9989	0.9959	0.9886	0.9745	0.9514	0.9174	0.8720	0.8159	0.7507
11	1.0000	0.9999	0.9995	0.9978	0.9937	0.9851	0.9699	0.9463	0.9129	0.8692
12	.	1.0000	1.0000	0.9997	0.9989	0.9965	0.9914	0.9817	0.9658	0.9420
13	.	.	1.0000	1.0000	0.9999	0.9994	0.9981	0.9951	0.9891	0.9786
14	.	.	.	1.0000	1.0000	0.9999	0.9997	0.9990	0.9972	0.9936

$\pi = 0.45$	$n=11$	$n=12$	$n=13$	$n=14$	$n=15$	$n=16$	$n=17$	$n=18$	$n=19$	$n=20$
15	.	.	.	.	1.0000	1.0000	1.0000	0.9999	0.9995	0.9985
16	.	.	.	.	.	1.0000	1.0000	1.0000	0.9999	0.9997
17	.	.	.	.	.	.	1.0000	1.0000	1.0000	1.0000

$\pi = 0.45$	$n=21$	$n=22$	$n=23$	$n=24$	$n=25$	$n=26$	$n=27$	$n=28$	$n=29$	$n=30$
$x \leq 0$	0.0000	0.0000	0.0000	0.0000	0.0000	0.0000	0.0000	0.0000	0.0000	0.0000
1	0.0001	0.0000	0.0000	0.0000	0.0000	0.0000	0.0000	0.0000	0.0000	0.0000
2	0.0006	0.0003	0.0002	0.0001	0.0001	0.0000	0.0000	0.0000	0.0000	0.0000
3	0.0031	0.0020	0.0012	0.0008	0.0005	0.0003	0.0002	0.0001	0.0001	0.0000
4	0.0126	0.0083	0.0055	0.0036	0.0023	0.0015	0.0009	0.0006	0.0004	0.0002
5	0.0389	0.0271	0.0186	0.0127	0.0086	0.0058	0.0038	0.0025	0.0017	0.0011
6	0.0964	0.0705	0.0510	0.0364	0.0258	0.0180	0.0125	0.0086	0.0059	0.0040
7	0.1971	0.1518	0.1152	0.0863	0.0639	0.0467	0.0338	0.0242	0.0172	0.0121
8	0.3413	0.2764	0.2203	0.1730	0.1340	0.1024	0.0774	0.0578	0.0427	0.0312
9	0.5117	0.4350	0.3636	0.2991	0.2424	0.1936	0.1526	0.1187	0.0913	0.0694
10	0.6790	0.6037	0.5278	0.4539	0.3843	0.3204	0.2633	0.2135	0.1708	0.1350
11	0.8159	0.7543	0.6865	0.6151	0.5426	0.4713	0.4034	0.3404	0.2833	0.2327
12	0.9092	0.8672	0.8164	0.7580	0.6937	0.6257	0.5562	0.4875	0.4213	0.3592
13	0.9621	0.9383	0.9063	0.8659	0.8173	0.7617	0.7005	0.6356	0.5689	0.5025
14	0.9868	0.9757	0.9589	0.9352	0.9040	0.8650	0.8185	0.7654	0.7070	0.6448
15	0.9963	0.9920	0.9847	0.9731	0.9560	0.9326	0.9022	0.8645	0.8199	0.7691
16	0.9992	0.9979	0.9952	0.9905	0.9826	0.9707	0.9536	0.9304	0.9008	0.8644
17	0.9999	0.9995	0.9988	0.9972	0.9942	0.9890	0.9807	0.9685	0.9514	0.9286
18	1.0000	0.9999	0.9998	0.9993	0.9984	0.9965	0.9931	0.9875	0.9790	0.9666
19	1.0000	1.0000	1.0000	0.9999	0.9996	0.9991	0.9979	0.9957	0.9920	0.9862
20	1.0000	1.0000	1.0000	1.0000	0.9999	0.9998	0.9995	0.9988	0.9974	0.9950
21	1.0000	1.0000	1.0000	1.0000	1.0000	1.0000	0.9999	0.9997	0.9993	0.9984
22	.	1.0000	1.0000	1.0000	1.0000	1.0000	1.0000	0.9999	0.9998	0.9996
23	.	.	1.0000	1.0000	1.0000	1.0000	1.0000	1.0000	1.0000	0.9999
24	.	.	.	1.0000	1.0000	1.0000	1.0000	1.0000	1.0000	1.0000

$\pi = 0.5$	$n=1$	$n=2$	$n=3$	$n=4$	$n=5$	$n=6$	$n=7$	$n=8$	$n=9$	$n=10$
$x \leq 0$	0.5000	0.2500	0.1250	0.0625	0.0313	0.0156	0.0078	0.0039	0.0020	0.0010
1	1.0000	0.7500	0.5000	0.3125	0.1875	0.1094	0.0625	0.0352	0.0195	0.0107
2	.	1.0000	0.8750	0.6875	0.5000	0.3438	0.2266	0.1445	0.0898	0.0547
3	.	.	1.0000	0.9375	0.8125	0.6562	0.5000	0.3633	0.2539	0.1719
4	.	.	.	1.0000	0.9688	0.8906	0.7734	0.6367	0.5000	0.3770
5	.	.	.	.	1.0000	0.9844	0.9375	0.8555	0.7461	0.6230
6	.	.	.	.	.	1.0000	0.9922	0.9648	0.9102	0.8281
7	.	.	.	.	.	.	1.0000	0.9961	0.9805	0.9453
8	.	.	.	.	.	.	.	1.0000	0.9980	0.9893
9	.	.	.	.	.	.	.	.	1.0000	0.9990
10	.	.	.	.	.	.	.	.	.	1.0000

$\pi = 0.5$	$n=11$	$n=12$	$n=13$	$n=14$	$n=15$	$n=16$	$n=17$	$n=18$	$n=19$	$n=20$
$x \leq 0$	0.0005	0.0002	0.0001	0.0001	0.0000	0.0000	0.0000	0.0000	0.0000	0.0000
1	0.0059	0.0032	0.0017	0.0009	0.0005	0.0003	0.0001	0.0001	0.0000	0.0000
2	0.0327	0.0193	0.0112	0.0065	0.0037	0.0021	0.0012	0.0007	0.0004	0.0002
3	0.1133	0.0730	0.0461	0.0287	0.0176	0.0106	0.0064	0.0038	0.0022	0.0013
4	0.2744	0.1938	0.1334	0.0898	0.0592	0.0384	0.0245	0.0154	0.0096	0.0059
5	0.5000	0.3872	0.2905	0.2120	0.1509	0.1051	0.0717	0.0481	0.0318	0.0207
6	0.7256	0.6128	0.5000	0.3953	0.3036	0.2272	0.1662	0.1189	0.0835	0.0577
7	0.8867	0.8062	0.7095	0.6047	0.5000	0.4018	0.3145	0.2403	0.1796	0.1316
8	0.9673	0.9270	0.8666	0.7880	0.6964	0.5982	0.5000	0.4073	0.3238	0.2517
9	0.9941	0.9807	0.9539	0.9102	0.8491	0.7728	0.6855	0.5927	0.5000	0.4119
10	0.9995	0.9968	0.9888	0.9713	0.9408	0.8949	0.8338	0.7597	0.6762	0.5881
11	1.0000	0.9998	0.9983	0.9935	0.9824	0.9616	0.9283	0.8811	0.8204	0.7483
12	.	1.0000	0.9999	0.9991	0.9963	0.9894	0.9755	0.9519	0.9165	0.8684
13	.	.	1.0000	0.9999	0.9995	0.9979	0.9936	0.9846	0.9682	0.9423
14	.	.	.	1.0000	1.0000	0.9997	0.9988	0.9962	0.9904	0.9793

$\pi = 0.5$	$n=11$	$n=12$	$n=13$	$n=14$	$n=15$	$n=16$	$n=17$	$n=18$	$n=19$	$n=20$
15	.	.	.	.	1.0000	1.0000	0.9999	0.9993	0.9978	0.9941
16	.	.	.	.	.	1.0000	1.0000	0.9999	0.9996	0.9987
17	.	.	.	.	.	.	1.0000	1.0000	1.0000	0.9998
18	.	.	.	.	.	.	.	1.0000	1.0000	1.0000

$\pi = 0.5$	$n=21$	$n=22$	$n=23$	$n=24$	$n=25$	$n=26$	$n=27$	$n=28$	$n=29$	$n=30$
$x \leq 0$	0.0000	0.0000	0.0000	0.0000	0.0000	0.0000	0.0000	0.0000	0.0000	0.0000
1	0.0000	0.0000	0.0000	0.0000	0.0000	0.0000	0.0000	0.0000	0.0000	0.0000
2	0.0001	0.0001	0.0000	0.0000	0.0000	0.0000	0.0000	0.0000	0.0000	0.0000
3	0.0007	0.0004	0.0002	0.0001	0.0001	0.0000	0.0000	0.0000	0.0000	0.0000
4	0.0036	0.0022	0.0013	0.0008	0.0005	0.0003	0.0002	0.0001	0.0001	0.0000
5	0.0133	0.0085	0.0053	0.0033	0.0020	0.0012	0.0008	0.0005	0.0003	0.0002
6	0.0392	0.0262	0.0173	0.0113	0.0073	0.0047	0.0030	0.0019	0.0012	0.0007
7	0.0946	0.0669	0.0466	0.0320	0.0216	0.0145	0.0096	0.0063	0.0041	0.0026
8	0.1917	0.1431	0.1050	0.0758	0.0539	0.0378	0.0261	0.0178	0.0121	0.0081
9	0.3318	0.2617	0.2024	0.1537	0.1148	0.0843	0.0610	0.0436	0.0307	0.0214
10	0.5000	0.4159	0.3388	0.2706	0.2122	0.1635	0.1239	0.0925	0.0680	0.0494
11	0.6682	0.5841	0.5000	0.4194	0.3450	0.2786	0.2210	0.1725	0.1325	0.1002
12	0.8083	0.7383	0.6612	0.5806	0.5000	0.4225	0.3506	0.2858	0.2291	0.1808
13	0.9054	0.8569	0.7976	0.7294	0.6550	0.5775	0.5000	0.4253	0.3555	0.2923
14	0.9608	0.9331	0.8950	0.8463	0.7878	0.7214	0.6494	0.5747	0.5000	0.4278
15	0.9867	0.9738	0.9534	0.9242	0.8852	0.8365	0.7790	0.7142	0.6445	0.5722
16	0.9964	0.9915	0.9827	0.9680	0.9461	0.9157	0.8761	0.8275	0.7709	0.7077
17	0.9993	0.9978	0.9947	0.9887	0.9784	0.9622	0.9390	0.9075	0.8675	0.8192
18	0.9999	0.9996	0.9987	0.9967	0.9927	0.9855	0.9739	0.9564	0.9320	0.8998
19	1.0000	0.9999	0.9998	0.9992	0.9980	0.9953	0.9904	0.9822	0.9693	0.9506
20	1.0000	1.0000	1.0000	0.9999	0.9995	0.9988	0.9970	0.9937	0.9879	0.9786
21	1.0000	1.0000	1.0000	1.0000	0.9999	0.9997	0.9992	0.9981	0.9959	0.9919
22	.	1.0000	1.0000	1.0000	1.0000	1.0000	0.9998	0.9995	0.9988	0.9974
23	.	.	1.0000	1.0000	1.0000	1.0000	1.0000	0.9999	0.9997	0.9993
24	.	.	.	1.0000	1.0000	1.0000	1.0000	1.0000	0.9999	0.9998
25	.	.	.	.	1.0000	1.0000	1.0000	1.0000	1.0000	1.0000

C χ^2-Verteilung

Tabelliert sind die Quantile für n Freiheitsgrade. Für das Quantil $\chi^2_{1-\alpha}(n)$ gilt $F(\chi^2_{1-\alpha}(n)) = 1-\alpha$. Links vom Quantil $\chi^2_{1-\alpha}(n)$ liegt die Wahrscheinlichkeitsmasse $1 - \alpha$.

Ablesebeispiel: $\chi^2_{0.95}(10) = 18.307$

Approximation für $n > 30$: $\chi^2_\alpha(n) \approx \frac{1}{2}(z_\alpha + \sqrt{2n-1})^2$
(z_α ist das α-Quantil der Standardnormalverteilung)

n	0.01	0.025	0.05	0.1	0.5	0.9	0.95	0.975	0.99
1	0.0002	0.0010	0.0039	0.0158	0.4549	2.7055	3.8415	5.0239	6.6349
2	0.0201	0.0506	0.1026	0.2107	1.3863	4.6052	5.9915	7.3778	9.2103
3	0.1148	0.2158	0.3518	0.5844	2.3660	6.2514	7.8147	9.3484	11.345
4	0.2971	0.4844	0.7107	1.0636	3.3567	7.7794	9.4877	11.143	13.277
5	0.5543	0.8312	1.1455	1.6103	4.3515	9.2364	11.070	12.833	15.086
6	0.8721	1.2373	1.6354	2.2041	5.3481	10.645	12.592	14.449	16.812
7	1.2390	1.6899	2.1674	2.8331	6.3458	12.017	14.067	16.013	18.475
8	1.6465	2.1797	2.7326	3.4895	7.3441	13.362	15.507	17.535	20.090
9	2.0879	2.7004	3.3251	4.1682	8.3428	14.684	16.919	19.023	21.666
10	2.5582	3.2470	3.9403	4.8652	9.3418	15.987	18.307	20.483	23.209
11	3.0535	3.8157	4.5748	5.5778	10.341	17.275	19.675	21.920	24.725
12	3.5706	4.4038	5.2260	6.3038	11.340	18.549	21.026	23.337	26.217
13	4.1069	5.0088	5.8919	7.0415	12.340	19.812	22.362	24.736	27.688
14	4.6604	5.6287	6.5706	7.7895	13.339	21.064	23.685	26.119	29.141
15	5.2293	6.2621	7.2609	8.5468	14.339	22.307	24.996	27.488	30.578

n	0.01	0.025	0.05	0.1	0.5	0.9	0.95	0.975	0.99
16	5.8122	6.9077	7.9616	9.3122	15.338	23.542	26.296	28.845	32.000
17	6.4078	7.5642	8.6718	10.085	16.338	24.769	27.587	30.191	33.409
18	7.0149	8.2307	9.3905	10.865	17.338	25.989	28.869	31.526	34.805
19	7.6327	8.9065	10.117	11.651	18.338	27.204	30.144	32.852	36.191
20	8.2604	9.5908	10.851	12.443	19.337	28.412	31.410	34.170	37.566
21	8.8972	10.283	11.591	13.240	20.337	29.615	32.671	35.479	38.932
22	9.5425	10.982	12.338	14.041	21.337	30.813	33.924	36.781	40.289
23	10.196	11.689	13.091	14.848	22.337	32.007	35.172	38.076	41.638
24	10.856	12.401	13.848	15.659	23.337	33.196	36.415	39.364	42.980
25	11.524	13.120	14.611	16.473	24.337	34.382	37.652	40.646	44.314
26	12.198	13.844	15.379	17.292	25.336	35.563	38.885	41.923	45.642
27	12.879	14.573	16.151	18.114	26.336	36.741	40.113	43.195	46.963
28	13.565	15.308	16.928	18.939	27.336	37.916	41.337	44.461	48.278
29	14.256	16.047	17.708	19.768	28.336	39.087	42.557	45.722	49.588
30	14.953	16.791	18.493	20.599	29.336	40.256	43.773	46.979	50.892

D   Students t-Verteilung

Tabelliert sind die Quantile für n Freiheitsgrade. Für das Quantil $t_{1-\alpha}(n)$ gilt $F(t_{1-\alpha}(n)) = 1 - \alpha$. Links vom Quantil $t_{1-\alpha}(n)$ liegt die Wahrscheinlichkeitsmasse $1 - \alpha$.

Ablesebeispiel: $t_{0.99}(20) = 2.528$

Die Quantile für $0 < 1 - \alpha < 0.5$ erhält man aus $t_\alpha(n) = -t_{1-\alpha}(n)$.

Approximation für $n > 30$: $t_\alpha(n) \approx z_\alpha$ (z_α ist das (α)-Quantil der Standardnormalverteilung)

n	0.6	0.8	0.9	0.95	0.975	0.99	0.995	0.999	0.9995
1	0.3249	1.3764	3.0777	6.3138	12.706	31.821	63.657	318.31	636.62
2	0.2887	1.0607	1.8856	2.9200	4.3027	6.9646	9.9248	22.327	31.599
3	0.2767	0.9785	1.6377	2.3534	3.1824	4.5407	5.8409	10.215	12.924
4	0.2707	0.9410	1.5332	2.1318	2.7764	3.7469	4.6041	7.1732	8.6103
5	0.2672	0.9195	1.4759	2.0150	2.5706	3.3649	4.0321	5.8934	6.8688
6	0.2648	0.9057	1.4398	1.9432	2.4469	3.1427	3.7074	5.2076	5.9588
7	0.2632	0.8960	1.4149	1.8946	2.3646	2.9980	3.4995	4.7853	5.4079
8	0.2619	0.8889	1.3968	1.8595	2.3060	2.8965	3.3554	4.5008	5.0413
9	0.2610	0.8834	1.3830	1.8331	2.2622	2.8214	3.2498	4.2968	4.7809
10	0.2602	0.8791	1.3722	1.8125	2.2281	2.7638	3.1693	4.1437	4.5869
11	0.2596	0.8755	1.3634	1.7959	2.2010	2.7181	3.1058	4.0247	4.4370
12	0.2590	0.8726	1.3562	1.7823	2.1788	2.6810	3.0545	3.9296	4.3178
13	0.2586	0.8702	1.3502	1.7709	2.1604	2.6503	3.0123	3.8520	4.2208
14	0.2582	0.8681	1.3450	1.7613	2.1448	2.6245	2.9768	3.7874	4.1405
15	0.2579	0.8662	1.3406	1.7531	2.1314	2.6025	2.9467	3.7328	4.0728
16	0.2576	0.8647	1.3368	1.7459	2.1199	2.5835	2.9208	3.6862	4.0150
17	0.2573	0.8633	1.3334	1.7396	2.1098	2.5669	2.8982	3.6458	3.9651
18	0.2571	0.8620	1.3304	1.7341	2.1009	2.5524	2.8784	3.6105	3.9216
19	0.2569	0.8610	1.3277	1.7291	2.0930	2.5395	2.8609	3.5794	3.8834
20	0.2567	0.8600	1.3253	1.7247	2.0860	2.5280	2.8453	3.5518	3.8495
21	0.2566	0.8591	1.3232	1.7207	2.0796	2.5176	2.8314	3.5272	3.8193
22	0.2564	0.8583	1.3212	1.7171	2.0739	2.5083	2.8188	3.5050	3.7921
23	0.2563	0.8575	1.3195	1.7139	2.0687	2.4999	2.8073	3.4850	3.7676
24	0.2562	0.8569	1.3178	1.7109	2.0639	2.4922	2.7969	3.4668	3.7454
25	0.2561	0.8562	1.3163	1.7081	2.0595	2.4851	2.7874	3.4502	3.7251
26	0.2560	0.8557	1.3150	1.7056	2.0555	2.4786	2.7787	3.4350	3.7066
27	0.2559	0.8551	1.3137	1.7033	2.0518	2.4727	2.7707	3.4210	3.6896
28	0.2558	0.8546	1.3125	1.7011	2.0484	2.4671	2.7633	3.4082	3.6739
29	0.2557	0.8542	1.3114	1.6991	2.0452	2.4620	2.7564	3.3962	3.6594
30	0.2556	0.8538	1.3104	1.6973	2.0423	2.4573	2.7500	3.3852	3.6460
∞	0.2533	0.8416	1.2816	1.6449	1.9600	2.3263	2.5758	3.0903	3.2906

E F-Verteilung

Tabelliert sind die rechtsseitigen Quantile für (n_1, n_2) Freiheitsgrade.

Für das Quantil $f_{1-\alpha}(n_1, n_2)$ gilt $F(f_{1-\alpha}(n_1, n_2)) = 1 - \alpha$. Links vom Quantil $f_{1-\alpha}(n_1, n_2)$ liegt die Wahrscheinlichkeitsmasse $1 - \alpha$.

Ablesebeispiel: $f_{0.99}(15, 8) = 5.5151$

Linksseitige Quantile: $f_\alpha(n_1, n_2) = \frac{1}{f_{1-\alpha}(n_1,n_2)}$

n_1	α	1	2	3	4	5	6	7	8	9
1	0.9	39.863	8.5263	5.5383	4.5448	4.0604	3.7759	3.5894	3.4579	3.3603
	0.95	161.45	18.513	10.128	7.7086	6.6079	5.9874	5.5914	5.3177	5.1174
	0.975	647.79	38.506	17.443	12.218	10.007	8.8131	8.0727	7.5709	7.2093
	0.99	4052.2	98.502	34.116	21.198	16.258	13.745	12.246	11.259	10.561
2	0.9	49.500	9.0000	5.4624	4.3246	3.7797	3.4633	3.2574	3.1131	3.0065
	0.95	199.50	19.000	9.5521	6.9443	5.7861	5.1433	4.7374	4.4590	4.2565
	0.975	799.50	39.000	16.044	10.649	8.4336	7.2599	6.5415	6.0595	5.7147
	0.99	4999.5	99.000	30.817	18.000	13.274	10.925	9.5466	8.6491	8.0215
3	0.9	53.593	9.1618	5.3908	4.1909	3.6195	3.2888	3.0741	2.9238	2.8129
	0.95	215.71	19.164	9.2766	6.5914	5.4095	4.7571	4.3468	4.0662	3.8625
	0.975	864.16	39.165	15.439	9.9792	7.7636	6.5988	5.8898	5.4160	5.0781
	0.99	5403.4	99.166	29.457	16.694	12.060	9.7795	8.4513	7.5910	6.9919
4	0.9	55.833	9.2434	5.3426	4.1072	3.5202	3.1808	2.9605	2.8064	2.6927
	0.95	224.58	19.247	9.1172	6.3882	5.1922	4.5337	4.1203	3.8379	3.6331
	0.975	899.58	39.248	15.101	9.6045	7.3879	6.2272	5.5226	5.0526	4.7181
	0.99	5624.6	99.249	28.710	15.977	11.392	9.1483	7.8466	7.0061	6.4221
5	0.9	57.240	9.2926	5.3092	4.0506	3.4530	3.1075	2.8833	2.7264	2.6106
	0.95	230.16	19.296	9.0135	6.2561	5.0503	4.3874	3.9715	3.6875	3.4817
	0.975	921.85	39.298	14.885	9.3645	7.1464	5.9876	5.2852	4.8173	4.4844
	0.99	5763.6	99.299	28.237	15.522	10.967	8.7459	7.4604	6.6318	6.0569
6	0.9	58.204	9.3255	5.2847	4.0097	3.4045	3.0546	2.8274	2.6683	2.5509
	0.95	233.99	19.330	8.9406	6.1631	4.9503	4.2839	3.8660	3.5806	3.3738
	0.975	937.11	39.331	14.735	9.1973	6.9777	5.8198	5.1186	4.6517	4.3197
	0.99	5859.0	99.333	27.911	15.207	10.672	8.4661	7.1914	6.3707	5.8018
7	0.9	58.906	9.3491	5.2662	3.9790	3.3679	3.0145	2.7849	2.6241	2.5053
	0.95	236.77	19.353	8.8867	6.0942	4.8759	4.2067	3.7870	3.5005	3.2927
	0.975	948.22	39.355	14.624	9.0741	6.8531	5.6955	4.9949	4.5286	4.1970
	0.99	5928.4	99.356	27.672	14.976	10.456	8.2600	6.9928	6.1776	5.6129
8	0.9	59.439	9.3668	5.2517	3.9549	3.3393	2.9830	2.7516	2.5893	2.4694
	0.95	238.88	19.371	8.8452	6.0410	4.8183	4.1468	3.7257	3.4381	3.2296
	0.975	956.66	39.373	14.540	8.9796	6.7572	5.5996	4.8993	4.4333	4.1020
	0.99	5981.1	99.374	27.489	14.799	10.289	8.1017	6.8400	6.0289	5.4671
9	0.9	59.858	9.3805	5.2400	3.9357	3.3163	2.9577	2.7247	2.5612	2.4403
	0.95	240.54	19.385	8.8123	5.9988	4.7725	4.0990	3.6767	3.3881	3.1789
	0.975	963.28	39.387	14.473	8.9047	6.6811	5.5234	4.8232	4.3572	4.0260
	0.99	6022.5	99.388	27.345	14.659	10.158	7.9761	6.7188	5.9106	5.3511
10	0.9	60.195	9.3916	5.2304	3.9199	3.2974	2.9369	2.7025	2.5380	2.4163
	0.95	241.88	19.396	8.7855	5.9644	4.7351	4.0600	3.6365	3.3472	3.1373
	0.975	968.63	39.398	14.419	8.8439	6.6192	5.4613	4.7611	4.2951	3.9639
	0.99	6055.8	99.399	27.229	14.546	10.051	7.8741	6.6201	5.8143	5.2565
11	0.9	60.473	9.4006	5.2224	3.9067	3.2816	2.9195	2.6839	2.5186	2.3961
	0.95	242.98	19.405	8.7633	5.9358	4.7040	4.0274	3.6030	3.3130	3.1025
	0.975	973.03	39.407	14.374	8.7935	6.5678	5.4098	4.7095	4.2434	3.9121
	0.99	6083.3	99.408	27.133	14.452	9.9626	7.7896	6.5382	5.7343	5.1779
12	0.9	60.705	9.4081	5.2156	3.8955	3.2682	2.9047	2.6681	2.5020	2.3789
	0.95	243.91	19.413	8.7446	5.9117	4.6777	3.9999	3.5747	3.2839	3.0729
	0.975	976.71	39.415	14.337	8.7512	6.5245	5.3662	4.6658	4.1997	3.8682
	0.99	6106.3	99.416	27.052	14.374	9.8883	7.7183	6.4691	5.6667	5.1114
13	0.9	60.903	9.4145	5.2098	3.8859	3.2567	2.8920	2.6545	2.4876	2.3640
	0.95	244.69	19.419	8.7287	5.8911	4.6552	3.9764	3.5503	3.2590	3.0475
	0.975	979.84	39.421	14.304	8.7150	6.4876	5.3290	4.6285	4.1622	3.8306

n_1	α	n_2 1	2	3	4	5	6	7	8	9
	0.99	6125.9	99.422	26.983	14.307	9.8248	7.6575	6.4100	5.6089	5.0545
14	0.9	61.073	9.4200	5.2047	3.8776	3.2468	2.8809	2.6426	2.4752	2.3510
	0.95	245.36	19.424	8.7149	5.8733	4.6358	3.9559	3.5292	3.2374	3.0255
	0.975	982.53	39.427	14.277	8.6838	6.4556	5.2968	4.5961	4.1297	3.7980
	0.99	6142.7	99.428	26.924	14.249	9.7700	7.6049	6.3590	5.5589	5.0052
15	0.9	61.220	9.4247	5.2003	3.8704	3.2380	2.8712	2.6322	2.4642	2.3396
	0.95	245.95	19.429	8.7029	5.8578	4.6188	3.9381	3.5107	3.2184	3.0061
	0.975	984.87	39.431	14.253	8.6565	6.4277	5.2687	4.5678	4.1012	3.7694
	0.99	6157.3	99.433	26.872	14.198	9.7222	7.5590	6.3143	5.5151	4.9621
20	0.9	61.740	9.4413	5.1845	3.8443	3.2067	2.8363	2.5947	2.4246	2.2983
	0.95	248.01	19.446	8.6602	5.8025	4.5581	3.8742	3.4445	3.1503	2.9365
	0.975	993.10	39.448	14.167	8.5599	6.3286	5.1684	4.4667	3.9995	3.6669
	0.99	6208.7	99.449	26.690	14.020	9.5526	7.3958	6.1554	5.3591	4.8080
25	0.9	62.055	9.4513	5.1747	3.8283	3.1873	2.8147	2.5714	2.3999	2.2725
	0.95	249.26	19.456	8.6341	5.7687	4.5209	3.8348	3.4036	3.1081	2.8932
	0.975	998.08	39.458	14.115	8.5010	6.2679	5.1069	4.4045	3.9367	3.6035
	0.99	6239.8	99.459	26.579	13.911	9.4491	7.2960	6.0580	5.2631	4.7130
30	0.9	62.265	9.4579	5.1681	3.8174	3.1741	2.8000	2.5555	2.3830	2.2547
	0.95	250.10	19.462	8.6166	5.7459	4.4957	3.8082	3.3758	3.0794	2.8637
	0.975	1001.4	39.465	14.081	8.4613	6.2269	5.0652	4.3624	3.8940	3.5604
	0.99	6260.6	99.466	26.505	13.838	9.3793	7.2285	5.9920	5.1981	4.6486
40	0.9	62.529	9.4662	5.1597	3.8036	3.1573	2.7812	2.5351	2.3614	2.2320
	0.95	251.14	19.471	8.5944	5.7170	4.4638	3.7743	3.3404	3.0428	2.8259
	0.975	1005.6	39.473	14.037	8.4111	6.1750	5.0125	4.3089	3.8398	3.5055
	0.99	6286.8	99.474	26.411	13.745	9.2912	7.1432	5.9084	5.1156	4.5666
50	0.9	62.688	9.4712	5.1546	3.7952	3.1471	2.7697	2.5226	2.3481	2.2180
	0.95	251.77	19.476	8.5810	5.6995	4.4444	3.7537	3.3189	3.0204	2.8028
	0.975	1008.1	39.478	14.010	8.3808	6.1436	4.9804	4.2763	3.8067	3.4719
	0.99	6302.5	99.479	26.354	13.690	9.2378	7.0915	5.8577	5.0654	4.5167
60	0.9	62.794	9.4746	5.1512	3.7896	3.1402	2.7620	2.5142	2.3391	2.2085
	0.95	252.20	19.479	8.5720	5.6877	4.4314	3.7398	3.3043	3.0053	2.7872
	0.975	1009.8	39.481	13.992	8.3604	6.1225	4.9589	4.2544	3.7844	3.4493
	0.99	6313.0	99.482	26.316	13.652	9.2020	7.0567	5.8236	5.0316	4.4831
80	0.9	62.927	9.4787	5.1469	3.7825	3.1316	2.7522	2.5036	2.3277	2.1965
	0.95	252.72	19.483	8.5607	5.6730	4.4150	3.7223	3.2860	2.9862	2.7675
	0.975	1011.9	39.485	13.970	8.3349	6.0960	4.9318	4.2268	3.7563	3.4207
	0.99	6326.2	99.487	26.269	13.605	9.1570	7.0130	5.7806	4.9890	4.4407
100	0.9	63.007	9.4812	5.1443	3.7782	3.1263	2.7463	2.4971	2.3208	2.1892
	0.95	253.04	19.486	8.5539	5.6641	4.4051	3.7117	3.2749	2.9747	2.7556
	0.975	1013.2	39.488	13.956	8.3195	6.0800	4.9154	4.2101	3.7393	3.4034
	0.99	6334.1	99.489	26.240	13.577	9.1299	6.9867	5.7547	4.9633	4.4150
150	0.9	63.114	9.4846	5.1408	3.7724	3.1193	2.7383	2.4884	2.3115	2.1793
	0.95	253.46	19.489	8.5448	5.6521	4.3918	3.6976	3.2600	2.9591	2.7394
	0.975	1014.9	39.491	13.938	8.2988	6.0586	4.8934	4.1877	3.7165	3.3801
	0.99	6344.7	99.492	26.202	13.539	9.0936	6.9513	5.7199	4.9287	4.3805

n_1	α	n_2 10	12	14	16	18	20	22	24	26
1	0.9	3.2850	3.1765	3.1022	3.0481	3.0070	2.9747	2.9486	2.9271	2.9091
	0.95	4.9646	4.7472	4.6001	4.4940	4.4139	4.3512	4.3009	4.2597	4.2252
	0.975	6.9367	6.5538	6.2979	6.1151	5.9781	5.8715	5.7863	5.7166	5.6586
	0.99	10.044	9.3302	8.8616	8.5310	8.2854	8.0960	7.9454	7.8229	7.7213
2	0.9	2.9245	2.8068	2.7265	2.6682	2.6239	2.5893	2.5613	2.5383	2.5191
	0.95	4.1028	3.8853	3.7389	3.6337	3.5546	3.4928	3.4434	3.4028	3.3690
	0.975	5.4564	5.0959	4.8567	4.6867	4.5597	4.4613	4.3828	4.3187	4.2655
	0.99	7.5594	6.9266	6.5149	6.2262	6.0129	5.8489	5.7190	5.6136	5.5263
3	0.9	2.7277	2.6055	2.5222	2.4618	2.4160	2.3801	2.3512	2.3274	2.3075
	0.95	3.7083	3.4903	3.3439	3.2389	3.1599	3.0984	3.0491	3.0088	2.9752
	0.975	4.8256	4.4742	4.2417	4.0768	3.9539	3.8587	3.7829	3.7211	3.6697
	0.99	6.5523	5.9525	5.5639	5.2922	5.0919	4.9382	4.8166	4.7181	4.6366
4	0.9	2.6053	2.4801	2.3947	2.3327	2.2858	2.2489	2.2193	2.1949	2.1745
	0.95	3.4780	3.2592	3.1122	3.0069	2.9277	2.8661	2.8167	2.7763	2.7426

n_1	α	\multicolumn{9}{c}{n_2}								
		10	12	14	16	18	20	22	24	26
	0.975	4.4683	4.1212	3.8919	3.7294	3.6083	3.5147	3.4401	3.3794	3.3289
	0.99	5.9943	5.4120	5.0354	4.7726	4.5790	4.4307	4.3134	4.2184	4.1400
5	0.9	2.5216	2.3940	2.3069	2.2438	2.1958	2.1582	2.1279	2.1030	2.0822
	0.95	3.3258	3.1059	2.9582	2.8524	2.7729	2.7109	2.6613	2.6207	2.5868
	0.975	4.2361	3.8911	3.6634	3.5021	3.3820	3.2891	3.2151	3.1548	3.1048
	0.99	5.6363	5.0643	4.6950	4.4374	4.2479	4.1027	3.9880	3.8951	3.8183
6	0.9	2.4606	2.3310	2.2426	2.1783	2.1296	2.0913	2.0605	2.0351	2.0139
	0.95	3.2172	2.9961	2.8477	2.7413	2.6613	2.5990	2.5491	2.5082	2.4741
	0.975	4.0721	3.7283	3.5014	3.3406	3.2209	3.1283	3.0546	2.9946	2.9447
	0.99	5.3858	4.8206	4.4558	4.2016	4.0146	3.8714	3.7583	3.6667	3.5911
7	0.9	2.4140	2.2828	2.1931	2.1280	2.0785	2.0397	2.0084	1.9826	1.9610
	0.95	3.1355	2.9134	2.7642	2.6572	2.5767	2.5140	2.4638	2.4226	2.3883
	0.975	3.9498	3.6065	3.3799	3.2194	3.0999	3.0074	2.9338	2.8738	2.8240
	0.99	5.2001	4.6395	4.2779	4.0259	3.8406	3.6987	3.5867	3.4959	3.4210
8	0.9	2.3771	2.2446	2.1539	2.0880	2.0379	1.9985	1.9668	1.9407	1.9188
	0.95	3.0717	2.8486	2.6987	2.5911	2.5102	2.4471	2.3965	2.3551	2.3205
	0.975	3.8549	3.5118	3.2853	3.1248	3.0053	2.9128	2.8392	2.7791	2.7293
	0.99	5.0567	4.4994	4.1399	3.8896	3.7054	3.5644	3.4530	3.3629	3.2884
9	0.9	2.3473	2.2135	2.1220	2.0553	2.0047	1.9649	1.9327	1.9063	1.8841
	0.95	3.0204	2.7964	2.6458	2.5377	2.4563	2.3928	2.3419	2.3002	2.2655
	0.975	3.7790	3.4358	3.2093	3.0488	2.9291	2.8365	2.7628	2.7027	2.6528
	0.99	4.9424	4.3875	4.0297	3.7804	3.5971	3.4567	3.3458	3.2560	3.1818
10	0.9	2.3226	2.1878	2.0954	2.0281	1.9770	1.9367	1.9043	1.8775	1.8550
	0.95	2.9782	2.7534	2.6022	2.4935	2.4117	2.3479	2.2967	2.2547	2.2197
	0.975	3.7168	3.3736	3.1469	2.9862	2.8664	2.7737	2.6998	2.6396	2.5896
	0.99	4.8491	4.2961	3.9394	3.6909	3.5082	3.3682	3.2576	3.1681	3.0941
11	0.9	2.3018	2.1660	2.0729	2.0051	1.9535	1.9129	1.8801	1.8530	1.8303
	0.95	2.9430	2.7173	2.5655	2.4564	2.3742	2.3100	2.2585	2.2163	2.1811
	0.975	3.6649	3.3215	3.0946	2.9337	2.8137	2.7209	2.6469	2.5865	2.5363
	0.99	4.7715	4.2198	3.8640	3.6162	3.4338	3.2941	3.1837	3.0944	3.0205
12	0.9	2.2841	2.1474	2.0537	1.9854	1.9333	1.8924	1.8593	1.8319	1.8090
	0.95	2.9130	2.6866	2.5342	2.4247	2.3421	2.2776	2.2258	2.1834	2.1479
	0.975	3.6209	3.2773	3.0502	2.8890	2.7689	2.6758	2.6017	2.5411	2.4908
	0.99	4.7059	4.1553	3.8001	3.5527	3.3706	3.2311	3.1209	3.0316	2.9578
13	0.9	2.2687	2.1313	2.0370	1.9682	1.9158	1.8745	1.8411	1.8136	1.7904
	0.95	2.8872	2.6602	2.5073	2.3973	2.3143	2.2495	2.1975	2.1548	2.1192
	0.975	3.5832	3.2393	3.0119	2.8506	2.7302	2.6369	2.5626	2.5019	2.4515
	0.99	4.6496	4.0999	3.7452	3.4981	3.3162	3.1769	3.0667	2.9775	2.9038
14	0.9	2.2553	2.1173	2.0224	1.9532	1.9004	1.8588	1.8252	1.7974	1.7741
	0.95	2.8647	2.6371	2.4837	2.3733	2.2900	2.2250	2.1727	2.1298	2.0939
	0.975	3.5504	3.2062	2.9786	2.8170	2.6964	2.6030	2.5285	2.4677	2.4171
	0.99	4.6008	4.0518	3.6975	3.4506	3.2689	3.1296	3.0195	2.9303	2.8566
15	0.9	2.2435	2.1049	2.0095	1.9399	1.8868	1.8449	1.8111	1.7831	1.7596
	0.95	2.8450	2.6169	2.4630	2.3522	2.2686	2.2033	2.1508	2.1077	2.0716
	0.975	3.5217	3.1772	2.9493	2.7875	2.6667	2.5731	2.4984	2.4374	2.3867
	0.99	4.5581	4.0096	3.6557	3.4089	3.2273	3.0880	2.9779	2.8887	2.8150
20	0.9	2.2007	2.0597	1.9625	1.8913	1.8368	1.7938	1.7590	1.7302	1.7059
	0.95	2.7740	2.5436	2.3879	2.2756	2.1906	2.1242	2.0707	2.0267	1.9898
	0.975	3.4185	3.0728	2.8437	2.6808	2.5590	2.4645	2.3890	2.3273	2.2759
	0.99	4.4054	3.8584	3.5052	3.2587	3.0771	2.9377	2.8274	2.7380	2.6640
25	0.9	2.1739	2.0312	1.9326	1.8603	1.8049	1.7611	1.7255	1.6960	1.6712
	0.95	2.7298	2.4977	2.3407	2.2272	2.1413	2.0739	2.0196	1.9750	1.9375
	0.975	3.3546	3.0077	2.7777	2.6138	2.4912	2.3959	2.3198	2.2574	2.2054
	0.99	4.3111	3.7647	3.4116	3.1650	2.9831	2.8434	2.7328	2.6430	2.5686
30	0.9	2.1554	2.0115	1.9119	1.8388	1.7827	1.7382	1.7021	1.6721	1.6468
	0.95	2.6996	2.4663	2.3082	2.1938	2.1071	2.0391	1.9842	1.9390	1.9010
	0.975	3.3110	2.9633	2.7324	2.5678	2.4445	2.3486	2.2718	2.2090	2.1565
	0.99	4.2469	3.7008	3.3476	3.1007	2.9185	2.7785	2.6675	2.5773	2.5026
40	0.9	2.1317	1.9861	1.8852	1.8108	1.7537	1.7083	1.6714	1.6407	1.6147
	0.95	2.6609	2.4259	2.2663	2.1507	2.0629	1.9938	1.9380	1.8920	1.8533
	0.975	3.2554	2.9063	2.6742	2.5085	2.3842	2.2873	2.2097	2.1460	2.0928
	0.99	4.1653	3.6192	3.2656	3.0182	2.8354	2.6947	2.5831	2.4923	2.4170
50	0.9	2.1171	1.9704	1.8686	1.7934	1.7356	1.6896	1.6521	1.6209	1.5945

n_1	α	n_2 10	12	14	16	18	20	22	24	26
	0.95	2.6371	2.4010	2.2405	2.1240	2.0354	1.9656	1.9092	1.8625	1.8233
	0.975	3.2214	2.8714	2.6384	2.4719	2.3468	2.2493	2.1710	2.1067	2.0530
	0.99	4.1155	3.5692	3.2153	2.9675	2.7841	2.6430	2.5308	2.4395	2.3637
60	0.9	2.1072	1.9597	1.8572	1.7816	1.7232	1.6768	1.6389	1.6073	1.5805
	0.95	2.6211	2.3842	2.2229	2.1058	2.0166	1.9464	1.8894	1.8424	1.8027
	0.975	3.1984	2.8478	2.6142	2.4471	2.3214	2.2234	2.1446	2.0799	2.0257
	0.99	4.0819	3.5355	3.1813	2.9330	2.7493	2.6077	2.4951	2.4035	2.3273
80	0.9	2.0946	1.9461	1.8428	1.7664	1.7073	1.6603	1.6218	1.5897	1.5625
	0.95	2.6008	2.3628	2.2006	2.0826	1.9927	1.9217	1.8641	1.8164	1.7762
	0.975	3.1694	2.8178	2.5833	2.4154	2.2890	2.1902	2.1108	2.0454	1.9907
	0.99	4.0394	3.4928	3.1381	2.8893	2.7050	2.5628	2.4496	2.3573	2.2806
100	0.9	2.0869	1.9379	1.8340	1.7570	1.6976	1.6501	1.6113	1.5788	1.5513
	0.95	2.5884	2.3498	2.1870	2.0685	1.9780	1.9066	1.8486	1.8005	1.7599
	0.975	3.1517	2.7996	2.5646	2.3961	2.2692	2.1699	2.0901	2.0243	1.9691
	0.99	4.0137	3.4668	3.1118	2.8627	2.6779	2.5353	2.4217	2.3291	2.2519
150	0.9	2.0766	1.9266	1.8220	1.7444	1.6843	1.6363	1.5969	1.5640	1.5360
	0.95	2.5718	2.3322	2.1686	2.0492	1.9581	1.8860	1.8273	1.7787	1.7375
	0.975	3.1280	2.7750	2.5392	2.3700	2.2423	2.1424	2.0618	1.9954	1.9397
	0.99	3.9792	3.4319	3.0764	2.8267	2.6413	2.4981	2.3839	2.2906	2.2129

n_1	α	n_2 30	40	50	60	70	80	90	100	110
1	0.9	2.8807	2.8354	2.8087	2.7911	2.7786	2.7693	2.7621	2.7564	2.7517
	0.95	4.1709	4.0847	4.0343	4.0012	3.9778	3.9604	3.9469	3.9361	3.9274
	0.975	5.5675	5.4239	5.3403	5.2856	5.2470	5.2184	5.1962	5.1786	5.1642
	0.99	7.5625	7.3141	7.1706	7.0771	7.0114	6.9627	6.9251	6.8953	6.8710
2	0.9	2.4887	2.4404	2.4120	2.3933	2.3800	2.3701	2.3625	2.3564	2.3515
	0.95	3.3158	3.2317	3.1826	3.1504	3.1277	3.1108	3.0977	3.0873	3.0788
	0.975	4.1821	4.0510	3.9749	3.9253	3.8903	3.8643	3.8443	3.8284	3.8154
	0.99	5.3903	5.1785	5.0566	4.9774	4.9219	4.8807	4.8491	4.8239	4.8035
3	0.9	2.2761	2.2261	2.1967	2.1774	2.1637	2.1535	2.1457	2.1394	2.1343
	0.95	2.9223	2.8387	2.7900	2.7581	2.7355	2.7188	2.7058	2.6955	2.6871
	0.975	3.5894	3.4633	3.3902	3.3425	3.3090	3.2841	3.2649	3.2496	3.2372
	0.99	4.5097	4.3126	4.1993	4.1259	4.0744	4.0363	4.0070	3.9837	3.9648
4	0.9	2.1422	2.0909	2.0608	2.0410	2.0269	2.0165	2.0084	2.0019	1.9967
	0.95	2.6896	2.6060	2.5572	2.5252	2.5027	2.4859	2.4729	2.4626	2.4542
	0.975	3.2499	3.1261	3.0544	3.0077	2.9748	2.9504	2.9315	2.9166	2.9044
	0.99	4.0179	3.8283	3.7195	3.6490	3.5996	3.5631	3.5350	3.5127	3.4946
5	0.9	2.0492	1.9968	1.9660	1.9457	1.9313	1.9206	1.9123	1.9057	1.9004
	0.95	2.5336	2.4495	2.4004	2.3683	2.3456	2.3287	2.3157	2.3053	2.2969
	0.975	3.0265	2.9037	2.8327	2.7863	2.7537	2.7295	2.7109	2.6961	2.6840
	0.99	3.6990	3.5138	3.4077	3.3389	3.2907	3.2550	3.2276	3.2059	3.1882
6	0.9	1.9803	1.9269	1.8954	1.8747	1.8600	1.8491	1.8406	1.8339	1.8284
	0.95	2.4205	2.3359	2.2864	2.2541	2.2312	2.2142	2.2011	2.1906	2.1821
	0.975	2.8667	2.7444	2.6736	2.6274	2.5949	2.5708	2.5522	2.5374	2.5254
	0.99	3.4735	3.2910	3.1864	3.1187	3.0712	3.0361	3.0091	2.9877	2.9703
7	0.9	1.9269	1.8725	1.8405	1.8194	1.8044	1.7933	1.7846	1.7778	1.7721
	0.95	2.3343	2.2490	2.1992	2.1665	2.1435	2.1263	2.1131	2.1025	2.0939
	0.975	2.7460	2.6238	2.5530	2.5068	2.4743	2.4502	2.4316	2.4168	2.4048
	0.99	3.3045	3.1238	3.0202	2.9530	2.9060	2.8713	2.8445	2.8233	2.8061
8	0.9	1.8841	1.8289	1.7963	1.7748	1.7596	1.7483	1.7395	1.7324	1.7267
	0.95	2.2662	2.1802	2.1299	2.0970	2.0737	2.0564	2.0430	2.0323	2.0236
	0.975	2.6513	2.5289	2.4579	2.4117	2.3791	2.3549	2.3363	2.3215	2.3094
	0.99	3.1726	2.9930	2.8900	2.8233	2.7765	2.7420	2.7154	2.6943	2.6771
9	0.9	1.8490	1.7929	1.7598	1.7380	1.7225	1.7110	1.7021	1.6949	1.6891
	0.95	2.2107	2.1240	2.0734	2.0401	2.0166	1.9991	1.9856	1.9748	1.9661
	0.975	2.5746	2.4519	2.3808	2.3344	2.3017	2.2775	2.2588	2.2439	2.2318
	0.99	3.0665	2.8876	2.7850	2.7185	2.6719	2.6374	2.6109	2.5898	2.5727
10	0.9	1.8195	1.7627	1.7291	1.7070	1.6913	1.6796	1.6705	1.6632	1.6573
	0.95	2.1646	2.0772	2.0261	1.9926	1.9689	1.9512	1.9376	1.9267	1.9178
	0.975	2.5112	2.3882	2.3168	2.2702	2.2374	2.2130	2.1942	2.1793	2.1671
	0.99	2.9791	2.8005	2.6981	2.6318	2.5852	2.5508	2.5243	2.5033	2.4862

n_1	α	30	40	50	60	n_2 70	80	90	100	110
11	0.9	1.7944	1.7369	1.7029	1.6805	1.6645	1.6526	1.6434	1.6360	1.6300
	0.95	2.1256	2.0376	1.9861	1.9522	1.9283	1.9105	1.8967	1.8857	1.8767
	0.975	2.4577	2.3343	2.2627	2.2159	2.1829	2.1584	2.1395	2.1245	2.1123
	0.99	2.9057	2.7274	2.6250	2.5587	2.5122	2.4777	2.4513	2.4302	2.4132
12	0.9	1.7727	1.7146	1.6802	1.6574	1.6413	1.6292	1.6199	1.6124	1.6063
	0.95	2.0921	2.0035	1.9515	1.9174	1.8932	1.8753	1.8613	1.8503	1.8412
	0.975	2.4120	2.2882	2.2162	2.1692	2.1361	2.1115	2.0925	2.0773	2.0650
	0.99	2.8431	2.6648	2.5625	2.4961	2.4496	2.4151	2.3886	2.3676	2.3505
13	0.9	1.7538	1.6950	1.6602	1.6372	1.6209	1.6086	1.5992	1.5916	1.5854
	0.95	2.0630	1.9738	1.9214	1.8870	1.8627	1.8445	1.8305	1.8193	1.8101
	0.975	2.3724	2.2481	2.1758	2.1286	2.0953	2.0706	2.0515	2.0363	2.0239
	0.99	2.7890	2.6107	2.5083	2.4419	2.3953	2.3608	2.3342	2.3132	2.2960
14	0.9	1.7371	1.6778	1.6426	1.6193	1.6028	1.5904	1.5808	1.5731	1.5669
	0.95	2.0374	1.9476	1.8949	1.8602	1.8357	1.8174	1.8032	1.7919	1.7827
	0.975	2.3378	2.2130	2.1404	2.0929	2.0595	2.0346	2.0154	2.0001	1.9876
	0.99	2.7418	2.5634	2.4609	2.3943	2.3477	2.3131	2.2865	2.2654	2.2482
15	0.9	1.7223	1.6624	1.6269	1.6034	1.5866	1.5741	1.5644	1.5566	1.5503
	0.95	2.0148	1.9245	1.8714	1.8364	1.8117	1.7932	1.7789	1.7675	1.7582
	0.975	2.3072	2.1819	2.1090	2.0613	2.0277	2.0026	1.9833	1.9679	1.9554
	0.99	2.7002	2.5216	2.4190	2.3523	2.3055	2.2709	2.2442	2.2230	2.2058
20	0.9	1.6673	1.6052	1.5681	1.5435	1.5259	1.5128	1.5025	1.4943	1.4877
	0.95	1.9317	1.8389	1.7841	1.7480	1.7223	1.7032	1.6883	1.6764	1.6667
	0.975	2.1952	2.0677	1.9933	1.9445	1.9100	1.8843	1.8644	1.8486	1.8356
	0.99	2.5487	2.3689	2.2652	2.1978	2.1504	2.1153	2.0882	2.0666	2.0491
25	0.9	1.6316	1.5677	1.5294	1.5039	1.4857	1.4720	1.4613	1.4528	1.4458
	0.95	1.8782	1.7835	1.7273	1.6902	1.6638	1.6440	1.6286	1.6163	1.6063
	0.975	2.1237	1.9943	1.9186	1.8687	1.8334	1.8071	1.7867	1.7705	1.7572
	0.99	2.4526	2.2714	2.1667	2.0984	2.0503	2.0146	1.9871	1.9652	1.9473
30	0.9	1.6065	1.5411	1.5018	1.4755	1.4567	1.4426	1.4315	1.4227	1.4154
	0.95	1.8409	1.7444	1.6872	1.6491	1.6220	1.6017	1.5859	1.5733	1.5630
	0.975	2.0739	1.9429	1.8659	1.8152	1.7792	1.7523	1.7315	1.7148	1.7013
	0.99	2.3860	2.2034	2.0976	2.0285	1.9797	1.9435	1.9155	1.8933	1.8751
40	0.9	1.5732	1.5056	1.4648	1.4373	1.4176	1.4027	1.3911	1.3817	1.3740
	0.95	1.7918	1.6928	1.6337	1.5943	1.5661	1.5449	1.5284	1.5151	1.5043
	0.975	2.0089	1.8752	1.7963	1.7440	1.7069	1.6790	1.6574	1.6401	1.6259
	0.99	2.2992	2.1142	2.0066	1.9360	1.8861	1.8489	1.8201	1.7972	1.7784
50	0.9	1.5522	1.4830	1.4409	1.4126	1.3922	1.3767	1.3646	1.3548	1.3468
	0.95	1.7609	1.6600	1.5995	1.5590	1.5300	1.5081	1.4910	1.4772	1.4660
	0.975	1.9681	1.8324	1.7520	1.6985	1.6604	1.6318	1.6095	1.5917	1.5771
	0.99	2.2450	2.0581	1.9490	1.8772	1.8263	1.7883	1.7588	1.7353	1.7160
60	0.9	1.5376	1.4672	1.4242	1.3952	1.3742	1.3583	1.3457	1.3356	1.3273
	0.95	1.7396	1.6373	1.5757	1.5343	1.5046	1.4821	1.4645	1.4504	1.4388
	0.975	1.9400	1.8028	1.7211	1.6668	1.6279	1.5987	1.5758	1.5575	1.5425
	0.99	2.2079	2.0194	1.9090	1.8363	1.7846	1.7459	1.7158	1.6918	1.6721
80	0.9	1.5187	1.4465	1.4023	1.3722	1.3503	1.3337	1.3206	1.3100	1.3012
	0.95	1.7121	1.6077	1.5445	1.5019	1.4711	1.4477	1.4294	1.4146	1.4024
	0.975	1.9039	1.7644	1.6810	1.6252	1.5851	1.5549	1.5312	1.5122	1.4965
	0.99	2.1601	1.9694	1.8571	1.7828	1.7298	1.6901	1.6591	1.6342	1.6139
100	0.9	1.5069	1.4336	1.3885	1.3576	1.3352	1.3180	1.3044	1.2934	1.2843
	0.95	1.6950	1.5892	1.5249	1.4814	1.4498	1.4259	1.4070	1.3917	1.3791
	0.975	1.8816	1.7405	1.6558	1.5990	1.5581	1.5271	1.5028	1.4833	1.4671
	0.99	2.1307	1.9383	1.8248	1.7493	1.6954	1.6548	1.6231	1.5977	1.5767
150	0.9	1.4907	1.4157	1.3691	1.3372	1.3137	1.2957	1.2814	1.2698	1.2601
	0.95	1.6717	1.5637	1.4977	1.4527	1.4200	1.3949	1.3751	1.3591	1.3457
	0.975	1.8510	1.7076	1.6210	1.5625	1.5202	1.4880	1.4627	1.4422	1.4252
	0.99	2.0905	1.8956	1.7799	1.7027	1.6472	1.6053	1.5724	1.5459	1.5240

F   Wilcoxon-Vorzeichen-Rang-Test

Tabelliert sind die kritischen Werte $w_\alpha^+(n)$. Ablesebeispiel: $w_{0.95}^+(12) = 60$

$n \backslash \alpha$	0.01	0.025	0.05	0.10	0.90	0.95	0.975	0.99
4	0	0	0	1	9	10	10	10
5	0	0	1	3	12	14	15	15
6	0	1	3	4	17	18	20	21
7	1	3	4	6	22	24	25	27
8	2	4	6	9	27	30	32	34
9	4	6	9	11	34	36	39	41
10	6	9	11	15	40	44	46	49
11	8	11	14	18	48	52	55	58
12	10	14	18	22	56	60	64	68
13	13	18	22	27	64	69	73	78
14	16	22	26	32	73	79	83	89
15	20	26	31	37	83	89	94	100
16	24	30	36	43	93	100	106	112
17	28	35	42	49	104	111	118	125
18	33	41	48	56	115	123	130	138
19	38	47	54	63	127	136	143	152
20	44	53	61	70	140	149	157	166

G Wilcoxon-Rangsummen-Test

Tabelliert sind die kritischen Werte w_α für $\alpha = 0.05$ (1. Zeile) und $\alpha = 0.10$ (2. Zeile).

Ablesebeispiel: Für $n = 3$ und $m = 7$ ist $w_{0.10} = 11$.

Es ist $w_{1-\alpha}(n, m) = n(n + m + 1) - w_\alpha(n, m)$

$n\backslash m$	2	3	4	5	6	7	8	9	10	11	12	13	14	15	16	17	18	19	20
2	3	3	3	4	4	4	5	5	5	5	6	6	7	7	7	7	8	8	8
	3	4	4	5	5	5	6	6	7	7	8	8	8	9	9	10	10	11	11
3	6	7	7	8	9	9	10	11	11	12	12	13	14	14	15	16	16	17	18
	7	8	8	9	10	11	12	12	13	14	15	16	17	17	18	19	20	21	22
4	10	11	12	13	14	15	16	17	18	19	20	21	22	23	25	26	27	28	29
	11	12	14	15	16	17	18	20	21	22	23	24	26	27	28	29	31	32	33
5	16	17	18	20	21	22	24	25	27	28	29	31	32	34	35	36	38	39	41
	17	18	20	21	23	24	26	28	29	31	33	34	36	38	39	41	43	44	46
6	22	24	25	27	29	30	32	34	36	38	39	41	43	45	47	48	50	52	54
	23	25	27	29	31	33	35	37	39	41	43	45	47	49	51	53	56	58	60
7	29	31	33	35	37	40	42	44	46	48	50	53	55	57	59	62	64	66	68
	30	33	35	37	40	42	45	47	50	52	55	57	60	62	65	67	70	72	75
8	38	40	42	45	47	50	52	55	57	60	63	65	68	70	73	76	78	81	84
	39	42	44	47	50	53	56	59	61	64	67	70	73	76	79	82	85	88	91
9	47	50	52	55	58	61	64	67	70	73	76	79	82	85	88	91	94	97	100
	48	51	55	58	61	64	68	71	74	77	81	84	87	91	94	98	101	104	108
10	57	60	63	67	70	73	76	80	83	87	90	93	97	100	104	107	111	114	118
	59	62	66	69	73	77	80	84	88	92	95	99	103	107	110	114	118	122	126
11	68	72	75	79	83	86	90	94	98	101	105	109	113	117	121	124	128	132	136
	70	74	78	82	86	90	94	98	103	107	111	115	119	124	128	132	136	140	145
12	81	84	88	92	96	100	105	109	113	117	121	126	130	134	139	143	147	151	156
	83	87	91	96	100	105	109	114	118	123	128	132	137	142	146	151	156	160	165
13	94	98	102	107	111	116	120	125	129	134	139	143	148	153	157	162	167	172	176
	96	101	105	110	115	120	125	130	135	140	145	150	155	160	166	171	176	181	186
14	109	113	117	122	127	132	137	142	147	152	157	162	167	172	177	183	188	193	198
	110	116	121	126	131	137	142	147	153	158	164	169	175	180	186	191	197	203	208
15	124	128	133	139	144	149	154	160	165	171	176	182	187	193	198	204	209	215	221
	126	131	137	143	148	154	160	166	172	178	184	189	195	201	207	213	219	225	231
16	140	145	151	156	162	167	173	179	185	191	197	202	208	214	220	226	232	238	244
	142	148	154	160	166	173	179	185	191	198	204	211	217	223	230	236	243	249	256
17	157	163	169	174	180	187	193	199	205	211	218	224	231	237	243	250	256	263	269
	160	166	172	179	185	192	199	206	212	219	226	233	239	246	253	260	267	274	281
18	176	181	188	194	200	207	213	220	227	233	240	247	254	260	267	274	281	288	295
	178	185	192	199	206	213	220	227	234	241	249	256	263	270	278	285	292	300	307
19	195	201	208	214	221	228	235	242	249	256	263	271	278	285	292	300	307	314	321
	198	205	212	219	227	234	242	249	257	264	272	280	288	295	303	311	319	326	334
20	215	222	229	236	243	250	258	265	273	280	288	295	303	311	318	326	334	341	349
	218	226	233	241	249	257	265	273	281	287	297	305	313	321	330	338	346	354	362

Literatur

Benninghaus, H. (2002). *Deskriptive Statistik. Eine Einführung für Sozialwissenschaftler* (9., überarb. Aufl.). Westdeutscher Verlag, Wiesbaden. 158

Böker, F. (2006). *Formalsammlung für Wirtschaftswissenschaftler*. Pearson Studium.

Büning, H. und G. Trenkler (1994). *Nichtparametrische statistische Methoden* (2. Aufl.). de Gruyter, Berlin. 158, 433, 499

Chambers, J. M., W. S. Cleveland, B. Kleiner und P. A. Tukey (1983). *Graphical Methods for Data Analysis*. Wadsworth International Group, Belmont, CA. 96

Cleveland, W. S. (1993). *Visualizing Data*. Hobart Press, Summit, New Yersey. 96

Cox, D. R. (1958). *Planning of Experiments*. Wiley, New York. 25

Devroye, L. (1986). *Non-uniform Random Variate Generation*. Springer-Verlag, New York. 307

Fahrmeir, L., A. Hamerle und G. Tutz (Hsg) (1996). *Multivariate statistische Verfahren* (2. Aufl.). de Gruyter, Berlin. 158, 333, 469, 470, 499

Fahrmeir, L., T. Kneib und S. Lang (2009). *Regression: Modelle, Methoden und Anwendungen* (2. Aufl.). Springer-Verlag, Berlin, Heidelberg. 158, 465, 469, 470

Fahrmeir, L., T. Kneib, S. Lang und B. Marx (2013). *Regression: Models, Methods and Applications*. Springer-Verlag, Berlin, Heidelberg. 158, 465, 469, 470

Fahrmeir, L., R. Künstler, I. Pigeot, G. Tutz, A. Caputo und S. Lang (1999). *Arbeitsbuch Statistik*. Springer-Verlag, Berlin. vii

Fahrmeir, L., R. Künstler, I. Pigeot, G. Tutz, A. Caputo und S. Lang (2002). *Arbeitsbuch Statistik* (3. Aufl.). Springer-Verlag, Berlin.

Fahrmeir, L. und G. Tutz (2001). *Multivariate Statistical Modelling Based on Generalized Linear Models* (2. Aufl.). Springer Verlag, New York. 465

Fisz, M. (1989). *Wahrscheinlichkeitsrechnung und mathematische Statistik* (11. Aufl.). Deutscher Verlag der Wissenschaften, Berlin. 307

Franke, J., W. Härdle und C. Hafner (2001). *Einführung in die Statistik der Finanzmärkte*. Springer-Verlag, Berlin, Heidelberg. 41, 153

Green, P. J. und B. W. Silverman (1994). *Nonparametric Regression and Generalized Linear Models*. Chapman and Hall, London. 469

Hamilton, J. D. (1994). *Time Series Analysis*. Princeton-University Press, New Jersey. 523

Härdle, W. (1991). *Smoothing Techniques: With Implementation in S*. Springer-Verlag, New York. 469

Härdle, W. (1992). *Applied Nonparametric Regression*. Cambridge University Press, Cambridge. 469

Hartung, J., B. Elpelt und K.-H. Klösener (2002). *Statistik* (13. Aufl.). Oldenbourg-Verlag, München. 283

Hartung, J. und B. Heine (2004). *Statistik-Übungen. Induktive Statistik* (4. Aufl.). Oldenbourg-Verlag, München. 364, 397

Hastie, T. J. und R. J. Tibshirani (1990). *Generalized Additive Models*. Chapman and Hall, London. 469

Heiler, S. und P. Michels (1994). *Deskriptive und explorative Datenanalyse*. Oldenbourg-Verlag, München. 58, 96

Hochberg, Y. und A. C. Tamhane (1987). *Multiple Comparison Procedures*. Wiley, New York. 397

Hsu, J. (1996). *Multiple Comparisons. Theory and Methods*. Chapman & Hall, London. 397, 498

Johnson, N. L., S. Kotz und N. Balakrishnan (1994). *Continuous Univariate Distributions* (2. Aufl.), Band 1. John Wiley & Sons, New York. 283, 284

Johnson, N. L., S. Kotz und N. Balakrishnan (1995). *Continuous Univariate Distributions* (2. Aufl.), Band 2. John Wiley & Sons, New York. 283, 284

Johnson, N. L., S. Kotz und A. W. Kemp (1993). *Univariate Discrete Distributions* (2. Aufl.). John Wiley & Sons, New York. 247

Judge, G., W. Griffiths, R. Hill, H. Lütkepohl und T. Lee (1985). *The Theory and Practice of Econometrics*. John Wiley & Sons, New York. 469

Kauermann, G. und H. Küchenhoff (2011). *Stichproben: Methoden und praktische Umsetzung mit R*. Springer-Verlag, Berlin, Heidelberg. 26

Krämer, W. und H. Sonnberger (1986). *The Linear Regression Model under Test*. Physica-Verlag, Heidelberg. 469

Ligges, U. (2008). *Programmieren mit R*. Springer-Verlag, Heidelberg. 546

Little, R. J. A. und D. B. Rubin (2002). *Statistical Analysis with Missing Data (2. Aufl.)*. Wiley, New York. 26

Lütkepohl, H. (1993). *Introduction to Multiple Time Series Analysis* (2. Aufl.). Springer-Verlag, Berlin. 524

Mittag, H.-J. (2015). *Statistik: Eine Einführung mit interaktiven Elementen*. Springer Spektrum, Berlin, Heidelberg. 96

Mosler, R. und F. Schmid (2003). *Beschreibende Statistik und Wirtschaftsstatistik*. Springer-Verlag, Heidelberg.

Mosler, R. und F. Schmid (2004). *Wahrscheinlichkeitsrechnung und schließende Statistik*. Springer-Verlag, Heidelberg.

Newson, R. (2002). Parameters behind „nonparametric" statistics: Kendall's tau, somers's d and median differences. *The Stata Journal* 2(1), 45–64. 137

Polasek (1994). *EDA Explorative Datenanalyse. Einführung in die deskriptive Statistik* (2. Aufl.). Springer-Verlag, Berlin. 96

R Core Team (2015). *R: A Language and Environment for Statistical Computing*. Vienna, Austria, R Foundation for Statistical Computing. 26, 529

Rinne, H. und H.-J. Mittag (1994). *Statistische Methoden der Qualitätssicherung* (3., überarb. Aufl.). Hanser Verlag, München. 397

Ripley, B. D. (1987). *Stochastic Simulation*. John Wiley, New York. 307

Rohatgi, V. K. und E. Saleh (2000). *An Introduction to Probability and Statistics* (2. Aufl.). John Wiley & Sons, New York. 364

Rüger, B. (1996). *Induktive Statistik. Einführung für Wirtschafts- und Sozialwissenschaftler.* (3. Aufl.). Oldenbourg-Verlag, München. 206, 364, 397

Sachs, L. (2002). *Angewandte Statistik. Anwendung statistischer Methoden* (10., überarb. und aktualisierte Aufl.). Springer-Verlag, Berlin, Heidelberg. 433

Schach, S. und T. Schäfer (1978). *Regressions- und Varianzanalyse*. Springer-Verlag, Berlin. 498

Scheffé, H. (1959). *The Analysis of Variance*. John Wiley & Sons, New York. 498

Schlittgen, R. (1996). *Statistische Inferenz*. Oldenbourg-Verlag, München. 364, 397

Schlittgen, R. (2000). *Einführung in die Statistik. Analyse und Modellierung von Daten* (9., durchges. Aufl.). Oldenbourg-Verlag, München. 96

Schlittgen, R. und B. H. J. Streitberg (2001). *Zeitreihenanalyse* (9., unwes. veränd. Aufl.). Oldenbourg-Verlag, München. 523

Schneeweiß, H. (1990). *Ökonometrie*. Physica-Verlag, Heidelberg. 469

Seber, G. A. F. und C. J. Wild (1989). *Nonlinear Regression*. John Wiley & Sons, New York. 469

Toutenburg, H. (1992). *Lineare Modelle*. Physica-Verlag, Heidelberg. 469

Toutenburg, H. und C. Heumann (2009). *Deskriptive Statistik: Eine Einführung in Methoden und Anwendungen mit R und SPSS* (7. Aufl.). Springer-Verlag, Berlin, Heidelberg. 96

Tukey, J. W. (1977). *Exploratory Data Analysis*. Addison-Wesley, Reading, Massachusetts. 96

Tutz, G. (2000). *Die Analyse kategorialer Daten*. Oldenbourg Verlag, München. 465

Tutz, G. (2012). *Regression for Categorical Data*. Cambridge University Press. 465

Wickham, H. (2009). *ggplot2: Elegant Graphics for Data Analysis*. Springer-Verlag, New York. 96, 546

Verzeichnis der Beispiele

Sachregister

Printed in the United States
By Bookmasters